# Handbuch
## der
# Materialienkunde
## für den
## Maschinenbau

von

**Dr.-Ing. A. Martens,**
Geheimer Oberregierungsrat, Professor und Direktor
des Kgl. Materialprüfungsamts, Groß-Lichterfelde.

———

Zweiter Teil.

## Die technisch wichtigen Eigenschaften der Metalle und Legierungen

von

**E. Heyn,**
Etatsmäßiger Professor für mechanische Technologie, Eisenhütten- und Materialienkunde an der
Kgl. Technischen Hochschule Berlin und Direktor im Kgl. Materialprüfungsamt, Groß-Lichterfelde.

**Hälfte A.**

Die wissenschaftlichen Grundlagen für das Studium
der Metalle und Legierungen. Metallographie.

Mit 489 Abbildungen im Text und 19 Tafeln.

Manuldruck 1926.

Springer-Verlag Berlin Heidelberg GmbH

1912.

Additional material to this book can be downloaded from http://extras.springer.com

ISBN 978-3-662-23546-1      ISBN 978-3-662-25623-7 (eBook)
DOI 10.1007/978-3-662-25623-7
Softcover reprint of the hardcover 1st edition 1912
Copyright by Springer-Verlag Berlin Heidelberg 1912.
Ursprünglich erschienen bei Julius Springer in Berlin 1912.

# Vorwort.

Auf der Grundlage des ersten, im Jahre 1898 erschienenen Teiles des Handbuches der Materialienkunde, der das Materialprüfungswesen, die Probiermaschinen und Meßinstrumente für die mechanische Prüfung behandelte, baut sich die vorliegende erste Hälfte des zweiten Teiles auf, in der die allgemeinen Gesetze zur Darstellung gelangt sind, welche die mannigfaltigen Änderungen der Metalle und Legierungen im Verlauf ihrer Verarbeitung zu Gebrauchsgegenständen beherrschen. In der später folgenden zweiten Hälfte des zweiten Teiles werden dann die technisch wichtigsten Eigenschaften der einzelnen Metalle und Legierungen im besonderen Berücksichtigung finden. Die erste Hälfte bildet somit die Grundlage für das Studium der folgenden zweiten Hälfte.

Die Lehre von den Metallen und Legierungen ist durch die Forschungen namentlich der letzten Jahrzehnte aus der Stufe der reinen Empirie, die sie bis dahin beherrschte, zu einer besonderen Wissenschaft entwickelt worden, die ihre Wurzeln in eine ganze Reihe verschiedener benachbarter Wissensgebiete, wie Chemie, Physik, Mechanik, physikalische Chemie (Phasenlehre, Thermodynamik), Mineralogie usw. hinüberstreckt.

Dieses Hinübergreifen der Lehre von den metallischen Stoffen in die Nachbargebiete und die außerordentliche Befruchtung, die ihr durch die Entwicklung dieser Grenzgebiete zuteil wurde, haben es bewirkt, daß vielen tüchtigen Praktikern die wissenschaftliche Seite ihres Arbeitsgebietes entfremdet wurde, da sie weder Zeit noch Gelegenheit hatten, der dadurch bedingten gänzlichen Umgestaltung der wissenschaftlichen Grundlagen ihres Fachgebietes zu folgen. Hierdurch entstehen ernstliche Gefahren für die wissenschaftliche Weiterarbeit. Gerade die tüchtigsten Kräfte, die in ernster praktischer Lebensarbeit ihren Anteil an der Entwicklung nach der praktischen Seite hin nahmen, werden durch das neuartige Gewand und durch die ihnen unverständlichen Kunstausdrücke der wissenschaftlichen Literatur ihres Faches zum außerordentlichen Schaden dieser letzteren, aber auch zu ihrem eigenen Schaden von der literarischen Mitarbeit abgedrängt. Viel trägt hierzu auch noch der Umstand bei, daß die jüngere Generation, die auf den Hochschulen mehr oder weniger tiefen Einblick in die theoretische Seite der Materialienkunde gewonnen hat, deren theoretisches Wissen aber noch nicht durch die Berührung mit der Praxis befruchtet worden ist, in der wissenschaftlichen Fachliteratur die Vorhand gewinnt und die erfahrenen älteren Elemente zurückdrängt.

Die Folge dieser Verhältnisse ist eine Spannung zwischen der Praxis und der sogenannten Theorie, sowie ein wechselseitiges Unterschätzen, wodurch die gegenseitige Befruchtung und Durchdringung sehr zum Schaden der industriellen Entwicklung und der Wissenschaft auf das ärgste gehemmt wird.

Es scheint mir zweifellos, daß dasjenige Volk, das diese Spannung am frühesten überwindet, unter sonst gleich günstigen äußeren Bedingungen einen tech-

a*

nischen Vorsprung gewinnt, zumal ja die Lehre von den Metallen und Legierungen das gesamte technische Leben auf das Vielfältigste durchtränkt. Viele technische Fragen sind ja in erster Linie Materialfragen.

Die vorliegende erste Hälfte des zweiten Teiles ist nun als Brücke gedacht, die die Kluft zwischen Praxis und Wissenschaft überspannen soll.

Ich habe lange mit mir gekämpft, ob ich das Wagnis unternehmen. sollte, den Leser in die rein wissenschaftliche Seite der Materialienkunde, in die Lehre von den Gleichgewichten (Phasenlehre) einzuführen. Ich kam zur Überzeugung, daß es ohne diese, den Praktiker etwas fremdartig anmutende Lehre nicht möglich ist, das außerordentlich verwickelte Verhalten der einzelnen metallischen Stoffe in den verschiedenen Zuständen ihrer technischen Verarbeitung richtig zu verstehen und zu überblicken. Dieser Zweig der Wissenschaft ist ein so wichtiger Wegweiser und Berater auf den vielverschlungenen Pfaden der Materialienkunde geworden, daß derjenige, der ihn entbehren zu müssen glaubt, wie ein Schiffer ohne Kompaß erscheint.

In den ersten Abschnitten der ersten Hälfte des zweiten Teiles ist die Phasenlehre in allgemeiner Weise behandelt; die Beispiele für ihre Nutzanwendung folgen in der zweiten Hälfte bei den einzelnen metallischen Stoffen.

Ich möchte den Leser freundlichst bitten, sich nicht durch das etwas fremdartige Gewand der Phasenlehre abschrecken zu lassen. Es lohnt sich, in sie einzudringen. Ich hoffe, daß die Darstellung derartig ist, daß sie ohne große Schwierigkeiten verstanden wird. Ich habe Wert darauf gelegt, allmählich vom konkreten Fall auf die abstraktere Behandlung überzuleiten. In den späteren Abschnitten der zweiten Hälfte wird auf die einzelnen Abschnitte der ersten Hälfte, namentlich auf die über die Phasenlehre immer wieder Bezug genommen.

Man könnte den Gegenstand des zweiten Teiles dieses Buches als Metallographie in dem weiteren Sinne bezeichnen, in dem ich diesen Begriff immer aufgefaßt habe. Die Metallographie würde somit die gesamte Lehre von den Metallen und Legierungen unter Ausschluß der Lehre von den Verfahren der hüttenmännischen Erzeugung der Metalle (Metallurgie) und von den Verfahren der technologischen Weiterverarbeitung (Technologie) umfassen, und nicht nur die Lehre von dem Gefüge der metallischen Stoffe, die Metallographie im engeren Sinne.

Die Abschnitte über den Gefügeaufbau und die Mittel zur Gefügebeobachtung bilden nur einen Teil der großen Wissenschaft von den Metallen und Legierungen. Man kann nicht genug vor der einseitigen Überschätzung der Gefügelehre (Metallographie) warnen; sie ist nur ein Teil des Ganzen, und nicht etwas, was für sich ohne Zusammenhang mit den übrigen Teilen Früchte tragen kann. Man ist der Gefügelehre (Metallographie im engeren Sinne) vielfach mit Erwartungen gegenübergetreten, wie sie seinerzeit die Alchimisten an den Stein der Weisen knüpften, indem man glaubte, daß sie der Schlüssel zur ganzen Wissenschaft sei. Namentlich glaubt man vielfach, daß sie zu gediegenen Materialkenntnissen unter Umgehung des beschwerlichen Weges der praktischen Erfahrung führen könne. Die Folgen der aus diesem Irrtum entsprungenen Handlungen werden sich in Zukunft rächen; man schiebe diese Folgen nicht der Gefügelehre als solcher zu, sondern dem Bestreben, Handlungen zu unternehmen unter Nichtachtung des Urteils derjenigen, die durch ihre berufliche Tätigkeit ihr Sachverständnis bewiesen hatten.

Die Gefügelehre führt nur den Sehenden zum Ziel. Wie dem Blinden die beste Brille nichts hilft, so bringt auch die Gefügelehre demjenigen keine Hilfe, der sich nicht in ernster Arbeit gediegene Kenntnisse auf dem Gebiet der Materialienkunde und der Technologie erworben hat.

Ein großer Teil des Buches ist der Änderung der Festigkeitseigenschaften der metallischen Stoffe durch die Art der Vorbehandlung gewidmet. Besondere Rücksicht ist auf das Gebiet der Eigenspannungen in Werkstücken genommen, das trotz seiner hohen Bedeutung für die Technik in der Literatur meist sehr stiefmütterlich und in wenig klarer Weise behandelt worden ist. Die Kerbwirkung und ihre technische Bedeutung ist ebenfalls in einem besonderen Abschnitte ihrer Wichtigkeit entsprechend ausführlicher behandelt.

Überall ist versucht worden, die allgemeinen Gesetze für die Vielheit der Erscheinungen zu entwickeln, soweit dies der augenblickliche Standpunkt der Wissenschaft zuläßt. Besonderen Wert habe ich darauf gelegt, auf die vorhandenen Lücken der Forschung an den entsprechenden Stellen hinzuweisen, um so Anregung zur Weiterarbeit zu geben.

Bei der Bearbeitung der einzelnen Abschnitte habe ich mich auf die reichen Erfahrungen stützen können, die mir aus meiner Tätigkeit im Kgl. Materialprüfungsamt, Groß-Lichterfelde, zur Verfügung standen, und die mir die Richtschnur für die kritische Behandlung des Stoffes gaben. Ich habe deswegen keinen Wert darauf gelegt, die sämtlichen über eine Frage in der Literatur aufgetauchten Anschauungen aneinander zu reihen und miteinander zu vergleichen. Ich habe vielmehr meinen eigenen Standpunkt in den verschiedenen Fragen dargelegt. Aus demselben Grunde habe ich davon Abstand genommen, die in Betracht kommende Literatur möglichst vollständig aufzuzählen, sondern ich habe mich darauf beschränkt, die Literatur anzuführen, auf die ich mich tatsächlich gestützt habe.

Das Buch ist gedacht zur Verwendung durch Erzeuger und Verarbeiter von metallischen Stoffen, für Lehrende und Lernende. Vorausgesetzt sind nur allgemeine physikalische und chemische Kenntnisse, sowie die Bekanntschaft mit den wichtigsten metallurgischen und technologischen Verfahren. Ausgiebig ist von der graphischen Darstellung Gebrauch gemacht, da sie ohne viele Worte anschauliche Darlegung zuläßt.

Bei der Abfassung meines Buches hat mir als ideales Vorbild mein verstorbener Lehrer A. Ledebur vorgeschwebt, dessen Persönlichkeit meiner wissenschaftlichen Entwicklung Ziel und Richtung gab. Ich hoffe, in seinem Sinne meine Arbeit erledigt zu haben.

Ich übergebe das Buch der Öffentlichkeit mit dem Wunsche, daß es Nutzen stiften möge.

Gr.-Lichterfelde, Dezember 1911.

E. Heyn.

# Inhaltsverzeichnis.

Die Stoffe A, B, C und die Verbindung V erniedrigen gegenseitig die Erstarrungstemperaturen. 119—125. $c, t$-Bild für drei Stoffe A, B, C wie in 118. Die Verbindung V kann aber nicht unzersetzt schmelzen. 126. $c, t$-Bild für drei Stoffe
A, B, C, die im flüssigen Zustand nicht vollkommen mischbar sind.

# Literaturverzeichnis.

Bemerkungen: Das Verzeichnis ist in 9 Abschnitte, bezeichnet $L_1$ bis $L_9$, geteilt. Die einzelnen Abschnitte entsprechen folgenden Absätzen im Text:

| | | | | | | | | |
|---|---|---|---|---|---|---|---|---|
| $L_1$: | Absatz | *1* | bis | *144* | $L_6$: | Absatz | *366* | bis *380* |
| $L_2$: | „ | *145* | „ | *225* | $L_7$: | „ | *381* | „ *382* |
| $L_3$: | „ | *226* | „ | *282* | $L_8$: | „ | *383* | „ *400* |
| $L_4$: | „ | *283* | „ | *355* | $L_9$: | „ | *401* | „ *404.* |
| $L_5$: | „ | *356* | „ | *365* | | | | |

Die Literaturhinweise im Text sind in Klammern gesetzt. Es bedeutet z. B. ($L_5$ *34*), daß sich die Literaturangabe im Abschnitt $L_5$ dieses Verzeichnisses unter laufender Nummer 34 befindet.

---

## Benutzte Abkürzungen.
### (Nach dem Alphabet geordnet.)

| | |
|---|---|
| Am. Electrochem. | Transactions of the American electrochemical Society. |
| Am. Mach. | American Machinist. Europäische Ausgabe. |
| Am. Mech. | Transactions of the American Society of mechanical Engineers. |
| Am. Min. | Transactions of the American Institute of Mining Engineers. |
| Am. Soc. Test. | Proceedings of the American Society for Testing Materials. |
| Ann. chim. phys. | Annales de Chimie et de Physique. |
| Ann. min. | Annales des Mines. |
| Ann. Phys. | Annalen der Physik, herausgegeben von Drude seit 1900. |
| Baumkd. | Baumaterialienkunde, Internationale Rundschau. |
| Bayr. Ind. Gew.-Bl. | Bayrisches Industrie- und Gewerbeblatt. |
| Ber. Chem. Ges. | Berichte der Deutschen chemischen Gesellschaft. |
| Berlin. Sitzb. | Sitzungsberichte der Kgl. preußischen Akademie der Wissenschaften zu Berlin. |
| Berl. Monatsber. | Monatsberichte der Kgl. preuß. Akademie der Wissenschaften zu Berlin. |
| Bull. Belg. | Bulletin de l'Académie royale des Sciences, des Lettres et des Beaux Arts de Belgique. a) Bulletin de la Classe des Sciences. |
| Bull. soc. min. | Bulletin de la Société minéralogique de France. |
| Bur. Stand. | Bulletin of the Bureau of Standards, Washington. |
| Chem. Ind. | Journal of the Society of chemical Industry. |
| Chem. Soc. | Journal of the chemical Society. |
| Cim. | Il nuovo Cimento periodico. Organo della Società italiana di Fisica. |
| Civ. Eng. | Proceedings of the Institution of civil Engineers, London. |
| Contrib. | Contribution à l'Etude des Alliages. Paris, 1901. |
| C. R. | Comptes rendus hebdomadaires des Séances de l'Académie des Sciences. |
| D. V. | Deutscher Verband für die Materialprüfungen der Technik. |
| Elektroch. | Zeitschrift für Elektrochemie. |
| Elektrochem. Ind. N. Y. | Electrochemical Industry, New York. |
| Eng. Min. | Engineering and Mining Journal. |
| Engng. | Engineering. |
| Eng. Soc. W. Penns. | Proceedings of Engineers' Society of Western Pennsylvania. |
| Forsch. | Mitteilungen über Forschungsarbeiten, herausgegeben vom Verein Deutscher Ingenieure. |

| | |
|---|---|
| E. T. Z. | Elektrotechnische Zeitschrift. |
| Glas. An. | Glasers Annalen für Gewerbe und Bauwesen. |
| J. am. chem. soc. | Journal of the American chemical Society. |
| Inst. Electr. Eng. | Institution of Electrical Engineers. |
| Inst. Met. | Journal of the Institute of Metals. |
| J. phys. Chemistry. | The Journal of physical Chemistry, New York. |
| Ir. and St. | Journal of the Iron and Steel Institute. |
| Iron A. | Iron Age. |
| J. russ. metall. Ges. | Journal der russischen metallurgischen Gesellschaft. |
| J. russ. phys. chem. Ges. | Journal der russischen physikalisch-chemischen Gesellschaft. |
| I. V. | Internationaler Verband für die Materialprüfungen der Technik. |
| Liebigs Ann. | Liebigs Annalen. |
| Metallogr. | Internationale Zeitschrift für Metallographie, herausgegeben von W. Guertler. |
| Met. Chem. Eng. | Metallurgical and chemical Engineering. |
| Mitt. Berlin. | Mitteilungen aus den Kgl. Technischen Versuchsanstalten Berlin. Von 1904 ab siehe Mitt. K. M. A. |
| Mitt. Freiberg. | Mitteilungen aus dem Institut für Metallurgie und Probierkunde, Freiberg, von K. Friedrich. 1. Heft. 1910. |
| Mitt. K. M. A. | Mitteilungen aus dem Kgl. Materialprüfungsamt zu Groß-Lichterfelde. Forts. von Mitt. Berlin seit 1904. |
| Mitt. Petersb. | Mitteilungen des Petersburger Polytechnischen Instituts. |
| Mitt. Zürich. | Mitteilungen der Anstalt zur Prüfung von Baumaterialien am eidgen. Polytechnikum, Zürich. |
| Met. | Metallurgie, Zeitschrift für die gesamte Hüttenkunde. |
| N. J. Min. | Neues Jahrbuch für Mineralogie. |
| Oefv. Vet. Ak. Förh. Stockholm. | Oefversigt af Kongl. Vetenskaps-Akademiens Förhandlingar, Stockholm. |
| Öst. W. Baud. | Österreichische Wochenschrift für den öffentlichen Baudienst. |
| Phil. Mag. | The philosophical Magazine and Journal of Science. |
| Phil. Trans. | Philosophical Transactions of the Royal Society of London. |
| Phys. Rev. | The physical Review. |
| Phys. Zeitschr. | Physikalische Zeitschrift. |
| Pogg. Ann. | Annalen der Physik und Chemie, herausgegeben von Poggendorf bis 1877. |
| Proc. Mech. Eng. | Proceedings of the Institute of mechanical Engineers, London. |
| Proc. Roy. Soc. | Proceedings of the Royal Society of London. |
| R. Acc. Linc. | Atti della Reale Academia dei Lincei. |
| Rep. Brit. Ass. | Report of the British Association for the Advancement of Science. |
| Re. gén. d. sciences. | Revue générale des Sciences. |
| Rev. Mét. | Revue de Métallurgie. |
| Schiffb. Ges. | Jahrbuch der schiffbautechnischen Gesellschaft. |
| Soc. Enc. | Bulletin de la Société d'Encouragement. |
| St. u. E. | Stahl und Eisen. |
| Verh. Gew. | Verhandlungen des Vereins zur Beförderung des Gewerbefleißes. |
| Verh. Phys. Ges. | Verhandlungen der Physikalischen Gesellschaft. |
| Werkst. | Werkstattstechnik. |
| Wied. Ann. | Annalen der Physik und Chemie, herausgegeben von Wiedemann 1877 bis 1899. |
| Wien. Ber. | Sitzungsberichte der Kaiserl. Akademie der Wissenschaften zu Wien, mathem. naturwissenschaftl. Klasse. |
| Z. an. Chem. | Zeitschrift für anorganische Chemie. |
| Z. d. Ing. | Zeitschrift des Vereins Deutscher Ingenieure. |
| Zentr. Bauv. | Zentralblatt der Bauverwaltung. |
| Z. Instr. | Zeitschrift für Instrumentenkunde. |
| Z. Öst. | Zeitschrift des österreichischen Ingenieur- und Architektenvereins. |
| Z. phys. Ch. | Zeitschrift für physikalische Chemie. |
| Z. Werkz. | Zeitschrift für Werkzeugmaschinen und Werkzeuge. |

## Quellenverzeichnis $L_1$.

(Zu Absatz *1* bis *144*.)

1. Rüdorff: Pogg. Ann. 114,[1]) 66; 1861. **145**, 600; 1872. Berl. Monatsber. 1862, S. 163.
2. Guthrie: Phil. Mag. **49**, 8; 1875.
3. E. Heyn: Die Metallographie im Dienste der Hüttenkunde. Freiberg, Sachsen. Verl. Craz & Gerlach 1903. — Ber. des 5. Intern. Kongresses für angewandte Chemie. 1903. Sekt. III A, Band II, S. 152.
4. Roland Gosselin: Soc. Enc. (5) **1**, 1301; 1896.
5. Stead: Microscopical examination of lead-antimony. Chem. Ind. **16**, 200, 505; 1897.
6. Charpy: Metallographist. 1898, S. 87. — Soc. Enc. (5) **2**, 394.
7. Gontermann: Über Antimon-Bleilegierungen. Z. an. Chem. **55**, 419; 1907.
8. Willard Gibbs: Thermodynamische Studien. Trans. Connecticut Academy III, 1874 bis 1878. Deutsche Übersetzung von W. Ostwald, 1892.
9. Bakhuis Roozeboom: Die heterogenen Gleichgewichte vom Standpunkt der Phasenlehre. 1901.
10. A. C. van Rijn van Alkemade: Graphische Behandlung einiger thermodynamischer Probleme über Gleichgewichtszustände von Salzlösungen mit festen Phasen. Z. phys. Ch. **11**, 289; 1893.
11. Bakhuis Roozeboom: Erstarrungspunkte der Mischkristalle zweier Stoffe. Z. phys. Ch. **30**, 385; 1899.
12. Bakhuis Roozeboom: Umwandlungspunkte bei Mischkristallen. Z. phys. Ch. **30**, 413; 1899.
13. Ruer: Metallographie in elementarer Darstellung. 1907.
14. Van't Hoff: Über feste Lösungen. Z. phys. Ch. **5**, 322; 1890.
15. Bodländer: N. J. Min. **12**, Beilageband, Heft 1, S. 52; 1898.
16. Meyerhoffer: Z. phys. Ch. **48**, 109; 1904.
17. Charpy: Etude sur les alliages blancs dits antifriction. Contrib. S. 203.
18. Stoffel: Untersuchungen über binäre und ternäre Legierungen von Zinn, Blei, Wismut, Kadmium. Z. an. Chem. **53**, 168; 1907.
19. Friedrich und Leroux: Kupfer, Silber und Blei. Met. **4**, 293; 1907. — Mitt. Freiberg 1. Heft. 1910.
20. Hollemann: Lehrbuch der anorganischen Chemie. 4. Aufl. 1906.
21. Cohen und van Eijk: Physikalisch-chemische Untersuchungen am Zinn. Z. phys. Ch. **30**, 601; 1899. **33**, 57; 1900. **35**, 588; 1900.
22. Roberts-Austen: Alloys. Metallographist **1**, 137; 1898.
23. Tammann: Über die Abhängigkeit der Zahl der Kerne, die sich in verschiedenen unterkühlten Flüssigkeiten bilden, von der Temperatur. Z. phys. Ch. **25**, 442; 1898.
24. Tammann: Kristallisieren und Schmelzen. Leipzig. 1903.
25. Ledebur: Lehrbuch der mechanisch-metallurgischen Technologie. 3. Aufl. 1905. Braunschweig.
26. Talbot: Ir. and St. 1905.
27. Howe: Eine weitere Studie über die Seigerungen in Stahlblöcken. Eng. Min. 1907. S. 1011.
28. Jänecke: Kurze Übersicht über sämtliche Legierungen. Hannover 1910.

## Quellenverzeichnis $L_2$.

(Zu Absatz *145* bis *225*.)

1. Holborn und Wien: Wied. Ann. **47**, 107; 1892.
2. Lindeck und Rothe: Über die Prüfung von Thermoelementen für die Messung hoher Temperaturen. Z. Instr. **20**, 285; 1900.
3. Holborn und Day: Ann. Phys. **2**, 505; 1900. — Wied. Ann. **68**, 817; 1899.
4. E. Heyn: Kupfer und Sauerstoff. Mitt. Berlin. 1900. — Z. an. Chem. **39**, 1; 1904.

---

[1]) Die fettgedruckte Zahl gibt die Bandnummer, die darauffolgende die Seitenzahl, und die dritte nach dem Semikolon das Jahr an.

5. W. Siemens: Proc. Roy. Soc. **19**, 351; 1871.

6. Callendar: On the practical measurement of temperature. Proc. Roy. Soc. **41**, 231; 1886. — Phil. Trans. **178**, 160; 1887.

7. Waidner und Burgess: Bur. Stand. 1. Band II.

8. Waidner: Methods of pyrometry. Eng. Soc. W. Penns. Sept. 1904.

9. Wien und Lummer: Wied. Ann. **56**, 451; 1895.

10. Lummer und Kurlbaum: Verh. Phys. Ges. 17, 106; 1898. — Ann. Phys. **5**, 829; 1901.

11. Pouillet: C. R. **3**, 784; 1836.

12. White und Taylor: Metallographist. **3**, 41; 1900.

13. H. M. Howe: Metallographist. **3**, 43; 1900.

14. Becquerel: C. R. **55**, 821; 1862.

15. Wanner: Phys. Zeitschr. **3**, 112; 1902.

16. Holborn und Kurlbaum: Ann. Phys. **10**, 225; 1902.

17. Féry: C. R. **134**, 997; 1902.

18. v. Pirani: Verh. phys. Ges. **12**, 301; 1910.

19. J. Bronn: Der elektrische Ofen im Dienst der keramischen Gewerbe und der Glas- und Quarzglaserzeugung. Halle 1910.

20. Simonis: Zur Bestimmung der Schmelzpunkte von Hochofenschlacken. St. u. E. 1907, Heft 21, S. 739.

21. E. Heyn und O. Bauer: Kupfer und Phosphor. Mitt. K. M. A. 1906, S. 93.

22. Roberts-Austen: Phil. Mag. **46**, 59; 1898. 5. Bericht an die Legierungskommission. Proc. Mech. Eng. 1890, Febr.

23. Charpy: Soc. Enc. **10**, 666; 1895.

24. Kurnakow: Z. an. Chem. **42**, 184; 1904.

25. Friedrich: Silber und Schwefelsilber. Met. **3**, 361; 1906. Mitt. Freiberg. 1. Heft. 1910. S. 47.

26. Saladin und Le Chatelier: Rev. Mét. **1**, 134; 1904.

27. Tammann: Z. an. Chem. **37**, 303; 1903. — **45**, 24; 1904. — **47**, 291; 1905.

28. Spring und Romanow: Z. an. Chem. **13**, 29; 1896.

29. Reinders: Über die Bildung und Umwandlung von Mischkristallen von $HgBr_2$ und $HgJ_2$. Z. phys. Ch. **32**, 494; 1900.

30. Hissink: Über die Bildung und Umwandlung von Mischkristallen von $NaNO_3$ mit $AgNO_3$. Z. phys. Ch. **32**, 537; 1900.

31. Shepherd: J. phys. Chemistry. **10**, 630; 1906.

32. Bornemann: Die binären Metallegierungen. Teil I. 1909.

33. E. Heyn und O. Bauer: Untersuchungen über Lagermetalle. Weißmetall. Mitt. K. M. A. 1911. S. 30.

34. Heycock and Neville: On the constitution of the copper-tin series of alloys. Phil. Trans. (A.) **202**, 1; 1903.

35. Ostwald: Lehrbuch der allgemeinen Chemie.

36. E. Maey: Das spezifische Volumen als Merkmal chemischer Verbindungen unter den Metalllegierungen. Z. phys. Ch. **38**, 292; 1901.

37. Matthiessen: Pogg. Ann. **110**, 21; 1860.

38. H. Le Chatelier: Sur les propriétés des alliages. Contrib. S. 387.

39. Charpy und Grenet: Recherches sur la dilatation des aciers aux températures élevées. Soc. Enc. **102**, 464; 1903.

40. Laurie: Chem. Soc. **53**, 104; 1888. — **55**, 677; 1889. — **65**, 1031; 1894. — Phil. Mag. (5) **38**, 94.

41. Herschkowitsch: Beitrag zur Kenntnis der Legierungen. Z. phys. Ch. **27**, 123; 1898.

42. Puschin: Das Potential und die Natur der Metallegierungen. Petersburg 1906.

43. Holborn und Henning: Vergleichung von Platinthermometern mit dem Stickstoff-, Wasserstoff- und Heliumthermometer und die Bestimmung einiger Fixpunkte zwischen 200 und 450°. Ann. Phys. **35**, 761; 1911.

## Quellenverzeichnis $L_3$.

(Zu Absatz 226 bis 282.)

1. Sorby: Proc. Sheffield Lit. Phil. Soc. 1864, Febr. — Rep. Brit. Ass. **2**, 189; 1864. — Engineer. **54**, 308; 1882. — Ir. and St. 1886, I, S. 140 und 1887, I, S. 255.

2. A. Martens: Z. d. Ing. **22**, 11, 206, 480; 1878. — **24**, 398; 1880. — Glas. An. **7**, 467; 1880. — St. u. E. **2**, 423; 1882. — Verh. Gew. 1882, S. 233.

3. E. Heyn: Bericht über Ätzverfahren zur makroskopischen Gefügeuntersuchung des schmiedbaren Eisens. I. V. Kongreß Brüssel. 1906. — Mitt. K. M. A. 1906, S. 253.

4. H. J. Hannover: Soc. Enc. 1900. Aug. S. 210.

5. E. Heyn und O. Bauer: Metallographie. I. und II. Sammlung Göschen. 1909.

6. Charpy: Recherches sur les alliages de cuivre et de zinc.  Soc. Enc. 1896, Febr.

7. A. Martens und E. Heyn: Über die Mikrophotographie im auffallenden Lichte und über die mikrophotographischen Einrichtungen der Kgl. Mechanisch-Technischen Versuchsanstalt in Charlottenburg.  Mitt. Berlin. 1899, S. 173.

8. H. Le Chatelier: Soc. Enc. 1900, Nr. 9.

9. Andrews: Micro-metallography of iron.  Proc. Roy. Soc. 58, 59; 1895.

10. A. Martens: Untersuchungen über den Einfluß des Hitzegrades beim Auswalzen auf die Festigkeit und das mikroskopische Gefüge von Flußeisenschienen.  Mitt. Berlin. 1896, 2. Heft, S. 89.

11. Roberts-Austen und Osmond: Recherches sur la structure des métaux.  Soc. Enc. 1896, Aug.

12. Stead: The crystalline structure of iron and steel.  Ir. and St. 1898, I, S. 145.

13. E. Heyn: Mikroskopische Untersuchungen an tiefgeätzten Eisenschliffen.  Mitt. Berlin. 1898, S. 310.

14. Osmond und Cartaud: The crystallography of iron.  Ir. and St. 1906, III. S. 444.

15. Osmond und Cartaud: Metallographie und Mechanik.  Baumkd. 6, 1; 1901.

16. Bénard: Tourbillons cellulaires dans une nappe liquide.  Thèse, Gautier-Villars, Paris, 1901.

17. Osmond: Les recherches de G. Cartaud sur le passage de l'état liquide à l'état solide.  Rev. Mét. 4, 819; 1907.

18. Quincke: Über Eisbildung und Gletscherkorn.  Ann. Phys. (4) 18, 1; 1905.

19. Quincke: Eis, Eisen und Eiweiß.  Heidelberg, 1906.

20. Quincke: The transition from the solid to the liquid state.  Proc. Roy. Soc. A. 78, 60; 1906.

21. Siegfried Stein: St. u. E. 7, 90; 1887.

22. E. Heyn: Krankheitserscheinungen in Eisen und Kupfer.  Z. d. Ing. 46, 1115; 1902.

23. E. Heyn: Die Umwandlung des Kleingefüges bei Eisen und Kupfer usw.  Z. d. Ing. 44, 433 und 503; 1900.

24. O. Mügge: Über Translation und verwandte Erscheinungen in Kristallen.  N. J. Min. 1898, I. 71.

25. Reusch: Über eine besondere Gattung von Durchgängen in Steinsalz und Kalkspat.  Pogg. Ann. 132, 441; 1867.

26. Emil Cohen: Meteoritenkunde.  Stuttgart 1894.

27. O. Mügge: Über neue Strukturflächen an den Kristallen der gediegenen Metalle.  N. J. Min. 1899, II, S. 55.

28. O. Mügge: N. J. Min. 1889, I, S. 130. — 1892, II, S. 91. — 1895, II, S. 211.

29. Ewing und Rosenhain: The crystalline structure of metals.  Phil. Trans. A. 193, 353; 1899 und A. 195, 279; 1900.

30. Osmond, Frémont und Cartaud: Les modes de déformation.  Rev. Mét. 1, 11; 1904.

31. Freundlich: Kapillarchemie.  1909.

32. P. Curie: Sur la formation des crystaux et sur les constants capillaires de leurs diverses faces.  Bull. soc. min. 8, 145; 1885.

33. E. Heyn: St. u. E. 1910, Nr. 6, S. 243.

34. O. Bauer: Die Metallographie.  Baumkd. Nr. 1 und 2, Band 9, 1904.

# Quellenverzeichnis $L_4$.

### (Zu Absatz *283* bis *355*.)

1. Bretschneider: Bayr. Ind. Gew.-Bl. 1904, S. 401.

2. Rudeloff: Untersuchungen über den Einfluß vorausgegangener Formänderungen auf die Festigkeitseigenschaften der Metalle.  Mitt. Berlin, Ergänzungsheft. I, 1901.

3. A. Martens: Bericht über die Ergebnisse von Vorversuchen über die Festigkeitseigenschaften von Kupfer.  Einfluß des Kalthämmerns auf Kupferblech.  Mitt. Berlin 1894, S. 37.

4. Grard: Laiton à cartouches, laiton à balles, cuivre électrolytique.  Rev. Mét. 6, 1109; 1909.

5. Watertown Machine Tests.  Eng. Min. 35, 222; 1883.

6. Thurston: Report on cold-rolled iron.  1887. S. 82, 83, 109.

7. Speer und Winter: Untersuchungen über den Einfluß der Verzinkung auf Förderseildrähte.  Glückauf, Nr. 22 bis 25; 1910.

8. Kürth: Über die Beziehungen der Kugeldruckhärte zur Streckgrenze und zur Zerreißfestigkeit zäher Metalle.  Doktorarbeit.  Techn. Hochsch. Berlin, 1908.

9. Rasch: Prüfung von Gußstahlkugeln.  Z. Werkz. 1899, Heft 19 und 20.

10. E. Meyer: Untersuchungen über Härteprüfung und Härte.  Z. d. Ing. 52, 645; 1908.

11. E. Heyn: Kleinere Mitteilungen aus dem metallurgisch-metallographischen Laboratorium der Kgl. Mechanisch-Technischen Versuchsanstalt, Charlottenburg.  I. V. Kongreß Budapest. 1901.

12 Kudriumow: Monographie der Kupfer-Zinklegierungen.  Petersburg 1904.

13. A. Le Chatelier: L'influence du temps et de la température sur les propriétés mécaniques et les essais de métaux.  I. V. Kongreß Paris, 1900.

14. Spring: Verhandlungen holländischer Naturforscher und Ärzte zu Utrecht 1891.

15. Grunmach: Wied. Ann. **67**, 227; 1899.

16. Kahlbaum und Sturm: Die Veränderlichkeit des spezifischen Gewichtes. Z. an. Chem. **46**, 217; 1905.

17. E. Heyn und O. Bauer: Der Einfluß der Vorbehandlung des Stahles auf die Löslichkeit gegenüber Schwefelsäure und die Möglichkeit, aus der Löslichkeit Schlüsse zu ziehen auf die Vorbehandlung des Materials. Ir. and St. 1909, Mai. — Mitt. K. M. A. 1909, 2. und 3. Heft.

18. Gewecke: Über die Einwirkung von Strukturänderungen auf die physikalischen Eigenschaften von Kupferdrähten usw. Doktorarbeit, Techn. Hochsch. Darmstadt.

19. E. Heyn und O. Bauer: Über Spannungen in kaltgereckten Metallen. Metallogr. **1**, 16; 1911.

20. A. Martens: Über einige in der Mechanisch-Technischen Versuchsanstalt ausgeführte mikroskopische Eisenuntersuchungen. Mitt. Berlin. 1892, Heft 10, S. 57.

21. Howe: Metallurgy of Steel.

22. Diegel: Nachträgliches Reißen kaltverdichteter Kupferlegierungen. Verh. Gew. **85**, 177; 1906.

23. E. Heyn und O. Bauer: Zersetzungserscheinungen an Aluminium und Aluminiumgeräten. Mitt. K. M. A. 1911, Heft 1, S. 1.

24. Spring: Bull. Belg. Nr. 12, 1066; 1902.

25. Osmond und Werth: Ann. min. (8) **8**, 46; 1866.

26. Beilby: The hard and the soft state in ductile metals. Proc. Roy. Soc. A. **79**, 463; 1907.

27. Lisell: Über eine neue Methode, hohe Drucke zu messen. Oefv. Vet. Ak. Förh. Stockholm. 1898, Nr. 9, S. 697.

28. Lafay: Über die Messung hoher Drucke mittels der Änderungen des Widerstandes der dem Druck unterworfenen Leiter. Ann. chim. phys. (8) **19**, 289; 1910.

29. Lisell: Über den Einfluß des Druckes auf den elektrischen Leitwiderstand bei Metallen und eine neue Methode, Druck zu messen. Doktorarbeit. Upsala 1902.

30. Lussana: Einfluß des Druckes auf den elektrischen Leitwiderstand der Metalle. Cim. (4) **10**, 73; 1899.

31. Lussana: Einfluß des Druckes auf den elektrischen Leitwiderstand der Metalle. Bemerkungen zu den Abhandlungen von Erik Lisell über diesen Gegenstand. Cim. (5) **5**, 305; 1903.

32. M. Cantone: Über die Widerstandsänderung von Neusilber und hartem Nickel durch Zug. R. Acc. Linc. (5) **6**, 1. Sem. 175; 1897.

33. N. F. Smith: Der Einfluß der mechanischen Dehnung auf Wärme- und Elektrizitätsleitung. Phys. Rev. **28**, 67, 197; 1909.

34. Becquerel: Sur la conductibilité électrique. Ann. chim. phys. **17**, 253; 1846.

35. Siemens: Vorschlag eines reproduzierbaren Widerstandsmaßes, Pogg. Ann. **110**, 18; 1860.

36. Matthiessen und Bose: Über den Einfluß der Temperatur auf die elektrische Leitungsfähigkeit der Metalle. Pogg. Ann. **115**, 389; 1862.

37. Vogt: Über den Einfluß der Temperatur auf die elektrische Leitungsfähigkeit der Legierungen. Pogg. Ann. **122**, 19; 1864.

38. Max Weber: Beziehungen zwischen der elektrischen Leitfähigkeit und dem Temperaturkoeffizienten bei Strukturänderungen, untersucht an einigen Aluminiumlegierungen. Inaug.-Diss. Berlin 1891.

39. E. Heyn: Krankheitserscheinungen in Eisen und Kupfer. Z. d. Ing. **46**; 1902.

40. E. Heyn: Die Überhitzung von kohlenstoffarmem Flußeisen. Ir. and St. II, 1902.

41. L. Guillet: Die Spezialstähle. Met. **3**, 271; 1906.

42. Dumas: Recherches sur les aciers au nickel à hautes teneurs. Paris 1902.

43. Charpy: Sur l'influence de la température sur la fragilité. Soc. Enc. 1899, Nr. 2. — I. V. Kongreß Brüssel, 1906. Druckschrift A 17 f.

44. Festigkeitseigenschaften schwedischer Materialien. Herausgegeben vom Jernkontor. 1897.

45. Roberts-Austen: 4. Bericht an die Legierungskommission. Engng. 1897, S. 223.

46. Ssaposchnikow: J. russ. phys. chem. Ges. **40**, 90; 1908.

47. Stenquist: Z. phys. Ch. **70**, 536; 1910.

48. Ssaposchnikow und Kaniewski: J. russ. phys. chem. Ges. **39**, 901; 1907.

49. Kurnakow und Schemtschuschni: Die Härte der festen Metallösungen und der bestimmten chemischen Verbindungen. Z. an. Chem. **60**, 1; 1908.

50. Murray: The volume changes of brasses during solidification. Inst. Met. **2**, 101; 1909.

51. E. Heyn: Über bleibende Spannungen in Werkstücken infolge Abkühlung. St. u. E. 1907, S. 1309 und 1347.

52. E. Heyn und O. Bauer: Über Spannungen in Kesselblechen. St. u. E. 1911, S. 760.

53. G. Neumann, Über bleibende Spannungen in Werkstücken infolge Abkühlung. Erörterung zu $L_4$ 51. St. u. E. 1910, S. 627.

54. Galli: Stahlformguß: Taschenbuch Hütte für Eisenhüttenleute. 1910, S. 672.

55. E. Winkler: Deformationsversuche mit Kautschukmodellen. Zivilingenieur, N. F. **24**, 80; 1878.

56. Hönigsberger: Über die unmittelbare Beobachtung der Spannungsverteilung und Sichtbarmachung der neutralen Schichte an beanspruchten Körpern. Vortrag geh. am 19. 4. 1902. Z. Öst. 1904, Nr. 11.

57. Hönigsberger: Unmittelbare Abbildung der neutralen Schichte bei Biegung durchsichtiger Körper im zirkumpolarisierten Licht. I. V. Kongreß Brüssel, 1906. Druckschrift C 4 d.

58. Leon: Über die Spannungsverteilung in der Umgebung einer halbkreisförmigen Kerbe und einer viertelkreisförmigen Hohlkehle. Über die Spannungsveränderungen durch Kerben und Tellen und über die Spannungsverteilung in Verbundkörpern. Öst. W. Baud. 1908, Heft 29, 43, 44.

59. Bach: Eine Stelle an manchen Maschinenteilen, deren Beanspruchung auf Grund der üblichen Berechnung stark unterschätzt wird. Forsch. 1902, Heft 4, S. 35.

60. Ludwik: Elemente der technologischen Mechanik. Berlin 1909.

61. A. Martens: Zugversuche mit eingekerbten Probestäben. Forsch. 1901, Heft 3, S. 35.

62. Rudeloff: Beiträge zum Studium des Bruchaussehens zerrissener Stäbe. Baumkd. 4, 85; 1899.

63. Barba: I. V. Kongreß Stockholm 1897.

64. v. Obermayer: Ein Beitrag zur Kenntnis der zähflüssigen Körper. Wien. Ber. 75, 1877.

65. Leon und Ludwik: Vergleichende statische und dynamische Kerbbiegeproben. Öst. W. Baud. Heft 7, 1909.

66. v. Tetmajer: Mitt. Zürich 1886, Heft 3, S. 138.

67. Tunner: Zur Verwendung des Flußeisens für Kessel- und Schiffsbleche. Z. Verb. Dampfkesselüberwachungsvereine 1886, S. 21.

68. Barba: Mémoires et compte-rendu des travaux de la société des ing. civ. 1880. Bericht der Commission des méthodes d'essai des matériaux de construction. 3, S. 40; Paris 1895.

69. Frémont: Essai des métaux par pliage de barrettes entaillées. I. V. Kongreß Budapest, 1901.

70. Barba-Le Blant: Notes sur quelques expériences de flexion par choc sur barreaux entaillés. Bull. de la société des ing. civils. 1901, April.

71. Vanderheym: Note sur le rôle des essais dans le contrôle du matériel roulant du chemin de fer. I. V. Kongreß Budapest, 1901.

72. Charpy: Note sur l'essai des métaux à la flexion par choc de barreaux entaillés. I. V. Kongreß Budapest, 1901.

73. Charpy: Sur l'essai des métaux par flexion de barreaux entaillés. I. V. Kongreß Brüssel, 1906.

74. Guillery: Engng. 12. Jan. 1906; S. 49.

75. Ehrensberger: Die Kerbschlagprobe im Materialprüfungswesen. Bericht des Auschusses zum Studium der Kerbschlagprobe des D. V. 5. Okt. 1907. St. u. E. 1907, S. 1797.

76. E. Heyn: Einiges aus der metallographischen Praxis. Vortrag gehalten auf der 6. Hauptvers. des D. V. Dresden, 16. Okt. 1905. St. u. E. 1906, Heft 1.

77. Hatt: Am. Soc. Test. 1904.

78. Charpy: Bericht über die Erprobung der Metalle durch Schlag. I. V. Kongreß Kopenhagen 1909, III, 1.

79. Révillon: Die Definition der spezifischen Schlagarbeit bei Schlagversuchen. I. V. Kongreß Kopenhagen. III, 3.

80. Schüle und Brunner: Über Schlagbiegeproben an eingekerbten Stäben. I. V. Kongreß Kopenhagen. III, 2.

81. H. Le Chatelier: Essai de fragilité au choc sur barreaux entaillés. I. V. Kongreß Budapest, 1901.

82. A. Mesnager: Mesure des efforts intérieurs dans les solides et applications. I. V. Kongreß Budapest, 1901.

83. Ast und Barba: Bericht der Kommission 2. Feststellung von Untersuchungsmethoden über die Homogenität von Eisen und Stahl behufs deren eventueller Benutzung bei Abnahmen. I. V. Kongreß Budapest. 1901.

84. Fernand Huillier: Observations sur l'emploi des méthodes d'essai par choc pour la détermination de la fragilité des matériaux. I. V. Kongreß Budapest. 1901.

85. Mesnager: Essais sur barreaux entaillés faits au laboratoire de l'école des ponts et chaussées. Paris. I. V. Kongreß Brüssel. 1906. A 6 f.

86. Breuil: Essais au choc par traction. I. V. Kongreß Kopenhagen. 1909. III, 5.

87. Brinell: Teknisk Tidskrift. 30. Jun. 1900.

88. Axel Wahlberg: Hållfastighetsprof och andra undersökningar å diverse metaller och ämnen af J. A. Brinell, Stockholm 1901.

89. Ludwik: Über Härtebestimmung mittels der Brinell'schen Kugeldruckprobe und verwandte Verfahren. Z. Öst. 1907, Nr. 11 u. 12. Dort ausführliches Literaturverzeichnis.

90. Kohn: Der Schienenstoff und seine Prüfung insbesondere durch die Kugeldruckprobe. Zentr. Bauv. 26. Sept. 1908, S. 515.

91. Zentr. Bauv. 27. März 1909.

92. A. Martens: Berlin. Sitzb. 1905, S. 1035.

93. A. Martens und E. Heyn: Vorrichtung zur vereinfachten Prüfung der Kugeldruckhärte und die damit erzielten Ergebnisse. Z. d. Ing. 1908, S. 1719 (im Auszug). — Forsch. Heft 75, S. 1 (vollständige Abhandlung).

94. Shore: An instrument for testing hardness. Am. Mach. Nov. 1907. — Hardness in steel and its variations. Am. Mach. Mai 1908. — Remarkable facts in tempering toolsteels. Am. Mach. März 1909. — The analysis of steel by mechanical means. Am. Mach. Juli 1909. — The scleroscope on automobile work. Am. Mach. Jan. 1910.

95. Brinell und Dillner: Die Brinell'sche Härteprobe und ihre Verwendung. I. V. Kongreß Brüssel, 1906.

96. Ludwik: Ein neues Verfahren zur Härtebestimmung von Materialien. Berlin 1908, Springer.

97. Gessner: Härtebestimmung mittels der Ludwik'schen Kegelprobe unter Stoßwirkung. Z. Öst. 1907, Heft 46.

98. Fréminville: Remarques sur le robondissement d'une bille. Rev. Mét. Jun. 1908. Erörterungen hierzu von Maurer und Breuil.

99. Turner: Notes on tests for hardness. Engng. Jun. 1908.

100. Nidecker: Instrument zum Prüfen und Messen der Härte von Metallen und Materialien und auch von gehärtetem Werkzeugstahl. Z. Werkz. März 1908.

101. J. Schneider: Die Kugelfallprobe. Doktorarbeit, Techn. Hochschule, Berlin.

102. Thieme: Der Widerstand der Metalle und des Holzes gegenüber der Schnittwirkung. Petersburg 1870.

103. Thieme: Mémoire sur le rabotage. Petersburg 1877.

104. Keep: Iron A. 1899, S. 9 und 1900, S. 16.

105. Keep: Cast iron. New York 1909.

106. Reininger: Die Chemie im Gießereibetriebe. Gießereizeitung 1904, S. 217 und 627.

107. O. Leyde: Die Prüfung des Gußeisens. Z. d. Ing. 1904, S. 169.

108. A. Kessner: Der Indikator zur Bestimmung der Bearbeitungsfähigkeit. Mitt. aus dem mechanisch-technologischen Laboratorium der Techn. Hochschule Berlin. Werkst. 5, 39; 1911.

109. Carl Sulzer: Wärmespannungen und Rißbildungen. Z. d. Ing. 1907, S. 1165.

110. Chas. A. Bauer: A novel method of testing cast iron for hardness. Am. Mach. 1/4. 1897, S. 245.

111. Siedentopf: Direkte Sichtbarmachung der neutralen Schichten an beanspruchten Körpern. Z. Öst. 58; 1906, Nr. 33.

# Quellenverzeichnis $L_5$.

### (Zu Absatz *356* bis *365*.)

1. Sieverts: Über Okklusion von Gasen durch Metalle. Habilitationsschrift. Leipzig 1907, Wilhelm Engelmann.

2. Sieverts und Hagenacker: Über die Löslichkeit von Wasserstoff und Sauerstoff in festem und geschmolzenem Silber. Z. phys. Ch. 68, 115; 1909.

3. Sieverts und Krumbhaar: Über die Löslichkeit von Gasen in Metallen und Legierungen. Ber. Chem. Ges. 43, 893; 1910.

4. Sieverts: Über Lösungen von Gasen in Metallen. Elektroch. 1910, S. 707.

5. Sieverts und Krumbhaar: Über das Verhalten des festen und flüssigen Kupfers gegen Gase Z. phys. Ch. 74, 277; 1910.

6. St. Claire Deville und Troost: C. R. 57, 956; — 59, 102; 1863—1864.

7. Troost: C. R. 98, 1427; 1884.

8. Richardson, Nicol und Parnell: Phil. Mag. (6) 8, 1; 1904.

9. Abegg: Valenz und das periodische System. Z. an. Chem. 39, 355; 1904.

10. Hoitsema und Roozeboom: Z. phys. Ch. 17, 1; 1895.

11. Nernst: Theoretische Chemie. 5. Auflage.

12. Shukoff: Metallnitride und ihre magnetischen Eigenschaften. J. russ. phys. chem. Ges. 40, 457; 1908.

13. Shukoff: Elektrische Leitfähigkeit gewisser Nitride. J. russ. phys. chem. Ges. 42, 40; 1910.

14. Wedekind und Veit: Magnetische Verbindungen des Mangans mit Stickstoff. Ber. Chem. Ges. 41, 3769; 1908.

15. White und Kirschbraun: Nitride von Zink, Aluminium und Eisen. J. am. chem. soc. 28, 1343; 1906.

16. Stahlschmidt: Pogg. Ann. 125, 37.

17. Savart und Desprez: Ann. chim. phys. 42, 122.

18. Buff: Liebigs Ann. 88, 375.

19. Frémy: Ann. chim. phys. 83, 375.

20. Rammelsberg: Berl. Monatsber. 1862, S. 692.

12. Allen: Neue Untersuchungen über die Gegenwart von Stickstoff in Eisen und Stahl. Ir. and St. 1880, I, 181.
22. Harbord und Twynam: Ir. and St. 1896, II, 161.
23. Hjalmar Braune: Eine schnelle Methode für die Bestimmung von Stickstoff in Eisen und Stahl. Inaug.-Diss. Basel, 1905.
24. Heyn und Bauer: Kupfer, Zinn und Sauerstoff. Mitt. K. M. A. 1904, S. 137.
25. Fr. C. G. Müller: St. u. E. 1882, S. 537. — Neue Experimentaluntersuchungen über den Gasgehalt von Eisen und Stahl. St. u. E. 1883, S. 443. — 1884, S. 69.
26. Boudouard: Recherches sur les gaz contenus dans les métaux. Rev. Mét. Febr. 1908, S. 69.
27. Belloc: Über die aus erhitzten Metallen austretenden Gase. C. R. 149, 672; 1909.
28. Belloc: Über die im Stahl okkludierten Gase. Ann. chim. phys. 18, 569; 1909.

## Quellenverzeichnis $L_6$.

(Zu Absatz *366* bis *380*.)

1. Howe: Piping and segregation in steel ingots. Am. Min. Juli 1906.
2. Howe and Stoughton: The influence of the condition of casting on piping and segregation as shown by means of wax ingots. Am. Min. April 1907.
3. Riemer: St. u. E. 1903, S. 1196; — 1904, S. 392.
4. Beikirch: St. u. E. 1905, S. 865.
5. Harmet: The compression of steel by wire-drawing during solidification in the ingot mould. Ir. and St. 1902, II, S. 146.
6. Wiecke: Über die Herstellung von Stahlblöcken für Schiffswellen. Schiffb. Ges. 1905, S. 351.
7. Osann: Das Harmetverfahren im Martinbetrieb der Gewerkschaft „Deutscher Kaiser" in Bruckhausen. St. u. E. 1908, Nr. 45.
8. Heyn und O. Bauer: Versuche über die Wirksamkeit des Harmetverfahrens zum Dichten von Blöcken. Mitt. K. M. A. 1912, Heft 1 usw.
9. E. Heyn: Der technologische Unterricht als Vorstufe für die Ausbildung des Konstrukteurs. Z. d. Ing. 1911, S. 201 und 305.
10. E. Heyn und O. Bauer: Untersuchungen über Lagermetalle. Weißmetall. I. Mitt. K. M. A. 1911, S. 29.
11. Keep: Am Mech. 16; 1895.
12. Thomas Turner: Volume and temperature changes during the cooling of cast iron. Ir. and St. 1906, I, S. 48.
13. Wüst: Über die Schwindung der Metalle und Legierungen. Met. 6, 769; 1909.
14. Hague and Turner: The influence of silicon on pure cast iron. Ir. and St. 1910, II, 72.
15. Coe: Manganese in cast iron and the volume changes during cooling. Ir. and St. 1910. II, 105.
16. Treuheit: Die Gießerei der Firma Ehrhardt & Sehmer. St. u. E. 8/9. 1908, S. 1319.
17. Thomas D. West: Metallurgy of cast iron. St. u. E. 1907, S. 650.
18. Neufang: Die Gießereianlage der Gasmotorenfabrik Deutz. St. u. E. April 1908

## Quellenverzeichnis $L_7$.

(Zu Absatz *381* bis *382*.)

## Quellenverzeichnis $L_8$.

(Zu Absatz *383* bis *400*.)

1. Heusler: Über die Synthese ferromagnetischer Manganlegierungen. Mitt. aus dem chem. Laboratorium der Isabellenhütte, Dillenburg 1904. Über die ferromagnetischen Eigenschaften von Legierungen unmagnetischer Metalle. Schriften der Gesellschaft zur Beförderung der gesamten Naturwissenschaften zu Marburg 13, 237; 1904. Unter Mitwirkung von Richarz, Starck und Haupt.
2. Erich Schmidt: Die magnetische Untersuchung des Eisens und verwandter Metalle. Ein Leitfaden für Hütteningenieure. Halle 1900.
3. H. Starcke: Experimentelle Elektrizitätslehre. Teubner 1910.
4. J. A. Ewing: Magnetische Induktion im Eisen und verwandten Metallen. Deutsch von Holborn und Lindeck. 1892. Springer und Oldenburg.
5. H. du Bois: Magnetische Kreise, deren Theorie und Anwendung. 1894. Springer und Oldenburg.

6. **Charles Riborg Mann:** Über Entmagnetisierungsfaktoren kreiszylindrischer Stäbe. Doktorarbeit. Berlin 1895.

7. **Gumlich und Schmidt:** Magnetische Untersuchungen an neueren Eisenarten. E. T. Z. 1901, S. 691.

8. **Gumlich:** Über die Messung hoher Induktionen. E. T. Z. 1909, Heft 45 und 46.

9. **Gumlich:** Über das Verhältnis der magnetischen Eigenschaften zum elektrischen Leitvermögen magnetischer Materialien. E. T. Z. 1902, Heft 6.

10. **Gumlich:** Die Messung der Permeabilität des Eisens bei sehr kleinen Feldstärken. Ann. Phys. (4) **84**, 235; 1911.

11. **Gumlich und Vollhardt:** Über die Abhängigkeit der magnetischen Eigenschaften des Dynamoblechs von Walzrichtung und Bearbeitung. E. T. Z. 1908, Heft 38.

12. **Gumlich:** Über die magnetischen Eigenschaften eines von Herrn Kreusler hergestellten sehr reinen Eisens. Verh. Phys. Ges. **10**, 371; 1908.

13. **Chas. Steinmetz:** E. T. Z. **12**, 62; 1891.—**13**, 43; 1892. — **13**, 55; 1892.

14. **Ebeling und Schmidt:** Über die magnetischen Eigenschaften der neueren Eisensorten und den Steinmetz'schen Koeffizient der magnetischen Hysteresis. E. T. Z. **18**, 276; 1897.

15. **Ebeling und Schmidt:** Über magnetische Ungleichmäßigkeit und das Ausglühen von Eisen und Stahl. Z. Instr. **16**, 77; 1896. — Wied. Ann. **58**, 330; 1896.

16. **Benischke:** E. T. Z. 4/1. S. 9; 1906.

17. **P. Curie:** Propriétés magnétiques des corps à diverses températures. Ann. chim. phys. (7) **5**, 289; 1895.

18. **Langevin:** Magnétisme et théorie des électrons. Ann. chim. phys. (8) **5**, 70; 1905.

19. **Pierre Weiss:** Molekulares Feld und Ferromagnetismus. Phys. Zeitschr. **9**, 358; 1908.

20. **Kotaro Honda:** Magnetische Erscheinungen bei Elementen und Legierungen. Ann. Phys. (4) **82**, 1027; 1910.

21. **Kotaro Honda:** Die Magnetisierung einiger Legierungen als Funktion ihrer Zusammensetzung und Temperatur. Ann. Phys. (4) **82**, 1003; 1910.

22. **Barton und Williams:** Preliminary note of the temperature variation of the magnetic permeability of magnetite. Rep. Brit. Ass. 1892, S. 657.

23. **Baikow:** Über Polymorphismus des Nickels. J. Russ. Metall. Ges. Nr. 5; 1910.

24. **Schukow:** Über den Wärmeeffekt der magnetischen Umwandlung von Nickel und Kobalt. J. russ. phys. chem. Ges. S. 1748; 1909.

25. **Hopkinson:** Magnetic and other physical properties of iron at high temperature. Phil. Trans. **180**, A, 443; 1889.

26. **Hopkinson:** Magnetic properties of alloys of nickel and iron. Proc. Roy. Soc. **47**, 23 u. **48**, 1; 1890.

27. **Gore:** Phil. Mag. (4) **38**, 64; 1869 u. **40**, 170; 1870.

28. **Morris:** On the magnetic properties and electrical resistance of iron as dependant upon temperature. Phil. Mag. (5) **44**, 213; 1897.

29. **Parshall:** Magnetic data of iron and steel. Civ. Eng. **126**, Mai 1896.

30. **Roget:** Effects of prolonged heating on the magnetic properties of iron. Electrician **41**, 182; 1898 u. **42**, 530; 1899.

31. **Benedicks:** Recherches physico-chimiques sur l'acier au carbone. Doktorarbeit. Upsala 1904.

32. **Mars:** Magnetstahl und permanenter Magnetismus. St. u. E. Nr. 43 u. 45; 1909.

33. **Sklodowska Curie:** Propriétés magnétiques des aciers trempés. Contrib. S. 156.

34. **Hadfield und B. Hopkinson:** The magnetic properties of iron and its alloys in intense fields. Inst. Electr. Eng. Anfang 1911.

35. **Barret, Brown und Hadfield:** On the electrical conductivity and the magnetic permeability of various alloys of iron. Sc. Trans. Roy. Dublin Soc. (2) **7**; 1900.

36. **Burgers und Aston:** The magnetic and electrical properties of iron-silicon-alloys. Met. Chem. Eng. **8**, 131; 1910.

37. **Burgers und Aston:** The magnetic and electrical properties of the iron-nickel-alloys. Met. Chem. Eng. Januar 1910, S. 23.

38. **Burgers und Aston:** Alloys of electrolytic iron with arsenic and bismuth. Am. Electrochem. **15**, 369; 1909.

39. **Burgers und Aston:** Influence of arsenic and tin upon the magnetic properties of iron. Electrochem. Ind. N. Y. **7**, 403; 1909.

40. **Nathusius:** Magnetische Eigenschaften des Gußeisens. St. u. E. 1905, S. 99.

41. **A. Campbell:** Chilled cast iron for permanent magnets. Iron A. 8/3. 1906.

42. **Osmond:** Sur les aciers à aimants. C. R. **128**, 1513; 1899.

43. **Osmond:** De l'effet des basses températures sur certains aciers. C. R. **128**, 1395; 1899.

44. **Osmond:** Sur la trempe des aciers extra-durs. C. R. **121**, 684; 1895.

45. **Lloyd und Fisher:** The testing of transformer steel. Bur. Stand. **5**, 453; 1909.

46. Mazzotto: Das magnetische Altern des Eisens und die Molekulartheorie der Magnete. Phys. Zeitschr. **7**, 263; 1906.

47. C. Bauer: Neuere Untersuchungen über den Magnetismus. Wied. Ann. **11**, 394; 1880.

48. W. Kuntz: E. T. Z. 1894, S. 194.

49. Kohlrausch: Wied. Ann. **38**, 42; 1887.

50. Hopkinson: Proc. Roy. Soc. **45**, 457; 1889.

51. Le Chatelier: C. R. **110**, 283; 1891.

52. Hogg: Thermomagnetische Studien über Eisen-Nickellegierungen. Arch. Genève (4) **29**, 592. — **30**, 15; 1910.

53. Maurain: Änderung der magnetischen Eigenschaften des Eisens in schwachen magnetischen Feldern mit der Temperatur. Anhysterische Magnetisierung bei hoher Temperatur. Ann. chim. phys. (8) **20**, 353; 1910.

54. Verband Deutscher Elektrotechniker: Neuer Wortlaut der Normen für die Prüfung von Eisenblech. E. T. Z. Heft 20; 1910.

55. Terry: Die Wirkung der Temperatur auf die magnetischen Eigenschaften von elektrolytischem Eisen. Phys. Rev. **30**, 133; 1910.

56. Weiß und Kammerlingh Onnes: 1. Die der Sättigung entsprechende Magnetisierungsintensität bei sehr tiefen Temperaturen. C. R. **150**, 686. — 2. Über die magnetischen Eigenschaften des Mangans, Vanadiums und Chroms. C. R. **150**, 687.

57. Swinden: Untersuchungen über die magnetischen Eigenschaften einer Reihe von Kohlenstoff-Wolframstählen. Electrician **62**, 830; 1909.

58. Waggoner: Der Einfluß der niederen Temperatur auf einige physikalische Eigenschaften einer Reihe von kohlenstoffhaltigen Eisenlegierungen. Phys. Rev. **28**, 393; 1909.

59. Tammann: Über die Magnetisierbarkeit der Legierungen ferromagnetischer Metalle. Z. phys. Ch. **65**, 73; 1908.

60. Siegfried Hilpert: Über die Beziehungen zwischen chemischer Konstitution und magnetischen Eigenschaften bei Eisenverbindungen. Verh. Phys. Ges. **11**, 293; 1909.

61. Take: Magnetische und dilatometrische Untersuchungen der Umwandlungen Heuslerscher ferromagnetischer Manganlegierungen. Ann. Phys. (4) **20**, 849; 1906.

62. Take: Magnetische Untersuchungen. Inaug.-Diss. Marburg 1904.

63. Take: Alterungs- und Umwandlungsstudien an Heusler'schen ferromagnetisierbaren Aluminium-Mangan-Bronzen. Verh. Phys. Ges. **12**, 1059; 1910.

64. Kühle: Über die Fortpflanzungsgeschwindigkeit des Magnetismus in lokal erregten Eisenstäben und die Frage der magnetischen Viskosität oder Trägheit. Doktorarbeit. Aachen 1908.

65. Du Prel: Über den Einfluß allseitigen Druckes auf das magnetische Moment von Eisen, Nickel und Nickelstahl. Doktorarbeit. München, Univ. 1910.

66. Warburg: Magnetische Untersuchungen. Wied. Ann. **13**, 141; 1881.

67. Warburg und Hönig: Wied. Ann. **20**, 814; 1883.

68. Röhr: Untersuchungen von Eisenblechen. E. T. Z. **19**, 712; 1898.

69. H. du Bois und E. Taylor Jones: Magnetisierung und Hysterese einiger Eisen- und Stahlsorten. E. T. Z. **17**, 543; 1896.

70. Lydall und Pocklington: Magnetic properties of pure iron. Proc. Roy. Soc. **52**, 228; 1892.

71. E. Wilson: The magnetic properties of almost pure iron. Proc. Roy. Soc. **62**, 369; 1898.

72. Bertrand S. Summers: Theories and facts relating to cast iron and steel. The Ironmonger. 6/5. 1899, S. 58.

73. Holborn: Über das Härten von Stahlmagneten. Z. Instr. **11**, 113; 1891.

74. Schweitzer: Über den Einfluß von Aluminiumbeimengungen auf die magnetischen Eigenschaften des Gußeisens. E. T. Z. **22**, 363; 1901.

# Quellenverzeichnis $L_9$.

### (Zu Absatz *401* bis *404*.)

1. Guertler: Über den elektrischen Leitungswiderstand metallischer Mischkristalle. Elektroch. **13**, 441; 1907.

2. Guertler: Bemerkungen zu dem Gesetz von Matthiessen betr. den Temperaturkoeffizient der elektrischen Leitfähigkeit der Metallegierungen. I. Phys. Zeitschr. **9**, 29; 1908.

3. Rudolfi: Über die elektrische Leitfähigkeit der Legierungen und ihren Temperaturkoeffizienten. Phys. Zeitschr. **9**, 189; 1908.

4. Guertler: Desgl. Erwiderung an Herrn Rudolfi. Phys. Zeitschr. **9**, 404; 1908.

5. Guertler: Über die elektrische Leitfähigkeit der Legierungen. I. Der Zusammenhang zwischen Leitfähigkeit und Konstitution. Z. an. Chem. **51**, 397; 1906.

6. **Guertler**: Über die elektrische Leitfähigkeit der Legierungen. II. Der Zusammenhang zwischen der Konstitution und dem Temperaturkoeffizienten der Leitfähigkeit. Z. an. Chem. **54**, 58; 1907.

7. **Guertler**: Über die elektrische Leitfähigkeit der Legierungen und ihren Temperaturkoeffizienten. III. Phys. Zeitschr. **11**, 476; 1910.

8. **Kurnakow und Schemtschuschny**: Elektrische Leitfähigkeit und Fließdruck isomorpher Gemische des Bleis mit Indium und Thallium. Z. an. Chem. **64**, 149; 1909.

9. **Benedicks**: Über die Härte und den elektrischen Leitwiderstand der festen Metallösungen. Z. an. Chem. **61**, 181; 1909.

10. **Haken**: Beiträge zur Kenntnis der thermoelektrischen Eigenschaften der Metallegierungen. Doktorarbeit. Berlin. Univ. 1910.

11. **Liebenow**: Über den elektrischen Widerstand der Metalle. Elektroch. **4**, 201; 1897.

12. **Kurnakow und Schemtschuschny**: Über die Legierungen des Kupfers mit Nickel und Gold. Die elektrische Leitfähigkeit der festen Metallösungen. Z. an. Chem. **54**, 149; 1907.

13. **Kurnakow, Puschin und Senkowski**: Elektrische Leitfähigkeit und Härte der Legierungen von Silber und Kupfer. Mitt. Petersb. **18**, 347; 1910.

14. **Matthiessen**: Pogg. Ann. **108**, 428; 1858.

15. **Matthiessen**: Pogg. Ann. **110**, 190; 1860.

16. **Matthiessen und Holzmann**: Pogg. Ann. **110**, 222; 1860.

17. **Matthiessen**: Pogg. Ann. **112**, 353; 1861.

18. **Matthiessen und Voigt**: Pogg. Ann. (64) **122**, 19; 1864.

19. **Matthiessen**: Rep. Brit. Ass. (62) 136; 1862.

20. **Matthiessen**: Rep. Brit. Ass. (63) 127; 1863.

21. **H. Le Chatelier**: Rev. gén. d. sciences **6**, 529; 1895.

22. **v. Pirani**: Tantal und Wasserstoff. Elektroch. **11**, 555; 1905.

23. **Friedrich und Leroux**: Mitt. Freiberg 1910 und Met. **4**, 293; 1907.

# Namenverzeichnis
## zur vorliegenden ersten Hälfte II. A des zweiten Bandes.

Die Zahlen geben die Absatznummern im Text an. — Die Zahlen in Klammern nach $L$ verweisen auf die Nummer des betreffenden Quellenverzeichnisses, z. B. $(L_4\ 32)$ verweist auf Quellenverzeichnis $L_4$ und Nummer $32$ in diesem.

# Häufig gebrauchte Bezeichnungsweisen.

Die in Klammern befindlichen Zahlen im Text des Werkes, z. B. (*224*), verweisen auf die Nummer des Absatzes der vorliegenden ersten Hälfte IIA des zweiten Bandes. Steht vor der Zahl in der Klammer I oder IIB, so gibt sie den entsprechenden Absatz im ersten Band oder in der zweiten Hälfte IIB des zweiten Bandes an, z. B. (I, *350*) oder (IIB, *122*). Steht vor der in Klammern befindlichen Zahl ein $L$, so weist sie auf die Nummer des Quellenverzeichnisses hin, z. B. bedeutet ($L_5$ *34*): Quellenverzeichnis $L_5$ in der vorliegenden ersten Hälfte IIA des zweiten Bandes.

| | |
|---|---|
| $\mathfrak{B}$ | = magnetische Induktion. |
| $\mathfrak{B}_r$ | = zurückbleibender Magnetismus. |
| $c$ | = Konzentration, d. i. Gehalt an einem Stoff in Gewichtsprozenten. |
| $c_v$ | = desgl. in Raumprozenten. |
| CGS | = Einheiten des Zentimeter-Gramm-Sekunden-Systems. |
| $\delta$ | = Bruchdehnung in Prozenten. |
| $\delta_{n\sqrt{f}}$ | = „  „  „ gemessen auf Meßlänge $l = n\sqrt{f}$, wobei $f$ der Stabquerschnitt ist. |
| $\delta_{30}$ | = „  „  „ gemessen auf einer Meßlänge $l = 30$ cm, bei in der Quelle nicht angegebenem Stabquerschnitt $f$. |
| $E$ | = Elastizitätsmodul oder Energieumsatz durch Hysteresis bezogen auf die Raumeinheit. |
| $e$ | = elektromotorische Kraft oder Spannungsunterschied. |
| $\varepsilon$ | = $\dfrac{\lambda}{l}$ = Dehnung = Verlängerung bezogen auf die Längeneinheit. |
| $\eta$ | = Steinmetz'sche Zahl. |
| $f$ | = Freiheitsgrad des heterogenen Gleichgewichtes, oder Querschnitt. |
| $f_0$ | = ursprünglicher Querschnitt. |
| $\mathfrak{H}$ | = Feldstärke. |
| $\mathfrak{H}_c$ | = magnetische Rückhaltskraft. |
| $\mathfrak{H}_P$ | = Brinell'sche Härtezahl = $\dfrac{P}{f_k}$, wenn $P$ der Druck in kg, und $f_k$ die Fläche der Eindruckkalotte in qmm bei einem Kugeldurchmesser $D = 10$ mm ist. |
| $\mathfrak{H}'_P$ | = $\dfrac{P}{\frac{\pi}{4}d^2}$ = mittlerer Druck, wenn $P$ der Druck auf die Kugel in kg, $d$ der Durchmesser des Eindruckkreises in mm ist. |
| $\mathfrak{H}_1'$ | = mittlerer Druck für den Durchmesser $d$ des Eindruckkreises gleich 1 mm. |
| HCl/Alk | = Ätzung mit alkoholischer Salzsäure (*235*). |
| HCl/n Amp. | = Ätzung mit Salzsäure durch anodische Auflösung mit n Amp. Stromstärke. |
| $HNO_3$ | = Ätzung mit Salpetersäure 1,18 (*235*). |
| $HNO_3$/Alk. | = Ätzung mit alkoholischer Salpetersäure (*235*). |
| $H_2SO_4$/n Amp. | = Ätzung mit Schwefelsäure durch anodische Auflösung mit n Amp. Stromstärke. |
| $i$ | = Stromstärke. |
| $\mathfrak{J}$ | = Stärke der Magnetisierung bezogen auf die Raumeinheit. |
| $\mathfrak{J}'$ | = „  „  „  „  „  „ Masseneinheit. |
| $\left.\begin{array}{l}\mathfrak{J}_0\\\mathfrak{J}_0'\end{array}\right\}$ | = Stärke der Magnetisierung im Zustand der Sättigung. |
| K | = Ätzung mit Kupferammoniumchlorid (*235*). |
| K/am | = Ätzung mit ammoniakalischem Kupferammoniumchlorid (*235*). |
| $\varkappa$ | = $\dfrac{\mathfrak{J}}{\mathfrak{H}}$ = magnetische Aufnahmefähigkeit bezogen auf die Raumeinheit. |

$\varkappa'$    $= \dfrac{\mathfrak{J}'}{\mathfrak{H}} =$ magnetische Aufnahmefähigkeit bezogen auf die Masseneinheit.

$l$    $=$ Länge.

$\lambda$    $=$ Verlängerung.

$L_t$    $=$ elektrische Leitfähigkeit bei $t$ C⁰.

$\Lambda_t$    $=$ spezifische elektrische Leitfähigkeit bei $t$ C⁰.

$\mu$    $=$ 0,001 mm oder

     $= \dfrac{\mathfrak{B}}{\mathfrak{H}} =$ magnetische Durchlässigkeit.

$n$    $=$ Zahl der unabhängigen Stoffe oder

     $= \dfrac{\sigma_B}{\sigma_k} =$ Sicherheitsfaktor.

$\nu$    $= \dfrac{\sigma_S}{\sigma_B}.$

$p$    $=$ Druck auf die Flächeneinheit in at $=$ kg/qcm oder in mm Qu (Quecksilbersäule) oder in mm W (Wassersäule).

$P_{0,05}$    $=$ Druck in kg, der mit einer Stahlkugel von 5 mm Durchmesser einen Eindruck von 0,05 mm Tiefe erzeugt. Härtezahl nach Martens und Heyn.

$\varphi_m$    $=$ durchschnittliche Korngröße.

Pi/Alk.    $=$ Ätzung mit Pikrinsäure in Alkohol (235).

$r$    $=$ Zahl der Phasen.

$s$    $=$ spezifisches Gewicht oder spezifische Wärme.

$\sigma$    $=$ Spannung in at.

$\sigma_B$    $=$ Bruchgrenze in at ($B$-grenze).

$\sigma_E$    $=$ Elastizitätsgrenze in at ($E$-grenze).

$\sigma_k$    $=$ zulässige Beanspruchung in at.

$\sigma_F$    $=$ Arbeitsfestigkeit in at.

$\sigma_S$    $=$ Streck- oder Fließgrenze in at ($S$-grenze).

$T, t$    $=$ Temperatur in C⁰.

$\tau$    $=$ Temperatur der Kaltverbindung eines Thermoelementes in C⁰.

$V$    $=$ lineare Vergrößerung.

$v$    $=$ spezifisches Volumen oder Geschwindigkeit.

$w_t$    $=$ elektrischer Leitwiderstand bei Temperatur $t$ C⁰.

$\omega_t$    $=$ spezifischer elektrischer Leitwiderstand bei $t$ C⁰.

# I. Allgemeines über Metalle und Legierungen.

*1.* Reine Metalle finden in der Technik, besonders im Maschinenbau, verhältnismäßig wenig Verwendung, weil ihre Festigkeit für die Zwecke des Konstrukteurs zumeist nicht ausreicht. Man sucht deswegen durch Zusammenschmelzen von zwei und mehreren Metallen neue metallische Rohstoffe mit Eigenschaften zu erzielen, die dem Gebrauchszweck besser angepaßt sind. Diese Rohstoffe bezeichnet man als Legierungen (vom italienischen lega = Bündnis, Vereinigung).

Die Festlegung des Begriffs Legierung ist am einfachsten, wenn er sich vorläufig nur auf die flüssigen Legierungen erstrecken soll. Flüssige Legierungen sind Lösungen zweier oder mehrerer Metalle ineinander. Diese Metalllösungen unterscheiden sich von den uns bekannten Lösungen von festen Stoffen in Flüssigkeiten oder von Flüssigkeiten ineinander in keinem wesentlichen Punkte. Sie sind bei der Temperatur der Atmosphäre in der Regel bereits erstarrt, während die sonstigen Lösungen bei dieser Temperatur meist noch flüssig sind. Das ist aber kein Wesensunterschied, sondern nur ein Unterschied in der Höhe der Temperaturstufe, auf der die betreffenden Lösungen noch im flüssigen Zustand verharren können.

In der flüssigen Legierung können unter Umständen auch nichtmetallische Körper gelöst sein, wenn nur dabei das metallische Aussehen der erstarrten Legierung erhalten bleibt (metallischer Glanz und metallische Farbe). So ist z. B. das technisch verwertete Eisen stets eine Legierung des Eisens mit dem nichtmetallischen Kohlenstoff. Eisen legiert sich auch mit den Nichtmetallen Silizium, Phosphor, Schwefel. Kupfer kann Legierungen eingehen mit seiner Sauerstoffverbindung Kupferoxydul, mit Phosphor und Schwefel usw.

*2.* In der überwiegenden Mehrzahl der Fälle ist die gegenseitige Löslichkeit der Metalle im flüssigen Zustand unbegrenzt, d. h. man kann die Metalle in allen beliebigen Verhältnissen zu homogenen Legierungen zusammenschmelzen. Nur in einigen wenigen Fällen gelingt dies nicht. So ist z. B. die gegenseitige Löslichkeit von Blei und Zink begrenzt. Flüssiges Blei vermag nur einen bestimmten von der Temperatur abhängigen Betrag an Zink zu lösen, und ebenso Zink nur einen bestimmten beschränkten Betrag von Blei. Schmilzt man Mischungen mit größeren Gehalten, als diesen Grenzlösungen entsprechen, so lagern sich zwei flüssige Schichten übereinander. Die untere ist bleireicher, sie enthält einen bestimmten Gehalt an Zink in Lösung. Die obere Schicht besteht vorwiegend aus Zink mit einem gewissen Bleigehalt. Beide Schichten vermischen sich nicht bei Temperaturen in der Nähe des Schmelzpunktes von Zink. Durch mechanische Bewegung vermag man zwar die Teilchen der beiden Schichten durcheinander zu wirbeln; sie trennen sich aber in der Ruhe wieder voneinander. Die Verhältnisse liegen ganz ähnlich wie bei einem Gemenge von Äther und Wasser. Auch hier tritt Entmischung in zwei Schichten ein. Die untere Schicht ist Wasser mit einem bestimmten Betrag von in Lösung gehaltenem Äther; die obere Schicht ist Äther mit etwas aufgelöstem Wasser.

Es gibt auch Fälle, in denen gar keine Mischbarkeit zwischen Metallen im flüssigen Zustand besteht. Ein Beispiel hierfür liefert das Eisen und das Blei. Beide Metalle lagern sich im flüssigen Zustand übereinander ohne merkliche gegenseitige Löslichkeit, ähnlich wie sich Wasser und Öl übereinanderschichten.

**3.** So einfach das Wesen der Legierung im flüssigen Zustand erscheint, so verwickelt können die Vorgänge während der Erstarrung sein. Man hat früher geglaubt, daß die Legierungen auch nach der Erstarrung ebenso homogen bleiben, wie im flüssigen Zustand. Dieser Fall tritt aber verhältnismäßig selten ein. In der Mehrzahl der Fälle findet während der Erstarrung Entmischung statt; es bildet sich ein Gemenge von Kristallen verschiedener chemischer Zusammensetzung. Während einer nicht zu weit zurückliegenden Entwicklungsstufe der Lehre von den Legierungen versuchte man alle Erscheinungen durch die Annahme von chemischen Verbindungen innerhalb der Legierung zu erklären, und wenn man alte Bücher durchblättert, so findet man chemische Formeln für die verschiedenen Legierungen mit den verwickeltsten Atomverhältnissen. Die Mehrzahl dieser Formeln haben der Kritik nicht standhalten können und sind heute gestrichen.

Der Fall, daß tatsächlich chemische Verbindungen nach bestimmten Atomverhältnissen in den Legierungen vorkommen, kann eintreten. Er kommt z. B. beim Eisen vor, das sich mit dem Kohlenstoff zu dem Karbid $Fe_3C$ verbindet. Man hat dann die Legierungen des Eisens mit dem Kohlenstoff als Legierungen des Eisens mit dem Karbid aufzufassen. Auch zwischen Kupfer und Zinn besteht die Verbindung $Cu_3Sn$ und in einer ganzen Reihe von anderen Fällen hat man Verbindungen nachgewiesen. Bei einer sehr großen Zahl von Legierungen treten dagegen chemische Verbindungen nicht ein. Wir haben diese Verhältnisse in einem späteren Abschnitt noch eingehend zu besprechen.

**4.** Im allgemeinen kann man den Aufbau der erstarrten Metalle und Legierungen mit dem der kristallinischen Gesteine vergleichen. Man unterscheidet in der Gesteinslehre **einfache** Gesteine, die nur aus Kristallen eines und desselben Minerals aufgebaut sind, wie z. B. der Marmor, der nur aus Kristallkörnern von Kalkspat besteht. Im Gegensatz hierzu bestehen die **zusammengesetzten** Gesteine aus Kristallen mehrerer Mineralarten, z. B. der Granit aus Kristallen von Quarz, Feldspat und Glimmer.

Ähnlichen Aufbau wie die einfachen Gesteine zeigen sämtliche reinen Metalle nach ihrer Erstarrung. Sie bestehen aus polyedrischen, aneinander stoßenden Kristallkörnern gleicher chemischer Zusammensetzung. Die Umgrenzung der Körner entbehrt der geometrischen Gesetzmäßigkeit, wie wir sie bei frei ausgewachsenen Kristallen gewöhnt sind. Infolge gegenseitiger Störung des Wachstums benachbarter Körner sind ihre gegenseitigen Berührungsflächen zufällige Begrenzungsflächen. Trotzdem besitzen die einzelnen Kristallkörner in ihrem Aufbau, abgesehen von der unregelmäßigen Umgrenzung, alle Kennzeichen kristallisierter Stoffe, wie später zu erörtern sein wird. Auch manche Legierungen bestehen aus Kristallkörnern gleicher chemischer Zusammensetzung, wie z. B. die zinnarmen Kupfer-Zinn- und die zinkarmen Kupfer-Zinklegierungen. Solche Legierungen sind auch im erstarrten Zustand vom chemischen Standpunkt aus als homogen zu bezeichnen, denn die chemische Zusammensetzung ist an verschiedenen Punkten des einzelnen Kristallkorns und an Punkten verschiedener Körner gleich. Die Beobachtung mit dem Auge läßt selbst bei Anwendung stärkster Vergrößerung nicht erkennen, daß die Legierung aus zwei oder mehreren einfachen Metallen besteht. Die Kristallkörner bestehen aus einer auch im festen Aggregatzustand erhalten gebliebenen homogenen Lösung der die Legierung bildenden Metalle.

Man nennt solche Kristalle nach Roozeboom „Mischkristalle". Nach van't Hoff sagt man auch, die Mischkristalle bestehen aus einer „festen Lösung" der in ihnen enthaltenen Metalle. Der Begriff feste Lösung darf nicht verwechselt werden mit dem Begriff erstarrte Lösung. Die letztere kann während der Erstarrung die im flüssigen Zustand vorhanden gewesene Homogenität verloren haben und zu einem Gemenge verschiedener Kristallarten umgewandelt sein; bei der festen Lösung muß dagegen die im flüssigen Zustand vorhandene Homogenität auch im festen Aggregatzustand erhalten bleiben. Der Begriff „erstarrte Lösung" sagt nur, daß eine flüssige homogene Lösung erstarrt ist. Darüber, was während der Erstarrung vor sich geht, und ob die Homogenität erhalten bleibt, gibt der Begriff keinen Aufschluß.

Von der chemischen Verbindung unterscheidet sich der Mischkristall oder die feste Lösung dadurch, daß bei der chemischen Verbindung die Grundbestandteile in unveränderlichen bestimmten Atomverhältnissen vereinigt sind, während bei den Mischkristallen (feste Lösungen) die Grundstoffe innerhalb bestimmter Grenzen in allen möglichen Verhältnissen enthalten sind.

Dem Aufbau der zusammengesetzten Gesteine entspricht derjenige einer sehr großen Menge von Legierungen. So besteht z. B. eine Legierung von Blei mit $16\,^0/_0$ Antimon, wie Tafelabb. 4, Taf. I, zeigt, aus hellen Antimonkristallen, die eingebettet sind in eine porphyrische Grundmasse, die sich bei stärkerer Vergrößerung wieder in ein sehr inniges Gemenge von kleinen Blei- und Antimonkriställchen auflöst. Solche Legierungen sind nach der Erstarrung ein Gemenge mehrerer Kristallarten. Das Gemenge hat unter Umständen weitgehende Ähnlichkeit mit einem mechanischen Gemenge, wie es durch Zusammenpressung von sehr fein zerkleinerten Metallteilchen unter hohem Druck erzielt werden kann, und das eine wirkliche Legierung darstellt, wenn die einzelnen Teilchen klein genug sind und zwischen ihnen genügender Zusammenhang besteht. Von den gegossenen Legierungen unterscheiden sich solche durch Druck erzeugte Legierungen in der Regel im Gefügeaufbau, der sich beim Übergang aus dem flüssigen in den festen Aggregatzustand etwas anders gestaltet, als durch die Aneinanderlagerung der kleinen festen Teilchen durch Druck. Unterwirft man aber gegossene Legierungen nach der Erstarrung starken bleibenden Formveränderungen durch starke Drücke oder starke Streckungen bei gewöhnlichen Wärmegraden, so können sich die Unterschiede zwischen den aus dem flüssigen Zustande gewonnenen und den durch Zusammenpressen fester Teilchen erhaltenen und in gleicher Weise behandelten Legierungen verwischen.

*5.* Zuweilen spielen sich in den Metallen und Legierungen nach erfolgter Erstarrung noch besondere Vorgänge ab, die zu vergleichen sind mit dem Übergang aus einem festen Aggregatzustand in einen anderen festen Aggregatzustand. Ähnlich wie der Schwefel nach der Erstarrung bei 95 C⁰ einen Übergang aus dem monoklinen Schwefel in den rhombischen durchmacht, erleidet auch das Eisen nach der Erstarrung bei 900 und 780 C⁰ je eine Veränderung, die weitgehende Übereinstimmung mit Aggregatzustandsänderungen zeigt. Man nennt solche Änderungen, wenn sie sich in chemischen Elementen vollziehen, „allotropische Änderungen". Aber auch in chemischen Verbindungen und in Mischkristallen vollziehen sich oft im festen Aggregatzustand ähnliche Veränderungen. Man nennt sie allgemein (einschließlich der allotropischen) Umwandlungen. Sie sind durchaus keine seltene Erscheinung; sie üben einen weitgehenden Einfluß auf die Eigenschaften der Legierungen aus, in denen sie sich abspielen.

*6.* Elektrolytisch niedergeschlagene Metalle zeigen ganz ähnlichen Aufbau wie solche, die aus dem feuerflüssigen Zustand durch Abkühlung erhalten sind; auch sie bestehen aus einzelnen Kristallkörnern. In manchen Fällen ist sogar die

Unterscheidung zwischen den elektrolytisch niedergeschlagenen und den aus dem geschmolzenen Zustand gewonnenen Metallen auf Grund des Gefügeaufbaues unmöglich, wenn nicht die Unterscheidung durch besondere Nebenumstände noch möglich gemacht wird. Auch Niederschläge von gewissen Legierungen lassen sich elektrolytisch erzielen, z. B. gewisse Legierungen von Kupfer und Zink aus Elektrolytlösungen, die beide Metalle zugleich enthalten.

**7.** In überwiegendem Maße werden die Metalle und Legierungen aus dem geschmolzenen Zustand gewonnen. Sie sind entweder unmittelbar oder nach nochmaligem Umschmelzen zu Gebrauchsgegenständen vergossen, oder sie werden durch Gießen in bestimmte Formen gebracht, die dann den Ausgangspunkt bilden für die Weiterverarbeitung durch Formveränderungen im festen Zustande bei höheren Wärmegraden (Warmrecken = Schmieden, Walzen usw.) oder bei niederen Temperaturen (Kaltrecken usw.).

Bei der Herstellung der Legierung können entweder die Grundmetalle gemeinschaftlich geschmolzen, oder sie können zunächst einzeln verflüssigt und dann zusammengegossen werden. Man kann aber auch in vielen Fällen eines oder mehrere der Grundmetalle in die flüssige Form überführen und die übrigen im festen Aggregatzustand befindlichen Metalle in dem flüssigen Bade auflösen. So kann man z. B. Kupfer in flüssigem Zinn auflösen, ähnlich wie Natriumchlorid in Wasser. Es ist hierbei bei weitem nicht nötig, das Zinnbad auf die Schmelztemperatur des Kupfers zu erhitzen, ebensowenig wie es nötig ist, das zur Lösung des Natriumchlorids verwendete Wasser auf die Schmelztemperatur dieses Salzes zu erwärmen. Kohlenstoff löst sich z. B. leicht in flüssigem Eisen auf, obwohl Kohlenstoff zu den nahezu unschmelzbaren Körpern gehört.

**8.** Zuweilen ist es zur Bildung der Legierung nicht nötig, daß eines der Grundmetalle flüssig ist. Glüht man z. B. Eisen in einer Umgebung von Holzkohle oder anderen kohlenstoffhaltigen Stoffen, so vermag der Kohlenstoff in das Eisen einzudringen und mit diesem eine Legierung zu bilden. Nach Fleitmann kann sich Eisen bis zu einem gewissen Grade auch mit Nickel legieren, wenn beide miteinander in Berührung geglüht werden. In solchen Fällen findet die Legierung durch Diffusion im festen Zustand statt.

Die Einwirkung von Metalldämpfen auf feste Metalle vermag ebenfalls zu Legierungen zu führen. So wird z. B. Kupfer, wenn es Zinkdämpfen ausgesetzt ist, mit dem Zink legiert.

Auch Gase vermögen Legierungen mit Metallen einzugehen, so z. B. der Wasserstoff mit dem Eisen.

# II. Die Vorgänge bei der Erstarrung und Abkühlung der Legierungen. Umwandlungen.

## AA. Allgemeines.

**9.** Bei der Erzeugung von Gebrauchsgegenständen aus Metallen und Legierungen geht man in der überwiegenden Mehrzahl der Fälle von dem ursprünglich gegossenen Material aus. Teils wird dieses unmittelbar in Form von Gebrauchsgegenständen benutzt, teils erfährt es weitere Behandlungen durch Walzen oder Schmieden bei höheren oder bei niederen Wärmegraden, zum Teil werden die Eigenschaften verändert durch Glühen und Abkühlen, wobei der Grad der erreichten Glühhitze, die Dauer der Erhitzung und die Geschwindigkeit der Abkühlung in vielen Fällen die Eigenschaften des Materials in hohem Maße verändern. Bei der Herstellung von Gußstücken spielt auch die Gießhitze, bei der das Material in die Form gegossen wird, und die Geschwindigkeit der Abkühlung vielfach eine wichtige Rolle. Die Geschwindigkeit der Abkühlung ist ihrerseits wieder bedingt durch die Gießhitze, die Temperatur und das Material der Form, die Masse und das Verhältnis der Oberfläche des Gußstückes zu seiner Masse.

Bei geschickter Beherrschung aller dieser Verhältnisse durch die Praxis ist es möglich, die Eigenschaften des Materials den verschiedenen Verwendungszwecken nach Möglichkeit anzupassen. Ungeschicklichkeit oder Unkenntnis bei der Durchführung aller der obengenannten Arbeiten kann dagegen die Eigenschaften des metallischen Rohstoffes ungünstig beeinflussen und ihn für den gedachten Zweck weniger geeignet oder ganz unbrauchbar machen. Die ungünstigen Wirkungen können teils durch geeignete Nachbehandlung wieder beseitigt werden, teils ist dies aber nicht möglich; die Verschlechterung des Materials ist dann dauernd und kann nur durch erneutes Umschmelzen mit oder ohne Anwendung besonderer Hilfsmittel rückgängig gemacht werden.

**10.** Um alle die Einflüsse, die bei der Behandlung eines metallischen Materials berücksichtigt werden müssen, zu übersehen, ist genaue Kenntnis der Vorgänge erforderlich, die sich bei der Erstarrung, bei der weiteren Abkühlung und bei der Wiedererhitzung des abgekühlten Materials abspielen. Diese Vorgänge können außerordentlich mannigfaltig sein, wie die nachfolgenden Auseinandersetzungen lehren werden. Bis vor nicht zu langer Zeit suchte man auf reinem Erfahrungswege, durch Probieren, seinen Weg durch die Vielheit der Erscheinungen zu finden. Es ist nicht zu leugnen, daß hierbei große Erfolge bei Aufwendung von viel Scharfsinn erzielt wurden. Die Verhältnisse liegen aber doch zum Teil derart verwickelt, daß selbst die scharfsinnigste Empirie an eine Grenze gelangt. Es ist deswegen mit Freuden zu begrüßen, daß die Entwicklung der Wissenschaft inzwischen so weit fortgeschritten ist, daß sie Mittel an die Hand geben kann, die in dem Gewirr der vielgestaltigen Erscheinungen klaren Überblick ermöglichen. Dadurch tritt an die Stelle der Fortentwicklung der Wissenschaft von den Legierungen auf dem Wege des Tastens die eigentliche wissenschaftliche Forschung.

Manchem der Leser wird das in diesem Abschnitt zu behandelnde Gebiet gänzlich fremd erscheinen. Es ist natürlich, daß er infolgedessen einen gewissen Widerwillen zu überwinden haben wird, um sich hineinzuarbeiten. Die Arbeit wird sich aber lohnen. Sie ist eine einmalige und die durch sie erweiterte Kenntnis wird bei der praktischen Arbeit lohnende Erleichterung gewähren. Der Verfasser ist bemüht gewesen, seine Darlegungen so zu gestalten, daß sie von Maschinenleuten und Metallurgen ohne Mühe verstanden werden, und daß die Leser die sich aus den Darlegungen ergebenden wissenschaftlichen Hilfsmittel beherrschen lernen. Die praktische Anwendung dieser Hilfsmittel wird sich dann aus der zweiten Hälfte II B dieses Bandes ergeben, der über die Legierungen im besonderen handelt. Es würde dem Verfasser große Freude bereiten, wenn seine Bestrebungen nach dieser Richtung hin von Erfolg begleitet wären.

# BB. Einführung in die Lehre von den Gleichgewichten in Legierungen.

*11.* Um ermüdende Auseinandersetzungen über verwickelte Versuchsanordnungen, wie sie bei dem Studium der Metallösungen (Legierungen) wegen der höheren Schmelzpunkte notwendig sind, vorläufig zu vermeiden, wollen wir von einem einfachen Beispiel, nämlich von den Lösungen des Chlornatriums in Wasser, ausgehen. Dies Beispiel ist besonders deshalb lehrreich, weil die weiter unten gegebenen Ableitungen von jedem mit den einfachsten Hilfsmitteln mühelos auf ihre Richtigkeit geprüft werden können ($L_1$. 3).

Wir wollen mit einer Lösung von 3,84 % Chlornatrium in Wasser beginnen und sie einer gleichbleibenden Temperatur von z. B. — $3^1/_4$ C$^0$ überlassen. Wenn die Lösung diese Temperatur angenommen hat, scheiden sich Eiskristalle aus[1]). Man muß durch Rühren dafür Sorge tragen, daß das Eis sich nicht an den Gefäßwänden festsetzt. Nach mehreren Stunden, je nach der Menge der ursprünglich angewendeten Lösung, ist die Eisausscheidung beendet. Man filtriert alsdann die Mutterlauge von den Eiskristallen ab, natürlich immer bei der unveränderlichen Temperatur von — $3^1/_4$ C$^0$. In einer abgewogenen Menge der Mutterlauge wird sich dann der Chlornatriumgehalt zu 5,49 % ergeben. Der Versuch lehrt also, daß bei einer Temperatur von — $3^1/_4$ C$^0$ Eis und eine Mutterlauge mit 5,49 % Chlornatrium nebeneinander im Gleichgewicht sind. Dieses Gleichgewicht bleibt bestehen, solange die Temperatur — $3^1/_4$ C$^0$ sich nicht ändert. Man kann dies auch so ausdrücken, daß die Mutterlauge mit 5,49 % Chlornatrium bei dieser Temperatur mit Bezug auf Eis gesättigt ist.

Um den Befund schaubildlich darzustellen, wählen wir ein rechtwinkliges Koordinatensystem. Als Abszissen tragen wir die Natriumchloridgehalte in Gewichtsprozenten, als Ordinaten die Temperaturen auf. Es bedeutet dann in Abb. 1 der Punkt $A_1$: Eis (mit 0 % Chlornatrium) bei einer Temperatur — $3^1/_4^0$. Der Punkt $L_1$ entspricht einer Mutterlauge mit 5,49 % Chlornatrium bei derselben Temperatur. Die Senkrechte $\Re_1$ im Abstand 3,84 von der Ordinatenachse entspricht einem System von 3,84 % Chlornatrium und 96,16 % Wasser bei verschiedenen Temperaturen, ohne Rücksicht darauf, ob dieses System eine homogene Lösung oder ein Gemenge von ausgeschiedenen Kristallen und darüberstehender Mutterlauge ist. Wir wollen die Linie $\Re_1$ die Kennlinie des betreffenden Systems nennen. Der Punkt $K_1$ auf der Kennlinie entspricht dem genannten System bei

---

[1]) Bereits von Rüdorff ($L_1$. 1) festgestellt

der Temperatur $-3^1/_4$ C$^0$. Er werde als **Kennpunkt** des Systems für die Temperatur $-3^1/_4$ C$^0$ bezeichnet. Der Versuch hat uns belehrt, daß bei dieser Temperatur das System nicht homogen bestehen kann, sondern in Eiskristalle $A_1$ und darüberstehende Mutterlauge $L_1$ mit 5,49$^0/_0$ Chlornatrium zerfällt.

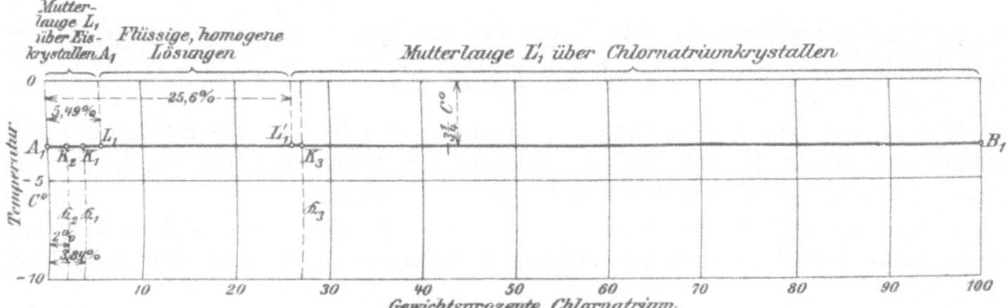


Abb. 1. Gleichgewichtszustände der Systeme Wasser-Chlornatrium bei der Temperatur $-3^1/_4$ C$^0$.

Man drückt dies meist folgendermaßen aus: Das System ist bei $-3^1/_4$ C$^0$ in zwei **Phasen** zerfallen, und zwar in die feste Phase Eis (dargestellt durch den Punkt $A_1$) und in die flüssige Phase (Mutterlauge, dargestellt durch den Punkt $L_1$).

*12.* Eine einfache Rechnung gibt Aufschluß über die Mengenverhältnisse zwischen Eiskristallen $A_1$ und Mutterlauge $L_1$ mit 5,49$^0/_0$ Natriumchlorid. Ein Gramm der ursprünglichen Lösung mit 3,84$^0/_0$ Natriumchlorid zerfalle in $x$ Gramm Mutterlauge $L_1$ mit 5,49$^0/_0$ Natriumchlorid und $1-x$ Gramm Eiskristalle $A_1$ mit 0$^0/_0$ Natriumchlorid. Der Natriumchloridgehalt des Systems muß auch nach dem Zerfall in die beiden Phasen $A_1$ und $L_1$ unverändert bleiben. Es ergibt sich sonach die Gleichung: Natrumchloridgehalt in 1 Gramm des Systemes $=$ Natriumchloridgehalt in $x$ Gramm Mutterlauge $+$ Natriumchloridgehalt in $1-x$ Gramm Eis, also

$$\frac{3,84}{100} = x \cdot \frac{5,49}{100} + (1-x) \cdot 0,$$

woraus folgt $\qquad x = \dfrac{3,84}{5,49} \quad$ und $\quad 1-x = \dfrac{5,49-3,84}{5,49}$

oder $\qquad x = \dfrac{A_1 K_1}{A_1 L_1} \quad$ und $\quad 1-x = \dfrac{K_1 L_1}{A_1 L_1}.$

Die Menge der Eiskristalle $1-x$ ergibt sich also aus dem Verhältnis zwischen der Strecke $K_1 L_1$ (Abstand des Kennpunktes $K_1$ von dem Punkt für die flüssige Phase $L_1$) und der Strecke $A_1 L_1$ (Abstand des die Eiskristalle darstellenden Punktes $A_1$ von dem die Mutterlauge darstellenden Punkt $L_1$). Die Menge der Mutterlauge $x$ findet man durch Division der Strecke $A_1 K_1$ (Abstand des Kennpunktes $K_1$ von dem die Kristalle darstellenden Punkt $A_1$) durch die Strecke $A_1 L_1$.

Die Kennlinie teilt somit die Strecke $A_1 L_1$ in zwei Abschnitte. Der eine Abschnitt $K_1 L_1$, der dem Punkt $L_1$ für die flüssige Phase anliegt, gibt nach Division mit der ganzen Strecke $A_1 L_1$ die Menge der festen Phase an. Der andere Abschnitt $A_1 K_1$ gibt nach Division mit $A_1 L_1$ den Maßstab für die Menge der flüssigen Phase.

*13.* Abb. 1 ist bis jetzt auf Grund der Beobachtung eines Systems von 3,84$^0/_0$ Chlornatrium und 96,16$^0/_0$ Wasser bei $-3^1/_4$ C$^0$ ermittelt. Würden wir ein anderes System, z. B. mit 2$^0/_0$ Chlornatrium, entsprechend der Kennlinie $\Re_2$ wählen und es einer Temperatur von $-3^1/_4$ C$^0$ überlassen, bis die Ausscheidung von Eiskristallen aufhört, also Gleichgewicht eingetreten ist, so würden wir wiederum eine Mutterlauge mit 5,49$^0/_0$ Chlornatrium nach der Filtration erhalten, genau wie in dem zuerst besprochenen Falle. Es stehen also hier wiederum Eiskristalle $A_1$ mit derselben Mutterlauge $L_1$ von $5,49\,^0/_0$ Chlornatrium im Gleichgewicht. Nur die Mengenverhältnisse zwischen den beiden Phasen haben sich .jetzt geändert.

Die Menge der festen Phase (Eiskristalle) beträgt $\dfrac{K_2 L_1}{A_1 L_1}$, ist also größer wie im vorhergehenden Beispiel. Die Menge der flüssigen Phase (Mutterlauge $L_1$) beträgt $\dfrac{K_2 A_1}{A_1 L_1}$ und ist kleiner als bei der Lösung $\Re_1$.

Wählen wir verschiedene Systeme, lassen wir also die Lage des Kennpunktes $K$ auf der Geraden $A_1 L_1$ sich ändern, so wird die Menge der Eiskristalle um so größer, je mehr sich $K$ dem Punkte $A_1$ nähert, je geringer also der Chlornatriumgehalt des ursprünglichen Systems ist, und um so kleiner, je näher $K$ an $L_1$ rückt, also je mehr der Chlornatriumgehalt des ursprünglichen Systems sich dem Wert $5,49\,^0/_0$ nähert.

Lassen wir ein System mit $0\,^0/_0$ Chlornatrium auf $-3^1/_4\,C^0$ abkühlen, so fällt der Kennpunkt $K$ mit $A_1$ zusammen; mithin ist die Menge der Mutterlauge gleich Null. Beträgt der Chlornatriumgehalt des Systems $5,49^0/_0$, so fällt der Kennpunkt $K$ mit $L_1$ zusammen und die Menge der festen Phase (Eiskristalle) wird gleich Null, d. h. wir erhalten keine Ausscheidung von Eis, nur Mutterlauge, das System bleibt auch bei $-3^1/_4\,C^0$ unverändert homogen und flüssig. Dasselbe gilt erfahrungsmäßig auch von Systemen, deren Gehalt größer ist als $5,49^0/_0$. Solche Systeme bleiben bei $-3^1/_4\,C^0$ noch flüssig, ohne Ausscheidung von Eis. Somit bildet der Punkt $L_1$ die Grenze zwischen den unverändert bei $-3^1/_4\,C^0$ flüssig und homogen bleibenden Systemen (mit über $5,49^0/_0$ Chlornatrium) und den bei $-3^1/_4\,C^0$ Eis ausscheidenden Systemen (mit weniger als $5,49^0/_0$ Chlornatrium).

Läßt man nun den Chlornatriumgehalt des ursprünglichen Systems erheblich über $5,49^0/_0$ hinauswachsen, so kommt man bei dem Punkte $L_1'$ an eine neue Grenze. Die Abszisse des Punktes $L_1'$ entspricht einem Chlornatriumgehalt von $25,6^0/_0$. Überschreitet man diesen Gehalt, so bleibt das System bei $-3^1/_4\,C^0$ nicht mehr flüssig und homogen, sondern es scheiden sich aufs neue Kristalle aus, die aber nicht mehr Eis, sondern Chlornatrium sind. Über den Kristallen steht eine Mutterlauge, deren Chlornatriumgehalt entsprechend der Abszisse von $L_1'$ $25,6^0/_0$ beträgt. Bringt man z. B. ein System, dessen Chlornatriumgehalt der Abszisse der Kennlinie $\Re_2$ entspricht, auf die Temperatur $-3^1/_4\,C^0$, so wird nach Eintritt des Gleichgewichts sich ganz analog der früheren Berechnung ergeben:

$$\text{Menge der festen Phase (Chlornatriumkristalle } B_1) = \frac{K_3\,L_1'}{L_1'\,B_1};$$

$$\text{Menge der flüssigen Phase (Mutterlauge } L_1') \;\;= \frac{K_3\,B_1}{L_1'\,B_1}.$$

Die Bedeutung des Punktes $L_1'$ ist uns geläufiger, als die des entsprechenden Punktes $L_1$ bei der früheren Betrachtung. Die Abszisse von $L_1'$ ($25,6^0/_0$ Chlornatrium) gibt nämlich an, daß eine Lösung von $25,6^0/_0$ Chlornatrium bei $-3^1/_4\,C^0$ gesättigt ist mit Bezug auf Chlornatrium. Diese Lösung kann bei $-3^1/_4\,C^0$ unverändert über Chlornatriumkristallen stehen, ohne davon aufzulösen, sie scheidet auch weitere Kristalle nicht ab. Eine Lösung mit höherem Chlornatriumgehalt vermag bei dieser Temperatur nicht zu bestehen. Der Überschuß wird abgegeben bis zum Eintritt des Gleichgewichts, d. h. bis so viel Chlornatrium ausgeschieden ist, daß die Mutterlauge nur noch $25,6^0/_0$ Chlornatrium enthält.

Ganz analog ist aber auch der frühere Punkt $L_1$ als Sättigungspunkt zu betrachten; er bedeutet, daß bei $-3^1/_4\,C^0$ eine Lösung von $5,49^0/_0$ Chlornatrium gesättigt ist mit Bezug auf Eis. Einen höheren Eisgehalt vermag bei dieser Temperatur kein System gelöst zu enthalten. Ein Überschuß wird in Form von Eiskristallen so lange ausgeschieden, bis die Mutterlauge nur noch $100 - 5,49 = 94,51\,^0/_0$ Eis (Wasser) enthält.

Es ist somit kein grundsätzlicher Unterschied zwischen Lösungsmittel und gelöstem Körper vorhanden. Chlornatrium vermag bei bestimmten Temperaturen ebensogut als Lösungsmittel für Eis aufzutreten, wie das Eis als Lösungsmittel für das Chlornatrium. Es hat sich für die Forschung als fruchtbarer erwiesen, den Unterschied zwischen Lösungsmittel und gelöstem Körper fallen zu lassen.

**14.** Bis jetzt wurden die Grenzpunkte $L_1$ und $L_1'$ nur für eine bestimmte Temperatur, nämlich $-3^1/_4$ $C^0$ ermittelt. Bestimmt man die entsprechenden Punkte $L_1$ und $L_1'$ für verschiedene Temperaturen, so gelangt man zu dem Schaubild Abb. 2 (Guthrie, $L_1$ 2). Darin ist $AC$ er geometrische Ort für alle Punkte $L$ bei wechselnder Temperatur, desgleichen $BC$ der geometrische Ort für alle Punkte $L'$ bei verschiedenen Temperaturen. Die Punkte von $AC$ entsprechen Lösungen, die bezüglich Eis. die Punkte von $BC$ Lösungen, die bezüglich Chlornatrium gesättigt sind. Punkt $C$ gibt an, daß ein System mit $23,5\,^0/_0$ Chlornatrium bei einer Temperatur von $-22\ C^0$ sowohl mit Bezug auf Eis, als auch mit Bezug auf Chlornatrium gesättigt ist.

Aus dem Schaubild Abb. 2 erkennt man ohne weiteres, welche Mutterlauge bei einer bestimmten Temperatur $t_1$ mit Eis bzw. Chlornatriumkristallen im Gleichgewicht ist. Man braucht nur eine Parallele zur Abszissenachse im Abstand $t_1$ von dieser zu ziehen. Die Punkte $A_1$, $L_1$, $B_1$, $L_1'$ dieser Wagerechten besagen, daß bei der Temperatur $t_1$ Eis (Punkt $A_1$) neben einer Mutterlauge mit $c_1\,^0/_0$ Chlornatrium (Punkt $L_1$), oder daß Chlornatrium (Punkt $B_1$) bei dieser Temperatur neben einer Mutterlage $L_1'$ mit $c_1'\,^0/_0$ Chlornatrium im Gleichgewicht bestehen kann. Ein beliebiges, durch die Kennlinie $\Re_1$ dargestelltes System

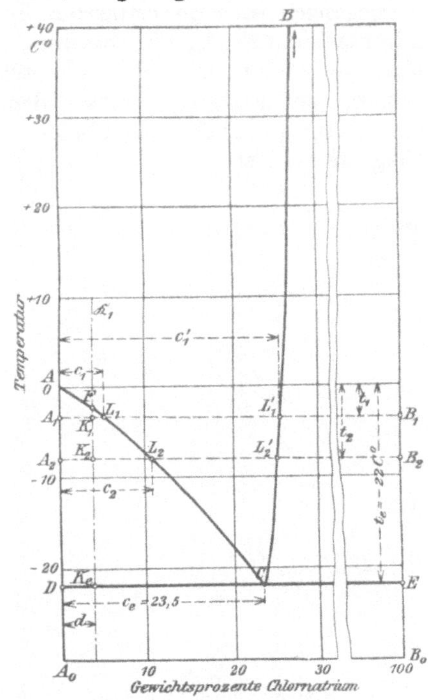

Abb. 2. Gleichgewichtszustände der Systeme Wasser-Chlornatrium bei verschiedenen Temperaturen.

mit $d\,^0/_0$ Chlornatrium wird bei der Temperatur $t_1$ durch den Kennpunkt $K_1$ dargestellt. Es kann bei dieser Temperatur nicht flüssig-homogen bestehen bleiben, weil es in bezug auf Eis übersättigt ist. Es scheiden sich daher Eiskristalle $A_1$ so lange aus, bis die darüberstehende Mutterlauge den dem Punkte $L_1$ entsprechenden Chlornatriumgehalt angenommen hat. Das System zerfällt somit in die feste Phase $A_1$ Eis und die flüssige Phase $L_1$. Läßt man die Temperatur von $t_1$ auf $t_2$ sinken, so muß sich auch eine Änderung im Gleichgewichtszustand anzubahnen suchen, da bei der Temperatur $t_2$ Eiskristalle nur mit einer Mutterlauge mit $c_2\,^0/_0$ Chlornatrium (Punkt $L_2$) im Gleichgewicht sein können. Es muß sich mehr Eis ausscheiden, da $\dfrac{K_2\,L_2}{A_2\,L_2} > \dfrac{K_1\,L_1}{A_1\,L_1}$; die Menge der Mutterlauge muß demzufolge abnehmen, dafür nimmt aber ihr Chlornatriumgehalt zu; er wächst von $c_1$ auf $c_2\,^0/_0$. Bei weiterer Temperaturverminderung wächst die Eismenge weiter; die Menge der Mutterlauge nimmt ab, bis schließlich bei einer Temperatur von — 22 C° das System in die den Punkten $D$ und $C$ entsprechenden Phasen zerfallen ist. Die Mutterlauge enthält jetzt $c_e\%$ Chlornatrium entsprechend der Abszisse von $C$. Weitere Eisausscheidung kann nicht mehr eintreten, ohne daß dadurch gleichzeitig die Mutterlauge gegenüber Chlornatrium übersättigt würde (die dem Punkt $C$ entsprechende Mutterlauge ist ja sowohl mit Bezug auf Eis als auch mit Bezug auf Chlornatrium gesättigt), was wiederum Ausscheidung dieses Salzes zur Folge haben müßte. Aus dieser Verlegenheit kann sich die Mutterlauge nur dadurch retten, daß sie bei weiterer Entziehung von Wärme Eis und Chlornatrium gleichzeitig ausscheidet, und zwar in demselben Verhältnis, in dem beide in der Mutterlauge enthalten waren. Hierbei behält also die Mutterlauge ihre ursprüngliche Zusammensetzung unverändert bei, bis sie völlig in den festen Aggregatzustand übergegangen ist. Im erstarrten Zustand bildet sie ein Gemisch von Eis und Chlornatrium ($23,5\%$ Chlornatrium auf $76,5\%$ Eis). Durch den Versuch ist dies bestätigt (Offer 1880, Ponsot 1895). Es zeigt sich beim Versuch auch, daß während der Erstarrung dieser dem Punkte $C$ entsprechenden Mutterlauge die Temperatur (— 22 C°) unverändert bleibt und erst sinkt, wenn die Mutterlauge völlig erstarrt ist.

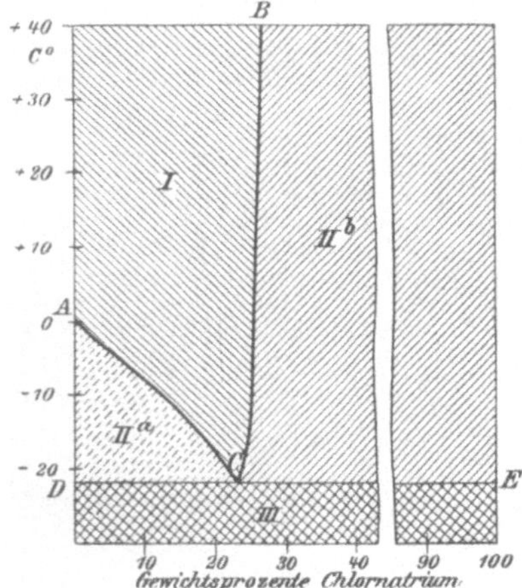


Abb. 3.

I.    Systeme, flüssig, homogen.
II a. Mutterlauge über Eiskristallen.
II b. Mutterlauge über Chlornatrium-
      kristallen.
III.  Systeme fest. Eis- und Chlor-
      natriumkristalle.

Die Gerade $DCE$ bildet somit die Grenze, unterhalb deren sich sämtliche Systeme, gleichgültig welches ihr Chlornatriumgehalt ist, im festen Aggregatzustande befinden. Nach früherem bildet jeder Punkt $L$ die Grenze zwischen dem flüssigen und dem gemischten System (flüssig und fest). Oberhalb $ACB$ sind somit alle Systeme, welches auch ihr Chlornatriumgehalt sei, im flüssigen Zustand und homogen. Die Flächenteile $ACD$ und $BEC$ dagegen bezeichnen diejenigen Bereiche, innerhalb deren die Systeme in einen festen und einen flüssigen Teil zerfallen sind. (Vgl. Abb. 3.)

*15.* Faßt man ein bestimmtes System ins Auge, z. B. das System $\Re_1$ mit $d\%$ Chlornatrium (s. Abb. 2), so sind für dieses die beiden Punkte $F$ und $K_e$ die Grenzpunkte. Oberhalb $F$ ist das System homogen und flüssig. Unterhalb $K_e$ ist es fest und besteht aus zwei Teilen, nämlich Eiskristallen $D$ und festgewordener Mutterlauge $C$, die ihrerseits wieder ein Gemenge von Eis- und Chlornatrium-kristallen im Verhältnis $\dfrac{100-c_e}{c_e}$ darstellt. Die Menge der Eiskristalle $D$ ergibt sich zu $\dfrac{K_e C}{DC}$, die Menge der erstarrten Mutterlauge $C$ zu $\dfrac{K_e D}{DC}$. Die Ordinate von $F$ gibt die Temperatur, bei der die ersten Anteile des Systems fest zu werden beginnen, also die Temperatur der beginnenden Erstarrung. Die Ordinate des Punktes $K_e$ gibt uns diejenige Temperatur $t_e$ an, bei der der letzte Rest flüssiger Mutterlauge (entsprechend dem Punkte $C$) in den festen Zustand übergeht, also das Ende der Erstarrung. Bei den zwischen $F$ und $K_e$ gelegenen Temperaturen ist das System teils fest (ausgeschiedenes Eis), teils flüssig (Mutterlauge). Mit sinkender Temperatur nimmt der feste Teil an Menge zu, der flüssige ab. $FK_e$ kann somit als dasjenige Temperaturintervall aufgefaßt werden, innerhalb dessen sich die Erstarrung des Systems vollzieht.

Statt das System bei sinkender Temperatur zu beobachten, kann man es auch in seinem Verhalten bei steigender Temperatur verfolgen. Solange die Temperatur unterhalb $t_e$ liegt, ist das System im festen Aggregatzustand. Sobald die Temperatur $t_e$ erreicht ist, vermag die erstarrte Mutterlauge $C$ flüssig zu werden, während die Kristalle $D$ noch fest bleiben. Bei weiter steigender Temperatur verändert sich entsprechend dem Schaubild Abb. 2 die Menge der Eiskristalle $D$: sie werden von der gebildeten flüssigen Mutterlauge aufgenommen, die sich dadurch verdünnt, also ärmer an Chlornatrium wird, dafür aber an Menge zunimmt. Bei der dem Punkt $F$ entsprechenden Temperatur sind die Eiskristalle völlig aufgelöst, die Mutterlauge enthält $d^0/_0$ Chlornatrium, das ganze System ist flüssig geworden.

Es ist einleuchtend, daß sowohl für den Fall der sinkenden als auch für den Fall steigender Temperatur die Geschwindigkeit der Temperaturänderung nicht zu groß sein darf, weil sonst der Gleichgewichtszustand, der sich je nach der zum Versuch verwandten Menge des Systems in kürzerer oder längerer Zeit einstellt, wegen Zeitmangel nicht erreicht werden kann. Insbesondere gilt dies für den Übergang aus dem festen Aggregatzustand in den flüssigen, wo ja der allmähliche Vorgang des Auflösens der Kristalle durch Mutterlauge eine gehörige Zeit in Anspruch nimmt, so daß bei zu rascher Ausführung des Versuchs die Temperatur, bei der die ganze Masse geschmolzen sein soll, höher als $F$ ermittelt wird.

**16.** Aus der Bedeutung der Punkte $F$ und $K_e$ als Beginn und Ende der Erstarrung läßt sich ein anderer Weg zur versuchsmäßigen Feststellung des Schaubildes Abb. 2 ableiten als der, der bis jetzt zur Besprechung gelangte. Mit der Erstarrung eines flüssigen Körpers ist Freiwerden von Wärme verbunden. Da die Erstarrung bei $F$ beginnt, muß während des Sinkens der Temperatur von $F$ nach $K_e$ Wärme frei werden. Da bei $K_e$ der letzte Rest flüssiger Mutterlauge bei gleichbleibender Temperatur fest wird, muß bei $K_e$ nochmals Wärmeentbindung eintreten. Überläßt man demnach ein System $\mathfrak{K}_1$ von einer oberhalb $F$ gelegenen Temperatur der ungestörten Abkühlung, so muß der Temperaturabfall von $F$ ab bis $K_e$ infolge der durch allmähliche Ausscheidung von Eis frei werdenden Wärme verzögert werden. Bei $K_e$ muß dann sogar, da ja die flüssige Mutterlauge bei gleichbleibender Temperatur erstarrt, ein Stillstand des Thermometers eintreten. Den Versuch kann man sich in folgender Weise ausgeführt denken: Das System $\mathfrak{K}_1$ ist bei einer oberhalb $F$ gelegenen Temperatur flüssig. Es befinde sich in einem Becherglase, das in einen Raum gebracht wird, dessen Temperatur unveränderlich ist, und unterhalb — 22 C$^0$ liegt. Die Flüssigkeit im Becherglase wird abgekühlt. Die jeweilige Temperatur wird mittels eines in die Flüssigkeit eingehängten Thermometers gemessen, das gleichzeitig zum Umrühren dient, damit nicht infolge schlechter Leitfähigkeit die Temperatur an verschiedenen Stellen der Flüssigkeit verschiedene Werte annimmt. Man beobachtet nun die Zeiten, die seit Beginn der Abkühlung verflossen sind. Sie werden im Schaubild Abb. 4 als Abszissen eingetragen. Die zu diesen Zeiten abgelesenen Temperaturen zeichnet man als Ordinaten in Abb. 4 ein. Würde während der Abkühlung keine Wärme im System frei, so würden wir eine ähnliche Linie, wie die in Abb. 4 gestrichelte Linie $NG$ erhalten. Wegen des Freiwerdens von Wärme zwischen den Temperaturen $F$ und $K_e$ wird dagegen die wirkliche Abkühlungskurve bei $F$ von der gestrichelten Linie abweichen bis $H$, die Abkühlung ist also verzögert. Bei der Temperatur $K_e$ wird wegen des Erstarrens der Mutterlauge $C$ die Abkühlungskurve auf einer bestimmten Strecke $HJ$ nahezu wagerecht laufen. Von $J$ ab sinkt sie weiter und schließt sich dann allmählich wieder der gestrichelten Linie an. Aus der Abkühlungskurve Abb. 4 kann man somit die Lage der Temperaturen $F$ und $K_e$ experimentell bestimmen; man hat jetzt die zwei Punkte $F$ und $K_e$ im Schaubild Abb. 2 ermittelt für das System $\mathfrak{K}_1$ mit $d^0/_0$ Chlornatrium. Verfährt man in gleicher Weise mit verschiedenen Systemen, indem man $d$ zwischen 0 und $100^0/_0$ verändert, so erhält man auf einem von früher verschiedenen Wege das gleiche Schaubild wie in Abb. 2.

Beide Wege zur Ermittelung dieses Schaubildes können zur gegenseitigen Kontrolle verwendet werden. Für Systeme, die bei den für die Erstarrung in Betracht kommenden Temperaturen noch filtrierbar sind, ist der zuerst angegebene Weg I der einfachere. Für Systeme dagegen, die nur bei hohen Temperaturen flüssig sind, ist dieser Weg schwer praktisch zu beschreiten, und man wendet hierfür vorwiegend das zuletzt genannte Verfahren II zur Ermittelung des der Abb. 2 entsprechenden Schaubildes an. Man nennt ein solches Schaubild vielfach: „Erstarrungspunkts- oder Schmelzpunktskurve". Der Ausdruck Erstarrungs- oder Schmelzpunkt ist nach obigem nicht gut gewählt, da die Mehrzahl der Lösungen nicht bei einem bestimmten Temperaturpunkt, sondern innerhalb eines Temperaturintervalles (z. B. $FK_e$) erstarren. Im folgenden sollen Schaubilder nach Abb. 2 als „$c$, $t$-Bilder" bezeichnet werden, weil in ihnen die Konzentration $c$, das ist der Prozentgehalt an einem der gelösten Stoffe als Abszisse, die Temperatur $t$ als Ordinate verwendet ist.

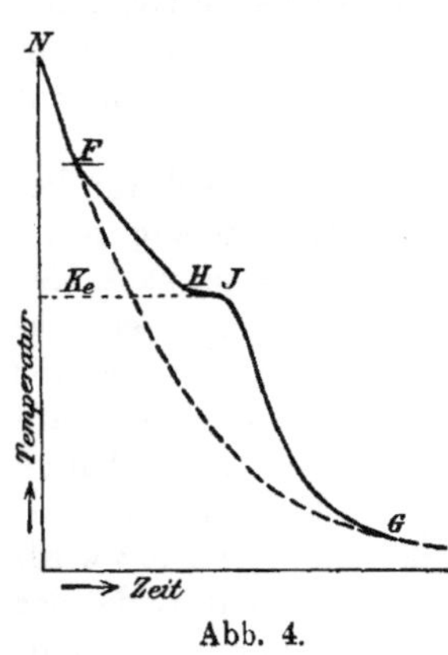



Abb. 4.

**17.** Aus Abb. 2 ergibt sich noch eine weitere Folgerung. Die Erstarrung des reinen Wassers erfolgt nach dem Schaubild im Temperaturintervall 0 bis — 22 C°, was der Erfahrung widerspricht. Der Widerspruch ist aber nur scheinbar. Die Menge der bei — 22 C° z. B. im System $\mathfrak{K}_1$ zuletzt erstarrenden Mutterlauge $C$ beträgt nämlich $\dfrac{DK_e}{DC}$. Rückt $K_e$ nach $D$, d. h. beobachten wir reines Wasser während seiner Erstarrung, so wird $DK_e = 0$, mithin ist auch die Menge der flüssigen Mutterlauge gleich Null. Das gleiche ergibt sich für jede Temperatur zwischen — 22 und 0°; in allen Fällen besteht nur festes Eis, die Menge der Flüssigkeit ist Null; das Wasser erstarrt somit bei 0° ohne Sinken der Temperatur, wie uns die Erfahrung lehrt. Das Intervall $AD$ besagt weiter nichts, als daß in ihm Null Gramm Mutterlauge erstarren, das ist gleichbedeutend damit, daß überhaupt keine Erstarrung unter 0° mehr stattfindet. Liegt $K_e$ um einen sehr kleinen Betrag rechts von $D$, so ist zwar die Menge der bei — 22° erstarrenden Mutterlauge nicht mehr Null, aber doch noch sehr klein; folglich muß auch die dabei freiwerdende Wärme einen sehr geringen Wert haben, d. h. die Strecke $HJ$ in Abb. 4 wird so kurz, daß sie der Beobachtung entgeht. Daraus folgt, daß das Verfahren II zur Ermittelung des $c$, $t$-Bildes Punkte $K_e$ in der Nähe von $D$ nicht liefert.

Genau so wie Wasser bei unveränderlicher Temperatur 0° erstarrt, also einen wirklichen Erstarrungspunkt besitzt, hat auch reines Chlornatrium einen bestimmten Erstarrungspunkt, kein Erstarrungsintervall. Im Schaubild Abb. 2 sind die Systeme nicht bis zum reinen Chlornatrium fortgesetzt, weil sie, Atmosphärendruck vorausgesetzt, nur bei sehr hohen Temperaturen flüssig sein würden, bei denen das Wasser längst verdampft ist. Diese chlornatriumreichen Systeme lassen sich also praktisch unter Atmosphärendruck nicht mehr verwirklichen[1]).

---

[1]) Alle bisher angestellten Betrachtungen setzen Atmosphärendruck voraus.

Außer den beiden Endgliedern der Systemreihe (Wasser-Chlornatrium) hat nun auch das System $C$ mit $23{,}5\,^0/_0$ Chlornatrium einen wirklichen Erstarrungspunkt, kein Erstarrungsintervall. Dieses System nimmt also eine Ausnahmestellung in der ganzen Reihe ein. Es zeichnet sich noch weiter dadurch aus, daß es bis zu der niedrigsten Temperatur von $-22^0$ völlig flüssig und homogen bestehen kann, also bei einer Temperatur, bei der alle anderen Glieder der Reihe bereits ganz oder teilweise fest sind. (Vgl. auch Abb. 3.) Dieses System mit $23{,}5\,^0/_0$ Chlornatrium hat daher die Bezeichnung: „eutektisches (gutflüssiges) System" erhalten. Die dem Punkte $C$ entsprechende Temperatur heißt die „eutektische" Temperatur. Der Punkt $C$ heißt der „eutektische Punkt". Die Linie $DCE$ die „eutektische Linie".

**18.** Aus unserer bisherigen Betrachtung ersehen wir, daß nur die Endglieder der Reihe der Wasser-Chlornatriumlösungen nach der Erstarrung ebenso homogen verbleiben können, wie im flüssigen Zustande. Bei allen anderen Gliedern dagegen erfolgt während der Erstarrung eine Entmischung in Eis und Chlornatrium; es entstehen also Gemenge. Wir können lediglich auf Grund des Schaubildes Abb. 2 voraussagen, wie der innere Aufbau der erstarrten Mischungen sein muß. Aus Mischungen mit weniger als $23{,}5\,^0/_0$ Chlornatrium scheiden sich erst Eiskristalle aus, die dann später durch die erstarrende Mutterlauge $C$ miteinander verkittet werden. Diese erstarrte Mutterlauge ist aber ihrerseits ein Gemenge von Eis- und Chlornatriumkriställchen, die erfahrungsgemäß meist

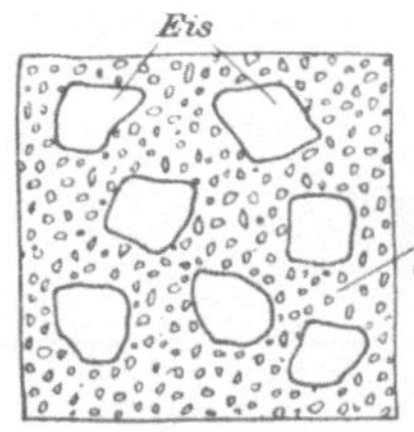


Abb. 5.

außerordentlich klein ausgebildet sind. Der innere Aufbau würde der schematischen Abb. 5 entsprechen (in der auf die wirkliche Kristallform keine Rücksicht genommen ist); er ist als porphyrisch zu bezeichnen. Eiskristalle liegen in der eutektischen Mischung $C$ (porphyrische Grundmasse), die ihrerseits ein inniges Gemenge von Eis- und Chlornatriumkriställchen darstellt.

Systeme mit mehr als $23{,}5\,^0/_0$ Chlornatrium besitzen dieselbe porphyrische Grundmasse, nur sind in ihr nicht Eiskristalle, sondern Chlornatriumkristalle eingebettet. Die Lösung mit $23{,}5\,^0/_0$ Chlornatrium, also die eutektische Lösung, ergibt bei der Erstarrung ausschließlich die porphyrische Grundmasse, ohne Einsprenglinge von Eis oder Chlornatrium.

**19.** Wir können die bisherigen Betrachtungen auf Legierungen übertragen, von denen wir ja wissen, daß sie im flüssigen Zustand Lösungen von Metallen sind. Es müssen bei den Metallösungen ähnliche $c, t$-Bilder auftreten, wie in Abb. 2.

Das $c, t$-Bild für die Legierungsreihe Blei-Antimon ist in Abb. 6 wiedergegeben[1]). Es zeigt dieselben kennzeichnenden Einzelheiten wie Abb. 2, nämlich zwei sich schneidende Linien $AC$, $BC$ und eine durch den Schnittpunkt laufende Wagerechte $DCE$. Die eutektische Mischung enthält entsprechend der Abszisse des eutektischen Punktes $C$ $13\,^0/_0$ Antimon; die eutektische Temperatur ist $247^0$. Kennt man außer diesen beiden Werten noch die Erstarrungspunkte $A$ und $B$ der Endglieder der Legierungsreihe, also des reinen Bleis und des reinen Antimons, so hat man bereits einen ungefähren Überblick über die Erstarrungsverhältnisse der gesamten Reihe der Blei-Antimonlegierungen. Die Punkte der Linien $AC$ und $BC$ entsprechen dem Beginn der Erstarrung der verschiedenen Legierungen. Im gewöhnlichen Leben nennt man diese Temperatur der beginnenden Erstarrung den Erstarrungsbzw. Schmelzpunkt. Richtig ist dies nicht, wie wir bei den Wasser-Chlornatrium-

---

[1]) Roland Gosselin $(L_14)$. Stead $(L_15)$. Charpy $(L_16)$. Gontermann $(L_17)$.

lösungen gesehen haben; denn mit Ausnahme von reinem Blei, reinem Antimon und der eutektischen Legierung erstarren die Blei-Antimonlegierungen innerhalb von Temperaturintervallen, die durch die senkrechten Abstände der Punkte des Linienzuges *ACB* von den entsprechenden Punkten der Linie *DCE* gemessen werden. Oberhalb *ACB* haben wir das Temperaturbereich der flüssigen Legierungen, unterhalb *DCE* dasjenige der festen Legierungen. Die Dreiecke *ACD* und *BCE* geben die Temperaturbereiche für die teils im flüssigen, teils im festen Zustand befindlichen Legierungen. Die Punkte der Linien *AC* und *BC* entsprechen dem Beginn der Erstarrung, die Punkte der Linie *DCE* dem Ende der Erstarrung.

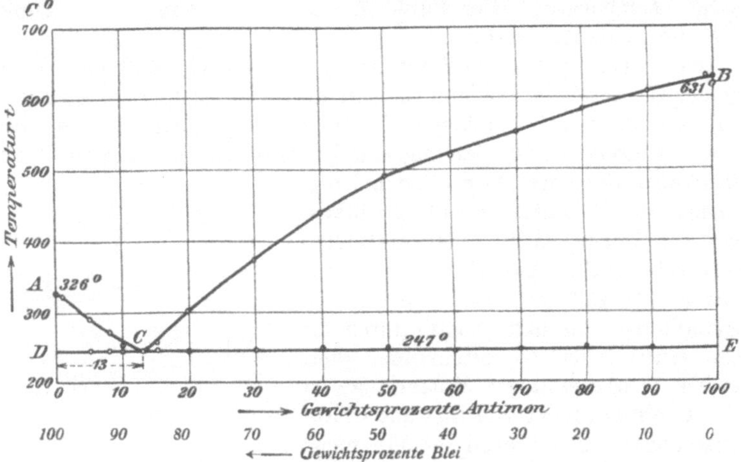


Abb. 6. *c, t*-Bild der Legierungsreihe Blei-Antimon.

Die aus Abb. 2 gewonnenen Schlüsse können wir unmittelbar auch auf Abb. 6 übertragen; wir brauchen nur statt Wasser (bzw. Eis): Blei und an Stelle von Chlornatrium jetzt Antimon zu sagen. Demnach werden alle Legierungen mit weniger als 13 % Antimon zunächst Bleikristalle (antimonfrei oder wenigstens mit geringem Antimongehalt) ausscheiden. Die darüber stehende Mutterlauge reichert sich dadurch an Antimon an. Dies setzt sich unter fortgesetzter Ausscheidung von Bleikristallen, Anreicherung der Mutterlauge an Antimon und Sinken der Temperatur fort, bis die eutektische Temperatur 247° erreicht ist; dann enthält die noch flüssige Mutterlauge 13 % Antimon und erstarrt bei gleichbleibender Temperatur unter Zerfall in ein inniges Gemenge von Blei- und Antimonkriställchen. Legierungen mit über 13 % Antimon scheiden hingegen bei den Punkten der Linie *BC* zunächst Antimonkristalle aus. Dadurch wird die noch flüssige Mutterlauge ärmer an Antimon. Mit sinkender Temperatur wächst die Menge der Antimonkristalle, und der Gehalt der flüssigen Mutterlauge an Antimon nimmt ab, bis bei der eutektischen Temperatur 247° dieser Gehalt wiederum 13 % beträgt. Nun erstarrt sie unter Zerfall in ein inniges Gemenge von Blei- und Antimonkriställchen.

Die eutektische Legierung liegt bei 13 % Antimon, sie erstarrt bei gleichbleibender Temperatur von 247° C ohne vorherige Ausscheidung von Blei oder Antimon zu einem innigen Gemisch von Blei- und Antimonkriställchen. Allgemeiner lassen sich die Vorgänge wie folgt zusammenfassen: Jedes Glied der Legierungsreihe Blei-Antimon verhält sich bei seiner Erstarrung so, daß der flüssig bleibende Rest der Zusammensetzung der eutektischen Mischung mit 13 % Antimon zustrebt. Legierungen mit geringerem Antimongehalt als 13 % müssen zu diesem Zweck so lange Blei ausscheiden, bis die Mutterlauge 13 % Antimon erlangt hat.

Antimonreichere Legierungen dagegen müssen zum gleichen Zwecke Antimon absondern.

**20.** Entsprechend den früheren Erörterungen über den Aufbau der erstarrten Wasser-Chlornatriumreihen, können wir bezüglich des Aufbaues der erstarrten Blei-Antimonlegierungen folgende Schlüsse ziehen:

> Legierungen mit weniger als 13% Antimon: Bleikristalle eingebettet in der porphyrischen Grundmasse des Eutektikums,
> Legierungen mit 13% Antimon: Porphyrische Grundmasse (Eutektikum),
> Legierungen mit mehr als 13% Antimon: Antimonkristalle, eingebettet in der porphyrischen Grundmasse des Eutektikums.

Die porphyrische Grundmasse oder das eutektische Gemenge stellt in allen drei Fällen ein inniges Gemisch von kleinen Blei- und Antimonkriställchen im Verhältnis von 87:13 dar.

Für diese Schlüsse bietet uns die mikroskopische Betrachtung den Beleg. Tafelabb. 1, Taf. I zeigt bei 29facher Vergrößerung eine Stelle eines Schliffs einer Legierung mit 8% Antimon und 92% Blei nach Ätzung mit Salpetersäure 1:5. Durch die Ätzung wird das Blei schwarz gefärbt, das Antimon bleibt hell und glänzend. Man erkennt dunkle Bleikristalle in einer grauen Grundmasse. Bei stärkerer (z. B. 365facher) Vergrößerung (s. Tafelabb. 2, Taf. I) erkennt man, daß die Grundmasse (Eut.) sich in helle Antimon- und dunkle Bleikriställchen auflöst, sie entspricht also dem eutektischen Gemenge. Tafelabb. 3, Taf. I, in 29facher Vergrößerung entspricht einer Legierung mit 12% Antimon, deren Zusammensetzung also derjenigen der eutektischen Legierung mit 13% Antimon ganz nahe kommt. Hier ist fast ausschließlich graue eutektische Grundmasse vorhanden, die bei stärkerer Vergrößerung ähnlichen Aufbau wie der Gefügebestandteil Eut. in Tafelabb. 2 zeigt. Nur noch ganz vereinzelt zeigen sich dunkle Bleikriställchen. In Tafelabb. 4, Taf. I, ist bei 29facher Vergrößerung eine Legierung mit 16% Antimon dargestellt. Hier beobachtet man wiederum die eutektische graue Grundmasse, die bei stärkerer Auflösung ungefähr das Aussehen wie der Gefügebestandteil Eut. in Tafelabb. 2 hat. In dieser Grundmasse liegen nun aber helle Antimonkristalle eingebettet. Der mikroskopische Befund bestätigt also die obigen Schlüsse vollkommen.

# CC. Das Wichtigste aus der Lehre von den Gleichgewichten. Die Phasenregel.

**21.** Um für das Folgende die nötigen Unterlagen zu gewinnen, müssen wir eine kleine Umschau auf einem etwas allgemeineren Gebiet halten, als es die Lehre von den Legierungen ist. Wir werden aber dadurch auf einen Standpunkt gelangen, der uns beim Studium der Legierungen von hohem Werte sein wird. Es ist daher dem Leser besonders zu empfehlen, gerade dieses Kapitel gründlich zu studieren, damit er der Erleichterungen teilhaftig wird, die die Anwendung dieser Lehren in den späteren Kapiteln dieses Buches bietet.

Wir haben gesehen *(11)*, daß bei einer Temperatur von beispielsweise — $3\frac{1}{4}$ C° Eiskristalle mit einer flüssigen Lösung von Wasser mit 5,49% Chlornatrium im Gleichgewicht sind. Wir nennen ein solches Gleichgewicht ein „heterogenes Gleichgewicht", wenn zwei oder mehrere in sich homogene Erscheinungsformen (Phasen) nebeneinander bestehen, wie es bei dem gewählten Beispiel der Fall ist. Die eine homogene Erscheinungsform (Phase) ist das Eis, das wir in allen seinen Teilen als chemisch einheitlich kennen (soweit natürlich von etwa eingeschlossenen Resten von Mutterlauge abgesehen wird). Die zweite homogene

Erscheinungsform (Phase) ist die flüssige Mutterlauge. Solche nebeneinander bestehende homogene Erscheinungsformen in heterogenen Systemen haben nach Gibbs ($L_1$ 8) den Namen „Phasen" erhalten. Das als Beispiel gewählte System besteht aus einer flüssigen und einer festen Phase.

Wir wollen im folgenden, solange nicht ausdrücklich das Gegenteil gesagt ist, die Systeme stets unter Atmosphärendruck voraussetzen, weil wir es bei den Legierungen in der Regel mit diesem Druck zu tun haben.

**22.** Das Wasser kann in drei Phasen auftreten, die in diesem Falle mit den drei Aggregatzuständen zusammenfallen. Es kann als Eis, flüssiges Wasser und Dampf vorkommen. Heterogenes Gleichgewicht zwischen der festen und flüssigen Phase besteht bei der Schmelztemperatur des Eises; zwischen flüssigem Wasser und Dampf bei der Siedetemperatur 100 C⁰.

Da alle Gase vollkommen mischbar sind, so kann immer nur eine einzige gasförmige Phase an einem heterogenen Gleichgewicht beteiligt sein. Anders ist es dagegen bei den flüssigen Phasen. Besteht das System aus im flüssigen Zustande vollkommen ineinander löslichen Stoffen, so kann auch hier nur eine einzige flüssige Phase vorkommen, wie z. B. bei Gemischen von Wasser und Alkohol, Kupfer und Zink usw. Sind aber die am System beteiligten Stoffe im flüssigen Zustand nur beschränkt ineinander löslich, wie z. B. Äther und Wasser oder Blei und Zink (2), so bilden sich übereinanderstehende Flüssigkeitsschichten, von denen jede eine flüssige Phase für sich darstellt. Beide bilden zusammen ein heterogenes Gleichgewicht.

Auch im festen Aggregatzustand können mehrere Phasen nebeneinander im Gleichgewicht bestehen. So sind z. B. bei den erstarrten wässerigen Chlornatriumlösungen im Gleichgewicht die zwei festen Phasen Eis- und Chlornatriumkristalle, in den erstarrten Blei-Antimonlegierungen die beiden festen Phasen Blei- und Antimonkristalle. Es ist aber durchaus nicht immer notwendig, daß in einer erstarrten Legierung aus zwei Metallen (Zweistofflegierung) zwei feste Phasen auftreten. Wenn die beiden Metalle auch im festen Zustand vollkommen ineinander löslich sind, wie z. B. Silber und Gold, so besteht auch im festen Zustand nur eine Phase, die wir als Mischkristall (4) bezeichnen. Das soll andeuten, daß die Kristalle in allen ihren Teilen die Legierungsbestandteile ebenso gleichmäßig verteilt enthalten, wie eine flüssige Lösung. An Stelle des Begriffs Mischkristall wird auch der Name „Feste Lösung" gebraucht (4).

**23.** Nach *11* bis *13* sind bei der Temperatur — $3^1/_4$ C⁰ Eiskristalle mit einer Mutterlauge von 5,49⁰/₀ Chlornatrium im Gleichgewicht. Man ändert an dem Gleichgewicht nichts, wenn man eine beliebige Menge von Eiskristallen von — $3^1/_4$ C⁰, oder beliebige Mengen der Lösung mit 5,49⁰/₀ Chlornatrium ebenfalls von der Temperatur — $3^1/_4$ C⁰ zu dem im Gleichgewicht befindlichen System hinzufügt. Das ging schon daraus hervor, daß es ganz gleichgültig war, welche flüssige Lösung von Wasser und Chlornatrium durch Abkühlung auf — $3^1/_4$ C⁰ in das betreffende Gleichgewicht übergeführt wurde. Solange der Chlornatriumgehalt der Lösung kleiner als 5,49⁰/₀ bleibt, erhalten wir immer dasselbe Gleichgewicht, nur wechseln die Mengen der beiden Phasen mit dem Chlornatriumgehalt des Systems. Wählen wir eine an Chlornatrium arme Lösung, so erhalten wir bei — $3^1/_4$ C⁰ viel Eis und wenig von der flüssigen Phase mit 5,49⁰/₀ Chlornatrium; wählen wir eine dem Gehalt von 5,49⁰/₀ näher stehende Lösung, so liegt der Fall umgekehrt.

Wir sind somit zu einem allgemeingültigen Gesetz gelangt: **Das Gleichgewicht ist unabhängig von der Menge der Phasen** (solange diese Menge nicht Null wird); **es wird nur beeinflußt von der Zusammensetzung der Phasen** ($L_1$ *8* und *9*).

**24.** Eine Legierung von Blei und Antimon ist eine Legierung oder ein System aus zwei „Stoffen" (Komponenten nach Gibbs $L_1$ 8) oder ein **Zweistoffsystem**. Eis, Wasser und Wasserdampf sind drei Phasen eines und desselben Stoffes. Das System ist ein **Einstoffsystem**. Das System Wasser-Chlornatrium besteht aus zwei Stoffen, ist also ein Zweistoffsystem. In manchen Fällen kann die Feststellung der Zahl der Stoffe (Komponenten) weniger einfach sein, als in den genannten Beispielen. Für die richtige Anwendung der später zu besprechenden Gesetze über die Phasen und die Stoffe ist es erforderlich, den Begriff „Stoff", wie er hier gebraucht werden soll, näher festzulegen.

Man könnte z. B. im Zweifel sein, ob das System Chlornatrium-Wasser aus **zwei Stoffen**: Chlornatrium und Wasser oder aus **drei Stoffen**: Natrium, Chlor und Wasser besteht. Das letztere würde nur dann angenommen werden müssen, wenn das System unter solchen Versuchsbedingungen betrachtet wird, unter denen Natrium und Chlor im chemisch nicht gebundenen Zustand nebeneinander auftreten können. Bei den bisher von uns besprochenen wässerigen Lösungen von Chlornatrium und Wasser ist aber Gegenwart von Natrium und Chlor ohne chemische Bindung unmöglich. Unter diesen Umständen ist das System als aus zwei Stoffen bestehend aufzufassen.

Nach der derzeitigen Anschauung hat man sich in Salzlösungen, wie z. B. in wässerigen Chlornatriumlösungen den gelösten Elektrolyt NaCl teilweise in zwei ungleichartige Ionen gespalten zu denken, nämlich in die Na-Ionen und in die Cl-Ionen. Auf diesen Zerfall wird bei der Zählung der Stoffe nicht Rücksicht genommen.

Ohne Berücksichtigung bei der Bemessung der Stoffzahl bleiben auch sog. „Assoziationen". Man kann sich z. B. in flüssigen Eisen-Kohlenstoff-Legierungen vorstellen, daß neben den Molekülen $C$ auch noch Moleküle $C_n$ bestehen, in denen $n$ einfache Kohlenstoffmoleküle $C$ zu einem Molekül mit mehreren Atomen Kohlenstoff zusammengeschart (assoziiert) sind. In diesem Falle werden aber die beiden verschiedenen Arten von Kohlenstoffmolekülen, die nebeneinander denkbar sind, als ein einziger Stoff betrachtet.

Im System Eisen-Kohlenstoff besteht auch noch eine Verbindung $Fe_3C$ (Eisenkarbid), die neben Fe und C auftreten kann. Trotzdem sprechen wir nur von einem Zweistoffsystem, aus den **zwei** Stoffen Eisen und Kohlenstoff, weil diese beiden Stoffe **genügen**, um das Karbid zu bilden. Wir wählen die möglichst kleinste Zahl von Stoffen, und diese müssen voneinander **unabhängig** sein, d. h. **der eine Stoff darf sich nicht aus den anderen bilden lassen.** $Fe_3C$ läßt sich aus Eisen und Kohlenstoff bilden, ist also von diesen nicht unabhängig. Dasselbe galt für die oben erwähnten Moleküle $C_n$, die sich aus den einfachen Molekülen $C$ bilden lassen sie sind also ebenfalls abhängig.

**25.** Das Gleichgewicht zwischen mehreren Phasen ist festgelegt:

    a) durch den Druck $p$,

    b) durch die Temperatur $t$,

    c) durch die Zusammensetzung der einzelnen Phasen.

In einem im Gleichgewicht befindlichen System müssen der Druck $p$ und die Temperatur $t$ in allen Phasen gleich sein. Solange dies nicht der Fall ist, strebt das System einem Gleichgewichtszustand zu, in dem diese Größen gleich geworden sind. Dagegen können die einzelnen Phasen eines im Gleichgewicht befindlichen Systems verschiedene Zusammensetzung haben. Die Zusammensetzung wird festgelegt durch die Gehalte $c_a$, $c_b$, ... der einzelnen Phasen an den das System aufbauenden Stoffen $A$, $B$, ...

Das Gleichgewicht der eutektischen Lösung von Wasser-Chlornatrium bei der eutektischen Temperatur ist gebildet aus folgenden drei Phasen *(11—18)*: Flüssige eutektische Lösung mit $23\,^0/_0$ Natriumchlorid, also $c = 23$; feste Phase Eiskristalle mit $0\,^0/_0$ Natriumchlorid, also $c = 0$; feste Phase Natriumchloridkristalle mit $c = 100$. Durch diese drei Größen $c$ ist die Zusammensetzung der Phasen bestimmt, da ja der Gehalt an dem zweiten Stoff Wasser durch den Unterschied $100 - c$ gegeben ist. Zur begrifflichen Festlegung des Gleichgewichts ist weiter erforderlich die Angabe der Temperatur $t = -22\ C^0$ und des Druckes $p = 1$ Atm. Die Menge der einzelnen Phasen ist, wie wir bereits festgestellt haben, für die Beschreibung des Gleichgewichts nicht nötig *(23)*.

**26.** Zwischen der Zahl der Stoffe $n$ und der Zahl der Phasen $r$ eines im Gleichgewicht befindlichen Systems besteht eine Beziehung, die man als **Phasenregel** bezeichnet und die von **Gibbs** erkannt worden ist. Sie bildet einen wertvollen Wegweiser in der Mannigfaltigkeit der Erscheinungen, die bei den verschiedenen Legierungen beobachtbar sind, und es ist deswegen unerläßlich, den Leser damit vertraut zu machen. Auf die wissenschaftliche Ableitung der Regel muß hier im Interesse der Kürze verzichtet werden. (**Willard Gibbs**: $L_1$ 8. — **Bakhuis Roozeboom**: $L_1$ 9.)

Die Phasenregel besagt: **Die Anzahl der miteinander im Gleichgewicht stehenden Phasen kann nicht größer sein als die um zwei vermehrte Zahl der Stoffe**[1]), oder

$$r_{max} = n + 2.$$

Die Zahl der Phasen kann aber kleiner sein als $r_{max}$.

**27.** Ein Gleichgewicht ist **vom Freiheitsgrad Null** (nonvariant), wenn der Gleichgewichtszustand gebunden ist an einen einzigen bestimmten Druck $p$, eine einzige bestimmte Temperatur $t$ und eine einzige bestimmte Zusammensetzung der einzelnen Phasen. In diesem Falle kann Wärmezufuhr keine Temperatursteigerung, äußere Kraft keine Druckänderung hervorbringen. Solche Einwirkungen können lediglich die Menge der Phasen ändern. Druck, Temperatur und Zusammensetzung der Phasen bleiben unveränderlich, solange nicht die Menge einer oder mehrerer der am Gleichgewicht beteiligten Phasen Null geworden ist. Ein solches Gleichgewicht wird z. B. gebildet von den drei Phasen des Wassers: Eis, flüssiges Wasser, Wasserdampf. Sie können nur bei der Temperatur $+ 0,0074\ C^0$ und bei dem Druck $4,6$ mm Quecksilbersäule nebeneinander bestehen. Die Zusammensetzung der Phasen $c$ ist ebenfalls festgelegt, da in jeder Phase $c = 100\,^0/_0$ Wasser ist. Weder Temperatur noch Druck können sich ändern, solange alle drei Phasen nebeneinander vorhanden sind. Erst nach Aufbrauch einer der Phasen ist Änderung von $p$ und $t$ möglich, z. B. wenn durch genügend große Wärmezufuhr die feste Phase Eis oder durch genügende Wärmeentziehung die flüssige Phase aufgebraucht ist. Dann ist aber ein neuer Gleichgewichtszustand eingetreten, der nicht mehr den Freiheitsgrad Null hat.

Ein Gleichgewicht hat den **Freiheitsgrad 1** (ist monovariant), wenn der Gleichgewichtszustand erhalten bleibt, wenn eine der Größen $p$, $t$ oder $c$ beliebig gewählt wird. ($c$ vertritt hierbei die Gehalte $c_{1a}$, $c_{1b}$ ..., $c_{2a}$, $c_{2b}$, ... usw., $c_{ra}$, $c_{rb}$ ... der einzelnen Phasen 1 bis $r$ an den Stoffen $A$, $B$ ...) Durch die Wahl einer dieser Größen sind die anderen bestimmt. Wählt man z. B. für den Druck $p$ einen bestimmten Wert, so sind dadurch die Werte $t$ und $c$ festgelegt usw. Als Beispiel sei das Gleichgewicht zwischen Wasser und Wasserdampf angeführt. Die Größen $c$ sind hier für alle beiden Phasen festgelegt, da ja der Prozentgehalt einer jeden gleich 100 an dem Stoff $H_2O$ ist. Über die Größen $c$ können wir also bei

---

[1]) Die Regel ist in der obigen Form nur gültig, wenn der Einfluß osmotischer, elektrischer und magnetischer Kräfte außer acht gelassen werden kann, was in der überwiegenden Mehrzahl der später zu behandelnden Fälle zutrifft.

der Wahl nicht verfügen. Dagegen können wir den Druck $p$ beliebig wählen, z. B. $p = 1$ Atm. Dann ist $t$ bestimmt, nämlich gleich 100 C⁰. Denn unter Atmosphärendruck ist Gleichgewicht zwischen Wasser und seinem Dampf nur beim Siedepunkt 100 C⁰ möglich. Die Temperatur $t$ ändert sich trotz Wärmezu- oder -abfuhr nicht, solange beide Phasen nebeneinander bestehen. Änderung kann erst eintreten, wenn eine Phase verschwunden ist, z. B. bei der Wärmezufuhr, wenn alles Wasser in Dampf verwandelt, oder bei der Wärmeabfuhr, wenn aller Dampf sich zu flüssigem Wasser verdichtet hat. Dann ist aber ein neues Gleichgewicht eingetreten, das nicht mehr den Freiheitsgrad 1, sondern den Freiheitsgrad 2 besitzt.

Wählen wir den Druck $p = 300$ mm Quecksilbersäule, verringern wir also den Druck, so kann sich, solange flüssiges Wasser und Wasserdampf nebeneinander vorhanden sind, keine andere Temperatur einstellen als $t = 75{,}9$ C⁰. Die zueinandergehörigen Werte von $p$ und $t$ liegen auf einer Kurve, der bekannten „Dampfdruckkurve". Wir können uns auch noch so ausdrücken: Für die Bestimmung des Gleichgewichtszustands können wir nur über eine Veränderliche verfügen, und diese ist entweder der Druck $p$ oder die Temperatur $t$.

Gleichgewichte vom Freiheitsgrad 2 (divariante Gleichgewichte): Während man beim Gleichgewicht vom Freiheitsgrad 1 nur eine der Größen $p$, $t$, $c$ als Veränderliche betrachten konnte und durch ihre Wahl die übrigen beiden Größen eindeutig bestimmt waren, können beim Gleichgewicht mit zwei Freiheitsgraden zwei dieser Größen als Veränderliche aufgefaßt werden. Ihre Wahl ist innerhalb gewisser Grenzen beliebig; durch sie wird aber die dritte Größe eindeutig festgelegt. Ein solches Gleichgewicht liegt z. B. vor bei Wasserdampf, der nicht in Berührung mit flüssigem Wasser oder mit Eis steht. Die Größe $c$ können wir hier nicht als Veränderliche wählen, da sie gleich 100% $H_2O$ sein muß. Dagegen können wir frei über $p$ und $t$ verfügen. Wir können innerhalb bestimmter Grenzen (Grenzen der Beständigkeit von Wasserdampf) Wasserdampf unter irgendeinem Druck $p$ auf irgendeine Temperatur $t$ erwärmen.

**28.** Die Phasenregel sagt nun in Ergänzung des unter *26* gegebenen Gesetzes aus, daß der Freiheitsgrad $f$ eines Gleichgewichts

$$f = r_{max} - r = n + 2 - r \qquad \qquad (1)$$

worin $r_{max}$ die nach der Phasenregel höchstmögliche Zahl der Phasen und $r$ die Anzahl der wirklich vorhandenen, am Gleichgewicht beteiligten Phasen bezeichnet.

Beim Wasser ist die Stoffzahl $n = 1$, mithin $r_{max} = n + 2 = 3$. Das Gleichgewicht ist vom Freiheitsgrad $f = 0$, wenn drei Phasen am Gleichgewicht beteiligt sind, vom Freiheitsgrad $f = 1$, wenn zwei Phasen, und vom Freiheitsgrad $f = 2$, wenn nur eine Phase im Gleichgewichtszustand vorliegen. Das stimmt mit dem unter *27* Gesagten überein.

**29.** Um zu erkennen, welchen Überblick man auf Grund des bisher Auseinandergesetzten gewinnen kann, sei als Beispiel zunächst das einfache System Wasser (Stoffzahl $n = 1$) weiter benutzt, weil hierbei die Verhältnisse jedem Maschinenmann geläufiger sind, als die Verhältnisse bei Lösungen und Legierungen.

Bei dem System sind drei verschiedene Gleichgewichte vom Freiheitsgrad $f = 1$ möglich, nämlich:

a) Gleichgewicht zwischen Wasser und Dampf,
b)  „  „  Wasser und Eis,
c)  „  „  Eis und Dampf.

Die Zusammensetzung der einzelnen Phasen ist, da nur 1 Stoff vorhanden ist, unveränderlich, nämlich $c = 100$. Die Größe $c$ fällt in diesem Falle aus unseren Betrachtungen heraus; wir haben es nur mit den Größen $p$ und $t$ zu tun, deren

Maß wir schaubildlich in einem rechtwinkligen Koordinatensystem darstellen können. In jedem der drei unter a) bis c) genannten Gleichgewichte muß sein $t = F_1(p)$ oder $p = F_2(t)$. Die Gleichgewichte müssen also innerhalb des Koordinatensystems dargestellt sein durch drei Kurven (Abb. 7). Die Kurve $AO$, die das Gleichgewicht a) zwischen Wasser und Dampf angibt, ist die Dampfdruckkurve des Wassers, die für das Gleichgewicht c) die Dampfdruckkurve $OB$ des Eises. Eine dritte Kurve gilt für das Gleichgewicht zwischen Eis und Wasser; sie gibt die Änderung des Schmelzpunktes des Eises mit dem herrschenden Druck an. Die Kurve muß durch den Punkt $C$ mit $p = 1$ Atm. und $t = 0\,C^0$ gehen, da ja das Eis unter Atmosphärendruck bei $0\,C^0$ schmilzt. Nimmt der Druck ab, so steigt die Schmelztemperatur des Eises um einen sehr kleinen Betrag an, so daß sie bei einem Druck von 4,6 mm Quecksilbersäule bei $+\,0{,}0074\,C^0$ liegt (entsprechend dem Punkte $O$). Demnach muß die Kurve für das Gleichgewicht zwischen Wasser und Eis durch die Punkte $C$ und $O$ gehen. Sie ist nahezu eine Gerade. In der Abb. 7 ist nicht der richtige Maßstab verwendet, weil sonst der Punkt $O$ zu nahe an den Koordinatenanfang fallen würde.

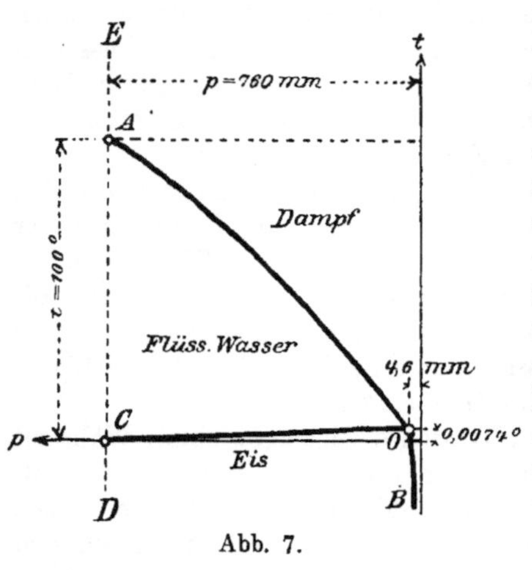



Abb. 7.

Die einzelnen Punkte der Kurven $OA$, $OC$, $OB$ entsprechen Gleichgewichten vom Freiheitsgrad 1. Der gemeinschaftliche Schnittpunkt $O$ stellt ein Gleichgewicht zwischen drei Phasen: Eis, Wasser und Dampf dar. Dieses Gleichgewicht ist vom Freiheitsgrad 0.

Wir wollen von einem Gemisch von Wasser und Eis bei Atmosphärendruck ($p = 760$ mm Quecksilbersäule) entsprechend dem Punkt $C$ ausgehen. Die Temperatur $t$ ist gleich $0\,C^0$. Wir halten den Druck $p$ unverändert. Alle Veränderungen im System müssen sich sonach auf der Linie $DE$ abspielen, als einzige Veränderliche bleibt $t$ übrig. Dem Gemisch werde Wärme entzogen. Dadurch kann zunächst keine Änderung im Gleichgewicht herbeigeführt werden, solange noch zwei Phasen (Eis und Wasser) vorhanden sind und infolgedessen das Gleichgewicht nur einen Freiheitsgrad hat. Durch die Wahl von $p = 760$ mm Quecksilbersäule ist ja dann die Temperatur $t = 0\,C^0$ festgelegt. Die Wärmeentziehung wird die Menge der flüssigen Phase durch Überführung eines Teiles derselben in Eis vermindern. Das ändert aber nichts am Gleichgewicht, das ja von der Menge der Phasen unabhängig ist. Erst wenn der letzte Rest flüssigen Wassers verschwunden ist, das System nur noch aus einer Phase, dem Eis, besteht, ist Änderung der Temperatur möglich, denn nun ist das Gleichgewicht vom Freiheitsgrad 2. Das Gleichgewicht kann bei jeder beliebigen Temperatur unterhalb $0\,C^0$ bestehen. Beim Überschreiten der Linie $CO$ nach unten kommen wir in das Gebiet des Eises.

Gehen wir wieder vom Punkt $C$ aus und lassen diesmal dem System Wärme zuführen. Sie wird, solange beide Phasen noch vorhanden sind, nicht zur Temperatursteigerung, sondern zur Deckung der latenten Schmelzwärme des Eises verwendet. Erst wenn der letzte Rest der festen Phase Eis verschwunden ist, geht das Gleichgewicht vom Freiheitsgrad 1 in den Freiheitsgrad 2 über. Die Temperatur kann bei weiterer Wärmezufuhr gesteigert werden; der das System darstellende Punkt bewegt sich auf der Linie $DE$ von $C$ aus nach oben. Nach

Überschreiten der Grenzlinie $CO$ gelangt der Punkt in das Gebiet des flüssigen Wassers.

Die Temperatursteigerung geht nicht unbegrenzt weiter. Sobald $t$ den Wert 100 erreicht hat, gerät das Wasser ins Sieden, d. h. neben dem flüssigen Wasser bildet sich die Dampfphase, so daß das Gleichgewicht wieder vom Freiheitsgrad 1 wird. Die Temperatur kann sich nicht ändern, solange noch flüssiges Wasser vorhanden. Erst wenn der letzte Rest desselben verdampft ist, erhalten wir wieder den Freiheitsgrad 2 des Gleichgewichtes, so daß die Temperatur beliebige Werte oberhalb $A$ auf der Linie $DE$ annehmen kann. Oberhalb des Punktes $A$ liegt das Gebiet des Dampfes.

Wiederholen wir die Betrachtung für andere Drücke als $p = 760$ mm, so kommen wir zu ganz ähnlichen Ergebnissen und werden finden, daß die Linie $AO$ die Grenze darstellt zwischen dem Beständigkeitsgebiet des Wasserdampfes und dem des flüssigen Wassers. Die Kurve $CO$ entspricht der Grenze zwischen dem Beständigkeitsbereich des flüssigen Wassers und dem des Eises, und schließlich die Kurve $OB$ der Grenze zwischen den Beständigkeitsgebieten des Eises und des Dampfes. Oberhalb $AOB$ bedeutet jeder Punkt Wasserdampf von einem bestimmten Druck (gleich der Abszisse des Punktes) und einer bestimmten Temperatur (durch die Ordinate dargestellt). Die Wahl der beiden Koordinaten $p$ und $t$ ist beliebig, nur muß der entsprechende Punkt oberhalb $AOB$ liegen. Innerhalb der von den Linien $AO$ und $CO$ begrenzten Fläche stellt jeder Punkt flüssiges Wasser bei bestimmtem Druck und bestimmter Temperatur dar. Die Wahl der Koordinaten des Punktes ist wiederum beliebig, nur mit der Einschränkung, daß der Punkt innerhalb der angegebenen Fläche liegen muß. Ähnliches gilt auch für das Bereich zwischen $CO$ und $BO$, das dem Eis zukommt. Jeder Punkt der drei genannten Flächen stellt ein Gleichgewicht vom Freiheitsgrad 2, jeder Punkt einer der Grenzlinien $AO$, $CO$, $BO$ ein Gleichgewicht vom Freiheitsgrad 1, und schließlich der Schnittpunkt $O$ ein solches vom Freiheitsgrad 0 dar.

Zur Abkürzung wollen wir fortan folgende Bezeichnung wählen:

Gleichgewicht vom Freiheitsgrad 0 = unfreies  Gleichgewicht

,,        ,,        ,,        1 = einfachfreies   ,,

,,        ,,        ,,        2 = zweifachfreies ,,   usw.

**30.** Als zweites Beispiel für die Anwendung der Phasenlehre benutzen wir das System Wasser-Chlornatrium (vgl. *11* bis *18*). Die Stoffzahl $n$ ist 2; demnach die größtmögliche Phasenzahl $r_{max} = n + 2 = 4$. Als Phasen können auftreten: festes Chlornatrium, Eis, flüssige Lösung, Dampf. Der Druck werde gleich dem einer Atmosphäre, also $p = 1$ Atm. vorausgesetzt. Infolgedessen können wir über $p$ als Veränderliche nicht mehr weiter verfügen; die Wahl dieser Größe ist ein für allemal dadurch getroffen, daß wir alle Vorgänge nur bei Atmosphärendruck ins Auge fassen. Einfachfreies Gleichgewicht besteht, wenn $r_{max} - r = 1$, also $r = 3$. Bei Gegenwart dreier Phasen ist also nur eine Veränderliche verfügbar. Über diese ist bereits Bestimmung getroffen, da $p = 1$ gesetzt. Infolgedessen muß für das Gleichgewicht die Temperatur $t$ und die Zusammensetzung der einzelnen Phasen bestimmt sein.

Stehen nur zwei Phasen miteinander im Gleichgewicht, so ist dieses zweifachfrei. Nach Wahl des Druckes ist noch eine Freiheit vorhanden; wir können entweder die Temperatur $t$ wählen, dann ist die Zusammensetzung der Phasen eindeutig bestimmt, oder wir können die Zusammensetzung einer der Phasen[1]

---

[1] Die Zusammensetzung jeder Phase ist durch eine Größe $c$ bestimmt, entweder durch $c_a$, den Prozentgehalt an Wasser, oder durch $c_b$, den Prozentgehalt an Chlornatrium. Es besteht die Beziehung $c_a = 100 - c_b$.

wählen und damit ist die Temperatur, bei der das Gleichgewicht bestehen kann, bestimmt. Bei Gegenwart nur einer Phase ist das Gleichgewicht dreifachfrei. Nach Wahl des Drucks $p = 1$ bleiben noch zwei Freiheiten übrig. Innerhalb bestimmter Grenzen können also Temperatur und eine der die Phasenzusammensetzung bestimmenden Größen $c$ beliebig gewählt werden.

Die Dampfphase kommt bei Atmosphärendruck für Temperaturen unterhalb 100 C° nicht in Betracht. Für die in Abb. 2 dargestellten Gleichgewichte können wir demnach von der Dampfphase absehen.

Für die schaubildliche Darstellung kommen, da der Druck unveränderlich angenommen ist, nur die Größen $c$ (Zusammensetzung der Phasen) und $t$ (Temperatur) in Frage. Die ersteren wählen wir als Abszissen, die letzteren als Ordinaten, und nennen die so erhaltene Darstellung, wie sie Abb. 2 gibt, das $c, t$-Bild. (Auch die Benennungen: **Zustandsdiagramm** und **Konzentrations-Temperatur-Diagramm** sind hierfür in Anwendung.)

Oberhalb der Linie $ACB$ (Abb. 2) ist die Zahl der Phasen 1; es besteht nur homogene flüssige Lösung. Das Gleichgewicht ist dreifachfrei. Nach Wahl von $p = 1$ stehen noch zwei Veränderliche zur Verfügung, nämlich $t$ und eine der Größen $c$. Die Zusammensetzung $c$ der Phase ist durch eine einzige Größe, den Gehalt der Flüssigkeit an Chlornatrium $c$ bestimmt; der Wassergehalt ist dann gleich $100 - c$. Jeder Punkt der Fläche oberhalb $ACB$ entspricht somit einer im Gleichgewicht befindlichen Lösung von Chlornatrium in Wasser.

Innerhalb des Bereiches $ACD$ sind zwei Phasen (Eiskristalle und flüssige Lösung) im Gleichgewicht, das demnach zwei Freiheiten haben muß. Nach Abzug der einen durch Wahl des Druckes $p = 1$ gebundenen Freiheit kann noch über eine Veränderliche verfügt werden. Dies ist entweder die Temperatur $t$ oder die Zusammensetzung einer der Phasen $c$. Wählt man beispielsweise $t = t_1$ (Abb. 2), so ist $c$ bestimmt durch die Abszissen von $A_1$ und $L_1$ (den Schnittpunkten der Parallelen $A_1 B_1$ zur Abszissenachse mit $AD$ und $AC$). Die erstere gibt die Zusammensetzung der festen, die letztere die der flüssigen Phase an. Ändern wir die Temperatur, so ändert sich auch die Zusammensetzung der flüssigen Phase. (Die der festen kann sich in diesem besonderen Falle nicht ändern, weil sie ja reines Eis ist.)

**31.** Man nennt zwei Phasen, wie $A_1$ und $L_1$, die bei einer bestimmten Temperatur miteinander im Gleichgewicht stehen, meist **koexistierende Phasen**. Wir wollen sie, zur Vermeidung von Fremdworten, als **beigeordnete Phasen** und die sie darstellenden Punkte $A_1$ und $L_1$ als **beigeordnete Punkte** bezeichnen. Ferner wollen wir die Schnittpunkte der Kennlinie $\mathfrak{K}_1$ mit den Grenzlinien $AC$ und $DC$ mit dem Namen **übergeordnete Punkte** belegen (Punkte $F$ und $K_e$). Der Kürze halber werden wir im folgenden beispielsweise von einer Temperatur $K_1$ reden, und meinen damit die der Ordinate des Punktes $K_1$ entsprechende Temperatur. Ebenso reden wir von dem Gehalt $K_1$ an Chlornatrium und meinen damit den Gehalt, der angegeben wird durch die Abszisse des Punktes $K_1$. Wir werden auch kurzweg von den Phasen $A_1$ und $L_1$ sprechen, die bei der Temperatur $K_1$ im Gleichgewicht stehen, und meinen damit die Phasen, deren Zusammensetzung durch die Abszissen von $A_1$ und $L_1$ bestimmt ist.

Innerhalb der Fläche $ACD$ deutet der Kennpunkt eines Systems an, daß das System in zwei Phasen zerfallen ist, deren Zusammensetzung durch die beigeordneten Punkte angegeben wird. Die beigeordneten Punkte liegen auf Wagerechten, deren Abstand von der Abszissenachse die Temperatur des Gleichgewichtes darstellt. Der eine der beigeordneten Punkte gehört der Linie $AD$, der andere der Linie $AC$, also der Grenzlinie zwischen den einphasigen Gleichgewichten oberhalb $ACB$, und den zweiphasigen Gleichgewichten innerhalb $ACD$ an.

**32.** Im Punkt $C$ grenzen drei Beständigkeitsbereiche oder Felder aneinander: das Feld der einphasigen flüssigen Systeme oberhalb $ACB$, das Feld $ACD$ der zweiphasigen Gleichgewichte zwischen Eis und flüssiger Lösung, und das Feld $BCE$ der zweiphasigen Gleichgewichte zwischen Chlornatriumkristallen und flüssiger Lösung. In dem Punkte $C$ müssen also drei verschiedene Phasen miteinander im Gleichgewicht bestehen, und zwar eine flüssige Lösung mit den beiden festen Phasen Eis und Chlornatrium. Bei drei Phasen ist das Gleichgewicht im Zweistoffsystem einfachfrei. Da über die Veränderliche $p$ bereits verfügt ist, bleibt keine Freiheit mehr übrig, d. h. das Gleichgewicht kann nur bei einer ganz bestimmten Temperatur (in diesem Falle $t = t_e = -22\,C^0$, Ordinate des Punktes $C$) und bei bestimmter Zusammensetzung der Phasen bestehen, die durch die Abszissen von $D$, $E$ und $C$ gegeben ist. Die flüssige Phase $C$ hat die eutektische Zusammensetzung. Solange alle drei Phasen nebeneinander vorhanden sind, kann trotz Wärmezu- und -abfuhr Änderung der Temperatur nicht eintreten.

**33.** Unterhalb der Linie $DCE$ bestehen nur noch die beiden festen Phasen nebeneinander. Der letzte Rest der flüssigen Phase $C$ ist bei allen Lösungen bei der eutektischen Temperatur $t_e$ erstarrt. Durch das Verschwinden dieser Phase ist das Gleichgewicht wieder zweifachfrei geworden. Wir können z. B. die Temperatur $t$ wählen, und dadurch muß die Zusammensetzung der Phasen bestimmt sein. Da im vorliegenden, besonderen Falle die beiden festen Phasen Eis ($c = 0$) und Chlornatrium ($c = 100^0/_0$) sind, können sie ihre Zusammensetzung bei Veränderung der Temperatur nicht ändern. Die beigeordneten Phasen sind sonach in dem Feld $DEB_0A_0$ Punkte der Linien $DA_0$ und $EB_0$. Wir werden später Fälle kennen lernen, wo die Zusammensetzung der festen Phasen mit der Temperatur veränderlich ist, wie es ja die Phasenregel zuläßt.

Früher (*11* bis *18*) war festgestellt worden, daß die durch die Kennlinie $\mathfrak{K}_1$ dargestellte Lösung nach der Erstarrung aus Eiskristallen besteht, die in der eutektischen Mischung eingebettet liegen. Die Phasenlehre sagt über diese eutektische Mischung, die aus einem innigen Gemenge von Eis und Chlornatrium besteht, nichts aus. Für sie ist dieses eutektische Gemenge weiter nichts als ein Gemenge zweier fester Phasen. Ob in die aus Eis und Chlornatrium gebildete eutektische Mischung noch Eiskristalle eingesprengt sind, ist für die Phasenlehre gleichgültig; sie macht zwischen den Eiskriställchen im Eutektikum und außerhalb desselben keinen Unterschied. Diese Unterscheidung ist aber praktisch wichtig; die Aufschlüsse der Phasenlehre müssen hier also durch die Ergebnisse der Gefügelehre ergänzt werden.

# DD. Die Arten der $c, t$-Bilder der Zweistofflegierungen.

**34.** Wir schränken unsere Betrachtungen zunächst auf Legierungen ein, die aus zwei Stoffen ($n = 2$) bestehen. Sie lassen sich wiederum in zwei Gruppen unterteilen: A) Die Stoffe sind im flüssigen Zustande unbegrenzt mischbar. Es gibt dann nur eine einzige flüssige Phase. Hierher gehört die Mehrzahl der Legierungen. B) Die Stoffe haben begrenzte Mischbarkeit im flüssigen Aggregatzustand, so daß sich zwei Flüssigkeitsschichten übereinander ausbilden und somit unter bestimmten Umständen mit zwei flüssigen Phasen zu rechnen ist.

Bei Zweistofflegierungen ist die höchste Zahl der nebeneinander im Gleichgewicht bestehenden Phasen nach der Phasenregel (*26*) $r_{max} = 4$. Es besteht sonach ebenfalls nach der Phasenregel (*28*):

bei Gegenwart von $r = 3$ Phasen $=$ einfachfreies Gleichgewicht

    ,,          ,,          ,,   $r = 2$    ,,     $=$ zweifachfreies

    ,,          ,,          ,,   $r = 1$    .,     $=$ dreifachfreies         ,,

Da wir alle Vorgänge bei Atmosphärendruck betrachten, so ist von den zur Verfügung stehenden Freiheiten bereits über eine ($p = 1$ Atm.) verfügt, und es sind noch verfügbar folgende Veränderliche:

$$\text{Phasenzahl } r = 3 \qquad 0 \text{ Veränderliche} \quad . \quad . \quad . \quad .$$
$$\text{,,} \qquad r = 2 \qquad 1 \qquad \text{,,} \qquad t \text{ oder } c^1)$$
$$\text{,,} \qquad r = 1 \qquad 2 \qquad \text{,,} \qquad t \text{ und } c^1).$$

Zunächst wollen wir nur die Vorgänge in solchen Legierungen betrachten, bei denen sich Erstarrung und etwaige Umwandlungen unterhalb des Temperaturbereichs vollziehen, in dem die Legierung ganz oder teilweise ins Sieden gerät. In diesem Falle bleibt die Dampfphase außer Betracht[2]). Erst in einem späteren Abschnitt wollen wir auch Legierungen betrachten, bei denen diese Bedingung nicht erfüllt ist.

# A. Alle Vorgänge bei der Erstarrung und Umwandlung finden unterhalb der Siedezone statt.

## A. Die Stoffe sind im flüssigen Zustand vollkommen mischbar.

### a) Die Stoffe bilden miteinander keine chemische Verbindung; sie erleiden auch nach erfolgter Erstarrung keine Umwandlungen.

*35.* Wir scheiden vorläufig solche Legierungen aus, deren Stoffe, wie z. B. das Kupfer und das Zinn, oder das Kupfer und das Zink, oder das Eisen und der Schwefel miteinander chemische Verbindungen nach bestimmten Atomgewichtsverhältnissen eingehen können. Ebenso wollen wir zunächst von solchen Legierungen absehen, deren Stoffe im festen Zustand in zwei oder mehreren Phasen auftreten, wie es z. B. beim Eisen und Schwefel der Fall ist.

#### 1. Die Stoffe sind auch im festen Zustand völlig mischbar.

$\alpha$) Die Erstarrungstemperatur des einen Stoffes wird durch Zusatz des zweiten Stoffes erhöht, die des zweiten Stoffes durch Zusatz des ersten erniedrigt. Erstarrungsart $A\,a\,1\,\alpha$.

*36.* Die beiden Stoffe sollen allgemein mit $A$ und $B$ bezeichnet werden. Die Gleichgewichtsverhältnisse werden im $c,t$-Bild dargestellt. Als Abszissen werden die Gehalte $c$ der Legierungen und Phasen an dem zweiten Stoff $B$ in Gewichtsprozenten gewählt. Der Gehalt an Stoff $A$ ist dann $100 - c$. Da vollkommene Mischbarkeit im festen Zustand vorausgesetzt ist, kann nur eine einzige feste Phase vorhanden sein, nämlich Mischkristalle der Stoffe $A$ und $B$ in allen Verhältnissen (*4, 22*). Es sind also nur folgende Gleichgewichte möglich: flüssige Phase allein; flüssige Phase neben festen Mischkristallen; Mischkristalle allein. Der Beginn der Erstarrung (Ende der Schmelzung) der sämtlichen Glieder der Legierungsreihe muß laut der in der Überschrift $\alpha$ gemachten Voraussetzung durch eine von $A$[3]) nach $B$[3]) ununterbrochen ansteigende Linie $ACB$ dargestellt wer-

---

[1]) Gehalt **einer** Phase an **einem** der beiden Stoffe.

[2]) Der Druck $p$ ist der Druck der gasförmigen Bestandteile des Systems in der Gasphase. Wenn, wie hier vorausgesetzt, die Gasphase wegen ihres sehr geringen Druckes vernachlässigt werden kann, so ist $p = 0$ gesetzt. Man müßte dann auch streng genommen das System in der Luftleere betrachten. Der äußere Druck der Atmosphäre oder mechanisch aufgebrachter Druck muß aber erfahrungsgemäß sehr hohe Werte annehmen, bevor Einwirkung auf die Lage der Punkte des $c, t$-Bildes bemerkbar wird. Wir können deshalb auch das System in der Luft bei Atmosphärendruck $p = 1$ beobachten, ohne daß die Gleichgewichtsverhältnisse wesentlich verschoben werden.

[3]) $A$ Erstarrungspunkt des Stoffes $A$, $B$ der des Stoffes $B$.

den (Abb. 8). Der Versuch hat nun gezeigt, daß bei solchen Legierungen nur die beiden Stoffe $A$ und $B$ eigentliche Erstarrungs- bzw. Schmelzpunkte haben, also bei gleichbleibender Temperatur aus dem flüssigen in den festen Aggregatzustand oder umgekehrt übergehen, daß aber alle dazwischen liegenden Legierungen innerhalb eines Temperaturintervalles erstarren oder schmelzen. Die Erstarrung wird sonach bei Punkten der Linie $ACB$ beginnen, aber bei den Punkten einer unterhalb $ACB$ liegenden Kurve $ADB$ enden[1]). Beide Kurven haben die Anfangspunkte $A$ und $B$ gemeinsam, weil ja bei den reinen Stoffen $A$ und $B$ Beginn und Ende der Erstarrung zusammenfallen müssen. Roozeboom hat auf thermodynamischem Wege nachgewiesen, daß bei einem Verlauf der Linie $ACB$ für den Beginn der Erstarrung wie in Abb. 8 die beiden Kurven $ACB$ und $ADB$ nur dann in ihrem ganzen Verlauf zusammenfallen können, wenn die Stoffe $A$ und $B$ gleichen Erstarrungspunkt haben. (A. C. van Rijn van Alkemade $L_1$ 10. — H. W. Bakhuis Roozeboom: $L_1$ 11 und 12.)

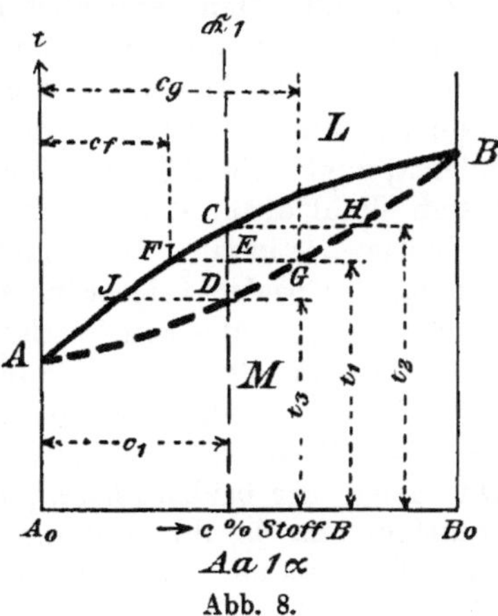



Abb. 8.

Die Kennlinie $\Re_1$ für eine bestimmte Legierung muß die Kurve für den Beginn der Erstarrung in einem Punkte $C$ schneiden, während das Ende der Erstarrung in einem Punkte unterhalb $C$, also beispielsweise bei einem Punkte $D$ liegen muß. Die Punkte $C$ und $D$ sind übergeordnete Punkte (31). Oberhalb $ACB$ bestehen nur flüssige Legierungen $L$; das Gleichgewicht ist demnach einphasig. Man kann deswegen sowohl $c$ als auch $t$ beliebig wählen (34). Mithin stellt jeder Punkt der Fläche $L$ oberhalb $ACB$ eine im Gleichgewicht befindliche homogene flüssige Legierung dar.

Unterhalb $ADB$ müssen die Legierungen ebenfalls chemisch homogen sein, weil ja vollkommene Mischbarkeit im festen Zustand vorausgesetzt ist[2]). Auch hier ist das Gleichgewicht einphasig. Wiederum stellt also jeder Punkt der Fläche $M$ unterhalb $ADB$ eine im Gleichgewicht befindliche feste homogene Phase (Mischkristalle) dar.

Da Linie $ACB$ den Beginn und Linie $ADB$ das Ende der Erstarrung angibt, so müssen die Punkte innerhalb dieser Fläche Legierungen darstellen, die teils flüssig, teils fest sind; es besteht Gleichgewicht zwischen einer flüssigen und einer festen Phase. Kein Punkt zwischen den Linien $ACB$ und $ADB$ kann eine Phase darstellen, die ja wegen der Begriffsfeststellung homogen sein muß. Von den beiden Phasen muß sonach die flüssige einem Punkt der Grenzkurve $ACB$ nach der Seite der völlig flüssigen Legierungen hin, die feste Phase einem Punkt der Grenzkurve $ADB$ nach der Seite der völlig festen Legierungen hin entsprechen. Die beiden Phasen müssen einander beigeordnet sein, also den Schnittpunkten einer Wagerechten mit den Grenzlinien $ACB$ und $ADB$ entsprechen, wobei die Ordinate der Wagerechten gleich der Temperatur ist, bei der

---

[1]) Unsere Betrachtung gibt nur allgemein Anhaltspunkte für das Aussehen der $c, t$-Bilder, der wirkliche Verlauf derselben bei der Wahl bestimmter Stoffe $A$ und $B$ muß durch den Versuch festgestellt werden. Siehe unter III.

[2]) Physikalisch homogen braucht die Legierung in diesem Zustand nicht zu sein. Sie kann in Kristallkörner unterteilt sein, wie es regelmäßig der Fall ist. Damit sind physikalische Verschiedenheiten von Korn zu Korn und innerhalb eines Kornes in verschiedenen Richtungen von einem Punkt aus bedingt. Nur die chemische Zusammensetzung bleibt von Korn zu Korn und innerhalb jedes einzelnen Kornes unveränderlich.

das Gleichgewicht besteht. Bei einem zweiphasigen Gleichgewicht wie hier kann man entweder $t$ wählen, d. h. die Ordinate der Wagerechten; dann ist für $t = t_1$ die Zusammensetzung der beigeordneten Phasen bestimmt durch die Punkte $F$ und $G$; die flüssige Phase enthält $c_f\,^0/_0$ von Stoff $B$, die feste Phase $c_g\,^0/_0$ vom gleichen Stoff. Man kann aber auch die Zusammensetzung der einen Phase, z. B. der festen $c = c_g$ wählen, dann erhält man den Punkt $G$ als Schnittpunkt einer Senkrechten im Abstand $c_g$ von der Ordinatenachse mit der Linie $ADB$. Die Ordinate von $G$ bestimmt die Temperatur und die Wagerechte durch $G$ im Schnittpunkt mit $ACB$ die Zusammensetzung der flüssigen Phase $F$ mit $c = c_f$. Durch Wahl einer der drei Veränderlichen $t$, $c_f$ und $c_g$ sind die anderen beiden eindeutig bestimmt. Läßt man $t$ sich ändern, so ändert sich die Zusammensetzung der beiden beigeordneten Phasen. Für $t = t_2$ haben die Phasen die Zusammensetzung, die den Abszissen von $C$ und $H$ entspricht. Bei der Temperatur $t = t_3$ wird die Zusammensetzung durch die Punkte $J$ und $D$ angegeben.

**37.** Eine bestimmte durch die Kennlinie $\Re_1$ dargestellte Legierung besteht bei $t = t_1$ (Kennpunkt $E$) aus der flüssigen Phase $F$ und der festen Phase $G$. Die Menge der beiden Phasen, in die die Legierung zerfällt, läßt sich rechnerisch ermitteln, da ja ihre Summe gleich der Menge der ursprünglichen Legierung und die Summe der Gewichtsmengen der Stoffe $A$ und $B$ in den beiden Phasen gleich dem Gehalt der ursprünglichen Legierung an diesen Stoffen sein muß. Gehen wir von 1 g der ursprünglichen Legierung mit dem Gehalt $c_1$ an Stoff $B$ aus. Der Gehalt der flüssigen Phase an diesem Stoff beträgt $c_f$, der der festen Phase $c_g$ (Abb. 8). Die Menge der flüssigen Phase in Gramm werde mit $x$ bezeichnet. Dann enthält sie $\dfrac{x \cdot c_f}{100}$ Gramm von Stoff $B$. Die feste Phase enthält $(1 - x)\dfrac{c_g}{100}$ Gramm vom gleichen Stoff. Mithin muß sein

$$x \cdot \frac{c_f}{100} + (1 - x)\,\frac{c_g}{100} = \frac{c_1}{100}.$$

Daraus findet man die Menge der flüssigen Phase

$$x = \frac{c_g - c_1}{c_g - c_f} = \frac{EG}{FG};$$

ferner die Menge der festen Phase

$$1 - x = \frac{c_1 - c_f}{c_g - c_f} = \frac{EF}{FG}.$$

Die Mengen der beiden Phasen verhalten sich mithin wie

$$\mu = \frac{\text{Menge der festen Phase}}{\text{Menge der flüssigen Phase}} = \frac{1 - x}{x} = \frac{EF}{EG}.$$

Die Kennlinie der Legierung $\Re_1$ teilt die Strecke $FG$, die die beiden beigeordneten Phasen verbindet, in zwei Abschnitte $EF$ und $EG$. Den Abschnitt $EG$ wollen wir als „der festen Phase anliegend" und den Abschnitt $EF$ als „der flüssigen Phase anliegend" bezeichnen. Man erhält dann folgendes Gesetz:

Die Mengen der beiden beigeordneten Phasen in einem aus zwei Phasen bestehenden heterogenen System verhalten sich umgekehrt, wie die ihnen anliegenden Abschnitte.

Man kann sich zur mechanischen Veranschaulichung die Gewichtsmengen der beiden Phasen an den Enden eines Hebels $FEG$ mit dem Drehpunkt $E$ angebracht denken. Der Hebel befindet sich in der Gleichgewichtslage[1]), wenn die

---

[1]) Das Gleichgewicht ist hier nicht im Sinne der Phasenlehre zu verstehen; denn die Mengen der Phasen haben auf dieses keinen Einfluß. Durch Änderung der Phasenmengen bleibt das

Menge der flüssigen Phase $F$ multipliziert mit dem zugehörigen Hebelarm $EF$ gleich ist der Menge der festen Phase multipliziert mit dem Hebelarm der festen Phase $EG$. Hieraus ergibt sich wiederum die Beziehung:

$$\mu = \frac{\text{Menge der festen Phase}}{\text{Menge der flüssigen Phase}} = \frac{EF}{EG}.$$

Bezeichnet man die Strecke $EF$ als „Hebelarm der flüssigen Phase mit Bezug auf die Kennlinie $\Re_1$" und die Strecke $EG$ als „Hebelarm der festen Phase mit Bezug auf dieselbe Kennlinie", so kann das Gesetz auch noch wie folgt ausprochen werden:

Die Mengen zweier beigeordneter Phasen in einem zweiphasigen heterogenen System verhalten sich umgekehrt wie ihre Hebelarme mit Bezug auf die Kennlinie.

Ruer ($L_1$ *13*) hat für das Gesetz in dieser Form den Namen „Hebelgesetz" vorgeschlagen, den wir im folgenden beibehalten werden.

**38.** Betrachten wir die in Abb. 8 durch die Kennlinie $\Re_1$ dargestellte Legierung bei verschiedenen zwischen den übergeordneten Punkten $CD$ gelegenen Temperaturen, so erkennen wir, daß, wenn die Temperatur größer wird als $t_1$, der Hebelarm der flüssigen Phase abnimmt, somit die Menge der festen Phase kleiner, die der flüssigen größer wird. Das heißt mit anderen Worten: Der Schmelzvorgang schreitet fort. Wächst die Temperatur bis auf den Wert $t_2$, so wird die Zusammensetzung der beiden Phasen dargestellt durch die Abszissen der Punkte $C$ (flüssige Phase) und $H$ (feste Phase). Der Hebelarm der flüssigen Phase mit Bezug auf die Kennlinie $\Re_1$ ist jetzt Null geworden, weil der Abstand des Punktes $C$ von der Kennlinie gleich Null ist. Die ganze Legierung besteht sonach bei $t_2$ nur aus flüssiger Phase. Das muß ja auch sein, weil wir bei unserer Betrachtung davon ausgegangen waren, daß $C$ der Beginn der Erstarrung und das Ende der Schmelzung ist.

Läßt man die Temperatur allmählich bis auf $t_3$ abnehmen, so wird der Hebelarm der festen Phase immer kleiner, d. h. die Menge der flüssigen Phase nimmt nach dem Hebelgesetz ab. Bei $t_3$ ist die Zusammensetzung der Phasen durch die Punkte $J$ und $D$ gegeben. Der Hebelarm der festen Phase ist Null, weil $D$ in die Kennlinie fällt. Demnach ist die Menge der flüssigen Phase Null geworden. Die Legierung ist soeben erstarrt. Auch dies ergab sich ohne weiteres aus der früheren Festlegung von $D$ als Ende der Erstarrung oder Beginn der Schmelzung.

Etwas, was nicht von vornherein einleuchtend ist und erst durch die Phasenlehre zum Vorschein kommt, ist, daß die Legierungen während des Übergangs aus dem homogenen flüssigen Zustand $L$ in den homogenen festen $M$ innerhalb des Feldes $ACBDA$ eine vorübergehende Entmischung erleiden. Die durch die Kennlinie $\Re_1$ dargestellte Legierung ist bei Temperaturen oberhalb $C$ völlig flüssig und homogen. Bei der Temperatur $t_2$ (Punkt $C$) beginnt die Entmischung. Die Legierung ist bestrebt, die feste Phase $H$ auszuscheiden. Die Menge derselben ist aber vorläufig noch Null. Bei weiterem Sinken der Temperatur ändert sich die Zusammensetzung der festen Phase nach dem Kurvenstück $HGD$, die der flüssigen nach dem Kurvenstück $CFJ$; d. h. der Gehalt beider Phasen an Stoff $B$ nimmt ab. Ferner erkennen wir aus Abb. 8, daß mit Sinken der Temperatur von $t_2$ auf $t_3$ der Hebelarm der flüssigen Phase von Null bis zum Höchstwert $JD$ steigt, der Hebelarm der festen Phase aber von dem Wert $CH$ auf den Wert Null abnimmt. Das bedeutet, daß die Menge der flüssigen Phase innerhalb des

---

Gleichgewicht zwischen den Phasen unverändert; es entspricht nur verschiedenen Legierungen. Wenn sich die Menge der Phasen, die im Gleichgewicht stehen, ändert, so wandert die Kennlinie parallel mit sich selbst.

Erstarrungsintervalles $CD$ ab-, diejenige der festen Phase zunimmt. Bei der Temperatur $t_3$ (Punkt $D$) ist die Legierung erstarrt. Sie tritt bei $D$ in das Gebiet $M$ der homogenen festen Phasen ein (feste Lösungen, Mischkristalle).

In Abb. 9 ist der Vorgang während der Erstarrung einer durch die Kennlinie $\Re_1$ dargestellten Legierung schematisch angedeutet. Die Abb. 9 drückt das schaubildlich aus, was soeben in Worten gesagt worden ist. Links in Abb. 9 ist das $c,t$-Bild; rechts davon das $x,t$-Bild, das die Mengenverhältnisse der beiden Phasen bei den Temperaturen $t$ für die Legierung $\Re_1$ angibt. Zur Erläuterung des Schaubildes diene kurz folgendes: Die Zusammensetzung der flüssigen Phase ist durch die Punkte der strichpunktierten Linie in Abb. 9 links, diejenige der festen Phase durch die dick ausgezogene Linie links in Abb. 9 angegeben. Beide

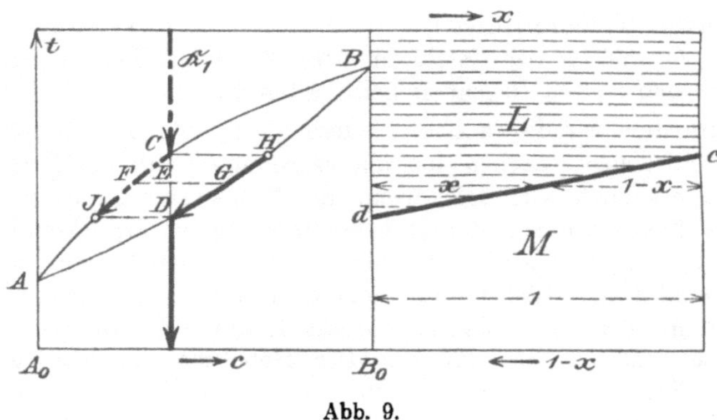

Abb. 9.

Linien sollen als „Phasenlinien" bezeichnet werden. Solange die Phasenlinie mit der Kennlinie zusammenfällt, ist die Legierung homogen und besteht nur aus einer Phase. Diese Phase ist flüssig, wenn die Kennlinie sich mit der Phasenlinie der flüssigen Phase deckt; sie ist fest, wenn Kennlinie und Phasenlinie der festen Phase sich decken. Sobald die Kennlinie in das Entmischungsgebiet $ACBDA$ eintritt, entfernen sich die Phasenlinien von der Kennlinie. Die flüssige Phase ändert sich entsprechend dem Verlauf der Phasenlinie $CFJ$. Ihre Menge vermindert sich, bis sie bei $J$ Null geworden ist. Dies wird in Abb. 9 durch die Null um den Punkt $J$ angedeutet. Die feste Phase ändert sich nach Phasenlinie $HGD$. Ihre Menge war in $H$ Null, was wiederum durch die Null um den Punkt $H$ vermerkt ist. Der Gang der Phasenlinien bei der Abkühlung ist durch Pfeile angegeben. Die Phasenmenge nimmt ab, wenn der Peil auf den mit der Null umgebenen Punkt zuweist; sie nimmt zu, wenn der Pfeil von diesem Punkt wegweist. Der rechte Teil der Abb. 9 ist durch Anwendung des Hebelgesetzes für die einzelnen zwischen $C$ und $D$ gelegenen Temperaturen erhalten. Die Strecke $x$ mißt die Menge der flüssigen, die Strecke $1 - x$ die der festen Phase. Der Punkt $c$ in Abb. 9 rechts entspricht der Temperatur $C$ links, der Punkt $d$ der Temperatur $D$. Die Vorgänge bei der Erhitzung der Legierung sind aus der Abb. 9 ebenfalls leicht zu übersehen. Man braucht nur die Richtung der Pfeile umzukehren; sonst bleibt alles unverändert.

$\beta$) **Die Erstarrungstemperatur jedes der beiden Stoffe $A$ und $B$ wird durch den Zusatz des anderen erhöht. Erstarrungsart $A\,a\,1\,\beta$.**

**39.** Die Kurve für den Beginn der Erstarrung muß unter der in der Überschrift $\beta$ genannten Voraussetzung sowohl von $A$ als auch von $B$ aus steigen und an irgendeiner Stelle, z. B. bei $C$ in Abb. 10, einen Höchstpunkt erreichen. Roozeboom hat nachgewiesen ($L_1\,11$), daß das Erstarrungsintervall in dem Höchstpunkt ebenso wie bei den reinen Stoffen $A$ und $B$ gleich Null sein muß. Die Legierung $C$ nimmt in der ganzen Legierungsreihe eine Ausnahmestellung ein, da bei allen übrigen Legierungen das Ende der Erstarrung tiefer liegt als der Beginn. Es muß demnach für das Ende der Erstarrung eine Linie unterhalb $ADCHB$ geben, die die Punkte $A$, $B$ und $C$ mit $ADCHB$ gemein hat. Der Verlauf dieser Kurve kann beispielsweise so sein wie der der gestrichelten Linie in Abb. 10. Der genaue Verlauf der beiden Linien $ADCHB$ und auch $AGCJB$ muß natürlich durch den Versuch bestimmt werden. Unsere Überlegung bezieht sich nur auf die allgemeine Form des $c,t$-Bildes. Die Linie $ADCHB$ bildet die untere Grenzlinie für die homogenen flüssigen Legierungen $L$. Die Linie $AGCJB$ ist die obere Grenzlinie für die festen homogenen Legierungen $M$, die aus Mischkristallen der Stoffe $A$ und $B$ bestehen. In dem von den beiden Grenzlinien eingeschlossenen Feld bestehen die Legierungen aus einer flüssigen und einer festen Phase, sind also entmischt. Die durch die Kennlinie $\mathfrak{K}_1$ gegebene Legierung erstarrt in ganz ähnlicher Weise wie es bei der Erstarrungsart $A\,a\,1\,\alpha$ besprochen worden ist. Der Beginn der Erstarrung liegt bei $D$, das Ende bei $E$. Innerhalb $DE$ zerfällt

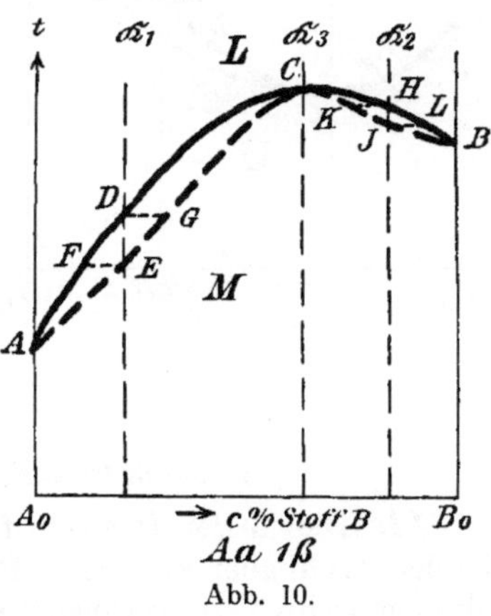



Abb. 10.

die Legierung vorübergehend in eine flüssige und eine feste Phase. Während der Erstarrung ändert sich die Zusammensetzung der flüssigen Phase entsprechend dem Kurvenstück $DF$, die der festen entsprechend $GE$. Beide Phasen vermindern hierbei ihren Gehalt an Stoff $B$. Die Menge der festen Phase ist bei der Temperatur $D$ Null. Sie vermehrt sich auf den Weg von $D$ nach $E$ und macht schließlich bei $E$ die ganze Menge der Legierung aus.

Ähnlich sind die Vorgänge bei der Legierung $\mathfrak{K}_2$, deren Erstarrungsintervall zwischen $H$ und $J$ liegt. Während der Erstarrung ändert sich die flüssige Phase nach $HL$, die feste nach $KJ$. In $J$ ist die Legierung völlig erstarrt. Der einzige Unterschied gegenüber der Legierung $\mathfrak{K}_1$ besteht darin, daß während der Erstarrung die Phasen der Legierung $\mathfrak{K}_2$ sich an Stoff $B$ anreichern, die der Legierung $\mathfrak{K}_1$ an Stoff $B$ ärmer werden.

Die dem Höchstpunkt $C$ entsprechende Legierung $\mathfrak{K}_3$ bleibt während der Erstarrung homogen. Während der Aggregatzustandsänderung bleibt die Temperatur unveränderlich.

$\gamma$) **Die Erstarrungstemperatur jedes der beiden Stoffe wird durch den Zusatz des anderen erniedrigt. Erstarrungsart $A\,a\,1\,\gamma$.**

**40.** Wegen der in der Überschrift gemachten Festsetzung muß die Linie für den Beginn der Erstarrung im $c,t$-Bild von $A$ und von $B$ aus nach abwärts gehen. Sie muß bei irgendeinem Punkte, z. B. bei $C$, einen niedrigsten Punkt haben (Abb. 11). Auch hier muß nach Roozeboom ($L_1 11$) die dem Punkt $C$ entsprechende Legierung homogen erstarren; es muß also in $C$ Beginn und Ende der Erstarrung zusammenfallen. Bei allen anderen Legierungen muß dagegen das Ende der Erstarrung bei einer tieferen Temperatur liegen als der Beginn. Das Ende der Erstarrung wird sonach für die ganze Legierungsreihe angegeben durch eine Linie, deren Verlauf ähnlich sein muß dem der gestrichelten Linie in Abb. 11.

Die Erstarrung der Legierung $\mathfrak{K}_1$ erfolgt in dem Temperaturintervall $DE$. Die flüssige Phase ändert dabei ihre Zusammensetzung nach Kurvenstück $DF$,

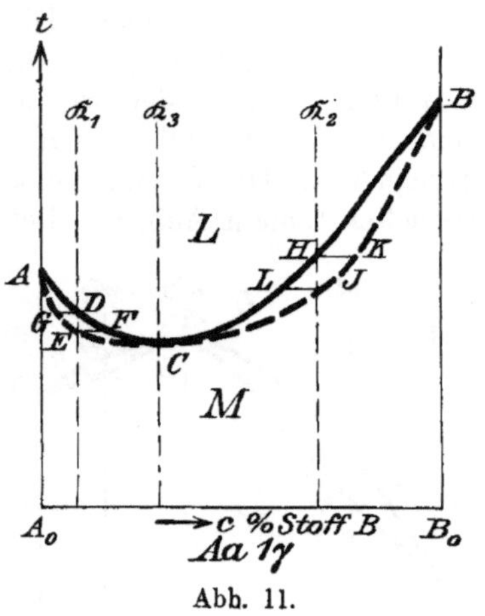



Abb. 11.

die feste nach $GE$. Beide Phasen ändern sich so, daß der Gehalt an Stoff $B$ wächst.

Die Erstarrung der Legierung $\mathfrak{K}_2$ beginnt bei $H$ und endet bei $J$. Entsprechend dem Verlauf der Linien $HL$ und $KJ$ vermindert sich hier der Gehalt der Phasen an Stoff $B$ während der Erstarrung.

Die Legierung $C$, entsprechend dem niedrigsten Punkt, erstarrt homogen bei unveränderlicher Temperatur.

Der Anfänger ist manchmal im Zweifel über die Lage der gestrichelten Linien bei den drei $c,t$-Bildern $\alpha$ bis $\gamma$. Man muß sich immer vergegenwärtigen, daß eine Senkrechte im $c,t$-Bild die ausgezogene Linie (Beginn der Erstarrung) in einem höher gelegenen Punkt schneiden muß als die gestrichelte Linie (Ende der Erstarrung).

### 2. Die Stoffe sind im festen Zustand nicht völlig mischbar.

**41.** Die in der Überschrift gemachte Festsetzung bedingt, daß es nur eine flüssige, wohl aber zwei feste Phasen geben kann. Wir haben also mit folgenden Gleichgewichten zu rechnen: eine flüssige Phase allein, eine feste Phase allein, eine flüssige Phase im Gleichgewicht mit einer festen, eine flüssige Phase neben zwei festen Phasen, und schließlich zwei feste Phasen nebeneinander.

Der Stoff $A$ kann auch im festen Zustand einen bestimmten Betrag von Stoff $B$ in Lösung halten unter Bildung von Mischkristallen, die wir als $\alpha$-Mischkristalle bezeichnen wollen. Das Lösungsvermögen des Stoffes $A$ gegenüber Stoff $B$ ist aber begrenzt. Der Höchstwert, den Stoff $A$ von Stoff $B$ in fester Lösung zu halten vermag, ist abhängig von der Temperatur. Ebenso kann der Stoff $B$ von Stoff $A$ eine gewisse von der Temperatur abhängige Höchstmenge in fester Lösung halten. Die hierbei gebildeten Mischkristalle sollen $\beta$-Mischkristalle heißen. Bei einer bestimmten Temperatur $t$ soll der Höchstbetrag des

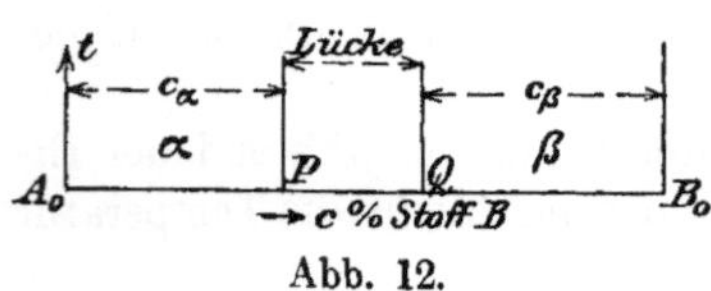



Abb. 12.

Lösungsvermögens des Stoffes $A$ gegenüber dem Stoff $B$ gegeben sein durch die Strecke $c_u = A_0 P$, der Höchstbetrag des Lösungsvermögens des Stoffes $B$ gegenüber $A$ durch die Strecke $c_\beta = B_0 Q$ (s. Abb. 12). Zwischen den beiden Punkten $P$ und $Q$ befindet sich eine Lücke in der Reihe der Mischkristalle. Der jetzt zu besprechende Fall unterscheidet sich sonach von dem unter 1. besprochenen dadurch, daß bei dem letzteren die Strecke $PQ$ gleich Null war.

Die Größe der Lücke ist von der Temperatur abhängig. Da im allgemeinen die Löslichkeit der Stoffe mit der Temperatur wächst, so wird im allgemeinen die Lücke $PQ$ mit steigender Temperatur kleiner werden; dies ist aber nicht unbedingtes Gesetz; es können auch Abweichungen vorkommen.

$\alpha$) Die Erstarrungstemperatur des Stoffes $A$ wird durch Zusatz des Stoffes $B$ erhöht, die des Stoffes $B$ aber durch Zusatz von Stoff $A$ erniedrigt. Erstarrungsart $Aa2\alpha$.

**42.** Bei völliger Mischbarkeit im festen Zustand würden wir die Erstarrungsart $Aa1\alpha$ haben. Nehmen wir zunächst an, daß die Lücke $PQ$ in der Reihe der festen Mischkristalle mit wachsender Temperatur abnimmt und schließlich von einer bestimmten Temperatur $R$ ab ganz verschwindet, so würde die Sachlage etwa so wie in Abb. 13 sein. Bei $R$ ist die Lücke der Mischkristallreihe Null geworden. Oberhalb $R$ besteht völlige Löslichkeit der Stoffe $A$ und $B$ im festen Zustand (Gebiet $M$); darunter wird die Größe der Lücke angegeben durch den wagerechten Abstand der beiden Linien $RP$ und $RQ$ voneinander. Liegt das $c,t$-Bild $ACBDA$ vollständig oberhalb der durch die Kurve $PRQ$ umgrenzten Lücke in der Mischungsreihe, so würde die Erstarrung so vor sich gehen, wie es für die Erstarrungsart $Aa\,1\,\alpha$ früher auseinandergesetzt wurde. Die während der Erstarrung vorübergehend entmischten Legierungen würden dicht unterhalb der Linie $ADB$ fest und wieder homogen sein. Erst bei tieferer Temperatur würde wieder Entmischung eintreten, und zwar für diejenigen Legierungen, deren Kennlinien die Grenzkurve $PRQ$ schneiden, wie z. B. Legierung $\Re_1$ in Abb. 14. Bei Abkühlung

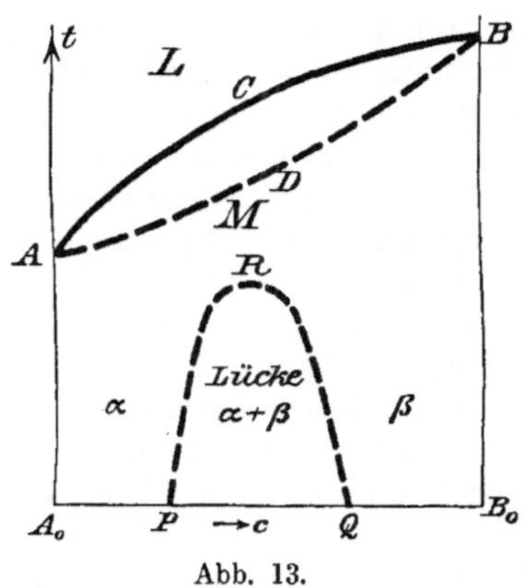


Abb. 13.

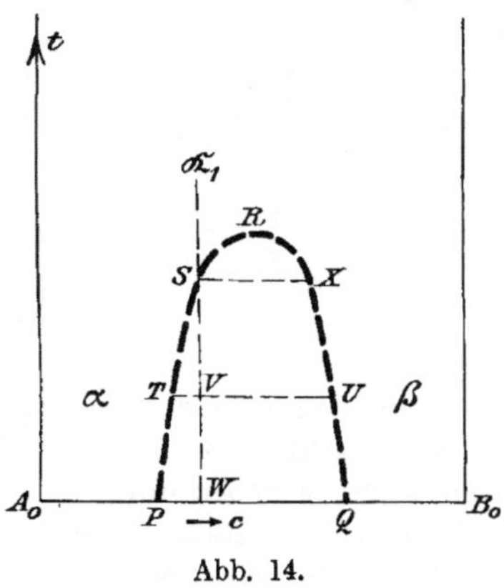


Abb. 14.

bis zum Punkt $S$ ist die feste Legierung homogen; sie besteht aus Mischkristallen. Bei $S$ tritt sie in das Gebiet der Lücke in den Mischkristallen ein; sie besteht dann aus den beigeordneten festen Phasen $S$ und $X$. Die Menge der letzteren ist nach dem Hebelgesetz noch Null. Nach Abkühlung auf Temperatur $V$ sind die beiden beigeordneten Phasen, in die die Legierung zerfallen ist, durch die Punkte $T$ und $U$ dargestellt. Der erstere entspricht Mischkristallen $\alpha$, der letztere Mischkristallen $\beta$. Nach dem Hebelgesetz ist die Menge der $\alpha$-Mischkristalle $VU/TU$; ihr Gehalt an Stoff $B$ ist gegeben durch die Abszisse von $T$. Die Menge der $\beta$-Mischkristalle ist $TV/TU$; der Gehalt an Stoff $B$ wird gemessen durch die Abszisse von $U$. Bei weiterem Sinken der Temperatur, beispielsweise bis auf $W$, ändert sich die Zusammensetzung der Mischkristalle entsprechend dem Verlauf der Kurvenstücke $TP$ und $UQ$.

Solange die beiden $c,t$-Bilder $ACBDA$ und $PRQ$ sich nicht schneiden, kann niemals eine flüssige Phase neben zwei festen Phasen ($\alpha$- und $\beta$-Mischkristallen) auftreten; denn die sämtlichen durch die Linie $ACB$ (Abb. 13) dargestellten flüssigen Phasen können immer nur mit einer einzigen festen Phase ins Gleichgewicht treten, die durch einen der Punkte der Linie $ADB$ gegeben ist. Diese festen Phasen liegen alle noch oberhalb des Entmischungsgebietes $PRQ$.

**43.** Erstarrungsbilder nach Abb. 13 sind bis jetzt bei Legierungen noch nicht beobachtet worden. Wohl aber solche, bei denen sich die beiden $c,t$-Bilder $ACBDA$ und $PRQ$ schneiden (Abb. 15). Dann muß die Möglichkeit vorliegen, daß eine flüssige Phase mit den beiden festen Phasen $\alpha$- und $\beta$-Mischkristallen gleichzeitig ins Gleichgewicht tritt. An diesem Gleichgewicht sind dann drei Phasen beteiligt. Die Zahl der Veränderlichen ist somit nach Absatz *34* Null. Das Gleichgewicht kann nur bei einer einzigen bestimmten Temperatur $t_u$ bestehen, und die Zusammensetzung der drei Phasen ist genau bestimmt. Es muß also in Abb. 15 drei Punkte $C$, $E$, $D$ geben, die auf einer Wagerechten im Abstand $t_u$ von der Abszissenachse liegen. (Wie groß $t_u$ ist und wie groß die Abszissen von $C$, $E$ und $D$ sind, muß für jede Legierungsreihe durch den Versuch festgestellt werden. Die Phasenlehre sagt uns nur, daß es drei solche Punkte gibt, und wie

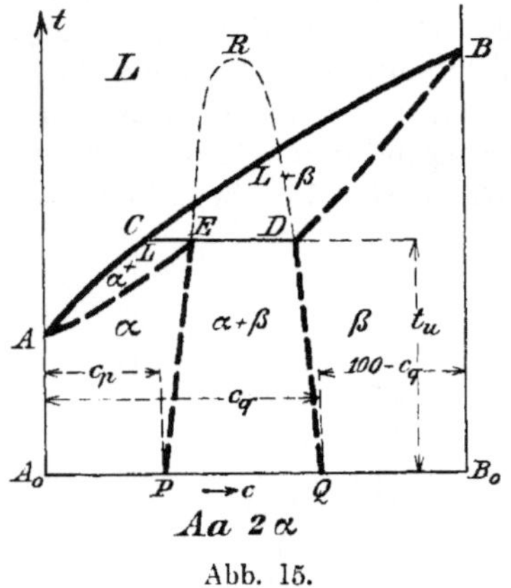



Abb. 15.

im allgemeinen das $c,t$-Bild aussehen muß. Es unterrichtet uns nur qualitativ, nicht quantitativ.) Der Punkt $E$ stellt $\alpha$- und der Punkt $D$ $\beta$-Mischkristalle dar. Die Linie $ACB$ für die flüssigen Phasen muß oberhalb von $E$ und $D$ vorbeigehen. Darunter kann sie nicht liegen, weil $ACB$ die Grenze nach den völlig flüssigen Legierungen hin ist und oberhalb dieser Grenzen feste Phasen, wie $E$ und $D$, nicht mehr möglich sind. Diese oberhalb von $D$ und $E$ gelegene Kurve muß sonach die Linie $DE$ in einem links von $E$ gelegenen Punkte, z. B. in $C$, schneiden. Der Punkt $C$ stellt dann die flüssige Phase dar, die mit den beiden festen Phasen $E$ und $D$ im Gleichgewicht steht. Durch Verbinden der Erstarrungspunkte der reinen Stoffe $A$ und $B$ mit $C$ erhält man die Grenzlinie $ACB$, die die Abgrenzung nach den darüberliegenden völlig flüssigen Legierungen $L$ bildet. Bei der Temperatur $t_u$ ist die größte Menge von Stoff $B$, die in den $\alpha$-Kristallen enthalten sein kann, gegeben durch die Abszisse von $E$, und die größte Menge von Stoff $A$, den die $\beta$-Mischkristalle enthalten können, durch den Unterschied zwischen der Größe 100 und der Abszisse von $D$. Der Anfang der Reihe der $\alpha$-Mischkristalle liegt bei $A$, der der Reihe der $\beta$-Mischkristalle bei $B$. Es sind somit die Punkte $A$ und $E$ einerseits und die Punkte $B$ und $D$ andererseits miteinander zu verbinden. Die Linie $AE$ bildet dann die Grenze zwischen den zweiphasigen Systemen innerhalb $ACE$ (flüssige Phase und $\alpha$-Mischkristalle) und den homogenen $\alpha$-Mischkristallen unterhalb $AE$. Die Linie $DB$ ist die Grenze zwischen den zweiphasigen Systemen innerhalb $CBD$ (flüssige Phase und $\beta$-Mischkristalle) und den homogenen $\beta$-Mischkristallen unterhalb $DB$.

Es bestehen somit folgende Beständigkeitsbereiche:

| | | | |
|---|---|---|---|
| Feld oberhalb $ACB$ | homogene flüssige Legierung | | 1 Phase $L$ |
| „ $BCD$ | flüssige Phase neben $\beta$-Mischkristallen | | 2 Phasen $L+\beta$ |
| „ $CAE$ | „ „ „ $\alpha$- „ | | 2 „ $L+\alpha$ |
| „ $AEPA_0$ | homogene feste $\alpha$-Mischkristalle | | 1 Phase $\alpha$ |
| „ $BDQB_0$ | „ „ $\beta$- „ | | 1 „ $\beta$ |
| „ $EDQP$ | $\alpha$-Mischkristalle neben $\beta$-Mischkristallen | | 2 Phasen $\alpha+\beta$ |

**44.** Besonderes Interesse verdient der Vorgang, der sich bei der Temperatur $t_u$ abspielt, und der als **Umwandlung** bezeichnet wird. Die Strecke $CE$ grenzt das Feld, in dem flüssige Phase $L$ und Mischkristalle $\beta$ nebeneinander bestehen (oberhalb $CE$) von dem Gebiet ab, in dem flüssige Phase $L$ und Mischkristalle $\alpha$ im Gleichgewicht sind (unterhalb $CE$). Wenn sonach die Kennlinie einer Legierung zwischen $C$ und $E$ durchgeht, so muß die Legierung oberhalb $CE$ bestehen aus $L+\beta$, und unterhalb $CE$ aus $L+\alpha$. Längs der Linie $CE$, bei der Temperatur $t_u$, muß sonach folgende Umwandlung vor sich gehen

$$L+\beta \rightarrow L+\alpha,$$

und zwar unter Verschwinden der $\beta$-Kristalle, so daß nur $L$ und $\alpha$ übrigbleibt. Dieser Vorgang vollzieht sich bei gleichbleibender Temperatur $t_u$, da ja, wie bereits erwähnt, Gleichgewicht zwischen drei Phasen $L$, $\beta$ und $\alpha$ besteht, und dies bei zwei Stoffen nur bei unveränderlicher Temperatur und Phasenzusammensetzung[1]) möglich ist. Die Temperatur kann erst unter $t_u$ sinken, wenn der letzte Rest der dritten Phase $\beta$ verschwunden ist und wieder Gleichgewicht zwischen zwei Phasen herrscht.

Eine Legierung, deren Kennlinie zwischen $E$ und $D$ liegt, muß oberhalb $DE$ aus den Phasen $L + \beta$ bestehen. Unterhalb $DE$ tritt die Kennlinie in das Gebiet der Lücke zwischen den Mischkristallen ein, wo die Legierung aus Kristallen $\alpha$ neben Kristallen $\beta$ besteht, die flüssige Phase $L$ aber verschwunden ist. Längs der Linie $ED$ vollzieht sich also bei $t_u$ der Vorgang:

$$L + \beta \longrightarrow \alpha + \beta.$$

Die flüssige Phase $L$ wird hierbei aufgebraucht. Die Legierung erstarrt. Die Temperatur ist wiederum unveränderlich, solange noch alle drei Phasen vorhanden sind. Erst wenn die flüssige Phase $L$ verbraucht ist und zweiphasiges Gleichgewicht eintritt, kann die Temperatur weiter sinken.

Die durch obige Gleichungen angedeuteten Vorgänge sind **umkehrbar**, d. h. bei Wärmezufuhr verlaufen sie in dem der Pfeilrichtung entgegengesetzten Sinne.

Alle Legierungen, deren Kennlinien zwischen $C$ und $D$ durchgehen, erleiden sonach bei $t_u$ Umwandlung. Das Ergebnis der Umwandlung ist aber verschieden, je nachdem die Kennlinie zwischen $C$ und $E$ oder zwischen $E$ und $D$ schneidet. Im ersten Falle verschwindet bei der Wärmeentziehung die feste Phase $\beta$, im letzteren die flüssige Phase $L$. Das kommt daher, daß im ersten Falle die Phase $L$, im zweiten Falle die Phase $\beta$ im Überschuß vorhanden ist. Der Überschuß an $L$ bzw. $\beta$ ist um so kleiner, je mehr sich die Kennlinie von beiden Seiten her dem Punkte $E$ nähert, da ja $E$ die Grenze beider Fälle bildet. Ist die Kennlinie im Punkte $E$ angelangt, so ist weder $L$ noch $\beta$ im Überschuß vorhanden, infolgedessen wird der vorhandene Betrag an $L$ und $\beta$ zur Bildung von $\alpha$ gerade aufgebraucht; die Umwandlungsgleichung lautet:

$$L + \beta \longrightarrow \alpha.$$

**45.** In Abb. 16 ist der Verlauf der Erstarrung und Abkühlung einer Legierung dargestellt, deren Kennlinie $\Re$ zwischen $C$ und $E$ durchgeht. Der Vorgang ist kurz folgender: Bei Abkühlung bis zu $F$ ist die Legierung homogen flüssig. Bei $F$ ist der Beginn, bei $J$ das Ende der Erstarrung. Zwischen diesen beiden übergeordneten Punkten vollzieht sich die Erstarrung unter Entmischung der Legierung. Zunächst zerfällt die Legierung zwischen $F$ und $M$ in flüssige Phase, deren Zusammensetzung sich entsprechend dem Verlauf der Linie $FC$ ändert, und in Mischkristalle $\beta$, deren Zusammensetzung gegeben wird durch die Punkte der Linie $GD$. Die auf ein und derselben Wagerechten liegenden Punkte der Linien $FC$ und $GD$ bezeichnen beigeordnete Phasen, die bei der durch den Abstand der Wagerechten von der Abszissenachse gegebenen Temperatur $t$ nebeneinander im Gleichgewicht bestehen. Die Menge dieser Phasen ist durch das Hebelgesetz bestimmt. Ist man bei der Abkühlung soeben bis auf die Umwandlungstemperatur $t_u$ gelangt, so besteht die Legierung aus der flüssigen Phase $C$ und den $\beta$-Mischkristallen $D$. Die Menge der flüssigen Phase $C$ ist $MD/CD$, die der festen Phase $D$ ist $MC/CD$. Bei $t_u$ erfolgt nun die Umwandlung. Die feste Phase $D$ muß verschwinden; an ihre Stelle tritt die feste Phase $E$ ($\alpha$-Mischkristalle). Die Temperatur bleibt $t_u$, bis die Phase $D$ ganz verschwunden ist und die Legierung nur noch aus den beiden Phasen $C$ (flüssig) und $E$ ($\alpha$-Mischkristalle) besteht. Die Menge der flüssigen

---

[1]) Die Zusammensetzung der Phasen ist durch die Abszissen der Punkte $C$, $D$, $E$ gegeben; $L = C$, $\beta = D$, $\alpha = E$.

Phase $C$ ist jetzt $ME/CE$, die der festen Phase $E$ ist $CM/CE$. Beim Sinken der Temperatur von $M$ nach $J$ ändert sich die Zusammensetzung der flüssigen Phase von $C$ nach $H$, die der $\alpha$-Mischkristalle von $E$ nach $J$. Bei $J$ ist die Menge der flüssigen Phase gleich Null geworden, die Legierung ist zu homogenen $\alpha$-Mischkristallen erstarrt, und die Abkühlung geht im Feld der homogenen $\alpha$-Mischkristalle weiter bis zur Temperatur $K$. Dort tritt die Kennlinie in das Gebiet $PEDQ$ ein, in dem die Legierungen aus einem Gemenge von $\alpha$- und $\beta$-Mischkristallen bestehen, deren Zusammensetzung durch die Linien $EP$ und $DQ$ gegeben ist. Die sich mit den Mischkristallen $K$ ins Gleichgewicht setzenden $\beta$-Kristalle haben die durch den Punkt $R$ angegebene Zusammensetzung. Die Menge der Phase $R$ ist vorläufig noch Null, da der Hebelarm der festen Phase $K$ Null ist. Bei weiterer Abkühlung nehmen entsprechend dem Verlauf von $KP$ und $RQ$ beide Arten von Mischkristallen andere Gehalte an Stoff $B$ an. Die Menge der $\beta$-Kristalle wächst. Bei Zimmerwärme besteht die Legierung aus den festen Phasen $P$ ($\alpha$-Kristalle) und $Q$ ($\beta$-Kristalle). Beide sind unter dem Mikroskop nebeneinander sichtbar. Die Menge von $P$ ist $NQ/PQ$, die von $Q$ ist $PN/PQ$.

Ist das $c,t$-Bild der Legierungsreihe so gestaltet, daß die Kennlinie der besprochenen Legierung unterhalb $J$ die Grenzlinie $EP$ nicht schneidet, so bleibt

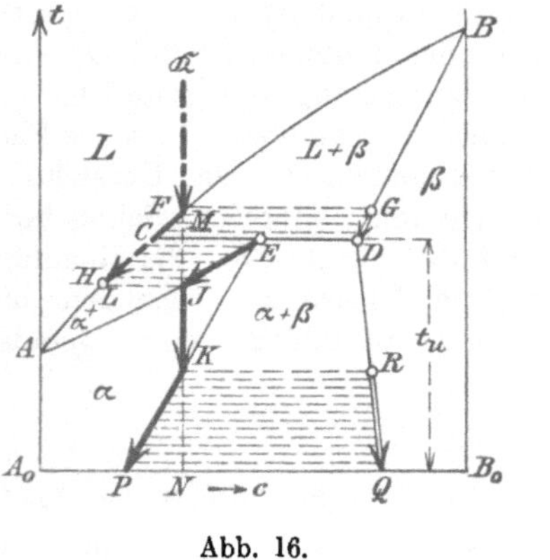

Abb. 16.

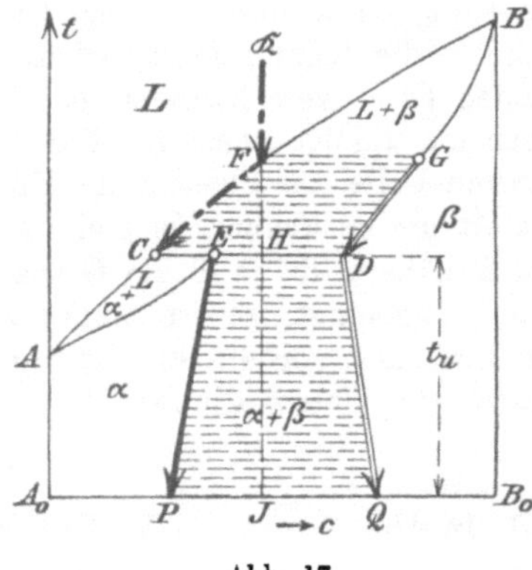

Abb. 17.

die Legierung auch nach Abkühlung auf gewöhnliche Temperatur homogen und besteht nur aus $\alpha$-Kristallen. Unter dem Mikroskop erscheint dann die Legierung einheitlich aufgebaut.

In Abb. 16 ist die Linie für die flüssigen Phasen strichpunktiert, die für die $\alpha$-Kristalle stark ausgezogen, die für die $\beta$-Kristalle durch eine Doppellinie angedeutet (vgl. *38*).

**46.** In Abb. 17 ist schematisch der Verlauf der Erstarrung und Abkühlung einer Legierung $\mathfrak{R}$ dargestellt, deren Kennlinie zwischen $E$ und $D$ durchgeht. Bis $F$ ist die Legierung homogen flüssig, denn die strichpunktierte Phasenlinie fällt mit der Kennlinie zusammen. Von $F$ bis $H$ ist die Legierung zweiphasig entsprechend dem Verlauf der beiden Phasenlinien $FC$ und $GD$. Sie besteht aus flüssiger Phase und $\beta$-Mischkristallen. Bei der Temperatur $t_u$ tritt die Umwandlung ein. Hierbei verschwindet die flüssige Phase $C$; an ihre Stelle tritt die feste Phase $E$ ($\alpha$-Mischkristalle). Nach vollzogener Umwandlung besteht die Legierung nur noch aus den beiden festen Phasen $E$ und $D$; mit der Umwandlung hat sich also gleichzeitig die vollständige Erstarrung vollzogen. Die Zusammensetzung der festen Phasen ändert sich bei weiterer Abkühlung entsprechend dem Verlauf der Phasenlinien $EP$ und $DQ$.

Die $c,t$-Bilder geben auch die Vorgänge bei der Erhitzung der erstarrten Legierung an, vorausgesetzt, daß diese langsam genug geschieht, damit alle Gleichgewichtszustände sich auch wirklich einstellen können. Als Beispiel diene die Erhitzung der Legierung $\Re$ in Abb. 17. Bei gewöhnlicher Temperatur besteht sie aus den beiden festen Phasen $P$ und $Q$. Bei der Erwärmung ändern sich diese nach den Phasenlinien $PE$ und $QD$, also in der den eingezeichneten Pfeilen entgegengesetzten Richtung. Bei $t_u$ findet Umwandlung statt. Die Phase $E$ verschwindet und an ihre Stelle tritt neben der festen Phase $D$ ($\beta$-Kristalle) die flüssige Phase $C$. Die Phase $C$ ändert sich nach Phasenlinie $CF$, die feste nach Phasenlinie $DG$. Bei $F$ ist die feste Phase verschwunden; die Legierung ist völlig geschmolzen.

**47.** In den Abb. 18 und 19 sind noch einige Fälle für die Erstarrung und Abkühlung von Legierungen mitgeteilt. Die Vorgänge bei den Legierungen $\Re_1$ und $\Re_2$ in Abb. 18 sind wohl ohne weitere Worte verständlich. Auch der in Abb. 19 dargestellte Fall bietet nichts wesentlich Neues. Nach der Abkühlung auf $K$ tritt

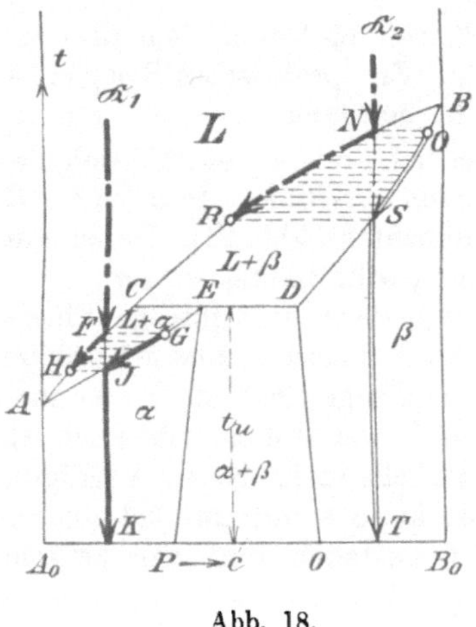

Abb. 18.

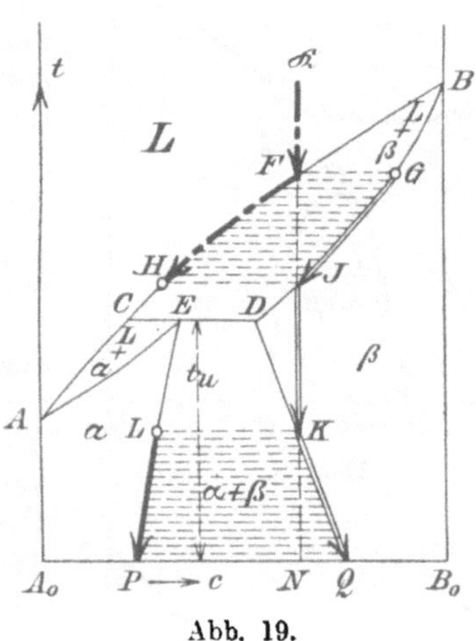

Abb. 19.

die Kennlinie in die Mischkristallücke $PEDQ$ ein. Die bis dahin homogene feste, aus $\beta$-Mischkristallen bestehende Legierung scheidet von jetzt ab $\alpha$-Kristalle aus. Die Zusammensetzung der beiden Phasen ändert sich dann weiter nach den Phasenlinien $LP$ und $KQ$.

Gerade solche Fälle, wie in Abb. 16 und 19, wo die bereits homogen erstarrte Legierung bei weiterer Abkühlung wieder in zwei feste Phasen zerfällt, können zu recht verwickelten Erscheinungen führen, wenn z. B. die beim Zerfall neu auftretende Phase wesentlich andere physikalische und mechanische Eigenschaften besitzt, als die ursprünglich homogene Phase. Man würde sich durch diese Verwickelungen gar nicht hindurch finden können, wenn nicht die Phasenlehre mit Hülfe der $c,t$-Bilder ein sicherer Wegweiser wäre.

**48.** Beim Punkt $C$ (Abb. 15 bis 19) zeigt die Grenzlinie $ACB$ einen mehr oder weniger deutlich ausgebildeten Knick. Das ist erklärlich, weil Punkt $C$ der Schnittpunkt zweier verschiedener Kurven ist, nämlich der Kurve $BC$, die die flüssigen Phasen angibt, die mit den $\beta$-Mischkristallen im Gleichgewicht stehen können, und der Kurve $AC$ für die flüssigen Phasen, die neben $\alpha$-Kristallen im Gleichgewicht befindlich sind. Der Schnittpunkt $C$ gibt dann die Zusammensetzung der flüssigen Phase an, die sowohl mit $\beta$- wie mit $\alpha$-Kristallen Gleichgewicht bildet.

**3***

*β)* **Die Erstarrungstemperatur jedes der beiden Stoffe *A* und *B* wird durch Zusatz des anderen erhöht.**

**49.** Für diese Art der Erstarrung liegt kein praktisches Beispiel vor; wir können daher an dieser Stelle die Frage übergehen, ob eine solche Erstarrungsart überhaupt möglich ist oder nicht.

*γ)* **Die Erstarrungstemperatur jedes der beiden Stoffe *A* und *B* wird durch Zusatz des anderen erniedrigt. Erstarrungsart *Aa2γ*.**

**50.** Nimmt die Lücke in der Reihe der Mischkristalle, die bei Zimmerwärme dem Betrag $PQ$ entspricht, mit steigender Erwärmung ab, so daß sie sich bei $R$ unterhalb des $c, t$-Bildes $ACB$ in Abb. 20 schließt, so haben wir die bereits besprochene Erstarrungsart $Aa1γ$. Nach erfolgter Erstarrung würde dann noch für die Legierungen, deren Kennlinien das Entmischungsgebiet $PRQ$ schneiden, Zerfall in zwei feste Phasen eintreten, wie dies in *42* erläutert wurde. Ein praktisches Beispiel ist hierfür noch nicht gefunden.

**51.** Wesentlich anders gestalten sich die Dinge, wenn die beiden $c, t$-Bilder $ACB$ und $PRQ$ sich gegenseitig schneiden (Abb. 21). Dieser Fall kehrt bei Legierungen sehr häufig wieder.

Es muß sich dann eine flüssige Phase $L$ mit den beiden festen Phasen α- und β-Mischkristallen zugleich ins Gleichgewicht stellen können. Bei drei Phasen und zwei Stoffen steht nach Absatz 34 keine Veränderliche mehr frei zur Verfügung. Das Gleichgewicht kann somit nur bei einer einzigen Temperatur $t_e$ bestehen und nur zwischen drei Phasen, deren Zusammensetzung bestimmt ist, z. B. durch die Punkte $C, D, E$. Über die wirkliche Lage von $C, D$ und $E$, sowie über die Höhe der Temperatur $t_e$ kann nur der Versuch für jedes Legierungspaar Aufschluß geben. Die Phasenlehre gibt nur qualitativen Aufschluß über die allgemeine Form des $c, t$-Bildes. Die drei Punkte $C, D, E$ müssen auf einer Wagerechten im Abstand $t_e$ von der Abszissenachse liegen, wie in Abb. 21. Die Punkte $E$ und $D$ geben dann die Grenzen der Mischkristallücke bei der Temperatur $t_e$ an. $E$ entspricht den α-Mischkristallen mit dem Höchstgehalt an Stoff $B$, und $D$ den β-Misch-

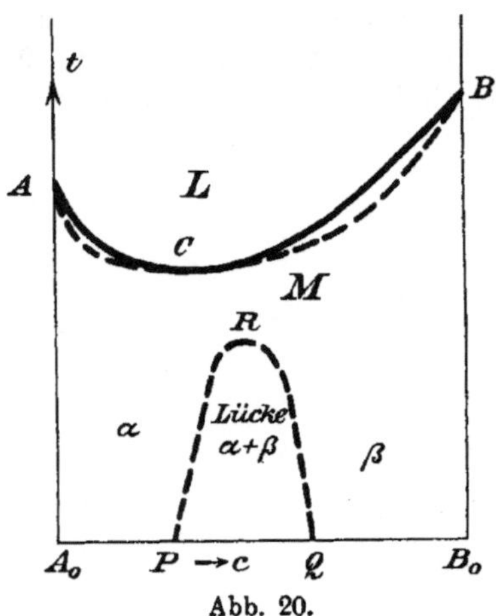

Abb. 20.

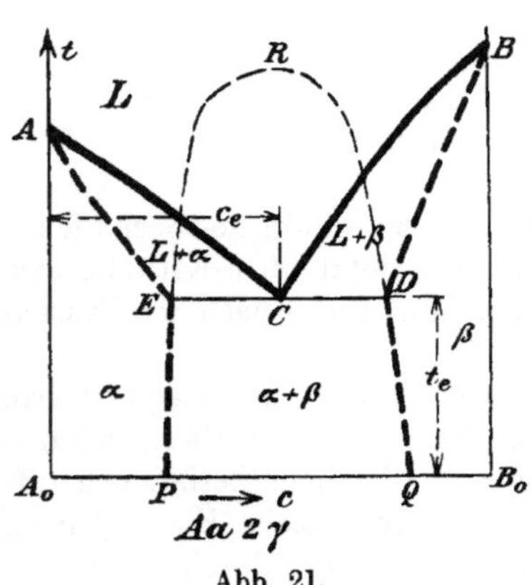


Abb. 21.

kristallen mit dem höchsten Gehalt an Stoff $A$ bei der Temperatur $t_e$. Der Punkt $C$ entspricht der flüssigen Phase. Durch Verbindung der drei, den flüssigen Phasen entsprechenden Punkte $A, C$ und $B$ erhält man die Linie $ACB$ für den Beginn der Erstarrung, oder, was dasselbe ist, die untere Grenze für die homogenen flüssigen Legierungen $L$. Punkt $A$ entspricht dem Ende der Erstarrung eines α-Mischkristalles mit dem Gehalt Null an Stoff $B$. Punkt $E$ entspricht dem Ende der Erstarrung einer Legierung, deren Gehalt an Stoff $B$ gleich ist dem der α-Grenzkristalle $E$. Durch Verbindung von $A$ mit $E$ erhält man somit die Linie für das Ende der Erstarrung zu $\alpha$-Kristallen. In analoger Weise erhält man Linie $BD$ als Ende der Erstarrung zu $\beta$-Kristallen. Die Linie $AC$ gibt die flüssigen Phasen an, die mit $\alpha$-Mischkristallen entsprechend der Linie $AE$ im Gleichgewicht sein können. Linie $BC$ bezeichnet die flüssigen Phasen, die mit $\beta$-Mischkristallen entsprechend der Linie $BD$ Gleichgewicht eingehen können. Der Schnittpunkt $C$ der Linien $AC$ und $BC$ stellt die flüssige Phase dar, die mit den $\alpha$-Mischkristallen $E$ und den $\beta$-Mischkristallen $D$ zu gleicher Zeit Gleichgewicht eingehen kann. Solange die drei Phasen $C$, $E$ und $D$ nebeneinander bestehen, kann sich die Temperatur $t_e$ nicht ändern. Bei Wärmeentziehung muß die Phase $C$ aufgebraucht werden, da unterhalb von $ECD$ nur noch die beiden festen Phasen $\alpha$- und $\beta$-Mischkristalle nebeneinander bestehen. Erst wenn die flüssige Phase völlig aufgebraucht ist, also die Legierung ganz erstarrt ist, kann die Temperatur weiter sinken. Die Strecke $ECD$ bildet also auch die untere Grenze der Erstarrung, und zwar für die Legierungen, deren Kennlinien zwischen $E$ und $D$ liegen. Die Zusammensetzung der Grenzkristalle $\alpha$ und $\beta$ ändert sich bei weiterer Abkühlung entsprechend dem Verlauf der Linien $EP$ und $DQ$, die die Umgrenzung der Mischkristallücke bilden. Die weitere Umgrenzung der Mischkristallücke $ERD$ (in Abb. 21 punktiert) kommt natürlich nicht weiter zur Geltung, sobald die Temperatur $t_e$ überschritten ist, bei der bereits flüssige Phase auftritt. Die punktierte Linie ist als imaginär zu denken.

**52.** Die Legierung, deren Kennlinie durch $C$ geht, die also bis zur niedrigsten Temperatur flüssig bleibt, heißt **eutektische Legierung** (*17*). Der Punkt $C$ ist der eutektische Punkt, die Temperatur $t_e$ die eutektische Temperatur, die Linie $ECD$ die eutektische Linie  Bei der eutektischen Legierung fallen Beginn und Ende der Erstarrung zusammen. Die Legierung erstarrt einheitlich, ähnlich wie die reinen Stoffe $A$ und $B$. Sie nimmt dementsprechend eine Ausnahmestelle in der ganzen Legierungsreihe ein. Wie wir später sehen werden, bezieht sich diese Ausnahmestellung nicht nur auf das Verhalten bei der Erstarrung und Schmelzung, sondern auch auf eine Reihe von physikalischen Eigenschaften.

**53.** Durch die in Abb. 21 gezeichneten Linien wird das $c,t$-Bild in folgende Felder geteilt:

| | | | |
|---|---|---|---|
| Feld oberhalb $ACB$ | homogene flüssige Legierungen | 1 Phase $L$ |
| „ $ACE$ | flüssige Phase $+\alpha$-Mischkristalle | 2 Phasen $L+\alpha$ |
| „ $BCD$ | „ „ $+\beta$- „ | 2 „ $L+\beta$ |
| „ $AEPA_0$ | $\alpha$-Mischkristalle | 1 Phase $\alpha$ |
| „ $BDQB_0$ | $\beta$- „ | 1 „ $\beta$ |
| „ $EDQB$ | $\alpha$-$+\beta$-Mischkristalle | 2 Phasen $\alpha+\beta$ |

**54.** Die Vorgänge bei der Erstarrung und Abkühlung einiger Legierungen sind in der früher angegebenen Weise (*38*) in Abb. 22 bis 25 schematisch dargestellt. Legierung $\Re_1$ (Abb. 22) ist bis $F$ flüssig. Zwischen $F$ und $J$ zerfällt sie in flüssige Phase entsprechend der Phasenlinie $FH$ und in $\alpha$-Kristalle entsprechend der Phasenlinie $GJ$. Im Punkt $J$ ist die Menge der flüssigen Phase Null geworden, die Legierung erstarrt zu homogenen $\alpha$-Mischkristallen. Bei weiterer Abkühlung bleibt die Kennlinie innerhalb des Feldes der homogenen Mischkristalle $\alpha$ und erleidet keine Änderungen außer der Temperaturabnahme. Liegt die Kennlinie aber weiter nach rechts, so daß sie die

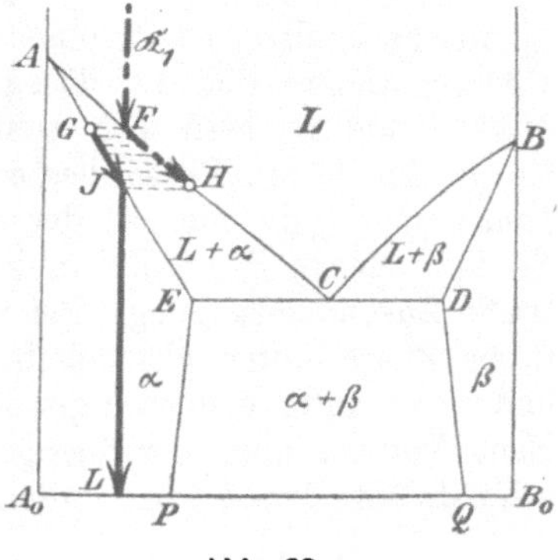


Abb. 22.

Grenzlinie $EP$ schneidet, so tritt unterhalb der Erstarrungszone wieder Entmischung in $\alpha$- und $\beta$-Kristalle ein, ähnlich wie es bei der Legierung $\Re_2$ besprochen wird.

Der Vorgang bei der Abkühlung der flüssigen Legierung $\Re_2$ (Abb. 23) ist ähnlich wie der soeben besprochene. Bis $F$ ist die Legierung homogen und flüssig. Zwischen $F$ und $H$ zerfällt sie vorübergehend in eine flüssige Phase und in $\beta$-Mischkristalle. Bei $H$ tritt die Kennlinie in das homogene Gebiet der $\beta$-Kristalle; die Legierung ist erstarrt. Sie bleibt homogen bis zum Punkte $K$, wo die Kennlinie in die Lücke der Mischkristalle eintritt. Aus der festen, aus $\beta$-Kristallen bestehenden Legierung scheiden sich nun $\alpha$-Kristalle $R$ aus. Die Zusammensetzung der beiden Sorten Mischkristalle ändert sich bei weiterer Abkühlung entsprechend den Phasenlinien $RP$ und $KQ$. Bei gewöhnlicher Temperatur entspricht die Zusammensetzung der Phasen den Punkten $P$ und $Q$. Die Menge der $\alpha$-Kristalle $P$ ist angegeben durch die Größe $MQ/PQ$, die der $\beta$-Kristalle durch den Betrag $MP/PQ$. Unter dem Mikroskop erkennt man beide Kristallarten als gesonderte Gefügebestandteile.

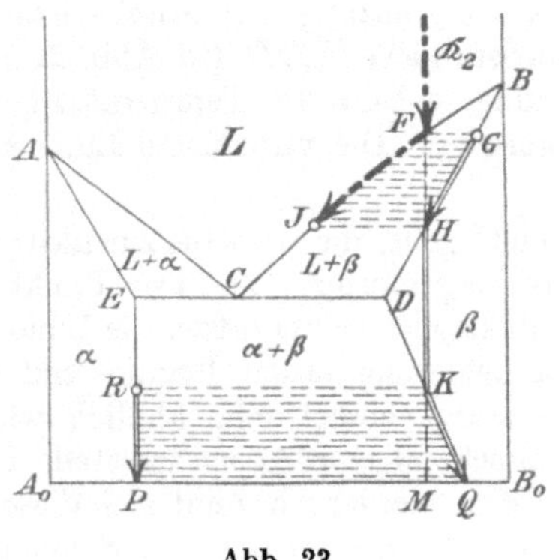

Abb. 23.

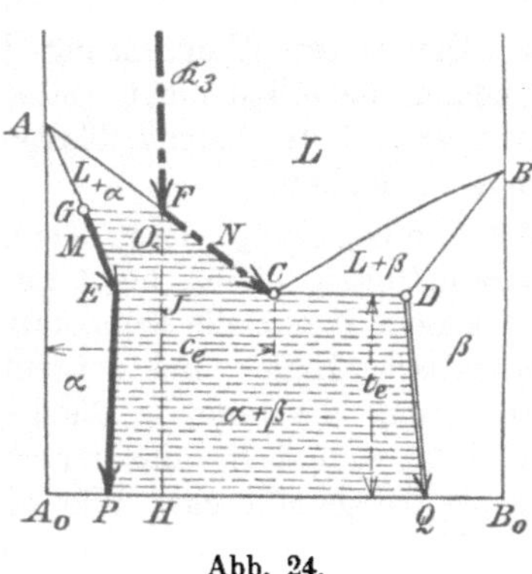

Abb. 24.

**55.** Wesentlich anders gestalten sich die Verhältnisse, wenn, wie in Abb. 24, die Kennlinie $\Re_3$ die Linie $DE$ schneidet. Bis $F$ ist die Legierung homogen und flüssig. Bei $F$ beginnen sich $\alpha$-Kristalle von der Zusammensetzung $G$ auszuscheiden. Ihre Menge ist vorläufig noch unendlich klein, da der Hebelarm der flüssigen Phase noch Null ist. Bei weiterer Abkühlung, z. B. bis zum Punkte $O$, hat sich die flüssige Phase an Stoff $B$ angereichert, entsprechend der Abszisse von $N$. Auch die feste Phase hat Anreicherung an Stoff $B$ erfahren, wie die Abszisse des Punktes $M$ gegenüber der von $G$ zeigt. Die Mengen der beiden Phasen ergeben sich nach dem Hebelgesetz wie folgt: Flüssige Phase $N\colon OM/MN$ und $\alpha$-Kristalle $M\colon ON/MN$. D. h. der bei der Temperatur $F$ noch unendlich kleine Betrag an Mischkristallen ist zu einem endlichen Wert angewachsen. Bei weiterer Abkühlung ändern sich die flüssige Phase nach $NC$ und die $\alpha$-Mischkristalle nach $ME$. Beide reichern sich weiter an Stoff $B$ an. Gleichzeitig steigert sich die Menge der festen Phase beständig, so daß im Punkte $J$ bei der eutektischen Temperatur $t_e$ die Mengen der einzelnen Phasen wie folgt sind: Flüssige Phase $C\colon EJ/EC$; Menge der $\alpha$-Kristalle $E\colon JC/EC$. Die flüssige Phase hat die eutektische Zusammensetzung. Bei weiterer Wärmeentziehung geht die flüssige eutektische Phase unter gleichbleibender Temperatur $t_e$ in den festen Zustand über, und zwar unter gleichzeitiger Ausscheidung von $\alpha$- und $\beta$-Kristallen ($E$ und $D$). Nach Verschwinden der flüssigen Phase $C$ besteht die Legierung nur noch aus $\alpha$-Kristallen $E$ und $\beta$-Kristallen $D$, und zwar in folgenden Mengen:

$$\alpha\text{-Mischkristalle } E\colon JD/ED \qquad\qquad \beta\text{-Mischkristalle } D\colon JE/ED.$$

Die Legierung kann nach Verschwinden der Phase $C$ infolge Wärmeentziehung weitere Temperaturabnahme erleiden. Hierbei ändert sich die Zusammensetzung der Mischkristalle nach den Linien $EP$ und $DQ$.

**56.** Wir haben bereits früher erwähnt, daß die eutektische Phase $C$ bei ihrer Erstarrung zu einem äußerst feinen, nur unter dem Mikroskop wahrnehmbaren Gemisch von $\alpha$-Kristallen $E$ und $\beta$-Kristallen $D$ zerfällt. Man nennt dies Gemisch **eutektisches Gemenge** oder kürzer **Eutektikum** (*18* und *20*). Die Legierung $\Re_3$ hatte oberhalb der eutektischen Temperatur zwischen den Punkten $F$ und $J$ (Abb. 24) $\alpha$-Kristalle abgeschieden, die bei Abkühlung auf die eutektische Temperatur bis auf die Menge $JC/EC$ gelangt sind, die Zusammensetzung $E$ haben und mit der noch flüssigen eutektischen Phase $C$ im Gleichgewicht sind. Die Menge der letzteren haben wir bereits zu $EJ/EC$ berechnet. Sie erstarrt zu dem oben besprochenen innigen Gemenge von $\alpha$-Kristallen $E$ und $\beta$-Kristallen $D$. Die Gewichtsmenge dieses eutektischen Gemenges ist dieselbe wie die der flüssigen Phase $C$, aus der es hervorgegangen ist. In dieses Gemisch sind die erfahrungsgemäß gröber ausgebildeten $\alpha$-Kristalle eingebettet, die sich zwischen $F$ und $J$ gebildet haben. Dicht unterhalb der eutektischen Temperatur besteht das Gefüge der Legierung somit aus dem eutektischen Gemenge und darin eingebetteten Kristallen $E$. Die letzteren sind bei der Erstarrung zuerst gebildet, wir wollen sie als die **erstlichen Kristalle** bezeichnen. Die Legierung besteht nun aus

erstlichen Kristallen $E$ in der Menge $JC/EC$, und

zweitlich ausgeschiedener eutektischer (porphyrischer) Mischung in der Menge $EJ/EC$.

Vom Standpunkt der Phasenlehre aus ergibt sich diese Unterteilung nicht; sie kennt nur die beiden Phasen $E$ und $D$, gleichgültig ob sie sich in besonderer Weise gruppieren oder nicht. Für die praktische Untersuchung der Legierung spielt aber diese Gruppierung eine hervorragende Rolle.

**57.** Sie ermöglicht z. B. die Schätzung der Zusammensetzung der erstarrten Legierung aus dem unterhalb der eutektischen Temperatur beobachteten Gefüge. Liegt die Kennlinie $\Re_3$ in Abb. 24 weit nach links, schneidet sie z. B. bei $E$, so ist die Menge des Eutektikums gleich Null, da $EJ = 0$ ist. Die Legierung besteht nur aus erstlichen $\alpha$-Kristallen ebenso wie die Legierungen, deren Kennlinie links von $E$ liegt. Alle Legierungen, deren Gehalt an Stoff $B$ kleiner ist, als der Abszisse von $E$ entspricht, bestehen nur aus $\alpha$-Kristallen. Übersteigt der Gehalt der Legierung an Stoff $B$ diesen Grenzbetrag, so tritt Eutektikum neben den erstlichen $\alpha$-Kristallen auf. Die Menge des Eutektikums ist um so größer, je mehr sich die Kennlinie $\Re_3$ dem Punkte $C$ nähert. Die eutektische Legierung, deren Kennlinie durch $C$ geht, besteht nur aus Eutektikum, denn für diese Legierung ist $JC$, also auch der Gehalt an erstlichen $\alpha$-Kristallen,

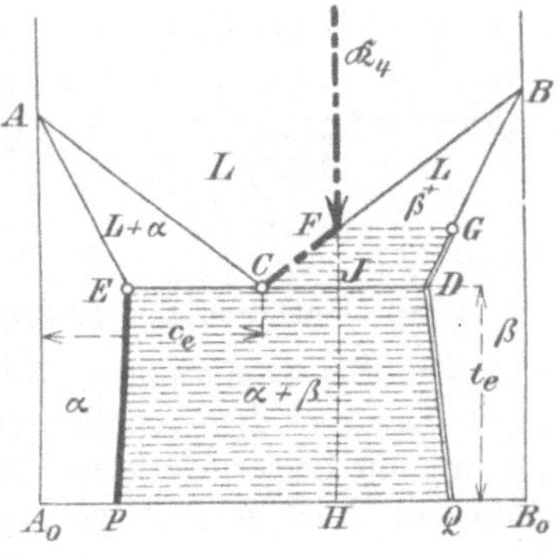


Abb. 25.

Null. Geht die Kennlinie rechts von $C$ vorbei, wie $\Re_4$ in Abb. 25, so schneidet sie das Feld $BCD$, das flüssiger Phase und $\beta$-Kristallen entspricht. Hier scheiden sich erstlich $\beta$-Kristalle ab, die dann von dem zweitlich ausgeschiedenen Eutektikum umhüllt werden. Die Menge der erstlichen $\beta$-Kristalle wächst, die des Eutektikums nimmt ab, jemehr die Kennlinie nach rechts rückt und sich dem Punkte $D$ nähert. Geht sie durch letzteren, so ist die Menge des Eutektikums Null; die Legierung besteht unterhalb $t_e$ nur aus $\beta$-Kristallen. Dasselbe ist der Fall, wenn die Kennlinie rechts von $D$ liegt.

Wir nennen solche Legierungen, deren Kennlinie links vom eutektischen Punkt liegt, **untereutektische**, und solche, bei denen die Kennlinie rechts vom eutektischen Punkt vorbeigeht, **übereutektische Legierungen**.

Wir gelangen somit für den Gefügeaufbau der Legierungen dicht unterhalb $t_e$ zu folgender Übersicht:

| | | |
|---|---|---|
| **Untereutektisch** | Gehalt an Stoff $B$ kleiner, als Abszisse von $E$. | Nur $\alpha$-Kristalle. |
| | Gehalt an Stoff $B$ größer als Abszisse von $E$, kleiner als die von $C$. | $\alpha$-Kristalle in Eutektikum. Die Menge des letzteren wächst mit dem Gehalt der Legierung an Stoff $B$. |
| **Eutektisch** | Gehalt an Stoff $B$ gleich der Abszisse von $C$. | Nur Eutektikum. |
| **Übereutektisch** | Gehalt an Stoff $B$ größer als Abszisse von $C$, kleiner als die von $D$. | $\beta$-Kristalle in Eutektikum. Die Menge des letzteren wächst mit abnehmendem Gehalt der Legierung an Stoff $B$. |
| | Gehalt an Stoff $B$ größer als Abszisse von $D$. | Nur $\beta$-Kristalle. |

**58.** Ein besonderer Fall der Erstarrungsart $Aa2\gamma$ ist der, daß die beiden Stoffe $A$ und $B$ im festen Zustand gar keine Löslichkeit besitzen. Dann erstreckt sich die Lücke in der Mischkristallreihe über die ganze Legierungsreihe. Die Punkte $P$ und $Q$ fallen zusammen mit den Punkten $A_0$ und $B_0$, wie in Abb. 26 angedeutet. Die Punkte $E$ und $D$ fallen dann in die beiden Ordinaten am Anfang und am Ende des $c,t$-Bildes. An Stelle der $\alpha$-Kristalle treten Kristalle des reinen Stoffes $A$, und an Stelle der $\beta$-Kristalle tritt der reine Stoff $B$.

Der Fall vollkommener Unlöslichkeit der beiden Stoffe $A$ und $B$ im festen Zustand wird verhältnismäßig selten sein. Geringe Löslichkeit wird meist bestehen. Dagegen sind die Fälle sehr häufig, daß die Punkte $E$ und $D$ sich den Endordinaten so weit nähern, daß man für die meisten Zwecke mit genügender Genauigkeit vollkommene Unlöslichkeit annehmen darf.

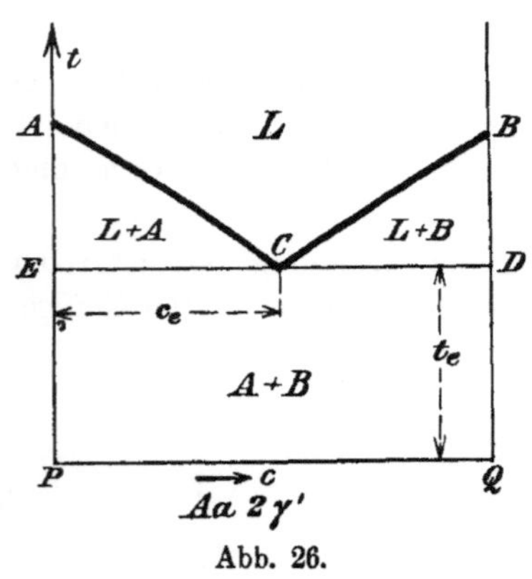


Abb. 26.

Diese Unterart der Erstarrungsart $Aa2\gamma$ soll bezeichnet werden mit $Aa2\gamma'$.

**59.** Bei Legierungen, die nach $Aa2\gamma'$ zum wenigsten angenähert erstarren, kann man aus dem unter dem Mikroskop beobachteten Gefüge die Zusammensetzung der Legierung feststellen und so die chemische Analyse durch eine mikroskopische Analyse ersetzen, die in vielen Fällen sehr wertvolle Dienste leistet. Namentlich ist sie dann unersetzlich, wenn die Legierung an verschiedenen Stellen verschieden zusammengesetzt ist. Die chemische Analyse kann dann nur die Pauschalzusammensetzung geben. Die mikroskopische Analyse gibt dagegen über die Zusammensetzung an den verschiedenen Stellen Aufschluß.

Die Abb. 27 stellt einen Schnitt durch eine Legierung dar, deren unter dem Mikroskop beobachtetes Gefüge aus Kristallen des reinen Stoffes $A$ und aus dem schraffiert gezeichneten Eutektikum besteht. Die Abbildung ist nur schematisch; es sind nur wenige Inseln des Eutektikums dargestellt. Mit Hilfe des Planimeters kann man die Fläche des Eutektikums $F_e$ und die Gesamtfläche von Kristallen $A$

$+$ Eutektikum, die $F_s$ sein möge, messen. Aus dem durch den Versuch festgestellten $c,t$-Bild der Legierung kann man den Gehalt $c_e$ des Eutektikums an Stoff $B$ entnehmen. Man denke sich aus der Legierung einen Zylinder von der Höhe $h$ und dem Querschnitt $F_s$ herausgeschnitten. Den Zylinder denke man sich in unendlich viele sehr dünne Querschnitte zerlegt. Wenn das Gefüge der Legierung einigermaßen gleichmäßig ist, so erhält man bei der mikroskopischen Untersuchung verschiedener Querschnitte nahezu dasselbe Verhältnis zwischen $F_e$ und $F_s$. Wir nehmen aus den Beobachtungen den Mittelwert dieses Verhältnisses. Da in jedem von den unendlich vielen gedachten Querschnitten der Wert $F_e$ gleich dem gefundenen Mittelwert gedacht werden kann, so erhält man das Volumen des Eutektikums $F_e \cdot h$ und das Volumen der Kristalle $A$ zu $(F_s - F_e)\,h$. Das spezifische Gewicht der Kristalle $A$ sei $s_a$, das des Eutektikums $s_e$. Dann ist das Gewicht des Eutektikums $F_e h s_e$. Darin sind $c_e$

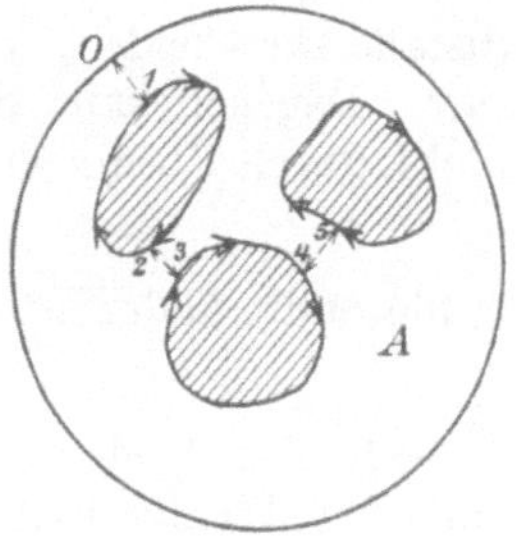

Abb. 27.

Hundertteile des Stoffes $B$ enthalten; mithin ist das Gewicht des Stoffes $B$ im Eutektikum $F_e h s_e \cdot c_e/100$. Das Gewicht des ganzen Zylinders der Legierung ist $F_e h s_e + (F_s - F_e) h s_a$. Daraus ergibt sich der gesuchte Gehalt $x$ der Legierung an Stoff $B$ wie folgt:

$$x : 100 = \frac{F_e h s_e \cdot c_e}{100} : [F_e (s_e - s_a) + F_s \cdot s_a]h,$$

also
$$x = \frac{s_e \cdot c_e}{s_e - s_a + \dfrac{F_s}{F_e} s_a} \qquad \ldots \ldots \ldots \quad (2)$$

Alle Größen rechts sind durch den Versuch feststellbar. Die Größen $F_e$ und $F_s$ müssen jedesmal neu bestimmt werden. Die übrigen Größen werden für die betreffende Legierungsreihe ein für allemal festgelegt.

Ist der Unterschied in den spezifischen Gewichten zu vernachlässigen, so erhält man die einfache Beziehung

$$x = \frac{c_e \cdot F_e}{F_s} \qquad \ldots \ldots \ldots \ldots \quad (3)$$

Um die planimetrische Messung der Fläche $F_e$ zu erleichtern, geht man so vor, wie es in Abb. 27 angedeutet ist. Von irgendeinem Anfangspunkt 0 aus geht man mit der Planimeterspitze nach einem Punkt 1 und umfährt dann die schraffierten Inseln immer in der Richtung des Uhrzeigers auf dem Weg 1 2 3 4 5 5 4 3 2 1 0, so wie es die eingezeichneten Pfeile angeben. Die beschriebene Fläche ist dann $F_e$. Man muß aber darauf achten, daß die Planimeterspitze auf den Verbindungsstrecken 0 1, 2 3, 4 5 beim Hin- und Rückgang möglichst genau verbleibt; denn wenn auf dem Hinweg eine andere Bahn beschrieben wird wie auf dem Rückweg, so addieren sich die von diesen beiden Bahnen eingeschlossenen Flächen zu der Fläche $F_e$.

Das Verfahren der Ausmessung zum Zweck der Analyse hat bereits gute Dienste geleistet bei der Bestimmung des Gehaltes an Kupferoxydul in Kupfer, ferner auch bei der Bestimmung des örtlichen Kohlenstoffgehaltes in Eisen-Kohlenstofflegierungen. (II. B. *16.*)

***60.*** Die Erniedrigung des Erstarrungspunktes eines Stoffes durch Zusatz eines zweiten Stoffes ist die Regel, wenn die Stoffe im festen Aggregatzustand nicht mischbar sind. Steigerung des Erstarrungspunktes ist nur möglich, wenn die beiden Stoffe Mischkristalle bilden können (van't Hoff: $L_1 14$. — Bodländer: $L_1 15$). Danach ist es wohl möglich, daß die Lücke in der Reihe der

Mischkristalle bei Erstarrungsart $Aa2\gamma$ sich über die ganze Legierungsreihe erstrecken kann, wie bei der Erstarrungsart $Aa2\gamma'$. Nicht möglich ist dies aber bei der Erstarrungsart $Aa2\alpha$. Auf der Seite des Stoffes, dessen Erstarrungstemperatur durch Zusatz des anderen erhöht wird, kann die Lücke der Mischkristalle nicht bis an die Endordinate herankommen. Dort müssen sich Mischkristalle ausscheiden, weil sonst die Erhöhung des Erstarrungspunktes nicht möglich wäre. Dagegen kann die Lücke bis zu dem Stoff herangehen, dessen Erstarrungspunkt durch Zusatz des anderen erniedrigt wird.

### b) Die Stoffe bilden miteinander chemische Verbindungen; sie erleiden nach erfolgter Erstarrung keine Umwandlungen.

**61.** Die beiden Stoffe $A$ und $B$ sollen chemische Verbindungen nach bestimmten Atomverhältnissen miteinander eingehen. Die allgemeine Formel der chemischen Verbindungen sei $A_m B_n$, worin $A$ und $B$ die Atomgewichte, $m$ und $n$ ganze Zahlen bedeuten. Wir wollen die verschiedenen möglichen Verbindungen mit $V_1, V_2, V_3, \ldots$ bezeichnen, wobei der Verbindung $V_1$ mit dem Anzeiger 1 das kleinste Verhältnis $n/m$ entspricht.

Es können dann zwischen $A$ und $V_1$, $V_1$ und $V_2$, $V_2$ und $V_3$, $\ldots$ $V_n$ und $B$ sämtliche bisher unter $Aa$ besprochenen Erstarrungsarten auftreten. Wir brauchen die $c,t$-Bilder für die Zweistoffsysteme $AV_1$, $V_1V_2$, $\ldots$ $V_nB$ nur aneinanderzureihen.

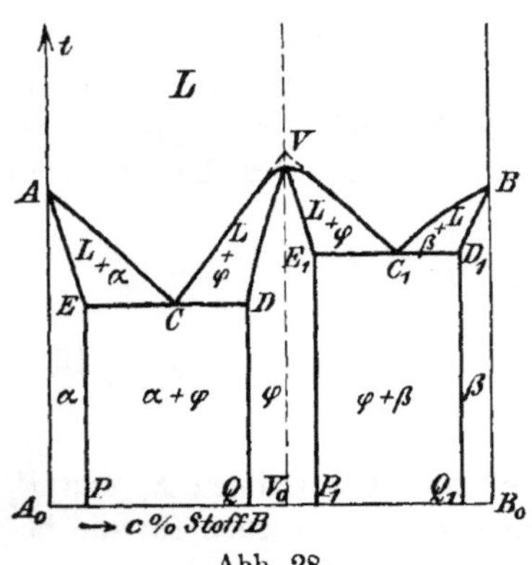

Abb. 28.

Als einfachster Fall sei das in Abb. 28 gegebene Beispiel kurz besprochen. Die beiden Stoffe $A$ und $B$ bilden nur eine Verbindung $V$. Die beiden Zweistoffsysteme $A$ und $V$ einerseits und $V$ und $B$ andererseits sollen beide nach Art $Aa2\gamma$ erstarren. Es ergeben sich dann folgende Felder:

| | | |
|---|---|---|
| Feld oberhalb $ACVC_1B$: | Homogene flüssige Legierungen | 1 Phase $L$ |
| „ $ACE$: | Flüssige Phase $L$ neben festen Mischkristallen $\alpha$ | 2 Phasen $L+\alpha$ |
| „ $VCD$: | Flüssige Phase $L$ neben festen Mischkristallen $\varphi$ | 2 Phasen $L+\varphi$ |
| „ $VC_1E_1$: | Flüssige Phase $L$ neben festen Mischkristallen $\varphi$ | 2 Phasen $L+\varphi$ |
| „ $BC_1D_1$: | Flüssige Phase $L$ neben festen Mischkristallen $\beta$ | 2 Phasen $L+\beta$ |
| „ $AEPA_0$: | Mischkristalle $\alpha$ | 1 Phase $\alpha$ |
| „ $VDQP_1E_1$: | Mischkristalle $\varphi$ | 1 Phase $\varphi$ |
| „ $BD_1Q_1B_0$: | Mischkristalle $\beta$ | 1 Phase $\beta$ |
| „ $EDQP$: | $\alpha$- und $\varphi$-Mischkristalle | 2 Phasen $\alpha+\varphi$ |
| „ $E_1D_1Q_1P_1$: | $\varphi$- und $\beta$-Mischkristalle | 2 Phasen $\varphi+\beta$. |

In der Legierungsreihe treten zwei verschiedene Eutektika $C$ und $C_1$ auf. Sonst ist nichts Neues zu erwähnen. Der Leser wird sich die Verhältnisse bei der Erstarrung und weiteren Abkühlung auf Grund des früher Gesagten selbst entwickeln können.

**62.** Zu bemerken ist, daß bei Gegenwart einer Verbindung $V$ und bei Zugrundelegung der Erstarrungsarten wie in Abb. 28 das in dieser Abbildung gegebene

$c,t$-Bild notwendigerweise entstehen muß. Dagegen ist rückwärts aus der Gestalt eines $c,t$-Bildes wie in Abb. 28 nicht mit Sicherheit der Schluß zu ziehen, daß zwischen den Stoffen $A$ und $B$ eine chemische Verbindung $V$ besteht. Das $c,t$-Bild in Abb. 28 ließe sich auch ohne Annahme der chemischen Verbindung damit erklären, daß die Mischkristallreihe zwischen den Stoffen $A$ und $B$ zwei Lücken $EDQP$ und $E_1 D_1 Q_1 P_1$ hat. Als Entscheidungsmerkmal könnte geltend gemacht werden, daß chemische Verbindung $V$ notwendigerweise vorhanden sein muß, wenn die Abszisse des Punktes $V$ auf ein Gewichtsverhältnis der Stoffe $A$ und $B$ in Vielfachen der Atomgewichte, also auf ganze Zahlen von $m$ und $n$ hinweist. Allein dieses Entscheidungsmerkmal ist angesichts der Ungenauigkeit unserer Verfahren bei der Aufnahme des $c,t$-Bildes durch den Versuch sehr unscharf: man wird immer ein ganzzahliges Verhältnis $m:n$ ausrechnen können, das der Größe der durch den Versuch festgestellten Abszisse von $V$ innerhalb der Fehlergrenzen der Versuchsausführung entspricht. Nur wenn das Feld der Mischkristalle $\varphi$ in Abb. 28 wegfällt, also die Punkte $D$ und $E_1$ auf die Ordinate $VV_0$ fallen, läßt sich mit Sicherheit schließen, daß die Verbindung $V$ besteht. Hier berühren sich die Lücken $EDQP$ und $E_1 D_1 Q_1 P_1$ längs der Senkrechten $VV_0$ unmittelbar. Links von dieser Senkrechten bestehen Mischkristalle $\alpha$ neben Kristallen eines zweiten Körpers; rechts dagegen tritt neben diesen letzteren Kristallen eine neue Art von Mischkristallen, nämlich $\beta$ auf. Das läßt sich nicht mehr durch die Annahme von Mischkristallen $V$, sondern nur durch Annahme der chemischen Verbindung $V$ ungezwungen erklären.

Der Rückschluß auf Vorhandensein chemischer Verbindungen in Zweistofflegierungen aus der Beschaffenheit des $c,t$-Bildes bietet öfter ähnliche Schwierigkeiten, wie sie soeben erwähnt wurden. Glücklicherweise spielt die Frage, ob tatsächlich chemische Verbindung oder nur ein Mischkristall von besonderen Eigenschaften vorliegt, für die Kenntnis unserer Legierungen keine wesentliche Rolle. Die betreffende Legierung wird uns ihrer besonderen Eigenschaften wegen, die sich bereits im $c,t$-Bild ausprägen, interessieren, gleichgültig ob sie einer chemischen Verbindung oder einem Mischkristall entspricht. Auch für die Beurteilung der Vorgänge während der Erstarrung und Abkühlung ist die Frage ohne Belang. Wir werden daher im folgenden Verzicht darauf leisten, alle die Merkmale im $c,t$-Bild zu behandeln, die auf die Gegenwart von Verbindungen mit größerer oder geringerer Sicherheit schließen lassen.

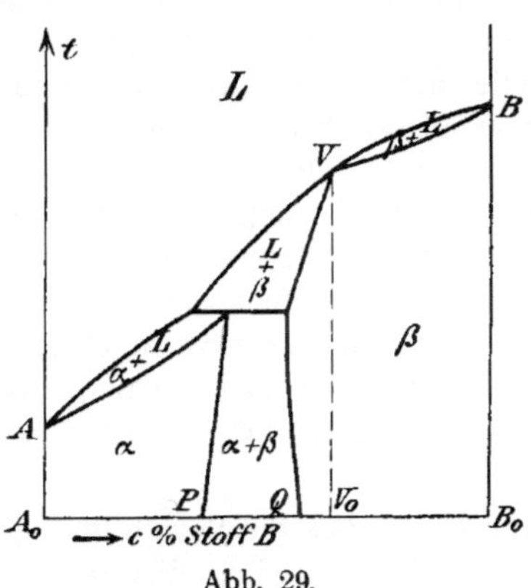
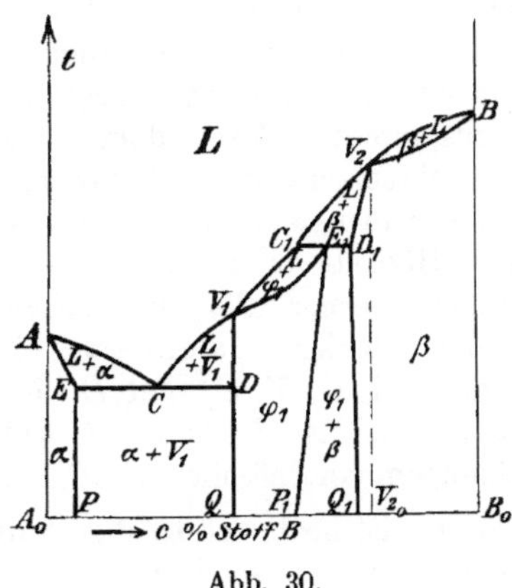

Abb. 29.　　　　Abb. 30.

**63.** Einige andere mögliche Kombinationen von $c,t$-Bildern sind in den Abb. 29 und 30 dargestellt. In Abb. 29 sind folgende Erstarrungsarten aneinandergereiht: Zweistoffsystem $A + V$ mit Erstarrungsart $A\,a\,2\,\alpha$ und $V + B$ mit Erstarrungsart

$Aa1\alpha$. Die miteinander im Gleichgewicht stehenden Phasen sind in Abb. 29 in die verschiedenen Felder eingetragen. In Abb. 30 ist ein Beispiel mit zwei Verbindungen $V_1$ und $V_2$ angeführt. Als Erstarrungsarten sind folgende gewählt: Zwischen $A$ und $V_1$ Art $Aa2\gamma$, zwischen $V_1$ und $V_2$ Art $Aa2\alpha$ und schließlich zwischen $V_2$ und $B$ Art $Aa1\alpha$. Es bestehen dann folgende Felder für die Gleichgewichtsverhältnisse:

Feld oberhalb $ACV_1C_1V_2B$: Flüssige Phase $L$.

| | |
|---|---|
| „ $ACE$: | $L + \alpha$-Mischkristalle. |
| „ $V_1CD$: | $L + V_1$-Kristalle. |
| „ $V_1C_1E_1$: | $L + \varphi_1$-Mischkristalle. |
| „ $V_2C_1D_1$: | $L + \beta$-Mischkristalle. |
| „ $V_2B$: | $L + \beta$-Mischkristalle. |
| „ $AEPA_0$: | $\alpha$-Mischkristalle. |
| „ $V_1E_1P_1Q$: | $\varphi_1$-Mischkristalle. |
| „ $D_1V_2BB_0Q_1$: | $\beta$-Mischkristalle. |
| „ $EDQP$: | $\alpha$-Mischkristalle $+$ Kristalle $V_1$. |
| „ $D_1E_1P_1Q_1$: | $\varphi_1$- $+ \beta$-Mischkristalle. |

**64.** Zu bemerken ist, daß in Fällen wie in Abb. 28 die höchste Stelle des $c,t$-Bildes bei $V$ auf Grund der durch die Versuche gewonnenen Zahlenwerte stets abgerundet erscheint, während man doch erwarten sollte, daß die beiden Linien $CV$ und $VC_1$ sich in einem Punkte schneiden, also im $c,t$-Bild eine Spitze erzeugen. Der Grund hierfür liegt darin, daß die geschmolzene Legierung $V$ beim Schmelzpunkt außer den Molekülen $A_mB_n = V$ auch noch einfache Moleküle $A$ und $B$ enthält. Zwischen diesen Molekülarten muß in der flüssigen Legierung ein bestimmtes Gleichgewicht bestehen. Durch den Versuch kann somit auch nicht der Erstarrungspunkt der reinen Verbindung $V$ ermittelt werden, sondern nur der einer Legierung, die in Wirklichkeit eine Dreistofflegierung ist und die wegen der Erniedrigung des Erstarrungspunktes durch die Gegenwart der Stoffe $A$ und $B$ bei etwas tieferer Temperatur erstarrt, als die reine Verbindung $V$.

**65.** Bei den bisherigen Beispielen war vorausgesetzt, daß die Verbindungen $V_1, V_2, \ldots$ unzersetzt in den flüssigen Zustand übergeführt werden können. Dann muß während der Schmelzung oder Erstarrung die flüssige Phase dieselbe Zusammensetzung haben wie die feste Phase, die mit der flüssigen im Gleichgewicht steht; dann kann sich aber auch während der Erstarrung oder Schmelzung die Temperatur nicht ändern. Beginn und Ende der Erstarrung bzw. Schmelzung fallen zusammen. Nach dem Vorschlag von Meyerhoffer nennt man diese Art der Schmelzung oder Erstarrung „kongruent" ($L_1$, 16). Kongruent erstarren somit alle reinen Metalle, ferner die eutektischen Legierungen, die Legierungen, die dem Höchst- oder Tiefstpunkt in den Erstarrungsarten $Aa1\beta$ und $Aa1\gamma$ entsprechen; ferner alle chemischen Verbindungen, die beim Schmelzen keine Zersetzung erleiden. In Abb. 28 sind fünf kongruent erstarrende Metalle bzw. Legierungen $A$, $C$, $V$, $C_1$ und $B$; in Abb. 29 finden wir drei kongruente Schmelzungen, nämlich $A$, $V$ und $B$; in Abb. 30 ferner kommen wieder fünf kongruente Schmelzungen vor, nämlich $A$, $C$, $V_1$, $V_2$, $B$.

**66.** Es ist noch der häufige Fall zu besprechen, daß die Verbindung $V$ nicht kongruent schmilzt, sondern vor dem Übergang in den völlig flüssigen Zustand in eine flüssige und eine feste Phase zerfällt. Die Verbindung kann dann nur bis zu einer Höchsttemperatur $t_u$ bestehen. Bei $t_u$ vollzieht sich die genannte Zersetzung. In Abb. 31 ist ein solcher Fall dargestellt. Die der Senkrechten $VQ$ entsprechende Verbindung $V$ zerfällt bei $t_u$ in die Mischkristalle $G$ und die flüssige Phase $F$. Bei der Temperatur $t_u$ müssen sonach drei Phasen: unzersetzte Verbindung $V$, Mischkristalle $G$ und flüssige Phase $F$ im Gleichgewicht stehen.

Bei Zweistoffsystemen ist dann keine Veränderliche mehr verfügbar. Das Gleichgewicht ist nur bei einer einzigen Temperatur $t_u$ und zwischen drei Phasen von genau festgelegter Zusammensetzung möglich. Die letztere entspreche beispielsweise den drei Punkten $F, V, G$ in Abb. 31. Bei der Wärmezufuhr muß von den drei Phasen die Phase $V$ verschwinden. Die Temperatur bleibt unverändert bis zum völligen Aufbrauch von $V$. Erst dann kann die Temperatur weiter steigen. Bei der Abkühlung verschwindet bei derselben Temperatur eine von den beiden Phasen $F$ und $G$ und an ihre Stelle tritt die Phase $V$.

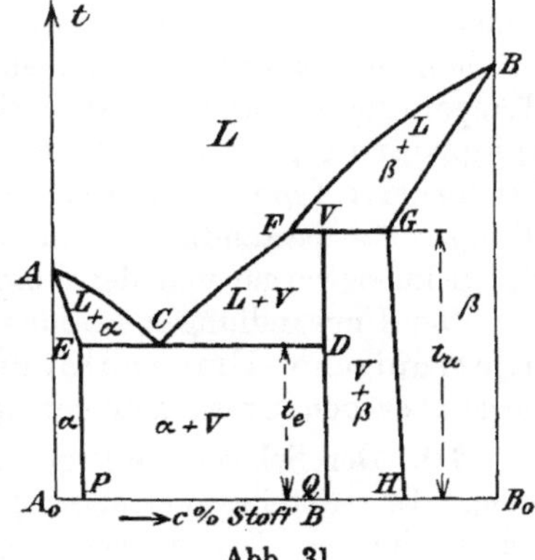



Abb. 31.

**67.** Eine Legierung, deren Kennlinie zwischen $F$ und $V$ hindurchgeht, ist oberhalb des Schnittpunktes der Kennlinie mit der Linie $BF$ homogen flüssig. Beim Eintritt der Kennlinie in das Gebiet $BFG$ scheiden sich aus der flüssigen Legierung $\beta$-Kristalle entsprechend Punkten der Linie $BG$ aus. Bei Abkühlung bis zur Temperatur $t_u$ hat die flüssige Phase die Zusammensetzung $F$, die feste die Zusammensetzung $G$ angenommen. Bei unveränderlicher Temperatur verschwindet hier die feste Phase $G$ und an ihre Stelle tritt die neue Phase $V$. Es vollzieht sich sonach der Vorgang

$$F + G \longrightarrow F + V.$$

Wenn der letzte Rest von $G$ verschwunden ist, sinkt die Temperatur weiter. Die flüssige Phase ändert sich entsprechend dem Verlauf der Phasenlinie $FC$, die feste Phase, die Verbindung $V$, ändert sich entsprechend dem Verlauf der Senkrechten $VQ$ nicht in ihrer Zusammensetzung. Bei der Temperatur $t_e$ hat die flüssige Phase die eutektische Zusammensetzung $C$. Die feste Phase entspricht bei dieser Temperatur dem Punkt $D$. Unter gleichbleibender Temperatur vollzieht sich die Erstarrung der eutektischen Flüssigkeit $C$ zu dem eutektischen Gemenge aus $\alpha$-Kristallen $E$ und Kristallen der Verbindung $D = V$. Die oberhalb $t_e$ erstlich ausgeschiedenen $V$-Kristalle sind in dem Eutektikum eingebettet.

**68.** Geht die Kennlinie der Legierung zwischen $V$ und $G$ durch, so sind die Vorgänge oberhalb $t_u$ ganz die gleichen wie soeben besprochen. Bei $t_u$ besteht die Legierung aus flüssiger Phase $F$ und $\beta$-Kristallen $G$. Bei $t_u$ verschwindet nun die flüssige Phase $F$; an ihre Stelle tritt die Verbindung $V$. Es vollzieht sich der Vorgang

$$F + G \longrightarrow V + G.$$

Nach Aufbrauch der flüssigen Phase $F$ ist die Legierung völlig erstarrt. Sie besteht aus Kristallen der Verbindung $V$ und $\beta$-Mischkristallen $G$. Bei weiterer Abkühlung ändern sich die letzteren in bezug auf Zusammensetzung und Menge entsprechend dem Verlauf der Linie $GH$.

**c) Innerhalb der erstarrten oder teilweise erstarrten Legierung vollziehen sich Umwandlungen.**

**69.** Man erleichtert sich die Vorstellung, wenn man annimmt, daß manche Stoffe nicht nur in einem einzigen festen Aggregatzustand, sondern in mehreren festen Aggregatzuständen vorkommen können. Die Übergänge aus einem festen

Aggregatzustand in einen anderen vollziehen sich unter ähnlichen Erscheinungen, wie die Übergänge aus dem flüssigen Zustand in den festen und umgekehrt. Man spricht in der Regel nicht vom Übergang aus einem festen Zustand in den anderen, sondern spricht von Umwandlungen (5). Die Umwandlung aus einem bei höherer Temperatur bestehenden festen Aggregatzustand in einen bei niederer Temperatur beständigen ist verbunden mit Freiwerden von Wärme (Umwandlungswärme); beim umgekehrten Vorgang, also bei der Umwandlung aus einem bei niederer Temperatur beständigen festen Aggregatzustand in einen bei höherer Temperatur beständigen wird Wärme gebunden. Die Umwandlungswärme ist der Schmelzwärme und der Verdampfungswärme analog.

Die Umwandlungen in chemischen Elementen haben den besonderen Namen: allotropische Umwandlungen erhalten. Ein grundsätzlicher Unterschied gegenüber den Umwandlungen in anderen festen Körpern besteht nicht.

**70.** Der Schwefel erleidet unterhalb des Erstarrungspunktes eine Umwandlung. Er tritt in zwei allotropen Formen auf, als monokliner und als rhombischer Schwefel. Den ersteren wollen wir mit $S_m$, den letzteren mit $S_r$ bezeichnen. Die Umwandlung vollzieht sich bei $+95$ C$^0$. Oberhalb dieser Umwandlungstemperatur ist $S_m$, unterhalb derselben $S_r$ beständig. Erhitzt man $S_r$ langsam, so erfolgt bei $+95$ C$^0$ die Umwandlung in $S_m$ unter Wärmebindung. Es vollzieht sich der Vorgang $S_r \longrightarrow S_m$. Der Vorgang ist umkehrbar. Bei genügend langsamer Abkühlung von Temperaturen oberhalb 95 C$^0$ kann man bei der Umwandlungstemperatur 95 C$^0$ den umgekehrten Vorgang $S_m \longrightarrow S_r$ unter Freiwerden der Umwandlungswärme erzielen. Man schreibt solche umkehrbare Vorgänge

$$S_m \rightleftarrows S_r.$$

Die beiden Pfeile sollen bedeuten, daß die Gleichung von links nach rechts und umgekehrt gelesen werden kann.

Zu bemerken ist, daß Umwandlungen im festen Zustand vielfach mit geringerer Geschwindigkeit vor sich gehen, als Übergänge aus dem flüssigen Zustand in den festen und umgekehrt. Die Umwandlung $S_m \longrightarrow S_r$ kann leicht ausbleiben, wenn die Abkühlungsgeschwindigkeit durch den Umwandlungspunkt zu groß ist. Es ist dann möglich, den $S_m$ bis zu gewöhnlicher Zimmerwärme abzukühlen, ohne daß die Umwandlung eintritt. Nach einiger Zeit vollzieht sich dann die Umwandlung nachträglich unter Wärmeentwicklung. Dies darf nicht überraschen. Wir haben es hier mit Vorgängen in festen Stoffen zu tun, bei denen die Beweglichkeit der einzelnen Teilchen wesentlich geringer ist, als bei Flüssigkeiten und beim Übergang aus dem flüssigen Zustand in den festen. Wir werden aber später sehen, daß ähnliche Verzögerungen auch bei der Erstarrung eintreten können *(131)*.

**71.** Es gibt aber auch Fälle, in denen sich die Umwandlungen mit sehr großer Geschwindigkeit, ohne Neigung zur Verzögerung, abspielen. Ein Beispiel hierfür sind die beiden allotropischen Umwandlungen des Eisens bei 900 C$^0$ und bei 790 C$^0$. Man bezeichnet hier die verschiedenen festen Aggregatzustände des Eisens mit griechischen Buchstaben und nennt nach Osmond, dem Entdecker der Allotropie des Eisens, die oberhalb 900 C$^0$ beständige Form $\gamma$-Eisen, die zwischen 900 und 790 C$^0$ beständige $\beta$-Eisen und schließlich die unterhalb 790 C$^0$ beständige $\alpha$-Eisen. Die Umwandlungen vollziehen sich rasch und ohne Verzögerungen. Bei 900 C$^0$ geschieht die Umwandlung $\gamma \rightleftarrows \beta$, und bei 790 C$^0$ die Umwandlung $\beta \rightleftarrows \alpha$. Der obere Pfeil bezieht sich auf die Abkühlung, der untere auf die Erhitzung *(85)*.

Die fortschreitende Forschung hat gezeigt, daß das Auftreten fester Stoffe in mehreren festen Aggregatzuständen (die Erscheinung der Polymorphie) durchaus keine Seltenheit ist, wie man früher glaubte.

**72.** Im folgenden sollen die verschiedenen festen Aggregatzustände mit den Zahlen 0, I, II... bezeichnet werden. Die höhere Zahl entspricht immer dem bei höherer Temperatur beständigen festen Zustand. Die einzelnen festen Phasen erhalten die Zahlen 0, 1, 2 als Anzeiger, wobei der Anzeiger 0 in der Regel weggelassen wird. Kommt also der Stoff $A$ in mehreren festen Aggregatzuständen vor, so werden sie bezeichnet mit $A$, $A'$, $A''$... Hierbei entspricht $A$ dem festen Aggregatzustand 0, $A'$ dem festen Aggregatzustand I usw. Treten auch Mischkristalle $\alpha$, $\beta$... in den verschiedenen festen Aggregatzuständen auf, so werden sie bezeichnet mit $\alpha$ und $\beta$ (fester Aggregatzustand 0), $\alpha'$ und $\beta'$ (fester Aggregatzustand I) usw. Kommen auch Verbindungen $V_1$, $V_2$... in mehreren festen Aggregatzuständen vor, so erhalten sie die Bezeichnungen $V_1$, $V_2$ (Zustand 0), $V_1'$, $V_2'$ (Zustand I) usw.

In den folgenden Abschnitten werden meist Fälle behandelt, bei denen nur zwei feste Zustände 0 und I vorkommen, wo also nur ei n e Umwandlung durchgemacht wird. Bei mehr als einer Umwandlung wird die Zahl der verschiedenen möglichen $c,t$-Bilder sehr groß. Beherrscht man aber einmal die Grundlagen der Phasenlehre, so kann man sich in diese verwickelteren Fälle verhältnismäßig leicht hineindenken.

### 1. Die Legierungen erstarren zunächst im festen Zustand I, der dann unterhalb der Erstarrung in den festen Zustand 0 übergeht.

*α) Die beiden Stoffe $A$ und $B$ besitzen sowohl im festen Zustand I wie auch im festen Zustand 0 völlige Mischbarkeit.*

**73.** Laut den in der Überschrift gemachten Voraussetzungen muß die Erstarrung aus dem flüssigen Zustand in den festen Zustand I nach einer der Erstarrungsarten $A\,a\,1\,\alpha$, $A\,a\,1\,\beta$ oder $A\,a\,1\,\gamma$ vor sich gehen. Wir werden nur die Erstarrungsart $A\,a\,1\,\alpha$ betrachten, weil die Übertragung der Verhältnisse auf die beiden anderen Erstarrungsarten keine Schwierigkeiten bietet. Das Ergebnis der Erstarrung sind homogene Mischkristalle $M'$. Diese sollen in den festen Aggregatzustand 0 übergehen, wobei wieder laut Überschrift festgesetzt ist, daß auch in diesem Aggregatzustand homogene Mischkristalle $M$ gebildet werden. Wir benutzen nun die Analogie zwischen dem Übergang aus dem flüssigen Zustand in den festen Zustand I mit dem Übergang aus dem homogenen festen Zustand $M'$ in den ebenfalls homogenen Zustand $M$. Wir brauchen nur statt der flüssigen Lösungen $L$ die festen Lösungen $M'$, und statt der festen Lösungen $M'$ die festen Lösungen $M$ zu setzen. Dann müssen die $c,t$-Bilder für die Umwandlung der Zustände I in die Zustände 0 dieselbe allgemeine Form haben wie die

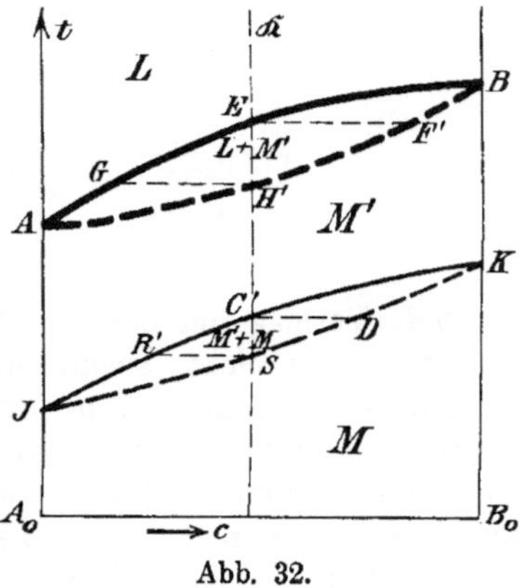


Abb. 32.

$c,t$-Bilder $A\,a\,1\,\alpha$, $A\,a\,1\,\beta$ oder $A\,a\,1\,\gamma$. Wir wollen nur das erstere wählen. Es ergibt sich dann das vollständige $c,t$-Bild (Abb. 32). Bei den reinen Stoffen $A$ und $B$ ist der Vorgang einfach. Stoff $A$ erstarrt zunächst bei der durch die Ordinate des Punktes $A$ gegebenen Temperatur zu Kristallen $A'$ Diese bleiben bestehen bis zum Umwandlungspunkt $J$. Dort vollzieht sich die Umwandlung kongruent (65) zu Kristallen $A$, die bei weiterer Abkühlung unverändert bleiben. Im Punkt $J$ vollzieht sich die Umwandlung $A' \rightarrow A$. Ähnlich liegen die Verhältnisse beim reinen Stoff $B$, der zu $B'$ erstarrt und bei $K$ die Umwandlung $B' \rightarrow B$ erleidet.

Der Gang der Abkühlung einer Legierung $\Re$ ist in Abb. 33 schematisch dargestellt. Bis zum Punkt $E$ ist die Legierung homogen flüssig. Innerhalb des Erstarrungsintervalles $EH'$ zerfällt die Legierung in zwei beigeordnete Phasen, die in der Abbildung durch dünne gestrichelte Linien verbunden sind. Die Zusammensetzung der flüssigen Phase $L$ ändert sich in bekannter Weise nach $EG$, die der festen Mischkristalle $M'$ nach der Phasenlinie $F'H'$. Bei $H'$ ist die Legierung erstarrt zu homogenen Mischkristallen $M'$. Sie bleibt homogen bis zum Punkt $C'$, wo die Kennlinie die Kurve für den Beginn der Umwandlung $JC'K$ schneidet. Wiederum findet Zerfall in zwei Phasen statt, in feste Mischkristalle $M'$ und feste Mischkristalle $M$. Die Zusammensetzung der ersteren ändert sich nach der Phasenlinie $C'R'$, diejenige der letzteren mit der Phasenlinie $DS$. Bei der Abkühlung von $C'$ nach $S$ nimmt die Menge der Phase $M'$ auf Null ab. Die Menge der festen Phase $M$, die bei der Temperatur $C'$ zunächst Null war, nimmt hierbei zu, bis bei $S$ die Legierung nur noch aus der festen Phase $M$ besteht. Die Legierung ist wieder homogen geworden und bleibt es auch bei weiterer Abkühlung.

Die Linie $JC'K$ gibt, wie wir bereits sahen, den Beginn, die Linie $JSK$ das Ende der Umwandlung an. Kongruente Umwandlung machen nur die beiden reinen Stoffe $A$ und $B$ durch; alle anderen Legierungen wandeln sich inkongruent um, d. h. Beginn und Ende der Umwandlung fallen nicht zusammen.

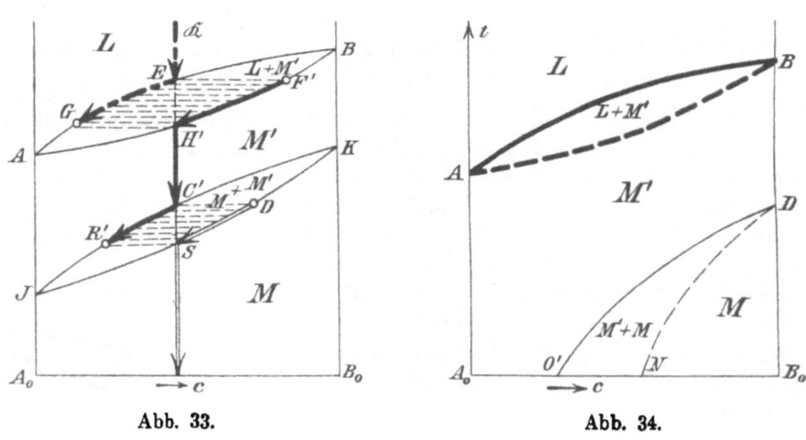


Abb. 33.          Abb. 34.

**74.** Vermag nur der eine Stoff, z. B. $B$, eine Umwandlung zu erleiden, der andere $A$ aber nicht, so nimmt das $c,t$-Bild den Verlauf wie in Abb. 34. Wir können es aus dem $c,t$-Bild (Abb. 33) einfach dadurch ableiten, daß wir den Umwandlungspunkt des Stoffes $A$ bei unendlich tiefer Temperatur annehmen. Die Umwandlung des Stoffes $A$ würde dann als imaginär zu betrachten sein. Die Legierungen mit Kennlinien links von $O'$ erleiden dann nach der Erstarrung keine Umwandlung. Alle anderen Legierungen treten unterhalb $O'D$ in ein zweites Entmischungsgebiet ein, innerhalb dessen Gleichgewicht zwischen den beiden Kristallarten $M'$ und $M$ herrscht. Bei den Legierungen, deren Kennlinie zwischen $O'$ und $N$ fallen, bleibt die Entmischung auch bei gewöhnlichen Wärmegraden bestehen. Liegt die Kennlinie rechts von $N$, so wird die Entmischung bei den Punkten der Linie $DN$ (Ende der Umwandlung) wieder aufgehoben. Die Legierungen sind im Zustand 0 wieder homogen.

$\beta$) **Die beiden Stoffe $A$ und $B$ besitzen im Zustand I völlige Mischbarkeit; im Zustande 0 dagegen besteht eine Lücke in der Reihe der Mischkristalle.**

**75.** In diesem Falle haben wir die $c,t$-Bilder für die Erstarrung $A\,a\,1\,\alpha$, $A\,a\,1\,\beta$ oder $A\,a\,1\,\gamma$ mit den $c,t$-Bildern für die Umwandlung $A\,a\,2\,\alpha$ oder $A\,a\,2\,\gamma$ zu verknüpfen. Hierbei stellen die letzteren aber nicht den Übergang aus den flüssigen Phasen $L$ in Mischkristalle, sondern den Übergang der homogenen festen Lösungen $M'$ in den Zustand 0 dar. Als Beispiel soll der Fall Abb. 35 gewählt werden, bei dem die Erstarrungsart $A\,a\,1\,\alpha$ mit der Umwandlungsart $A\,a\,2\,\alpha$ verknüpft ist.

Verfolgen wir die Erstarrung und Abkühlung der Legierung $\Re$ in Abb. 35. Zwischen $C$ und $F'$ findet die Erstarrung in der früher besprochenen Weise statt. Bei $F'$ ist die Legierung zu homogenen Mischkristallen $M'$ erstarrt und bleibt homogen bis zum Punkt $G'$, wo die Kennlinie die Linie für den Beginn der Umwandlung schneidet. Hier beginnen sich aus der festen Lösung $M'$ Mischkristalle $\beta$ von der Zusammensetzung $H$ auszuscheiden, wobei nach dem Hebelgesetz die

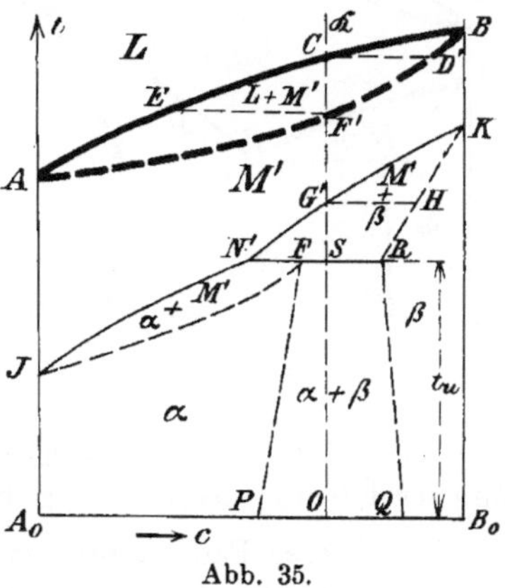

Abb. 35.

Menge der letzteren vorläufig noch unendlich klein ist. Bei weiterer Abkühlung von $G'$ nach $S$ ändert sich die Zusammensetzung der festen Lösung $M'$ nach der Linie $G'N'$, diejenige der Mischkristalle $\beta$ nach $HR$. Bei der Temperatur $t_u$ sind nebeneinander Mischkristalle $M'$ von der Zusammensetzung $N'$ und $\beta$-Kristalle von der Zusammensetzung $R$ vorhanden. Neu hinzu tritt die dritte Phase $F$ ($\alpha$-Mischkristalle). Bei weiterer Wärmeentziehung bleibt die Temperatur unverändert, bis die Mischkristalle $N'$ aufgebraucht sind und nur noch die Phasen $F$ ($\alpha$-Kristalle) und $R$ ($\beta$-Kristalle) bestehen. Die Temperatur kann nun wieder sinken. Hierbei ändert sich nur die Zusammensetzung und Menge der $\alpha$- und $\beta$-Kristalle entsprechend dem Verlauf der Linien $FP$ und $RQ$. Unter dem Mikroskop beobachtet man dann bei Zimmerwärme diese beiden Mischkristallarten nebeneinander. Ihre Mengen sind bestimmt durch die Größen $OQ/PQ$ für die $\alpha$-Kristalle, und $OP/PQ$ für die $\beta$-Kristalle.

Die einzelnen Felder im $c,t$-Bild sind folgende:

| | | |
|---|---|---|
| Feld oberhalb $ACB$: | Homogene flüssige Lösungen $L$ | 1 Phase $L$ |
| „    $ACBF'A$: | Flüssige Lösungen $L$ neben Mischkristallen $M'$ | 2 Phasen $L+M'$ |
| „    $AF'BKN'J$: | Mischkristalle $M'$ | 1 Phase $M'$ |
| „    $N'KR$: | Mischkristalle $M'$ neben Mischkristallen $\beta$ | 2 Phasen $M'+\beta$ |
| „    $JN'F$: | Mischkristalle $M'$ neben Mischkristallen $\alpha$ | 2 Phasen $M'+\alpha$ |
| „    $JFPA_0$: | Mischkristalle $\alpha$ | 1 Phase $\alpha$ |
| „    $KRQB_0$: | Mischkristalle $\beta$ | 1 Phase $\beta$ |
| „    $FRQP$: | Mischkristalle $\alpha$ neben Mischkristallen $\beta$ | 2 Phasen $\alpha+\beta$. |

**76.** In Abb. 36 ist die Erstarrungsart $A\,a\,1\,\alpha$ verknüpft mit der Umwandlungsart $A\,a\,2\,\gamma$. Es wird dem Leser möglich sein, die Vorgänge selbst abzuleiten. Nach erfolgter Erstarrung treten dann bei $t_e$ eutektische Vorgänge ein, so daß alle Legierungen, deren Kennlinien zwischen $E$ und $G$ liegen, nach Abkühlung auf gewöhnliche Temperatur aus $\alpha$-Kristallen in eutektischer Mischung von $\alpha$- und $\beta$-Kristallen, oder aus eutektischer Mischung allein, oder aus $\beta$-Kristallen in eutektischer Mischung bestehen.

Für den Begriff eutektisch ist von Howe der Name eutektoidisch vorgeschlagen worden, wenn das eutektische Gemisch sich nicht aus dem flüssigen Zustand, also bei der Erstarrung bildet, sondern infolge einer Umwandlung entsteht. Es ist zuzugeben, daß der Ausdruck eutektisch (d. i. gutflüssig) für Eutektika, die bei Umwandlungen im festen Zustand entstanden sind, nicht mehr sinngemäß ist. Ich möchte aber die Zahl der Fachausdrücke nicht vermehren, lediglich um der Wortabstammung gerecht zu werden, und behalte den Ausdruck eutektisch auch für das Erzeugnis von Umwandlungen bei.

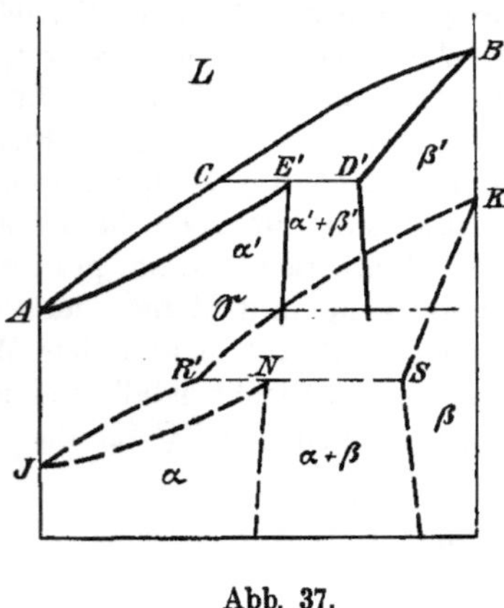

Abb. 36.

$\gamma$) **Die Reihe der Mischkristalle hat im Zustand I eine Lücke; im Zustand 0 dagegen besitzen die Stoffe $A$ und $B$ völlige Mischbarkeit.**

**77.** Dieser Fall ist praktisch bei Legierungen noch nicht beobachtet; es ist auch unwahrscheinlich, daß er auftritt. Wir wollen ihn deshalb beiseite lassen. Nähere Ausführungen hierüber siehe $L_1$ *11* und *12*.

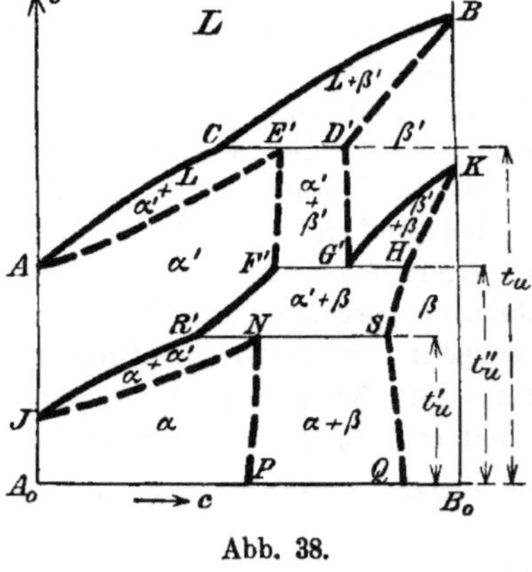

Abb. 37.          Abb. 38.

$\delta$) **Die Reihe der Mischkristalle hat sowohl im Zustande I als auch im Zustande 0 eine Lücke.**

**78.** Auf Grund der in der Überschrift gemachten Voraussetzungen sind die Erstarrungsarten $Aa2\alpha$ und $Aa2\gamma$ mit den Umwandlungsarten $Aa2\alpha$ und $Aa2\gamma$ zu verknüpfen. Hierbei schneiden die Grenzlinien für die Lücke der Mischkristalle im Zustand I das $c,t$-Bild für die Umwandlung, wie es die beiden Schnittpläne Abb. 37 und 39 zeigen. Im ersteren ist die Erstarrungsart $Aa2\alpha$ verknüpft mit der Umwandlungsart $Aa2\alpha$; im letzteren die Erstarrungsart $Aa2\gamma$ mit der Umwandlungsart $Aa2\gamma$. Die $c,t$-Bilder für die Umwandlung sind in beiden Schnittplänen gestrichelt gezeichnet, um sie von den dünn ausgezogenen $c,t$-Bildern für die Erstarrung zu unterscheiden. Aus der Art der Durchdringung der beiden $c,t$-Bilder sowohl in Abb. 37 als auch in Abb. 39 zeigt sich, daß an

einer bestimmten Stelle (durch die wagerechte Schnittlinie $\mathfrak{S}$ angedeutet) Gleichgewicht zwischen den drei Phasen $\alpha'$, $\beta'$ und $\beta$ bestehen muß. Bei zwei Stoffen
kann ein dreiphasiges Gleichgewicht nur bei einer einzigen Temperatur und zwischen Phasen von genau umschriebener Zusammensetzung bestehen. Diesem
Gleichgewicht mögen beispielsweise die drei Punkte $F'$, $G'$, $H$ in Abb. 38 und 40
entsprechen, von denen $F'$ $\alpha'$-Kristalle, $G'$ $\beta'$-Kristalle und $H$ $\beta$-Kristalle darstellt.
Die beiden ersteren gehören dem festen Aggregatzustand I, die letzteren dem
Aggregatzustand 0 an, wie es ja durch die Anzeiger angedeutet wird. Die
Temperatur für dieses Gleichgewicht sei $t_u''$.

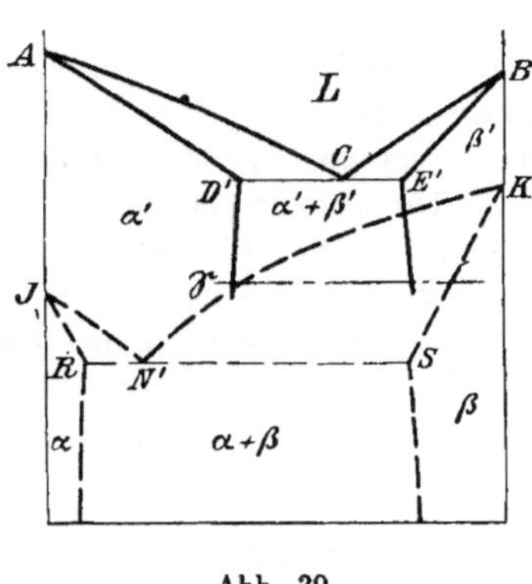

Abb. 39.

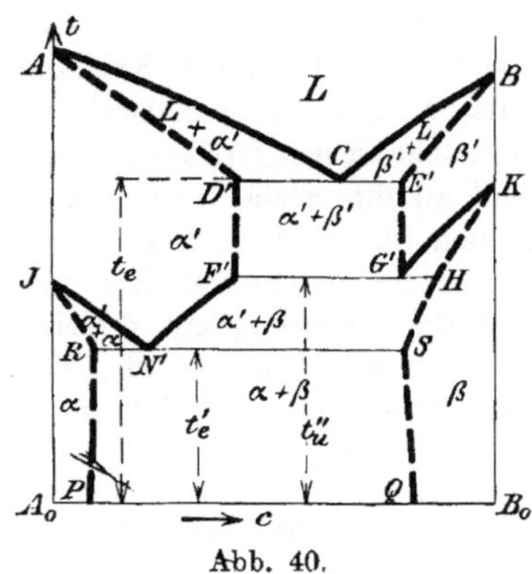

Abb. 40.

Im Falle der Abb. 38 haben wir außer dem soeben besprochenen Gleichgewicht noch zwei dreiphasige Gleichgewichte: das eine bei $t_u$ zwischen den
Phasen $C$ (flüssig), $E'$ ($\alpha'$-Kristalle) und $D'$ ($\beta'$-Kristalle) und das andere bei $t_u'$
zwischen den drei Phasen $R'$ ($\alpha'$-Kristalle), $N$ ($\alpha$-Kristalle) und $S$ ($\beta$-Kristalle).
Das bei $t_u$ ist das der Erstarrung nach $A\,a\,2\,\alpha$ entsprechende, und das bei $t_u'$ das
der Umwandlung nach $A\,a\,2\,\alpha$ entsprechende drei-
phasige Gleichgewicht. Das Feld der $\alpha'$-Kristalle
wird abgegrenzt durch Linien, die die $\alpha'$-Kristalle
darstellenden Punkte $A$, $E'$, $F'$, $R'$, $J$ verbinden.
Das Feld der $\beta'$-Kristalle wird begrenzt durch
die Linienzüge $B\,D'\,G'\,K$, die alle Punkte verbinden, welche $\beta'$-Kristallen entsprechen. Die
$\beta$-Kristalle sind beständig in dem Feld $K\,H\,S\,Q\,B_0\,K$.
Die Bedeutung der übrigen Felder ergibt sich
aus der Abb 38 in bekannter Weise.

Im Falle der Abb. 40 bestehen außer dem
dreiphasigen Gleichgewicht bei $t_u''$ noch die beiden eutektischen Gleichgewichte bei $t_e$ und $t_e'$.
Ersteres wird gebildet durch die Phasen $D'$

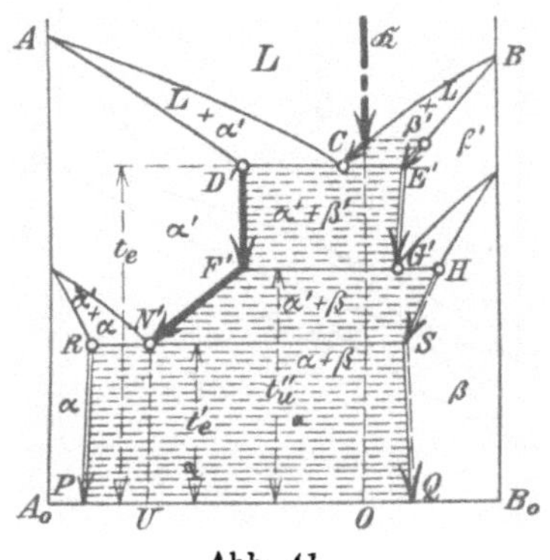

Abb. 41.

($\alpha'$-Kristalle), $C$ (flüssige Lösung) und $E'$ ($\beta'$-Kristalle). Das letztere umfaßt die
Phasen $R$ ($\alpha$-Kristalle), $N'$ (eutektische $\alpha'$-Kristalle) und $S$ ($\beta$-Kristalle). Durch
Verbinden der gleiche Kristallarten darstellenden Punkte ergeben sich die in
Abb. 40 eingezeichneten Felder.

**79.** In Abb. 41 ist nochmals zur Einübung schematisch der Vorgang bei der
Erstarrung und Abkühlung einer Legierung $\mathfrak{K}$ dargestellt, deren $c, t$-Bild der
Abb. 40 entspricht. Die Legierung ist oberhalb $BC$ flüssig. Beim Eintritt der

Kennlinie in das Gebiet $L + \beta'$ ($BCE'$) zerfällt sie in die flüssige Phase $L$ und in $\beta'$-Kristalle. Bei der Temperatur $t_e$ hat die flüssige Phase die eutektische Zusammensetzung $C$ erreicht, während die $\beta'$-Kristalle die Zusammensetzung $E'$ angenommen haben. Bei $C$ verschwindet die eutektische Lösung $C$; an ihre Stelle tritt das eutektische Gemenge aus Kristallen $D'$ und $E'$ ($\alpha'$- und $\beta'$-Kristallen). Die beiden Kristallarten ändern Menge und Zusammensetzung entsprechend dem Verlauf der Grenzlinien $D'F'$ und $E'G'$. Bei $t_u''$ haben sie die Zusammensetzung $F'$ und $G'$ angenommen. Bei gleichbleibender Temperatur verschwindet hier die Kristallart $G'$ und an ihre Stelle tritt die neue Kristallart $H$ ($\beta$-Kristalle). Nach dem Verschwinden von $G'$ besteht die Legierung nur noch aus $\alpha'$-Kristallen $F'$ und $\beta$-Kristallen $H$. Die Temperatur kann nun wieder sinken. Die Kristalle $\alpha'$ ändern sich nach $F'N'$, die Kristalle $\beta$ nach $HS$. Bei der zweiten eutektischen Temperatur $t_e'$ haben diese Kristalle die Zusammensetzung $N'$ und $S$ erreicht. $N'$ ist die eutektische feste $\alpha'$-Lösung. Sie verschwindet bei gleichbleibender Temperatur $t_e'$ und an ihre Stelle treten die $\alpha$-Kristalle $R$. Die eutektische feste Lösung $N'$ wandelt sich in ein eutektisches Gemenge von $R$ und $S$ um. In dieses eingelagert sind die vorher gebildeten Kristalle $S$. Bei gewöhnlicher Temperatur besteht schließlich die Legierung aus $\beta$-Kristallen $Q$, die eingebettet sind in das Eutektikum $N'$ (Gemenge von $\alpha$- und $\beta$-Kriställchen). Die Menge des Eutektikums ist nach dem Hebelgesetz $OQ/UQ$; die der erstlichen $\beta$-Kristalle $OU/UQ$.

### 2. Bereits bei der Erstarrung können Kristalle im festen Zustand I und solche im festen Zustand 0 nebeneinander auftreten.

*80.* Am einfachsten übersehen wir die Verhältnisse, wenn wir annehmen, daß der Umwandlungspunkt des einen der beiden Stoffe $A$ oder $B$ oberhalb seines Erstarrungspunktes liegt. Wir werden auch Fälle zu behandeln haben, in denen die Umwandlungspunkte beider Stoffe oberhalb ihrer Erstarrungspunkte anzunehmen sind. Dies bedeutet, daß die betreffenden Umwandlungspunkte für die reinen Stoffe imaginär sind; d. h. daß die reinen Stoffe $A$ und $B$ Umwandlungen überhaupt nicht durchmachen. Dafür können aber tatsächliche Umwandlungen in den Mischkristallen innerhalb bestimmter Gehalte an den einzelnen Stoffen vorkommen.

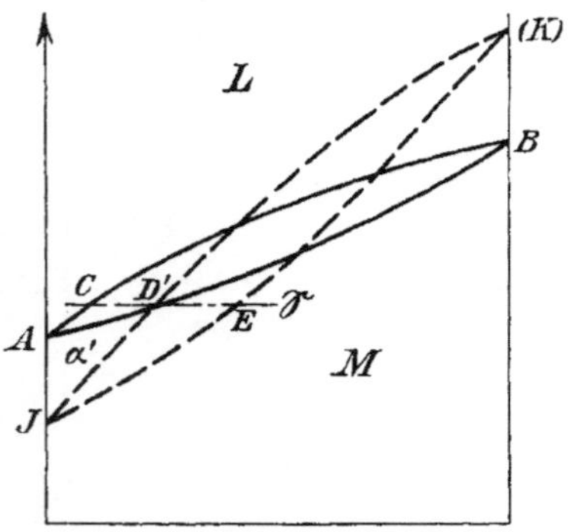

Ein einfacher Fall ist in Abb. 42 im Schnittplan dargestellt. Das $c, t$-Bild nach Art $Aal\alpha$ für die Erstarrung (dünn ausgezogen) wird durchschnitten von dem gestrichelten $c, t$-Bild für die Umwandlung ebenfalls nach Art $Aal\alpha$. Der Umwandlungspunkt $(K)$ des Stoffes $B$ ist als imaginär (oberhalb des Erstarrungspunktes gelegen) angenommen. Der reine Stoff $B$ kann deshalb im festen Zustand I nicht auftreten, er erstarrt unmittelbar zum festen Zustand 0. Legt man durch $D'$, den Schnittpunkt von $AD'B$ (Linie für das Ende der Erstarrung) und $JD'(K)$ (Beginn der Umwandlung aus dem festen Zustand I in den festen Zustand 0), eine wagerechte Schnittlinie $\mathfrak{S}$, so schneidet diese die Grenze der flüssigen Phasen in $C$ und die Grenze nach den im Zustand 0 befindlichen Mischkristallen $M$ im Punkte $E$. Bei der der Schnittlinie $\mathfrak{S}$ entsprechenden Temperatur $t_u$ muß sonach ein dreiphasiges Gleichgewicht bestehen. Das Gleichgewicht ist nach der Phasenregel nur bei einer einzigen Temperatur $t_u$ und zwischen Phasen mit genau bestimmter Zusammensetzung möglich. Im $c, t$-Bild 43 muß es sonach drei Punkte $C$, $D'$ und $E$

Abb. 42.

geben, die auf einer Wagerechten liegen. $C$ entspricht der flüssigen Phase, $D'$ den
im Zustand I befindlichen $\alpha'$-Mischkristallen, $E$ den im Zustand 0 befindlichen
Mischkristallen $M$. $A$ bedeutet die Temperatur, bei der die Erstarrung des
Stoffes $A$ in den festen Zustand I erfolgt; $J$ ist die Temperatur, bei der der
Stoff $A$ aus dem festen Zustand I in den festen Zustand 0 übergeht. Der Zustand I
kann sonach für den reinen Stoff $A$ nur innerhalb
der Strecke $AJ$ herrschen. Der Stoff $A$ im Zu-
stand I bildet den Anfang der Mischkristallreihe $\alpha'$.
Diese ist natürlich nur unterhalb des Endes der
Erstarrung $AD'$ und oberhalb des Beginns $JD'$ der
Umwandlung in Zustand 0 beständig. Das Feld
für die Beständigkeit der $\alpha'$-Kristalle ist sonach
$AD'J$. Die Linie $JE$ gibt das Ende der Umwandlungen aus dem Zustand I in den Zustand 0 an.
Unterhalb dieser Linie können sonach nur $M$-
Kristalle im Zustand 0 bestehen. Die Linie $BE$
entspricht dem Ende des Übergangs aus dem flüs-
sigen Zustand unmittelbar (unter Überspringung
des festen Zustandes I) in den festen Zustand 0.
Der feste Zustand I ist für die Legierungen mit

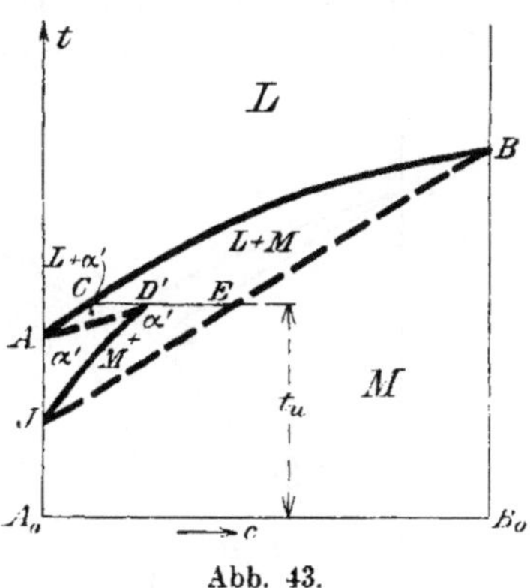


Abb. 43.

Kennlinien rechts von $E$ imaginär. Im Feld $CBE$ bestehen nebeneinander flüssige
Phasen $L$ und Mischkristalle $M$. Im Feld $ACD'$ bilden Gleichgewicht miteinander
flüssige Phasen $L$ und $\alpha'$-Kristalle; im Feld $JD'E$ Mischkristalle $\alpha'$ und $M$. Legierungen mit Kennlinien zwischen $D'$ und $E$ bestehen nach der Abkühlung auf $t_u$
aus flüssiger Phase $C$ und den $M$-Mischkristallen $E$ (Zustand 0). Bei unveränderlicher Temperatur verschwindet die flüssige Phase $C$, die Legierung erstarrt, und
an die Stelle der Phase $C$ tritt die neue Phase $D'$ ($\alpha'$-Mischkristalle im Zustand I).
Bei weiterer Abkühlung verschwinden auch die $\alpha'$-Kristalle und die Legierung besteht bei dem Schnittpunkt der Kennlinie mit der Grenze $JEB$ nur noch aus
$M$-Kristallen. Legierungen mit Kennlinien zwischen $C$ und $D'$ bestehen bei $t_u$
ebenfalls aus flüssiger Phase $C$ und $M$-Kristallen $E$. Bei $t_u$ verschwindet die
Phase $E$, und an ihre Stelle tritt Phase $D'$ ($\alpha'$-Kristalle). Beim Schnittpunkt der
Kennlinie mit $AD'$ ist die Legierung erstarrt, sie besteht ausschließlich aus $\alpha'$-Kri-
stallen. Sobald bei weiterer Abkühlung die Kennlinie in das Feld $D'JE$ eintritt,
scheiden sich aus den $\alpha'$-Kristallen $M$-Kristalle aus. Die Menge der letzteren
nimmt zu, die der ersteren ab. Beim Schnittpunkt der Kennlinie mit $JE$ ist die
Phase $\alpha'$ verschwunden, die Legierung besteht aus homogenen $M$-Kristallen und
befindet sich ihrer ganzen Masse nach im Zustand 0.

Unter dem Mikroskop erscheinen bei gewöhnlicher Temperatur alle Legierungen
aus Kristallen gleicher Art zusammengesetzt, vorausgesetzt, daß alle Umwandlungsvorgänge ohne Verzögerung auch wirklich zu Ende geführt sind.

**81.** Im vorigen Beispiel fand Durchschneidung eines $c, t$-Bildes für die Erstarrung und eines für die Umwandlung, und zwar beide nach derselben Art $Aa1\alpha$
statt. Es können nun aber Durchschneidungen aller möglichen Kombinationen
von Erstarrungs- und Umwandlungsarten eintreten. Dadurch wird die Zahl der
Fälle sehr groß. Man wird sich aber immer durch ähnliche Überlegungen, wie
in *80*, zurechtfinden können. Im folgenden sollen noch einige Kombinationen angeführt werden, die bei technisch wichtigen Legierungen auftreten und uns somit
im besonderen Teil II B dieses Buches wieder beschäftigen müssen.

**82.** Erstarrungs- und Umwandlungsart $Aa2\gamma$. In Abb. 44 ist zunächst
der Schnittplan gezeichnet. Das $c, t$-Bild für die Erstarrung ist dünn ausgezogen,
das für die Umwandlung dünn gestrichelt: Da der Umwandlungspunkt des Stoffes $B$

und der an Stoff $B$ reichen Legierungen imaginär ist, so können die letzteren nicht zum festen Zustand I erstarren, sondern müssen beim Übergang aus dem flüssigen Zustand unmittelbar in den Zustand 0 übergehen. Die $B$-reichen Mischkristalle in diesem Zustand heißen $\beta$-Kristalle ($\beta'$-Kristalle fehlen). Auf der Seite der $A$-reichen Legierungen muß von $AJ$ aus nach rechts ein Feld gehen, in dem $\alpha'$-Kristalle (fester Zustand I) bestehen. Zwischen beiden Feldern von Mischkristallen liegt eine Mischkristallücke, in der $\alpha'$- und $\beta$-Kristalle nebeneinander

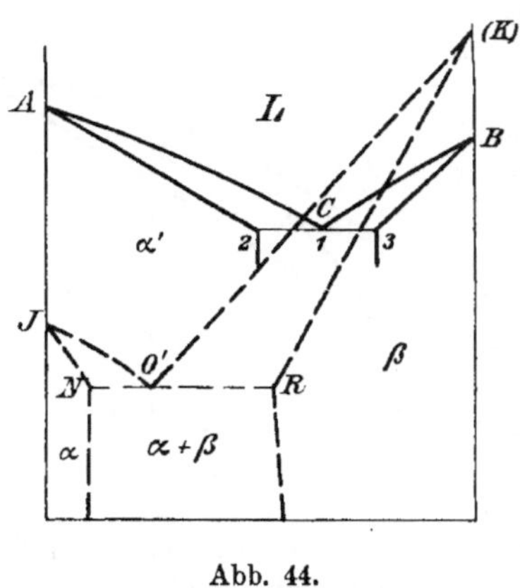

Abb. 44.

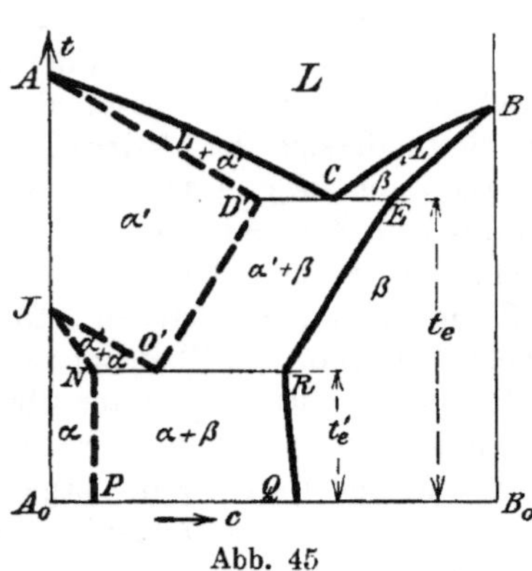

Abb. 45

im Gleichgewicht sind. Die Erstarrung der eutektischen Legierung $C$ und der ihr benachbarten Legierungen muß sonach zu den beiden Kristallarten $\alpha'$ und $\beta$ erfolgen. Bei einer bestimmten Temperatur $t_e$ (Abb. 45) muß dreiphasiges Gleichgewicht zwischen drei bestimmten Phasen $C$, $D'$ und $E$ bestehen, wobei $D$ den $\alpha'$-Kristallen, $E$ den $\beta$-Kristallen zugehört. Ein zweites dreiphasiges Gleichgewicht besteht bei $t_e'$ zwischen den drei Phasen $N$ ($\alpha$-Kristalle im festen Zustand 0), $O'$ ($\alpha'$-Kristalle im festen Zustand I) und $R$ ($\beta$-Kristalle im festen Zustand 0).

Es entsprechen einander im $c,t$-Bild (Abb. 45):

| Phase | Punkte[1]) |
|---|---|
| Flüssige Phase $L$ | $A,\ C,\ B$ |
| Mischkristalle $\alpha'$ | $A,\ D',\ O',\ J$ |
| „ $\alpha$ | $J,\ N,\ P$ |
| „ $\beta$ | $B,\ E,\ R,\ Q$ |

Zur Vervollständigung des $c,t$-Bildes braucht man nur noch die Punkte, die gleiche Phasen darstellen, durch Linien zu verbinden und erhält so die einzelnen Felder wie in Abb. 45

**83.** Wir wollen die Veränderung des $c,t$-Bildes in Abb. 45 betrachten, wenn der Stoff $A$ nicht nur eine Umwandlung, sondern zwei Umwandlungen durchmacht, und zwar bei den Temperaturen $J_1$ und $J_2$ (Abb. 46). Der Stoff $A$ erstarrt zunächst im festen Zustand II, geht bei $J_1$ in den festen Zustand I über, und schließlich bei $J_2$ in den festen Zustand 0. Wir setzen voraus, daß der Stoff $A$ in allen drei Zuständen mit dem Stoff $B$ Mischkristalle bis zu einem bestimmten Höchstgehalt an $B$ bilden kann. Diese Mischkristalle im festen Zustand II sollen die Bezeichnung $\alpha''$, im festen Zustand I die Bezeichnung $\alpha'$ und im festen Zustand 0 die Bezeichnung $\alpha$ erhalten. Der Übergang aus $\alpha''$ in $\alpha'$ wird dann dargestellt durch

---

zwei sich im Punkte $J_1$ schneidende Linien $J_1$ und $J_1 2$ (Anfang eines Umwandlungs-$c,t$-Bildes nach Art $A\,a\,1\alpha$, $A\,a\,1\gamma$, $A\,a\,2\alpha$ oder $A\,a\,2\gamma$). Ähnliches gilt für die Umwandlung aus $\alpha'$ in $\alpha$; sie wird dargestellt durch die Linien $J_2 3$ und $J_2 4$. Vgl. Abb. 46. Das Feld der $\alpha'$-Kristalle wird abgegrenzt durch $J_1 J_2 G'$. Legt man durch $G'$ einen wagerechten Schnitt $\mathfrak{S}$, so schneidet dieser die Grenzlinie $J_2 3$ in $F$ und die Grenzlinie $J_1 2$ in $H''$. Punkt $F$ entspricht einem Kristall $\alpha$, Punkt $H''$ einem Kristall $\alpha''$. Bei der dem Punkt $G'$ entsprechenden Temperatur besteht also ein dreiphasiges Gleichgewicht zwischen Kristallen $\alpha''$, $\alpha'$ und $\alpha$. Dem entsprechen drei bestimmte Punkte im $c,t$-Bild 47, nämlich $F$, $G'$, $H''$. Der Phase $\alpha''$ entsprechen die Punkte $J_1$, $H''$ und $O''$; der Phase $\alpha'$ die Punkte $J_1$, $G'$ und $J_2$; der Phase $\alpha$ die Punkte $J_2$, $F$ und $N$. Verbindet man die gleichen Phasen entsprechenden Punkte mit Linien, so erhält man die Feldabgrenzungen wie in Abb. 47.

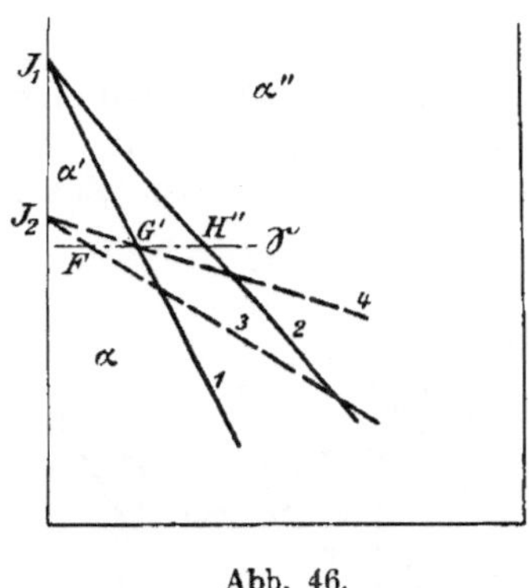

Abb. 46.

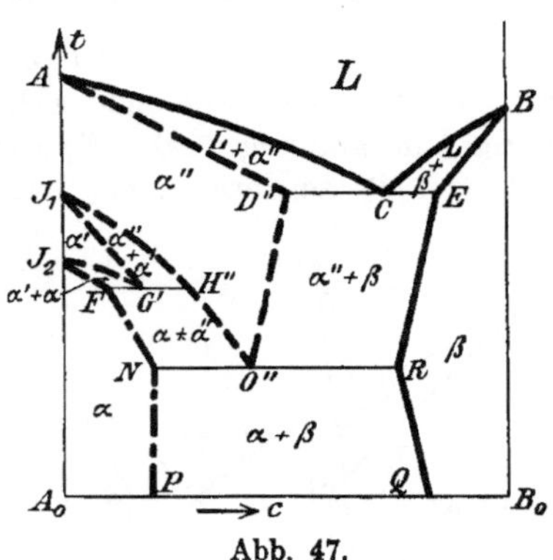

Abb. 47.

**84.** Ein besonderer Fall des $c,t$-Bildes 47 ergibt sich, wenn der Stoff $A$ mit dem Stoff $B$ nur im festen Zustand II Mischkristalle $\alpha''$ zu bilden vermag, in den Zuständen I und 0 aber keine Löslichkeit gegenüber $B$ besitzt. Dann fallen die Punkte $F$, $G'$, $N$ und $P$ in die Anfangsordinate $A A_0$, wie in Abb. 48. An Stelle des Gleichgewichts zwischen den Kristallen $\alpha''$, $\alpha'$ und $\alpha$ bei der Temperatur $G'$ tritt jetzt Gleichgewicht zwischen $\alpha''$, $A'$ und $A$, wobei $A'$ den Stoff $A$ im festen Zustand I, $A$ denselben Stoff im festen Zustand 0 bezeichnet. Das Gleichgewicht zwischen $A$ und $A'$ ist nur beim Umwandlungspunkt $J_2$ möglich; folglich ist auch das Gleichgewicht zwischen den drei Phasen $\alpha''$, $A'$ und $A$ nur bei der dem Punkt $J_2$ entsprechenden Umwandlungstemperatur denkbar. An Stelle des Linienzuges $J_2 F G' H''$ in Abb. 47 tritt sonach in Abb. 48 die Wagerechte $J_2 H''$. In Abb. 48 ist noch weiter die Voraussetzung gemacht, daß der Stoff $B$ im festen Zustand kein Lösungsvermögen gegenüber Stoff $A$ besitzt. Dann fallen die Mischkristalle $\beta$ fort und die Punkte $E$, $R$, $Q$ fallen sämtlich in die Endordinate $B B_0$.

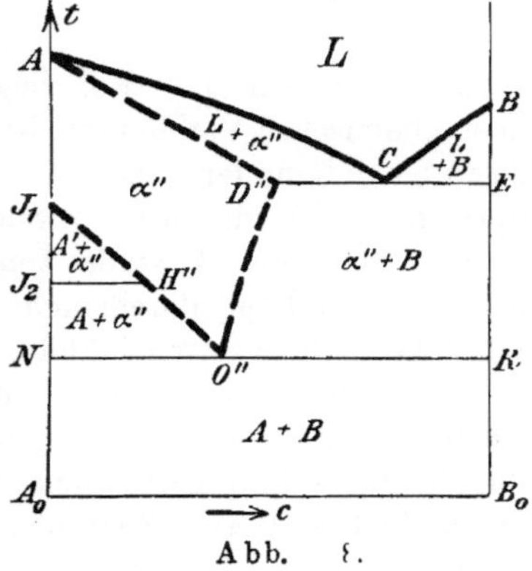

Abb. 48.

**85.** Das in Abb. 48 dargestellte $c,t$-Bild ist verwirklicht bei den Eisen-Kohlenstoff-Legierungen, soweit sie frei von Graphit sind. Der Stoff $A$ ist in diesem Falle Eisen, der Stoff $B$ ist eine Verbindung des Eisens mit Kohlenstoff, $Fe_3C$, die als Karbid bezeichnet wird. Ihr Gehalt an Kohlenstoff beträgt 6,67$^0/_0$, so daß der Punkt $B_0$ die Abszisse 6,67 hat. Das Eisen tritt in drei allotropischen

Zuständen auf. Das Eisen im festen Zustand II ($A''$) vermag mit dem Karbid Mischkristalle $\alpha''$ zu bilden. In den festen Zuständen I ($A'$) und 0 ($A$) vermag das Eisen kein Karbid zu lösen.

Der geschichtlichen Entwicklung entsprechend haben die drei Zustände des Eisens andere Bezeichnungen erhalten wie oben. Die hier gebrauchten Bezeichnungen und die sonst üblichen sind in nachstehender Übersicht gegenübergestellt.

Eisen im Zustand II $= A''$, nach Osmond: $\gamma$-Eisen

Mischkristalle $\alpha''$                            $\gamma$-Mischkristalle

Eisen im Zustand I $= A'$                $\beta$-Eisen

Eisen im Zustand 0 $= A$                $\alpha$-Eisen.

Wir werden im besonderen Teil II B die Osmondschen Bezeichnungen gebrauchen, weil sie allgemein verwendet werden.

**86.** Eine ganze Reihe von $c,t$-Bildern, die namentlich bei praktisch wichtigen Legierungen auftreten, kann man sich dadurch entstanden denken, daß man einen imaginären Umwandlungspunkt ($K$) wie in Abb. 49 annimmt, der nicht einem der Stoffe $A$ oder $B$, sondern einem Zwischensystem zukommt, dessen Zusammen-

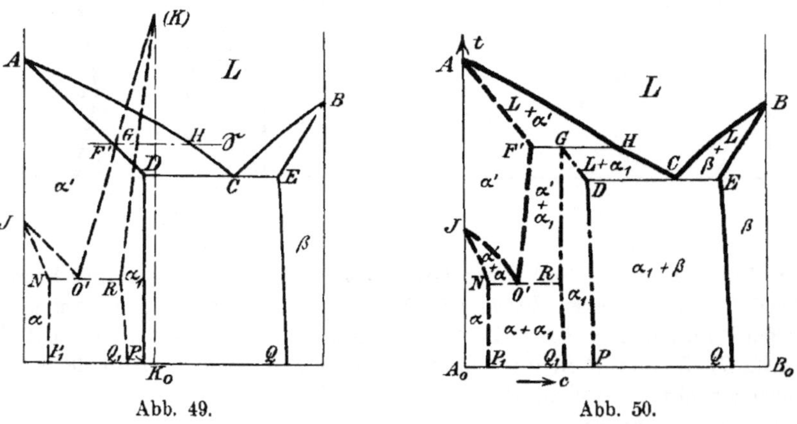

Abb. 49.                                            Abb. 50.

setzung zwischen $A$ und $B$ liegt. (Ob dies der imaginäre Umwandlungspunkt einer chemischen Verbindung ist, die als solche selbst nicht, sondern nur in Mischkristallen mit anderen Stoffen bestehen kann, möchte Verfasser hier nicht weiter erörtern; es ist für unsere Zwecke wenig belangreich.) Der Stoff $B$ und die ihm benachbarten Mischkristalle treten nur im festen Zustand 0 auf, da der Stoff $B$ keine Umwandlung durchmacht. Der Stoff $A$ kommt in zwei festen Zuständen I und 0 vor. Im ersteren bildet er mit Stoff $B$ $\alpha'$-Mischkristalle, im letzteren $\alpha$-Mischkristalle. Zwischen den beiden Feldern für die Kristalle $\alpha$ und $\beta$ stellt sich wegen des imaginären Umwandlungspunktes ($K$) ein drittes Feld homogener Mischkristalle ein, die wir mit $\alpha_1$ bezeichnen wollen. Sowohl $\alpha$ und $\beta$ als auch $\alpha_1$ gehören dem festen Zustand 0 an. Zwischen den Feldern für die Kristalle $\alpha$ und $\alpha_1$ und den Feldern $\alpha_1$ und $\beta$ befindet sich je eine Mischkristallücke.

Bei einer beispielsweise durch die wagerechte Schnittlinie $\mathfrak{S}$ gegebenen Temperatur werden drei Phasen nebeneinander bestehen, nämlich Kristalle $\alpha'$ entsprechend dem Punkte $F'$, Kristalle $\alpha_1$ entsprechend dem Punkte $G$ und flüssige Phase $H$. Das Gleichgewicht ist dreiphasig, Temperatur und Zusammensetzung der Phasen ist also eindeutig bestimmt. Die drei Punkte $F'$, $G$ und $H$ müssen auf einer Wagerechten liegen, wie in Abb. 50. Die übrigen dreiphasigen Gleichgewichte, die durch die Punkte $NO'R$ und $DCE$ angegeben sind, bleiben unverändert. Verbindet man die gleiche Phasen darstellenden Punkte durch Linien, so erhält man das $c,t$-Bild in Abb. 50.

**87.** Erstarrungsart $Aa1\alpha$ und Umwandlungsart $Aa2\gamma$. Die Umwandlungspunkte $(J)$ und $(K)$ beider Stoffe $A$ und $B$ seien imaginär, wie im Schnittplan Abb. 51 angedeutet. Es müssen drei Felder für homogene Mischkristalle auftreten, und zwar die Felder $\alpha$ und $\beta$ im festen Zustand 0 und das Feld für $M'$ im festen Zustand I. Bei $\mathfrak{S}_1$ muß ein dreiphasiges Gleichgewicht bestehen zwischen den Phasen $C$ (flüssig), $D'$ (Kristalle $M'$) und $E$ (Kristalle $\beta$). Ein weiteres dreiphasiges Gleichgewicht wird durch die wagerechte Schnittlinie $\mathfrak{S}_2$ angezeigt. Es umfaßt die drei Phasen $F$ (flüssig), $G$ (Kristalle $\alpha$) und $H'$ (Kristalle $M'$). Das dritte Dreiphasengleichgewicht zwischen $NO'R$ bleibt unverändert, so wie es das Umwandlungsbild verlangt. Es besteht zwischen Kristallen $\alpha$, $M'$ und $\beta$. Verbindet man die gleichen Phasen entsprechenden Punkte durch Linien, so erhält man das vollständige $c,t$-Bild 52.

**88.** Bei den Legierungen des Kupfers mit Zinn liegt, soweit sich aus den bisherigen Untersuchungen ersehen läßt, ein $c,t$-Bild vor, das aus dem $c,t$-Bild 52 abgeleitet werden kann. Bei dieser Legierungsreihe entspricht der Stoff $A$ der chemischen Verbindung $Cu_3Sn$, und der Stoff $B$ dem Kupfer. Die Verbindung $Cu_3Sn$ (Stoff $A$) besitzt außer dem imaginären Umwandlungspunkt $(J)$ noch einen wirk-

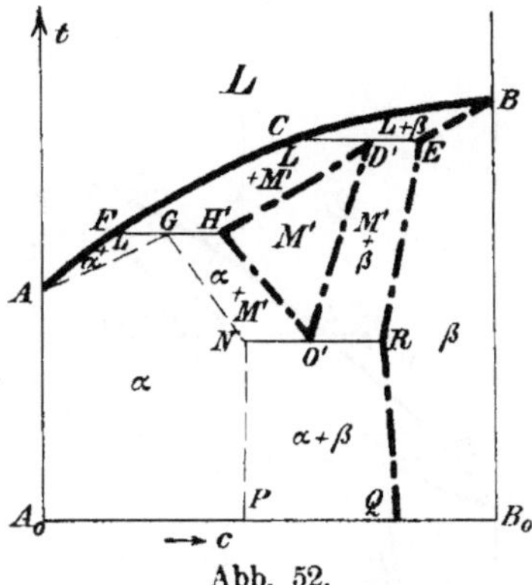

Abb. 51.   Abb. 52.

lichen Umwandlungspunkt $J_1$ unterhalb ihres Erstarrungspunktes $A$. (Es ist auch möglich und wahrscheinlicher, daß der imaginäre Umwandlungspunkt $(J)$ der in Abb. 51 dem Stoff $A$ zugeschrieben ist, bei den Kupfer-Zinnlegierungen einer Zwischenlegierung zwischen $A$ und $B$ entspricht, etwa wie in Abb. 49.) Bei der Temperatur $J_1$ (Schnittplan Abb. 53) wandelt sich der Stoff $A$ aus dem festen Zustand I in den festen Zustand 0 um; d. h. die Kristalle $A'$ verwandeln sich in Kristalle $A$. Dieser Umwandlung liegt ein $c,t$-Bild zugrunde von der Art $Aa2\alpha$. Der Stoff $B$ (das Kupfer) macht keine Umwandlung unterhalb seines Erstarrungspunktes durch. (Sein Umwandlungspunkt ist imaginär und kann bei unendlich niedriger Temperatur angenommen werden.) Der Schnittplan für die Verknüpfung des $c,t$-Bildes in Abb. 52 mit dem gestrichelt gezeichneten $c,t$-Bild der Umwandlung ist in Abb. 53 aufgestellt. Dreiphasige Gleichgewichte müssen sich einstellen bei den beiden Schnitten $\mathfrak{S}_1$ und $\mathfrak{S}_2$. Bei dem ersteren besteht Gleichgewicht zwischen den Kristallarten $\beta_1$ (Punkt 1), $\alpha'$ (Punkt 2') und $M''$ (Punkt 3''). Bei dem Schnitt $\mathfrak{S}_2$ sind im Gleichgewicht die Kristallarten $\beta_1$ (Punkt 4), $M''$ (Punkt 5″) und $\beta$ (Punkt 6). Verbindet man, wie früher erläutert, die gleiche Phasen darstellenden Punkte mit Linien, so ergibt sich das $c, t$-Bild 54.

**89.** Erstarrungsart $Aa2\alpha$ und Umwandlungsart $Aa2\gamma$. Angenommen werden zwei imaginäre Umwandlungspunkte $(J)$ und $(K)$. Der Umwandlungs-

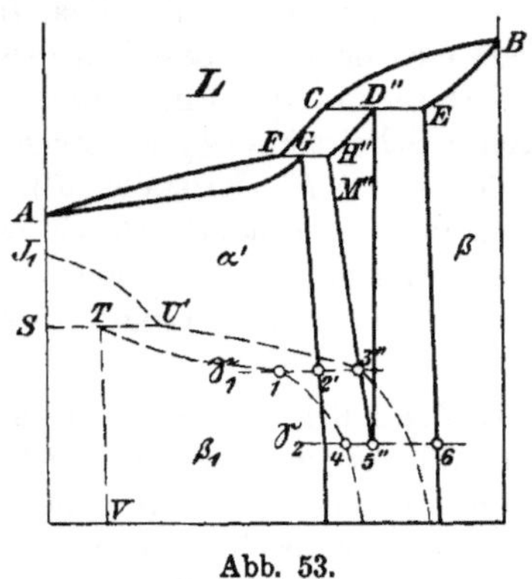

Abb. 53.

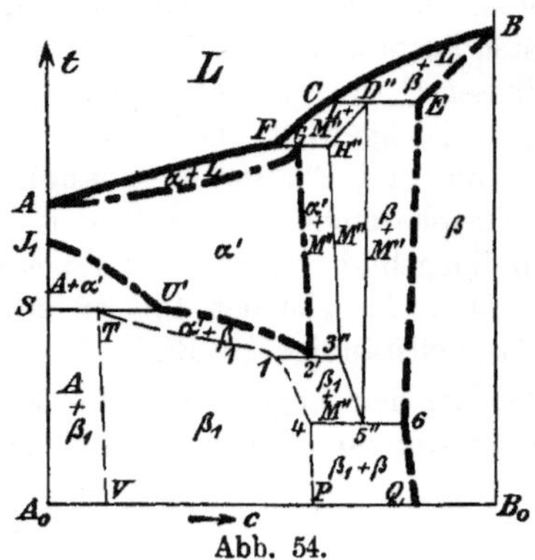

Abb. 54.

punkt $(J)$ entspricht aber nicht dem Stoff $A$, sondern einem Zwischensystem zwischen den beiden Stoffen $A$ und $B$. Der Schnittplan ist in Abb. 55 gezeichnet. Außer den beiden unverändert bleibenden dreiphasigen Gleichgewichten $CD'E$ und $NO'R$ kommen noch zwei weitere dreiphasige Gleichgewichte in den Schnitten $\mathfrak{S}_1$

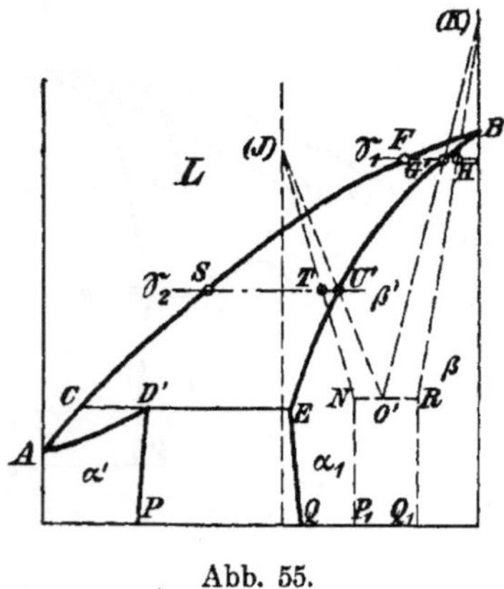

Abb. 55.

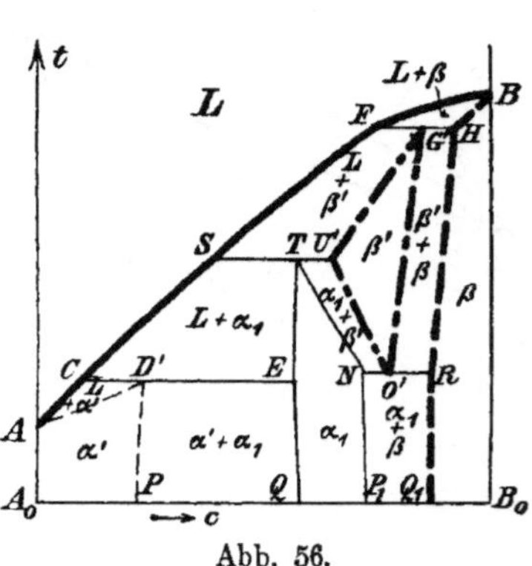

Abb. 56.

und $\mathfrak{S}_2$ vor. In Schnitt $\mathfrak{S}_1$ muß Gleichgewicht bestehen zwischen flüssiger Phase $F$, den $\beta'$-Kristallen $G'$ und den $\beta$-Kristallen $H$. Im Schnitt $\mathfrak{S}_2$ ergibt sich Gleichgewicht zwischen der flüssigen Phase $S$, den $\alpha_1$-Kristallen $T$ und den $\beta'$-Kristallen $U'$. Das vollständige $c, t$-Bild ist in Abb. 56 wiedergegeben. Es kommt, soweit die bisherige Forschung erkennen läßt, bei den Kupfer-Zink-Legierungen vor. Hierbei entspricht Stoff $A$ dem Zink, Stoff $B$ der Verbindung $Cu_2Zn_3$ (vgl. Bd. II B).

## B. Die Stoffe sind im flüssigen Zustand nicht vollkommen mischbar.

**90.** Als Stoffe, die sich im flüssigen Zustand nur teilweise mischen, sind beispielsweise zu nennen: Blei und Zink oder Wasser und Äther. Innerhalb gewisser Temperaturgrenzen (s. Abb. 57) bilden sich dann zwei Flüssigkeitsschichten übereinander, d. h. es sind zwei flüssige Phasen miteinander im Gleichgewicht.

Dieses verfügt noch über eine Veränderliche (*34*). Wählt man die Temperatur, so ist die Zusammensetzung der beiden flüssigen Phasen gegeben durch die beigeordneten Punkte auf der Grenzlinie $PNQ$. Wählt man die Zusammensetzung der einen Phase; so ist damit zugleich auch über die Zusammensetzung der anderen und über die Temperatur Bestimmung getroffen. Bei der Temperatur $t_1$ ist die Zusammensetzung der beiden Phasen durch die Punkte $L_a$ und $L_b$ und durch deren Abszissen $c_1$ und $c_2$ gegeben. Andere als diese beiden Flüssigkeiten können bei der Temperatur $t_1$ nicht im Gleichgewicht nebeneinander bestehen. Ändert man die Temperatur, so muß sich auch jeder neuen Temperatur entsprechend die Zusammensetzung der Phasen neu einstellen. Läßt man z. B. die Temperatur auf $t_2$ steigen, so wird die Zusammensetzung der beiden Phasen angegeben durch die Punkte $L_{2a}$ und $L_{2b}$. Die erstere ist reicher an Stoff $B$, die letztere reicher an Stoff $A$ geworden. Die beiden Phasen haben sich also in ihrer Zusammensetzung infolge der Temperaturerhöhung einander genähert. Bei einer bestimmten Temperatur $t_k$ kann es vorkommen, daß die Zusammensetzung der beiden flüssigen Phasen gleich wird entsprechend dem Punkte $N$. Man nennt dann diese Temperatur die kritische. Mit Aufhören des Unterschieds in der

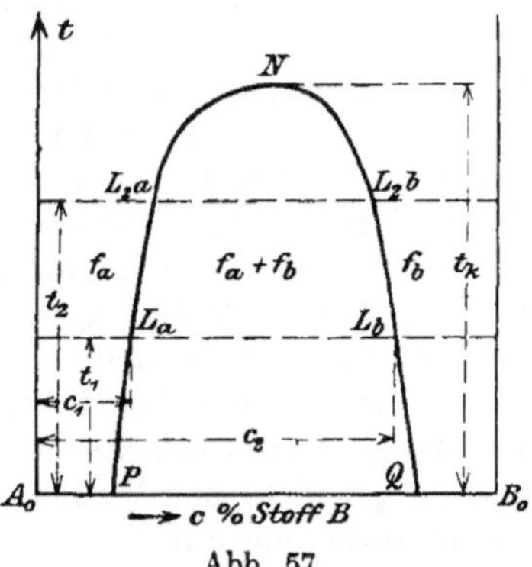

Abb. 57.

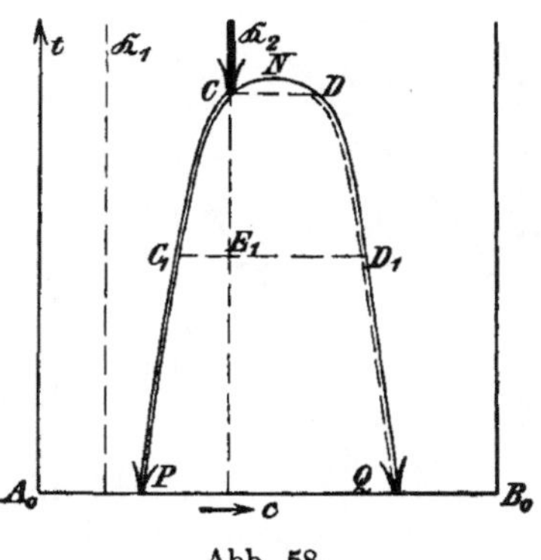

Abb. 58.

Zusammensetzung der Phasen bei der kritischen Temperatur verschwinden auch die physikalischen Unterschiede. Die Flüssigkeit wird homogen; die beiden Stoffe $A$ und $B$ mischen sich vollkommen; es besteht nur noch eine Phase. Oberhalb von $N$ bleibt die Mischbarkeit bestehen.

Die Linie $PNQ$ umschließt die heterogenen Systeme, die aus zwei flüssigen Phasen $f_a$ und $f_b$ bestehen. Außerhalb dieser Umgrenzung sind die Systeme homogen und flüssig. Sie bestehen nur aus einer flüssigen Phase $f_a$ oder $f_b$.

*91.* Eine Legierung, die durch die Kennlinie $\mathfrak{K}_1$ in Abb. 58 wiedergegeben ist, bleibt während der Abkühlung homogen flüssig, wenn das in der Abbildung dargestellte Gebiet des $c,t$-Bildes oberhalb der Erstarrungszone der Legierungen liegt. Eine Legierung $\mathfrak{K}_2$ dagegen, deren Kennlinie bei $C$ in das Entmischungsgebiet $PNQ$ eintritt, zerlegt sich bei der dem Punkte $C$ entsprechenden Temperatur in zwei beigeordnete flüssige Phasen $C$ und $D$. Bei einer dem Punkte $E_1$ entsprechenden Temperatur ist die flüssige Legierung zerfallen in flüssige Phase $C_1$ und flüssige Phase $D_1$. Die Mengenverhältnisse beider ergeben sich nach dem Hebelgesetz:

$$\text{Menge der Phase } C_1 \quad \ldots \ldots \quad E_1 D_1 / C_1 D_1$$
$$\text{,,} \quad \text{,,} \quad \text{,,} \quad D_1 \quad \ldots \ldots \quad E_1 C_1 / C_1 D_1.$$

Die Vorgänge bei der Abkühlung der Legierung $\mathfrak{K}_2$ lassen sich veranschaulichen durch die eingezeichneten Pfeile. Die homogene Flüssigkeit wird angedeutet durch die stark ausgezogene Linie; die eine an Stoff $A$ reiche flüssige Phase und ihre Änderung durch die Doppellinie $CC_1P$; die andere an Stoff $B$ reichere flüssige Phase durch die Linie $DD_1Q$.

**92.** Wenn die Erstarrung sich oberhalb des Entmischungsgebietes $PNQ$ der flüssigen Phasen vollzieht, so ändert sich an den früher besprochenen $c, t$-Bildern und Erstarrungsarten nichts; das Entmischungsgebiet $PNQ$ ist dann imaginär, denn es bezieht sich auf Flüssigkeiten in einem Temperaturbereich, in dem sie als Flüssigkeiten nicht mehr bestehen können, sondern bereits erstarrt sind. Anders dagegen liegt der Fall, wenn das $c, t$-Bild der Erstarrung sich mit dem $c, t$-Bild für die Entmischung der flüssigen Phasen schneidet. Es kann dann im Gegensatz zu den bisher besprochenen Beispielen der Fall eintreten, daß sich bei der Erstarrung der Legierungen zwei flüssige Phasen mit einer festen ins Gleichgewicht setzen. Dies Gleichgewicht ist dann dreiphasig; es ist nur bei einer einzigen Temperatur und mit drei Phasen von genau bestimmter Zusammensetzung möglich.

**93.** Das $c, t$-Bild für die Erstarrung einer Zweistofflegierung sei von der Art $Aa2\gamma$, wie es im Schnittplan (Abb. 59) durch ausgezogene Linien gezeichnet

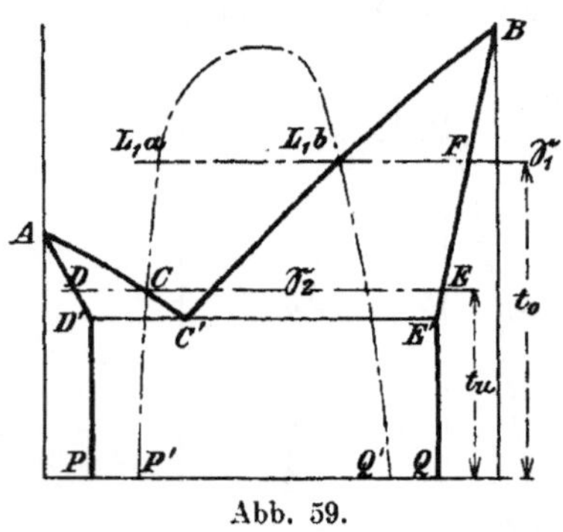
Abb. 59.

ist, und werde durch das Entmischungsgebiet der flüssigen Phasen (in Abb. 59 strichpunktiert) geschnitten. Ein Schnitt $\mathfrak{S}_1$ schneidet von links nach rechts das Entmischungsgebiet in den Punkten $L_{1a}$, $L_{1b}$ und das Erstarrungsgebiet in den Punkten $L_{1b}$ und $F$. Das bedeutet, daß bei einer Temperatur dicht über $t_0$ Mischkristalle $F$ im Gleichgewicht bestehen mit der flüssigen Phase $L_{1b}$. Sinkt die Temperatur unterhalb $t_0$, so kann die Änderung der flüssigen Phase nicht nach der Linie $L_{1b}C'$ vor sich gehen, wie dies früher der Fall war; denn flüssige Phasen entsprechend der Linie $L_{1b}C'$ bestehen gar nicht homogen, sondern zerfallen in zwei beigeordnete Phasen, deren Zusammensetzung durch Punkte der Linie $L_{1b}Q'$ und $L_{1a}P'$ gegeben wird. Beim Sinken der Temperatur dicht unterhalb $t_0$ wird also an Stelle des Gleichgewichts $F + L_{1b}$ das Gleichgewicht $F + L_{1a}$ treten müssen. Bei der Temperatur $t_0$ selbst muß dann Gleichgewicht bestehen zwischen allen drei Phasen $F$, $L_{1a}$ und $L_{1b}$. Bei Wärmeentziehung bleibt die Temperatur unveränderlich, solange alle drei Phasen noch vorhanden sind. Die Phase $L_{1b}$ verschwindet. Wenn sie aufgebraucht ist, kann die Temperatur sinken. Die flüssige Phase $L_{1a}$ ändert sich dann nach $L_{1a}C$, die feste Phase $F$ nach der Linie $FE$.

Bei einer bestimmten Temperatur $t_u$, die beispielsweise durch den Schnitt $\mathfrak{S}_2$ veranschaulicht wird, muß nun Gleichgewicht eintreten zwischen der flüssigen Phase $C$ und den beiden festen Phasen $D$ und $E$, denn die Linie $L_{1a}P'$ tritt bei $C$ in den Teil des $c, t$-Bildes ein, in dem Ausscheidung der festen Phase $D$ angezeigt wird. Wir erhalten somit bei $t_u$ eutektische Erstarrung. Verbindet man die gleiche Phasen darstellenden Punkte durch Linien, so ergibt sich das $c. t$-Bild (Abb. 60).

**94.** In Abb. 61 und 62 ist der Vorgang der Abkühlung zweier Legierungen $\mathfrak{R}_1$ und $\mathfrak{R}_2$ schematisch dargestellt. Die Legierung $\mathfrak{R}_1$ ist bis zur Temperatur $N$ homogen und flüssig. Zwischen $N$ und $G$ entmischt sie sich in zwei flüssige Phasen, deren nebengeordnete Punkte durch den Verlauf der Linien $NSL_{1a}$ und $NTL_{1b}$ angegeben werden. Bei einer dem Punkte $R$ entsprechenden Temperatur ergeben sich die Mengenverhältnisse der beiden flüssigen Phasen zu:

$$\text{Menge der flüssigen Phase } S \quad . \quad . \quad RT/ST$$
$$\text{„ \quad „ \quad „ \quad „ } R \quad . \quad . \quad SR/ST.$$

Bei der Temperatur $G$ haben die flüssigen Phasen die Zusammensetzung $L_{1a}$ und $L_{1b}$ erreicht; neu hinzu tritt die feste Phase $F$, während die Menge der flüssigen Phase $L_{1b}$ verschwindet. Die sich bei dieser Temperatur vollziehende Umwandlung läßt sich durch die Gleichung

$$L_{1a} + L_{1b} \rightleftarrows L_{1a} + F$$

darstellen, wobei der Pfeil von links nach rechts für die Abkühlung, der umgekehrte Pfeil für die Erhitzung gilt. Die Mengenverhältnisse nach der Umwandlung sind

Menge der flüssigen Phase $L_{1a}$ . $GF/L_{1a}F$
„    „ festen     „   $F$ . . $L_{1a}G/L_{1a}F$

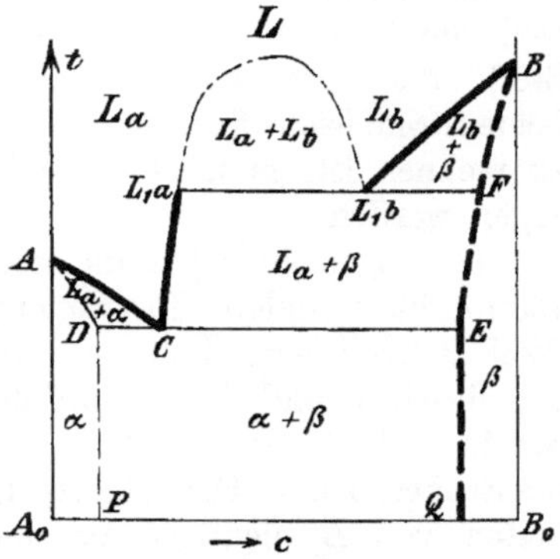

Bei weiterer Abkühlung von $G$ nach $H$ ändert sich die Zusammensetzung der beiden Phasen nach $L_{1a}C$ und $FE$. Bei der Temperatur $H$ sind die Mengen:

Abb. 60.

Menge der flüssigen Phase $C$ . . . $HE/CE$
„    „ festen    „   $E$ . . . $CH/CE$.

Die flüssige Phase hat die eutektische Zusammensetzung $C$ erreicht. Sie erstarrt bei gleichbleibender Temperatur zum eutektischen Gemisch, das aus den festen Phasen $D$ und $E$ besteht. Wenn beide Linien $DP$ und $EQ$ nicht wesentlich von der Senkrechten abweichen, so ist auch bei gewöhnlicher Temperatur Mengenverhältnis und Zusammensetzung der einzelnen Phasen nicht wesentlich anders als bei der eutektischen Temperatur. Wir beobachten dann, wie früher

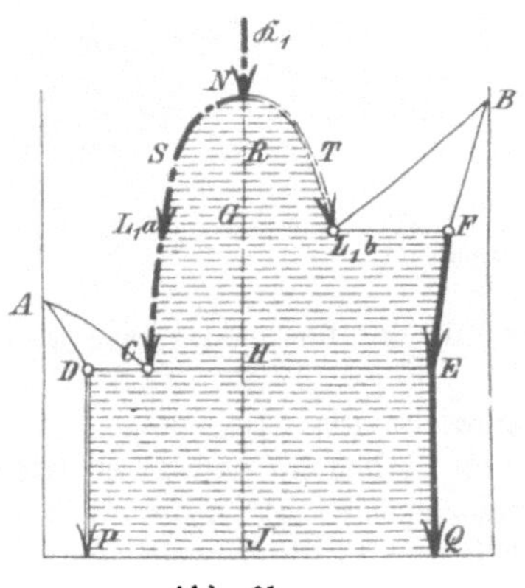

Abb. 61.

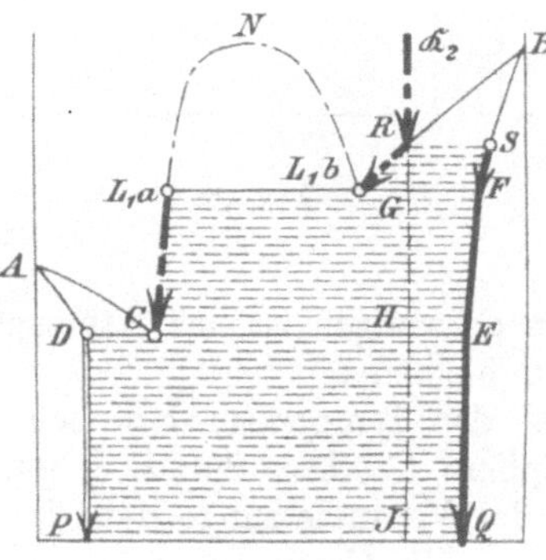

Abb. 62.

bei Erstarrungsart $Aa2\gamma$ unter dem Mikroskop erstlich ausgeschiedene Kristalle $E$ (oder $Q$) umgeben von dem eutektischen Gemisch.

Die Legierung $\mathfrak{K}_2$ in Abb. 62 ist zunächst homogen und flüssig bis zur Abkühlung auf Temperatur $R$. Bei dieser Temperatur beginnt die Ausscheidung der Mischkristalle $S$, deren Menge zunächst Null ist. Beide Phasen ändern sich bei Abkühlung von $R$ nach $G$ nach den Linien $RL_{1b}$ und $SF$. Bei der Temperatur $G$ tritt Umwandlung ein

$$L_{1b} + F \rightleftarrows L_{1a} + F,$$

wobei die Phase $L_{1b}$ verschwindet und an ihre Stelle die neue flüssige Phase $L_{1a}$ tritt. Bei weiterer Abkühlung sind die Vorgänge ganz ähnlich wie bei der Legierung $\mathfrak{K}_1$.

## B. Erstarrungs- und Siedezone fallen zum Teil zusammen.

**95.** Bisher brauchte die Dampfphase nicht in Rücksicht gezogen zu werden, weil die betrachteten Temperaturen sämtlich unterhalb der Siedegrenzen der Stoffe und ihrer Legierungen lagen. Ist von den Stoffen einer, oder sind alle beide Stoffe leicht flüchtig, so daß innerhalb der Erstarrungszone mit Verdampfung zu rechnen ist, so müssen die bisher besprochenen Fälle einer Berichtigung unterzogen werden.

Im allgemeinen hat die über einem flüssigen Gemisch zweier Stoffe stehende Dampfphase andere Zusammensetzung als die flüssige Mischung. Ist z. B. der Stoff $B$ flüchtiger, $A$ der weniger flüchtige, so wird das Gleichgewicht zwischen den flüssigen und den Dampfphasen bei Atmosphärendruck $(p=1)$ beispielsweise wie in Abb. 63 dargestellt. $A$ gibt den Siedepunkt des Stoffes $A$, $B$ denjenigen des Stoffes $B$ an. Der letztere liegt wegen der vorausgesetzten größeren Flüchtigkeiten von $B$ niedriger als der von $A$. Das in Abb. 63 dargestellte Gleichgewicht gilt aber nur für den Fall, daß die Dampfphase nicht entweichen kann,

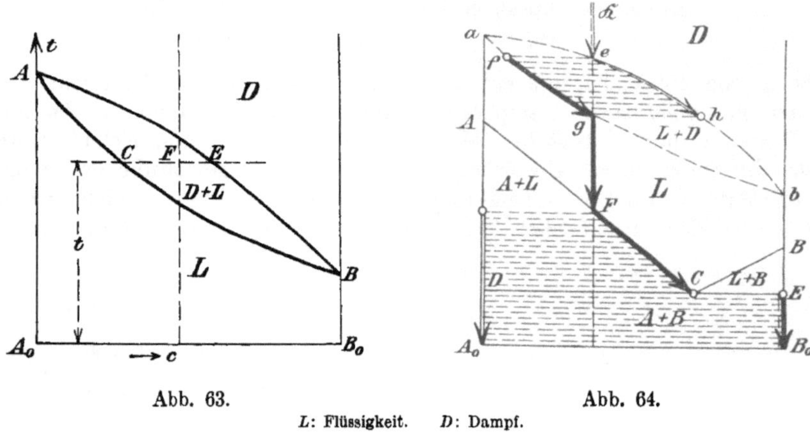

Abb. 63.                    Abb. 64.

L: Flüssigkeit.    D: Dampf.

sondern gezwungen ist, bei Atmosphärendruck mit der flüssigen Phase in Berührung zu bleiben.

Bei der Temperatur $t$ stehen im Gleichgewicht die Flüssigkeit $C$ und die Dampfphase $E$. Der Punkt $E$ muß rechts von $C$ liegen, und zwar wiederum wegen der Voraussetzung, daß der Stoff $B$ flüchtiger ist als $A$, denn in diesem Falle wird die Gasphase mehr von dem flüchtigeren Stoff $B$ enthalten, als die Flüssigkeit.

Das $c,t$-Bild für die Verdampfung, wie wir das in Abb. 63 dargestellte Schaubild nennen wollen, entspricht in seinem Äußeren dem $c,t$-Bild für die Erstarrung nach Art $A\,a\,1\,\alpha$. Auch die beiden Arten $A\,a\,1\,\beta$ und $A\,a\,1\,\gamma$ kommen für das $c,t$-Bild der Verdampfung vor. Auf andere Möglichkeiten brauchen wir hier nicht einzugehen, weil im besonderen Teil (II B) keine Beispiele zu besprechen sind, die dies erforderlich machen.

**96.** In Abb. 64 ist der einfache Fall dargestellt, daß sich die $c,t$-Bilder für die Verdampfung und Erstarrung nicht schneiden. Das $c,t$-Bild $ab$ für die Verdampfung ist gestrichelt angedeutet. Das $c,t$-Bild für die Erstarrung nach Art $A\,a\,2\,\gamma'$ ist ausgezogen; es umfaßt die Linienzüge $ACBDE$. Das gesamte Gebiet des $c,t$-Bildes zerfällt in sechs Felder: Das Bereich oberhalb $aeb$, in dem allein die homogene Gasphase beständig ist; das Feld $aebga$, in dem zweiphasige Gleichgewichte zwischen Flüssigkeit $L$ und Dampf $D$ bestehen; das Gebiet $agbBCA$ der homogenen Flüssigkeiten $L$. In den Feldern $ACD$ (feste Phase $A$ neben flüssiger Phase $L$) und $BCE$ (fester Stoff $B$ neben Flüssigkeit $L$) bestehen zweiphasige Gleichgewichte zwischen fester und flüssiger Phase. Unterhalb $DCE$ besteht Gleichgewicht zwischen den beiden festen Phasen $A$ und $B$.

Eine durch die Kennlinie $\Re$ in Abb. 64 dargestellte Legierung wird bei der Abkühlung bis zu $e$ homogen und dampfförmig bleiben. Bei $e$ beginnt sich aus dem Dampf Flüssigkeit von der Zusammensetzung $f$ abzuscheiden, wobei aber auf Grund des Hebelgesetzes die Menge der Flüssigkeit vorläufig noch unendlich klein ist. Bei abnehmender Temperatur zwischen $e$ und $g$ ändert sich die Zusammensetzung der flüssigen Phase nach $fg$, die der Dampfphase nach $eh$, wobei die Menge der letzteren abnimmt und bei $h$ Null wird. Bei $g$ ist die Legierung flüssig geworden, die Dampfphase ist verschwunden. Bei weiterer Abkühlung treten die bereits früher besprochenen Vorgänge ein.

**97.** Abb. 65 ist der Schnittplan für einen etwas verwickelteren Fall, wie er bei Legierungen vorkommen kann. Im Plan ist das $c, t$-Bild für die Verdampfung gestrichelt, das für die Erstarrung ausgezogen. Wir setzen voraus, daß die beiden Stoffe $A$ und $B$ zwei Verbindungen $V_1$ und $V_2$ bilden. Die Verbindung $V_1$ habe ihren Verdampfungspunkt bei $v_1$ und ihren Erstarrungspunkt bei $V_1$. Von der Verbindung $V_2$ wollen wir annehmen, daß sie nicht unzersetzt schmelzen kann. Ihr Schmelzpunkt $(V_2)$ sei imaginär, d. h. er liege oberhalb des $c, t$-Bildes für die Verdampfung.

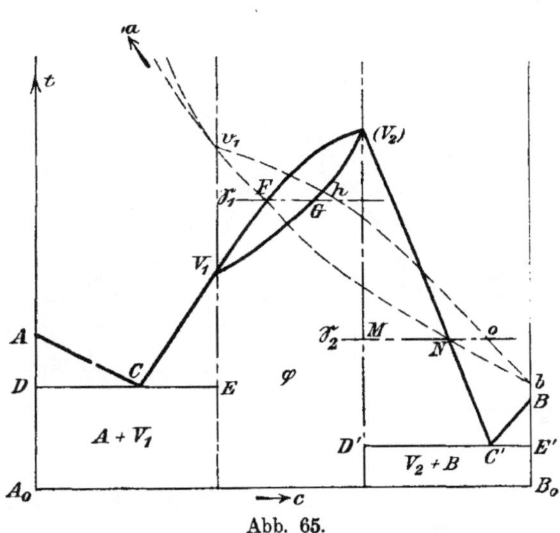

Abb. 65.

Der Stoff $B$ sei flüchtiger als Stoff $A$. Sein Erstarrungspunkt liege bei $B$, sein Siedepunkt bei $b$. Der Erstarrungspunkt des Stoffes $A$ ist durch den Punkt $A$ angedeutet. Der Siedepunkt $a$ liege hoch oberhalb $A$ und ist in Abb. 65 nicht gezeichnet. Die beiden Stoffe $A$ und $V_1$, sowie $V_2$ und $B$ sollen ein $c, t$-Bild für die Erstarrung nach Art $Aa2\gamma'$ haben. Die Art der Erstarrung für die beiden Stoffe $V_1$ und $V_2$ sei $Aa1\alpha$.

Nach Maßgabe des Schnittplanes Abb. 65 müssen dann zwei dreiphasige Gleichgewichte bei den Schnitten $\mathfrak{S}_1$ und $\mathfrak{S}_2$ bestehen. Bei $\mathfrak{S}_1$ muß flüssige Phase $F$ mit den aus den beiden Verbindungen $V_1$ und $V_2$ gebildeten Mischkristallen $\varphi$ (Punkt $G$) und der Dampfphase $h$ im Gleichgewicht stehen. Bei Schnitt $\mathfrak{S}_2$ ist Gleichgewicht zwischen den Kristallen der Verbindung $V_2$ (Punkt $M$), flüssiger Phase $N$ und Dampfphase $o$ vorhanden. Verbindet man die gleiche Phasen darstellenden Punkte durch Linien, so ergibt sich das vollständige $c, t$-Bild Abb. 66. In demselben bestehen folgende Felder:

| Feld | Gleichgewicht zwischen | |
|---|---|---|
| oberhalb $v_1hob$: | dampfförmige Phase allein | 1 Phase $D$ |
| $\left.\begin{array}{l} v_1hF \\ obN \end{array}\right\}$ | Dampf und flüssige Phase | 2 Phasen $D+L$ |

| Feld | Gleichgewicht zwischen | |
|---|---|---|
| $ACV_1Fv_1a$ ⎫<br>$NbBC'$ ⎭ | flüssige Phase allein | 1 Phase $L$ |
| $GhoNM$: | Dampf und feste Mischkristalle $\varphi$ | 2 Phasen $D+\varphi$ |
| $ACD$: | flüssige Phase und Kristalle von $A$ | 2 Phasen $L+A$ |
| $V_1CE$: | „     „     „     „     „ $V_1$ | 2 Phasen $L+V_1$ |
| $V_1FG$: | „     „     „     „     „ $\varphi$ | 2 Phasen $L+\varphi$ |
| $MNC'D'$: | „     „     „     „     „ $V_2$ | 2 Phasen $L+V_2$ |
| $BC'E'$: | „     „     „     „     „ $B$ | 2 Phasen $L+B$ |
| $V_{01}V_1GMV_{02}$: | feste Mischkristalle $\varphi$ | 1 Phase $\varphi$ |
| $DCEV_{01}A_0$ | Kristalle von $A$ und von $V_1$ | 2 Phasen $A+V_1$ |
| $D'C'E'B_0V_{02}$: | „     „ $V_2$ „     „ $B$ | 2 Phasen $V_2+B$. |

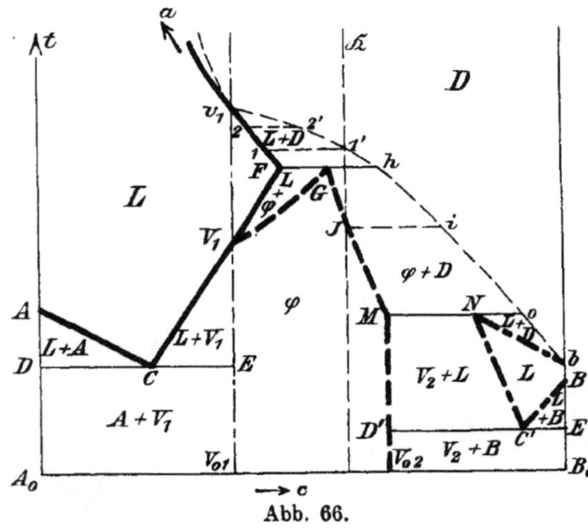

Abb. 66.

**98.** Bisher hatten wir vorausgesetzt, daß die dampfförmige Phase nicht frei entweichen kann, sondern gezwungen ist, bei Atmosphärendruck mit den flüssigen und festen Phasen in Berührung zu bleiben. Wir haben noch zu untersuchen, was geschieht, wenn diese Voraussetzung nicht zutrifft, sondern z. B. wie bei einer Destillation dem gebildeten Dampf Gelegenheit gegeben wird, zu entweichen. Dieser Fall trifft z. B. zu bei einer im Schmelztiegel enthaltenen flüssigen Legierung, die Dämpfe an die umgebende Atmosphäre abgibt.

Denken wir uns zunächst in Abb. 63 bei der Temperatur $t$ die Erhitzung so durchgeführt, daß der Dampf $E$, der über der Flüssigkeit $C$ steht, nicht entweichen kann. Die durchschnittliche Zusammensetzung des Gemisches aus den beiden Phasen bleibt dann unverändert. Läßt man jetzt aber durch einen Luftstrom (ohne Änderung des Druckes $p=1$ und ohne Änderung der Temperatur $t$) den Dampf $E$ hinwegführen, so wird die mit der Flüssigkeit in Berührung stehende Dampfmenge geringer. Nach dem Hebelgesetz würde dies heißen, daß der Betrag $CF/CE$, der die Menge der Dampfphase mißt, kleiner wird. Da die Zusammensetzung weder der flüssigen noch der dampfförmigen Phase bei gleicher Temperatur andere Werte annehmen kann, solange beide Phasen nebeneinander bestehen, so sind die die Zusammensetzung darstellenden Punkte $C$ und $E$ unverrückbar. Dagegen kann der Kennpunkt $F$ seine Lage ändern; er wird im vorliegenden Falle nach links verschoben werden müssen, damit der obigen Bedingung des Hebelgesetzes trotz Wegführung eines Teils der Dampfphase genügt wird. Je mehr wir Dampf wegführen, um so mehr nähert sich der Punkt $F$ dem Punkt $C$ und fällt schließlich mit ihm zusammen, wenn die Dampfmenge von der Zusammensetzung $E$ unendlich klein geworden ist. Dann muß der Vorgang zum Stillstand gelangen.

Mit anderen Worten können wir sagen, der Punkt $C$ gibt die Zusammensetzung der Flüssigkeit an, die bei der Temperatur $t$ keine weiteren Dämpfe mehr abgibt und sich nicht mehr verändert. Der Punkt $C$, der allen Legierungen, deren Kennlinie zwischen $C$ und $E$ liegt, gemeinsam ist, kann durch den Versuch ermittelt werden. Eine der genannten Legierungen wird bei unveränderlicher Temperatur $t$ genügend lange bei Atmosphärendruck so erhitzt, daß der gebildete Dampf beständig entweichen kann (also an der freien Luft, wenn die Legierung durch die Einwirkung des Sauerstoffs nicht verändert wird; im anderen Falle in einer neutralen Atmosphäre, die den Dampf mit sich fortführt). Man wiederholt den Versuch mit verschiedenen Proben derselben Legierung mit verschieden langen Zeitdauern und fährt so lange fort, bis weitere Verlängerung der Zeitdauer keine Änderung der Zusammensetzung der flüssigen Legierung mehr ergibt. Der in dieser flüssigen Legierung ermittelte Gehalt an Stoff $B$ gibt dann die Abszisse des Punktes $C$. In derselben Weise geht man mit verschiedenen Legierungen bei verschiedenen Temperaturen vor, und erhält auf diese Weise die Linie $ACB$.

Da es praktisch nicht möglich ist, die flüssige Legierung zu analysieren, muß man die Analyse an der erstarrten Legierung vornehmen. Hierbei ist aber die Vorsichtsmaßregel zu gebrauchen, daß die Abkühlung von der Temperatur $t$ sehr rasch vor sich gehen muß, denn sonst verschiebt sich während der Abkühlung der Punkt $F$ in Abb. 63 nach unten und damit der Punkt $C$ weiter nach rechts. Es empfiehlt sich deswegen, die flüssige Legierung, die dem Punkt $C$ entspricht, bei $t^0$ plötzlich in Wasser abzuschrecken und sie auf den Gehalt an Stoff $B$ zu untersuchen.

**99.** In derselben Weise kann man auch die Linienzüge $v_1 F$, $GM$ und $Nb$ in Abb. 66 durch den Versuch ermitteln. Sie sind für die Kenntnis der Legierungen von größerem Wert, als die Grenzlinie $v_1 hob$ nach den Dampfphasen hin.

Bisher haben wir meist die Legierungen bei ihrer Abkühlung ins Auge gefaßt und darauf hingewiesen, daß die Erhitzung genau den umgekehrten Verlauf nimmt. In Fällen wie den vorliegenden ist dagegen diese Umkehr nicht ohne weiteres möglich; denn wenn die Legierung auf eine oberhalb der Grenzlinie $v_1 hob$ gelegene Temperatur genügend lang erhitzt worden ist, so ist sie dampfförmig geworden und in die Atmosphäre entwichen. Umkehrbar für Abkühlung und Erhitzung sind die Verhältnisse nur, wenn beide in einem abgeschlossenen Raum vorgenommen werden, so daß der Dampf nicht entweichen kann, und wenn ferner dafür gesorgt wird, daß der Druck in dem geschlossenen Raume immer auf einer Atmosphäre gehalten wird. Dann würde die Legierung nach genügend langer Erhitzung bei den obengenannten Temperaturen in Dampfform im Gefäß enthalten sein. Bei der Abkühlung würden dann alle Erscheinungen, die aus dem $c,t$-Bild abzulesen sind, rückwärts vor sich gehen.

Sind die Bedingungen für die Umkehrbarkeit nicht erfüllt, erhitzt man also frei, so daß die Dämpfe entweichen können, so wird die Sachlage anders. Wir wollen annehmen, daß die Erhitzung so langsam vor sich geht, daß für jede Temperatur der Endzustand erreicht ist, so daß die zurückbleibende flüssige oder feste Phase keine Dämpfe mehr abgibt. Gewählt werde die durch die Kennlinie $\Re$ dargestellte Legierung (Abb. 66). Unterhalb $J$ besteht die Legierung ausschließlich aus Mischkristallen $\varphi$. Bei der Temperatur $J$ stellt sich die Legierung ins Gleichgewicht mit einer unendlich kleinen Dampfmenge von der Zusammensetzung $i$. Bei weiter steigender Temperatur zerlegt sich die Legierung in einen festen Teil ($\varphi$-Kristalle) von der Zusammensetzung eines der Punkte der Linie $JG$, und in Dampf entsprechend einem der Punkte der Linie $ih$. Bei genügender Dauer der Erhitzung entweicht der Dampf und die zurückbleibende feste Legierung ändert ihre Zusammensetzung. Die Kennlinie rückt von dem Punkt $J$, den sie ursprünglich einnahm, allmählich bis zum Punkte $G$ hin. Bei der durch die Wagerechte $FGh$ angegebenen Temperatur schmilzt die Legierung von der Zusammensetzung $G$ zu einer Flüssigkeit $F$, die sich mit dem Dampfe $h$ ins Gleichgewicht stellt. Führt man auch diesen Dampf während genügend langer Erhitzung bei gleichbleibender Temperatur und Atmosphärendruck fort, so rückt die Kennlinie von $G$ aus noch weiter nach links, bis sie den Punkt $F$ erreicht; dann ist die Menge der Dampfphase unendlich klein geworden. Erhitzt man sonach eine Legierung $\mathfrak{K}$ von der angegebenen Zusammensetzung genügend langsam bis zum Schmelzen, so erhält man eine an $B$ ärmere Legierung $G$, die sich schließlich, wenn man die Legierung genügend lange flüssig erhält, in die Legierung $F$ verwandelt. Geht man über die Schmelztemperatur noch weiter hinaus (also über die Wagerechte $FGh$), so ändert sich die Zusammensetzung der Legierung noch weiter entsprechend dem Verlauf der Linie $Fv_1$. Die Menge der zurückbleibenden Flüssigkeit wird bei immer weiter gesteigerter Temperatur und genügend langer Erhitzungsdauer immer geringer, bis schließlich bei $v_1$ die ganze Legierung sich in Dampf verwandelt.

Ähnliches gilt für alle Legierungen, deren Kennlinien zwischen $M$ und $v_1$ liegen. Die Linie $v_1FGM$ gibt für diese Legierungen den äußersten Grenzgehalt an Stoff $B$ an, den sie nach genügend langer Erhitzung bis zu einer bestimmten Temperatur beibehalten können. Je höher die Temperatur gewählt wird, um so ärmer wird die Legierung an Stoff $B$. Bei sehr niedrigen Temperaturen kann man entsprechend reichere Legierungen an Stoff $B$ erzielen.

Für Legierungen, deren Kennlinie zwischen $M$ und $B$ liegt, ist die Grenzlinie für die nach genügend langsamer Erhitzung unter Entweichen des Dampfes entstehenden Legierungen die Linie $bNM$.

Somit ist die Grenze für alle Legierungen gegeben durch $bNMGFv_1$. Sie gibt den Höchstgehalt an Stoff $B$ an, mit dem sich noch Legierungen aus Gemischen der Stoffe $A$ und $B$ erzielen lassen, wenn das Gemisch genügend langsam bis zu einer bestimmten Temperatur erhitzt wird. Man ersieht aus dem Verlaufe der Grenzlinie, daß die Legierungen um so ärmer an Stoff $B$ werden, je höher das Gemisch erhitzt wurde.

Ein ähnlicher Fall wie in Abb. 66 findet sich bei den Legierungen von Kupfer und Phosphor (siehe Band II B). Man kann aus Gemischen von Kupfer und Phosphor durch Schmelzen bei Temperaturen von $800\,C^0$ und mehr keine Legierungen von höherem Phosphorgehalt als $15^0/_0$ erzeugen, weil der der Temperatur $800\,C^0$ entsprechende Punkt der Grenzkurve $MG$ etwa bei $15^0/_0$ Phosphor liegt.

## EE. Die $c,t$-Bilder der Dreistofflegierungen.

**100.** Bei Dreistoffsystemen ist nach der Phasenregel *(26)* die höchstmögliche Zahl der miteinander im Gleichgewicht befindlichen Phasen $r_{max} = 5$. Das Gleichgewicht ist sonach *(28)* unfrei bei Gegenwart von 5 Phasen, einfachfrei bei Gegenwart von 4 Phasen, zweifachfrei bei Anwesenheit von 3 Phasen usw. Da die Gleichgewichte sämtlich beim Druck von einer Atmosphäre betrachtet werden sollen, so ist bereits über die Veränderliche $p$ verfügt. Verfügbar sind dann noch folgende Veränderliche:

$$
\begin{array}{c c c}
\text{Phasenzahl } r = 4 & 0 & \text{Veränderliche} \\
\text{,,} \qquad\quad 3 & 1 & \text{,,} \\
\text{,,} \qquad\quad 2 & 2 & \text{,,} \\
\text{,,} \qquad\quad 1 & 3 & \text{,,}
\end{array}
$$

Bei den Zweistofflegierungen war die Zusammensetzung jeder einzelnen Phase gegeben durch den Gehalt $c$ an Stoff $B$. Sie wird also durch eine unabhängige

Veränderliche bestimmt; der Gehalt an Stoff $A$ beträgt $100 - c$ und ist von $c$ abhängig. Bei den Dreistofflegierungen dagegen ist die Zusammensetzung jeder Phase bestimmt durch zwei unabhängige Veränderliche $c_b$ (Gehalt an Stoff $B$) und $c_c$ (Gehalt an Stoff $C$). Der Gehalt an Stoff $A$ ergibt sich dann aus der Beziehung $c_a = 100 - c_b - c_c$. Die Zusammensetzung jeder Phase läßt sich somit durch einen Punkt in einer Ebene darstellen. Um das $c,t$-Bild zu erhalten, muß noch eine dritte Veränderliche, nämlich die Temperatur $t$, mit zur Darstellung gelangen; das ist nur in einem räumlichen Schaubilde mit drei Koordinatenachsen möglich. Man könnte hierzu ein rechtwinkliges Koordinatensystem, wie es sonst üblich ist, verwenden. Dann würde die Zusammensetzung einer Phase gegeben sein durch einen Punkt $P$, der durch die beiden Koordinaten $c_b$ und $c_c$ in Abb. 67 bestimmt wird.

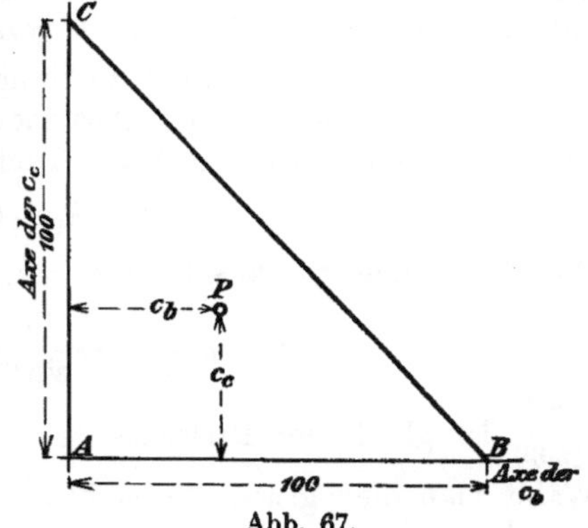

Abb. 67.

Da die Summe der Prozentgehalte der drei Stoffe $c_a + c_b + c_c = 100$ sein muß, so werden sich die sämtlichen Punkte $P$, die eine Legierung oder eine Phase darstellen können, innerhalb des Dreiecks $ABC$ befinden müssen. Der Punkt $A$ entspricht dem reinen Stoff $A$, denn er hat die Koordinaten $c_b$ und $c_c = 0$; mithin ist der Gehalt an Stoff $A$ gleich 100. Der Punkt $B$ stellt den reinen Stoff $B$ dar, weil $c_b = 100$, mithin $c_a = c_c = 0$. Schließlich gibt Punkt $C$ den reinen Stoff $C$ wieder, weil $c_c = 100$. Die Punkte der Strecke $AB$ stellen die Zusammensetzung von Zweistofflegierungen aus den Stoffen $A$ und $B$, die der Strecke $AC$ die Zusammensetzung von Zweistofflegierungen aus $A$ und $C$ und schließlich die Strecke $CB$ die Zusammensetzung von Zweistofflegierungen der Stoffe $C$ und $B$ dar.

Die Temperaturachse steht senkrecht zur Ebene $ABC$. Die Strecken $AB$, $BC$, $CA$ in Abb. 67 sind die Projektionen der $c,t$-Bilder der Zweistofflegierungen $A + B$, $B + C$, $C + A$ auf die Ebene $ABC$. Diese $c,t$-Bilder sind in Abb. 68 in die Ebene $ABC$ umgeklappt dargestellt. Der Einfachheit halber ist angenommen, daß alle drei Zweistoff-$c,t$-Bilder der Art $Aa2\gamma'$ angehören.

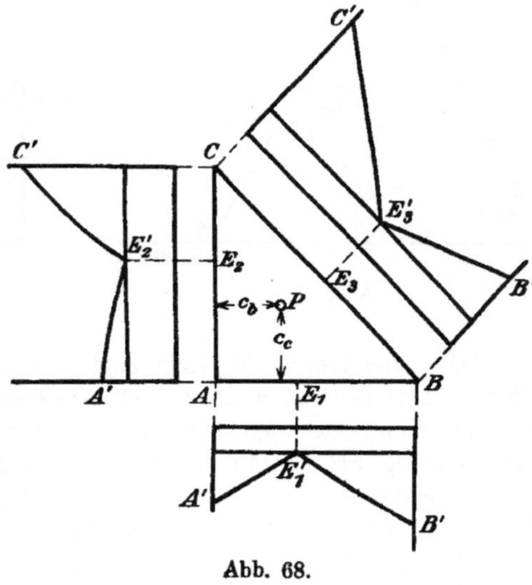

Abb. 68.

Die Darstellung mit Hilfe des rechtwinkligen Koordinatensystems hat, wie Abb. 68 erkennen läßt, den Nachteil, daß die drei $c,t$-Bilder zwar gleichen Maßstab für die Temperatur $t$, nicht aber gleiche Maßstäbe für die Abszissen haben, denn die Strecke $BC$ ist als Hypotenuse größer als die beiden Katheten $AB$ und $AC$.

**101.** Dieser Übelstand kann beseitigt werden, wenn man für $ABC$ ein gleichseitiges Dreieck wählt, die Achsen der $c_b$ und $c_c$ sich also nicht unter 90°, sondern unter 60° schneiden läßt (Abb. 69). Die Achse der Temperaturen $t$ wird aber senkrecht zur $ABC$-Fläche wie früher gewählt.

Der Gehalt einer Legierung $P$ an Stoff $B$ ist gegeben durch die Koordinate $c_b$, der an Stoff $C$ durch die Koordinate $c_c$. Der Gehalt $c_a$ an Stoff $A$ kann ohne weiteres abgelesen werden. Man braucht nur die Strecke $c_c$ über $P$ hinaus bis zum Schnittpunkt mit der Geraden $BC$ zu verlängern, dann ergibt der Abschnitt zwischen $P$ und diesem Schnittpunkt den Gehalt $c_a$ an Stoff $A$ an. Ebenso erhält man den Wert $c_a$, wenn man die Strecke $c_b$ über $P$ hinaus bis zum Schnitt mit $BC$ fortsetzt, wie in Abb. 69 gezeigt ist.

Der Beweis ist wie folgt zu bringen. Nach einem bekannten geometrischen Satz ist die Summe der drei Abstände eines Punktes $P$ von den drei Seiten eines gleichseitigen Dreiecks gleich der Höhe des Dreiecks:

$$h_1 + h_2 + h_3 = h.$$

Wir finden nun $c_c = h_3/\sin 60$; $c_b = h_2/\sin 60$; $c_a = h_1/\sin 60$ und folglich

$$c_a + c_b + c_c = \frac{1}{\sin 60}(h_1 + h_2 + h_3) = \frac{h}{\sin 60}.$$

$\dfrac{h}{\sin 60}$ ist gleich der Dreiecksseite. Wählt man diese gleich 100, so hat man die Bedingung $c_a + c_b + c_c = 100$ erfüllt.

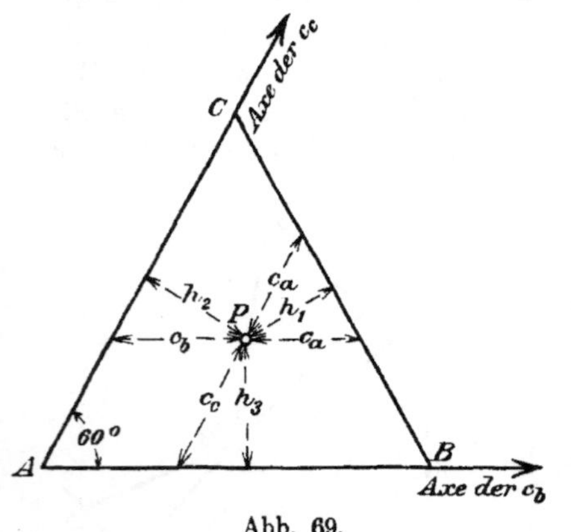


Abb. 69.

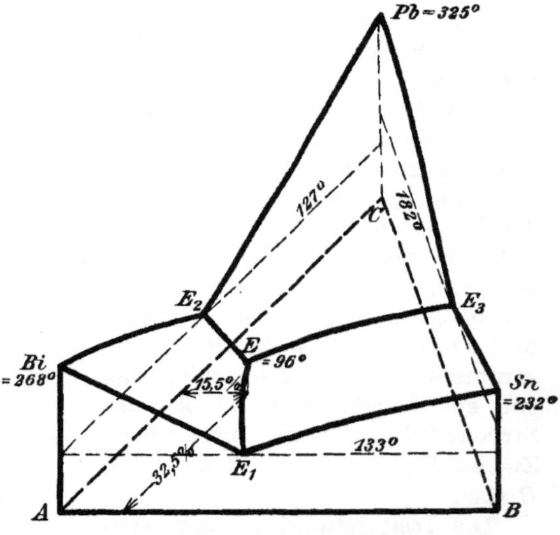


Abb. 70.  Räumliches $c,t$-Bild der Legierungen von Wismut, Zinn und Blei.

**102.** Die Kennlinie einer Legierung erscheint als Senkrechte auf der $ABC$-Ebene. Ihre Projektion in die letztere Ebene liefert den Kennpunkt der Legierung. Auf der Kennlinie trägt man als Ordinaten die Temperaturen auf, die durch die Beobachtung als Beginn oder Ende der Erstarrung bzw. als Beginn oder Ende der Umwandlungen ermittelt sind. Wiederholt man diesen Vorgang für eine Reihe von Legierungen, so liegen die Punkte für den Beginn der Erstarrung auf einer Fläche, die durch die Erstarrungspunkte der drei Stoffe $A$, $B$ und $C$ geht. Diese Fläche bildet die Grenze zwischen den homogenen flüssigen Legierungen und den Legierungen, die aus flüssiger und fester Phase gleichzeitig bestehen. Wir wollen diese Fläche als $L$-Fläche bezeichnen. Die Gesamtheit aller Punkte, die das Ende der Erstarrung der einzelnen Legierungen auf den verschiedenen Kennlinien darstellen, gibt eine zweite Fläche, die $S$-Fläche. Sie geht ebenfalls durch die Erstarrungspunkte der Stoffe $A$, $B$ und $C$ durch und liegt in der Mehrzahl ihrer Punkte unterhalb der $L$-Fläche. Zwischen der $L$- und $S$-Fläche besteht die Legierung aus flüssigem und festem Anteil. Die $S$-Fläche bildet die Grenze zwischen diesen gemischten, teils flüssigen, teils festen Legierungen und den vollständig erstarrten Systemen. — Ähnliche Flächen erhält man für den Beginn und das Ende von Umwandlungen. Sie gehen dann durch die Umwandlungspunkte der Stoffe $A$, $B$ und $C$, soweit diese überhaupt Umwandlungen erleiden.

In Abb. 70 ist ein einfacher Fall eines solchen körperlichen $c,t$-Bildes axonometrisch dargestellt. Der Stoff $A$ ist hier Wismut, der Stoff $B$ ist Zinn und der Stoff $C$ Blei. Das $c,t$-Bild ist durch Versuche von Charpy ermittelt ($L_1 17$). Die $L$-Fläche setzt sich zusammen aus den Flächen $BiE_1EE_2$, $SnE_1EE_3$, $PbE_2EE_3$, die sich in den Linien $E_1E$, $E_2E$, $E_3E$ und im Punkte $E$ schneiden.

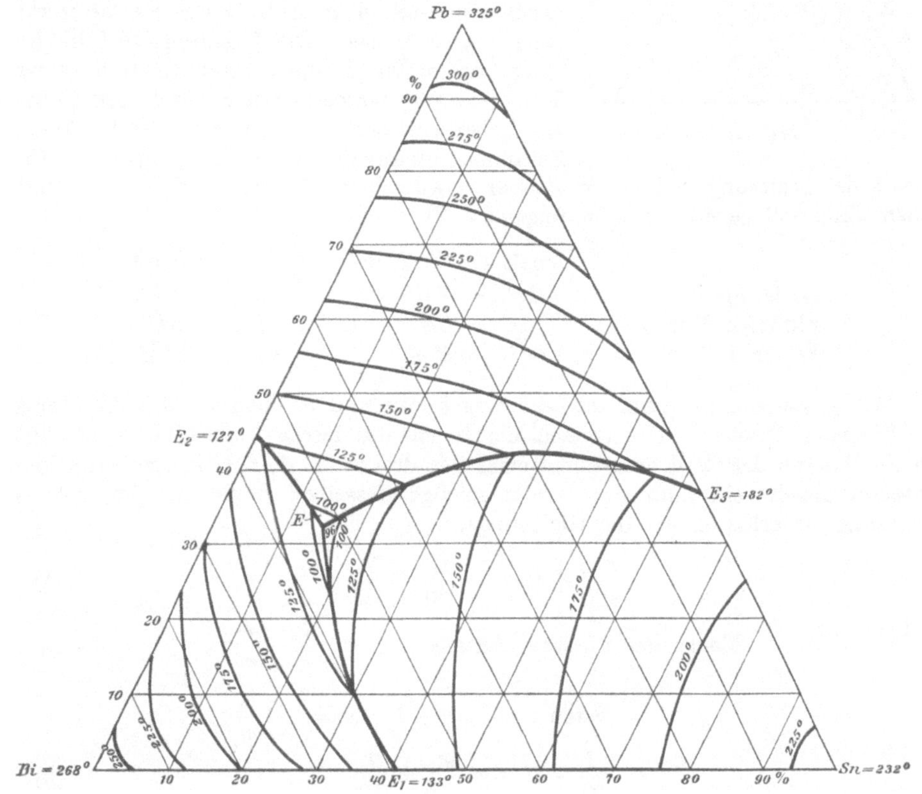


Abb. 71. Projektion des räumlichen $c,t$-Bildes der Legierungen von Wismut, Zinn und Blei in die $ABC$-Ebene.

**103.** Die körperliche Darstellung bringt Unbequemlichkeiten mit sich. Man ersetzt sie zweckmäßig durch eine Darstellung in der Ebene, indem man ähnlich wie bei Landkarten die Linien gleicher Höhenlage, so hier die Linien gleicher Temperatur (Isothermen) in die rechtwinklige Projektion des räumlichen $c,t$-Bildes auf die $ABC$-Ebene einträgt. Man erhält dann die in Abb. 71 wiedergegebene Darstellung, die den Dreistofflegierungen von Wismut, Zinn und Blei entspricht ($L_1 17$). Die dünner ausgezogenen Linien gleicher Temperatur beziehen sich auf den Beginn der Erstarrung; es sind die Projektionen der Isothermen der $L$-Fläche, die wir kurz $L$-Isothermen nennen wollen. In dem dargestellten Beispiel liegt das Ende der Erstarrung für alle Legierungen (mit Ausnahme der Zweistofflegierungen) bei derselben Temperatur von 96 C⁰. Die Fläche für das Ende der Erstarrung ($S$-Fläche) würde somit eine wagerechte Ebene sein, die durch den Punkt $E$ geht. Diese Gestalt der $S$-Fläche tritt nur auf, wenn die Löslichkeit der drei Stoffe $A$, $B$ und $C$ im festen Zustand völlig Null ist, so daß aus den erstarrenden Legierungen sich die reinen Stoffe $A$, $B$ und $C$ ausscheiden, Mischkristalle aber nicht entstehen.

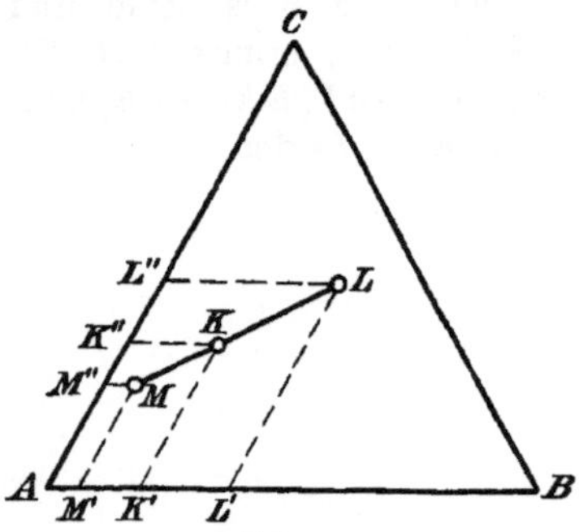

**104.** Wir wollen zunächst untersuchen, welche Gesichtspunkte sich aus dem $c,t$-Bild für die Mengenverhältnisse der einzelnen Phasen einer bestimmten Legierung ergeben. Es werde angenommen, daß $K$ in Abb. 72 der Kennpunkt[1]) einer Legierung sei. Die Legierung zerfalle bei einer bestimmten Temperatur in einen flüssigen Teil, dessen Zusammensetzung durch den Punkt $L$ gegeben sei, und in einen festen Teil, dessen Zusammensetzung dem Punkte $M$ entspricht. Der Gehalt der Legierung und der beiden in verschiedenen Aggregatzuständen befindlichen Teile soll gegeben sein in folgender Übersicht:

Abb. 72.

|  | Gehalt an Stoff $B$ | Gehalt an Stoff $C$ |
|---|---|---|
| Legierung $K$ | $k_b\,^0/_0 = KK''$ | $k_c\,^0/_0 = KK'$ |
| Flüssiger Teil $L$ | $l_b\,^0/_0 = LL''$ | $l_c\,,, = LL'$ |
| Fester Teil $M$ | $m_b\,^0/_0 = MM''$ | $m_c\,,, = MM'$ |

Wir gehen von 1 Gramm der Legierung $K$ aus und nehmen an, daß die Menge des flüssigen Anteils $x$ und sonach die Menge des festen Anteils $1-x$ beträgt. Da die Summe der Gewichtsmengen eines der drei Stoffe $A$, $B$, $C$ in den einzelnen Anteilen gleich sein muß der Gewichtsmenge desselben Stoffes in der ganzen Legierung, so erhalten wir die Gleichungen:

$$\frac{x\cdot l_b}{100} + (1-x)\frac{m_b}{100} = \frac{k_b}{100} \qquad \cdots \cdots \quad (4)$$

und daraus:

Menge des flüssigen Anteils: $\qquad x = \dfrac{k_b - m_b}{l_b - m_b};$

„ „ festen „ $\qquad 1-x = \dfrac{l_b - k_b}{l_b - m_b}.$

$$\frac{x\cdot l_c}{100} + (1-x)\frac{m_c}{100} = \frac{k_c}{100} \qquad \cdots \cdots \quad (5)$$

woraus folgt:

Menge des flüssigen Anteils: $\qquad x = \dfrac{k_c - m_c}{l_c - m_c};$

„ „ festen „ $\qquad 1-x = \dfrac{l_c - k_c}{l_c - m_c}.$

Unter Berücksichtigung der in Abb. 72 gewählten Bezeichnungen ergeben sich folgende Beziehungen:

$$x = \frac{K''K - M''M}{L''L - M''M} = \frac{M'K'}{M'L'};$$

$$x = \frac{K'K - M'M}{L'L - M'M} = \frac{M''K''}{M''L''}.$$

---

[1]) Eigentlich müßte es heißen: „die Projektion des Kennpunktes auf die $ABC$-ebene". Der Kürze halber werde einfach „Kennpunkt" gesagt.

Beide Werte für $x$ müssen gleich sein. Dies ist nur möglich, wenn $\dfrac{M'K'}{M'L'}=\dfrac{M''K''}{M''L''}$, und mithin die Linie $MKL$ eine Gerade ist. Daraus folgt, daß die Gerade, welche die zwei verschiedene Anteile einer Legierung darstellenden Punkte verbindet, durch den Kennpunkt gehen muß.

Wir erhalten ferner unter Berücksichtigung des Obigen:

Menge des flüssigen Anteils $L$:     $x = MK/ML$

„    „ festen     „   $M$:   $1-x = KL/ML$.

Das Hebelgesetz ist also auch hier gültig. (37)

**105.** Die Ableitung in Absatz *104* ist allgemein erfolgt, ohne Rücksicht darauf, ob die beiden Anteile $L$ und $M$ homogen sind, also Phasen darstellen oder nicht. Die Ableitung gilt deswegen auch für den Fall, daß der Punkt $M$ einem Gemenge zweier fester Phasen $M_1$ und $M_2$ entspricht. Vgl. Abb. 73. Wir haben dann:

Menge der flüssigen Phase $L$: . . . . . . . . . . $KM/ML$,

Menge der beiden festen Phasen $M_1$ und $M_2$ zusammen: $KL/ML$.

Die letztere Menge verteilt sich nun wieder auf die beiden Phasen $M_1$ und $M_2$, wobei wiederum das Hebelgesetz folgende Beziehung liefert:

$$\frac{\text{Menge von } M_1}{\text{Menge von } M_2}=\frac{MM_2}{MM_1}$$

$$M_1 + M_2 = \frac{KL}{ML},$$

mithin

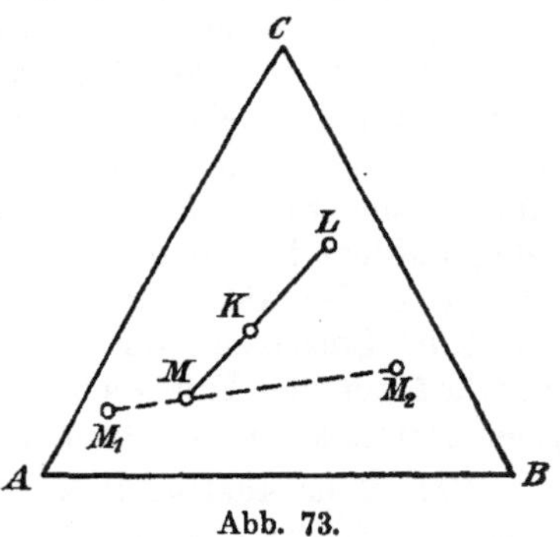

Abb. 73.

Menge der flüssigen Phase $L$: $\dfrac{KM}{ML}$

Menge der festen Phase $M_1$: $\dfrac{KL}{ML}\cdot\dfrac{MM_2}{M_1M_2}$ $\Big\}$ **Doppeltes Hebelgesetz.**

Menge der festen Phase $M_2$: $\dfrac{KL}{ML}\cdot\dfrac{MM_1}{M_1M_2}$

**106.** Wir wollen uns zunächst auf die Betrachtung eines einfachen Falles einer Dreistofflegierung beschränken. Wir setzen voraus:

a) Die drei Stoffe $A$, $B$ und $C$ sind im flüssigen Zustande vollkommen mischbar; es gibt also nur eine flüssige Phase.

b) Sie sind im festen Zustande ganz unlöslich ineinander, bilden also keine Mischkristalle.

c) Die Erstarrungstemperatur jedes der drei Stoffe wird durch Zusatz des anderen erniedrigt.

Dann liegt ein ähnlicher Fall vor, wie die Erstarrungsart $Aa2\gamma'$ bei den Zweistofflegierungen. Als feste Phasen können nur die drei reinen Stoffe $A$, $B$, $C$ auftreten. Der Punkt $M$ (Abb. 73) fällt sonach mit einem der Punkte $A$, $B$ oder $C$ zusammen, oder er liegt auf einer der Geraden $AB$, $BC$, $CA$ und stellt dann ein Gemenge je zweier fester Phasen $A+B$, $B+C$, $C+A$ dar.

Die Legierungen, deren Kennpunkte in der Nähe des Eckpunktes $A$ liegen, werden bei Beginn der Erstarrung zunächst Kristalle von $A$ ausscheiden. Ebenso werden die Legierungen, deren Kennpunkte in der Nähe von $B$ oder $C$ befindlich sind, zunächst Kristalle von $B$ bzw. $C$ zur Abscheidung bringen. Für alle diese

Legierungen stehen dann zwei Phasen im Gleichgewicht: eine flüssige und eine
der drei möglichen festen Phasen $A$, $B$ oder $C$. Bei zwei Phasen stehen zwei
Veränderliche zur Verfügung *(100)*; es kann sonach die Temperatur $t$ und eine die
Zusammensetzung einer der Phasen beeinflussende Veränderliche beliebig gewählt
werden. Wählt man die Temperatur $t$, so sind durch die Gestalt der $L$- und $S$-
Flächen die beiden Isothermen $L$ und $S$ bestimmt, auf denen die beigeordneten
Punkte liegen müssen, welche die beiden bei der Temperatur $t$ im Gleichgewicht befindlichen Phasen darstellen. Die Isothermen ergeben sich als die Schnittlinien
einer wagerechten Ebene im Abstand $t$ von der $ABC$ Ebene mit der $L$- und der
$S$-Fläche. Jedem Punkt der einen Isotherme muß ein beigeordneter Punkt der
anderen entsprechen. Man braucht demnach nur die eine Koordinate, z. B. $c_b$, des
einen Punktes zu wählen, so ist die Lage dieses Punktes durch die Gestalt der
entsprechenden Isotherme bestimmt; ebenso ist die Lage des beigeordneten Punktes
auf der zweiten Isotherme hiervon abhängig. Als wahlfreie Veränderliche stehen
somit $t$ und $c_b$ zur Verfügung.

Im vorliegenden Falle ist durch die Voraussetzung b) die Art der $S$-Fläche
beeinflußt. Für die in der Nähe der Eckpunkte $A$, $B$, $C$ gelegenen Legierungen
schrumpft die $S$-Isotherme[1]) für alle Temperaturen $t$ zu dem betreffenden Eck-
punkt zusammen. Für Legierungen in der Nähe von $A$ ist also der Punkt $A$
immer einer der beiden beigeordneten Punkte. Der zweite liegt auf der der gewählten Temperatur $t$ entsprechenden $L$-Isotherme[1]). Seine Lage ist auf dieser
Linie veränderlich, da ja die eine Koordinate dieses Punktes (z. B. $c_b$) noch beliebig wählbar ist. Innerhalb eines bestimmten Bereiches zwischen den Seiten $AC$
und $AB$ in der Nähe von $A$ muß sonach ein Gebiet bestehen, in dem jeder Punkt
der $ABC$-Ebene eine flüssige Phase $L$ darstellt, die bei einer bestimmten Temperatur $t$ mit den Kristallen von $A$ im Gleichgewicht sein kann, denn man kann
jeden Punkt als einer bestimmten $L$-Isotherme angehörig betrachten.

**107.** Ganz analoge Betrachtung gilt aber auch für Legierungen, die in der
Nähe von $B$ und $C$ liegen. Auch in den Winkeln. deren Scheitel die Punkte $B$

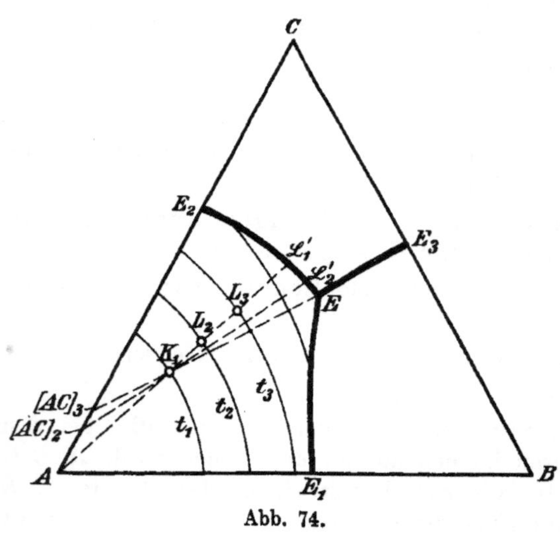


Abb. 74.

und $C$ bilden, muß je ein Bereich bestehen, in dem jeder
Punkt in der $ABC$-Ebene eine
flüssige Phase darstellt, die bei
einer bestimmten Temperatur $t$
mit Kristallen von $B$ bzw. $C$ im
Gleichgewicht stehen kann.

Diese drei Gebiete müssen aneinander grenzen und voneinander
durch Grenzlinien getrennt werden, wie z. B. $E_1E$, $E_2E$, $E_3E$ in
Abb. 74. Die Grenzlinie $E_1E$ muß
die Zusammensetzung solcher flüssiger Phasen angeben, die sowohl
mit Kristallen von $A$ wie auch
mit solchen von $B$ gleichzeitig
im Gleichgewicht bestehen können. Die Grenzlinie $E_2E$ ent-
spricht denjenigen flüssigen Phasen, die mit Kristallen von $A$ und $C$, die Grenzlinie $E_3E$ solchen, die mit Kristallen von $B$ und $C$ gleichzeitig im Gleichgewicht

---

[1]) $S$-Isotherme: Abkürzung für „Projektion der $S$-Isotherme in die $ABC$-Ebene".
      $L$-     „      :     „        „        „       „ $L$-   „     „ „       „

stehen können. Das hierbei herrschende Gleichgewicht ist dreiphasig (eine flüssige und zwei feste Phasen). Wahlfrei ist dann nur noch eine einzige Veränderliche, entweder die Temperatur $t$ oder eine die Zusammensetzung einer Phase bestimmende Koordinate. Wählt man beispielsweise die Temperatur $t$, so ist das Gleichgewicht vollständig umschrieben. Als feste Phasen können im vorliegenden Falle nur je zwei der Stoffe $A$, $B$, $C$ auftreten. Die Zusammensetzung der flüssigen Phase ist gegeben durch den Schnittpunkt der der Temperatur $t$ entsprechenden $L$-Isotherme mit einer der Grenzlinien $E_1E$, $E_2E$, $E_3E$.

Der Punkt $E_1$ gibt diejenige flüssige Legierung an, die in dem Zweistoffsystem $A+B$ neben Kristallen der beiden Stoffe $A+B$ gleichzeitig bestehen kann. Punkt $E_1$ ist somit derjenige Punkt der Grenzlinie $E_1E$, der für Legierungen gilt, deren Gehalt $c_c$ an Stoff $C$ gleich Null ist. Daraus folgt, daß die obengenannte Grenzlinie bei $E_1$ beginnen muß. Ebenso müssen die übrigen Grenzlinien entsprechend bei $E_2$ und $E_3$ ihren Anfang nehmen. Die Punkte $E_1$, $E_2$, $E_3$ sind die Projektionen der eutektischen Punkte der Zweistofflegierungen $A+B$, $A+C$ und $B+C$ in die $ABC$-Ebene.

Vorläufig ist in Abb. 74 angenommen, daß sich die drei Grenzlinien in einem Punkte $E$ schneiden. Dieser Punkt würde diejenige flüssige Phase andeuten, die mit Kristallen aller drei Stoffe $A$, $B$, $C$ zugleich im Gleichgewicht sein kann. Dieses aus vier Phasen gebildete Gleichgewicht würde keine wahlfreie Veränderliche mehr übriglassen. Es kann nur bei einer einzigen Temperatur $t_e$ und bei genau bestimmter Zusammensetzung aller vier Phasen bestehen. Die drei festen Phasen müssen $A$, $B$ und $C$ sein. Die flüssige Phase muß durch einen einzigen Punkt, z. B. $E$, bestimmt sein. Der Punkt $E$ muß allen drei Grenzlinien $E_1E$, $E_2E$, $E_3E$ gemeinsam sein. Diese müssen sich sonach in einem einzigen Punkte schneiden. Die vorläufig gemachte Annahme besteht also zu recht.

**108.** Das Bisherige läßt sich kurz wie folgt zusammenfassen (s. Abb. 74):

Feld der flüssigen Phasen, die nur mit Kristallen von
$A$ im Gleichgewicht stehen können . . . . . . . . . . . . . . $AE_2EE_1$
Feld der flüssigen Phasen, die nur mit Kristallen von
$B$ im Gleichgewicht stehen können . . . . . . . . . . . . $BE_1EE_3$
Feld der flüssigen Phasen, die nur mit Kristallen von
$C$ im Gleichgewicht sein können . . . . . . . . . . . . . $CE_2EE_3$
Flüssige Phasen, die mit Kristallen von $A$ und $B$ gleichzeitig im Gleichgewicht bestehen können . . . . . . . . Grenzlinie $E_1E$
Flüssige Phasen, die mit Kristallen von $A$ und $C$ gleichzeitig im Gleichgewicht bestehen können . . . . . . . . „ $E_2E$
Flüssige Phasen, die mit Kristallen von $B$ und $C$ gleichzeitig im Gleichgewicht bestehen können . . . . . . . . „ $E_3E$
Flüssige Phase, die mit Kristallen von $A$, $B$ und $C$
gleichzeitig im Gleichgewicht bestehen kann . . . . . . . . Punkt $E$.

Die Linien $E_1E$, $E_2E$, $E_3E$ wollen wir als **eutektische Grenzlinien** bezeichnen. Der Punkt $E$ entspricht dem **Dreistoffeutektikum**. Da nach der Voraussetzung c) der Erstarrungspunkt jeder der drei Stoffe $A$, $B$, $C$ durch Zusatz eines der anderen erniedrigt wird, so muß die den Beginn der Erstarrung anzeigende $L$-Fläche des räumlichen $c,t$-Bildes von $A$ nach $E$, ebenso von $B$ nach $E$ und von $C$ nach $E$ abfallen. Der Punkt $E$ muß also der tiefste Punkt der gesamten $L$-Fläche sein. Er muß aber auch der das Ende der Erstarrung darstellenden $S$-Fläche angehören; d. h. in $E$ muß Beginn und Ende der Erstarrung zusammenfallen. Das wird bedingt durch die Art des vierphasigen Gleichgewichts, das keine Veränderliche mehr zuläßt. Die Erstarrung muß kongruent erfolgen, ohne jede Änderung der Zusammensetzung der beteiligten Phasen und ohne Änderung der Temperatur, solange noch alle vier Phasen zugegen sind.

*109.* Wir wollen die Vorgänge bei der Erstarrung einer bestimmten durch die Kennlinie $\Re_1$ vertretenen Legierung betrachten. Die Projektion von $\Re_1$ in die Ebene $ABC$ sei $K_1$ (Abb. 74). Die Kennlinie schneide die Fläche des Beginns der Erstarrung (*L*-Fläche) bei einer Temperatur $t_1$. Dann muß die *L*-Isotherme für $t_1$ durch $K_1$ selbst durchgehen, denn beim Beginn der Erstarrung ist die Legierung noch homogen und flüssig und die Zusammensetzung der flüssigen Phase fällt zusammen mit der der Legierung. Die Menge der ausgeschiedenen *A*-Kristalle ist zunächst noch Null. Läßt man die Temperatur von $t_1$ auf $t_2$ sinken, so muß jetzt der die Zusammensetzung der flüssigen Phase angebende Punkt $L_2$ auf der *L*-Isotherme für $t_2$ liegen. Es hat sich jetzt bereits eine bestimmte Menge *A*-Kristalle ausgeschieden. Der Punkt $L_2$ muß nach *104* auf der Geraden durch $A$ und $K_1$ liegen; er wird bestimmt durch den Schnittpunkt dieser Geraden mit der *L*-Isotherme für $t_2$. Die Mengenverhältnisse zwischen flüssiger und fester Phase sind gegeben durch das Hebelgesetz, wonach die Menge der flüssigen Phase $AK_1/AL_2$, die der festen *A*-Kristalle $K_1L_2/AL_2$ beträgt. Beim Sinken der Temperatur bis auf $t_3$ fällt der Punkt $L_3$ in die *L*-Isotherme für $t_3$. Nach dem Hebelgesetz hat sich die Menge der flüssigen Phase hierbei vermindert, die der festen Phase vermehrt. Schließlich muß bei weiterem Sinken der Temperatur der die flüssige Phase darstellende Punkt immer weiter auf der durch $A$ und $K_1$ gelegten Geraden von $A$ wegrücken, bis er schließlich an die Grenze $E_2E$ gelangt (Punkt $L_1'$ in Abb. 74). Die flüssige Phase $L_1'$ kann nun sowohl mit $A$, als auch mit $C$ im Gleichgewicht bestehen. Die Menge der festen Phase $C$ ist jedoch vorläufig noch unendlich klein. Sinkt die Temperatur weiter, so muß sich der Punkt $L_1'$ auf der Linie $L_1'E$ in der Richtung auf $E$ zu bewegen, denn andere flüssige Phasen, als solche, die den Punkten dieser Linie entsprechen, können neben $A$ und $C$ gleichzeitig nicht bestehen. Ist die Temperatur gesunken bis auf die dem Punkte $L_2'$ entsprechende Temperatur, so führt die Verbindungslinie von $L_2'$ und $K_1$ in ihrer Fortsetzung zum Schnittpunkt $[AC]_2$ mit der Linie $AC$. Der Punkt $[AC]_2$ gibt die Zusammensetzung des Gemenges der beiden festen Phasen $A$ und $C$ an. Die eckigen Klammern sollen andeuten, daß der Punkt keiner einheitlichen Phase, sondern einem Phasengemisch entspricht. Die Mengenverhältnisse der beiden Phasen $A$ und $C$ in dem Gemisch ergeben sich nach dem Hebelgesetz (*105*). Es muß sich verhalten die Menge der Kristalle von $A$ zu der der Kristalle von $C$ wie die Strecke $[AC]_2C$ zur Strecke $[AC]_2A$. Die Menge der einzelnen Phasen ist sonach:

$$\text{flüssige Phase} \quad\dots\quad \frac{K_1[AC]_2}{[AC]_2L_2'}$$

$$A\text{-Kristalle} \quad\dots\quad \frac{K_1L_2'}{[AC]_2L_2'}\cdot\frac{[AC]_2C}{AC}$$

$$C\text{-Kristalle} \quad\dots\quad \frac{K_1L_2'}{[AC]_2L_2'}\cdot\frac{[AC]_2A}{AC}.$$

Ist schließlich die Temperatur auf die eutektische $t_e$ gesunken, so wird die flüssige Phase durch den Punkt $E$ dargestellt. Das Gemenge der beiden festen Phasen $A + C$ wird durch den Punkt $[AC]_3$ angegeben. Bei der Temperatur $t_e$ verschwindet bei unveränderlicher Temperatur die flüssige Phase $E$; sie erstarrt zu einem innigen Gemisch der drei Stoffe $A$, $B$, $C$ (Dreistoffeutektikum).

*110.* Während des Überganges der flüssigen Phase aus dem Punkte $L_1'$ nach $E$ scheiden sich gleichzeitig Kristalle von $A$ und $C$ aus; sie bilden ein ähnliches inniges Gemisch, wie es die eutektischen Mischungen zeigen. Ein wirkliches Eutektikum liegt aber in diesem Gemisch tatsächlich nicht vor. Ein solches muß kongruent, also bei unveränderlicher Temperatur erstarren; dies trifft aber bei den obengenannten Mischungen nicht zu, denn sie scheiden sich bei sinkender Temperatur ab. Außerdem muß bei einem wirklichen eutektischen Gemisch das Mischungsverhältnis zwischen den Stoffen, aus denen es sich aufbaut, unveränderlich bleiben. Auch dies ist hier nicht der Fall. Das Verhältnis zwischen den beiden sich ausscheidenden Stoffen $A$ und $C$ verändert sich, während die flüssige Phase sich von $L_1'$ nach $E$ ändert, und zwar um so mehr, je mehr sich $L_1'E$ von einer Senkrechten auf $AC$ entfernt[1]). Wir wollen das genannte Gemisch als **porphyrische Zweistoffmischung** $A+C$ bezeichnen.

Nach dem Bisherigen ergibt sich also für die Legierung $K_1$ folgende Kristallisationsfolge:

$\alpha$) Ausscheidung der erstlichen $A$-Kristalle aus der flüssigen Legierung,

$\beta$) Ausscheidung der porphyrischen Zweistoffmischung $A+C$,

$\gamma$) Erstarrung des Dreistoffeutektikums $A+B+C$.

Unter dem Mikroskop muß man in der auf Zimmerwärme erkalteten Legierung $K_1$ folgende Gefügebestandteile nebeneinander sehen: Kristalle $A$ umgeben von der porphyrischen Zweistoffmischung $A$ und $C$, die aus einem innigen Gemenge von $A$- und $C$-Kriställchen besteht. Das Ganze ist eingebettet in die eutektische Grundmasse, die aus Kriställchen von $A$, $B$ und $C$ in inniger Mischung aufgebaut ist.

**111.** Was geschieht mit einer Legierung, deren Kennpunkt auf der Verbindungslinie von $A$ und $E$ liegt? Sie scheidet bei der Erstarrung zunächst erstliche $A$-Kristalle ab, bis der die flüssige Phase darstellende Punkt $L$ nach $E$ gelangt. Dann erstarrt das Dreistoffeutektikum $E$. Eine solche Legierung besteht also nur aus erstlich ausgeschiedenen $A$-Kristallen, die unmittelbar in das Dreistoffeutektikum eingebettet sind. Das porphyrische Zweistoffgemisch fehlt ganz.

Legierungen, deren Kennpunkt auf der Grenzlinie $E_2E$ liegt, scheiden keine erstlichen $A$-Kristalle ab, sondern liefern sogleich das porphyrische Zweistoffgemisch $A+C$ und schließlich das Dreistoffeutektikum.

Legierungen, deren Kennpunkt auf der Strecke $AE_2$ liegt, scheiden erstliche $A$-Kristalle aus und später das Zweistoffeutektikum $E_2$, aus einem Gemenge von $A+C$ bestehend. Die Legierungen sind Zweistofflegierungen und bieten daher nichts Neues.

Alle Legierungen, deren Kennpunkte innerhalb des Feldes $AE_2E$ liegen, verhalten sich so, wie es oben für die Legierung $K_1$ besprochen worden ist. Durch ganz ähnliche Betrachtungen gelangt man zu folgenden weiteren Ergebnissen:

| Der Kennpunkt der Legierung liegt im Feld | Ausscheidung | | |
|---|---|---|---|
| | erstlich | in 2. Linie | in 3. Linie |
| $AE_2E$ | $A$-Kristalle | P.Z.M.[2]) $A+C$ | D.S.E.[3]) $A+B+C$ |
| $AEE_1$ | $A$- ,, | ,, $A+B$ | ,, |
| $BE_1E$ | $B$- ,, | ,, $A+B$ | ,, |
| $BEE_3$ | $B$- ,, | ,, $B+C$ | ,, |
| $CE_3E$ | $C$- ,, | ,, $B+C$ | ,, |
| $CEE_2$ | $C$- ,, | ,, $A+C$ | ,, |

---

[1]) Die Rechnung ist hier nicht durchgeführt; es läßt sich aber zeigen, daß wenn $E_2E$ senkrecht auf $AC$ steht, das Zweistoffgemisch, das sich gleichzeitig aus den flüssigen Legierungen abscheidet, dasselbe Mengenverhältnis beibehält, wie das Zweistoffeutektikum $E_2$ der Zweistofflegierungen $A$ und $C$.

[2]) P.Z.M. = Porphyrische Zweistoffmischung.

[3]) D.S.E. = Dreistoffeutektikum.

Für alle Legierungen liegt das Ende der Erstarrung bei der eutektischen Temperatur $t_e$; nur für die Zweistofflegierungen $A+B$, $B+C$, $C+A$ liegt das Ende der Erstarrung bei den eutektischen Punkten $E_1$, $E_2$, $E_3$, und bei den reinen Stoffen $A$, $B$ und $C$ fällt das Ende der Erstarrung mit dem Beginn zusammen.

*112.* Von den unter Nr. *106* gemachten Voraussetzungen wollen wir die Voraussetzung a) und c) beibehalten und nur die Voraussetzung b) durch eine andere ersetzen, so daß wir haben:

a) Die drei Stoffe $A$, $B$ und $C$ sind im flüssigen Zustand vollkommen mischbar.

b) Zwischen den drei Stoffen soll im festen Zustand begrenzte Mischbarkeit bestehen.

c) Die Erstarrungstemperatur jedes der drei Stoffe wird durch Zusatz des anderen erniedrigt.

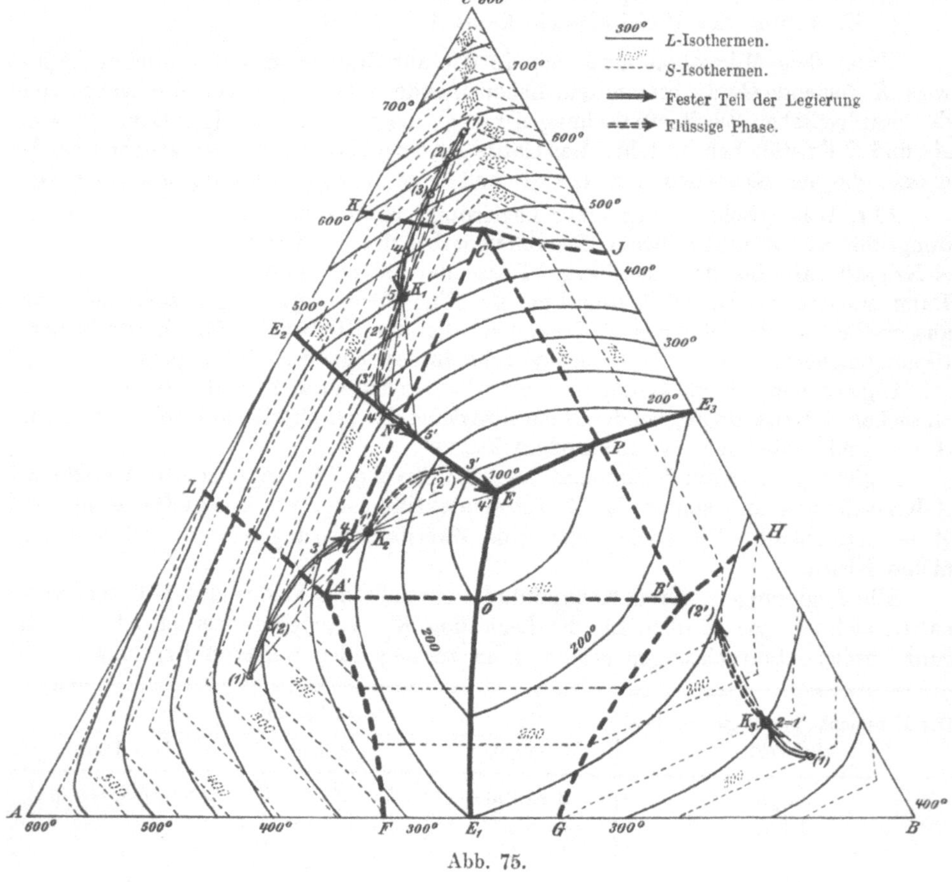


Abb. 75.

Die Zweistofflegierungen $A+B$, $B+C$, $C+A$ müssen dann nach Voraussetzung b) und c) sämtlich der Erstarrungsart $Aa2\gamma$ angehören. Das $c,t$-Bild der Zweistofflegierung $A+B$ habe beispielsweise das in Abb. 76 dargestellte Aussehen. Im räumlichen $c,t$-Bild der Dreistofflegierung liegt es in einer senkrechten Ebene über der Strecke $AB$ der Horizontalprojektion des räumlichen $c,t$-Bildes in Abb. 75. Von dem Zweistoff-$c,t$-Bild $A+B$ sind in letzterer Abb. 75 nur noch die Projektionen der Punkte $A$, $B$, $E_1$, $F$ und $G$ sichtbar. Ähnlich liegt die Sache bei den übrigen beiden Zweistofflegierungen $B+C$ und $C+A$.

In Abb. 75 gibt die Strecke $FG$ die Größe der Lücke in der Mischkristallreihe zwischen den Stoffen $A$ und $B$ an. Wir setzen voraus, daß die Lücke auch
durch Zusatz des dritten Stoffes $C$ nicht beseitigt wird, und erhalten dann als
Grenzlinien für die Mischungslücke bei sinkender Temperatur und den verschiedenen Gehalten an Stoff $C$ beispielsweise die Linie $FA'$ und $GB'$. In analoger
Weise werden die Lücken für die Mischungen $B+C$ und $C+A$ abgegrenzt durch
Linien wie $HB'$ und $JC'$, bzw. $KC'$ und $LA'$.

Bei der Erstarrung des Dreistoffeutektikums $E$,
die in Abb. 75 beispielsweise auf die Temperatur $100^0$
verlegt ist, müssen vier Phasen im Gleichgewicht
sein, und zwar die flüssige Phase $E$ und die drei
Mischkristalle $A'$, $B'$ und $C'$. Der Punkt $A'$ muß sowohl der Grenzlinie $FA'$ als auch der Grenzlinie $LA'$
angehören. Der Punkt $A'$ ist sonach der Schnittpunkt beider Grenzlinien. Im räumlichen $c,t$-Bild

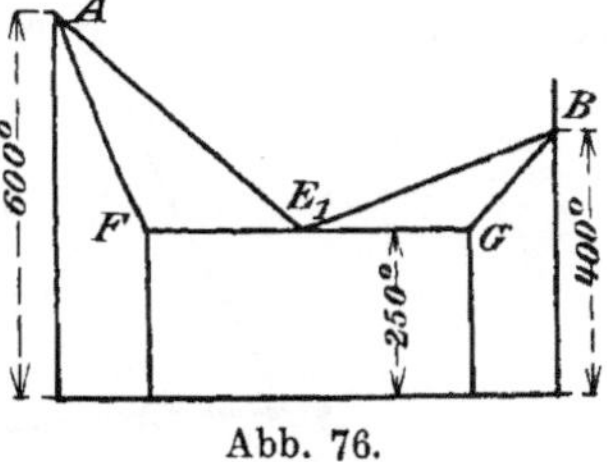

Abb. 76.

muß der Punkt $A'$ eine der Temperatur des Eutektikums (in diesem Falle $100^0$) entsprechende Ordinate besitzen. Dasselbe gilt für
die Punkte $B'$ und $C'$.

Die Fläche der beginnenden Erstarrung, die $L$-Fläche, hat dieselbe Gestalt wie
in dem früheren, in *106—111* besprochenen Falle. Ihre Isothermen, die $L$-Isothermen, sind durch dünn ausgezogene Linien dargestellt. Die $L$-Fläche ist durch
die eutektischen Grenzlinien $E_1E$, $E_2E$, $E_3E$ in drei Teile unterteilt. Die $L$-Fläche
beginnt bei den Erstarrungspunkten der reinen Stoffe $A$, $B$, $C$. Sie endet in dem
tiefsten Punkt $E$.

Die das Ende der Erstarrung darstellende $S$-Fläche hat nun aber wesentlich
anderes Aussehen als bei dem früher in Nr. *106—111* behandelten Falle. Sie nimmt
ihren Anfang ebenfalls in den Erstarrungspunkten der Stoffe $A$, $B$, $C$. Sie muß
auch durch den Punkt $E$ gehen, da ja für die eutektische Legierung Beginn und
Ende der Erstarrung zusammenfallen. Da die eutektische Flüssigkeit $E$ mit den
drei Mischkristallen $A'$, $B'$ und $C'$ bei der eutektischen Temperatur ($t_e = 100$) im
Gleichgewicht sein muß, so muß der Teil $A'B'C'$ der $S$-Fläche wagerecht im Abstand $t_e$ von der $ABC$-Ebene liegen und die unterste Begrenzung der $S$-Fläche
bilden. Die $S$-Fläche enthält zweitens folgende Teile: Fläche $FA'B'G$, die durch
die beiden wagerechten Linien $FG$ und $A'B'$ geht; Fläche $HB'C'J$ gelegt durch
die beiden Wagerechten $HJ$ und $B'C'$, und schließlich Fläche $LA'C'K$ gelegt durch
die Wagerechten $LK$ und $A'C'$. Drittens gehören zur $S$-Fläche noch folgende
Flächenteile: Fläche $AFA'L$ gelegt durch die Linien $AF$, $AL$ und durch den
Punkt $A'$; Fläche $BGB'H$ gelegt durch die Linien $BG$, $BH$ und den Punkt $B'$;
Fläche $CJC'K$ gelegt durch die Linien $CJ$, $CK$ und durch den Punkt $C'$.

Die Projektionen der Linien, in denen sich alle diese Teilflächen der $S$-Fläche
schneiden, sind in Abb. 75 durch stark ausgezogene gestrichelte Linien angedeutet.
Die Isothermen der $S$-Fläche, die $S$-Isothermen, sind durch fein gestrichelte Linien
dargestellt.

*113.* Jeder Punkt innerhalb der Fläche $AFA'L$ in der Projektion des räumlichen $c,t$-Bildes kann als Projektion eines Punktes des Teiles $AFA'L$ der $S$-Fläche
aufgefaßt werden; wir können aber jeden dieser Punkte auch als Projektion eines
Punktes betrachten, bei dem die Kennlinie $\Re$ einer Legierung durch die $S$-Fläche
nach unten austritt, also in das Bereich der vollständig erstarrten Legierungen
übergeht. Da diese Punkte alle außerhalb der Lücken in der Mischkristallreihe
liegen, so müssen sie homogene Mischkristalle darstellen, die reich an Stoff $A$ sind
und die wir als $\alpha$-Kristalle bezeichnen wollen. Ihre Zusammensetzung ist wechselnd
entsprechend irgendeinem der innerhalb des Feldes $AFA'L$ gelegenen Punkte.

Ebenso werden die Legierungen, deren Kennpunkte innerhalb $GB'HB$ liegen, zu homogenen $\beta$-Mischkristallen und diejenigen, deren Kennpunkte dem Felde $KC'JC$ angehören, zu homogenen $\gamma$-Mischkristallen erstarren.

Anders ist es jedoch mit den Projektionen der Punkte der $S$-Fläche, soweit sie in die Entmischungsgebiete $FA'B'G$, $HB'C'J$ und $KC'A'L$ fallen. Die Projektionen dieser Punkte stellen nicht einheitliche Phasen, sondern Gemenge von je zwei festen Phasen dar. So entspricht z. B. irgendein Punkt auf der 200° $S$-Isotherme innerhalb des Bereichs $FA'B'G$ einem Gemenge aus den beiden Misch-

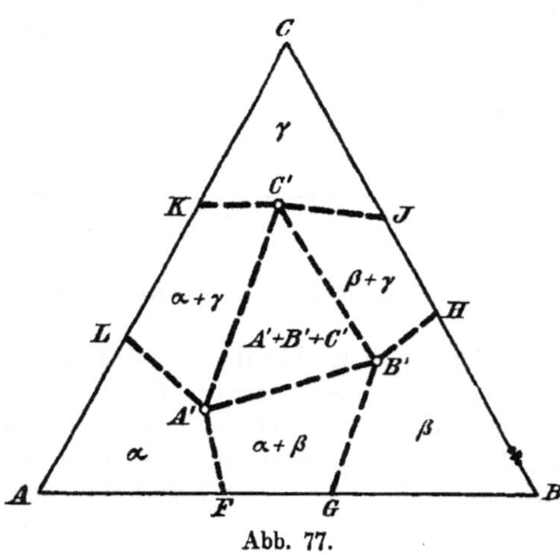

Abb. 77.

kristallen, deren Zusammensetzung gegeben ist durch die Schnittpunkte der 200° $S$-Isotherme mit den Grenzlinien $GB'$ und $FA'$.

Für alle Legierungen innerhalb des Dreiecks $A'B'C'$ fällt das Ende der Erstarrung mit der eutektischen Temperatur $t_e = 100$ zusammen. Die Punkte im Dreieck $A'B'C'$ der $S$-Fläche stellen Legierungen dar, die bei der Erstarrung in ein Gemenge der drei Mischkristallsorten $A'$, $B'$ und $C'$ übergehen.

In Abb. 77 ist schematisch angegeben, zu welcher Art von Kristallen oder Kristallgemengen die Legierungen erstarren, deren Kennpunkt in die angegebenen Felder fällt.

Es soll die Erstarrung einer Legierung $K_2$ (Abb. 75) verfolgt werden. Punkt $K_2$ liegt im Feld $A'B'C'$, und zwar auf der $L$-Isotherme 250°. Das Ende der Erstarrung muß nach dem Obigen bei $t_e = 100°$ erfolgen. Der Beginn der Erstarrung setzt bei 250° ein; hierbei ist die Legierung noch eben flüssig; die Zusammensetzung der flüssigen Phase wird durch den Punkt $K_2$ angegeben. Sie steht im Gleichgewicht mit einer unendlich kleinen Menge fester Phase, die durch einen Punkt der $S$-Isotherme 250° dargestellt sein muß. Welcher Punkt der $S$-Isotherme dies ist, kann aus dem $c,t$-Bild nicht entnommen werden. Wir wissen auf Grund der Phasenlehre nur, daß es ein genau bestimmter Punkt sein muß; seine Lage ist uns aber unbekannt. Der in Abb. 75 für die feste Phase gezeichnete Punkt (1) ist willkürlich angenommen. Alle Punkte, deren Zahlen in ( ) gesetzt sind, sind im folgenden willkürlich angenommen.

Kühlt man Legierung $K_2$ auf 200° ab, so muß der die flüssige Phase darstellende Punkt irgendwo auf der $L$-Isotherme 200, und der die feste Phase darstellende Punkt irgendwo auf der $S$-Isotherme 200 liegen. Die beiden diese Phasen angebenden Punkte (2) für die feste Phase und (2') für die flüssige Phase sind wieder willkürlich angenommen, weil wir über ihre wirkliche Lage aus dem $c,t$-Bild nichts herauslesen können. Wir wissen nur, daß die Gerade (2)(2') durch $K_2$ gehen muß.

Nach Abkühlung der Legierung auf 150° muß der die flüssige Phase darstellende Punkt irgendwo auf der $L$-Isotherme 150 und der die feste Phase vertretende Punkt irgendwo auf der $S$-Isotherme 150 liegen. Verbindet man den Schnittpunkt 3' der $L$-Isotherme 150 mit der Grenzlinie $E_2E$ mit $K_2$ durch eine Gerade und verlängert diese über $K_2$ hinaus, so trifft sie die $S$-Isotherme 150 im Punkt 3. Dieser Punkt liegt innerhalb des zwischen den Grenzlinien $KC'$ und $LA'$ liegenden Bereiches. Der Punkt 3 kann sonach keine einheitliche feste Phase, sondern nur ein Gemisch zweier Mischkristalle $\alpha$ und $\gamma$ darstellen. Die beiden Mischkristalle sind angegeben durch die Schnittpunkte 3ᵃ und 3ᶜ der $S$-Isotherme 150 mit den Grenzlinien $LA'$ und $KC'$.[1]) Es bestehen sonach zwei feste Phasen $\alpha$ und $\gamma$ im Gleichgewicht mit der flüssigen Phase 3'. Bei drei Phasen ist nur noch eine Veränderliche wahlfrei, z. B. die Temperatur. Wählt man diese, wie hier zu 150 C⁰, so ist die Zusammensetzung der einzelnen Phasen genau bestimmt. Es gibt nur zwei feste Phasen 3ᵃ und 3ᶜ, die mit der flüssigen Phase 3' bei 150⁰ im Gleichgewicht stehen können.

Bei der Temperatur $t_e = 100$ muß der die flüssige Phase darstellende Punkt 4' mit $E$ zusammenfallen. Der flüssige Rest der Legierung hat somit die eutektische Zusammensetzung erreicht. Der Punkt 4, der über die Zusammensetzung der festen Phasen unterrichtet, muß auf der $S$-Isotherme 100 und auf der Verlängerung der Geraden $4'K_2$ liegen. Er stellt wieder ein Gemisch von $\alpha$- und $\gamma$-Kristallen dar, die jetzt die Zusammensetzung $A'$ bzw. $C'$ haben. Die Menge der noch flüssigen Phase ist nach dem Hebelgesetz $K_2 4 / E\,4$; dieser letzte Rest erstarrt bei gleichbleibender Temperatur $t_e = 100$ zum eutektischen Gemenge von $A'$-, $B'$- und $C'$-Kristallen. Erst nachdem der letzte Rest der flüssigen Phase erstarrt ist, kann die Temperatur weiter abnehmen.

Die bei der Erstarrung eingetretene Kristallisationsfolge ist also:

$\alpha$) erstlich ausgeschiedene $\alpha$-Kristalle. Beim Sinken der Temperatur wandeln sich die ursprünglichen $C$-armen Mischkristalle (1) um in $C$-reichere (2) usw. entsprechend dem Verlauf der Linie (1) (2) 3 ..., bis schließlich der Gehalt an Stoff $C$ die durch die Grenzlinie $LA'$ gezogene Grenze erreicht. Von da ab können neben den $\alpha$-Kristallen auch noch $\gamma$-Kristalle (entsprechend Punkten der Grenzlinie $KC'$) auftreten, und diese bilden nun mit den sich noch weiter ausscheidenden $\alpha$-Kristallen (entsprechend Punkten der Grenzlinie $LA'$)

$\beta$) ein porphyrisches Zweistoffgemisch $(\alpha + \gamma)$, das sich um die erstlich ausgeschiedenen $\alpha$-Kristalle herumlegt. Bei weiterer Abkühlung müssen sich die $\alpha$- und $\gamma$-Kristalle so ändern, daß sie bei der eutektischen Temperatur $t_e = 100$ die Zusammensetzung $A'$ und $C'$ angenommen haben.

$\gamma$) Bei $t_e = 100$ scheidet sich nun das Dreistoffeutektikum $A' + B' + C'$ ab, in dem das Mengenverhältnis zwischen den einzelnen Kristallarten gegeben wird durch die Lage des Punktes $E$ zu den Punkten $A'$, $B'$ und $C'$ in Abb. 75. Man braucht nur das Hebelgesetz anzuwenden.

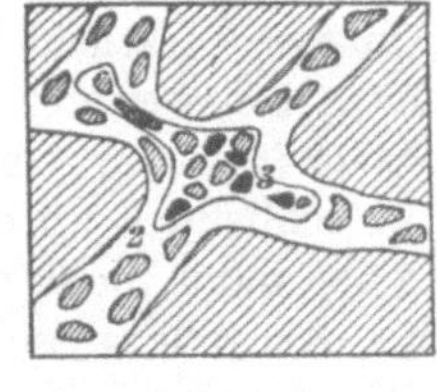

Das Gefüge der Legierung dicht unterhalb $t_e$ wird durch die schematische Abb. 78 veranschaulicht.

Liegt der Kennpunkt $K_2$ so wie in der Abb. 75, so schneidet die Linie $EK_2$ bei der Temperatur $t_e$ die Linie $A'C'$. Die Legierung besteht also bei Beginn des Eintritts der eutektischen Temperatur außer aus der flüssigen Phase $E$

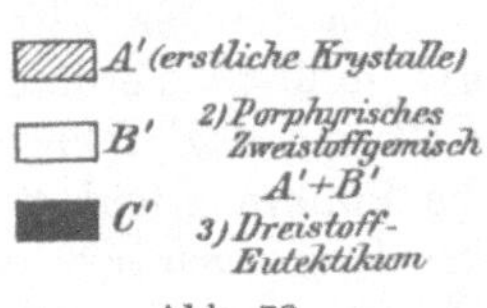


Abb. 78.

aus Kristallen $A'$ und $C'$. Liegt dagegen der Punkt $K_2$ so, daß die Verbindungslinie $EK_2$ die Gerade $A'B'$ schneidet, so heißt dies, die Legierung besteht bei Beginn der eutektischen Temperatur außer aus dem flüssigen Eutektikum $E$ aus den beiden festen Phasen $A'$ und $B'$. Zwischen beiden Fällen ist der Grenzfall der, daß der Kennpunkt $K_2$ auf der Verbindungslinie $E$ und $A'$ liegt. Dann ist zu Beginn der eutektischen Temperatur außer der flüssigen Phase nur die feste Phase $A'$ vorhanden, nicht aber $C'$ oder $B'$. Diese Phasen treten erst infolge der Erstarrung des Eutektikums hinzu. Wir haben somit ein Gebiet $A'NE$, das

---

[1]) In Abb. 75 sind den Schnittpunkten die Bezeichnungen 3ᵃ und 3ᶜ wegen Platzmangels nicht beigeschrieben.

nach völliger Erstarrung aus erstlichen $A'$-Kristallen, ferner aus porphyrischem Zweistoffgemenge $A' + C'$ und schließlich aus dem Dreistoffeutektikum $A' + B' + C'$ besteht. Innerhalb des Gebietes $A'OE$ hingegen liegt der Fall etwas anders. Hier besteht die Legierung unterhalb der eutektischen Temperatur aus erstlichen Kristallen $A'$, aus einem porphyrischen Zweistoffgemenge $A' + B'$ und schließlich aus dem Dreistoffeutektikum $A' + B' + C'$ (vgl. Abb. 79).

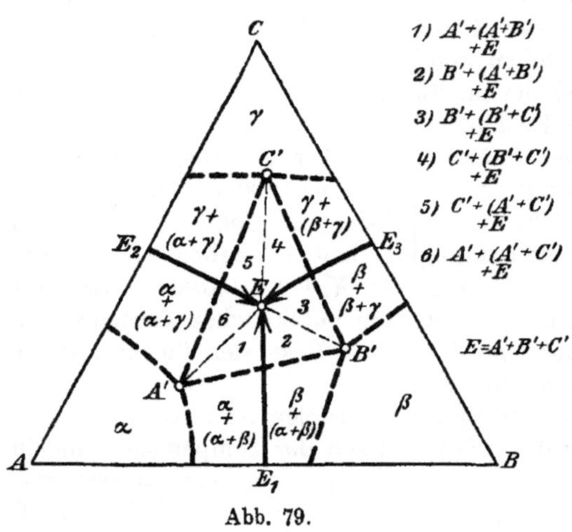



Abb. 79.

**114.** Es soll nun die Erstarrung einer Legierung $K_1$ untersucht werden, deren Kennpunkt innerhalb des Feldes $LA'C''K$ (Abb. 75) liegt. Da $K_1$ einen Punkt der $L$-Isotherme $450^0$ bildet, so muß der Beginn der Erstarrung bei $450^0$ eintreten. Das Ende der Erstarrung liegt bei $250^0$, weil $K_1$ auch ein Punkt der $S$-Isotherme $250^0$ ist. Bei Beginn der Erstarrung wird die flüssige Phase durch den Punkt $K_1$ selbst dargestellt; die ganze Legierung besteht aus flüssiger Phase. Die Menge der festen Phase ist vorläufig unendlich klein. Ihre Zusammensetzung muß einem Punkt der $S$-Isotherme $450^0$ entsprechen, dessen wirkliche Lage aber nicht bekannt ist, z. B. Punkt (1). Bei $400^0$ ist die flüssige Phase dargestellt durch einen gewissen, aber unbekannten Punkt der $L$-Isotherme 400, z. B. (2'), die feste Phase durch einen gewissen, aber unbekannten Punkt auf der $S$-Isotherme 400, z. B. (2). Die Verbindungslinie beider muß durch den Punkt $K_1$ gehen. Die sich zuerst ausscheidenden Kristalle sind $\gamma$-Mischkristalle mit hohem Gehalt an Stoff $C$. Bei weiterer Abkühlung reichern sie sich entsprechend dem Verlauf der Linie (1) (2) (3) .... an Stoff $A$ an, so daß der ihre Zusammensetzung darstellende Punkt schließlich an die Grenze $KC'$ gelangt. Weitere Vermehrung des Gehaltes an $A$ ist dann nicht mehr möglich; es müssen sich dann neben den $\gamma$-Kristallen auch $\alpha$-Kristalle ausscheiden.

Da der der $L$-Isotherme $300^0$ entsprechende Punkt 4' bereits eine solche Lage hat, daß die Verbindungslinie $4'K_1$ die $S$-Isotherme $300^0$ innerhalb der Grenzen $KC'$ und $LA'$ schneidet, so besteht bei $300^0$ ein dreiphasiges Gleichgewicht und die Punkte 4 und 4' geben die tatsächliche Zusammensetzung der Phasen, bzw. der Phasengemische wieder. Punkt 4 entspricht einem Gemisch der beiden festen Phasen $\gamma$ und $\alpha$, deren Zusammensetzung gegeben ist durch die Schnittpunkte der $S$-Isotherme 300 mit den Grenzlinien $KC'$ und $LA'$.

Bei der Temperatur $350^0$ schneidet eine Verbindungsgerade zwischen dem Schnittpunkt der Linie $E_2E$ und der $L$-Isotherme $350^0$ einerseits und dem Punkte $K_1$ andererseits die $S$-Isotherme 350 außerhalb der Grenzen $KC'$ und $LA'$, d. h. also, daß bei $350^0$ noch kein dreiphasiges Gleichgewicht bestehen kann, sondern es herrscht noch Gleichgewicht zwischen den beiden Phasen $\gamma$-Mischkristallen und flüssiger Phase, deren wirkliche Zusammensetzung unbekannt ist. Die Lage der sie darstellenden Punkte (3) und (3') ist daher nur willkürlich angenommen.

Bei $250^0$ erfolgt das Ende der Erstarrung. Die Legierung besteht aus einem Gemenge von $\gamma$- und $\alpha$-Kristallen. Die durchschnittliche Zusammensetzung des Gemenges wird durch den Punkt $K_1$ auf der $S$-Isotherme 250 angegeben. Dies Gemenge steht im Gleichgewicht mit der flüssigen Phase 5', die durch den Schnittpunkt zwischen der $L$-Isotherme 250 und der Linie $E_2 E$ gegeben ist. Da jetzt der Hebelarm der festen Phase Null geworden ist, so ist die Menge der flüssigen Phase unendlich klein. Die erstarrte Legierung besteht aus erstlich ausgeschiedenen $\gamma$-Kristallen; zu diesen gesellte sich von einer zwischen 300 und 350° gelegenen Temperatur ab die Ausscheidung des porphyrischen Zweistoffgemisches $\gamma + \alpha$, das die erstlichen $\gamma$-Kristalle einhüllt. Dies setzt sich unter stetiger Änderung der Zusammensetzung der $\gamma$- und $\alpha$-Kristalle bis zur Erstarrung bei 250° fort. Die Zusammensetzung dieser Kristalle wird bei dieser Temperatur angegeben durch die Schnittpunkte $5^c$ (für die $\gamma$-Kristalle) und $5^a$ (für die $\alpha$-Kristalle) der $S$-Isotherme 250 mit den Grenzlinien $KC'$ und $LA'$. Dreistoffeutektikum kann nicht ausgeschieden werden, weil bereits oberhalb der eutektischen Temperatur $t_e = 100°$ der letzte flüssige Rest der Legierung aufgebraucht ist.

Liegt der Kennpunkt der Legierung nicht innerhalb des Feldes $KC'NE_2$, sondern im Feld $E_2NA'L$, so sind die erstlich ausgeschiedenen Kristalle nicht $\gamma$- sondern $\alpha$-Kristalle. Um diese lagert sich dann wieder die porphyrische Zweistoffmischung $\alpha + \gamma$.

**115.** Schließlich ist noch eine Legierung zu betrachten, deren Kennpunkt $K_3$ innerhalb des Feldes $BGB'H$ (Abb. 75) liegt, in dem die Legierungen zu homogenen $\beta$-Kristallen erstarren müssen. $K_3$ liegt auf der $L$-Isotherme 300, was bedeutet, daß der Beginn der Erstarrung bei 300° eintritt. Das Ende der Erstarrung liegt bei 250°, da $K_3$ auf der $S$-Isotherme 250 liegt. Bei Beginn der Erstarrung, also bei 300° besteht die Legierung ausschließlich aus der flüssigen Phase $K_3$; die Menge der festen Phase ($\beta$-Kristalle) ist unendlich klein; ihre Zusammensetzung wird dargestellt durch einen uns unbekannten Punkt der $S$-Isotherme 300. In Abb. 75 ist hierfür der Punkt (1) willkürlich angenommen. Bei der Abkühlung ändert sich die Zusammensetzung der $\beta$-Mischkristalle in unbekannter Weise, z. B. nach der Linie (1)2. Ebenso ändert sich die Zusammensetzung der flüssigen Phase in unbekannter Weise, beispielsweise nach der Linie 2(2′), wobei wir nur wissen, daß der Punkt (2′) auf der $L$-Isotherme 250 liegen muß. Ist die Temperatur 250 erreicht, so ist die Menge der flüssigen Phase Null geworden, die ganze Legierung ist zu homogenen $\beta$-Kristallen erstarrt, die die Zusammensetzung der ursprünglichen Legierung haben müssen.

**116.** Überträgt man die bisher gemachten Betrachtungen auf die übrigen Felder des $c,t$-Bildes der Abb. 75, so erhält man die in Abb. 79 gegebene Übersicht über die Erstarrungsverhältnisse der einzelnen Legierungen. Hierin bedeutet $(\alpha + \beta)$, $(\alpha + \gamma)$ ... die porphyrischen Zweistoffmischungen aus den Kristallarten $\alpha + \beta$, $\alpha + \gamma$ ...; ebenso $(A' + B')$ ... das porphyrische Zweistoffgemisch der Kristalle $A' + B'$, ... $E$ bedeutet das Dreistoffeutektikum $A' + B' + C'$.

Die Legierungen, deren Kennpunkte auf einer der Grenzlinien $E_1E$, $E_2E$, $E_3E$ liegen, scheiden keine erstlichen Kristalle aus, sondern sogleich eines der porphyrischen Zweistoffgemische Die Legierung $E$ scheidet erstlich nichts ab. Sie erstarrt ausschließlich zum Eutektikum $A' + B' + C'$.

**117.** Aus dem $c,t$-Bild 75 kann man sich die besonderen Fälle ableiten. Wird z. B. die Lücke zwischen den Mischkristallen für zwei Stoffe, beispielsweise für $B$ und $C$ gleich 100, ist also zwischen den genannten Stoffen überhaupt keine Löslichkeit im festen Zustand vorhanden, so ändert sich in Abb. 75 weiter nichts, als daß der Punkt $J$ mit $C$ und der Punkt $H$ mit $B$ zusammenfällt.

Andererseits ist folgender Fall denkbar: Die Lücke der Mischkristalle ist bei allen drei Zweistoffpaaren gleich Null. Die Zweistoff-$c,t$-Bilder entsprechen alle der Art $A\alpha 1\gamma$. Bei dem Dreistoffsystem besteht aber eine Lücke in der Löslichkeit, die z. B. durch das Dreieck $A'B'C'$ angedeutet werden soll. Dann ändert sich im $c,t$-Bild 75 nichts weiter, als daß die Punkte $F$ und $G$ nach $O$, die Punkte $H$ und $J$ nach $P$, und die Punkte $L$ und $K$ nach $N$ fallen. Die Linien $E_1 O$, $E_2 N$, $E_3 P$ entsprechen dann der Lage der tiefsten Punkte der $L$-Fläche, bei denen die $L$- und $S$-Fläche sich berühren. Die Strecken $OE$, $PE$, $NE$ sind wiederum eutektische Grenzlinien wie früher und $E$ ist das Dreistoffeutektikum.

*118.* Es sollen jetzt folgende Voraussetzungen gemacht werden:

a) **Die Löslichkeit der drei Stoffe $A$, $B$ und $C$ im flüssigen Zustand ist vollkommen.**

b) **Die beiden Stoffe $A$ und $C$ bilden eine chemische Verbindung $V$.**

c) **Im festen Zustand besitzt keiner der vier Stoffe $A$, $B$, $C$, $V$ gegenseitige Löslichkeit.**

d) **Die Erstarrungstemperatur jedes der vier Stoffe wird durch Zutritt des anderen erniedrigt.**

Wegen der Bedingung c) können als feste Phasen nur die vier Körper $A, B, C$ und $V$ auftreten. Man kann dann das System in zwei Dreistoffsysteme zerlegen, nämlich in das System $AVB$ und das System $VCB$ (Abb. 80).

Wir setzen noch weiter voraus, daß die Verbindung $V$ unzersetzt schmilzt, dann ist in dem Zweistoff-$c,t$-Bild $A+C$ ein Höchstpunkt, der dem Erstarrungspunkt $V$ entspricht *(61)*. Bei $E_2$ und $E_2'$ mögen die Zweistoffeutektika $A+V$ und $V+C$ liegen. Da auch die Zweistoffsysteme $AB$, $BC$ und $VB$ je ein Eutektikum bilden entsprechend den Punkten $E_1$, $E_3$ und $E_4$, so erhält man die in Abb. 80 stark ausgezogenen eutektischen Linien, die alle nach der Richtung der Pfeile innerhalb der $L$-Fläche abfallen.

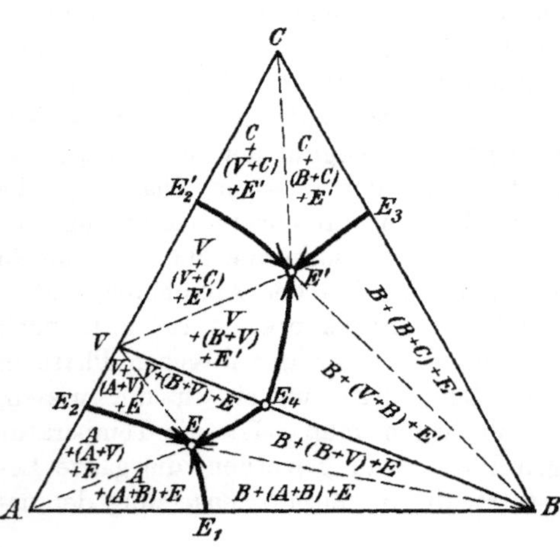

Abb. 80.

Um zu ermitteln, was die einzelnen Legierungen innerhalb der einzelnen Felder bei der Erstarrung ergeben, hat man das in Absatz *109* bis *111* beschriebene Verfahren anzuwenden. Man erhält dann die Ergebnisse, wie sie in Abb. 80 eingetragen sind. Hierin bedeuten die Einzelbuchstaben die Art der erstlich ausgeschiedenen Kristalle. Das Zeichen $A$ heißt also, daß die Legierung erstlich $A$-Kristalle aussondert. Das Zeichen $(A+V)$ bedeutet, daß die erstlich ausgeschiedenen Kristalle von einem porphyrischen Zweistoffgemenge aus Kristallen $A$ und $V$ umgeben sind. Das Zeichen $E$ und $E'$ bedeutet, daß die erstlichen Kristalle und das porphyrische Zweistoffgemisch eingebettet liegen in dem Dreistoffeutektikum $E$ (aus $A+B+V$) oder $E'$ (aus $B+C+V$).

*119.* Die unter Nr. *118* angegebenen Voraussetzungen werden aufrecht erhalten. Es wird aber außerdem vorausgesetzt, daß die Verbindung $V$ der Stoffe $B$ und $C$ nicht unzersetzt schmelzen kann.

Das Zweistoffsystem $BC$ habe das $c,t$-Bild Abb. 81. Die Zweistoff-$c,t$-Bilder für die Stoffe $A+B$ und $A+C$ sollen der Art $A\,a\,2\gamma'$ entsprechen. Wenn nur die beiden Stoffe $B$ und $C$ vorhanden sind, so besteht, wie Abb. 81 zeigt, eine Umwandlungstemperatur $t_{u1}$, bei der Kristalle von $C$ mit der festen Verbindung $V$ und flüssiger Phase $U'$ im Gleichgewicht stehen können. Das Gleichgewicht ist dreiphasig, und mithin bei zwei Stoffen nur bei einer einzigen Temperatur und mit drei ganz genau bestimmten Phasen möglich. Tritt im Dreistoffsystem zu den Stoffen $B$ und $C$ noch der Stoff $A$ hinzu, so läßt das Gleichgewicht zwischen den Kristallen $C$, den Kristallen der Verbindung $V$ und der flüssigen Phase wegen der Stoffzahl 3 noch eine wahlfreie Veränderliche übrig. Es kann somit bei verschiedenen Temperaturen bestehen, die beispielsweise durch die Punkte der Linie $UD$ in Abb. 82 angegeben sind. Die Umwandlungstemperatur wird im allgemeinen von $t_{u1}$ aus sinken. Im Punkt $D$ tritt zu den festen Phasen $C$, $V$ noch die feste Phase $A$ hinzu, da ja jeder Punkt der Linie $E_2E$ solchen

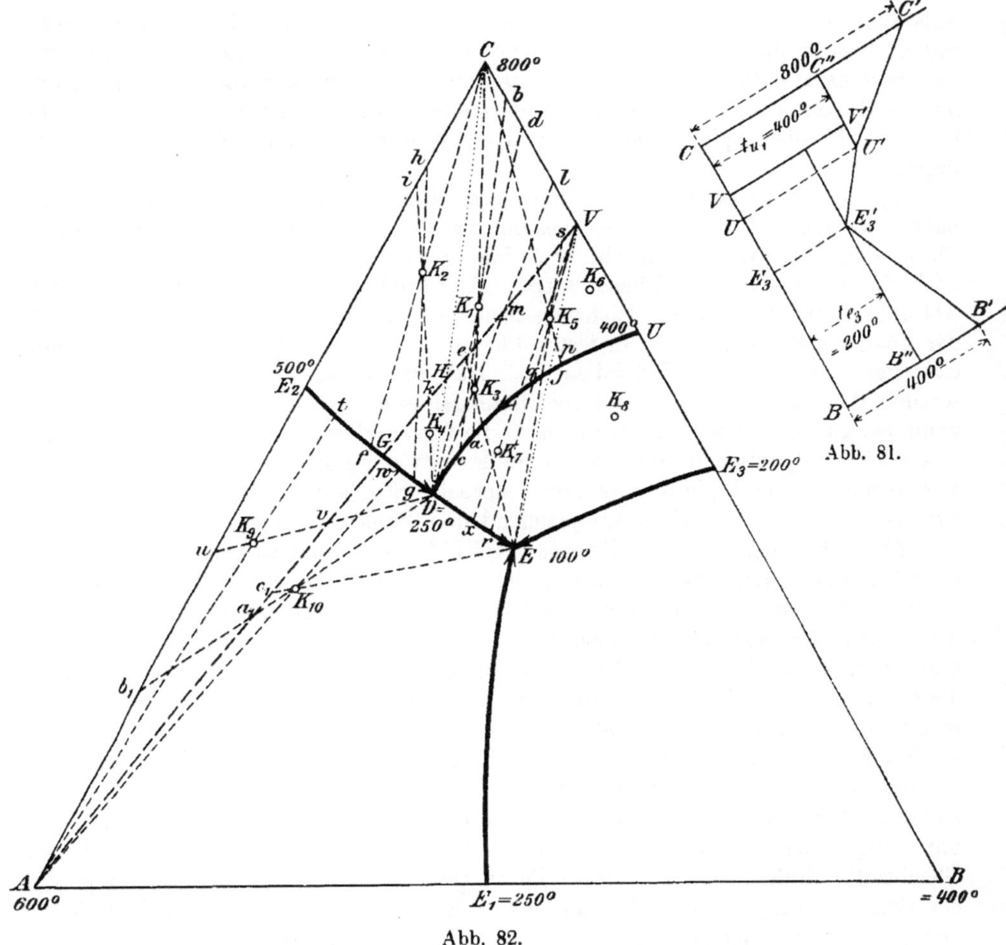

Abb. 81.

Abb. 82.

flüssigen Phasen entspricht, die mit $A$ und $C$ gleichzeitig im Gleichgewicht stehen. Das Gleichgewicht ist nun vierphasig. Es kann somit nur eine einzige flüssige Phase $D$ bei einer bestimmten einzigen Temperatur $t_u$ geben, die das Gleichgewicht zuläßt.

**Kennpunkt im Bereich $E_2CVG$, z. B. Legierung $K_1$.** Die Legierung scheidet von dem Beginn der Erstarrung an $C$-Kristalle aus. Hierbei bewegt sich beim Sinken der Temperatur der die flüssige Phase darstellende Punkt auf der Linie $CK_1a$ von $K_1$ in der Richtung auf $a$ zu. Ist die dem Punkte $a$ entsprechende Temperatur erreicht, so tritt zu den beiden Phasen $C$ und $a$ noch die feste Phase $V$ hinzu. Ihre Menge ist vorläufig noch unendlich klein. Bei weiterem Sinken der Temperatur wächst die Menge von $V$. Der Punkt $a$ bewegt sich auf $aD$ in der Richtung nach $D$ beispielsweise bis zum Punkte $c$. Das dann mit der flüssigen Phase $c$ im Gleichgewicht befindliche feste Phasengemisch wird durch den Punkt $b$ gegeben. Es ist aus Kristallen $C$ und $V$ aufgebaut. Schließlich verschiebt sich beim Sinken der Temperatur das Gleichgewicht so, daß es durch die Punkte $D$ und $d$ gegeben wird. Die Temperatur ist jetzt die der Umwandlung $t_u$. Diese vollzieht sich bei gleichbleibender Temperatur unter Aufbrauch der flüssigen Phase $D$, an deren Stelle das durch den Punkt $e$ angegebene Gemisch von Kristallen $V$ und $A$ tritt. Nebeneinander bestehen flüssige Phase $D$, Kristalle von $C$, $V$ und $A$, also vier Phasen. Die Temperatur kann nicht weiter sinken, bevor die Phase $D$ aufgebraucht ist. Dann ist die Legierung erstarrt und besteht aus den Phasengemischen $d$ und $e$, die Gemenge von $C$ und $V$ einerseits und von $A$ und $V$ andererseits darstellen. In gleicher Weise wie $K_1$ verhalten sich alle Legierungen, deren Kennpunkte innerhalb des Feldes $CHV$ liegen.

$K_2$ vertritt die Legierungen, deren Kennpunkte im Felde $E_2CHG$ liegen. Zunächst werden $C$-Kristalle abgeschieden, bis die Zusammensetzung der flüssigen Phase dem Punkte $f$ entspricht, bei dem zu den beiden vorhandenen Phasen noch die dritte, die feste Phase $A$ tritt. Der Punkt $f$ verschiebt sich bei weiterer Abkühlung auf $E_2D$ in der Richtung nach $D$ und gelangt zunächst nach $g$. Mit der flüssigen Phase $g$ steht ein festes Phasengemisch $h$ im Gleichgewicht, das ein Gemenge von $C$- und $A$-Kristallen ist. Hat die flüssige Phase die Zusammensetzung $D$ erreicht, so hat das feste Phasengemisch die Zusammensetzung $i$. Nun kann bei gleichbleibender Temperatur $t_u$ die Umwandlung stattfinden; die flüssige Phase wird aufgebraucht und an ihre Stelle tritt das Phasengemisch $k$ aus $A$- und $V$-Kristallen. Die Legierung erstarrt hierbei. Sie besteht nach der Erstarrung aus $A$-, $C$- und $V$-Kristallen entsprechend den Punkten $i$ und $k$.

*120.* **Kennpunkt im Bereich $GVUD$**, z. B. Legierung $K_3$. Zunächst scheiden sich $C$-Kristalle ab, wobei sich die flüssige Phase von $K_3$ nach $a$ verschiebt. Bei weiterer Abkühlung ändert sich die flüssige Phase von $a$ nach $D$, wobei sich das Gemisch der beiden festen Phasen von $C$ nach $l$ verschiebt; es besteht also aus $C+V$. Im Punkte $D$ findet bei unveränderlicher Temperatur $t_u$ die Umwandlung zwischen der flüssigen Phase $D$ und dem festen Phasengemisch $l$ in der Weise statt, daß an Stelle des letzteren das feste Phasengemisch $m$ tritt, so daß die Legierung unmittelbar nach der Umwandlung aus einem Gemenge von $V$- und $A$-Kristallen (Punkt $m$) und der flüssigen Phase $D$ besteht. Die $C$-Kristalle sind bei der Umwandlung aufgebraucht. Die flüssige Phase ändert sich nun längs $DE$, bis sie bei der eutektischen Temperatur $t_e$ in $E$ angelangt ist. Gleichzeitig ändert sich das feste Phasengemenge von $m$ nach $e$ (Schnittpunkt der Geraden $EK_3$ mit der Geraden $AV$). Bei $t_e$ erstarrt die eutektische Flüssigkeit $E$ zu einem Gemenge aus $A+V+B$. In gleicher Weise wie Legierung $K_3$ verhalten sich alle Legierungen, deren Kennpunkte innerhalb des Dreiecks $VHD$ liegen.

Liegt der Kennpunkt $K_4$ einer Legierung so, daß die Verbindungsgerade $CK_4$ die Linie $GDE$ zwischen $G$ und $D$ schneidet, so scheiden sich erst $C$-Kristalle, danach $A+C$-Kristalle aus, bis die flüssige Phase die Zusammensetzung $D$ erreicht hat. Hier findet Umwandlung statt, indem an die Stelle des festen Phasengemisches $C+A$ das Gemisch $V+A$ unter Aufbrauch von $C$ tritt. Das nach der Umwandlung mit der flüssigen Phase $D$ im Gleichgewicht befindliche feste Phasengemisch ist dargestellt durch den Schnittpunkt $k$ der Geraden $DK_4$ mit der Geraden $AV$. Bei weiterer Abkühlung wandert der die flüssige Phase darstellende Punkt von $D$ nach $E$ und der das feste Phasengemisch darstellende

Punkt $k$ auf $VA$ in der Richtung auf $A$ weiter. Bei $E$ erstarrt die eutektische Legierung $E$ zu $A + V + B$.

Eine Legierung $K_5$ erstarrt in folgender Weise: Zunächst scheidet sich $C$ aus, wobei die flüssige Phase von $K_5$ nach $p$ wandert. Während der Änderung der flüssigen Phase von $p$ nach $q$ ändern sich die festen Phasen von $C$ nach $V$, d. h. zu den ausgeschiedenen Kristallen $C$ gesellen sich Kristalle $V$, bis schließlich die feste Phase nur noch aus $V$-Kristallen besteht, wenn die flüssige Phase die Zusammensetzung $q$ erreicht hat. Das Gleichgewicht ist also zweiphasig geworden. Bei einem solchen Gleichgewicht ändert sich die flüssige Phase längs der Verbindungsgeraden zwischen dem die feste Phase darstellenden Punkt $(V)$ und dem Kennpunkt $(K_5)$; in diesem Falle also von $q$ nach $r$ zu unter Sinken der Temperatur. Dabei wächst die Menge der festen Phase $V$ beständig. Schließlich gelangt die flüssige Phase nach $r$ und von da auf dem Wege $rE$ nach $E$; gleichzeitig wandert der die festen Phasen darstellende Punkt von $V$ nach $s$. Letzteres entspricht einem Gemenge von $V + A$. Bei $t_e$ erstarrt die eutektische Flüssigkeit $E$.

Bei Legierung $K_6$ liegt der Fall ganz ähnlich wie bei $K_5$, nur schneidet die Gerade $VK_6$ nicht die Linie $DE$, sondern die Linie $E_3E$, d. h. nach der Bildung von $V$ scheidet sich $V + B$ aus, bis schließlich in $E$ das Eutektikum erstarrt.

**121. Kennpunkt im Bereich $DUE_3E$.** Die Legierungen erleiden keine Umwandlung mehr. Die feste Phase $C$ tritt somit in diesen Legierungen von vornherein gar nicht auf; vorkommen können nur die festen Phasen $V$, $B$ und $A$. Die Legierung $K_7$ scheidet zunächst Kristalle $V$ aus, bis die flüssige Phase die Zusammensetzung $x$ hat. Dann bewegt sich $x$ nach $E$ hin und der die festen Phasen vertretende Punkt auf der Geraden $VA$ von $V$ in der Richtung nach $A$, d. h. es scheiden sich Kristalle $V + A$ aus. In $E$ erstarrt das Eutektikum.

Für die Legierung $K_8$ liegt der Fall ganz ähnlich. Zuerst scheiden sich $V$-Kristalle, alsdann $V + B$-Kristalle und schließlich das Eutektikum aus.

**Kennpunkt im Bereich $AE_2G$,** z. B. Legierung $K_9$. Zuerst scheiden sich $A$-Kristalle ab, wobei sich die flüssige Phase der Zusammensetzung $t$ nähert. Wenn diese Zusammensetzung erreicht ist, scheidet sich $A + C$ aus entsprechend der Wanderung des Punktes für die festen Phasen von $A$ nach $u$ und der Änderung der flüssigen Phase von $t$ nach $D$. In $D$ findet die Umwandlung bei gleichbleibender Temperatur $t_u$ statt unter Aufbrauch der flüssigen Phase $D$, an deren Statt das feste Phasengemisch $v$ tritt. Die Legierung erstarrt also bei der Umwandlung und besteht alsdann aus $u$ und $v$, d. i. $A + C$ und $A + V$.

**Kennpunkt im Bereich $AGD$,** z. B. Legierung $K_{10}$. Sie scheidet $A$-Kristalle aus, bis die flüssige Phase den Punkt $w$ erreicht hat. Dann wird ein Gemenge von $A + C$ abgeschieden, wobei die flüssige Phase von $w$ nach $D$, der Punkt für die festen Phasen von $A$ nach $b_1$ gelangt. In $D$ findet Umwandlung statt. An Stelle des Punktes $b_1$ für die festen Phasen tritt jetzt Punkt $a_1$, der einem Gemenge von $A + V$ entspricht. Die feste Phase $C$ verschwindet also während der Umwandlung. Die noch übrige flüssige Phase ändert sich nach erfolgter Umwandlung von $D$ nach $E$; die Zusammensetzung der festen Phasen wird dann durch Punkt $c_1$ dargestellt. Das Eutektikum $E$ erstarrt.

**Kennpunkt im Bereich $ADEE_1$.** In diesen Legierungen tritt die feste Phase $C$ von vornherein nicht erst auf; an ihre Stelle tritt sofort $V$. Zuerst scheiden sich $A$-Kristalle ab, alsdann je nach der Lage des Kennpunktes entweder ein Gemisch von Kristallen $A + V$, oder von Kristallen $A + B$, wobei die flüssige Phase sich dem eutektischen Punkte $E$ nähert. Bei $t_e$ erstarrt das Eutektikum $E$.

**Kennpunkt im Bereich $BE_1EE_3$.** Die hierher gehörigen Legierungen bieten nichts Neues. Sie scheiden erstlich $B$-Kristalle ab; dann in zweiter Linie

Gemische von $B+A$- oder $B+V$-Kristallen, je nachdem auf welcher Seite von $BE$ der Kennpunkt liegt. Hierbei nähert sich die flüssige Phase dem Punkt $E$, der bei der Temperatur $t_e$ erreicht wird, wobei das Eutektikum erstarrt.

**122.** Das bisher Besprochene läßt sich wie folgt zusammenfassen, wobei die Zahlen die zeitliche Reihenfolge der einzelnen Vorgänge angeben:

Feld $E_2 C V G$:  1. Ausscheidung von $C$-Kristallen.
              2.    ,,       ,,  $C+V$- oder $C+A$-Kristallen.
              3. Umwandlung in $D$ unter Verschwinden der flüssigen Phase. Erstarrung zu Gemenge von $A+C+V$.

Feld $G V U D$:  1. Ausscheidung von $C$-Kristallen.
              2.    ,,       ,,  $C+V$- oder $C+A$-Kristallen.
              3. Verschwinden von $C$ beim Umwandlungspunkt $D$ oder einem Punkte der Linie $UD$; Auftreten eines Gemisches $V+A$ oder $V+B$.
              4. Erstarrung des Eutektikums $E$ zu $A+B+V$.

Feld $D U E_2 E$:  1. Ausscheidung von $V$-Kristallen.
              2.    ,,       ,,  $V+A$- oder $V+B$-Kristallen.
              3. Erstarrung des Eutektikums $E$ zu $A+B+V$.

Feld $A E_2 G$:  1. Ausscheidung von $A$-Kristallen.
              2.    ,,       ,,  $A+C$-Kristallen.
              3. In $D$ Umwandlung und Erstarrung zu $A+C+V$-Kristallen.

Feld $A G D$:  1. Ausscheidung von $A$-Kristallen.
              2.    ,,       ,,  $A+C$-Kristallen.
              3. Umwandlung in $D$. Verschwinden von $C$. Übrig bleibt $V+A$.
              4. Erstarrung des Eutektikums $E$ zu $A+B+V$.

Feld $A D E E_1$:  1. Ausscheidung von $A$-Kristallen.
              2.    ,,       ,,  $A+V$- oder $A+B$-Kristallen.
              3. Erstarrung des Eutektikums $E$ zu $A+B+V$.

Feld $B E_1 E E_3$:  1. Ausscheidung von $B$-Kristallen.
              2.    ,,       ,,  $B+A$- oder $B+V$-Kristallen.
              3. Erstarrung des Eutektikums $E$ zu $A+B+V$.

**123.** Aus Abb. 82 läßt sich noch ein anderer Fall ableiten. Es werde vorausgesetzt, daß die beiden Stoffe $B$ und $C$ eine Verbindung zu bilden vermögen, die zwar oberhalb der eutektischen Temperatur $t_{e3}$ des Punktes $E_3$ nicht beständig ist, aber zwischen den beiden eutektischen Temperaturen $E$ und $E_3$ ein Beständigkeitsbereich besitzt. Alle anderen Voraussetzungen bleiben dieselben wie in Absatz *118* und *119*. (Vgl. A. Stoffel, $L_1$ *18*.) Der Fall ergibt sich aus Abb. 82, wenn der Punkt $U$ auf die Linie $E E_3$ fällt, wie in Abb. 83. Der Temperaturabfall ist durch eingezeichnete Pfeile angedeutet. Der Punkt $D$ muß in der $L$-Fläche tiefer liegen als $U$; ebenso aus bekannten Gründen der Punkt $E$ tiefer als $D$. Bei Temperaturen, die über der dem Punkte $U$ in der $L$-Fläche entsprechenden Temperatur liegen, kann die Verbindung nicht bestehen. Sie kann sich erst unterhalb dieser Temperatur bilden.

Der Vorgang bei der Erstarrung der einzelnen Legierungen ist im folgenden kurz geschildert.

I a. Feld $C E_2 G F$: Legierung $K_1$. Zuerst Ausscheidung von $C$-Kristallen. Flüssige Phase von $K_1$ nach $a$. Alsdann flüssige Phase von $a$ nach $D$; feste

Phasen von $C$ nach $b$, also Ausscheidung von $C + A$. In $D$ Umwandlung. Flüssige Phase verschwindet. An ihre Stelle tritt das feste Phasengemisch $c$, entsprechend $V + A$. Legierung besteht nach Erstarrung aus $C + A + V$.

Ib. Feld $CFJ$: Legierung $K_2$. Zunächst Ausscheidung von $C$, wobei flüssige Phase von $K_2$ nach $d$ wandert. Wandern der flüssigen Phase von $d$ nach $D$, dabei Ausscheidung von $C + V$. (Verbindung $V$ wird mit ausgeschieden, weil die Punkte $d$ bis $D$ auf der Umwandlungslinie $UD$ liegen.) Ist flüssige Phase in $D$, so liegt fester Phasenpunkt in $e$. In $D$ Umwandlung. Flüssige Phase verschwindet. Sie wird ersetzt durch Phasengemisch $f = A + V$. Legierung besteht nach Erstarrung aus $C + A + V$.

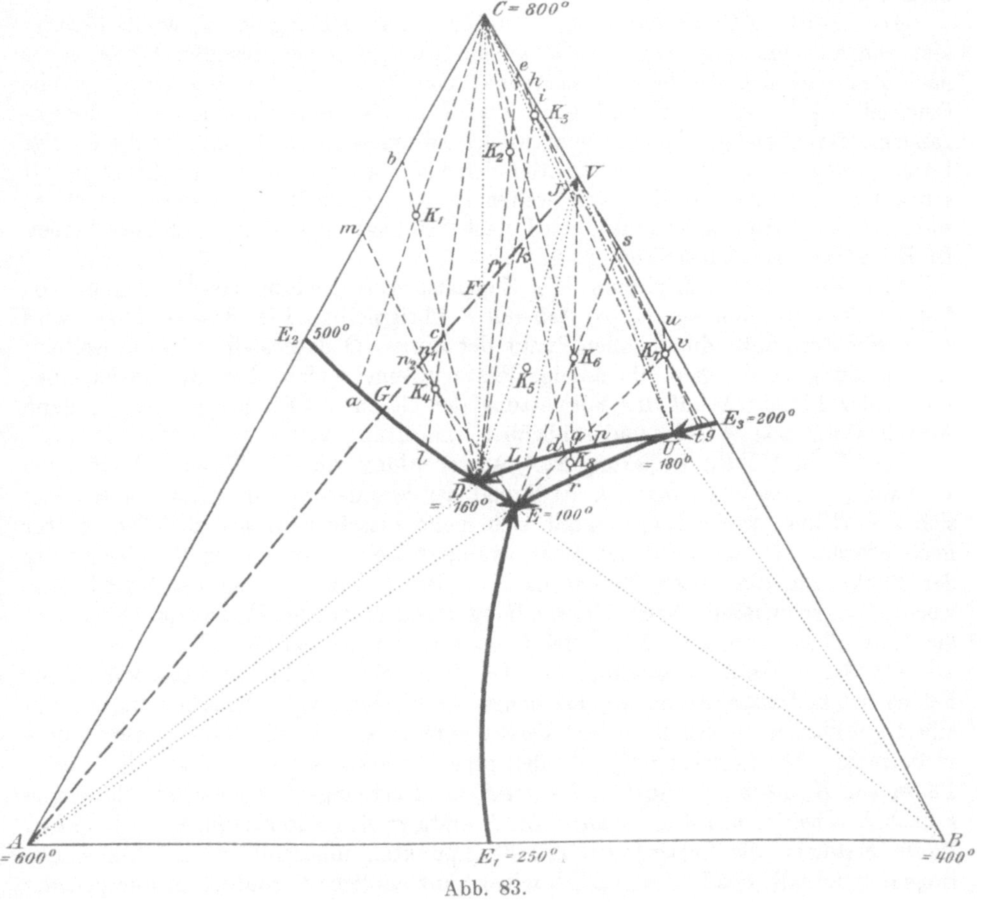

Abb. 83.

Ic. Feld $CJV$: Legierung $K_3$. Zunächst Ausscheidung von $C$, wobei flüssige Phase von $K_3$ nach $g$ wandert. Flüssige Phase wandert weiter von $g$ nach $U$, fester Phasenpunkt von $C$ nach $h = C + B$. ($V$ kann sich noch nicht ausscheiden, weil die Strecke $gU$ oberhalb der Temperatur $U$ liegt, also die Verbindung $V$ noch nicht bestehen kann.) In $U$ Umwandlung $C + B \rightleftarrows C + V$. Für letzteres Gemenge $C + V$ gibt Punkt $h$ die Zusammensetzung an. Wandert die flüssige Phase von $U$ nach $D$ weiter, so bewegt sich der feste Phasenpunkt von $h$ nach $i$. In $D$ Umwandlung unter Aufbrauch der flüssigen Phase, an deren Stelle das Gemenge fester Phasen $k = A + V$ tritt. Die Legierung besteht also nach der Erstarrung aus $C + A + V$.

**124.** IIa. Feld $GDF$: Legierung $K_4$. Zunächst Ausscheidung von $C$, wobei flüssige Phase von $K_4$ nach $l$ wandert. Bewegung des flüssigen Phasenpunktes von $l$ nach $D$, des festen Phasenpunktes von $C$ nach $m = C + A$. In $D$ Umwandlung des festen Phasengemisches $m$ in $n_1$, also Umwandlung $C + A \rightleftarrows V + A$. Flüssige Phase wandert nach der Umwandlung von $D$ nach $E$, der Punkt $n_1$ nach $n_2$. In $E$ erstarrt das Dreistoffeutektikum $E$ zu $A + B + V$.

IIb. Feld $DFV$: Erstliche Ausscheidung von $C$, alsdann von $C + V$. Umwandlung in $D$. Verschwinden des Gemisches $C + V$, an dessen Stelle das Gemisch $V + A$ tritt. Endlich Erstarrung des Eutektikums $E$. Der ganze Unterschied gegenüber dem Feld $GDF$ ist, daß Punkt $l$ nicht zwischen $G$ und $D$, sondern zwischen $U$ und $D$ fällt.

IIc. Feld $LVU$: Legierung $K_6$. Zunächst Ausscheidung von $C$, wobei Flüssigkeit von $K_6$ nach $p$ wandert. Während des Übergangs der flüssigen Phase von $p$ nach $q$ bewegt sich der feste Phasenpunkt von $C$ nach $V$, d. h. das ursprüngliche Gemisch $C + V$ ist unter Aufbrauch von $C$ in die reine Verbindung $V$ übergegangen. Das Gleichgewicht ist jetzt wieder zweiphasig; der Punkt für die flüssige Phase bewegt sich deshalb auf der Geraden $VK_6q$ weiter, bis er in $r$ die Linie $EU$ schneidet. Hierbei scheidet sich weiter $V$ aus. Schließlich wandert $r$ nach $E$, während der feste Phasenpunkt von $V$ nach $s$ gelangt, sich also $V + B$ ausscheidet. In $E$ erstarrt das Eutektikum $E$.

IId. Feld $LVD$: Legierung $K_5$. Zunächst Ausscheidung von $C$, alsdann von $C + V$, Verschwinden von $C$, so daß nur $V$ übrigbleibt. Die flüssige Phase wird zu diesem Zeitpunkt durch einen Punkt der Linie $LD$ dargestellt. Unter weiterer Ausscheidung von $V$ geht die flüssige Phase in eine solche über, die durch einen Punkt der Linie $DE$ auf der Fortsetzung der Geraden $VK_5$ gelegen ist. Sodann Ausscheidung von $A + V$, und schließlich Erstarrung von $E$.

IIe. Feld $UVE_3$: Legierung $K_7$. Ausscheidung von $C$. Flüssige Phase von $K_7$ nach $g$; dann von $g$ nach $t$. Während der Wanderung von $g$ nach $t$ scheidet sich $C + B$ aus (Verbindung $V$ kann sich nicht ausscheiden, weil die Temperatur noch oberhalb $U$ ist). Flüssige Phase wandert weiter von $t$ nach $U$; gleichzeitig der Punkt für die festen Phasen nach $u$. Bei $U$ Umwandlung $C + B \rightleftarrows V + B$, wobei $C$ verschwindet. Nach Umwandlung wandert flüssige Phase von $U$ nach $E$; die feste Phase von $u$ nach $v$. Bei $E$ erstarrt das Eutektikum $E$.

III. Feld $DUE$: Legierung $K_8$. Die Punkte der $L$-Fläche innerhalb dieses Feldes geben Temperaturen an, bei denen die Verbindung $V$ bestehen kann. Für alle Legierungen innerhalb dieses Feldes kommt sonach die feste Phase $C$ nicht in Betracht. Die Legierung $K_8$ scheidet zunächst $V$-Kristalle ab, wobei die flüssige Phase von $K_8$ nach $r$ wandert. Während des Übergangs der flüssigen Phase von $r$ nach $E$ scheidet sich $V + B$ aus. Bei $E$ erstarrt das Eutektikum $E$. — In dieser Weise erstarren die Legierungen mit Kennpunkten innerhalb $ELU$. Die Legierungen innerhalb des Dreiecks $DLE$ zeigen ganz ähnliche Verhältnisse; nur scheidet sich nach den $V$-Kristallen nicht $V + B$, sondern $V + A$ aus. Zuletzt erstarrt auch hier Eutektikum $E$.

**125.** IVa. $BUE_3$. Erstliche Abscheidung von $B$, dann von $B + C$. Dabei bewegt sich die flüssige Phase auf $E_3U$ in der Richtung auf $U$. In $U$ angekommen, wandelt sich das Gemenge $B + C$ um in $B + V$, wobei $C$ verschwindet. Bei weiterer Abkühlung wandert die flüssige Phase von $U$ nach $E$, wobei sich das Gemisch $B + V$ an $V$ anreichert. In $E$ Ende der Erstarrung.

IVb. Feld $BUE$: Erstliche Abscheidung von $B$, dann von $B + V$. Erstarrung des Eutektikums $E$.

IVc. Feld $BEE_1$: 1. $B$-Kristalle. 2. $B + A$. 3. Eutektikum $E$.

Va. Feld $AEE_1$: 1. $A$. 2. $A + B$. 3. $E$.

Vb. Feld $AED$: 1. $A$.   2. $A+V$.   3. $E$.

Vc. Feld $ADG$: 1. $A$.   2. $A+C$.   3. Umwandlung in $D$: $A+C \rightleftharpoons A+V$.   4. $E$.

Vd. Feld $AGE_2$: 1. $A$.   2. $A+C$.   3. In $D$ Umwandlung $A+C \rightleftharpoons A+V$ unter Erstarrung. Phase $C$ wird hierbei nicht aufgebraucht und bleibt in der erstarrten Legierung.

**126.** Die Mischbarkeit der drei Stoffe $A$, $B$, $C$ im flüssigen Zustand sei nicht vollkommen, so daß zwei flüssige Phasen vorhanden sein können. Es werde z. B. angenommen, daß die beiden Stoffe $A+B$ bei einer Temperatur $t$ im flüssigen Zustande die Mischungslücke $FG$ haben, wie in Abb. 84. Im Dreistoffsystem muß es dann Gleichgewichte geben, bei denen eine feste Phase, z. B. die feste Phase $A$, mit zwei beigeordneten flüssigen Phasen im Gleichgewicht steht. Hierbei ist eine Veränderliche wahlfrei, z. B. $t$. D. h. jeder Temperatur $t$ entspricht ein anderes Paar beigeordneter flüssiger Phasen, die mit $A$ im Gleichgewicht sein können. Die beigeordneten Punkte müssen auf der der jeweiligen Temperatur entsprechenden $L$-Isotherme, gleichzeitig aber auch auf der Grenze

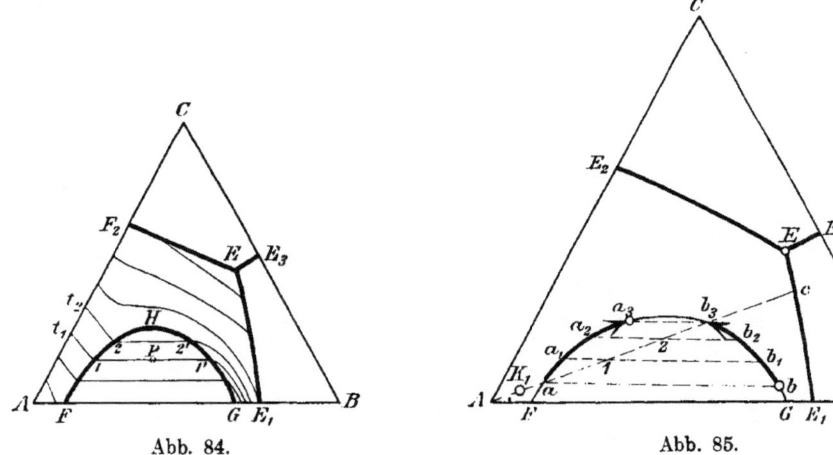

Abb. 84.            Abb. 85.

$FHG$ der aus zwei flüssigen Phasen bestehenden Systeme liegen. Irgendein Punkt $P$ auf der Isotherme $t_1$ innerhalb des Bereichs $FHG$ kann nicht einer einheitlichen Flüssigkeit entsprechen, sondern einem Gemenge der beiden flüssigen Phasen $1$ und $1'$. Das Mengenverhältnis zwischen beiden ist durch das Hebelgesetz gegeben. Sinkt die Temperatur von $t_1$ nach $t_2$, so sind $2$ und $2'$ die beigeordneten Flüssigkeiten.

In dem besonderen Falle, daß sich aus der Legierung die reine feste Phase $A$ abscheidet und daß, abgesehen von der Lücke der Mischbarkeit im flüssigen Zustande, die Erstarrung in ähnlicher Art vor sich geht wie in Abb. 71, ergibt sich die Erstarrung einer Legierung $K_1$ wie folgt (s. Abb. 85). Zunächst scheidet sich $A$ aus und die flüssige Phase ändert ihre Zusammensetzung entsprechend der Verschiebung des Punktes $K_1$ nach $a$. Dort tritt die Gerade $AK_1a$ in das Entmischungsgebiet ein. Der flüssigen Phase $a$ beigeordnet ist die flüssige Phase $b$, die auf derselben $L$-Isotherme liegt, wie $a$. Die flüssige Phase zerfällt also in die beiden beigeordneten Phasen $a$ und $b$, wobei die Menge der letzteren vorläufig noch unendlich klein ist. Bei sinkender Temperatur würde sich der die flüssigen Phasen darstellende Punkt etwa nach $1$ verschieben, wenn kein Entmischungsgebiet vorhanden wäre. Da aber $1$ in dem Bereich der entmischten Flüssigkeiten liegt, entspricht Punkt $1$ nur einem Komplex der beiden flüssigen Phasen $a_1$ und $b_1$.

Beide Punkte $a_1$ und $b_1$ liegen wieder auf einer gemeinschaftlichen $L$-Isotherme. Bei weiter sinkender Temperatur ergeben sich unter fortgesetzter Ausscheidung von Kristallen $A$ die beiden beigeordneten flüssigen Phasen $a_2$ und $b_2$, bis schließlich beim Austritt der punktierten Geraden $A K_1 a b_3$ aus dem Entmischungsgebiet die beiden beigeordneten Phasen $a_3$ und $b_3$ erhalten werden. Hierbei ist die Menge der ersteren gleich Null geworden, der flüssige Teil der Legierung besteht ausschließlich aus $b_3$. Von jetzt ab wandert der die flüssige Phase darstellende Punkt von $b_3$ nach $c$ und von da nach $E$, wo der flüssige Rest der Legierung zum Eutektikum erstarrt. Während des Durchgangs der Geraden $a b_3$ durch das Entmischungs-

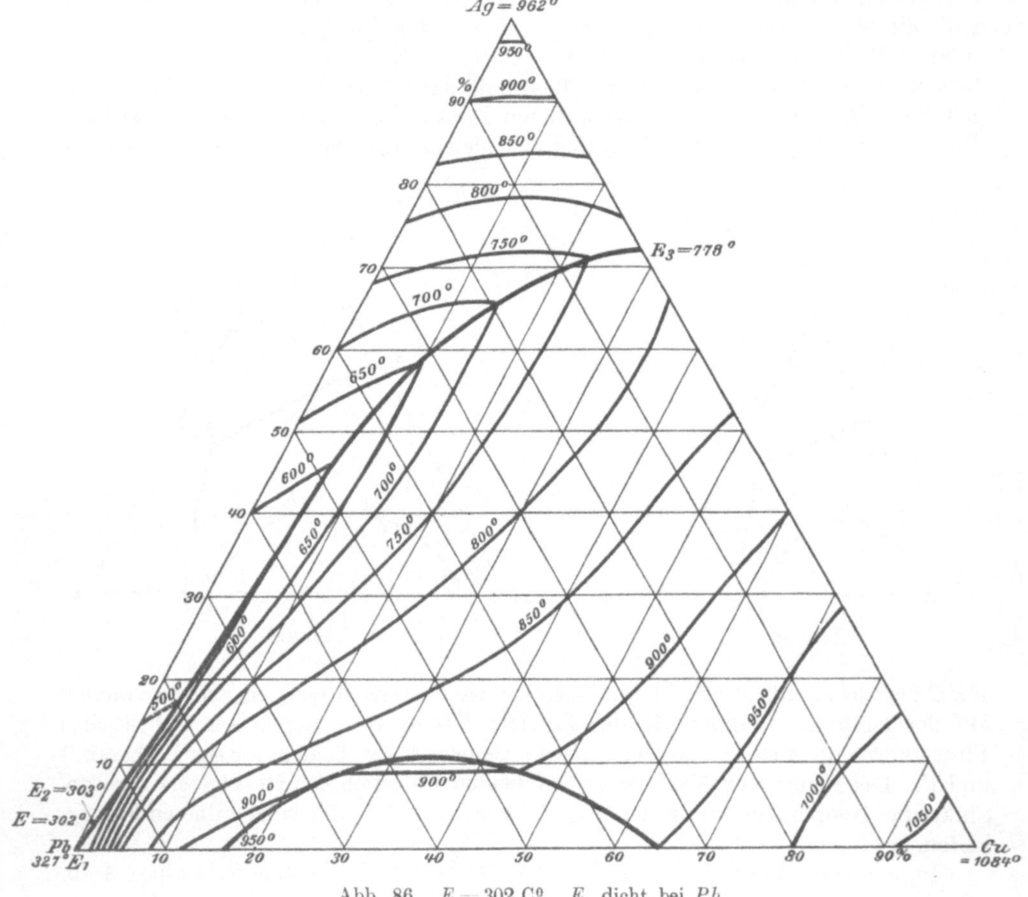

Abb. 86.    $E = 302$ C⁰.    $E_1$ dicht bei $Pb$.

gebiet ändert sich somit die eine flüssige Phase nach $a a_3$, die andere nach $b b_3$. In $a_3$ ist die Menge der ersten flüssigen Phase Null, der flüssige Legierungsrest besteht nur aus $b_3$. Die zweite flüssige Phase beginnt in $b$ mit der Menge Null und stellt schließlich bei $b_3$ den ganzen flüssigen Teil der Legierung dar.

Die Linien $FG$, $ab$, $a_1 b_1 \ldots$ brauchen nicht notwendigerweise einander parallel zu sein; auf jeden Fall müssen aber die $L$-Isothermen innerhalb des Entmischungsgebietes Gerade sein.

Als Beispiel für eine Dreistofflegierung der besprochenen Art sei auf Abb. 86 verwiesen, die die Legierungen Blei, Kupfer, Silber darstellt. (Nach Friedrich und Leroux, $L_1$ 19.) Abb. 86 ist auf Grund der von den Verfassern angegebenen

Zahlen etwas geändert. Die Lage des Entmischungsgebietes kann nur als Annäherung an die Wirklichkeit aufgefaßt werden. Zu beachten ist in Abb. 86, daß das Eutektikum $E_1$ so nahe an dem Punkt für Blei liegt, daß beide Punkte in der Abbildung zusammenzufallen scheinen. Das Dreistoffeutektikum liegt ebenfalls sehr nahe dem Eutektikum $E_1$ und $E_2$.

# FF. Metastabile Gleichgewichte. Unterkühlungen. Unvollkommene Gleichgewichte.

*127.* Bisher war nur von solchen Zuständen die Rede, die dem wirklichen Gleichgewicht entsprachen. Nur auf solche ist die Phasenlehre anwendbar. Alle Schlüsse, die man auf Grund der Phasenlehre zieht, gelten streng genommen nur für den endgültigen Gleichgewichtszustand, nicht für Zwischenzustände. In der Technik spielen aber die letzteren vielfach eine hervorragende Rolle. So befindet sich z. B. der gehärtete Werkzeugstahl, auch der gehärtete und angelassene, ferner das weiße Roheisen in solchen Zwischenzuständen, während der geglühte Werkzeugstahl und das graue Roheisen in den endgültigen Gleichgewichtszustand ganz oder teilweise übergeführt sind.

Man kann sich die Gleichgewichtszustände mit Hilfe der Beispiele aus der Mechanik fester Körper bis zu einem gewissen Grade versinnlichen. Stellt man einen Kegel mit der Spitze auf eine wagerechte ebene Unterlage, und gelingt es, ihn in dieser Lage zu erhalten, so nennt man das Gleichgewicht „labil“. Der geringste Anstoß genügt, um Änderung der Gleichgewichtslage herbeizuführen. Der Kegel nimmt dann eine neue Gleichgewichtsstellung an, indem er sich mit einer Mantellinie auf die wagerechte Unterlage auflegt. Zur Überführung aus dem labilen Gleichgewicht in die neue Gleichgewichtslage ist keine äußere Arbeit erforderlich; im Gegenteil, der umstürzende Kegel leistet Arbeit, indem die in seinem Schwerpunkt vereinigt gedachte Masse sich der Unterlage nähert. Die Erschütterung, die die Gleichgewichtsänderung herbeiführte, ist nicht als äußere aufgewendete Arbeit aufzufassen, da der Betrag der Erschütterung ja unendlich klein sein kann. Der Übergang aus der labilen in die neue Gleichgewichtslage geschieht freiwillig, unter Leistung von Arbeit. Die in dem labil gestützten Kegel aufgespeicherte potentielle Energie (bedingt durch die hohe Lage des Schwerpunktes) sucht einem allgemeinen Naturgesetz folgend unter Abgabe von Energie einen niedrigeren Wert anzunehmen, wie er bedingt wird durch die niedrigere Lage des Schwerpunktes in dem auf der Mantellinie gestützten Kegel. Die letztere Lage des Kegels entspricht einem stabilen Gleichgewicht. Wesentliches Kennzeichen für den Übergang aus einem labilen in ein stabileres Gleichgewicht ist die Verminderung der Energie.

Es gibt aber noch andere Arten von Gleichgewichten, als die bisher genannten. Man kann z. B. einen Balken von rechteckigem Querschnitt längs auf eine ebene und wagerechte Unterlage so legen, daß die lange Rechteckseite des Querschnitts senkrecht steht (Stellung I), oder so, daß die lange Rechteckseite auf der Unterlage aufruht (Stellung II). Beide Lagen entsprechen Gleichgewichtszuständen, sie unterscheiden sich nur durch den Grad der Stabilität. Der Zustand II ist stabiler als der Zustand I. Der letztere ist aber nicht labil, denn es genügt nicht eine unendlich kleine Erschütterung, um die Stellung I in die Stellung II überzuführen. Der Zustand I bildet eine Zwischenstufe zwischen dem labilen und dem stabilen Gleichgewicht. In der Mechanik hat man keine besondere Bezeichnung für diese Zwischenstufe des Gleichgewichts. In der Chemie und Physik nennt man diese Zwischenstufe ein metastabiles Gleichgewicht. ($L_1$ *20.*)

***128.*** Es bietet einige Schwierigkeiten, den Übergang zu finden von den mechanischen Gleichgewichten zu dem allgemeineren Begriff des Gleichgewichts, wie er heute in der Physik und Chemie gebraucht wird. Das bisher aus der Mechanik entlehnte Beispiel ist ein Gleichgewicht der Lage. Wenn der Übergang aus einem labilen in ein stabiles Gleichgewicht der Lage erfolgt, so findet Änderung der Energie statt. Der in Frage kommende Energieinhalt des Systems ist Energie der Lage (potentielle Energie). Dieser wird beim Übergang in den stabileren Gleichgewichtszustand verringert, indem ein Teil davon zur Leistung äußerer Arbeit verbraucht wird.

Es gibt aber noch andere Arten der Energie. So hat z. B. ein wärmerer Körper einen größeren Energieinhalt als ein kälterer. Die Wärmeenergie denken wir uns als Schwingungen, die um so lebhafter werden, je höher die Temperatur steigt, und die beim absoluten Nullpunkt aufhören. Bringen wir einen wärmeren Körper in eine kältere Umgebung, so besteht kein Gleichgewicht. Der wärmere Körper sucht seinen Energieinhalt freiwillig zu vermindern, indem er Wärme an die kältere Umgebung abgibt. Gleichgewicht tritt erst ein, wenn der Körper dieselbe Temperatur angenommen hat, wie die Umgebung. Der dann vorhandene Gleichgewichtszustand ist stabil.

Wasser kann in flüssiger Form bei Atmosphärendruck bei jeder Temperatur zwischen 0 und 100 C⁰ bestehen. Wir sagen, das flüssige Wasser befindet sich bei diesen Temperaturen im stabilen Gleichgewicht. Gelingt es, flüssiges Wasser bei Atmosphärendruck unterhalb 0⁰ im flüssigen Zustand zu erhalten, so befindet sich das flüssige Wasser in einem metastabilen Gleichgewicht. Ein verhältnismäßig geringfügiger äußerer Anlaß, z. B. Umrühren oder Einwerfen eines Eiskristalls in das Wasser genügt, um den Übergang aus dem metastabilen Zustand in den stabilen herbeizuführen: Das Wasser erstarrt unter Verminderung seines Energiegehaltes, indem es Wärme (Schmelzwärme) an die Umgebung abgibt. — Dagegen befindet sich Eis, das man bei Atmosphärendruck in eine Umgebung von höherer Temperatur als 0 C⁰ bringt, in keinem Gleichgewichtszustand, nicht einmal in einem labilen. Sein Zustand wäre zu vergleichen mit dem eines Kegels, der auf die Spitze gestellt war und im Umfallen begriffen ist.

***129.*** In vielen Fällen bedarf der Übergang vom metastabilen Gleichgewicht zum stabilen eines besonders starken Anreizes, so daß es scheinen könnte, daß das metastabile Gleichgewicht bereits dem stabilen entspricht. Wie wir später sehen werden, ist weißes Roheisen metastabil; dem stabileren Zustand entspricht das graue Roheisen. Der Übergang von dem weißen Roheisen zum grauen erfolgt nur träge und bedarf besonderen Anreizes. Ebenso liegt gehärteter Werkzeugstahl im metastabilen Zustand vor, während der geglühte Stahl stabil ist. Wir benutzen in diesem Falle die metastabile Form für technische Zwecke, namentlich für Werkzeuge, und verlassen uns darauf, daß der Übergang in den stabilen Zustand unter gewöhnlichen Verhältnissen freiwillig nicht erfolgt, weil die Geschwindigkeit des Übergangs bei gewöhnlichen Wärmegraden als unendlich klein gedacht werden kann. Sobald man aber durch Steigerung der Temperatur diese Geschwindigkeit erhöht, so nähert sich der gehärtete Stahl dem stabilen Gleichgewicht um einen bestimmten Betrag. Wir nennen dies in der Werkzeugtechnik das Anlassen des Stahles. Dieser nimmt dann andere Eigenschaften an, die denen des Stahls im stabilen Zustand näher kommen. Das Anlassen kann auch unbeabsichtigt eintreten, wenn der Werkzeugstahl bei der Bearbeitung von Werkstücken infolge der in Wärme umgesetzten Arbeit auf zu hohe Wärmegrade erhitzt und dadurch die Geschwindigkeit des Übergangs nach dem stabilen Zustand gesteigert wird. Hierin liegt ja der Grund für die Begrenzung der Schnittgeschwindigkeit und der Größe des in der Zeiteinheit abgelösten Spanvolumens. Geht man über dieses Grenzmaß hinaus, so kann sich der Stahl infolge der Erwärmung dem stabilen Zustand soweit nähern, daß er seine Härte, von der die Verwendungsfähigkeit als Werkzeug abhängt, in zu hohem Maße verliert. Auch der sogenannte Schnellstahl, der höhere Wärmegrade verträgt, befindet sich in einem metastabilen Zustand. Seine Brauchbarkeit als Schnelldrehstahl beruht nur darin, daß die Geschwindigkeit des Übergangs aus dem metastabilen in den stabilen Zustand selbst bei höheren Wärmegraden noch so gering ist, daß sie praktisch nicht ins Gewicht fällt. Man ersieht aus dem Beispiel, daß wir als Techniker den metastabilen Zuständen besondere Beachtung schenken müssen.

**130.** Es ist nicht immer leicht zu übersehen, ob ein beobachteter Zustand metastabil oder stabil ist. Glücklicherweise ist die Phasenregel ein zuverlässiger Wegweiser, der uns vielfach Aufschluß gibt, ob ein Gleichgewicht als stabil oder metastabil zu betrachten ist. In allen Fällen z. B., wo die Zahl der nebeneinander beobachteten Phasen die nach der Phasenregel zulässige Höchstzahl überschreitet, wissen wir mit Sicherheit, daß stabiles Gleichgewicht nicht vorliegen kann. Es besteht aber noch folgende Regel, die gute Dienste leistet:

Irgendein System befinde sich unter gewissen Verhältnissen $A$ in dem stabilen Zustand I, unter anderen Verhältnissen $B$ dagegen in dem stabilen Zustand II. Es ist dann vielfach möglich, beim Übergang der Verhältnisse von $A$ nach $B$ den Zustand I auch unter den Verhältnissen $B$ beizubehalten, also den Übergang von I nach II zu unterschlagen. Dagegen ist es unmöglich, unter gleichbleibenden Verhältnissen $B$ den Zustand I herbeizuführen.

Diese Regel soll durch einige Beispiele erläutert werden.

Wasser befindet sich oberhalb 0 C° (Verhältnis $A$) im stabilen flüssigen Zustand (Zustand I). Unterhalb 0 C° (Verhältnis $B$) entspricht dagegen das Eis (Zustand II) dem stabilen Gleichgewicht. Es ist nun wohl möglich, bei Abkühlung des Wassers von höherer Temperatur auf Wärmegrade unterhalb 0 C° (Übergang von Verhältnis $A$ zu Verhältnis $B$) unter gewissen Bedingungen das Wasser in tropfbar flüssiger Form beizubehalten (im Zustand I). Dieser Zustand ist metastabil. Unmöglich dagegen ist es, bei Temperaturen unterhalb 0 C° (Verhältnis $B$) flüssiges Wasser aus Eis herzustellen[1]). Auf Grund dieses Beispiels erscheint die Regel selbstverständlich. Ihr Wert geht aber aus anderen Beispielen hervor, wo die Lage nicht so selbstverständlich ist.

Schwefel kann oberhalb 95 C° stabil nur als monokliner Schwefel $S_m$, unterhalb 95 C° nur als rhombischer Schwefel $S_r$ auftreten. Kühlt man $S_m$ von einer Temperatur oberhalb 95 C° ab, so wird in der Regel, wenn die Abkühlung nicht sehr langsam erfolgt, der Übergang $S_m \rightarrow S_r$ nicht vor sich gehen. Der Schwefel bleibt auch unterhalb 95 C° in der Form $S_m$ und kann als solcher vielfach bis Zimmerwärme erhalten bleiben. Er befindet sich alsdann in einem metastabilen Gleichgewicht und kann verhältnismäßig lange darin verharren, ohne daß das stabile Gleichgewicht, das dem $S_r$ entspricht, eintritt. Haben wir dagegen Schwefel in seiner rhombischen Form ($S_r$), so ist es auf keine Weise möglich, ihn bei Temperaturen unterhalb 95 C° in die Form $S_m$ umzuwandeln. Daraus ergibt sich, daß der $S_m$ unterhalb 95 C° nicht stabil sein kann.

Man spricht von einer „Unterkühlung", wenn bei der Abkühlung eine Umwandlung, wie die hier besprochene, oder eine Aggregatzustandsänderung unterschlagen wird. Unterhalb 95 C° ist es möglich, infolge Unterkühlung den $S_m$ als solchen beizubehalten. Ein solcher unterkühlter Stoff ist immer metastabil.

---

[1]) Atmosphärendruck ist vorausgesetzt.

Noch hartnäckiger als der metastabile Zustand des $S_m$ ist der metastabile Zustand des Zinns. Das Zinn vermag in zwei Allotrophien aufzutreten. Die gewöhnliche Form, in der es uns bekannt ist, weißes Zinn (weiße Farbe, metallischer Glanz) ist nur oberhalb $+ 20\,C^0$ stabil. Unterhalb dieser Temperatur ist das Bereich, in dem das sog. graue Zinn stabil ist, das graue, nichtmetallische Farbe ohne Glanz zeigt, und für technische Zwecke wegen seines ungenügenden Zusammenhanges unbrauchbar ist (Cohen und van Eijk, $L_1$ *21*). Diese Feststellung muß jeden überraschen, der weiß, daß man Zinn in seiner weißen Form auch bei Temperaturen unterhalb $+ 20\,C^0$ benutzen kann, ohne daß der Übergang in die graue Form erfolgt. Es gelingt überhaupt, auch unterhalb $+ 20\,C^0$, nur unter Anwendung besonderer Hilfsmittel, den Anreiz zum Übergang des weißen Zinns in die graue Form zu geben. Man würde also geneigt sein, die gewöhnliche Form des weißen Zinns als auch unterhalb $+ 20\,C^0$ stabil zu betrachten. Und doch ist dies nicht der Fall. Hat man einmal durch besondere Hilfsmittel graues Zinn gewonnen, so ist es ausgeschlossen, dieses unterhalb $+ 20\,C^0$ in weißes Zinn umzuwandeln. Die Umwandlung ist erst möglich von $+ 20\,C^0$ ab. Auf Grund unserer Regel und dieser Feststellung ist also entschieden, daß das weiße Zinn unterhalb $+ 20\,C^0$ metastabil ist.

*131.* Sehr häufig werden Unterkühlungen beim Übergang aus dem flüssigen in den festen Aggregatzustand beobachtet. Erhitzt man z. B. in einem Glaskolben Kristalle von Natriumthiosulfat, so schmelzen diese etwa bei $56\,C^0$ in ihrem Kristallwasser zu einer homogenen Flüssigkeit. Überläßt man die Flüssigkeit der langsamen Abkühlung, so kann man sie ohne Schwierigkeit bis zu Zimmerwärme unterkühlen, ohne daß Kristallisation des Salzes erfolgt. Man kann aber die Unterkühlung sofort beseitigen, wenn man einen Kristall des Thiosulfates in die unterkühlte Flüssigkeit einwirft. Sofort beginnt Kristallisation und Erstarrung unter kräftiger Wiedererwärmung. Man nennt das Einwerfen des Kristalls zum Zweck der Beseitigung der Unterkühlung das „Impfen“. Das Thiosulfat zeigt die Erscheinung der Unterkühlung sehr auffällig und beim Versuch sind keine besonderen Vorsichtsmaßregeln erforderlich.

Die Erscheinung der Unterkühlung ist sehr häufig. Man findet sie mehr oder weniger ausgeprägt bei einer ganzen Reihe von Stoffen. So läßt sich z. B. geschmolzenes Zinn $20\,C^0$ unter seinen Erstarrungspunkt unterkühlen (Roberts-Austen: $L_1$ *22*). Sobald dann die Erstarrung eintritt, steigt die Temperatur sofort wieder plötzlich bis nahe zum Erstarrungspunkt an. Auch eine ganze Reihe anderer Metalle und Legierungen zeigen bei der Erstarrung Unterkühlungserscheinungen. Bei manchen Stoffen, wie z. B. bei den Silikaten, ist die Neigung zur Unterkühlung stark ausgeprägt. Nach van't Hoff ist besonders dann die Neigung zur Unterkühlung vorhanden, wenn das Molekül des auskristallisierenden Stoffes aus vielen Atomen aufgebaut ist. Schmelzen von gewöhnlichem Glas bleiben regelmäßig unterkühlt bis auf Zimmerwärme, und es gelingt nur unter ganz besonderen Umständen die Unterkühlung zu beseitigen und das Glas zur Kristallisation zu veranlassen. Die Unterkühlung ist so beharrlich, daß wir das Glas ausschließlich in seinem unterkühlten (metastabilen) Zustand technisch verwenden. Im Glas ist die Erstarrung noch gar nicht vor sich gegangen. Bei keiner Temperatur während der Abkühlung ist latente Schmelzwärme frei geworden; ein sicheres Zeichen dafür, daß Aggregatzustandsänderung noch nicht eingetreten ist. Das Glas ist als eine Flüssigkeit von großer Zähflüssigkeit bei gewöhnlicher Temperatur zu betrachten.

*132.* Beim Übergang vom flüssigen in den festen, kristallisierten Zustand bilden sich aus der flüssigen Phase als neue Phase die Kristalle. Diese Bildung geht von einzelnen Punkten aus, die Tammann als Kristallisationszentren bezeichnet. Diese Zentren können unsichtbar sein; sichtbar werden sie auf jeden Fall erst, wenn sich von ihnen aus durch Ansetzen winziger Kristalle gröbere, meist kugelförmige Gebilde entwickelt haben, die **Tammann Kerne** nennt. Er ermittelte an einer Reihe von niedrig schmelzenden, organischen Stoffen die Zahl **der Kerne, die sich in der Gewichtseinheit unterkühlter Flüssigkeiten in der Zeiteinheit bei gegebener Temperatur gebildet hatten** (Tammann, $L_1$ 23 und 24). Dabei ergab sich in allen Fällen das in Abb. 87 wiedergegebene Gesetz. Als Ordinaten sind die Kernzahlen, als Abszissen die Temperaturen $t$ unterhalb des Erstarrungspunktes eingetragen, bis zu denen die Unterkühlung der Flüssigkeiten erfolgte. Bis zu einer Unterkühlung um $t_1{}^0$ ist die Kernzahl zunächst unendlich klein; sie steigt dann rasch an zu einem Höchstwert bei der Unterkühlung um $t_m$, um danach wieder abzusinken und bei der Unterkühlung um $t_0{}^0$ wieder unendlich klein zu werden.

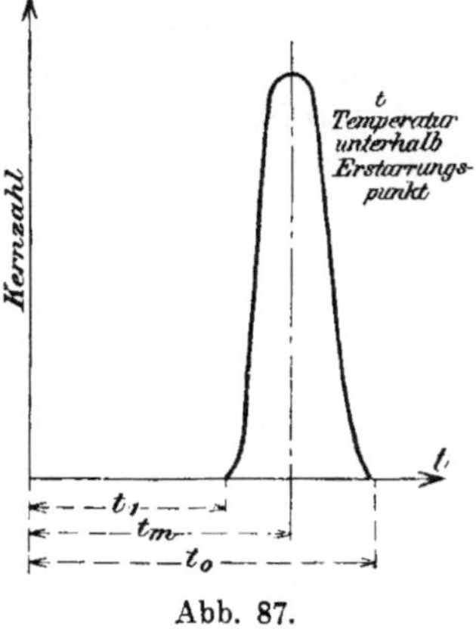


Abb. 87.

Tammann fand, daß die Kernzahl wesentlichen Einfluß ausübt auf die Fähigkeit der Flüssigkeit, freiwillig zu kristallisieren. Je größer die Kernzahl ist, um so größer ist die Neigung zur freiwilligen Kristallisation. Es ist deswegen auch zu erwarten, daß bei Temperaturen dicht unterhalb des Erstarrungspunktes die Unterkühlung der Flüssigkeiten leicht durchzuführen ist, und daß die unterkühlte Flüssigkeit, wenn sie auch in Wirklichkeit metastabil ist, so doch dem stabilen Zustand sehr nahe kommt.

Nach Tammann muß aber noch die Geschwindigkeit von Einfluß sein, mit der sich das Wachstum der Kristalle von den Kristallisationszentren und -kernen aus vollzieht. Als Maßstab hierfür verwendet er die „lineare Kristallisationsgeschwindigkeit" (abgekürzt KG), d. h. die Strecke, um die sich in der Zeiteinheit die Grenze zwischen dem Kristallisierten und der Flüssigkeit fortbewegt. Sie wird in dünnen Glasröhrchen gemessen, in denen die unterkühlte Flüssigkeit bei verschiedenen Temperaturen gehalten wird. Die Röhrchen sind in Abständen von 10 mm mit Marken versehen. An einer besimmten Stelle wird durch Einimpfen von Kristallen der betreffenden Art der Kristallisationsvorgang eingeleitet und die Zeit beobachtet, die vergeht, bis sich die Grenze zwischen festen Kristallen und der Flüssigkeit um eine Teilmarke verschoben hat.

Diese **lineare Kristallisationsgeschwindigket KG nimmt mit dem Grade der Unterkühlung ab.**

*133.* Nach obigem muß die Unterkühlung am leichtesten möglich sein dicht unterhalb der Erstarrungstemperatur, also innerhalb des Temperaturbereiches $t_1$ in Abb. 87. Es muß auf alle Fälle möglich sein, Unterkühlung einer Flüssigkeit herbeizuführen, wenn man die Abkühlung bis unter die Zone der höchsten Kernzahl $t_m$ schnell genug bewirkt. Man gelangt dann in die Zone, wo die Kernzahl verschwindend klein und die KG ebenfalls klein ist, und kann so bis zu niederen Temperaturen einen metastabilen Zustand erhalten, der unter Umständen verhältnismäßig geringe Neigung hat, zum stabilen Gleichgewicht überzugehen. Beim Wiedererhitzen kann man rückwärts wieder in die Zone größerer Kernzahlen zurückkommen und so nachträglich die Unterkühlung zugunsten der eintretenden Kristallisation beseitigen.

Die Wirkung des Impfens auf unterkühlte Flüssigkeiten beruht auf der Vermehrung der Kristallisationszentren, da an der Grenzfläche von Kristallen und

Flüssigkeit die Zahl solcher Zentren viel größer ist, als in der Flüssigkeit selbst. Einfluß auf die Kernzahl haben ferner auch fremde Stoffe, und zwar ebensowohl solche, die sich in der Flüssigkeit lösen, als unlösliche. In welcher Richtung sich die Wirkung erstreckt, ist von vornherein nicht zu erkennen; gewisse Stoffe erhöhen die Kernzahl, andere erniedrigen sie, unter Umständen bis auf Null herab. Trotz der erheblichen Einwirkung auf die Kernzahl wird die Temperatur $t_m$, bei der der Höchstwert der Kernzahl vorliegt, verhältnismäßig wenig beeinflußt.

Es kann auch der Fall eintreten, daß sich zwei Kristallarten von verschiedenem Grad der Stabilität aus der Flüssigkeit ausscheiden können. Die stabilere Kristallart sei I, die weniger stabile II. Dadurch ist gleichzeitig bedingt, daß die Erstarrungstemperatur der Kristallart I höher liegt als die von II. Nach Tammann liegt dann gewöhnlich der Höchstwert der Kernzahl für die stabilere Kristallart I bei tieferen Temperaturen $t_{m1}$, als der der weniger stabilen Kristallart II $t_{m2}$, s. Abb. 88. Darin ist die Schaulinie für die Kernzahlen der Kristallart I gestrichelt, die für die Kristallart II ausgezogen. Es ist nun der Fall möglich, daß bei der Abkühlung die Bildung der stabileren Kristallform I ganz unterbleibt, wenn man mit genügender Schnelligkeit durch $t_{m1}$ hindurchgeht, so daß der Übergang von der Kristallart II in I unterschlagen wird. Man erhält dann die weniger stabile Kristallart II bei gewöhnlichen Wärmegraden und kann sie dort beliebig lange erhalten, da ja bei diesen niedrigen Wärmegraden sowohl

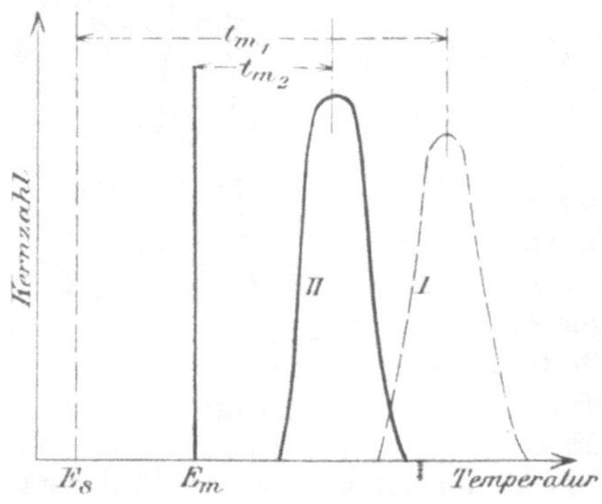



Abb. 88.

$E_s$ : Erstarrungspunkt der stabilen Kristallart I.
$E_m$: Erstarrungspunkt der metastabilen Kristallart II.

Kernzahl als auch KG verschwindend klein sind. Etwas anderes ist es aber, wenn man die Temperatur wieder steigert und bei der Erhitzung in die Nähe der Temperatur $t_{m1}$ kommt. Alsdann kann wegen der großen Kernzahl und wieder gesteigerten KG die Umwandlung der Kristallart II in die Art I nachgeholt werden. Wir werden auf diesen Punkt später (II B, 78—100) bei der Besprechung des weißen und grauen Roheisens zurückkommen. Die Kristallisation des weißen Eisens entspricht der weniger stabilen Kristallart II, diejenige des grauen Roheisens derjenigen der stabileren Art I.

*134.* Es sind noch Fälle zu besprechen, bei denen Gleichgewicht überhaupt noch nicht eingetreten ist, weder stabiles noch metastabiles, sondern bei denen das System mit einer bestimmten Geschwindigkeit sich einem Gleichgewichtszustand nähert. Wirft man ein Stück Eis in Wasser von höherer Temperatur als 0 C°, so bleibt das Eisstück längere Zeit für das Auge sichtbar, ohne daß das Wasser bereits den Wärmegrad 0 angenommen hätte. Das System strebt dem endgültigen Gleichgewichtszustand zu, der nach der Phasenlehre nur dann zwischen Eis und Wasser bestehen kann, wenn die Temperatur 0 C° erreicht ist. Genügt das Eis nicht, um die Temperatur des Gemisches auf 0 C° zu bringen, so verschwindet die feste Phase Eis, und die Temperatur des Ganzen kann bei einer über 0 C° liegenden Temperatur stehen bleiben. Die letztgenannten beiden Zustände sind stabil. Sie werden mit einer bestimmten Geschwindigkeit angestrebt.

Wirft man ein großes Stück Eis in Wasser von höherer Temperatur als 0 C°, so kann der Übergang zum Gleichgewicht verhältnismäßig lange Zeit in Anspruch nehmen. In der Umgebung des Eisstückes stellt sich zwar die Temperatur 0 ein;

in größerer Entfernung besitzt jedoch das Wasser höhere Temperatur. An der Oberfläche des Eises besteht zwar örtlich scheinbar Gleichgewicht. Durch Wärmeaustausch wird aber dieser scheinbare Gleichgewichtszustand beständig gestört und damit das Ganze dem wirklichen Gleichgewichtszustand näher gebracht. — Bringt man feingepulvertes Eis unter sonst gleichen Umständen in Wasser über 0 C⁰, so wird dieses scheinbare örtliche Gleichgewicht auch eintreten, es besteht aber wegen der geringeren Größe der einzelnen Eisteilchen nur kürzere Zeit, während der die Eisteilchen aufgebraucht werden und in den flüssigen Zustand übergehen. Die Geschwindigkeit, mit der das Gleichgewicht eintritt, ist somit abhängig von der Größe der Berührungsflächen zwischen den einzelnen Phasen eines dem Gleichgewicht zustrebenden Systems. Je größer diese Fläche ist, also bei den kleinen Eisstückchen, um so größer ist die Geschwindigkeit und umgekehrt. Zu beachten ist aber, daß, wie wir früher sahen, die Art des sich endgültig einstellenden Gleichgewichts von dieser Berührungsfläche unabhängig ist; nur die Geschwindigkeit der Einstellung wird beeinflußt.

**135.** Bei der Erstarrung und weiteren Abkühlung der Metalle haben wir eine ganze Anzahl von Vorgängen kennen gelernt, bei denen ein Gleichgewicht angestrebt wird; z. B. Einstellung des Gleichgewichts zwischen flüssiger Phase und Kristallen, zwischen verschiedenen Arten von Mischkristallen, Umwandlungen zwischen zwei festen Phasen und einer Flüssigkeit, Übergang einer festen Phase in eine andere usw. Alle diese Vorgänge erfordern eine gewisse Zeit zu ihrer Vollendung. Die Geschwindigkeit, mit der sie sich vollziehen, hängt in hohem Maße von der Größe der Berührungsflächen und von der herrschenden Temperatur ab. Mit sinkender Temperatur nimmt im allgemeinen die Geschwindigkeit, mit der das Gleichgewicht angestrebt wird, ab. Geschieht nun die Wärmeentziehung in einer sich abkühlenden Legierung oder in einem sich abkühlenden Metall so rasch, daß der Abfall der Temperatur schneller vor sich geht, als die Einstellung des Gleichgewichts, so kann es vorkommen, daß die einzelnen Vorgänge keine Zeit haben, sich im vollen Umfange abzuspielen, und daß nach Abkühlung auf gewöhnliche Temperatur der Gleichgewichtszustand noch lange nicht erreicht ist, der sich bei genügend langsamer Abkühlung hätte einstellen müssen. Es ist dann zwar noch das Bestreben vorhanden, sich dem Gleichgewichtszustand zu nähern. Indes ist bei der niedrigen Temperatur die Geschwindigkeit dieser Annäherung sehr klein, für unsere Beobachtungsmittel unter Umständen unmerklich klein. Der so erzielte Zustand soll kurz als unvollkommenes Gleichgewicht bezeichnet werden.

Überwiegt die Geschwindigkeit der Abkühlung die der Einstellung des Gleichgewichts bedeutend, so kann es sogar vorkommen, daß die Vorgänge, die sich bei langsamer Abkühlung vollziehen würden, ganz unterdrückt werden. Das System ist dann bei niederer Temperatur metastabil in einem Zustand, der dem gleichkommt oder wenigstens nahe steht, in dem sich das System bei höherer Temperatur stabil befindet. Man nennt eine solche Unterdrückung von Vorgängen bei der Abkühlung Abschrecken. Umwandlungsvorgänge im festen Aggregatzustand lassen sich in der Mehrzahl der Fälle durch Abschrecken mehr oder weniger vollkommen unterdrücken. Bei Übergängen aus dem flüssigen in den festen Zustand ist die Kristallisationsgeschwindigkeit in der Regel groß, so daß Unterdrückung der Kristallisation meist nicht möglich ist.

Ein technisch wichtiges Beispiel für die Abschreckwirkung ist der gehärtete Stahl. Wenn man Eisenkohlenstoff-Legierungen, deren Kennpunkte innerhalb des Feldes $A D'' O'' H'' J_1$ (s. Abb. 48) liegen, rasch in Wasser abschreckt, so bleiben sie bei gewöhnlicher Temperatur in einem Zustand, der dem der $\alpha''$-Kristalle

sehr nahe steht.   Dieser Zustand ist metastabil.   In ihm befinden sich z. B. gehärtete Werkzeugstähle (II B, *19—76*).

**136.** Zur Erläuterung von unvollkommenen Gleichgewichten sollen
Zweistofflegierungen aus den beiden Metallen $A$ und $B$, die nach Art $Aa2\gamma$ entsprechend der Abb. 89 erstarren, gewählt werden.   Eine Legierung, dargestellt
durch die Kennlinie $\Re$, werde aus dem flüssigen Zustand abgekühlt.   Sie müßte
innerhalb des Temperaturintervalles $t_1$ bis $t_5$
zu homogenen Mischkristallen $\alpha$ erstarren.
Das wird auch eintreten, wenn die Abkühlung der geschmolzenen Legierung genügend
langsam vorgenommen wird, nicht aber,
wenn die Wärmeentziehung rasch erfolgt.
Bei der Temperatur $t_1$ scheidet sich aus der
flüssigen Legierung von der Zusammensetzung 1' eine unendlich kleine Menge Mischkristalle von der Zusammensetzung 1 aus.
Bei weiterer Abkühlung reichert sich die
flüssige Legierung an Stoff $B$ entsprechend
dem Verlauf der Linie 1' 2' an.   Auch die

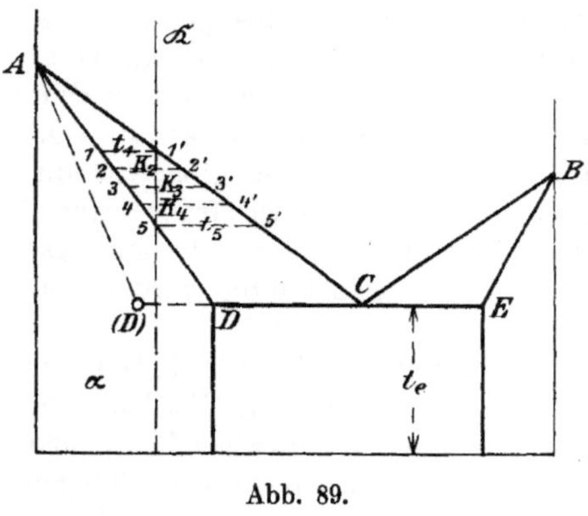

Abb. 89.

Mischkristalle müßten entsprechend der
Strecke 1 2 an Stoff $B$ reicher werden, wenn
der Gleichgewichtszustand vollständig erreicht würde.   Dieser kann sich aber
zwischen der Flüssigkeit und den Mischkristallen nur an der Oberfläche einstellen.   Der Mischkristall 1 wird sich also zunächst an der Oberfläche in die
Mischkristallart 2 umwandeln.   Das vollständige Gleichgewicht könnte erst erzielt
werden, wenn die Temperatur genügend lange unverändert bei $t_2$ erhalten bliebe.
Dann würde die Oberflächenschicht 2 des Kristalles, die ja bei der Temperatur $t_2$
mit der darunter befindlichen Schicht 1 nicht im Gleichgewicht sein kann, von
ihrem Überschuß an Stoff $B$ etwas an die darunter befindliche $B$-ärmere Schicht 1
abgeben, während umgekehrt die Schicht 1 etwas von ihrem Überschuß an Stoff $A$
an die Oberflächenschicht abgeben würde.   Dadurch würde aber das Gleichgewicht
zwischen flüssiger Phase 2' und der Oberflächenschicht des Kristalles gestört.   Die
Oberfläche des Kristalles würde wieder mit soviel Stoff $B$ von der Flüssigkeit ver-
sorgt, daß sich oberflächlich erneut das Gleichgewicht unter Rückbildung der
Oberflächenschicht 2 einstellt.   Damit wäre wieder das Gleichgewicht zwischen
Kristalloberfläche und Kristallinnerem gestört und der Vorgang würde sich so lange
wiederholen, bis der Kristall durch seine ganze Masse die Zusammensetzung 2 hat, die
bei der Temperatur $t_2$ neben der flüssigen Phase 2' dem Gleichgewicht entspricht. Dieser
ganze geschilderte Vorgang erfordert meist mehr Zeit, als bei der Abkühlung der
Legierung in der Technik zur Verfügung steht.   Infolgedessen wird der durch die
Punkte 2 und 2' angedeutete Gleichgewichtszustand nur an der Oberfläche der
Mischkristalle eintreten, während die Kristalle im Innern noch die Zusammensetzung 1 besitzen.   Auch bei der weiteren Abkühlung wird das durch die beigeordneten Punkte angedeutete Gleichgewicht zwischen flüssiger und fester Phase
nur an der Oberfläche der letzteren erreicht.   Die Folge ist, daß die Zusammensetzung der Mischkristalle im Innern dem Punkt 1 entspricht, daß aber nach
der Oberfläche hin die Menge des Stoffes $B$ im Kristall immer größer wird entsprechend der Lage der Punkte 2, 3, 4, 5.   Die Kristalle haben einen $A$-reicheren
Kern, ihr Gehalt an Stoff $B$ wächst von innen nach außen.

Als Beispiel sei eine Legierung von Kupfer mit 12% Zinn angeführt, deren
Gefüge in Tafelabb. 6, Taf. I, dargestellt ist.   Es besteht aus dunkel erscheinenden
kupferreichen ($K$)- und helleren zinnreicheren ($S$)- Mischkristallen, in die letzteren ist

noch ein Eutektikum eingelagert. Die dunklen Mischkristalle $K$ haben die dunkelste Färbung im Kern und werden nach dem Umfang zu heller. An den Stellen dunkelster Färbung ist der Gehalt an Stoff $A$, in diesem Falle Kupfer, am größten, der an Stoff $B$ (Zinn) am kleinsten. Der Zinngehalt der Kristalle nimmt nach dem Umfang hin zu.

**137.** Das unvollkommene Gleichgewicht hat noch eine andere Wirkung im Gefolge. Bei der Temperatur $t_3$ in Abb. 90 stehen Mischkristalle 3 mit flüssiger Phase 3′ im Gleichgewicht. Das Mengenverhältnis zwischen beiden ist nach dem Hebelgesetz

$$\mu_3 = \frac{\text{Menge der Mischkristalle 3}}{\text{Menge der flüssigen Phase 3′}} = \frac{K_3\,3′}{K_3\,3}.$$

Wenn nun aber die Mischkristalle bei der betrachteten Temperatur nur in ihren Oberflächenschichten die dem Punkte 3 entsprechende Zusammensetzung haben, in ihrem Innern sich aber der Zusammensetzung der Punkte 2 und 1 nähern, so wird ihre Durchschnittszusammensetzung nicht durch den Punkt 3 dargestellt, sondern durch einen links davon gelegenen Punkt (3). Ebenso wird bei weiterem Sinken der Temperatur Gleichgewicht bestehen zwischen der flüssigen Phase 4′ und der Oberflächenschicht der Mischkristalle, die die Zusammensetzung 4 hat. Die durchschnittliche Zusammensetzung der Kristalle wird aber, da ja der Kern reicher an Stoff $A$ ist, durch einen links von 4 gelegenen Punkt, z. B. (4), angegeben. Verbindet man die einzelnen Punkte 1, (2), (3), . . . (5) durch eine Linie, so gibt diese die durchschnittliche Zusammensetzung der Mischkristalle an, die an

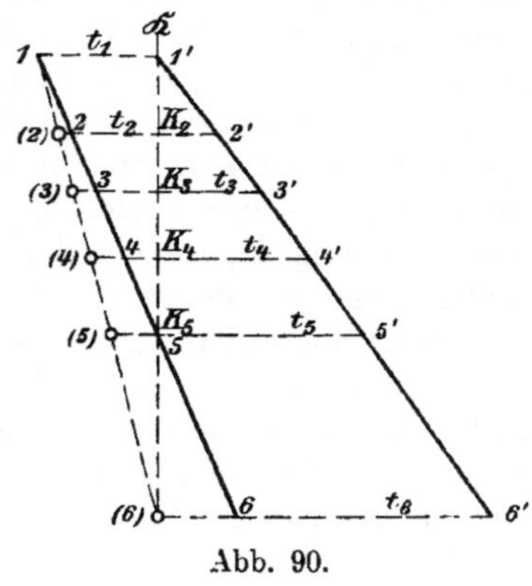

Abb. 90.

ihrer Oberfläche mit den flüssigen Phasen 1′, 2′, 3′, . . . 5′ in unvollkommenem Gleichgewicht stehen können. Für das Hebelgesetz kommt nun aber nur die durchschnittliche Zusammensetzung der Mischkristalle in Frage. Zur Berechnung der Phasenmengen während des unvollkommenen Gleichgewichts sind somit die Punkte 1 (2), (3) . . . heranzuziehen. Man erhält dann beispielsweise für $t_3$ das Verhältnis der Mischkristalle zur flüssigen Phase

$$\mu_3{}' = \frac{K_3\,3′}{K_3\,(3)}.$$

Da nun $K_3\,(3)$ größer als $K_3\,3$ ist, so ist $\mu_3{}'$ kleiner als $\mu_3$. D. h. im Falle des **unvollkommenen Gleichgewichts ist die Menge der Mischkristalle kleiner, die der flüssigen Phase größer als beim vollkommenen Gleichgewicht**, wie es das $c,t$-Bild verlangt. Dies führt dazu, daß bei der Temperatur $t_5$, wo die Kennlinie $\Re$ die Linie 1, 2, 3 . . . schneidet, wo also bei vollkommenem Gleichgewicht die Erstarrung vollendet ist, und die Menge der flüssigen Phase Null sein müßte, bei dem durch die Linie 1, (2), (3), . . . angegebenen unvollkommenen Gleichgewicht immer noch flüssige Phase vorhanden ist, und zwar in der Menge $K_5\,(5)/(5)\,5′$. Die Erstarrung ist erst bei einer Temperatur $t_6$ beendet, wo die Kennlinie $\Re$ die Linie 1, (2), . . . (5), (6) schneidet. Wir gelangen also zu dem Ergebnis, daß **bei unvollkommenem Gleichgewicht das Ende der Erstarrung auf niedere Temperaturen verschoben wird.**

Die Lage der Linie 1, (2), . . . (5), (6) ist nun abhängig von der Geschwindigkeit der Abkühlung. Je langsamer diese erfolgt, um so mehr Zeit steht für den Eintritt des vollkommenen Gleichgewichtes zur Verfügung, um so mehr wird sich die Linie 1, (2), . . . (5), (6)  der  theoretischen  Linie 1, 2, . . . 5, 6 nähern.  Andererseits wird jedoch der Unterschied im Verlauf beider Linien um so stärker ausgeprägt sein, je schneller die Abkühlung der Legierung vor sich geht.  Dadurch wird auch das Ende der Erstarrung beeinflußt, und wir können sagen: Das Ende der Erstarrung liegt um so tiefer, je unvollkommener das Gleichgewicht zwischen Mischkristallen und flüssiger Phase ist.

*138.* Bei genügend schneller Abkühlung kann die das Ende der Erstarrung für das unvollkommene Gleichgewicht darstellende Linie $A$ ($D$) in Abb. 89 für die Legierung $\mathfrak{K}$ so zu liegen kommen, wie in der Abb. 89 angedeutet.  Dann ist die Erstarrung der Legierung auch nach Erreichen der eutektischen Temperatur $t_e$ noch nicht beendet; der Rest der flüssigen Legierung hat die Zusammensetzung des Eutektikums $C$ und erstarrt bei $t_e$ in gewöhnlicher Weise zum eutektischen Gemisch.  Die Legierung verhält sich also infolge des unvollkommenen Gleichgewichts ebenso wie eine Legierung, deren Kennlinie weiter nach rechts zwischen $D$ und $C$ fällt, also wie eine an Stoff $B$ reichere Legierung.  Sie zeigt dieselben Erscheinungen bei der Erstarrung und dasselbe Gefüge.  Sie kann sich auch in ihren sonstigen Eigenschaften denen einer an Stoff $B$ reicheren Legierung nähern.  Das ist von Wichtigkeit.  Kennt man aus Erfahrung, daß eine Legierung der beiden Stoffe $A$ und $B$ von bestimmter Zusammensetzung die für einen bestimmten technischen Zweck gewünschten Eigenschaften besitzt, so ist es bei Auswahl geeigneter Abkühlungsverhältnisse möglich, unter Herbeiführung unvollkommener Gleichgewichtszustände ähnliche Eigenschaften mit einer an Stoff $B$ ärmeren Legierung zu erzielen.  Ist z. B. Stoff $B$ teurer als Stoff $A$, so würde man denselben Zweck mit einer billigeren Legierung erreichen.  Dieser Fall liegt z. B. bei den Kupfer-Zinnlegierungen (Bronzen) vor.  Zinn entspricht dem teureren Stoff $B$.  Durch geeignete Regelung der Abkühlungsverhältnisse bei der Erstarrung und Abkühlung der Bronzen kann man mit billigeren, zinnärmeren Legierungen ähnliche Festigkeitseigenschaften erreichen. wie mit zinnreicheren, teureren Legierungen bei genügend langsamer Abkühlung bis zum Eintritt des vollkommenen Gleichgewichts.  Man muß natürlich hierbei darauf achten, daß nicht etwa durch schnelle Abkühlung andere technische Nachteile (wie z. B. Spannungen *324* bis *338*) entstehen.

*139.* Ähnliche unvollkommene Gleichgewichte, wie sie bei der Erstarrung und Abkühlung auftreten, können sich auch bei der Erhitzung und Schmelzung bilden.  Als Beispiel wollen wir den einfachsten Fall zugrunde legen und annehmen, daß die Stoffe $A$ und $B$ im festen Zustand völlig unlöslich ineinander sind, daß also das $c,t$-Bild nach Art $A\,a\,2\,\gamma'$ ist.  Für andere Erstarrungsarten führt die Überlegung zu ähnlichen Ergebnissen.  Eine Legierung $\mathfrak{K}$ in Abb. 91

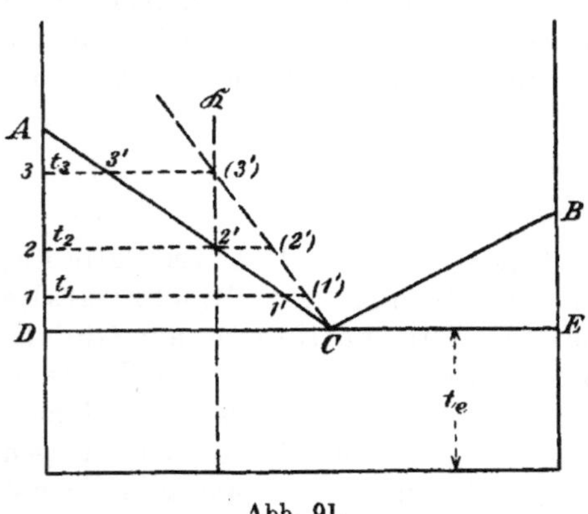



Abb. 91.

wird bei gewöhnlicher und dicht unterhalb der eutektischen Temperatur $t_e$ aus Kristallen des Stoffes $A$ und aus der eutektischen Mischung $C$ bestehen, die aus Kristallen von $A$ und $B$ aufgebaut ist.  Die Kristalle $A$ außerhalb des Eutektikums seien verhältnismäßig groß.  Ist die eutektische Temperatur erreicht, so schmilzt die eutektische Mischung zur Flüssigkeit $C$.  (Es können auch beim Schmelzen des Eutektikums unvollständige Gleichgewichte eintreten; wegen der innigen Mischung der beiden Kristallarten im Eutektikum wird sich aber das unvollkommene Gleichgewicht nur sehr wenig von dem vollkommenen entfernen, so daß wir die Unterschiede vernachlässigen können.) Die Flüssigkeit $C$ wirkt nun auf die noch festen Kristalle $A$, die in ihr schwimmen, und zwar ist die Wirkung nur von der Oberfläche her möglich. Es findet dann dasselbe statt, wie wenn ein größeres Stück Zucker in Wasser gelöst werden soll. Auch hier ist die Lösung nur von der Oberfläche her möglich, und wird um so langsamer verlaufen, je größer die Masse des Zuckerstückes im Verhältnis zu seiner Oberfläche ist. Erfolgt die Wärmezufuhr so, daß die Temperatur bis $t_1$ gestiegen ist, ehe noch die flüssige Phase in der Lage war, so viel Stoff $A$ in Lösung zu bringen, daß ihre Zusammensetzung dem Punkte $1'$ entspricht, so wird ihre durchschnittliche Zusammensetzung durch einen Punkt rechts von $1'$, etwa den Punkt $(1')$ dargestellt. Das kann natürlich nur für ein unvollkommenes Gleichgewicht gelten; denn bei vollkommenem Gleichgewicht kann nur eine Flüssigkeit von der Zusammensetzung $1'$ mit Kristallen $A$ bei $t_1$ im Gleichgewicht stehen. Der Punkt $(1')$ wird um so weiter rechts von $1'$ liegen, je schneller die Wärmezufuhr ist und je größer die Kristalle von $A$ sind, die in dem bereits verflüssigten Teil der Legierung schwimmen. Bei weiterer genügend schneller Wärmezufuhr wird sich der Vorgang in ähnlicher Weise fortsetzen, so daß die Zusammensetzung der dem unvollkommenen Gleichgewicht entsprechenden flüssigen Phasen den Punkten der Linie $(1')$, $(2')$, $(3')$ . . . entspricht. Nach dem Hebelgesetz kann nun bei der Temperatur $t_2$, die bei vollkommenem Gleichgewicht das Ende der Schmelzung bedeuten würde, die Schmelzung noch nicht vollendet sein. Denn bei $t_2$ ist ja noch die Menge $2'(2')/2(2')$ von fester Phase vorhanden. Die Schmelzung ist erst beendet, wenn die Kennlinie $\Re$ die Linie $(1')$, $(2')$, $(3')$ schneidet, also bei $t_3$. **Das Ende der Schmelzung wird also um so höher gerückt, je unvollkommener das Gleichgewicht, also je schneller die Wärmezufuhr und je größer die Masse der im Eutektikum eingesprengten Kristalle ist.** Dies ist eine in der Technik bekannte Erscheinung. Sie macht sich auch geltend, wenn die Legierung noch gar nicht gebildet ist, wenn man Stücke der beiden Metalle $A$ und $B$ in ein Schmelzgefäß bringt und zum Zweck der Legierung erhitzt. Hier wird sich an der Oberfläche der sich berührenden Metallstücke Eutektikum bilden, das bei der niedrigsten Temperatur flüssig ist. Dieses wird allmählich immer mehr von den beiden Metallen auflösen. Erhitzt man zu schnell, so wird man zu Temperaturen kommen, die oberhalb der Linie $ACB$ in Abb. 91 liegen, ohne daß die Legierung bereits vollständig geschmolzen wäre. Man hat dies früher gewöhnlich folgendermaßen ausgedrückt: **Die Bildungstemperatur einer Legierung liegt höher als ihr Erstarrungsbeginn.** (Ledebur, $L_1$ 25.)

***140.*** Unvollkommene Gleichgewichte können bis zu einem gewissen Grade auch eintreten, wenn bei Legierungen, die durch Zusammenschmelzen zweier oder mehrerer Metalle gebildet werden, die Durchmischung bei der Schmelzung nicht genügend ist. Es kann sich dann eine schwerere flüssige Schicht unter einer leichteren sammeln. In Fällen, wo die Stoffe der Legierung im flüssigen Zustande nicht vollkommen mischbar sind, kann dieser Zustand dem Gleichgewicht entsprechen, wie z. B. bei den Legierungen von Blei und Zink. Der Fall kann aber infolge unvollkommenen Gleichgewichts auch bei solchen Legierungen eintreten, deren Bestandteile im flüssigen Zustande vollkommene Mischbarkeit besitzen. Das vollkommene Gleichgewicht kann, wenn die flüssigen Legierungen nicht durch Rühren oder sonstige Bewegungen gemischt werden, nur durch Diffusion angestrebt werden. Die Diffusion von Flüssigkeiten erfordert aber bestimmte Zeit. Wenn diese nicht zur Verfügung steht, so erhält man die flüssige Legierung in verschiedenen Schichten von verschiedener Zusammensetzung.

# GG. Seigerungen.

***141.*** Bei der Erstarrung sind zwei Fälle auseinander zu halten, die kongruente und die nichtkongruente Erstarrung *(65)*. Bei der ersteren ist während des Übergangs aus dem flüssigen in den festen Zustand oder umgekehrt die Zusammensetzung der flüssigen Phase gleich der der festen Phasen. Die Erstarrung oder Schmelzung erfolgt bei gleichbleibender Temperatur. Beginn und Ende der Erstarrung oder Schmelzung fallen zusammen. Bei der inkongruenten Erstarrung oder Schmelzung ist die Zusammensetzung der im Gleichgewicht befindlichen flüssigen und festen Phasen verschieden. Erstarrung und Schmelzung finden nicht bei gleichbleibender Temperatur, sondern innerhalb eines Temperatur-Intervalles statt.

***142.*** Ist bei nichtkongruenter Erstarrung das spezifische Gewicht der ausgeschiedenen Kristalle verschieden von dem der Schmelze, so können, wenn die Erstarrung genügend langsam vor sich geht, Kristalle von geringerem spezifischen Gewicht in der Schmelze nach oben steigen, oder Kristalle mit höherem spezifischen Gewicht nach unten sinken. Die Erscheinung wird um so bemerkbarer werden, je größer der Unterschied im spezifischen Gewicht der festen und flüssigen Phasen ist.

Deutlich ist die Erscheinung bei den Legierungen von Blei und Antimon. Das $c, t$-Bild dieser Legierungsreihe ist in Abb. 6 gegeben. Es gehört zur Art $A\,a\,2\,\gamma$. Die eutektische Legierung liegt bei etwa 13 % Antimon. Läßt man z. B. eine flüssige Legierung mit 20 % Antimon langsam erstarren, so scheiden sich zu Beginn der Erstarrung Antimon-, oder wenigstens sehr antimonreiche Kristalle aus der flüssigen Schmelze ab. Bei weiterer Abkühlung wächst deren Menge, die Menge der flüssigen Phase nimmt ab, sie nähert sich in ihrer Zusammensetzung der eutektischen Legierung von 13 % Antimon, und erreicht diesen Gehalt bei der eutektischen Temperatur $t_e = 247$ C⁰. Bei dieser erstarrt die eutektische Flüssigkeit zum eutektischen Gemenge von Blei- und Antimonkriställchen. Dicht oberhalb der eutektischen Temperatur besteht die Legierung aus flüssiger Phase mit nahezu 13% Antimon und aus Antimonkristallen. Die letzteren sind wesentlich leichter als die bleireiche Schmelze, sie haben das Bestreben nach oben zu steigen und sich in den oberen Teilen der Schmelze anzureichern, während die flüssige nahezu eutektische Legierung vermöge ihrer Schwere nach unten sinkt und schließlich dort bei der eutektischen Temperatur zur Erstarrung gelangt.

Tafelabb. 5, Taf. I, zeigt den Längsschnitt durch ein kleines Blöckchen dieser Legierung in natürlicher Größe. Die Schmelzung erfolgte in einem dünnwandigen eisernen Tiegel; die Erstarrung ging demnach ziemlich rasch vor sich. Trotzdem war genügend Zeit vorhanden, um die oben geschilderte Erscheinung herbeizuführen. Infolge der Ätzung des Schnittes sind die bleireicheren Teile der Legierung dunkel gefärbt, während die Antimonkristalle hell erscheinen. Die letzteren sind im oberen Teil des Blöckchens stark angereichert, während der untere Teil vorwiegend aus eutektischer Mischung mit 13% Antimon besteht. Die Antimonkriställchen sind in einiger Entfernung von der Oberfläche des Blöckchens besonders häufig; wegen der frühzeitigen Erstarrung der Oberflächenkruste konnten sie nicht alle bis zur Oberfläche aufsteigen. — Bohrt man ein solches Blöckchen an verschiedenen Stellen an, so wird man bei der Analyse der Bohrspäne ganz verschiedene Zusammensetzungen finden. Im unteren Teile des Blöckchens wird der Antimongehalt nahezu 13% sein; in dem oberen Teil, wo die Antimonkriställchen stark überwiegen, wird man wesentlich höhere Gehalte als 20 %, vielleicht bis zu 60 % Antimon finden; in den Stellen dicht unter der Oberflächenkruste wird sich ein mittlerer Antimongehalt bei der Analyse ergeben. Die eingetretene Entmischung der Legierung ist grob.

Entmischungsvorgänge der geschilderten Art nennt man „Seigerungen". Der Ausdruck stammt her von „sickern".

Nicht seigern können Stoffe, die kongruent erstarren, also z. B. reine Metalle, eutektische Legierungen usw. Auch Legierungen, die in der Nähe der eutektischen Zusammensetzung liegen, haben keine Neigung zur Seigerung. Dagegen können oft kleine Verunreinigungen reiner Metalle bereits zu ausgeprägten Seigerungs- erscheinungen führen.

Ein nahe liegendes Mittel, die Seigerung zu vermindern, ist möglichst rasche Abkühlung während der Erstarrung, so daß z. B. bei der oben besprochenen Blei-Antimonlegierung den Antimonkriställchen nicht genügend Zeit bleibt, nach oben zu steigen, da sie von dem gleich hinterher erstarrenden Eutektikum fest- gehalten werden. Es ist deswegen auch üblich, Legierungen, die im wesentlichen aus Blei- und Antimon bestehen (wie z. B. Lettermetalle), in dünnem Strahl in kalte metallene Formen einzuspritzen, damit sie in Berührung mit der kalten Formwand möglichst rasch zur Erstarrung gelangen.

**143.** Die Entmischung (Seigerung) braucht nun nicht notwendigerweise in der Richtung der Schwerkraft vor sich zu gehen. Bei der Herstellung von Fluß- eisenblöcken ist es beispielsweise üblich, das flüssige Metall in große guß- eiserne Blockformen (Kokillen) einzugießen. Durch das gute Wärmeleitungsver- mögen der eisernen Formwände wird der geschmolzenen Legierung von der Ober- fläche her rasch Wärme entzogen; die äußerste Schicht der Legierung wird kälter als die innere Masse. Sie wird daher auch zuerst auf die Temperatur des Er- starrungsbeginns gebracht. Die sich hierbei zuerst aus- scheidenden Kristalle setzen sich an den Wänden der Blockform an und drängen den noch flüssigen Teil der Legierung nach innen zu. Ist die Erstarrung nicht kongruent, so hat die nach innen gedrängte flüssige Phase andere Zusammensetzung als die ausgeschiede- nen Kristalle. Beim Flußeisen sind z. B. die zuerst ausgeschiedenen Kristalle ärmer an den Legierungs- bestandteilen Kohlenstoff, Mangan, Phosphor, Schwefel. Die äußere Kruste des Blockes ist sonach an diesen Stoffen ärmer als die nach innen getriebene Schmelze. Allmählich wächst infolge weiterer Abkühlung die Dicke der erstarrten Kruste, bis zuletzt nur noch ein kleiner Teil der Schmelze im Innern flüssig ist, in dem sich die Verunreinigungen besonders anreichern können.

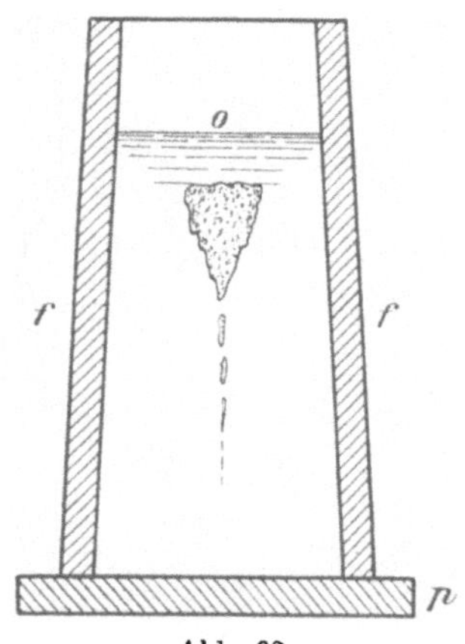

Abb. 92.

Wenn die Blockform, wie es gewöhnlich geschieht, auf einer eisernen Unter- lage $p$ aufruht, so ist die Wärmeentziehung am stärksten von den Seiten $f$ und $p$ aus (s. Abb. 92). Die Oberfläche $o$ des gegossenen Metalls kühlt wegen der Be- rührung mit der schlecht wärmeleitenden Luft oder mit dem noch schlechter wärmeleitenden Sand, der vielfach aufgebracht zu werden pflegt, langsamer ab. Die Folge hiervon ist, daß zu einer bestimmten Zeit nach dem Guß die erstarrten Blockwandungen bei $f$ und $p$ stärker sind als die erstarrte Oberflächenkruste $o$. Das heißt, die bis zuletzt flüssig gebliebene Masse liegt nicht in der Blockmitte, sondern mehr nach dem oberen Teil zu, wie es in Abb. 92 durch die punktierte Fläche angedeutet ist. Dieser flüssige Rest ist angereichert an Kohlenstoff, Mangan, Phosphor, Schwefel usw. Nach seiner Erstarrung wird also an dieser Stelle das Eisen die größte Menge an den gegebenen Stoffen aufweisen.

**Die Stelle stärkster Seigerung findet sich dort, wo die Legierung am längsten flüssig geblieben ist.**

Dies ist eine allgemeine Regel. Sie gewährt auch die Mittel, um die Seigerung im Block an eine Stelle zu verlegen, wo sie weniger schädlich ist, **z. B.** in den obersten Teil (Kopf) des Blockes, der dann vor der Weiterverarbeitung zu Fertigerzeugnissen entfernt werden kann.

Würde man z. B. die langsame Abkühlung des Blockes von der Oberfläche $o$ her noch mehr begünstigen, als es durch das Aufbringen von Sand geschieht, z. B. dadurch, daß man den oberen Teil des Blockes (Kopf) künstlich heizt, so wird die zuletzt erstarrende Stelle im Block noch weiter nach der Oberfläche $o$ zu rücken, als in Abb. 92 gezeichnet ist. Dann wird auch die Stelle stärkster Seigerung dahin rücken und man erhält einen größeren Teil des Blockes, der arm ist an Seigerungsstellen.

In Abb. 93 ist ein Längsschnitt durch einen großen Flußeisenblock von $560 \times 460$ mm Seitenlänge und 1700 mm Höhe dargestellt. Längs der Mittellinie

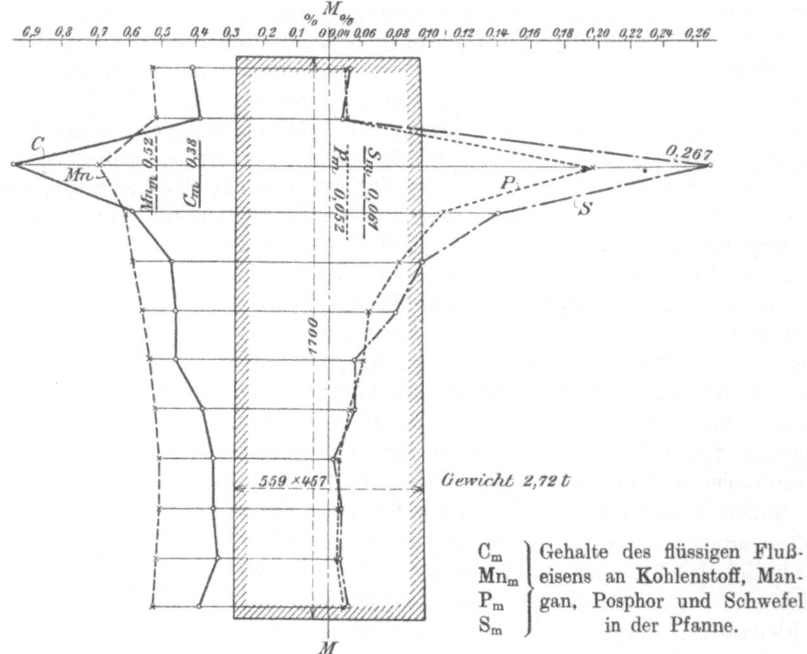


Abb. 93. Seigerung in Flußeisenblöcken.

$MM$ wurden in Abständen von etwa 150 mm mehrere etwa 19 mm tiefe Löcher gebohrt. Die dabei fallenden Späne wurden analysiert. Die gefundenen Gehalte an Kohlenstoff, Mangan, Phosphor und Schwefel sind schaubildlich als Ordinaten nach rechts und nach links von der als Abszisse gewählten Mittellinie $MM$ aus aufgetragen, und zwar nach rechts die Gehalte an Phosphor und Schwefel, nach links die an Kohlenstoff und Mangan. Die durchschnittliche Zusammensetzung des flüssigen Flußeisens in der Pfanne ist in der Abb. 93 durch Parallele zur Mittellinie $MM$ im entsprechenden Abstand angegeben. Sie war: Kohlenstoff ($C_m$) $0,38^0/_0$, Mangan ($Mn_m$): $0,52^0/_0$, Phosphor ($P_m$): $0,052^0/_0$, Schwefel ($S_m$): $0,061^0/_0$. Die Stelle größter Seigerung liegt etwa 300 mm unter der oberen Blockkante; die Seigerung ist besonders stark ausgeprägt für Phosphor und Schwefel, weniger stark für Kohlenstoff und noch geringer für Mangan. An der Stelle größter Seigerung ist die Zusammensetzung folgende: Kohlenstoff $0,95\,^0/_0$, Mangan $0,70\,^0/_0$, Phosphor $0,197\,^0/_0$ und Schwefel $0,267\,^0/_0$. Setzt man die Gehalte an den einzelnen Stoffen im flüssigen Flußeisen in der Pfanne gleich 100, so erhält man folgende Verhältniszahlen: Mangan 135, Kohlenstoff 250, Phosphor 379, Schwefel 437. Das Flußeisen ist im Martinofen auf saurem Herde gewonnen. Das Beispiel ist entlehnt von B. Talbot ($L_1$ *26*).

*144.* Die Seigerung ist, wenn die Legierung überhaupt zur Seigerung neigt, um so stärker ausgeprägt, je größer die erstarrenden Massen der Legierung sind. Mit der Masse steigt der Unterschied zwischen der Temperatur der äußeren Kruste und dem Inneren der Masse.

# III. Verfahren zur Ermittelung der $c, t$-Bilder.

*145.* In Abschnitt II sind mit Hilfe der Phasenlehre auf Grund der jedesmal in den Überschriften gemachten Voraussetzungen die $c, t$-Bilder in ihrer allgemeinen Form abgeleitet worden. In der Regel hat man beim Studium der Legierungen den umgekehrten Weg zu gehen; durch den unmittelbaren Versuch wird das $c, t$-Bild einer Legierungsreihe festgestellt und aus der allgemeinen Gestalt desselben zieht man Rückschlüsse auf den Aufbau der Legierungen bei verschiedenen Wärmegraden. Ist das $c, t$-Bild bekannt, so weiß man (vorausgesetzt, daß tatsächliche Gleichgewichtszustände vorliegen), aus wieviel Phasen eine bestimmte Legierung einer Legierungsreihe bei einer bestimmten Temperatur aufgebaut ist, welches die chemische Zusammensetzung dieser Phasen ist, wie sie ihre Zusammensetzung und Menge bei Temperatursteigerung oder Temperaturverminderung ändern. Während die chemische Analyse einer Legierung nur gestattet, den Pauschalgehalt an den Stoffen zu ermitteln, die die Legierung bilden, ohne Rücksicht auf die verschiedenen Erscheinungsformen, in denen diese Stoffe auftreten, und auf ihre Verteilung in der Masse der Legierung, gibt das $c, t$-Bild einer Legierungsreihe ohne weiteres Aufschluß über die Verteilung der Stoffe in den einzelnen Phasen, über die Menge der Phasen, und zwar nicht nur bei gewöhnlichen Wärmegraden, sondern für alle Temperaturen, soweit sie das $c, t$-Bild umfaßt. Dieses gestattet somit die Analyse der einzelnen Phasen einer Legierung, selbst wenn diese, wie es meist der Fall ist, in so inniger Mischung vorliegen, daß an eine mechanische Trennung zum Zweck der chemischen Analyse nicht gedacht werden kann.

Das $c, t$-Bild ist der Schlüssel für die theoretische Erkenntnis einer Legierungsreihe. Es ist deswegen notwendig, die Verfahren kennen zu lernen, mit Hilfe deren man die $c, t$-Bilder festlegen kann.

## A. Das thermische Verfahren.

### 1. Allgemeines über die $z, t$- und $\triangle z, t$-Linien.

*146.* Der Grundsatz, auf dem das Verfahren aufgebaut ist, wurde bereits in Absatz *16* angedeutet. Die Linienzüge des $c, t$-Bildes schneiden die Kennlinie irgendeiner Legierung in den übergeordneten Punkten, die dem Beginn oder dem Ende der Erstarrung bzw. Umwandlung entsprechen. Da beim Übergang aus dem flüssigen Zustand in den festen Wärme frei wird (latente Schmelzwärme), so muß sich der Beginn der Erstarrung durch Freiwerden von Wärme erkennbar machen. Die Wärmeentwicklung setzt sich fort, solange noch flüssige Phase in feste Phase übergeht, und erreicht erst ihr Ende, wenn der letzte Rest flüssiger Phase verschwunden ist, also beim Ende der Erstarrung. Bei der Erhitzung einer er-

starrten Legierung gehen die Vorgänge umgekehrt vor sich; beim Beginn der
Schmelzung (= Ende der Erstarrung) beginnt der Übergang von fester Phase in
flüssige, und damit ist Wärmebindung verknüpft, die sich so lange bemerkbar
machen wird, bis der letzte Rest fester Phase verschwunden ist, also beim Ende
der Schmelzung (= Beginn der Erstarrung). Wir wollen allgemein sagen, daß
die Erstarrung und Schmelzung von „Wärmetönungen" begleitet sind. Die
Wärmetönung sei positiv, wenn Wärme frei wird, also Übergang aus einem Zustand größerer Energie in einen solchen von geringerem Energieinhalt stattfindet.
Sie sei negativ, wenn der umgekehrte Vorgang eintritt, also Wärme gebunden
wird. Solche Wärmetönungen machen sich auch bei Umwandlungen, also beim
Übergang aus einem festen Zustand in einen anderen festen bemerkbar. Das
Maß der Wärmetönung wird bezogen auf die Ge-
wichtseinheit der aus einem in den anderen Zustand übergehenden Körper.

**147.** Überläßt man einen erhitzten Körper
von der Temperatur $T$, der weder Erstarrung
noch Umwandlung durchmacht, an der Luft
der ungestörten Abkühlung in einem Raum mit
der gleichbleibenden Temperatur $t_0$ und trägt die
während der Abkühlung zu verschiedenen Zeiten $z$
beobachteten Temperaturen $t$ als Ordinaten zu
den Zeiten $z$ als Abszissen ein, so erhält man als
$z, t$-Kurve eine stetige Linie, die erst rasch, alsdann immer langsamer abfällt und sich schließlich
der Temperatur $t_0$ asymptotisch nähert. Vgl. die
Linie $T T' R$ in Abb. 94.

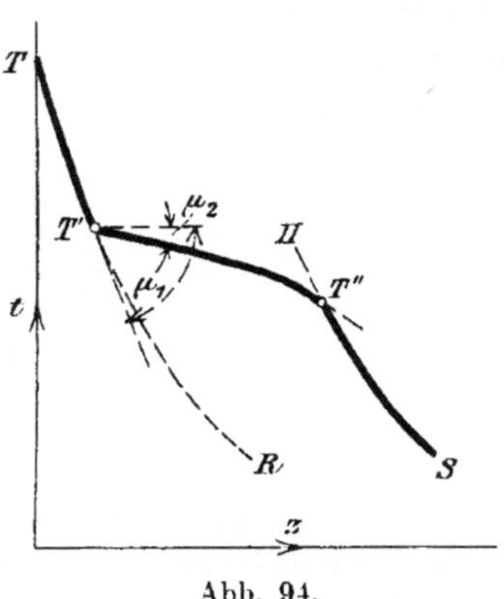

Abb. 94.

Ist $m$ die Masse des abkühlenden Körpers in Gramm, $s_t$ seine spezifische Wärme bei der
Temperatur $t$ in Grammkalorien, und sinkt die Temperatur des Körpers, die zu einer bestimmten
Zeit $z$ gleich $t$ sein mag, innerhalb des unendlich kleinen Zeitteilchens $dz$ um den Betrag $dt$, so
gibt der Körper innerhalb dieser Zeit $dz$ die Wärmemenge $ms_t dt$ ab. Dieser Betrag wird durch
Leitung und Ausstrahlung von der Oberfläche des Körpers an die Umgebung abgegeben. Man kann
diese Wärmeabgabe angenähert proportional setzen dem Überschuß der jeweiligen Temperatur $t$ des
Körpers über die Temperatur $t_0$ der Umgebung, und proportional der Zeit $dz$, so daß sich ergibt
$C(t - t_0)dz$. Hierin ist $C$ eine Konstante, die von der Oberfläche, der Masse, der Oberflächenbeschaffenheit und der Eigenart des Körpers abhängt. Es muß sonach die Gleichung

$$m s_t dt = - C (t - t_0) dz \;\; . \; . \; . \; . \; . \; . \; . \; . \; . \; . \; . \; . \; . \; . \; (1)$$

angenähert Geltung haben. Die spezifische Wärme $s_t$ ist streng genommen abhängig von der Temperatur $t$. Setzen wir für sie einen zwischen den Temperaturen $T$ und $t_0$ geltenden Mittelwert $s$
ein, so ergibt sich

$$m s \, dt = - C (t - t_0) \, dz.$$

Die Integration liefert bei Berücksichtigung, daß für $z = 0$, $t = T$ ist

$$t - t_0 = (T - t_0) \cdot e^{-\frac{C}{ms} z} \;\; . \; . \; . \; . \; . \; . \; . \; . \; . \; . \; . \; . \; (2)$$

Dies ist die angenäherte Gleichung der $z, t$-Linie $T T' R$. Wir wollen sie die
$z, t$-Grundkurve nennen. Die Gleichung gilt nur für den Fall, daß Wärmetönungen während der Abkühlung nicht eintreten.

**148.** Wird nun aber während der Abkühlung infolge von Erstarrung oder
Umwandlung Wärme frei, so wird der Verlauf der $z, t$-Linie geändert. Beginnt
z. B. die Wärmeentbindung bei $T'$, so wird die freiwerdende Wärme die Abkühlung verzögern. Die $z, t$-Linie wird von $T'$ ab langsamer abfallen als die
$z, t$-Grundkurve. Die Temperatur $T'$ wird sich durch einen plötzlichen Richtungswechsel der $z, t$-Linie kennzeichnen (vgl. den Verlauf $T'T''$ in Abb. 94). Man sagt,
die $z, t$-Linie zeigt bei $T'$ einen Haltepunkt.

Hat man die Haltepunkte $T'$ für verschiedene Legierungen von bekannter Zusammensetzung $c$, die zu einer Legierungsreihe gehören, festgestellt, so braucht man nur auf den zu den einzelnen Legierungen gehörigen Kennlinien im Koordinatensystem $c,t$ die Temperaturen $T'$ als Ordinaten abzutragen und die so erhaltenen Punkte zu verbinden. Die Verbindungslinie gibt bei Zweistofflegierungen den Linienzug für den **Beginn der Erstarrung** im $c,t$-Bild. Bei Dreistoffsystemen bestimmen die in obiger Weise erhaltenen Punkte die $L$-fläche.

***149.*** Bezeichnet man mit $k$ die Menge der während der Erstarrung aus einem Gramm der Legierung ausgeschiedenen festen Phase, oder bei der Umwandlung die Menge des in 1 g Legierung umgewandelten Stoffes, bezeichnet ferner $dk$ die Änderung der Menge $k$ bei Änderung der Temperatur um den Betrag $dt$, $l$ die Menge der freiwerdenden Wärme für die Ausscheidung der Gewichtseinheit von $k$ (also die latente Schmelz- oder Umwandlungswärme), so ändert sich die Gl. 1 in

$$m s_t dt = - C\,(t - t_0)\,dz + m\,l\,\frac{dk}{dt}\,dt \quad \dots \dots \dots \quad (3)$$

$$\frac{dt}{dz}\,m\left(s_t - l\frac{dk}{dt}\right) = - C\,(t - t_0)$$

$$\frac{dt}{dz} = -\frac{C}{m}\,\frac{t - t_0}{s_t - l\cdot\dfrac{dk}{dt}} \quad \dots \dots \dots \dots \dots \quad (4)$$

Hierin ist $dk/dt$ immer negativ, weil bei steigender Temperatur die Menge der ausgeschiedenen festen Phase $k$ abnimmt. Infolgedessen ist der Wert $s_t - l\cdot\dfrac{dk}{dt}$ immer positiv.

Vergleicht man den Wert von $dt/dz$ aus Gl. 4 mit dem in Gl. 4', der aus Gl. 1 entnommen ist, und für die $z,t$-Grundkurve gilt,

$$\frac{dt}{dz} = -\frac{C}{m}\,\frac{t - t_0}{s_t} \quad \dots \dots \dots \dots \dots \quad (4')$$

so erkennt man, daß die $z,t$-Grundkurve und die $z,t$-Kurve um so mehr in der Richtung voneinander abweichen, je größer $dk/dt$ ist.

Scheiden sich bei der Abkühlung keine Kristalle aus der flüssigen Legierung aus, oder vollziehen sich keine Umwandlungen, so ist der Betrag $dk/dt = 0$. Die Gl. 4 geht über in 4'; d. h. die $z,t$-Linie fällt mit der $z,t$-Grundkurve zusammen.

Beginnt dagegen in einer Legierung bei der Abkühlung von der Temperatur $T'$ ab Ausscheidung von Kristallen oder Umwandlung, so ist bis herab zu $T'$ der Betrag $dk/dt$ auch Null, nimmt aber von $T'$ abwärts bis zu einer Grenztemperatur $T''$ einen von Null verschiedenen negativen Wert an. Die $z,t$-Linie wird daher bis zu $T'$ mit der Grundkurve zusammenfallen ($TT'$ in Abb. 94), von da ab aber auf dem Weg $T'T''$ von der Grundkurve abweichen. Während die Tangente des Winkels $\mu_1$ der Grundkurve in Punkt $T'$ nach Gl. 4 sich ergibt zu

$$\mathrm{tg}\,\mu_1 = \frac{dt}{dz} = -\frac{C}{m}\cdot\frac{T' - t_0}{s_{T'}},$$

erhält man für

$$\mathrm{tg}\,\mu_2 = \frac{dt}{dz} = -\frac{C}{m}\cdot\frac{T' - t_0}{s_{T'} - l\dfrac{dk}{dt}}.$$

(Vgl. Abb. 94.)

$s_{T'}$ ist die spezifische Wärme der Legierung bei der Temperatur $T'$. Die $\operatorname{tg}\mu_2$ wird um so kleiner, die Kurve $T'T''$ verläuft sonach um so flacher, je größer $dk/dt$ ist.

**150.** Ist die Erstarrung oder Umwandlung bei $T'$ kongruent (*65*), d. h. vollzieht sie sich bei unveränderlicher Temperatur $T'$, so kann im idealen Falle die Temperatur bei Wärmeentziehung so lange nicht weiter sinken, als die Erstarrung oder Umwandlung noch nicht vollendet ist. Mit anderen Worten heißt dies, daß bei $T'$ der Quotient $dk/dt = -\infty$ ist. Dann wird $\operatorname{tg}\mu_2 = 0$, das Kurvenstück $T'T''$ wird sonach eine wagerechte Gerade wie in Abb. 95. Erst wenn die ganze Masse der Legierung erstarrt oder umgewandelt ist, nimmt $dk/dt$ den Wert Null an. Das Kurvenstück $T''S$ gehört sonach wieder einer $z,t$-Grundkurve an, die gegenüber der Grundkurve $TT'R$ um den Betrag $T'T''$ verschoben erscheint und sich von dieser nur dadurch unterscheidet, daß auf dem Wege $TT'$ $s_t$ der mittleren spezifischen Wärme der flüssigen Legierung (oder der Legierung vor der Umwandlung), im Teile $T''S$ dagegen der mittleren spezifischen Wärme der Legierung nach der Erstarrung (oder Umwandlung) $s'_t$ entspricht. In der Regel ist $s'_t$ kleiner als $s_t$. Die Kurve $T''S$ wird also etwas schneller abfallen als die Grundkurve $TT'R$.

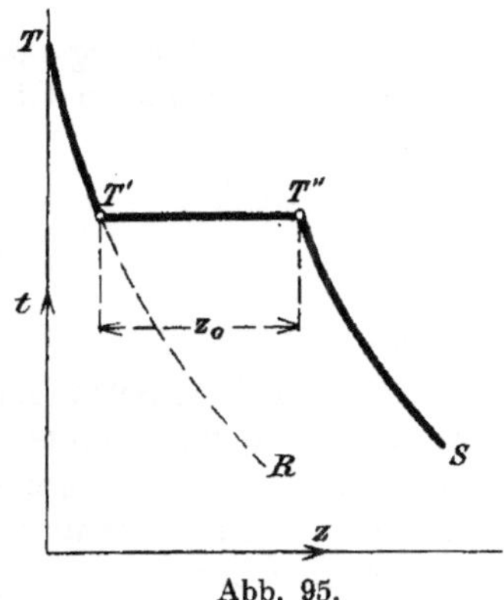

Abb. 95.

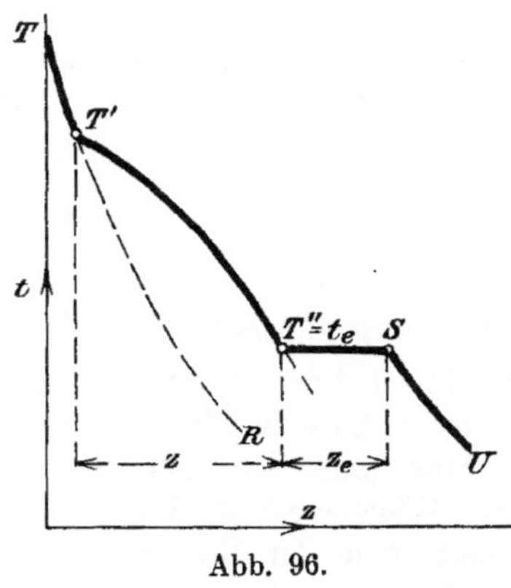

Abb. 96.

**151.** Ist die Erstarrung oder Umwandlung bei $T'$ nicht kongruent, so nimmt die $z,t$-Kurve einen Verlauf wie in Abb. 94. Die Strecke $T'T''$ nähert sich um so mehr dem wagerechten Verlauf, je näher die beiden Temperaturen $T'$ und $T''$ für Beginn und Ende des Vorganges aneinander liegen. Der wagerechte Verlauf wird erst dann erreicht, wenn $T' = T''$, also der Vorgang kongruent verläuft. Über die Lage der Strecke $T'T''$ wissen wir also, daß sie oberhalb der Grundkurve $TT'R$ und unterhalb der Wagerechten durch $T'$ liegen muß. Nach Beendigung der Erstarrung oder Umwandlung bei $T''$ wird $dk/dt$ wieder Null; der Zweig $T''S$ gehört also einer Grundkurve an, die gegenüber $TT'R$ um den Betrag $T'T''$ nach rechts verschoben ist und der nicht die spezifische Wärme $s_t$, sondern $s'_t$ zugrunde liegt.

Bei der Erstarrung einer Legierung, deren Kennlinie $\Re_3$ in Abb. 24 ist, beginnt die Erstarrung bei $T'$ (entsprechend dem Punkte $F$ in Abb. 24). Von $T'$ ab weicht somit die $z,t$-Linie von der Grundkurve ab, wie in Abb. 96. Die Ausscheidung von Kristallen währt bis zur eutektischen Temperatur $t_e$ (entsprechend Punkt $J$ in Abb. 24). Demnach muß in Abb. 96 der Punkt $T''$ mit $t_e$ zusammenfallen. Bei $t_e$ erstarrt dann der letzte Rest der flüssigen Legierung kongruent bei gleichbleibender Temperatur $t_e$ bis zum Aufbrauch alles Flüssigen. Die $z,t$-Linie muß sonach bei $t_e$ über der Strecke $t_e S$ wagerecht verlaufen. Von $S$ ab geht die $z,t$-Linie wieder nach einer Grundkurve $SU$ (Abb. 96).

Für die eutektische Legierung, deren Kennlinie durch $C$ in Abb. 24 geht, fallen $T'$ und $t_e$ zusammen. Für Legierungen, deren Kennlinien zwischen $A$ und $E$ oder zwischen $D$ und $B$ in Abb. 24 durchgehen, die also zu Mischkristallen erstarren, ist der Verlauf der $z,t$-Linie wie in Abb. 94. $T'$ ist der Beginn, $T'''$ das Ende der Erstarrung. Um das $z,t$-Bild zu erhalten, braucht man dann nur für Legierungen mit verschiedenen Gehalten $c$ an Stoff $B$ die $z,t$-Linien zu ermitteln und auf den einzelnen Kennlinien $\Re$ im Koordinatensystem $c,t$ die Ordinaten der Punkte $T'$ und $T'''$ abzutragen. Die Verbindungslinien geben dann die Linienzüge $ACB$ und $AE$, $ED$, $DB$ in Abb. 24.

Wir werden später sehen, daß das Verfahren für den Beginn der Erstarrung $ACB$ und für die eutektische Linie $ED$ zum Ziele führt, daß aber die Feststellung der Lage der Linien $AE$ und $DB$ vielfach aus praktischen Gründen auf Schwierigkeiten stößt.

*152.* In dem besonderen Falle des kongruenten Verlaufs der Erstarrung oder der Umwandlung ist wegen der Unveränderlichkeit der Temperatur $dt = 0$. Mithin ändert sich die Gl. 3 um in

$$0 = - C(T' - t_0)\,dz + mldk.$$

Bezeichnet man die Zeitdauer, innerhalb deren sich die Erstarrung oder Umwandlung vollzieht, mit $z_0$, so findet sich nach Integration der obigen Gleichung

$$C(T' - t_0)\,z_0 = mlk$$

$$z_0 = \frac{mlk}{C(T' - t_0)} \qquad \dots \dots \dots \dots \dots \quad (5)$$

(Die Gleichung gilt nur für die Strecke $T'T'''$ in Abb. 95.)

Hierin ist $k$ die gesamte von der Erstarrung oder Umwandlung betroffene Stoffmenge in 1 Gramm der Legierung. Der Zähler ist somit die latente Erstarrungswärme (oder Umwandlungswärme), der Nenner der in der Zeiteinheit entstehende Wärmeverlust durch Übergang von Wärme aus der Legierung an die Umgebung von der Temperatur $t_0$. Je größer die Wärmeabgabe der Legierung nach außen, also je größer der Nenner ist, um so kürzer wird die Zeitdauer $z_0 = T'T'''$. Die wagerechte Strecke $T'T'''$ in Abb. 95 wird also um so kleiner, je steiler die $z,t$-Grundkurve abfällt, deren Verlauf ja abhängig ist von $C$ und $t_0$.

Wird die gesamte Masse der Legierung von der Erstarrung oder Umwandlung betroffen, so ist $k = 1$. Dieser Fall stellt sich bei der Erstarrung reiner Metalle, oder solcher Legierungen ein, die den Punkten $C$ in Abb. 10 und 11, $V$ in Abb. 28 bis 30 entsprechen, sowie bei den eutektischen Legierungen.

Erfolgt die Erstarrung oder Umwandlung nach Art $Aa2\gamma$, wie in Abb. 97a durch das $c,t$-Bild angedeutet ist, so erstarrt bei allen Legierungen, deren Kennlinien zwischen $E$ und $D$ liegen, bei der eutektischen Temperatur $t_e$ eine bestimmte Menge Eutektikum $C$. Für 1 g einer Legierung $\Re_2$ ist nach dem Hebelgesetz (37) bei $t_e$ die Menge der flüssigen eutektischen Phase $EF/EC$; für die Legierung $\Re_4$ ergibt sich der Betrag $GD/CD$, für die eutektische Legierung $\Re_3$ $CE/CE = 1$; für die Legierungen $\Re_1$ und $\Re_5$ ist der Betrag Null. Trägt man diese Mengen wie in Abb. 97b von den den einzelnen

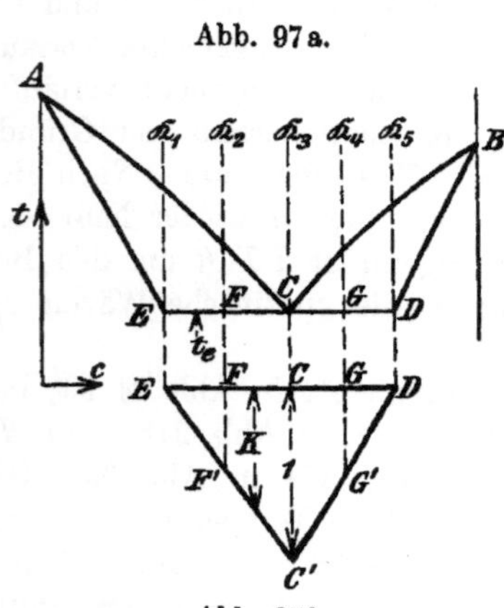

Abb. 97a.

Abb. 97b.

Legierungen entsprechenden Punkten der Strecke $ED$ aus nach unten als Ordinaten ab, so erhält man für die Legierung $\Re_2$ die Ordinate $FF'$

$$FF'/EF = CC'/EC = 1/EC$$
$$FF' = EF/EC.$$

Punkt $F'$ muß somit auf der Geraden $EC'$ liegen; ebenso der Punkt $G'$ auf der geraden Verbindungslinie $C'D$. Man erhält also auf zeichnerischem Wege die Menge der bei $t_e$ in den einzelnen Legierungen erstarrenden eutektischen Phase dadurch, daß man über der Strecke $ED$ im Punkte $C$ die Größe $CC' = 1$ abträgt und die Punkte $E$ und $C'$, sowie $C'$ und $D$ durch Gerade verbindet. Jede Kennlinie gibt dann zwischen $ED$ und $EC'$ bzw. $DC'$ einen Abschnitt, der der Menge des erstarrenden Eutektikums proportional ist. Diese Abschnitte liefern also die Größe $k$ der Gl. 5. Die Zeitdauer $z_e$ für den Haltepunkt bei $t_e$ (Abb. 96), muß sonach bei der eutektischen Legierung $\Re_3$ den höchsten Betrag haben und nach den beiden Legierungen $\Re_1$ und $\Re_5$ hin auf Null abnehmen.

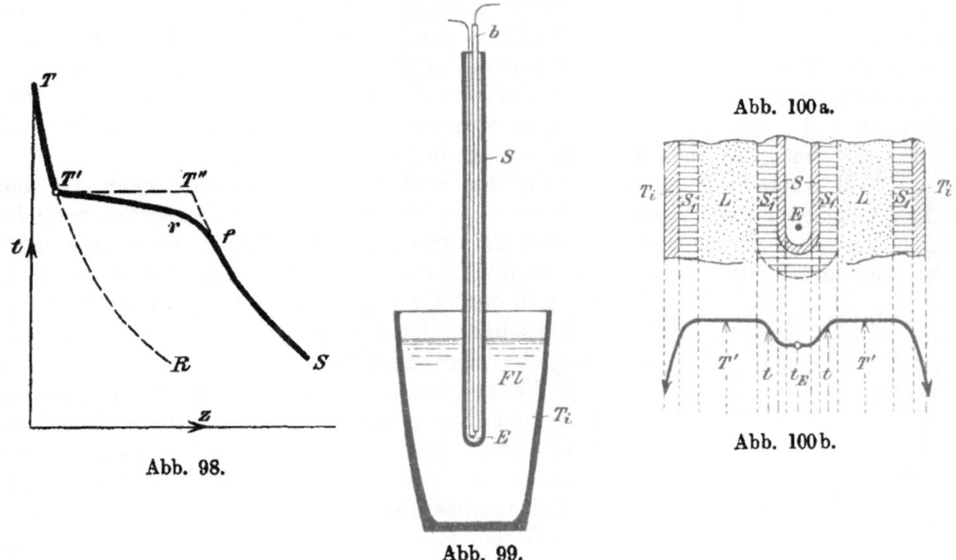

Abb. 98.       Abb. 99.       Abb. 100a.       Abb. 100b.

**153.** Beim Versuch findet man den idealen Verlauf der $z,t$-Linie, wie ihn Abb. 95 für kongruent erstarrende oder sich umwandelnde Legierungen zeigt, niemals. Die wirklich ermittelten $z,t$-Linien weichen immer mehr oder weniger davon ab, wie die stark ausgezogene Linie in Abb. 98.

Das erklärt sich dadurch, daß man beim Versuch nicht die Temperatur der erstarrenden Schmelze selbst, sondern die des Thermometers mißt, das zur Temperaturmessung verwendet wird. Verwendet man z. B. die Versuchsanordnung nach Abb. 99, so befindet sich die geschmolzene Legierung $Fl$ im Tiegel $Ti$. In die Schmelze taucht ein Schutzrohr $S$ aus feuerfester Masse. In diesem befindet sich das Thermoelement $E$ (*165* usw.) zur Messung der Temperatur. Die Wärmeabfuhr geschieht durch die Tiegelwand und durch das Schutzrohr $S$ in der in Abb. 100a veranschaulichten Weise. An diesen Stellen werden sich deshalb die zuerst ausgeschiedenen Kristalle $S_1$ ansetzen und so den flüssigen Rest in den punktiert gezeichneten Raum $L$ treiben. Nur dort stehen flüssige und feste Phase miteinander in Berührung, also kann auch nur dort nach der Phasenregel die Temperatur $T''$ unverändert so lange erhalten bleiben, bis alles Flüssige erstarrt ist. Die Kristallschicht $S_1$ steht nur an der Berührungsstelle mit $L$ mit flüssiger Phase in Berührung, hat also auch nur dort die Temperatur $T''$. In größerer Entfernung davon kann die Temperatur nach den Stellen größter Wärmeentziehung (Tiegelwand und Schutzrohr) sinken. Die Temperaturverteilung wird ungefähr wie in Abb. 100b sein. Die niedrigste Temperatur herrscht in den Tiegelwandungen $Ti$ und im Schutzrohr $S$. In letzterem besteht die Temperatur $t_E$ und diese wird vom Thermoelement $E$ angezeigt. Die Anzeige entspricht somit nicht der Erstarrungstemperatur $T''$ im Raume $L$, sondern einer niedrigeren Temperatur. Der Unterschied zwischen $T''$ und $t_E$ wird in dem Maße wachsen, wie die Schicht $S_1$ dicker wird, wie sich also die Legierung dem Endpunkt der Erstarrung naht. Damit erklärt sich der abweichende Verlauf der tatsächlich durch den Versuch ermittelten Kurven $T''rfS$ von der idealen Linie $T''T'''fS$.

Je schneller die Wärmeentziehung stattfindet, je größer also $C$ und je kleiner $t_0$ in Gl. 3 ist, um so mehr wird sich die in Abb. 100b dargestellte ungleichmäßige Temperaturverteilung (unvollkommenes Gleichgewicht) einstellen, eine um so größere Abweichung der Linien $T''T'''fS$ und $T''rfS$ ist zu erwarten. Wird dagegen der Versuch so durchgeführt, daß die Wärmeentziehung in der Zeiteinheit sehr gering ist, dadurch, daß man $t_0$ ziemlich hoch, etwas tiefer als $T''$ wählt, so ist der Wärmeabfluß in der Zeiteinheit gering; die Unterschiede in den Temperaturen in Abb. 100b werden abnehmen. Die Kurve $T''rf$ deckt sich dann tatsächlich auf dem größten Teil ihres Verlaufes mit der idealen Linie $T''T'''$ und biegt erst kurz vor dem Ende der Erstarrung von dieser ab.

**154.** Ähnliche Einflüsse werden sich auch bei den $z, t$-Linien nach Art der Abb. 94 geltend machen, also bei Legierungen, die innerhalb des Temperaturbereichs $T''T'''$ erstarren. Auch hier wird sich statt des plötzlichen Richtungswechsels in $T'''$ bei der durch den Versuch ermittelten Kurve eine unvermeidliche Abrundung bei $r$ in der ausgezogenen Linie der Abb. 101 bemerkbar machen. Dadurch wird es aber in der Regel unmöglich, zum mindesten jedoch sehr unsicher, aus dem Verlauf der $z, t$-Linie das Ende der Erstarrung (bzw. der Umwandlung) $T'''$ zu bestimmen. Erschwerend kommt noch der in *136—138* besprochene Umstand hinzu, der darauf hinwirkt, daß bei einigermaßen rascher Abkühlung die Temperatur $T'''$ infolge unvollkommenen Gleichgewichts herabgedrückt werden kann, und zwar um so mehr, je schneller die Abkühlung vor sich geht. Man darf deswegen solche $c, t$-Bilder, bei denen der Verlauf des Endes der Erstarrung zu Mischkristallen ausschließlich auf Grund der $z, t$-Linien angegeben ist, nur als grobe Annäherung an die Wirklichkeit ansehen, solange nicht durch andere Verfahren die Gewähr dafür gegeben wird, daß der angegebene Verlauf der richtige ist.

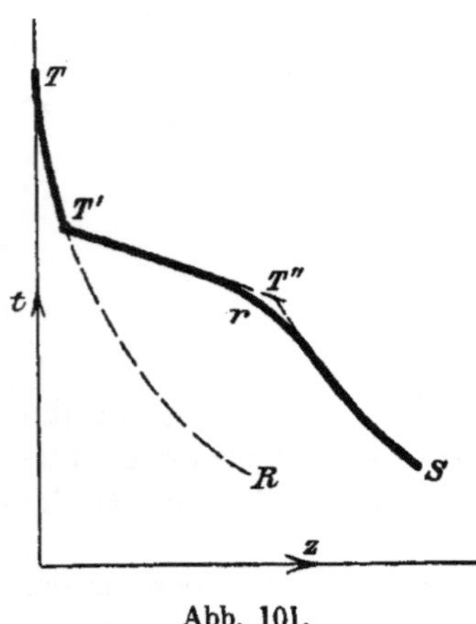


Abb. 101.

**155.** Auf Grund theoretischer Erwägungen würde man besser zur Feststellung der Endtemperatur $T'''$ kommen, wenn man statt der $z, t$-Linie der Abkühlung die $z, t$-Linie der Erhitzung durch den Versuch feststellt. Hierfür wird in Gl. 3 der Wert $l$ negativ, und die Größe $-C(t-t_0)$ geht über in $+C(\vartheta-t)$. Dabei ist $t$ die Temperatur der Legierung zur Zeit $z$, $\vartheta$ die Temperatur der Umgebung, in der die Legierung erhitzt wird, und die also höher ist als $t$. Man erhält dann beispielsweise für das Schmelzen von Mischkristallen, das innerhalb des Bereiches $T'''$ bis $T''$ stattfindet, eine Kurve wie in Abb. 102. Hierin tritt der Punkt $T'''$ (Beginn der Schmelzung = Ende der Erstarrung) deutlich hervor, während der Punkt $T''$ wegen der Abrundung bei $r$ verwischt wird. Nach der Überlegung in

*139* findet man bei der Erhitzung den Punkt $T'''$ auch dann angenähert richtig, wenn unvollkommenes Gleichgewicht eintritt.

Praktisch bietet aber die Aufnahme von $z, t$-Linien bei der Erhitzung größere Schwierigkeiten als bei der Abkühlung. Es ist sehr schwer, die Erhitzung so zu regeln, daß die Grundkurve tatsächlich stetig verläuft, und nicht etwa wegen Unregelmäßigkeiten in der Wärmezufuhr Unstetigkeiten auftreten, die dann fälschlich für die Anzeichen von Wärmetönungen gehalten werden.

*156.* Treten bei der kongruenten Erstarrung einer Legierung oder eines Metalls Unterkühlungen ein, so kann die Legierung beispielsweise bis zu einer Temperatur $(T')$ unterhalb des Erstarrungspunktes $T'$ flüssig bleiben (Abb. 103). Die $z, t$-Linie muß dann bis $(T')$ der $z, t$-Grundkurve folgen, da ja Wärmeentbindung nicht früher erfolgt, als bis feste Phase ausgeschieden wird. Wird dann die Unterkühlung bei $(T')$ freiwillig oder durch Impfen aufgehoben, so steigt nun die $z, t$-Linie wegen der plötzlich freiwerdenden Wärme rasch bis zu einem Punkte $a$ (Abb. 103) an, um dann über $r$ nach $S$ abzufallen. Der Punkt $a$ braucht nicht notwendigerweise auf der idealen $z, t$-Linie $T'T'''$ zu liegen, d. h. nach Aufhebung der Unterkühlung muß die Temperatur nicht notwendigerweise auf die Erstarrungs-

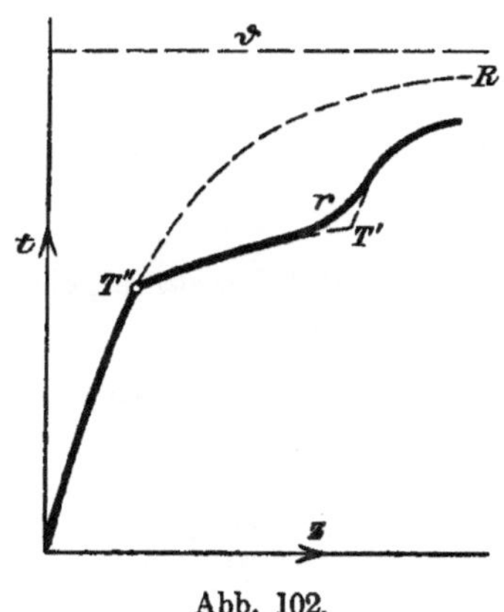

Abb. 102.

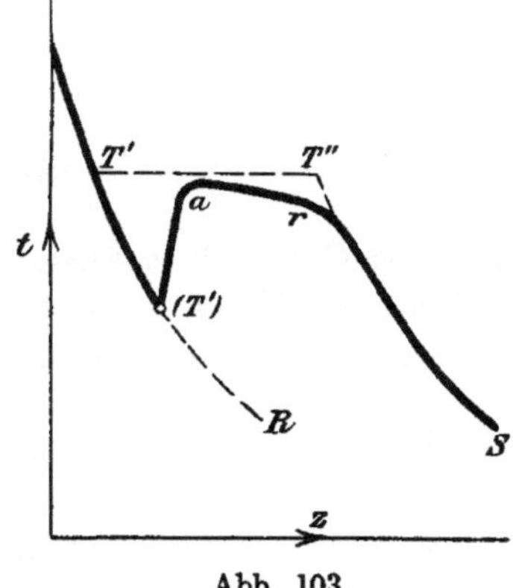

Abb. 103.

temperatur $T'$ ansteigen, sie kann auch mehr oder weniger darunter bleiben. Was eintritt, hängt von der Kristallisationsgeschwindigkeit des erstarrenden Stoffes bei der Temperatur $(T')$ und den darüberliegenden Wärmegraden ab. Ist diese Kristallisationsgeschwindigkeit groß, so nähert sich $a$ der Wagerechten $T'T'''$; ist sie aber klein, so kann $a$ wesentlich unter dieser Wagerechten bleiben. Ist die Kristallisationsgeschwindigkeit in $(T')$ gar Null, so fällt der aufsteigende Ast $(T')a$ weg, und die $z, t$-Linie folgt auch weiterhin der Grundkurve bis zur gewöhnlichen Temperatur, wenn nicht etwa bei einer tieferen Temperatur als $(T')$ die Kristallisationsgeschwindigkeit höhere Werte annimmt. Die Legierung bleibt dann also im unterkühlten Zustand; es findet keine Wärmeentbindung und mithin auch keine Erstarrung statt. Dieser Fall ist bei der Erstarrung metallischer Rohstoffe noch nicht beobachtet worden; wohl aber kann er bei Umwandlungen eintreten. Das Ausbleiben der Erstarrung ist aber eine häufige Erscheinung bei Gläsern.

Als Beispiel für Unterkühlung sind die beiden $z, t$-Abkühlungskurven für Wismut in den Abb. 104 und 105 gegeben. Bei der Abkühlung nach Abb. 104 ist die Unterkühlung nur gering; die $z, t$-Linie erreicht deshalb im Punkte $a$ ungefähr die Erstarrungstemperatur $T' = 269{,}5\ \mathrm{C^0}$. Bei der in Abb. 105 dargestellten Abkühlung dagegen ist die Unterkühlung wesentlich stärker; der Höchstpunkt $a$ nach der Unterkühlung steigt daher auch nur bis zu etwa $267{,}1\ \mathrm{C^0}$.

**157.** Über die Wärmetönungen und die Kennzeichen der $z,t$-Linien für Legierungen nach der Erstarrungs- oder Umwandlungsart $Aa2\alpha$ (*42—48*) seien noch die folgenden Betrachtungen angestellt. Die Legierungen mit Kennlinien zwischen $C$ und $D$ (vgl. $c,t$-Bild, Abb. 106a) bestehen bei $t_u$ vor der Umwandlung aus

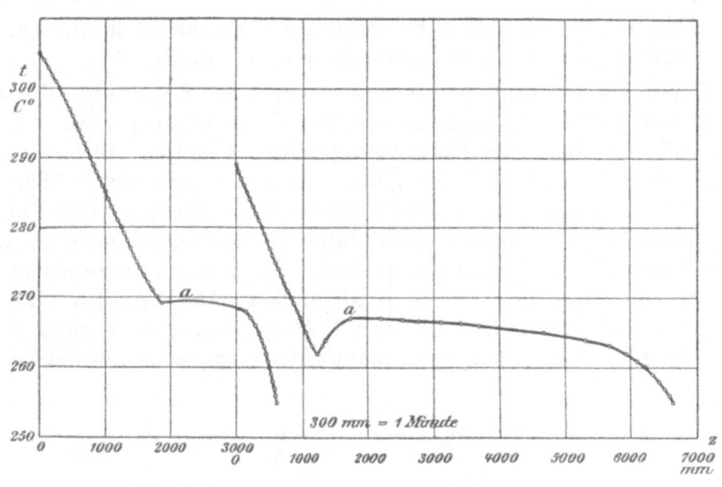

Abb. 104.                     Abb. 105.

Wismut: $z,t$-Linien.

flüssiger Phase $C$ und Mischkristallen $D$. Nach dem Hebelgesetz ergeben sich folgende Mengenverhältnisse dieser Phasen in 1 g Legierung:

| Legierung | Menge der flüssigen Phase $C$ | Menge der $D$-Kristalle |
|---|---|---|
| $\mathfrak{K}_1$ | 1 | 0 |
| $\mathfrak{K}_2$ | $FD/CD$ | $FC/CD$ |
| $\mathfrak{K}_3$ | $ED/CD$ | $EC/CD$ |
| $\mathfrak{K}_4$ | $GD/CD$ | $GC/CD$ |
| $\mathfrak{K}_5$ | 0 | 1 |

Setzt man in der Abb. 106b die Länge der Strecke $CH = DJ = 1$, so werden die Mengenanteile der flüssigen Phase $C$ und der Mischkristalle $D$ vor der Umwandlung dargestellt durch folgende Strecken:

| Legierung | Flüssige Phase $C$ | Mischkristalle $D$ |
|---|---|---|
| $\mathfrak{K}_1$ | $CH$ | 0 |
| $\mathfrak{K}_2$ | $FN$ | $NL$ |
| $\mathfrak{K}_3$ | $EO$ | $OK$ |
| $\mathfrak{K}_4$ | $GP$ | $PM$ |
| $\mathfrak{K}_5$ | 0 | $DJ$ |

Bei $t_u$ nach der Umwandlung besteht 1 g der Legierung aus folgenden Anteilen entsprechend dem Hebelgesetz:

| Legierung | Flüssigkeit $C$ | Mischkristalle $D$ | Mischkristalle $E$ |
|---|---|---|---|
| $\mathfrak{K}_1$ | 1 | 0 | 0 |
| $\mathfrak{K}_2$ | $FE/CE$ | 0 | $FC/CE$ |
| $\mathfrak{K}_3$ | 0 | 0 | 1 |
| $\mathfrak{K}_4$ | 0 | $GE/DE$ | $GD/DE$ |
| $\mathfrak{K}_5$ | 0 | 1 | 0 |

**Nach der Umwandlung** lassen sich somit die Anteile der einzelnen Phasen durch folgende Strecken darstellen (Abb. 106b):

| Legierung | Noch vorhandene Flüssigkeit $C$ | Noch vorhandene Mischkristalle $D$ | Mischkristalle $E$ gebildet aus Flüssigkeit $C$ | Mischkristallen $D$ |
|---|---|---|---|---|
| $\mathfrak{K}_1$ | $CH$ | 0 | 0 | 0 |
| $\mathfrak{K}_2$ | $QN$ | 0 | $FQ$ | $NL$ |
| $\mathfrak{K}_3$ | 0 | 0 | $EO$ | $OK$ |
| $\mathfrak{K}_4$ | 0 | $PR$ | $GP$ | $RM$ |
| $\mathfrak{K}_5$ | 0 | $DJ$ | 0 | 0 |

Die bei der Erstarrung von flüssiger Phase $C$ zu Mischkristallen $E$ freiwerdende Wärme ist proportional den Ordinaten der sich schneidenden Geraden $CO$, $OD$ in bezug auf $CD$ als Abszissenachse. Sie ist am größten für Legierung $\mathfrak{K}_3$, deren Kennlinie durch $E$ geht, entsprechend der Ordinate $EO$.

Die bei der Umwandlung von $D$-Kristallen in $E$-Kristalle eintretende Wärmetönung wird verhältnismäßig klein sein. Sie ist proportional den Ordinaten der sich schneidenden Geraden $HO$, $JO$ mit bezug auf $HJ$ als Abszissenachse. Auch diese Wärmeentwicklung hat ihren Höchstwert bei der Legierung $\mathfrak{K}_3$. Diese muß also auf jeden Fall bei $t_u$ den höchsten Betrag von Wärmeentbindung liefern, während nach beiden Seiten zu die Menge der entwickelten Wärme abnimmt und schließlich bei den Legierungen $\mathfrak{K}_1$ und $\mathfrak{K}_5$ gleich Null wird.

Die Legierungen zwischen $D$ und $E$ (Abb. 106a) geben $z, t$-Linien nach Art der Abb. 96, wobei die Punkte $T'$ den Punkten der Linie $CB$ in Abb. 106a und die Temperaturen $T'''$ der Umwandlungstemperatur $t_u$ entsprechen. Die $z, t$-Linien sind also denen der Legierungen nach Erstarrungsart $A a 2 \gamma$ für Legierungen zwischen $E$ und $D$ sehr ähnlich. Der Unterschied liegt aber darin, daß bei letzterer Erstarrungsart die Temperatur $T'$ einen Mindestwert hat, und zwar für die eutektische Legierung $C$, während bei der Erstarrungsart $A a 2 \alpha$ die Temperatur $T'$ für den Beginn der Erstarrung von $B$ nach $A$ sinkt, ohne daß sich ein Mindestwert zwischen $A$ und $B$ einstellt.

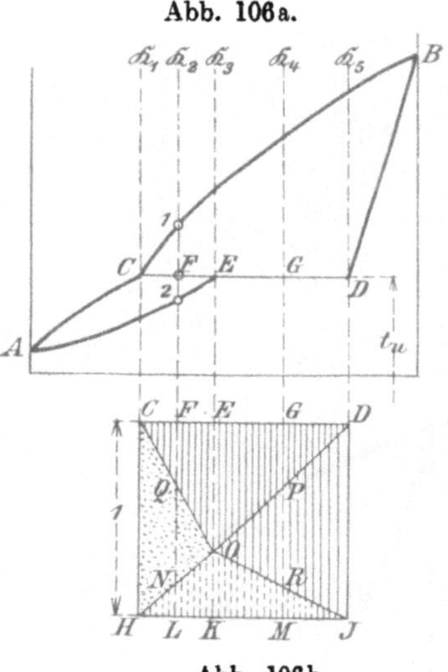

Abb. 106a.

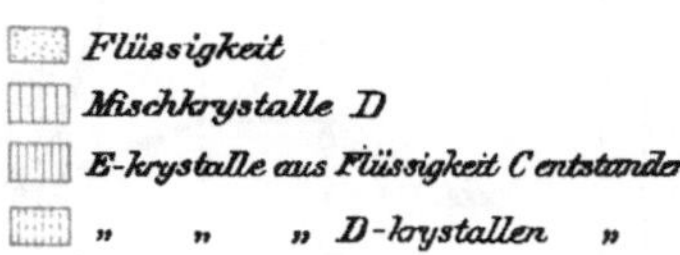

Abb. 106b.



Die Legierungen zwischen $C$ und $E$ in Abb. 106a, z. B. die Legierung $\mathfrak{K}_2$, müßten $z, t$-Linien geben, in denen sich der Beginn der Erstarrung $T'$ bei Punkt 1, die Umwandlung bei $t_u$ in Punkt $F$ und schließlich das Ende der Erstarrung $T''$ bei Punkt 2 bemerkbar machen müßte. Dieser letztere Punkt ist aber meist nicht sicher erkennbar aus den Gründen, die bereits in *154* erwähnt sind. Die Lage der Linie $AE$ ist sonach mittels der $z, t$-Linien bei der Abkühlung nicht sicher feststellbar.

**158.** Im folgenden soll ein kurzer Überblick über die Art der $z, t$-Linien für die einzelnen Arten der Erstarrung (bzw. Umwandlung) gegeben werden. Die reinen Metalle $A$ und $B$ haben $z, t$-Linien nach Abb. 98.

*$A a 1 \alpha$*, Abb. 8.    $z, t$-Linien nach Abb. 101.

$Aa1\beta$, Abb. 10. Legierung $C$ nach Abb. 98, alle übrigen nach Abb. 101.

$Aa1\gamma$, „ 11. Desgl.

$Aa2\alpha$, „ 15. Legierungen mit Kennlinien zwischen $A$ und $C$ sowie zwischen $D$ und $B$: nach Abb. 101; zwischen $C$ und $E$ $z,t$-Linien mit drei Haltepunkten (bei Beginn der Erstarrung, bei $t_u$ und beim Ende der Erstarrung). Legierungen mit Kennlinien zwischen $E$ und $D$: $z,t$-Linien nach Abb. 96.

  Bei $t_u$ Höchstwert der Wärmeentwicklung für Legierung $E$. Abnahme der Wärmeentwicklung von $E$ nach links und rechts. Wärmeentwicklung Null bei Legierungen $C$ und $D$.

$Aa2\gamma$, „ 21. Legierungen zwischen $A$ und $E$, $B$ und $D$ nach Abb. 101. Legierungen zwischen $E$ und $D$ nach Abb. 96. Bei $t_e$ größter Wert der Wärmeentwicklung für die Legierung $C$. Bei den Legierungen $E$ und $D$ Wärmeentwicklung Null.

| | Temperatur | Höchstwert der Wärmeentwicklung bei | Wärmeentwicklung Null bei |
|---|---|---|---|
| Abb. 31 | $t_u$ | $V$ | $F$ und $G$ |
| „ 43 | $t_u$ | $D'$ | $C$ und $E$ |
| „ 47 | $FG'H''$ | nahe bei $G'$ | $F$ und $H''$ |
| „ 48 | $J_2 H''$ | $J_2$ | $H''$ |
| „ 52 | $CD'E$ | $D'$ | $C$ und $E$ |
| | $FGH'$ | $G$ | $F$ und $H'$ |
| „ 60 | $L_{1a} L_{1b} F$ | $L_{1b}$ | $L_{1a}$ und $F$ |

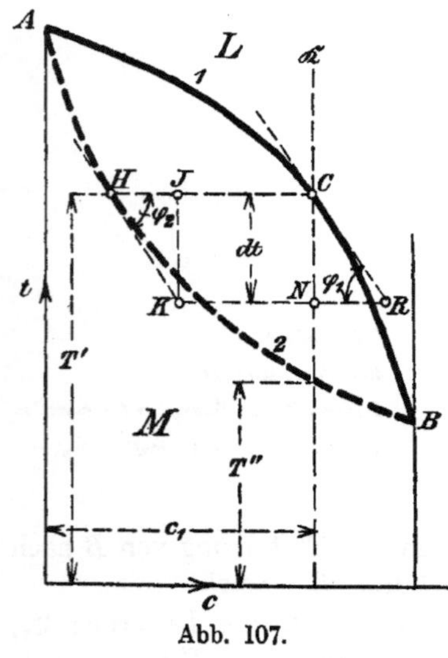

Abb. 107.

**159.** Es ist noch der Einfluß zu untersuchen, den der Verlauf der Linien für den Beginn der Erstarrung (Umwandlung) im $c,t$-Bild auf die Deutlichkeit der Haltepunkte in der $z,t$-Linie ausübt. In Abb. 107 ist ein $c,t$-Bild nach Art $Aa1\alpha$ gezeichnet. Der Beginn der Erstarrung für die Legierung $\Re$ ist $T'$, das Ende der Erstarrung $T'''$. Bei der Temperatur $T'$ ist die Menge der ausgeschiedenen Kristalle Null. Nach Sinken der Temperatur um den Betrag $dt$ unter die Temperatur $T'$ erhält man auf Grund des Hebelgesetzes die Abnahme $dk$ der sich aus 1 g der Legierung ausscheidenden Kristalle $dk = -NR/KR$, wobei für einen unendlich kleinen Wert von $dt$ die Kurve $A1B$ durch ihre Tangente $CR$ und die Kurve $A2B$ durch ihre Tangente $HK$ ersetzt werden kann. Es ist nun $KR = HC + NR - HJ$, somit

$$dk = \frac{-NR}{HC + NR - HJ} = \frac{-CN \operatorname{cotg} \varphi_1}{HC + CN \operatorname{cotg} \varphi_1 - JK \operatorname{cotg} \varphi_2}.$$

Da nun $CN$ und $JK = dt$,

$$dk = -\frac{dt \operatorname{cotg} \varphi_1}{HC + dt \operatorname{cotg} \varphi_1 - dt \operatorname{cotg} \varphi_2}.$$

Die unendlich kleinen Größen $dt \cot \varphi_1$ und $dt \cot \varphi_2$ können gegenüber der Größe $HC$ vernachlässigt werden, so daß sich ergibt:

$$\frac{dk}{dt} = -\frac{\operatorname{cotg} \varphi_1}{HC} \quad \ldots \ldots \ldots \ldots \ldots (6)$$

Wir wollen $\varphi_1$ den **Fallwinkel** der Linie für den Beginn der Erstarrung im Punkte $C$ nennen. Für den Fallwinkel $\varphi_1 = 90^0$ ist $dk/dt = 0$; andererseits erreicht $dk/dt$ seinen Höchstwert für $\varphi_1 = 0$. Die beim Sinken der Temperatur um $dt$ erstarrende oder sich umwandelnde Kristallmenge ist sonach um so größer, je mehr sich der Fallwinkel $\varphi_1$ dem Werte Null nähert, und um so kleiner, je näher $\varphi_1$ an $90^0$ liegt.

Da nun die Wärmeentwicklung bei $T''$ nach Gl. 3, Abs. *149*, gleich ist $ml\dfrac{dk}{dt}dt$, so muß auch der Betrag dieser Wärmeentwicklung für $\varphi_1 = 90^0$ Null werden und für $\varphi_1 = 0$ seinen Höchstwert erreichen. Von dem Betrag dieser Wärmemenge ist aber der Richtungswechsel der $z,t$-Linie bei $T''$ in Abb. 94 abhängig. Dieser Richtungswechsel, und somit der Haltepunkt bei $T''$, wird bei gleichem Betrag der latenten Wärme $l$ um so stärker ausgeprägt sein, je kleiner der Fallwinkel der Schaulinie für den Beginn der Erstarrung $A\,1\,B$ im Punkte $C$ ist, und um so kleiner, je mehr sich diese von der Wagerechten entfernt.

Außer von dem Fallwinkel und der latenten Wärme ist $dk/dt$ noch abhängig von der Größe der Strecke $HC$; nach Gl. 6 ist $dk/dt$ und damit die Größe der Wärmetönung umgekehrt proportional der Strecke $HC$, also umgekehrt proportional dem wagerechten Abstand der beiden Kurven $A\,1\,B$ und $A\,2\,B$ bei der Temperatur $T''$. Je mehr sich sonach $T''$ der Erstarrungstemperatur der beiden reinen Stoffe $A$ und $B$ nähert, um so kleiner wird $HC$, um so größer wird damit auch $dk/dt$. Für den Fall, daß in den Erstarrungspunkten der Metalle $A$ und $B$ der Fallwinkel $\varphi_1$ nicht $90^0$ ist, ergibt sich dann $dk/dt = -\infty$. Diese Beziehung haben wir bereits in *150* kennen gelernt. Es soll hier nur noch darauf hingewiesen werden, daß die obige Regel über den Einfluß des Fallwinkels auf die Deutlichkeit des Haltepunktes in der $z,t$-Linie nur Gültigkeit hat, wenn der Betrag $HC$ nicht Null ist.

**160.** In den Abb. 16, 19, 23 sind Fälle dargestellt, in denen Legierungen zu homogenen Mischkristallen erstarren und beim Sinken der Temperatur bei $K$ in das Bereich der Lücke zwischen den Mischkristallen $\alpha + \beta$ eintreten. Bei $K$ beginnen sich dann aus der homogenen Legierung andersgeartete Mischkristalle auszuscheiden, z. B. bei der Legierung $\Re$ in Abb. 19 aus den Mischkristallen $\beta$ Kristalle $\alpha$. Mit dieser Ausscheidung ist auch eine Wärmeentwicklung verbunden. Der Wert $l$ ist bei solchen Vorgängen im festen Zustand meist wesentlich kleiner, als für Übergänge aus dem flüssigen in den festen Zustand. Kommt nun noch hinzu, daß sich auch $dk/dt$ wegen des großen Fallwinkels $\varphi_1$ der Kurve $DQ$ und des meist großen Wertes der Strecke $KL$ in Abb. 19 dem Werte Null nähert, so erhellt, daß die Wärmetönung bei $K$ sehr klein sein wird. Sie zeigt sich in der Regel in den $z,t$-Linien nicht. Der Verlauf der Linien $EP$ und $DQ$ kann deswegen meist nicht mittels des thermischen Verfahrens ermittelt werden.

**161.** Vielfach sind geringe Wärmetönungen in der $z,t$-Linie weniger deutlich bemerkbar, als in der $\Delta z,t$-Linie. Man beobachtet die Zeit $\Delta z$, die erforderlich ist für das Abfallen (oder Steigen) der Temperatur um einen bestimmten gleichbleibenden Betrag $\Delta t$ (z. B. $\Delta t = 1^0$, oder $10^0$, je nach der Empfindlichkeit des zur Temperaturmessung benutzten Instrumentes). Die Zeiten $\Delta z$ werden als Abszissen, die jeweiligen Temperaturen $t$ als Ordinaten benutzt. Tritt während der Abkühlung (oder Erhitzung) plötzlich Verzögerung ein, so wird die zum Durchlauf des Temperaturbereichs $\Delta t$ benötigte Zeit $\Delta z$ plötzlich anwachsen, um dann nach Aufhören der Wärmetönung wieder auf einen kleineren Wert abzusinken. Aus Gl. 4 ergibt sich

$$\Delta z = -\Delta t \cdot \frac{m}{C} \cdot \frac{s_t - l\dfrac{dk}{dt}}{t - t_0}.$$

Steigt der Wert von $dk/dt$ (der nach Abs. *149* stets negativ ist), so steigt auch $\varDelta z$. Für die Grundkurve ist er

$$\varDelta z = -\varDelta t \cdot \frac{m}{C} \cdot \frac{s_t}{t - t_0},$$

wächst also allmählich mit Abnahme der Temperatur $t$ und erreicht bei $t = t_0$, d. h. bei Annäherung der Temperatur der Legierung an die der Umgebung, den Wert $\infty$. Die $\varDelta z, t$-Linie ist, falls $s_t$ unveränderlich angenommen wird, eine gleichseitige Hyperbel. Beginnt bei $T''$ eine Wärmetönung einzusetzen, liegt also bei $T''$ ein Haltepunkt, so wird die $\varDelta z, t$-Linie bei $T''$ plötzlich eine Spitze $bef$ bilden, wie in Abb. 108, um sich dann wieder allmählich der Grundkurve zu nähern.

In den beiden Abb. 134 und 135 sind für eine bestimmte Legierung die $z, t$-Linie (9 in Abb. 134) und die $\varDelta z, t$-Linie (9' in Abb. 135) dargestellt. Während man in der $z, t$-Linie 9 bei 689 C⁰ den Richtungswechsel nur sehr unsicher erkennt, ist die Wärmetönung in der $\varDelta z, t$-Linie 9' durch die Spitze deutlich gekennzeichnet. Bei der Aufzeichnung dieser Kurve 9' wurden die Zeiten $\varDelta z$ zum Durchlaufen der Temperatur $\varDelta t = t_2 - t_1 = 10$ C⁰ als Abszissen zu den Ordinaten $\dfrac{t_1 + t_2}{2}$ eingetragen.[1])

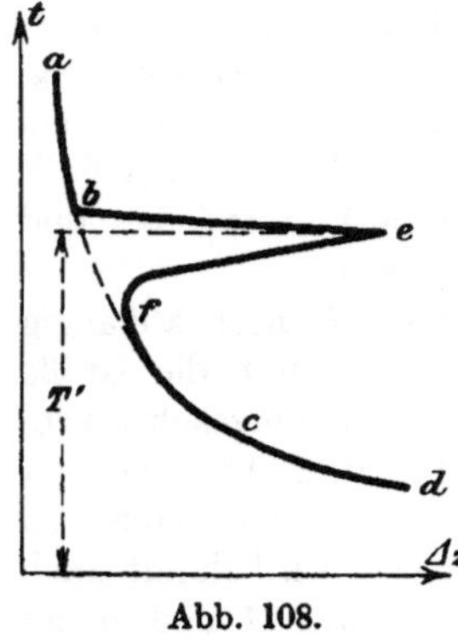

Abb. 108.

## 2. Die Mittel zur Temperaturmessung.

*162.* Zur Aufnahme der $z, t$- und der $\varDelta z, t$-Linien sind Messungen höherer Wärmegrade· erforderlich. Hierbei kommt es weniger darauf an, daß die Messung· absolut genommen den höchsten, dem derzeitigen Stand der Wissenschaft entsprechenden Grad der Genauigkeit besitzt, sondern es genügt, relativ genügend genaue Werte zu erzielen. Für die Aufnahme der $z, t$-Linien, $\varDelta z, t$-Linien usw. kommen nur das Quecksilberthermometer, das Thermoelement und das Widerstandspyrometer in Betracht. Da aber bei metallurgischen Arbeiten die Messung höherer Wärmegrade eine wichtige Rolle spielt, soll bei dieser Gelegenheit auch noch auf die übrigen wichtigsten Vorrichtungen zur technischen Temperaturmessung, insbesondere auf die optischen Pyrometer etwas näher eingegangen werden.

### a) Das Quecksilberthermometer.

*163.* Für Temperaturen bis etwa 400 C⁰ benutzt man Quecksilberthermometer aus Jenaer Glas. In diesen steht der Quecksilberfaden unter dem Druck eines das Quecksilber nicht angreifenden Gases, z. B. Stickstoff, oder Kohlendioxyd. Änderungen der Eigenspannungen im Glas (*324—338*) infolge der Erwärmung und Abkühlung bei der Benutzung können den Nullpunkt des Thermometers wesentlich verändern und so die Ablesung unsicher machen. Dieser Übelstand wird durch künstliches Altern beseitigt, indem man das Thermometer bei der höchsten Temperatur, für die es gebraucht wird, längere Zeit (Tage, unter Umständen Wochen) erhält und dann sehr langsam abkühlt.

Die Thermometer sind so geeicht, daß sie die richtige Temperatur nur dann unmittelbar abzulesen gestatten, wenn sich das gesamte Quecksilber innerhalb der zu messenden Temperatur befindet. In der Mehrzahl der Fälle läßt sich aber bei der Temperaturmessung nicht vermeiden, daß ein Teil des Quecksilberfadens aus dem zu messenden Temperaturbereich in eine kühlere Umgebung hineinragt.

---

[1]) $t_2$ ist die Temperatur zu Beginn, $t_1$ zu Ende der Temperaturintervalle $\varDelta t = 10\,C^0$.

Dann ist nur ein Teil des Quecksilberfadens auf die zu messende Temperatur erhitzt, und die Ablesung ergibt einen zu niedrigen Wert.

Ist $t$ die wirkliche Temperatur, bei der sich die Kugel des Thermometers I (Abb. 109) befindet, $t'$ die am Thermometer I unmittelbar abgelesene Temperatur, $t_m$ die Ablesung des Hilfsthermometers II, dessen Kugel sich in der Mitte des herausragenden Fadens befindet, $n$ die Länge des herausragenden Quecksilberfadens in Skalenteilen des Thermometers I, so ist

$$t = t' + \delta$$

$$\delta = \frac{n}{6300}\,(t' - t_m),$$

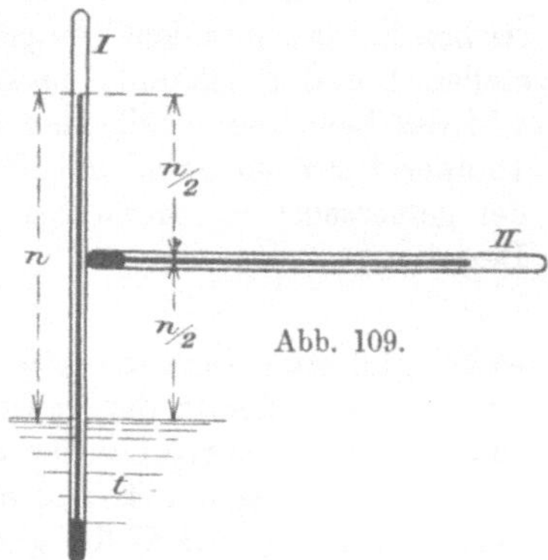



wenn das Thermometer aus Jenaer Glas XVI[III] oder aus Greiner und Friedrichsschem Resistenzglas besteht.

Die Kugel des Hilfsthermometers II muß vor unmittelbarer Bestrahlung geschützt werden.

**164.** Die Quecksilberthermometer für höhere Wärmegrade müssen unter scharfer Kontrolle gehalten werden, wenn man sich nicht der Gefahr aussetzen will, unzuverlässige Angaben zu erhalten. Man verfährt zweckmäßig folgendermaßen: Man beschafft sich zwei Normalthermometer, die man von der Physikalisch-Technischen Reichsanstalt als Gebrauchsnormale eichen läßt. Gegen diese vergleicht man die im Betrieb befindlichen Thermometer in regelmäßigen Zeiträumen in Ölbädern. Man achte hierbei möglichst darauf, daß die Thermometer mit dem ganzen Faden eintauchen, also $\delta = 0$ wird. Die Normalthermometer sind nur so lange verwendbar, als sie beide gleiche Temperaturangaben liefern. Sobald dies nicht mehr der Fall ist, sind sie zu beseitigen und durch neue zu ersetzen. Aber auch wenn sie noch gleiche Angaben liefern, ersetzt man sie durch neue, wenn alte Gebrauchsthermometer unbrauchbar geworden sind und verwendet die früheren Normalthermometer von da ab als Gebrauchsthermometer im Betrieb. Die neuen Normalthermometer sind jedesmal in der Physikalisch-Technischen Reichsanstalt zu eichen. Diese Eichung ist natürlich zwecklos, wenn nicht die Sicherheit besteht, daß die Gläser vorher genügend gealtert waren, so daß nicht die Normalthermometer beim Gebrauch in kurzer Frist infolge Nachalterns ihre Angaben ändern und so unbrauchbar werden. Man muß deshalb besonders darauf hinwirken, daß die Eichung in der Physikalisch-Technischen Reichsanstalt erst nach vorgenommener Alterung geschieht.

### b) Die Thermoelemente.

**165.** Werden zwei Drähte $A$ und $B$ (Abb. 110) aus zwei verschiedenen Metallen oder Legierungen bei 1 miteinander verlötet und bei 1 erwärmt, so entsteht in den Drähten $A$ und $B$ eine thermoelektromotorische Kraft $e$. Werden die Enden 2 und 2' durch Kupferdrähte $C$ leitend miteinander verbunden, so wird durch diese elektromotorische Kraft in dem geschlossenen Kreis ein elektrischer Strom erzeugt, dessen Stärke mittels des Galvanometers $G$ gemessen werden

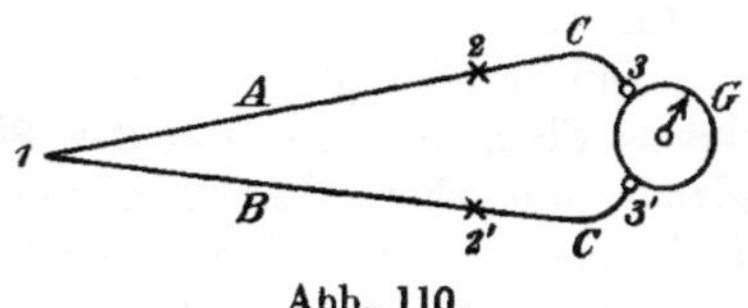



kann. Die Größe der elektromotorischen Kraft $e$ ist abhängig von dem Unterschied in der Temperatur der beiden Verbindungen 1 einerseits und 2 und 2' andererseits.

Man nennt eine solche Verbindung zweier Drähte aus verschiedenen Metallen ein **Thermoelement**, die beiden Drähte $A$ und $B$ die **Schenkel**, 1 die **Warmlötstelle**, die Enden 2 und 2′ die **freien Enden** oder, wenn der Stromkreis geschlossen ist, die **Kaltverbindungen** (zuweilen auch **Kaltlötstellen**).

Ist für ein Thermoelement die Beziehung zwischen der thermoelektromotorischen Kraft $e$ und dem Temperaturunterschied zwischen den beiden Verbindungsstellen 1 und 2 bekannt, so kann man es zur Messung dieses Temperaturunterschiedes benutzen. Hält man auch die Verbindung 2 und 2′ auf einer bestimmten Temperatur $\tau$, so ist es möglich, die Temperatur $t$ der Warmlötstelle auf Grund der gemessenen elektromotorischen Kraft $e$ zu ermitteln. Man hat die allgemeine Beziehung

$$t = f(e) + \varphi(\tau),$$

wobei $f(e)$ eine Funktion der zu messenden elektromotorischen Kraft, und $\varphi(\tau)$ eine Funktion der in der gewöhnlichen Weise mittels Quecksilberthermometers abzulesenden Temperatur $\tau$ der Kaltverbindungen 2 und 2′ ist.

Die Messung der Temperatur $t$ ist nur zuverlässig, wenn die beiden Kaltverbindungen 2 und 2′ die gleiche Temperatur $\tau$ haben. Ebenso müssen sich die Verbindungen der Kupferdrähte $C$ mit den Klemmen 3 und 3′ des Galvanometers bei gleicher Temperatur befinden. Ist dies nicht der Fall, so entstehen an den Stellen 2 bzw. 2′ und 3 bzw. 3′ infolge Berührung zweier verschiedener Metalle neue thermoelektromotorische Kräfte, die die Messung von $e$ beeinträchtigen.

Man kann die freien Enden der Schenkel 2 und 2′ unmittelbar mit den Klemmen des Galvanometers $G$ ohne Zuhilfenahme des Kupferdrahtes $C$ verbinden. Vielfach ist es aber zweckmäßig, den Kupferdraht zwischenzuschalten. Man kann so das Galvanometer in größere Entfernung von der Wärmequelle bringen und damit die Bedingung, daß die Temperaturen der Klemmenverbindungen 3 und 3′ gleich sind, mit größerer Sicherheit erfüllen. Außerdem sind die Angaben des Galvanometers nur für eine bestimmte Temperatur, die Eichtemperatur, richtig; je mehr die Temperatur infolge Wärmestrahlung von der Wärmequelle her von der Eichtemperatur abweicht, um so größer wird die Gefahr der Ungenauigkeit in der Galvanometerangabe.

**166.** Die Verwendung des Thermoelementes zur Temperaturmessung wird zurückgeführt auf Becquerel (1826) und Tait (1873). Die Temperaturmessung mittels dieses Hilfsmittels ist besonders ausgebildet worden durch Henri Le Chatelier, Barus, Roberts-Austen, Holborn, Wien, Day.

**167.** Zur Messung niederer Wärmegrade (— 200 bis + 600 C⁰) kann man Thermoelemente aus Kupfer-Konstantan[1]) oder aus Eisen-Konstantan verwenden, deren elektromotorische Kraft verhältnismäßig groß ist. Der Strom geht in diesen Elementen an der Wärmelötstelle 1 vom Konstantan zum Kupfer bzw. Eisen.

Zur Messung von Wärmegraden zwischen + 200 und 1500 C⁰ verwendet man in der Regel das Le Chateliersche Element, bestehend aus einem **Platindraht** und aus einem Draht einer Legierung von 90% Platin mit 10% Rhodium. In diesem geht der Strom an der Warmlötstelle 1 vom Platin zum Platin-Rhodium.

Die Beziehung zwischen der Temperatur $t$ und der elektromotorischen Kraft $e$ dieses Elementes ist von der Physikalisch-Technischen Reichsanstalt durch Vergleich mit dem Gasthermometer mit Stickstofffüllung (Holborn und Wien, $L_2$ 1) bis zu einer Temperatur von etwa 1100 C⁰ ermittelt. Dadurch ist die Anzeige der Thermoelemente an die sogenannte Gasthermometerskala ange-

---

[1]) Legierung von 50% Kupfer mit 50% Nickel, oder 60% Kupfer mit 40% Nickel.

schlossen. Die Beziehung läßt sich von 250 bis 1100 C° ausdrücken durch die Gleichung:

$$e = a + b\,(t - \tau) + c\,(t^2 - \tau^2) \quad \ldots \ldots \ldots \ldots \quad (7)$$

wenn $t$ die Temperatur der Warmlötstelle, $\tau$ die der Kaltverbindung, $a$, $b$ und $c$ Konstanten bedeuten. Es wird angenommen, daß die Gleichung auch oberhalb 1100 C° gültig ist.

Die Konstanten $a$, $b$ und $c$ sind für jedes einzelne Element durch Vergleich mit einem Normalthermoelement bei drei verschiedenen Temperaturen zu ermitteln. Das Normalelement ist mittelbar oder unmittelbar mit dem Gasthermometer verglichen. Der Befund wird für jedes Element durch Prüfungsschein der Physikalisch-Technischen Reichsanstalt bescheinigt.

Um einen Begriff von der Größenordnung der drei Konstanten zu geben, seien beispielsweise die folgenden, für ein bestimmtes Thermoelement geltenden angeführt:

$$a = -0{,}320; \qquad b = +0{,}008\,239; \qquad c = +0{,}000\,001\,65.$$

Diese in Gl. 7 eingesetzt geben $e$ in Millivolt.

Die durch Gl. 7 angegebene Beziehung zeichnet man für $\tau = 0$ in Form einer Schaulinie mit $e$ als Abszisse und $t$ als Ordinate auf. Zum Zweck der Messung irgendeiner Temperatur $t$ hat man dafür zu sorgen, daß die Warmlötstelle 1 des Thermoelementes die Temperatur $t$ annimmt; alsdann ermittelt man die elektromotorische Kraft $e$ an den freien Enden 2 und 2′ und entnimmt aus dem Schaubild die zu $e$ gehörige Temperatur unmittelbar, wenn die Kaltverbindungen 2 und 2′ auf 0° gehalten worden sind. Herrschte jedoch an den Kaltverbindungen die mittels Quecksilberthermometer gemessene Temperatur $\tau$, so ist zu der aus der Schaulinie entnommenen Temperatur $t$ noch eine Berichtigung $\delta$ zuzuzählen.

**168.** Die Berichtigung ergibt sich wie folgt. In Abb. 111 sei $t = f(e)$ die Schaulinie, die die Temperatur $t$ in Abhängigkeit von $e$ für $\tau = 0$ darstellt. Die Schaulinie muß durch den Koordinatenanfang gehen, weil für $t = 0$ und $\tau = 0$ die elektromotorische Kraft $e$ auch gleich Null sein muß. Oberhalb 300 C° deckt sich die Schaulinie mit der der Gl. 7 entsprechenden; unterhalb 300 C° weicht sie davon ab, weil für diese niedrigen Temperaturen die Gl. 7 nicht gültig ist.

Nach Angaben von Holborn und Wien ($L_2$ 1) ergibt sich für $\operatorname{cotg} \beta$ der Mittelwert von etwa 0,0055 für Temperaturen zwischen Null und etwa 100 C°. Für irgendeine Temperatur $\tau$ innerhalb dieses Bereiches ist sonach

$$\varDelta e = \tau \operatorname{cotg} \beta = 0{,}0055\,\tau.$$

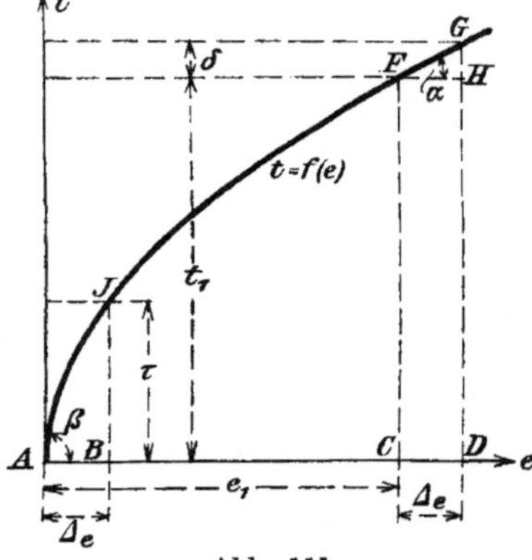


Abb. 111.

Dieselbe elektromotorische Kraft, aber mit entgegengesetztem Vorzeichen, ergibt sich auch, wenn die Kaltverbindungen die Temperatur $\tau$, die Warmlötstelle die Temperatur 0 haben. Besitzt die Warmlötstelle die Temperatur $t$, die Kaltverbindung die Temperatur $\tau$, so wirkt $\varDelta e$ im entgegengesetzten Sinne wie $e$, und man mißt nur den Unterschied $e_1 = e - \varDelta e$. Um die richtige thermoelektromotorische Kraft zu erhalten, die der Temperatur $t$ entspricht, ist also zu der abgelesenen elektromotorischen Kraft $e_1$ noch der Betrag $\varDelta e = 0{,}0055\,\tau$ zuzuzählen. Aus Abb. 111 ist dann ersichtlich, daß die Berichtigung $\delta = GH$, die zu der aus dem Schaubild entnommenen, zu $e_1$ gehörigen Temperatur $t_1$ zuzuzählen ist, gleich wird $\delta = \Delta e \cdot \operatorname{tg} \alpha$. Hierin ist

$$\operatorname{tg} \alpha = \frac{1}{\dfrac{de}{dt}} = \frac{1}{b + 2 c t_1},$$

wenn der Wert von $de/dt$ aus Gl. 7 entnommen wird. Folglich erhält man:

$$\delta = \frac{0,0055\,\tau}{b + 2\,c t_1}.$$

Setzt man die oben angegebenen Werte für die Konstanten $b$ und $c$ ein, so findet man für die Berichtigung folgende Tabelle:

| $t_1$ | $\delta$ | $t_1$ | $\delta$ |
|---|---|---|---|
| 300 | 0,60 $\tau$ | 1000 | 0,48 $\tau$ |
| 400 | 0,58 | 1100 | 0,46 |
| 500 | 0,56 | 1200 | 0,45 |
| 600 | 0,54 | 1300 | 0,44 |
| 700 | 0,52 | 1400 | 0,43 |
| 800 | 0,51 | 1500 | 0,42 |
| 900 | 0,49 | 1600 | 0,41 |

Im Mittel kann man $\delta = 0,5\,\tau$ setzen, wenn $\tau$ nicht zu groß ist.

Für das Element Kupfer-Konstantan ist die Beziehung zwischen $e$ und $t$ durch eine gerade Linie darstellbar. Infolgedessen ist in Abb. 111

$$GH = BJ = \tau,$$

folglich ist die Berichtigung $\delta$ in allen Fällen gleich $\tau$.

**169.** Messung der elektromotorischen Kraft $e$ mittels Nullverfahren. Als Beispiel hierfür sei die Lindecksche Schaltung zur Messung von $e$ beschrieben. (Lindeck und Rothe, $L_2$ 2.) Sie ist schematisch in Abb. 112 dargestellt. $A$ ist ein Akkumulator, $W$ ein Regelwiderstand, $T$ das Thermoelement, $M$ ein Milliamperemeter (Drehspuleninstrument nach Deprez d'Arsonval), $G$ ein Galvanometer gleicher Bauart, $w$ ein genau geeichter Abzweigwiderstand.

Wird der Widerstand $W$ so geregelt, daß das Galvanometer $G$ den Strom Null anzeigt, so ergibt sich, wenn $i$ die am Milliamperemeter abgelesene Stromstärke in Milliampere ist, die thermoelektromotorische Kraft $e$ zu

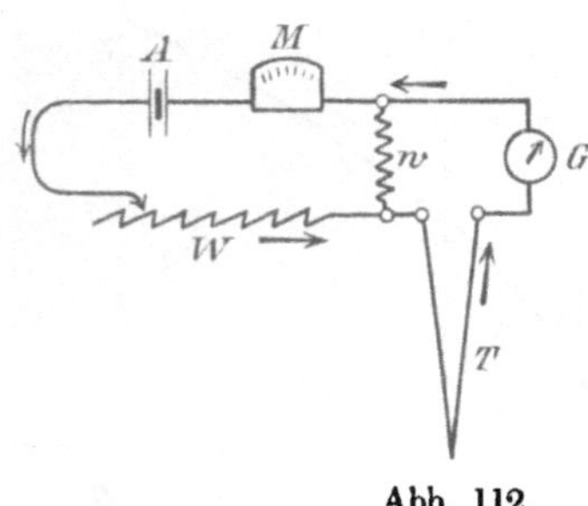

Abb. 112.

$$e = wi.$$

Wählt man z. B. $w = 0,1$ Ohm, so erhält man $e$ ohne weiteres, wenn man $i$ mit 10 teilt.

Die Genauigkeit der Messung hängt ab von der Genauigkeit und Unveränderlichkeit der Angaben des Strommessers $M$. Die Zeigerinstrumente nach Deprez d'Arsonval entsprechen den Anforderungen.

Die ganze Vorrichtung ist in Abb. 113 veranschaulicht. Die Bedeutung der Buchstaben ist dieselbe wie in Abb. 112. Der Regelwiderstand $W$ besteht aus drei Kurbelwiderständen von 100, 10 und 1 Ohm und einem an dem Umfang der Deckplatte ausgespannten Draht $d$ von etwa 1,5 Ohm. Der in den Stromkreis eingeschaltete Teil dieses Drahtes kann durch eine über die drei kleineren

Kurbeln übergreifende größere Kurbel verändert werden. Anstatt des in Abb. 112 gezeichneten **einen** Abzweigwiderstandes $w$ von 0,1 Ohm sind in dem Widerstandskasten $N$ in Abb. 113 mehrere Abzweigwiderstände vorhanden, und zwar zwischen der Klemme $+$ und Klemme 1 0,05 Ohm; ferner zwischen 1 und 2 ein Widerstand von 0,05 Ohm, zwischen 2 und 3, 3 und 4, 4 und 5 je ein Widerstand von 0,1 Ohm. Sämtliche Widerstände bestehen aus Manganin. Die Einschaltung eines der Widerstände $w$· erfolgt mittels einer Lasche $L$, die den in der Mitte des Deckels von $N$ befindlichen Kontaktknopf $m$ mit jeder der Klemmen 1 bis 8 zu verbinden erlaubt. Indem man die vom $+$-Pol des Thermoelements $T$ kommende Leitung entweder mit der Klemme $+$ oder mit der Klemme 1 verbindet, lassen sich folgende Abzweigwiderstände $w$ herstellen: 0,05, 0,1, 0,15, 0,2, 0,25, 0,3, 0,35, 0;4 Ohm. Das Milliamperemeter $M$ reicht bis 150 Milliampere,

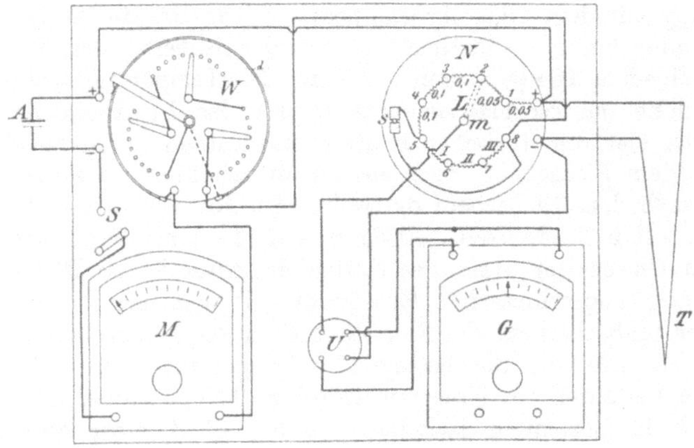

Abb. 113.

man kann sonach mittels der Schaltung Spannungen bis $150 \times 0,4 = 60$ Millivolt messen.

Da die Genauigkeit der Messung in erster Linie von der Richtigkeit des Milliamperemeters $M$ abhängt, so sind zu seiner Nachprüfung im Widerstandskasten $N$ zwischen den Klemmen 5 und 6, 6 und 7, 7 und 8 noch drei Widerstände I bis III vorgesehen, die für gewöhnlich mittels des Stöpsels $s$ kurz geschlossen sind. Man ersetzt $T$ durch ein galvanisches Normalelement (Normalkadmiumelement), zieht den Stöpsel $s$ und schaltet mit der Lasche $L$ einen der drei Kontrollwiderstände I bis III ein. Sie sind so bemessen, daß nach erfolgter Einstellung des Galvanometers $G$ auf Null das Milliamperemeter $M$ auf 150, 100 bzw. 50 zeigen muß.

Das Galvanometer $G$ ist ein Zeigergalvanometer, Bauart Deprez d'Arsonval, mit einem Widerstand von 127,2 Ohm. Die Empfindlichkeit ist 1 Teilstrich (etwa 1,5 mm) = 0,1 Millivolt. Das Meßbereich ist von der in der Mitte der Skala befindlichen Nullmarke aus $\pm 5$ Millivolt.

Man stellt die Lindecksche Schaltung am besten entfernt von den Räumen auf, in denen sich die Öfen, deren Temperaturen zu messen sind, befinden. Damit vermeidet man etwaige Beeinträchtigung der Messung durch Erwärmung der Teile der Schaltung. Man braucht lange Zuleitungen nicht zu scheuen, da ja der Widerstand der Zuleitungsdrähte vom Thermoelement bis zur Schaltung bei der Messung nach dem Nullverfahren nicht in Betracht kommt.

**170.** Im Kgl. Materialprüfungsamt wird die Lindecksche Schaltung nicht zur eigentlichen Temperaturmessung, sondern nur zur zeitweiligen Nachprüfung der Thermoelemente gebraucht. Ein soeben von der Physikalisch-Technischen

Reichsanstalt geeichtes Thermoelement wird als Vergleichsnormale $N$ benutzt und gelangt zunächst nicht in den Betrieb. Die übrigen in Gebrauch befindlichen Elemente werden von Zeit zu Zeit mittels der Lindeckschen Schaltung mit der Vergleichsnormale $N$ in folgender Weise verglichen. $N$ und das zu prüfende Element $T$ werden an den Warmlötstellen mit Platindraht fest zusammengebunden und in einen elektrisch geheizten Ofen *(189)* nach Art der Abb. 114

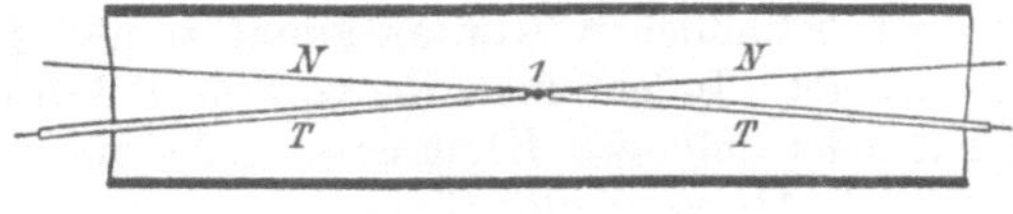



Abb. 114.

ohne Berührung mit dem Heizrohr eingebracht. Die Drähte werden durch übergeschobene dünne Porzellanröhrchen voneinander isoliert. Die Warmlötstelle 1 wird auf verschiedene Temperaturen $t$ erhitzt. Die Temperatur $t$ wird festgestellt durch Verbindung des Normalelementes $N$ mit der Lindeckschen Schaltung, Ermittelung der elektromotorischen Kraft $e$ und Entnahme der zugehörigen Temperatur $t$ aus dem Eichschein, oder aus einem Schaubild, das die Abhängigkeit von $t$ und $e$ nach dem Eichschein darstellt. Die Kaltverbindung beider Thermoelemente wird auf 0 C° erhalten. Alsdann wird bei einer gegebenen Temperatur $t$ durch einen Umschalter statt des Normalelementes $N$ das Element $T$ an die Lindeckschaltung angeschlossen. Entspricht die gemessene elektromotorische Kraft noch der im Eichschein des Elementes $T$ für die Temperatur $t$ angegebenen, so zeigt das Element für die betreffende Temperatur noch richtig an. Man wiederholt das Verfahren für einige verschiedene Temperaturen $t$. Entspricht für das Element $T$ die Beziehung zwischen $t$ und $e$ nicht mehr der im Prüfungsschein der Reichsanstalt angegebenen, so muß diese Beziehung mit Hilfe der Vergleichsnormale $N$ bei mindestens drei verschiedenen Temperaturen neu festgestellt werden. Mit Hilfe der drei Beobachtungen berechnet man die Konstanten $a$, $b$ und $c$ und erhält so die Beziehung zwischen $e$ und $t$ für das ganze Meßbereich des Elementes.

Wenn sich auch die Thermoelemente beim sachgemäßen Gebrauch nur verhältnismäßig wenig ändern, so ist es doch bei Arbeiten im metallurgischen Laboratorium nicht immer zu vermeiden, daß man die Elemente auch schädigenden Einflüssen aussetzt. Nachprüfung des Elementes auf seine Temperaturangaben ist dann natürlich vonnöten.

Ist eines der im Betrieb befindlichen Elemente durch ein neues zu ersetzen (wegen zu großer Verkürzung der Schenkel infolge wiederholten Neulötens), so verwendet man als Ersatz das bis dahin als Vergleichsnormale gebrauchte Thermoelement $N$ und verwendet das neubeschaffte, von der Reichsanstalt geeichte Element von nun an als Vergleichsnormale.

***171.*** **Messung des Spannungsunterschiedes an den Klemmen eines Galvanometers.** Dieser Weg ist weniger genau als der vorher beschriebene; dafür ist er aber wesentlich bequemer und wird deshalb in der Regel begangen. Die Anordnung erfolgt nach Abb. 110. Es ist zu bemerken, daß das Galvanometer $G$ nicht die elektromotorische Kraft $e$ des Thermoelementes, sondern den Spannungsunterschied $e'$ an den Klemmen 3 und 3′ mißt. Dieser Spannungsunterschied $e'$ hängt aber von dem Widerstand $W$ des Galvanometers und von dem Widerstand im Stromkreis $w$ ab. Letzterer setzt sich zusammen aus dem Widerstand des Thermoelementes selbst, der sich mit der Temperatur verändert, und dem Widerstand der Zwischenleitung zwischen 2 und 3, sowie 2′ und 3′. Um den Einfluß dieses wechselnden Widerstandes $w$ möglichst zu verringern, wird der Widerstand $W$ des Galvanometers groß gewählt. Er beträgt 360, bei neueren Instrumenten sogar 415 Ohm.

Zu beachten ist, daß das Galvanometer nur für eine bestimmte Temperatur der umgebenden Luft geeicht ist und bei anderen Temperaturen abweichende Ergebnisse liefert. Man muß daher dafür Sorge tragen, daß das Galvanometer in gehöriger Entfernung von der Wärmequelle aufgestellt wird.

Man verwendet Zeigergalvanometer mit Drehspule nach Deprez d'Arsonval. Die Instrumente der Firma Siemens & Halske haben z. B. eine Empfindlichkeit von 1 Teilstrich (etwa 0,8 mm) = 0,1 Millivolt. Die Skala hat Teilung in Millivolt und gleichzeitig in $C^0$. Die Teilung in $C^0$ wird auf Grund der Gl. 7 für $\tau = 0$ und für Durchschnittswerte der Konstanten $a$, $b$ und $c$ aus der Teilung in Millivolt abgeleitet. Da aber die Werte von $a$, $b$ und $c$ für verschiedene Thermoelemente voneinander abweichen können, so muß man für die unmittelbare Temperaturablesung an der Temperaturskala eine Berichtigung auf Grund der Millivoltteilung und des Eichscheins des Thermoelementes anbringen.

Der Zeiger des Galvanometers spielt oberhalb eines Spiegels. Bei der Ablesung ist darauf zu achten, daß der Zeiger sich mit seinem Spiegelbild deckt.

**172.** Um die durch die Berichtigung $\delta$ bedingte Unsicherheit zu umgehen, ist es zweckmäßig, für genauere Messungen die Kaltverbindungen 2 und 2' auf der Temperatur $\tau = 0^0$ zu halten. Die beiden Schenkel des Thermoelementes werden jeder für sich durch ein Glasrohr $r$ (Abb. 115) gezogen. Die Kaltverbindungen (Klemmen oder Lötungen) 2 und 2' befinden sich innerhalb der Glasröhrchen. Diese tauchen in ein Gefäß, das gefüllt ist mit einem Gemisch von Wasser und feinzerstoßenem Eis, dessen Temperatur also 0 $C^0$ beträgt.

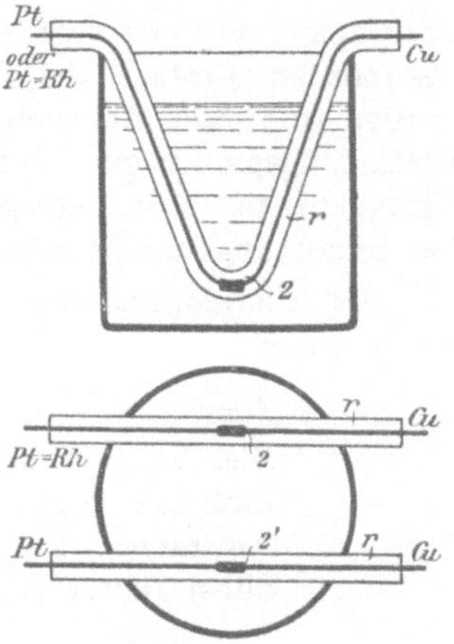

Die Warmlötstellen 1 zwischen Platin und Platin-Rhodium werden leicht während der Versuche zerstört. Meist werden die Metalle in der Nähe der Warmlötstelle bei dauerndem Gebrauch in hohen Temperaturen brüchig infolge Überhitzung (*316, 317*), teils auch infolge der Einwirkung von reduzierenden Gasen oder Metalldämpfen. Man beseitigt dann das brüchige Ende und stellt eine neue Lötung in der Leuchtgas-Sauerstoffflamme her.

Abb. 115.

**173.** Man denke sich ein Thermoelement kurz geschlossen wie in Abb. 116. Wie früher sei 1 die Warmlötstelle mit der Temperatur $t$ und 2 die Kaltlötstelle mit der Temperatur $\tau$. In dem Element entsteht elektromotorische Kraft wegen der Berührung zweier verschiedener Metalle bei 1 und 2. Man nennt die so entstehende elektromotorische Kraft die Peltierwirkung. Sie ist abhängig von dem Temperaturunterschied bei 1 und 2. Ferner entstehen aber noch elektromotorische Kräfte, die über jeden der beiden Drähte $a$ und $b$ verteilt sind, wegen der verschiedenen Temperatur an verschiedenen Stellen je eines dieser Drähte. Die aus dieser Quelle entstammende elektromotorische Kraft nennt man die Thomsonwirkung.

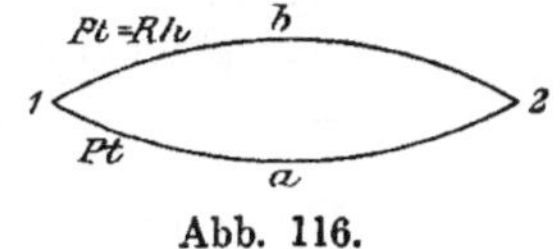

Abb. 116.

Die in dem Stromkreis zu beobachtende elektromotorische Kraft ist sonach die algebraische Summe der Unterschiede in der Peltierwirkung bei 1 und 2 und der Unterschiede in der Thomsonwirkung in den Drähten $a$ und $b$.

Die Thomsonwirkung hängt nun wesentlich ab von den Temperaturverschiedenheiten innerhalb der Drähte $a$ und $b$, und es muß sonach auf diese Wirkung das Temperaturgefälle von den Lötstellen 1 nach 2 Einfluß ausüben. Die Wirkung muß sich mit einem anderen Betrag geltend machen, wenn einmal nur ein kleiner Teil des Thermoelementes in unmittelbarer Umgebung der Lötstelle 1 auf die zu messende Temperatur $t$ erhitzt ist, der übrige Teil des Elementes aber durch Berührung mit der Atmosphäre rasch abgekühlt wird, und wenn ein anderes Mal ein größerer Teil des Elementes auf die Temperatur $t$ erhitzt ist und der Temperaturabfall von 1 nach 2 langsamer erfolgt. Man sagt im ersten Falle, daß die Eintauchtiefe des Elementes klein ist. Die elektromotorische Kraft hängt somit bis zu einem gewissen Grade von der Eintauchtiefe ab.

Die Eichungen der Elemente in der Physikalisch-Technischen Reichsanstalt werden mit verhältnismäßig großen Eintauchtiefen (über 20 cm) durchgeführt. Verwendet man die Elemente mit geringeren Eintauchtiefen zur Temperaturmessung, was sich praktisch gar nicht immer vermeiden läßt, so kann man Abweichungen zwischen den Angaben des Elementes und denen des Eichscheins erhalten. In diesem Falle empfiehlt es sich Berichtigungen anzubringen, die man auf folgende Weise erhält: Man bestimmt die Erstarrungstemperatur von Metallen, deren Erstarrungspunkt genau bekannt ist und den man als thermometrischen Festpunkt zugrunde legt, mittels des Thermoelementes unter Anwendung einer bestimmten Eintauchtiefe, die später für den eigentlichen Versuch verwendet werden soll. Die Abweichung des gemessenen Erstarrungspunktes von dem Soll-Erstarrungspunkt gibt dann für die betr. Temperatur die Berichtigung für die Eintauchtiefe. Der Betrag dieser Berichtigung ist häufig zu ermitteln, da er sich bei Benutzung des Elementes leicht ändert.

Als thermometrische Festpunkte können die Erstarrungspunkte folgender Stoffe gelten:

| | | |
|---|---|---|
| Zinn . . . . . . . . . . . . | 232 C⁰ | (Holborn & Henning, $L_2$43) |
| Blei . . . . . . . . . . . . | 327 C⁰ | (Holborn & Day, $L_2$3) |
| Zink . . . . . . . . . . . . | 419 C⁰ | „      „      „ |
| Antimon . . . . . . . . | 631 C⁰ | „      „      „ |
| Silber (unter Luftabschluß geschmolzen) . . . . | 961,5 C⁰ | „      „      „ |
| Kupfer $+$ 3,4°/₀ Kupferoxydul (eutektische Legierung) . . . . . | 1065 C⁰ | „      „      „ |

(E. Heyn, $L_2$4).

Ferner sind auch noch verwendbar die Siedepunkte von

| | | |
|---|---|---|
| Naphtalin . . . . . . | 218,0 C⁰ | |
| Benzophenon . . . . . | 305,9 „ | Holborn & Henning, $L_2$43). |
| Schwefel . . . . . . . | 444,5 „ | |

**174.** Als Hauptvorteil des Thermoelementes hat die geringe Masse der Warmlötstelle zu gelten, die es gestattet, an räumlich sehr begrenzten Stellen noch Temperaturmessungen vorzunehmen. Die Lötstelle nimmt wegen der kleinen Masse auch die Temperatur sehr schnell an, so daß veränderliche Temperaturen gut meßbar sind. Das Thermoelement eignet sich deswegen für die Aufnahme von $z,t$-Linien besonders. Es ist keine Frage, daß die Lehre von den Metallen und Legierungen weit hinter dem jetzigen Stand zurückgeblieben wäre, wenn ihr nicht das Thermoelement als Hilfsmittel zur Verfügung gestellt worden wäre.

### c) Das Platinwiderstandspyrometer.

***175.*** Der elektrische Leitwiderstand von Metallen ist eine Funktion der Temperatur. Kennt man die Beziehung zwischen Widerstand und Temperatur, so kann man aus dem gemessenen Widerstand auf die Temperatur schließen, vorausgesetzt, daß der metallische Leiter an allen Stellen die zu messende Temperatur besitzt.

Das Widerstandspyrometer ist zuerst von W. Siemens vorgeschlagen und benuzt worden ($L_2$ 5). Es wurde besonders ausgebildet durch Callendar ($L_2$ 6), Griffiths, Heycock und Neville, Holborn und Wien, Chappuis und Harker, Waidner und Burgess.

Das Pyrometer ist brauchbar für Temperaturen bis herauf zu etwa 1100 C⁰. Für höhere Wärmegrade findet sich kein Isoliermittel mehr, das den Widerstandsdraht, der zu einer kleinen Spirale aufgewickelt ist, genügend sicher hält, so daß die Spiralwindungen sich nicht berühren, aber auf der anderen Seite durch eigene Leitfähigkeit keine Nebenschlüsse hervorruft.

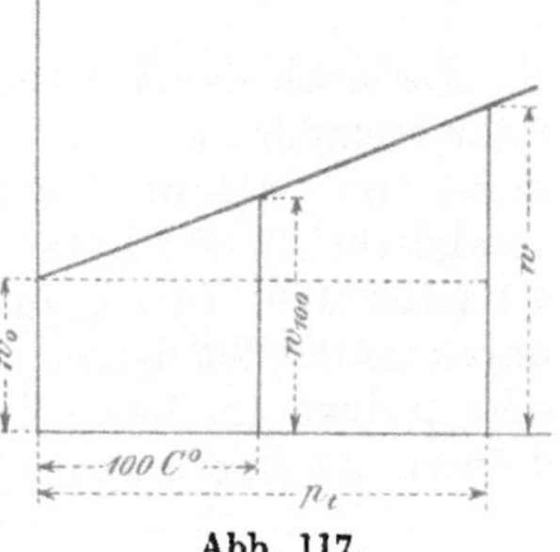
Abb. 117.

Als Widerstandsdraht wird Platin verwendet, weil es nicht oxydierbar ist und bis zu hohen Temperaturen erhitzt werden kann.

Eine Spirale aus dünnem Platindraht wird (sorgfältig vor der Einwirkung der Feuergase geschützt) der zu messenden Temperatur $t$ ausgesetzt. $w_0$ sei der Widerstand der Spirale bei 0 C⁰, $w_{100}$ bei 100 C⁰, $w$ bei einer bestimmten Temperatur $p_t$. Setzt man proportionales Anwachsen des Widerstandes mit der Temperatur voraus, so würde man erhalten (Abb. 117).

$$\frac{p_t}{w - w_0} = \frac{100}{w_{100} - w_0},$$

$$p_t = 100 \cdot \frac{w - w_0}{w_{100} - w_0} \quad \ldots \ldots \quad (8)$$

Die so berechnete Temperatur $p_t$ ist von Callendar als die Platintemperatur bezeichnet worden. Da die Voraussetzung des proportionalen Anstiegs des Widerstandes des Platins mit der Temperatursteigerung nicht zutrifft, so unterscheidet sich die gefundene Platintemperatur $p_t$ von der wirklichen, der Skala des Gasthermometers entsprechenden Temperatur $t$ um einen bestimmten Betrag, der sich aus der Gleichung

$$t - p_t = \delta \left( \frac{t}{100} - 1 \right) \frac{t}{100} \quad \ldots \ldots \quad (9)$$

ergibt. Für eine bestimmte Sorte Platindraht ist der Wert $\delta$ eine unveränderliche Größe. Sie beträgt für reines Platin etwa 1,5. Für unreines Platin ist sie höher. Aus Gl. 9 kann man, wenn $\delta$ und $p_t$ bekannt sind, die Temperatur $t$ berechnen.

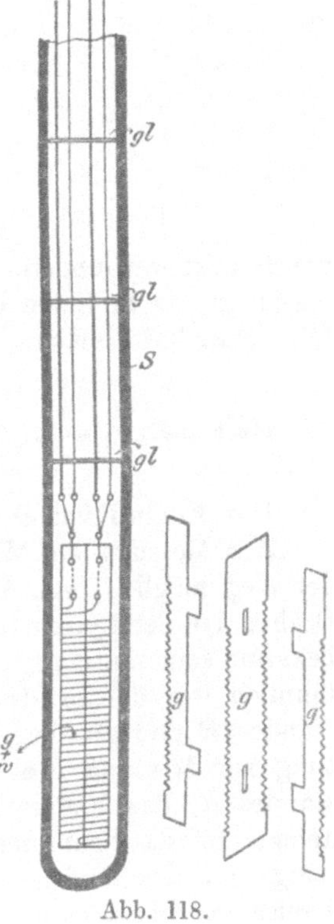
Abb. 118.

***176.*** Ein Platinwiderstandspyrometer hat beispielsweise die in Abb. 118 angegebene Gestalt. Auf einem Glimmerrähmchen $g$ ist die Platinspirale $w$ aufgewickelt, so daß Berührung der einzelnen Windungen nicht stattfinden kann. $S$ ist ein Schutzrohr aus Porzellan, um die Platinspirale vor den Feuergasen zu schützen, $gl$ sind Glimmerplättchen, die die Drähte 1 und 2 vor gegenseitiger Berührung bewahren. Die Messung des Widerstandes $w$ der Spirale kann mittels der Wheatstoneschen Brücke erfolgen. $A$ (Abb. 119) ist hierbei eine Stromquelle, $r_1$ und $r_2$ sind genau bekannte, möglichst gleiche Widerstände, $R$ ein Regelwiderstand, $w$ die Platinspirale des Pyrometers, $G$ ein Zeigergalvanometer. Der Widerstand $R$ wird so lange verändert, bis das Galvanometer auf Null zeigt; alsdann ergibt sich

$$w = R\, r_2/r_1.$$

Da auch die Zuleitungsdrähte zur Platinwiderstandsspirale durch die Temperatur beeinflußt werden, und zwar in einer nicht in Rechnung zu ziehenden Weise, so ist von Callendar eine Einrichtung getroffen worden, um den Einfluß dieses veränderlichen Widerstandes auszuschalten. Verhältnismäßig dicke Platindrähte 1,1 (Abb. 120) führen zur Spirale $w$. Durch Erwärmung dieser Drähte wird ein unbekannter Widerstand $x$ erzeugt. Der Widerstand $w + x$ wird in die Wheatstonesche Brücke im Zweig I (Abb. 119) eingeschaltet. Dicht neben den Zuleitungsdrähten 1,1 liegen zwei ebenso dicke und ebenso lange Platindrähte 2,2, die unten miteinander verbunden sind. Sie werden an ihren freien Enden mit dem Teil $R$

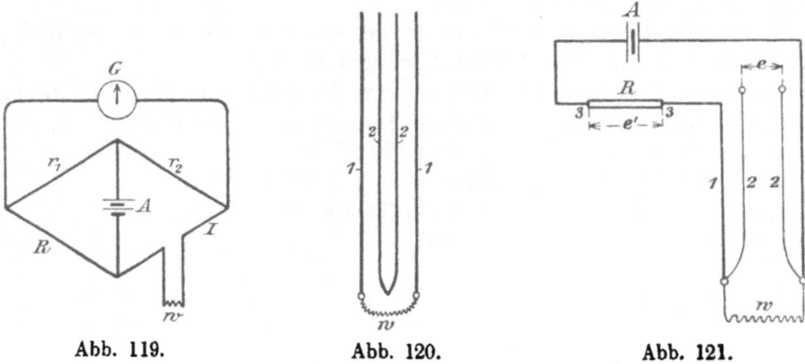

Abb. 119.          Abb. 120.          Abb. 121.

der Brücke verbunden. In diesen beiden Drähten wird ebenfalls der Widerstand $x$ erzeugt, da in ihnen dieselbe Temperaturverteilung herrscht wie in den Drähten 1,1. Man hat sonach:

$$\frac{w + x}{R + x} = \frac{r_2}{r_1}.$$

Hält man $r_1 = r_2$, so wird $w + x = R + x$,

$$w = R.$$

Der Einfluß von $x$ ist also beseitigt.

Zur Messung des Widerstandes $w$, unbeeinflußt von $x$, ist auch noch folgender Weg möglich, vgl. Abb. 121 und 118. Durch die Stromquelle $A$ wird durch die Drähte 1,1 des Pyrometers, den Widerstand $w$ und den Widerstand $R$, der genau bekannt sein muß, ein Strom geschickt. Man mißt nun mit einer Nullschaltung (ähnlich wie die Lindecksche) den Spannungsabfall an den Enden des Widerstandes $R$ und an den Enden des Meßwiderstandes $w$, indem man die Vorrichtung zur Messung des Spannungsgefälles einmal an die Enden 3,3 des Widerstandes $R$, das andere Mal an die dünnen Drähte 2,2 (im Nebenschluß zu $w$) anlegt. Ist das Spannungsgefälle an den Enden des Widerstandes $w$ gleich $e$, dasjenige an den Enden des Widerstandes $R$ gleich $e'$, und $i$ die Stromstärke im Kreise, so erhält man

$$e = i\,w, \qquad e' = i\,R,$$

folglich

$$w = R\,\frac{e}{e'}.$$

Zur Eichung des Pyrometers ist nur die Kenntnis der Widerstände bei zwei genau bekannten Temperaturen notwendig. Man wählt in der Regel die Temperaturen 0 und 100 C⁰, oder auch die Temperaturen 0 und den Siedepunkt des Schwefels. Mit Hilfe der so gemessenen Widerstände kann man die Konstanten der Gl. 8 bestimmen.

Das Pyrometer ist zur Messung in kleinen Räumen ungeeignet, da es selbst einen verhältnismäßig großen Raum einnimmt.

Die Firma Heraeus liefert Widerstandspyrometer in Quarzglas eingeschmolzen, die bis zu 900 C⁰ verwendbar sind.

### d) Optische Temperaturmessung.

*177.* Die optische Temperaturmessung beruht auf dem Gesetz, daß die von einem Körper ausgesandte Strahlungsenergie (Lichtstärke) mit steigender Temperatur zunimmt. Kennt man den Zusammenhang zwischen dieser Energie und der Temperatur, so kann man durch Messung der ersteren auf die Temperatur schließen.

Der Anstieg der Lichtstärke mit dem Anstieg der Temperatur ist außerordentlich groß. Setzt man beispielsweise die von einem Stoff bei 1000 C⁰ ausgestrahlte Lichtstärke für rotes Licht (Wellenlänge 0,656 $\mu$) gleich 1, so ist die Lichtstärke bei 1500 C⁰ über 130 und bei 2000 C⁰ über 2100.

Daraus erklärt sich auch die Möglichkeit, bereits mit dem bloßen Auge angenähert die Temperatur festzustellen, wenn auch nur vergleichsweise.

Verfeinern kann man dieses bloße Schätzungsverfahren durch photometrischen Vergleich der Strahlungsstärke des Körpers, dessen Temperatur festzustellen ist, mit der Strahlungsstärke eines Vergleichskörpers von bekannter Temperatur.

Hier liegt aber eine Schwierigkeit vor. Die Strahlungsstärke ist nämlich nicht nur abhängig von der Temperatur des erhitzten Stoffes, sondern auch von seiner Eigenart und Oberflächenbeschaffenheit. Verschiedene Stoffe haben bei gleicher Temperatur verschieden starkes Strahlungsvermögen.

Kirchhoff erkannte, daß nur für einen solchen Stoff das Strahlungsvermögen ausschließlich von der Temperatur abhängig und von der Art des Stoffs und seiner Oberfläche unabhängig ist, der bei Bestrahlung alle Strahlen absorbiert, keine zurückwirft oder hindurchläßt. Er nannte einen solchen idealen Körper einen „absolut schwarzen Körper". Er wird mit sehr großer Annäherung durch einen Hohlraum mit so enger Öffnung dargestellt, daß die ausgesandten Strahlen im Innern vor ihrem Austritt hinreichend oft reflektiert werden (Wien und Lummer, $L_2$ 9). Bringt man einen solchen schwarzen Körper durch Heizung von außen auf gleichmäßige Temperatur (durch Bäder oder elektrische Heizung) und beobachtet die Strahlung durch die kleine Öffnung, so ergibt sich tatsächlich, daß die Stärke der Strahlung nur noch von der Temperatur abhängt (Lummer und Kurlbaum, $L_2$ 10).

Magnesia, Kohle und Platin sind Stoffe, die bei derselben Temperatur sehr verschiedene Strahlungsstärke besitzen, also verschieden hell erscheinen. Innerhalb eines „schwarzen Körpers" erhitzt, strahlen sie alle die gleiche Energie aus, so daß alle Umrisse verschwinden und die Körper weder voneinander noch von den Wänden des schwarzen Körpers unterscheidbar sind.

*178.* Optische Pyrometer werden stets derart geeicht, daß man die Stärke der Strahlung eines schwarzen Körpers bei verschiedenen Temperaturen feststellt, die durch ein Thermoelement gemessen werden. Benutzt man ein so geeichtes Pyrometer zur Temperaturmessung, so gibt es immer die Temperatur an, die ein schwarzer Körper haben würde, der die gleiche Strahlungsstärke besitzt, wie der gemessene Körper. Man sagt, es zeigt die „schwarze Temperatur" des zu messenden Körpers an. Diese schwarze Temperatur liegt um so mehr unterhalb der wirklichen, je kleiner das Strahlungsvermögen des zu messenden Körpers ist. Man kann aber in vielen Fällen die Bedingungen, unter denen man die Strahlung des zu messenden Körpers feststellt, denen nähern, die dem schwarzen Körper entsprechen. Mißt man z. B. optisch die Temperatur eines Körpers im Innern eines Ofenraums, in dem freie Flamme nicht vorhanden ist, so kann der Ofenraum, wenn er durch eine verhältnismäßig kleine Öffnung angesichtet wird, angenähert als schwarzer Körper gelten; man mißt unter diesen Umständen die wirkliche Temperatur des Körpers, wenn er die gleiche Temperatur, wie der Ofenraum hat. Vielfach kann man die Bedingung des schwarzen Körpers dadurch erfüllen, daß man in den Raum, dessen Temperatur zu messen ist, ein am Boden geschlossenes Eisen- oder Porzellanrohr einbringt. Hat dieses die Raumtemperatur angenommen, so gibt die mit einem optischen Pyrometer gemessene Temperatur des Bodens des Rohres die wirkliche Temperatur. Es ist natürlich vorausgesetzt, daß die Masse des Rohres im Verhältnis zur Masse der Ofenteile, die Träger der zu messenden Temperatur sind, nicht zu groß ist, so daß es beim Einbringen die Temperatur merklich herabdrückt. Eisen und Kohle nähern sich dem schwarzen Körper so weit, daß ihre schwarze Temperatur gleich ihrer wirklichen gesetzt werden kann.

Am meisten entfernt sich von den Bedingungen eines schwarzen Körpers das polierte Platin. Bei einer Temperatur von 1500 C⁰ entspricht seine Strahlungsstärke für rotes Licht der eines schwarzen Körpers von nur 1375 C⁰. Die schwarze Temperatur ist also in diesem Falle 1375 C⁰. Bei 1100 C⁰ würde die schwarze Temperatur des blanken Platins etwa 1010 C⁰ sein. Bei Eisen liegt der Fall wesentlich günstiger. Bei einer Temperatur von etwa 1000 C⁰ würde das optische Pyrometer um 30 C⁰ zu niedrig anzeigen, wenn das Eisen nicht innerhalb eines schwarzen Körpers gemessen wird.

Viel größer können die Fehler werden, wenn die Temperatur eines Körpers optisch gemessen wird, der Licht reflektiert, das von anderen Körpern, die höhere Temperatur haben als er selbst (z. B. Ofenwände, Flammgase), auf ihn fällt. Dann gibt das optische Pyrometer zu hohe Ablesungen. Man kann sich in solchen Fällen damit helfen, daß man ein Rohr bis auf den Körper, dessen Temperatur zu messen ist, heranschiebt. Dieses schaltet das Licht von der höher erhitzten Umgebung aus. Man stellt das Pyrometer auf den Kreis ein, den die Rohröffnung auf dem Körper einschließt.

Hat das Pyrometer nur zur vergleichsweisen Feststellung der Temperatur zu dienen, handelt es sich beispielsweise nur darum, eine bestimmte Temperatur in einem bestimmten Ofen immer wieder zu treffen, so sind die genannten Vorsichtsmaßregeln nicht immer erforderlich.

*179.* Immerhin bietet die Anwendung der optischen Pyrometer für die Praxis in manchen Fällen Schwierigkeiten, die es erklärlich machen, daß diese bequem zu handhabenden und an und für sich genau arbeitenden Instrumente in praktischen Betrieben verhältnismäßig wenig Eingang finden. Glühende Metallblöcke überziehen sich beispielsweise mit einer schlecht wärmeleitenden dunklen Oxydkruste, die an der der Beobachtung zugänglichen Oberfläche bereits soweit abgekühlt ist, daß sie fast schwarz erscheint, während der darunter befindliche Block noch hellrot ist. Deutlich bemerkt man dies beim Schmieden solcher Blöcke. Beim Druck oder Schlag fällt die Kruste teilweise ab und läßt vorübergehend das helle Innere erscheinen. Man muß sich dann mit der Temperaturmessung beeilen, weil sich die Kruste rasch neu bildet. Auch die Messung der Temperatur von flüssigen Metallen in der Gießpfanne ist mit Schwierigkeiten verknüpft, während die Messung des flüssigen Metalls im Ofen bequem möglich ist. In der Pfanne wird das Metall ebenfalls von einer kälteren Schlackenkruste bedeckt, die sich schnell nachbildet und so die Messung erschwert.

Die Feststellung von Gießtemperaturen in Gießereien würde z. B., wenn sie laufend und zuverlässig erfolgen könnte, einem großen Bedürfnis der Praxis entgegenkommen. Leider haben sich hierbei die Angaben des optischen Pyrometers, trotz ihrer an und für sich großen Genauigkeit, angesichts der obengenannten Übelstände unsicherer erwiesen, als die Schätzungen geübter Gießer, die nicht nur auf Grund der Strahlung, sondern auch auf Grund einer ganzen Reihe anderer Merkmale die jeweilig zweckmäßigste Gießtemperatur sehr sicher einschätzen.

**180.** Farbschätzung mit dem Auge. Mit steigender Temperatur geht die Farbe des von glühenden Körpern ausgestrahlten Lichts von schwarz, rot, gelb, nach weiß über. Die Angaben über die ungefähren, den einzelnen Temperaturen entsprechenden Farben weichen außerordentlich stark voneinander ab, wie das bei Beschreibung von Farben nicht anders zu erwarten ist. In der folgenden Tabelle sind die verschiedenen Angaben hierüber einander gegenübergestellt, und zwar die von Pouillet (*L₂ 11*), von M. White und Taylor (*L₂ 12*) und von H. M. Howe (*L₂ 13*).

| C° | Pouillet | White und Taylor | Howe |
|---|---|---|---|
| | | | 470 → Niedrigste, im Dunkeln sichtbare Rotglut |
| 500 | 525 → Beginnende Rotglut | | |
| 600 | | 566 → Dunkelrot | 550 →⎱ Dunkelrot |
| | | 635 → Dunkelkirschrot | 625 →⎰ |
| 700 | 700 → Dunkelrot | | 700 → Kirschrot |
| | | 746 → Kirschrot | |
| 800 | 800 → Beginnende Kirschrotglut | | |
| | | 843 → Hellkirschrot, Hellrot | 850 → Hellrot |
| 900 | 900 → Kirschrot | 900 → Orange | |
| | | 941 → Hellorange | 950 →⎱ Gelb |
| 1000 | 1000 → Hellkirschrot, Hellrot | 1000 → Gelb | 1000 →⎰ |
| | | 1080 → Hellgelb | 1050 → Hellgelb |
| 1100 | 1100 → Dunkelorange | | |
| | | | 1150 → Weiß |
| 1200 | 1200 → Hellorange | 1205 → Weiß | |
| 1300 | 1300 → Weiß | | |
| 1400 | | | |
| 1500 | 1500 →⎱ Blendend weiß | | |
| 1600 | 1600 →⎰ | | |

Wenn die Temperaturschätzung aus der Farbe immer von derselben Person geschieht, die über genügend Übung verfügt, so ist es mit ihrer Hilfe möglich, eine bestimmte Temperatur für irgendeinen technischen Zweck ziemlich sicher wieder einzustellen. Wesentlich schwieriger und unsicherer ist das Schätzen verschiedener Temperaturen, und völlig unmöglich ist eine Anweisung an eine zweite Person, mittels einer genannten Farbe eine bestimmte Temperatur einzustellen, da die Begriffe über die verschiedenen Farbtöne sehr subjektiv sind und erfahrungsgemäß von jedem anders verstanden werden. Dafür ist ja die vorstehende Tabelle ein überzeugender Beweis.

Ein solches Verfahren ist nur zulässig, wenn es auf die sichere Einstellung der Temperatur nicht genau ankommt, also einige hundert Grade für den bestimmten Zweck nichts ausmachen. Anders ist es aber in Fällen, wo ein Unterschied von wenigen Graden wesentlich verschiedene Ergebnisse liefern kann. Ein kennzeichnendes Beispiel hierfür ist z. B. die sogenannte Abschreckbiegeprobe bei Eisenkohlenstoff-Legierungen.

Hierbei sollen Eisenstäbe nach dem Abschrecken von einer Temperatur $t$ aus in Wasser bei der Biegung bestimmten Anforderungen entsprechen, von denen die Abnahme der Lieferung abhängt. Die Temperatur $t$ ist in den Lieferungsvorschriften meist durch die Glühfarbe angegeben, z. B. als „Kirschrotglut". Wie wir später sehen werden (II B, *19—76*) kommt es nun bei Eisenkohlenstoff-Legierungen darauf an, ob die Abschreckhitze $t$ oberhalb des Umwandlungspunktes $A r_1$ von etwa 700 C⁰, oder darunter liegt. Im ersteren Falle treten wesentliche Änderungen der Festigkeitseigenschaften des Metalls ein, im letzteren Falle sind diese Änderungen nur geringfügig. Demnach fallen die Ergebnisse der Abschreckbiegeprobe sehr verschieden aus, je nachdem ob die durch die Glühfarbe geschätzte Abschreckhitze einige Grade über oder einige Grade unter der obengenannten Grenztemperatur liegt. Dadurch entsteht Unsicherheit in der Abnahme.

**181.** Photometrische Verfahren. Bereits Becquerel ($L_2$ *14*) bediente sich 1862 dieses Mittels. Er verglich das von dem glühenden Körper ausgestrahlte rote Licht mit dem roten Licht einer Normallampe. Rote Strahlen sind deswegen gewählt, weil der Vergleich verschiedenfarbiger Lichtquellen ohne weiteres nicht möglich ist, und ferner aus dem Grund, weil bei niedrigen Hitzegraden vorwiegend rote Strahlen ausgesandt werden und bei Benutzung des roten Lichts zum Vergleich die Messung auch bis zu niederen Wärmegraden möglich ist. Die Messung beruht darauf, daß der glühende Körper einen Teil, die Normallampe einen andern Teil des Gesichtsfeldes dicht daneben erleuchtet, und daß durch besondere Vorrichtungen die beiden Felder gleich hell gemacht werden.

Das letztere wird z. B. von H. Le Chatelier durch Verstellen der Öffnung einer Blende erreicht, die von der Strahlung des glühenden Körpers oder der Normallampe nur einen Teil in das Gesichtsfeld treten läßt. Je heller die Strahlung des Körpers, um so mehr muß davon abgeblendet werden, um die Helligkeit gleich der der Normallampe zu machen. Die zu messende Helligkeit ist sonach gleich einer dem Instrument zugehörigen Konstanten geteilt durch die Fläche der Eintrittsöffnung der Blende.

Bei dem Pyrometer von Wanner wird die Einstellung der Strahlung des glühenden Körpers auf gleiche Helligkeit mit der der Normallampe durch eine Polarisationsvorrichtung bewirkt, und schließlich beim Pyrometer von Holborn und Kurlbaum durch Änderung der Stromstärke einer elektrischen Normalglühlampe.

**182.** Das Wiensche Gesetz. Ist der erhitzte Körper absolut schwarz, so gilt für die Strahlungsenergie das Gesetz

$$E_\lambda = c_1\,\lambda^{-5} \cdot e^{-\frac{c_2}{\lambda T}} \quad\ldots\ldots\ldots\ldots (10)$$

worin $E_\lambda$ die Strahlungsenergie für Strahlen von der Wellenlänge $\lambda$, $c_1$ und $c_2$ Konstante und $T$ die absolute Temperatur bedeuten.

Wählt man nur Licht einer Wellenlänge $\lambda$ und vergleicht die Energie der Strahlung $E_1$ und $E_2$ eines und desselben schwarzen Körpers bei verschiedenen Temperaturen $T_1$ und $T_2$, so ergibt sich nach Gl. 10

$$\frac{E_2}{E_1} = \frac{e^{-\frac{c_2}{\lambda T_2}}}{e^{-\frac{c_2}{\lambda T_1}}}$$

oder

$$\ln \frac{E_2}{E_1} = \frac{c_2}{\lambda}\left(\frac{1}{T_1} - \frac{1}{T_2}\right) \quad \dots \dots \dots \dots \quad (11)$$

Wählt man die Strahlungsstärke $E_1$ bei einer bestimmten Temperatur $T_1$ als Einheit des Vergleichmaßstabes, so kann man für alle anderen Temperaturen $T$ das Verhältnis $E/E_1$ ermitteln, oder umgekehrt aus dem gemessenen Verhältnis $E/E_1$ die Temperatur $T$ feststellen.

Das Verhältnis $E/E_1$ ergibt sich aus dem Vergleich der Lichtstärke des glühenden Körpers für die Wellenlänge $\lambda$ mit der Lichtstärke der Normallampe für gleiche Wellenlänge.

**183.** Das Wannersche Pyrometer (Phys. Zeitschr. 3, 112; 1902). Als Vergleich dient eine kleine 6-Volt-Glühlampe, die durch einen Akkumulator gespeist wird. Das Licht von dem glühenden Körper und das von der Glühlampe wird durch ein Prisma in das Spektrum zerlegt, von dem nur ein kleiner Teil im Rot zur Messung benutzt wird. Alsdann werden die Strahlen beider Lichtquellen in zwei aufeinander senkrechten Ebenen polarisiert. Dann kann die Lichtstärke jeder der beiden Strahlungen solange durch Drehen eines Nicols verändert werden, bis sie einander gleich sind. Der Drehwinkel des Nicols gibt dann ein Maß für $E/E_1$.

Die Bauart des Pyrometers ist in der Abb. 122 schematisch erläutert. Das Licht der Vergleichsglühlampe wird durch ein in der Abb. 122 nicht gezeichnetes

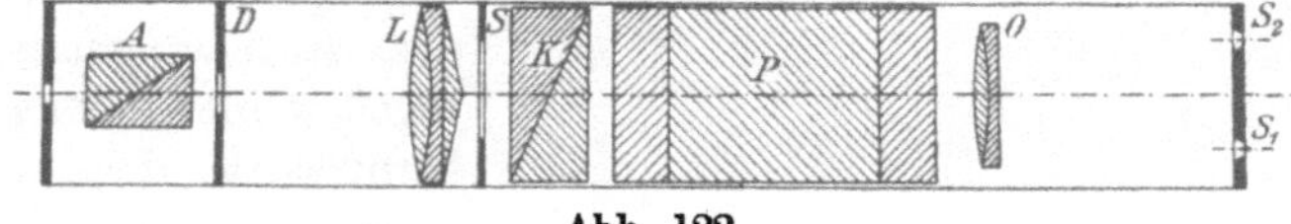

Abb. 122.

Prisma durch den Schlitz $S_1$ in das Instrument geschickt; dasjenige des glühenden Körpers, dessen Temperatur zu messen ist, tritt durch den Schlitz $S_2$ ein. Hinter dem Objektiv $O$ treten die beiden Strahlenbündel durch das Prisma $P$ mit gerader Durchsicht und werden darin in zwei Spektren zerlegt. Die beiden Spektren gelangen sodann in das doppeltbrechende Prisma $K$, durch das jeder Lichtstrahl in zwei aufeinander senkrecht stehenden Ebenen polarisiert wird. Der Schlitz $S$ schaltet alles Licht bis auf einen kleinen Teil des Spektrums im Rot aus, so daß nur monochromatisches Licht von der Wellenlänge $\lambda = 0{,}656\ \mu$ übrigbleibt. Dieses geht durch das Doppelprisma und die Linse $L$, wodurch acht Spaltbilder erzeugt werden. Zwei derselben, das eine von dem glühenden Körper, das andere von der Vergleichslampe herrührend und in zwei senkrecht aufeinanderstehenden Ebenen polarisiert, berühren sich im Gesichtsfeld. Die übrigen Spaltbilder werden von der Blende $D$ ausgeschaltet. Wird nun der Analysator $A$ um die Achse des Instrumentes gedreht, so kann das eine der beiden Spaltbilder lichtstärker, das andere lichtschwächer gemacht werden. Der Drehwinkel $\varphi$ des Analysators, bei dem beide Spaltbilder gleiche Helligkeit haben, wird abgelesen. Dann verhalten sich die beiden Helligkeiten $E$ vom glühenden Körper und $E_0$ von der Lampe wie

$$E/E_0 = \mathrm{tg}^2\ \varphi.$$

Da nach dem Wienschen Gesetz (Gl. 11)

$$\ln \frac{E}{E_0} = \frac{c_2}{\lambda}\left(\frac{1}{T_0} - \frac{1}{T}\right),$$

da ferner die Konstante $c_2 = 14500$ und $\lambda = 0,656\,\mu$ ist, so läßt sich aus dem gemessenen Verhältnis $E/E_0$ die Temperatur $T$ berechnen, wenn die absolute Temperatur $T_0$ der Vergleichslichtquelle durch Einstellen des Instrumentes auf einen schwarzen Körper bekannter Temperatur ermittelt ist.

Die Lichtstärke der Vergleichsglühlampe des Pyrometers wechselt mit der Stromstärke. Sie muß deswegen in häufigen Zwischenräumen auf Normallichtstärke eingestellt werden. Zu diesem Zwecke wird eine Amylazetatflamme von bestimmter Flammenhöhe benutzt, die ihr Licht auf eine kleine Mattscheibe vor dem Spalt $S_2$ wirft. Der Analysator wird auf emen bestimmten, durch eine Marke angegebenen Winkel eingestellt, und der Strom der Glühlampe wird durch einen Widerstand so lange geändert, bis die Helligkeit der Amylazetatflamme und der Vergleichsglühlampe im Instrument gleich erscheinen. Die kleine Mattscheibe ist nicht mit Fingern anzufassen, da sie sonst mehr Licht durchläßt. Man stellt zweckmäßig immer dieselbe Stelle der Mattscheibe vor den Spalt.

Ein Nachteil des Instrumentes ist der große Lichtverlust durch die Polarisationsvorrichtungen, so daß es nur für Temperaturen von 900 C⁰ aufwärts verwendbar ist. Beim Härten von Stahl spielt aber gerade das darunterliegende Temperaturbereich eine wichtige Rolle.

**184.** Das Pyrometer von Holborn und Kurlbaum ($L_2$ *16*), vgl. Abb. 123. Als Vergleichslichtquelle dient eine von den beiden Akkumulatoren $A$ gespeiste 4-Volt-Glühlampe $L$, auf deren Glühfaden das Okular $Ok$ scharf eingestellt ist. Die Lichtstärke der Lampe kann durch Veränderung der Stromstärke mittels des Regelwiderstandes $w$ geregelt werden. Zur Ablesung der Stromstärke dient das Amperemeter $M$. Die beiden übereinanderliegenden Bilder des Lampenfadens und des glühenden Körpers werden verglichen. Die Lichtstärke der Lampe $L$ wird

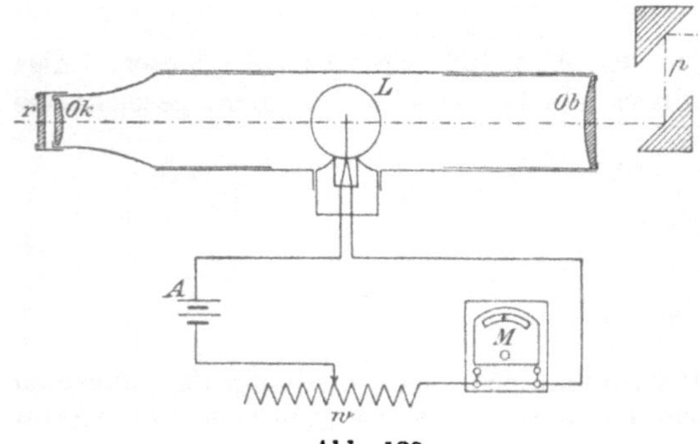

Abb. 123.

mittels des Widerstandes $w$ so lange geändert, bis der Faden der Lampe in dem Bilde des glühenden Körpers verschwindet, also beide gleiche Helligkeit zeigen. Die am Instrument $M$ abgelesene Stromstärke dient dann zur Ermittelung der Temperatur $t$ des glühenden Körpers. Für Temperaturen bis herunter zu 800 C⁰ benutzt man die Rotscheibe $r$ vor dem Okular. Unter 800 C⁰ macht man die Messung ohne Rotscheibe, da dann der Glühfaden selbst rot ist. Man kann so Temperaturablesungen bis herunter zu 600 C⁰ ausführen. Übersteigt die zu messende Helligkeit die Temperatur des Glühfadens (etwa 1500 C⁰), so wird die Strahlung durch die doppelte Reflexion eines Prismensatzes $p$ vor dem Objektiv $Ob$ vermindert.

Jede Lampe wird durch Vergleich mit einem schwarzen Körper geeicht, dessen Temperatur mittels des Thermoelementes gemessen wird. Die Beziehung zwischen der Stromstärke $C$ der Lampe und der zu messenden Temperatur entspricht einer Gleichung

$$C = a + bt + ct^2.$$

Man braucht deswegen die Lampe nur für drei Punkte zu eichen. In einer Tabelle wird dann die Beziehung zwischen Stromstärke der Lampe und Temperatur festgelegt. Der Regelwiderstand $w$ ist an dem Träger des Fernrohres des Instrumentes bequem angebracht. Man liest die Stromstärke am Amperemeter $M$ ab und entnimmt der Tabelle die zugehörige Temperatur $t$.

Die Lampen müssen gut altern. Wenn man die Vorsicht gebraucht, die Lampe nie länger brennen zu lassen, als zur Einstellung nötig ist, so bleibt sie lange unverändert. Jedem Apparat sind drei Glühlampen mit Eichschein der Physikalisch-Technischen Reichsanstalt beigegeben. Man nimmt nur eine Lampe in Gebrauch und benutzt eine von den beiden anderen zeitweise als Kontrolle.

**185. Férys Pyrometer** $(L_2\,17)$. Das Licht des glühenden Körpers wird durch ein Objektiv auf die Warmlötstelle eines kleinen Kupfer-Konstantan-Thermoelementes geworfen, in dessen Stromkreis ein Galvanometer Deprez d'Arsonval eingeschaltet ist. Durch die Strahlung wird die Warmlötstelle erhitzt, und eine von der Energie der Strahlung abhängige Thermokraft wird in dem Thermoelement erzeugt. Die Öffnung des von dem glühenden Körper einfallenden Strahlenkegels muß ein für allemal unveränderlich erhalten werden.

## e) Selbstaufzeichnung der Temperatur.

**186.** Zur Selbstaufzeichnung eignen sich alle Pyrometer, bei denen nicht wie beim Wannerschen und Holborn-Kurlbaumschen Pyrometer eine subjektive Einstellung nötig ist, also das Quecksilberthermometer, das Thermoelement, das Widerstandspyrometer und das Férysche Pyrometer.

Beim Quecksilberthermometer kann z. B. das Bild des Quecksilbermeniskus und der dazugehörige Skalenteil laufend oder unterbrochen auf einen bewegten lichtempfindlichen Papierstreifen übertragen werden.

Bei den Instrumenten, die auf Galvanometer einwirken, läßt sich die Anzeige des Galvanometers auf zweierlei Weise selbsttätig aufzeichnen, nämlich mechanisch und photographisch.

Von dem ersteren Weg ist z. B. bei den Selbstaufzeichnern der Firma Siemens & Halske Gebrauch gemacht. Die Temperatur wird mittels Thermoelement und Zeigergalvanometer gemessen. Die Nadel $z$ des letzteren (Abb. 124) wird durch einen Bügel $b$ in bestimmten Zeiträumen vermittels eines Uhrwerks in der Pfeilrichtung 1 vorübergehend heruntergedrückt. Der Stift $s$ drückt auf den Papierstreifen $p_1$, der durch dasselbe Uhrwerk in der Richtung des Pfeiles 2 mit bestimmter Geschwindigkeit bewegt wird. Unter dem Papierstreifen $p_1$ liegt ein Farbband $f$; bei jedem Druck des Bügels schreibt somit der Stift $s$ einen Punkt auf das Papier $p_1$. Die Zeiten werden auf dem aus der Vorrichtung herausgenommenen Papierstreifen in der Richtung des Pfeiles 2, die Temperaturen längs der nach einem Kreisbogen gekrümmten Ordinaten gemessen.

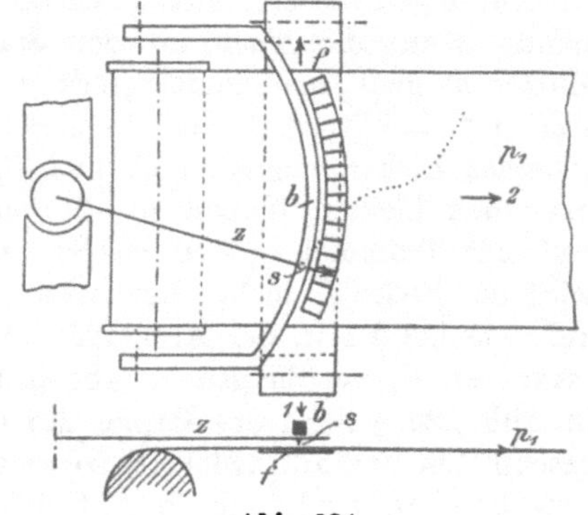


Abb. 124.

Das Instrument kann zur Überwachung des Betriebes, z. B. Messung der Temperatur des Gebläsewindes bei Winderhitzern, der Temperatur von Glühöfen usw. recht gute Dienste leisten.

Der zweite Weg der Selbstaufzeichnung vom Galvanometer aus mit Hilfe des lichtempfindlichen Papiers ist folgender. An Stelle des Zeigergalvanometers wird ein Spiegelgalvanometer benutzt. Der Spiegel wirft das Bild eines erleuchteten schmalen Schlitzes durch einen zweiten Schlitz, der senkrecht zum ersten ist und in der Ausschlagebene des Galvanometers liegt, auf das lichtempfindliche Papier und zeichnet auf diesem einen kleinen quadratischen Fleck, falls das Papier in Ruhe ist, und eine Schaulinie, falls sich das Papier in einer Ebene senkrecht zur Ausschlagsebene des Galvanometers bewegt. Die Schaulinie ist eine Gerade, wenn das Galvanometer keinen Ausschlag hat. Wenn das Galvanometer Ausschläge zeigt, so wird durch den Spiegel eine Schaulinie abgebildet, deren Koordinaten in der Bewegungsrichtung des Papiers die Zeiten, in der dazu senkrechten Richtung die Größe der Ausschläge und damit die Temperaturen angeben.

In praktischen Betrieben herrschen gewöhnlich starke Erschütterungen; es empfiehlt sich dann die mechanische Aufzeichnung. Die Spiegelgalvanometer sind gegen Erschütterungen meist zu empfindlich.

Zur Selbstaufzeichnung von $z, t$-Linien dagegen sind nur die Vorrichtungen mit optischer Übertragung durch Spiegelgalvanometer verwendbar. Wie wir später sehen werden, ist die Selbstaufzeichnung für die Aufnahme von $z, t$-Kurven nur eine Bequemlichkeit. Man erreicht mittels der später zu beschreibenden nicht selbsttätig wirkenden Vorrichtungen dieselbe Genauigkeit. Die Behauptung, daß bei Selbstaufzeichnung größere Genauigkeit erzielt werde, ist unbegründet.

## 3. Die Verfahren zur Aufnahme der $z, t$-, $\varDelta z, t$- und $t, \varDelta e$-Linien.

*187.* Die Zeitmessung kann mit der gewöhnlichen Sekundenuhr geschehen. Damit aber der Beobachter bei der Aufnahme der $z, t$- und $\varDelta z, t$-Linien seine Aufmerksamkeit den Vorgängen in der erstarrenden und abkühlenden Schmelze schenken kann, ist es zweckmäßig, zur Zeitmessung einen Zeitschreiber (Chronographen) heranzuziehen. Hierzu empfiehlt sich ein Apparat, wie er von Richard Frères, Paris und von der Firma Toepfer & Sohn, Potsdam, Mammonstraße, geliefert wird (vgl. Abb. 125 und 126). Er besteht aus einer Messingtrommel $T$, die durch ein Uhrwerk $U$ mit Hilfe der Zahnräder $Z$ in gleichmäßige Umdrehungen versetzt wird. Die Uhrwerkswelle treibt unmittelbar die Schraubenspindel $s$ an, die einen an der Stange $F$ geführten Schlitten $S$, der mit einer Mutter $m$ über die Spindel greift, parallel zur Drehachse der Trommel $T$ bewegt. Auf dem Schlitten $S$ sind zwei Schreibfedern $f_1$ und $f_2$ angebracht. Vermittels je eines Elektromagneten $E_1$ und $E_2$ kann jede der Federn $f$ bei Stromschluß um einen kleinen Winkel in die punktierte Lage (Abb. 125) abgelenkt werden. Auf der Trommel $T$ wird Papier aufgespannt. Ist das Uhrwerk in Gang und wird die Feder $f_1$ nicht abgelenkt, so zeichnet sie auf dem Papier eine Spirale auf, wie bei 1 1 in der Abb. 125. Wird dagegen die Feder $f_1$ durch den Elektromagneten $E_1$ vorübergehend abgelenkt, so beschreibt sie ein Zeichen, wie bei 2 in Abb. 125. Wird das Papier auf der Trommel parallel zur Trommelachse aufgeschnitten und aufgewickelt, so erhält man gerade Linien, die durch die Zeichen 2 unterbrochen sind, wie in Abb. 127. Die Trommel $T$ hat einen Umfang von 300 mm und macht in 1 Minute 1 Umdrehung. Die Zeitdauer zwischen zwei durch Schließen des Stromes im Elektromagnet gegebenen Zeichen ist proportional dem Abstand $r_1$, $r_2$ ... in Abb. 128. Zur Messung von $r$ wird immer der Beginn $a$ des Zeitzeichens verwendet, da das Ende von der Dauer des Stromschlusses abhängt, die willkürlich ist. Da für $r = 300$ mm die Zeit 1 Minute ist, so gibt $r/300$, wenn $r$ in Millimetern gemessen wird, die Zeit in Minuten an, die zwischen den beiden Zeitzeichen verstrichen ist.

Der Strom für den Elektromagnet wird durch einen Akkumulator $A$ geliefert. Der Stromschluß erfolgt durch einen Drücker $Dr$, ähnlich wie er für die Telegraphie verwendet wird (vgl. Abb. 129). $Cr$ ist der Zeitschreiber.

Abb. 125.

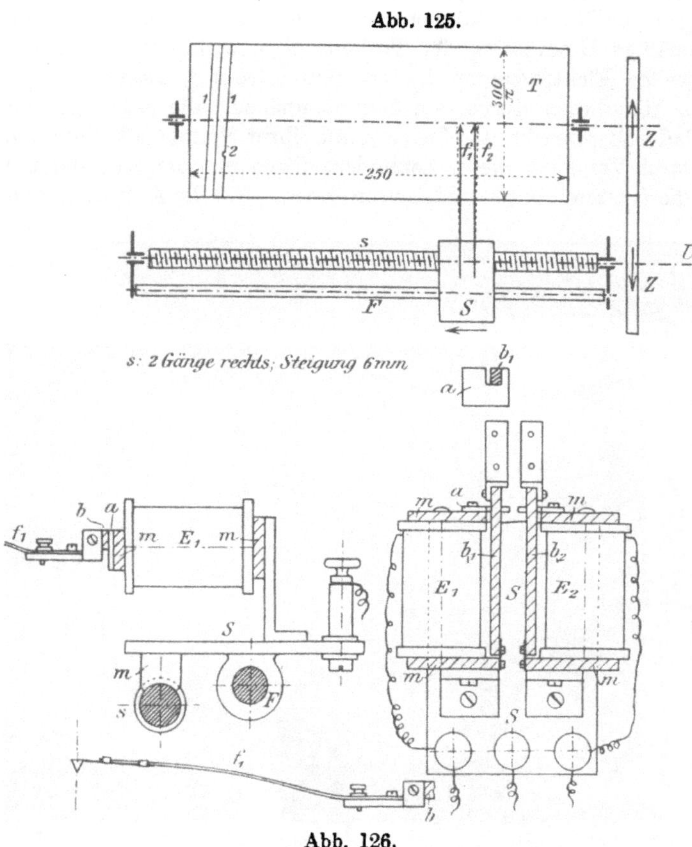



Abb. 126.

Abb. 127.



Abb. 128.

Ebenso wie es für die Ermittelung der $z,t$-Linien genügt, die Temperatur nur vergleichsweise richtig zu ermitteln, genügt auch für die Feststellung der Zeit vergleichsweise Genauigkeit. Man kann sich deswegen für die meisten Fälle damit begnügen, die Abstände $r_1$, $r_2$ .. in Millimetern zu messen. Um auch wirkliche Zeitmessungen ausführen zu können, selbt für den Fall, daß das Uhrwerk nicht ganz gleichmäßige Umdrehung der Trommel $T$ bewirkt, ist an dem Schlitten $S$ noch ein zweiter Elektromagnet $E_2$ mit Schreibfeder $f_2$ angebracht. Der Stromschluß kann für diesen durch ein Sekundenpendel alle Sekunde herbeigeführt werden. Dadurch schreibt die Feder $f_2$ auf ihrer Spirale alle Sekunde ein Zeitzeichen. Durch Vergleich dieser Sekundenzeichen mit den Abständen $r_1$, $r_2$ kann man dann die letzteren in Sekunden umrechnen. Für die Aufnahme von $z,t$-Linien

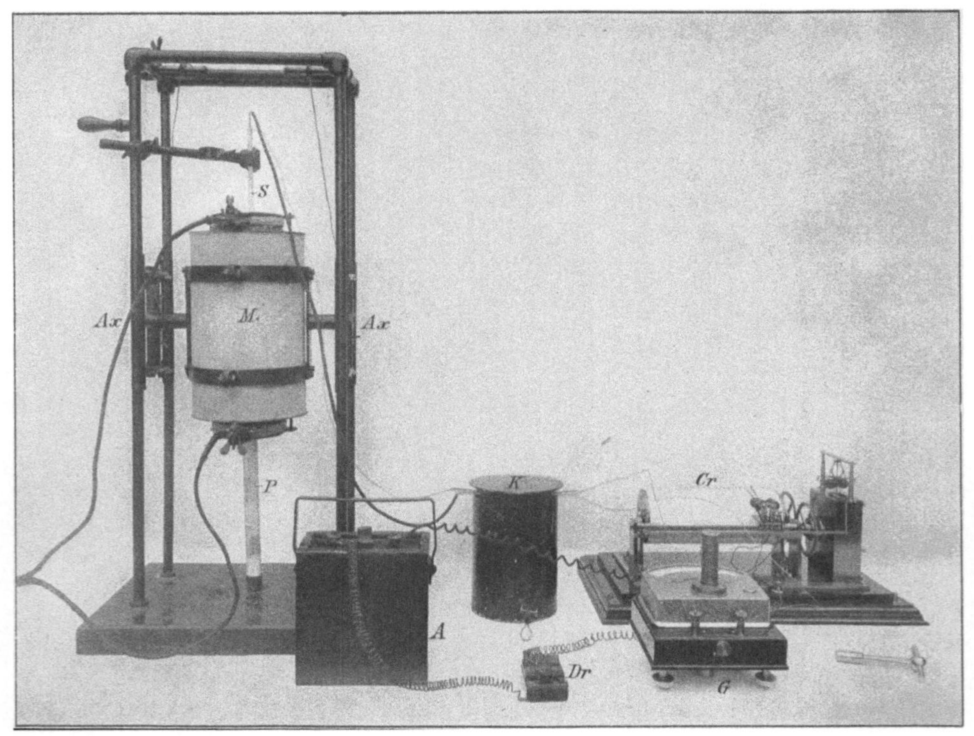


Abb. 129.

ist die zweite Schreibfeder $f_2$ nicht erforderlich, da hierfür die Regelmäßigkeit des Ganges der Uhr ausreichend ist.

**188.** Die Versuchsausführung. Die geschmolzene Legierung $Fl$ befindet sich in der Regel in einem Tiegel $Ti$ (Abb. 130). Handelt es sich um niedrig schmelzende Legierungen, so daß Verwendung von Quecksilberthermometern möglich ist, so wird das Glasthermometer $Th$ entweder unmittelbar in die Schmelze eingetaucht, nachdem es vorher langsam vorgewärmt worden ist, oder es wird mit einem Schutzrohr $G$ aus Glas versehen und mit diesem nach Vorwärmen in die Schmelze eingesenkt (vgl. Abb. 130). Das Schutzrohr ist notwendig, wenn sich die Schmelze bei der Erstarrung ausdehnt und so das Thermometer zerdrücken würde. Die Legierung kann über einem Bunsenbrenner oder in irgendeinem Schmelzofen flüssig gemacht werden. Sie wird alsdann der Abkühlung an der freien Luft, oder besser nach Einsetzen in einen zylindrischen Hohlraum überlassen, der die unmittelbare Wirkung von Luftzug abhält. Am Thermometer beobachtet man den Temperaturabfall während der Abkühlung. Man ermittelt die Zeit $\Delta z$, die für den Abfall der Temperatur um 1 C° (bei sehr genauen Messungen um 0,1 C°) erforderlich ist. Die Zeitmessung geschieht mit dem Zeitschreiber. Zur Ablesung der Temperatur empfiehlt sich Verwendung eines Kathetometers mit Fadenkreuz im Fernrohr.

In den Abb. 104 und 105 sind zwei $z,t$-Linien wiedergegeben, die mit Hilfe des Quecksilberthermometers aufgenommen sind. Sie entsprechen reinem Wismut.

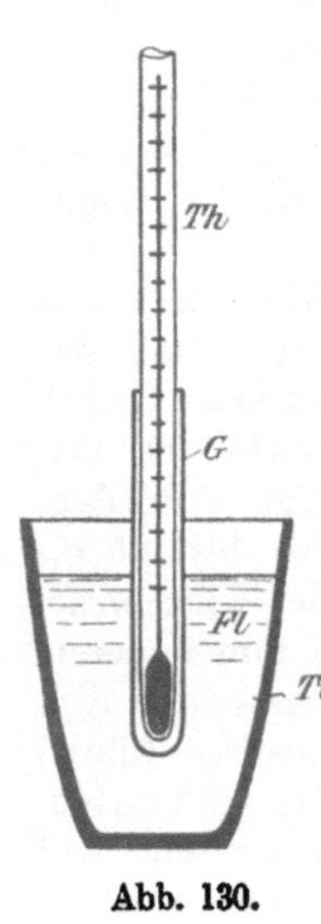

Abb. 130.

Bei der Aufnahme der Abb. 104 wurde der Tiegel mit dem flüssigen Wismut in ein Ölbad von 180 C° eingestellt und darin der Abkühlung überlassen. Die Unterkühlung war nur schwach. Abb. 105 gilt für dasselbe Wismut, das in einem Heraeusofen *(189)* geschmolzen war und mit diesem im Tiegel abkühlte. Das Thermometer war ohne Schutzrohr in der Schmelze. Die Abkühlung im Ofen ging wesentlich langsamer vonstatten, als in dem in Abb. 104 dargestellten Falle. Die Unterkühlung ist kräftig, infolgedessen ist die Linie auch nicht wieder bis zum Erstarrungspunkt des Wismuts 269,5 C° heraufgestiegen (vgl. *156*).

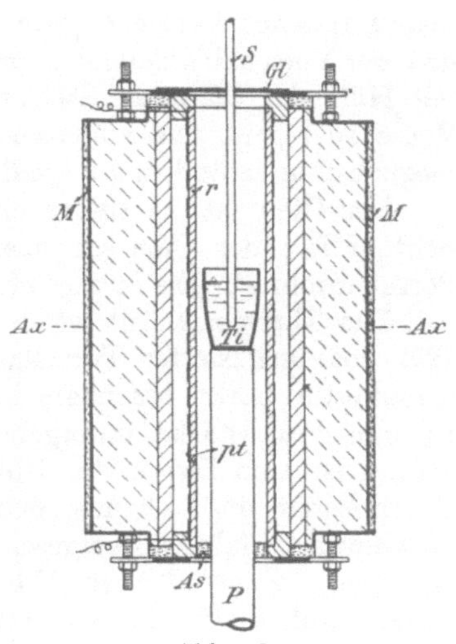

Abb. 131.

*189.* Für oberhalb 400 C° schmelzende Legierungen verwendet man am zweckmäßigsten das Thermoelement (seltener das Widerstandspyrometer bis 1000 C° herauf). Zum Schmelzen der Legierungen, soweit dies unter 1300 C° möglich ist, eignet sich ein elektrisch geheizter Röhrenofen, wie ihn z. B. W. C. Heraeus in Hanau als Type 3 liefert (s. Abb. 131 und 129). Er hat ein Heizrohr $r$ aus feuerfester Masse von 50 mm lichter Weite und 300 mm Länge, das mit Platinfolie außen umwickelt ist ($pt$). Durch die letztere wird ein elektrischer Heizstrom geschickt. Der Ofen ist nach außen isoliert durch einen Außenmantel $M$. Der Tiegel $Ti$ hat einen Fassungsraum von etwa 50 ccm. Er ruht auf dem Porzellanrohr $P$ auf, das auf der Grundplatte des Ofens feststeht. Das Heizrohr wird unten durch einen Asbestpropfen $As$ und oben durch eine Glimmerplatte $Gl$ vor Luftzug geschützt. Der ganze Ofen kann, wenn das Rohr $P$ entfernt ist, um die wagerechte Achse $Ax\,Ax$ gekippt werden, so daß das Heizrohr in senkrechter und wagerechter Stellung benutzbar ist. In letzterer Stellung dient es zum Heizen von festen Körpern, Glühen usw.; in ersterer vorwiegend zur Aufnahme von $z,t$-Linien erstarrender Legierungen. Bei wagerechter Lage des Heizrohres lassen sich Temperaturen bis zu 1400 C° im Ofen erzielen, bei senkrechter Stellung wegen des Luftdurchzugs höchstens 1300 C°. Bei den höchsten Temperaturen wird aber die Platinfolie angegriffen, und es empfiehlt sich, sie nur kurze Zeit einwirken zu lassen.

Der Ofen ist an Drähten, die über Rollen gehen, aufgehängt und kann durch eine Kurbel aus der in der Abb. 131 gezeichneten Mittelstellung nach oben und nach unten bewegt werden, während das Porzellanrohr $P$ und mit ihm der Tiegel $Ti$ seine Lage unverändert beibehält. Dadurch ist es möglich, daß beim Senken des

Ofens der Tiegel oben herausragt, was zur Beschickung und Bedienung sehr zweckmäßig ist.

Der Widerstand der Platinfolie des Ofens beträgt bei Zimmerwärme 2,7 Ohm. Bei 900 C$^0$ ist nach v. Pirani ($L_2$ *18*) der Widerstand des Platins etwa 4 mal, bei 1400 C$^0$ etwa 5,3 mal so groß als bei Zimmerwärme, so daß also der Widerstand bei diesen Temperaturen auf 10,8 und 14,3 Ohm ansteigt. Man hält die Stromstärke anfangs niedrig, steigert sie allmählich bis auf 10 bis 12 Amp. bei Rotglut, und geht erst oberhalb Rotglut auf 14 Amp., aber nicht höher.

Da der Ofen außer zur Bestimmung der $z,t$-Linien noch für eine ganze Reihe metallurgischer Versuche gute Dienste leistet, hat man Wert darauf zu legen, daß der Vorschaltwiderstand gute Abstufungen erlaubt, so daß man imstande ist, mit Hilfe des Ofens die Steigerung und den Abfall der Temperatur in beliebiger Weise zu regeln, und außerdem auch die Temperatur während längerer Zeiträume möglichst unverändert zu erhalten.

Der Ofen ist in einem eisernen Gestell eingebaut, das in Abb. 129 links sichtbar ist; der Ofen ist daselbst mit $M$ bezeichnet. Man erkennt auch das Porzellanrohr $P$. Die Stromzuleitung zum Ofen erfolgt durch ein biegsames Kabel.

Das Thermoelement ist in einem dünnwandigen Schutzrohr $S$ (Abb. 99, 131, 129) aus unglasierter Porzellanmasse (für den Zweck von der Kgl. Porzellanmanufaktur Berlin besonders hergestellt) von 4,5 mm lichter Weite bei 0,5 bis 1,5 mm Wandstärke untergebracht. Über den einen Schenkel des Thermoelementes ist zum Zweck der Isolation ein Röhrchen $b$ von etwa 3,5 mm äußerem Durchmesser und 2,5 mm lichter Weite ebenfalls aus Porzellanmasse der Kgl. Porzellanmanufaktur übergeschoben. Die beiden Drähte des Elementes führen nun zum Kühlgefäß $K$ in Abb. 129 (vgl. auch Abb. 115), in dem die Kaltverbindungen auf 0 C$^0$ erhalten werden. Es ist natürlich darauf zu achten, daß zwischen den Drähten des Thermoelementes untereinander und mit anderen metallischen Gegenständen keine metallische Berührung stattfindet. Von $K$ aus führen Kupferdrähte nach dem Galvanometer $G$, das die Temperatur anzeigt. $Cr$ ist der Zeitschreiber, $A$ der zugehörige Akkumulator, $Dr$ der Drücker für den zeitweiligen Stromschluß zur Erzielung eines Zeitzeichens des Zeitschreibers.

Man beobachtet die Zeit $\varDelta z$, die für den Temperaturabfall um 10 C$^0 = 1$ Skalenteil der Temperaturskala des Galvanometers erforderlich ist. In dem Augenblick, in dem der Galvanometerzeiger gerade durch einen Teilstrich geht, gibt man mit dem Drücker $Dr$ das Zeitzeichen. Gleichzeitig beobachtet man noch die Temperatur eines etwaigen Stillstandes des Galvanometerzeigers; diese kann bei einiger Übung auf Grade geschätzt werden.

Abb. 127 gibt verkleinert die Aufzeichnung des Zeitschreibers für die Erstarrung von Kupfer wieder. Die daraus abgeleitete $z,t$-Linie s. in Abb. 133 Nr. 1.

Zweckmäßig ist es, mit dem Schutzrohr $S$ so lange die flüssige Schmelze umzurühren, als dies noch möglich ist.

Hat man leicht oxydierbare Schmelzen, so ist die Schmelze mit Schutzdecke aus Holzkohlenpulver oder geschmolzenen Salzen zu versehen. Die Auswahl des Schutzmittels hat mit Rücksicht auf die Eigenart der Legierung zu geschehen. Unter Umständen muß man zum Schutz vor der Oxydation den Raum innerhalb des Heizrohres $r$ abschließen und ein neutrales Gas durchleiten.

*190.* Hat man zum Zwecke der Verflüssigung der Legierung höhere Temperaturen als 1300 C$^0$ zu erzielen, so benutzt man zweckmäßig den Kohlengriesofen, der von J. Bronn in die Heiztechnik eingeführt worden ist ($L_2$ *19*). Die Bauart des Ofens von Simonis ($L_2$ *20*) ausgebildet und von der Kgl. Porzellanmanufaktur Berlin geliefert, ergibt sich aus Abb. 132. Er besteht aus einem inneren Heizrohr $r$ von 135 mm Durchmesser. Dieses ist umgeben von feinkörniger Widerstandsmasse $K$ aus Kohle, durch die vermittels der Stromzuführungen $ss$ ein Strom von 100 bis 220 Volt Spannung geschickt wird. Bei 220 Volt Spannung läßt sich der Ofen in 3 bis 4 Stunden auf 1600 C⁰ bei einem Energieverbrauch von 12 Kilowatt bringen. Der die Legierung enthaltende Tiegel $Ti$ aus Graphit oder aus Magnesia wird auf den in der Abb. 132 sichtbaren Untersatz $U$ gestellt. Es empfiehlt sich nicht, das Thermoelement in den Ofen einzuführen, da dieser mit reduzierenden Gasen (CO) gefüllt ist, die das Metall des Thermoelementes brüchig machen. Sorgt man durch Aufstreuen von Magnesia auf den Untersatz $U$ unter dem Tiegel dafür, daß der Tiegel nicht anbäckt, so kann man die geschmolzene und überhitzte Legierung aus dem Ofen herausnehmen und in einen zylindrischen Hohlraum, der von feuerfester Masse umgeben ist, einbringen. Der Hohlraum ist vorher auf Rotglut oder höher vorgewärmt worden. Sofort nach Einsetzen des Tiegels in den Raum wird das ebenfalls vorgewärmte Thermoelement mit seinem Schutzrohr $S$ in die Legierung eingetaucht. Während der Abkühlung wird Temperatur und Zeit in der üblichen Weise gemessen.

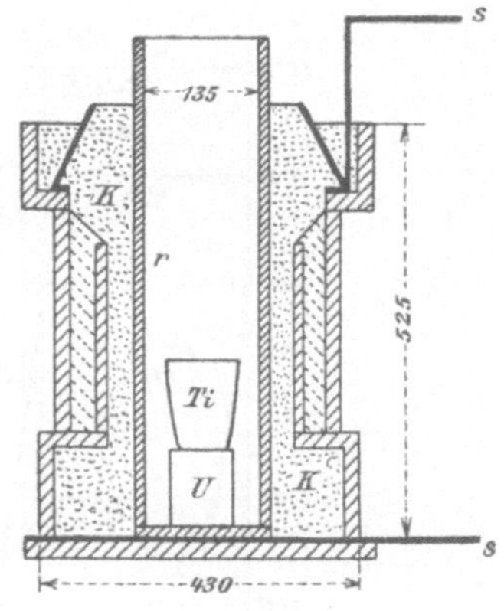

Abb. 132.

Öfen mit Heizung durch körnige Widerstandsmasse sind für verschiedene Zwecke sehr anpassungsfähig und haben in metallurgischen Laboratorien weite Verbreitung gefunden.

Statt des Kohlengriesofens kann man auch einen **Kohlenrohrofen** benutzen. Hierbei wird ein Rohr aus Retortenkohle durch einen Wechselstrom von niedriger Spannung erwärmt. (Vgl. Ruer, $L_1$ 13.) Steht in einem Laboratorium nur Gleichstrom zur Verfügung, so wird eine ziemlich kostspielige Einrichtung zum Umformen des Stromes erforderlich.

**191.** Beispiel: Ermittelung der $z,t$-Linien der Legierungen von Kupfer und Phosphor. Zugehöriges $c,t$-Bild nach E. Heyn und O. Bauer ($L_1$ 21).

Die Versuchsausführung geschah in der in *189* beschriebenen Weise. Abgebildet sind die $z,t$-Linien folgender Legierungen:

| Nr. der Legierung | $c =$ Gehalt an P in % | Nr. der Legierung | $c =$ Gehalt an P in % |
|---|---|---|---|
| 1. H | 0 | 6. R | 8,27 |
| 2. H | 1,67 | 7. R | 10,23 |
| 3. H* | 2,76 | 8. H | 12,72 |
| 4. H* | 3,90 | 9. H | 14,00 |
| 5. R | 6,55 | 10. R | 14,28 |

Die chemische Zusammensetzung ist stets durch Analyse festgestellt und weicht von der Zusammensetzung der Beschickung des Tiegels (Kupfer und roter Phosphor) etwas ab. Der Phosphorgehalt ist immer etwas niedriger als der aus der Beschickung berechnete. Es ist überhaupt zu raten, in allen Fällen den Gehalt der Legierungen nach dem Schmelzen nachzuprüfen, es sei denn, daß man es mit sehr edlen Metallen zu tun hat. Aber auch da können Verunreinigungen durch andere Stoffe entstehen, die unter Umständen die ganze auf die Ermittelung des $c,t$-Bildes verwendete Mühe vergeblich machen. Eine ganze Reihe von in der Literatur aufgetauchten $c, t$-Bilder tragen den Stempel dieser Unterlassungssünde an sich. Die $z, t$-Linien sind in den Abb. 133 und 134 wiedergegeben. Sie tragen dieselben Nummern wie die Legierungen. Die Temperatur $\tau$ der Kaltlöt-

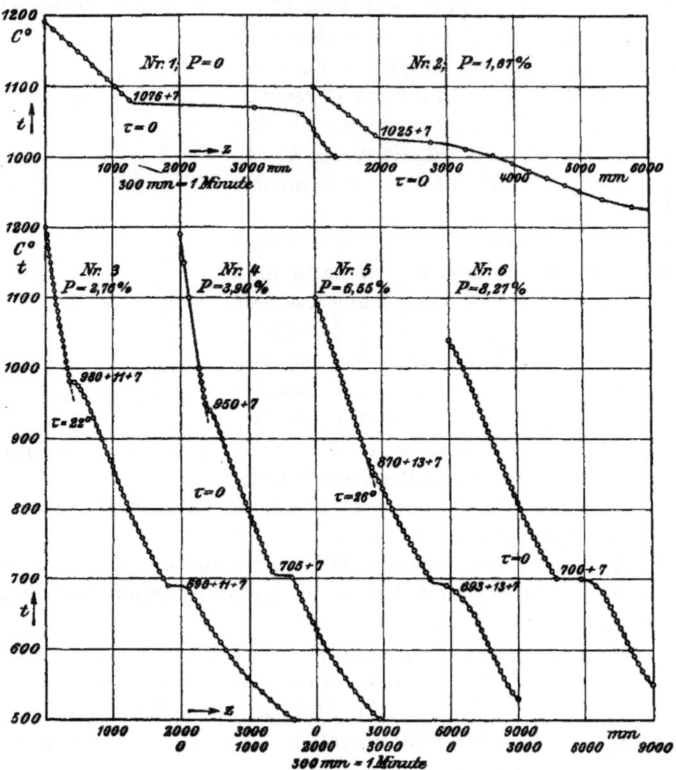

Abb. 133. Legierungen von Kupfer und Phosphor. $z, t$-Linien.

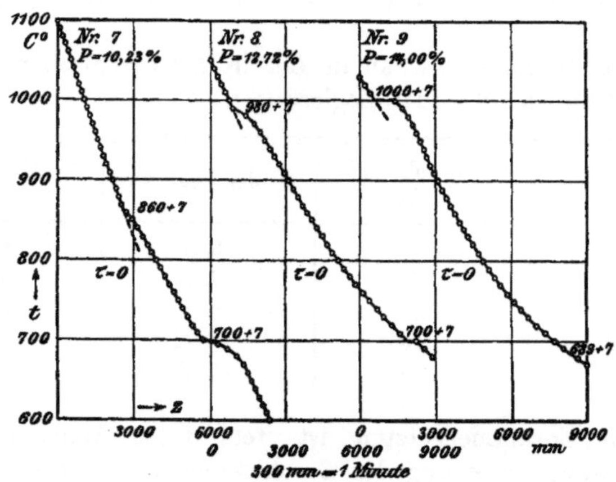

Abb. 134. Legierungen von Kupfer und Phosphor. $z, t$-Linien.

stelle ist allen $z, t$-Linien beigeschrieben. Den unmittelbar gemessenen Temperaturen ist sonach der Betrag $0,5\,\tau$ zuzuzählen. Außerdem ist noch eine weitere Berichtigung anzubringen, die durch Vergleich des Thermoelementes mit derselben Eintauchtiefe mit Erstarrungspunkten von Metallen *(173)* ermittelt wurde und im

Mittel etwa $+\,7\,C^0$ für die in Betracht kommenden Temperaturen beträgt. Ist sonach die aus den Schaubildern unmittelbar zu entnehmende Temperatur $t_1$, so ist die wirkliche Temperatur $t$

$$t = t_1 + 0{,}5\,\tau + 7.$$

Die Temperaturablesung erfolgte von 10 zu 10 $C^0$. In der Nähe der Haltepunkte wurde die Temperatur auf Grade geschätzt. Diese Schätzungen sind bei der Aufzeichnung der $z, t$-Linien benutzt. Die Schmelzung der Legierungen geschah teils im Heraeusofen (in der Tabelle mit H angedeutet), teils in dem mit Gas geheizten Roeßlerofen (R in Tabelle). Die Abkühlung geschah im Ofen selbst mit Ausnahme der in der Tabelle mit * bezeichneten Legierungen 3 und 4, bei denen der Tiegel mit der geschmolzenen Legierung aus dem Ofen herausgenommen und der schnellen Abkühlung an der Luft überlassen wurde. Dadurch ist die Verschiedenheit der Zeitmaßstäbe für die Legierungen 3 und 4 gegenüber den anderen erklärlich.

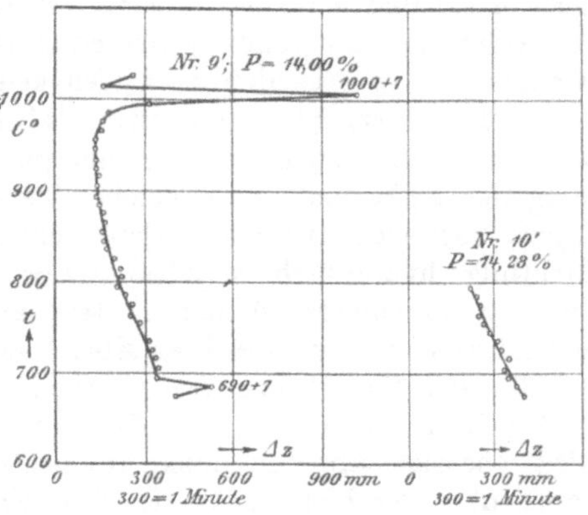


Abb. 135.
Legierungen von Kupfer und Phosphor.
$\Delta z, t$-Linien.

Aus den $z, t$-Linien ergibt sich das in Abb. 136 dargestellte $c, t$-Bild der Legierungsreihe, das der Erstarrungsart $A\,a\,2\gamma$ entspricht. Die eutektische Temperatur liegt bei 707 $C^0$, der eutektische Punkt bei $c = 8{,}27\,^0/_0$ Phosphor. Bei den Legierungen 1 und 2 wurde die Abkühlung nicht

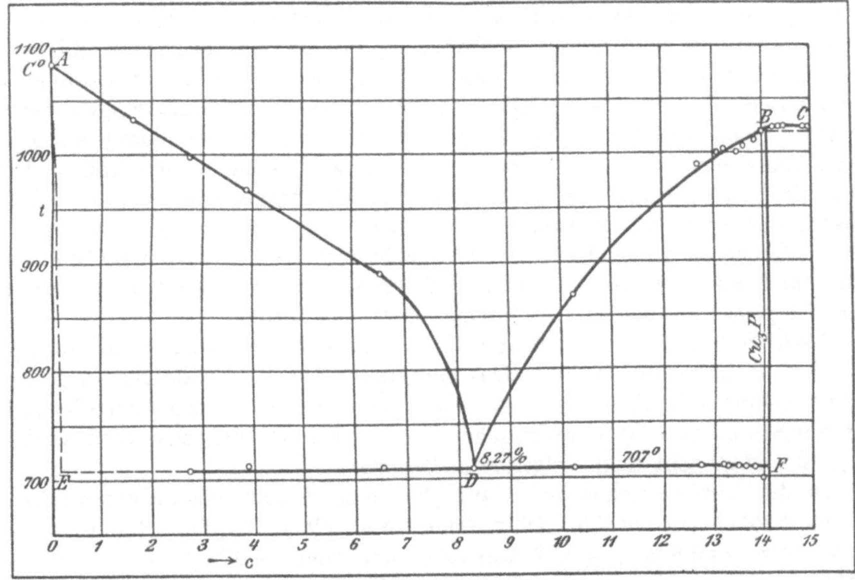


Abb. 136. $c, t$-Bild der Legierungen von Kupfer und Phosphor.

herunter bis zur eutektischen Temperatur verfolgt; es ist deswegen ungewiß, ob dort noch Wärmeentwicklungen beobachtbar gewesen wären. Bei der Legierung 9 mit 14 $^0/_0$ Phosphor (dieser Gehalt würde der chemischen Verbindung $Cu_3P$ entsprechen) war noch schwache Wärmeentwicklung in der Nähe der eutektischen Temperatur bemerkbar. Sie ergibt sich zwar nicht aus der $z,t$-Linie Nr. 9, Abb. 134, wohl aber aus der zugehörigen $\varDelta z,t$-Linie Nr. 9', in Abb. 135, bei einem Wärmegrade von $690 + 7 = 697\,C^0$. Für die Legierung Nr. 10 ist die $z,t$-Linie nicht angegeben, von der $\varDelta z,t$-Linie ist aber der untere Teil (10' in Abb. 135) abgebildet. Sie läßt keine eutektische Wärmetönung mehr erkennen. Die eutektische Linie muß also bei $F$ in Abb. 136 ihr Ende finden. Das würde darauf hindeuten, daß die Ordinate $BF$ im $c,t$-Bild einer chemischen Verbindung $Cu_3P$ entspricht.

Über den Endpunkt $E$ der eutektischen Linie im $c,t$-Bild Abb. 136 können wir aus den vorliegenden $z,t$-Linien keine weiteren Schlüsse ziehen.

**192. Vorrichtungen zum Selbstaufzeichnen der $z,t$-Linien.** Diese Vorrichtungen bezwecken meist auf photographischem Wege selbsttätige Aufzeichnung der $z,t$-Linien. Eine solche Vorrichtung ist zuerst von Roberts-Austen ($L_2$ 22) verwendet worden. Eine lichtempfindliche Platte wurde in senkrechter Richtung hydraulisch gehoben. Der Hub war proportional der Zeit. Das Spiegelgalvanometer zeichnete mittels des Spiegels den der Temperatur entsprechenden Ausschlag in wagerechter Ebene auf die Platte (vgl. *186*).

Bei der Vorrichtung von Charpy ($L_2$ 23) und in der verfeinerten Form, wie sie für Kurnakow von Toepfer & Sohn in Potsdam gebaut worden ist ($L_2$.24) wird eine sich um ihre Achse drehende Trommel mit lichtempfindlichem Papier bespannt. Der Lichtpunkt des Spiegelgalvanometers wird auf dieses Papier geworfen.

Man macht zugunsten der Selbstaufzeichner geltend, daß etwaige kleine Wärmetönungen, die sich innerhalb kleiner Temperaturabstände vollziehen könnten, durch den Selbstaufzeichner abgebildet werden, dem Auge des Beobachters aber entgehen könnten. Hiergegen ist einzuwenden, daß der Beobachter kleine Wärmetönungen ebensogut erkennen kann wie der Apparat. Die persönliche Beobachtung während der Abkühlung ist überhaupt nicht zu entbehren; sie gibt mehr Aufschluß als die hinterherige Beobachtung des photographischen Bildes. Auch die sogenannten „objektiven" Aufzeichnungen des Selbstzeichners können durch Unvollkommenheiten des Apparats, durch schwache Erschütterungen beeinflußt werden. Nach den Erfahrungen des Verfassers ist die Benutzung eines Selbstaufzeichners eine Art Luxus. Wirtschaftlich wird seine Anwendung erst dann, wenn sie Ersparnis an Kosten für das Beobachtungspersonal bedingt. Bei dem hohen Preis dieser Vorrichtungen tritt dieser Fall aber erst dann ein, wenn täglich $z,t$-Linien in großer Menge im regelrechten Betrieb aufzunehmen sind. Dieser Fall gehört aber zu den Ausnahmen. Wenn einmal das $c,t$-Bild einer Legierungsreihe festgelegt ist, so ist dies für alle Zeiten geschehen.

**193. Erhöhung der Empfindlichkeit der Temperaturablesung mittels des Thermoelementes.** Das gewöhnlich zur Temperaturmessung benutzte Galvanometer läßt Ablesungen nur von 10 zu 10 $C^0$ zu, so daß auch die $z,t$-Linien nur mit Stufen von 10 $C^0$ aufzunehmen sind. Diese Stufen sind für manche Fälle zu groß. Man geht dann folgendermaßen vor:

In der Lindeckschen Schaltung (*169*) ersetzt man das Galvanometer durch ein empfindlicheres mit 30,7 Ohm Widerstand, einer Empfindlichkeit von 1 Teilstrich (etwa $= 0,8$ mm) $= 0,02$ Millivolt, und einem Meßbereich von dem in der Mitte liegenden Nullpunkt aus nach beiden Seiten von $\pm 1,2$ Millivolt. Ein solches Instrument läßt sich noch als Zeigergalvanometer ausführen.

Es werde z. B. angenommen, daß die $z,t$-Linie einer Legierung in der Nähe von 1000 $C^0$ aufzunehmen sei, daß es aber darauf ankomme, in der Nähe dieser Temperatur die $z,t$- oder $\varDelta z,t$-Linie mit Rücksicht auf kurzdauernde schwache Haltepunkte festzulegen. Man erhitzt das Thermoelement auf 1000 $C^0$, was man ja mit der Lindeckschen Schaltung feststellen kann. Bei dieser Temperatur von 1000 C⁰ wird durch die Schaltung des Lindeckschen Apparates die elektromotorische Kraft des Thermoelementes gerade kompensiert, so daß der Zeiger des Galvanometers auf Null steht. In dieser Stellung beläßt man die Schaltung. Das Thermoelement wird nun in die geschmolzene Legierung eingeführt, und die Beobachtung der Abkühlung geschieht in der üblichen Weise. Der Zeiger des Galvanometers wird bei Temperaturen über 1000 C⁰ auf der einen Seite des Nullpunktes, und bei Temperaturen unter 1000 C⁰ auf der anderen Seite des Nullpunktes stehen.

Nehmen wir an, daß laut Eichschein für das Thermoelement folgende Beziehungen zwischen $t$ und $e$ gelten:

| | |
|---|---|
| 800 C⁰ | 7,33 Millivolt |
| 900 C⁰ | 8,43 ,, |
| 1000 C⁰ | 9,57 ,, |
| 1100 C⁰ | 10,74 ,, |
| 1200 C⁰ | 11,95 ,, |

Da das Galvanometer bei 1000 C⁰ auf Null eingestellt war, so ist der Betrag der gegen das Element geschalteten Spannung 9,57 Millivolt. Man hat also bei den verschiedenen Temperaturen folgende Zeigerstellungen des Galvanometers zu erwarten:

| | | |
|---|---|---|
| 900 C⁰ | 8,43 — 9,57 = — 1,14 | Millivolt |
| 1000 C⁰ | 9,57 — 9,57 = 0,00 | ,, |
| 1100 C⁰ | 10,74 — 9,57 = + 1,17 | ,, |

Da auf 0,02 Millivolt 1 Teilstrich kommt, entsprechen 1,14 und 1,17 Millivolt 1,14/0,02 und 1,17/0,02, also 57,0 und 58,5 Teilstrichen, d. h. 1 Teilstrich entspricht 100/57,0 und 100/58,5, also 1,75 und 1,71 C⁰. Man wird sonach die Zeit $\Delta z$ beobachten, während der ein Teilstrich = 0,02 Millivolt durchlaufen wird, und ermittelt nachher die Temperatur durch Interpolation aus obiger Zusammenstellung.

Beispiel für die Anwendung s. Friedrich ($L_2$ 25).

**194.** Ermittelung der $\Delta z, t$-Linien in erstarrten Legierungen. Das Verfahren ist ähnlich dem, wie es für erstarrende Legierungen beschrieben worden ist. Es ist von Osmond beim Nachweis der Allotropie des Eisens zuerst angewendet worden (s. Abb. 137). Zwischen die beiden Plättchen $A$ und $B$ aus der zu untersuchenden Eisenprobe wird die Warmlötstelle $w$ eines Thermoelementes Platin-Platinrhodium geklemmt. An die Enden $k_1$ und $k_2$ der beiden Drähte sind Kupferdrähte angeschlossen, die zum Galvanometer $G$ führen. Die Kaltverbindungen $k_1$ und $k_2$ werden zweckmäßig auf 0 C⁰ erhalten. Der Zeiger des Galvanometers gibt dann die Temperatur der Lötstelle und damit auch die der Eisenprobe an. Beobachtet man bei der Abkühlung oder auch bei Erhitzung der Eisenprobe die Zeit $\Delta z$, die erforderlich ist, um eine Temperaturverminderung, bzw. -vermehrung um $\Delta t$ C⁰ herbeizuführen, und trägt die Zeiten $\Delta z$ als Abszissen zu den zugehörigen Temperaturen als Ordinaten ein, so erhält man die $\Delta z, t$-Linie. Beispiele hierzu s. II B, *11*.

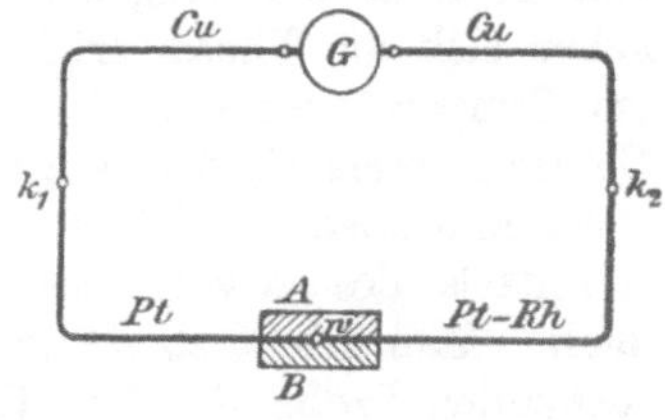


Abb. 137.

*Pt:* Platindraht } Thermo-
*Pt-Rh:* Platinrhodiumdraht } element
*Cu:* Kupferdraht
*w:* Warmlötstelle
$k_1, k_2$: Kaltverbindungen
*A, B:* Eisenplättchen

Das Verfahren läßt sich auch auf andere Legierungen anwenden; nur muß man darauf achten, daß die Legierung bei den zu beobachtenden Wärmegraden keine Legierung mit den Drähten des Thermoelementes bildet. Ist dies zu befürchten, so verwendet man andere Thermoelemente als Platin-Rhodium, oder man schützt die Warmlötstelle des Elementes mit Glimmerplättchen vor der unmittelbaren Berührung mit der zu untersuchenden Legierung.

**195.** **Differentialverfahren nach Roberts-Austen.** Das Verfahren ist besonders geeignet zum Nachweis kleiner Wärmetönungen in bereits erstarrten Legierungen ($L_2$ 22). Es soll im folgenden in der Ausführungsweise beschrieben werden, wie es im Kgl. Materialprüfungs-amt, Gr.-Lichterfelde, verwendet wird. Die Probe $A$, deren Haltepunkt ermittelt werden soll, besteht aus drei Teilen, die zusammen einen Zylinder bilden (Abb. 138). Zwischen diese Teile wird die Warmlötstelle eines gewöhnlichen Thermoelementes I und ferner die eine Lötstelle eines Doppelthermoelementes II geklemmt. Die einzelnen Teile des Zylinders $A$ werden durch dünne Platindrähte zusammengehalten. Das Doppelelement II besteht aus zwei Platindrähten $Pt$, die an zwei Lötstellen mit einem Draht aus Platin-Rhodium $P_tRh.$ verbunden sind. Die zweite Lötstelle des

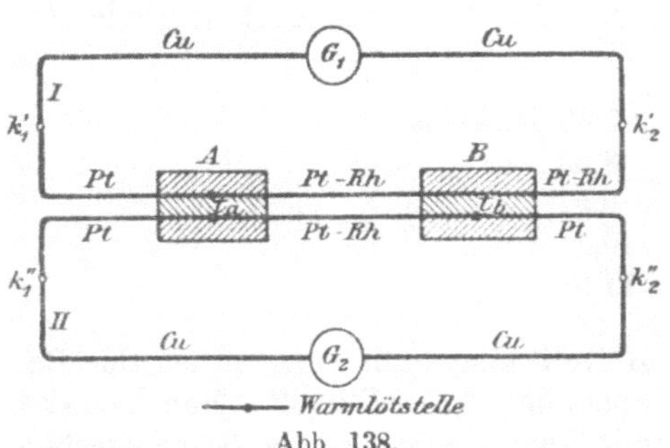


Abb. 138.

*Pt*: Platindraht
*Pt-Rh*: Platinrhodiumdraht
*Cu*: Kupferdraht
$k_1'$, $k_2'$, $k_1''$, $k_2''$: Kaltverbindungen auf 0 C⁰ erhalten.

Doppelelementes befindet sich zwischen den beiden Halbzylindern des Vergleichskörpers $B$. Dieser ist aus Platin oder irgendeinem anderen Stoff hergestellt, der frei ist von Wärmetönungen im festen Zustand, und dessen spezifische Wärme nicht allzuweit von der des zu untersuchenden Metalls $A$ entfernt ist. In jeder der beiden Lötstellen des Doppelthermoelementes wird eine thermoelektromotorische Kraft erzeugt; im Körper $A$ eine, die der Temperatur $t_a$ des Körpers $A$, und in $B$ eine, die der Temperatur $t_b$ des Körpers $B$ entspricht. Beide elektromotorischen Kräfte wirken in entgegengesetztem Sinne, da ja bei $A$ der Thermostrom vom Platin zum Platin-Rhodium, also von links nach rechts in der Abb. 138 und in $B$ in der umgekehrten Richtung läuft. Ist die Temperatur $t_a = t_b$, so heben sich die Thermokräfte auf und das Galvanometer $G_2$ zeigt auf Null. Sind die Temperaturen $t_a$ und $t_b$ verschieden, so entspricht der Zeigerausschlag des Galvanometers $G_2$ dem Unterschied $\Delta e$ der beiden in $A$ und $B$ erzeugten thermoelektromotorischen Kräfte. Gleichzeitig kann man die Temperatur $t_a$ der Probe $A$ mittels des gewöhnlichen Thermoelementes I und des Galvanometers $G_1$ ablesen. Man erhält so $\Delta e$ in Abhängigkeit von der Temperatur $t_a$ der zu untersuchenden Probe $A$. Das Galvanometer $G_2$ muß empfindlicher sein, als das Galvanometer $G_1$. Zu empfehlen ist die Verwendung des in Abs. *193* beschriebenen Zeigergalvanometers.

Die Kaltverbindungen $k_1'$, $k_2'$ und $k_1''$, $k_2''$ der beiden Elemente werden auf Null Grad abgekühlt. Die beiden Körper $A$ und $B$ liegen nahe hintereinander im Heizrohr eines Heraeusofens. Man erhitzt auf einen oberhalb der Umwandlungstemperatur gelegenen Wärmegrad, stellt dann den Heizstrom ab und überläßt die Körper $A$ und $B$ der Abkühlung im Rohr. Im allgemeinen wird der Zeiger des Galvanometers $G_2$ einen Ausschlag zeigen, da ja wegen der verschiedenen spezifischen Wärmen der Körper $A$ und $B$ ein kleiner Temperaturunterschied zwischen beiden bestehen muß. Der Zeiger des Galvanometers bewegt sich stetig und langsam in einer Richtung. Tritt nun aber infolge einer Umwandlung in $A$ Wärmeentwicklung ein, so wird die Abkühlung von $A$ plötzlich verzögert und der Zeiger des Galvanometers $G_2$ schlägt plötzlich nach einer Richtung aus. Man beobachtet gleichzeitig die Temperatur $t_a$ am Galvanometer $G_1$ und erhält so zu jedem $t_a$ das zugehörige $\Delta e$. Die Werte von $\Delta e$ trägt man als Ordinaten zu den Werten von $t_a$ als Abszissen auf und erhält auf diese Weise ein Schaubild, das als $t, \Delta e$-Bild bezeichnet werde. Beobachtet man zu den einzelnen Ablesungen von $t_a$ auch noch die Zeit $\Delta z$ mit Hilfe des Zeitschreibers, so kann man außerdem noch die $\Delta z, t$-Linie aufzeichnen, wie es in 194 besprochen wurde. Man hat somit bei dieser Art der Versuchsausführung den Vorteil, daß man zwei verschiedene Linien nach verschiedenen Grundsätzen erhält, deren Übereinstimmung Gewähr bietet, daß bei der Versuchsausführung kein störender Zufall eingetreten ist. (Beispiele s. II B, 13.)

In vielen Fällen ist es wichtig, die Wärmetönungen kennen zu lernen, die sich bei der Erhitzung eines im metastabilen Gleichgewicht befindlichen Stoffes abspielen. So wandelt sich z. B. der gehärtete Stahl beim Erwärmen (Anlassen) allmählich in die stabilere Form um, und zwar unter Abgabe von Wärme. Es ist von Interesse zu wissen, bis zu welcher Höchsttemperatur noch Wärmeentwicklung stattfindet.

Die Aufnahme von $z, t$-Linien bei der Erhitzung leidet ohnehin an der Schwierigkeit, die Erhitzung stetig vorzunehmen, so daß nicht etwa Unstetigkeitsstellen in der Schaulinie auf Unstetigkeiten in der Erhitzung zurückzuführen sind. Verteilt sich nun die Wärmetönung bei der Erhitzung über ein größeres Temperaturbereich, wie z. B. in dem soeben angegebenen Falle, so würde man von der Wärmetönung unter gewöhnlichen Umständen gar nichts merken. Anders ist es bei Anwendung des Differentialverfahrens. Die Warmlötstelle des Doppelelementes befindet sich einerseits in einer Probe $A'$ des zu prüfenden Körpers im metastabilen Zustand (z. B. Stahl gehärtet), andererseits in einer Probe desselben Körpers $A$ im stabilen Zustand (z. B. Stahl geglüht). Der Unterschied $\Delta e$ entspricht dann bei der Erhitzung dem Unterschied in der Temperatur der beiden Lötstellen. Anwendung des Verfahrens s. II B. 27.

**196.** Auch zur Aufzeichnung der $t, \Delta e$-Linien sind Selbstzeichner entworfen worden. Eine auf sehr interessanter Grundlage aufgebaute Vorrichtung ist die von Saladin-Le Chatelier ($L_2$ 26). Sie ist schematisch in Abb. 139 wiedergegeben. $G_1$ ist das gewöhnliche, $G_2$ das empfindliche Galvanometer, wie oben angegeben. Ein Lichtstrahl, von der Lichtquelle $S$ ausgehend, trifft auf den Spiegel des Galvanometers $G_2$, dessen Ausschlag den Wert $\Delta e$ mißt. Der Ausschlag in der wagerechten Ebene wird durch das total reflektierende Prisma $M$, das unter einem Winkel von $45^{\circ}$ aufgestellt ist, in die senkrechte Ebene gedreht. Der Spiegel des Galvanometers $G_1$ steht rechtwinklig zum Spiegel des Galvanometers $G_2$, wenn das

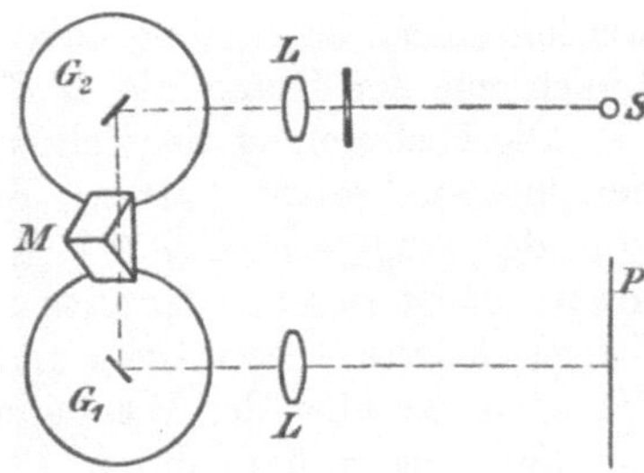

Abb. 139.

Galvanometer stromlos ist. Er reflektiert den Lichtstrahl in wagerechter Ebene auf die lichtempfindliche Platte $P$. Der Lichtfleck erhält somit zwei Bewegungen unter rechtem Winkel zueinander, so daß er auf der lichtempfindlichen Platte $P$ eine Kurve beschreibt, deren Abszissen von dem Ausschlag des Galvanometers $G_1$ und deren Ordinaten von dem Ausschlag des Galvanometers $G_2$ abhängig sind.

## 4. Allgemeines über die Aufschlüsse. die aus dem thermischen Verfahren gewonnen werden können.

*197.* Wie früher *(154)* gezeigt, ist die Ermittelung des Endes der Erstarrung $T''$ bei Mischkristallbildung mittels des thermischen Verfahrens unsicher oder ganz unmöglich. Von besonderem Interesse wäre es nun, für die Ermittelung des $c, t$-Bildes, wenn man bei den Erstarrungs- oder Umwandlungsarten nach $Aa2\alpha$ oder $Aa2\gamma$ für die eutektische Temperatur $t_e$ oder die Umwandlungstemperatur $t_u$ die Grenzen der Lücke $DE$ zwischen den Mischkristallen festlegen könnte. Es erscheint im Grunde einfach, diesen Aufschluß zu gewinnen. Man würde nur nötig haben, z. B. bei den nach $Aa2\gamma$ erstarrenden Legierungen von $C$ aus nach rechts und links zu gehen und diejenige Legierung aufzusuchen, bei der zuerst keine Wärmetönung bei der eutektischen Temperatur mehr nachgewiesen werden kann. Es ist dies der Weg, den bisher sämtliche Forscher bei der Aufstellung der $c, t$-Bilder gegangen sind. Es ist aber zu bedenken, daß der Weg nur dann zum Ziel führt, wenn die Abkühlung der Legierungen so langsam erfolgt, daß in jedem Augenblick zwischen flüssiger Phase und Mischkristallen vollkommenes Gleichgewicht besteht *(135—138)*.

*198.* Tammann *(L₂ 27)* hat versucht dieses Verfahren zu verbessern. Da die Zeit $z_0$ *(152,* Gl. 5*)*, während der bei idealem Verlauf der $z, t$-Linie die Temperatur $t_e$ unverändert bleiben müßte, von der Menge $k$ des auskristallisierenden Eutektikums abhängig ist, und diese proportional der Strecke $k$ in Abb. 97b ist, so

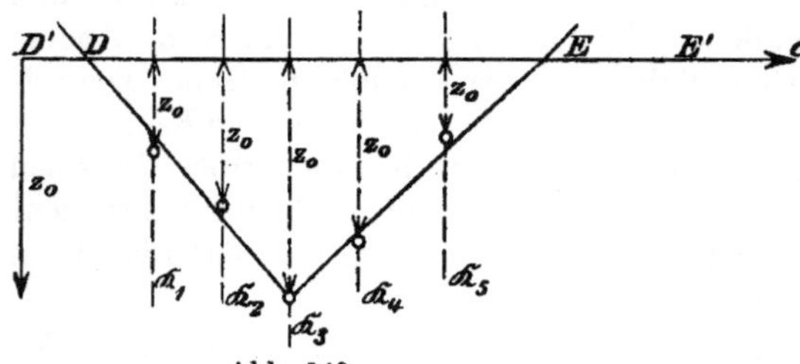

Abb. 140.

sucht Tammann die Kristallisationsdauer aus der $z, t$-Kurve heraus zu ermitteln. Er trägt dann senkrecht zu einer Grundlinie $D'E'$ (Abb. 140) auf den einzelnen Kennlinien Strecken ab, deren Länge der aus der $z, t$-Linie ermittelten Zeitdauer $z_0$ (Kristallisationsdauer) proportional ist. Werden die Endpunkte dieser Strecken $z_0$ durch Linien verbunden (in Abb. 140), die als $c, z_0$-Linien bezeichnet werden sollen, so ergeben sich die Punkte $D$ und $E$ als die Schnittpunkte dieser Linien mit der Grundlinie $D'E'$.

Die Bestimmung der Zeitdauern $z_0$ wäre einfach und sicher, wenn die $z, t$-Linien den idealen Verlauf hätten. Sie weichen aber selbst für kongruente Erstarrung von der Wagerechten $T'T''$ (Abb. 98) ab und zeigen den Verlauf $T'rfS$. Tammann sucht nun aus der ausgezogenen, tatsächlich ermittelten $z, t$-Linie in Abb. 98 die punktierte theoretische Linie $T'T''S$ dadurch zurückzukonstruieren, daß er die Linie $Sf$ über den Wendepunkt $f$ hinaus verlängert bis zum Schnittpunkt $T''$ mit der Wagerechten durch $T'$. Alsdann würde die Strecke $T'T''$ der Zeitdauer $z_0$ proportional sein.

Diese Extrapolation von $Sf$ nach $T''$ ist unsicher, und wenn man sie von verschiedenen Personen ausführen läßt, erhält man recht verschiedene Werte von $z_0$. Hier liegt die erste, nicht zu unterschätzende Fehlerquelle des Tammannschen Extrapolationsverfahrens.

Die so gewonnenen Werte von $z_0$ werden nun nach Art der Abb. 140 aufgezeichnet. Man erhält die $c, z_0$-Linie, wenn man die Endpunkte der einzelnen Strecken $z_0$ durch Linien miteinander verbindet. Die Theorie (Abs. *152)* verlangt, daß diese Endpunkte alle auf zwei geraden Linien liegen. In der Regel ist dies aber wegen der Extrapolationsfehler und wegen der später zu besprechenden unvollkommenen Gleichgewichte nicht der Fall. Man legt deshalb durch die verschiedenen Endpunkte von $z_0$ Ausgleichslinien und extrapoliert sie bis zum Schnittpunkt mit $D'E'$. Somit liegt bereits die zweite Extrapolation vor, die eine weitere Fehlerquelle mit sich bringt.

Nach Ansicht des Verfassers bietet die **Tammann**sche Doppelextrapolation nicht viel mehr als eine grobe Schätzung der Lage der Punkte $D$ und $E$. Wenn man sie anwendet, so ist man doch nicht der Mühe enthoben, durch die Aufnahme der $z, t$-Linien einer Anzahl von Legierungen in der Nähe von $D$ und $E$ diejenige Legierung zu suchen, bei der tatsächlich die eutektische Wärmetönung nicht mehr wahrnehmbar ist. Eine Arbeitsersparnis ist somit nicht gewonnen, und der Verfasser sieht eigentlich keinen zwingenden Grund ein, das Verfahren zur Anwendung zu bringen, das zur Voraussetzung hat, daß die $z, t$-Linien sämtlicher Legierungen der Reihe mit peinlicher Sorgfalt unter gleichen Abkühlungsverhältnissen aufgenommen werden, damit in Gl. 5 die Werte $C$ und $t_0$ als unveränderlich betrachtet werden dürfen und somit wenigstens die theoretischen Grundlagen des Verfahrens eingehalten werden. Sieht man von dem Verfahren ab, so hat man freie Hand bei der Auswahl der günstigsten Bedingungen für die Aufnahme der $z, t$-Linien der einzelnen Glieder der Legierungsreihe.

*199.* **Einfluß unvollkommener Gleichgewichte.** In *138* ist gezeigt worden, daß bei nicht genügend langsamer Abkühlung von Legierungen nach Art $A a 2\gamma$ die Punkte $E$ und $D$ (Abb. 89) weiter nach rechts bzw. nach links verschoben werden, daß also die Lücke der Mischkristalle größer erscheint. Die Geschwindigkeit der Abkühlung bei der Aufnahme der $z, t$-Linien muß nun innerhalb bestimmter praktischer Grenzen liegen. Kühlt man zu schnell ab, so hat man Mühe, Temperatur und Zeitbeobachtungen zu gleicher Zeit zu bewältigen, die Aufnahme wird ungenau. Kühlt man zu langsam ab, so schleicht der Zeiger des Galvanometers, und man ist ungewiß, zu welcher Zeit er soeben über dem Teilstrich steht. Je nach der Größe der Temperaturstufen, die das zur Temperaturmessung benutzte Instrument abzulesen gestattet (10 oder 1 oder 0,1 C⁰) muß man die Abkühlungsgeschwindigkeit größer oder geringer nehmen. Wählt man die Abkühlung zu langsam, um möglichst vollkommene Gleichgewichte zu erzielen, so werden die $z, t$-Bilder undeutlich und gewähren wenig Aufschluß.

Daraus folgt, daß die Ermittelung der Punkte $D$ und $E$ in einem $c, t$-Bild nach Art $A a 2\gamma$, oder des Punktes $D$ in einem $c, t$-Bild $A a 2\alpha$ auf Grund der $z, t$-Linien allein unsicher sein kann. Auf jeden Fall ist Nachprüfung mittels anderer Verfahren erforderlich.


# B. Trennung der im Gleichgewicht befindlichen Phasen voneinander.

## a) Mechanische Trennung.

*200.* Während mit Hilfe der $z, t$-Linien (und der daraus abgeleiteten Linien $\Delta z, t$ und $t, \Delta e$) die übergeordneten Phasenpunkte im $c, t$-Bild (*31*) gesucht werden, kann man auch die beigeordneten Punkte zu bestimmen versuchen. Wenn z. B. bei einer bestimmten Temperatur $t$ eine flüssige Phase und eine feste (Mischkristall) im Gleichgewicht stehen, so wird man versuchen können, durch Filtration bei unveränderlicher Temperatur $t$ beide Phasen voneinander zu trennen und sie dann nach erfolgter Abkühlung jede für sich zu analysieren. Der Gehalt $c$ jeder Phase an Stoff $B$ gibt dann die Abszissen der beigeordneten Punkte im $c, t$-Bild. Die gemeinsame Ordinate ist $t$.

Bereits eingangs *(11—14)* hatten wir ein solches Verfahren kennen gelernt. Es ist indessen für Metallegierungen nur ausnahmsweise durchführbar, weil die Filtration wegen der Höhe der anzuwendenden Temperatur und der Notwendigkeit, die Temperatur während der Filtration unverändert zu erhalten, Schwierigkeiten mit sich bringt. Man hat auch nicht immer die Sicherheit, daß die Trennung vollkommen gelungen ist, da feine Kriställchen der festen Phase mit in das Filtrat übergehen können und die abfiltrierten Kriställchen in der Regel mit der flüssigen Phase durchsetzt sind, da man ja kein Mittel zum Auswaschen der auf dem Filter verbleibenden Phase besitzt.

**201.** Leichter ist die Trennung zweier flüssiger Phasen zu bewirken, die bei einer bestimmten Temperatur $t$ im Gleichgewicht sind. Als Beispiel sei auf die beiden Metalle Blei und Zink verwiesen, die im flüssigen Zustande zwei

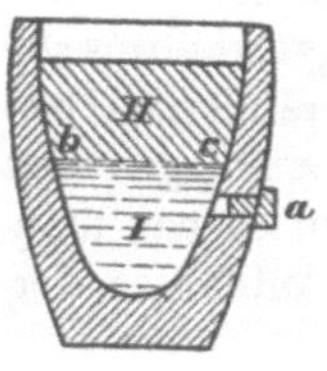

Abb. 141.

flüssige Phasen nach Art der Abb. 57 bilden. Die Trennung der Phasen wurde von Spring und Romanow $(L_2 28)$ wie folgt bewirkt. In einem Graphittiegel war, wie in Abb. 141 angedeutet, in einer bestimmten Höhe über dem Boden ein Loch $a$ angebracht, das durch einen Tonpfropfen verschlossen war. In den Tiegel wurde zunächst Blei gegossen, und zwar so viel, daß die Oberfläche des Metalls $bc$ oberhalb der Öffnung $a$ lag. Darauf wurde das Zink gebracht und das Ganze mit einer gegen Oxydation schützenden Decke, z. B. Holzkohlenpulver, bedeckt. Der so beschickte Tiegel wurde in einem Ofen längere Zeit auf eine bestimmte Temperatur $t$ erhitzt, wobei alle halbe Stunden mittels eines Tonstabes längere Zeit gerührt wurde. Als nach dem letzten Rühren genügend Zeit verstrichen war, so daß sich die Trennung in die beiden flüssigen Schichten I (bleireicher und schwerer) und II (zinkreicher und leichter) vollzogen hatte, wurde aus Schicht II mit einem auf die Temperatur $t$ des Tiegelinhaltes vorgewärmten Löffel eine Probe entnommen und nach dem Erkalten analysiert. Zum Zweck der Probenahme aus Schicht I wurde

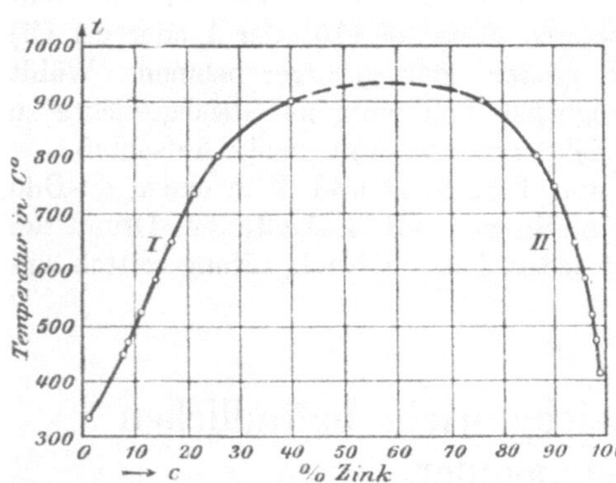


Abb. 142. $c,t$-Bild der flüssigen Blei-Zinklegierungen.

der Pfropfen aus $a$ ausgeschlagen. Es läuft dann Schicht II und der obere Teil der Schicht I aus dem Tiegel aus, so daß nur noch von Schicht I im Tiegel zurückbleibt. Von dieser wird wieder mit einem Löffel eine Schöpfprobe genommen und ebenfalls der Analyse unterworfen. Solange die beiden Schichten I und II noch in Berührung stehen, ist streng darauf zu achten, daß die Temperatur $t$ unverändert erhalten wird.

Das geschilderte Verfahren wird für verschiedene Temperaturen $t$ wiederholt. Man erhält so für jede Temperatur die Abszissen $c$ der beigeordneten Punkte im $c,t$-Bild, das in Abb. 142 wiedergegeben ist. Das Bild ist nur bis 900 C° fortgesetzt wegen der Nähe des Verdampfungspunktes des Zinkes. Der mutmaßliche Weiterverlauf ist in Abb. 142 punktiert angedeutet.

**b) Auflösung zweier beigeordneter fester Phasen in einem neutralen Lösungsmittel und darauffolgendes Auskristallisieren.**

**202.** Unter Umständen ist es schwer, in einem $c,t$-Bilde nach Art $Aa2\gamma$ (Abb. 21) den Verlauf der Linien $EP$ und $DQ$ experimentell festzustellen; das gleiche gilt für den Verlauf der Linien $EP$ und $DQ$ bei Erstarrungsart $Aa\,2\,\alpha$ (Abb. 15), oder für die Linien $DO'$ und $DN$ in Abb. 34 usw. Allgemein tritt die Schwierigkeit ein, wenn die Zusammensetzung zweier miteinander im Gleichgewicht befindlicher fester Phasen festzustellen ist und die Wärmetönungen nicht ausreichen, um auf thermischem Wege die Feststellung zu ermöglichen. Namentlich ist dies dann der Fall, wenn die beiden, das Gleichgewicht darstellenden Linien (z. B. $EP$ und $DQ$) sehr steil abfallen (vgl. *159*).

Vielfach stellt sich das Gleichgewicht zwischen zwei festen Phasen langsam ein, so daß auch dadurch schon das thermische Verfahren versagt. Erfahrungsgemäß tritt nun das Gleichgewicht zwischen zwei festen Phasen leichter ein, wenn sie aus einer gemeinschaftlichen Lösung ausgeschieden werden, wenn sich also das Gleichgewicht zwischen beiden festen Phasen und der flüssigen einstellt. Dadurch ergibt sich das nachfolgend beschriebene Verfahren zur Lösung der genannten Aufgabe (Reinders, $L_2$ 29, Hissink, $L_2$ 30).

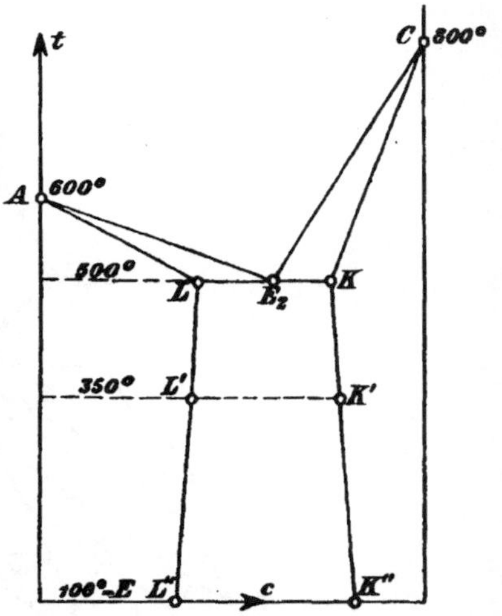

Wir gehen zunächst von dem Dreistoffsystem $ABC$ in Abb. 75 aus. Wir setzen voraus, daß nur zwischen den Stoffen $A$ und $C$ die Möglichkeit, Mischkristalle zu bilden, besteht, und zwar nach der Art $Aa\,2\,\gamma$ (s. Abb. 143). Die Grenzen der Mischkristallücke sind dann bei der eutektischen Temperatur 500 C⁰ ($E_2$) durch die Punkte $K$ und $L$ gegeben. Bei weiterer Abkühlung möge die Lücke sich erweitern, so daß für die Temperatur 350 C⁰ die Lücke begrenzt wird durch $L'$ und $K'$.

Wir fügen zu den Stoffen $A$ und $C$ den dritten Stoff $B$ hinzu, der mit $A$ und $C$ weder Verbindungen noch Mischkristalle bilden soll, also den Stoffen $A$ und $C$ gegenüber ein neutrales Lösungsmittel ist. Unter Berücksichtigung dieser Bedingung ändert sich das $c,t$-Bild in Abb. 75 wie folgt: Der Punkt $A'$ kommt nach $L''$, der Punkt $F$ nach $A$, $C'$ nach $K''$, $J$ nach $C$, $H$ und $G$ nach $B$, wie in Abb. 144. Die $S$-Isotherme für die eutektische Temperatur $E = 100$ C⁰ wird sonach durch das Dreieck $L''K''B$ dargestellt.

Für die Temperatur $t = 350$ C⁰ erleidet die $L$-Isotherme 350⁰ gegenüber Abb. 75 keine Veränderung. Die zugehörige $S$-Isotherme 350⁰ dagegen fällt zusammen mit den Strecken $K'C$ und $L'A$. Einige der bei 350 C⁰ miteinander im Gleichgewicht befindlichen flüssigen und festen Phasen sind in Abb. 144 durch gestrichelte Linien miteinander verbunden. Die flüssigen Phasen, deren Punkte beispielsweise auf der Strecke $L_0 L_s'$ liegen, stehen im Gleichgewicht mit Mischkristallen, die durch Punkte der Strecke $K'C$ angezeigt werden. Ebenso stehen die flüssigen Phasen, deren Punkte auf $L_0 L_s$ liegen, im Gleichgewicht mit den festen Phasen, die durch Punkte der Strecke $AL'$ dargestellt sind. Irgendeine Legierung $K_1$ ist bei 350 C⁰ in die beiden Phasen $M_1$ (Mischkristalle) und $L_1$ (flüssig) zerfallen. Ähnliches gilt für alle Legierungen, deren Kennpunkte innerhalb des Bereichs $L'L_0 L_s A$ und des Bereichs $K'L_0 L_s' C$ liegen. Anders ist es dagegen mit den Legierungen, deren Kennpunkte innerhalb des Dreiecks $K'L_0 L'$ fallen. Sie bestehen aus den drei Phasen: Grenzkristallen $K'$ und $L'$ und der flüssigen Phase $L_0$. Einen besonderen Fall dieser Legierungen bilden die, deren Kennpunkte auf $K'L'$ liegen. Für diese ist die Menge der flüssigen Phase $L_0$ Null geworden. Bei 350 C⁰ besteht also Gleichgewicht zwischen den festen Phasen $K'$ und $L'$, gleichgültig, ob die flüssige Phase $L_0$ zugegen ist oder nicht.



Abb. 143.

Die Grenzkristalle $K'$ und $L'$ (Abb. 144) haben sonach (unter den oben angegebenen Einschränkungen) im Dreistoffsystem $ACB$ dieselbe Zusammensetzung wie im Zweistoffsystem $AC$ (Abb. 143).

Allgemein gilt: **Die Grenzmischkristalle müssen bei bestimmter Temperatur und bestimmtem Druck dieselbe Zusammensetzung haben, gleichgültig, welcher dritte Stoff als Lösungsmittel hinzugefügt wird, wenn nur die Voraussetzung erfüllt ist, daß das Lösungsmittel nicht in die Zusammensetzung der Mischkristalle eingeht.**

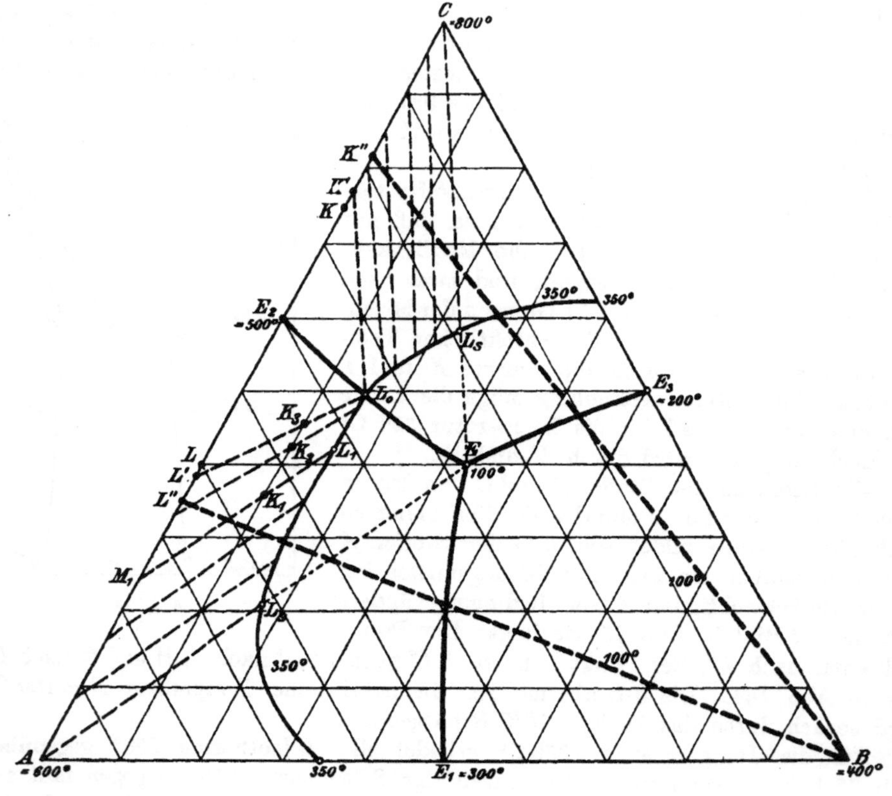


Abb. 144.
$L, L_1 L_0 L_s'$: $L$-Isotherme 350 C°.

**203.** Die Nutzanwendung dieses Grundsatzes soll an der Hand des von Hissink ($L_2$ 30) untersuchten Systems $A = \mathrm{AgNO_3}$ und $C = \mathrm{NaNO_3}$ erläutert werden. Die Erstarrung geschieht nach $Aa\,2\,\alpha$, die Umwandlung nach $Aa\,2\,\gamma$ (Abb. 145). Die Umwandlung des Stoffes $C$ ist imaginär (*80, 86*), die des Stoffes $A$ erfolgt bei $J$. Es ist unmöglich, auf thermischem Wege die Lage der Punkte $L'$ und $K'$ bei $t = 25$ C°, also die Zusammensetzung der Grenzmischkristalle bei 25 C° zu ermitteln, weil die Umwandlung viel zu langsam vor sich geht.

Hissink benutzte als dritten Stoff $B$, der weder mit $A$ noch mit $C$ Mischkristalle oder chemische Verbindungen eingeht, mit Wasser verdünnten Alkohol. Er stellte bei Temperaturen oberhalb 25 C° Lösungen von $\mathrm{AgNO_3}$ und $\mathrm{NaNO_3}$ in diesem Alkohol her, so daß die Zusammensetzung der ganzen Lösung einem Punkte innerhalb eines ähnlichen Dreiecks wie $L'K'L_0$ in Abb. 144 entspricht. Bei der Abkühlung der Lösung auf 25 C° scheiden sich dann die Kristallarten $L'$

und $K'$ aus. Die darüber befindliche flüssige Phase muß bei 25 C⁰ immer dieselbe Zusammensetzung $L_0$ haben, gleichgültig, welcher Punkt innerhalb des Dreiecks $K'L'L_0$ die Lösung darstellt. Man bereitet nun einige Lösungen, deren Kennpunkte in dem genannten Dreieck liegen,
kühlt sie auf 25 C⁰ ab, pipettiert von der über
den Kristallen stehenden flüssigen Phase bei 25 C⁰
etwas ab und analysiert diesen Teil. Er muß für
die verschiedenen Lösungen immer die gleiche
Zusammensetzung $L_0$ haben, wenn ihre Kennpunkte wirklich in dem Dreieck $K'L'L_0$ lagen.
Man wählt nun von den Lösungen zwei aus, von
denen der Kennpunkt der einen möglichst nahe
an der Linie $K'L_0$, der der anderen möglichst
nahe an $L'L_0$ liegt. Man läßt die Lösungen bei
25 C⁰ möglichst langsam auskristallisieren, damit
große Kristalle entstehen. Diese werden dann,
nachdem die Flüssigkeit abgehebert ist, unter
dem Mikroskop getrennt. Die rhombischen Täfelchen von $L'$ lassen sich deutlich von den würflichen Kristallen $K'$ unterscheiden. Die besten
Kristalle jeder Art werden ausgelesen und jede
für sich analysiert. Die ermittelten Gehalte an

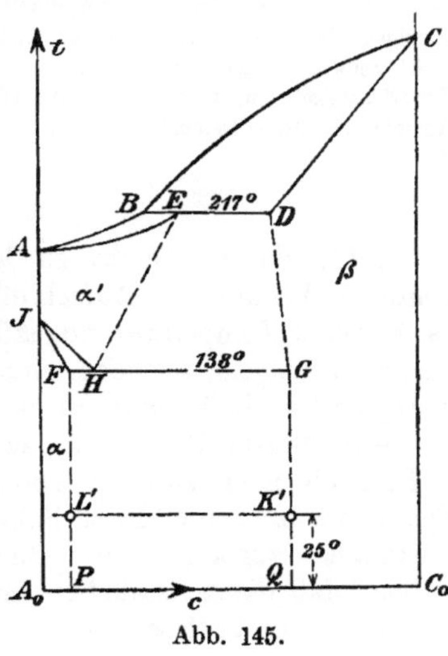



Abb. 145.

Stoff $C$ ergeben dann die Abszissen der Punkte $L'$ und $K'$ in Abb. 145.

Dasselbe Verfahren kann man für eine andere Temperatur wiederholen, z. B. für 50 C⁰, und erhält dann die entsprechenden Punkte $L''$ und $K''$ für diese Temperaturen.

Es wird schwer halten, das Verfahren auf Metallegierungen zu übertragen, da bereits die Feststellung, ob ein dritter Stoff $B$ die erforderlichen Bedingungen erfüllt, eine umfangreiche Vorarbeit bedingt und außerdem noch die bequeme Trennung von Flüssigkeit und Kristallen, wie sie oben beschrieben wurde, bei metallischen Lösungen Schwierigkeiten bereiten wird. Immerhin ist es nicht ausgeschlossen, daß von dem Verfahren in bestimmten Fällen Gebrauch gemacht werden kann.

**204.** Shepherd ($L_2$ 31) benutzte ein von Bancroft angegebenes Verfahren, um die Zusammensetzung der beigeordneten Phasen fest und flüssig bei bestimmten Temperaturen in Zweistofflegierungen $A + B$ festzustellen. Der Schmelze wird ein drittes Metall $C$ zugefügt, das mit den beiden Stoffen $A$ und $B$ weder Verbindungen noch Mischkristalle bildet. Die Menge von $C$ wird genau abgewogen; sie muß so klein sein, daß die Metalle $A$ und $B$ früher zu kristallisieren beginnen als $C$. Bei Abkühlung bis zu einer bestimmten Temperatur $t$ wird also $C$ noch in der flüssigen Phase sein. Von dieser wird eine Probe abpipettiert und analysiert. Da in dieser flüssigen Phase der gesamte Gehalt an Stoff $C$ enthalten ist, so kann man aus ihrer Analyse und der bekannten Menge der zur Legierung zugefügten Menge von $C$ die Menge der flüssigen Phase und daraus auch Menge und Zusammensetzung der festen Phase berechnen.

Die Menge der verwendeten Zweistofflegierung sei z. B. 1 g; sie enthalte $c$ ⁰/₀ vom Stoff $B$. Zugefügt wurden $p$ g des Stoffes $C$. Die Analyse der abpipettierten Probe der flüssigen Phase habe ergeben: $a'$ ⁰/₀ Stoff $A$, $b'$ ⁰/₀ Stoff $B$, $c'$ ⁰/₀ Stoff $C$. Die Menge der flüssigen Phase ist dann $100\,p/c'$. In der flüssigen Phase sind somit enthalten von Stoff $A$ $pa'/c'$ g, und von Stoff $B$ $pb'/c'$ g.

In der ganzen Legierung sind enthalten von Stoff $A$ $\dfrac{100-c}{100}$ und von Stoff $B$ $c/100$ g. Demnach kommen auf die feste Phase an Stoff $A$ $\dfrac{100-c}{100} - \dfrac{pa'}{c'}$ und von Stoff $B$ $\dfrac{c}{100} - \dfrac{pb'}{c'}$. Deshalb ist der Prozentgehalt der festen Phase an Stoff $B$

$$\frac{c - \dfrac{100\,pb'}{c'}}{1 - p\,\dfrac{a'+b'}{c'}}.$$

Das Verfahren beruht, wie schon Bornemann ($L_2$ 32) bemerkt, auf einer nicht zutreffenden Grundlage. Die Zusammensetzung der Mischkristalle wird durch die Gegenwart des dritten Stoffes $C$ verändert. Die Zusammensetzung des mit der flüssigen Phase aus den Stoffen $A$ und $B$ bei der Temperatur $t$ im Gleichgewicht befindlichen Mischkristalls ist nicht die gleiche wie die des Mischkristalls, der bei gleicher Temperatur mit der aus den drei Stoffen $A$, $B$ und $C$ bestehenden flüssigen Phase das Gleichgewicht bildet. Wie groß die Abweichung ist, kann man von vornherein nicht wissen. Jedenfalls kommt den nach diesem Verfahren gewonnenen Ergebnissen keine besondere Zuverlässigkeit zu, wenn nicht ausdrücklich bewiesen wird, daß im gegebenen Falle die genannte Abweichung zu vernachlässigen ist.

### c) Chemische Trennung.

**205.** Bis vor nicht zu langer Zeit war dieser Weg der einzige, den man benutzen konnte, um Aufschluß über den inneren Aufbau der erstarrten und auf gewöhnliche Temperatur abgekühlten Legierungen zu gewinnen. Man suchte nach einem Lösungsmittel, das einen der Bestandteile (eine Phase) der Legierungen unangegriffen ließ, während es die übrigen auflöste.

Auf diesem Wege läßt sich manche Aufklärung gewinnen. So kann man z. B. nach dem Vorgang von Stead ($L_1$ 5) in Blei-Antimonlegierungen durch Behandeln mit verdünnter Salpetersäure das Blei auslösen und behält Antimonkriställchen zurück. Durch Analyse des Lösungsrückstandes kann man so feststellen, daß die Kriställchen im wesentlichen Antimon sind.

Von dem Verfasser wurde in Gemeinschaft mit O. Bauer ($L_2$ 33) aus einer Weißmetallegierung mit 5,43 % Kupfer, 11,10 % Antimon, Rest Zinn, durch Behandeln mit einer Lösung von 1 Raumteil konz. Salzsäure auf 5 Raumteile abs. Alkohol die Hauptmenge der Legierung herausgelöst, so daß nur noch die antimonreichen Würfelchen (Tafelabb. 7, Taf. II, in 4facher Vergr.) zurückblieben. Ihre Zusammensetzung ist folgende: Kupfer: 5,3 %, Antimon 50,4 %, Zinn 43,5 %.

Ich gebe das Beispiel nur deshalb, weil es zeigt, daß man bei der chemischen Trennung Vorsicht walten lassen muß. Die abgeschiedenen harten Würfel sind nämlich noch nicht einheitlich. Sie enthalten noch Einsprenglinge eines kupferreichen Gefügebestandteils (Tafelabb. 8, Taf. II, in 117facher Vergr.), deren Abtrennung nicht möglich ist, weil die Säure nicht bis in das Innere der Würfel vordringen kann. Die ermittelte chemische Zusammensetzung entspricht also nicht den harten Würfeln allein, sondern den Würfeln einschließlich der Einsprenglinge.

Aus graphitfreien Eisenkohlenstoff-Legierungen, die nach langsamer Abkühlung ein Gemenge von Eisen mit Eisenkarbid $Fe_3C$ darstellen, läßt sich das Karbid durch verdünnte Schwefelsäure unter Luftabschluß von dem Eisen, das in Lösung geht, trennen. Der Rückstand ist im wesentlichen Karbid (II B, *14*).

Bei allen Verfahren, die auf eine chemische Trennung der Phasen hinauslaufen, muß aber immer damit gerechnet werden, daß 1. der abgeschiedene unlösliche Teil noch Verunreinigungen durch Einsprenglinge enthält, und daß 2. der schwer lösliche Teil gegenüber dem Lösungsmittel nicht vollständig widerstandsfähig ist, so daß einer der Stoffe, aus dem der Rückstand besteht, in stärkerem Grade herausgelöst wird, als der andere.

In beiden Fällen wird das Ergebnis durch die Fehlerquelle getrübt.

Vor allen Dingen darf man nicht in den Fehler verfallen, der schon so oft gemacht worden ist, nämlich aus dem Umstand, daß die chemische Zusammensetzung eines solchen abgetrennten Bestandteiles sich durch eine chemische Formel ausdrücken läßt, schließen, daß er eine chemische Verbindung darstellt. Dieser Umstand hat gar keine Beweiskraft, da es der Verlauf der geschichtlichen Entwicklung gezeigt hat, daß man für jedes Gemenge, für jeden Mischkristall eine chemische Verbindungsformel aufgestellt hat. Die Aufstellung einer solchen Formel ist lediglich ein Rechenkunststück.

# C. Ergänzung des $c,t$-Bildes auf Grund der Beobachtung des Kleingefüges.

**206.** Die mikroskopische Beobachtung *(226—282)* gestattet, die einzelnen Phasen, aus denen eine erstarrte Legierung bei der Beobachtungstemperatur besteht, mit dem Auge wahrzunehmen, so daß man sich zum mindesten über die Zahl der Phasen unterrichten kann.

Die mikroskopische Beobachtung läßt aber auch quantitative Schlüsse zu. Sie ermöglicht z. B. bei den Erstarrungs-(Umwandlungs-)arten $A\,a\,2\alpha$ und $A\,a\,2\gamma$ die Feststellung der Mischkristallücke $PQ$ (vgl. Abb. 15 und 21). Hier besteht auch nicht die Beeinträchtigung durch unvollkommene Gleichgewichte *(138)*, die das thermische Verfahren vielfach von der Anwendung ausschließt. Man kann die Legierungen beliebig langsam abkühlen (gegebenenfalls während Tage und Wochen), um sicher zu sein, daß das Gleichgewicht vollkommen ist. Man verfährt folgendermaßen: Man stellt Legierungen mit stufenweise steigenden Gehalten an Stoff $B$ in der vermuteten Umgebung des Punktes $P$ her, kühlt sie entsprechend langsam ab und beobachtet bei Zimmerwärme, ob sie aus einer Kristallart bestehen, oder ob bereits die zweite Kristallart hinzutritt. Man findet so zwei Legierungen mit den Gehalten $c_1$ und $c_2$ an Stoff $B$, zwischen denen die dem Punkte $P$ entsprechende Legierung liegen muß. Innerhalb der Grenzen $c_1$ und $c_2$ stellt man wieder Legierungen mit stufenweise steigenden Gehalten an Stoff $B$ dar usw. Auf diese Weise kann man die Lage des Punktes $P$ mit beliebiger Genauigkeit festlegen.

**207.** In ähnlicher Weise kann man aber auch die Punkte der Linien $EP$ und $DQ$ bei anderen Temperaturen ermitteln, die z. B. für Abb. 15 zwischen $t_u$ und Zimmerwärme bei einer Temperatur $t_x$ liegen. Man stellt wiederum Legierungen mit stufenweise steigenden Gehalten an Stoff $B$ her und läßt die flüssigen Legierungen sehr langsam (wenn das Gleichgewicht sich sehr langsam einstellt, unter Umständen während der Zeit von Tagen und Wochen) auf $t_x$ abkühlen, so daß mit Sicherheit das für $t_x$ gültige Gleichgewicht erreicht ist. Bei $t_x$ wird nun die Legierung plötzlich in Wasser abgeschreckt, und zwar in kleinen Massen, damit die Abkühlung auf Zimmerwärme möglichst schroff erfolgt, und Änderungen, die sich zwischen $t_x$ und Zimmerwärme vollziehen könnten, möglichst unterdrückt werden. Man stellt nun wieder wie unter *206* fest, welche Legierung noch aus einheitlichen Kristallen besteht, und welche bereits Kristalle der zweiten Art enthält $(L_2\ 34)$.

Den Vorgang wiederholt man für verschiedene Temperaturen $t_x$ und erhält so die einzelnen Punkte der Linien $EP$ und $DQ$. Die Schnittpunkte dieser Linien mit der Wagerechten in $t_u$ oder $t_e$ (vgl. Abb. 15 und 21) ergeben dann auch die richtige Lage der Punkte $E$ und $D$.

Bedingung für die Durchführbarkeit des Verfahrens ist, daß die Abschreckung genügt, um die Änderungen zu verhindern, die sich in der Legierung bei langsamer Abkühlung zwischen $t_x$ und Zimmerwärme einstellen würden. Das trifft in der Regel zu, braucht aber nicht notwendigerweise der Fall zu sein. Man kann sich ja aber durch den Versuch selbst von der Geschwindigkeit der Einstellung des Gleichgewichts überzeugen, indem man die Abkühlung mit verschiedenen Geschwindigkeiten vornimmt. Kann bereits eine mäßige Abkühlungsgeschwindigkeit die Einstellung des Gleichgewichts beeinträchtigen, so kann man sicher sein, daß plötzliche Abschreckung den Gleichgewichtszustand, der für die Temperatur $t_x$ gilt, auch bis Zimmerwärme unverändert läßt.

Es ist allerdings zu beachten, daß unter Umständen Nebenerscheinungen hinzukommen können. Es können zwischen dem bei $t_x$ bestehenden und dem der gewöhnlichen Temperatur zukommenden Gleichgewicht bei der Abschreckung metastabile Zwischenstufen auftreten, die unter dem Mikroskop als neue Gefügebestandteile erscheinen. Solche Verwickelungen sind z. B. bei den Eisenkohlenstoff-Legierungen zu verzeichnen (II B, *22—33*).

*208.* Wenn die genannten Verwicklungen nicht eintreten, so kann das Verfahren, den bei einer Temperatur $t_x$ herrschenden Gleichgewichtszustand durch Abschrecken bei gewöhnlicher Temperatur festzuhalten und so der mikroskopischen Beobachtung zugänglich zu machen, auch anderweitig noch gute Dienste leisten. Wir wollen das Verfahren kurz als „Abschreckverfahren" bezeichnen. So kann man es z. B. benutzen, um den Verlauf des Endes der Erstarrung (die gestrichelten Linien in Abb. 8, 10, 11) bei den Erstarrungsarten $Aa1\alpha$, $Aa1\beta$, $Aa1\gamma$, ferner den Verlauf der Linien $AE$ und $BD$ (Abb. 15 und 21) bei den Erstarrungsarten $Aa2\alpha$ und $Aa2\gamma$ festzustellen. Man läßt z. B. die Legierung $\mathfrak{K}_1$ (Abb. 8) sehr langsam (wenn nötig während der Zeit von Tagen und Wochen, um unvollkommene Gleichgewichte auszuschließen) auf verschiedene unterhalb $t_2$ gelegene Temperaturen $t$ abkühlen und schreckt dann bei $t$ plötzlich in Wasser ab. Solange die Temperatur $t$ noch oberhalb $t_3$ (Punkt $D$) liegt, besteht die Legierung aus einer flüssigen und einer festen Phase. Die erstere erstarrt zwar bei der Abschreckung, sie behält aber nach der Abschreckung ungefähr die äußeren Umrisse bei, die die flüssige Phase bei $t$ besaß. Man erkennt dann zwei Gefügebestandteile; der eine entspricht der bei $t$ flüssigen, nach dem Abschrecken erstarrten Phase, der andere entspricht den bei $t$ bereits ausgeschiedenen festen Mischkristallen $M$. Sobald aber die Abschrecktemperatur $t$ unterhalb des Endes der Erstarrung $t_3$ liegt, ist die Legierung vor und nach dem Abschrecken einheitlich, sie besteht nur aus Mischkristallen $M$. Man kann so durch Wiederholung der Versuche mit verschieden abgestuften Temperaturen $t$ schließlich die Grenztemperatur $t_3$ ermitteln.

Das Abschreckverfahren zur Ermittelung des Endes der Erstarrung von Mischkristallen ist sicherer, als das thermische. Seine sachgemäße Anwendung schließt auch die Fehler aus, die beim thermischen Verfahren infolge unvollkommener Gleichgewichte unvermeidlich sind (*136—138*).

Das Abschreckverfahren ist besonders ausgebildet worden durch Osmond für die Erforschung der Eisenkohlenstoff-Legierungen, und von Heycock und Neville zum Studium der Kupfer-Zinn-Legierungen ($L_2$ *34*).


# D. Ergänzende Aufschlüsse aus dem Vergleich verschiedener physikalischer Eigenschaften erstarrter Legierungen mit ihrer Zusammensetzung $c$.

*209.* Stellt man schaubildlich die Abhängigkeit irgendeiner zahlenmäßig bestimmbaren physikalischen Eigenschaft $q$ von der Zusammensetzung der Legierung dar, so erhält man bei Zweistofflegierungen eine Linie mit dem Prozentgehalt $c$ der Legierung an Stoff $B$ als Abszisse und dem Maß der betreffenden Eigenschaft $q$ als Ordinate, und bei Dreistofflegierungen eine Fläche, wobei die Zusammensetzung der Legierungen durch zwei Koordinaten $c_b$ und $c_c$ im Dreiecksdiagramm (*101*), und das Maß der Eigenschaft $q$ als dritte senkrechte Koordinate aufgetragen ist. Wir wollen der Einfachheit halber nur von Zweistofflegierungen sprechen, und erhalten dann die Schaulinie $c,q$. Auf Dreistoffsysteme lassen sich die folgenden Betrachtungen leicht übertragen.

Wäre der Betrag der physikalischen Eigenschaft $q$ ausschließlich abhängig von der Zusammensetzung $c$ der Legierung, und wäre die $c, q$-Linie eine Gerade, wie in Abb. 146 die Gerade $AB$, so würde sich für irgendeine Legierung mit dem Gehalt $c_1$ die Beziehung ergeben

$$\frac{q_1 - q_a}{q_b - q_a} = \frac{c_1}{100}$$

$$q_1 = q_a + \frac{c_1}{100}(q_b - q_a),$$

worin $q_a$ und $q_b$ das Maß der in Betracht kommenden Eigenschaft für die reinen Metalle $A$ und $B$ ist. Wenn die angegebenen Voraussetzungen erfüllt sind, läßt sich somit der Betrag von $q_1$ für den Gehalt der Legierung $c_1$ aus $c_1$ und den Eigenschaften der beiden die Legierung aufbauenden Metalle $A$ und $B$ nach der Mischungsregel berechnen. Eine Eigenschaft, die diesen Bedingungen entspricht, nennt man „additiv".

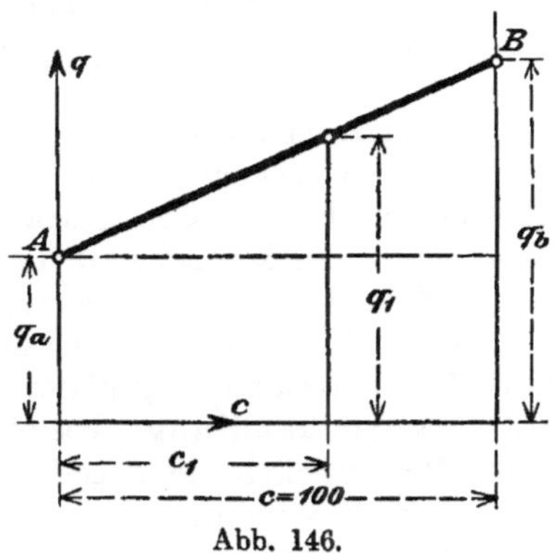

Abb. 146.

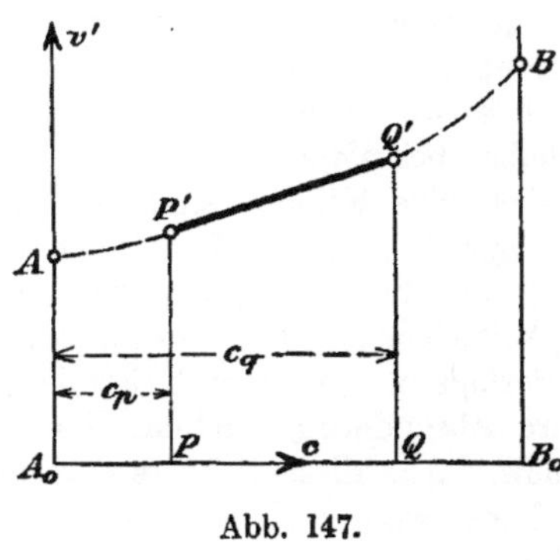

Abb. 147.

**210.** Vollkommen additive Eigenschaften sind verhältnismäßig selten. Im allgemeinen ist der Verlauf der $c, q$-Linie nicht geradlinig. Die Linie braucht auch nicht stetig zu sein. Die Unstetigkeit der Linie kann z. B. dadurch bedingt werden, daß sich in der ganzen Reihe der Legierungen von $A$ bis $B$ die Zahl und die Art der Phasen, die die Legierungen bei Zimmerwärme bilden, sprungweise ändern (Abb. 147). So könnten z. B. wie bei Erstarrungsart $A\,a\,2\alpha$ und $A\,a\,2\gamma$ die Legierungen von $c = 0$ bis $c = c_p$ einerseits und die Legierungen von $c = c_q$ bis $c = 100$ andererseits aus einer Phase, die zwischen $c = c_p$ und $c = c_q$ aus zwei Phasen bestehen. Es wäre dann wahrscheinlich, daß die $c, q$-Linie bei $P'$ und $Q'$ Unstetigkeiten aufweist, wenn nicht durch andere Umstände die Unstetigkeiten wieder verwischt werden. Über die Art der Kurven $AP'$, $P'Q'$, $Q'B$ läßt sich von vornherein nichts aussagen.

Unstetigkeiten in der $c, q$-Linie sind auch zu erwarten, wenn die beiden Bestandteile $A$ und $B$ der Legierungen eine oder mehrere Verbindungen miteinander eingehen. In allen genannten Fällen kann nur gesagt werden, daß die Unstetigkeit zu erwarten ist, nicht aber, daß sie notwendigerweise eintreten muß, oder wenigstens mit den zur Verfügung stehenden Hilfsmitteln festgestellt werden kann.

Jedenfalls darf man auch hier nicht in den häufig gemachten Fehler verfallen, daß jede Unstetigkeit einer $c, q$-Linie ohne weiteres als Kennzeichen einer chemischen Verbindung aufgefaßt wird. Hierfür liegt kein Grund vor. Das Auftreten einer neuen Phase oder das Verschwinden einer Phase bei sich änderndem Gehalt $c$ der Legierung kann, wie oben bereits angedeutet, Unstetigkeit in der $c, q$-Linie hervorrufen, gleichgültig ob die betreffende Phase eine chemische Verbindung ist oder nicht.

**211.** Man wird erwarten können, daß das Maß einer Eigenschaft $q$ abhängig ist von der **Zahl** der die Legierung bei gewöhnlicher Temperatur aufbauenden Phasen, von ihren **Mengenverhältnissen** und von der **Zusammensetzung** der einzelnen Phasen. Der Einfluß des einen oder anderen der genannten Faktoren kann verschwinden. In der Mehrzahl der Fälle kommen aber noch andere Faktoren hinzu, die wesentlichen, zum Teil überragenden Einfluß gewinnen können. So beeinflußt z. B. die **Art der Anordnung** der einzelnen Phasen gewisse Eigenschaften in hohem Maße.

Eine Legierung von Kupfer und Kupferoxydul $(L_2\ 4)$ besteht beispielsweise bei gewöhnlicher Temperatur aus den beiden Phasen Kupfer und Kupferoxydul. Bei gleichem Mengenverhältnis der beiden Phasen ist die Festigkeit und Bruchdehnung der Legierung wesentlich davon abhängig, in welcher Weise die Phase Kupferoxydul in die Phase Kupfer eingelagert ist, ob sie darin gleichmäßig verteilt liegt, oder ob sie sich stellenweise mit Kupfer zu einem Eutektikum zusammenschart, ob das Eutektikum seinerseits gleichmäßig in die ganze Masse eingesprengt, oder ob es an einzelnen Stellen angereichert ist.

Selbst bei Metallen oder Legierungen, die nur aus einer Phase bestehen, wie z. B. das reine Kupfer, sind die Eigenschaften durchaus noch nicht unveränderlich, obgleich ja weder Zahl noch Mengenverhältnis, noch chemische Zusammensetzung der Phasen eine Veränderung erfahren kann. Es kommt z. B. für die Festigkeitseigenschaften darauf an, wie sich die Kristalle der einen Phase aneinanderlagern, ob diese Kristalle groß oder klein sind, ob bei der Erstarrung gröbere Absonderungsflächen, Flächen geringsten Zusammenhanges gebildet wurden usw. Alle diese Faktoren werden durch die „Vorbehandlung" beeinflußt. Man kann wesentlich andere Festigkeitseigenschaften erhalten, je nachdem das Kupfer gegossen ist, ob der Guß langsam oder schnell abkühlte, ob nach dem Guß bleibende Formveränderung durch Walzen oder Schmieden bei hohen Hitzegraden stattgefunden hat, ob das Material nachträglich bei niederen Wärmegraden bleibende Formänderungen durchmachte, ob nach diesen Formveränderungen wieder Erwärmung erfolgte oder nicht, ob innerhalb des Materials sich Eigenspannungen ausgebildet haben usw. usw.

Wenn schon bei Gegenwart einer einzigen Phase von unveränderlicher chemischer Zusammensetzung, wie das Kupfer, derartige Verwicklungen eintreten können, so muß dies bei Phasengemischen in Legierungen in noch verstärktem Maße möglich sein. Man wird im allgemeinen verschiedene Schaulinien $c, q$ erhalten, je nach dem Zustand der Vorbehandlung. Es ist Sache des Teiles II B dieses Buches, den Zusammenhang zwischen den einzelnen Arten der Vorbehandlung und den zugehörigen Schaulinien $c, q$ für die technisch besonders wichtigen Eigenschaften der einzelnen metallischen Stoffe aufzusuchen. Vorläufig ist das nur auf dem Wege des Versuchs möglich. Die Versuche, den Zusammenhang zwischen der Schaulinie $c, q$ und der Vorbehandlung auf Grund rein theoretischer Betrachtungen abzuleiten, sind bisher, verschwindende Ausnahmen abgerechnet, wegen der außerordentlich vielen zu berücksichtigenden Veränderlichen nicht geglückt. Es wird daher nicht wundernehmen, daß auch Rückschlüsse, die man aus den verschiedenen, für verschiedene Vorbehandlung der Legierungen auf dem Versuchswege erhaltenen $c, q$-Schaulinien auf das $c, t$-Bild der Legierung zieht, nur in Ausnahmefällen für sich allein Sicherheit bieten, sondern nur als Unterstützung anderweitig gewonnenen Beweismaterials in Betracht kommen.

**212.** Es ist zur Bedingung zu machen, daß die einzelnen zueinander gehörigen Werte von $c$ und $q$ einer Versuchsreihe zum Zweck der Ermittelung der $c, q$-Linie sich nur auf ein und denselben Zustand der Vorbehandlung beziehen, daß z. B. alle Legierungen derselben Reihe gegossen oder gewalzt sind usw., daß aber nicht Werte von gegossenen Materialien in eine $c, q$-Linie mit gewalzten gebracht werden. Ganz ist es nicht immer möglich, die Bedingung in vollem Umfang einzuhalten. Haben z. B. die Legierungen zwischen den Metallen $A$ und $B$ recht verschiedene Erstarrungstemperaturen, so ist man gezwungen, beim Guß entsprechend verschiedene Gießtemperaturen anzuwenden, die wieder, wenn z. B. in Formen gleicher Abmessungen und aus gleichem Material gegossen wird, zu verschieden schneller Abkühlungsgeschwindigkeit der einzelnen Güsse führen, wodurch die Einheitlichkeit der Vorbehandlung bereits in etwas beeinträchtigt wird. Es sind hierbei also technische Schwierigkeiten zu überwinden.

Durch Nichtbeachtung der obigen Bedingung wird undurchdringliche Verwirrung in die Literatur gebracht, die leider bereits ausreichend an diesem Übelstand leidet.

Will man die durch die $c, q$-Linie gegebene Beziehung benützen, um Rückschlüsse auf die Gestalt des $c, t$-Bildes zu ziehen, so wird man darauf bedacht sein müssen, nur solche Eigenschaften $q$ zu verwenden, bei denen der Einfluß der Vorbehandlung möglichst zurücktritt. Treten dann in den Schaulinien $c, q$ Unstetigkeiten auf, so ist immer erst die Frage zu beantworten, ob die Unstetigkeit nicht etwa die Folge ungleichartiger Vorbehandlung sein kann. Erst wenn diese Frage verneint werden kann, ist der Schluß berechtigt, aus der Unstetigkeit auf die Zahl der Phasen, auf das Auftreten oder Verschwinden einer Phase, auf einen Wechsel in der chemischen Zusammensetzung der Phasen zu schließen.

## 1. Spezifisches Gewicht und spezifisches Volumen.

**213.** Wenn eine Legierung nach Art $A\,a\,2\gamma'$ zu einem Gemisch der reinen Stoffe $A$ und $B$ erstarrt, so ist zu erwarten, daß das Volumen der ganzen Legierung gleich ist der Summe der Volumina der beiden Stoffe $A$ und $B$. Bezeichnet man mit $v'$ das Volumen eines Grammes der Legierung (spezifisches Volumen), mit $v_a$ und $v_b$ die Volumina der beiden Stoffe $A$ und $B$, die in einem Gramm der Legierung enthalten sind, so ergibt sich

$$v' = v_a + v_b.$$

Ist $s_a$ und $s_b$ das spezifische Gewicht der Metalle $A$ und $B$, so ergibt sich für eine Legierung mit $c_1$ Gewichtsprozent an Stoff $B$

$$v' = \frac{100 - c_1}{100} \cdot \frac{1}{s_a} + \frac{c_1}{100} \cdot \frac{1}{s_b}.$$

Da $1/s_a = v_a'$ das spezifische Volumen des Stoffes $A$ und $1/s_b = v_b'$ das spezifische Volumen des Stoffes $B$ ist, so kann man auch schreiben

$$v' = \frac{100 - c_1}{100} \cdot v_a' + \frac{c_1}{100} \cdot v_b'$$

$$v' = v_a' + \frac{c_1}{100} (v_b' - v_a').$$

Das spezifische Volumen wäre sonach (209) eine additive Eigenschaft, wenn die erstarrte Legierung ein mechanisches Gemenge der beiden reinen Stoffe $A$ und $B$ ist.

Die $c, v'$-Linie ist also eine Gerade, wie in Abb. 146. Für das spezifische Gewicht gilt diese einfache lineare Beziehung nicht. Es ist deswegen zweckmäßiger, das spezifische Volumen, statt des spezifischen Gewichts in Abhängigkeit von dem

Gehalt der Legierung $c$ zu wählen. Hierauf wurde von Ostwald ($L_2$ 35) und von E. Maey ($L_2$ 36) hingewiesen.

**214.** Auch für solche Legierungen, die sich aus zwei Grenzmischkristallen unveränderlicher Zusammensetzung $c_p$ und $c_q$ aufbauen (Legierungen nach Art $A a 2\alpha$ und $A a 2\gamma$) ist zu erwarten, daß sich das spezifische Volumen der Legierungen zwischen $P$ und $Q$ durch eine Gerade darstellen läßt, und zwar aus gleichen Gründen wie unter *213.* S. Abb. 147. Dagegen wissen wir nichts über den Verlauf der Strecken $A P'$ und $Q'B$, da in diesem Bereich die Legierungen aus Mischkristallen verschiedener Zusammensetzung bestehen. Diese Strecken können nur geradlinig sein, wenn durch die Auflösung des Stoffes $B$ in $A$ und umgekehrt weder Volumzusammenziehung noch Volumvermehrung eintritt. Ist der Grad dieser Volumänderung gering, so wird sich die $c,v'$-Linie zwischen $A$ und $P'$ und $Q'$ und $B$ annähernd als Gerade darstellen. Andernfalls weicht sie mehr oder weniger von der Geraden ab.

Alle diese Betrachtungen gelten natürlich nur für den Fall, daß die Legierungen vom Dichtigkeitsgrade 1 sind (I, *21*).

Systematische Untersuchungen darüber, ob für Legierungen nach der Art $A a 2\alpha$ und $A a 2\gamma$ die $c,v'$-Linie tatsächlich den in Abb. 147 gezeichneten Verlauf hat, liegen nicht vor. Die Arbeiten, die sich mit dem Gegenstand beschäftigen, benutzen meist die von anderen Beobachtern bestimmten spezifischen Gewichte, vorwiegend die von Matthiessen ($L_2$ 37), die aus einer Zeit stammen, wo die Ansichten über Legierungen noch recht ungeklärt waren. Es ist demnach auch nicht durchweg sicher, ob die in *212* verlangte Bedingung erfüllt ist. Es scheint, als ob die Unstetigkeit bei $P'$ und $Q'$ gegenüber den Versuchsfehlern und gegenüber den nicht berücksichtigten Einflüssen der Vorbehandlung zurücktritt, so daß wenig Aussicht vorhanden ist, mit Hilfe dieses Verfahrens die Lage der Punkte $P$ und $Q$ im $c,t$-Bild festzustellen.

Erstarren die Legierungen nach Art $A a 1\alpha$, $A a 1\beta$, $A a 1\gamma$ zu einer ununterbrochenen Reihe von Mischkristallen, so gilt dasselbe, was für die Legierungen zwischen $A$ und $P$ und $Q$ und $B$ gesagt wurde. Die Linie $c,v'$ kann von der Geraden abweichen.

**215.** Bilden die beiden Stoffe $A$ und $B$ eine oder mehrere chemische Verbindungen $V$, die bis zu gewöhnlichen Temperaturen bestehen bleiben (Abb. 30 und 31), so ist eine Unstetigkeit in der $c,v'$-Linie bei $V$ zu erwarten, wenn die

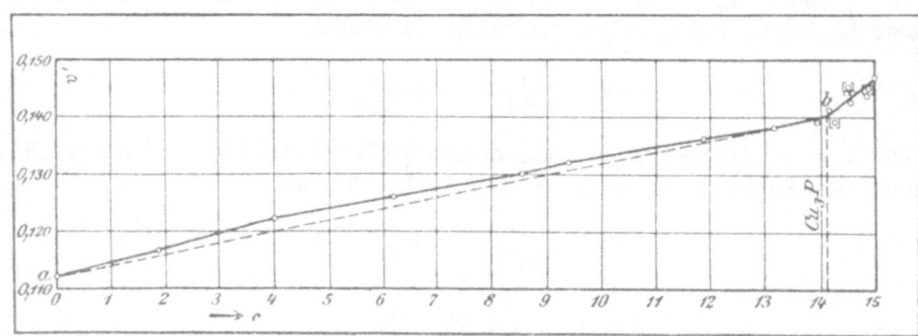



Abb. 148. Legierungen von Kupfer und Phosphor. $c,v'$-Linie. $c$: Gewichtsprozente Phosphor.

Bildung der Verbindung unter merklicher Volumänderung vor sich geht, und diese Volumänderung auch bis herunter zu gewöhnlicher Temperatur merkbar bleibt.

Beispiel: Bei den Legierungen von Kupfer und Phosphor ($c, t$-Bild s. Abb. 136) ergab sich nach dem thermischen Verfahren (*191*) die Verbindung $Cu_3P$. Die $c, v'$-Linie für gegossene Legierungen ist in Abb. 148 dargestellt. Der Richtungswechsel der Schaulinie bei *b*, entsprechend der Verbindung $Cu_3P$ bestätigt die Beobachtungen, die mittels des thermischen Verfahrens gemacht wurden ($L_2$ 21).

Die Abweichung der *c, v'*-Linie von der Geraden zwischen *a* und *b* mahnt aber gleichzeitig zur Vorsicht. Wegen der geringfügigen Mischkristallbildung wäre zu erwarten gewesen, daß zwischen *a* und *b* die Schaulinie geradlinigen Verlauf habe. Sie weicht aber ziemlich erheblich davon ab. Die Ursache kann darin liegen, daß der Dichtigkeitsgrad der Legierungen nicht in allen Fällen 1 war; ferner auch darin, daß die Legierungen während der Zeitdauer der Erstarrung und Abkühlung noch nicht Zeit fanden, vollkommenes Gleichgewicht anzunehmen. Letzterer Fall ist hier der wahrscheinlichere. Man hätte diesen Nebeneinfluß durch sehr langsame Abkühlung vermindern oder beseitigen können; es besteht dann aber andererseits die Gefahr, daß die Legierung in der Mitte der Güsse undicht wird, lunkert und sich so der Dichtigkeitsgrad von dem Wert 1 entfernt.

**216.** Zusammenfassend kann gesagt werden, daß aus einer Unstetigkeit der Linie *c, v'* jedenfalls ein Fingerzeig dafür gewonnen werden kann, daß in der Legierungsreihe bei der der Unstetigkeitsstelle entsprechenden Zusammensetzung eine plötzliche Änderung des Volumens nach einem anderen Gesetz eintritt. Sie kann zurückgeführt werden auf das Bestehen einer chemischen Verbindung, oder das Auftreten einer neuen Phase oder das Verschwinden einer Phase. Der Nachweis ist aber nicht so sicher, daß er als allein maßgebend betrachtet werden könnte. Er kann nur als Stütze der Ergebnisse aus der thermischen und mikroskopischen Untersuchung verwendet werden.

# 2. Wärmedehnungszahl.

**217.** Das Auftreten oder Verschwinden einer Phase innerhalb einer erstarrten Legierung bei der Abkühlung oder Erhitzung ist in der Regel mit einer Änderung des Volumens verknüpft. Sobald diese Volumänderung meßbar ist, muß sie sich in einer Schaulinie *t, Δl*, in der die Temperaturen als Abszissen, und die Längenänderungen eines Stabes der betr. Legierung als Ordinaten eingetragen sind, durch eine Unstetigkeit bemerkbar machen. Hierbei ist man nicht wie bei dem thermischen Verfahren an gewisse Grenzen der Geschwindigkeit der Erhitzung oder Abkühlung gebunden, sondern man kann die Temperaturänderung beliebig langsam vornehmen, um sicher zu sein, daß jeder Temperatur der endgültige Gleichgewichtszustand entspricht. Das Verfahren ist insbesondere von Henri Le Chatelier und von Charpy ($L_2$ *38* und *39*) für das Studium der Vorgänge in erstarrten Eisenkohlenstoff-Legierungen angewende worden (II B, *17*).

Handelt es sich um die Ermittelung von *Δl* in Abhängigkeit von der Temperatur *t* bei niederen Wärmegraden, so wird die Längenänderung eines Stabes der zu untersuchenden Legierung in derselben Weise festgestellt, wie die Dehnung beim Zerreißversuch mittels Spiegelapparat (I, *81* bis *89*). Die Erwärmung des Stabes geschieht mit Hilfe des elektrischen Heizstroms oder in Luft- oder Flüssigkeitsbädern.

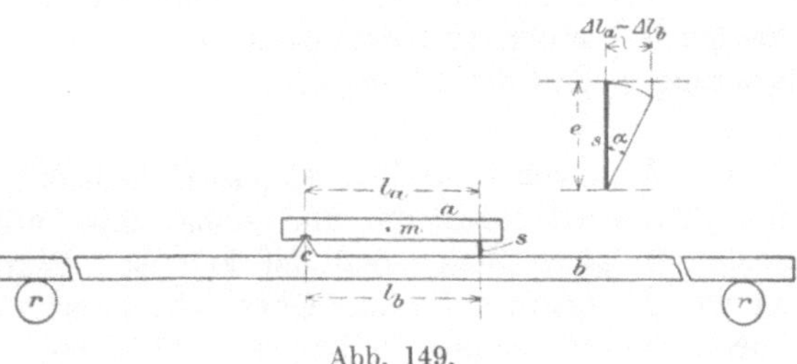

Abb. 149.

Sind die Temperaturen, bei denen die Beobachtungen zu erfolgen haben, hoch, so empfiehlt sich das Verfahren von Le Chatelier und Charpy ($L_2$ *38* und $L_2$ *39*). In Abb. 149 ist *a* ein Stäbchen der zu untersuchenden Legierung. Es ruht bei *c* auf der Schneide eines Stabes *b* aus Porzellan oder feuerfester Masse, der von Rollen *r* getragen wird. *s* ist ein kleiner Quarzglasspiegel. Das

Ganze wird in das Heizrohr eines elektrischen Widerstandsofens (z. B. Heraeusofen) gebracht, so daß sich die beiden Rollen $r$ außerhalb des Ofens befinden. Das Heizrohr des Ofens muß genügend lang sein, damit das Stäbchen $a$ in seiner ganzen Länge gleichmäßig erhitzt wird. In die Bohrung $m$ des Stäbchens $a$ wird die Warmlötstelle eines Thermoelementes zur Messung der Temperatur $t$ gebracht. Bei der Erhitzung verlängert sich die Länge $l_a$ des Stabes $a$ um den Betrag $\Delta l_a$, die Strecke $l_b$ des Stabes $b$ um $\Delta l_b$. Infolgedessen wird sich der Quarzspiegel um den Winkel $\alpha$ drehen, der sich wie beim Spiegelapparat (I, 88) aus der Ablenkung eines Lichtstrahles bestimmen läßt. Aus dem gemessenen $\alpha$ und der bekannten Höhe $e$ des Spiegels läßt sich $\Delta l_a - \Delta l_b$ berechnen. Kennt man die Wärmedehnungszahl des Stabes $b$, so ist auch $\Delta l_b$ für ein bestimmtes Temperaturintervall bekannt, so daß man zu dem Werte von $\Delta l_a$ in Abhängigkeit von der Temperatur $t$ gelangt.

Die Vorrichtung gestattet die Messung der Wärmedehnung bis herauf zu 1000 C°. Beispiele für die Verwendbarkeit s. II B, *17.*

## 3. Das elektrische Spannungsgefälle.

*218.* Eine Legierung $L$ bestehe aus den Metallen $A$ und $B$, von denen $A$ das unedlere, $B$ das edlere in bezug auf die elektrische Spannungsreihe sei. Die Legierung $L$ wird im allgemeinen edler sein als Metall $A$ und weniger edel als Metall $B$. Taucht man je ein Stäbchen von $A$ und $L$ in eine die Elektrizität

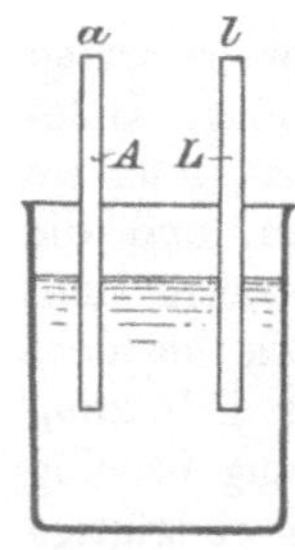



Abb. 150.

leitende Flüssigkeit (Elektrolyt), so wird sich ein Spannungsgefälle $e$ in den aus der Flüssigkeit herausragenden Enden $a$ und $l$ (Abb. 150) einstellen, das der Messung zugänglich ist.

Die Art der Messung muß hier als bekannt vorausgesetzt werden. Man kann sich hierüber in jedem Lehrbuch der Physik unterrichten. Verfasser benutzt meist die Lindecksche Schaltung *(169)* zur Kompensation. Es empfiehlt sich dann zwischen die Anschlußklemmen dieser Schaltung und den Enden $a$ und $l$ (Abb. 150) einen sehr großen Widerstand (100 000 $\Omega$) einzuschalten, damit während der Kompensation nur ein ganz schwacher Strom von $A$ nach $L$ geht. Ist die Kompensation nahezu eingestellt, so vervollkommnet man sie unter vorübergehender Ausschaltung des großen Widerstands. Dadurch vermeidet man Störungen durch Polarisation. Nach der Messung muß der Strom sofort geöffnet werden. Als Abzweigwiderstände zieht man noch die Widerstände I bis III mit heran. *(169).*

Das Spannungsgefälle $e$ setzt sich zusammen aus dem Unterschied zwischen dem elektrischen Spannungsgefälle (Potential) $e_1$, das zwischen Metall $A$ und der Flüssigkeit besteht, und dem elektrischen Spannungsgefälle (Potential) $e_2$ zwischen Legierung $L$ und der Flüssigkeit.

$$e = e_1 - e_2.$$

Der Wert von $e_1$ und $e_2$ ist positiv gedacht, wenn das Metall die umgebende Flüssigkeit positiv aufladet und selbst dabei negativ wird, wie es z. B. bei den unedlen Metallen (Zink usw.) der Fall ist. Wird umgekehrt das Metall positiv und die Flüssigkeit auf seiner Oberfläche negativ geladen, so ist der Wert $e_1$ oder $e_2$ negativ (z. B. Kupfer in Kupfersulfatlösung).

Der Spannungsunterschied $e_1$ ist abhängig von der Art des Metalles $A$ und der Menge des im Elektrolyten gelösten Stoffes $A$; $e_2$ ist abhängig von der Zusammensetzung der Legierung $L$ und der Menge der gelösten Stoffe $A$ und $B$ in dem Elektrolyt, in welchen die beiden Metallproben $A$ und $L$ (Elektroden) eintauchen. Verwendet man als Elektrolyt die Lösung eines Salzes des unedleren Metalles $A$ mit bestimmtem Gehalt an diesem Salze, so ist $e_1$ ein bestimmt festgelegter Betrag. $e_2$ und damit $e$ ist dann nur noch abhängig von der Zusammensetzung der Legierung $L$.

Man darf aber nicht umgekehrt verfahren und die beiden Elektroden $A$ und $L$ in die Lösung eines Salzes des edleren Metalles $B$ tauchen. Dann würden nach einem bekannten Gesetz die Elektroden den edleren Stoff $B$ aus der Lösung auf sich niederschlagen, ähnlich wie z. B. Zink aus einer Lösung von Kupfersulfat das Kupfer auf sich niederschlägt. Dadurch würde sich die Zusammensetzung der Elektroden an ihrer wirksamen Oberfläche ändern, so daß das gemessene $e$ nur einen Zufallswert darstellen würde, der sich mit der Zeit dem Werte des Spannungsgefälles des edleren Metalls $B$ gegenüber dem Elektrolyt nähert. Die Eigenart der Legierung $L$ würde somit bei der Messung von $e$ gar nicht zum Ausdruck kommen.

Man nennt eine Anordnung nach Abb. 150 eine galvanische Kette und bezeichnet sie schematisch mit $A$/Elektrolyt/$L$.

Ändert man in der genannten galvanischen Kette die Zusammensetzung von $L$ dadurch, daß man Legierungen $L$ mit verschiedenen Gehalten $c$ an Stoff $B$ verwendet, so kann sich mit $c$ auch der Wert von $e$ ändern. Die Abhängigkeit des Spannungsgefälles $e$ von $c$ wird dann durch die $c, e$-Schaulinie dargestellt.

**219.** Wählt man in der Kette $A$/Lösung von $A$/$A$ beide Elektroden aus demselben Metall $A$, so ist $e_1 = e_2$ und $e = 0$. Wählt man als zweite Elektrode ein mechanisches Gemenge der beiden Metalle $A$ und $B$, so daß man die Kette $A$/Lösung von $A$/$A + B$ erhält, so ist auch hier erfahrungsgemäß $e = 0$. Die mechanische Beimischung des edleren Stoffes $B$ in der Elektrode $A + B$ übt somit auf $e$ keinen Einfluß aus. Man kann sich hiervon leicht überzeugen, wenn man als Elektrode $A$ ein Zinkstäbchen, als Lösung Zinksulfatlösung und als zweite Elektrode ein Blech aus Kupfer ($B$) wählt, auf dem ein Stückchen Zink ($A$) leitend befestigt ist. Der Spannungsunterschied $e_2$ der Elektrode $A + B$ ist in diesem Falle gleich dem Spannungsgefälle $e_1$ des Zinks ($A$) gegen die Flüssigkeit, $e$ ist sonach gleich Null, solange noch einigermaßen merkliche Mengen Zink mit dem Kupfer in leitender Berührung stehen. Sobald das Zink von dem Kupferblech entfernt wird, stellt sich ein Spannungsgefälle $e$ ein, weil jetzt erst das Spannungsgefälle des Kupfers gegenüber der Flüssigkeit zur Wirkung gelangen kann.

Daraus ergibt sich die Regel: Eine Elektrode, die ein mechanisches Gemenge zweier oder mehrerer Gemengteile darstellt, zeigt gegenüber einer anderen Elektrode in einem Elektrolyten den Spannungsunterschied ihres unedelsten Gemengteils. Die Gegenwart der edleren Gemengteile kommt nicht zur Geltung. Erst wenn die Menge des unedelsten Gemengteiles Null oder verschwindend klein wird, kommt der Spannungsunterschied des nächstedleren zum Vorschein.

Danach können wir schließen, daß Legierungen $L$ aus den beiden Metallen $A$ und $B$, die bei Zimmerwärme in ein mechanisches Gemenge der reinen Stoffe $A$ und $B$ zerfallen sind, (z. B. die Legierungen nach Erstarrungsart $A a 2\gamma'$) gegen eine Elektrode $A$ gemessen den Spannungsunterschied Null geben müssen. Der Spannungsunterschied $e$ ist sonach unabhängig von dem Gehalt der Legierungen an dem edleren Stoff $B$. Erst wenn dieser Gehalt $c = 100\%$ wird, also aus dem mechanischen Gemisch $A + B$ der unedlere Stoff $A$ verschwunden ist, tritt plötzlich der Spannungsunterschied des Stoffes $B$ auf.

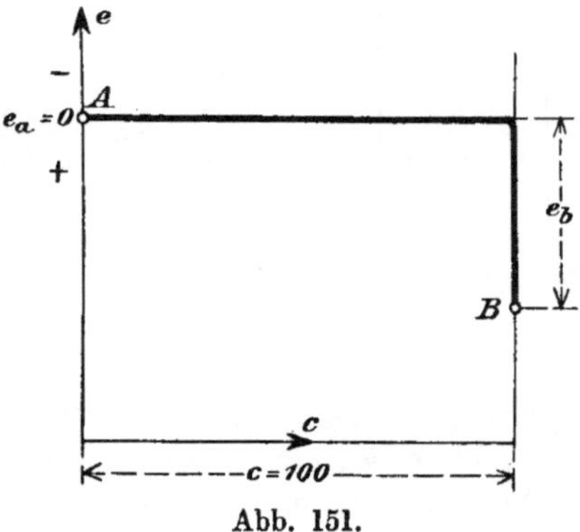


Abb. 151.

Die $c, e$-Linie einer solchen Legierungsreihe wird sonach das in Abb. 151 gegebene Aussehen haben. Der Spannungsunterschied $e_b$ ist bezogen auf den Wert von $e_a = 0$. Die Ordinaten sind somit von der wagerechten ausgezogenen Linie aus zu messen.

**220.** Erstarren die Legierungen aus den Metallen $A$ und $B$ zu einer ununterbrochenen Reihe von Mischkristallen, und wird diese vollkommene Löslichkeit im festen Zustande auch bis zu Zimmerwärme unverändert beibehalten, so ist anzunehmen, daß die $c,e$-Linie den in Abb. 152 dargestellten Verlauf hat (entweder geradlinig oder nach einer der gekrümmten Linien). Die $c,e$-Linie bildet somit eine stetige Kurve zwischen $e_a = 0$ und $e_b$.

**221.** Bestehen die Legierungen bei gewöhnlicher Temperatur aus zwei Gemengteilen, z. B. zwei Mischkristallarten $\alpha_1$ mit dem Gehalt $c_1$ und $\beta_1$ mit dem Ge-

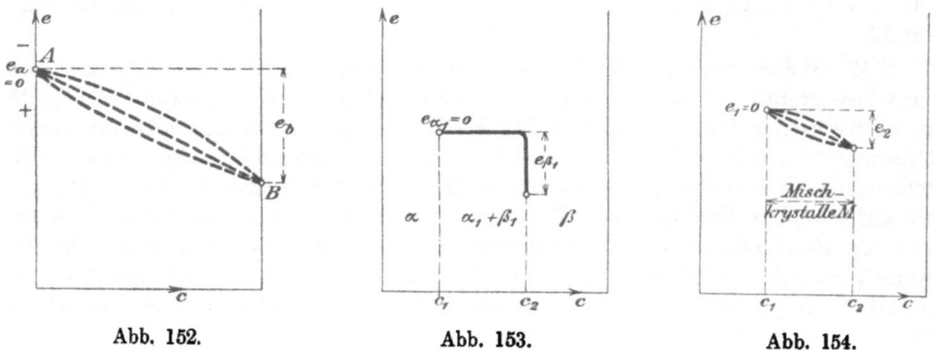

Abb. 152.          Abb. 153.          Abb. 154.

halt $c_2$ an Stoff $B$, so wird für alle Legierungen innerhalb der Grenzen $c_1$ und $c_2$ der Spannungsunterschied des unedleren $\alpha_1$ der beiden Mischkristalle gemessen werden; erst bei $c_2$, wenn die Menge der Mischkristalle $\alpha_1$ gleich Null geworden ist, zeigt sich der Spannungswert der Mischkristalle $\beta_1$, vgl. Abb. 153.

Erstreckt sich das Bereich der homogenen Mischkristalle nicht wie in Abb. 152 über die ganze Legierungsreihe von $c = 0$ bis $c = 100$, sondern nur von $c = c_1$ bis $c = c_2$, so ergibt sich innerhalb dieser Grenzen eine stetige $c,e$-Linie wie in Abb. 154.

Ein allgemeiner Fall ist in Abb. 155 dargestellt. Die Legierungen der Stoffe $A$ und $B$ bestehen bei gewöhnlicher Temperatur von $c = 0$ bis $c = c_1$ aus Mischkristallen $\alpha$; die Legierungen zwischen $c_1$ und $c_2$ aus einem Gemenge von Mischkristallen $\alpha_1 + \beta_1$, von denen die Kristalle $\alpha_1$ den Gehalt $c_1$, die Kristalle $\beta_1$ den Gehalt $c_2$ an Stoff $B$ haben. Innerhalb der Konzentration $c_2$ bis $c_3$ bestehen die

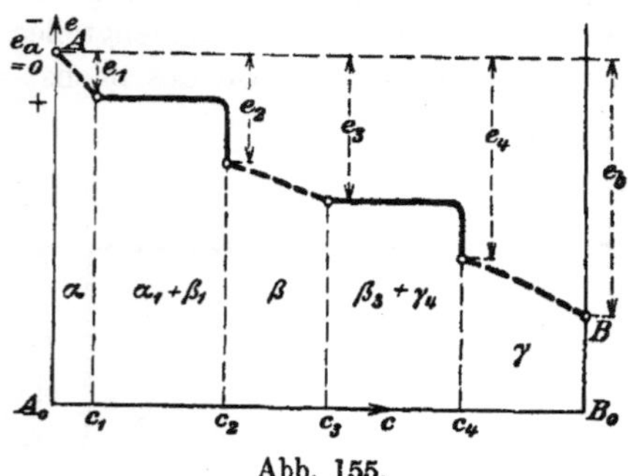

Abb. 155.

Legierungen wieder aus einer Phase, den Mischkristallen $\beta$, deren Gehalt sich von $c_2$ bis $c_3$ ändert. Zwischen $c_3$ und $c_4$ sollen wieder zwei Phasen, nämlich Mischkristalle $\beta_3$ mit dem Gehalt $c_3$ und Mischkristalle $\gamma_4$ mit dem Gehalt $c_4$ an Stoff $B$ bestehen. Von $c_4$ bis $c = 100$ sollen dann die Legierungen wieder einphasig und aus Mischkristallen $\gamma$ gebildet sein, deren Gehalt sich von $c = c_4$ bis $c = 100$ ändert. Durch Anwendung der beiden Regeln finden wir zunächst Abfall der $c,e$-Linie von $e_a$ nach $e_1$, wobei $e_a = 0$ der Spannungsunterschied des reinen Stoffes $A$ gegen eine Elektrode aus demselben Stoff $A$, $e_1$ der Spannungsabfall der Mischkristalle $\alpha_1$ gegen eine Elektrode aus $A$ in einer Lösung eines Salzes des Metalles $A$ ist. Wir haben den Fall der Abb. 152 und 154. Alsdann bleibt in dem Gemenge von $\alpha_1$ und $\beta_1$ der Wert $e$ ungeändert und gleich $e_1$ bis zum Gehalt $c_2$. Dort wird die Menge der unedleren Kristalle $\alpha_1$ gleich Null; es tritt somit sprungweise der Spannungswert $e_2$ der Mischkristalle $\beta_1$ ein. Zwischen $c_1$ und $c_2$ liegt demnach der Fall der Abb. 151 und 153 vor. Der Fall Abb. 154 wiederholt sich zwischen $c_2$ und $c_3$ und ferner zwischen $c_4$ und $c = 100$, ebenso der Fall Abb. 153 zwischen $c_3$ und $c_4$.

Die $c, e$-Linie ist in Abb. 155 ideal gezeichnet. Es ist möglich, daß sich durch Unvollkommenheiten in der Messung oder durch sonstige Nebenerscheinungen die gezeichneten Unstetigkeitsstellen mehr abrunden und undeutlicher werden. Es kann auch vorkommen, daß der Unterschied zweier aufeinanderfolgender Werte $e_1$, $e_3$, $e_4$, $e_5$ so klein ist, daß er nicht deutlich zum Vorschein kommt.

Allgemein ergibt sich auf Grund der bisherigen Betrachtungen die Regel: Plötzlicher, nahezu senkrechter Abfall der $c, e$-Linie findet bei denjenigen Gehalten $c$ statt, bei denen die Legierungen aus einem Zweiphasenbereich in ein einphasiges Gebiet mit höherem Gehalt an dem edleren Stoff $B$ eintreten, so daß also eine Phase verschwindet.

In Abb. 155 verschwindet die Phase $\alpha_1$ bei $c_2$, die Phase $\beta_2$ bei $c_4$; demgemäß ist auch dort plötzlicher Abfall der $c, e$-Linie sichtbar.

Umgekehrt können wir aus einem plötzlichen Abfall der $c, e$-Linie bei bestimmten Gehalten $c$ den Schluß ziehen, daß an dieser Stelle die Legierungen bei Steigerung von $c$ aus einem zweiphasigen Gebiet in ein einphasiges übergehen. Aus dem Fehlen eines plötzlichen Abfalls darf aber nicht ohne weiteres geschlossen werden, daß bei Steigerung von $c$ keine Änderung in der Zahl der Phasen vor sich geht; denn der plötzliche Abfall kann wegen geringen Unterschiedes zweier aufeinanderfolgender Spannungswerte unter Umständen so klein sein, daß er der Messung entgeht.

**222.** Was geschieht, wenn in der Reihe der Legierungen $A + B$ eine oder mehrere Verbindungen $V$ auftreten und bis zu gewöhnlicher Temperatur erhalten

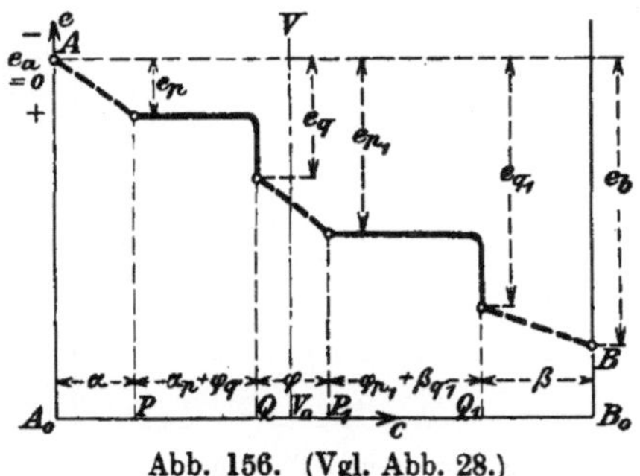
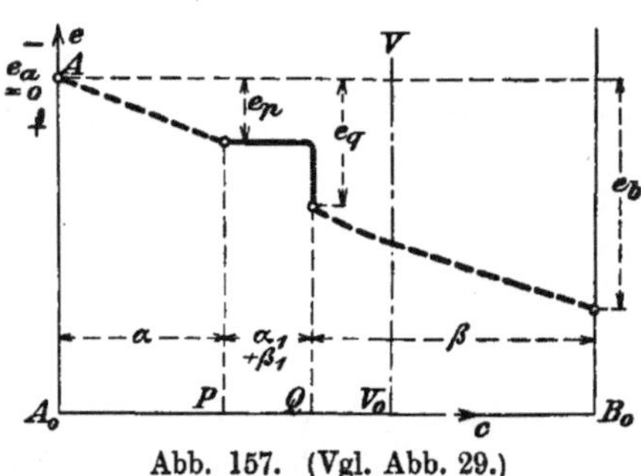

Abb. 156. (Vgl. Abb. 28.)      Abb. 157. (Vgl. Abb. 29.)

bleiben? Für die Erstarrungsarten nach Abb. 28—31 werden sich auf Grund unserer obigen Betrachtungen die in Abb. 156—159 abgebildeten $c, e$-Linien ergeben, wobei immer wie bisher angenommen ist, daß der Stoff $A$ der unedlere ist.

Die Verbindungen machen sich in der $c, e$-Linie nur dann geltend, wenn bei Steigerung von $c$ die Legierungen aus dem Zweiphasenbereich, in dem die chemische Verbindung $V$ selbst eine der Phasen bildete, in ein Einphasenbereich eintreten, oder in ein anderes Zweiphasenbereich übergehen, in dem sich zur Phase $V$ eine zweite edlere Phase gesellt.

Das trifft zu für die Erstarrungsart Abb. 30 für die Verbindung $V_1$ bei $Q$

und für die Erstarrungsart Abb. 31 für die Verbindung $V$ bei $Q$. Deshalb ist auch in den Abb. 158 und 159 der Abfall der $c,e$-Linie längs der Senkrechten in $Q$ vorhanden. Dagegen liegt in Abb. 28 und 29 die Verbindung $V$ innerhalb eines bei gewöhnlicher Temperatur einphasigen Bereichs, ebenso die Verbindung $V_2$ in Abb. 30. Die Folge ist, daß das $c,e$-Bild für das Vorhandensein dieser Verbindungen keinen Fingerzeig gibt.

Stets bleibt zu bedenken, daß plötzlicher Abfall der $c,e$-Linie immer beim Verschwinden der unedleren Phase aus einem Zweiphasengemisch vorkommt, unabhängig davon, ob in dem Zweiphasengemisch

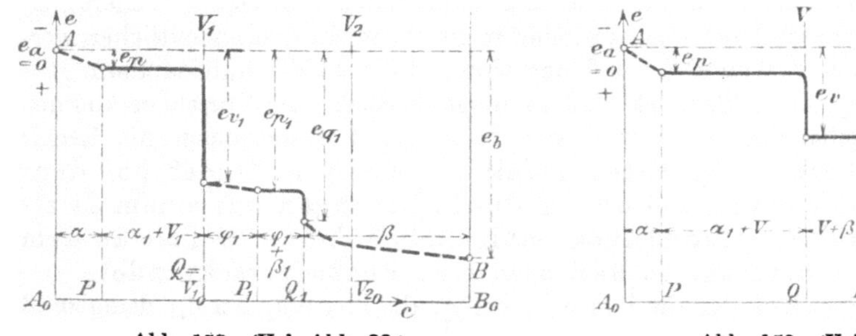

Abb. 158. (Vgl. Abb. 30.)        Abb. 159. (Vgl. Abb. 31.)

eine chemische Verbindung auftritt oder nicht. Ein irgendwie berechtigter Schluß auf das Vorhandensein von chemischen Verbindungen aus der $c,e$-Linie allein ist sonach nicht möglich.

Beispiel: Legierungen von Kupfer und Phosphor ($L_2$ 21). Das $c,t$-Bild ist in Abb. 136 dargestellt, die zugehörige $c,e$-Linie in Abb. 160. Bis 14,1 % Phosphor bestehen die Legierungen aus einem Gemenge der beiden Phasen $E$ und der Verbindung $\varphi = Cu_3P$. Bei 14,1 % (Verbindung $Cu_3P$) verschwindet die Phase $E$,

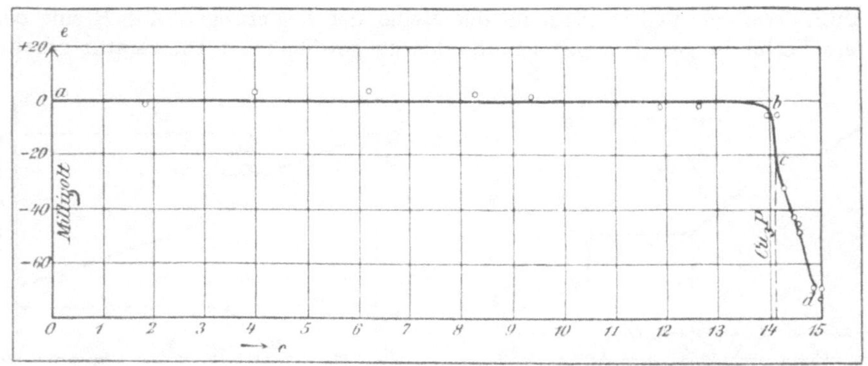

Abb. 160. $c,e$-Linie der Legierungen von Kupfer und Phosphor.
$c$: Gewichtsprozente Phosphor.
$e$ gemessen gegen Kupfer in normaler Kupfersulfatlösung.

infolgedessen tritt der edlere Spannungswert $c$ der Verbindung $Cu_3P$ hervor. Bei weitersteigendem Gehalt an Phosphor bestehen die Legierungen aus einer Phase, nämlich aus Mischkristallen; infolgedessen fällt die $c,e$-Linie von $c$ nach $d$ ab. Im vorliegenden Falle wird die Verbindung angezeigt, weil sie die Grenze zwischen den zweiphasigen und den einphasigen Legierungen bei wachsendem $c$ bildet.

**223.** Zum ersten Male wurden Untersuchungen über den elektrischen Spannungsunterschied von Legierungen von Laurie benutzt, um Aufschlüsse über den inneren Aufbau von Legierungen zu erhalten ($L_2$ 40). Später folgten Herschkowitsch ($L_2$ 41) und Puschin ($L_2$ 42). Die oben gegebenen Betrachtungen weichen in wesentlichen Punkten von den Schlüssen ab, die die genannten Verfasser bezüglich der Bedeutung der $c, e$-Linien gezogen haben.

Eine Schwierigkeit bei der Messung der Spannungsunterschiede $e$ liegt darin, daß diese Werte nicht unabhängig von der Zeit sind. Mißt man $e$ sofort nach dem Eintauchen der Elektroden $A$ und $L$ in den Elektrolyt, so erhält man einen bestimmten Wert $e'$. Läßt man die Kette einige Zeit geöffnet stehen und mißt die Spannung aufs neue, so erhält man einen Wert $e''$ usw. Der Wert $e$ ändert sich gewöhnlich anfangs rasch und nähert sich dann allmählich nach mehreren Stunden asymptotisch einem Grenzwert. Nach Puschin ($L_2$ 42) soll dieser Grenzwert als der wirkliche Wert des Spannungsgefälles $e$ der Aufzeichnung der $c, e$-Linie zugrunde gelegt werden. Da die Ursache des Anstiegs nicht in allen Punkten aufgeklärt ist, ist diese Annahme nicht ohne weiteres zwingend. Immerhin stehen die $c, e$-Linien Puschins im allgemeinen mit den thermisch ermittelten $c, t$-Bildern in gutem Einklang, abgesehen von den irrtümlichen Schlüssen Puschins auf die Gegenwart chemischer Verbindungen.

**224. Umwandlungsketten.** Ein Stoff $A$ möge bei $t$ C⁰ Umwandlung in $A'$ erfahren. Oberhalb $t$ sei $A$, unterhalb $A'$ stabil. Die Umwandlung leide stark an Verzögerung (*130*), so daß es möglich ist, die Form $A$ unterhalb $t$ metastabil beizubehalten. Dadurch ist die Bestimmung der Umwandlungstemperatur $t$ auf thermischem Wege bei der Abkühlung unmöglich. Liegt die Temperatur $t$ innerhalb des Bereichs, in dem die Messung elektrischer Spannungsunterschiede in einem Elektrolyt praktisch möglich ist, so läßt sich folgender Weg einschlagen, der zuerst von Cohen und van Eijk ($L_1$ 21) zur Ermittelung des Umwandlungspunktes des weißen Zinns in das graue ($t = +20$ C⁰) angewandt wurde (*130*). Es wird eine Kette wie in Abb. 161 nach dem Schema

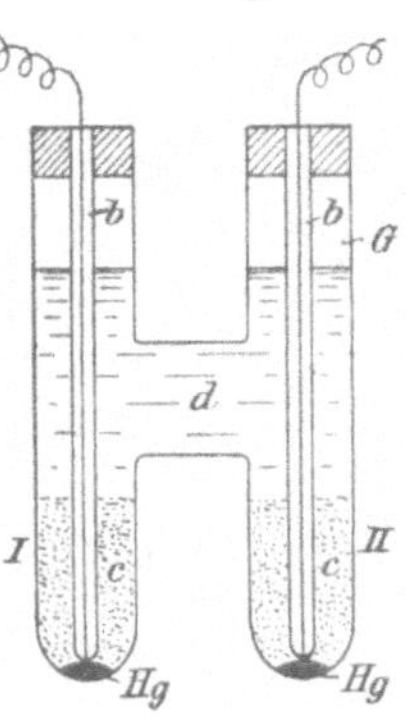


Abb. 161.

$G$: H-förmiges Glasgefäß.

$b$: Glasrohr mit eingeschmolzenem Platindraht, der unten in Quecksilber taucht.

$c$: Pulver von grauem Zinn.

$d$: Zinnammoniumchlorid-Lösung (10-prozentig).

Zinn grau/Pinksalzlösung/Zinn grau

oder allgemein

$A'$/Lösung von $A$/$A'$

hergestellt. Der Spannungsunterschied $e$ ist gleich Null, da $e_1 = e_2$. Wird nun der eine Schenkel I der Kette in warmes Wasser von höherer Temperatur als $t$ getaucht, so wandelt sich in diesem Schenkel der Stoff $A'$ in die oberhalb $t$ beständige Form $A$ (im vorliegenden besonderen Fall in weißes Zinn) um. Der Schenkel II wird bei Temperaturen unterhalb $t$ erhalten, so daß in ihm die Form $A'$ des Metalles (graues Zinn) bestehen bleibt. Bei der Abkühlung des ganzen Gefäßes auf Wärmegrade unterhalb $t$ wird die Form $A$ in dem Schenkel I erhalten bleiben, da ja laut Voraussetzung der Übergang $A \rightarrow A'$ starke Verzögerung erfährt. Erhitzt man nun beide Schenkel gleichmäßig auf verschiedene steigende Temperaturen $t_1, t_2 \ldots$, so wird ein bestimmter Wert $e$ zu messen sein, solange noch die Kette besteht:

$$A/\text{Lösung}/A'.$$

Bei einer bestimmten Temperatur $t$ aber wird $e = 0$. Bei dieser Temperatur muß die Kette übergangen sein in

$$A/\text{Lösung}/A,$$

d. h. auch im zweiten Schenkel II ist das Metall aus dem Zustand $A'$ in den Zustand $A$ übergegangen. Diese Temperatur ist die gesuchte Umwandlungstemperatur $t$.

## 4. Elektrische Leitfähigkeit, Thermokraft, Magnetismus.

**225.** Die Schaulinien, die die Beziehung zwischen den in der Überschrift angegebenen Eigenschaften und der Zusammensetzung $c$ der Legierung angeben, können auch Unstetigkeiten aufweisen. Die Gesetze, die diese Beziehungen beherrschen, sind aber noch nicht so klar erkannt, daß man ganz allgemein aus diesen Schaulinien zwingende Rückschlüsse auf die Natur der Legierungen und auf das $c,t$-Bild ziehen könnte. Wohl aber kann man daraus Fingerzeige ableiten, die unter Umständen von hohem Wert sein können. Hierfür bietet besonders die Reihe der Eisenkohlenstoff-Legierungen ein lehrreiches Beispiel (II B, *8—61*).

Wir werden auf die Beziehung zwischen innerem Aufbau der Legierung und den in der Überschrift genannten Eigenschaften in *383—404* zurückkommen.

# IV. Der Gefügeaufbau der Metalle und Legierungen und die Gefügebeobachtung.

## 1. Allgemeines.

*226.* Die ältesten Versuche, sich über den Gefügeaufbau von Metallen und Legierungen Aufklärung zu verschaffen, beruhten auf der Beobachtung des Aussehens der Bruchflächen mit oder ohne Zuhilfenahme des Mikroskops. Man faßte die Gesamtheit der im Bruch beobachtbaren Erscheinungen mit dem Namen Bruchgefüge zusammen. Es stellte sich mit der Zeit heraus, daß das Bruchgefüge nicht ausschließlich abhängig ist von dem Gefügeaufbau des Metalls oder der Legierung, sondern in erster Linie durch die Art bedingt wird, wie der Bruch zustande kommt. Unter Umständen kann das eigentliche Gefüge des Materials durch die Art der Herbeiführung des Bruches, z. B. öfteres Hin- und Herbiegen, völlig verändert werden, so daß ein Schluß aus dem Bruchgefüge auf das ursprünglich vorhandene Gefüge zu Irrtümern führen muß. Trotz gleichen Gefügeaufbaus kann das Bruchaussehen wesentliche Unterschiede zeigen, je nachdem ob der Bruch plötzlich herbeigeführt wird, oder ob er die Folge häufig wiederholter Beanspruchungen (Dauerbruch) ist. (I, *117—128; 210—211; 276; 333—340.*) Der Ausdruck „Bruchgefüge" ist aus allen diesen Gründen unglücklich gewählt und soll im folgenden durch die Bezeichnung „Bruchaussehen" ersetzt werden. Man muß äußerst vorsichtig mit den Rückschlüssen sein, die man aus dem Bruchaussehen auf das Gefüge zieht, und es ist als ein wahres Glück zu betrachten, daß das große Fabelreich über den inneren Aufbau der Metalle und Legierungen, das auf Grund des Bruchaussehens entstanden war, durch die spätere Forschung, die das Gefüge unmittelbar zu beobachten lehrte, endgültig zerstört ist. Es haben sich aus dieser Zeit allerdings noch verschwommene Begriffe vereinzelt erhalten, wie es ja leider eine Tatsache ist, daß Ausdrücke um so schneller Verbreitung finden und um so schwieriger ausgerottet werden können, je verschwommener und nichtssagender sie sind.

Es soll natürlich nicht geleugnet werden, daß man auf Grund des Bruchaussehens wertvolle Aufschlüsse über die Eigenschaften eines Materials erlangen kann. Hierbei muß aber die Art der Herbeiführung des Bruchs volle Berücksichtigung finden. Die Abschätzung dieses Einflusses ist so schwierig und erheischt eine so weitgehende Erfahrung, daß sie nur wenigen Menschen und dazu nur auf einem recht engbegrenzten Gebiete gelingt. Die Beurteilung der Beschaffenheit und Zusammensetzung der Legierung auf Grund des Bruchaussehens spielt z. B. eine wichtige Rolle im Stahlwerksbetriebe. Man erleichtert sich hier aber die Beurteilung insofern, als man den Bruch stets unter gleichbleibenden Bedingungen erzeugt, so daß der Einfluß der verschiedenen Art der Brucherzeugung, der als Veränderliche die Beurteilung erschwert, ausgeschaltet wird. Man schmiedet die Eisenproben von einem Blöckchen mit unverändert gehaltenen

Abmessungen herunter auf einen Stab von stets gleichem Querschnitt, sucht das Schmieden innerhalb möglichst unveränderlicher Temperaturgrenzen durchzuführen und führt den Bruch meist nach dem Abschrecken des Materials von einer immer gleichbleibenden Temperatur in Wasser herbei.  Hierbei wird die Sprödigkeit des Materials erhöht, so daß es möglichst mit einem Schlag plötzlich abbricht, und das Gefüge nicht erst durch Hin- und Herbiegen wesentlich verändert wird.  Ein geübtes Auge kann nun aus dem Bruchaussehen ein gewisses Urteil über die Beschaffenheit des Materials erlangen.  Die Zuverlässigkeit dieses Urteils hängt von der Gleichmäßigkeit ab, mit der die Vorbehandlung des Materials vor der Erzeugung des Bruchs durchgeführt wird.  Die Beurteilung auf Grund des Bruchaussehens wird in der Regel noch unterstützt durch Beobachtung des Widerstandes gegenüber der Herbeiführung des Bruches.  Das so gewonnene Urteil wird auch nur als vorläufige Unterlage benutzt und in jedem geordneten Betrieb durch nachträgliche chemische Analyse und durch Feststellung der mechanischen Eigenschaften überprüft und laufend kontrolliert.

Auf der anderen Seite ist es aber teilweise zu einer Art Sport geworden, aus Brucherscheinungen auf die Qualität des Materials zu schließen, ohne daß der Einfluß der Art der Brucherzeugung in Rücksicht gezogen wird.  Meist bringen es in diesem Sport solche Leute sehr weit, die keiner Kontrolle bezüglich der Richtigkeit ihrer Schlußfolgerungen unterliegen.  Bricht z. B. eine schwere Welle plötzlich entzwei und der Bruch erscheint grobkristallinisch, so pflegen solche „Kenner" zu schließen, daß das Material spröde und untauglich sei.  Bringt man dann die gebrochenen Zerreißstäbe herbei, die bei Gelegenheit der Abnahme der Welle zerrissen wurden, und die feinkörnigen Bruch zeigen, so ist der betreffende „Fachmann" nicht in Verlegenheit zu bringen.  Er behauptet, das Material wäre früher zur Zeit der Abnahme von der richtigen Beschaffenheit gewesen, habe sich aber im Betrieb verändert und sei grobkristallinisch geworden.  Dies läßt sich dann in der Regel dadurch widerlegen, daß man Zerreißstäbe aus der gebrochenen Welle herstellt, die dann auf dem Bruch wieder das feinkörnige Aussehen aufweisen.  Man hat eben nicht berücksichtigt, daß der Zerreißstab erst nach reichlicher Formänderung (Dehnung und Einschnürung) bricht und die den Zerreißversuch kennzeichnenden Merkmale aufweist, während der Bruch der Welle durch irgendeine Überanspruchung plötzlich, ohne wesentliche vorausgegangene bleibende Formänderung erfolgt sein kann.  Die Brucherscheinungen müssen dann in beiden Fällen verschieden sein.

*227.* Welche Schlüsse aus dem Bruchaussehen gezogen werden dürfen, und in welcher Weise man hierbei verfahren muß, um zu richtiger Schlußfolgerung zu gelangen, läßt sich nicht in einfache Regeln zusammenfassen (Vgl. hierüber auch I, *117* bis *128, 210, 333* bis *340*).  Jedenfalls ist es unerläßlich, die aus dem Bruchaussehen gezogenen Schlüsse durch Beobachtung des wirklichen Gefüges, wie es nach den später zu beschreibenden Verfahren sichtbar gemacht werden kann, nachzuprüfen.  Ich will nur einige Beispiele anführen, die erkennen lassen, zu welchen Trugschlüssen man bei der Beurteilung aus dem Bruchaussehen gelangen kann, wenn man diese Nachprüfung unterläßt.

Tafelabb. 9, Taf. II, zeigt in natürlicher Größe die Bruchfläche eines Zerreißstabes aus einem Flußeisenkesselblech.  Die wesentlich verschiedene Färbung und Körnung in der Mitte und am Rande könnte die Vermutung aufkommen lassen, daß in der Bruchfläche eine große Fehlstelle zutage getreten sei. (E. Heyn, $L_3$ 3.) Das eigentliche Gefüge ist aber, wie der Schliff senkrecht zur Bruchfläche in Tafelabb. 10, Taf. II, erkennen läßt, gleichartig.  Die Verschiedenartigkeit im Bruchaussehen ist dadurch bedingt, daß der Bruch über $ab$ zackig, auf den Streifen $ac$ und $bd$ verhältnismäßig glatt ist, wie es Abb. 162 schematisch andeutet.

In Tafelabb. 11, Taf. II, sind in natürlicher Größe Brüche von Zerreißstäben aus Stahl abgebildet. Sie zeigen dunkle Stellen, die auf Ungleichmäßigkeiten im Material hinzudeuten scheinen. Trotzdem ist das Gefüge gleichartig. Die Eigentümlichkeiten der Bruchflächen sind auf Trichterbildung beim Bruch zurückzuführen (I, *117* bis *128*).

Tafelabb. 12, Taf. II, zeigt den Bruch eines Radreifens aus Nickelstahl. Die Streifung könnte wohl selbst einen erfahrenen Materialkenner zu dem Schluß ver-

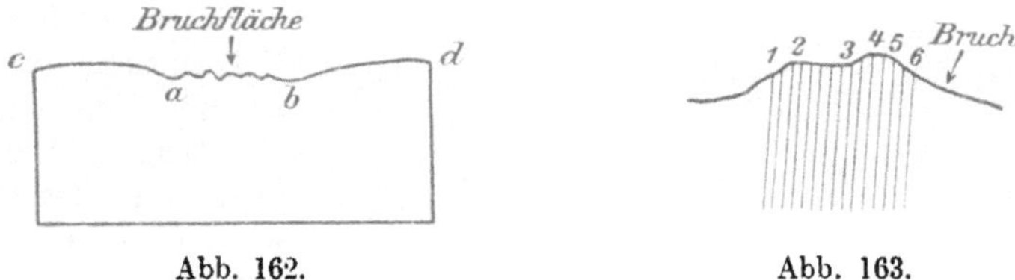



Abb. 162.　　　　　　　　　　　　　　　　Abb. 163.

leiten, daß in den einzelnen Bändern Gefügeverschiedenheiten oder Verschiedenheiten in der chemischen Zusammensetzung bestehen. Beides ist aber nicht der Fall. Die Erscheinung beruht ausschließlich auf Eigentümlichkeiten des Bruchverlaufs. Das Material ist senkrecht zur Bruchfläche parallel der Richtung $aa$ stenglig aufgebaut, wie es der geätzte Schliff in Tafelabb. 13, Taf. II, und die Handzeichnung Abb. 163 erkennen läßt. In letzterer ist die Richtung der Stengel durch Schraffur angedeutet. Je nachdem der Bruch die Stengel schräg durchsetzt (1—2, 3—4, 5—6 in Abb. 163), erscheint er von anderer Beschaffenheit, als wenn er sie senkrecht schneidet (2—3, 4—5 in Abb. 163).

**228.** In welcher Weise kann man nun das Gefüge der Metalle und Legierungen sichtbar machen? Der bei der Gesteinsuntersuchung gebräuchliche Weg, Dünnschliffe herzustellen und diese dann im durchfallenden Licht zu untersuchen, kann hier nicht begangen werden. Metallschliffe von der Dicke, wie sie bei Gesteinsdünnschliffen verwendet wird, sind wegen der geringen Lichtdurchlässigkeit der Metalle völlig undurchsichtig. Aber bereits die Herstellung solcher Dünnschliffe würde nur bei sehr wenigen Metallen durchführbar sein, und dann auch nicht, ohne daß das Material dabei solchen Beanspruchungen unterworfen wird, die eine Änderung des Gefüges zur Folge haben. Man war somit genötigt, vom durchfallenden Licht abzusehen und die metallischen Stoffe im auffallenden Licht zu beobachten. Zu diesem Zwecke versieht man die zu untersuchende Probe mit einer ebenen Fläche, schleift und poliert diese soweit, daß sie wie ein Spiegel die auf sie auftreffenden Lichtstrahlen zurückwerfen kann. Dieser Weg wurde zuerst beschritten von Sorby ($L_3$ *1*) und unabhängig davon von A. Martens, dem Leiter des Kgl. Materialprüfungsamtes, Gr.-Lichterfelde ($L_3$ *2*). Beide haben als Begründer der Gefügeuntersuchung der Metalle zu gelten. Die Arbeiten des Engländers Sorby blieben selbst in seinem eigenen Vaterlande zunächst gänzlich unbekannt, bis die Arbeiten von Martens erschienen, aus denen die technische Verwertbarkeit des Verfahrens ersichtlich war.

Die Gefügeuntersuchung an der Hand der Schliffe beginnt zunächst mit dem unbewaffneten Auge und wird alsdann bei allmählich wachsender Vergrößerung unter dem Mikroskop fortgesetzt. Um für die mikroskopische Beobachtung die nötige Beleuchtung zu erzielen, wird die geschliffene Fläche (der Schliff) selbst als Spiegel benutzt. Man kann im wesentlichen auf drei verschiedene Arten beleuchten, wie in den Abb. 164 $A$—$C$. Hierin ist $S$ in jedem Falle die polierte Fläche der Metallprobe (Schlifffläche), $oo$ ist die optische Achse, $ok$ das Okular und $f$ das Objektiv des Mikroskops. Bei der Anordnung $A$ ist der Schliff schräg zur optischen

Achse gestellt. Das einfallende zerstreute Tageslicht *e* wird von der Schlifffläche zurückgeworfen und gelangt in der Richtung *a* in das Objektiv *f*. Bei der Anordnung *B* steht die Schlifffläche *S* senkrecht zur optischen Achse. Die von einer künstlichen Lichtquelle herkommenden Strahlen *e* treffen auf ein dünnes unter 45° zur optischen Achse geneigtes Planparallelglas *pl*. Ein Teil des Lichtes geht in der Richtung *e'* durch das Plättchen hindurch und ist für die Beleuchtung verloren. Ein anderer Teil wird in der Richtung des Pfeiles 1 senkrecht auf den Schliff geworfen. Von diesem wird das Licht in der Richtung des Pfeiles 2 zurückgeworfen und gelangt nochmals auf das Planparallelglas *pl*. Hierbei geht ein Teil des

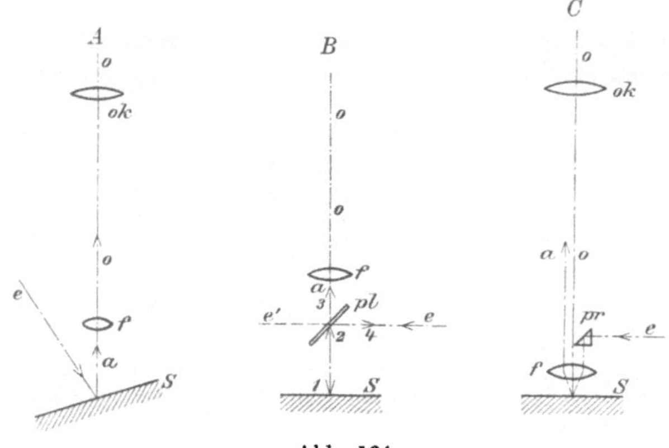

Abb. 164.

Lichts in der Richtung 3 durch das Glas *pl* hindurch in das Objektiv *f*. Ein anderer Teil wird von *pl* in der Richtung des Pfeiles 4 von *pl* zurückgeworfen und geht für die Beleuchtung verloren. Die Beleuchtungsverluste bei der Anordnung *B* sind somit beträchtlich. Das Plättchen *pl* kann auch hinter der Linse *f*, zwischen Okular *ok* und Objektiv *f*, angebracht werden.

Bei der Anordnung *C* steht die Schlifffläche *S* wiederum senkrecht zur optischen Achse. Der von einer künstlichen Lichtquelle einfallende Strahl *e* gelangt zunächst auf ein über dem Objektiv *f* befindliches totalreflektierendes Prisma *pr*, das das Objektiv zur Hälfte verdeckt. Von diesem Prisma gelangt der Strahl in der gezeichneten Weise auf das Objektiv und wird von diesem auf die Schlifffläche *S* gelenkt. Der Schliff wirft das Licht zurück, so daß es durch das Objektiv in der Richtung *a* in das Mikroskop eintritt. Das Objektiv hat hier also einen doppelten Zweck zu erfüllen: einmal dient es zur Konzentration des von der Lichtquelle kommenden Lichtbüschels und sodann zur Erzeugung des mikroskopischen Bildes. Hierbei entsteht nicht etwa nur eine Bildhälfte auf der Seite des Objektivs, die vom Prisma *pr* nicht überdeckt ist, sondern es entsteht ein voller Bildkreis.

## 2. Die Herstellung und Vorbereitung der Schliffe.

### a) Probeentnahme und -vorbereitung.

**229.** In den folgenden Abschnitten will ich nur die Verfahren beschreiben, wie sie im Kgl. Materialprüfungsamt Gr.-Lichterfelde entwickelt worden sind, und wie sie vom Amt aus durch Ausbildung von Personen für Hochschulen und für praktische Laboratorien nach außen übermittelt wurden. Man kann auch auf andere Weise zum Ziele kommen. Die Hauptsache ist der Erfolg, nicht der Weg, auf dem er erzielt wird.

Wie bei der chemischen Analyse ist es auch bei der Gefügeuntersuchung von besonderer Wichtigkeit, daß die Probeentnahme sachgemäß erfolgt. Sie muß sich nach der Art des zu untersuchenden Gegenstandes richten. Kleine Gußblöcke schneidet man längs durch und erhält so einen Schliff, der das Gefüge des oberen Teiles des Blockes (Kopf) und des unteren Teiles (Fuß) enthält. Bei sehr großen Blöcken macht man Querschnitte, und zwar einen am oberen Blockteil und einen am Fußende. Sind die Querschnitte sehr groß, so benutzt man nur ein Viertel derselben zur Herstellung des Schliffes, wenn kein Grund zur Annahme besteht, daß der Block um seine Längsachse unsymmetrisch ausgebildet ist. Andernfalls muß man den ganzen Querschnitt schleifen und untersuchen. Bei der Prüfung von Stabmaterial (Schienen, Trägern, Stangen usw.) wird zweckmäßig eine etwa 10—15 mm dicke Scheibe quer zur Längsrichtung abgeschnitten. Das Ausschneiden eines kleinen Stücks aus dem Querschnitt hat in den meisten Fällen wenig Wert, da das Gefüge nicht überall gleichmäßig zu sein braucht, und gerade die Feststellung von solchen Ungleichmäßigkeiten Zweck der Untersuchung ist.

Bei der Feststellung der Ursache von Brüchen wird man außer dem Querschnitt dicht hinter dem Bruch noch einen Schnitt senkrecht zur Bruchfläche legen, um das in unmittelbarer Nähe des Bruchs auftretende Gefüge mit dem zu vergleichen, das in größerer Entfernung vom Bruch beobachtbar ist.

Sind die Profilquerschnitte sehr groß, so teilt man sie in mehrere Teile, z. B. wie in Abb. 165. Handelt es sich um Querschnitte sehr kleiner Profile (Drähte, Laubsägen usw.), so schmilzt man sie in eine leichtflüssige Legierung (Rose- oder Woodmetall) ein. Von der Schmelze können dann nach der Erstarrung an beliebigen Stellen Scheiben abgeschnitten werden, die zugleich den Querschnitt des Profils enthalten.

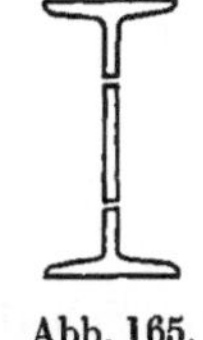

Abb. 165.

Läßt sich das zu untersuchende Metall nicht schneiden und hobeln (z. B. weißes Roheisen, gehärteter Stahl), so schlägt man mit dem Hammer ein Stück ab und schleift auf einer langsam drehenden Schmirgelscheibe eine ebene Fläche an. Erwärmung der Probe ist zu vermeiden, da sonst in bestimmten Fällen, z. B. bei gehärtetem Stahl, Gefügeänderung eintritt. In vielen Fällen kann man bei Stoffen, die sich nicht mehr sägen und hobeln lassen, ebene Schnittflächen in folgender Weise erzeugen: In eine mechanische Bogensäge wird ein altes abgenutztes Sägeblatt eingespannt. An die Berührungsstelle zwischen Sägeblatt und Werkstück wird beständig ein Brei von Wasser und Schmirgelpulver gebracht. Auf diese Weise gelingt es, selbst glasharten Stahl zu schneiden. Die Arbeit geht etwas schneller, wenn das zu schneidende Material gegen sich drehende Zinkscheiben, die am Umfang mit Diamantstaub bestreut und mit Wasser gekühlt werden, geführt wird. Die Scheiben wirken dann ähnlich wie Kreissägen.

Bei all den vorgenannten und auch bei den später zu erwähnenden Arbeiten ist streng darauf zu achten, daß bei weichen Materialien nicht etwa durch Druck oder Stoß bleibende Formveränderungen eintreten, weil dadurch Gefügeveränderungen hervorgerufen werden. Muß Einspannen im Schraubstock erfolgen, so sind zwischen Schraubstockbacken und Werkstück Zwischenlagen einzuschalten, die weicher sind als das einzuspannende Material (z. B. Blei, Kupfer, Holz, Gummi usw.).

Die abgeschnittenen Scheiben oder Streifen werden auf der Hobelmaschine mit leichtem Schlichtschnitt überhobelt, bei kleineren Stücken auch wohl mit der Schlichtfeile glatt gefeilt. Alsdann gelangen sie zum Schleifen und Polieren.

## b) Schleifen.

**230.** Das im Nachfolgenden zu beschreibende Verfahren hat den Vorteil, daß es für die überwiegende Mehrzahl der vorkommenden Metalle und Legierungen verwendbar ist. Nur für so weiche Stoffe, wie reines Zinn und reines Blei, sind besondere Vorsichtsmaßregeln zu treffen, da hierbei die zu beschreibenden Verfahren ebenso wie die Probeentnahme bereits Gefügeänderungen bewirken können. Hat man es vorwiegend nur mit einer einzigen Art von Metallen zu tun, z. B.

immer mit mittelharten Eisensorten, so wird man auch besonders für den Zweck ausgebildete Einrichtungen mit Vorteil verwenden können.

Das Schleifen geschieht mittels hölzerner Scheiben, die mit Schmirgelpapier verschiedener Korngröße beklebt sind. Damit sich die Scheiben nicht verziehen, sind sie aus verschiedenen übereinandergeleimten Holzlagen hergestellt. Zum Antrieb der Scheiben kann man eine gewöhnliche Drehbank benutzen. Die Schleifscheiben *s* werden dann auf den Spindelkopf *k* der Drehbank mittels besonderer Messingbüchsen *m* aufgeschraubt, wie in Abb. 166. Der Durchmesser der Scheiben beträgt z. B. 360 mm, und die Umdrehungszahl 400 bis 450 in der Minute. Man hält eine ganze Reihe von Scheiben mit Schmirgelpapier verschiedener Feinheitsgrade vorrätig. Zum Aufkleben des Schmirgelpapiers auf die Scheiben dient Tischlerleim. Man muß darauf achten, daß er keine Knötchen enthält, weil diese Erhöhungen auf dem Papier bilden, die wie grobe Schmirgelkörner wirken und Risse im Schliff erzeugen. Ist das Schmirgelpapier abgenutzt, so wird die mit dem Papier beklebte Fläche

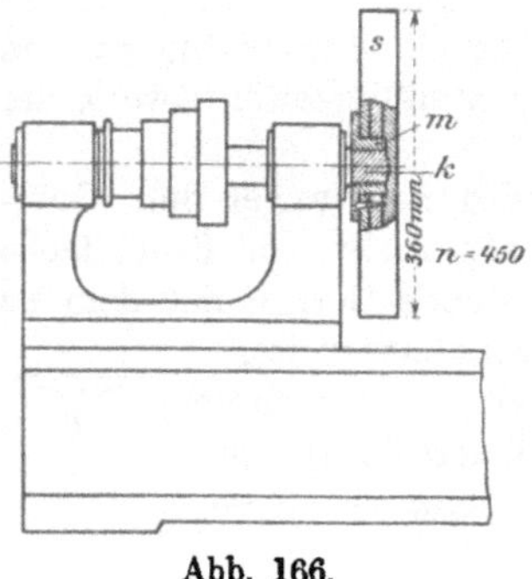

Abb. 166.

der Scheibe auf der Drehbank selbst mit dem Plandrehstahl abgedreht, wobei das Papier beseitigt und frische ebene Holzfläche bloßgelegt wird. Auf diese wird ein neues Blatt Schmirgelpapier aufgeklebt.

Bewährt hat sich das Schmirgelpapier Marke „Hubert", das man im Handel zu den üblichen Preisen haben kann. Man hat nur darauf zu achten, daß bei den feineren Körnungen das Papier frei von Knötchen ist, weil die auf diesen befindlichen Schmirgelteilchen wie grobe Schmirgelkörner Rißbildung verursachen. Man wählt sich zweckmäßig solche Bogen des Schmirgelpapiers heraus, die von dem genannten Fehler frei sind. Die üblichen Körnungen sind: 3, 2, 1$G$, 1$M$, 1$F$, 0, 00, wobei die größeren Zahlen die gröbste, die niedrigsten Zahlen die feinste Körnung angeben.

Die Probestücke werden mit der zu schleifenden Fläche von Hand unter möglichst geringem Druck an die sich umdrehende Scheibe angehalten. Je weicher das zu schleifende Material ist, um so sorgfältiger muß starker Druck vermieden werden, weil sonst einzelne Schmirgelkörnchen aus der Scheibe herausgerissen werden, die sich in die Schlifffläche eindrücken und den Schliff verderben. Tafelabb. 14, Taf. III, zeigt einen solchen fehlerhaften Schliff in 117facher Vergrößerung. Die dunklen Punkte haben mit dem Gefüge nichts zu tun, sondern sind Schleiffehler.

Um den Andruck der zu schleifenden Fläche an die Schleifscheibe nicht unnötig vergrößern zu müssen, darf man die Umdrehungszahl der Scheiben nicht über ein bestimmtes Maß hinaus steigern. Je größer die Umdrehungsgeschwindigkeit ist, um so größer wird die Zentrifugalkraft, die dem Schliff erteilt wird, um so mehr muß man das Probestück gegen die Scheibe drücken, um es nicht aus der Hand zu verlieren. Durch den gesteigerten Druck entsteht aber die Gefahr, daß die oben geschilderten Fehler in die Schliffe hineinkommen. Durch zu starken Druck kann man auch Erwärmung des Schliffs hervorrufen, die z. B. bei gehärtetem Stahl zu einer Veränderung des Gefüges durch Anlaßwirkung führen kann. Um sich hiergegen zu sichern, läßt man den Schleifer den zu bearbeitenden Schliff nicht in ein Holzfutter fassen, in dem er sich bequemer handhaben läßt, sondern sieht darauf, daß er ihn frei mit der Hand an die Scheibe hält. Er läßt dann den Schliff von selbst fallen, wenn er durch zu starken Druck gegen die Scheibe eine bestimmte, etwa bei 60 C° liegende Temperatur erreicht hat. Für den

Anfang, zum Einlernen des Schleifers, ist dieses Verfahren jedenfalls sehr zu empfehlen.

Zweckmäßig ist es auch, keinen Mechaniker oder gelernten Schleifer zur Herstellung der Schliffe heranzuziehen, weil diese, insbesondere bei der nachfolgenden Arbeit des Polierens, gewöhnt sind, mittels Druck spiegelblanke Flächen zu erzeugen und von ihren gewohnheitsmäßigen Arbeitsverfahren meist nicht abzubringen sind. Man verwende irgendeinen anstelligen Arbeiter, der sich noch nie in seinem Leben mit Polieren beschäftigt hat. Man kommt mit ihm in der Regel leichter und schneller zum Ziel.

Beim Schleifen geht man allmählich von den Scheiben mit dem gröberen Schmirgelpapier zu denen mit feinerem Papier über. Vielfach ist es nicht nötig, sämtliche 7 Scheiben hintereinander zu benutzen, es können einige übersprungen werden. Auf den Scheiben mit dem Papier 3 bis 0 wird trocken geschliffen. Die Scheibe 00 benetzt man zweckmäßig mit einigen Tropfen säure- und staubfreien Öls. Zeigt der Schliff nach dem Schleifen auf der Scheibe 00 eine nahezu rißfreie Fläche, so kann mit dem nachfolgenden Polieren begonnen werden. Einzelne Rißchen auf dem Schliff stören bei der Gefügeuntersuchung in der Regel nicht, wohl aber ganze Scharen von Rissen.

### c) Das Polieren.

**231.** Das Polieren der vorgeschliffenen Fläche geschieht auf einer mit Tuch bespannten Holzscheibe unter Zuhilfenahme von Polierrot (Eisenoxyd) und Wasser. Man kann geeignetes Polierrot im Handel bekommen, das keine weitere Behandlung, wie Schlämmen usw. benötigt. Im Kgl. Materialprüfungsamt ist bisher das Polierrot von der Firma Schmidt & Co., Chemische Fabrik, Brötzingen-Pforzheim zum Preise von etwa 7 M. für 1 kg[1]) bezogen worden. Das Material eignet sich gut. Es wird auf die Tuchscheibe aufgestreut und mit einer reinen Bürste mit Wasser verrieben. Die Scheibe ist dann zum Polieren fertig. Man hält den Schliff mit leichtem Andruck an die sich drehende Tuchscheibe und bewegt den Schliff in der Ebene der Tuchfläche langsam im Kreise. Die mit Tuch bespannte Scheibe wird in derselben Weise wie die Schmirgelscheiben auf dem Spindelkopf der Drehbank befestigt. Der fertige Schiff muß spiegelnde glatte Fläche zeigen. Das anhaftende Polierrot wird unter Wasser abgespült, das Wasser durch Alkohol verdrängt. Schließlich wird die Schlifffläche durch Abtupfen mit einem weichen Tuch getrocknet. Reiben oder Wischen mit dem Tuch ist zu vermeiden, da hierbei aufs neue Risse entstehen. Hat man Materialien zu polieren, die sich leicht oxydieren, z. B. Magnesium, Mangan usw., so empfiehlt es sich, zum Polieren auf der Tuchscheibe nicht Wasser, sondern Alkohol und Polierrot zu verwenden. Da der Alkohol verdunstet, muß die Tuchscheibe öfter mit Alkohol befeuchtet werden.

Die ganze Arbeit des Schleifens und Polierens nimmt bei kleineren Probestücken $^1/_2$—1 Stunde, bei größeren Schliffflächen längere Zeit, je nach der Größe des Schliffs, in Anspruch.

Um bei Legierungen und Metallen mit niedrigem Schmelzpunkt das Schleifen und Polieren zu ersparen, wird von einigen Forschern empfohlen, diese Stoffe im flüssigen Zustand auf Spiegelglas- oder Glimmerplatten aufzugießen (H. J. Hannover, $L_3$ 4). Hierbei kann man die Stoffe nur im gegossenen rasch abgeschreckten Zustand beobachten. Man muß sich also vorher genau überlegen, ob diese Art der Erzeugung von spiegelnden Flächen im besonderen Falle verwendbar ist oder nicht. Jedenfalls ist ihre Anwendung dann ausgeschlossen, wenn es sich darum

---

[1]) Jährlicher Verbrauch im Amt etwa 2—3 kg.

handelt, auf Grund des Gefüges einer Metallprobe Schlüsse auf die Vorbehandlung zu ziehen, der sie unterworfen worden ist. Durch das vorherige Schmelzen werden ja die Kennzeichen für diese Vorbehandlung beseitigt.

### d) Die Nachbehandlung der Schliffe.

**232.** Die geschliffene und polierte Fläche läßt nur dann das Gefüge ohne weiteres erkennen, wenn sich die verschiedenen Gefügebestandteile durch verschiedene Farben unterscheiden. So ist z. B. der dunkle Graphit in der hellen Eisenlegierung sichtbar (Abbildungen s. Band II B). In Legierungen von Kupfer und Kupferoxydul erkennt man die feinen Einsprenglinge von Oxydul an ihrer blauen Farbe (s. II B). In den Legierungen von Kupfer und Wismut unterscheidet sich das Kupfer von dem eingelagerten Wismut durch seine rötliche Farbe. In Tafelabb. 15, Taf. III, ist eine solche Legierung mit 20$^0/_0$ Wismut in Kupfer in 117facher Vergrößerung dargestellt. Das Kupfer ist mit $K$, das Wismut mit $b$ bezeichnet.

In der überwiegenden Mehrzahl der Fälle bedürfen die polierten Schliffe noch einer besonderen Nachbehandlung, um die einzelnen Gefügebestandteile sichtbar zu machen.

**233.** Das Reliefpolieren (nach Sorby, Martens, Osmond) beruht auf der verschiedenen Widerstandsfähigkeit der einzelnen Gefügebestandteile gegenüber der abschleifenden Wirkung des Poliermittels. Auf einer weichen Unterlage von weichem, von mineralischen Bestandteilen freiem Gummi oder von Pergament wird der polierte Schliff mit Polierrot und wenig Wasser unter sanftem Druck von Hand weiter poliert (s. Abb. 167). Der Schliff $S$ wird hierbei mit der Schlifffläche nach unten auf die ruhende Unterlage $g$ aufgelegt und in Zykloiden mit der Hand darüber hingeführt, nachdem die Unterlage mit Polierrot be-

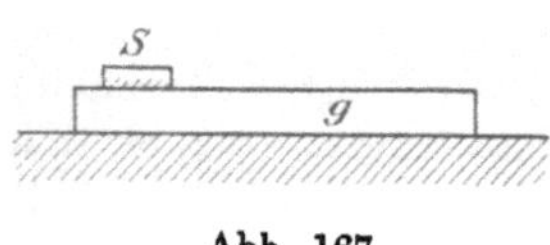

Abb. 167.

streut und mit Wasser angefeuchtet ist. Der Andruck der Schlifffläche gegen die Unterlage muß sehr gering sein. Unter Umständen muß man die Schlifffläche von der Unterlage eher etwas abheben, statt daß man sie gegen die Unterlage drückt, weil sie sich infolge des Luftdrucks auf der Unterlage festsaugt. Die härteren Gefügebestandteile widerstehen der abschleifenden Wirkung mehr als die weicheren. Es entsteht infolgedessen ein Relief, wobei die härteren Gefügebestandteile erhaben, die weicheren vertieft erscheinen. Von Zeit zu Zeit überzeugt man sich unter dem Mikroskop von dem Fortschreiten der Arbeit. Sobald deutliches Relief erzielt ist, muß aufgehört werden, da unnötig lange fortgesetztes Polieren auch die härteren Gefügebestandteile wieder abschleift. 10 bis 20 Minuten genügen meist, vielfach ist die Arbeit in kürzerer Zeit vollendet.

Geschickte Polierer erzielen bereits Relief beim Polieren auf der Tuchscheibe *(231)*.

Vielfach gelingt es, das Relief vollkommener zu erhalten, wenn man das Wasser beim Reliefpolieren durch ein allein nicht, oder nur sehr schwach wirkendes Ätzmittel ersetzt; zuweilen werden hierbei auch einige Gefügebestandteile gefärbt. So ist z. B. für die Sichtbarmachung des Gefüges in Eisen-Kohlenstoff-Legierungen ein auf kaltem Wege hergestellter Auszug von Süßholzwurzel ein sehr brauchbares Ätzmittel der genannten Art. (10 g Süßholz in Form feiner Späne werden mit 100 g Wasser übergossen. Nach vierstündigem Stehen wird der Auszug abfiltriert und zum Polieren verwendet. Der Auszug wird mit der Zeit faul und muß öfters erneuert werden.) Ähnlich wirkt Ammoniumnitratlösung (2 g $NH_4NO_3$ auf 100 g Wasser). Man bezeichnet diese Art des Reliefpolierens, die von Osmond herstammt, als Ätzpolieren. Meiner Meinung nach scheint die Wirkung des Süßholzauszuges beim Ätzpolieren zum Teil auch darin zu liegen, daß der Auszug mit dem Polierrot eine schleimige Masse bildet, die ähnlich wie ein zähflüssiges Schmiermittel durch den Druck des Schliffes auf die Polierunterlage *g* nicht so leicht aus der Berührungsfläche zwischen Schlifffläche und Unterlage herausgedrängt werden kann, wie das Gemenge von Polierrot und Wasser. (Der Druck ist manchmal recht beträchtlich, wenn sich der Schliff auf der Unterlage festgesaugt hat.) Dadurch kann das Poliermittel vollkommener in Wirksamkeit treten.

Beim Relief- und Ätzpolieren erhält man auf der Schliff-fläche einen Zustand, wie er in Abb. 168a durch einen Schnitt senkrecht zur Schliffebene schematisch angedeutet ist. Denkt man sich das Licht schräg in der Richtung des Pfeiles ein-fallend, so wird der in Relief stehende härtere Gefügebestand-teil *h* einen Schatten werfen, wie bei *s* angedeutet. Auf der dem Licht zugekehrten Seite wird der härtere Gefügebestand-teil aber eine Lichtkante *l* haben. In der Schliffebene selbst (vgl. Abb. 168b) zeigt sich dies dadurch, daß der härtere Ge-fügebestandteil *h* links die Lichtkante *l* und rechts die Schatten-kante *s*, der vertiefte Gefügebestandteil *t* hingegen umgekehrt links die Schattenkante *s*, rechts die Lichtkante *l* aufweist.

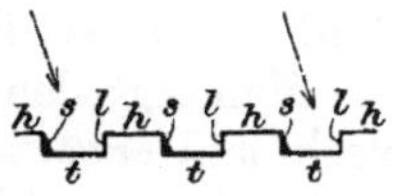

Abb. 168a.

Abb. 168b.

Es ist nun zu beachten, daß die Mikroskope üblicher Bauart das Bild des Gegenstandes umkehren. Infolgedessen ergibt sich die Regel, daß der harte Gefügebestandteil auf der Seite, auf welcher das Licht in das Mikroskop einfällt, die Schattenkante *s* und auf der entgegengesetzten die Lichtkante *l* hat.

Ein ätzpolierter Schliff ist in Tafelabb. 16, Taf. III, in 123facher Vergrößerung dargestellt. Er entspricht einem steirischen Herdfrischstahl mit mehr als $1^0/_0$ Kohlen-stoff, der von einer Temperatur oberhalb 700 C$^0$ plötzlich in Wasser abgeschreckt wurde. Das Bild ist so aufgestellt, daß der Lichteintritt von links oben (ohne Umkehrung) zu denken ist[1]). Man erkennt deutlich die hellen Lichtkanten der harten Inseln (Zementit genannt), die nach links oben gerichtet sind, während die dunklen Schattenkanten *s* nach rechts unten liegen. Die harten Inseln des Zementit genannten Gefügebestandteils liegen eingebettet in einer Grundmasse, die Martensit genannt wird, und die ihrerseits wieder einen Filz von härteren in weicheren Stoff eingebetteten Nadeln darstellt.

Bei der Beurteilung, ob ein Gefügebestandteil erhaben oder vertieft ist, darf man sich nie auf den bloßen Eindruck verlassen, den das Auge bei der Be-obachtung im Mikroskop gewinnt. Häufig erscheint infolge optischer Täuschung die Sachlage umgekehrt, und man hält den erhabenen Bestandteil für vertieft und umgekehrt. Entscheidend ist ausschließlich die Lage der Licht- und Schatten-kanten für diese Frage.

Ist einer der Gefügebestandteile dunkel gefärbt, so wird die Unterscheidung der Licht- und Schattenkanten erschwert, zuweilen auch unmöglich. Man stellt dann bei starker Vergrößerung das Mikroskop auf irgendeinen Punkt in einem der verschiedenen Gefügebestandteile *A* scharf ein und liest an der Mikrometer-schraube zur Feineinstellung des Mikroskops die Stellung ab. Alsdann stellt man scharf auf einen Punkt eines anderen Gefügebestandteils *B* ein und liest wiederum die Stellung der Mikrometerschraube ab. Muß man den Tubus des Mikroskops dem Schliff nähern, um von der Scharfeinstellung des Bestandteils *A* auf die Scharfeinstellung des Bestandteils *B* zu gelangen, oder muß man von der Scharf-

---

[1]) Diese Aufstellung ist bei allen Tafelabbildungen dieses Buches gewählt.

einstellung auf $B$ ausgehend den Tubus vom Schliff entfernen, um die Scharfeinstellung auf $A$ zu erzielen, so ist der Gefügebestandteil $A$ gegenüber dem Bestandteil $B$ erhaben.

**234.** Anlassen (zuerst von Martens angewendet, dann von Behrens, Osmond und Stead). Beim schwachen Erwärmen einer Schlifffläche an der Luft oxydieren sich vielfach einzelne Gefügebestandteile rascher als andere. Sie überziehen sich dann auch schneller mit den infolge der dünnen Oxydschicht auftretenden Anlauffarben, als die anderen weniger leicht oxydierbaren Bestandteile. Da nun je nach der Dicke des Oxydhäutchens die Anlaßfarbe verschieden ist, so kann man durch Anlassen den verschiedenen Gefügebestandteilen je nach dem Grade ihrer Oxydierbarkeit verschiedene Färbungen erteilen.

Man legt den Schliff mit der polierten Seite nach oben auf ein dünnes Eisenblech und erwärmt dieses langsam von unten durch einen Brenner. Sobald die gewünschte Anlaßfarbe soeben aufzutreten beginnt, wird der Schliff mit der Tiegelzange von dem heißen Blech abgehoben und durch Eintauchen in kaltes Wasser schnell abgekühlt, damit die Anlauffarben nicht weiter gehen. Beim Eintauchen darf die angelassene Schlifffläche nicht benetzt werden. Bei Metallen und Legierungen, die keine Amalgame bilden, kann an Stelle des Wassers auch Quecksilber als Abkühlungsflüssigkeit benutzt werden.

Tafelabb. 6, Taf. I, zeigt in 365facher Vergrößerung das Gefüge einer Kupfer-Zinn-Legierung mit $12\%$ Zinn nach dem Anlassen. Der kupferreiche Gefügebestandteil $K$ ist leichter oxydierbar und erscheint in der Tafelabbildung dunkler als der zinnreiche Bestandteil $S$. Der Kern des Bestandteils $K$ ist kupferreicher und deshalb dunkler gefärbt als der Umfang. Die Gründe hierfür s. *136*.

Das Anlassen als Mittel zur Sichtbarmachung des Gefüges ist natürlich nur dann zulässig, wenn die Anlaßhitze keine Gefügeänderung zur Folge hat. Solche Gefügeänderung tritt z. B. bei gehärtetem Stahl ein; nach dem Anlassen ist der Gefügeaufbau dieses Materials völlig verändert.

**235.** Das Ätzen der Schliffe gewährt oft wertvolle Unterscheidungsmerkmale zwischen den einzelnen Gefügebestandteilen. Diese Merkmale können sein: verschiedener Grad des Widerstandes gegenüber dem Ätzmittel, wodurch eine Art Relief erzielt werden kann, oder bestimmte Färbungen bzw. Reaktionen, oder schließlich beide Merkmale zu gleicher Zeit. So zeigt z. B. Tafelabb. 2, Taf. I, den Schliff einer Legierung vom Blei mit $8\%$ Antimon, der mit verdünnter Salpetersäure (1:5) geätzt wurde. Hierbei sind die Antimonkriställchen weiß und glänzend geblieben, während das Blei matt und dunkel erscheint.

Welches Ätzmittel im besonderen Falle anzuwenden ist, ergibt sich aus der Art der zu untersuchenden Legierung. Allgemeine Vorschriften lassen sich nicht machen. Im folgenden ist eine Übersicht über die wichtigsten der in Betracht kommenden Ätzmittel gegeben (vgl. $L_3$ 5):

Alkoholische Salzsäure (Martens und Heyn): 1 ccm HCl (1,19 spez. Gew.) in 100 ccm absol. Alkohol. Abkürzung: HCl/Alk.

Alkoholische Salpetersäure (Martens): 4 ccm $HNO_3$ (1,14 spez. Gew.) in 100 ccm absolut. Alkohol. Abkürzung: $HNO_3$/Alk.

Alkoholische Pikrinsäure (Ischewski): 5 g Pikrinsäure in 100 ccm absol. Alkohol. Abkürzung: Pi/Alk.

Salpetersäure (Stead). Spez. Gew. 1,18. Abkürzung: $HNO_3$.

Kupferammoniumchlorid (Heyn): 10 g in 120 ccm Wasser. Abkürzung K.

Ammoniakalisches Kupferammoniumchlorid (Heyn): Lösung wie die vorausgehende, der so viel Ammoniak zugesetzt wird, daß der zuerst auftretende blaue Niederschlag wieder in Lösung geht. Abkürzung: K/am.

Die Ätzflüssigkeit $F$ wird bei der Ätzung in eine Schale *Sch* aus Glas gebracht (s. Abb. 169). Die zu ätzende Probe $S$ wird mit der Schliffläche nach oben möglichst schnell und gleichmäßig in die Flüssigkeit $F$ untergetaucht, während die Flüssigkeit in schaukelnde Bewegung versetzt wird. Wichtig ist, daß sich keine Luft- oder Gasbläschen auf dem Schliff festsetzen, weil sonst unter den Bläschen die Ätzung verhindert oder verzögert wird. Ist die Ätzung beendet, so wird bei den wässerigen Ätzmitteln der Schliff zunächst mit Wasser gründlich abgespült, alsdann mit Alkohol übergossen und mit einem weichen Tuch abgetupft (nicht gewischt oder gerieben, weil

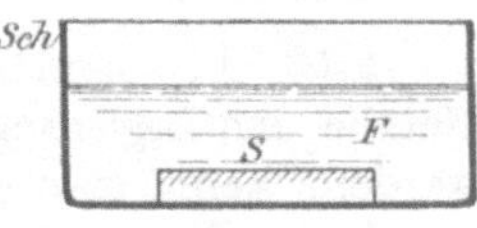
Abb. 169.

sonst Risse entstehen). Bei den alkoholischen Ätzmitteln bringt man den Schliff aus der Ätzflüssigkeit sofort in eine Schale mit Alkohol, und spült nach dem Herausnehmen aus der Schale nochmals mit Alkohol nach.

Die Ätzung mit HCl/Alk ist besonders geeignet für Eisen und Stahl im gehärteten und ungehärteten Zustand. Zur Ätzung genügen bei nicht gehärteten Eisen- und Stahlsorten meist drei bis fünf Minuten, bei gehärteten Stählen dagegen dauert die Ätzung länger, eine Viertel- bis unter Umständen eine ganze Stunde. Man kann bei einiger Erfahrung bereits aus dem Fortgang der Ätzung innerhalb der Ätzflüssigkeit beurteilen, ob gehärteter oder ungehärteter Stahl vorliegt.

Die Ätzung $HNO_3$/Alk ist besonders geeignet für Gußeisen.

Pi/Alk eignet sich besonders für schwer angreifbare Nickel- und Chromstähle.

$HNO_3$ kann verwendet werden für kohlenstoffarme Flußeisensorten an Stelle von K; bei kohlenstoffreicheren Sorten greift $HNO_3$ die einzelnen Gefügebestandteile zu ungleichmäßig an und erzeugt Löcher.

K ist ein vorzügliches Ätzmittel zur Starkätzung von schmiedbaren Eisen-Kohlenstoff-Legierungen (ungehärtet) und von weißem Roheisen. Es eignet sich besonders zur Sichtbarmachung von Verschiedenheiten im Gefügeaufbau (Seigerungen, Zonenbildungen usw.) Ätzdauer etwa eine Minute. Auf der Schliffläche schlägt sich Kupfer in schwammiger Form nieder. Man bringt die geätzte Probe mit dem Kupferbeschlag in eine Schale mit sich rasch erneuerndem Wasser und putzt unter Wasser den Kupferbeschlag mit einem Wattebausch ab. Wenn die richtige, oben angegebene Konzentration der Lösung angewendet wird, so läßt sich das Kupfer leicht entfernen. Bei zu sehr verdünnten Lösungen dagegen haftet der Beschlag fest. Zu starke Lösungen greifen den Schliff zu rasch und stark an und gewähren keinen Vorteil. Nach Abspülen mit Wasser wird der Schliff mit Alkohol übergossen und abgetupft. Für graphithaltige Roheisensorten, gehärtete Stähle und hochnickel- oder -chromhaltige Stähle eignet sich das Ätzmittel nicht, weil der Kupferbeschlag festhaftet (E. Heyn, $L_3$ 3).

K/am ist ein geeignetes Ätzmittel für die meisten Kupferlegierungen. Nach dem Herausnehmen aus dem Ätzbade wird der Schliff in schwach ammoniakalischem Wasser abgespült und darauf wie üblich behandelt.

Zu bemerken ist, daß es bei der Ätzung nicht darauf ankommt, möglichst viel Ätzmittel zur Verfügung zu haben. Wichtiger ist, daß man sich über die Eigenart einiger weniger ausgewählter Ätzlösungen den einzelnen Metallen und Legierungen gegenüber genau unterrichtet.

Ähnliche Bemerkung gilt für das Schleifen und Polieren. Auch hier werden in der Literatur eine ganze Reihe von mehr oder weniger künstlichen Hilfsmitteln beschrieben. Bei der Entwicklung der Verfahren für das Kgl. Materialprüfungsamt bin ich bestrebt gewesen, die Arbeit in der einfachsten Weise mit den einfachsten Hilfsmitteln durchzuführen, wie es die oben gegebene Beschreibung zeigt. Hierbei lernt man, worauf es ankommt. Wohl würde ich es für zweckmäßig halten, in einem Laboratorium, in dem z. B. nur Schliffe von Eisen und Stahl bearbeitet werden, Sondereinrichtungen hierfür zu benutzen, die etwas schneller zum Ziele führen. In einem Laboratorium hingegen, wo heute weiche Legierungen und morgen hartes weißes Roheisen zu polieren ist, muß man ein einziges, allgemein anwendbares Verfahren haben, das für alle vorkommenden Fälle paßt, und dies ist das oben beschriebene.

**236. Ätzen mit Zuhilfenahme des elektrischen Stromes.** Für manche Metalle und Legierungen, die durch gewöhnliche Ätzmittel nur schwer angegriffen werden, kann man die Wirkung dadurch verstärken, daß man den Schliff als Anode in die Ätzflüssigkeit einhängt. In Abb. 170 ist $Pt$ eine Platinschale, die mit dem negativen Pol einer Stromquelle verbunden wird. $S$ ist der zu ätzende Schliff[1]), der mit dem positiven Pol verbunden wird. Die Flüssigkeit $Fl$ ist Salzsäure (1,19 spez. Gew.) 1 ccm in 100 ccm Wasser oder Schwefelsäure in gleicher Verdünnung. Meist genügt ein Strom von 0,5—0,7 Amp. auf 1 qcm Schlifffläche. Die Ätzdauer ist eine bis fünf Minuten, zuweilen noch länger. Für die eben beschriebene Art der Ätzung wird im folgenden die Abkürzung HCl/n Amp. oder $H_2SO_4$/n Amp. angewendet, wobei n die Anzahl Ampere angibt.

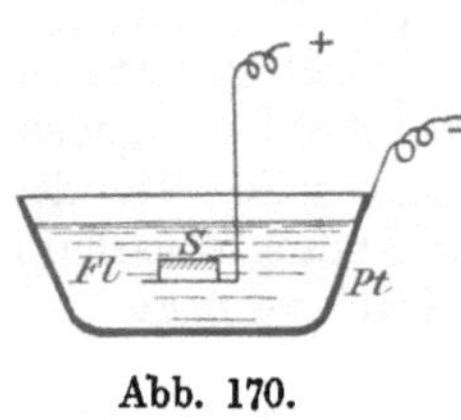

Abb. 170.

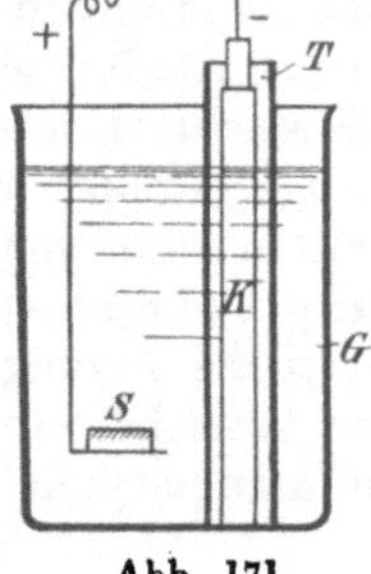

Abb. 171.

Für die Ätzung von Messing empfiehlt Charpy *(L, 6)* folgende Anordnung: In dem Gefäß $G$ in Abb. 171 mit verdünnter Schwefelsäure 1 : 10 befindet sich eine poröse Tonzelle $T$ mit gesättigter Kupfersulfatlösung und einem Streifen Kupfer $K$. Die zu ätzende Probe $S$ taucht in die verdünnte Schwefelsäure. Zwischen $S$ und $K$ ist durch einen Verbindungsdraht Kurzschluß hergestellt. Auf diese Weise ist eine galvanische Kette Probe $S$/$H_2SO_4$—$Cu_2SO_4$/Kupfer hergestellt, bei der die Probe $S$ anodisch gelöst wird. Die Einwirkungsdauer beträgt etwa eine Viertelstunde.

## 3. Die zur Untersuchung der Schliffe gehörigen Hilfsmittel.

### a) Makroskopische Untersuchung.

**237.** Die Untersuchung der Schliffe beginnt stets mit dem bloßen Auge. In vielen Fällen erhält man bereits hierbei die wichtigsten Aufschlüsse, wenn man die Wirksamkeit der einzelnen Ätzmittel genau kennt. Die makroskopische Untersuchung darf sich nicht über zu kleine Flächen erstrecken *(258)*. Wie bereits *229* erwähnt, muß sich die Größe der Schliffe den besonderen Fällen anpassen. Zu warnen ist vor der Arbeit mit sehr kleinen Schliffen, die irgendwo aus dem zu untersuchenden Material herausgeschnitten sind, und die man sofort unter das Mikroskop legt. Man schränkt hierbei seinen Gesichtskreis absichtlich ein, beobachtet nur ganz winzige Teile des Metalls und übersieht den gröberen Gefügeaufbau, der unter Umständen von viel ausschlaggebenderer Bedeutung für die Eigenschaften der Probe ist, als das eigentliche Kleingefüge. Wie man hierbei vorzugehen hat, kann nur die Erfahrung lehren. Gefügeuntersuchung ohne gründliche metallurgische und technologische Kenntnisse kann nur Dilettantenarbeit bleiben.

---

[1]) Die geschliffene Fläche der zu ätzenden Metallprobe $S$ ist in Abb. 170 durch Schraffur gekennzeichnet. Sie liegt bei der Ätzung nach oben.

## b) Mikroskopische Untersuchung.

### α) Das Greenoughsche Mikroskop.

**238.** Im Anschluß an die makroskopische Betrachtung untersucht man einzelne Stellen des Schliffes, die besondere Eigenart zeigen, mittels des Mikroskops. Auch hier beginnt man stets mit der schwächsten Vergrößerung und schreitet dann allmählich je nach Bedürfnis bis zu den stärksten Vergrößerungen vor.

Gute Dienste leistet bei schwachen Vergrößerungen das Greenoughsche

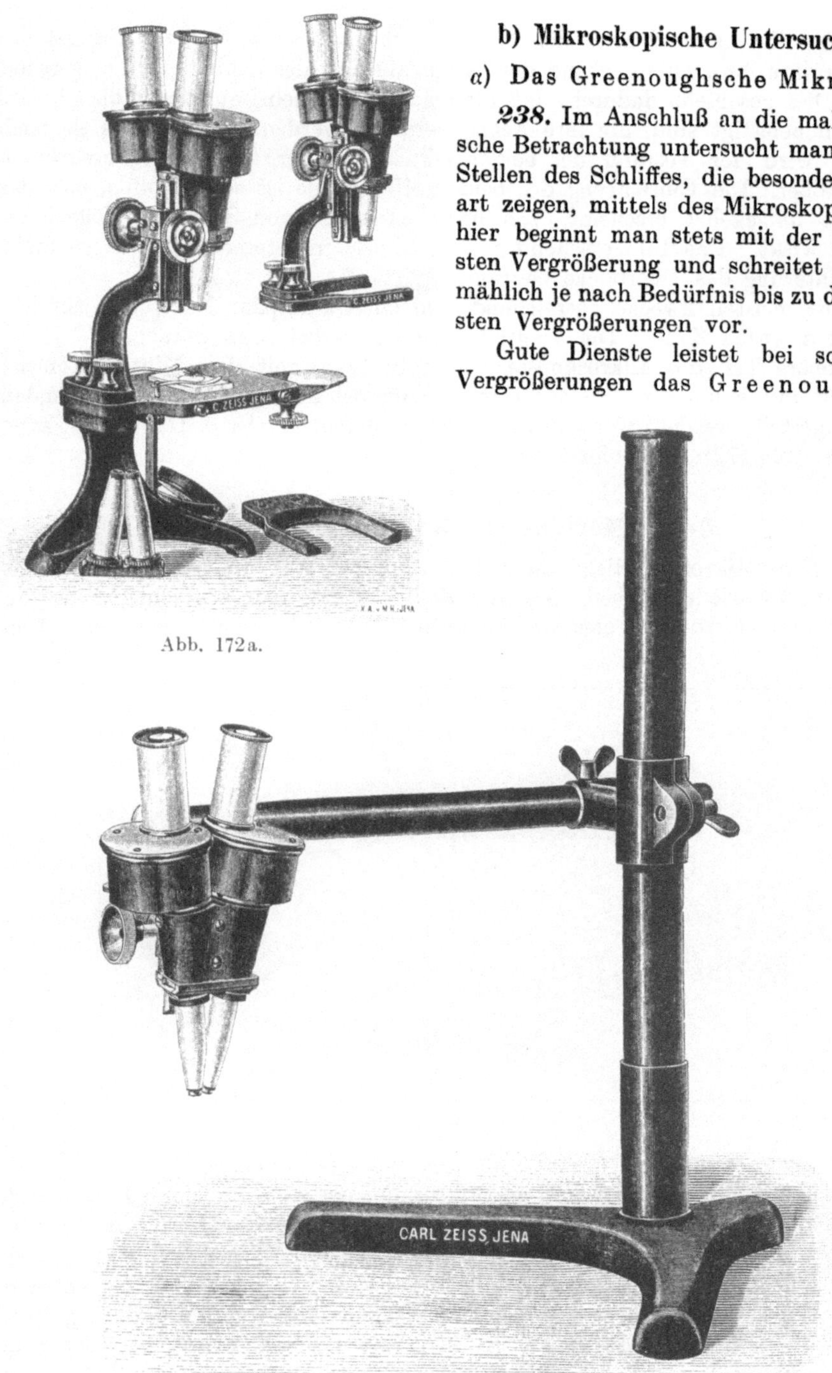

Abb. 172a.

Abb. 172b.

binokulare Mikroskop für stereoskopisches Sehen (geliefert von der Firma C. Zeiß, Jena), das in Abb. 172a und b abgebildet ist. Es besteht aus zwei nebeneinander befindlichen Mikroskopen, deren optische Achsen zur Senkrechten etwas geneigt sind, so daß ihr Abstand nach dem Objektiv zu geringer wird. Der Abstand der beiden Okulare muß entsprechend dem Augenabstand des Beobachters eingeregelt werden. Dies geschieht dadurch, daß die beiden Trommeln, auf denen die Okulare exzentrisch befestigt sind, um ihre Achse verdreht werden. Dreht man sie nach innen, so wird der Abstand der beiden Okulare kleiner, bei entgegengesetztem Drehen größer. Die Einrichtung der beiden Mikroskope ist so getroffen, daß das Bild nicht umgekehrt erscheint, was beim Absuchen von Schliffen vielfach erleichternd wirkt. Das Bild erscheint plastisch, wie im Stereoskop, was ebenfalls zur Erleichterung des Überblicks beiträgt.

Für die meisten Zwecke ausreichend sind ein Okularpaar Nr. 2 und ein Objektivpaar $a_2$ (nach Zeiß). Die Vergrößerung ist hierbei etwa 24fach.

Der obere Teil des Mikroskopstativs (Abb. 172a) mit den Mikroskopen ist abnehmbar und kann mittels einer Hartgummigabel auf den zu untersuchenden Schliff aufgestellt werden, wenn dieser große Abmessungen hat. Das Stativ kann auch nach Abb. 172b ausgebildet sein.

### β) Das Martenssche Kugelmikroskop.

**239.** Dem Mikroskop liegt die Beleuchtungsart Abb. 164 A zugrunde. Es ist in Abb. 173 wiedergegeben. Da der Schliff schräg zur optischen Achse $o\,o$ eingestellt werden muß, so erscheint eigentlich nur ein schmaler Streifen (22′ in

Abb. 173.

Abb. 174) der Schlifffläche $S$ scharf im Mikroskop, der sich um einen bestimmten Betrag $s/2$ nach rechts und nach links vom Punkte 1 erstreckt, auf den scharf eingestellt worden ist. Je stärker die Vergrößerung des Mikroskops wird, um so kleiner wird im allgemeinen die Breite $s$, so daß schließlich der Verwendung starker Objektive bei dieser Beleuchtungsart eine Grenze gesetzt ist. Für Vergrößerungen bis zu etwa 100fach leistet sie aber gute Dienste.

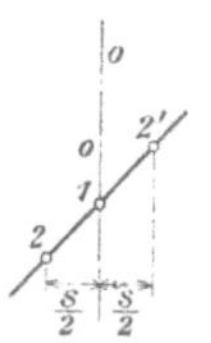

Der Tubus des Mikroskops ist im Raum nach allen Richtungen verstellbar, was durch die beiden Kugelgelenke $K_1$ und $K_2$ in Abb. 173 bewerkstelligt wird. Der Schliff $S$ kann auf den Tisch $T$ gelegt werden, wenn er nicht zu groß ist. Hat man sehr große Schliffe zu beobachten, so dreht man, wie in Abb. 173, die Kugelgelenke so herum, daß die optische Achse seitlich am Tisch $T$ vorbeigeht. Man kann so den Schliff $S$ durch Verschieben

Abb. 174.

des Mikroskops absuchen. Ist der Schliff noch größer (z. B. Längsschliffe von großen Stahlblöcken), so setzt man eine Gummiunterlage unter den Fuß des Stativs und setzt dasselbe unmittelbar auf den Schliff auf.

Gute Dienste leistet das Mikroskop dieser Bauart beim Absuchen größerer Schliffe, sowie bei der Beobachtung des Fortganges des Polierens und Ätzens. Wenn das Ätzmittel keine Stoffe enthält, die den Kanadabalsam, der die einzelnen Gläser des Objektivs zusammenkittet, auflöst, so kann man den Schliff unmittelbar in der Ätzflüssigkeit beobachten, indem man das Objektiv in die Flüssigkeit eintaucht.

Als passende Gläser kommen für das Mikroskop in Betracht:

Achromatisches Objektiv *A* (Katalog C. Zeiß, Jena) und Huygenssches Okular Nr. 2, wobei eine Vergrößerung von etwa 56 erzielt wird.

**240.** Das Martenssche Mikroskop kann auch zur Arbeit bei stärkerer Vergrößerung herangezogen werden, wenn man sich der Beleuchtungsart Abb. 164 C mit total reflektierendem Prisma bedient. Zwischen Mikroskoptubus und Objektiv (s. Abb. 175) wird eine Beleuchtungsvorrichtung (Vertikalilluminator nach Zeiß) eingeschaltet. Durch ein seitliches Fensterchen gelangt der einfallende Strahl (*e* in Abb. 164 C) auf das totalreflektierende Prisma *p* (Abb. 175). Um das Prisma der Lichtquelle zuwenden zu können, ist es in einem Drehstück befestigt, das um die optische Achse gedreht werden kann. Außerdem vermag man mittels des Knöpfchens *K* das Prisma um eine zu seinen Kanten parallele Achse innerhalb eines bestimmten Spielraumes zu verdrehen und so der Lichtquelle gegenüber einzustellen. Zur Beleuchtung verwendet man hierbei zweckmäßig nicht das Tageslicht, sondern eine künstliche Lichtquelle. Bei einer sehr zweckmäßigen Einrichtung nach Wagner wird eine kleine elektrische Glühlampe (ähnlich wie sie in den elektrischen Taschenlampen Verwendung findet) mittels eines Stellringes am Tubus verstellbar befestigt. Sie wird so eingestellt, daß sie das Fensterchen vor dem Prisma *p* beleuchtet.

Auf diese Weise kann man auch starke Objektive zur Beobachtung verwenden mit Ausschluß der Immersionsobjektive, die eine starrere Verbindung zwischen Schliff *S* und Mikroskop erfordern, als es das Martenssche Kugelmikroskop ermöglicht.

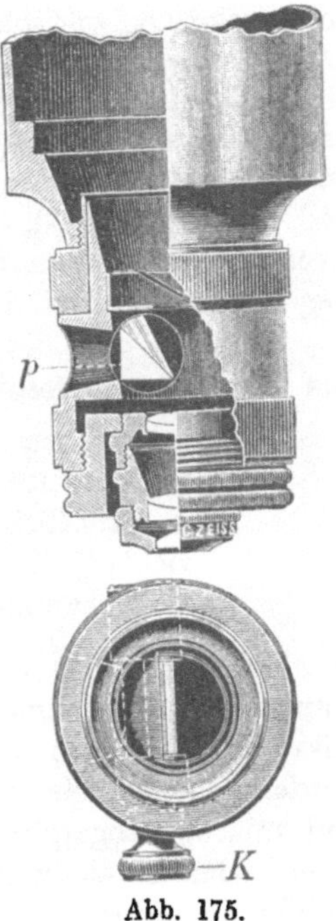



Abb. 175.

Die gewöhnlichen Mikroskopstative, wie sie für die allgemeinen Zwecke der Mikroskopie im Handel sind, eignen sich meist nicht ohne weiteres zur Beobachtung mittels Vertikalilluminator, weil durch die Zwischenschaltung des Illuminators zwischen Tubus und Objektiv der verfügbare Abstand zwischen der Frontlinse des Objektivs und dem Objekttisch zu klein wird. Auch eignet sich die sonstige Form des Stativs nur für die Beobachtung kleiner Schliffflächen, nicht aber für große, wie sie bei der Gefügeuntersuchung oft verwendet werden müssen.

*γ*) Das Martenssche mikrophotographische Stativ.
(Gebaut von C. Zeiß, Jena.)

**241.** Das Martenssche Stativ dient zur mikroskopischen Beobachtung und gleichzeitig zur mikrophotographischen Aufnahme und gestattet die volle Ausnutzung der zur Zeit herstellbaren optischen Systeme. Es ist nach dem Entwurf und den Angaben von Martens in seinen optischen Teilen von der Firma C. Zeiß, Jena, konstruiert worden; der übrige Aufbau ist in den Werkstätten der früheren mechanisch-technischen Versuchsanstalt (jetzt Kgl. Materialprüfungsamt) hergestellt.

Die nachfolgend beschriebene Einrichtung hat historisches Interesse; sie ist eine der wenigen, mit denen es zu Beginn der Entwicklung der Verfahren zur mikroskopischen Gefügeuntersuchung von Metallen gelang, brauchbare mikrophotographische Aufnahmen zu erzielen. Diese Kunst war damals noch nicht Allgemeingut wie jetzt, sie ist wesentlich mit den Namen Martens und Osmond verknüpft. Erst später ist durch die bahnbrechenden Arbeiten dieser Männer die mikroskopische Beobachtung und mikrophotographische Aufnahme von Metallschliffen eine einfache Sache geworden, deren Schwierigkeiten ein Anfänger kaum noch begreift, da er alle dazu nötigen Einrichtungen laut Katalog in bewährter Ausführung beziehen kann. Es gehört heutzutage deswegen auch keine besondere Begabung mehr dazu, ein neues mikrophotographisches Stativ zu konstruieren, wenn man dazu die bewährten optischen Einrichtungen benutzt, wie sie unsere hervorragenden optischen Werkstätten, insbesondere Zeiß in Jena, liefern, und die in mühseliger gemeinschaftlicher Arbeit zwischen dieser Firma und Martens auf die Vollkommenheit gebracht sind, die sie heute besitzen, und die sie sogar für das Ausland unentbehrlich machen. Die Martenssche Einrichtung ist noch heute im Kgl. Materialprüfungsamt in ungeänderter Form in Gebrauch (vgl. A. Martens und E. Heyn, $L_3$ 7), da sie von keiner anderen Konstruktion überholt ist und ihren Zweck, vollkommene Bilder zu liefern, erreicht. Ich beschränke mich deswegen auch nur auf die Beschreibung dieser Bauart[1]).

Abb. 176 gibt die Gesamtanordnung und zeigt, daß die ganze Einrichtung aus drei Teilen besteht, nämlich

> der optischen Bank I, die die Lichtquelle mit den zugehörigen Hilfsvorrichtungen enthält,
> dem eigentlichen Mikroskop II mit seinem Stativ und den Verstellvorrichtungen,
> der Balgkammer III zur Aufnahme von Lichtbildern.

Die Achse der optischen Bank I steht bei der Beobachtung und photographischen Aufnahme von Metallschliffen senkrecht zur optischen Achse des Mikroskops II. Sie kann aber auch bequem in die optische Achse eingedreht werden, so daß die ganze Vorrichtung auch zur mikroskopischen Beobachtung und mikrophotographischen Aufnahme im durchfallenden Licht benutzt werden kann. Das ist ein wesentlicher Vorteil, denn in Laboratorien, in denen Metallschliffe zu untersuchen sind, hat man sich in der Regel auch mit der Untersuchung von Schlacken, Zementklinkern, feuerfesten Materialien usw. zu befassen, die im Dünnschliff im durchfallenden Licht vorgenommen wird. Wir wollen hier nur die Anordnung der Achse der optischen Bank senkrecht zur optischen Achse in Betracht ziehen. Bei Verwendung des totalreflektierenden Prismas $p$ (nach Abb. 164 C) zur Beleuchtung ergibt sich dann das in Abb. 177 dargestellte Schema für die Gesamtanordnung (Grundriß).

Das eigentliche Mikroskop II (s. Abb. 178—190) besteht aus dem Objektiv $ob$, dem Tubus $N$, dem zwischen beiden gelegenen Prismenilluminator $p$, der in den Abbildungen durch die Irisblende $C$ verdeckt ist (vgl. auch Abb. 177), und dem

---

[1]) Ein für viele Zwecke sehr brauchbares Instrument ist von H. Le Chatelier entworfen ($L_3$ 8). Es bietet für Anfänger weniger Schwierigkeiten, weil die einzelnen optischen Teile (z. B. Beleuchtungsprisma) ein für allemal in einer festen Lage sind und so nicht in Unordnung gebracht werden können. Für den geübten Mikroskopiker ist aber die weitgehende Regelbarkeit der optischen Einrichtungen bei Martens' Bauart ein Vorteil, den er auszunutzen versteht.

Okular *ok*. Vor dem Objektiv befindet sich der Objekttisch $V$, auf dem der zu untersuchende Schliff *sch* aufgespannt ist.

Die Beleuchtungsvorrichtung I wird gebildet (Abb. 177, 186, 190) aus der punktförmigen Lichtquelle $F$. Die von ihr ausgehenden Strahlen werden durch das Linsensystem $L$ zunächst zerstreut und dann zu einem langen Lichtkegel gesammelt, der durch die Irisblenden $A$ und $B$ abgegrenzt werden kann, und der

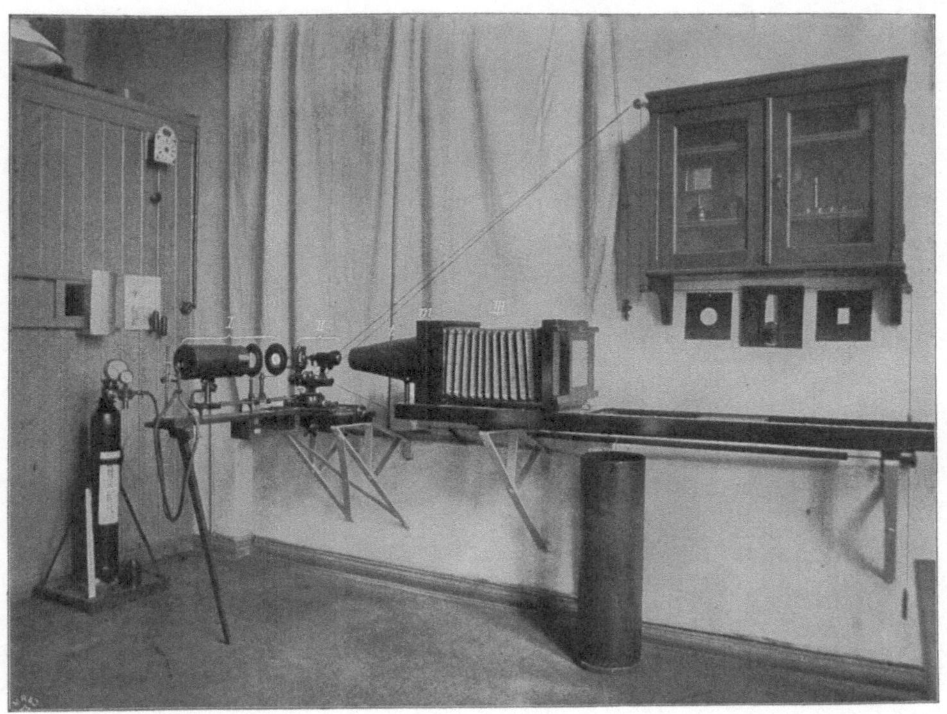

Abb. 176.

schließlich nach Durchgang durch die Blende $C$ in das Fensterchen des Prismenilluminators $p$ fällt.

Die Balgkammer III besteht aus einem Blechkegel $t$ (Abb. 186—189) und einer gewöhnlichen photographischen Balgkammer, in der bei $n$ die Mattscheibe bzw. die Kassette mit der photographischen Platte eingebracht wird. Die ganze Vorrichtung III kann auf einem Schlitten an das Okular des Mikroskops II herangeschoben werden. Ferner kann der Abstand der Mattscheibe von dem Okular geändert und an einem Maßstabe auf dem Schlitten abgelesen werden.

Die beiden Teile II und III sind völlig voneinander getrennt je auf einer kräftigen Konsole in die Wand eingelassen (Abb. 176), damit die Aufstellung des Ganzen erschütterungsfrei ist. Die Trennung der beiden Konsole voneinander ist deshalb nötig, damit man beim Arbeiten an der Mattscheibe, beim Einschieben der Kassette usw. an der Einstellung des Mikroskops keine unbeabsichtigte Veränderung hervorbringt.

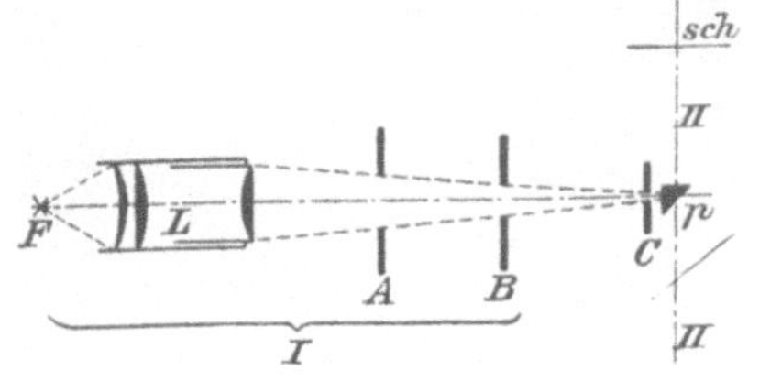

Abb. 177.

# Mikroskopstativ Bauart Martens.
Abb. 178 bis 184.

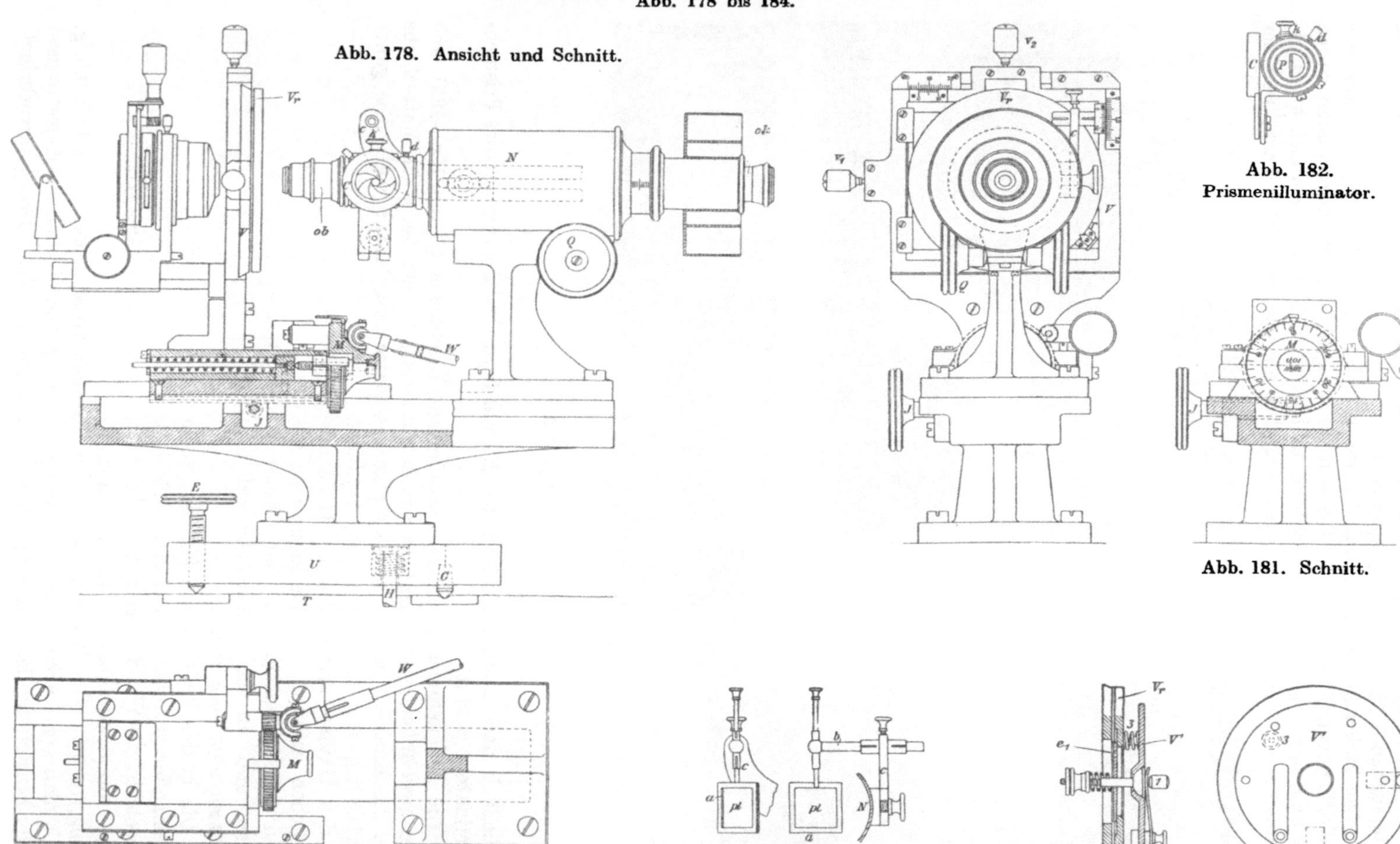

Abb. 178. Ansicht und Schnitt.

Abb. 179. Grundriß und Schnitt.

Abb. 181. Schnitt.

Abb. 182. Prismenilluminator.

Abb. 183. Beleuchtung mit Planparallelglas.

Abb. 184. Einstelltisch.

Der Vorteil dieser Anordnung zeigt sich vorwiegend bei der photographischen Aufnahme mit den stärkst auflösenden Objektiven für Ölimmersion. Die optische Bank I ist auf einem verstellbaren Holztisch befestigt, der einerseits unten an den das Mikroskop II tragenden Tisch mittels Flügelmutter befestigt (Abb. 190) und andererseits durch einen Klappfuß aufgesetzt ist.

**242.** Die besondere Ausführung der einzelnen Teile ergibt sich aus folgendem.

**Optische Bank I.** Das Licht wird mittels des Wolzschen Brenners $F$ (Abb. 186 und 190) erzeugt. Durch eine Stichflamme aus Leuchtgas und gepreßtem Sauerstoff wird ein Stift aus stark gesinterter Magnesia (Strumpfträger für Auerbrenner) zum Weißglühen gebracht. Diese Magnesiastifte sind außerordentlich haltbar und haben sich ausgezeichnet bewährt. Leuchtgas und Sauerstoff werden durch je einen Gummischlauch ($G$ und $S$ in Abb. 190) zugeführt. Der Sauerstoff wird einer Sauerstoffbombe (Abb. 176) mit Reduzierventil entnommen. Das Licht des glühenden Stifts geht durch das Linsensystem $L$, die Blenden $A$ und $B$ und dann weiter durch die Blende $C$ auf das Prisma des Prismenilluminators $p$ (Abb. 177, 178, 182, 185, 186, 190). Die Teile der optischen Bank können auf dieser verschoben und auch nach der Höhe eingestellt werden. Die Irisblenden $A$ und $B$ können durch Umklappen ausgeschaltet werden, ohne daß man sie fortnehmen muß. Die Sauerstoff- und Leuchtgaszufuhr zum Brenner $F$ ist so zu regeln, daß das zischende Geräusch nur ganz schwach wahrnehmbar ist und der kleine blaue Ring der Flamme etwa 5 — 6 mm vor der Brenneröffnung ruhig stehen bleibt. Da der Magnesiastift absintert und seine Form ändert, so muß man ihn zuweilen kürzen. Die vordere Fläche des Stiftes muß etwas vor der kleinen blauen Ringflamme stehen. Etwaige Lichtfilter $D$ (Abb. 190) kann man zwischen den Blenden $A$ und $B$ auf einem besonderen Träger einschalten. In der Mehrzahl der Fälle erübrigt sich aber die Verwendung von Lichtfiltern.

Der Sauerstoff Leuchtgasbrenner arbeitet sehr ruhig und bei einigermaßen guter Wartung mit sehr gleichbleibender Lichtstärke. Man kann dann die für die photographischen Aufnahmen erforderlichen Belichtungszeiten für die verschiedenen Kombinationen von Objektiven und Okularen ein für allemal feststellen, und ändert nur dann etwas an diesen Normalbelichtungszeiten, wenn das Objekt ausnahmsweise sehr dunkel oder sehr hell ist.

Man kann auch elektrisches Bogenlicht als Lichtquelle benutzen. Dann muß die zugehörige optische Bank dieser Bogenlampe angepaßt werden. Vollständige Einrichtungen werden hierfür von Zeiß geliefert. Die Bogenlampen haben den Nachteil, daß sie gewöhnlich gerade in dem Augenblick zu regulieren beginnen, wenn man zum Zweck der photographischen Aufnahme belichtet. Dadurch wird die Belichtungsdauer unkontrollierbar beeinflußt. Für die meisten Zwecke ist das Licht der Bogenlampen zu stark, so daß man Lichtfilter lediglich zum Abblenden des Lichtüberschusses anwenden muß, wenn man nicht mit photographischen Augenblicksverschlüssen und sehr kurzen Belichtungsdauern arbeiten will.

**Mikroskop II.** Das Prisma $p$ des Prismenilluminators (Abb. 177) ist am Tubus $N$ des Mikroskops befestigt (Abb. 178, 182, 185). Es muß so liegen, daß es von dem von der Lichtquelle $F$ ausgehenden Strahlenbüschel getroffen wird. Wollte man nun, wie es sonst üblich ist, die Scharfeinstellung des Mikroskops auf das feststehende Objekt durch Verstellung des Mikroskoptubus in der optischen Achse bewirken, so würde damit auch das Prisma $p$ in dieser Achse verschoben werden und somit aus dem von der feststehenden Lichtquelle $F$ kommenden Strahlenkegel austreten. Es ist deswegen bei der Einrichtung Vorsorge getroffen, daß, solange Beobachtung und photographische Aufnahme im auffallenden Licht stattfindet, der Tubus $N$ des Mikroskops unverstellt bleibt, die Scharfeinstellung vielmehr

Abb. 185. Mikrophotographischer Apparat Bauart Martens. Ansicht des Mikroskops II.

Abb. 186. Mikrophotographischer Apparat Bauart Martens. Ansicht der optischen Bank I und des Mikroskops II.

durch Bewegung des Objekttisches $V$ parallel zur Richtung der optischen Achse geschieht (Abb. 178 bis 181, 185). Nebenbei ist aber auch Verstellung des Tubus vorgesehen. Diese wird nur dann ausgenutzt, wenn das Mikroskop zur Beobachtung und Aufnahme im durchfallenden Licht verwendet wird. Hier erfolgt die Beleuchtung in der Achse des Mikroskops, und die Verstellung des Tubus ändert nichts an der Beleuchtung. Die Verstellung des Tubus geschieht mittels der Schraube $Q$.

Das Mikroskop steht auf dem durch Schraube $S$ (Abb. 185 und 186) in der Richtung der optischen Achse verschiebbaren Schlitten $T$ und ist auf einer Gußeisenplatte $U$ (Abb. 178) befestigt, die auf zwei Spitzen $G$ und einer Stellschraube $E$ ruht, so daß man die optische Achse des Mikroskops in die Wagerechte, bzw. in die Mitte der Mattscheibe einstellen kann. Durch Schraube $H$ mit Gegenfeder ist das Instrument vor dem Kippen bei unvorsichtiger Berührung gesichert. Der Tisch $V$ des Mikroskops ist für sich mit grober Einstellung durch Trieb $J$ vermittels Zahnrad und Zahnstange bewegbar und kann mittels der Mikrometerschraube $M$ fein eingestellt werden.

Der Objekttisch $V$ und der Tubus $N$ sind auf gemeinschaftlichem Träger aufgebaut. Der Tisch $V$ hat die Einrichtungen des Zeißschen photographischen Kreuztischs, der eine am Nonius ablesbare Verschiebung der Tischplatte samt Objekt um 10 mm von oben nach unten mittels der Stellschraube $v_2$ und von links nach rechts mittels der Stellschraube $v_1$, sowie außerdem eine Drehung in ihrer eigenen Ebene gestattet. Die Anfangslage in letzterer Beziehung ist durch den Riegel $r$ (Abb. 180) gesichert, der in eine Lücke an der Drehplatte $V_r$ eingreift und gegebenenfalls das Verbleiben der Platte in ihrer Nullstellung gewährleistet. Man kann also das Objekt planmäßig absuchen oder in allen seinen Teilen über einer Fläche von 100 qmm ausmessen oder abbilden und jedesmal mit Hilfe der Nonien die alten Einstellungen wiederfinden. Die runde Tischplatte $V_r$ hat eine Einlage $e_1$ (Abb. 184), die eine Öffnung bis zu 33 mm Durchmesser bedeckt. Beim Arbeiten mit durchfallendem Licht wird diese Einlage entfernt oder durch andere mit verschieden großen Öffnungen ersetzt.

**243.** Bei Verwendung der Beleuchtungsarten Abb. 164 B und C ist es notwendig, die Ebene des Objektes (Schliffebene) genau senkrecht zur optischen Achse des Mikroskops einzustellen. Dies ist notwendige Bedingung, wenn man gleichmäßig scharfe Aufnahmen erzielen will. (Schwach seitliche Beleuchtung soll man nicht durch Schrägstellen des Objektes, sondern lediglich durch sehr geringe Drehung des Beleuchtungsprismas $p$ im Illuminator erzielen.) Zur Einstellung des Objektes senkrecht zur optischen Achse sind mehrfache Vorschläge gemacht worden. Man versucht dem Objekt auf der Rückseite eine zur Schlifffläche parallele Fläche anzuarbeiten, so daß beim Aufruhen dieser Rückfläche auf dem Objekttisch $V$ die Schlifffläche senkrecht zur optischen Achse steht. Dieses Verfahren ist unzweckmäßig. Die Herstellung der parallelen Rückfläche ist kostspielig, da die Arbeit sehr genau ausgeführt werden muß, wenn sie namentlich bei photographischen Aufnahmen mit sehr starken Objektiven genügende Einstellung der Schliffebene gewährleisten soll. Andere Vorschläge gehen darauf hinaus, ein Objekt, das außer der Schliffebene beliebige Begrenzung hat, durch Eindrücken in ein mit plastischer Masse gefülltes Rähmchen derart einzubetten, daß die Schliffebene parallel zur Auflagerfläche des Rähmchens auf dem Objekttisch $V$ liegt. Hierdurch soll der Planparallelismus, den auch der vorhergehende Vorschlag anstrebte, in einfacherer und billigerer Weise erzielt werden.

Auch dieses Mittel versagt, wenn die Schlifffläche nicht eine genaue Ebene ist. Manchmal läßt es sich bei größeren Schliffen ohne unnötigen Zeitaufwand nicht vermeiden, daß die Schlifffläche schwach gewölbt ist. Namentlich an den Schliffrändern zeigen sich schwache Abrundungen. Gerade an den Rändern, z. B.

**Mikrophotographischer Apparat Bauart Martens.**
Abb. 187 bis 190.

¹/₂₀ d. nat. Gr.

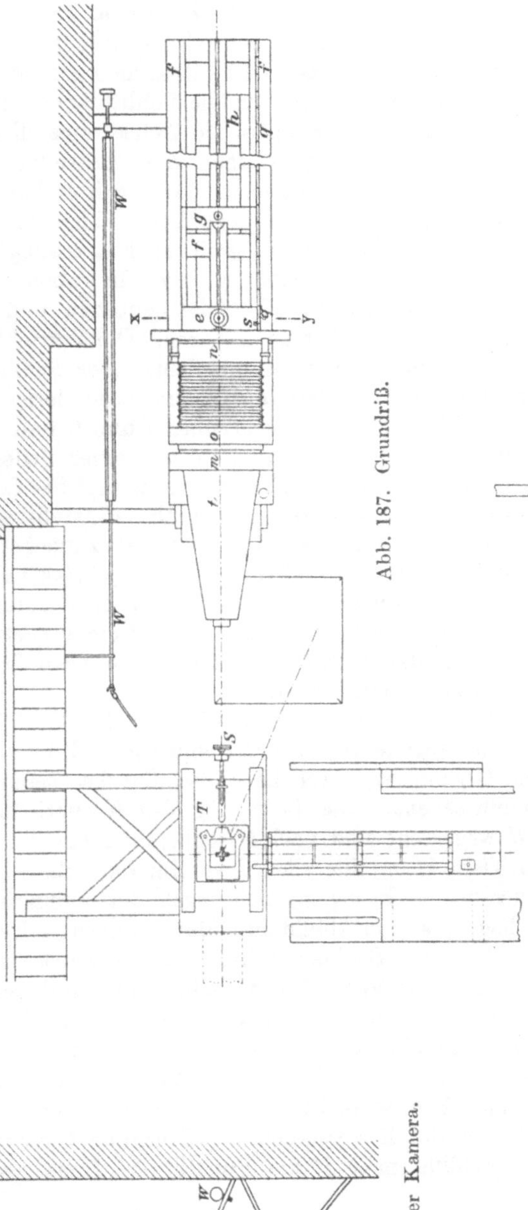

Abb. 187. Grundriß.

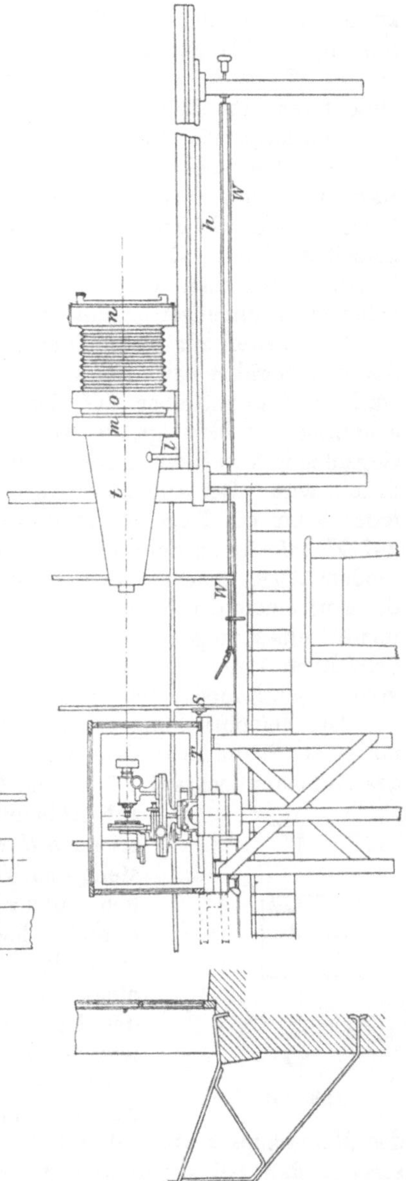

Abb. 188. Ansicht.

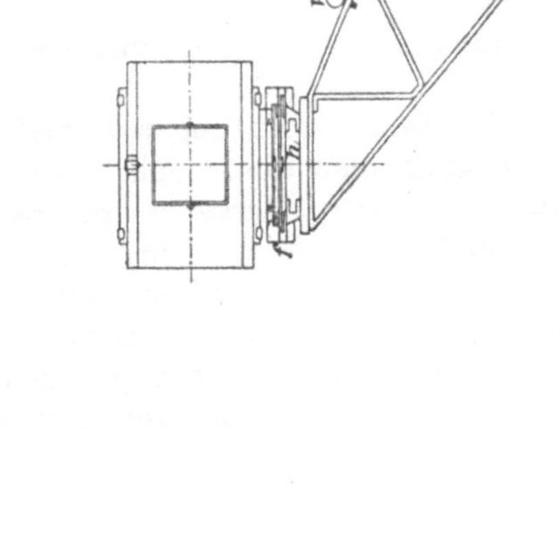

Abb. 189. Ansicht der Kamera.

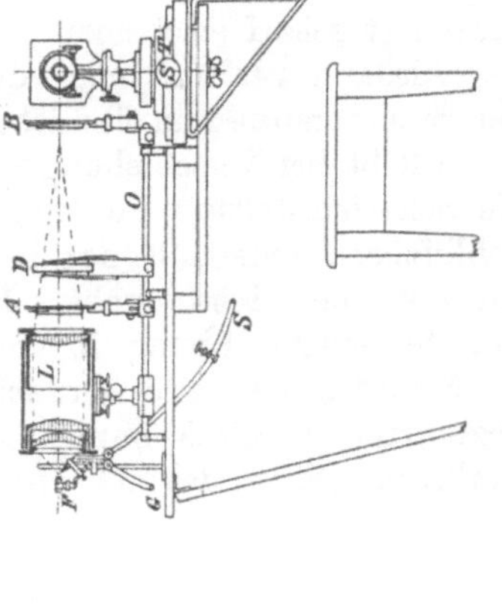

Abb. 190.

Ansicht des Mikroskops und der Beleuchtungsvorrichtung.

an Bruchrändern, hat man aber häufig Beobachtungen und Aufnahmen auszuführen. In solchen Fällen versagen die bisher angegebenen Mittel zur Herbeiführung des Planparallelismus zwischen Auflagerfläche des Schliffs und der Schliffebene. Es ist deswegen für genaue Arbeiten, namentlich Aufnahmen mit starken
Objektiven, unerläßlich, eine Vorrichtung zu haben, um die Schlifffläche an der
Beobachtungsstelle auf jeden Fall senkrecht zur optischen Achse einstellen zu
können. Bei abgerundeten Schliffrändern muß man dann die Einstellung am
Rand besonders vornehmen; die Rundung ist so schwach, daß sie innerhalb des
Gesichtsfeldes als Ebene betrachtet werden kann, nur liegt diese Ebene nicht in
derselben Ebene, wie der größere Teil des Schliffes in größerer Entfernung vom
Rande. Hat man aber einmal eine solche Vorrichtung, die die oben angegebenen Bedingungen erfüllt, so kann man sie für alle Fälle benutzen und sich
die Vorarbeiten zur Herstellung des Planparallelismus ersparen. Die Vorrichtung,
die sich bewährt hat, ist in Abb 184 und 185 wiedergegeben. Der Schliff *sch*
wird nicht unmittelbar auf dem Tisch $V_r$, sondern auf einem besonderen Aufspanntisch $V'$ befestigt, der sich mit den beiden Stellschrauben 1 und 2 und einer
Gegenfeder 3 auf den Tisch $V_r$ stützt und gegen diesen mittels einer Feder gedrückt wird. Der Aufspanntisch $V'$ ist mittels der Schrauben 1, 2 und der Gegenfeder 3 um ein Kugelgelenk in seiner Mitte kippbar. Die grobe Einstellung des
auf $V'$ befestigten Schliffes senkrecht zur optischen Achse erfolgt zunächst mit
bloßem Auge, indem man den Schliff der vorderen Fassung des Objektivs nähert,
die Entfernung derselben voneinander in zwei aufeinander senkrechten Richtungen
mittels eines vorgehaltenen weißen Papiers beobachtet und schließlich mittels der
Schrauben 1 und 2 so lange regelt, bis der Schliff für das Auge an allen Stellen
vom Objektivrand gleichen Abstand zu haben scheint.

Die Feineinstellung erfolgt optisch wie folgt. Abb. 191 zeigt den Schliff *sch*
mit seiner Schlifffläche dem Beschauer zugekehrt. 1 und 2 sind die Stellschrauben
des Aufspanntisches $V'$, 3 ist die Gegenfeder, *o* sei die optische Achse senkrecht

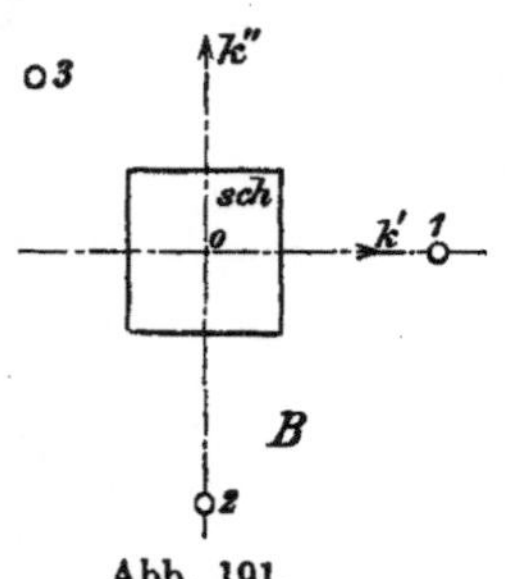


Abb. 191.

zur Abbildungsebene. Die Bewegung des Kreuztisches $V$
sei nach *k'* wagerecht und nach *k''* senkrecht möglich. Man
stellt den Tisch $V'$ ein für allemal so ein, daß die Schrauben 1 und 2 in den Bewegungsrichtungen des Kreuztisches
*k'* und *k''* liegen, wie in Abbildung. Man stellt nun irgendeinen Punkt *x* des Schliffes mittels des Mikroskops bei
nicht zu schwacher Vergrößerung scharf ein und bewegt
den Kreuztisch $V$ und mit ihm das Objekt längs *k'*. Der
jetzt unter dem Mikroskop wahrnehmbare Punkt *x'* wird
nicht mehr scharf erscheinen, wenn die Verbindungslinie
*x x'* der beiden Punkte nicht senkrecht zur optischen Achse
des Mikroskops steht. Man hat nun durch Verstellen der Schraube 1 dafür zu
sorgen, daß bei Verstellung des Schliffs nach *k'* die Punkte der Linie *x x'* unverändert scharf erscheinen.

Alsdann verfährt man durch Verstellung des Schliffes längs *k''* und Stellen
der Stellschraube 2 in ähnlicher Weise.

Bleibt bei Verschiebung des Schliffes nach den beiden Richtungen *k'* und *k''*
die Scharfeinstellung im Mikroskop erhalten, so kann man sicher sein, daß die
Schliffebene innerhalb des bei der Einstellung umgrenzten Bereiches senkrecht
zur optischen Achse steht. Die ganze eben beschriebene Einstellung vollzieht
sich bei einiger Übung in viel kürzerer Zeit, als sie sich beschreiben läßt. Ist
der Schliff stellenweise schwach abgerundet, so kann man innerhalb eines kleineren
begrenzten Bereichs immer noch nach dem angegebenen Verfahren genügende
Senkrechtstellung des zu beobachtenden Gesichtsfeldes zur Mikroskopachse bewirken.

Die sorgfältige Senkrechtstellung des Schliffes ist weniger notwendig bei der Beobachtung mit dem Okular, als vor allen Dingen bei der photographischen Aufnahme. Das Auge vermag sich zu akkomodieren, die photographische Platte kann das nicht.

**244.** Die Beleuchtung mit **Prismenilluminator** wird vorwiegend für stärkere Vergrößerungen angewendet. Das Prisma $p$ (Abb. 178, 182 und 185) ist mittels des Knöpfchens $k$ um seine senkrechte Achse (die parallel der brechenden Kante ist) drehbar. Diese Beweglichkeit ist sehr wichtig, weil man gerade durch schwache Drehung des Prismas das Licht etwas schräg auf das Objekt fallen lassen und so namentlich bei reliefpolierten Schliffen sehr plastische Bilder erzeugen kann (siehe Tafelabb. 16, Taf. III). Das Prisma ist in einem Drehstück (wie in Abb. 175) untergebracht, das um die optische Achse drehbar ist. Vor dem Fensterchen des Prismenilluminators ist die Irisblende $C$ befestigt, die je nach Art der verwendeten Objektive mehr oder weniger zu öffnen ist. Das Vorhandensein dieser Blende ist von hoher Bedeutung für die Erzielung guter Bilder.

Für sehr schwache Vergrößerungen verwendet man die Beleuchtung Abb. 164 B mittels des **Planparallelglases.** Hierbei wird der Prismenilluminator entfernt und das Objektiv unmittelbar an den Tubus $N$ angeschraubt. Zwischen Objekt und Objektiv wird das Planparallelglas $pl$ geschaltet. Es wird am Tubus $N$ mittels der Befestigungsgabel $c$ und des Stäbchens $b$ (Abb. 178, 183) durch Vermittelung eines kleinen Kugelgelenkes festgemacht. Das Plättchen $pl$ muß genau planparallel sein, sonst treten astigmatische Störungen im Bilde auf.

**245.** Die **Balgkammer III** ist auf einem in der Richtung der optischen Achse verschiebbaren Schlitten $f$ befestigt (Abb. 187, 189, 192), der als Rahmen konstruiert ist. Der Schlitten läuft in einer Führung $h$, die durch die eiserne Konsole getragen wird. Am Schlitten $f$ ist vorn ein Stirnbrett $m$ befestigt, das den kegelförmigen Blechtrichter $t$ als Verlängerung trägt. Die eigentliche Balgkammer ist auf dem kleinen Schlitten $e$ angebracht, der in dem langen Schlitten $f$ läuft und die Führungen für den Balgauszug $n$ der Mattscheibe trägt. Alle Schlittenführungen sind mit Tuch belegt, so daß sanfter Gang erzielt wird. Sie können durch Schrauben nach erfolgter Einstellung festgeklemmt werden. Die Balgkammer kann für sich um 44 cm ausgezogen werden. Für größere Entfernung der Mattscheibe vom Okular wird Schlitten $g$ mit $n$ und $o$ zurückgezogen, worauf zwischen $m$ und $o$ rohrförmige Ver-

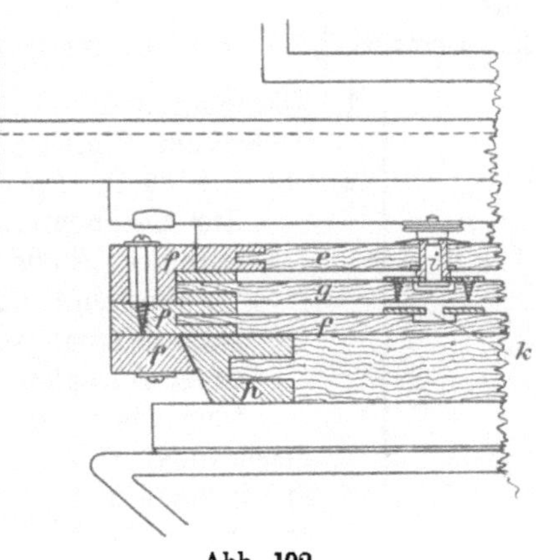

Abb. 192.

längerungsstücke eingesetzt werden, von denen eins in Abb. 176 auf dem Fußboden stehend abgebildet ist. Man kann auf diese Weise das Instrument für Bildabstände von 70 bis 235 cm vom Okular benutzen.

Es sei hier bemerkt, daß bei photographischen Aufnahmen durch die stärkere Vergrößerung infolge Vermehrung des Bildabstandes vom Okular viel weniger gewonnen wird, als durch Anwendung stärker auflösender Objektive bei mäßigem Bildabstand. Im ersteren Falle bekommt man nur starke Vergrößerung dessen, was das Objektiv leistet. Was das Objektiv nicht herausbringt, kann durch das Okular und die Vergrößerung nicht ersetzt werden. Verwendet man dagegen stark auflösende Objektive, so kann man weitere Einzelheiten in dem zu untersuchenden Objekt erkennen. Unnötige Vergrößerung dieses Bildes durch Vermehrung des Bildabstandes hat dann keinen Zweck mehr. Man darf sich also bei den Angaben der Vergrößerung mikrophotographischer Aufnahmen nicht allein durch Zahlen wie 2000 bis 5000fach imponieren lassen. Vergrößerungen zu erzielen hat man beliebig in der Hand durch Vermehrung des Bildabstandes. Ein Gewinn ist hiermit aber nicht verbunden. Es kommt wesentlich darauf an, mit welcher Auflösungskraft das Objektiv arbeitet. Um genügend kräftige Auflösungen zu erhalten, ist man gezwungen, die stärksten Objektivsysteme mit Ölimmersion für die Gefügeuntersuchung mit heranzuziehen.

Der Bildabstand der Mattscheibe kann mit Hilfe der Zentimetereinteilung $q$ auf dem Längsschlitten und einer Marke $s$ am Träger der Mattscheibe $e$ nach Belieben eingestellt werden. In der Mehrzahl der Fälle kommt man mit einem Bildabstand von etwa 90 cm vom Okular aus. Die Lichtbilder in diesem Buch, soweit sie mit dem mikrophotographischen Apparat aufgenommen sind, wurden sämtlich mit diesem Bildabstand erzielt.

Der lichtdichte Verschluß zwischen Mikroskop II und Balgkammer III ist in Abb. 193 gezeigt. Das Trichterende $t$ tritt einfach in das Kragenstück $t'$ ein, das über den Tubusauszug $t_a$ geschoben wird. Hierdurch ist ein sicherer lichtdichter Verschluß hergestellt, ohne daß sich Mikroskop und Kammer berühren. Man kann also alle Arbeiten an der Balgkammer ausführen, ohne befürchten zu müssen, an der Einstellung des Mikroskops irgendetwas störend zu ändern.

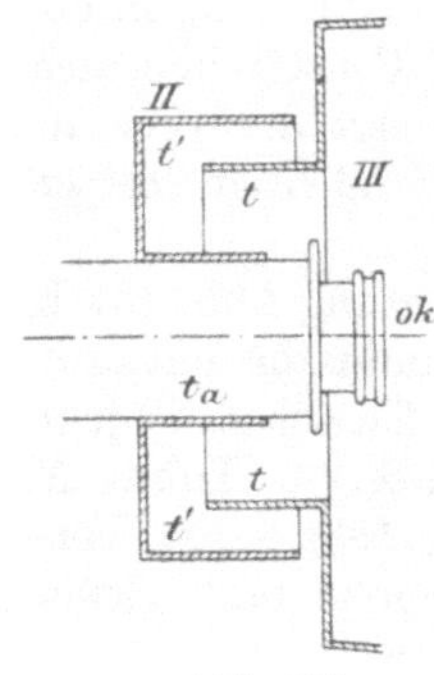

Abb. 193.

**246.** Eine bewährte Auswahl von optischen Gläsern, die für alle Untersuchungen im auffallenden Licht ausreichen, und die auf Grund langjähriger Erfahrungen empfohlen werden können, ist folgende, wobei die Bezeichnungsweise der Firma C. Zeiß, Jena, zugrunde gelegt ist:

**Objektive**

1. Mikroplanar 70 für schwache Vergrößerungen und Aufnahme im zerstreuten Tageslicht.
2. Objektiv 35 für Beleuchtung mit Prisma oder Planglas.

   Zur Beobachtung mit dem Auge oder zur Auswahl einer bestimmten Stelle für die Aufnahme kann Objektiv 35 in Verbindung mit dem Sucherokular oder irgendeinem Kompensationsokular benutzt werden. Zum Zweck der photographischen Aufnahme arbeiten die beiden unter 1. und 2. genannten Gläser ohne Okular.

3. Apochromat 16.
4. Apochromat 8 ⎫
5. Apochromat 4 ⎬ kurze Konstruktion[1]) ⎫ Zur Verwendung ohne Deckglas[2]); Beleuchtung mit Prisma.
6. Apochromat 2 (Apertur 1,3 oder 1,4) für Ölimmersion. Verwendung mit Deckglas[2]); Beleuchtung mit Prisma.

**Okulare**

7. Sucherokular
8. Projektionsokulare $P_2$ und $P_4$.
9. Kompensationsokulare 4 und 12 für Okularbeobachtung.

---

[1]) Die kurze Konstruktion ist ganz besonders für die Beleuchtung mit dem Prisma abgestimmt. Die entsprechenden Objektive in längerer Fassung, wie sie für die Mikroskopie im durchfallenden Licht benutzt werden, sind für die Prismabeleuchtung nicht verwendbar.

[2]) Bei der Mikroskopie im durchfallenden Licht ist man gewöhnt, das Objekt mit einem dünnen Gläschen (Deckglas) abzudecken, das mit Kanadabalsam aufgekittet wird. Auf Metallschliffe klebt man nur notgedrungen ein Deckglas auf, weil die beklebte Stelle nach Entfernung des Deckglases und des Balsams stets andere Färbung annimmt. Die Verwendung des Deckglases ist nur bei Verwendung von Ölimmersion nicht zu umgehen, sonst wird sie vermieden.

Zur Verwendung des Objektivs Nr. 6 mit Ölimmersion ist folgendes zu bemerken. Der Schliff *sch* (Abb. 194) wird auf den Aufspanntisch $V'$ gebracht. Das etwa 0,15 mm dicke Deckgläschen *dg* wird mit einem Tropfen Kanadabalsam betupft und mit der mit Balsam versehenen Seite auf den Schliff leicht aufgedrückt, was möglich ist, ohne daß das Objekt aus seiner Lage auf dem Aufspanntisch entfernt zu werden braucht. Das Auftreten von Luftblasen zwischen Objekt und Deckglas ist hierbei nicht zu befürchten, wenn der Kanadabalsam nicht zu dickflüssig gehalten wird. Gegebenenfalls wird er durch etwas Xylol verdünnt. Das Trocknen des Balsams wird nicht abgewartet. Man bringt sogleich auf das Deckglas *dg* ein Tröpfchen Zedernöl *oe* (das Öl bezieht man am besten von der Firma, die das Objektiv geliefert hat, da sein Brechungsexponent auf das Objektiv abgepaßt sein muß. Man darf das Öl nicht zu lange aufbewahren, weil es mit der Zeit einen anderen Brechungsexponenten annimmt, wobei weniger gute Bilder entstehen). Alsdann schiebt man den Objekttisch an das Objektiv heran, so daß der Öltropfen zwischen Deckglas und Objektiv hängt. Man vermeide das Aufbringen zu großer Mengen Öl, weil diese ablaufen. Nach Fertigstellung der Beobachtung oder Aufnahme entfernt man das Deckglas möglichst bald mittels eines in Xylol getauchten weichen Läppchens vom Schliff und reinigt diesen mit Xylol.

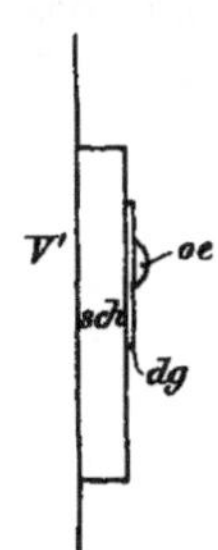

Abb. 194.

Bei der Aufnahme mit Hilfe der Objektive unter Nr. 3—6 und Anwendung des Prismenilluminators verfährt man folgendermaßen. Man stellt die aufzunehmende Stelle mit dem Sucherokular oder dem Kompensationsokular 12 für das Auge ein. Alsdann ersetzt man das Okular durch eins der beiden Projektionsokulare $P_2$ oder $P_4$ (Abb. 185), von denen das letztere doppelt so starke Vergrößerung liefert als das erstere, und schiebt die Balgkammer an das Mikroskop bis zum Eintritt des lichtdichten Verschlusses (Abb. 193). Das Bild ist dann bereits auf der Mattscheibe nahezu scharf sichtbar, wenn das Projektionsokular, wie gleich zu beschreiben ist, richtig eingestellt war. Die Scharfeinstellung auf der Mattscheibe wird durch die drehbare Welle $W$ (Abb. 185, 187—189) bewirkt, die vermittels Hookschen Gelenkes die Drehung auf die Feineinstellschraube $M$ des Objekttisches $V$ überträgt. Man kontrolliert die Scharfeinstellung auf der Mattscheibe mit Hilfe einer Lupe. Dann ersetzt man die Mattscheibe durch die mit der photographischen Platte beschickte Kassette und belichtet schließlich.

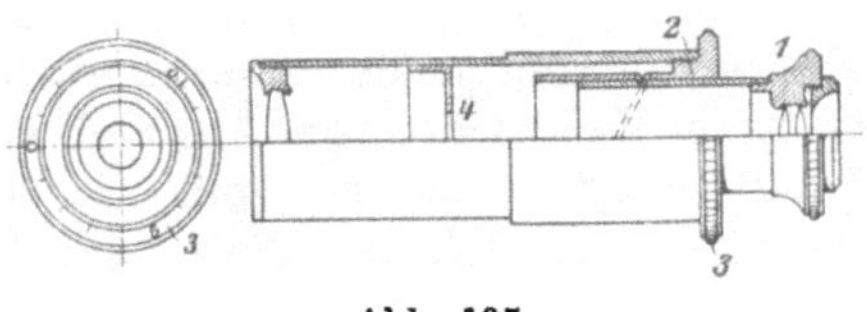

Abb. 195.

Eins der Projektionsokulare ist in Abb. 195 dargestellt. Das Augenende 1 desselben ist mittels einer Schraube von großer Steigung in seiner Fassung 2 verschiebbar. Die jeweilige Stellung ist durch eine Marke auf der Kreiseinteilung 3 ablesbar. Man hat die Verschiebung des Augenendes so lange zu betätigen, bis der Rand der im Okular angebrachten Blende 4 sich ganz scharf auf der matten Scheibe abbildet. Diese Einstellung ist für gleiche Entfernung der Mattscheibe vom Okular stets wieder dieselbe und man kann daher die Einstellung für verschiedene Plattenabstände ein für allemal durch den Versuch ermitteln. In einer Tabelle gibt man dann zu jeder Stellung der Mattscheibe die zugehörige Stellung der Marke am Auszug des Okulars auf der Kreisteilung an.

Bei photographischen Aufnahmen mit Hilfe der Objektive 1 und 2 der obigen Zusammenstellung arbeitet man ohne Projektionsokular. Das Objektiv 2 wird in der gewöhnlichen Weise an dem nach dem Objekt gekehrten Ende des Mikroskoptubus $N$ angeschraubt (Abb. 196). Das Objektiv 1 dagegen wird am Okularende des Tubus $N$ mittels eines beigegebenen Kegelstücks $Ks$ nach Art der Abb. 197 angebracht. Um die Einstellung des Objektes zu bewirken, legt man

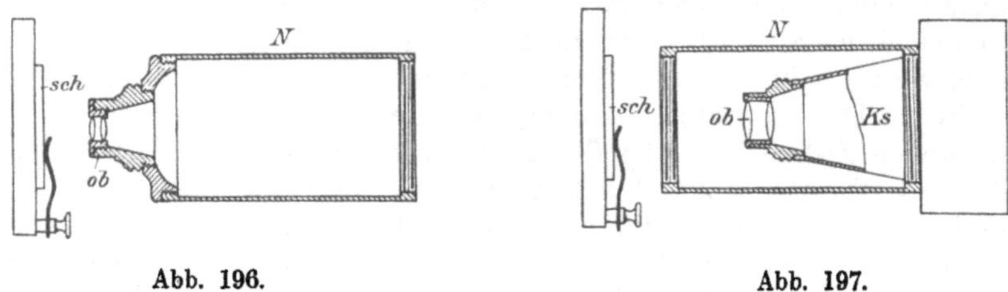

Abb. 196.    Abb. 197.

eine Schnur über die Grobeinstellschraube $J$ des Objekttisches, läßt diese über eine höher liegende, in Abb. 176 an dem Wandschrank befestigte Rolle laufen und beschwert die beiden Enden der Schnur unterhalb dieser Rolle mit zwei Gewichten. Die letzteren müssen nahe der Mattscheibe angebracht sein, damit man von hier aus die Einstellung des Objekttisches so lange betätigen kann, bis das Bild des Objektes scharf auf der Mattscheibe erscheint.

**247.** Von Wichtigkeit ist die Ermittelung der Vergrößerung der einzelnen Kombinationen von Objektiven und Okularen bei gegebenem Abstand der Mattscheibe vom Okular und bei gegebener Tubuslänge. Ist die Vergrößerung genau bekannt, so kann man auf den fertigen Lichtbildern oder auf der Mattscheibe Messungen ausführen.

Für schwache Vergrößerungen verfährt man so, daß man einen gut geteilten Millimetermaßstab auf dem Objekttisch $V$ befestigt und ihn mittels der Objektive 1 und 2 auf die Mattscheibe projiziert. Auf dieser stellt man durch Messen mit einem anderen Millimetermaßstab die Abmessungen des Bildes fest. Das Verhältnis der Abmessungen des Bildes zu denen des abgebildeten Maßstabes gibt dann die lineare Vergrößerung. Man ermittelt sie für verschiedene Abstände der Mattscheibe und interpoliert die Zwischenwerte.

Zur Ermittelung der Vergrößerung bei den stärkeren Objektivsystemen, die mit Prismenilluminator verwendet werden, benutzt man ein sogenanntes Objektmikrometer. Dies besteht für die vorliegenden Zwecke aus einer kleinen, polierten Metallscheibe mit eingeritzten Maßstrichen im Abstand von je 0,01 mm. Die gesamte Länge der Teilung beträgt 1 mm, der somit in 100 Teile unterteilt ist. Das Objektmikrometer wird in der üblichen Weise auf dem Aufspanntisch $V'$ festgemacht. Mit Hilfe des Prismenilluminators und des Projektionsokulars, für das die Vergrößerung zu bestimmen ist, projiziert man bei bestimmter Tubuslänge des Mikroskops das Bild des Objektmikrometers auf die in gemessenem Abstand vom Okular befindliche Mattscheibe und mißt auf dieser die Größe des Bildes mit einem gewöhnlichen Millimetermaßstab. Auch hier wiederholt man die Arbeit für mehrere Abstände der Mattscheibe vom Okular und interpoliert für die Zwischenstellungen. Die Beobachtungsergebnisse werden in einer Tabelle vereinigt.

**248.** Die Einstellung der gesamten optischen Einrichtung des Mikroskops ist einfach. Man beginnt bei der optischen Bank, bringt den Brenner $F$ in Ordnung und regelt den Abstand und den Auszug des Linsensystems $L$ so, daß man einen Lichtkegel erhält, der in der Nähe der Blende $C$ vor dem Prismenfenster einen Lichtkreis von etwa 5 mm liefert. Die Höhenstellung des Brenners $F$, der Linsen $L$ und der Blenden $A$ und $B$ regelt man so, daß der Mittelpunkt dieses Lichtkreises in derselben wagerechten Ebene liegt wie der Mittelpunkt der Blende $C$. Diese Arbeit ist für einen Apparat nur ein einziges Mal zu Anfang auszuführen. Durch Marken an den Höhenstellvorrichtungen bezeichnet man die richtige Stellung und stellt sie durch Klemmschrauben ein für allemal fest. Alsdann hat man noch dafür zu sorgen, daß der Mittelpunkt des Lichtkreises auch in derselben senkrechten Ebene liegt, wie der Mittelpunkt der Blende $C$. Dies bewirkt man dadurch, daß man mittels der Stellschraube $S$ den Tisch $T$ und mit ihm das ganze Mikroskop soweit verschiebt, bis diese Bedingung nach Augenmaß geschätzt erfüllt ist.

Hierauf bringt man auf den Objekttisch ein Objekt auf, dessen vordere ebene Fläche man in der früher angegebenen Weise möglichst parallel zur vorderen Fassung des Objektivs einstellt. Dann engt man den Lichtkegel durch die Blenden $A$, $B$, $C$ ein und dreht so lange an dem Knöpfchen $k$ des Prismas, bis das mittels des Okulars gesehene Bild des Objekts symmetrisch zu der senkrechten Mittellinie des Gesichtsfeldes liegt. Durch Drehen des Ringstücks des Prismenilluminators um die optische Achse verstellt man nun das Prisma so, daß das Bild auch symmetrisch zur wagerechten Mittellinie des Gesichtsfeldes erscheint. Damit ist im wesentlichen die Einstellung der ganzen Einrichtung beendet.

**249.** Über die bei der Aufnahme von Lichtbildern auszuführenden photographischen Arbeiten kann hier weggegangen werden, weil man sich hierüber heutzutage auf das leichteste unterrichten kann. Sie sind dieselben wie bei der Makrophotographie.

Die mikroskopischen Gefügebilder erscheinen vielfach in prächtigen Farben. Nach meiner Überzeugung würde eine ganze Reihe von Gefügebildern nach Form und Farbe prächtige Motive für Künstler abgeben. Um die Farben wiederzugeben, hat man verschiedentlich mittels des Lumièreschen Verfahrens Aufnahmen gemacht. Man kann dabei sehr hübsche Wirkungen erzielen; nur kann man leider nur Glaspositive und keine Kopien auf Papier herstellen.

Wie die Abbildungen erkennen lassen, ist es nicht möglich, sehr große Schliffe auf dem Objekttisch des Martensschen Stativs zu befestigen. Falls es daher nach Absuchen eines großen Schliffs mittels der unter *238* und *239* genannten Mikroskope notwendig erscheint, bestimmte Stellen in stärkerer Vergrößerung aufzunehmen, so bleibt nichts anderes übrig, als aus dem großen Schliff einen kleineren Schliff herauszunehmen, der die gewünschte Stelle enthält und diesen kleineren Schliff im mikrophotographischen Apparat einzuspannen. Dieser Nachteil haftet allen Mikroskopeinrichtungen an. Er ließe sich umgehen, wenn man den Objekttisch $V$ unmittelbar auf dem Grundschlitten $T$ befestigt, der in diesem Falle kräftig aus Gußeisen herzustellen wäre. Tisch $V$ wäre nach Art der Aufspannplatten der Werkzeugmaschinen als Kreuztisch mit Drehteil auszuführen. Auf diesem kräftigen Aufspanntisch, der natürlich alle erforderlichen Einstellungen zulassen müßte, könnte man das Objekt mittels Spannuten und Spanneisen festmachen. Der Spanntisch müßte genügend groß sein, um z. B. Trägerprofile bis zu 200 mm Höhe unzerlegt aufnehmen zu können.

Bei dem Mikroskop nach Le Chatelier (*241*) wird das Objekt mit der Schlifffläche nach unten über eine Öffnung in der wagerechten oberen Deckplatte des Instrumentes gelegt. Das Bild wird durch ein Prismensystem aus der Richtung senkrecht zum Schliff, in die Richtung parallel zur Schliffebene abgelenkt und im Mikroskop beobachtet.

Ich habe kürzlich bei der Firma Carl Zeiß, Jena, angeregt, diese Bauart umzukehren. Der Schliff wäre dann mit der Schlifffläche nach oben auf einer kräftigen Spannplatte mit Kreuztischbewegung und Drehteil, die sämtliche Einstellungen zuläßt, aufzulegen.  Das senkrecht nach oben geworfene Bild wird durch Prisma in die wagerechte Achse des Mikroskops abgelenkt, das von der Spannplatte unabhängig über dieser befestigt ist.

Diese Bauart würde den Vorteil bieten, daß sehr große und schwere Schliffe ohne vorherige Unterteilung unmittelbar beobachtet werden können, und dies ist für die praktische Mikroskopie ein dringendes Bedürfnis.

Hat man photographische Aufnahmen mit kleineren Vergrößerungen herzustellen, so ist dies an sehr großen ungeteilten Schliffen möglich, wenn man sich des Stativs Braus-Drüner mit Greenoughschem Mikroskop und zugehöriger Doppelkamera bedient, vgl. Abb. 198 (C. Zeiß, Jena).  Da man für gewöhnlich keine stereoskopischen Bilder braucht, legt man nur eine Platte in die Kassette ein.

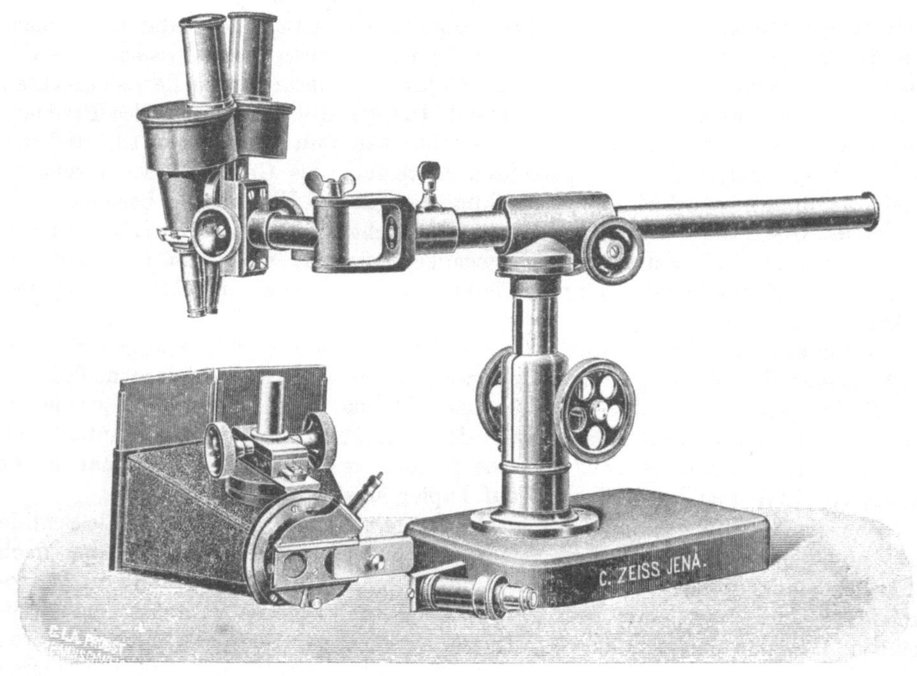

Abb. 198.

**250.** Im Anschluß an die in *233* besprochenen Kennzeichen zur Unterscheidung von erhabenen und vertieften Gefügebestandteilen soll hier noch auf ein drittes Kennzeichen hingewiesen werden, auf das zuerst Osmond aufmerksam machte.  Es ist zwar theoretisch bezüglich seiner Ursachen nicht klar gelegt, ist aber für die praktische Mikroskopie in vielen Fällen von großer Bedeutung.  Es liege zum Beispiel ein Schliff mit erhabenen und vertieften Stellen (Abb. 168a) vor.  Nähert man dieses Objekt allmählich dem Objektiv, so wird man in einer bestimmten Stellung im Okular wie auf der Mattscheibe ein Bild erhalten, worin $t$ verhältnismäßig heller erscheint als $h$.  Bei weiterem Vorrücken des Objekts werden die Lichtverhältnisse umgekehrt, $h$ erscheint hell, $t$ dunkler. Die Helligkeitsunterschiede sind bei Beobachtung mit dem Okular kräftiger als sie sich photographisch wiedergeben lassen.  Immerhin zeigen die fünf Spaltbilder in Tafelabb. 17, Taf. III, in 200facher Vergrößerung die Erscheinung ziemlich deutlich. Der mit $b$ bezeichnete Gefügebestandteil ist der erhabene, der mit $a$ bezeichnete der vertiefte. Die Aufnahme geschah mit Apochromat 16 und Projektionsokular $P_4$. Die einzelnen Bilder wurden bei verschiedenen Entfernungen des Objekts von der Vorderlinse des Objektivs aufgenommen, und zwar war bei Bild $A$ dieser Abstand am größten, bei $E$ am kleinsten. In $A$, $B$, $C$ erscheint der Gefügebestandteil $a$ gegenüber $b$ heller, in Bild $D$ ist die Helligkeit beider Bestandteile nahezu gleich, im Bild $E$ erscheint $a$ gegenüber $b$ dunkler. Die Abbildungen $C$ und $E$ sind nahezu Negativ und Positiv zueinander. Der Unterschied in der Stellung des Objekts bei beiden Aufnahmen beträgt 0,0325 mm.

Es ergibt sich danach die Regel, daß der bei der Annähernng des Objekts zuerst hell, dann später dunkel erscheinende Bestandteil der vertiefte ist.

Die Erscheinung muß auch bei der Einstellung auf der Mattscheibe berücksichtigt werden. Wer nicht an die Erscheinung gewöhnt ist, könnte sich z. B. mit einer Einstellung entsprechend dem Bild $C$ oder $E$ begnügen. Diese Einstellungen sind aber nicht die, welche das dem Auge gewohnte Bild liefern. Diesem kommt Bild $D$ am nächsten.


# 4. Allgemeines über das Gefüge der Metalle und Legierungen.

**251.** Nach dem früher Besprochenen ist zu erwarten, daß unter dem Mikroskop die einzelnen Phasen, aus denen die Legierungen bei Zimmerwärme bestehen, sichtbar sein müssen, soweit nicht etwa die Phasen in so feiner Verteilung auftreten, daß die einzelnen Teilchen jenseits der Auflösungsgrenze unserer stärksten Okjektive liegen. Die beiden Begriffe Phase und Gefügebestandteil innerhalb der festen Legierung decken sich aber nicht. Während zum Begriff der Phase die Einheitlichkeit gehört, braucht der Gefügebestandteil nach dem gegenwärtigen Sprachgebrauch nicht notwendigerweise einheitlich zu sein. Man bezeichnet z. B. ein Eutektikum als Gefügebestandteil, obwohl es aus zwei oder mehr einfacheren Grundbestandteilen (Phasen) aufgebaut ist. Tafelabb. 18, Taf. IV, zeigt das Gefüge einer Legierung von Eisen mit $0,5^0/_0$ Kohlenstoff bei 123facher Vergrößerung nach dem Reliefpolieren. Es besteht aus dem helleren Gefügebestandteil $F$ und dem dunkleren $P$. Der letztere ist erhaben, der erstere vertieft. Man darf sich durch den Augenschein nicht täuschen lassen, der den Beobachter zu dem Irrtum verleiten könnte, den helleren Bestandteil $F$ als erhaben anzusehen. Maßgebend ist die Lage der Licht- und Schattenkanten *(233)*. Das Bild ist so aufgestellt, daß das Licht von links oben einfallend zu denken ist. Bestandteil $P$ hat die Lichtkanten nach links oben, ist also erhaben gegenüber $F$. Der Bestandteil $F$ ist im wesentlichen Eisen und wird Ferrit, der Bestandteil $P$ wird Perlit genannt. Betrachtet man das Gefüge bei stärkerer Auflösung, z. B. bei 1650facher Vergrößerung (Tafelabb. 19, Taf. IV), so gibt sich der Perlit $P$ als ein zusammengesetzter Gefügebestandteil zu erkennen, der aus abwechselnden Lamellen eines weicheren und eines härteren Bestandteils besteht. Die härteren Lamellen sind, wie sich später ergeben wird, Eisenkarbid (Zementit), die weicheren sind derselbe Bestandteil wie der Ferrit. Der Perlit ist somit ein Gemenge zweier Phasen (Ferrit und Karbid). Der Ferrit dagegen ist ein einheitlicher Gefügebestandteil und zugleich eine Phase.

Wir haben sonach zu unterscheiden zwischen einheitlichen Gefügebestandteilen, die gleichbedeutend sind mit Phasen, soweit sie einem vollständigen Gleichgewicht entsprechen (also nicht etwa einem metastabilen oder einem unvollkommenen Gleichgewicht), und zusammengesetzten Gefügebestandteilen, die ein Gemenge aus zwei oder mehreren einheitlichen Gefügebestandteilen (Phasen)

bilden. Nach dem Vorschlage von Howe und Sauveur, der vom internationalen
Verband für die Materialprüfungen der Technik 1909 in Kopenhagen angenommen
wurde, bezeichnet man die einheitlichen Gefügebestandteile auch als Metarale,
die zusammengesetzten als Aggregate.

Tafelabb. 6, Taf. I, (vgl. *136*) zeigt eine Bronze mit $12^0/_0$ Zinn und $88^0/_0$
Kupfer in 365facher Vergrößerung nach dem Anlassen. Der Bestandteil $S$ ist
einheitlich und entspricht einer einzigen Phase. In ihm liegt ein zusammengesetzter Bestandteil, ein Eutektikum, das aus mehreren einfachen Bestandteilen
aufgebaut ist. Der Bestandteil $K$ ist, wie früher (*136*) besprochen, das Ergebnis
eines unvollkommenen Gleichgewichts. Er ist im dunklen Kern kupferreicher
als nach dem hellen Umfang zu. Man könnte bei oberflächlicher Untersuchung
zu dem Schluß kommen, daß der Bestandteil $K$ zwei Phasen bzw. zwei einheitlichen Gefügebestandteilen entspricht, was aber nicht der Fall ist. Denn wenn
die Bronze genügend langsam abgekühlt wird, so erscheint $K$ ganz einheitlich
und entspricht einer einzigen Phase.

**252.** Das Gefüge der reinen Metalle zeigt eine gewisse Ähnlichkeit mit
dem des Marmors. Letzterer besteht aus kleinen Kalkspatkörnchen, deren Umgrenzung meist unregelmäßig ist, deren Masse jedoch alle wesentlichen Eigenschaften von Kristallen mit Ausnahme der gesetzmäßigen Umgrenzung aufweist.
Reines Kupfer besteht aus kleinen Körnchen von Kupfer, reines Eisen aus lauter
kleinen Eisenkörnchen (als Ferritkörnchen bezeichnet). Die Körnchen sind meist
mikroskopisch klein, in einzelnen Fällen sind sie auch dem unbewaffneten Auge
erkennbar. Vgl. z. B. Tafelabb. 20, Taf. IV, ein Marmorschliff in 123facher Vergrößerung nach Ätzung mit verdünnter Salzsäure, Tafelabb. 21, Taf. IV, das einem
kohlenstoffarmen Flußeisen mit $0,05^0/_0$ Kohlentsoff nach Ätzung mit Kupferammoniumchlorid bei 365facher Vergrößerung entspricht, ferner Tafelabb. 22,
Taf. IV, kaltgezogener Kupferdraht bei 500 C⁰ geglüht in 365facher Vergrößerung
nach Ätzen mit ammoniakalischem Kupferammoniumchlorid, und schließlich Tafelabb. 23, Taf. IV, ein elektrolytisch niedergeschlagenes Kupfer in 365facher Vergrößerung nach Ätzung mit demselben Ätzmittel.

Bisher ist bei der Besprechung der $c, t$-Bilder stets von Kristallisation
beim Übergang aus dem flüssigen in den festen, oder aus einem festen in einen
anderen festen Aggregatzustand gesprochen worden. Demnach wäre zu erwarten,
daß die einzelnen Körner, aus denen die reinen Metalle aufgebaut sind, denselben
Aufbau wie Kristalle haben. Dieser Schluß erscheint befremdlich, wenn man
die Gefügebilder betrachtet, bei denen, von wenigen Ausnahmen abgesehen, Körner
mit ganz unregelmäßiger Umgrenzung aneinander stoßen, denen das, was man
sonst an Kristallen zu sehen gewohnt ist, nämlich die geometrisch regelmäßigen
Begrenzungsflächen, abgeht. Die Flächen, in denen sich die einzelnen Körner
berühren, sind regellos. Es ist aber dabei zu bedenken, daß die Begrenzung
durch ebene Flächen, die bestimmte Winkel miteinander bilden, und wie sie bei
den vollkommen ausgebildeten Kristallen auftreten, nicht der alleinige Ausdruck
für das Wesen des kristallisierten Stoffes, sondern nur eine Folge eines gesetzmäßigen inneren Aufbaues dieses Stoffes ist. Bei der Kristallisation setzen sich
Massenteilchen an einen vorhandenen Kern mit verschiedener Geschwindigkeit in
verschiedenen Richtungen an. Die Wachstumsgeschwindigkeiten auf den einzelnen
von dem Kern ausgehenden Richtungen sind durch ein dem betreffenden
kristallisierenden Stoffe eigenes Gesetz miteinander verknüpft. Solange das
Wachstum des kristallisierenden Stoffes ungestört ist, wird er in Befolgung dieses
Gesetzes einen von ebenen Flächen mit unveränderlichen Winkeln umgrenzten
Kristall bilden. Sobald aber das Wachstum von mehreren Kernen ausgeht und
die im Werden begriffenen Kristalle sich gegenseitig im Wachstum behindern, so

kommen Körner mit unregelmäßigen Begrenzungsflächen zustande, die wir als **Kristallkörner** bezeichnen wollen. Der gesetzmäßige Aufbau des kristallisierenden Stoffes hat noch andere Eigentümlichkeiten zur Folge: Vor allen Dingen verschiedenes optisches Verhalten und verschiedenen Zusammenhalt der Teilchen nach verschiedenen Richtungen (Richtungen geringsten Zusammenhangs, nach denen der Stoff spaltet oder sich leichter verschieben läßt, verschiedene Härte in verschiedenen Richtungen). Alle diese Gesetzmäßigkeiten bedingen den Unterschied des kristallisierten Stoffes von dem amorphen. Werden sie beobachtet, so sind sie ein Kennzeichen dafür, daß der Stoff kristallisiert ist, selbst wenn seine äußeren Umgrenzungsflächen willkürlich sind. Analog der verschiedenen Wachstumsgeschwindigkeit des kristallisierenden Stoffes nach verschiedenen Richtungen ist auch verschiedene Auflösungsgeschwindigkeit nach verschiedenen Richtungen zu beobachten.

Bei den Körnern, die den Marmor aufbauen, dient die Spaltbarkeit der einzelnen Körner nach kristallographisch bestimmten Richtungen als Kennzeichen dafür, daß wir es mit **Kristallkörnern** zu tun haben. (Man würde auch auf optischem Wege wesentliche Kennzeichen finden, auf die hier nicht näher eingegangen werden soll, da zu ihrer Beobachtung genügende Lichtdurchlässigkeit Grundbedingung ist, diese aber bei den metallischen Stoffen fehlt.) Spaltbarkeit kann man auch bei verschiedenen Metallen in ausgeprägtem Maße beobachten, z. B. bei Antimon, Wismut usw. In geringerem Maße ist sie auch bei Eisen vorhanden. In vielen Fällen ist sie aber bei metallischen Stoffen so undeutlich, daß wir sie als Kennzeichen dafür, ob die Körner kristallisiert sind oder nicht, unmöglich verwenden können. Dafür bietet aber die verschiedene Auflösungsgeschwindigkeit nach verschiedenen Richtungen einen Ersatz.

**253.** Ätzt man z. B. einen Kalkspatkristall von der in Abb. 199 dargestellten Art in verdünnnter Salzsäure, so zeigen sich seine Flächen mit geometrisch regelmäßigen, meist vertieften mikroskopisch kleinen Figürchen, den sogenannten **Ätzfiguren** bedeckt. Vielfach reihen sich die Ätzfiguren ohne Unterbrechung aneinander und bilden eine Art Gefüge, das ich als **Ätzgefüge** bezeichnen will. Auf den kristallographisch verschiedenen Flächen ist das Ätzgefüge verschieden, wie es die Tafelabb. 24 (Vergr. 123fach) und 25, Taf. V (Vergr. 665fach) erkennen lassen. Tafelabb. 24 gibt das Ätzgefüge der rhomboedrischen Spaltungsfläche *R* und Tafelabb. 25 das sehr regelmäßige Ätzgefüge auf der Säulenfläche *c* wieder. Die Ätzfiguren erscheinen nicht nur auf den Kristallflächen, sondern auch auf Spaltflächen und auf irgendwie durch den Kristall gelegten Schnittflächen. Für das Studium der Ätzfiguren an Mineralien sind die Veröffentlichungen von **Baumhauer** grundlegend gewesen. Danach hat sich ergeben, daß auf allen kristallographisch gleichwertigen Flächen das Ätzgefüge das gleiche ist, d. h. daß die einzelnen Ätzfiguren gleiche Gestalt, parallele Lage und auch gleiche Orientierung zur Fläche selbst

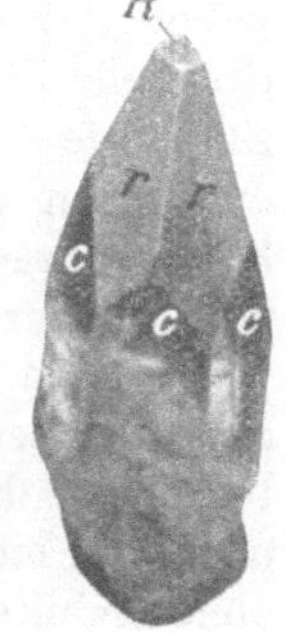

Abb. 199.

besitzen. Auf kristallographisch verschiedenen Flächen ist dagegen das Ätzgefüge verschieden. Die Größe der Ätzfiguren, ja selbst ihre Gestalt kann bei Anwendung verschiedener Ätzmittel und verschiedener Dauer der Ätzung wechseln. Daraus folgt, daß die Ätzfiguren nicht etwa den Kristallelementen entsprechen, aus denen man sich die Kristalle aufgebaut denkt, sonst würde dieser Wechsel nicht möglich sein. Die Ätzfiguren entstehen infolge der verschieden großen Auflösungsgeschwindigkeit des kristallisierten Stoffes in kristallographisch verschiedenen Richtungen. Das Auftreten regelmäßig begrenzter Ätzfiguren ist ausschließlich auf kristallisierte Körper beschränkt und an amorphen nicht möglich. Ihr Erscheinen ist gebunden an eine nur in den kristallisierten Stoffen vorhandene gesetzmäßige Verkettung der kleinsten Teilchen. Ist man imstande, auf den durch eine Schlifffläche erzeugten Schnittflächen der einzelnen Körner eines metallischen Stoffes solche gesetzmäßige Ätzfiguren zu erzeugen, so ist damit festgestellt, daß diese Körner den gleichen inneren Aufbau haben wie Kristalle.

Ätzfiguren auf Metallschliffen waren bereits von Andrews ($L_3$ *9*), Martens ($L_3$ *10*), Osmond ($L_3$ *11*) beobachtet worden, später von Stead ($L_3$ *12*), ohne daß man sich über die Natur derselben vollkommen klar geworden war. Heyn ($L_3$ *13*) wies dann auf die Identität dieser Erscheinung mit den Ätzfiguren der Mineralogen hin, benutzte sie zum Nachweis, daß die Körner in den Metallen den Aufbau von Kristallen haben und zeigte ihre Verwendbarkeit für die Gefügeuntersuchung.

Wohl ausgebildete Ätzfiguren erhält man auf Kupfer nach Ätzung mit Salpetersäure oder ammoniakalischem Kupferammoniumchlorid, auf Eisen mit Salpetersäure 1:5 oder mit wässeriger Kupferammoniumchloridlösung. Der Erfolg ist veranschaulicht in den Tafelabb. 26 und 27, Taf. V, beide in 1650facher Vergrößerung. Das erstere zeigt die gut ausgebildeten quadratischen Ätzfiguren auf der Schlifffläche eines Kupferkorns (Ätzung K/am)[1]). Tafelabb. 27 zeigt in dem Korn links unten ebenfalls quadratische Ätzfiguren. Das Bild ist von einem mit Kupferammoniumchlorid geätzten Querschliff durch einen Thomasflußeisenblock entnommen.

Als weitere Hilfsmittel zur Kennzeichnung des kristallisierten Aufbaus der Körner in Metallen sind dann später die Translationsstreifen (*267*) und die Druckfiguren (Osmond und Cartaud, $L_3$ *14*) verwendet worden.

Ist einmal festgelegt, daß die einzelnen Körner, aus denen sich reine Metalle aufbauen, zu den Kristallen zu rechnen sind, so können wir uns auch ein kristallographisches Achsenkreuz in die Körner hineingelegt denken. Sind die Körner, wie dies meist der Fall ist, wirr durcheinander gelagert, so wird das gedachte Achsenkreuz in den benachbarten Körnern die verschiedensten Lagen zur Schliffläche haben. Es muß dann nach dem Gesagten auch das Ätzgefüge in den benachbarten Körnern wechseln, wie aus Tafelabb. 27, Taf. V, hervorgeht. Hierin sind drei helle Eisenkörner zum Teil abgebildet. Die Ätzfiguren in dem Korn links unten sind, wie bereits erwähnt, quadratische Vertiefungen. In dem mittleren Korn erscheinen die Ätzfiguren so, als ob leichte Eindrücke mit einer Würfelkante hervorgebracht wären. In dem dritten Korn rechts oben ist das Ätzgefüge weniger klar ausgeprägt. Jedenfalls ist das Ätzgefüge in den drei Körnern deutlich verschieden. Dieser Umstand ist nutzbringend zu verwenden, um die Grenzen zwischen benachbarten Körnern mit Sicherheit zu finden. Es gibt viele Fälle, bei denen die Spuren der Begrenzungsflächen der einzelnen benachbarten Körner durchaus nicht so deutlich ausgebildet sind, daß man die Grenzlinien im Schliff ohne Zuhilfenahme des Ätzgefüges erkennen könnte. Bei allen Untersuchungen über die Größe der Körner und ihre Abhängigkeit von der Vorbehandlung des Materials ist die sichere Ermittelung der Korngrenzen Grundbedingung. Untersuchungen, die zur Ermittelung der Grenzen nur den äußeren Augenschein, der in der Regel täuscht, heranziehen, ohne auf Grund der Ätzfiguren oder der Translationsstreifen (*267*) die Korngrenzen sicher zu ermitteln, haben keinen Anspruch auf Zuverlässigkeit.

Vielfach erscheinen die einzelnen Kristallkörner, wenn auf ihnen durch Ätzmittel das Ätzgefüge entwickelt ist, unter dem Mikroskop in senkrechter Beleuchtung verschieden hell, zuweilen sogar ganz dunkel. Die Ursache hierfür liegt in der Orientierung und der Größe der einzelnen das Ätzgefüge bildenden Ätzfiguren. Abb. 200 zeigt schematisch einen Schnitt senkrecht zur geätzten

---

[1]) Vgl. *235*.

Schliffebene. In den beiden benachbarten Körnern $K_1$ und $K_2$ ist im allgemeinen das Ätzgefüge je nach der Lage der Kristallachsen der Körner zur Schlifffläche $SS$ verschieden. Im Korn $K_1$ wird dann beispielsweise, wenn das Ätzgefüge das gezeichnete Aussehen hat, das senkrecht zu $SS$ einfallende Licht senkrecht wieder zurückgeworfen, und es gelangt in die Achse des Mikroskops. Das Korn $K_1$ wird daher hell erscheinen. Im Korn $K_2$ dagegen liegen die reflektierenden Flächen der Ätzfiguren ungünstiger gegen den einfallenden Lichtstrahl $e$. Die zurückgeworfenen Lichtstrahlen $a$ gelangen nicht in das Objektiv. Das Korn wird dunkel erscheinen. Durch Interferenz der austretenden Lichtstrahlen können sogar Farbenerscheinungen auftreten. Man sieht z. B. im Eisen vielfach Eisenkörner von gelblicher, bräunlicher, ja sogar fast schwarzer Färbung. Bei stärkster Auflösung verschwindet die Färbung und man erkennt in dem Ätzgefüge ihre Ursache. Tafelabb. 20, 21 und 23, Taf. IV, lassen verschieden dunkelgefärbte Körner nebeneinander erkennen.

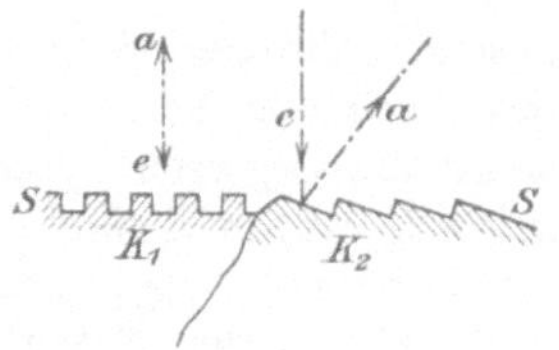

Abb. 200.

Man darf sonach nicht in den Fehler verfallen, verschieden gefärbte Körner ohne weiteres als verschiedene Gefügebestandteile anzusehen.

Sehr häufig erscheinen Gruppen von benachbarten Körnern in nahezu gleicher Helligkeit und Färbung, so daß es bei schwacher Vergrößerung, bei der das Ätzgefüge noch nicht aufgelöst ist, scheinen könnte, als ob diese Gruppe ein einziges Korn bildete. Man muß deswegen, wie schon oben angegeben, mit der Auflösung mittels des Mikroskops so weit gehen, daß das Ätzgefüge deutlich erkennbar wird, und mittels des Ätzgefüges die Körner abgrenzen.

Läßt man das Licht schräg auf die Schlifffläche fallen, so werden einige Körner wegen der günstigen Lage ihrer Ätzfiguren das Licht in das Mikroskop reflektieren und hell erscheinen, während andere dunkel bleiben, da sie kein Licht in das Objektiv gelangen lassen. Dreht man den Schliff um die Mikroskopachse, so ändern sich die Verhältnisse. Körner, die früher dunkel erschienen, können jetzt, wenn die Lage ihrer Ätzfiguren günstiger wird, das Licht in das Mikroskop senden, während andere früher hell erscheinende Körper jetzt die Lichtstrahlen seitwärts ablenken und dunkel werden. Beim Drehen der Schlifffläche blitzen somit einzelne Körner hell auf, andere werden dunkel. Die Helligkeit der einzelnen Körner wechselt während einer Umdrehung (Roberts-Austen und Osmond, $L_3$ *11*, und Stead, $L_3$ *12*).

Durch die Feststellung, daß die reinen Metalle aus einzelnen Kristallkörnern des betreffenden Metalles bestehen, ist nicht nur einer wissenschaftlichen Liebhaberei gedient. Sie ist von weittragender Bedeutung für unsere Anschauungen über das Wesen der Metalle und Legierungen und über deren Verhalten unter verschiedenen Verhältnissen. Der dadurch bedingten Auffassung muß auch in der Festigkeitslehre Rechnung getragen werden. Es wird eine Aufgabe dieser Wissenschaft für die Zukunkt sein, die Gesetze der Formänderung von Kristallaggregaten infolge Beanspruchung durch äußere Kräfte festzulegen.

**254.** Erstarren die Legierungen zu einheitlichen Mischkristallen und treten während der Abkühlung bis zu Zimmerwärme keine weiteren Umwandlungen ein, so sind sie ebenfalls aus lauter kleinen Kristallkörnern aufgebaut, die von Korn zu Korn und innerhalb jedes Korns gleiche Zusammensetzung haben, vorausgesetzt, daß vollkommenes Gleichgewicht erreicht ist. Als Beispiel sei verwiesen auf Tafelabb. 28, Taf. V, die das Gefüge von Messing bei 350facher Vergrößerung darstellt. Die Zusammensetzung der Legierung ist: Kupfer 73 %, Zink 27 %.

Erstarren dagegen die Legierungen zu mehreren Kristallarten, wie z. B. die Legierungen von Blei und Antimon, so zeigen sich diese auch im Gefüge der erkalteten Legierung. Vgl. hierzu Tafelabb. 1—4, Taf. I, und die Erläuterung in *19.* Die Legierungen bestehen aus Kristallkörnern des Bleis zwischen die der zusammengesetzte Gefügebestandteil, das Eutektikum, eingelagert ist, oder aus Körnern des Antimons neben dem Eutektikum, oder ausschließlich aus dem Eutektikum, wenn die Legierung gerade die eutektische Zusammensetzung hat. Die Antimonkristalle zeigen vielfach bereits äußerlich an der nahezu regelmäßigen Umgrenzung ihren Charakter als kristallisierter Stoff. Die in Tafelabb. 6, Taf. I, abgebildete Bronze *(250)* läßt in den Mischkristallen $K$ nach Ätzung mit ammoniakalischem Kuperammoniumchlorid an der Hand der Ätzfiguren erkennen, daß der die Mischkristalle aufbauende Stoff den inneren Aufbau von Kristallen besitzt, daß also der Name Mischkristalle gerechtfertigt ist. Tafelabb. 29, Taf. V, zeigt in 1650facher Vergrößerung die Ätzfiguren innerhalb solcher Mischkristalle $K$. Die Tafelabbildung entspricht zwar nicht derselben Bronze wie Tafelabb. 6, sondern einer Legierung von 5 % Zinn, 8 % Zink, Rest Kupfer. Das Gefüge ist aber ganz ähnlich.

## 5. Gefügebildung bei der Erstarrung und Abkühlung, bei der Wiedererhitzung und Abkühlung bzw. Abschreckung.

*255.* Der Aufbau eines Metalls oder einer Legierung, wie er sich während der Erstarrung vollzieht, ist von großem Einfluß auf das spätere Verhalten des Materials bei der Verwendung. Man kann die Erstarrung gewissermaßen mit der Geburt des Metalls oder der Legierung vergleichen. Fehler, die sich bei der Erstarrung des Materials einstellen, und die man als Geburtsfehler bezeichnen könnte, lassen sich teilweise durch die auf die Erstarrung folgende Nachbehandlung beseitigen oder mildern, zum Teil ziehen sie sich aber auch mit schädlichen Wirkungen durch das ganze spätere Leben des metallischen Stoffes hindurch, bis er wieder zum Umschmelzen gelangt und erforderlichenfalls einer geeigneten heilenden Behandlung beim Schmelzen unterworfen wird, was eine Neugeburt zur Folge hat.

Solche Geburtsfehler sind z. B. die Seigerung, Einschlüsse von Fremdkörpern (Gasblasen, oxydische und sulfidische Einlagerungen), ferner Hohlräume im Innern des Gusses, Entstehung von Flächen geringsten Widerstandes innerhalb der erstarrten Masse usw. Auf die Wirkung dieser Einflüsse wird noch später zurückzukommen sein.

Als nahezu unheilbarer Geburtsfehler zeigt sich die Seigerung *(141—144).* So ist z. B. der Fehler, welcher der in Tafelabb. 5, Taf. I, abgebildeten Blei-Antimon-Legierung anhaftet, nicht zu beseitigen, es sei denn, daß man die Legierung umschmilzt und durch raschere Abkühlung den Eintritt der Seigerung verhindert. Seigerungen in großen Flußstahlblöcken bleiben in den durch Schmieden oder Walzen daraus hergestellten Fertigerzeugnissen unverändert erhalten, selbst wenn die Verarbeitung bis herunter zu dünnem Draht erfolgt.

*256.* Der Erstarrung unmittelbar vorherzugehen scheint in der flüssigen Masse des Metalls oder der Legierung zunächst eine Art Zellenbildung, ähnlich wie sie bei amorphen Stoffen, wie Gelatine, Leim u. dgl., zu sehen ist. So stellt z. B. Tafelabb. 30, Taf. VI, (entlehnt der Arbeit von Osmond und Cartaud, $L_2$ 15) eine dünne Schicht eines ausi phen Stoffes, z. B. flüssigen Walrats dar, die sich auf einer erwärmten Platte ausgebieitet hat, und deren freie Oberfläche mit der kälteren Luft in Berührung steht. Durch Bénard ($L_2$ 16) ist bewiesen, daß sich in einem solchen Falle die Schicht in ein System von Zellen zerteilt, in deren jeder ein Wirbelstrom nach Art der Abb. 201 entsteht. In der Achse jeder Zelle ist die Flüssigkeit in Ruhe. Bringt man in die Flüssigkeit einen staubförmigen blättchenartigen Stoff und betrachtet die Flüssigkeitsschicht von der freien mit der Luft in Berührung stehenden Oberfläche 22 her, so werden die Blättchen in den wagerechten Zweigen der Wirbel mit ihrer breiten Fläche nach oben liegen und daher das Licht reflektieren, in den senkrecht abfallenden Teilen der Wirbel werden dagegen ihre breiten Flächen senkrecht gestellt, so daß wenig Licht reflektiert wird. Infolgedessen erscheinen die Zellen am Umfang dunkel, zwischen Umfang und Mitte hell, in der Mitte dunkel wie in Tafelabb. 30, Taf. VI. Die Zellen bilden sechsseitige Prismen, wenn der Beharrungszustand in der Temperaturverteilung eingetreten ist. Die Dicke dieser Säulen ist von derselben Größenordnung wie die Dicke der Flüssigkeitsschicht. Cartaud ($L_3$ *17*) versuchte

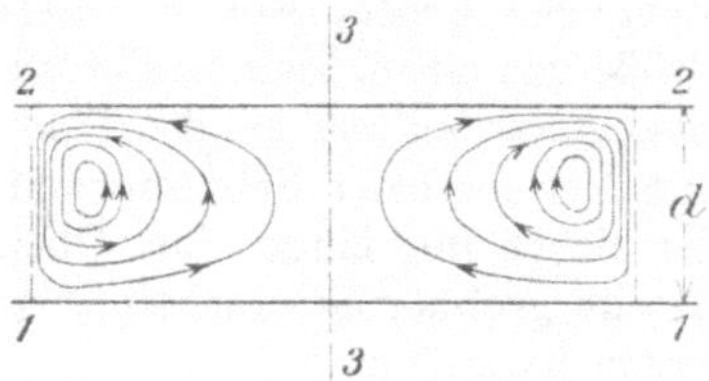

Abb. 201.

$d$: Dicke der Walratschicht
*1 1*: Erwärmte Metallplatte
*2 2*: Freie Oberfläche der Walratschicht
*3 3*: Achse der Zelle.

in flüssigen Metallschichten die Zellenbildung dadurch festzuhalten, daß er leichtflüssige Metalle, wie Blei, Zink usw., über eine geneigte Glasfläche goß. Er hoffte, daß dann die der Erstarrung vorausgehende Zellenbildung durch die plötzliche Erstarrung noch an der Oberfläche sichtbar festgehalten würde, und diese Erwartung hat sich bestätigt, wie z. B. Tafelabb. 31, Taf. VI, in 300facher Vergrößerung für in der angegebenen Weise behandeltes Blei dartut.

Bereits früher hat Quincke[1]) ($L_3$ *18—20*) in seinen grundlegenden Untersuchungen über die Bildung von Schaumkammern (Zellen) öfter auf ähnliche Erscheinungen hingewiesen, und die späteren Arbeiten von Quincke und Cartaud haben manche gemeinsame Berührungspunkte.

Man darf es wohl nach dem derzeitigen Stand der Wissenschaft als zum mindesten sehr wahrscheinlich ansehen, daß der Kristallisation in flüssigen metallischen Stoffen die Bildung von Schaumkammern (Zellen) vorausgeht, und daß durch diese Unterteilung der Masse in verschiedene Kammern die spätere Unterteilung in Kristallkörner vorbereitet wird. Ob nun die Wände der Zellen (Schaumwände nach Quincke) unmittelbar die späteren Grenzen der Kristallkörner bilden, oder ob innerhalb des von ihnen eingeschlossenen Raums die Kristallisation von einem Keim aus beginnt und später über die Schaumwände hinweggreift, indem sich der Inhalt mehrerer Schaumkammern zu einem Kristall vereinigt, läßt sich vor der Hand noch nicht übersehen.

**257.** Nach Quincke pflegen sich in den Schaumwänden Fremdkörperchen, Gasblasen usw. anzureichern, so daß dann diese Schaumwände später in der völlig erstarrten Masse Flächen geringsten Zusammenhangs bilden können. Es kann ferner vorkommen, daß in der erstarrten Masse während der Erkaltung und der damit parallel gehenden Volumverminderung in jeder Schaumkammer Spannungen auftreten, die auf Trennung des Zusammenhangs längs der Schaumwände hinwirken (*338*). Wir wissen ja z. B., daß sich der Basalt bei der Abkühlung in sechsseitige Prismen absondert. Auch die Tafelabb. 32, Taf. VI, zeigt ähnliche zellenförmige Absonderung; sie entspricht einer erstarrten Martinofenschlacke in etwa $^2/_3$ der natürlichen Größe. Genügen, wie dies bei den Metallen der Fall zu sein scheint, die auf Volumverminderung bei der Abkühlung wirkenden Kräfte nicht, um den Zusammenhang längs der Schaumwände zu überwinden, so kann die Lösung des Zusammenhangs längs dieser Wände doch eintreten, wenn noch außerdem äußere

---

[1]) Quincke nennt die Zellen Schaumkammern, die Zellwände Schaumwände.

Kräfte hinzukommen. Wir können dann Bruch nach diesen Flächen erhalten. Hatten sich die Schaumkammern (Zellen) bei der Erstarrung senkrecht zu den Abkühlungsflächen angeordnet, wie dies in der Regel, wenigstens innerhalb einer Oberflächenschicht von bestimmter Dicke, der Fall ist, so erhält man einen stengligen Bruch, wie in Tafelabb. 33, Taf. VI, die in etwa $^8/_{10}$ der natürlichen Größe von einem kleinen Flußeisenblock entnommen ist, der diese Brucherscheinung besonders deutlich zeigt. Tafelabb. 34, Taf. VII, zeigt im Schliff desselben Blocks den Verlauf einer Schaumwand in 117 facher Vergrößerung (Ätzung K). Oft ist der Bruch nur längs einer Oberflächenschicht stenglig, während er im Innern des Blocks grobkörnig erscheint, weil die Schaumwände im Innern nicht mehr langgestreckt auftreten.

Man kann durch geeignetes Glühen des erstarrten Blocks (*331—338*) die in ihm infolge der Abkühlung entstandenen Spannungen, die auf Zerreißen längs der Schaumwände hinzielen, beseitigen, wenn natürlich auch die Flächen geringsten Zusammenhangs (die Schaumkammern) selbst unverändert bleiben.

Einfluß auf die Art dieser Flächen kann man erst nehmen, wenn der gegossene Block geschmiedet oder gewalzt wird, wobei dann die Flächen geringsten Zusammenhanges, die vom Guß her vorhanden waren, derartig vielfach gefältet und durchgeknetet werden, daß ihr Einfluß vermindert oder ganz beseitigt wird. Hierin liegt der Grund, warum die mechanischen Eigenschaften des gegossenen Blocks durch Überschmieden (oder Walzen) verbessert werden können, und zwar um so mehr, je weiter die Querschnittsverminderung vom gegossenen Block aus durch diese Verfahren getrieben wird. Es ist aber hierbei von vornherein wahrscheinlich und auch durch die Erfahrung bestätigt, daß dieser Einfluß sich anfänglich in den Festigkeitseigenschaften sehr deutlich, bei immer weiter fortgesetzter Querschnittsverminderung aber immer weniger merkbar zu erkennen gibt, so daß also die Wirkung asymptotisch einem Grenzwert zustrebt. Zuweilen werden ursprünglich polygonale Schaumkammern beim Schmieden oder Walzen gestreckt und zeigen sich dann im Bruch in Form von Stengeln oder Fasern, wie in Tafelabb. 13, Taf. II. Zu bemerken ist noch, daß das gegossene Material die oben genannten Fehler (Schaumwände, Spannungen) haben k a n n, aber nicht notwendigerweise haben m u ß. Es kommt hier wesentlich auf die Art des zu gießenden Materials und die Art des Gusses an.

Tafelabb. 35, Taf. VII, (Vergr. $1^1/_2$) ist ein Blöckchen einer eutektischen Legierung von Kupfer und Schwefelkupfer (mit 3,82°/₀ $Cu_2S$) im Längsschliff nach Ätzung mit rauchender Salpetersäure. Senkrecht zu den Abkühlungsflächen (das Loch in der Mitte rührt von dem Pyrometerschutzrohr her) sind länglich gestreckte Körner bemerkbar, die man aber nicht als Kristallkörner bezeichnen darf, denn sie sind aus einem Gemenge von Kupfer und Kupfersulfür (dunklere Inselchen) aufgebaut, wie in Tafelabb. 36, Taf. VII, (Vergr. 350) gezeigt ist. Natürlich ist der Aufbau der einzelnen Teilchen von Kupfer und Kupfersulfür kristallisiert, aber das Ganze ist ein Aggregat. In der Tafelabb. 36 sind auch drei sich in einem Punkte treffende Linien *s s s* zu erkennen, die wohl als Schaumwände gelten können. Längs dieser Linien sind gröbere Teilchen des Sulfürs eingelagert.

Ein unter gleichen Umständen wie oben im Tiegel erstarrtes Blöckchen von Kupfer, siehe Tafelabb. 37, Taf. VII, (Vergr. $1^1/_2$), zeigt auch zellenartige Körnung. Die einzelnen Körner sind aber nicht langgestreckt, sondern mehr gleichachsig.

Tafelabb. 38, Taf. VII, zeigt in 7,2 facher Vergrößerung nach Ätzung mit K/am das Gefüge einer Bronze mit 5°/₀ Zinn, 8°/₀ Zink, 87°/₀ Kupfer. Sie ist in grobe Körner unterteilt, die auch nicht Kristallkörner, sondern Körner von Kristallaggregaten sind. Es scheinen sich bei der Erstarrung grobe Schaumkammern gebildet zu haben, die wahrscheinlich mit den Umgrenzungen der Körner zusammenfallen.

Innerhalb dieser Kammern haben sich zuerst kupferreiche Mischkristalle abgeschieden, die ein Kristallskelett bilden. In Tafelabb. 39, Taf. VIII, sind Teile zweier aneinandergrenzender, durch die Grenze $kk$ getrennter Kammern in 29facher Vergrößerung abgebildet. Das dunkle Skelett der kupferreichen Mischkristalle ist deutlich zu erkennen. Bei tieferer Temperatur hat sich dann der an Zinn angereicherte flüssige Rest der Legierung in Form von zinnreicheren Mischkristallen als Füllmasse zwischen die Maschen im Skelett der zuerst ausgeschiedenen Mischkristalle eingelagert; diese Füllmasse erscheint in Tafelabb. 39 hell. Die Unterteilung in die Körner ist in vielen Fällen, z. B. auch im vorliegenden, bereits an der Oberfläche des gegossenen Blöckchens zu beobachten, wie aus Tafelabb. 40, Taf. VIII, in 4facher Vergrößerung hervorgeht. Die Oberfläche ist hierbei weder geschliffen noch sonstwie zubereitet. Die schräge Linie $ll$ von links oben nach rechts unten teilt zwei Körner voneinander ab. Die Grenze ist zackig. Die Skelette der kupferreichen Mischkristalle greifen zahnartig in das benachbarte Korn über. Wahrscheinlich ist die ursprünglich gebildete Schaumwand von dem Skelett durchstoßen worden, so daß jetzt die Umgrenzung die zackige Gestalt angenommen hat. (Ähnliche Beispiele geben hierfür Osmond und Cartaud, $L_3$ *14, 17.*)

Zuweilen werden Schaumwände innerhalb der flüssigen Legierung durch feste Stoffe gebildet. Tafelabb. 41, Taf. VIII, zeigt z. B. in 365facher Vergrößerung nach dem Polieren ohne Ätzen einen Schliff durch eine Kupfer-Zinnbronze, die während des Schmelzens Sauerstoff aufgenommen hatte, der sich, wie später gezeigt wird, mit dem Zinn zu Zinndioxyd verband ($L_6$ *24*). Diese Verbindung ist bei der Schmelztemperatur der Bronze noch fest; sie bildet in der flüssigen Legierung dünne Schaumwände, die im Lichtbild als dunkle Fäden erscheinen. Trotz des geringeren spezifischen Gewichts des Zinndioxyds gegenüber dem der Bronze hat es gar keine Neigung in der Flüssigkeit nach oben zu steigen. Beim Gießen ist jede Schaumkammer der flüssigen Masse eingehüllt von einer sackartigen Schaumwand des festen Oxydes. Dadurch wird die Legierung sehr dickflüssig. Nach dem Erstarren bleiben die Schaumwände bestehen, stören den Zusammenhang und verschlechtern die Festigkeitseigenschaften des Materials.

Ein ähnlicher Fall kann auch in Flußeisen eintreten, dem Aluminium zugesetzt wird, ehe die Desoxydation genügend durchgeführt ist. Das durch die Verbindung des Aluminiums mit dem Sauerstoff entstehende Aluminiumoxyd ist in der flüssigen Eisenmasse wegen seiner Schwerschmelzbarkeit fest und bildet Schaumwände, die nach der Erstarrung noch sichtbar sind, wie aus Tafelabb. 42, Taf. VIII, in 29facher Vergrößerung hervorgeht. Die dunklen Linien und Pünktchen sind $Al_2O_3$. Ein Eisen, das nach der Erstarrung solche Schaumwände enthält, ist nicht schmiedbar, sondern wird beim Versuch, es bei Rotglut zu schmieden, zer-

Abb. 202.

trümmert. Abb. 202 zeigt das Ergebnis des Versuchs, ein solches Material zu walzen; das Material riß und wickelte sich zum Teil auf die Ober-, zum Teil auf die Unterwalze. Es ist außerordentlich rotbrüchig.

**258.** Bei einer ganzen Reihe von Metallen und Legierungen treten nach der Erstarrung noch Umwandlungen auf, die ebenfalls von Kristallisation begleitet sind. Die Folge davon ist, daß das bei der Erstarrung gebildete Gefüge durch die neue Gefügebildung überdeckt wird, die sich bei niederer Temperatur vollzieht. Das wichtigste Beispiel für diesen Fall bieten die Eisen-Kohlenstoff-Legierungen, deren $c, t$-Bild in Abb. 48 dargestellt ist. Eine Legierung, deren Kennlinie zwischen $H''$ und $O''$ durchgeht, wird zunächst bei der Erstarrung Kristallkörner von Mischkristallen $\alpha''$ bilden. Das so erhaltene Gefüge wollen wir als Erstarrungsgefüge bezeichnen. Bei weiterer Abkühlung tritt die Kennlinie in das Gebiet $A + \alpha''$ ein, d. h. aus den vorhandenen Mischkristallen $\alpha''$ scheiden sich Kristalle von reinem Eisen $A$ ($\alpha =$ Eisen nach Osmond, Ferrit) aus. Bei der eutektischen Temperatur (Schnittpunkt der Kennlinie mit $NO''R$) schließlich wandelt sich die noch übrig gebliebene Grundmasse $\alpha''$ in das Eutektikum um, das als Perlit bezeichnet wird *(251)*. Bei gewöhnlicher Temperatur wird also ein Gefüge beobachtet, das aus Ferritkörnern und Perlitinseln besteht *(251)*, und dieses infolge Umwandlung entstandene Umwandlungsgefüge überdeckt das Erstarrungsgefüge.

Ähnlich liegt der Fall bei der Erstarrung und Abkühlung der Kupfer-Zinnbronze (12 °/₀ Zinn). Auch hier wird das Erstarrungsgefüge zum Teil verändert durch das später entstehende Umwandlungsgefüge.

Die Überdeckung oder Beeinflussung des Erstarrungsgefüges durch das Umwandlungsgefüge kann sehr weit gehen, sie kann aber auch nur in geringerem Grade stattfinden, so daß beide Gefüge nach der Erkaltung noch nebeneinander erkennbar sind.

Unverändert bleibt das Erstarrungsgefüge bei reinem Kupfer, weil nach der Erstarrung keine Umwandlungen vorkommen.

Bei reinem Eisen hingegen beobachtet man nach Abkühlung auf Zimmerwärme nur das Umwandlungsgefüge, das Erstarrungsgefüge ist überdeckt. Es gibt eine ganze Reihe von Fällen, wo das Erstarrungsgefüge der Eisen-Kohlenstoff-Legierungen, das unter Umständen ganz wesentlichen Einfluß auf die mechanischen Eigenschaften des Materials ausübt, nur noch bei makroskopischer Betrachtung oder bei Beobachtung mit dem bloßen Auge sichtbar erscheint, während es bei starker Vergrößerung vollständig unsichtbar wird. So erscheint z. B. in den Tafelabb. 18 und 19, Taf. IV, die in 123 bzw. 1650facher Vergrößerung von einer gewalzten Rundstange eines Eisens mit 0,5 °/₀ Kohlenstoff aufgenommen sind, nur das Umwandlungsgefüge, bestehend aus Ferrit und Perlit. Dagegen kann man in den Tafelabb. 43, Taf. VIII und 44, Taf. IX, in 3,12facher Vergrößerung nach Ätzung der Schliffe mit Kupferammoniumchlorid noch die Reste des Erstarrungsgefüges

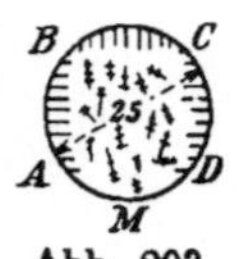

Abb. 203.

in dem gewalzten Rundstab erkennen. Tafelabb. 43 stellt einen Querschliff, Tafelabb. 44 einen Längsschliff durch denselben Rundstab vor. In Tafelabb. 43 sieht man noch links, rechts und oben Streifung nach Art der Abb. 203. Sie rührt her von der Erstarrung und den sich hierbei senkrecht zu den Abkühlungsflächen des erstarrenden Blocks langziehenden Schaumkammern. Tafelabb. 45, Taf. IX, gibt einen Teil des Querschliffes durch den zugehörigen gegossenen Block, aus dem der Rundstab gewalzt wurde, in 3,2facher Vergrößerung ebenfalls nach Ätzung mit Kupferammoniumchlorid wieder. Die im Lichtbild oben gelegene Kante entspricht einem Teil der Blockoberfläche $BC$ in Abb. 204. Senkrecht zu dieser sind durch die hellen Ferritbänder langgestreckte Zellen abgegrenzt. In größerer Entfernung von der

Blockoberfläche (in Tafelabb. 45 nach unten zu) verliert sich die Ausbildung der langgestreckten Zellen; sie werden mehr körnig. Die Ecke rechts unten in Tafelabb. 45 entspricht ungefähr der Mitte des Blockes $M$ in Abb. 204. Die von der Erstarrung herrührenden lang-gestreckten Schaumkammern senkrecht zu den Abküh-lungsflächen des Blocks sind beim Auswalzen zum Rundstab gefältet und verfilzt, wie es die Tafelabb. 43 und 44 er-kennen lassen. Das Rundeisen ist nur aus der Hälfte des Blockes $ABCD$ in Abb. 204 hergestellt, da der Block durch die Schnittebene $AD$ vor dem Walzen längs geteilt wurde. Dementsprechend sind die Spuren der langge-streckten Schaumkammern im gewalzten Material nur an den drei Seiten $AB$, $BC$, $CD$ sichtbar, wie Tafelabb. 43 in Übereinstimmung mit Abb. 203 dartut. Auf der vierten Seite $AMD$ dagegen sind solche Spuren nicht vorhanden, weil diese Seite keiner Blockoberfläche entspricht[1]).

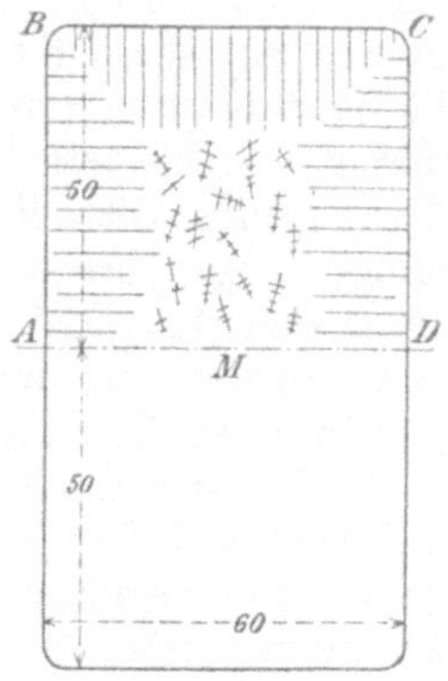

Abb. 204.
Blockquerschnitt.

Aus dem Gesagten ist, wie bereits früher erwähnt (237), die Lehre zu ziehen, daß die Gefügeuntersuchung stets mit dem bloßen Auge und sodann mit den schwächsten Vergrößerungen zu beginnen hat. Verfällt man in den Fehler, alle Beobachtungen gleich mit den stärksten Vergröße-rungen vorzunehmen, so gleicht man trotz des mit dem Mikroskop bewaffneten Auges einem Kurzsichtigen, der über den nächsten Umkreis nicht hinaussehen kann, und man übersieht dann die wichtigen Spuren des Erstarrungsgefüges, von dem oft die Festigkeitseigenschaften des Materials in ebenso hohem, wenn nicht höherem Maße abhängen, als von dem eigentlichen Kleingefüge.

Vor einem häufig gemachten Fehler soll hier gewarnt werden. Man soll sich hüten, aus dem bloßen Aussehen des Gefüges heraus Schlüsse auf die Wirkung zu ziehen, die das Gefüge auf die mechanischen Eigenschaften des Materials aus-übt. Hierbei täuscht man sich in der Regel. Der wissenschaftliche Weg ist der, daß man durch unmittelbare Versuche bei den einzelnen Metallen und Legierungen in verschiedenen Zuständen den Zusammenhang zwischen Gefügebildung und mechanischen Eigenschaften ermittelt. Erst nach Ermittelung des Gesetzes, dem dieser Zusammenhang unterliegt, kann man mit Aussicht auf Erfolg aus gewissen Kennzeichen im Gefüge auf bestimmte Eigenart im mechanischen Verhalten der Legierung schließen. Davon, daß der vermutete gesetzmäßige Zusammenhang auch tatsächlich besteht, und daß nicht auf Grund einiger Fälle eine unzulässige Verallgemeinerung gemacht wird, muß man sich aber durch sehr scharfe Kontrolle überzeugen. Man verfährt hierbei am zweckmäßigsten so, daß man durch einen Unbeteiligten die in Betracht kommenden Materialien auf die mechanischen Eigen-schaften prüfen läßt und ohne Kenntnis der Ergebnisse dieser Prüfung die Fol-gerungen angibt, die man auf Grund des Gefüges ziehen zu können glaubt. Die Ergebnisse der mechanischen und der Gefügeuntersuchung werden dann gegenseitig ausgetauscht. Erst dann wird man erkennen, inwieweit der vermutete Zusammen-hang zwischen Gefüge und mechanischen Eigenschaften wirklich besteht.

**259.** Die Größe der sich bei der Erstarrung oder der Umwandlung bildenden Kristallkörner ist unter sonst gleichen Umständen im wesent-lichen abhängig von der Geschwindigkeit, mit der die Abkühlung wäh-rend der Kristallisationsperiode vor sich geht. Je langsamer der Durch-gang durch diese Temperaturzone ist, um so größer werden im all-gemeinen die Kristallkörner und umgekehrt. Es gilt hier dasselbe Gesetz,

<hr>

[1]) Ähnliche Untersuchungen sind zuerst ausgeführt worden von **Siegfried Stein**, $L_3$ 21.

das für die Kristallisation aus Lösungen, z. B. aus wässerigen Lösungen besteht. Je langsamer die Kristallisation vor sich geht, von um so weniger Kristallisationszentren aus erfolgt das Wachstum des kristallisierenden Stoffes, um so weiter können sich diese Kristalle ausbilden, bis sie sich gegenseitig stören; je schneller die Kristallisation erfolgt, von um so mehr Zentren aus setzt sie an, um so mehr, aber um so kleinere Körner werden erzielt. Selbstverständlich ist die quantitative Wirkung der Kristallisationsgeschwindigkeit bei verschiedenen Stoffen verschieden. Einige neigen besonders zu grober Kristallisation, andere ergeben bei derselben Geschwindigkeit kleinere Körner. Man kann also im allgemeinen nur die Richtung angeben, in der die Kristallisationsgeschwindigkeit wirkt, nicht aber den quantitativen Einfluß, den sie bei einem bestimmten Stoff ausübt.

Z. B. zeigen die Kupfer-Zinn-Legierungen mit etwa 12% Zinn Kornbildung wie in Tafelabb. 38, Taf. VII (vgl. *257*). Die Größe der Körner wird bedingt durch die Größe des Kristallskeletts der sich zuerst aus der flüssigen Legierung ausscheidenden kupferreichen Mischkristalle. Je langsamer die Legierung durch die Kristallisationsperiode hindurchgeht, die durch den Abstand der übergeordneten Punkte im $c, t$-Bild angegeben wird, um so gröber wird dies Skelett und um so gröber werden die Körner. Bei rascher Abkühlung, z. B. in Metallformen (Kokillen), erhält man wesentlich feinere Körnung.

Nahezu kohlenstofffreies Eisen erstarrt etwas oberhalb 1500 C°. Das Erstarrungsgefüge und damit die Größe der bei der Erstarrung entstehenden Körner wird hierbei, wie oben gesagt, bedingt durch die Geschwindigkeit des Durchlaufens durch die Erstarrungstemperatur. Nach Abkühlung auf 900 C° tritt Umwandlung im Eisen ein, indem das Eisen aus der $\gamma$- in die $\beta$-Form übergeht (*71*); die letztere wandelt sich ihrerseits bei etwa 780 C° in die $\alpha$-Form um. Die Umwandlung $\beta \rightarrow \alpha$ scheint, soweit sich bisher übersehen läßt, von keiner wesentlichen Änderung des Gefüges begleitet zu sein. Dagegen tritt bei 900 C° als Begleiterscheinung der Umwandlung $\gamma \rightarrow \beta$ eine durchgreifende Umkristallisation im Eisen ein. Es bildet sich eine neue Körnung, die die Erstarrungskörnung überdeckt und so der unmittelbaren Beobachtung im wesentlichen entzieht. Auch bei der Umwandlung bei 900 C° hängt die Größe der sich neubildenden Körner wesentlich von der Geschwindigkeit ab, mit der das Metall durch die Umwandlungstemperatur (oder bei Gegenwart von Kohlenstoff durch das Umwandlungsintervall) hindurchgeführt wird.

Abb. 205 gibt hierfür ein Beispiel. Zwei Probestücke gleicher Abmessungen aus einem sehr kohlenstoffarmen Kesselblechflußeisen wurden in gleicher Weise auf 1120 bis 1125 C° erhitzt und dann mit verschiedener Geschwindigkeit auf 680 C° abgekühlt. Bei der einen Probe erfolgte diese Abkühlung innerhalb $1\frac{1}{4}$ Minute, bei der anderen in 7 Stunden 40 Minuten. Dementsprechend ist das bei 900 C° erzeugte Umwandlungsgefüge nach der schnellen Abkühlung feinkörnig (Abb. 205 links in 111facher Vergrößerung), das nach der langsamen Abkühlung gröber körnig (Abb. 205 rechts, $V = 111$). Die durchschnittliche Fläche eines Korns ist im ersten Falle 1160 $\mu^2$, im zweiten 4600 $\mu^2$ ($1\mu = 0,001$ mm).

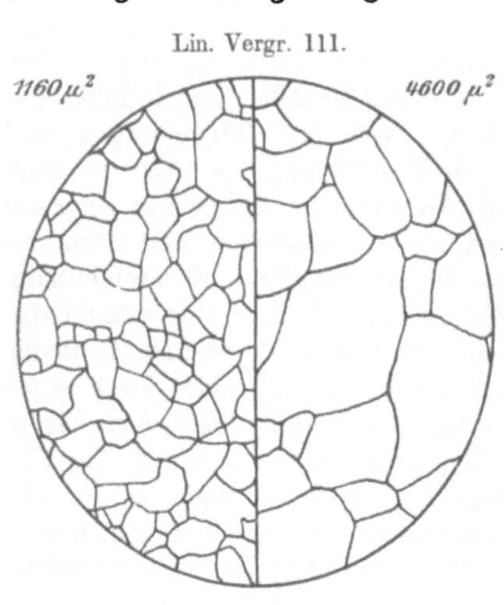



Abb. 205.
Erhitzung auf 1120—1125 C° in 50 Minuten.
Abkühlung auf 680 C° in
$1\frac{1}{4}$ Min.    |    7 Std. 40 Min.

Zuweilen ist es für die Beurteilung der Vorbehandlung des Materials von Wichtigkeit, wenigstens vergleichsweise über die Geschwindigkeit des Durchgangs durch die Umwandlungstemperatur unterrichtet zu sein. Hierüber gibt die Messung der durchschnittlichen Korngröße Aufschluß. Sie erfolgt z. B. bei Eisen nach Ätzung mit Kupferammoniumchlorid. Dadurch werden in den einzelnen Körnern die Ätzfiguren sichtbar, und es lassen sich, wie früher angegeben, mit Hilfe der Ätzfiguren die Grenzen der Körner mit Sicherheit feststellen. Man projiziert mittels des Projektionsokulars einen bestimmten Teil des Schliffbildes in die Balgkammer, in der an Stelle der Mattscheibe eine durchsichtige, mit Pauspapier überspannte Glasscheibe eingesetzt ist. Man wählt eine schwache Vergrößerung, damit das Gesichtsfeld und die Zahl der zu messenden Körner ziemlich groß ist. In der Regel wähle ich eine Vergrößerung, die eine Korndicke von etwa 5—10 mm auf der Mattscheibe liefert. Auf dem Pauspapier zeichnet man freihändig so viel von den Korngrenzen nach, als bereits bei dieser schwachen Vergrößerung sichtbar sind. Diese Zeichnung ist nur als allgemeines Gerippe gedacht; in dieses wird dann unter Beobachtung mit dem Auge nach Zurückschieben der Balgkammer bei stärkerer Vergrößerung (bis zum deutlichen Erkennen der Ätzfiguren, wozu unter Umständen Verwendung von Ölimmersion erforderlich ist) die wirkliche Umgrenzung der Körner freihändig eingezeichnet, wie sie sich auf Grund des Ätzgefüges ergibt. Es kommt bei der Arbeit weniger auf genaue Zeichnung des Verlaufs der Korngrenzen an, als vielmehr darauf, daß die Anzahl der Körner der Wirklichkeit möglichst genau entspricht. Alsdann umgrenzt man das ganze Gesichtsfeld in der Pause so, daß nur ganze Körner von der Umgrenzung umschlossen werden, daß also die Umgrenzungslinie nicht durch Körner hindurchgeht; mittels des Planimeters mißt man die so umgrenzte Gesamtfläche $F$ in qmm. Man zählt die einzelnen in der Fläche enthaltenen Körner aus, die Anzahl sei $n$. Bei der angewendeten linearen Vergrößerung $V$ kommen dann auf ein Korn im Durchschnitt $F/n$ qmm. Dies Maß hat man noch auf die natürliche Größe zurückzuführen, was durch Division mit $V^2$ geschieht. Da man die Korngröße meist in der Einheit $\mu^2 = 10^{-6}$ qmm angibt, erhält man die durchschnittliche Korngröße $\varphi_m$

$$\varphi_m = \frac{F}{n} \cdot \frac{10^6}{V^2} \qquad \text{Einheit } \mu^2.$$

Verwendet man genügend große Gesichtsfelder und verläßt sich nie auf den Augenschein, sondern immer nur auf die durch das Ätzgefüge gekennzeichneten Korngrenzen, so wird der Wert $\varphi_m$ bei wiederholter Bestimmung recht übereinstimmend gefunden, vorausgesetzt, daß nicht an verschiedenen Stellen des Schliffes infolge verschiedener Vorbehandlung des Materials die Körnung verschieden ist. In diesem Falle bietet gerade die Messung von $\varphi_m$ ein Mittel, um die Unterschiede in der Körnung zahlenmäßig festzustellen.

Manchmal wechseln im Gefüge große und kleine Körner regellos miteinander ab, und es erscheint auf den ersten Blick, als ob die Messung der durchschnittlichen Korngröße wenig Wert haben könnte. Es ist jedoch hier, wie beim durchschnittlichen Lebensalter des Menschen; das Lebensalter ist bei den verschiedenen Menschen sehr verschieden; aber das aus einer genügenden Zahl von Einzelbeobachtungen berechnete durchschnittliche Lebensalter ist eine recht wenig schwankende Zahl, die für Versicherungsberechnungen von besonderem Wert ist.

Zuweilen kann man sich die Arbeit der Aufzeichnung der Körner erleichtern, indem man statt der Handzeichnung auf Pauspapier ein Lichtbild herstellt. In dieses kann man dann bei stärkerer Vergrößerung an der Hand des Ätzgefüges die tatsächlichen Korngrenzen einzeichnen. Für den Anfänger ist dieses Ver-

14*

fahren vorzuziehen. Es hat nur den Nachteil, daß man den Schliff im mikrophotographischen Apparat so lange unberührt lassen muß, bis die Kopie des Lichtbildes fertig ist; in der Zwischenzeit ist aber der Apparat für andere Benutzung gesperrt.

Innerhalb einer erstarrten Eisenprobe kann man die Korngröße beliebig verändern, man kann sie sowohl vergrößern, als auch verkleinern. Man braucht nur das Material bis zu einer oberhalb der Umwandlungszone liegenden Temperatur zu erhitzen und dann mit entsprechender Geschwindigkeit die Abkühlung durch die betreffende Umwandlungszone hindurch vor sich gehen zu lassen.

Ähnliches kann man innerhalb jeder erstarrten Legierung oder jedes erstarrten Metalles bewerkstelligen, wenn unterhalb der Erstarrungstemperatur noch eine oder mehrere Umwandlungen stattfinden, die Umkristallisation bewirken. Dagegen besteht diese Möglichkeit nicht in solchen Metallen oder Legierungen, die unterhalb der Erstarrung keine solchen Umwandlungen erleiden, wie z. B. das Kupfer. Dann kann man die Größe $\varphi_m$ (durchschnittliche Korngröße), die durch die Erstarrung bedingt worden ist, durch Änderung der Abkühlungsgeschwindigkeit des erstarrten Metalles nicht mehr verkleinern; man hat nur einen Einfluß darauf, sie zu vergrößern, wie später gezeigt werden soll.

*260.* Bisher sind die Einflüsse besprochen worden, die die Art der Abkühlung auf die Korngröße ausübt. Es handelt sich nun auch darum, zu erkennen, welcher Einfluß der Art der Erhitzung zukommt. Die bisherige Erfahrung führt zu folgendem Gesetz: Die Kristallkörner innerhalb eines Metalles oder einer Legierung streben dahin, daß bei gegebener Masse die Summe aller Begrenzungsflächen der Körner den kleinsten Wert annimmt. Das Endziel dieses Bestrebens würde bei einem reinen Metall sein, daß die gegebene Masse aus nur einem einzigen Kristall besteht; denn dann ist die Summe der Begrenzungsflächen am kleinsten. Können die Körner innerhalb eines metallischen Stoffes diesem Bestreben nachkommen, so heißt das mit anderen Worten, die durchschnittliche Korngröße wächst, und die Zahl der Körner nimmt ab. Hierzu ist aber eine gewisse Beweglichkeit der kleinsten Teilchen der Körner erforderlich, die mit steigender Temperatur im allgemeinen wächst. Das Wachsen der Körner kann also in um so kürzerer Zeit vor sich gehen, je höher die Temperatur des metallischen Stoffes ist. Bei niederen Temperaturen ist die Geschwindigkeit des Wachstums der Körner in vielen Fällen unendlich klein, so daß die Zeit, die zur meßbaren Vergrößerung der durchschnittlichen Korngröße erforderlich ist, unendlich groß wäre; d. h. mit anderen Worten, Wachstum tritt nicht ein. Bei gesteigerter Temperatur werden die Körner ihrem Wachstumsbestreben bis zu einem gewissen Grade nachkommen können. Die eintretende Änderung vollzieht sich um so schneller und deutlicher, je höher die Temperatur wird.

Wir können das in dem obigen Gesetz gekennzeichnete Bestreben der Körner als ein Streben nach einem Gleichgewichtszustand auffassen; aber nicht nach einem Gleichgewichtszustand im Sinne der Phasenlehre, denn diese sagt über die chemische Zusammensetzung der Phasen, nicht aber über ihre Verteilung und Umgrenzung etwas aus. Das obige Gleichgewicht ist somit nicht ein Phasengleichgewicht, sondern ein Gefügegleichgewicht. Wir wollen es kurz als das Gleichgewicht der Korngröße bezeichnen.

Soweit sich die Erscheinungen bis jetzt überblicken lassen, gelangt man zu folgendem allgemeinen Schaubild (Abb. 206) über das Wachsen der Korngröße bei gesteigerter Temperatur. Hierbei ist zunächst vorausgesetzt, daß in dem erstarrten metallischen Stoff keine Umwandlungen eintreten. Die Zeit $z$, während der die Temperatur $t$ einwirkt, ist als Abszisse, die durchschnittliche Korngröße $\varphi_m$, die nach $z$ Stunden Erhitzung bei Temperatur $t$ erzielt wird, als Ordinate verwendet.

Die Zahl der Körner nimmt mit steigendem $\varphi_m$ innerhalb eines gegebenen Volumens des metallischen Stoffes ab. Infolge einer bestimmten Durchgangsgeschwindigkeit durch die Erstarrungszone sei eine bestimmte anfängliche Korngröße $\varphi_{m_0}$ erzielt (259), und diese ist bis zur gewöhnlichen Temperatur beibehalten worden. Unterhalb einer bestimmten Grenztemperatur $t_1$, die für verschiedene Metalle und Legierungen und auch für ein und denselben metallischen Stoff je nach der vorausgegangenen Vorbehandlung verschieden hoch liegen kann, ist die Änderung von $\varphi_m$ als unendlich langsam vor sich gehend aufzufassen. Die Abhängigkeit der Größe $\varphi_m$ von der Zeit würde also für Temperaturen unterhalb und gleich $t_1$ im Schaubild durch die Wagerechte durch $\varphi_{m_0}$ veranschaulicht. Wird diese Grenztemperatur $t_1$ überschritten, so nimmt die durchschnittliche Korngröße

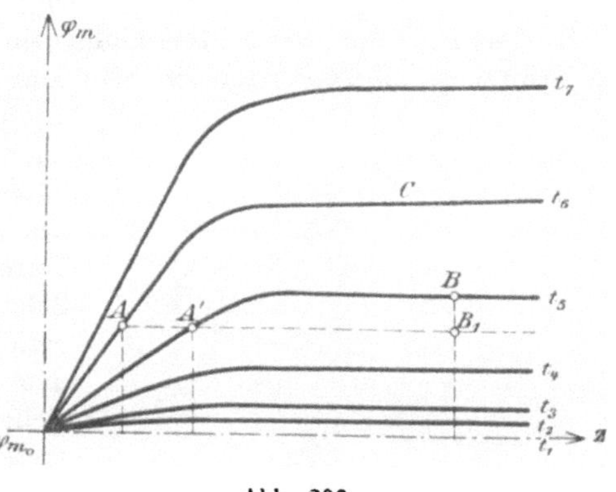

Abb. 206.

$\varphi_m$ mit der Zeit etwas zu und nähert sich für jede Temperatur asymptotisch einem Grenzwert, etwa so wie es die Schaulinien $t_2$ und $t_3$ andeuten. Wird die Temperatur weiter gesteigert, z. B. auf $t_4$, so hat die Kurve ähnlichen Verlauf; der asymptotisch erreichte Grenzwert liegt aber höher usw. Das Wachsen von $\varphi_m$ geht also um so schneller vor sich und bis zu einem um so höheren Grenzwert, je höher die Temperatur ist. Durch den Schmelzpunkt des Materials wird die höchste zur Verfügung stehende Temperatur nach oben abgegrenzt[1]).

Hat der metallische Stoff durch genügend lange Dauer der Erhitzung beispielsweise bei $t_6$ den dieser Temperatur entsprechenden Grenzwert erreicht, so vermag darauffolgendes Glühen bei Temperaturen unterhalb $t_6$ keine Änderung der Korngröße mehr hervorzubringen. Änderung ist erst möglich bei Überschreiten der Temperatur $t_6$. Hat aber das Glühen bei $t_6$ nicht genügend lange angehalten, so daß z. B. erst die durch den Punkt $A$ angedeutete Wirkung erreicht ist, so ist es sehr wohl möglich, durch genügend langes Glühen z. B. bei $t_5$ weiteres Wachstum der Körner herbeizuführen, da ja der Punkt $B$ auf der Kurve $t_5$ höher liegt, als der Punkt $A$ auf der Linie $t_6$.

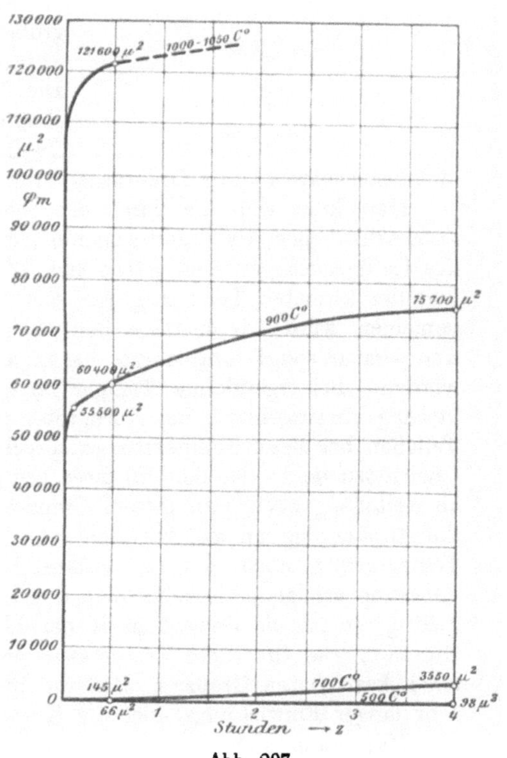

Abb. 207.

Zur Bestätigung des Gesagten sei folgendes Beispiel (Abb. 207), das einer nicht veröffentlichten Arbeit des Materialprüfungsamtes entnommen ist, angeführt.

---

[1]) Es ist wahrscheinlich, daß nicht nur die beiden Veränderlichen $z$ und $t$ die Korngröße $\varphi_m$ beeinflussen, sondern daß auch die Abmessungen des erhitzten Probestücks eine Rolle spielen.

Die Bezeichnung in Abb. 207 ist dieselbe wie in Abb. 206. Ein ursprünglich kaltgezogener Kupferdraht von 4 mm Durchmesser wurde verschieden lang bei verschiedenen Temperaturen geglüht. Bei etwa 500 C⁰ ist die Wirkung des Kaltziehens beseitigt. Die Korngröße wird durch lange fortgesetztes Erhitzen bei dieser
Temperatur nur wenig beeinflußt, sie steigt von etwa $66\,\mu^2$ nach halbstündiger
Erhitzung auf $98\,\mu^2$ nach vier Stunden. Bei 700 C⁰ ist die Wirkung schon kräftiger;

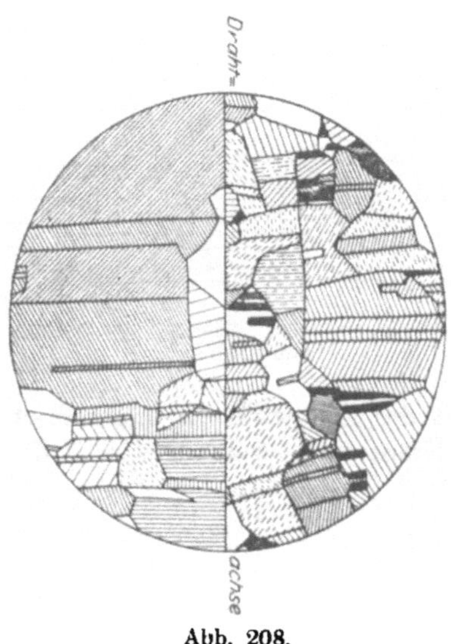


Abb. 208.

nach einer halben Stunde ist die Korngröße 145,
nach vier Stunden $3550\,\mu^2$. Je höher nun die
Glühtemperatur steigt, um so schneller wachsen die Körner und um so größer wird $\varphi_m$.
Durch andauerndes Glühen dicht unter dem
Schmelzpunkt des Kupfers kann man Körner
erzielen, die auf der Drahtoberfläche bereits mit
dem bloßen Auge ohne vorausgegangene Ätzung
sichtbar sind, und deren Größe mit dem Millimetermaßstab festgestellt werden kann.

Tafelabb. 22, Taf. IV, gibt bei 365facher Vergrößerung die Körnung des Drahtes im Querschliff
(nach Ätzung mit ammoniakalischem Kupferammoniumchlorid) nach halbstündiger Erhitzung
bei 500 C⁰. Abb. 208 zeigt bei 29facher Vergrößerung rechts den eine halbe, links den $2^1/_2$
Stunde bei 1015 C⁰ geglühten gleichen Draht.
Die Körner sind außerordentlich grob. Für
Kupfer kennzeichnend ist hierbei die vielfache
Zwillingsbildung, wobei die einzelnen Zwillings-
lamellen senkrecht zur Drahtachse angeordnet sind (E. Heyn, $L_3$ 22).

Man kann sich die durch das Schaubild 206 verkörperte Sachlage dadurch
veranschaulichen, daß man annimmt, dem Wachsen der Körner unter Anstreben
des Gefügegleichgewichts setzen sich Widerstände infolge der geringen Beweglichkeit der kleinsten Teile entgegen, aus denen die Körner aufgebaut sind. Im allgemeinen würde dann diese Beweglichkeit um so größer werden, je höher die
Temperatur steigt, und müßte bei niederen Temperturen als sehr gering geschätzt
werden. Bei irgendeiner Temperatur $t_n$ müßte sich dann, genügend lange Erhitzung vorausgesetzt, die Korngröße um ein bestimmtes, der Beweglichkeit der
Teilchen bei dieser Temperatur entsprechendes Maß dem endgültigen Gefüge-Gleich-
gewichtszustand, also dem für diese Temperatur $t_n$ geltenden Grenzwert $\varphi_{m_n}$ nähern.
Je weiter $\varphi_m$ noch von diesem Grenzwert $\varphi_{m_n}$ entfernt ist, um so schneller muß
die Annäherung an $\varphi_{m_n}$ vor sich gehen. Je weniger $\varphi_m$ bei der gleichbleibenden
Temperatur $t_n$ noch von $\varphi_{m_n}$ entfernt ist, um so langsamer wird die weitere Annäherung erfolgen, bis schließlich der Vorgang unendlich langsam verläuft. Ist $t_n$
niedrig, so ist die Beweglichkeit der kleinsten Teilchen entsprechend gering, der
Grenzwert $\varphi_{m_n}$ für diese Temperatur wird daher sehr niedrig liegen. Unterhalb
einer bestimmten Grenze $t_1$ wird die Beweglichkeit so klein sein, daß selbst bei
sehr langer Einwirkungsdauer die Korngröße $\varphi_m$ nicht merkbar wächst.

Man kann sich den Vorgang durch folgenden Vergleich grob versinnlichen,
wobei aber bemerkt werden muß, daß der Vergleich natürlich nicht in un-
beschränktem Maße verwendbar ist. Das Bestreben der Metallkörner, die Grenzen
so zu verschieben, daß das zur Verfügung stehende Metallvolumen möglichst nur
aus einem einzigen Korn gebildet wird, ist vergleichbar mit dem Bestreben eines
Gases, den größtmöglichen Raum einzunehmen. In einem Zylinder (Abb. 209)
mögen zwei Kolben $a$ und $a'$ spielen. Zwischen ihnen befinde sich eine bestimmte

Menge eines Gases. Zwischen der Zylinderwand und dem Kolben herrsche die Reibung $r$, die mit steigendem Wärmegrad nach dem in Abb. 210 durch die Linie $r$ dargestellten Gesetz abnehmend vorausgesetzt werde. Dies wäre z. B. dann denkbar, wenn die Dichtung zwischen Zylinder und Kolben mittels pechartiger Stoffe bewirkt würde, die bei niederer Temperatur hart sind, also große Reibung $r_t$ hervorrufen, bei höheren Temperaturen dagegen weich werden und geringere Reibung lie-

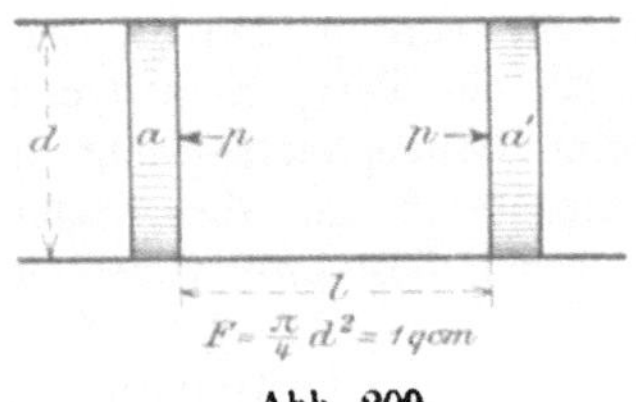

Abb. 209.

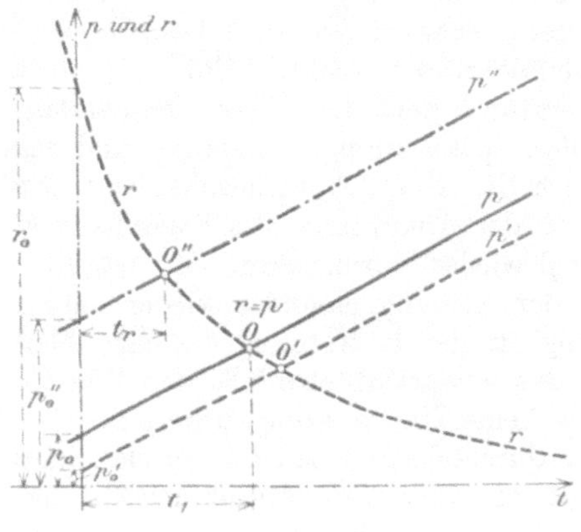

Abb. 210.

fern. In dem Raum zwischen den Kolben herrsche der mit der Temperatur veränderliche Druck $p$; außerhalb der Kolben bestehe Luftleere, also $p = 0$. Bei einer Temperatur $t$ muß nach dem Gay-Lussac-Mariotteschen Gesetz zwischen dem Druck $p$, dem Volumen des Gases $v$ und der Temperatur $t$ die Beziehung bestehen:

$$pv = p_0 v_0 (1 + \alpha t),$$

worin $p_0$ und $v_0$ Druck und Volumen der Gasmenge bei 0 C$^0$ und $\alpha$ die Wärmedehnungszahl des Gases bedeuten. Nehmen wir der Einfachheit halber an, daß die Kolbenfläche 1 qcm beträgt, so ist $v = l$ und $v_0 = l_0$, wo $l$ und $l_0$ die Abstände der Kolben voneinander bei der Temperatur $t$ und $t_0$ angeben, mithin ist:

$$p = \frac{p_0 l_0}{l} (1 + \alpha t).$$

Bei Temperaturen, bei denen $r > p$, wird der Abstand der beiden Kolben unverändert $l_0$ bleiben. Unter diesen Umständen wird sich der Druck mit steigender Temperatur wie folgt ändern:

$$p = \frac{p_0 l_0}{l_0} (1 + \alpha t) = p_0 (1 + \alpha t),$$

entsprechend der in Abb. 210 mit $p$ bezeichneten Geraden.

Die Abszisse des Schnittpunktes $O$ der Kurven für $p$ und $r$ gibt die Grenztemperatur $t_1$ an, bis zu welcher die Erhitzung Änderung der Kolbenstellung nicht zu erzielen vermag. Erst bei Steigerung der Temperatur über $t_1$ hinaus kann der Druck $p$ die Reibung $r$ überwinden; es stellt sich dann $p = r$ ein und wir erhalten:

$$p = r = \frac{p_0 l_0}{l} (1 + \alpha t),$$

$$l = \frac{p_0 l_0}{r} (1 + \alpha t).$$

Steigt die Temperatur $t$, so wächst in dieser Gleichung rechts der Zähler, während die Reibung $r$ abnimmt, mithin wird mit steigender Temperatur $l$ größer, und jeder Temperatur entspricht ein bestimmter Wert von $l$.

Auf das Wachstum der Kristallkörner übertragen, ergibt sich das oben ausgesprochene Gesetz. Unterhalb einer gewissen Grenztemperatur $t_1$ bleibt $l$, d. h. die durchschnittliche Korngröße $\varphi_m$, unverändert. Vergrößerung von $\varphi_m$ tritt erst oberhalb dieser Temperatur ein, und dann entspricht jeder Temperatur $t$ ein bestimmter Grenzwert von $\varphi_m$. Denken wir uns das Schmiermittel zwischen Kolben und Zylinderwand recht dickflüssig, so wird sich $l$ und damit auch $\varphi_m$ für die Temperatur $t$ dem für diese Temperatur geltenden Grenzwert von $\varphi_m$ anfangs schneller, später immer langsamer und schließlich unendlich langsam nähern, wie es durch die Abb. 206 veranschaulicht wird.

Bei der Abkühlung des Systems von der Temperatur $t$ aus wird sich der Druck $p$ wieder vermindern. Es besteht aber keine Kraft, die die Kolben entgegen der Reibung einander wieder nähern könnte. Sie werden also bei der Abkühlung in der Entfernung $l$ stehen bleiben, die bei der Temperatur $t$ erreicht war. Das entspricht ebenfalls den Verhältnissen beim Gefügegleichgewicht, da ja (soweit keine Umwandlung unterhalb der Erstarrung stattfindet) die Abkühlung an der durchschnittlichen Korngröße nichts ändert, wenn diese einmal den Grenzwert $\varphi_m$ für diese Temperatur erreicht hat.

Anders ist es dagegen, wenn bei der Erhitzung auf eine bestimmte Temperatur, z. B. $t_6$ in Abb. 206, die Zeit $z$ nicht ausreichend war, um den der Temperatur $t_6$ zukommenden Höchstwert der Korngröße entsprechend dem Punkte $C$ zu erzielen, daß beispielsweise nur die durch Punkt $A$ dargestellte Korngröße erreicht ist. Alsdann kann während genügend langsamer Abkühlung von $t_6$ nach $t_5$ während einer Zeit, die z. B. der Abszisse von $B$ entspricht, Annäherung an den Wert $B$ erfolgen. Dieser Punkt liegt höher als $A$; es würde also während der Abkühlung noch weitere Steigerung der Korngröße möglich sein.

Unmöglich ist dagegen die Steigerung der Korngröße während der Abkühlung, wenn während der Erhitzung bei $t_6$ der Grenzwert $C$ erreicht wurde. Dann hat die Abkühlung, wenn unsere Überlegung in allen ihren Folgerungen richtig ist, keinen Einfluß mehr. Die Abkühlung, gleichgültig ob sie schnell oder langsam vor sich geht, ändert nichts an dem Gefügegleichgewicht, das durch den Punkt $C$ ausgedrückt wird.

Die Grenztemperatur $t_1$, bei der die Möglichkeit besteht, die durchschnittliche Korngröße $\varphi_m$ zu steigern, ist, wie bereits Seite 213 angedeutet, nicht unveränderlich für denselben metallischen Stoff. Sie hängt von der vorausgegangenen Vorbehandlung desselben ab. Denn der Abstand $l_t$ der beiden Kolben, der nach der Erhitzung auf $t$ erreicht wurde, bleibt während der Abkühlung (abgesehen von dem soeben verzeichneten Ausnahmefall) unverändert. Erhitzen wir aufs neue, so ist statt des früheren Wertes $l_0$ jetzt der Grenzwert $l_t$ einzusetzen. Damit ist auch der Druck $p_0$ bei der Temperatur 0 kleiner geworden, als der frühere Wert $p_0$. Die Änderung des Druckes bei unverändertem Volumen wird nun dargestellt durch die punktierte Linie $p'$ in Abb. 210. Der Schnittpunkt der Linien $p'$ und $r$ liegt bei höherer Temperatur als $t_1$, entsprechend der Abszisse von $O'$. Erst nach Überschreiten dieser kann weitere Vergrößerung der Körner erfolgen. Die untere Grenze $t_1$ erscheint also um so höher gerückt, je weiter durch die vorausgehende Erhitzung die Korngröße bereits gesteigert worden ist. Die Korngröße kann nicht nur durch vorausgehendes Glühen, sondern auch durch die Erstarrung auf ein bestimmtes, dem Wert $l_t$ entsprechendes Maß gebracht werden. $l_t$ ist um so kleiner, je rascher die Erstarrung vor sich ging, und je kleiner damit die ursprüngliche Korngröße ist. Je kleiner $l_t$, um so niedriger liegt die Grenztemperatur $t_1$. Ist infolge langsamer Erstarrung $l_t$ sehr groß, so rückt $t_1$ sehr hoch und man kann daher erst durch Glühen bei sehr hohen Temperaturen Steigerung der Korngröße erzielen.

**261.** Wir wollen jetzt die Voraussetzung aufheben, daß die metallischen Stoffe unterhalb der Erstarrung keine Umwandlung mehr durchmachen, und ein Metall betrachten, das unterhalb der bei $T$ erfolgten Erstarrung bei der Temperatur $t_u$ eine Umwandlung aus der Modifikation $A'$ in die Modifikation $A$ erfährt. Vorausgesetzt werde, daß diese Umwandlung keine ausgesprochene Verzögerung erleide, damit die Verhältnisse nicht allzu verwickelt werden. Unterhalb $t_u$ kann das Metall denselben Gesetzen folgen, wie sie in *260* besprochen sind. Durch Erhitzen bei genügend hohem Wärmegrade und genügend langer Zeitdauer der Einwirkung kann die Korngröße der $A$-Kristallkörner gesteigert werden. Sind durch Erhitzung die $A$-Körner auf ein bestimmtes Maß gebracht, so läßt sich dieses bei der Abkühlung nicht wieder verringern.

Geht man jedoch mit der Erhitzung über $t_u$ hinaus, etwa nach der Linie $ABC$ in Abb. 211, worin die Zeiten als Abszissen, die Temperaturen als Ordinaten verwendet sind, so werden bei $B$ die Körner der $A$-Form verschwinden und durch Körner der $A'$-Form ersetzt. Diese gehorchen nun ebenfalls den Gesetzen, die in *260* dargelegt sind. Sie wachsen bei genügend langer und genügend

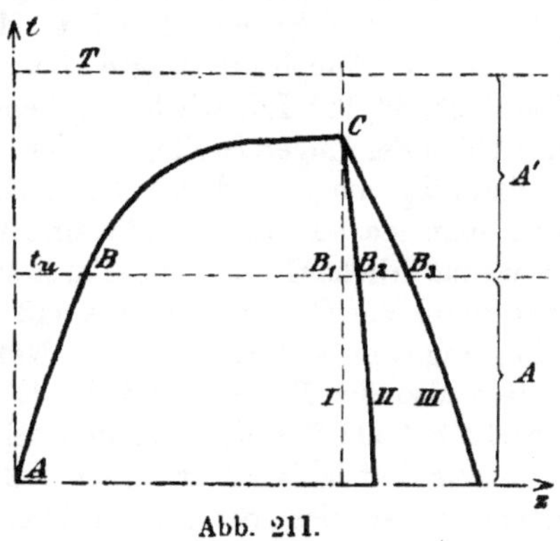

Abb. 211.

hoher Erhitzung. Kühlt man nun ab, etwa nach der Linie II in Abb. 211, so wird sich über $CB_2$ die Korngröße der $A'$-Kristalle nicht ändern (abgesehen von dem Fall, daß bei $C$ der für diese Temperatur gültige Grenzwert von $\varphi_m$ noch nicht erreicht und so noch eine gewisse Steigerung der Korngröße während der Abkühlung möglich ist). Bei $B_2$ findet der Übergang $A' \rightarrow A$ mit völlig neuer Kristallisation statt, die die ursprüngliche Kristallisation von $A'$ überdeckt. Diese Kristallisation unterliegt nun dem in *259* mitgeteilten Gesetz. Je schneller der Durchlauf durch $t_u$ ist, um so kleiner werden die Kristalle von $A$ sein, und umgekehrt. Man wird also die kleinste Körnung bekommen, wenn man sehr rasch abkühlt, etwa nach I in Abb. 211, etwas gröbere Körnung wird bei der Abkühlung nach II und noch gröbere bei der nach III erzielt.

Im vorliegenden Falle können wir sonach die Korngröße der $A$-Kristalle auf ein beliebiges Maß bringen, und zwar ein größeres oder kleineres als im Anfangszustand, der dem Koordinatenanfang $A$ entspricht. Dies ist aber nur dadurch möglich geworden, daß wir bei der Erhitzung über die Grenze $t_u$ hinausgegangen sind. Der Fall ist ganz analog dem, bei welchem man ein Metall über seinen Schmelzpunkt hinaus überhitzt und es dann der Abkühlung überläßt. Je nach der Geschwindigkeit des Durchlaufs durch die Erstarrungstemperatur kann man die Korngröße beliebig beeinflussen.

Ein Fall, wie ihn Abb. 211 darstellt, ist beim Eisen verwirklicht, das ja unterhalb der Erstarrung (etwa 1510 C°) zwischen 900 und 780 C° die Umwandlung aus $\gamma$- in $\beta$-Eisen und aus $\beta$- in $\alpha$-Eisen erleidet. Wie in *259* gezeigt, kann man je nach der Abkühlungsgeschwindigkeit durch diese Umwandlungszone die Korngröße beliebig ändern. Bleibt man aber unter dieser Zone $t_u$, so kann man durch Erhitzen, gleichgültig, ob darauf langsame oder schnelle Abkühlung erfolgt, nur Vergrößerung der Körner von $\alpha$-Eisen, niemals aber Verminderung erreichen.

**262.** Die bisher besprochenen Gesetze über Gefügegleichgewicht sind mehrfacher Anwendung fähig. Wir werden später sehen, daß sie beim Nachweis stattgehabter Überhitzung und ihrer Folgewirkung auf die mechanischen Eigenschaften des Materials eine wichtige Rolle spielen. Sie ermöglichen auch den Nachweis, ob ein Material bei seiner Verarbeitung oder während seiner Benutzung höheren Wärmegraden ausgesetzt gewesen ist, wenn man die untere Grenze $t_1$ kennt, bei der das Wachstum der Kristalle möglich ist. Sie gestatten den Nachweis verschieden schneller Abkühlung von Eisen und Eisenlegierungen an verschiedenen Stellen eines und desselben Werkstücks usw. Zur Erläuterung seien nur zwei Beispiele herausgegriffen:

a) **Nachweis, daß ein ausgebeultes Kesselblech im Kessel zum Erglühen gebracht worden ist.** Die in Betracht kommende Blechtafel (kohlenstoffarmes Flußeisen) zeigte über den größten Teil ihrer Ausdehnung das in Tafelabb. 46, Taf. IX, wiedergegebene feinkörnige Gefüge (etwa natürliche Größe). In der Nähe derjenigen Stelle, an der das Kesselblech ausgebeult war, war das Gefüge vollständig umgewandelt. Die Kristallkörner des Eisens sind derartig gewachsen, daß man sie bereits mit bloßem Auge sehen kann, wie Tafelabb. 47, Taf. IX, zeigt (etwa natürliche Größe). Bei Flußeisen findet eine wesentliche Änderung der Körnung unterhalb 650 C° erfahrungsgemäß nicht statt. Der Vergleich der verschiedenen Körnung des Materials in der Nähe und in größerer Entfernung von der Beule liefert also den Beweis, daß das Eisen nahe der Beule örtlich auf eine Temperatur oberhalb 650 C° erhitzt worden sein muß.

Wie Tafelabb. 47 erkennen läßt, sind unten im Bilde die Kristalle durch die ganze Dicke des Bleches grobkörnig ausgebildet; oben dagegen sind sie nur längs der Blechoberflächen grob, in der Mitte des Blechs dagegen feinkörniger. Diese Art des Wachstums findet man häufig; das Wachstum beginnt an den freien Oberflächen und setzt sich nach innen fort.

b) **Erglühen von Kupferblech in einer Feuerkiste.** Auch hier zeigte sich, daß das Blech an gewissen Stellen so grobe Körner zeigte, wie sie nur durch Erhitzen oberhalb der Temperatur von 500 C° im Kupfer erzeugt werden können. Tafelabb. 48, Taf. X, natürliche Größe.

**263.** In allen Fällen, bei denen es gelingt, nach Erhitzung bis oberhalb einer Umwandlungstemperatur $t_u$ mittels sehr rascher Abkühlung (**Abschrecken,** z. B. im Wasser oder anderen Flüssigkeiten) die Umwandlung bei $t_u$ während der Abkühlung ganz oder teilweise zu unterschlagen, kann das Metall durch diese Behandlung in einen Zustand mit wesentlich anderen Eigenschaften übergeführt werden als bei langsamer Abkühlung, falls seine Eigenschaften in der oberhalb $t_u$ beständigen Form sich wesentlich von denen der unterhalb $t_u$ beständigen unterscheiden.

Dies ist z. B. bei den Eisen-Kohlenstoff-Legierungen der Fall. Eine solche mit 0,95 % Kohlenstoff besteht oberhalb $t_u = 700$ C° aus homogenen Mischkristallen, zerfällt dagegen bei langsamer Abkühlung bei 700° in ein inniges Gemenge von Eisen und Karbid (Eutektikum = Perlit). In dem diesem Gefüge entsprechenden Zustande ist die Legierung verhältnismäßig weich, so daß sie gefeilt werden kann. Erhitzt man dagegen auf Temperaturen oberhalb 700° und schreckt plötzlich in Wasser ab, so wird die Umwandlung bei 700 C° während der Abkühlung verhindert; der Zerfall der homogenen Mischkristalle in den Perlit unterbleibt, und man erhält Körner eines Gefügebestandteils, der entweder vollkommen glatt ohne Kennzeichen weiterer Unterteilung, oder aus kleinen sich kreuzenden Nädelchen aufgebaut ist. Zeigt der Stahl dieses Gefüge, so ist er hart, nicht feilbar. Vgl. II B, *19.*

# 6. Änderung des Gefüges durch Kaltrecken und darauffolgendes Glühen[1]).

## a) Allgemeines über bleibende Formveränderung von Kristallen.

**264.** Die Metalle und Legierungen sind aus einem Haufwerk von Kristallkörnern (Kristalle eines und desselben Stoffes oder verschiedener Stoffe) aufgebaut. Es fragt sich nun, wie sich solche Haufwerke bei Formänderung unter dem Einfluß äußerer Kräfte verhalten. Solange diese Formänderungen elastischer Art sind, wird auch die Formänderung der einzelnen das Haufwerk bildenden Kristalle elastischer Art sein müssen. Nach Aufhören der äußeren Kräfte werden das Haufwerk und die einzelnen dasselbe bildenden Kristalle bestrebt sein, wieder ihre ursprüngliche Gestalt und Lage anzunehmen.

Werden die Metalle und Legierungen bleibenden Formveränderungen bei gewöhnlichen Wärmegraden (Kaltrecken) unterworfen, so erstrecken sich diese auch auf die einzelnen Kristallkörner. Es ist sonach wichtig, die Gesetze der bleibenden Formveränderung von Kristallen kennen zu lernen, soweit sie bis jetzt erforscht worden sind.

Zwischen den sogenannten spröden kristallisierten Körpern, wie Kalkspat, Steinsalz, und den plastischen Kristallen des Goldes, Kupfers usw. scheint ein grundsätzlicher Unterschied kaum vorhanden zu sein. Man kann z. B. einen Kochsalzkristall, wenn er von vier Seiten vollständig umschlossen ist, durch hohen Druck in eine Art Fließen versetzen, ohne daß der Zusammenhang aufgegeben wird. Freilich erhält man dann keinen einheitlichen Kristall mehr, sondern ein innig zusammenhängendes Haufwerk kleinerer Kristallteilchen. In Gesteinschichten findet man vielfach Kristalle von Mineralien, z. B. Zyanit (Mügge, $L_3 24$), eingebettet, die deutliche Krümmung aufweisen, ohne daß dabei Zerbrechen des Kristalls eingetreten wäre. Aber auch, wenn der allseitige Druck, unter dem die eben beschriebenen Formänderungen vor sich gehen, wegfällt, kann man an den als spröde bekannten Kristallen immerhin noch überraschende Formänderungen bewerkstelligen, ohne daß der Zusammenhang aufgegeben wird, ja ohne daß Spuren von Trennungsflächen erkennbar sind. Drückt man (nach Reusch, $L_3$ 25 und Baumhauer) gegen die Ecken $EC$ eines Kalkspat-Spaltungsrhomboeders, Abb. 212, oder preßt man in die durch einen Pfeil bezeichnete Kante senkrecht zur Kante eine Messerschneide ein, so geht eine Formveränderung vor sich, die Abb. 213 wiedergibt. Die Abbildung ist von einem mir freundlichst von dem verstorbenen Prof. Müller (Charlottenburg) überlassenen Schaustück entnommen. Man legt sich den Vorgang am einfachsten in folgender Weise zurecht: Durch das Rhomboeder, Abb. 212, wird eine Schnittebene durch die Punkte $ACGE$ gelegt. Die Schnittfläche ist in Abb. 214 durch die Fläche $ACGE$ dargestellt. Man denke sich diese Fläche durch die Linien $JL$ und $KM$ in drei Teile $AJLE =$ III, $JKML =$ II, und $KCGM =$ I zerlegt. Anstatt durch den starren Flächenteil II soll jetzt die Verbindung zwischen I und III so bewirkt werden, daß die einzelnen Punkte der Linie $MK$, also z. B. die Punkte $M, O, K \ldots$ mit den entsprechenden Punkten der Linie $LJ$, also $L, P, J \ldots$ durch je einen starren Draht

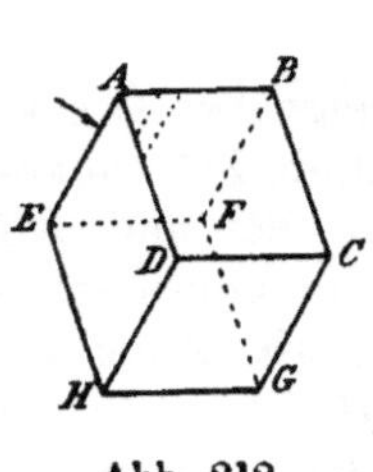

Abb. 212.

Abb. 213.
Nat. Größe.

---

[1]) Darstellung nach E. Heyn, $L_3$ 23.

verbunden sind, wobei die Befestigung der Drähte mit den Teilen I und II in
den Punkten $M$, $O$, $K$..., $L$, $P$, $J$... gelenkartig sein soll. Übt man nun in
der Richtung der Pfeile bei $E$ und $C$ einen Druck aus, so geht die Fläche
$AJKCGMLE$ über in die Fläche $A'J'KCGML'E'$. Statt der Drähte $ML$, $OP$,
$KJ$... hat man sich nun im Kalk-
spatrhomboeder Molekülreihen vorzustellen, deren gegenseitige Verkettung eine
ebensolche Beweglichkeit zulassen muß
wie das durch die Gelenkdrähte verbundene System I und II. Infolge des
Druckes bei $E$ und $C$ wird die Molekülreihe $ML$ um $M$ gedreht und gelangt
nach einer Drehung um den Winkel $\alpha$
in die Lage $ML'$. Die Molekülreihen $OP$
und $KJ$ gelangen nach Drehung um den
gleichen Winkel $\alpha$ in die entsprechenden
Lagen $OP'$ und $KJ'$. Winkel $\alpha$ ist hierbei
kein beliebiger, sondern, wie kristallographische Messungen zeigen, durch die
Beziehung Winkel $AEM$ = Winkel $L'MK$
bestimmt, so daß die Lamelle $L'J'KM$
nach der Deformation dem Rhomboid $\varepsilon\alpha\gamma\delta$

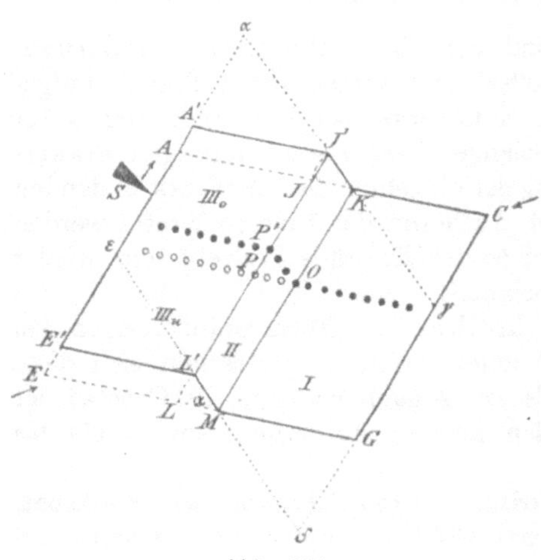

Abb. 214.

angehört, das sich nach mineralogischer Bezeichnungsweise zu dem Rhomboid $EACG$
in Zwillingsstellung befindet. Die Formänderung des Kalkspates ist somit durch
einen Übergang der Lamelle $LJKM$ in die Zwillingsstellung $L'J'KM$ ermöglicht
worden; diese Art der Formänderung soll als Formänderung unter Zwillungsbildung bezeichnet werden. Bei der Drehung der Molekülreihe $ML$ usw. tritt
diese aus ihrer ursprünglichen stabilen Gleichgewichtslage $ML$ heraus und durch-
wandert labile Gleichgewichtsstellungen, um dann in ein neues stabiles Gleichgewicht in der Stellung $ML'$ zu gelangen.

Gleiches wird erreicht, wenigstens für den oberen Teil $III_0$, wenn mit einer
Messerschneide $S$ senkrecht zur Kante $AE$ gedrückt wird. Durch die Keilwirkung
der Schneide wird sowohl in der Richtung $SA$ wie in der Richtung $SE$ ein Druck
ausgeübt. Wegen der geringeren zu verschiebenden Masse in der Richtung $SA$
wird der obere Teil $III_0$ aus Lage $AJKC$ in die Lage $A'J'KC$ gebracht, während
der untere Teil $III_u$ in seiner Lage verharrt.

**265.** Statt einer einzigen Zwillingslamelle können unter geeigneten Druck-
verhältnissen natürlich auch mehrere Lamellen entstehen, wie Abb. 215 veranschaulicht, so daß statt der ursprünglichen Rhomboederflächen $AC$ und $EG$
wiederholt abgestufte neue Flächen $A'C'$ und $E'G'$ entstehen. Die Lamellenbil-
dung im Kalkspat erfolgt nun nicht allein parallel der Kante $EA$, wie bisher besprochen, sondern auch noch parallel den beiden Kanten $AD$ und $AB$ (Abb. 212). Es
leuchtet ein, daß durch diese Art der Deformation der Kristall sehr gut in den
Stand gesetzt ist, sich der Form des ihm während der Formänderung verfügbaren
Raumes innig anzuschmiegen. Die Lamellen können zu dünnen Streifen zusammenschrumpfen wie bei 1, 2, 3 in Abb. 215. Die Formänderung wird dann durch
diese „Zwillingsstreifung" kenntlich.

Die Formänderung des Kalkspatkristalles unter einfacher oder wiederholter
Zwillingsbildung ist an der Oberfläche des Kristalles durch Abstufung der Flächen
oder Streifung gekennzeichnet, sie muß aber auch wegen der stattgehabten Drehung
der Moleküle sowohl optisch als auch mit Hilfe der Ätzfiguren im Schliff bemerklich
sein. Innerhalb der Zwillingslamelle muß das Ätzgefüge ein anderes sein als

außerhalb derselben. Wenn in den Teilen I und III, s. Abb. 214, die Ätzfiguren eine bestimmte Lage zu $OP$ einnehmen, müssen sie in II nach der Deformation die gleiche Lage in bezug auf $OP'$ zeigen. Sind die Lamellen sehr dünn, so erscheinen auf dem geätzten Schliff „Ätzfurchen", gebildet durch zusammenhängende Reihen der Ätzfiguren, deren Lage eine andere ist als diejenige der Ätzfiguren in der Umgebung. Solche Ätzfurchen habe ich an Spaltungsstücken eines verbrannten Eisens deutlich ausgeprägt gefunden (E. Heyn, $L_3$ *13*, Fig. 5, Tafel III). Die Furchen gehen teils diagonal zu den Würfelflächen, teils bilden sie mit der Diagonale einen Winkel. Sie sind jedenfalls identisch mit den Neumannschen Linien, die von Neumann 1850 in würfligem Meteoreisen entdeckt wurden (vgl. Emil Cohen, $L_3$ *26*, und Osmond und Cartaud, $L_3$ *14*). Mügge ($L_3$ *27*) hat durch

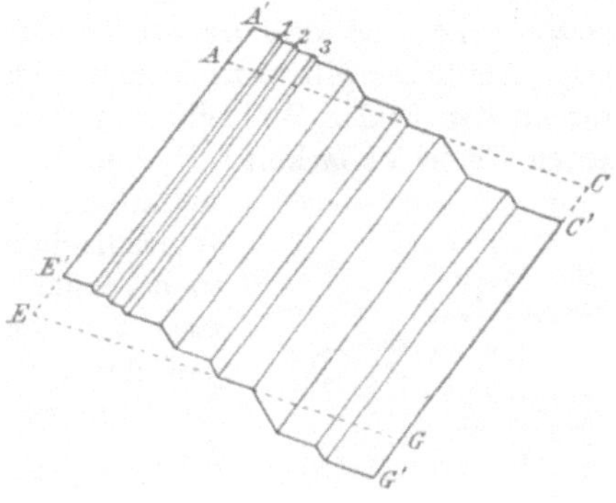

Abb. 215.

Druck auf ähnlichen Spaltungsstücken von Eisen derartige Zwillingslamellen künstlich hervorgebracht und mittels kristallographischer Messungen genau verfolgt. Nach seinen Untersuchungen kann es als erwiesen gelten, daß **die Formänderung unter Zwillingsbildung in den Ferritkörnern des Eisens eintreten kann**. Eine Erscheinung, wie sie sich auf geätzten Längsschiffen zerrissener Eisenstäbe häufig beobachten läßt und in Tafelabb. 49, Taf. X, in 1650 facher Vergrößerung abgebildet ist, dürfte wohl auch auf Formveränderung des Eisenkornes unter Zwillingsbildung zurückzuführen sein. Schräg durch das Korn $a$ setzt sich von links oben nach rechts unten ein gestreiftes Band $a'$ mit unvollkommen ausgebildeten Ätzfiguren. Sie sind anders gelagert als die quadratischen Ätzfiguren außerhalb des Bandes bei $a$. Die Streifung in dem Bande liegt nahezu parallel zur Diagonale dieser quadratischen Ätzfiguren, was mit den Beobachtungen Mügges bezüglich der Lage der Zwillingsstreifung an Eisen ungefähr übereinstimmen würde. Auch in Stauchproben von Flußeisen finden sich unzählige Schlieren von der Art der in Tafelabb. 50, Taf. X, ($V = 900$) mit $s$ bezeichneten. Sie dürften ebenfalls in das gleiche Gebiet zu rechnen und als Folge von Formänderung der Eisenkristalle unter Bildung von Zwillingslamellen zu betrachten sein.

**266.** Bei der Formänderung durch Zwillingsbildung muß man zum Zwecke der Erklärung des Vorganges eine Drehung der Moleküle zu Hilfe nehmen. Es lassen sich aber auch noch andere Formveränderungen kristallisierter Körper ohne Drehung denken, und es sind solche auch tatsächlich von Mügge ($L_3$ *23, 24, 27*) beobachtet worden. Wir denken uns z. B. durch einen Würfel, Abb. 216, parallel einer Würfelfläche $ABCD$ einen

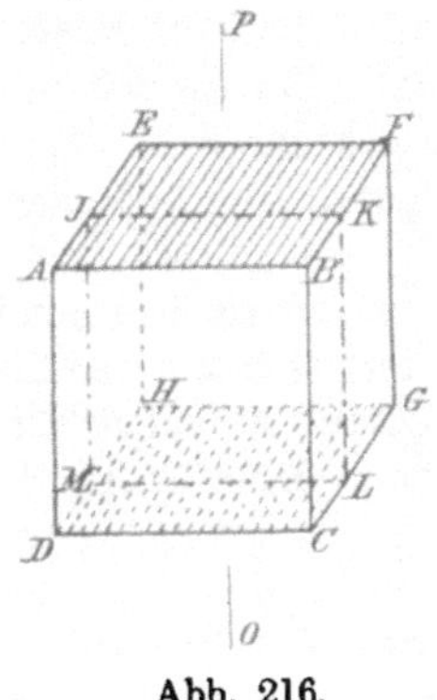

Abb. 216.

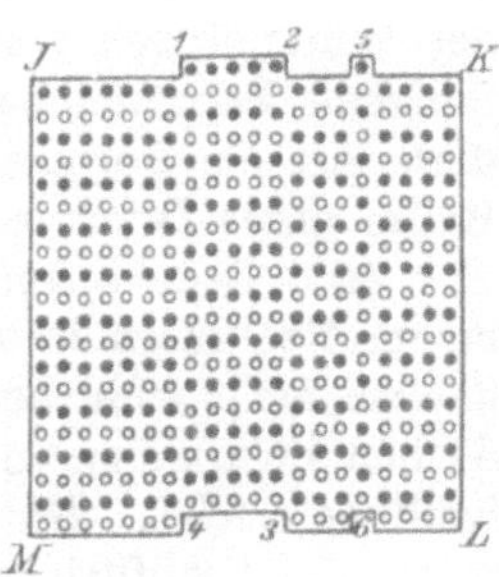

Abb. 217.

Schnitt $JKLM$ gelegt. In dem so erhaltenen Quadrat, s. Abb. 217, denken wir uns parallel der senkrechten Quadratseite $JM$ eine leichtere Verschiebbarkeit der Moleküle als in anderen Richtungen. Einzelne Molekülreihen sind in Abb. 217 schematisch durch schwarze und helle Kreisflächen dargestellt. Längs $JK$ hat ursprünglich im Quadrat eine schwarze wagerechte Reihe von Molekülen, unmittelbar darunter eine weiße Reihe gelegen usw. Es ist möglich, einen Streifen 1 2 3 4 um ein Vielfaches des gegenseitigen Abstandes zweier Molekülreihen zu verschieben, so daß jetzt weiße Moleküle in die nächste Reihe der schwarzen Moleküle gelangen; es muß dann wieder Gleichgewicht vorhanden sein. Die Verschiebung kann noch weiter gehen, so daß die weißen Moleküle wieder in eine weiße Reihe gelangen usw. Ähnliches gilt vom Streifen 5 6. Die Verschiebung der Streifen macht sich nur an den beiden Würfelflächen bemerkbar, die senkrecht zur Richtung der leichtesten Verschiebbarkeit $OP \parallel JM$ der Moleküle liegen. Die Flächen sind in Abb. 216

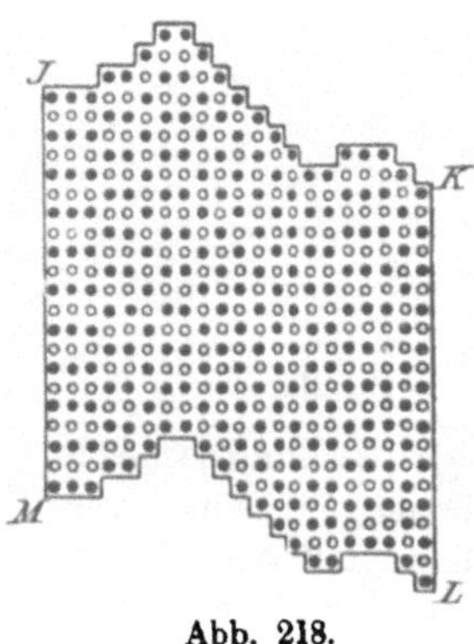

Abb. 218.

schraffiert. Im Innern dagegen sowie auf den übrigen Würfelflächen darf am Kristall keine Spur der Verschiebung zu erkennen sein, weder optisch noch am Ätzgefüge, und zwar aus dem einfachen Grunde, weil der molekulare Aufbau der gleiche geblieben ist und nur einzelne Moleküle ihre Stellung mit anderen Molekülen vertauscht haben. Ist die Verschiebung der Lamelle sehr gering, so macht sie sich auf den beiden Würfelflächen, die senkrecht zur Verschiebungsrichtung liegen, nur durch zwei Streifen bemerkbar; bei sehr geringer Dicke der Lamelle können die beiden Streifen zu einem einzigen zusammenschrumpfen. Bewegen sich nun infolge äußerer Beanspruchung statt eines Streifens mehrere in der besprochenen Weise, so kann das Quadrat alle möglichen Formen annehmen, wie Abb. 218 zeigt, und doch ist die Formänderung wiederum nur an den beiden zur Verschiebungsrichtung senkrechten, in Abb. 216 schraffierten Würfelflächen bemerkbar, die in beliebige durch Abstufung gebildete Flächen $JK$ und $ML$ umgewandelt werden können. Vielfach ist die Abstufung so fein, daß sie nur in Form von äußerst zarter, durch die Schraffur in Abb. 216 angedeuteter Streifung bemerkbar ist. Im Innern des Kristalles aber sowie auf seinen übrigen Begrenzungsflächen kann weder unter Zuhilfenahme optischer Hilfsmittel noch der Ätzfiguren etwas von der Formänderung bemerkt werden. Mügge hat diese Art der Formänderung mit dem Namen Translation belegt, die Streifung führt daher die Bezeichnung Translationsstreifung.

Wenn in einem Würfel die Translation einmal parallel zu einem Paar Würfelflächen erfolgen kann, so ist es wegen der kristallographischen Gleichwertigkeit der Würfelflächen wahrscheinlich, daß sie auch parallel den beiden anderen Paaren der Würfelflächen vor sich gehen kann. Die dadurch bedingte Formänderungsfähigkeit kann demnach einen Kristall, der infolge seines molekularen Aufbaues diese Art der Formänderung zuläßt, in den Stand setzen, irgendeinen beliebigen Raum unter Druck auszufüllen.

**267.** Dem Wesen der Translation entsprechend, kann sie, wenn sie in irgendeinem Metallkorn infolge äußerer Beanspruchung eingetreten ist, sich auf Schliffflächen nicht mehr bemerkbar machen. Wohl aber ist es möglich, sie auf Schliffflächen sichtbar zu machen, wenn die Formänderung erst nach Herstellung des Schliffes erfolgt. Natürlich darf sie dabei ein gewisses Maß nicht überschreiten, wenn die Schlifffläche noch mikroskopischer Beobachtung zugänglich sein soll. Es kann dann die Translationsstreifung in den Körnern des Metalles auf der Schlifffläche sichtbar gemacht werden, ein Verfahren, das zuerst von Ewing und Rosenhain ($L_2$ 29) angewendet worden ist, um die Grenzen der einzelnen Körner gegeneinander festzustellen. Ähnlich wie die Art der Ätzfiguren, so wechselt auch die Richtung der Translationsstreifen von Korn zu Korn. Besonders leicht gelingt es, diese Streifung in Kupferschliffen hervorzubringen, indem man den Schliff parallel zur Schlifffläche in einem Schraubstock mäßig drückt. Tafelabb. 51, Taf. X, zeigt eine solche Translationsstreifung in 365facher Vergrößerung. Die Streifung setzt hierbei über 2 im Korn $a$ eingelagerte Zwillingslamellen $a'$ und $a''$ hinweg. (Um Mißverständnis zu vermeiden, bemerke ich, daß diese Zwillingslamellen mit der Formänderung nichts zu tun haben, sie waren vor ihr bereits vorhanden). Es gelingt schon durch Einritzen mit einer Reißnadel in einem Kupferschliff in der Nähe des Ritzes die Streifung in den Kupferkörnern hervorzubringen. In der Art der Erscheinung liegt es begründet, daß die Streifung bereits nach leichtem Anätzen verschwindet; man kann sie durch erneute Formänderung dann aber beliebig oft wieder hervorbringen. Mügge hat durch Beobachtung an natürlichen Kupferkristallen festgestellt, daß die Translation parallel den Oktaederflächen erfolgt. Ich möchte darauf hinweisen, daß es auf Grund dieser Beobachtung möglich ist, genau die Lage der Schnittfläche eines Kupferkornes im Schliff zu seinen kristallographischen Achsen zu ermitteln. Man hat nur dafür zu sorgen, daß durch geeigneten Druck auf dem Korn Translationsstreifen nach zwei Richtungen auftreten, die dann Oktaederflächen parallel sind; aus dem Schnittwinkel dieser beiden Richtungen läßt sich die Lage des Schnittes zu den Oktaederflächen bzw. zu dem kristallographischen Achsenkreuz berechnen. Man hat also ein Mittel in der Hand, sich kristallographisch in einem Kupferkorn der Schlifffläche genau zu orientieren, so daß, wenn dieses Verfahren weiter ausgebaut wird, die metallographischen Untersuchungsmethoden den petrographischen wohl kaum mehr an Schärfe nachstehen dürften.

Ob beim Eisen ebenso wie beim Kupfer eine Formveränderung der Körner durch Translation möglich ist, geht aus Mügges Untersuchungen nicht zweifellos hervor. Seine Beobachtungen haben sich nur auf Spaltungsstücke offenbar verbrannten Eisens erstreckt, das sich ja in seinem physikalischen Verhalten, namentlich in seiner Formänderungsfähigkeit, vom normalen Eisen unterscheiden kann. Nach Ewings und Rosenhains Beobachtungen scheint aber doch eine Translation in den Eisenkörnern einzutreten, da sie eine der Translationsstreifung ähnliche Erscheinung auch auf Eisenschliffen hervorrufen konnten. Tafelabb. 52, Taf. XI, zeigt diese Streifung in 900facher Vergrößerung an einem Längsschliff eines ausgeglühten weichen Flußeisendrahtes. Die Streifen sind ähnlich wie in den Abbildungen Ewings und Rosenhains merkwürdig verbogen, was ich mir dadurch erkläre, daß die Translation in den Eisenkörnern erst bei verhältnismäßig hohen Beanspruchungen eintritt und ihr eine anders geartete Formänderung vorausgeht. Dem entspricht, daß nach meinen Versuchen die Schliffe ganz bedeutende Formänderungen erlitten hatten, bevor die Streifung merkbar wurde, und daß auf einem Zerreißstabe Fließfiguren (I, *107*) bereits entwickelt waren, ohne daß in den durch das Fließen auf der polierten Oberfläche sichtbar gewordenen Körnern auch nur die Spur einer Streifung zu entdecken gewesen wäre. Nach Osmond, Frémont und Cartaud ($L_3$ 30) sind diese Streifen überhaupt keine Translationsstreifen, sondern mikroskopische Fließfiguren (Lüders Linien) I, *107*.

*268.* Aus dem Gesagten geht hervor, daß sowohl Zwillingsbildung als auch Translation bei der Formveränderung der Metalle und Legierungen eine Rolle spielen werden. Es bleibe dahingestellt, ob sie nebeneinander oder einzeln auftreten. Ich bin aber weit davon entfernt, anzunehmen, daß sämtliche Vorgänge der bleibenden Formänderung der Metalle, soweit sie ohne Teilung der Körner erfolgen, mit diesen beiden Vorgängen zu erklären sind. Ich habe früher schon ($L_3$ 23) darauf hingewiesen, daß auch gewöhnliche Biegungen in den Kristallkörnern deformierter Metallmassen auftreten müssen, und habe dies seinerzeit durch Tafelabbildungen belegt. Später zeigten auch Osmond, Frémont und Cartaud ($L_3$ 30) bei Versuchen an größeren einheitlichen Spaltungsstücken des Eisens, daß Fältelungen auftreten.

*269.* Bei Formänderungen, die zur vollkommenen oder teilweisen Trennung führen, kommt noch die **Spaltung** parallel bestimmten Kristallflächen in Frage, wie z. B. beim Steinsalz parallel den Würfelflächen. Auch im Eisen ist Spaltbarkeit beobachtbar, wie Tafelabb. 53, Taf. XI, in etwa doppelter Größe zeigt. Sie entspricht einem gespalteten Stück Eisen, das nach dem Goldschmidtschen Thermitverfahren unter bestimmten Bedingungen hergestellt ist. Das Stück wurde auf *s* eingeschnitten und dann gebrochen. Die Spaltflächen auf dem Bruch erinnern fast an Beiglanz. Nach **Stead** ($L_3$ *12*) ist die Spaltbarkeit parallel den Würfelflächen der Kristalle. Derselbe Forscher hat auch festgestellt, daß in Eisensorten, die vorwiegend aus Eisenkörnern bestehen, der Bruch in der Regel nicht den Korngrenzen folgt, sondern in Form von Spaltflächen die Eisenkörner durchsetzt. Das gilt natürlich nur dann, wenn nicht etwa durch Schaumwände von der Erstarrung herrührende Flächen geringsten Widerstandes erzeugt sind, die den Bruch begünstigen, namentlich wenn in den Schaumwänden fremde Stoffe eingelagert sind, wie Gase, oxydische oder sulfidische Verbindungen usw. Ein solcher Fall liegt bei dem in Tafelabb. 33, Taf. VI, dargestellten kohlenstoffarmen Flußeisenblöckchen vor.

Bekannt ist auch die Spaltbarkeit bei Zink, Antimon, Wismut usw.

## b) Allgemeines über bleibende Formveränderungen in amorphen Stoffen und in Haufwerken von Kristallkörnern.

*270.* Wie früher gezeigt (I, *107*), erhält man beim Zerreißen von Metallstäben vielfach die sogenannten **Fließfiguren** oder **Lüdersschen Linien.** Abb. 219 zeigt z. B. einen Teil eines Zerreißstabes von Flußeisen in etwa natürlicher Größe, der vor dem Zerreißen auf einer Seite poliert war. Er wurde einer allmählich gesteigerten Zugbeanspruchung ausgesetzt, bis eben die ersten Fließfiguren auftraten, worauf Entlastung erfolgte. Die Figuren zeigen den bekannten Verlauf: Parallele, zur Stabachse geneigte Streifen, die von anderen Streifen durchsetzt werden, die mit der Stabachse einen kleineren Winkel einschließen. Die Streifen zeigten die Form von flach verlaufenden Rinnen. Tafelabb. 54, Taf. XI, gibt die in Abb. 219 durch einen Pfeil angedeutete Stelle in 29facher Vergrößerung wieder und läßt erkennen, daß außerhalb der Fließfiguren (z. B. bei *p*) die ursprünglich glatt polierte Fläche noch unversehrt erhalten ist, daß aber innerhalb der Streifen die Oberfläche knittrig wurde. Dies wird dadurch bewirkt, daß die einzelnen Kristallkörner des Eisens sich mehr oder weniger aus der Oberfläche des Schliffs herausgedreht haben.

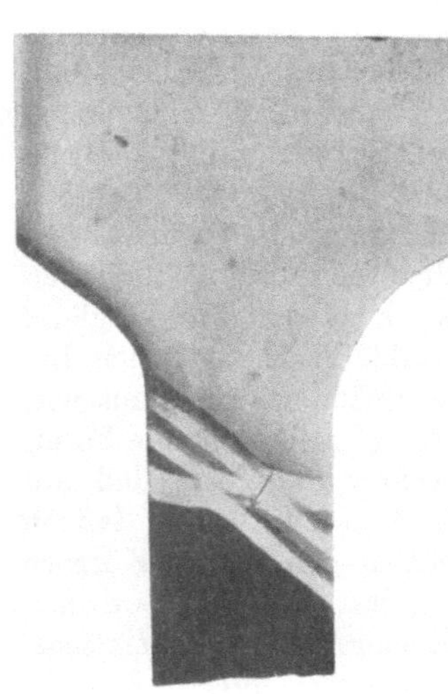

Abb. 219.

Die Fließfiguren sind jedenfalls dadurch verursacht, daß (**Martens und Kirsch**) die Spannungen nicht gleichmäßig über die ganze Länge des Stabes verteilt sind, sondern daß periodisch stärkere oder schwächere Spannungen abwechseln. Infolgedessen sind an den Stellen stärkerer Spannung bereits bleibende Formveränderungen aufgetreten, während an den dazwischenliegenden Stellen die Spannungen noch nicht den Grad erreicht haben, um Fließen herbeizuführen. Die Fließfiguren treten nicht nur bei Zerreißversuchen, sondern ganz allgemein in allen Fällen ein, bei denen Beanspruchung oberhalb der Streckgrenze stattfindet. Sie sind auch nicht auf Metalle und Legierungen beschränkt, die ein

Haufwerk von Kristallkörnern eines oder mehrerer Gefügebestandteile bilden, sondern ähnliche Erscheinungen sind auch beobachtbar bei amorphen Stoffen (z. B. Leim, Osmond, Frémont und Cartaud, $L_3$ *30*). Sie entsprechen allgemeinen Gesetzen der Spannungsverteilung in zum Fließen gebrachten Stoffen unabhängig davon, ob sie amorph sind oder ein Aggregat von Kristallen bilden. Sie treten auch in einheitlichen Kristallen auf (mikroskopisch kleine Lüderssche Linien nach Osmond).

Übt man auf ein Metall oder eine Legierung, die als Haufwerk kleiner Kristalle aufzufassen sind, Kräfte aus, die zur bleibenden Formveränderung führen, so haben wir zu unterscheiden zwischen

a) Formveränderungen infolge der allgemeinen Gesetze der Spannungsverteilung, die Fließfiguren, Fältelungen oder ähnliche Erscheinungen bewirken, und welche die Metalle und Legierungen mit den amorphen Stoffen gemein haben (banale Deformationen nach Osmond),

b) Formveränderungen innerhalb der Kristallkörner, die kristallographisch bestimmten Richtungen folgen, wie Deformation unter Zwillungsbildung, Translation und Spaltung (Kristalldeformationen).

### c) Beispiele von bleibender Formveränderung in Metallen. Kaltrecken. Glühen nach dem Kaltrecken[1]).

**271.** Unter Kaltrecken wollen wir bleibende Formveränderungen von Metallen und Legierungen verstehen, die durch Einwirkung von Kräften in der Nähe der atmosphärischen Temperatur herbeigeführt werden, ohne daß der Zusammenhang des Metalls stellenweise zerstört wird. Welcher Art diese Kräfte sind, ob Zug, Druck, Biegung, Verdrehung usw., ist gleichgültig. Gewöhnlich bezeichnet man diese Art der Formveränderung als Kaltbearbeitung. Ich will diesen Ausdruck nicht gebrauchen, weil er zweideutig ist und gelegentlich zu Verwechslung mit der Bearbeitung der Metalle mittels schneidender Werkzeuge (Drehen, Bohren usw.) Anlaß geben kann. Damit soll nicht etwa gesagt sein, daß bei dieser Bearbeitung mit schneidenden Werkzeugen nicht etwa Kaltrecken nebenher gehen kann.

Es ist zu erwarten, daß sich die Wirkung des Kaltreckens in Veränderungen des Kleingefüges widerspiegelt, daß es namentlich auf die Gestalt der Körner, auf ihre Größe und gegenseitige Anordnung Einfluß ausüben wird, wenn nicht die Beweglichkeit der kleinsten Teilchen der Masse des Metalls bei gewöhnlichen Wärmegraden bereits so groß ist, daß die zeitweise gereckten Körner sich zu neuen Kristallkörnern anordnen können, die die Spuren der Formänderung nicht mehr zeigen.

Wir wollen zunächst das Kaltrecken von Eisen und Kupfer betrachten, wo dauernde Veränderung des Kleingefüges eintritt, und später auf Fälle übergehen, wo, wie beim Zinn, die Spuren des Kaltreckens im Gefüge zum Teil wenigstens wieder verschwinden.

**272.** Bereits öfter ist es versucht worden, Näheres über die inneren Vorgänge, über die Verteilung der Spannungen usw. beim Kaltrecken von Metallen zu ermitteln. Man hat sich nach dem Verfahren von Tresca und Kick Probekörper aus verschieden gefärbten Tonschichten hergestellt und diese der Formveränderung unterworfen. Durch Analogieschlüsse hat man die Beobachtungsergebnisse auch auf die plastischen Metalle übertragen. In vielen Fällen, besonders bei gewalztem Flußeisen, aber auch bei Kupfer, ist dieser Umweg zur Lösung der Frage ent-

---

[1]) Darstellung nach E. Heyn ($L_3$ *23*).

behrlich. In geätzten Längsschliffen gewalzten Flußeisens erkennt vielfach bereits das unbewaffnete Auge eine feine parallele Streifung in der Streckrichtung, wie in Abb. 220. Die Änderung in der Anordnung dieser Streifung auf einem nach dem Kaltrecken durch den Probekörper gelegten und geätzten Schliff gibt ein unmittelbares Bild der im Inneren stattgehabten Vorgänge an verschiedenen Stellen des Probekörpers. Auf die Ursache dieser Streifung wird später näher eingegangen werden. Sie beruht auf Seigerung. Dünne phosphorreichere Streifen liegen in der Grundmasse des Eisens parallel zur Walzrichtung. Sie werden durch Ätzung mit Kupferammoniumchlorid dunkel gefärbt. Ein solches dunkles Band ist in Tafelabb. 55, Taf. XI, in 123facher Vergrößerung wiedergegeben. Langgestreckte linsenförmige nichtmetallische Einschlüsse (oxydischer oder sulfidischer Art) liegen im Band. Wie man mit Hilfe dieser Streifung beispielsweise die inneren Formveränderungen von Stauchproben aus Flußeisen in den einzelnen Stadien der Stauchwirkung verfolgen kann, sollen die Abb. 220—223 in 3,15facher Vergrößerung zeigen. Sie stellen Radialschliffe parallel zur Stauchrichtung durch die Probekörper nach der Ätzung mit Kupferammonchlorid dar. In Abb. 221 ist der zylindrische Probekörper mit den ursprünglichen Abmessungen 20 mm Durchmesser und 20 mm Höhe um 5,1 mm gestaucht. Die Streifung ist gekrümmt; die Krümmung ist um so stärker, je größer der Abstand von der Zylinderachse. In dieser tritt eine Stauchung der Streifen ohne Krümmung ein. Mittels Maßstabes kann man die für jeden einzelnen Streifen eingetretene Verkürzung ermitteln. Nach einer Stauchung um 8,7 mm, Abb. 222, tritt eine neue Erscheinung hinzu. Von den Ecken des Schliffes aus gehen dunkle Diagonalen nach innen, die ein äußeres ringförmiges Stück mit keilförmigem Querschnitt abgrenzen. Innerhalb der Diagonalen erleiden die Streifen auf kurzer Strecke eine doppelte Krümmung, woraus auf eine besonders starke Beanspruchung des Materials in den Diagonalen geschlossen werden kann, zumal ja auch erfahrungsgemäß der Bruch dort zuerst erfolgt. Wird die Stauchung noch weiter getrieben, z. B. wie in Abb. 223 bis zu einer Höhenabnahme von 14 mm, so verbreitern sich die Diagonalen zu breiten gekrümmten Bändern, im übrigen ist aber die Erscheinung ähnlich wie vorher. Tafelabb. 56, Taf. XI, die aus der Diagonale einer Stauchprobe entnommen ist, erklärt die Entstehung der dunkleren Färbung der Diagonalen. Sie ist bei 365facher Vergrößerung aufgenommen und zeigt lauter nahezu parallele dunkle Furchen, die durch das Ätzmittel ausgefressen sind. Außerhalb der Diagonalen sind solche Furchen nicht zu beobachten. Durch die Furchung wird das auf den geätzten Schliff auffallende Licht zerstreut zurückgeworfen, und dies ist die Ursache dafür, daß die Diagonalen dunkler erscheinen als die Umgebung. Abb. 224 zeigt durch die Schraffur die Lage der Furchen in bezug auf die Richtung der Diagonale und in bezug auf den Verlauf der Streifung in dieser. Derartige Furchen sind außerordentlich häufig in Längsschliffen durch zerrissene Probestäbe zu bemerken, wie Tafelabb. 57, Taf. XI, in 900facher Vergrößerung nach der Ätzung des Schliffes mit Kupferammonchlorid erkennen läßt. Die Furchen bestehen aus dicht aneinander gereihten,

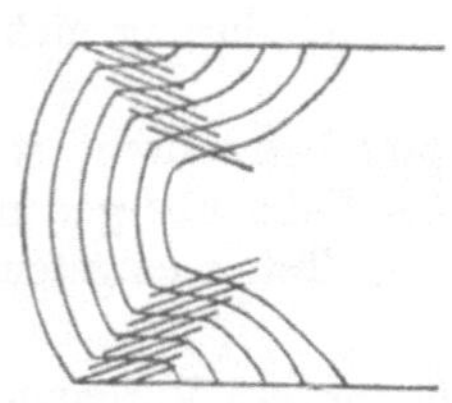

Abb. 224.

besonders tief ausgefressenen Ätzfiguren; ihre Richtung fällt im allgemeinen mit der Richtung der Zugkraft zusammen. Das Auftreten der Furchen in den Diagonalen von Stauchproben und ferner auch die daselbst zu beobachtende Verlängerung der Ferritkörner in der Furchenrichtung lassen darauf schließen, daß innerhalb der Diagonale Zugkräfte gewirkt haben. Die Zugrichtung würde mit der Furchenrichtung zusammenfallen und ebenfalls durch die Schraffur in Abb. 224 gekennzeichnet sein. Tafelabb. 58, Taf. XII, ist eine Abbildung in 365facher Vergrößerung eines der hellen Streifen der Abb. 223. Die

## Stauchproben. Flußeisen. Radialschliffe parallel zur Stauchrichtung.
### Ätzung K.  Lin. Vergr. 3,15.

Ursprünglicher Zustand.

Höhenabnahme 5,1 mm.

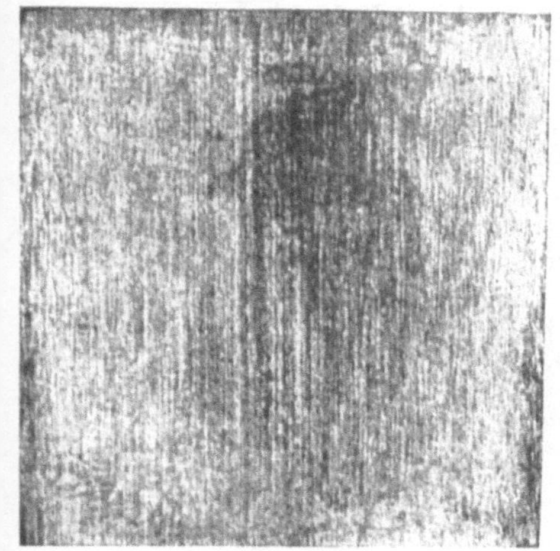

Abb. 220.

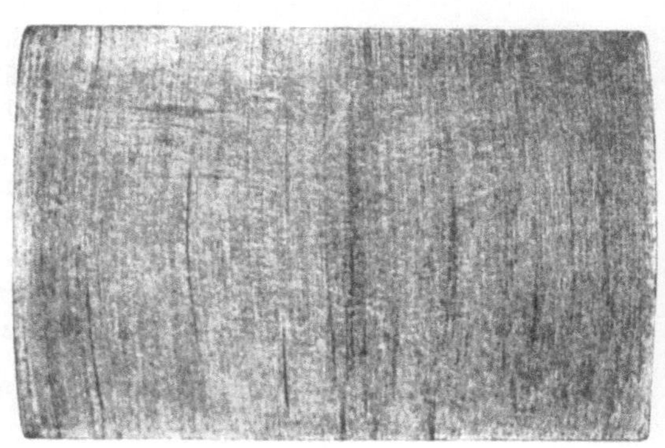

Abb. 221.

Höhenabnahme 8,7 mm.

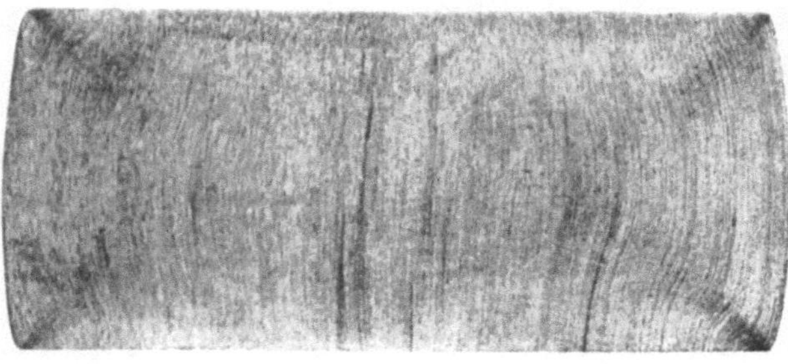

Abb. 222.

Höhenabnahme 14 mm.

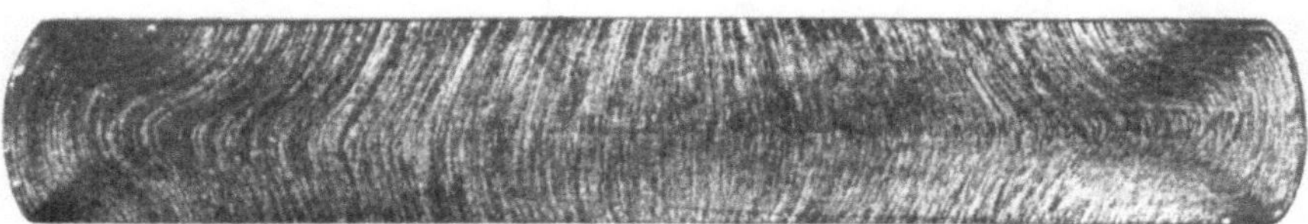

Abb. 223.

ursprünglich gleichachsigen Körner sind durch die Stauchwirkung zu dünnen Platten umgewandelt. Bezeichnend für das Gefüge stark gestauchten Flußeisens sind die in der Abbildung dunkler erscheinenden, im wesentlichen senkrecht zur Stauchrichtung verlaufenden Schlieren (vgl. *265*).

Abb. 225.
Querschliff durch einen kaltgereckten Vierkantstab aus Flußeisen. Ätzung K. Lin. Verg. 1.

**273.** Fällt der geätzte Schliff nicht in die Walzrichtung, so ist die oben gekennzeichnete Streifung nicht vorhanden und kann nicht mehr als Anhalt für die Beurteilung innerer Vorgänge beim Kaltrecken verwendet werden. Wohl aber vermag eine eingehendere Untersuchung noch Aufschlüsse zu gewähren, wie das folgende Beispiel zeigen soll. Ein Flußeisen mit 0,21 % C und 0,63 % Mn, das in Form eines gewalzten Rundeisens von 36 mm Durchmesser vorlag, wurde unter dem Dampfhammer kalt zu einem Vierkantstabe von 29 mm Seitenlänge ausgeschmiedet. Ein Querschliff wurde mittels Kupferammonchlorids geätzt, Abb. 225. Breite dunkle Bänder ziehen

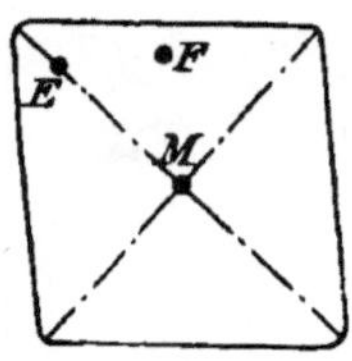

Abb. 226.

Kaltgereckter Vierkantstab.   Lin. Vergr. 300.

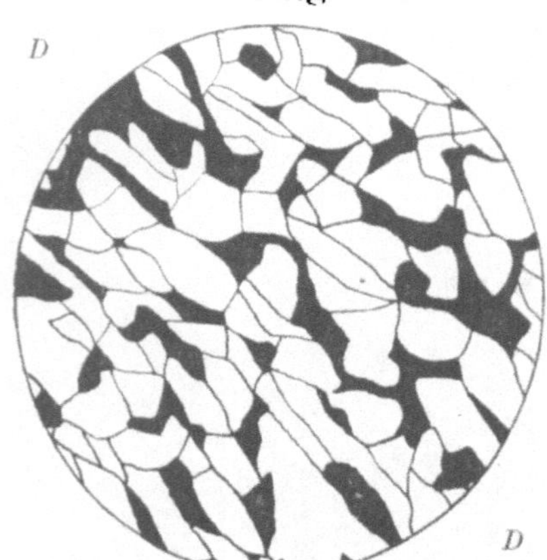

Abb. 227. Querschliff. Stelle *E*.

Abb. 229. Querschliff. Stelle *M*.

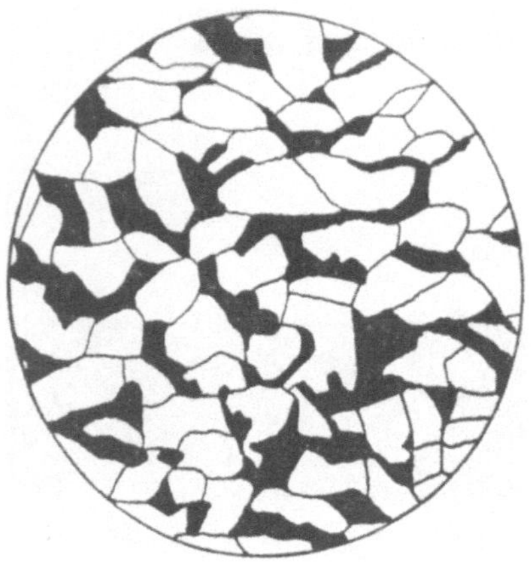

Abb. 228. Querschliff. Stelle *F*

Abb. 230. Längsschliff. Stelle *F*.

Streckrichtung.

sich wieder von den Ecken diagonal nach innen. Sie sind wiederum die Begleiterscheinung einer dort stattgehabten stärkeren Beanspruchung. An den beiden abgerundeten Ecken links oben und rechts unten bemerkt man helle keilförmige Zwickel inmitten der dunkeln Umgebung, die wegen der Abrundung der Ecken eine geringere Beanspruchung zu ertragen hatten. Es zeigt dies, daß man sich auf diesem Wege auch ein Urteil über den Einfluß der Form der Probekörper auf die Vorgänge bei ihrer Formveränderung verschaffen kann. Es wurden nun an drei verschiedenen, in Abb. 226 eingezeichneten Stellen des Querschnittes, $E =$ Stelle nahe einer Ecke in der Diagonale, $F =$ Stelle nahe der Mitte einer Flachseite, $M =$ Stelle mehr in der Mitte des Querschnittes, in 300facher Vergrößerung Handzeichnungen hergestellt, in denen der Perlit *(251)* schwarz, der Ferrit weiß dargestellt ist. Aus Abb. 227[1]), die die Stelle $E$ im Querschliff darstellt, geht eine Streckung der Ferritkörner nahezu in der Richtung der Diagonale $DD$ hervor. Bei $F$, Abb. 228, und bei $M$, Abb. 229, zeigen die Ferritkörner im Querschliff kaum eine bevorzugte Längsrichtung. Legt man durch $E$ und $F$ noch Schliffe parallell zur Achse des Stabes, so findet man Streckung der Ferritkörner in dieser Richtung, wie aus Abb. 230 hervorgeht, die einem solchen Längsschliff bei $F$ entspricht. Es ergibt sich hieraus, daß beim Kaltschmieden eines Rundstabes zu einem Vierkant die in den Diagonalen liegenden Körner nach zwei Richtungen, diagonal und achsial, gestreckt werden, daß sie sich also der Plattenform nähern. Bei $F$ werden die Körner nur achsial gestreckt, sie nehmen also prismatische Form an. Die Folge davon ist, daß die Streckung der Teilchen innerhalb der Diagonale in achsialer Richtung geringer ist als z. B. an den Flachseiten bei $F$, daß also die diagonalen Teile in der Streckung zurückbleiben und die zwischen den Diagonalen liegenden Teile des Stabes bei der Streckung voreilen, was auch durch die Form des Kopfendes des Stabes, das in Abb. 231 abgebildet, bestätigt wird.

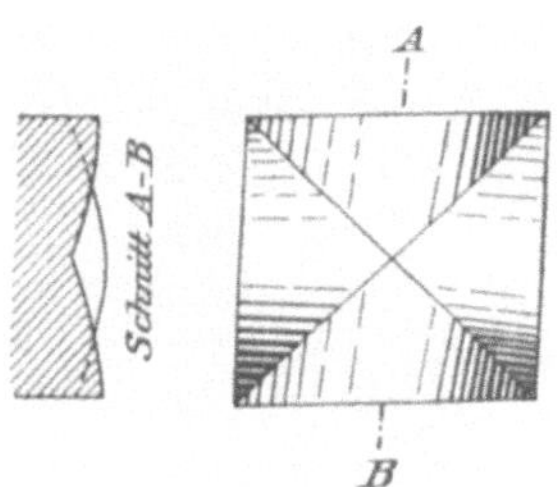

Abb. 231.

**274.** Eine Reihe von Untersuchungen wurde an Drahtmaterial vorgenommen. Es lag vor in Form von Walzdraht mit 5,2 mm Durchmesser, bezeichnet WI, und in verschiedenen daraus gezogenen Drähten. Die folgenden Ergebnisse beziehen sich nur auf einen gezogenen Draht von 3,7 mm Durchmesser, bezeichnet I D I. Das Material ist ein sehr kohlenstoffarmes Flußeisen, das nur geringfügige Mengen von Perlit enthält, also in der Hauptsache nur aus Ferritkörnern aufgebaut ist (seine Zusammensetzung ist C: 0,05; Si: 0,01; Mn: 0,29; P: 0,032; S: 0,056). Alle sich auf die Korngröße dieses Materials beziehenden Handzeichnungen sind in 300facher Vergrößerung angefertigt. Die Korngrößen wurden in der früher beschriebenen Weise *(259)* bestimmt. Auf dem Querschnitt des Materials zeigte sich in allen Stufen der Behandlung eine durch Seigerung bewirkte, scharfe Trennung in zwei Zonen, eine äußere hellere Randzone und eine innere dunklere Kernzone, deren Ursprung bis zum gegossenen Block zurückführt. Die Korngröße beider Zonen wies erhebliche Unterschiede auf. Abb. 232 gibt eine schematische Übersicht über Größe und Form der Körner in den verschiedenen Stufen der Behandlung des Materials. Hierbei ist der Einfachheit wegen die Gestalt der Körner auf eine prismatische mit gleichem Rauminhalt reduziert. Die Seite der quadratisch gedachten Kornfläche im Querschnitt der Drähte ist durch die Längen der wagrechten Grundlinien in Abb. 232 dargestellt. Die Länge der Körner in der Richtung der Achse des Drahtes ist schematisch durch

---

die Höhen der Rechtecke wiedergegeben. Für Rand- und Kernzone ist das reduzierte Kornprisma getrennt ermittelt. Die in Abb. 232 oben gelegenen Parallelogramme entsprechen der Randzone, die unteren der Kernzone. Im ursprünglichen Walzdraht WI wird das reduzierte Kornprisma ein Würfel, d. h. die im Querwie im Längsschliff ermittelte durchschnittliche Fläche des Kornes ist die gleiche. Die Körner haben keine bevorzugte Längsrichtung. Nach dem Zerreißen des Walzdrahtes in der Zerreißmaschine sind die Körner in der Nähe der Bruchstelle erheblich langgestreckt; dementsprechend ist natürlich die im Querschliff gemessene Kornfläche kleiner als beim ursprünglichen Walzdraht, wie der Vergleich der Grundlinien der beiden Parallelogramme $a$ und $b$ ergibt. Das Volumen der Körner ist nach dem Zerreißen des Drahtes nahezu gleich demjenigen im ursprünglichen Zustande. Auffällig ist nun aber, daß in dem Draht IDI, der durch Kaltziehen aus WI erhalten wurde, sowohl in der Rand- wie in der Kernzone das Volumen der Körner erheblich kleiner geworden ist als im ursprünglichen Walzdraht (vgl. Parallelogramm $a$ mit $c$ und $a'$ mit $c'$), daß also Zerteilen der Körner bei dem

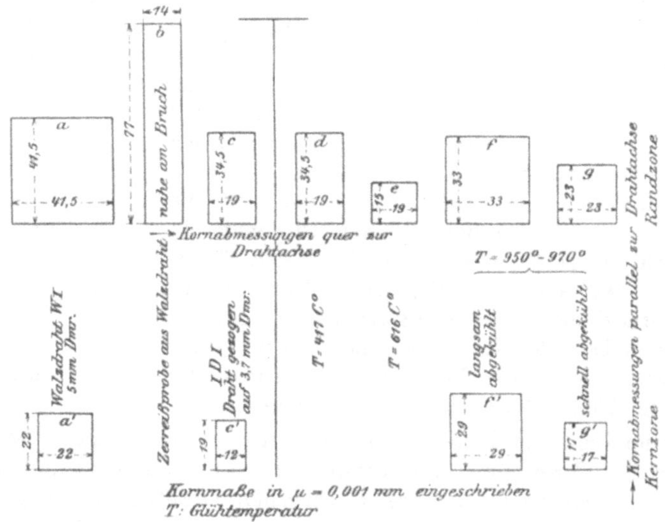


Abb. 232.

Ziehvorgange eingetreten ist. Die Körner haben deutlich ausgesprochene Längsrichtung, zeigen aber keineswegs die langgestreckte Form der Körner in der Zerreißprobe.

Die Abb. 232 gibt nur über die allgemeine Form und Größe der Körner in den verschiedenen Zuständen Aufschluß. Über ihre wirkliche Gestalt und Verkettung sollen die Handzeichnungen in den Abb. 233—239 Aufklärung geben. (Vgl. hierzu Tabelle I, S. 232.) Abb. 233 zeigt das Gefüge des ursprünglichen Walzdrahtes im Querschnitt in der Randzone. Die Körner sind nahezu gleichachsig. Der Längschliff weist genau das gleiche Bild auf. Die durchschnittliche Fläche $\varphi_m$ der Ferritkörner[1]) ergab sich zu etwa 1600 bis 1700 $\mu^2$. Nach dem Zerreißen des Walzdrahtes in der Zerreißmaschine zeigte sich im Längsschliff nahe der Bruchstelle, und zwar wiederum in der Randzone, das in Abb. 234 wiedergegebene Gefügebild. Die Streckung der Ferritkörner in der Zugrichtung ist unverkennbar. Man ist nun geneigt, vorauszusetzen, daß nach dem Ziehen des Walzdrahtes in einem Zieheisen bis auf 3,7 mm Durchmesser die Gefügebildung ähnlich wie in

---

[1]) Sie wurde an erheblich größeren Flächen ermittelt, als in den Abbildungen wiedergegeben.

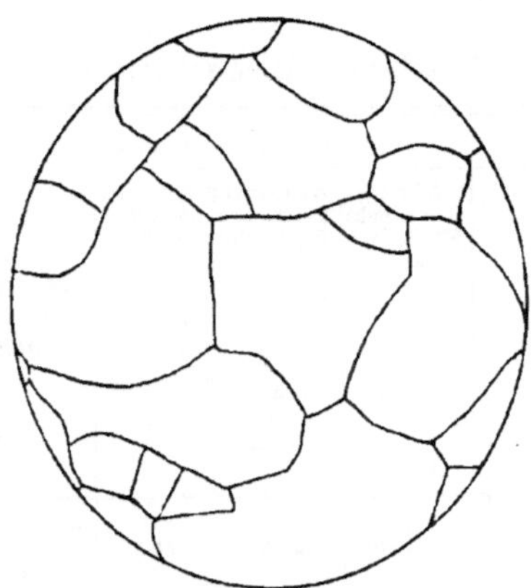

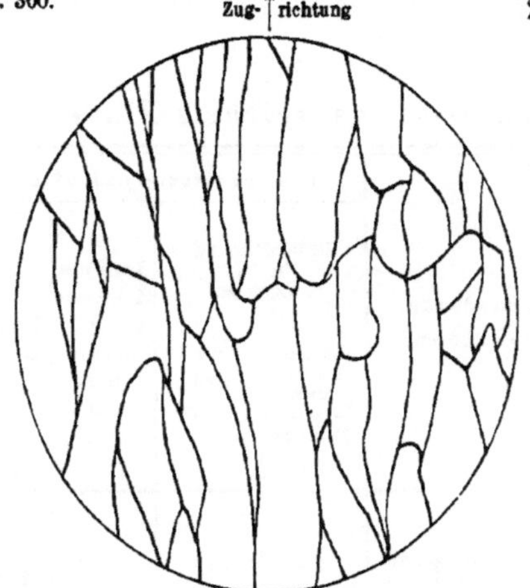


Abb. 233. Zustand *a*. Ursprünglicher gewalzter Draht WI von 5,2 mm Durchm.
Querschliff. Randzone. $\psi_m = 1660\,\mu^2$.

Abb. 234. Zustand *b*. Walzdraht WI nach dem
Zerreißen in der Zerreißmaschine in der Nähe
des Bruchs. Längsschliff. Randzone.
$\varphi_m = 1110\,\mu^2$.

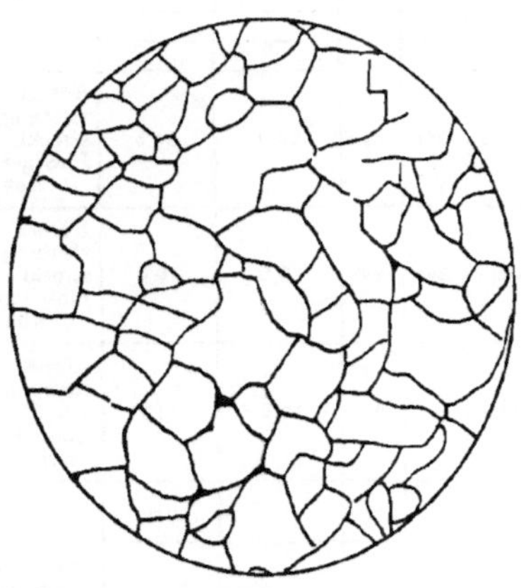

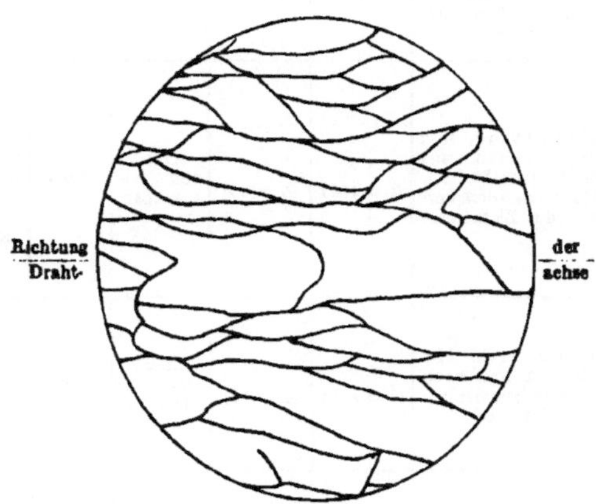


Abb. 235. Zustand *c*. Draht IDI (3,7 mm
Durchm.), gezogen aus WI, in dem Zustand,
in dem er das Zieheisen verläßt.
Querschliff. Randzone. $\varphi_m = 353\,\mu^2$.

Abb. 236. Zustand *c*. Draht IDI (3,7 mm
Durchm.), gezogen aus WI, in dem Zustand,
in dem er das Zieheisen verläßt.
Längsschliff. Randzone. $\varphi_m = 650\,\mu^2$.

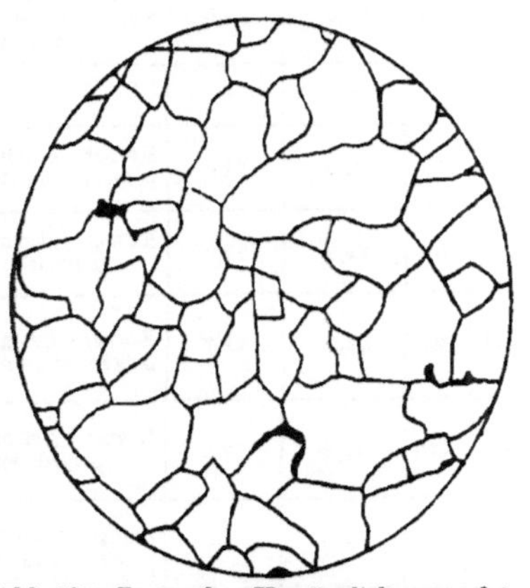

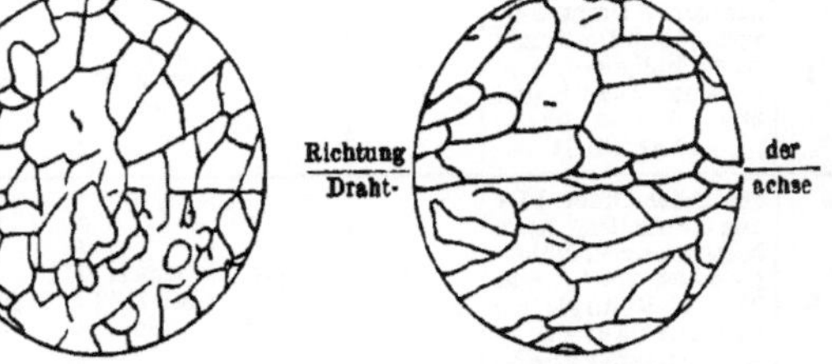


Abb. 238.  Abb. 239.
Zustand *c*. Draht IDI (3,7 mm Durchm.), gezogen aus WI,
in dem Zustand, in dem er das Zieheisen verläßt.
Querschliff.  Längsschliff.
Kernzone.  Kernzone.
$\varphi_m = 144\,\mu^2$.  $\varphi_m = 232\,\mu^2$.

Abb. 237. Zustand *a*. Urprünglicher gewalzter
Draht WI von 5,2 mm Durchm.
Querschliff. Kernzone. $\varphi_m = 475\,\mu^2$.

## Tabelle I.

## Drahtmaterial aus weichem Flußeisen in verschiedenen Behandlungszuständen

| Bezeichnung der Zustände (s. Abb. 232—245) | Behandlung der Probe | Festigkeitseigenschaften | | | | Gefügezustand | | | | | |
| | | Bruchdehnung in % bezogen auf die Gesamtlänge des Drahtes | die Meßlänge $b$ | Lage des Knickes in der Dehnungskurve (s. Abb. 245) | Bruchgrenze $\sigma_B$ at | | Durchschnittliche Fläche der Ferritkörner in $10^{-6}$ qmm = 1 $\mu^2$ im Querschliff $\mu^2$ | Längsschliff $\mu^2$ | Abmessungen der zu Prismen reduzierten Kornvolumina in $\mu$ s. Abb. 232 — Seite der quadratisch gedachten Kornfläche im Querschliff $\mu$ | Länge des Prismas im Längsschliff $\mu$ | Bemerkungen über die Anordnung und Gestalt der Ferritkörner |
|---|---|---|---|---|---|---|---|---|---|---|---|
| a | ursprünglicher gewalzter Draht W I von 5,22 mm Dmr. | 15,9 ($l=170$) | 24,7 ($b=68,5$) | Knick nicht bemerkbar | 3690 | Randzone | 1660 | 1790 | 41,5 | 41,5 | Körner gleichachsig polyedrisch, s. Abb. 233 |
| | | | | | | Kernzone | 464 | 487 | 22,0 | 22,0 | Körner gleichachsig polyedrisch, s. Abb. 237 |
| b | gewalzter Draht W I nach dem Zerreißen in der Zerreißmaschine. In der Nähe des Bruches. | — | — | — | — | Randzone | — | 1110 | 14,4 | 77,1 | Körner in der Zugrichtung stark gestreckt, s. Abb. 234 |
| | | | | | | Kernzone | — | — | — | — | — |
| c | Draht I DI von 3,7 mm Dmr., gezogen aus dem Walzdraht W I. Zustand nach dem Verlassen des Zieheisens. | 1,3 ($l=150$) | 5,0 ($b=50$) | Knick nicht bemerkbar | 6880 | Randzone | 353 | 648 | 19,0 | 34,5 | Körner in der Zugrichtung schwach gestreckt. Schichtung. Linsenart. Kornform. s. Abb. 235 u. 236 |
| | | | | | | Kernzone | 144 | 232 | 12,0 | 19,0 | Körner in der Zugrichtung schwach gestreckt. Schichtung. Linsenart. Kornform. s. Abb. 238 u. 239 |
| d | gezogener Draht I DI von 3,7 mm Dmr. nach halbstündigem Glühen bei 417 C° | 5,0 ($l=150$) | 9,5 ($b=50$) | Knick nicht bemerkbar | 6300 | Randzone | — | 602 | 19,0 | 34,5 | Körner in der Zugrichtung schwach gestreckt. Schichtung. Linsenartige Kornform. s. Abb. 240. |
| | | | | | | Kernzone | — | — | — | — | — |
| e | gezogener Draht I DI von 3,7 mm Dmr. nach halbstündigem Glühen bei 616 C° | 14,3 ($l=150$) | 31,0 ($b=50$) | Knick nicht bemerkbar | 3850 | Randzone | 373 | 297 | 19,0 | 15,4 | Schichtung im Längsschliff. Querschliff wie bei c. s. Abb. 241 u. 242 |
| | | | | | | Kernzone | — | — | — | — | — |
| h | gezogener Draht I DI von 3,7 mm Dmr. nach halbstündigem Glühen zwischen 710 C° und 810 C° | 22,5 ($l=150$) | 32,7 ($b=50$) | Knick bei 2750 at | 3780 | Randzone | 497 | 469 | 22,0 | 22,0 | Körner gleichachsig, polyedrisch, wie bei g; s. Abb. 244 |
| | | | | | | Kernzone | — | — | — | — | — |
| f | gezogener Draht I DI von 3,7 mm Dmr. nach halbstündigem Glühen zwischen 954 C° und 969 C°, langsam abgekühlt | 22,6 ($l=150$) | 33,4 ($b=50$) | Knick bei 2600 at | 3700 | Randzone | 1135 | 1025 | 33,0 | 33,0 | Körner gleichachsig, polyedrisch, s. Abb. 243 |
| | | | | | | Kernzone | 850 | 762 | 29,0 | 29,0 | Körner gleichachsig, polyedrisch |
| g | gezogener Draht I DI von 3,7 mm Dmr. nach halbstündigem Glühen zwischen 935 C° und 950 C°, schnell an der Luft auf einer Eisenplatte abgekühlt | 20,2 ($l=150$) | 30,0 ($b=50$) | Knick bei 2850 at | 3960 | Randzone | 545 | 456 | 22,7 | 22,7 | Körner gleichachsig, polyedrisch, s. Abb. 244 |
| | | | | | | Kernzone | 266 | 328 | 17,2 | 17,2 | Körner gleichachsig, polyedrisch |
| i | Draht im Zustande f, ½ Std. bei 600 C° geglüht | — | — | — | — | Randzone | — | 1150 | — | — | Gefüge durch Glühen nicht verändert |
| k | Draht im Zustande g, ½ Std. bei 610 C° geglüht | — | — | — | — | Randzone | — | 457 | — | — | Gefüge durch Glühen nicht verändert |

Abb. 234 ist. Dem ist aber nicht so, wie die Abb. 235 und 236 erkennen lassen. Hierbei entspricht Abb. 235 dem Querschliff durch den gezogenen Draht in der Randzone, Abb. 236 einem Längsschliff ebendaselbst. Bereits ein oberflächlicher Vergleich der beiden Abb. 233 und 236 zeigt, daß die Länge der Ferritkörner nach dem Ziehen durchschnittlich nicht größer ist als die mittlere Dicke der Körner im ursprünglichen Walzdraht. Der Querschnitt der Ferritkörner im gezogenen Draht dagegen ist (s. Abb. 235) etwa auf den 5. Teil ($\varphi_m = 353\ \mu^2$) verkleinert. Es geht daraus unzweifelhaft hervor, daß durch das Ziehen eine Teilung der ursprünglichen Körner stattgefunden haben muß, daß also die Zahl der Körner in der Volumeinheit nach dem Ziehen größer ist als vor dem Ziehen. Die Erscheinungen in der Kernzone sind genau die entsprechenden und führen zu denselben Schlüssen, wie die Abb. 237 bis 239 belegen. Auch bei den oben besprochenen Stauchproben war, nachdem die Stauchung ein gewisses Maß überschritten hatte, Teilung der Körner sichtbar, wenn auch ein zahlenmäßiger Beleg hierfür nicht erbracht werden konnte.

Aus Obigem geht hervor, daß die Streckung der Körner in einer Richtung ein Kennzeichen für stattgehabtes Kaltrecken des Materials darstellt. Das Kennzeichen ist aber nur qualitativ. Quantitative Schlüsse sind daraus nicht ohne weiteres zu ziehen, denn der Grad der Streckung der Körner ist nicht proportional dem Grad des stattgehabten Kaltreckens des Materials; wir haben ja gesehen, daß nach Überschreiten eines bestimmten Grades des Kaltreckens die Körner nicht nur gestreckt, sondern auch unterteilt werden.

**275.** Welche Änderung erleidet die Gestalt und Größe der Körner kaltgereckter Metalle durch das Ausglühen? Die Ergebnisse der Untersuchung an dem oben bereits erwähnten Draht sind folgende (vgl. Abb. 232 und Tabelle I auf S. 232): Wird der gezogene Draht IDI, dessen Körner in der Längsrichtung gestreckt sind, $^1/_2$ Stunde bei 417 C⁰ ausgeglüht, so ist ein Einfluß des Glühens auf die Körnung kaum bemerkbar, wie der Vergleich zwischen den Abb. 236 und 240 sowie zwischen den Rechtecken $c$ und $d$ in Abb. 232 zeigt. Nach gleichlangem Glühen bei 616 C⁰ zeigt sich dagegen im Längsschliff, Abb. 241, durchgehende Verkürzung der Körner, während im Querschliff, Abb. 242, die ursprüngliche Gestalt und Größe der Körner unverändert bleibt; vgl. Rechtecke $c$ und $e$ in Abb. 232. Es ist demnach Teilung der gestreckten, in einem unnatürlichen Zustande befindlichen Körner durch das Glühen erzielt worden. Dabei ist im Längsschliff immer noch deutliche Schichtung der kürzer gewordenen Körner parallel der Drahtachse übrig geblieben. Nach halbstündigem Ausglühen bei etwa 950 C⁰ bis 970 C⁰ ist dagegen im Gefüge des Drahtes eine durchgreifende Änderung eingetreten. Jede Spur der Streckung oder Schichtung ist verwischt (Abb. 243 und $f$ in Abb. 232). Die Größe der Ferritkörner ist von der der Körner im ursprünglichen gezogenen Drahte vollkommen unabhängig geworden, was dadurch bewiesen ist, daß, je nachdem die Abkühlung von 950 C⁰ langsamer oder schneller erfolgt, die Ferritkörner größer oder kleiner ausfallen, wie Abb. 243 und 244 sowie die Parallelogramme $f$, $g$ und $f'$, $g'$ in Abb. 232 dartun. Es deutet dies auf eine völlige Umkristallisation des Materials hin. Wird solcher bei 950 C⁰ ausgeglühter Draht oder der warmgewalzte Walzdraht WI auf etwa 600 C⁰ erhitzt, so tritt nicht die geringste Änderung im Gefüge ein (vgl. Tabelle I), was bemerkenswert ist, weil ja der gezogene Draht bei dieser Temperatur eine Gefügeänderung erlitt.

**276.** Ähnlich wie beim Eisen liegen die Verhältnisse beim kaltgereckten Kupfer. Bei diesem Metall überschauen wir die Verhältnisse leichter, weil hier im Gegensatz zum Eisen unterhalb der Erstarrung keine Umwandlung auftritt. Beim Erhitzen des kaltgereckten Materials (z. B. kaltgezogener Draht) gibt es auch hier eine Grenztemperatur $t_r$, bis zu der Erhitzen keinen Einfluß auf die

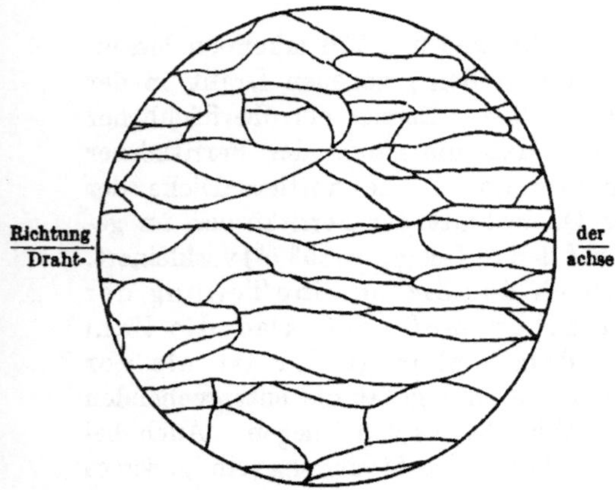



Abb. 240. Zustand *d*. Gezogener Draht IDI
nach ¹/₂ stündigem Glühen bei 417 C⁰.
Längsschliff.  Randzone.  $\varphi_m = 600\,\mu^2$.

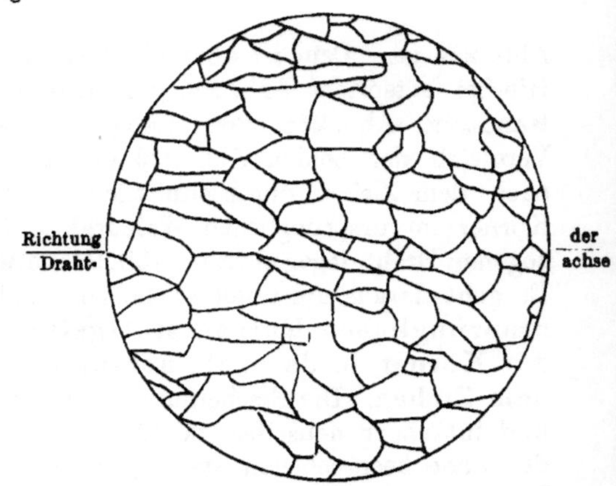



Abb. 241. Zustand *e*. Gezogener Draht IDI
nach ¹/₂ stündigem Glühen bei 616 C⁰.
Längsschliff.  Randzone.  $\varphi_m = 297\,\mu^2$.

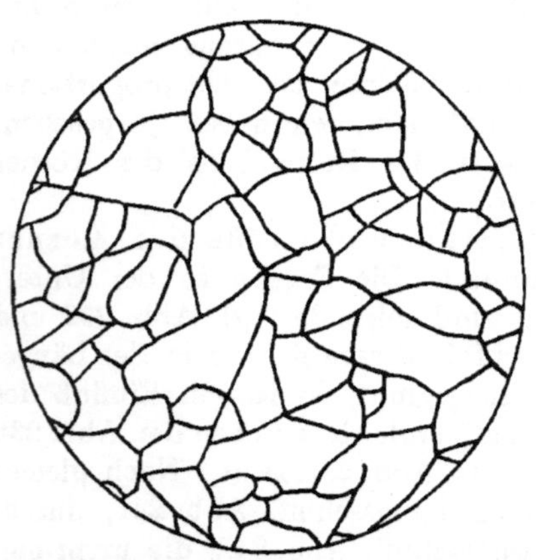

Abb. 242. Zustand *e*. Gezogener Draht IDI
nach ¹/₂ stündigem Glühen bei 616 C⁰.
Querschliff.  Randzone.  $\varphi_m = 373\,\mu^2$.

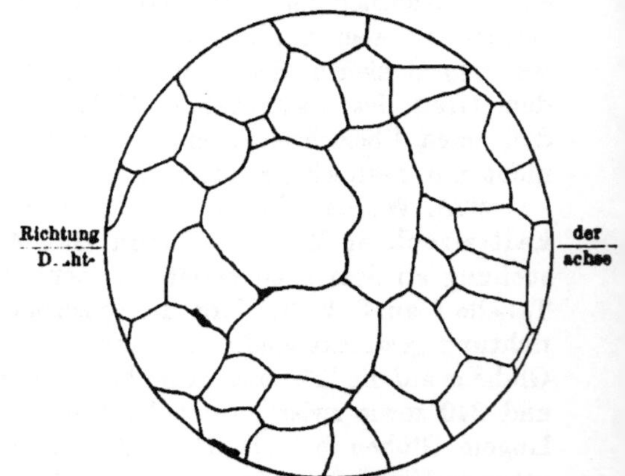



Abb. 243. Zustand *f*. Gezogener Draht IDI
nach ¹/₂ stündigem Glühen bei 954 bis 969 C⁰.
Langsam abgekühlt.  Längsschliff.
Randzone.  $\varphi_m = 1100\,\mu^2$.

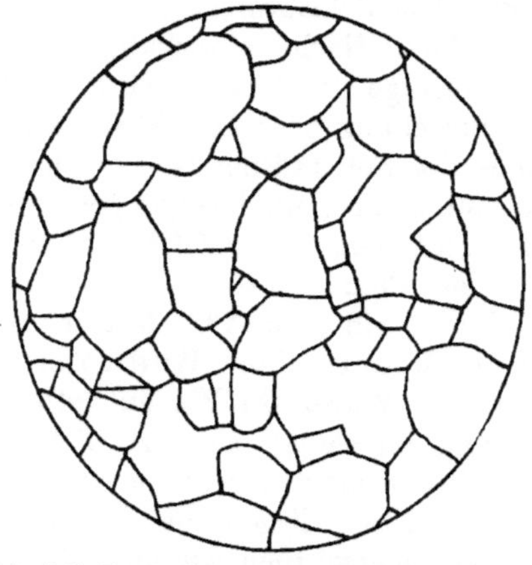

Abb. 244. Zustand *g*. Gezogener Draht IDI nach
¹/₂ stündigem Glühen bei 935 bis 950 C⁰. Schnell
an der Luft auf Eisenplatte abgekühlt. Querschliff.  Randzone.  $\varphi_m = 545\,\mu^2$.

Gestalt der gereckten Körner ausübt. Erst wenn diese Grenztemperatur $t_r$ erreicht oder überschritten wird, findet durchgreifende Änderung statt; die langgestreckten Körner werden gleichachsig wie beim Eisen und wachsen bei fortgesetzter Erhitzung, und zwar wächst die durchschnittliche Korngröße $\varphi_m$ von der Grenztemperatur $t_r$ ab in derselben Weise, wie es die Abb. 207 zeigt. Während beim kaltgereckten Eisen die Grenztemperatur $t_r$ bei etwa 600 C° lag, ist sie bei Kupfer niedriger. Bei sehr reinen Kupfersorten (Elektrolytkupfer) z. B. bereits bei etwa 220 C°, bei weniger reinen Kupfersorten entsprechend höher bis zu etwa 500 C°.

Wir können allgemein sagen, daß die Temperatur $t_1$ (Abb. 206), bei der Wachstum der Korngröße erzielt werden kann, durch das Kaltrecken herabgesetzt wird, und daß der Grenzwert $t_r$ dieser herabgesetzten Grenze $t_1$ entspricht. Bei Metallen ohne Umwandlung unterhalb der Erstarrung besteht somit die Möglichkeit, die durch irgendeine vorausgehende Behandlung erzielte durchschnittliche Korngröße $\varphi_m$ zu vermindern, darin, daß man das Metall kaltreckt. Hierdurch werden die

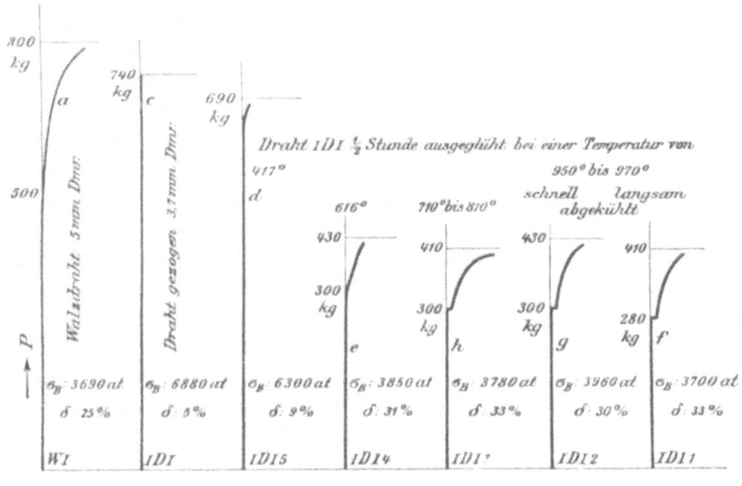


Abb. 245.

**Körner gestreckt bzw. verkleinert.** Beim nachträglichen Erhitzen bis auf $t_r$ wird die Streckung der Körner beseitigt und es beginnt von neuem Wachstum der Kristallkörner nach dem in *260* angegebenen Gesetz. $t_r$ würde dann dem untersten Grenzwert entsprechen, bei dem überhaupt durch andauerndes Erhitzen Vergrößerung der Körner möglich ist.

Ist die Korngröße durch Erhitzen auf eine bestimmte Temperatur $t_n$, die größer als $t_r$ ist, während genügend langer Zeit auf das der Temperatur $t_n$ entsprechende Höchstmaß $\varphi_{m_n}$ gebracht, so ist die Grenztemperatur $t_1$ für das Metall in diesem Zustande auf $t_n$ gesteigert. Erhitzung unterhalb $t_n$ hat dann keine Wirkung, wohl aber Erhitzung oberhalb $t_n$.

Auch dies können wir uns an der Hand der in *260* gemachten Überlegungen veranschaulichen. Wir stellen uns vor, daß das Metall vor dem Kaltrecken die Korngröße $\varphi_{m_0}$ entsprechend dem Abstand $l_0$ der beiden Kolben in Abb. 209 besaß. In diesem Falle würde die Grenztemperatur $t_1$ durch die Abszisse des Punktes $O$ in Abb. 210 angegeben. Die Wirkung des Kaltreckens besteht, wie wir gesehen haben, darin, die Zahl der Körner zu vergrößern, also die durchschnittliche Korngröße $\varphi_m$ zu vermindern, nach dem Kaltrecken wird also $\varphi_m'' < \varphi_{m_0}$, und somit

$l'' < l_0$ sein. Der Druck der zwischen den Kolben eingeschlossenen Gasmenge muß bei Verringerung des ihr zur Verfügung stehenden Raumes steigen, und zwar von $p_0$ auf $p_0''$. Solange die Reibung größer ist als der Druck, bleibt $l$ unverändert, und bei der Erwärmung muß sich der Druck nach der Geraden $p''$ ändern. Der Schnittpunkt $O''$, dessen Abszisse nun die untere Grenztemperatur $t_r$ angibt, von der ab Vermehrung der Korngröße eintreten kann, liegt weiter nach links, $t_r$ ist also kleiner als $t_1$.

Wir haben bei dieser Betrachtung angenommen, daß sich die Reibung $r$ infolge des Kaltreckens nicht ändert, also auf das Gefügegleichgewicht übertragen, daß die Beweglichkeit der kleinsten Teilchen der Körner durch das Kaltrecken nicht beeinflußt wird. Ob dies wirklich der Fall ist, läßt sich aus den bisherigen Versuchen nicht ohne weiteres erkennen. Wenn sie sich nicht wesentlich ändert, so müßte man aus Abb. 210 folgendes schließen. Mit wachsendem Grade des Kaltreckens müßte $p_0''$ steigen, und dadurch würde der Schnittpunkt $O''$ weiter nach links rücken, mithin die Grenztemperatur $t_r$ nach unten verschoben. Das heißt aber, die Grenztemperatur, bei der die Deformation der Körner infolge des Kaltreckens wieder beseitigt werden kann, müßte um so tiefer liegen, je stärker der Grad des Kaltreckens war. Besteht aber die Möglichkeit, daß sich infolge des Kaltreckens auch die Reibung $r$ vergrößert, so würde die Kurve $r$ höher rücken, als in Abb. 210. Es könnte dann vorkommen, daß der Punkt $O''$ und damit die Grenztemperatur $t_r$ nicht wesentlich verschoben wird. Das sind noch offene Fragen.

**Bei Metallen mit Umwandlung unterhalb der Erstarrung** wird die Sachlage etwas verwickelter, als bei Kupfer. Zu diesen Metallen gehört ja bekanntlich das Eisen. Wir hatten in *261* gesehen, daß man hier durch Erhitzen bis oberhalb des Umwandlungspunktes $t_u$ und darauffolgende Abkühlung imstande ist, die Korngröße des Metalles im Zustand $A$ dadurch zu vermindern, daß man mit verschiedenen Geschwindigkeiten die Abkühlung durch $t_u$ hindurch bewirkt; allerdings darf die Abkühlung nicht so schnell geschehen, daß die Umwandlung $A' \rightarrow A$ bei $t_u$ unterdrückt wird, weil man sonst $A'$ im metastabilen Zustand ganz oder teilweise unterhalb $t_u$ beibehält, also Abschreckwirkung erzielt.

Bleibt man aber mit der Erhitzung unterhalb $t_u$, so gilt auch für das Eisen das oben ausgesprochene Gesetz *(276)*.

**277.** Eine Erscheinung ist noch zu besprechen. Wir hatten gesehen *(275)*, daß die infolge Kaltreckens langgestreckten Körner in dem Eisendraht beim Erhitzen von $t_r = 616\,C^0$ ab zunächst nicht wachsen, sondern daß im Gegenteil infolge Unterteilung zunächst Vermehrung der Kornzahl und damit Verminderung der durchschnittlichen Korngröße eintritt (vgl. die beiden Körner $d$ und $e$ in Abb. 232). Erst bei weiterem Erhitzen findet dann Wachstum in der gesetzmäßigen Weise entsprechend den Gesetzen in *260* statt.

Danach ist das Gefügegleichgewicht nicht nur durch die Größe der Körner, sondern auch durch ihre Gestalt bedingt. Wir haben also außer einem Gefügegleichgewicht der Korngröße noch ein solches der Korngestalt. Im allgemeinen haben Metalle, wie Eisen, Kupfer usw., das Bestreben Kristallkörner zu bilden, die keine bevorzugte Wachstumsrichtung haben, wenn sie in ihrem Wachstum nicht durch besondere Umstände beeinflußt werden. Es entstehen dann Körner, die nach den drei Richtungen im Raume nahezu gleiche Abmessungen haben, und die wir kurz als **gleichachsig** bezeichnen wollen. Nach obigem entsprechen nur die gleichachsigen Körner dem Gefügegleichgewicht der Gestalt. Werden die Körner durch äußere Kräfte, wie z. B. durch das Kaltrecken gezwungen, langgestreckte Form anzunehmen, so sind sie nicht im Gleichgewicht; sie streben danach, gleichachsig zu werden. Diesem Bestreben können sie bei geringer Beweglichkeit der kleinsten Teilchen, also großem Wert von $r$, nicht nachkommen. Sie können dies erst, wenn durch Erhitzen auf $t_r$ die Beweglichkeit genügend gesteigert wird; aber nicht unter Beibehaltung ihres ursprünglichen Volumens, sondern unter Teilung der gestreckten Körner in gleichachsige.

Soweit sich bis jetzt übersehen läßt, ist dieser Übergang aus der gestreckten Form der Körner in die gleichachsige, die von einer bestimmten Grenztemperatur $t_r$ ab stattfindet, von weitergehenden Änderungen der mechanischen Eigenschaften begleitet, als der Übergang von gleichachsigen Körnern geringerer zu solchen größerer Abmessungen.

Die Streckung der Körner durch Kaltrecken ist nicht gleichbedeutend mit etwaigem säuligen Aufbau der Körner beim Übergang aus dem flüssigen in den festen Zustand (257). Auf diese säulig entwickelten Körner oder Zellen dürfen wir obige Gesetze nicht anwenden.

**278.** Wie hat man sich nun das Wachstum der Körner innerhalb erstarrter Metalle infolge Erhitzung vorzustellen, wenn wir zunächst nur Metalle ins Auge fassen, die unterhalb der Erstarrung keine Umwandlung erleiden? Entweder vereinigen sich die benachbarten Körner zu einem größeren Korn, so daß die Umgrenzung des letzteren der Umgrenzung einer Gruppe von früheren Körnern folgt, oder die Grenzen des neugebildeten Korns sind unabhängig von der Umgrenzung der früheren Körner. Der letztere Fall scheint, soweit meine Erfahrung reicht, in Wirklichkeit vorwiegend einzutreten. Das ist dann nur dadurch möglich, daß die zu einem neuen Korn zusammengefaßten Körner oder Kornteile die kristallographische Orientierung ihrer Teilchen ändern, so daß sie in dem neuen Korn alle gleich orientiert sind. Dies ist überraschend und widerspricht der landläufigen Anschauung von der Starrheit der Metalle und Legierungen,

Der Vorgang erinnert an das Verhalten von Schaumkammern, wie es namentlich von Quincke erforscht ist. So können sich z. B. in Seifenschaum die einzelnen durch Schaumwände voneinander getrennten Schaumkammern zu einer größeren Kammer vereinigen, indem die eine Kammer ihre Wände öffnet und die benachbarte Kammer oder einen Teil davon in sich aufnimmt. Bei den Schaumkammern sind die Oberflächenspannungen die treibenden Kräfte. Es ist zu erwarten, daß auch bei Kristallen Oberflächenspannungen bestehen, und also hier eine gemeinschaftliche Ursache vorliegt. Hierauf soll in *281* näher eingegangen werden.

**279.** Man kann sich den Fall vorstellen, daß der Schnittpunkt $O$ der Abb. 210 wie in Abb. 246 links von der Ordinatenachse liegt, seine Abszisse also kleiner als $0\,C^0$ ist. Das würde bedeuten, daß auch bei gewöhnlicher atmosphärischer Temperatur die Beweglichkeit der kleinsten Teilchen des Metalles so groß ist, daß die Körner ihrem Bestreben zu wachsen bis zu einem gewissen Grade nachkommen können. Die Grenztemperatur $t_1$ ist dadurch unterhalb des Nullpunktes gerückt. Es ist dann aber auch zu erwarten, daß bei gewöhnlicher Temperatur die Beweglichkeit ausreicht, um den durch Kaltrecken gestreckten Körnern zu gestatten, das Gefügegleichgewicht der Gestalt zu erreichen, also sich zu gleichachsigen Körnern

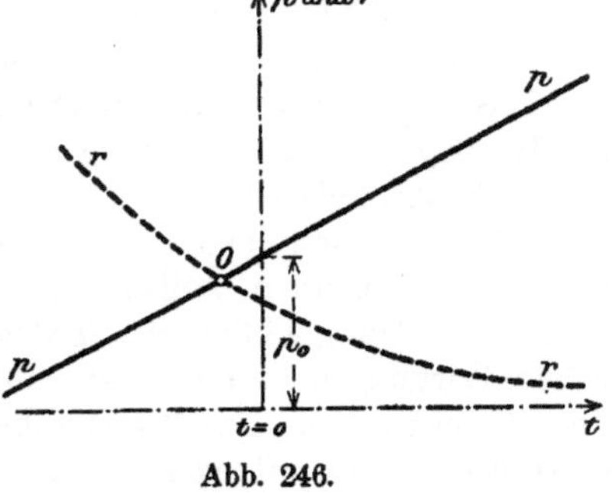


Abb. 246.

umzuwandeln oder zu unterteilen. Die Folge davon müßte sein, daß dann bei gewöhnlicher Temperatur gar keine gestreckten Körner durch das Kaltrecken erzielt werden können, daß also durch das Kaltrecken nur Verkleinerung der Korngröße, aber keine Streckung eintritt.

Dies trifft tatsächlich bei manchen Metallen, z. B. beim Blei und beim Zinn zu. Abb. 247a zeigt in 117facher Vergrößerung das Gefüge einer kaltgewalzten Zinnfolie nach Ätzung mit alkoholischer Salzsäure. Die Folie wurde aus einem Stück gegossenem Zinn von einer Dicke von 7 mm auf eine Dicke von 0,04 mm bei Zimmerwärme (20 C°) gewalzt. Es wurde darauf Bedacht genommen, daß das Metall während des Walzens auf dieser Temperatur erhalten wurde. Die Ätzung geschah unmittelbar nach dem Walzen. Die Walzrichtung ist in Abb. 247 durch Pfeil angedeutet. Die Körner sind gleichachsig und zeigen keine Streckrichtung. Beim nachfolgenden Glühen war unterhalb 200 C° keine wesentliche Veränderung der Korngröße zu erzielen. Wurde das kaltgewalzte Zinn bei dieser Temperatur während drei Stunden erhitzt, so stieg die durchschnittliche Korngröße von 2130 $\mu^2$ im kaltgereckten Zinn auf 5700 $\mu^2$ (s. Abb. 247 b, Vergrößerung 117, kaltgerecktes Zinn geglüht).

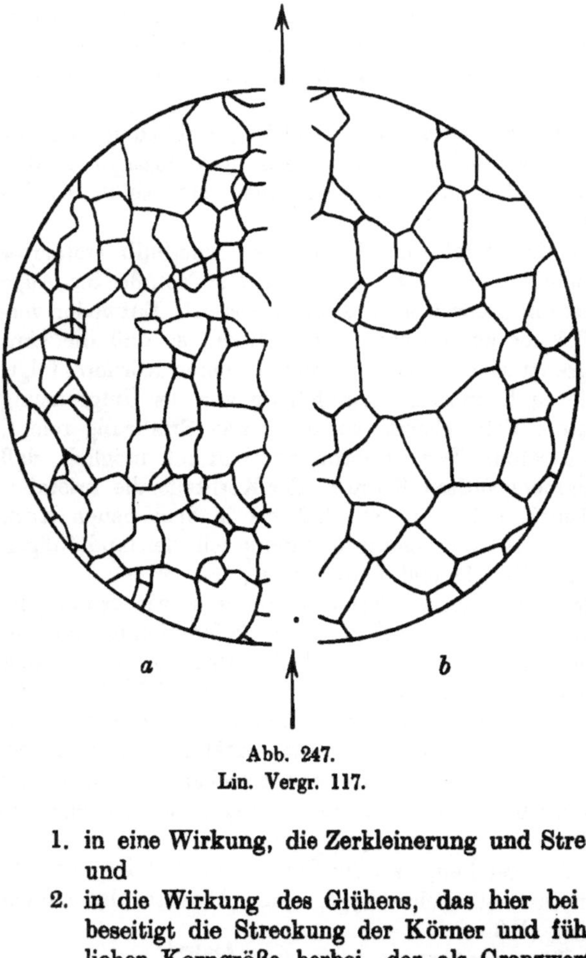

Abb. 247.
Lin. Vergr. 117.

Die Wirkung des Kaltwalzens kann man sich in diesem Falle zerlegt denken:

1. in eine Wirkung, die Zerkleinerung und Strecken der Körner hervorbringt, und
2. in die Wirkung des Glühens, das hier bei Zimmerwärme geschieht. Sie beseitigt die Streckung der Körner und führt den Wert der durchschnittlichen Korngröße herbei, der als Grenzwert für die Glühtemperatur, die gleich der Zimmerwärme ist, gilt.

Das Ergebnis ist dann zwar eine Störung des Gefügegleichgewichts der Korngröße, dagegen keine Störung des Gefügegleichgewichts der Korngestalt.

*280.* Ähnliches muß auch erwartet werden, wenn z. B. Kupfer in Glühhitze gewalzt oder geschmiedet wird, also beim Warmrecken, wie wir diese Vorgänge allgemein bezeichnen wollen. Geschieht das Warmrecken bei Wärmegraden, bei denen die Beweglichkeit der Teilchen bereits genügend groß ist, so können dieselben Wirkungen 1 und 2, wie sie im vorigen Absatz angegeben wurden, nebeneinander auftreten. Das Warmrecken wird Zerkleinerung und Streckung der Körner anstreben. Dem entgegen wirkt der Einfluß der Temperatur, der die Streckung der Körner beseitigt und ihr Volumen zu vergrößern sucht. Das Endergebnis muß ein Haufwerk gleichachsiger Körner sein. Geht man mit der Temperatur des Warmreckens herab, so kann die Wirkung 1 gegenüber der von 2 stärker hervortreten, bis schließlich 1 überwiegt und so die Wirkung des Kaltreckens erzielt wird. Der Übergang von Warmrecken zum Kaltrecken ist sonach allmählich und ununterbrochen.

Bei der üblichen Walztemperatur (Rotglut) gewalztes Kupfer zeigt tatsächlich keine Streckung der Körner in der Walzrichtung; die Körner sind vollständig gleichachsig.

Beim nachträglichen Glühen des warmgereckten Kupfers treten dieselben Erscheinungen auf, wie in *260* besprochen. Auch hier wird Vergrößerung der Körner abhängig von der angewandten Temperatur und Glühdauer erzielt. Die Grenztemperatur $t_1$, bei der sich die Wirkung bemerkbar zu machen beginnt, hängt ab von der durch das Warmrecken erzielten Korngröße. Ist diese z. B. größer als die, welche man durch genügend langes Glühen bei $t_6$ (Abb. 206) erhalten wird, so hat Glühen unterhalb $t_6$ keinen Einfluß. Liegt sie aber unterhalb dieses Grenzwertes, so wird bei $t_6$ die Korngröße vermehrt. Je nach dem Grade des Warmreckens wird sonach die untere Grenztemperatur $t_1$ verschoben.

Die Abkühlungsgeschwindigkeit nach dem Warmrecken kann bei Kupfer keinen erheblichen Einfluß auf die sich einstellende Korngröße ausüben. Es wäre ja denkbar, daß die oben geschilderte Wirkung 2 gegenüber der Wirkung 1 etwas verstärkt wird, wenn die Abkühlung von der Temperatur des Warmreckens sehr langsam geschieht. Dieser Einfluß könnte sich namentlich bei schweren Walzstücken bemerkbar machen, die wegen ihrer großen Masse zur Abkühlung sehr lange Zeit benötigen. Es wäre hier nicht ausgeschlossen, daß durch plötzliches Abschrecken in Wasser der fortgesetzte Einfluß der Wirkung 2 abgeschnitten wird, so daß zwischen langsam und schnell abgekühltem Material ein kleiner Unterschied in dem Verhältnis der beiden Wirkungen 1 und 2 bestehen bleibt. Bei kleinen Werkstücken habe ich bisher noch keinen Unterschied feststellen können. Den Einfluß bei großen Werkstücken zu beobachten, hatte ich bisher noch keine Gelegenheit. Jedenfalls wird der Hauptzweck, den man mit dem Abschrecken des gewalzten Kupfers in Wasser in der Praxis verfolgt, der sein, daß der Glühspan abgeschüttet und so bei weiter fortgesetztem Recken in der Wärme oder Kälte das Hineinarbeiten des Glühspans in das Material vermieden wird.

Bei Eisen- und Eisen-Kohlenstoff-Legierungen, wie überhaupt bei allen metallischen Stoffen, die unterhalb der Erstarrung Umwandlungen durchmachen, werden die soeben für Kupfer geschilderten Verhältnisse verschoben. Sobald das Warmrecken oberhalb der Umwandlungstemperatur bzw. des Umwandlungsbereiches $t_u$ vor sich geht, bei der die Form $A'$ stabil ist, so ergeben sich dieselben Gesetze wie beim Kupfer; sie beziehen sich aber alle auf die Kristallkörner der Form $A'$. Wird nun das Werkstück von der Temperatur des Warmreckens abgekühlt, so erfolgt bei $t_u$ der Übergang von $A'$ in $A$, und damit vollständige Umkristallisation. Diese ist nun unabhängig von dem vorausgehenden Warmrecken und wird nur beeinflußt durch die Geschwindigkeit der Abkühlung durch die Temperaturzone $t_u$ entsprechend dem Gesetz in *259*. Je schneller die Abkühlung durch $t_u$ hindurch geschieht, um so kleiner werden die Kristallkörner $A$, während bei langsamer Abkühlung durch $t_u$ die Körner entsprechend größer werden

Wird unterhalb der Temperaturzone $t_u$ warmgereckt, so spielen sich ähnliche Vorgänge wie beim Warmrecken des Kupfers ab. Die Abkühlungsgeschwindigkeit ist dann ohne Einfluß auf die Größe der erhaltenen Körner.


### d) Betrachtungen über Gefügegleichgewichte und Oberflächenspannung.

*281.* Bei Betrachtung der Phasengleichgewichte (*21—140*) war der Einfachheit wegen die Wirkung der Kapillarkräfte ausgeschaltet worden. Wird diese aber mitberücksichtigt, so stellen sich noch zusätzliche Gleichgewichtsbedingungen ein, die die Größe und die Gestalt der einzelnen Phasen betreffen.

Gelingt es, zwischen dem u-förmig gebogenen Draht $a'aaa'$ und dem Draht $bb$ in Abb. 248 ein Flüssigkeitshäutchen, z. B. von Seifenlösung, dadurch auszuspannen, daß man die Drähte in der Flüssigkeit einander nähert und sie dann auseinander zieht, so hält die Flüssigkeitshaut einem bestimmten Gewicht $P$ das Gleichgewicht (Dupré und van der Mensbrugghe), wenn der Draht $aa$ festgehalten wird. Die getragene Kraft $P$ ist proportional der Länge $l$ des Häutchens. Das Häutchen kann, auf die Einheit der Länge bezogen, das Gewicht $P/l$ tragen. Da das Häutchen zwei Oberflächen hat, ergibt sich für eine Oberfläche der Betrag $\sigma = \dfrac{P}{2l}$, meist ausgedrückt in dyn/cm.

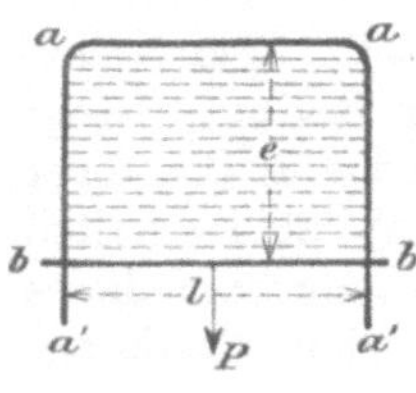

Abb. 248.

Diese Größe wird als die Oberflächenspannung an der Grenzfläche zwischen Flüssigkeit und Luft bezeichnet.

Zu bemerken ist, daß $P$ unabhängig von $e$ ist. Das Häutchen verhält sich nicht wie ein elastischer Körper, bei dem die Kraft zur Anspannung mit der Verlängerung wächst.

Die Arbeit, die erforderlich ist, um das Häutchen so weit auszudehnen, daß der Abstand zwischen den beiden Drähten gleich $e$ wird, ist $Pe$. Führt man den Wert der Oberflächenspannung ein, so ergibt sich diese Arbeit für eine der beiden Grenzflächen des Häutchens zu $\sigma \cdot l \cdot e = \sigma f$, wenn mit $f$ die eine der beiden Grenzflächen des Häutchens gegenüber der Luft bezeichnet wird. Die Größe $\sigma f$ nennt man die Oberflächenenergie. Um die Grenzfläche des Flüssigkeitshäutchens von Null auf den Wert $f$ zu bringen, ist die Arbeit $\sigma f$ aufzuwenden. Die Oberflächenspannung der Grenzfläche ist abhängig von der Art der Flüssigkeit und dem Medium, das in der Grenzfläche an die Flüssigkeit angrenzt, in diesem Falle also die Luft.

Oberflächenspannung besteht in jedem Falle, wenn sich zwei Stoffe in bestimmten Grenzflächen berühren (vgl. hierüber Freundlich, $L_2$ *31*).

Kann sich ein Flüssigkeitshäutchen z. B. als Grenzfläche einer Seifenblase bilden, und sehen wir von der geringen Wirkung der Schwerkraft ab, so nimmt die Seifenblase Kugelgestalt an. Sucht man die Gestalt der Blase künstlich zu ändern, so geht sie immer wieder in die Kugelgestalt zurück, wenn die äußere Einwirkung aufhört.

Dies folgt aus einem allgemeinen Gesetz, das zuerst von Gibbs ($L_1$ *8*) thermodynamisch abgeleitet wurde. Es besagt, daß Gleichgewicht nur dann herrscht, wenn die Summe der Oberflächenenergien einen Mindestwert besitzt. Da nun bei einer Kugel die kleinste Oberfläche den verhältnismäßig größten Raum umspannt, so wird die Oberflächenenergie einen Mindestwert annehmen, wenn die Oberfläche am kleinsten ist, also wenn die Seifenblase Kugelform hat.

Aus gleichen Gründen nimmt ein in einer Flüssigkeit $F_1$ schwebender Tropfen einer mit $F_1$ nicht mischbaren zweiten Flüssigkeit $F_2$ Kugelform an.

Man hat sich nun Oberflächenspannung nicht nur in der Grenzfläche von Flüssigkeiten, sondern auch an der Grenzfläche von festen Stoffen und Flüssigkeiten, ja sogar an den Grenzflächen zwischen festen Stoffen zu denken.

Steht ein Kristall in Berührung mit einer gesättigten Mutterlauge, so bildet sich an der Grenzfläche beider Spannung aus. Würde die Oberflächenspannung auf allen möglichen Grenzflächen, die sich etwa einstellen könnten, gleich sein, so müßte der Kristall auf Grund des obigen Gesetzes Kugelgestalt annehmen. Aus der Erfahrung, daß die Kristalle von ebenen regelmäßigen Kristallflächen begrenzt zu werden pflegen, ist zu schließen, daß bei den kristallisierten Stoffen die Oberflächenspannung auf den verschiedenen denkbaren Flächen verschieden ist. Es werden sich dann die Flächen ausbilden, die die kleinste Oberflächenspannung besitzen, und das sind eben die Kristallflächen. Der Bedingung, daß $\Sigma\sigma f$, die Summe der Oberflächenenergien, den Kleinstwert haben muß, wenn Gleichgewicht bestehen soll, entspricht dann eine von der Kugelform abweichende Begrenzung durch ebene Flächen. Diese Betrachtungsweise ist von P. Curie ($L_3$ 32) entwickelt.

Nimmt man an, daß bei einem bestimmten Stoffe die kleinste Oberflächenspannung auf den Würfelflächen herrscht, so wird der Stoff in Würfelform kristallisieren. Auf allen Würfelflächen ist die Oberflächenspannung gleich. Wird der Würfel durch irgendeine äußere Kraft zu einem Prisma bleibend lang gestreckt (nicht elastisch, denn dann ist es selbstverständlich, daß er wieder seine ursprüngliche Form anzunehmen bestrebt ist), so ist er nicht mehr im Gleichgewichtszustand. Das Prisma hat gegenüber dem ursprünglichen Würfel größere Oberfläche, und damit ist bei dem Prisma $\Sigma\sigma f$ größer als bei dem raumgleichen Würfel. Der gestreckte Kristall wird bestrebt sein, in die Gleichgewichtslage zurückzugehen, also wieder Würfelgestalt anzunehmen, vorausgesetzt, daß die Beweglichkeit seiner Teilchen unter den bestehenden Bedingungen dies zuläßt.

Damit haben wir aber das früher besprochene **Gefügegleichgewicht der Gestalt**. Dies erklärt auch, warum in kaltgereckten metallischen Stoffen langgestreckte Körner bei genügender Erwärmung ihrem Bestreben, gleichachsige Körner zu bilden, nachkommen *(277)*.

Stellen wir uns nun ein Haufwerk von Kristallkörnern vor, wie wir es bei metallischen Stoffen finden. Eine gegebene Masse des Stoffes ist in $n$ Körner unterteilt. Längs jeder Grenzfläche zwischen den Körnern haben wir eine Oberflächenspannung anzunehmen. Die Summe der Oberflächenenergien $\Sigma\sigma f$ hängt von der Anzahl der Grenzflächen $f$ ab. Diese wird um so größer sein, je weiter die Masse in Körner unterteilt, je größer also $n$ und damit je kleiner die durchschnittliche Korngröße ist. Die Größe der Grenzflächen wird dann den Mindestwert haben, wenn die ganze gegebene Masse des Stoffes nur aus einem Korn besteht. Dann ist auch $\Sigma\sigma f$ am kleinsten. Solange dieser Zustand nicht erreicht ist, befindet sich das System nicht im Gleichgewicht; es wird dann suchen, sich diesem Gleichgewicht zu nähern, soweit es die Beweglichkeit der Teilchen zuläßt. Damit kommen wir auf das früher besprochene **Gefügegleichgewicht der Korngröße**.

## 7. Das Gefüge als Mittel zur Feststellung der Vorbehandlung des Materials.

*282.* Wie in dem Vorausgegangenen gezeigt wurde, hinterläßt die Vorbehandlung, die ein metallischer Stoff durchgemacht hat, in einer ganzen Reihe von Fällen Kennzeichen im Gefüge. Dadurch wird auf der anderen Seite auch die Möglichkeit an die Hand gegeben, aus dem Gefüge Rückschlüsse auf die vorausgegangene Behandlung des Materials zu ziehen. Hierdurch ist die Forschung um ein wertvolles Hilfsmittel bereichert, das überraschende Aufschlüsse und vor allen Dingen einen tieferen Einblick in das Wesen der metallischen Stoffe gestattet.

Die Entwickelung der Gefügelehre und der Verfahren, das Gefüge der metallischen Stoffe sichtbar zu machen, ist zurückzuführen auf Männer wie Sorby, Martens, Osmond, Tschernoff, Roberts-Austen, Heycock und Neville, Charpy, Stead, Howe, Sauveur, Arnold, Wedding usw.[1] Die Arbeiten Sorbys über das Kleingefüge sind die älteren, sie stammen bereits aus dem Jahre 1863. Sie blieben zunächst unbekannt, bis Martens unabhängig davon seit 1878 seine grundlegenden Arbeiten veröffentlichte, die mit dem bewußten

---

[1] Über die geschichtliche Entwickelung der Metallographie vgl. O. Bauer ($L_3$ 34).

Ziel durchgeführt waren, aus dem Kleingefüge herauszulesen, welche Behandlung die Stoffe erfahren hatten. Osmond brachte insbesondere auf dem Gebiet der Eisenlegierungen die Gefügelehre zu einer klassischen Entwickelungsperiode. In Deutschland ist für die Entwickelung der Gefügelehre (nach Osmond Metallographie benannt) das jetzige Kgl. Materialprüfungsamt in Gr.-Lichterfelde (früher mechanisch-technische Versuchsanstalt) das Kristallisationszentrum gewesen. Seiner Tätigkeit ist der Aufschwung der wissenschaftlichen Gefügelehre in Deutschland zuzuschreiben. (Vgl. hierüber $L_3$ 33, wo der Verfasser Gelegenheit nahm, bei Gelegenheit eines von anderer Seite gehaltenen Vortrags über „die Bedeutung der Metallographie" an den Anteil zu erinnern, den das Materialprüfungsamt an der Entwickelung dieses Zweiges der Wissenschaft gehabt hat.)

Man kann das Gefüge der metallischen Stoffe mit Urkunden vergleichen, in denen gewisse aktenmäßige Aufzeichnungen über die Vorbehandlung des Materials niedergelegt sind. Die Urkunden sind allerdings in einer Sprache und in Schriftzeichen geschrieben, die nicht ohne weiteres verständlich sind. Ihre Entzifferung ist das Ergebnis mühseliger Forschung gewesen. Sie war nur dadurch möglich, daß man auf dem Wege des unmittelbaren Versuchs den gesetzmäßigen Zusammenhang zwischen willkürlich erzeugter Vorbehandlung und dem dadurch hervorgebrachten Gefüge ermittelte, und dies ist auch heute noch der einzige Weg für ersprießliche Forschung. Alle Versuche, ohne diesen unmittelbaren Versuch etwas aus dem Gefüge herauszudeuten, gehören in das Bereich der Phantasie und sind von der wissenschaftlichen Gefügelehre ebensoweit entfernt wie die Astrologie von der Astronomie.

Hervorragenden Anteil an der Entzifferung der Schriftzeichen und der Sprache der Gefügeurkunden hat auch die Phasenlehre genommen, deren Entwickelungsgeschichte verknüpft ist mit den Namen Gibbs, Bakhuis-Roozeboom, H. Le Chatelier u. a. m. Das $c, t$-Bild (vorausgesetzt, daß es wirklich einwandsfrei und bis in die Einzelheiten festgesetzt ist) ist für die Schlüsse, die das Gefüge an die Hand gibt, etwas Ähnliches wie ein Dechiffrierschlüssel.

Die Aufgaben der Gefügelehre können zusammengefaßt werden wie folgt:

1. Beschreibende Feststellung der einzelnen Gefügebildner der metallischen Stoffe; Ermittelung ihrer chemischen Zusammensetzung und ihrer chemischen und physikalischen Eigenschaften, sowie ihrer Anordnungsweise.

2. Ermittelung der Veränderung in der Art und Anordnung der Gefügebildner, die durch verschiedene Behandlung des Materials (Erwärmen, Abschrecken, Kalt- und Warmrecken, chemische Einwirkung, Gasaufnahme usw.) hervorgerufen werden.

3. Ermittelung der Änderung der Eigenschaften der metallischen Stoffe, die durch die unter 2. genannten Gefügeänderungen bedingt sind. Ermittelung der Gesetze, die diese Änderungen miteinander verknüpfen.

Wir werden uns in den verschiedenen Abschnitten dieses Buches beständig mit diesen Aufgaben zu beschäftigen haben.

# V. Allgemeines über die Eigenschaften der metallischen Stoffe.

**283.** Das unter *209* bis *225* über die Abhängigkeit verschiedener physikalischer Eigenschaften der metallischen Stoffe von ihrer chemischen Zusammensetzung Mitgeteilte soll im folgenden nach verschiedenen Richtungen hin ergänzt werden. Die Eigenschaften sind im wesentlichen abhängig von der chemischen Zusammensetzung, von der Temperatur des Stoffes und schließlich von der Art der Vorbehandlung. Man kann dies durch die folgende mathematische Ausdrucksweise kurz zusammenfassen:

$$q = f(c,\ b,\ t),$$

worin $q$ irgendeine zahlenmäßig bestimmbare Eigenschaft des metallischen Stoffes ist, $c$ die chemische Zusammensetzung, $b$ die Vorbehandlung und $t$ die Temperatur bezeichnet. Besteht die Legierung aus zwei Stoffen, so wird die chemische Zusammensetzung durch eine einzige Veränderliche $c$ angedeutet, die den Prozentgehalt der Legierung an einem Stoff angibt. Die Menge des zweiten Stoffes ist dann gleich $100 - c$. Ist die Legierung aus drei Stoffen aufgebaut, so treten an Stelle von $c$ zwei Veränderliche $c_1$ und $c_2$ usw. Während $c$ und $t$ durch Zahlenwerte gekennzeichnet werden können, ist der Einfluß der Vorbehandlung nicht ohne weiteres zahlenmäßig ausdrückbar. Der Einfluß von $b$ auf die Zahlenwerte der Eigenschaften $q$ ist aber in der Regel recht beträchtlich.

Wählt man z. B. eine Eisen-Kohlenstoff-Legierung von $1^0/_0$ Kohlenstoff und untersucht ihre Eigenschaften bei gewöhnlicher Temperatur $t = 20\ \text{C}^0$, so sind die Größen $c$ (Prozentgehalt an Kohlenstoff $= 1$) und $t$ unveränderlich. Die einzige Veränderliche, von der die Eigenschaften $q$ der Legierung abhängig sind, ist die Vorbehandlung $b$. Die Eigenschaft $q$, z. B. die Zugfestigkeit, ist wesentlich verschieden, je nachdem, ob die Legierung vorliegt als gegossener Block, als gegossener oder geglühter Block, als geschmiedeter oder gewalzter Stab, oder als gewalzter bzw. geschmiedeter und nachträglich geglühter Stab, ferner je nachdem ob beim Glühen des Stabes die Abkühlung durch die Temperatur $700\ \text{C}^0$ langsam oder sehr rasch vor sich ging usw.

Wählt man dieselbe Legierung mit $1^0/_0$ Kohlenstoff und verfolgt ihre Eigenschaften in einem ganz bestimmten Behandlungszustand, beispielsweise innerhalb einer und derselben geschmiedeten Stange, bei verschiedenen Temperaturen $t$, so sind die Größen $c$ und $b$ als Unveränderliche zu betrachten, $q$ hängt nur noch von der Veränderlichen $t$ ab. Die untersuchte Eigenschaft $q$, z. B. die Zugfestigkeit, wird bei verschiedenen Temperaturen verschieden sein. Die Abhängigkeit läßt sich dann durch eine Schaulinie darstellen mit der Temperatur als Abszisse und dem Ausmaß der untersuchten Eigenschaft $q$ als Ordinate. Die Schaulinie soll als $t, q$-Linie bezeichnet werden. Würde man nun auch noch die Behandlungsweise $b$ veränderlich machen, dadurch, daß man die Legierung in verschiedenen Zuständen der Vorbehandlung (gegossen, geschmiedet usw.) der Untersuchung unterwirft, so wird man im allgemeinen ebensoviel Schaulinien $t, q$ erhalten, als man verschiedene Behandlungszustände $b$ hat.

Schließlich kann man auch $b$ und $t$ unveränderlich halten und nur $c$ ändern lassen. Dies würde z. B. möglich sein, wenn man verschiedene Legierungen des Eisens mit dem Kohlenstoff mit steigenden Gehalten $c$ an Kohlenstoff in möglichst gleicher Vorbehandlung auf irgendeine Eigenschaft, z. B. Zugfestigkeit bei unveränderlicher Temperatur untersucht. Die Vorbehandlung $b$ könnte beispielsweise dadurch einigermaßen unverändert erhalten werden, daß man die verschiedenen Legierungen zu Blöcken gleicher Abmessungen in möglichst gleich bleibender Weise gießt, die Blöcke auf Stangen gleicher Abmessungen bei möglichst gleicher Endtemperatur herabschmiedet oder -walzt und nach dem Schmieden oder Walzen in möglichst gleicher Weise abkühlt. Man würde dann die Abhängigkeit der betreffenden Eigenschaft $q$ von dem Kohlenstoffgehalt $c$ ermitteln und eine Schaulinie erhalten, in der die Zusammensetzung $c$ als Abszisse und die gemessene Eigenschaft $q$ als Ordinate eingetragen ist, also eine $c, q$-Linie, die für einen bestimmten Behandlungszustand $b$ und eine bestimmte Temperatur $t$ gültig ist. Werden $b$ und $t$ anders gewählt, so erhält man auch andere Schaulinien $c, q$.

Wenn in diesem Buch über die Temperatur $t$ keine nähere Angabe gemacht wird, so ist gewöhnliche Temperatur von etwa 20 C° verstanden.

## 1. Einfluß der chemischen Zusammensetzung.

*284.* Es ist im allgemeinen unmöglich, im voraus sichere Schlüsse auf die Eigenschaften einer neuen, noch unbekannten Legierung zu ziehen, die aus zwei oder mehreren Metallen mit bekannten Eigenschaften nach bestimmter Vorbehandlung hergestellt ist. Jedenfalls darf man nicht in den Fehler verfallen, nach der Mischungsregel die Eigenschaften der Legierung aus den Eigenschaften ihrer Bestandteile errechnen zu wollen. Nach früherem (*209, 210*) wäre dies nur denkbar für additive Eigenschaften. Es gibt aber nur wenige Eigenschaften, die additiv sind, jedenfalls sind es nicht die technisch wichtigen Eigenschaften.

Es ist z. B. nicht von vornherein zu erwarten, daß man durch Zusammenschmelzen von 70 Gewichtsteilen des weichen Kupfers und 30 Gewichtsteilen des noch weicheren Zinns eine Legierung erzielen kann, die sich wegen ihrer Sprödigkeit pulvern läßt und fast so hart wie Glas ist. Ähnliche Beispiele lassen sich in großer Menge anführen.

Diese Tatsache, die für den Erfinder neuer Legierungen natürlich eine Erschwerung seiner Tätigkeit bedeutet, ist aber andererseits von hervorragendem technischen Werte. Gerade dadurch, daß man durch Legieren zweier oder mehrerer Stoffe Legierungen von ganz wesentlich verschiedenen Eigenschaften zu erzeugen imstande ist, kann man metallische Stoffe herstellen, die in ihren Eigenschaften für ihren besonderen Verwendungszweck besonders abgestimmt sind. Diese Möglichkeit erklärt auch den Umstand, daß nur in wenigen Fällen die reinen Metalle, viel häufiger dagegen ihre Legierungen als Baustoffe Verwendung finden. Die meisten reinen Metalle sind verhältnismäßig weich und von geringer Festigkeit. Dadurch, daß man sie mit anderen Stoffen legiert, bekommt man Baustoffe von höherer Widerstandsfähigkeit gegenüber äußeren Beanspruchungen. Man verwendet daher an Stelle des reinen Eisens seine Legierungen mit Kohlenstoff, an Stelle des reinen Kupfers seine Legierungen mit Zinn oder mit Zink, oder mit Zinn und Zink zugleich.

Es gibt einige allgemeine Regeln, die als Anhalt zu einer ungefähren Vorstellung von der Änderung der Eigenschaften der Metalle durch Legierung mit anderen Stoffen dienen können. Sie werden bei den einzelnen Eigenschaften in den späteren Abschnitten erwähnt werden. Um aber ein sicheres Urteil über das Maß der Änderung und über die Art der zu erzielenden Eigenschaften zu erlangen, ist man immer auf den unmittelbaren Versuch angewiesen, indem man die chemische Zusammensetzung der Legierung ändert und die dadurch bedingten Änderungen der Eigenschaften in möglichst genau festgelegten und gleichbleibenden Behandlungszuständen bestimmt. Die Ergebnisse lassen sich dann in Form einer Schaufläche auftragen.

Die chemische Zusammensetzung der Legierungen wird durch die chemische Analyse festgelegt. Es ist aber zu berücksichtigen, daß etwaige Seigerungserscheinungen zu falschen Analysenergebnissen und dadurch zu einer unrichtigen Bewertung des Einflusses der chemischen Zusammensetzung auf die Eigenschaften einer Legierungsgruppe führen. Man hat sich deswegen durch nebenhergehende Gefügeuntersuchung von der Gleichmäßigkeit der Verteilung der einzelnen Gefügebestandteile zu überzeugen.

Zur Erläuterung sei folgendes Beispiel angeführt: Zwei kaltgereckte Kupferschienen *A* und *B* zeigten verschiedenes Verhalten beim Biegen. Die Probe *A* ertrug das Umbiegen um einen bestimmten Winkel, die Probe *B* dagegen riß beim Biegen ein, wie in Abb. 249. Der Gehalt an Kupferoxydul war auf Grund der chemischen Analyse in *A* etwas höher als in *B*; im übrigen war die chemische Zusammensetzung beider Kupfersorten fast die gleiche. Man würde hier bei unvorsichtiger Schlußfolgerung zu dem Glauben haben kommen können,

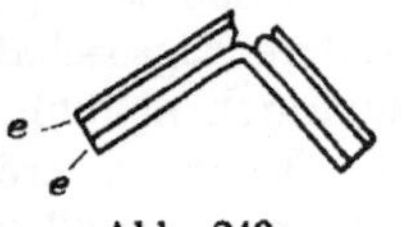

Abb. 249.

daß das oxydulreichere Kupfer das biegungsfähigere wäre. Die Beobachtung des Gefüges zeigt sofort den Irrtum. Der etwas geringere durchschnittliche Oxydulgehalt in Kupfer *B* war nämlich außerordentlich ungleichmäßig in der Masse verteilt. Längs der in Abb. 249 mit *e* angedeuteten Linien waren die Oxyduleinschlüsse in Form von Schnüren, wie in Tafelabb. 59, Taf. XII, rechts in 123facher Vergrößerung dargestellt, sehr stark angereichert, während die übrigen Teile des Kupfers nur sehr wenig Oxydul enthielten. Längs dieser Oxydulschnüre platzte nun das Kupfer beim Biegen so auf, wie es Abb. 249 andeutet.

In manchen Fällen werden die Eigenschaften von Legierungen auch durch solche Stoffe sehr wesentlich beeinflußt, die sich der chemischen Analyse entziehen oder ihr mindestens erhebliche Schwierigkeiten entgegenstellen, z. B. geringe Mengen von Gasen, Sauerstoffgehalt im Eisen usw.

In anderen Fällen versagt die chemische Analyse deshalb, weil sie die Gesamtmenge eines in der Legierung enthaltenen Stoffes richtig angibt, aber unentschieden läßt, in welcher Form er auftritt. So gibt z. B. die Analyse den Phosphorgehalt in Schweißeisen zwar richtig an; sie vermag aber keine Auskunft darüber zu geben, ob dieser Phosphor als Phosphorsäure in der vom Eisen eingeschlossenen Schweißschlacke oder im Eisen selbst mit diesem legiert auftritt. Bis zu einem gewissen Grade vermag hier die Gefügeuntersuchung helfend einzugreifen.

## 2. Einfluß der Vorbehandlung.

**285.** Die Vorbehandlung kann eine reine Wärmebehandlung sein, z. B. Gießen, Glühen, verschiedenartige Abkühlung von höheren Wärmegraden (langsame Abkühlung, rasche Abkühlung, plötzliches Abschrecken in Flüssigkeiten usw.), oder sie ist eine rein **mechanische** Behandlung, die auf Formgebung durch

Umlagerung der Masse des Stoffes im festen Zustande bei gewöhnlichen Wärmegraden beruht, und die wir als Kaltrecken bezeichnen *(264)*. Hierher gehören z. B.
alle Arbeiten wie Kaltwalzen, Kaltziehen, Kalthämmern, Kaltdrücken, Prägen usw.
Schließlich können auch Wärme- und mechanische Behandlung ineinandergreifen,
wie z. B. bei den Formgebungsarbeiten durch Umlagerung der Masse des Stoffes
im festen Zustand bei höheren Wärmegraden, die wir unter der allgemeinen Bezeichnung Warmrecken zusammenfassen wollen. Hierher gehören das Warmschmieden, Warmwalzen, Warmpressen usw.

Die Vorbehandlung beeinflußt vor allem das Gefüge, und zwar die Zahl und
Art der Gefügebestandteile, ihre Anordnung und ihre Eigenschaften. Die mannig-
faltige Beeinflussung des Gefüges der Legierungen beim Guß, bei der Erhitzung
und Abkühlung, beim Warm- und Kaltrecken ist bereits im vorigen Abschnitt
besprochen worden *(255 bis 282)*. Wesentlichen Aufschluß über die Möglichkeit
der Eigenschaftsänderung von Legierungen durch Wärmebehandlung geben die
$c, t$-Bilder. Zeigen diese z. B. an, daß eine Legierung von einer bestimmten
Zusammensetzung bei einer bestimmten Temperatur eine Umwandlung erleidet,
so ist zunächst festzustellen, mit welcher Geschwindigkeit die Umwandlung bei
der Umwandlungstemperatur $t_u$ beim Erhitzen und bei der Abkühlung vor sich
geht, ob es möglich ist, die Umwandlung durch rasche Abkühlung von Temperaturen oberhalb $t_u$ ganz oder teilweise zu unterdrücken und dadurch der Legierung
andere Eigenschaften zu erteilen, als wenn sie langsam durch die Temperatur $t_u$
hindurch abkühlt. Bei $c, t$-Bildern, die Mischkristallbildung andeuten, wird man
die Frage zu erörtern haben, ob durch schnellere Abkühlung (oder auch Erhitzung) unvollkommene Gleichgewichte in der erstarrten Legierung herbeigeführt
werden können, und in welcher Weise dadurch die Eigenschaften der Legierungen
geändert werden *(135, 136 usw.)*.

Die Vorbehandlung kann auch ohne Beeinflussung des Gefüges wesentliche
Änderungen in den Eigenschaften der Metalle und Legierungen hervorrufen. Wenn
z. B. Werkstücke von verhältnismäßig großer Masse von hohen Wärmegraden abgekühlt werden, so können verschiedene Teile desselben Werkstücks zu gleichen
Zeiten verschiedene Temperaturen besitzen. Dadurch werden Spannungen erzeugt *(324 bis 338)*. Spannungen können auch durch Kaltrecken von metallischen
Stoffen hervorgebracht werden *(301 bis 307)*.

Mit der Wärme- oder mechanischen Vorbehandlung kann beabsichtigte oder
unbeabsichtigte Änderung der chemischen Zusammensetzung verbunden sein.
Glüht man z. B. Eisen in einer kohlenstoffhaltigen Umgebung, so nimmt es von
der Oberfläche her Kohlenstoff auf. Umgekehrt kann man durch Erhitzen von
Eisen-Kohlenstoff-Legierungen an der Luft oder in oxydierenden Gasgemischen
den Kohlenstoffgehalt an der Eisenoberfläche vermindern. Derartige Wirkungen
sind rein chemischer Art und sind auf Grund der Kenntnis des Einflusses der
chemischen Zusammensetzung auf die Eigenschaften der Legierung mit zu berücksichtigen.

## 3. Einfluß der Temperatur.

**286.** Die Eigenschaften der metallischen Stoffe ändern sich mit der Temperatur. So ist z. B. der Widerstand von Eisen und Kupfer gegenüber Formgebung durch Schmieden und Walzen bei höheren Wärmegraden (Rotglut) wesentlich geringer als bei gewöhnlicher Temperatur, was man schon seit den ältesten
Zeiten praktisch ausnutzt. Die Änderung der Eigenschaften der metallischen
Stoffe im festen Zustand in Abhängigkeit von der Temperatur kann stetig sein.
Es können aber auch plötzliche Änderungen der Eigenschaften bei stetig ge-

änderter Temperatur vorkommen, wenn z. B. die Legierung bei einer bestimmten Temperatur Umwandlung erleidet. Solche Unstetigkeiten können aber auch auftreten, ohne daß Umwandlungspunkte nachzuweisen sind. So zeigt z. B. beim Eisen die Schaulinie, die die Abhängigkeit der Festigkeitseigenschaften von der Temperatur angibt, starke Unregelmäßigkeiten zwischen 100 und 400 C⁰ (Blauwärme, II B), obwohl innerhalb dieses Temperaturintervalls bis jetzt keine Umwandlung nachgewiesen ist.

Zur Erläuterung ähnlicher Erscheinungen kann man sich vorstellen, daß auch innerhalb einer und derselben Phase von der Temperatur und vom Druck abhängige Gleichgewichte zwischen verschiedenen Molekülgattungen herrschen. Über diese Gleichgewichte sagt die Phasenlehre unmittelbar nichts aus. Man könnte sich z. B. eine einheitliche flüssige Phase des Stoffes $M$ als homogenes Gemisch der Molekülgattungen $M + M_n + M_m + \ldots$ vorstellen. Bei einer Temperatur $t$ und einem bestimmten Druck $p$ könnte dann das Gleichgewicht gebildet sein aus $n$ Gewichtsteilen der Molekülgattung $M_n$, $m$ Teilen der Molekülart $M_m$ und $1 - n - m$ .. Teilen der Molekülart $M$. Bei Änderung der Temperatur und des Druckes würde ein neues Gleichgewicht eintreten, in dem die Gewichtsmengen der einzelnen Molekülarten verändert sind. Ähnliches könnte auch in festen Lösungen (Mischkristallen) vorkommen, oder in Phasen, die aus einem chemisch einheitlichen Stoffe, ja sogar aus einem chemischen Elemente gebildet sind. Mit dieser Änderung des Gleichgewichtes innerhalb der Phase (inneres Gleichgewicht) könnten natürlich auch die Eigenschaften der Phase und des aus ihr gebildeten Systems wesentliche Änderungen erfahren,

Ich bin absichtlich auf dieses Gebiet nicht näher eingegangen, weil die wissenschaftlichen und experimentellen Unterlagen vorläufig noch zu dürftig sind, und deshalb bei der Erörterung solcher Erscheinungen der Phantasie breitester Spielraum gewährt wird.

Die Änderung der Eigenschaften der metallischen Stoffe mit der Temperatur ist für den Konstrukteur namentlich dann von großer praktischer Bedeutung, wenn der aus dem Stoff hergestellte Gebrauchsgegenstand bei höheren Wärmegraden (Stehbolzen, Dampfkesselteile, Dampfleitungen usw.) oder bei sehr niedrigen Temperaturen (Eisenbahnachsen im Winter) Dienst leisten soll.

# VI. Die Festigkeitseigenschaften und die Härte.

## A. Gesichtspunkte für den Konstrukteur bei der Auswahl der Materialien.

**287.** Der Konstrukteur hat durch die richtige Bemessung der einzelnen Teile einer Maschine oder eines sonstigen Bauwerkes dahin zu streben, daß jeder dieser Teile während seiner Dienstleistung dauernd nur elastischen Formänderungen ausgesetzt ist.

Die äußerste Grenze für die Beanspruchung eines Materials würde demnach durch seine Elastizitätsgrenze ($E$-Grenze oder $\sigma_E$) für die betreffende Art der Beanspruchung gegeben sein (Begriffserklärung s. I, 41), weil bei Beanspruchung über diese Grenze der Bauteil seine Abmessungen bleibend verändert.

In der Regel bewertet der Konstrukteur das Material auf Grund der durch den Zugversuch gewonnenen Zahlenwerte der Festigkeitseigenschaften. In besonderen Fällen, wenn das Material im Bauwerk oder der Maschine besonderen Beanspruchungen unterworfen ist, und sein Widerstand diesen Beanspruchungen gegenüber durch den Zugversuch nicht genügend gekennzeichnet wird, sucht der Konstrukteur durch ergänzende Prüfungen sein Urteil über Eignung des Materials für den bestimmten besonderen Zweck zu erweitern (Druck-, Verdrehungs-, Scher-, Biege-, Schlag-, Beschußversuche usw.).

Durch Vorschrift bestimmter Grenzwerte für die durch diese Prüfungen zu ermittelnden Festigkeitseigenschaften (Lieferbedingungen) versucht man dann Material von der Verwendung zum Bauwerk fernzuhalten, das den Voraussetzungen, die der Konstrukteur bei der Bemessung der einzelnen Teile zugrunde gelegt hat, nicht entspricht.

Ebenso wesentlich ist natürlich, daß bei der Bauausführung das Material keine Behandlung erfährt, die seine Eigenschaften derart ändert, daß es aufhört, den vom Konstrukteur gemachten Voraussetzungen zu genügen.

Da die Ermittelung der $E$-Grenze bei der Prüfung des Materials umständlich ist und ihre Lage wesentlich von der Genauigkeit des Meßverfahrens abhängt, begnügt man sich in der Regel mit der Bestimmung der Streckgrenze ($S$-Grenze, $\sigma_S$, I, 38), die höher liegt als die $E$-Grenze. Dem trägt der Konstrukteur dadurch Rechnung, daß er als oberste Grenze für die Beanspruchung des Materials, für die sogenannte zulässige Spannung $\sigma_k$, einen Bruchteil der $S$-Grenze wählt:

$$\sigma_k = \frac{\sigma_S}{m},$$

wobei $m$ stets größer als 1 ist. Der Grenzwert von $m = m'$ würde für $\sigma_k$ die $E$-Grenze ergeben. Wie weit man aus Gründen der Sicherheit der Konstruktion mit $\sigma_k$ unterhalb des Grenzwertes $\dfrac{\sigma_S}{m'}$ zu bleiben hat, hängt davon ab, wieweit man im Interesse der Verminderung des Gewichts der Konstruktion gezwungen ist, die Leistungsfähigkeit des Materials auszunutzen. Man wird bei Bauteilen, bei denen Gewichtsersparnis wegen der Eigenart der Konstruktion oder wegen des Preises in besonders hohem Maße angestrebt wird, mit $\sigma_k$ näher an den oben angedeuteten Grenzwert herangehen, als in Fällen, wo dieser Gesichtspunkt weniger in den Vordergrund tritt.

Manche Materialien zeigen beim Zugversuch keine scharf ausgeprägte $S$-Grenze. Um in solchen Fällen Übereinstimmung der an verschiedenen Stellen gewonnenen Werte der $S$-Grenze zu erzielen, definiert man einer besonders vom Kgl. Materialprüfungsamte, Gr.-Lichterfelde, ausgegangenen Anregung entsprechend, die $S$-Grenze als diejenige Spannung, die beim Zugversuch einer vereinbarten bleibenden Dehnung von $n\,\%$ entspricht. Diese Grenze soll der Kürze halber mit $n$-Grenze bezeichnet werden. Häufig wird $n = 0{,}2\,\%$ gewählt. Die entsprechende Grenze möge dann 0,2-Grenze heißen.

Vielfach ist es in den Kreisen der Konstrukteure üblich, nicht die $S$-Grenze, sondern die Bruchgrenze ($\sigma_B$ oder $B$-Grenze) als Ausgangspunkt für die Wahl der zulässigen Spannung $\sigma_k$ zu wählen. Man setzt dann

$$\sigma_k = \frac{\sigma_B}{n}$$

und bezeichnet $n$ als den „Sicherheitsfaktor". Das ist gerechtfertigt, wenn man das Verhältnis $\nu = \dfrac{\sigma_S}{\sigma_B}$ für eine bestimmte Materialgattung in einem bestimmten Zustand der Vorbehandlung kennt, also imstande ist, $n$ so zu wählen, daß $\sigma_k < \dfrac{\sigma_S}{m'} < \dfrac{\sigma_B \cdot \nu}{m'}$ und somit $> \dfrac{m'}{\nu}$. Für Eisen-Kohlenstoff-Legierungen (Flußeisen, Flußstahl), soweit sie nicht kaltgereckt oder abgeschreckt sind, liegt $\nu$ in der Regel zwischen 0,5 und 0,65. Man hätte dann $n$ größer zu wähler als $m'/0{,}5$ oder größer als $2\,m'$.

Die richtige Wahl der Größe $m'$ und der davon abhängigen $n$ bedingt einen wesentlichen Teil der Tätigkeit des Konstrukteurs und erfordert große Erfahrung. Die große Zahl der im Dienst befindlichen Bauwerke, bei deren Berechnung bestimmte Werte von $n$ bzw. $m'$ zugrunde gelegt wurden, und die während ihrer Dienstzeit den Anforderungen der Sicherheit unter bestimmten Bedingungen entsprachen, gibt einen Anhalt für die Wahl von $m'$ und $n$ in späteren Fällen. Ob und wieweit diese Verhältniszahlen vermindert werden können, ohne daß unter gewissen Bedingungen die Sicherheit der Konstruktion leidet, läßt sich ebenfalls aus den Erfahrungen ableiten, die man mit ähnlichen Bauwerken während ihrer Betriebszeit gemacht hat.

Angaben über die Wahl von $m'$ und $n$ auf Grund der gemachten Erfahrungen gehören in Lehrbücher über Maschinen- und Konstruktionselemente. Diese Zahlen haben mit dem Material als solchem nichts zu tun und sollen hier, wo es sich nur um die Lehre von den Materialien handelt, nicht angeführt werden.

**288.** Für Bauwerke, die im Dienst „Dauerbeanspruchungen", d. h. sich sehr häufig wiederholenden Beanspruchungen zwischen einer oberen und einer unteren Grenzspannung ausgesetzt sind, würde als scheinbar zweckmäßigster Anhalt für die Wahl der zulässigen Spannung $\sigma_k$ die sogenannte Arbeitsfestigkeit des Materials $\sigma_N$ in Frage kommen (I, *321* bis *324*). Das ist diejenige Spannung, die das Material ertragen kann, ohne daß durch eine sehr große Zahl von Wiederholungen dieser Spannung der Bruch herbeigeführt wird. Dadurch würde der Materialprüfung die Aufgabe erwachsen, für verschiedene wichtige Konstruktionsmaterialien in den verschiedenen Zuständen der Vorbehandlung die Arbeitsfestigkeit $\sigma_N$ zu ermitteln. Dem stellen sich aber aus folgenden Gründen erhebliche Schwierigkeiten entgegen:

1. Die Größe von $\sigma_N$ ist für jedes Material in einem bestimmten Behandlungszustand je nach der Art der Beanspruchung (Zug, Druck, Biegung usw.) verschieden.

2. Die Widerstandsfähigkeit des Materials gegen oft wiederholte Anspannung hängt nicht allein von der Größe der Höchstspannung ab, bis zu der es wiederholt angespannt wird, sondern auch von dem Abstand der beiden Grenzspannungen, zwischen denen die Anspannung stattfindet, also von der Amplitude der Anspannungen. Je höher die obere Grenze für die Anspannung hinaufrückt, desto kleiner muß die Amplitude werden, wenn nicht durch oft wiederholte Anspannung Bruch herbeigeführt werden soll.

3. Die Ermittelung von $\sigma_N$ erfordert kostspielige, sich über Jahre hinaus erstreckende Untersuchungen.

4. Der gefundene Wert von $\sigma_N$ ist in hohem Maße abhängig von der Form und den Abmessungen der Probestäbe, so daß aus dem für eine Probestabform gewonnenen Werte $\sigma_N$ eines Materials in bestimmtem Vorbehandlungszustand noch kein quantitativer Schluß auf das Verhalten des Materials im allgemeinen gezogen werden kann. Auch die Zahl der in der Zeiteinheit durchgeführten Anspannungen scheint Einfluß auf den Wert $\sigma_N$ zu haben. Ebenso mit ziemlicher Wahrscheinlichkeit der Verlauf der durch die Art der Anspannungen bedingten Wellenlinie der Spannungsschwingungen.

5. Geringe Fehlstellen im Material haben sehr starken Einfluß auf die Lage von $\sigma_N$. Die Fehlstellen können hierbei sehr geringfügig sein. Sie können entweder im Material selbst liegen, oder auch auf äußere Beschädigung zurückzuführen sein. So können bereits feine zur Messung der Längenänderung mit Hilfe der Reißnadel angebrachte Marken zu stark erniedrigten Werten von $\sigma_N$ führen.

Aus allen diesen Gründen ist die Ermittelung von $\sigma_N$ als Unterlage für den Konstrukteur zur Zeit praktisch nicht allgemein durchführbar. Die darüber vorliegenden und in Zukunft noch erhaltenen Versuchsergebnisse verlieren dadurch nicht an Wert. Sie geben gewisse qualitative Anhalte und Gesichtspunkte. Sie werden aber voraussichtlich nicht zu bestimmten unmittelbar für den Konstrukteur verwendbaren Zahlenwerten führen. Dieser ist also auch für den Fall, daß die von ihm entworfene Konstruktion im Betrieb häufig wiederholten, zwischen zwei äußersten Grenzen liegenden Beanspruchungen ausgesetzt ist, auf die Wahl von $m'$ bzw. $n$ nach den im vorigen Absatz angegebenen Gesichtspunkten angewiesen. Die Erfahrung muß hier ein besonders gewichtiges Wort sprechen, damit für $m'$ bzw. $n$ in bestimmten Fällen die richtige Auswahl getroffen wird.

Besonders ist durch die Versuche von Wöhler, Martens und anderen ersichtlich geworden, daß scharfe Übergänge von einem Querschnitt eines Konstruktionsteils zu einem anderen Querschnitt den Wert für $\sigma_N$ bedeutend erniedrigen. Für den Konstrukteur folgt hieraus die wichtige Regel, solche scharfe Übergänge nach Möglichkeit zu vermeiden, oder wenn dies nicht angängig ist, $m'$ bzw. $n$ entsprechend größer, also $\sigma_k$ kleiner zu wählen. Wie weit man hierbei zu gehen hat, kann nur die Erfahrung an ähnlichen im Dienst befindlichen Bauwerken lehren. Verschiedene Materialien zeigen verschieden große Empfindlich-

keit gegenüber solchen scharfen Übergängen. Vgl. das im Abschnitt über Kerbwirkung Gesagte (*339* bis *349*).

**289.** Ein Blick in die Liefervorschriften für Konstruktionsmaterialien zeigt,
daß der Konstrukteur bei der Auswahl des Materials noch besonderen Wert auf
die Größe der Bruchdehnung $\delta$ beim Zugversuch legt (I, *47*). Dies könnte auf
den ersten Blick auffällig erscheinen, da ja die erste Grundbedingung für den
Konstrukteur war, durch richtige Wahl der Abmessungen und der Spannungs-
verteilungen im Bauwerk bleibende Formänderungen während der Dienstleistung
des Bauwerks zu verhindern. Welches Interesse kann er nun an der Kenntnis
der Bruchdehnung eines Materials haben, die ein Maßstab für die bleibende Formänderung bei Beanspruchung bis zum Bruch ist?

Bei der Berechnung der höchsten Spannungen, die ein Teil einer Konstruktion voraussichtlich auszuhalten hat, muß der Konstrukteur die voraussichtlich
höchste jemals vorkommende Belastung des Bauwerks oder der Maschine zugrunde
legen, die ihm von dem Besteller angegeben wird. Ob diese Belastung während
der späteren Dienstleistung des Bauwerks oder der Maschine vorübergehend durch
Zufall oder durch unglückliche Umstände überschritten werden kann, entzieht
sich seiner Beurteilung. Es können auch durch mangelhafte Bauausführung oder
durch Materialfehler Umstände hinzukommen, welche die vom Konstrukteur gemachten Voraussetzungen umstoßen und in einzelnen Teilen stärkere Beanspruchungen erzeugen, als unter normalen Verhältnissen vorausgesehen werden konnte.
Durch zufälligen Bruch eines Teiles des Bauwerks oder der Maschine können
starke Überanspruchungen der übrigen Teile vorkommen, die dann weitere Zerstörungen zur Folge haben können. Der Konstrukteur muß also mit einer wesentlichen Überschreitung der von ihm seiner Rechnung zugrunde gelegten Spannungen
für Ausnahmefälle rechnen und deren Folgen zu mildern suchen.

Er wird deshalb ein Material bevorzugen, das nach Überschreitung der Streckgrenze durch bleibende Formänderung eine möglichst große Arbeit aufzuzehren
vermag. Er rechnet dann darauf, daß die zufällige Überanspruchung nicht sofort Bruch herbeiführt, sondern möglichst durch
die Formänderungsarbeit des Materials vor Eintritt des Bruchs aufgebraucht wird. Die bemerk-
bare Formänderung des Bauteiles ist dann ein
Warnungszeichen für denjenigen, dem die Überwachung des Bauwerks obliegt. Die Formänderungsarbeit des Materials bis zum Bruch ist sonach ein
Arbeitsvorrat, der nur für den Fall der Überanspruchung in Frage kommt, für den normalen
Dienst des Bauwerks aber nicht in Anspruch genommen wird. Dieser Vorrat bedeutet eine Erhöhung der Sicherheit für außergewöhnliche Fälle.
Er soll wie eine Art Sicherheitsventil wirken.

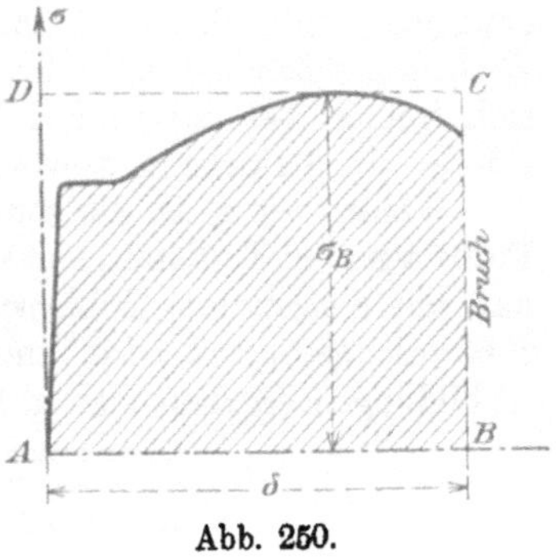


Abb. 250.

Über die Widerstandsarbeit eines Materials gibt bis zu einem gewissen Grade
die Arbeit Aufschluß, die erforderlich ist, um einen Stab von bestimmten Abmessungen durch den Zugversuch zum Bruch zu bringen. Sie ergibt sich aus
dem Dehnungs-Spannungsbild ($\delta, \sigma$-Bild, Abb. 250), in dem die Dehnungen $\delta$ in
Prozenten als Abszissen, die zugehörigen Spannungen $\sigma$ als Ordinaten eingetragen
sind (I, *48* bis *51* und *425* bis *435*). Die schraffierte Fläche gibt die Größe dieser
Arbeit bezogen auf die Raumeinheit des Materials an. (Spezifische Arbeit $a$.) Um
für jedes Material die Formänderungsarbeit genau zu bestimmen, müßte das
$\delta, \sigma$-Bild gegeben sein. Da dies dem Konstrukteur meist nicht zur Verfügung
steht, so benutzt er als angenähertes Maß für die Widerstandsarbeit den Inhalt

der Fläche $ADCB$, der sich als Produkt aus Bruchgrenze $\sigma_B$ und Bruchdehnung $\delta$ ergibt.

$$\text{Fläche } ADCB = \sigma_B \cdot \frac{\delta}{100},$$

wobei $\delta$ in Prozenten, $\sigma_B$ in kg/qcm ausgedrückt ist. Die Einheit für die Arbeit ist dann kg/qcm oder $\mathrm{kg \cdot cm/cm^3}$,

Die wirkliche spezifische Widerstandsarbeit ist (I, *48* bis *51*)

$$a = \xi \cdot \sigma_B \cdot \frac{\delta}{100},$$

wobei $\xi$ der Völligkeitsgrad, d. h. das Verhältnis der schraffierten Fläche zur Fläche $ADCB$ ist. Für jede Materialgattung in einem bestimmten Behandlungszustand besitzt $\xi$ einen bestimmten Wert, der kleiner als 1 ist.

Im allgemeinen wird der Konstrukteur schon mit dem Wert $a' = \sigma_B \cdot \dfrac{\delta}{100}$ arbeiten können, da es für ihn weniger auf die genaue Größe der Arbeit $a$ ankommt, als auf die Kenntnis, welche Materialien größere und welche kleinere Widerstandsarbeit besitzen, und diese mit dem Betrag von $a'$ im allgemeinen steigt und fällt.

Die Arbeit $a'$ und $a$ kann nun sowohl durch Steigerung von $\sigma_B$, als auch durch Vergrößerung von $\delta$ erhöht werden. Es kann somit ein Metall von hoher $B$-Grenze und geringer Bruchdehnung dieselbe Widerstandsarbeit liefern, wie ein Metall mit niedriger $B$-Grenze und hohem Wert von $\delta$ (I, *433*).

Da aber der Konstrukteur aus den oben angegebenen Gründen Interesse daran hat, Materialien mit hohen Werten der $S$- bzw. der Bruchgrenze zur Verfügung zu haben, weil sie bei gleichem Wert von $m'$ und $n$ zu geringerem Gewicht der Konstruktion führen, so wird für ihn dasjenige Material besonderen Wert besitzen, das bei möglichst hoher Lage der $S$-Grenze möglichst hohes $\delta$ liefert. Da die $S$-Grenze für eine bestimmte Materialgattung einem bestimmten Bruchteil der $B$-Grenze entspricht, so kommt die obige Bedingung bis zu einem gewissen Grade darauf hinaus, daß das Material bei möglichst hoch gelegener $B$-Grenze möglichst hohe Bruchdehnung ergibt. Beide Forderungen widersprechen sich freilich bei der großen Mehrzahl der metallischen Stoffe, da meist die Umstände, die Steigerung von $\sigma_B$ bewirken, den umgekehrten Einfluß auf $\delta$ ausüben.

Wählen wir z. B. die schmiedbaren Eisen-Kohlenstoff-Legierungen, wie sie als Flußeisen und Flußstahl zur Verfügung stehen, so läßt Abb. 316 und 317 erkennen, daß mit steigendem Kohlenstoffgehalt bis etwa 1% die $B$-Grenze ebenso wie die $S$-Grenze gesteigert wird, andererseits aber die Bruchdehnung $\delta$ sinkt. Aus den Abbildungen ergeben sich z. B. folgende Werte:

| Kohlenstoff | $\sigma_B$ | $\delta_{12,3\sqrt{f}}$ | $\sigma_B \cdot \dfrac{\delta}{100}$ |
|:---:|:---:|:---:|:---:|
| % | at | % | kgcm/cm³ |
| 0,1 | 3500 | 28,5 | 1000 |
| 0,2 | 4000 | 27 | 1080 |
| 0,4 | 5300 | 22 | 1166 |
| 0,5 | 6200 | 18,5 | 1150 |
| 0,6 | 7000 | 14,5 | 1015 |
| 0,8 | 9000 | 8 | 720 |
| 1,0 | 10 000 | 4 | 400 |

Aus der Tabelle folgt, daß der Konstrukteur auf die Legierungen mit hoher $B$-Grenze verzichten muß, weil durch Verminderung der Bruchdehnung die Widerstandsarbeit zu klein wird. Er wird bei einer der obigen Tabelle[1]) entsprechenden Materialgattung diejenigen Legierungen auswählen, die eine mittlere Bruchgrenze von etwa 4000 bis 6000 at haben, wenn möglichst geringes Gewicht der Konstruktion bei möglichst großer Widerstandsarbeit wesentliches Erfordernis ist.

Es können natürlich noch andere Gesichtspunkte die Wahl beeinflussen, so z. B. die Sicherheit, mit der sich Materialien von der verlangten $B$-Grenze und Bruchdehnung im Massenbetrieb erzeugen lassen. So wäre z. B. der Fall denkbar, daß ein Material bei recht sorgfältiger Herstellung und Überwachung in der Verarbeitung recht günstige Werte für $\sigma_B$ und $\delta$ und somit auch für $a'$ liefert, bei der Erzeugung im Massenbetrieb aber nicht mit derselben Sicherheit diese günstigen Werte von $\sigma_B$ und $\delta$ erhoffen läßt, wie ein anderes Material mit durchschnittlich geringeren Werten von $\sigma_B$ und $\delta$. In diesem Falle würde die Wahl dieses letzteren Materials durch den Konstrukteur gerechtfertigt erscheinen. Schließlich können auch Preisfragen und wirtschaftliche Verhältnisse eines bestimmten Erzeugungsgebietes eine wesentliche Rolle spielen.

Auch die Art der Herstellung des Bauteiles hat bis zu einem gewissen Grade Einfluß auf die Auswahl des Materials. Bei Gußeisen ist z. B. die $B$-Grenze und die Widerstandsarbeit bei Zugbeanspruchung sehr gering, und trotzdem ist es ein weitverbreitetes Konstruktionsmaterial wegen der Leichtigkeit, mit der es durch Gießen in die vom Konstrukteur verlangte Form übergeführt werden kann. Man muß hier die Sicherheit besonders in die niedrige Wahl von $\sigma_k$ verlegen und kann dann eher auf die durch hohe Widerstandsarbeit gebotene Sicherheit verzichten. Das Gewicht der Bauteile wird dadurch natürlich vergrößert. Soll dies vermieden werden, so wird man in vielen Fällen zum Stahlformguß greifen, der bei größerem $\sigma_B$ und größerer Widerstandsarbeit leichtere Bauart gestattet und mit dem Gußeisen den Vorteil der Gießbarkeit gemeinsam hat. Allerdings ist nicht zu vergessen, daß die Schwierigkeiten bei der Herstellung verwickelter Gußstücke beim Stahlformguß größer sind, als bei Verwendung von Gußeisen. Man hat auch nur dann sicher auf die Vermehrung der Widerstandsarbeit bei der Verwendung von Stahlguß an Stelle von Gußeisen zu rechnen, wenn der erstere nicht etwa verborgene Fehler (Lunkerhohlräume, Eigenspannungen usw.) in sich schließt.

Ist bei der Konstruktion besonders hoher Wert auf geringe Abnutzung bestimmter Teile zu legen, so wird man, weil die Abnutzbarkeit im allgemeinen mit steigender Härte sinkt und die Härte meist mit zunehmendem $\sigma_B$ steigt, zu Materialien mit hoher $B$-Grenze greifen müssen, selbst wenn man dadurch die Widerstandsarbeit verkleinert. Dieser Gesichtspunkt tritt z. B. bei den dem Verschleiß unterworfenen Teilen von Zerkleinerungsmaschinen in den Vordergrund.

Aus dem oben Gesagten wird es verständlich sein, warum der Konstrukteur in Fällen, wo es sich um möglichst große Widerstandsarbeit und möglichst leichte Bauart handelt, nach Materialien mit möglichst hoher $B$-Grenze und Bruchdehnung sucht, und daß er dann, wenn er zwei Materialien mit gleich hoher $B$-Grenze zur Auswahl hat, von denen das eine höhere Bruchdehnung aufweist als das andere, dem ersteren den Vorzug gibt, solange nicht die Preisfrage hemmend dazwischen tritt. Danach ist es erklärlich, daß man durch Legierung immer neuer Stoffe diesen Ansprüchen nachzukommen sucht. So hat man z. B. den gewöhnlichen Eisen-Kohlenstoff-Legierungen Zusätze von Nickel und Chrom gegeben und die sogenannten „Sonder- oder Spezialstähle" hergestellt, die

---

[1]) Die in der Tabelle und im Schaubild angegebenen Zahlenwerte dürfen nicht verallgemeinert werden. Sie gelten nur für bestimmte Materialgattungen unter bestimmten Bedingungen der Vorbehandlung. Das Gleiche gilt für alle Schaubilder und Tabellen über Festigkeitseigenschaften in diesem Buche.

namentlich nach gewissen, später zu besprechenden Vorbehandlungen größte Bruchgrenze mit größter Widerstandsarbeit vereinigen.

In manchen Fällen beeinflußt die Rücksichtnahme auf Dauerhaftigkeit eines Bauteils gegen Angriff durch Wasser, wässerige Flüssigkeiten, ätzende Gase usw. die Auswahl des Materials. In Fällen, wo derartige Einwirkungen die Verwendung des Eisens und seiner Legierungen verbieten, verwendet man z. B. Legierungen des Kupfers, insbesondere seine Legierungen mit Zinn oder mit Zinn und Zink.

Wenn, wie z. B. beim Bau von Luftschiffen und Flugzeugen, das Gewicht des Bauwerks auf das Mindestmaß herabgedrückt werden soll, lenkt man seine Aufmerksamkeit auch auf Metalle mit sehr geringem spezifischen Gewicht, wie Aluminium und Magnesium, sowie ihre Legierungen.

Bei Bauteilen, die mit Reibung aufeinander arbeiten (Lager, Stopfbuchsen), tritt als neuer Gesichtspunkt die Verminderung der Reibung hinzu. Diese Anforderung hat zu einer ganzen Reihe von Legierungen geführt, die unter dem Namen „Reibungs- oder Lagermetalle“ bekannt sind.

In der Elektrotechnik tritt für Leitungsmaterial die elektrische Leitfähigkeit in den Vordergrund. Für solche Zwecke wird in erster Linie Kupfer verwendet.

**290.** Auf Grund der Kenntnis von $\sigma_B$ und $\delta$ kann man sich nur ein Urteil bilden über die Größe des Arbeitswiderstandes eines Materials gegenüber langsam wirkender Zugbeanspruchung. Dieses Urteil ist notwendigerweise noch zu ergänzen durch Prüfung des Materials gegenüber stoßweise auftretender Beanspruchung, insbesondere dann, wenn der Bauteil während seiner Dienstleistung solchen Beanspruchungen standhalten muß. Es ist nicht von vornherein zu erwarten, daß Materialien mit großer Widerstandsarbeit gegenüber langsam wirkender Zugbeanspruchung immer auch stoßweisen Beanspruchungen (Zug, Biegung, Knickung, Druck usw.) gleichgroße Widerstandsarbeit e..._;egensetzen. Die Erfahrung hat gelehrt, daß tatsächlich hier wesentliche Unterschiede auftreten können. Folgendes Beispiel möge dies erläutern (Bretschneider, $L_4$ *1*). Es liegen drei Materialien mit folgenden Eigenschaften vor:

| Material | $\sigma_S$<br>at | $\sigma_B$<br>at | $\delta$<br>% | $\sigma_B \cdot \dfrac{\delta}{100}$<br>kgcm/cm³ | Zahl der<br>Schläge bis<br>zum Bruch[1] |
|---|---|---|---|---|---|
| I | 4500 | 8000 | 16 | 1280 | 6 |
| II | 7500 | 9000 | 14 | 1260 | 20 |
| III | 6500 | 10500 | 10 | 1050 | 3 |

Wenn man die obigen Materialien nach der Höhenlage von $\sigma_S$ einordnet, so würde dem Material II der erste Platz gehören. Der Wert von $\sigma_B \cdot \dfrac{\delta}{100}$ ist am größten bei Material I. Dieses zeigt also bei langsam wachsender Beanspruchung die größte Widerstandsarbeit, und man wäre vielleicht deswegen geneigt, die geringere zulässige Spannung $\sigma_k$ bei I, die durch die niedriger liegende $S$-Grenze bedingt ist, gegenüber diesem Vorteil in den Kauf zu nehmen. Der Ausfall der Schlagversuche zeigt aber die wesentlich geringere Widerstandsarbeit des Materials I gegen stoßweise Beanspruchung gegenüber dem Material II, das wegen seiner hohen Streckgrenze auch noch höhere zulässige Spannung $\sigma_k$ zuläßt. Das Material II ist sonach von den dreien das höherwertige Konstruktionsmaterial.

---

[1] In der Quelle ist über die Art der Ausführung dieser Versuche nichts angegeben. Es ist zu erwarten, daß die Prüfung in allen drei Fällen in vergleichbarer Weise erfolgte.

Auch das folgende Beispiel läßt erkennen, daß man sich mit der Prüfung auf Widerstandsarbeit gegenüber ruhiger Beanspruchung nicht zufrieden geben darf, wenn man ein vollständiges Urteil über das Material gewinnen will.

Abb. 251 zeigt den mit Kupferammoniumchlorid geätzten Querschliff durch eine Pleuelstangenschraube aus Flußeisen, die im Betrieb gebrochen war (s. E. Heyn, $L_2$ 3). Der Schliff läßt zwei verschiedene Zonen, eine äußere, hellere Randzone und eine innere, dunklere Kernzone mit zahlreichen dunklen Flecken infolge Seigerung erkennen. Der Bruch ist an einer Stelle erfolgt, wo die Schraube auf kleineren Durchmesser, als die Abbildung zeigt, bis dicht auf die Kernzone abgedreht war, so daß durch das Drehen das Metall der Randzone entfernt war. Außerdem war an der Ein

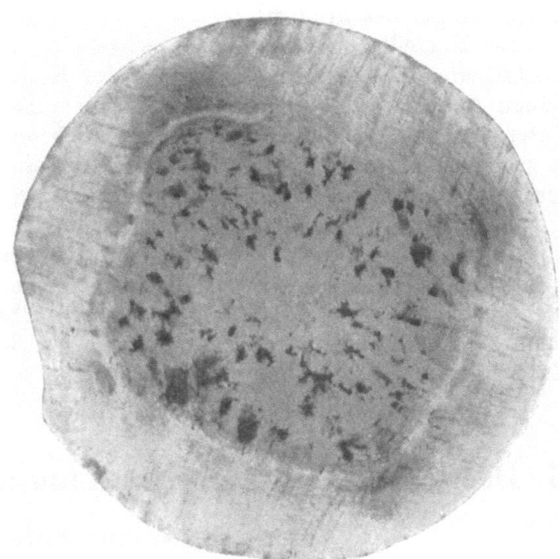

Abb. 251. (Natürl. Größe).

drehung noch ein scharfgängiges Gewinde eingeschnitten. Die Untersuchung ergab folgende Werte:

| | $\sigma_S$<br>at | $\sigma_B$<br>at | $\delta_{11,3\sqrt{f}}$<br>$^0/_0$ | $\sigma_B \cdot \dfrac{\delta}{100}$ | $\mathfrak{B}_s$ |
|---|---|---|---|---|---|
| Randzone . . . | 2580 | 3960 | 35,3 | 1305 | 3 |
| Kernzone . . . | 2730 | 4390 | 24,9 | 1090 | 1 |

Die Kernzone zeigt etwas höhere $B$- und $S$-Grenze neben etwas verminderter Bruchdehnung gegenüber dem Material der Randzone. Zwar ist die Widerstandsarbeit in der Kernzone niedriger als in der Randzone. Immerhin kann man angesichts der hohen Lage der Streckgrenze auf Grund des Zugversuchs das Material der Kernzone nicht als weniger sicher beurteilen, als dasjenige der Randzone (vgl. Tabelle in *289*). Anders ist es dagegen bei Einwirkung von Schlag, namentlich wenn Probestäbe mit Einkerbungen geprüft werden. Der Versuch wurde nach dem Verfahren *g* (*317, 343*) durchgeführt. Die Zahl der erhaltenen Biegungen $\mathfrak{B}_s$ bis zum Bruch war bei dem Material der Randzone durchschnittlich 3, bei dem der Kernzone dagegen nur 1. Es zeigt sich also, daß das letztere gegenüber stoßweiser Beanspruchung gekerbter Stäbe nur einen geringen Widerstand besitzt, während das Material der Randzone hohen Anforderungen gerecht wird. Das eingeschnittene scharfgängige Gewinde stellt nun eine ganze Reihe von Kerben dar. Da die Randzone abgedreht war, so lagen diese Kerbe gerade in der Kernzone, also in demjenigen Teil des Materials, der gegen Kerbung besonders empfindlich ist. Es geht daraus hervor, daß das Material für den besonderen Zweck und für die besondere Beanspruchungsart unglücklich gewählt war.

Da jeder scharfe Übergang aus einem Querschnitt in den anderen, also mit anderen Worten jede scharf einspringende Kante einen Kerb darstellt, so ist es namentlich bei Bauteilen, bei denen sich solche scharf einspringende Kanten nicht umgehen lassen, von besonderer Wichtigkeit, ein Urteil über die Empfindlichkeit des Materials gegen die Kerbwirkung zu erhalten. Die Verfahren hierfür werden in Absatz *343* beschrieben.

Bei Bauteilen, die beständig wechselnden Beanspruchungen und Stößen ausgesetzt sind, über deren Größenmaß der Konstrukteur bei der Berechnung gar keinen Anhalt besitzt, hat es sich als vorteilhaft erwiesen, bei der Auswahl der Materialien das Verhalten gegenüber künstlich erzeugten häufig wiederholten Stößen zu prüfen, die Anspannungen bis oberhalb der Streckgrenze bewirken. Die Zahl der bis zum eintretenden Bruch ausgehaltenen Anspannungen gibt dann einen gewissen Maßstab für die Widerstandsfähigkeit des Materials. Es sind hierfür eine Reihe mechanischer Vorrichtungen in Gebrauch. Wenn auch die mit den vorhandenen Vorrichtungen erhaltenen Zahlenwerte untereinander nicht vergleichbar sind und ihnen die in *288* geschilderten Übelstände anhaften, so können sie doch nützliche Aufschlüsse liefern, wenn sie ständig durch das Verhalten der Materialien im Betrieb kontrolliert werden.


# B. Der Einfluß der Vorbehandlung auf Festigkeit, Härte usw.

## a) Gegossene Materialien.

*291.* Die metallischen Stoffe werden, abgesehen von den seltenen Fällen der elektrolytischen Darstellung, im flüssigen Aggregatzustand in Formen gegossen und dann der Abkühlung überlassen. Wird hierbei durch den Guß der metallische Stoff ohne weiteres in die für seinen Gebrauchszweck endgültige Form übergeführt, die entweder unmittelbar zur Verwendung gelangt oder noch mittels schneidender Werkzeuge nachgearbeitet wird, so erzielt man Gußstücke oder Güsse. In vielen Fällen erhält der metallische Stoff durch das Gießen nur eine vorläufige einfache prismatische Gestalt und wird durch darauffolgende Behandlungen weiterer Formgebung unterworfen. Dann ist der gegossene Stoff nur Zwischenerzeugnis. Je nach der äußeren Gestalt und nach örtlichem Gebrauch nennt man dann diese Zwischenerzeugnisse Blöcke (prismatische Güsse von quadratischem, rechteckigem, achtkantigem oder rundem Querschnitt), Brammen (plattenförmige Güsse von großer Dicke, vorwiegend zur Erzeugung von Blechen), Barren usw. Sie werden sämtlich durch Schmieden oder Walzen weiterverarbeitet. Dienen die Zwischenerzeugnisse zum erneuten Umschmelzen, so spricht man von Masseln, Gänzen (z. B. beim Roheisen) usw.

Es ist nicht immer leicht, die Festigkeitseigenschaften, die den gegossenen Metallen und Legierungen als solchen zukommen, eindeutig festzulegen, weil hier die Geschicklichkeit, mit der der Gießer das Metall zu behandeln weiß, eine äußerst wichtige Rolle spielt. Der Guß kann Hohlräume (Lunker, Gasblasen) enthalten, kann schwammig sein, nur aus einem Filz von Kristallnadeln mit großen Zwischenräumen bestehen; er kann grobstengelige Absonderungen senkrecht zu den Abkühlungsflächen zeigen, wodurch Flächen geringsten Zusammenhanges hervorgebracht werden (*257*). Es können Verunreinigungen durch fremde Körper (Schlackenteilchen, Teilchen der Formmasse u. a. m.) in den Guß gelangen. Die Gußstücke können Eigenspannungen enthalten (*324—338*) usw. Alle diese Umstände können die Festigkeitseigenschaften beeinträchtigen, so daß man wohl die Festigkeit der geprüften Probe, nicht aber die des Materials selbst feststellt.

Bei manchen metallischen Stoffen hat die Geschwindigkeit, mit der die Abkühlung in der Gußform vor sich geht, wesentlichen Einfluß auf die Festigkeitseigenschaften. Hierbei handelt es sich meist nicht um die Zeit, die zur Abkühlung von der Gießhitze auf gewöhnliche Wärmegrade verwendet wird, sondern vielmehr um die Zeit des Durchlaufes ganz bestimmter, eng begrenzter Temperaturbereiche.

Als Beispiel sei hier wieder auf die bereits öfters erwähnten Bronzen (Kupfer-Zinn- oder Kupfer-Zinn-Zink-Legierungen) hingewiesen. Bei schneller Abkühlung (sog. Schreckguß) vermag man größere Festigkeiten zu erzielen, als bei langsamerer Abkühlung. Der Grund hierfür ist folgender: Einmal wird durch die rasche Abkühlung ein unvollkommenes Gleichgewicht herbeigeführt (*135—138*); zum anderen werden dadurch die Körner, in die sich die Legierung bei der Erstarrung unterteilt, weniger grob (*257*). Beide Umstände wirken bei der Bronze auf Verbesserung der Festigkeitseigenschaften hin. Erfahrene Bronzegießer benutzen diesen Kunstgriff. Es muß natürlich auf der anderen Seite darauf geachtet werden, daß infolge der raschen Abkühlung nicht etwa schädliche Eigenspannungen im Gußstück entstehen (Gußspannungen). (*324—338*.)

Ein weiteres Beispiel bietet das Gußeisen, bei dem die Festigkeitseigenschaften in hohem Maße von der Geschwindigkeit der Abkühlung des Gußes, insbesondere von der Geschwindigkeit der Abkühlung dicht unterhalb der Erstarrungstemperatur abhängig sind. Von Einfluß auf die Geschwindigkeit der Abkühlung sind auch die Gießhitze, ferner die Art des Formmaterials und die Abmessungen der Güsse. Je höher die Gießhitze unter sonst gleichen Umständen ist, um so mehr wird die Form vor der Erstarrung erwärmt, um so langsamer geht die Abkühlung durch die Erstarrungszone hindurch. In eisernen Formen erfolgt die Abkühlung schneller, als in Sand- oder Lehmformen. Gußstücke von großer Wandstärke kühlen langsamer ab als dünnwandige. Es ist deswegen nicht zu verwundern, wenn ein und dasselbe Gußeisen aus derselben Pfanne zu verschieden dicken Stäben gegossen ganz verschiedene Werte der Festigkeit und Härte liefern kann.

## b) Nachbehandlung der Güsse durch Glühen.

**292.** Das Glühen kann zweierlei bezwecken: 1. die Beseitigung von Gußspannungen (*324—338*) und 2. Änderung der Festigkeitseigenschaften des Materials.

Die erste Wirkung ist nicht immer durch Entnahme von Probestäben aus dem Gußstück festzustellen. Denn enthält ein Guß Spannungen, so können diese während des Zerlegens zum Zweck der Probeentnahme ganz oder teilweise beseitigt werden. Nur diejenigen Spannungen, die zwischen kleineren Teilchen des Stoffes, z. B. innerhalb der einzelnen Schaumkammern (*257* und *338*) bestehen, werden durch die Zerlegung bei der Probeentnahme weniger beeinflußt und können somit ihre Wirkung bei der Prüfung der Festigkeitseigenschaften zur Geltung bringen.

Die Änderung der Festigkeitseigenschaften durch das Glühen kommt insbesondere bei solchen Metallen und Legierungen in Betracht, die bei der Abkühlung unterhalb der Erstarrung Umwandlungen erleiden. Durch Erhitzen bis über die Umwandlungstemperatur und durch Regeln der Abkühlungsgeschwindigkeit beim Durchgang durch diese Temperatur kann man einen Einfluß ausüben auf den Grad der Vollständigkeit, mit dem sich die Umwandlung vollzieht, und ferner auch auf die gröbere oder feinere Körnung des Stoffes (*259—262*).

Nachbehandlung durch Glühen kommt namentlich bei Gußstücken aus schmiedbarem Eisen (Flußeisenformguß, Stahlformguß, Stahlguß) in Betracht. Hierbei können beide oben genannten Wirkungen erzielt werden. Die Glühhitze ist bis über die Umwandlungstemperatur zu treiben. Wegen der mit der Überhitzung verbundenen Beeinträchtigung der Festigkeitseigenschaften (317) darf man aber mit der Glühtemperatur nicht höher gehen, als diese Umwandlung verlangt.

Von Einfluß auf die Festigkeitseigenschaften des Stahlgusses ist nun bei der Abkühlung die Geschwindigkeit des Durchgangs durch die Umwandlungstemperatur. Um bei der Abkühlung nicht neue Spannungen hervorzurufen, darf man die Abkühlung nicht allzu rasch vor sich gehen lassen, damit alle Teile des Gußstücks möglichst gleiche Temperatur besitzen. Dieser Forderung stellt sich die andere entgegen, die Abkühlung zu beschleunigen, weil dadurch feinkörnigeres Gefüge erzielt wird, das günstigere Festigkeitseigenschaften liefern kann, als gröbere Kornbildung. Zwischen diesen beiden Forderungen muß ein Ausgleich gesucht werden (336).

Man darf nicht glauben, daß das Glühen von Gußstücken in allen Fällen zur Verbesserung der Festigkeitseigenschaften führt. Es kann unter Umständen auch die gegenteilige Wirkung eintreten. Die Bronzen machen unterhalb der Erstarrung eine Umwandlung bei einer Temperatur $t_u$ durch. Die Festigkeit und Dehnung wird in der Regel gesteigert, wenn die Abkühlung durch $t_u$ so schnell vor sich geht, daß nur unvollkommenes Gleichgewicht entsteht (135—138). Würde man nun z. B. einen Schreckguß von Bronze wieder bis über die Temperatur $t_u$ erhitzen und dann langsam abkühlen, so würde man Bruchgrenze und Dehnung wieder vermindern. Wohl aber könnte man allenfalls durch Abschrecken von Wärmegraden oberhalb $t_u$ die Festigkeitseigenschaften des Gusses verbessern In allen diesen Fällen ist vorausgesetzt, daß das Gußstück einfache Gestalt und nicht zu große Masse besitzt, weil sonst die angegebene schnelle Abkühlung zu Wärmespannungen Anlaß geben kann.

## c) Das Recken.

**293.** Unter Recken wollen wir die Herbeiführung bleibender Formänderungen in festen metallischen Stoffen ohne Zerstörung des Zusammenhanges verstehen. Es ist hierbei gleichgültig, ob die Formänderung unter Verringerung des Querschnitts und Vergrößerung der Länge (Strecken), oder unter Verminderung der Länge und Vergrößerung des Querschnitts (Zusammendrücken, Stauchen), ob sie infolge von Zug, Druck, Biegung, Verdrehung usw. erfolgt. Geschieht das Recken bei höheren Wärmegraden, so soll es als Warmrecken bezeichnet werden. Hierher gehören das Schmieden, Walzen, Warmpressen, Warmziehen usw., kurz alle Formgebungsarbeiten, die unter Herbeiführung bleibender Formänderungen bei höheren Temperaturen vorgenommen werden. Erfolgen diese bleibenden Formänderungen dagegen bei Wärmegraden in der Nähe der atmosphärischen Temperatur, so wollen wir den Vorgang Kaltrecken nennen. Hierher gehören Arbeiten wie das Kaltschmieden, Kaltwalzen, Kaltpressen, Kaltziehen, Kaltdrücken, Kaltprägen usw.

Gewöhnlich hat man für das Kaltrecken die Bezeichnung Kaltbearbeitung. Dieser Ausdruck soll hier vermieden werden, weil er zweideutig ist und gelegentlich zu Verwechslung mit der Bearbeitung der Metalle mittels schneidender Werkzeuge (Drehen, Bohren usw.) Anlaß geben kann. Damit soll nicht etwa gesagt sein, daß bei dieser Bearbeitung mit schneidenden Werkzeugen nicht etwa Kaltrecken nebenher gehen kann.

Das Ausgangsmaterial sowohl für das Warm- wie auch für das Kaltrecken ist in der Regel der gegossene Block, der in der Mehrzahl der Fälle durch Warmrecken der endgültigen Gestalt des zu erzeugenden Gebrauchsgegenstandes näher gebracht oder unmittelbar in diese übergeführt wird. Auf das Warmrecken kann dann noch Kaltrecken hinterher folgen. So wird z. B. bei der Erzeugung von

Eisen- und Kupferdraht der gegossene Block bis auf die Dicke des Walzdrahtes warm heruntergewalzt. Dieser wird dann durch Kaltziehen auf den gewünschten Durchmesser gebracht. .In selteneren Fällen wird das gegossene Material ohne weiteres dem Kaltrecken unterworfen, wie z. B. beim Messing und ähnlichen Metallen, die bei niederen Temperaturen sehr großes Formveränderungsvermögen besitzen.

Zwischen Warm- und Kaltrecken besteht keine scharfe Grenze; sie gehen beide unmerklich ineinander über, wie bereits aus den Erörterungen über die Änderung des Kleingefüges durch diese Behandlungen hervorgeht (*279, 280*). Beide bewirken Störung des Gefügegleichgewichtes der Korngröße. Geschieht das Kaltrecken bei Wärmegraden, bei denen die Beweglichkeit der Teilchen nicht mehr groß genug ist, um die gestreckten Körner in gleichachsige umzuwandeln, so kann auch noch Störung des Gefügegleichgewichts der Korngestalt hinzukommen. Besitzt der metallische Stoff unterhalb der Temperatur, bei der das Recken beendet wird, noch einen Umwandlungspunkt, so wird das infolge des Reckens beeinflußte Gefüge wieder verdeckt durch das bei der Umwandlung neugebildete Gefüge. Die Größe der Körner ist dann nicht mehr von der Temperatur und dem Grad des Reckens abhängig, sondern von der Geschwindigkeit, mit der die Abkühlung durch die Umwandlungstemperatur erfolgt. Dieser Fall ist bei den warm gewalzten Eisen-Kohlenstoff-Legierungen verwirklicht; das Walzen ist hierbei oberhalb der Umwandlungstemperatur beendet. In Ausnahmefällen kann es auch bis unterhalb dieser Umwandlungstemperatur fortgesetzt werden; dann hat die Abkühlungsgeschwindigkeit keinen Einfluß mehr auf das Gefüge.

## 1. Das Kaltrecken.

*294.* Wie früher besprochen, ist das durch Kaltrecken gestörte Gefügegleichgewicht metastabil. Es strebt einem stabileren Gleichgewicht zu und wird durch die innere Reibung des Materials daran verhindert, diesem Streben zu folgen. Erwärmung kann die Annäherung an den stabilen Gleichgewichtszustand begünstigen, ebenso zuweilen Erschütterungen, soweit sie nicht mit bleibenden Formveränderungen verbunden sind (I, *314*).

Es ist aber auch noch denkbar, daß das durch Kaltrecken erzeugte metastabile Gleichgewicht nach Aufhören der die Formänderung herbeiführenden Kraftwirkungen noch nicht sein höchstes Maß erreicht hat, sondern in der darauffolgenden Zeit der Ruhe diesem Höchstmaß noch um einen bestimmten Betrag weiter zustrebt. Die Gleichgewichtsverschiebung würde dann nach Aufhören der äußeren Beanspruchung zunächst in der Richtung des metastabilen Gleichgewichts weiter schreiten, dann zum Stillstand kommen, um schließlich wieder rückwärts einem stabileren Gleichgewicht zuzustreben. Auf die hiermit verbundenen Erscheinungen und Änderungen in den Eigenschaften metallischer Stoffe soll hier nicht näher eingegangen werden, da sie bereits in I, *313—314* besprochen wurden (vgl. auch Rudeloff, L, 2).

Im folgenden sollen im wesentlichen nur die Änderungen der Eigenschaften der metallischen Stoffe infolge Kaltreckens besprochen werden, die sich einstellen, nachdem auf das Kaltrecken eine längere Ruhepause gefolgt ist.

        *α*) Änderung der Festigkeitseigenschaften, der Härte, des Gefüges
               und des spezifischen Gewichtes durch Kaltrecken.

*295.* Als fast allgemein gültige Regel kann man folgende betrachten: Durch Kaltrecken werden die $S$- und $B$-Grenze erhöht, und zwar die $S$-Grenze in stärkerem Maße als die $B$-Grenze, so daß das Verhältnis $\dfrac{\sigma_S}{\sigma_B} \cdot 100$

sich seinem Grenzwert 100 zu nähern sucht. Gleichzeitig wird die Bruchdehnung $\delta$ vermindert. Bereits geringe Grade des Kaltreckens

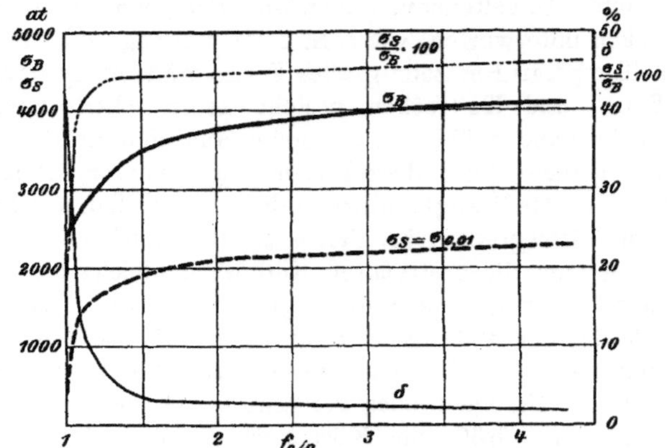

Abb. 252. Einfluß des Kaltwalzens auf Elektrolytkupfer.
(Nach Grard.)

bewirken sehr kräftige Änderungen von $\sigma_S$, $\sigma_B$ und $\delta$. Bei weiter fort-gesetztem Kaltrecken wird die Änderung dieser Größen immer kleiner.

Die durch das Kugeldruck- oder Ritzverfahren bestimmte Härte wird durch Kaltrecken gesteigert.

Abb. 252 (Grard, $L_4$ 4, A. Martens, $L_4$ 3) bezieht sich auf sehr reines Kupfer, das auf elekrolytischem Wege gewonnen, dann um-geschmolzen und zu Draht von 8 mm Durch-messer entsprechend dem Querschnitt

$$f_0 = \frac{\pi}{4} \cdot 64 \text{ qmm}$$

verarbeitet worden war. Nach dem Glühen wurde dieser Draht bei gewöhnlicher Tempera-tur vom Querschnitt $f_0$ auf den kleineren Quer-schnitt $f$ heruntergewalzt. Die Verhältnisse $f_0/f$ (Streckzahlen) sind als Abszissen, die Werte für $\sigma_S$, $\sigma_B$, $\delta_x$[1]) und $\sigma_S/\sigma_B \cdot 100$ als Or-dinaten eingetragen. Als $\sigma_S$ ist $\sigma_{0,01}$ angegeben, d. h. die Spannung, die eine bleibende Deh-nung von mindestens 0,01 mm auf 100 mm Meßlänge liefert.

Ähnlich liegen die Verhältnisse bei einem Messing mit 67 % Kupfer und 33 % Zinn, wie Abb. 253 lehrt (Grard, $L_4$ 4). Die Bezeich-nung ist dieselbe wie in Abb. 252. Geglühte Bleche von verschiedener Dicke wurden kalt auf die Enddicke von 6 mm gewalzt.

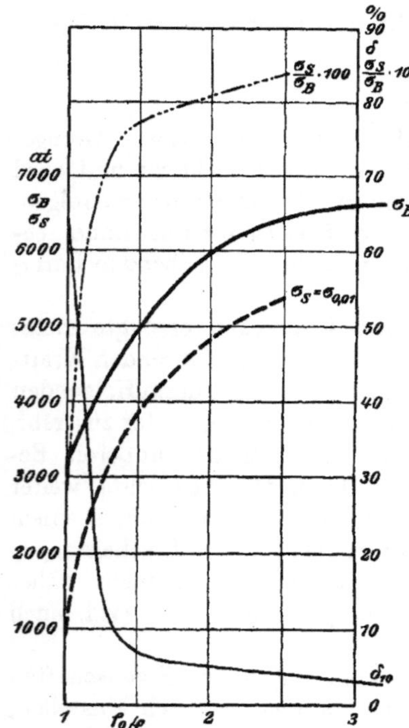

Abb. 253. Einfluß des Kaltwalzens auf Messing mit 67 % Kupfer und 33 % Zink. (Nach Grard.)
$\delta_{10}$: Bruchdehnung bei Meßlänge von 10 cm.

Über das Verhalten von Eisenlegierungen beim Kaltrecken geben folgende Angaben Aufschluß.

---

[1]) $\delta_x$ bedeutet Bruchdehnung ermittelt an einer Meßlänge $x$, deren Verhältnis zum Querschnitt des Stabes in der Quelle nicht angegeben ist.

## Tabelle II.

| Flußeisen[1]) | $\sigma_S$ | $\sigma_B$ | $\dfrac{\sigma_S}{\sigma_B}\cdot 100$ | $\delta$ | $q$ |
|---|---|---|---|---|---|
| | at | at | % | % | % |
| a) Ursprünglicher Zustand; warm gewalzt auf 51,5 mm Durchmesser . . . . . . . . | 1860 | 3890 | 48 | 34,6[2]) | 42,9 |
| b) Von 51,5 mm Durchmesser kalt gezogen auf 49,1 mm Durchmesser . . . . . . . | 4300 | 4950 | 87 | 15,6[3]) | 33,5 |
| c) Von 51,5 mm Durchmesser kalt gezogen auf 45,9 mm Durchmesser . . . . . . | — | 5750 | — | 0,75 | 16,7 |

| Mittel aus 5 Versuchsreihen mit Eisen[4]) | $\sigma_S$ | $\sigma_B$ | $\dfrac{\sigma_S}{\sigma_B}\cdot 100$ | $\delta$[5]) |
|---|---|---|---|---|
| | at | at | % | % |
| a) Ursprünglicher Zustand . . . . . . . . | 1940 | 3390 | 57 | 23,2 |
| b) Kaltgewalzt $f_0/f = 1,10$ . . . . . . . . | 4210 | 4820 | 87 | 5,5 |
| c) Kaltgewalzt und geglüht . . . . . . . | 2260 | 3450 | 65 | 12,9 |

[1]) Nach $L_4$ 5.
[2]) Meßlänge 12,7 cm.
[3]) Meßlänge 50,8 cm.
[4]) Nach Thurston, $L_4$ 6 und $L_4$ 21. Die Zugversuche wurden an den Stäben unmittelbar, ohne vorheriges Abdrehen ausgeführt.
[5]) Meßlänge 254 cm.

In Abb. 254 ist die Wirkung des Kaltziehens auf einen Walzdraht von 5 mm Durchmesser dargestellt (nach Untersuchungen von Speer und Winter, $L_4$ 7). Als Abszissen sind wieder die Streckzahlen $f_0/f$ gewählt, die das Verhältnis von Anfangsquerschnitt zum jeweiligen durch Kaltrecken erzielten Querschnitt angeben. Als Ordinaten sind eingezeichnet die Werte $\sigma_S$, $\sigma_B$, $\delta$ und $\dfrac{\sigma_S}{\sigma_B}\cdot 100$. Das verwendete Martinflußeisen hatte die Zusammensetzung:

C: 0,09   Si: 0,01   Mn: 0,49   P: 0,088
S: 0,07   Cu: 0,024   Ni: 0 %.

Die Wirkung des Kaltziehens auf kohlenstoffreicheren Martinstahl zeigt Abb. 255. Die chemische Zusammensetzung des Stahles war:

C: 0,84   Si: 0,30   Mn: 0,75   P: 0,05
S: 0,036   Cu: 0,14   Ni: Spur.

Die mit 0 bezeichneten Punkte der Schaulinien beziehen sich auf den warm-

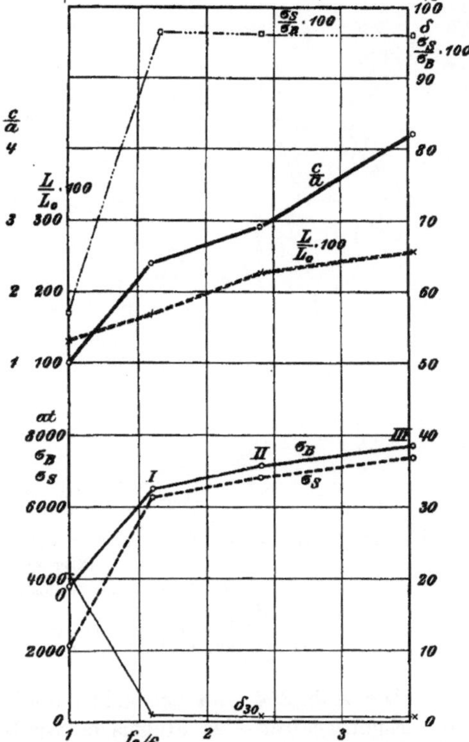


Abb. 254. Einfluß des Kaltziehens auf die Festigkeitseigenschaften und die Löslichkeit von Flußeisen. (Nach Speer und Winter.)

$0$: Walzdraht von 5,0 mm Durchm., gebeizt.
$I$—$III$: Aufeinanderfolgende Züge.
$\dfrac{c}{a}$: Streckungsverhältnis der Ferritkörner.
$\dfrac{L}{L_0}\cdot 100$: Löslichkeitsverhältnis nach 96 Stunden.
$L_0$: Löslichkeit des geglühten Walzdrahtes.
$\delta_{30}$: Bruchdehnung auf Meßlänge von 30 cm.

gewalzten Draht von 5,0 mm Durchmesser, der in einem Zug kalt herunter-
gezogen wurde entsprechend den Punkten I. Alsdann wurde der Draht geglüht
und einem besonderen, später zu besprechenden Vergütungsverfahren (II B) unterworfen, wobei er von einer Temperatur oberhalb 700 C⁰ in einem Bleibad von
etwa 500 C⁰ abgeschreckt wurde. Dieser Zustand ist in Abb. 255 mit 0′ bezeichnet. Von da aus geschah das Kaltziehen hintereinander in 5 Zügen II—VI.

Ob der eigentümliche Verlauf der Linie $\dfrac{\sigma_S}{\sigma_B} \cdot 100$ (erst ansteigend und dann wieder

etwas abnehmend) tatsächlich auf die Vergütung des Materials oder nur auf die
nicht sehr sicher zu ermittelnde Lage der Streckgrenze zurückzuführen ist, muß
in Zukunft aufgeklärt werden.

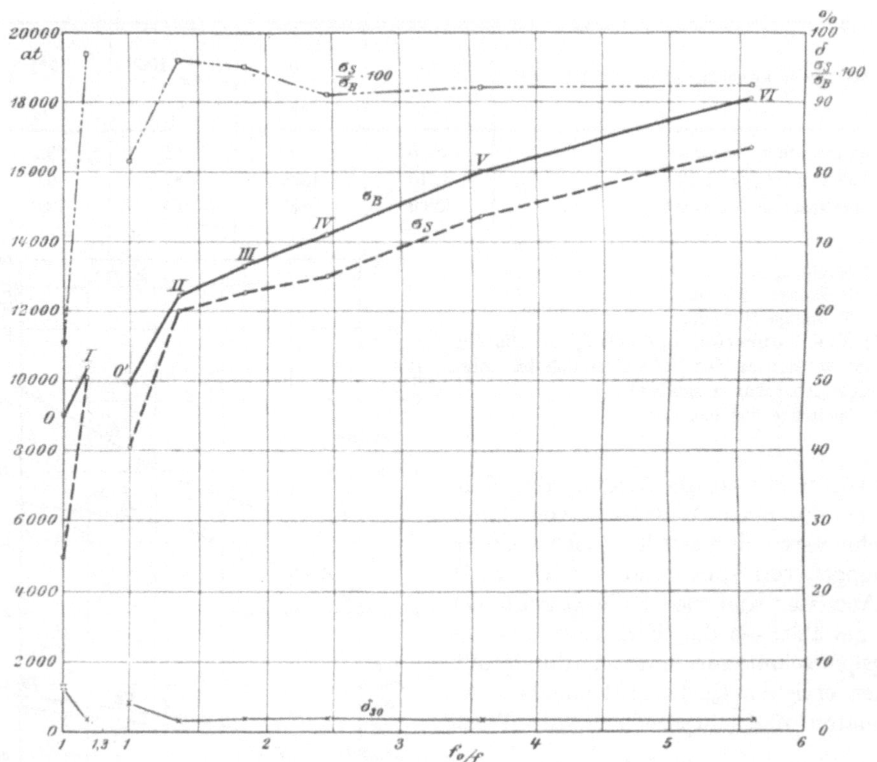


Abb. 255. Einfluß des Kaltziehens auf die Festigkeitseigenschaften von Flußstahl.
(Nach Speer und Winter.)

O: Walzdraht 5,0 mm Durchmesser.
I: Erster Zug.
O′: Nach dem ersten Zug geglüht und in Blei von etwa 500 C⁰ abgeschreckt.
II—VI: Aufeinanderfolgende Züge.

Die Abb. 254 und 255 geben die Wirkung starker Grade des Kaltreckens auf
die Eigenschaften des Flußeisens wieder; sie lassen aber keinen Schluß auf die
Änderungen bei Streckzahlen $f_0/f$ unterhalb 1,6 zu. Diese Lücke wird ausgefüllt
durch die Abb. 256 (nach Versuchen von Rudeloff, $L_1$ 2). Die Abbildung bezieht sich auf Material für Flußeisenkesselbleche mit einer $B$-Grenze von etwa
4000 at. Die Versuche wurden so ausgeführt, daß das Material in Form von
Zerreißstäben in der Zerreißmaschine um bestimmte als Abszissen eingetragene
Beträge $f_0/f$ kalt vorgestreckt wurde. Alsdann wurde nach längerer Ruhepause
(21—63 Tage) ein Teil der vorgestreckten Stäbe aufs neue unter Zugbeanspruchung

weiter gestreckt bis zum Eintritt des Bruches. Die Werte $\sigma_P$, $\sigma_S$, $\sigma_B$ sind auf den durch das Vorstrecken verminderten Querschnitt bezogen, nicht auf den ursprünglichen Querschnitt. Aus einem anderen Teil der vorgestreckten Stäbe wurden kleinere Zugproben herausgeschnitten und dem Zugversuch bis zum Bruch unterworfen.

Die sämtlichen in Abb. 256 angegebenen Zahlenwerte für die Festigkeitseigenschaften gelten für Zugbeanspruchung in der Walzrichtung des Bleches. Bei

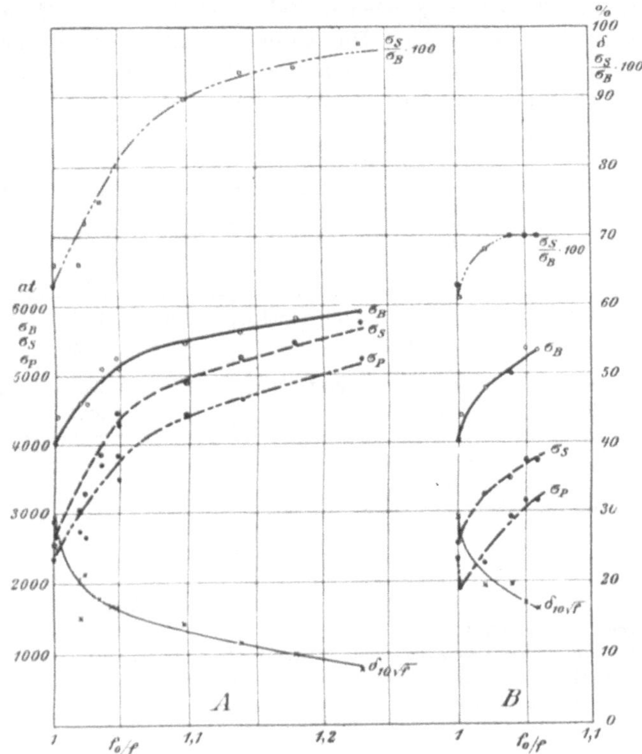


Abb. 256. Einfluß des Kaltreckens auf die Festigkeitseigenschaften von Flußeisen.
(Nach Versuchen von Rudeloff.)

Flußeisenblech. Sämtliche Zerreißproben parallel zur Walzrichtung.

*A*: Material vor dem Zerreißen parallel zur Walzrichtung vorgestreckt; teils wurde der vorgestreckte Stab nach 21 bis 63 tägiger Ruhe dem Zerreißversuch unterworfen, teils wurden aus dem vorgestreckten Material neue Zerreißstäbe angefertigt und geprüft (Ruhezeit nach dem Strecken 21—63 Tage).

*B*: Material vor dem Zerreißen senkrecht zur Walzrichtung vorgestreckt. Nach längerer Ruhepause wurden aus dem vorgestreckten Material Zerreißproben parallel zur Walzrichtung entnommen und geprüft.

der Versuchsreihe *A* erfolgte das Vorstrecken der Stäbe ebenso, wie das endgültige Zerreißen in der Walzrichtung. Bei der Versuchsreihe *B* dagegen geschah das Vorstrecken quer zur Walzrichtung des Bleches, während die endgültigen Zerreißproben in der Walzrichtung zerrissen wurden.

Die Abb. 256 läßt sehr deutlich die starken Änderungen von $\sigma_P$, $\sigma_S$, $\sigma_B$ und $\delta$ bei verhältnismäßig kleinen Streckzahlen $f_0/f$ erkennen. Bei weiter fortgesetzter Streckung wird der An- bzw. Abstieg der Schaulinien immer langsamer.

Der Vergleich der Versuchsreihe *A* und *B* deutet darauf hin, daß die Art der Vorstreckung, ob längs oder quer zur Richtung des schließlichen Zerreißversuchs, auf $\sigma_B$ und $\delta$ keinen oder nur unmerklichen Einfluß ausübt, dagegen auf den Verlauf der Schaulinien für $\sigma_P$ und $\sigma_S$ deutlich einwirkt. Bei geringen Streckzahlen $f_0/f$ wird die *P*-Grenze in der Versuchsreihe *B* anfänglich heruntergedrückt und erst später wieder gesteigert. Die Hebung der $S$-Grenze ist in Versuchsreihe $B$ geringer als in Reihe $A$, was sich auch in der Linie für $\dfrac{\sigma_S}{\sigma_B}\cdot 100$ zu erkennen gibt.

Das Verhalten von Zinn und Blei beim Kaltrecken wird veranschaulicht durch die Tabelle III. Diese Metalle bieten besonderes Interesse, da sie ja nach früherem (279) trotz weitgehenden Kaltreckens keine Streckung der Kristallkörner erleiden. Die in der Tabelle angegebenen Zahlen sind im Kgl. Materialprüfungsamt, Groß-Lichterfelde, gewonnen. Die Geschwindigkeit der Belastung war in allen Fällen die gleiche, so daß die einzelnen Versuchswerte miteinander vergleichbar sind. Die Zahlen sind Mittel aus je zwei Versuchen.

Tabelle III.

| Metall | Zustand | $\dfrac{f_0}{f}$ | $\sigma_B$ at | $\delta_{9,35\sqrt{f}}$ % | $P_{0,05}$[3] kg |
|---|---|---|---|---|---|
| Zinn[1] | Kaltgewalzt von $30\times30$ auf $2\times35$ mm Querschnitt | 12,86 | 95,5 | 57,7 | —[7] |
| | Desgl. 1 Std. bei 200 C⁰ geglüht . . . . . . | — | 66,0 | 51,0 | — |
| Blei | Kaltgewalzt von $30\times35$ auf $3\times40$ mm Querschnitt | 8,75 | 99,2 | 39,5 | 5,3 |
| | Desgl. 3 Std. bei 275 C⁰ geglüht . . . . . . | — | 92,7 | 51,0 | 4,3 |
| Zinn[2] | Gegossen . . . . . . . . . . . . . . | — | — | — | 10,7[4] |
| | Desgl. kaltgewalzt von $13,6 \cdot 7$ auf $25 \cdot 3,3$ mm | 1,25 | — | — | 7,2[5] |
| | Nach Kaltwalzen 2 Std. bei 200 C⁰ geglüht . . | — | — | — | 9,4[6] |

[1]) Sehr reines Zinn.
[2]) Cu: 0,04    Pb: 0,02    As: 0,05    Sb: Spur    Fe: Spur    S: Spur.
[3]) Kugeldruckhärte nach Martens-Heyn (351).
[4]) Nachwirkung vorhanden. Messung nach 10 Minuten.
[5]) Sehr starke Nachwirkung. Messung nach 60 Minuten.
[6]) Nachwirkung vorhanden. Messung nach 10 Minuten.

Während das Blei regelmäßiges Verhalten zeigt entsprechend der eingangs dieses Absatzes gegebenen Regel, nämlich Steigerung von $\sigma_B$ und Verminderung von $\delta$ durch das Kaltrecken, liegt bei Zinn der Fall verwickelter. Hier wird durch Kaltrecken zwar $\sigma_B$ erhöht, aber auffälligerweise auch die Dehnung. Die Kugeldruckhärte ist im kaltgereckten Metall kleiner als nach dem Glühen, und auch kleiner als im gegossenen Ausgangsmaterial. Wie wir später sehen werden (II B), tritt das Zinn in verschiedenen Allotropien auf, und es wäre möglich, daß durch die Umwandlungen die Wirkung des Kaltreckens überdeckt wird. Hier muß jedenfalls noch mehr Klarheit geschaffen werden.

Für die Steigerung der Kugeldruckhärte durch Kaltrecken seien noch folgende Beispiele gebracht.

Ein Zugstab aus Kupfer, der nach der Bearbeitung geglüht worden war, wurde in der Zerreißmaschine unter verschiedenen Lasten bei gewöhnlicher Temperatur um bestimmte Beträge bleibend gestreckt. Die Streckzahlen $f_0/f$ sind in Abb. 257 als Abszissen eingezeichnet. Als Ordinaten wurden verwendet a) die Werte

$$\mathfrak{H}_{600}' = \frac{600}{\dfrac{\pi}{4}\,d^2}\ \text{kg/qmm,}$$

worin $d$ der Durchmesser des durch eine Stahlkugel von 10 mm Durchmesser unter einem Druck von 600 kg hervorgebrachten Eindruckkreises in Millimetern ist (vgl. *350*). b) Die Werte $\mathfrak{H}_1'$, d. h. derjenige mittlere Druck auf die Flächeneinheit in kg/qmm, für den der Durchmesser des Eindruckkreises gleich 1 mm ist (*350*). (Die Versuchswerte sind entlehnt von Kürth, $L_4$ 8.) Man erkennt aus der Abbildung, daß mit wachsender Streckzahl $f_0/f$ die Härte des Kupfers steigt, und zwar anfangs sehr rasch, später langsamer. Weiter sind in Abb. 257 noch die Werte von $a$ und $n$ in ihrer Abhängigkeit von den Streckzahlen eingetragen. Die Bedeutung von $a$ und $n$ ergibt sich aus der Gleichung

$$P = a d^n,$$

die nach Rasch ($L_4$ 9) und E. Meyer ($L_4$ 10) die Beziehung angibt zwischen dem Durchmesser des Eindruckkreises $d$, der mit einer Stahlkugel von bestimmtem

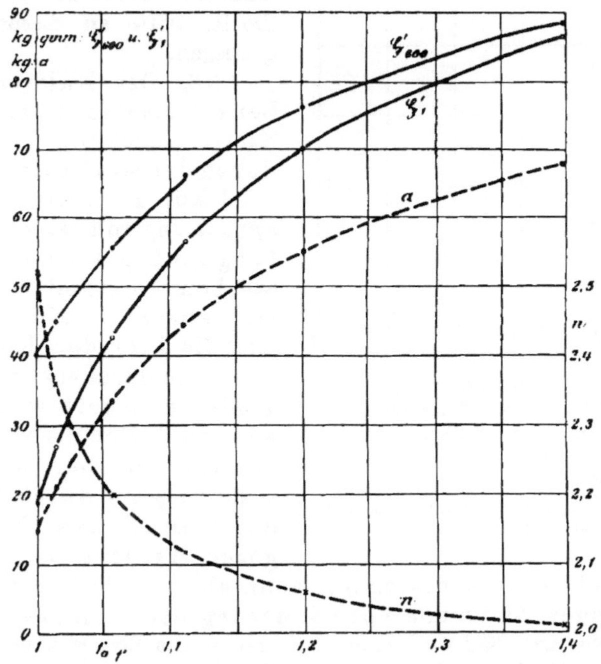


Abb. 257. Einfluß des Kaltreckens auf die Kugeldruckhärte des Kupfers.
(Nach Kürth.)

Durchmesser $D$ unter der Last $P$ in einem Material erzeugt wird (*350*). $a$ und $n$ sind in der Gleichung unveränderliche Größen für ein Metall in einem bestimmten Zustand der Vorbehandlung. $a$ gibt außerdem die Kraft $P$ in kg, die nötig ist, um einen Eindruck vom Durchmesser 1 mm zu erzeugen. Sie wächst mit dem Grade des Kaltreckens. Der Exponent $n$ dagegen nimmt mit steigender Streckzahl $f_0/f$ ab und nähert sich dem Werte 2.

Die Härtezunahme infolge Kaltreckens von Flußeisen zeigt Abb. 258, die nach Versuchen von E. Meyer ($L_4$ 10) zusammengestellt ist. Das verwendete Flußeisen hatte im ursprünglichen Zustand folgende Festigkeitseigenschaften:

$$\sigma_S = 2600 \text{ at} \qquad \sigma_B = 4650 \text{ at} \qquad \delta_{11,3\sqrt{f}} = 30\,^0/_0 \qquad q = 59\,^0/_0.$$

Ein Zugstab wurde in der Zerreißmaschine stufenweise um bestimmte Beträge bleibend gestreckt. Im Anfangszustand und nach jeder Streckung wurde an verschiedenen Stellen des Stabes die Kugeldruckhärte $\mathfrak{H}'_{1000}$ ermittelt (*350*). Die Abb. 258 gibt die Versuchsergebnisse an der Stelle der größten Einschnürung des Stabes wieder, und zwar für gleichbleibende Belastung $P = 1000$ kg einer 10-mm-Stahlkugel.

Wie nicht anders zu erwarten, macht sich die Steigerung der Härte der metallischen Stoffe infolge Kaltreckens auch in der Ritzhärte geltend. So betrug z. B. die Ritzhärte $\mathfrak{H}_r$ (Belastung in Gramm für 0,01 mm Ritzbreite (s. I, *357* bis *359*) in einer gegossenen Kupferprobe 3,9. Nach dem Kaltschmieden des einen Endes der Probe zu einer Schneide war die Ritzhärte an dieser Stelle auf 7,5 gestiegen.

**296.** Das Kaltrecken bedingt bei der Mehrzahl der metallischen Stoffe Streckung der Körner, aus denen der Stoff aufgebaut ist, parallel zur Richtung der Zugbeanspruchung und senkrecht zur Richtung der Druckbeanspruchung. Bei starken Formänderungen können sich sogar die Körner teilen, so daß die Zahl der Körner vergrößert, die durchschnittliche Korngröße verringert wird. Es bleibt aber noch eine Streckung der Körner wahrnehmbar, wenn die Formänderung nur durch Zug oder nur durch Druck bewirkt wurde. Dagegen braucht diese Streckung

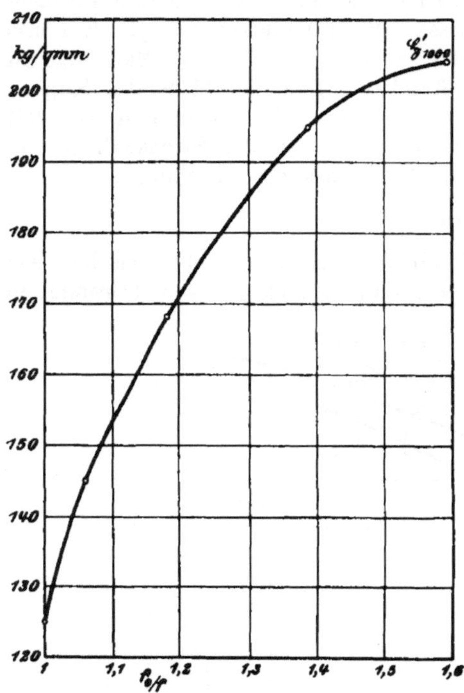

Abb. 258. Einfluß des Kaltreckens auf die Kugeldruckhärte von Flußeisen.
(Nach Versuchen von E. Meyer.)
Kugeldurchmesser $D = 10$ mm.
Druck $P$ auf Kugel $= 1000$ kg.

$$\mathfrak{H}_{1000} = \frac{P}{\frac{\pi}{4} d^2},$$ worin $d$ der Durchmesser des Kugeleindrucks in mm ist.

nicht ohne weiteres zu bestehen, wenn abwechselnd Zug- und Druckbeanspruchungen bleibende Formänderung herbeiführten (*264—280*).

Bei Metallen wie Blei und Zinn, bei denen die Beweglichkeit der Teilchen bei gewöhnlichen Wärmegraden bereits genügend groß ist, bringt Kaltrecken bei dieser Temperatur keine Streckung der Körner hervor. Die Gründe hierfür s. *279—280*. Hier hat das Recken bei gewöhnlicher Temperatur bereits die Wirkung des Warmreckens.

Bezeichnet man die durchschnittliche Abmessung der Körner in der Streckrichtung mit $c$, diejenige in einer dazu senkrechten Richtung mit $a$, so gibt $c/a$ das mittlere Streckungsverhältnis der Körner an.

Dieses Verhältnis kann in folgender Weise ermittelt werden: Man legt durch die Metallprobe einen Schliff parallel zur Streckrichtung. In einem größeren Gesichtsfeld fertigt man eine Zeichnung oder ein Lichtbild der Körner in der früher angegebenen Weise an (*259*). Durch diese Zeichnung legt man parallel und senkrecht zur Streckrichtung der Körner je ein System von Parallelen in möglichst geringem Abstande. Ein solches System von Parallelen, und zwar parallel zur Streckrichtung, ist in Abb. 259 wiedergegeben. Auf den Parallelen mißt man nun die Strecken $l_1, l_2, l_3, \ldots$ in mm und teilt jede einzelne durch die Zahl der Körner, die sie schneidet. Unter Zugrundelegung des Gefüges wie in Abb. 259 ergibt sich $l_1/1$, $l_2/3$, $l_3/4$, $l_4/3$ usw. Aus allen diesen Quotienten bildet man schließlich das Mittel, und dieses gibt die Größe $c$. Zur Ermittelung des Wertes von $a$ verfährt man auf dem zweiten Liniensystem senkrecht zur Streckrichtung ganz analog. Die Umgrenzung des Gesichtsfeldes muß natürlich so gewählt werden, daß nur ganze Körner von ihr umschlossen werden, daß also die Grenzlinie nicht durch Körner hindurchgeht.

Ist die Streckrichtung der Körner nicht ohne weiteres ersichtlich, so muß man Netze von senkrecht aufeinanderstehenden Parallenscharen unter verschiedenen Winkeln durch das Gesichtsfeld legen. Diejenige Richtung, in der die durchschnittliche Länge der Körner ihren Höchstwert erreicht, ist dann die gesuchte Streckrichtung, In ihr ist der Wert $c$ und senkrecht dazu der Wert $a$ zu messen.

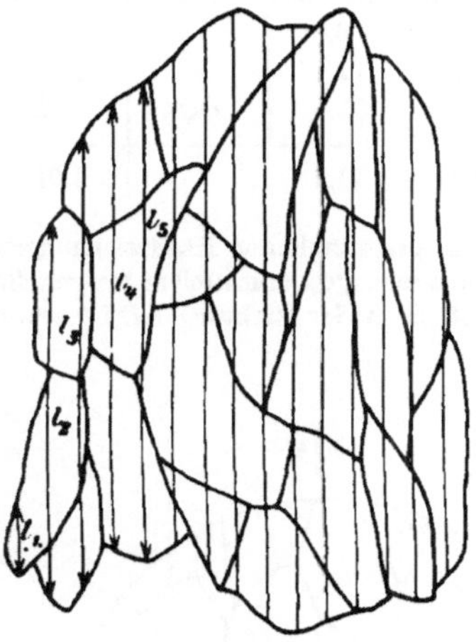

Abb. 259.

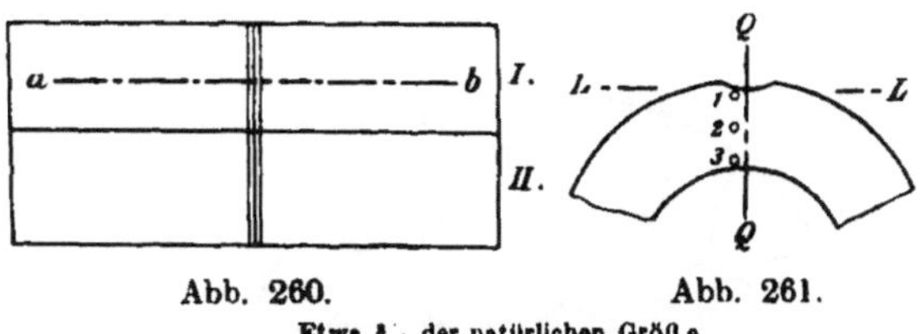

Abb. 260.     Abb. 261.

Etwa ³/₄ der natürlichen Größe.

Folgendes Beispiel soll die Nutzanwendung der Messung erläutern (E. Heyn, $L_4$ 11):

Aus einem 10 mm dicken Flachstab eines sehr kohlenstoffarmen basischen Martinflußeisens wurden durch Halbieren in der Längsrichtung nach Abb. 260 zwei Biegeproben I und II ausgeschnitten. Beide Proben wurden in. der Mitte der Länge auf einer Seite mit Kerb versehen. Probe I wurde bei gewöhnlicher Temperatur über einen Dorn von 10 mm Durchmesser bis zu der in Abb. 261 in ³/₄ der natürlichen Größe angedeuteten Krümmung gebogen (Krümmungshalbmesser der neutralen Schicht 18 mm). Nach der Biegung wurde längs der Linie ab in Abb. 260 ein Längsschliff hergestellt, poliert und geätzt. An den in Abb. 261 mit 1, 2 und 3 bezeichneten Stellen wurden hierauf die in Abb. 262—264 in 245 facher Vergrößerung wiedergegebenen Handzeichnungen aufgenommen, aus denen Größe und Form der Ferritkörner hervorgeht. Stelle 1 entspricht der Zugseite unmittelbar am Kerb, Stelle 3 der Druckseite, Stelle 2 ungefähr der Mitte zwischen beiden. Aus den Abb. 262—264 geht ohne weiteres hervor, daß auf der Zugseite die Eisenkörner in der Längsrichtung $LL$ der Probe gestreckt wurden. Auf der Druckseite sind die Körner ebenfalls gestreckt, aber in einer Richtung $QQ$ senkrecht zur Längsachse der Proben. In der Mitte bei 2 ist keine Streckung sichtbar. Die Abb. 262—264 sind in der Lage angeordnet, wie sie der Abb. 261 entspricht. Das Streckungsverhältnis $c/a$ der Eisenkörner ist in Tabelle IV angegeben.

Probe II aus demselben Flacheisen wurde in einem Ölbad auf 260 C° (sogenannte Blauwärme, vgl. *314* und II B) erhitzt und dann sofort, ehe Abkühlung eintrat, über einen Dorn von 10 mm gebogen. Sie bekam sofort am Kerb einen Riß und brach glatt durch, lange bevor die in Abb. 261 dargestellte Krümmung erreicht war. Abb. 265 gibt eine Stelle auf der Zugseite dicht am Kerb in 245 facher Vergrößerung wieder. Das Streckungsverhältnis der Körner ist in Tabelle IV mit angegeben, es beträgt ungefähr 1; d. h. die Körner sind nicht ge-

## Tabelle IV.

| Stelle | Abmessungen der Körner in Richtung | | Streck-richtung | $c/a$ |
| | $LL^1)$ | $QQ^1)$ | | |
| | mm $\times$ 365 | mm $\times$ 365 | | |
|---|---|---|---|---|
| **Kaltbiegeprobe I** 　 1. Zugseite am Kerb . . . . . | 13,5 | 6,6 | $LL$ | 2,04 |
| 　 2. Mitte . . . . . . . . . . . | 11,9 | 11,1 | — | 1,07 |
| 　 3. Druckseite . . . . . . . . | 8,3 | 12,6 | $QQ$ | 1,52 |
| **Blauwarmbiegeprobe II** 　 1. Zugseite unmittelbar am Kerb | 11,3 | 11,4 | — | 1,01 |

　　　¹) Die Abmessungen erscheinen mit 365 multipliziert, weil die ursprünglichen Handzeichnungen in 365facher Vergrößerung angefertigt waren, und in diesen die Abmessungen unmittelbar festgestellt wurden. Die wirkliche Abmessung z. B. an der Stelle 1 bei Probe I in der Richtung $LL$ ist somt 13,5 : 365 = 0,037 mm = 37 $\mu$.

Lin. Vergr. 245.

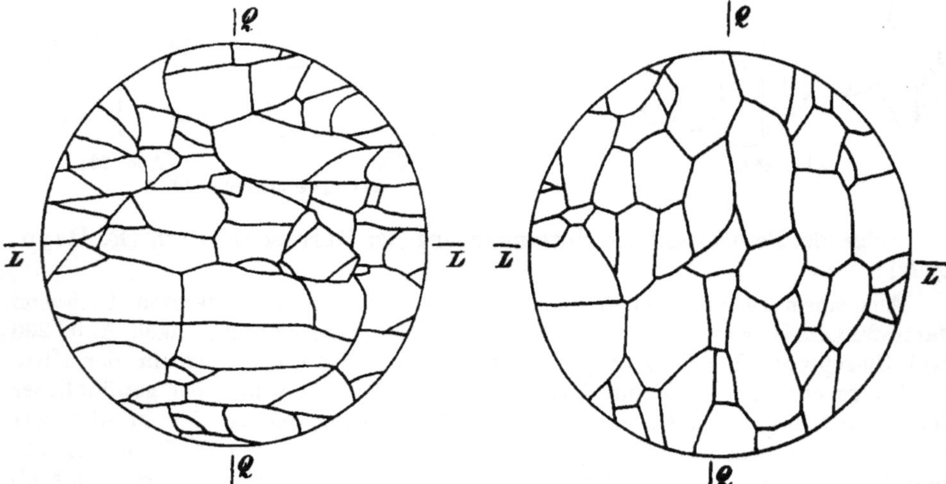

Abb. 262. Kaltbiegeprobe I. Zugseite, Stelle 1.　　　　Abb. 263. Kaltbiegeprobe I. Druckseite, Stelle 3.

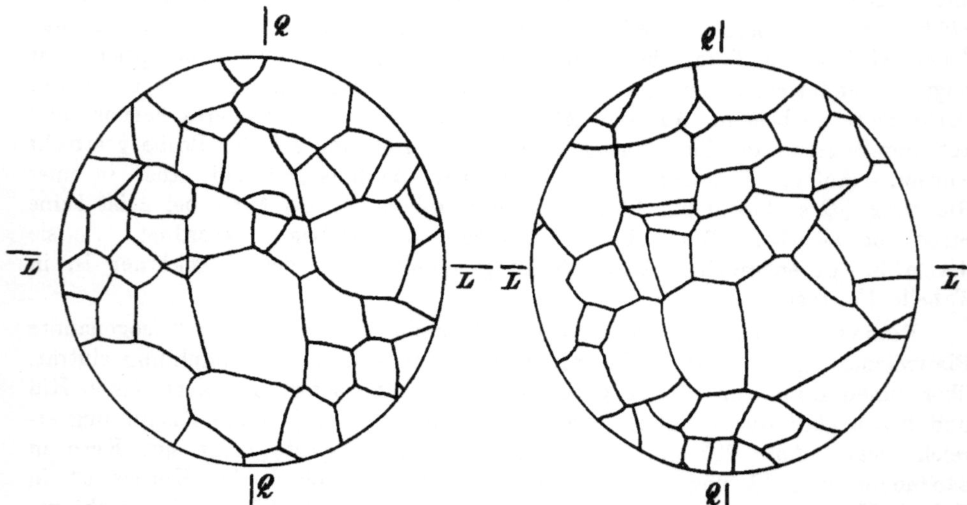

Abb. 264. Kaltbiegeprobe I. Mitte, Stelle 2.　　　　Abb. 265. Blauwarmbiegeprobe II. Zugseite dicht am Kerb.

streckt. Wenn also Streckung auf der Zugseite stattgefunden hat, so kann sie sich nur auf eine sehr geringe Entfernung zu beiden Seiten des Kerbs erstrecken. Das heißt mit anderen Worten, daß an der Formänderung nur ein außerordentlich kleiner Teil des Eisenvolumens teilgenommen hat, im Gegensatz zur Kaltbiegeprobe, wo sich die Formänderung auf ein größeres Eisenvolum ausdehnte.

In Abb. 254 ist die Wirkung des Kaltziehens von kohlenstoffarmem Flußeisendraht auf das Streckungsverhältnis $c/a$ der Eisenkörner mit eingezeichnet. Mit steigendem Grad des Kaltreckens, also mit wachsender Abszisse $f_0/f$ wächst auch das Verhältnis $c/a$.

**297.** Durch Glühen oberhalb einer untersten Grenztemperatur $t_r$, die von der Art des metallischen Stoffes abhängt, lassen sich die durch Kaltrecken erzielten Wirkungen wieder rückgängig machen. Die $S$- und $B$-Grenze sowie die Härte werden verringert, die Bruchdehnung wird gesteigert. Die Streckung der den Stoff aufbauenden Körner wird wieder beseitigt.

Bei der Materialauswahl für Bauteile, die bei höheren Temperaturen Dienst leisten müssen, ist die eben genannte Änderung der Festigkeitseigenschaften kaltgereckter metallischer Stoffe durch Erwärmen wohl zu beachten.

Ferner ist das obige Gesetz von hoher technischer Bedeutung für die Bearbeitung metallischer Stoffe durch Kaltrecken. Durch fortgesetzte Annäherung von $\sigma_S$ an $\sigma_B$ und Verringerung von $\delta$ beim Kaltrecken besteht schließlich die Gefahr, daß das Formänderungsvermögen beim Versuche, das Kaltrecken weiter zu treiben, erschöpft wird, und Bruch eintritt. Um dies zu verhüten, muß nach bestimmten Graden des Kaltreckens Glühen des Metalls eingeschaltet werden. Dadurch wird das ursprüngliche Formänderungsvermögen wieder hergestellt, und man kann aufs neue fortfahren, durch Kaltrecken Formänderung herbeizuführen. Beim Drahtziehen wird ja in der Regel hiervon Gebrauch gemacht. Wie oft Ausglühen während des Kaltreckens zu geschehen hat, und nach welchen größten Formänderungen es vorzunehmen ist, hängt von der Eigenart des Metalls ab.

Die Wirkung des Glühens auf Flußeisendraht (vgl. Abb. 254 und Absatz 295) ergibt sich aus Tab. V.

Tabelle V.

| Vorbehandlung | $\sigma_S$ | $\sigma_B$ | $\delta_{30}$[1] | $\dfrac{\sigma_S}{\sigma_B}\cdot 100$ |
| --- | --- | --- | --- | --- |
| | at | at | % | % |
| Walzdraht vor dem Ziehen und Beizen . . . . . . . . . | 2430 | 4060 | 18,77 | 60 |
| Draht kaltgereckt, nach dem 3. Zug . . . . . . . . . . | 7380 | 7680 | 0,77 | 96 |
| Desgleichen geglüht . . . . . . . . . . . . . . . . . | 2950 | 4340 | 18,70 | 68 |

[1]) Meßlänge $l = 30$ cm.

Abb. 266 zeigt den Einfluß des halbstündigen Glühens bei verschiedenen Wärmegraden auf die Festigkeitseigenschaften des kaltgezogenen Flußeisendrahtes IDI (*274* und *275*). Als Abszisse sind die Glühtemperaturen $t$ in C°, als Ordinaten die Werte von $\sigma_B$ in at und $\delta$ in % eingetragen. Man erkennt, daß bis zu 417 C° keine wesentlichen Änderungen der Bruchgrenze und der Dehnung zu verzeichnen sind, dagegen ist bei 616 C° $\sigma_B$ stark erniedrigt und $\delta$ kräftig gehoben. Glühen bei höheren Wärmegraden bis 900 C° bedingt keine weiteren wesentlichen Änderungen der Zahlen für $\sigma_B$ und $\delta$. In Abb. 266 ist außerdem noch das Streckungsverhältnis der Eisenkörner $c/a$ eingezeichnet. Auch dieses hat bis 417 C⁰ keine Änderung erfahren; es hat noch den Wert 1,8 wie im kaltgezogenen Draht. Bei 616 C⁰ dagegen ist es auf den Wert 1 gesunken. Die Körner sind nach Glühen bei dieser Temperatur wieder gleichachsig ohne bevorzugte Streckrichtung. Die Änderung der Festigkeitseigenschaften und des Streckungsverhältnisses $c/a$ gehen parallel.

Ich möchte noch auf einen Fall hinweisen, bei dem die Ermittelung des Verhältnisses $c/a$ von Nutzen war. Es handelte sich darum, bei zwei Kupfersorten, die nahezu den gleichen Grad des Kaltreckens durchgemacht hatten, festzustellen, bei welcher niedrigsten Temperatur der Einfluß des Kaltreckens verschwindet. Es wurde zunächst daran gedacht, diesen Wärmegrad aus dem Verhältnis $\dfrac{\sigma_S}{\sigma_B}\cdot 100$ festzustellen, das ja durch das Kaltrecken gesteigert und durch das Glühen wieder herabgesetzt wird. Leider ging während

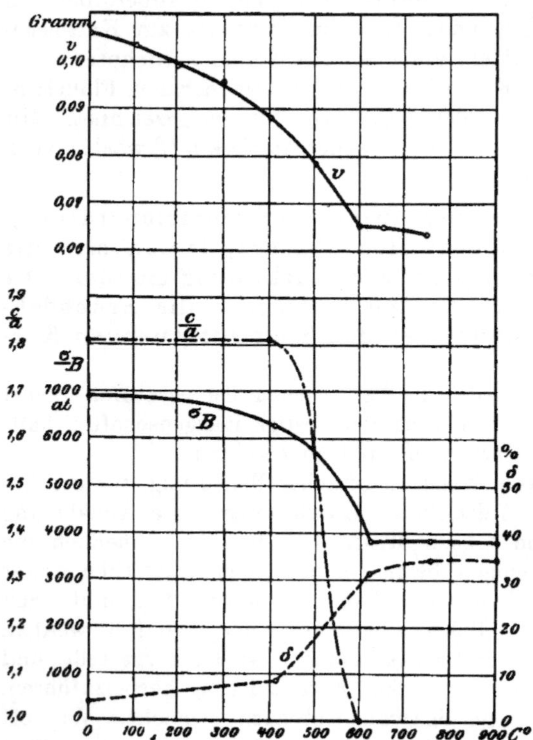

Abb. 266. Einfluß des Glühens bei verschiedenen Wärmegraden auf die Eigenschaften kaltgezogenen Flußeisendrahtes.

$v$: Gewichtsabnahme in Gramm nach 96 stündiger Einwirkung von 1 proz. Schwefelsäure.

$\dfrac{c}{a}$: Streckungsverhältnis der Eisenkörner.

$\sigma_B$: Bruchgrenze at.

$\delta$: Bruchdehnung %.

$t$: Glühtemperatur C⁰.

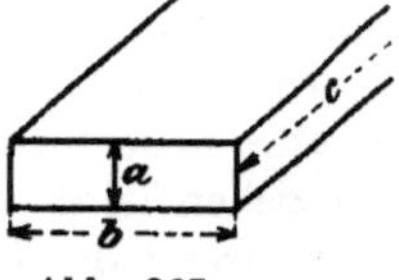

Abb. 267.

dieser Versuche das Probematerial aus, und so mußte notgedrungen die Messung des Streckungsverhältnisses $c/a$ herangezogen werden (E. Heyn, L₄ 11).

Von den in Form zweier Flachstäbe I und II vorliegenden beiden Kupfersorten wurden im Anlieferungszustand und nach dem Glühen bei verschiedenen Wärmegraden Quer- und Längsschliffe angefertigt. Gemäß Abb. 267 wurde die der kürzesten Stabseite parallel liegende Richtung mit $a$, die Achsenrichtung des Stabes mit $c$ und die der längeren Querschnittsseite parallel laufende Richtung mit $b$ bezeichnet. In jedem Querschliff lag somit die Richtung $a$ und $b$. Die Längsschliffe waren so gelegt, daß in ihnen die Richtungen $a$ und $c$ zu liegen kamen. Die Schliffflächen wurden poliert und mit ammoniakalischem Kupferammoniumchlorid geätzt. An verschiedenen Stellen der Schliffe wurden Handzeichnungen der Körner angefertigt. Unmittelbare Lichtbilder sind für den vorliegenden Zweck nicht geeignet, weil die Korngrenzen erst bei sehr starken Vergrößerungen auf Grund der Ätzfiguren deutlich unterscheidbar sind, bei diesen Vergrößerungen aber das zur Messung gelangende Gesichtsfeld zu klein wird. Zwei solche Zeichnungen sind in den Abb. 268 und 269 in 123 facher Vergrößerung wiedergegeben. Die Werte $c/a$ der Kupferkörner sind in Tabelle VI enthalten. Gleichzeitig sind darin noch die Ergebnisse der Zugproben mit angeführt, soweit die Zahlen festgestellt werden konnten.

Aus Tabelle VI folgt, daß das Kupfer I bei 480 C⁰ bereits so weit geglüht ist, daß die Folgen des Kaltreckens, höheres Verhältnis $\dfrac{\sigma_S}{\sigma_B}\cdot 100$ und $\dfrac{c}{a}>1$, wieder beseitigt sind. Bei Kupfersorte II genügt Glühen bei 480 C⁰ bei weitem noch nicht, denn sie ergibt $\dfrac{\sigma_S}{\sigma_B}\cdot 100 = 74$ (gegenüber 12 bei Kupfer I) und $c/a = 1,35$, also von 1 noch stark abweichend. Kurzes Erhitzen bis 500 C⁰ genügt wegen des Verhältnisses $c/a = 1,4$ auch noch nicht. Erst bei Temperaturen zwischen 500 und 660 C⁰ konnte die Wirkung des Kaltreckens vollständig beseitigt werden; die Körner wurden wieder gleichachsig, da $c/a = 0,94$ also nahezu gleich 1 geworden ist (vgl. Abb. 269). Die in der Abbildung sichtbaren schmalen Streifen sind keine gestreckten Körner, sondern Zwillingslamellen innerhalb gleichachsiger Körner.

## Tabelle VI.

| Material | Vorbehandlung | $\sigma_S$ at | $\sigma_B$ at | $\delta_{11,3\sqrt{f}}$ % | $q$ % | $\dfrac{\sigma_S}{\sigma_B}\cdot 100$ % | $\dfrac{c}{a}$ |
|---|---|---|---|---|---|---|---|
| Flachstab I | Zustand der Einlieferung; kaltgereckt | 2350 | 2560 | 16,6 | 34,5 | 92 | 1,74 |
| | Geglüht bei 480 C⁰ | 250 | 2130 | 48 | 48 | 12 | 1,04 |
| | „ „ 660 C⁰ | n. b. | n. b. | n. b. | n. b. | n. b. | 0,97 |
| Flachstab II | Zustand der Einlieferung; kaltgereckt (Abb. 268) | 2270 | 2480 | 27,9 | 46,5 | 90 | 1,68 |
| | Geglüht bei 480 C⁰ | 1770 | 2390 | 30,4 | 45 | 74 | 1,35 |
| | Bis 500 C⁰ erhitzt | n. b. | n. b. | n. b. | n. b. | n. b. | 1,40 |
| | Bis 600 C⁰ erhitzt (Abb. 269) | n. b. | n. b. | n. b. | n. b. | n. b. | 0,94 |

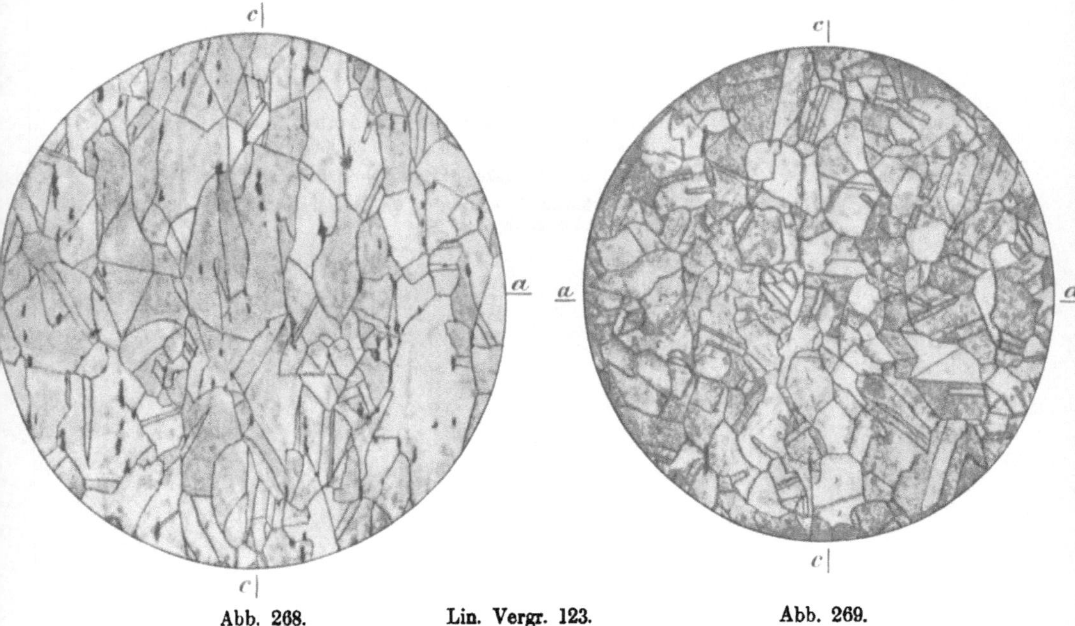



Abb. 268.          Lin. Vergr. 123.          Abb. 269.

Die niedrigste Temperatur $t_r$, bei der die Wirkung des Kaltreckens soeben beseitigt wird, hängt wesentlich von der Reinheit des Metalles ab. Dies geht aus dem Vergleich der beiden Abb. 270 und 271 hervor. Die erstere (Kudriumow, $L_4$ 12) bezieht sich auf ein kaltgerecktes Metall mit 99,66 % Kupfer, Abb. 271 auf ein kaltgerecktes Elektrolytkupfer von großer Reinheit (Grard, $L_4$ 4). Der Grad des Kaltreckens ist für beide Kupferarten in den Quellen nicht sicher angegeben. Beim Elektrolytkupfer beträgt die Streckzahl $f_0/f$ wahrscheinlich 3,5. In beiden Abbildungen sind die Glühtemperaturen als Abszissen, $\sigma_B$, $\sigma_S$ und $\delta$ als Ordinaten eingetragen. In Abb. 271 ist die angegebene Streckgrenze die 0,01-Grenze (287), die Streckgrenze $\sigma_S$ in Abb. 270 ist in der Quelle nicht definiert; der Verlauf der beiden Linien für $\sigma_S$ in den beiden Abbildungen ist daher nicht

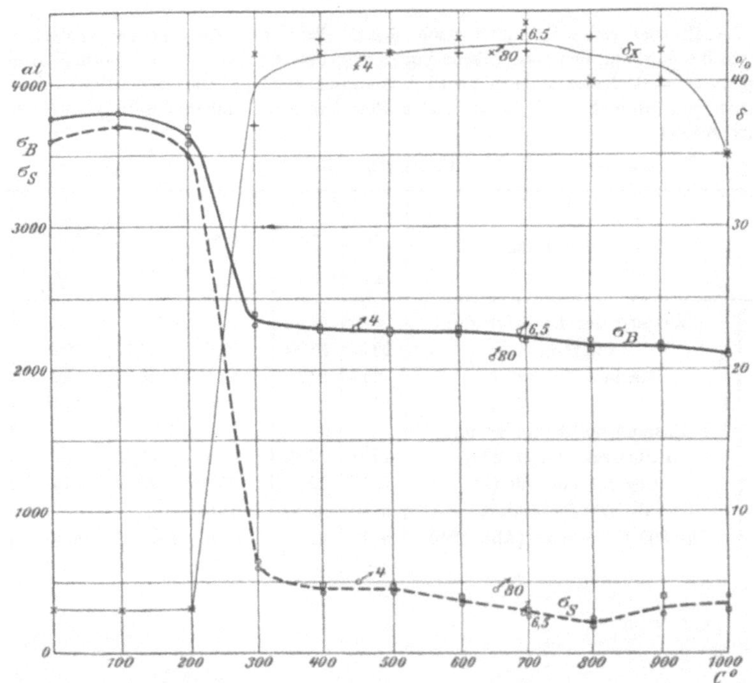

Abb. 270. **Einfluß des Glühens auf die Festigkeitseigenschaften kaltgereckten
Kupfers.** (Nach Kudriumow.) **Kupfer 99,66%.**

$\left.\begin{smallmatrix}O\\ \times\end{smallmatrix}\right\}$ langsam, $\left.\begin{smallmatrix}\llcorner\\ +\end{smallmatrix}\right\}$ schnell abgekühlt. $\sigma_S$ nicht definiert.

Glühdauer ½ Stunde. Bei den mit Pfeil bezeichneten Punkten ist die Glühdauer länger; ihr Betrag in Stunden
ist beigeschrieben.

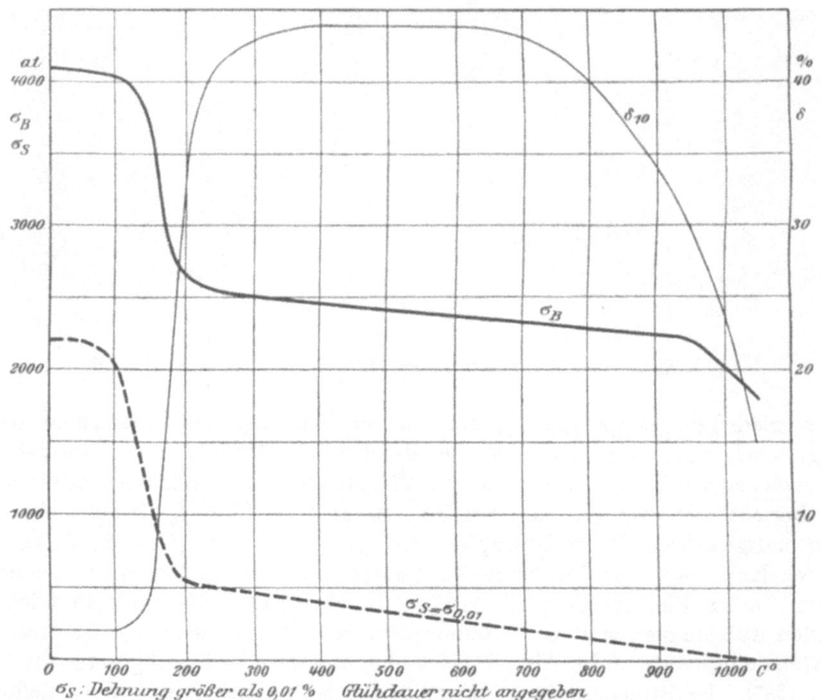

Abb. 271. **Einfluß des Glühens auf die Festigkeitseigenschaften von kaltgerecktem Elektrolytkupfer.** (Nach Grard.)

vergleichbar, da sie jedenfalls zwei verschiedenen Grenzen entsprechen. Die
Glühdauer betrug für das 99,66prozentige Kupfer $^1/_2$ Stunde. In den Fällen, wo
die Glühdauer größer war, sind die Punkte in Abb. 270 mit einem Pfeil ausgezeichnet; die neben diesem stehende Zahl gibt die Glühdauer in Stunden an.
Für das Elektrolytkupfer in Abb. 271 sind in der Quelle über die Glühdauer
keine Angaben gemacht.

Die Wirkung des Kaltreckens wird, wie die Abbildungen erkennen lassen,
durch Glühen zwischen zwei Temperaturgrenzen $t_u$ und $t_r$ beseitigt. Für das
Elektrolytkupfer liegt $t_u$ bei 100, $t_r$ bei 200 C$^0$; für das Kupfer (99,66$^0/_0$) liegt
$t_u$ bei 200 und $t_r$ bei 300 C$^0$. Unterhalb $t_u$ ist die Wirkung der Erhitzung auf
die Festigkeitseigenschaften kaum be-
merkbar; oberhalb $t_r$ bewirkt das
Glühen keine durchgreifende Änderung
mehr. (Auf den geringen Abfall von
$\sigma_S$ und $\sigma_B$ oberhalb $t_r$ wird in *316*
zurückgekommen werden.)

Bei kaltgezogenem Kupferdraht
(7,1 mm Durchmesser) von vermutlich
sehr unreinem Kupfer fand A. Martens
($L_4$ 3) die in Abb. 272 dargestellten
Verhältnisse. Für dieses Kupfer liegt
$t_u$ bei 300 C$^0$ und $t_r$ bei 400 C$^0$.

Kaltgereckte Metalle, die bei der
Temperatur $t_r$ oder oberhalb dieser geglüht worden sind, wollen wir als
„vollständig ausgeglüht" bezeichnen. Wenn das Glühen dagegen nur
innerhalb der Grenzen $t_u$ bis $t_r$ geschieht, so daß die Wirkung des Kaltreckens noch nicht völlig aufgehoben
ist, so wollen wir von „teilweise
ausgeglühtem" Metall sprechen. Da
mit dem Ausglühen auch die Härte
des Metalls verkleinert wird, so spricht
man auch davon, daß das kaltgereckte
(„harte", hartgezogene, hartgewalzte,
hartgehämmerte usw.) durch das Glühen „weich" gemacht wird,

**298.** Einfluß von Reckgrad

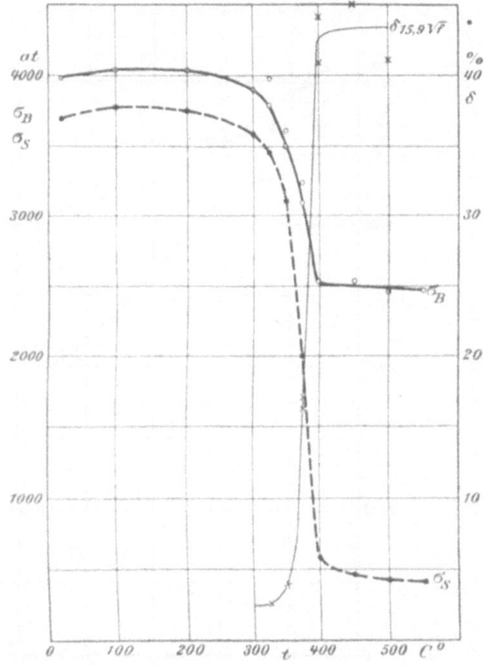

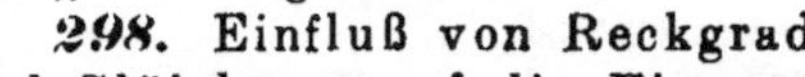

Abb. 272. **Einfluß des Glühens auf die Festigkeitseigenschaften kaltgezogenen Kupferdrahtes (7,1 mm Durchm.).** (Nach A. Martens.)
$\sigma_s$: Spannung, bei der die Gesamtverlängerungs-Zunahme für
130 at Spannungszunahme 0,02 mm auf 100 mm Meßlänge
beträgt.
Glühdauer: 2 Minuten, darauf in Wasser abgeschreckt.

und Glühdauer auf die Eigenschaften des kaltgereckten und darauf
geglühten metallischen Stoffes. In *276* wurde auf die Möglichkeit hingewiesen, daß die Grenztemperatur $t_r$, bei der die durch Kaltrecken bewirkte Streckung
der Metallkörner wieder beseitigt wird, um so tiefer liegen kann, je stärker der
Grad des Kaltreckens war. Ob dies tatsächlich eintritt oder nicht, konnte
aus Mangel an Versuchsmaterial nicht entschieden werden. Auch darüber, ob
die Temperaturen $t_u$ und $t_r$, die auf Grund der Änderung der Festigkeitseigenschaften feststellbar sind, durch den Grad des vorausgehenden Kaltreckens beeinflußt werden, sind mir beweiskräftige Versuchsergebnisse nicht bekannt worden.

Analog dem in *260* über den Einfluß der Zeit und der Temperatur auf das
Wachstum der Metallkörner Gesagten ist auch zu erwarten, daß die Zeitdauer
des Glühens von kaltgereckten metallischen Stoffen Einfluß auf das Streckungsverhältnis $c/a$ und auf die Festigkeitseigenschaften ausübt. Über den Einfluß

der Glühdauer auf $c/a$ liegen zurzeit keine Untersuchungsergebnisse vor. Dagegen sind über den Einfluß der Glühdauer auf die Festigkeitseigenschaften kaltgereckten Kupfers Versuche von A. Martens ($L_4$ 3) und von A. Le Chatelier ($L_4$ 13) ausgeführt. Die Ergebnisse sind in den Abb. 273 und 274 zusammengefaßt. Als Abszissen dienen die Glühdauern $z$ in Minuten bzw. Stunden, als Ordinaten die Werte von $\sigma_S$, $\sigma_B$, $\delta$ in Abb. 273 und von $\sigma_B$ in Abb. 274. Die Glühtemperaturen sind den einzelnen Schaulinien beigeschrieben. Die Streckzahl des ursprünglich kaltgereckten Kupfers ist in beiden Fällen in der Quelle nicht angegeben. Die verwendeten Kupfersorten sind verhältnismäßig unrein. Ihre Analyse ist nicht bekannt. Die Schaulinien, namentlich die in Abb. 274, verlaufen

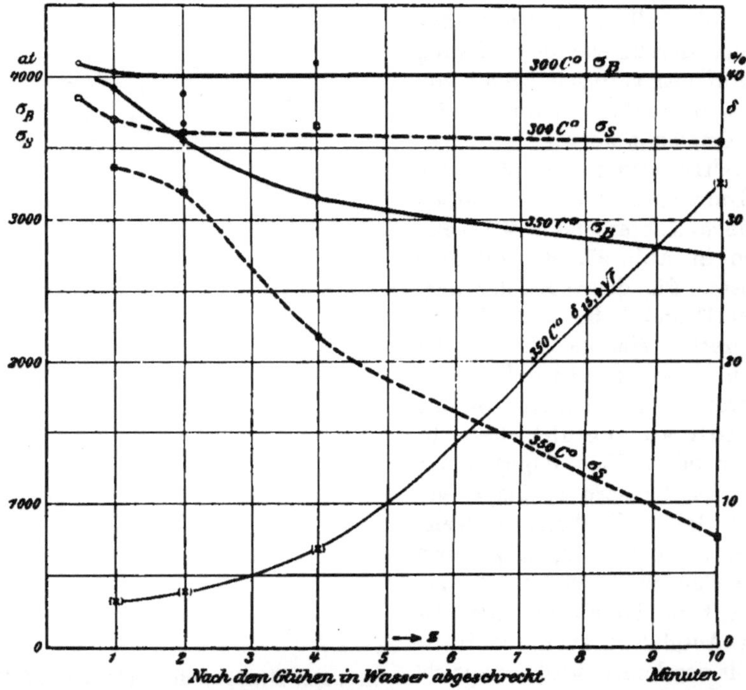


Abb. 273. Einfluß der Glühhitze und Glühdauer auf die Festigkeitseigenschaften von kaltgezogenem Kupferdraht (7,1 mm Durchm.). (Nach A. Martens.)

analog denen in Abb. 206 und 207 für die Änderung der Korngröße (260), nur daß die Richtung der positiven Ordinaten vertauscht ist.

Auf Grund der in den Abb. 273 und 274 niedergelegten Versuchsergebnisse käme also der Zeitdauer des Glühens ein wesentlicher Einfluß auf den Grad der durch das Glühen bei bestimmten Temperaturen erreichten Wirkung zu und zwar zeigt sich der Einfluß namentlich bei den niedrigeren Glühtemperaturen.

Bei größeren Werkstücken wird sich der Einfluß der Glühdauer nicht so deutlich zeigen. Taucht man z. B. einen dünnen Draht in ein Wärmebad von genügender Masse, das bei einer bestimmten Temperatur $t$ erhalten wird, so nimmt er sehr schnell die Temperatur des Bades an, und die Zeitdauer, die bis zum Erreichen der Temperatur $t$ nötig ist, kann vernachlässigt werden gegenüber der Zeitdauer des Verweilens im Bade. Hat dagegen das zu erhitzende Werkstück gegenüber dem Wärmebade eine große Masse, so ist der Versuch praktisch gar nicht mehr durchführbar, da ja die Zeit, die vergeht, um den Körper von der Temperatur der Umgebung auf die Temperatur $t$ zu bringen, einen wesentlichen

Teil der Glühdauer ausmacht, außerdem durch die Masse der eingetauchten Probe die Temperatur *t* des Bades unter *t* herabgedrückt wird.

Es besteht noch die Möglichkeit, daß bei allen, oder wenigstens bei einigen Metallen auch bereits bei gewöhnlicher Temperatur Glühwirkung ausgeübt wird, daß aber die entsprechende Schaulinie in den Abb. 273 und 274 sich nur sehr wenig und erst nach sehr langer Zeit merkbar unter den Anfangspunkt senkt. A. Le Chatelier hat diesen Vorgang als „freiwilliges Ausglühen" bezeichnet. Vielleicht ist der Ausdruck „freiwilliges Entrecken" für diese Wirkung vorzuziehen; sie ist der Wirkung des Kaltreckens entgegengesetzt und sucht diese aufzuheben. Das früher festgestellte Fehlen der Streckung der Körner bei kaltgerecktem Blei und Zinn deutet darauf hin, daß der Vorgang des „freiwilligen Entreckens" bei diesen Metallen recht erhebliche Beträge erlangen kann und wahrscheinlich mit großer Geschwindigkeit bereits während des Kaltreckens einsetzt. Bei Metallen wie Kupfer, Eisen usw. kann der Betrag der Eigenschaftsänderung durch „freiwilliges Entrecken" nur sehr gering sein und erst nach langer Zeitdauer eintreten. Be-

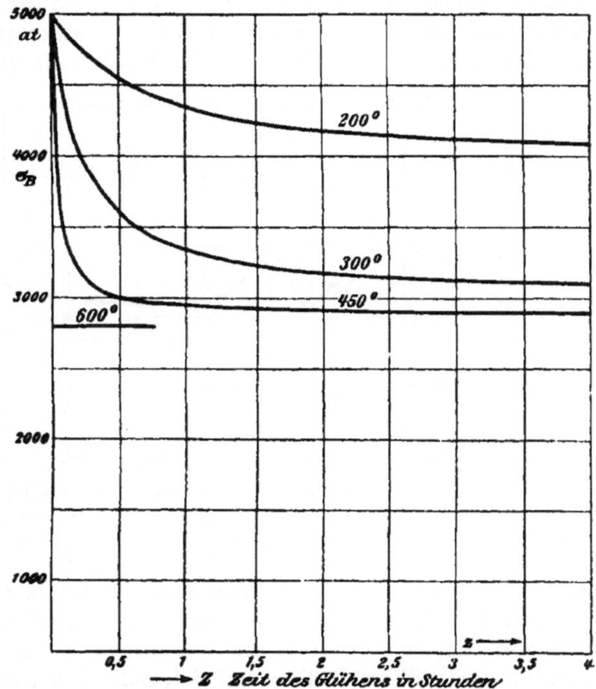

Abb. 274.  Einfluß der Glühhitze und Glühdauer auf die Festigkeitseigenschaften kaltgereckten Kupfers.
(Nach A. Le Chatelier.)
Kupfer unrein.  Vermutlich kaltgezogener Draht.

weiskräftige Versuche liegen hierüber nicht vor. Gewisse Änderungen können zwar festgestellt werden; es ist aber möglich, daß sie mehr die Folge einer teilweisen Beseitigung von Spannungen im kaltgereckten Metall, als eine Folge einer teilweisen Annäherung des metastabilen an das stabile Gleichgewicht sind *(301 und 307)*.

**299.** Veränderung des spezifischen Gewichts infolge Kaltreckens. Durch die Arbeiten Springs $(L_4\ 14)$ Grunmachs $(L_4\ 15)$, Kahlbaums und Sturms $(L_4\ 16)$ ist festgestellt, daß Kaltrecken das spezifische Gewicht der überwiegenden Mehrzahl der metallischen Stoffe verringert, vorausgesetzt, daß die Stoffe vor dem Kaltrecken frei von Hohlräumen waren, also den Dichtigkeitsgrad 1 besaßen. Es ist hierbei gleichgültig, ob das Kaltrecken durch Kaltziehen, Kaltpressen, Kaltwalzen, Kaltschmieden usw. oder gar durch Pressung unter allseitigem Druck erfolgt. Durch das Kaltrecken wird sonach das Gesamtvolumen des metallischen Stoffes um einen bestimmten Betrag vergrößert, während darauffolgendes Glühen oberhalb einer bestimmten Temperatur das Volumen wieder vermindert, das spezifische Gewicht also wieder erhöht.

Daß bei Dichtigkeitsgraden kleiner als 1 (also bei Vorhandensein von Hohlräumen, I, *21* bis *22*) die Wirkung der Verkleinerung dieser Hohlräume, die auf Steigerung des spezifischen Gewichts hinwirkt, und die Wirkung des Kaltreckens, die das Gegenteil anstrebt, sich überdecken können, ist einleuchtend. Um diese störende Wirkung auszuschalten, vergleicht man zweckmäßig das spezifische Gewicht des kaltgereckten Stoffes $s$ mit dem des kaltgereckten und geglühten $s_0$. In Tab. VII ist eine Übersicht über die von Kahlbaum und Sturm erhaltenen Versuchsergebnisse enthalten. Als Ergänzung zu den in dieser Tabelle mitgeteilten Werten können die von E. Heyn und O. Bauer ($L_4$ 17) für Eisen gefundenen Ergebnisse dienen. Sie beziehen sich auf kaltgezogenen Flußeisendraht ID (*274* und *275*) und sind in Abb. 275 schaubildlich dargestellt. Als Abszissen sind die

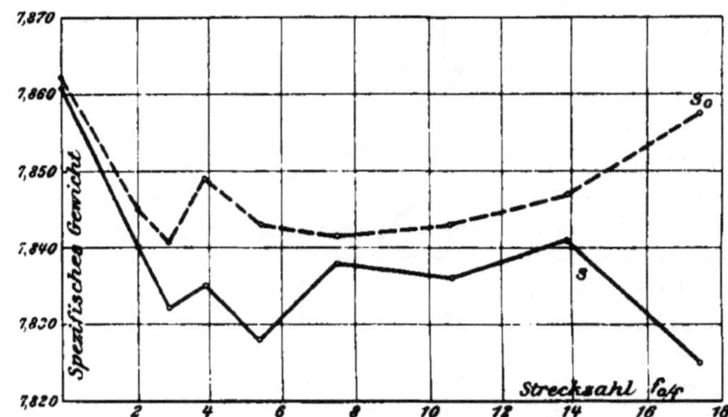


Abb. 275. Flußeisen ID. Einfluß des Kaltziehens und Ausglühens
auf das spezifische Gewicht.

$s$: Kaltgereckt.     $s_0$: Nach dem Kaltrecken $^1/_2$ Stunde bei 900 C° geglüht.

Streckzahlen $f_0/f$ der verschieden weit heruntergezogenen Drähte, als Ordinaten die spezifischen Gewichte verwendet. Die Streckzahl 1 entspricht dem ursprünglichen Walzdraht von 5,22 mm Durchmesser. Aus diesem sind ohne zwischengeschaltetes Glühen Drähte auf folgende Durchmesser kaltgezogen: 3,65, 3,10, 2,65, 2,25, 1,90, 1,60, 1,40, 1,25 mm. Die spezifischen Gewichte aller dieser Drähte einschließlich des Walzdrahtes wurden vor und nach dem Glühen bestimmt. Das Glühen geschah $^1/_2$ Stunde bei 900 C° unter möglichstem Ausschluß von Luft. Die Oberfläche der geglühten Drähte wurde vor der Ermittelung des spezifischen Gewichts abgeschmirgelt, um etwaige Oberflächenänderungen des Metalls infolge des Glühens zu beseitigen. Der mittlere Fehler der Einzelbestimmung des spezifischen Gewichts beträgt durchschnittlich $\pm$ 0,003.

Abb. 275 lehrt, daß das spezifische Gewicht $s_0$ der geglühten Drähte (gestrichelte Linie) durchweg oberhalb des spezifischen Gewichts $s$ der kaltgezogenen Drähte (ausgezogene Linie) liegt. Der Verlauf der Linie für $s$ ist zwar unregelmäßig; im allgemeinen hat die Linie aber doch Neigung, vom Walzdraht ($f_0/f = 1$) nach dem dünnsten Draht hin ($f_0/f = 17{,}43$) abzufallen. Die Unregelmäßigkeiten sind wahrscheinlich auf den ungleichförmigen Grad des Kaltreckens innerhalb der einzelnen Schichten der Drähte zurückzuführen.

Zur Erläuterung des Einflusses der Glühtemperatur auf die Änderung des spezifischen Gewichtes kaltgereckten Materials wurde einer der kaltgezogenen Eisendrähte der obengenannten Gruppe mit 1,25 mm Durchmesser bei den verschiedenen in Abb. 276 als Abszissen gegebenen Temperaturen $^1/_2$ Stunde lang geglüht. Die erhaltenen Werte von $s_0$ sind als Ordinaten verwendet. Das spezifische Gewicht $s_0$ des Eisendrahtes steigt mit wachsender Glühtemperatur an; der Anstieg beginnt bereits bei sehr niedrigen Wärmegraden. Zwischen 700 und 900 C° scheint er etwas rascher vor sich zu gehen, als bei niedrigeren Temperaturen. Die mittleren Fehlergrenzen der spezifischen Gewichtsbestimmung für die

## Tabelle VII.
### Nach Kahlbaum und Sturm.

| Metall | Art des Kaltreckens | Art des Glühens | Spezifisches Gewicht | | $\frac{s_0 - s}{s_0} \cdot 100$ |
|---|---|---|---|---|---|
| | | | $s$[6] | $s_0$[7] | |
| Werkplatin . . . . | Kaltgezogener Draht | Weißglut | 21,4152 | 21,4316 | 0,07 |
| | Verwunden[1] | „ | 21,4024 | 21,4284 | 0,12 |
| Reinplatin . . . . . | Draht | „ | 21,4133 | 21,4403 | 0,13 |
| | Verwunden[1] | „ | 21,3985 | 21,4312 | 0,15 |
| Platiniridium . . . | Draht | „ | 21,4766 | 21,4938 | 0,08 |
| | Verwunden[1] | „ | 21,3150 | 21,3309 | 0,07 |
| Gold . . . . . . . | Draht | „ | 19,2504 | 19,2601 | 0,05 |
| | Verwunden[1] | „ | 19,2220 | 19,2324 | 0,05 |
| Aluminium . . . . | Draht | 470 C⁰ | 2,6995 | 2,7030 | 0,13 |
| | Blech | 470 C⁰ | 2,7107 | 2,7132 | 0,09 |
| Kadmium . . . . . | Draht | 270 C⁰ | 8,6379 | 8,6434 | 0,06 |
| Nickel . . . . . . . | Draht | Rotglut, Vac.[2] | 8,7599 | 8,8439 | 0,95? |
| | Verwunden[1] | „ | 8,8273 | 8,8412 | 0,16 |
| Eisen . . . . . . . | Klavierdraht | 800 C⁰ Vac.[3] | [7,7772] | [7,7970] | [0,25] |
| Kupfer a)[3] . . . . | Draht | In Stickstoff | 8,8633 | 8,8769 | 0,15 |
| | | | 8,8609 | 8,8772 | 0,18 |
| „ b)[4] . . . . | „ | „ | 8,8648 | 8,8649 | 0,00 |
| | | | 8,8502 | 8,8593 | 0,10 |
| | | 350 C⁰ Vac. | 8,8845 | 8,8861 | 0,02[8] |
| | | Hellrotglut, Vac. | 8,8998 | 8,9028 | 0,03[8] |
| „ c)[5] . . . . | „ | In Stickstoff | 8,8406 | 8,8411 | 0,01 |
| | | | 8,8498 | 8,8520 | 0,02 |
| | | | 8,8305 | 8,8313 | 0,01 |
| | | | 8,8322 | 8,8324 | 0,00 |
| Zinn . . . . . . . | kaltgewaltzter Draht | 10 Min. 200 C⁰ Vac.[2] | 7,2840 | 7,2840 | 0,00 |
| | | | 7,2807 | 7,2816 | 0,01 |
| | | | 7,2833 | 7,2838 | 0,01 |
| Aluminiumbronze 4,7⁰/₀ Al . . . . | Draht | 10 Min. 800 C⁰ Vac.[2] | 8,2286 | 8,2388 | 0,12 |
| | | | 8,2188 | 8,2366 | 0,22 |
| Woods Metall, Bi: 50, Pb: 25, Cd: 12,5, Sn: 12,5 ⁰/₀ | Zu Draht gepreßt durch Matrize bei 10 000 at | ³/₄—1 Stunde in sied. Aceton | 9,6659 | 9,6760 | 0,10 |
| | | | 9,6658 | 9,6756 | 0,10 |

[1] Geglühter Draht verwunden bis zum Bruch.
[2] Luftleere.
[3] Konverterkupfer, raffiniert: Cu: 99,92, Ag: 0,02, Ni: 0,04, Fe: 0,02.
[4] Elektrolytkupfer.
[5] Werkkupfer. Zusammensetzung unbekannt.
[6] Spezifisches Gewicht des kaltgereckten Stoffes.
[7] Spezifisches Gewicht des kaltgereckten und geglühten Stoffes.
[8] Gewecke, $L_4$ 18.

einzelnen in Abb. 276 eingezeichneten Punkte sind durch die schraffierte Fläche
angedeutet. Um Betrachtungen über die Gründe des Verlaufs der Schaulinie in
Abb. 276 anzustellen, erscheint das Versuchsmaterial noch nicht ausreichend, zumal beim Eisen leicht störende Nebenerscheinungen (Austreiben von Gasen, Entkohlung, Gasaufnahme, Ungleichmäßigkeiten in der Abkühlung nach dem Glühen

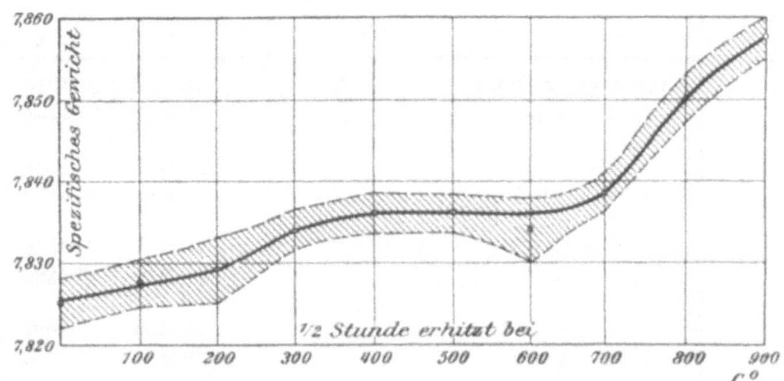


Abb. 276. Flußeisen ID8. Einfluß der Erhitzung auf das spezifische
Gewicht des kaltgezogenen Drahtes.

und infolgedessen unvollkommene Gleichgewichte) vorkommen können. Um besseren
Einblick in die Verhältnisse zu gewinnen, würden wohl Versuche mit edlen Metallen
auszuführen sein.

**300.** **Ursachen der Verminderung des spezifischen Gewichts durch
Kaltrecken.** Kahlbaum und Sturm (a. a. O.) kommen zu dem Schluß, daß
die Veränderung des spezifischen Gewichts beim Kaltrecken „die Folge einer
durch mechanische Einwirkung veranlaßten Änderung des molekularen Aufbaus
der Stoffe ist, der allem Anschein nach zu allotropen Modifikationen führt".

Ich kann mich dieser Ansicht nicht ohne weiteres anschließen. Es kommen
für die Verringerung des spezifischen Gewichts durch Kaltrecken noch andere
Umstände in Frage.

Denken wir uns einen Stab aus einer vollkommen bildsamen Masse, wie z. B.
Kitt. Er werde durch äußere Kräfte gereckt, beispielsweise durch Pressen unter
Verminderung des Querschnitts. Solange der Stoff vollkommen bildsam ist, wird
die innere Reibung der Teilchen beim Recken unter Umwandlung von Arbeit in
Wärme überwunden. Der Vorgang ist hierbei wie in allen Fällen, in denen Arbeit
durch Reibung in Wärme übergeht, nicht umkehrbar. Änderung der Dichte ist
nicht zu erwarten, solange der Stoff vor dem Recken vom Dichtigkeitsgrad 1 ist.
Die durch das Recken vergrößerte Länge des Stabes wird nach Aufhören der
äußeren Kräfte beibehalten; es wird keine potentielle Energie in dem gereckten
Körper aufgespeichert. Wir wollen eine solche bleibende Formveränderung, die
diese Bedingungen erfüllt, eine **rein plastische Formänderung** nennen. Der
Gegensatz dazu ist eine **rein elastische Formänderung**, wie sie z. B. eine
Schraubenfeder aus Stahl unter der Einwirkung einer die Streckgrenze des Materials nicht überschreitenden Beanspruchung erleidet. Sie ist vollkommen umkehrbar. Nach Aufhören der äußeren Kräfte nimmt die Feder wieder ihre
ursprüngliche Länge an.

Die Metalle sind rein plastischer Formänderung nicht fähig; plastische Formänderungen sind bei ihnen stets von elastischen begleitet, wenn auch die Größenordnung der letzteren gegenüber der der plastischen Formänderungen sehr klein
sein kann. Beim Kaltrecken eines metallischen Stoffes muß also außer der

bleibenden Formänderung noch elastische Formänderung erzielt werden. Beim Drahtziehen werden z. B. die einzelnen Teilchen des Stoffes um einen gewissen Betrag elastisch gestreckt. Nach Aufhören der das Recken verursachenden Kräfte wird ein Teil dieser elastischen Formänderung wieder rückgängig werden, ein anderer Teil kann aber infolge der Reibungswiderstände, die sich dem Zurückgehen der elastisch gestreckten Teilchen in die Gleichgewichtslage entgegenstellen, im kaltgereckten Metall verbleiben.

Man kann sich den Vorgang durch folgenden Vergleich grob versinnlichen: In eine Stange aus plastischem Kitt denke man sich viele kleine Schraubenfedern aus einem elastischen Stoff eingebettet. Die Stange werde durch Pressen unter Vergrößerung der Länge auf einen kleineren Querschnitt gebracht, also gereckt. Die Schraubenfedern werden hierbei elastisch gedehnt. Hört die äußere Kraft auf zu wirken, so gehen die Federn um einen bestimmten Betrag zurück, können aber wegen der Reibung ihrer Windungen an dem plastischen Füllmaterial nicht vollständig in ihre Gleichgewichtslage zurückgehen, sondern bleiben um einen bestimmten Betrag elastisch gestreckt. Diesem Betrag entspricht ein bestimmtes Maß von potentieller Energie, das in dem gereckten Stoffgemisch aufgespeichert wird. Das aus dem plastischen Kitt und den elastischen Federn gebildete System befindet sich dann in einem metastabilen Gleichgewichtszustand; es strebt dem stabileren zu, bei dem die Federn entspannt sind, bei dem also der Betrag an potentieller Energie seinen Mindestwert hat. Diesem Streben kann das System nur nachkommen, wenn die Reibung zwischen Federn und Füllmasse vermindert wird. Dem verminderten Betrag der Reibung entspricht ein neues metastabiles Gleichgewicht entsprechend einer um ein bestimmtes Maß verminderten Spannung der Federn.

Überträgt man den Fall auf ein kaltgerecktes Metall, so haben wir nicht, wie bei dem oben besprochenen System aus Kitt und Federn, zwei verschiedene Stoffe, einen plastischen und einen federnden, sondern wir haben es mit einem einzigen Stoff zu tun, der aber beide Formänderungsarten, plastische sowohl wie elastische, zuläßt. Wir haben also nur eine Phase, die aber wegen des noch nicht erreichten stabilen Gleichgewichts an verschiedenen Stellen verschiedene Mengen von Energie besitzt. Der Fall liegt ähnlich wie in einem Stück Eisen, das an verschiedenen Stellen ungleiche Temperaturen besitzt, weil das Temperaturgleichgewicht noch nicht erreicht ist. Das reine Eisen besteht aus einer einzigen Phase, dem Ferrit, der aber hier an verschiedenen Stellen verschiedene Beträge von Energie enthält.

Wird in einem solchen kaltgereckten, also in metastabilem Gleichgewicht befindlichen metallischen Stoff durch Erwärmen die Reibung der einzelnen Teilchen vermindert, so können sich die elastisch gestreckten Teilchen um einen entsprechenden Betrag dem stabilen Gleichgewicht nähern. Bei genügend großer Erwärmung kann die innere Reibung soweit abgeschwächt werden, daß das stabile Gleichgewicht erreicht wird, die elastisch gestreckten Teilchen völlig entspannt werden, und der entsprechende Betrag an potentieller Energie verschwindet.

Sind nun aber in einem kaltgereckten Metall elastisch gedehnte Teilchen vorhanden, so ist damit auch eine Verringerung des spezifischen Gewichts verbunden. Wir denken uns der Einfachheit halber ein solches Teilchen stabförmig von der Länge $l$ und dem Durchmesser $d$. In der Längsrichtung sei es um den Betrag $\varepsilon$, bezogen auf die Längeneinheit, elastisch gestreckt. Die elastische Verlängerung des Stäbchens ist dann $\varepsilon l$. Gleichzeitig wird wegen der Querdehnung der Durchmesser $d$ um den Betrag $\dfrac{\varepsilon d}{m}$ vermindert, wobei $\dfrac{1}{m}$ etwa den Wert 0,3 besitzt.

Vor der elastischen Streckung war das Volumen des Stäbchens $V_0 = \frac{\pi}{4} d^2 l$; nach

der elastischen Streckung $V = \frac{\pi}{4}(l + \varepsilon l)(d - 0{,}3\,\varepsilon d)^2$. Mithin ist

$$\frac{V}{V_0} = (1 + \varepsilon)(1 - 0{,}3\,\varepsilon)^2,$$

woraus man unter Vernachlässigung der höheren Potenzen der sehr kleinen Zahl $\varepsilon$ die Beziehung

$$\frac{V}{V_0} = 1 + 0{,}4\,\varepsilon$$

erhält. Demnach muß das Verhältnis der spezifischen Gewichte $s_0$ vor dem elastischen Anspannen des Stäbchens und $s$ nach dem Anspannen sein

$$\frac{s}{s_0} = \frac{V_0}{V} = \frac{1}{1 + 0{,}4\,\varepsilon} < 1 \quad \dots \dots \dots \dots \quad (1)$$

Da nun sehr viele solcher Stäbchen in dem kaltgereckten Metall verteilt liegen, so muß auch das spezifische Gewicht des kaltgereckten Stoffes kleiner sein, als das des nicht kaltgereckten. Für den Fall, daß durch das Glühen des kaltgereckten Stoffes keine anderen Wirkungen hervorgebracht werden, als die Aufhebung der elastischen Spannungen im Material infolge der Verminderung der inneren Reibung und unter der Voraussetzung, daß der Stoff den Dichtigkeitsgrad 1 vor dem Kaltrecken besaß, muß nach dem Glühen des kaltgereckten Stoffes das spezifische Gewicht gleich dem vor dem Kaltrecken $s_0$ sein. In diesem Falle gibt $s/s_0$ auch das Verhältnis des spezifischen Gewichtes des kaltgereckten zu dem des kaltgereckten und vollständig geglühten Materials an.

Es kann nun auch nicht wundernehmen, daß die Verringerung des spezifischen Gewichts $s$ durch Kaltrecken eintritt, gleichgültig, ob dieses durch Strecken, Stauchen, Biegen, Ziehen, Hämmern, Pressen, Walzen usw. geschieht. Selbst beim Zusammendrücken eines prismatischen Probekörpers durch Druck auf zwei parallele, einander gegenüberliegende Flächen werden die Teilchen senkrecht zur Druckrichtung gestreckt *(272, 296)*. Man kann überhaupt keine bleibende Formänderung erzielen, ohne daß gewisse Teilchen gestreckt werden. Die dadurch bedingten elastischen Anspannungen müssen also immer auf Verminderung des spezifischen Gewichts hinwirken.

Die oben dargelegte Anschauung schließt natürlich nicht aus, daß außerdem noch allotropische Änderungen in den kaltgereckten Metallen vorkommen können. Es ist aber kein Grund dafür vorhanden, solche allotrope Umwandlungen als die ausschließliche Ursache der Verminderung des spezifischen Gewichts durch Kaltrecken anzunehmen.

### β) Eigenspannungen in kaltgereckten metallischen Stoffen [1]).

***301.*** **Erläuterung des Begriffs „Eigenspannung".** Drei Schraubenfedern I, I′, II (beispielsweise aus Stahl) mögen im ungespannten Zustand die Länge $l_1$ (Federn I und I′) und $l_2$ (Feder II) haben, wie in Abb. 277 angedeutet. Befestigt man die Federn an zwei Querhäuptern $QQ$, wie in Abb. 278, so sind sie gezwungen, die gleiche Länge $l$ anzunehmen, die größer als $l_1$ und kleiner als $l_2$ ist. Die Folge davon ist, daß die Federn I und I′ elastisch gestreckt sind also unter Zugspannungen stehen, während die Feder II elastisch zusammen-

---

[1]) Nach E. **Heyn** und O. **Bauer**, $L_4$ *19*.

gedrückt wird und somit Druckspannung erhält. Die beiden gezogenen Federn I
und I' sind bestrebt, die Entfernung $l$ der Querhäupter $Q$ zu verringern, und zwar
jede mit einer Kraft $P_1$, während die gedrückte Feder II umgekehrt das Bestreben hat, die Entfernung $l$ zu vergrößern, und zwar mit einer Kraft $P_2$. In
der Gleichgewichtslage muß sein

$$P_1 + P_1 - P_2 = 0.$$

In dem ganzen aus den drei Federn und den beiden Querhäuptern bestehenden System bestehen also Spannungen, ohne daß äußere Kräfte auf das System
einwirken. Ein ähnlicher Fall ist
bei der Violine verwirklicht. Hierbei entspricht der Violinenboden
der gedrückten Feder II, die Saiten
entsprechen den gezogenen Federn
I und I'.

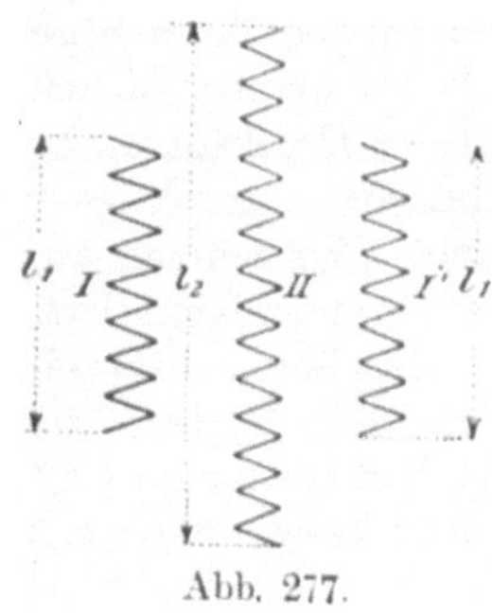

Abb. 277.

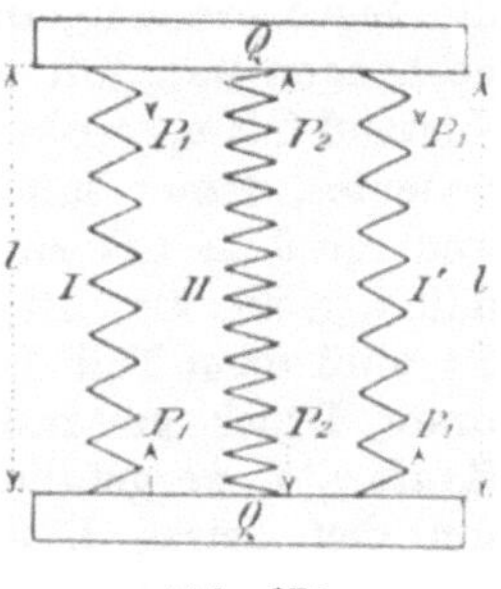

Abb. 278.

Wir wollen ein solches System,
dessen einzelne Teile unter Spannungen stehen, ohne daß es der
Wirkung äußerer Kräfte ausgesetzt
ist, als mit „Eigenspannungen
behaftet" bezeichnen.

a) Schneiden wir in dem mit Eigenspannungen behafteten System der Abb. 278
die beiden Zugfedern I und I' entzwei, so werden sich die beiden Querhäupter $QQ$,
die bisher den Abstand $l$ besaßen, sofort bis auf den Abstand $l_2 > l$ voneinander
entfernen.

b) Wären drei im spannungslosen Zustand gleichlange Federn I, I', II durch
Querhäupter miteinander verbunden worden, so würde ein System ohne Eigenspannung vorliegen. Schneidet man hier die beiden Federn I und I' durch, so
bleibt die Entfernung $l$ der beiden Querhäupter unverändert.

c) Läge der Fall umgekehrt wie in Abb. 278, d. h. wären I und I' zwei
Federn von gleicher Länge $l_1$ (im ungespannten Zustand) und $l_1$ größer als die
Länge $l_2$ der ungespannten Feder II, so würde wiederum ein System mit Eigenspannungen vorliegen, bei dem die Federn I und I' auf Druck,
die Feder II auf Zug beansprucht würden. Nach dem Durch-
schneiden der beiden Federn I und I' würde jetzt wieder Änderung des Abstandes $l$ der Querhäupter eintreten. Die neu
angenommene Länge würde kleiner als $l$, nämlich gleich $l_2$ werden.

Betrachten wir eine Metallstange von kreisförmigem Querschnitt und der Länge $l$, wie in Abb. 279. Ist diese frei von
Eigenspannungen, so müßte nach dem Abdrehen des Teiles I
die Länge $l$ unverändert bleiben. Wir hätten den Fall b. Vorausgesetzt ist, daß die Messung der Länge vor und nach dem
Abdrehen bei gleicher Temperatur erfolgt. Da beim Abdrehen
Wärme erzeugt wird, so bedingt dies, daß nach dem Abdrehen
genügend lange Zeit gewartet wird, bis der Stab wiederum die
Temperatur vor dem Abdrehen angenommen hat.

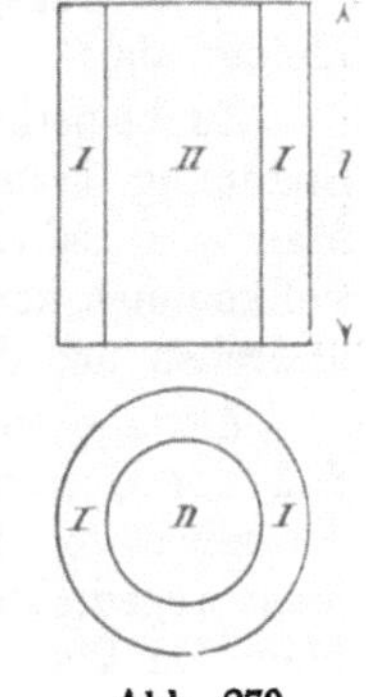

Abb. 279.

Wird dagegen nach dem Abdrehen des Teiles I die Länge des übrigbleiben-
den Stabteiles II größer als die ursprüngliche Länge $l$ des ganzen Stabes, so liegt
Fall a vor. Im ursprünglichen Stabe stand dann der Teil I unter Zug-, der
Teil II unter Druckspannungen.

Falls nach dem Abdrehen des Teiles I die Länge des übrigbleibenden
Stabteiles II kleiner wird, als die ursprüngliche gemeinschaftliche Länge $l$, so

haben wir den Fall c, d. h. vor dem Abdrehen stand Teil I unter Druck, Teil II unter Zug.

**302.** **Verfahren zur Messung der Größenordnung der Spannungen.** Die obige Überlegung gibt ein Mittel an die Hand, um durch Messung der Längenänderung des Stabes vor und nach dem Abdrehen festzustellen, ob in dem ursprünglichen Stab Eigenspannungen vorhanden waren oder nicht. Wir können mit dem Verfahren auch ein Bild von der Größe dieser Spannungen erhalten.

Es werde bezeichnet: der Querschnitt des abgedrehen Teiles 1 in Abb. 280 mit $f_1'$, der des übriggebliebenen Stabteiles nach dem Abdrehen von 1 mit $f_1''$, die Eigenspannung, die in dem Teil 1 im ursprünglichen nicht abgedrehten Stab vorhanden war, mit $\sigma_1$, die Eigenspannung im Teil 2 ebenfalls im ursprünglichen Zustand mit $\sigma_2$, wobei ein positiver Wert von $\sigma$ Zug-, ein negativer Druckspannung bedeutet, ferner mit $l_1$ die Länge des Stabes nach dem Abdrehen des Teiles 1 und mit $l$ die ursprüngliche Länge des Stabes vor dem Abdrehen. Wir nehmen an, daß $l_1$ größer als $l$ ist, daß sich also der Stab nach dem Abdrehen ausgedehnt hat. Es muß dann Teil 1 im nicht abgedrehten Stab unter Zug, der übrige Stabteil unter Druck gestanden haben. Durch das Abdrehen ist in dem System die Kraft $f_1'\sigma_1$ weggefallen, die bewirkte, daß sich der Stabteil mit dem Querschnitt $f_1''$ um den Betrag $l_1 - l$ elastisch verkürzt hatte. Dieser Verkürzung entspricht die Spannung

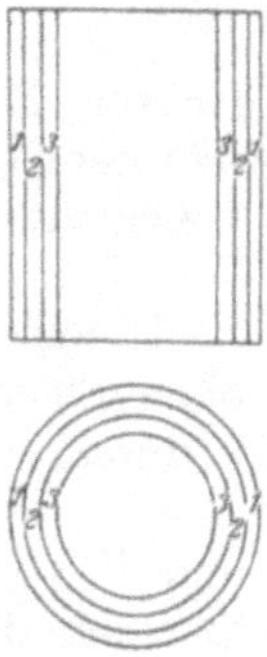

$$\sigma = E \cdot \frac{l - l_1}{l},$$

wenn $E$ der Elastizitätsmodul des Stabmaterials ist.

Die Gleichgewichtsbedingung erfordert, daß

$$f_1'\sigma_1 + f_1''\sigma = 0,$$

mithin

$$f_1'\sigma_1 + f_1''E \cdot \frac{l - l_1}{l} = 0$$

$$\sigma_1 = E \frac{f_1''}{f_1'} \cdot \frac{l_1 - l}{l} \quad \ldots \ldots \ldots \ldots \quad (2)$$

Abb. 280.

$\sigma_1$ ist Zugspannung, wenn $l_1$ größer ist als $l$, und Druckspannung, wenn $l_1$ kleiner als $l$.

Zu bemerken ist, daß $\sigma_1$ nur die **mittlere** Spannung im Teil 1 angibt. Die Spannung braucht nicht gleichmäßig über den Querschnitt $f_1'$ verteilt zu sein. Man wird daher, um die Spannungsverhältnisse in einem solchen Stab möglichst vollkommen kennen zu lernen, zunächst nur eine sehr dünne Oberflächenschicht 1 abdrehen und die mittlere Spannung in dieser nach der obigen Gleichung ermitteln.

Alsdann wird eine zweite Schicht 2 von dem Querschnitt $f_2'$ abgedreht, so daß der Querschnitt des nun übrigbleibenden Stabteiles $f_2''$ ist. Die nach dem Abdrehen von 1 und 2 erhaltene Länge des Stabrestes sei $l_2$. Im ursprünglichen, nicht abgedrehten Stabe habe geherrscht: über den Querschnitt $f_2'$ die Spannung $\sigma_2$, über den Querschnitt $f_2''$ die mittlere Spannung $\sigma$. Es ist dann

$$\sigma = E \cdot \frac{l - l_2}{l}$$

und die Gleichgewichtsbedingung ergibt:

$$f_1'\sigma_1 + f_2'\sigma_2 + f_2''\sigma = 0$$

$$f_1'\sigma_1 + f_2'\sigma_2 + f_2''E \frac{l - l_2}{l} = 0.$$

Setzt man für $\sigma_1$ den Wert aus Gl. 2 ein, so findet man:

$$\sigma_2 = \frac{E}{l} \cdot \frac{f_2''(l_2-l) - f_1''(l_1-l)}{f_2'} \qquad \ldots \ldots \ldots \quad (3)$$

Ist nach dem Abdrehen der dritten Schicht 3 vom Querschnitt $f_3'$ die Länge des übrigbleibenden Stabteiles $l_3$, sein Querschnitt $f_3''$ und die im nicht abgedrehten Stabe in ihm herrschende mittlere Spannung $\sigma$, so gilt:

$$f_1'\sigma_1 + f_2'\sigma_2 + f_3'\sigma_3 + f_3''\sigma = 0$$

$$\sigma = \frac{E}{l}(l - l_3),$$

und nach Einsetzen der Werte für $\sigma_1$ und $\sigma_2$ aus den Gl. 2 und 3:

$$\sigma_3 = \frac{E}{l} \cdot \frac{f_3''(l_3-l) - f_2''(l_2-l)}{f_3'} \qquad \ldots \ldots \ldots \quad (4)$$

Ist allgemein der Querschnitt der $n$ten abgedrehten Schicht $f_n'$, derjenige des nach Abdrehen der $n$ten Schicht übrigbleibenden Stabteiles $f_n''$, die Länge dieses Teiles $l_n$, so erhält man die mittlere Spannung $\sigma_n$, die im ursprünglichen Stabe in der $n$ten Schicht mit dem Querschnitt $f_n'$ geherrscht hat, wie folgt:

$$\sigma_n = \frac{E}{l} \cdot \frac{f_n''(l_n-l) - f_{n-1}''(l_{n-1}-l)}{f_n'} \qquad \ldots \ldots \ldots \quad (5)$$

Die Spannung $\sigma$ in dem nach der letzten Abdrehung übrigbleibenden Teile war dann im nicht abgedrehten Stabe

$$\sigma = \frac{E}{l}(l - l_n) \qquad \ldots \ldots \ldots \ldots \ldots \ldots \quad (6)$$

Alle Spannungen sind Zugspannungen, wenn ihre Werte positiv, Druckspannungen, wenn ihre Werte negativ sind.

**303.** Ausgeführte Spannungsmessungen nach dem obigen Verfahren. Zur Untersuchung gelangte eine kaltgezogene Rundstange aus 25 prozentigem Nickelstahl, wie er zuweilen für Dampfturbinenschaufeln benutzt wird, und eine kaltgezogene Sechskantstange aus Schweißeisen.

Die Ergebnisse beweisen, daß in den beiden kaltgezogenen Materialien sehr erhebliche Eigenspannungen enthalten sind. Solche vom Kaltrecken herrührende Spannungen wollen wir kurz als „Reckspannungen" bezeichnen.

a) Nickelstahlstange. Der Stahl hatte die Zusammensetzung:

| | | | |
|---|---|---|---|
| Nickel | $25{,}_{11}$ | Phosphor | $0{,}01_2$ |
| Kohlenstoff | $0{,}3_9$ | Schwefel | $0{,}02_2$ |
| Silizium | $0{,}2_6$ | Kupfer | $0{,}07_0$ |
| Mangan | $0{,}7_3$ | | |

Die Rundstange war von 34 mm Durchmesser auf 31 mm kaltgezogen, was

einer Streckzahl $\dfrac{\frac{\pi}{4}\cdot 34^2}{\frac{\pi}{4}\cdot 31^2} = 1{,}2$ entspricht. Von der Stange wurden zwei Abschnitte

I und II von je 200 mm Länge untersucht. Abschnitt I befand sich im ursprünglichen kaltgezogenen Zustande, Abschnitt II war nach dem Kaltziehen 1 Stunde lang bei 850 C° ausgeglüht und langsam abgekühlt worden.

## Tabelle VIII.
### Nickelstahl.
### Abschnitt I. Kaltgezogen.

| 1 | 2 | 3 | 4 | 5 | 6 | 7 | 8 | 9 | 10 |
|---|---|---|---|---|---|---|---|---|---|
| Nr. der abgedrehten Schicht | Durchmesser des Stabes nach der $n$ten Abdrehung | $f_n'$ | $f_n''$ | Abstand der Marken $a$ und $b$ nach der $n$ten Abdrehung | Verlängerung des Stabes zwischen den Marken $a$ und $b$ nach der $n$ten Abdrehung | Abstand der Marken $a'$ und $b'$ nach der $n$ten Abdrehung | Verlängerung des Stabes zwischen den Marken $a'$ und $b'$ nach der $n$ten Abdrehung | Mittelwert aus Spalten 6 und 8 $l_n - l$ | $\sigma_n$ Spannung in der $n$ten Schicht des ursprünglichen Stabes |
| $n$ | cm | qcm | qcm | cm | cm | cm | cm | cm | at |
| 0 | 3,1 | $0,00_0$ | $7,54_8$ | $13,5623_6$ | — | $13,4924_7$ | — | — | — |
| 1 | 3,0 | $0,47_9$ | $7,06_9$ | $13,5642_9$ | $+0,0019_3$ | $13,4931_2$ | $+0,0006_5$ | $+0,0012_9$ | $+2910$ |
| 2 | 2,9 | $0,46_4$ | $6,60_5$ | $13,5657_1$ | $+0,0033_5$ | $13,4951_0$ | $+0,0026_3$ | $+0,0029_9$ | $+3510$ |
| 3 | 2,8 | $0,44_7$ | $6,15_8$ | $13,5663_1$ | $+0,0039_5$ | $13,4965_6$ | $+0,0040_9$ | $+0,0040_2$ | $+1715$ |
| 4 | 2,7 | $0,43_2$ | $5,72_6$ | $13,5676_9$ | $+0,0053_3$ | $13,4979_2$ | $+0,0054_5$ | $+0,0053_9$ | $+2160$ |
| 5 | 2,6 | $0,41_7$ | $5,30_9$ | $13,5691_5$ | $+0,0067_9$ | $13,4997_2$ | $+0,0072_6$ | $+0,0070_2$ | $+2350$ |
| 6 | 2,5 | $0,40_0$ | $4,90_9$ | $13,5705_4$ | $+0,0081_8$ | $13,5003_5$ | $+0,0078_8$ | $+0,0080_3$ | $+\ 820$ |
| 7 | 2,4 | $0,38_5$ | $4,52_4$ | $13,5714_7$ | $+0,0091_1$ | $13,5017_9$ | $+0,0093_2$ | $+0,0092_1$ | $+\ 890$ |
| 8 | 2,3 | $0,36_9$ | $4,15_5$ | $13,5725_8$ | $+0,0102_2$ | $13,5028_6$ | $+0,0103_9$ | $+0,0103_0$ | $+\ 470$ |
| 9 | 2,2 | $0,35_4$ | $3,80_1$ | $13,5734_1$ | $+0,0110_5$ | $13,5036_1$ | $+0,0111_4$ | $+0,0110_9$ | $-\ 280$ |
| 10 | 2,1 | $0,33_7$ | $3,46_4$ | $13,5745_2$ | $+0,0121_6$ | $13,5042_7$ | $+0,0118_0$ | $+0,0119_8$ | $-\ 300$ |
| 11 | 2,0 | $0,32_2$ | $3,14_2$ | $13,5765_6$ | $+0,0142_0$ | $13,5060_6$ | $+0,0135_9$ | $+0,0139_0$ | $+1030$ |
| 12 | $1,8_5$ | $0,45_4$ | $2,68_8$ | $13,5778_9$ | $+0,0155_3$ | $13,5075_8$ | $+0,0151_1$ | $+0,0153_2$ | $-\ 840$ |
| 13 | $1,6_7$ | $0,49_8$ | $2,19_0$ | $13,5801_9$ | $+0,0178_3$ | $13,5093_4$ | $+0,0168_7$ | $+0,0173_5$ | $-\ 980$ |
| 14 | 1,3 | $0,86_3$ | $1,32_7$ | $13,5845_2$ | $+0,0221_7$ | $13,5136_4$ | $+0,0211_7$ | $+0,0216_7$ | $-1640$ |
| 15 | $1,0_4$ | $0,47_8$ | $0,84_9$ | $13,5878_0$ | $+0,0254_4$ | $13,5168_2$ | $+0,0243_5$ | $+0,0249_0$ | $-2440$ |
|  | $0,0_0$ | $0,84_9$ | $0,00_0$ | — | — | — | — | — | $-3810$ |

### Abschnitt II. Geglüht.

| 1 | 2 | 3 | 4 | 5 | 6 | 7 | 8 | 9 | 10 |
|---|---|---|---|---|---|---|---|---|---|
| 0 | 3,1 | $0,00_0$ | $7,54_8$ | $13,5428_0$ | — | $13,6814_4$ | — | — | — |
| 1 | 2,9 | $0,94_3$ | $6,60_5$ | $13,5427_8$ | $-0,0000_2$ | $13,6815_2$ | $+0,0000_8$ | $+0,0000_3$ | $+\ \ 30$ |
| 2 | 2,5 | $1,69_6$ | $4,90_9$ | $13,5428_6$ | $+0,0000_6$ | $13,6816_8$ | $+0,0001_2$ | $+0,0001_5$ | $+\ \ 50$ |
| 3 | 2,0 | $1,76_7$ | $3,14_2$ | $13,5436_2$ | $+0,0008_2$ | $13,6825_4$ | $+0,0011_0$ | $+0,0009_6$ | $+\ 200$ |
| 4 | 1,5 | $1,37_5$ | $1,76_7$ | $13,5440_0$ | $+0,0012_0$ | $13,6827_8$ | $+0,0013_4$ | $+0,0012_7$ | $-\ \ 85$ |
| 5 | 1,0 | $0,98_2$ | $0,78_5$ | $13,5430_4$ | $+0,0002_4$ | $13,6827_8$ | $+0,0013_4$ | $+0,0007_9$ | $-\ 250$ |
|  | 0,0 | $0,78_5$ | $0,00_0$ | — | — | — | — | — | $-\ 120$ |

Die Form und die Abmessungen der Abschnitte I und II ergeben sich aus
Abb. 281. Bei $a$, $b$, $a'$ und $b'$ wurden auf vorher glatt gehobelten und geschliffenen Flächen Linienkreuze eingeritzt. Die Abstände der Marken $ab$ und $a'b'$
wurden mittels Komparator gemessen. Sie waren bei

Abschnitt I zwischen $a$ und $b$: $13,5623_6$ und zwischen $a'$ und $b'$: $13,4924_7$ cm
„    II    „    $a$ „ $b$: $13,5428_0$ „     „    $a'$ „ $b'$: $13,6814_4$ „

Die Abdrehungen erfolgten über der Länge $l$, die bei Abschnitt I 12,15 und bei
Abschnitt II 12,2 cm betrug. Nach den einzelnen Abdrehungen wurden die Abstände $ab$ und $a'b'$ wieder gemessen. Die Ergebnisse sind in Tabelle VIII zusammengestellt. Die Längen sind sämtlich auf eine und dieselbe Temperatur zurückgeführt. Der Elastizitätsmodul $E$ ist zu $1860000$ at angenommen. Die Verängerung $l_n - l$ ist zwischen den Marken $ab$ und $a'b'$, also auf einer größeren
Länge als $l$ gemessen. Da aber die Abdrehungen nur über der Länge $l$ vorgenommen wurden, so können auch nur über dieser Länge Spannungen ausgelöst
sein. Durch diese Auslösung wurden die Marken $ab$ und $a'b'$ um den Betrag
$- l$ voneinander verschoben.

Die nach den obigen Gl. 5 und 6 berechneten Eigenspannungen $\sigma_n$, die im ursprünglichen Stabe in den einzelnen Schichten 1 bis $n$ geherrscht haben, sind in der letzten Spalte 10 eingetragen.

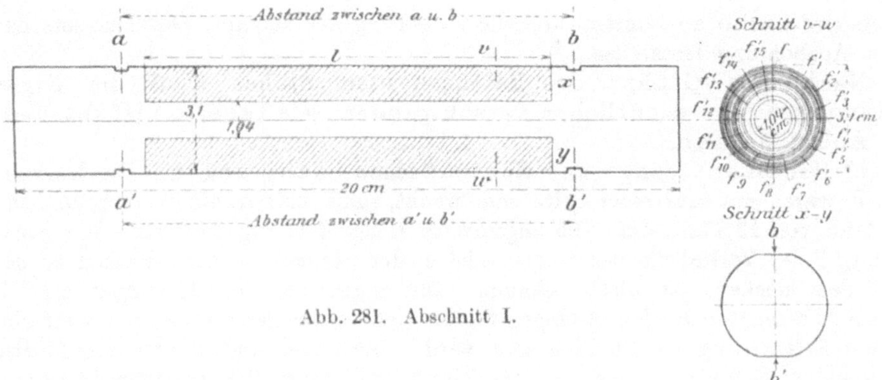

Abb. 281. Abschnitt I.

In den Abb. 282 und 283 ist die Spannungsverteilung in den Abschnitten I und II schaubildlich dargestellt. Als Ordinaten sind die Spannungen $\sigma_n$ gewählt, wobei die Zugspannungen durch Punkte oberhalb der Nullinie, die Druckspannungen durch solche unterhalb der Nullinie veranschaulicht sind. Als Abszissen sind die Hälften der Querschnitte $f_n''$ aufgetragen. Die Abszisse Null entspricht somit der Stabmitte. Die am meisten von der Mitte abgelegenen Punkte des Schaubildes entsprechen dem vollen Stabquerschnitt. Der Grund, warum nicht die Halbmesser des Stabes nach den verschiedenen Abdrehungen, sondern die mit $\pi$ multiplizierten Quadrate derselben als Abszissen gezeichnet sind, liegt in der Leichtigkeit der Kontrolle der Berechnung auf ihre Richtigkeit. Nach der Gleichgewichts-Bedingung muß nämlich die Summe aller $f_n'\,\sigma_n$ gleich Null sein, d.h. die in den Abb. 282 und 283 schraffierte Fläche oberhalb der Nullinie muß gleich der schraffierten Fläche unterhalb dieser Nullinie sein.

Die Tabelle VIII und die Abb. 282 lassen erkennen, daß in dem kaltgezogen Stabe sehr beträchtliche Eigenspannungen herrschen, und zwar in der Stabmitte Druck-, in den äußeren Stabschichten Zugspannungen.

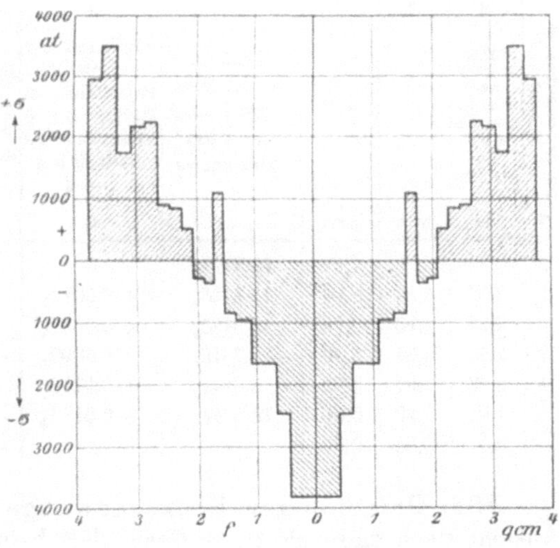

Abb. 282. Kaltgezogener Nickelstahl (etwa 25% Nickel). Abschnitt I.

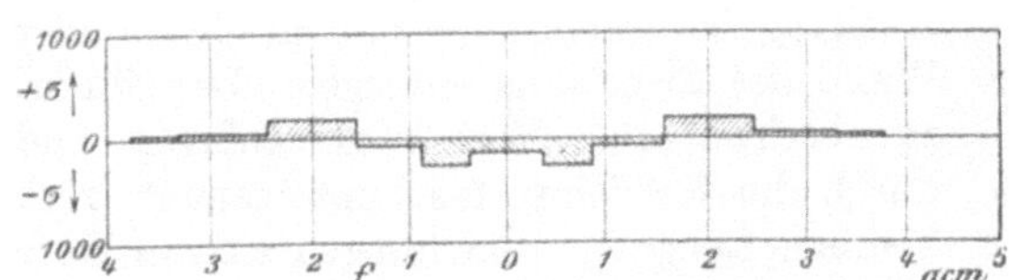

Abb. 283. Kaltgezogener Nickelstahl (etwa 25% Nickel). Abschnitt II.
Nach dem Kaltziehen 1 Stunde bei 850 C° ausgeglüht.

Wird die Bruchgrenze des Stabmaterials nach dem Kaltziehen auf etwa 7000 at geschätzt, so ist das Material im Stab stellenweise bereits bis auf die Hälfte der Bruchgrenze beansprucht, ehe noch äußere Kräfte auf den Stab einwirken.

Da mit den Spannungen in der Längsrichtung des Stabes Querdehnungen verbunden sind, so müssen auch Querspannungen innerhalb des Querschnittes bestehen. Sie werden aber bei der gewählten Art der Messung nicht mit ermittelt. Um sich über diese Aufschluß zu verschaffen, müßte man beispielsweise den Stab innen stufenweise ausbohren, und die Änderung des äußeren Durchmessers nach jeder Ausbohrung feststellen.

Nach dem Glühen des kaltgereckten Stabes sind die Eigenspannungen im wesentlichen verschwunden, wie Tabelle VIII unten und die Abb. 283 lehren.

b) **Sechskantstange aus Schweißeisen, kaltgezogen.** Die Marken $a$ und $b$ waren nur auf einer Seite angebracht, und hatten einen ursprünglichen Abstand von $13{,}8723_6$ cm. Die abgedrehte Länge $l$ betrug $12{,}0$ cm. Die Streckzahl $f_0/f$, das Verhältnis des Querschnittes der Stange vor dem Recken zu dem nach dem Recken, ist nicht bekannt. Die Ergebnisse der Messungen und die daraus berechneten Reckspannungen finden sich in der Tabelle IX, die wohl ohne nähere Erläuterung verständlich sein wird. Auch hier sind wieder sehr kräftige Spannungen festgestellt, wie man sie früher wohl schwerlich erwartet hätte.

**Tabelle IX.**
**Schweißeisen, kaltgezogen.**

| 1 | 2 | 3 | 4 | 5 | 6 | 7 | |
|---|---|---|---|---|---|---|---|
| Nr. der abgedrehten Schicht<br><br>$n$ | Durchmesser des Stabes nach der $n$ ten Abdrehung<br><br>cm | $f_n'$<br><br>qcm | $f_n''$<br><br>qcm | Abstand der Marken $a$ und $b$ nach der $n$ ten Abdrehung<br><br>cm | Verlängerung des Stabes zwischen den Marken $a$ u. $b$ nach der $n$ ten Abdrehung<br>$l_n - l$<br>cm | $\sigma_n$<br>Spannung in d. $n$ ten Schicht d. ursprüngl. Stabes<br><br>at | Bemerkungen |
| 0 | — | 0 | 9,72 | $13{,}8723_6$ | — | — | Der ursprüngliche Querschnitt war ein |
| 1 | 3,32 | 1,08 | 8,64 | $13{,}8735_7$ | $+\,0{,}0012_1$ | $+\,1610$ | regelmäßiges Sechseck mit dem einge- |
| 2 | 2,93 | 1,90 | 6,74 | $13{,}8785_6$ | $+\,0{,}0062_0$ | $+\,2750$ | schriebenen Kreis von 3,35 cm Dmr. |
| 3 | 2,55 | 1,64 | 5,10 | $13{,}8815_9$ | $+\,0{,}0092_3$ | $+\,540$ | Die Werte in Spalte 5 sind Mittelwerte |
| 4 | 2,02 | 1,90 | 3,20 | $13{,}8841_7$ | $+\,0{,}0118_1$ | $-\,815$ | aus mindestens 20 Messungen. Mitt- |
| 5 | 1,01 | 2,40 | 0,80 | $13{,}8840_4$ | $+\,0{,}0116_3$ | $-\,1975$ | lerer Fehler der r e l a t i v e n Messung ist |
| | 0,0 | 0,80 | 0,00 | | | $-\,1950$ | $\pm\,0{,}0001_3$ cm |

*304.* **Ursache der Reckspannungen.** Die Reckspannungen sind meiner Ansicht nach dadurch zu erklären, daß beim Kaltrecken die einzelnen Schichten $f_1'$, $f_2'$, $\ldots f_n'$ verschieden starke Reckung erfahren und demnach bestrebt sind, verschiedene Längen anzunehmen. So wirkt z. B. beim Kaltziehen der die Reckung bewirkenden Kraft in den äußeren Stabschichten die Reibung an der Wand des Zieheisens entgegen. Der Einfluß dieser Reibung wird sich nach innen zu abschwächen. Wären die äußeren und inneren Schichten des Stabes nicht durch die Kohäsion fest miteinander verkuppelt, so würden die äußeren eine kleinere Länge $l_-$, die inneren eine größere $l_+$ annehmen. Da die Schichten nun sämtlich miteinander verkuppelt sind, so müssen sie sich auf eine mittlere Länge $l$ einigen, die zwischen $l_-$ und $l_+$ liegt. Die Folge davon ist Zusammendrücken der inneren und Streckung der äußeren Schichten. Diese beiden Formänderungen können rein elastisch oder teils elastisch, teils plastisch sein. Elastische Formänderung muß aber auf alle Fälle ins Spiel kommen, da ja bei metallischen Stoffen rein plastische Formänderung ohne gleichzeitige elastische bei gewöhnlichen Wärmegraden nicht möglich ist. Soweit nun diese Formänderungen elastischer Art sind, bedingen sie Spannungen, und zwar in den äußeren Schichten Zug-, in den inneren Druckspannungen.

Es ist nun aber nicht immer nötig, daß die äußeren Schichten des Stabes weniger stark gereckt sind als die inneren, und daß deswegen außen Zug und innen Druck herrscht. Es gibt auch Fälle, wo das Umgekehrte eintritt. Hämmert man z. B. eine Rundstange aus Eisen mit der Hammerfinne $Fi$ (Abb. 284) bei gewöhnlicher Temperatur unter beständigem Drehen der Stange, so kann es vorkommen, daß die Stange in der Längsachse aufreißt, wie in Abb. 284 und 285 bei $rr$. Die Erklärung ist folgende: Innerhalb des Querschnitts wird die äußere Schicht $a$ (s. Abb. 284), weil sie unmittelbar vom Hammer getroffen wird, stärker gereckt, als die innere Schicht $i$. Die Schicht $a$ sucht deshalb ihren Umfang und damit auch ihren Durchmesser in stärkerem Prozentsatz zu vergrößern als die innere Schicht $i$. Wegen der Verkuppelung der Schichten muß $a$ elastisch gestaucht, $i$ elastisch gestreckt werden, damit sie, auf die Längeneinheit bezogen, gleiche Streckung annehmen können. Die äußere Schicht $a$ wird daher unter Druck, die innere unter Zug stehen. Die Zugspannungen im Innern können ein solches Maß erreichen, daß sich in der Mittellinie der Stange ein Riß $rr$ bildet[1]).

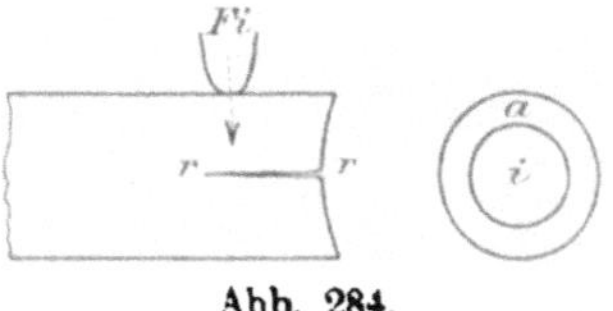

Abb. 284.

Abb. 285.   Nat. Größe.

Bei dieser Gelegenheit soll noch über einige Erscheinungen berichtet werden, die aus der Praxis stammen, und die aus dem oben Gesagten ihre Erklärung finden.

a) **Überzogener Flußeisendraht.** Da beim Drahtziehen die inneren Schichten in der Längsrichtung stärker gereckt werden als die äußeren, so kann bei zu weit getriebenem Ziehen das Arbeitsvermögen des Metalls im Innern früher erschöpft werden als in den äußeren Schichten. Es können dann Erscheinungen eintreten, wie sie Abb. 286—288 in 7,5facher Vergrößerung zeigen. Sie sind einem

Abb. 286.

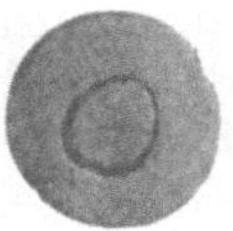

Abb. 287.

Abb. 288.

Aufsatz von A. Martens entlehnt ($L_4$ 20). Abb. 286 entspricht einem Längsschliff, Abb. 287 und 288 entsprechen Querschliffen durch einen kaltgezogenen Draht aus Flußeisen. In der Mitte ist er an verschiedenen Stellen aufgerissen. Die Rißwandungen sind Rotationsparaboloide. Abb. 288 zeigt einen Querschnitt durch ein solches Paraboloid in der Nähe des Scheitels, Abb. 287 einen solchen in etwas größerer Entfernung vom Scheitel.

b) **Im Innern gerissene Schmiedestücke.** Auch beim Warmrecken, z. B. beim Warmschmieden, können ähnliche Erscheinungen wie unter a) ein-

---

[1]) Unter Umständen kann dies auch beim Warmschmieden eintreten, wenn die Streckung der äußeren Schichten der der inneren sehr stark voreilt. Eine besonders geschickte Ausnutzung dieses Vorgangs ist das Mannesmannsche Schrägwalzverfahren zur Erzeugung von Hohlblöcken aus Vollblöcken.

treten. Ist z. B. eine Stange, die durch Schmieden gestreckt werden soll, nicht gleichmäßig durchgewärmt, sondern besitzt in den äußeren Schichten die richtige Schmiedehitze, im Innern dagegen eine zum Warmschmieden zu niedrige Temperatur, so werden sich die wärmeren Außenschichten unter dem Einfluß der durch den Hammer bewirkten, in der Längsrichtung der Stange wirkenden Kraft um ein beträchtliches mehr strecken können, als die kälteren Innenschichten. Die letzteren möchten somit zurückbleiben, müssen sich aber infolge der Verkuppelung mit den äußeren Schichten mit diesen auf eine gemeinschaftliche Länge einigen. Dies ist nur dadurch möglich, daß in den Innenschichten in der Stabrichtung Zugspannungen entstehen, die, wenn sie ein genügendes Maß erreicht haben, zum Aufreißen der Stange im Innern und zur stellenweisen Trennung der Schichten führen können, ähnlich wie in Abb. 286. Wird nun das Schmieden weiter fortgesetzt, so können sich große

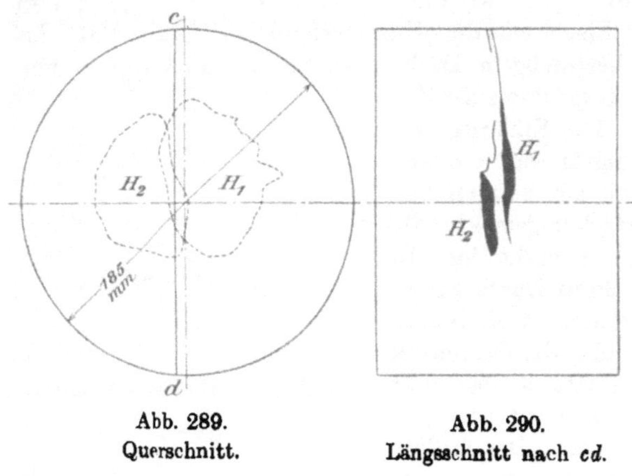

Abb. 289.
Querschnitt.

Abb. 290.
Längsschnitt nach $cd$.

Abb. 291.   (Etwa $^6/_{10}$ d. nat. Größe.)

parabolische Trichterbildungen einstellen, die oberflächlich nicht zu erkennen sind, und sich dem Auge erst nach der Zerstörung oder dem Aufschneiden zeigen.

Beispiele aus der Praxis, die voraussichtlich auf solche Erscheinungen zurückzuführen sind, finden sich in den Abb. 289—292. Abb. 289 und 290 stellen einen

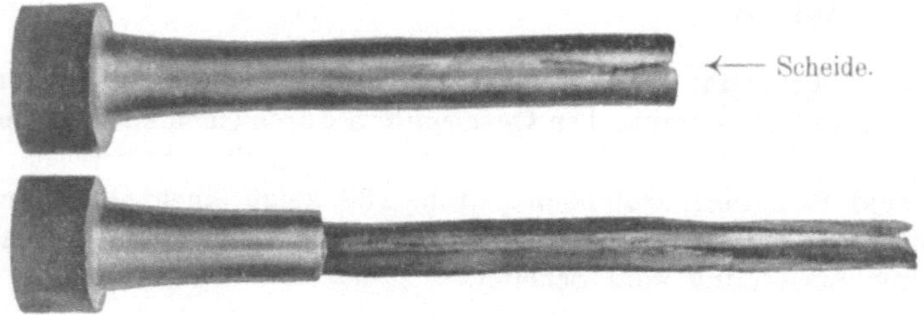


Abb. 292.   (Etwa $^1/_2$ d. nat. Größe.)

Quer- und Längsschnitt durch einen Teil einer stählernen Eisenbahnachse mit zwei Hohlräumen $H_1$ und $H_2$ im Innern dar. Abb. 291 zeigt eine warm geschmiedete Kolbenstange aus schmiedbarem Messing. Sie bestand aus zwei Teilen I und II, die mit Hohlkegel und Kegel ineinander paßten; der Zusammenhang zwischen beiden

Teilen wurde nur durch den ringförmigen Querschnit von der Dicke $d$ aufrechterhalten. Die Stange brach im Betrieb, weil dieser ringförmige wirklich tragende Querschnitt trotz des großen Querschnitts der Stange nur sehr klein war. Abb. 292 gibt einen Zerreißstab von einer geschmiedeten Bronze wieder. Die Kegelbildung ist so stark, daß der Zerreißstab in zwei Teile zerfallen ist, die wie Dolch und Scheide ineinander passen.

Die oben beschriebene Kegelbildung in geschmiedeten metallischen Stoffen kann begünstigt werden durch Gefügefehler in den inneren Schichten (Hohlräume, fremde Einschlüsse, Seigerungsstellen usw.); sie kann aber auch eintreten, ohne daß solche Fehlstellen nachweisbar sind.

**305.** Verschiedenheit der Festigkeitseigenschaften in den einzelnen Schichten kaltgereckter metallischer Stoffe. Wenn die Schichten innerhalb eines kaltgereckten metallischen Stabes verschiedene Grade des Kaltreckens erfahren haben, so könnte man erwarten, daß sich dies in Verschiedenheiten der Festigkeitseigenschaften (z. B. $S$-Grenze, $B$-Grenze, $\delta_l =$ Bruchdehnung gemessen auf der Meßlänge $l$) bemerkbar machen muß. Planmäßige Versuche hierüber sind dem Verfasser nicht bekannt geworden außer einer Versuchsreihe von Thurston ($L_4$ 6, abgedruckt in Howe, Metallurgy of steel, Tab. 107, $L_4$ 21). Thurston verwendete Schweißeisenstangen von 5,08 cm Durchmesser, die teils kaltgewalzt, teils „unbehandelt", also wohl warmgewalzt oder geglüht waren. Die Stäbe wurden auf die in Spalte 1 der Tabelle X angegebenen Durchmesser abgedreht und dann zerrissen, wobei die in der Tabelle angegebenen Werte erhalten wurden.

## Tabelle X.
### (Nach Thurston.)

| | A. Kaltgewalzt | | | | | B. „Unbehandelt" | | | | |
|---|---|---|---|---|---|---|---|---|---|---|
| 1 | 2 | 3 | 4 | 5 | 6 | 7 | 8 | 9 | 10 | 11 |
| Durchmesser nach dem Abdrehen | $\sigma_S$ | $\sigma_B$ | $\delta_x$ | $q$ | $\dfrac{\sigma_S}{\sigma_B}\cdot 100$ | $\sigma_S$ | $\sigma_B$ | $\delta_x$ | $q$ | $\dfrac{\sigma_S}{\sigma_B}\cdot 100$ |
| cm | at | at | % | % | % | at | at | % | % | % |
| 5,08 | 4050 | 4700 | — | 24,8 | 86 | — | — | — | — | — |
| 4,45 | 4500 | 4700 | 6,0 | 29,4 | 96 | 2170 | 3425 | 30,0 | 41,4 | 63 |
| 3,81 | 3980 | 4820 | 7,6 | 28,3 | 82 | 2360 | 3480 | 25,7 | 40,2 | 68 |
| 2,54 | 3990 | 4260 | 6,5 | 31,1 | 94 | 1830 | 3370 | 21,3 | 39,1 | 54 |
| 2,22 | 3860 | 4640 | 11,1 | 31,3 | 83 | 1640 | 4110 | 26,3 | 34,5 | 40 |
| 1,90 | 3980 | 4620 | 9,0 | 29,7 | 86 | 1675 | 3480 | 21,6 | 37,8 | 48 |
| 1,59 | 3900 | 4690 | 9,2 | 26,5 | 83 | 1700 | 3560 | 24,6 | 43,9 | 48 |
| 1,27 | 3840 | 4660 | 8,1 | 27,8 | 82 | 1680 | 3590 | 18,6 | 40,4 | 47 |
| 0,95 | 3830 | 4460 | 7,3 | 28,9 | 86 | 1460 | 3690 | 20,6 | 46,2 | 40 |
| 0,63 | 3580 | 4550 | 3,4 | 29,6 | 79 | 1575 | 3020 | 16,9 | 47,3 | 52 |

Howe schließt aus den Ergebnissen der Tabelle, daß die kaltgewalzten Stäbe keine ausgeprägte Verschiedenheit der Werte in den inneren und äußeren Schichten zeigen. Das trifft zu. Die Ergebnisse lassen sich aber auch nicht als Beweismittel dafür anführen, daß in kaltgewalzten Stäben örtliche Verschiedenheiten im Kaltreckgrad und damit in den Festigkeitseigenschaften nicht auftreten können. Das für die Versuche gewählte Material ist Schweißeisen, das an und für sich große örtliche Verschiedenheiten der Festigkeitseigenschaften an verschiedenen Stellen aufweist, wie ja die Zahlen für das „unbehandelte" Material erkennen lassen. Es wäre also auch nur möglich, an der Hand dieses Versuchsmaterials in den verschiedenen Schichten der kaltgewalzten Stangen grobe Unterschiede kenntlich zu machen, die größer sind als die beträchtlichen Abweichungen in der Tabelle X.

Bei einigermaßen beträchtlichen Streckzahlen $f_0/f$ (Verhältnis der Querschnitte der kaltgereckten Stange vor und nach dem Kaltrecken) sind aber so große Unterschiede gar nicht zu erwarten, selbst wenn die Unterschiede in den Streckzahlen der einzelnen Schichten sehr beträchtlich sind. Darüber belehrt z. B. ein Blick auf Abb. 256. Die Änderungen, die durch verschiedenstarkes Kaltrecken herbeigeführt werden, sind bei geringen Graden des Reckens, also kleinen Werten von $f_0/f$, sehr beträchtlich, werden aber bei stärkeren Werten von $f_0/f$ immer kleiner. Wenn die Versuche über Verschiedenheiten der Festigkeitseigenschaften in verschiedenen Schichten kaltgereckter metallischer Stoffe beweiskräftig sein sollen, so würde es nach obigem wohl zweckmäßig sein, mit verhältnismäßig schwach gerecktem Metall zu arbeiten, von dessen genügender Gleichförmigkeit bezüglich der Festigkeitseigenschaften vor dem Kaltrecken man sich versichert hat.

**306.** **Einfluß der Reckspannungen auf das spezifische Gewicht.** Die in Absatz *300* besprochenen Spannungen der kleinsten Teilchen im kaltgereckten Metall wollen wir der Kürze des Ausdrucks wegen als Elementarspannungen bezeichnen. Den durch sie bedingten Kräften wird durch Reibung das Gleichgewicht gehalten. Im Gegensatz hierzu wird bei den in *301—304* bebesprochenen Reckspannungen den durch Zugreckspannungen bedingten Zugkräften durch Druckkräfte das Gleichgewicht gehalten, die Druckreckspannungen entsprechen. Die den Reckspannungen entsprechenden Kräfte halten sich kurz gesagt gegenseitig das Gleichgewicht. Es entsteht nun die Frage, wie beeinflussen die Reck- und die Elementarspannungen das spezifische Gewicht des kaltgereckten Metalls?

Wir wollen in einer Schicht $n$ eines kaltgereckten Stabes das spezifische Gewicht, wie es in dem mit Reckspannungen behafteten ursprünglichen, noch nicht abgedrehten Stabe vorhanden ist, mit $s_n$ bezeichnen, mit $s_{0n}$ dagegen dasjenige spezifische Gewicht, das in der $n$ten Schicht erhalten würde, wenn man alle anderen Schichten abdrehte und nur die $n$te Schicht übrig ließ. Dadurch würde diese $n$te Schicht frei von Reckspannungen sein. Nach Gl. 1 Abs. *300* besteht dann die Beziehung

$$\frac{s_n}{s_{0n}} = \frac{1}{1 + 0{,}4\,\varepsilon_n} = \frac{1}{1 + 0{,}4\,\dfrac{\sigma_n}{E}},$$

wenn $\varepsilon_n$ die durch die Reckspannung $\sigma_n$ bedingte Längsdehnung der $n$ten Schicht, $E$ der Elastizitätsmodul ist.

Es sind nun zwei Fälle zu unterscheiden: a) die spezifischen Gewichte $s_{0n}$ sind in allen Schichten gleich, und zwar gleich $s_0$; b) die spezifischen Gewichte $s_{0n}$ sind in den $n$ Schichten verschieden, und zwar $s_{01}, s_{02}, \ldots s_{0n}$.

Fall a) Das mittlere spezifische Gewicht $s$ des kaltgereckten Stabes ergibt sich unter den gemachten Voraussetzungen zu

$$s = \frac{f_1' s_1 + f_2' s_2 + \cdots}{f_1' + f_2' + \cdots} = \frac{\Sigma f_n' s_n}{\Sigma f_n'}.$$

Setzt man die Werte für $s_n$ aus obiger Gleichung hier ein, so erhält man:

$$s = \frac{s_0}{\Sigma f_n'} \cdot \left[ \Sigma f_n' \frac{1}{1 + 0{,}4\,\dfrac{\sigma_n}{E}} \right];$$

da $\dfrac{0{,}4\,\sigma_n}{E}$ eine sehr kleine Zahl ist, kann man statt $\dfrac{1}{1+0{,}4\,\dfrac{\sigma_n}{E}}$ auch $1-\dfrac{0{,}4\,\sigma_n}{E}$

setzen. Mithin

$$s = \frac{s_0}{\Sigma f_n'}\left[\Sigma f_n' - \frac{0{,}4}{E}\,\Sigma f_n'\,\sigma_n\right].$$

Wegen der Gleichgewichtsbedingung muß nach früherem *(302)*

$$\Sigma f_n'\,\sigma_n = 0$$

sein. Folglich finden wir

$$s = s_0.$$

Das würde unter den genannten Voraussetzungen heißen, daß das mittlere spezifische Gewicht des kaltgereckten ursprünglichen, nicht abgedrehten Stabes gleich ist dem spezifischen Gewicht des kaltgereckten spannungslosen Materials, wie man es etwa erhalten würde, wenn man den kaltgereckten Stab über einen Teil seiner Länge zerspant und das spezifische Gewicht der Späne ermittelt (vorausgesetzt, daß durch das Zerspanen nicht neuerdings Kaltrecken entsteht).

Die Gleichung $s = s_0$ würde dann für jeden unter Reckspannungen befindlichen Stab gelten, solange $s_0$ in allen Schichten gleich ist. Die Gleichung hat also auch Gültigkeit für jeden Stabrest nach Abdrehen einer der $n$ Schichten des kaltgereckten Stabes. Das spezifische Gewicht dieser übrigbleibenden Stabreste dürfte sich also trotz des Abdrehens der einzelnen Schichten nicht ändern und unverändert $s = s_0$ bleiben. Damit sind wir in der Lage, durch den Versuch nachzuprüfen, ob die unter a) gemachte Voraussetzung, daß alle $s_{0n}$ gleich sind, zutrifft oder nicht.

Zu diesem Zwecke wurde eine kaltgezogene Stange Aluminiumbronze verwendet (Diegel, $L_4$ 22). Die Zusammensetzung der Stange war Cu: 88,2, Zn:

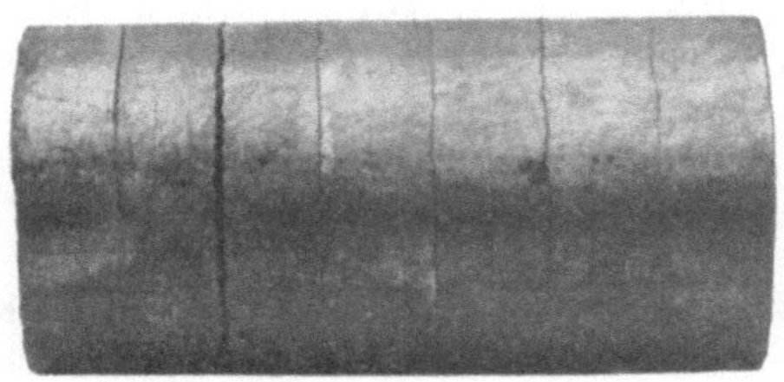

Abb. 293.

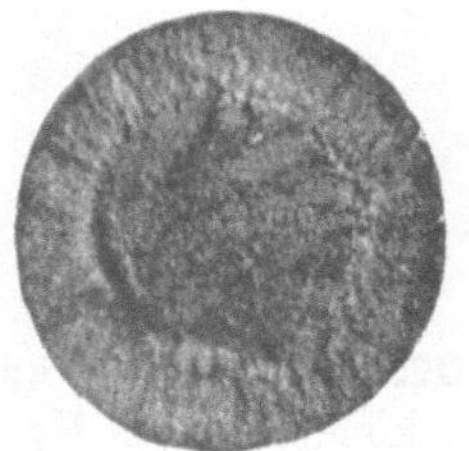

Abb. 294.

0,70, Fe: 3,31, Al: 7,65, P: 0,028, Si: 0,086. Die Stange besaß starke Reckspannungen, so daß nach längerem Lagern auf der Oberfläche Querrisse entstanden waren. Die Risse sind in Abb. 293 sichtbar. Die Tiefe ihres Eindringens ergibt sich aus Abb. 294, die einen Querbruch durch die Stange darstellt.

Zwischen zwei Rissen wurden durch Querschnitte zwei Scheiben abgetrennt, die frei von Rissen waren. Die Scheiben hatten den Durchmesser der Stange, nämlich 3,0 cm. Das spezifische Gewicht der einen Scheibe wurde im ursprünglichen Zustand festgestellt. Alsdann wurde die äußere Schicht abgedreht, so daß der Durchmesser der Scheibe nur noch 2,6 cm betrug, worauf das spezifische Gewicht aufs neue ermittelt wurde. Schließlich wurde durch weiteres Abdrehen am Umfang der Scheibendurchmesser auf 1,6 cm vermindert und auch von diesem Rest das spezifische Gewicht bestimmt. Die erhaltenen Ergebnisse finden sich in Tab. XI. Man erkennt, daß das durchschnittliche spezifische Gewicht $s$ der Scheibe infolge des Abdrehens der Oberflächenschichten beständig abnimmt. Die

Bedingung $s = s_0$ ist also nicht erfüllt, denn sonst hätte das spezifische Gewicht durch das Abdrehen nicht verändert werden dürfen. Es ist nun aber noch der Nachweis zu erbringen, daß die Verschiedenheit der spezifischen Gewichte nicht etwa auf Ungleichmäßigkeiten in der chemischen Zusammensetzung der Bronze außen und innen zurückzuführen sei. Deshalb wurde die zweite Scheibe von gleichen Abmessungen $^1/_2$ Stunde bei 580 C° geglüht und langsam abgekühlt. Das spezifische Gewicht wurde an der vollen Scheibe mit 3 cm Durchmesser und nach dem Abdrehen auf eine Scheibe mit 1,6 cm gemessen. Wie die Tabelle erkennen läßt, ändert es sich innerhalb der Fehlergrenzen des Meßverfahrens infolge des Abdrehens nicht. Ungleichmäßigkeiten in der chemischen Zusammensetzung sind sonach nicht vorhanden. Die Abnahme des spezifischen Gewichts der kaltgereckten Scheibe bei fortgesetztem Abdrehen ist sonach der Beweis dafür, daß die Voraussetzung a) nicht zutrifft, sondern daß der Fall b) vorliegt, bei dem die spezifischen Gewichte $s_{0_n}$ in den verschiedenen Schichten des kaltgereckten Materials verschieden sind. Dies dürfte auf verschiedene Grade des Kaltreckens in den einzelnen Schichten und dadurch veranlaßte verschieden große Elementarspannungen zurückzuführen sein.

Tabelle XI.

| Nummer der Abdrehung $n$ | Durchmesser nach der $n$ ten Abdrehung cm | Durchschnittl. spez. Gewicht nach der $n$ ten Abdrehung bei $t°$ (Wasser von 4 C°) | $t$ C° | $\dfrac{s_0 - s}{s} \cdot 100$ |
|---|---|---|---|---|
| | | **Kaltgereckt.** | | |
| | | $s$ | | |
| 0 | 3,0 | $7{,}735_5$ | 17,0 | 0,14 |
| 1 | 2,6 | $7{,}727_7$ | 17,3 | 0,24 |
| 2 | 1,6 | $7{,}710_0$ | 17,5 | 0,47 |
| | | Geglüht $^1/_2$ Stunde bei 580 C°. | | |
| | | $s_0$ | | |
| 0 | 3,0 | $7{,}746_8$ | 17,8 bis 18,8 | |
| 1 | 1,6 | $7{,}746_9$ | 17 bis 18 | |

**307. Aufreißen kaltgereckter metallischer Stoffe.** Die Reckspannungen können unter Umständen so groß sein, daß an den Stellen mit Zugspannungen Aufreißen erfolgt. Diegel (*L₄ 22*) führt eine ganze Reihe solcher Fälle auf. Namentlich häufig sind die Fälle des Aufreißens bei Messing, Aluminiumbronze; Verfasser beobachtete auch Fälle bei Zinnbronze und vor allem bei Nickelstahl mit $25\%$ Nickel. Das Aufreißen erfolgt oft lange Zeit nach dem Kaltrecken, zuweilen erst nach Jahren, vielfach scheinbar ohne äußeren Anlaß. Durch Glühen werden die Reckspannungen und damit auch die Gefahr des Aufreißens beseitigt. Begünstigt wird das Reißen durch folgende Umstände.

1. **Zusätzliche Beanspruchungen infolge der Einwirkung äußerer Kräfte (Belastung, Stoß usw.).** Ist z. B. in einer Schicht eines kaltgereckten Metalls die Streckgrenze sehr nahe der Bruchgrenze, und erreichen die Reckspannungen in dieser Schicht nahezu die Streckgrenze für Zug, so wird bei Belastung durch äußere Zugkräfte zu der bereits vorhandenen Reckspannung $\sigma_n$ noch die zusätzliche Zugspannung $\sigma_m$ in der betreffenden Schicht treten. Ist dann $\sigma_n + \sigma_m$ größer als die Streckgrenze, so kann die Summe die Bruchgrenze erreichen, so daß Risse in der Schicht entstehen. In einer kaltgereckten Stange oder in einem Rohr entstehen dann Querrisse, wenn die Summe $\sigma_n + \sigma_m$ in der Längsrichtung

wirkt, und Längsrisse, wenn die Spannungen $\sigma_n + \sigma_m$ parallel zum Querschnitt wirken.

2. **Zusätzliche Spannungen durch ungleichmäßiges Erwärmen oder Abkühlen.** In jedem elastischer Formänderungen fähigen festen Körper, der an verschiedenen starr miteinander verbundenen Teilen verschiedene Temperatur besitzt, treten Eigenspannungen ein (*324* bis *330*). Die stärker erwärmten Stellen suchen größere Länge $l_+$ anzunehmen; die kälteren suchen sich auf geringere Länge $l_-$ einzustellen. Wegen der starren Verkuppelung der verschieden erwärmten Teile muß eine Einigung auf eine zwischen $l_+$ und $l_-$ gelegene gemeinschaftliche Lage stattfinden. Dies bedingt Spannungen, soweit diese nicht teilweise durch Krümmung ausgeglichen werden können. In den kälteren Teilen entsteht Zug-, in den wärmeren Druckspannung. Die Spannungen sind vorübergehend, d. h. sie verschwinden mit dem Ausgleich der Temperatur im Innern des Körpers, wenn nicht infolge der ungleichmäßigen Ausdehnung bereits bleibende Formänderungen eingetreten sind. Im letzteren Falle verschwinden sie nur teilweise.

Trifft es sich gerade, daß die durch die ungleichmäßige Erwärmung hervorgebrachten Zugspannungen $\sigma_m$ sich zu den von den Reckspannungen herrührenden Zugspannungen $\sigma_n$ in einer Schicht $n$ eines kaltgereckten Metallstabes addieren, so kann die Summe $\sigma_n + \sigma_m$ gegebenenfalls die Bruchgrenze überschreiten und so Aufreißen in dieser Schicht herbeiführen. Ein solcher Fall ist z. B. bei den kaltgezogenen Schaufeln für Dampfturbinen möglich, wenn die Schaufeln auf der Seite, auf der besonders hohe Zugreckspannungen vorhanden sind, weniger hohe Temperatur haben, als auf der gegenüberliegenden vom Dampfe getroffenen Seite. Wiederholt sich die ungleichmäßige Erwärmung häufig, so haben wir häufig wiederkehrenden Spannungswechsel zwischen den Grenzen $\sigma_n + \sigma_m$ und $\sigma_n$, der in der bekannten Weise zum Bruch führen kann, wenn die Werte von $\sigma_n$ und $\sigma_n + \sigma_m$ eine bestimmte Grenze $\sigma_N$ überschreiten (I, *321* bis *324*).

In der Tat hat Verfasser häufig Turbinenschaufeln aus kaltgerecktem Nickelstahl (25 % Nickel) gesehen, die auf der nicht vom Dampf getroffenen Seite $A$ in Abb. 295 in der skizzierten Weise aufgerissen waren.

Abb. 295.

3. **Verletzung der Oberfläche durch mechanische Einwirkungen oder durch chemisch angreifende Stoffe.** In der äußersten Schicht 1 einer kaltgereckten Stange herrsche die Zugreckspannung $\sigma_1$ in der Längsrichtung des Stabes. Der Querschnitt der Schicht sei $f_1'$; durch Verletzung an einer Stelle werde er dort um den Betrag $\varphi$ verkleinert. Es muß dann sein

$$f_1' \sigma_1 = (f_1' - \varphi)\, \sigma,$$

worin $\sigma$ die Spannung in dem verletzten Querschnitt $f_1' - \varphi$ bedeutet. Daraus folgt

$$\sigma = \frac{f_1' \sigma_1}{(f_1' - \varphi)}.$$

Durch die Verletzung wird somit die Spannung in dem verletzten Querschnitt vergrößert. War nun bereits die Spannung $\sigma_1$ vor der Verletzung sehr nahe der Bruchgrenze, so kann die Steigerung der Spannung gegebenenfalls zur Entstehung eines Risses in dem betreffenden Querschnitt führen.

Die Verletzung kann nun herbeigeführt werden durch Anritzen, durch Kratzen des kaltgereckten Materials auf harter Unterlage usw. Sie kann aber auch erfolgen durch Ätzmittel, die die Oberfläche des kaltgereckten Materials örtlich angreifen. Bei Messing wirken bereits die in der Luft enthaltenen Stoffe ätzend, wie z. B. die Kohlensäure neben Wasser, ferner insbesondere Ammoniakdämpfe. Die Einwirkung ist im allgemeinen schwach, wenn nicht besondere Umstände hinzukommen; es kann daher längere Zeit, unter Umständen Jahre dauern, bis

die Querschnittsverminderung so weit vorgeschritten ist, daß das Reißen auftritt. Daß z. B. Ammoniak tatsächlich die oben angegebene Wirkung zeigen kann, geht daraus hervor, daß stark mit Reckspannungen behaftete kaltgereckte Messingstangen oder -rohre unter dem Einfluß stärkerer Mengen von Ammoniak sehr schnell aufreißen können. Stärker wirkt bei Messing und Zinnbronzen als Ätzmittel Quecksilberchloridlösung oder Quecksilber als solches. Stark mit Reckspannungen behaftete Messinggegenstände platzen beim Eintauchen in diese Stoffe sofort auf. Ein Beispiel hierfür bietet Abb. 296. Sie stellt Patronenhülsen dar, denen absichtlich beim Einziehen des Halses starke Reckspannungen erteilt worden waren. Die Spannungen wirken so, daß sie den Durchmesser der Mündung der Hülse zu vergrößern bestrebt sind. Sobald die die Spannungen aufnehmende Fläche durch die Anätzung genügend verkleinert worden ist, platzt die Mündung trichterförmig auf.

Abb. 296.   (Etwa nat. Größe.)

Auch die in Abb. 297 dargestellten kaltgezogenen Messingrohre waren teils quer, teils längs infolge von starken Reckspannungen beim bloßen Lagern aufgeplatzt. Daß die Rohre starke Reckspannungen enthielten, konnte nachgewiesen

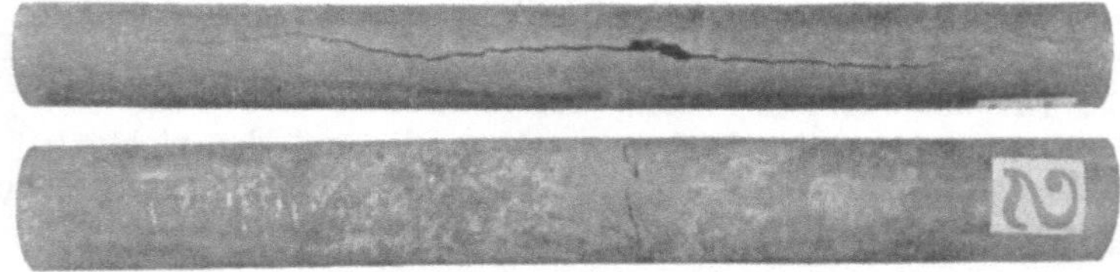

Abb. 297.

werden durch die Anätzung von noch rißfreien Abschnitten mit Quecksilberlösung, die sofort Aufplatzen veranlaßte.

Zuweilen kann auch eine unbeabsichtigte Ätzung eintreten, z. B. durch Anstriche, die Messing oder Zinnbronze anzugreifen vermögen. Hierher gehören vor allen Dingen die Anstriche mit Zinnober. Bei Gegenwart von Feuchtigkeit kann sich in einem Zinnober-Firnisanstrich eine chemische Umsetzung zwischen dem Kupfer des Messings oder der Zinnbronze und dem Schwefelquecksilber des Zinnobers unter Bildung von Schwefelkupfer und freiem Quecksilber vollziehen. Das Quecksilber wirkt in derselben Weise wie oben angegeben. Man konnte mittels Zinnoberanstrichs die obenerwähnten mit starken Reckspannungen versehenen Patronenhülsen in kurzer Zeit zum Aufreißen bringen. Die Zeit war um so kürzer, je magerer der Anstrich war, also je weniger er Firnis im Verhältnis zum Zinnober enthielt. Die Möglichkeit des Zutritts von Feuchtigkeit muß gegeben sein, wenn die Wirkung eintreten soll.

Eine bis zu einem gewisse Grade ähnliche Erscheinung kann bei kaltgewalzten Aluminiumblechen beobachtet werden. In gewissen Wassersorten reißen diese

unter Aufbeulung und Aufblätterungen auf, so daß sehr starke Zerstörungen auf
diese Weise entstehen können.  Abb. 298 zeigt ein solches Blech in 7facher Vergrößerung.  Das Wasser hat hierbei die Rolle des Ätzmittels gespielt.  Durch
die Querschnittsschwächung sind die Reckspannungen ausgelöst worden und haben

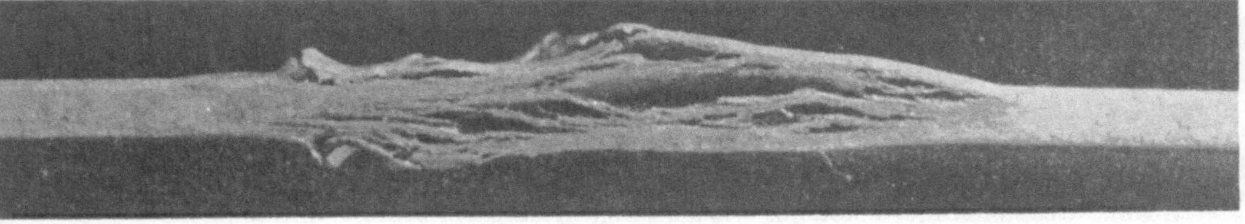

Abb. 298.

zum Aufplatzen des Bleches geführt.  Glüht man das Blech vor dem Eintauchen
in dasselbe Wasser aus, so tritt die Erscheinung, wie Abb. 299 lehrt, nicht mehr
auf, da ja jetzt die Reckspannungen beseitigt sind (E. Heyn und O. Bauer, $L_4$ 23).

Abb. 299.

**3. Nachrecken.**  Diegel ($L_4$ 22) ist der Ansicht, daß sich manche Fälle
des Aufreißens kaltgereckter Metalle, insbesondere bei Messing und Aluminiumbronze nicht anders erklären lassen, als daß sich in diesen Metallen nach dem
Kaltrecken die Wirkung des Reckens in der darauffolgenden Ruhezeit um ein
bestimmtes Maß fortsetzt (I, *313* bis *314*).  Damit würden aber auch die Reckspannungen noch um einen entsprechenden Betrag wachsen können.  Hatten die
Reckspannungen bereits unmittelbar nach dem Kaltrecken in der Nähe der Bruchgrenze gelegen, so könnten sie infolge der Nachwirkung bis an die Bruchgrenze
gebracht werden, wodurch das nachträgliche Aufreißen erklärt würde.

Diese Erklärung ist an sich möglich.  Wir wissen ja, daß ein Metall, wenn
es einmal durch Überschreiten der Streckgrenze zum Fließen gebracht worden
ist, auch nach Aufhören der Spannung weiterfließen kann.  Manche Metalle
zeigen die Erscheinung deutlicher als andere.  Hier müßte nun aber die Fortsetzung des Fließens nach dem Recken nicht nur nach Verschwinden der die
Formänderung herbeiführenden Kraft erfolgen, sondern sogar gegen eine bestimmte,
sich mit dem Fortgang des Nachfließens steigernde, im entgegengesetzten
Sinne wirkende Kraft.  Nehmen wir z. B. an, daß kurz vor Beendigung des Kaltziehens einer Stange die mittlere Schicht stärker floß als die äußere Schicht.  Nach
Verlassen des Zieheisens würde dann die mittlere Schicht auch entsprechend
stärker weiter fließen als die äußere.  Dadurch würde sich die Zugspannung in
der Außenschicht vergrößern, und zwar um so mehr, je stärker die mittlere Schicht
beim nachträglichen Nachfließen der äußeren Schicht vorauseilt.  Dem Nachfließen der Mittelschicht wirkt also ein wachsender Widerstand in der Außenschicht entgegen.  Der Fall läge ähnlich, wie bei einer an einem Gummifaden
am Boden befestigten, nach oben geworfenen Kugel.  Es wäre deswegen wohl
zu erwarten, daß, wenn der oben genannte Fall überhaupt vor sich gehen kann,

das endgültige Gleichgewicht in sehr kurzer Zeit erreicht werden würde und nicht erst nach Jahren.

Es wäre wünschenswert, wenn die Frage durch den Versuch nachgeprüft werden könnte. Es handelt sich hierbei ja nur darum, festzustellen, ob sich in besonderen Fällen die Reckspannungen, die nach dem oben angegebenen Verfahren meßbar sind, im Laufe der Zeit vergrößern. Man brauchte doch nur Abschnitte aus ein und derselben kaltgezogenen Stange unmittelbar nach dem Ziehen und nach bestimmten Zeiträumen zu untersuchen.

**Vorkehrungen gegen Aufreißen infolge von Reckspannungen.** Gewisse Metalle haben den Vorzug, daß sie bei zu weit getriebenem Kaltrecken schon während der Arbeit reißen. Hierher gehört namentlich das Eisen und der Stahl. Geschmeidigere Metalle, wie Messing, Aluminiumbronze und ähnliche Stoffe lassen sich aber bis zur äußersten Grenze noch kaltrecken, ohne daß die Zerstörung während des Reckvorganges selbst einzutreten braucht; sie erfolgt erst später infolge der oben angegebenen Einflüsse. Muß weitgehende Querschnittsverminderung durch Kaltrecken bei solchen Metallen herbeigeführt werden, so empfiehlt es sich, das Arbeitsvermögen des Materials nicht bis zur äußersten Grenze zu erschöpfen, sondern lieber häufiger eine Zwischenglühung einzuschalten und so die gewünschte Querschnittsverminderung mit geringerem Grade des Kaltreckens im fertigen Material zu erzielen.

Vielfach sind hier allerdings die Lieferungsbedingungen von Übel, wenn sie derartig hohe Bruch- und Streckgrenzen für das Material vorschreiben, daß die Vorschriften nur infolge sehr weit getriebenen Kaltreckens erfüllbar sind. Vor solchen Vorschriften sollte man sich hüten.

**Einige Bemerkungen über die sogenannte „Rekristallisation".** Sehr häufig findet man in der Literatur die Frage des Aufreißens kaltgereckter Metallteile mit dem Wort „Rekristallisation" oder „Änderung der Struktur der kleinsten Teilchen" abgetan. Verfasser möchte demgegenüber erklären, daß unter den vielen bisher von ihm untersuchten Fällen kein einziger war, bei dem tatsächlich eine Änderung der Kristallisation in dem aufgerissenen kaltgereckten Material nachweisbar gewesen wäre. Sie ist bei gewöhnlicher Temperatur bei den in der Technik in Betracht kommenden kaltgereckten Metallen auch gar nicht möglich und kann erst durch Erhitzung oberhalb einer bestimmten untersten Temperaturgrenze $t_r$ (297) erzielt werden.

#### γ) Änderung des elektrischen Spannungsgefälles, der Löslichkeit und des elektrischen Leitvermögens infolge Kaltreckens.

#### αα) Elektrisches Spannungsgefälle.

**308.** Taucht man zwei Stücke $AA$ eines und desselben metallischen Stoffes im gleichen Zustand der Vorbehandlung in einen Elektrolyten und bildet eine galvanische Kette nach dem Schema $A$/Elektrolyt/$A$ (218, 219), so ergibt diese ein elektrisches Spannungsgefälle $e = 0$. Sind aber die beiden Metallstücke $A$ und $A'$ in verschiedenen Zuständen der Vorbehandlung, durch die verschiedener Energieinhalt bedingt wird, so hat die Kette $A$/Elektrolyt/$A'$ ein von Null verschiedenes Spannungsgefälle $e$. Eine solche Kette kann z. B. gebildet werden aus demselben metallischen Stoffe, wenn dieser $A$ im geglühten, $A'$ im kaltgereckten Zustand verwendet wird. Nach unserer früheren Auffassung befindet sich die kaltgereckte Probe $A'$ in einem Zustand höherer Energie, da in ihr potentielle Energie aufgespeichert ist (300). Es wäre sonach zu erwarten, daß $A'$ als der weniger edle Stoff, $A$ als der edlere auftritt, und daß infolgedessen bei Schließung der Kette durch einen äußeren Schließungskreis der Strom im Elektrolyten von

$A'$ nach $A$ geht. Es würde dann $A'$ Anode, $A$ Kathode sein, ähnlich wie in einer Kette Zink-Platin, wo Zink das unedle, Platin das edle Metall ist und der Strom in der Flüssigkeit vom Zink (Anode) zum Platin (Kathode) geht. Versuche nach dieser Richtung hin mit Ketten aus kaltgerecktem und geglühtem Material sind meines Wissens zuerst ausgeführt von Spring (*L₄ 24*). Seine Ergebnisse sind in Tab. XII zusammengestellt.

Tabelle XII.

Nach Spring.

| Metall<br>kaltgereckt | Elektrolyt:<br>Lösung von | Metall<br>geglüht | Spannungsgefälle<br>Volt bei 20 C°[1]) |
|---|---|---|---|
| Zinn | $SnCl_2$ | Zinn | $+ 0{,}00011$ |
| Blei | $Pb(NO_3)_2$ | Blei | $+ 0{,}00012$ |
| Kadmium | $CdCl_2$ | Kadmium | $+ 0{,}00020$ |
| Silber | $AgNO_3$ | Silber | $+ 0{,}00098$ |
| Wismut | $Bi(NO_3)_3 + \frac{1}{2} HNO_3$ | Wismut | $- 0{,}00385$ |

Danach trifft die obengenannte Erwartung bei den untersuchten Metallen Zinn, Blei, Kadmium, Silber zu, während Wismut eine Ausnahmestellung einnimmt.

Man könnte nun hieraus leicht den Schluß ziehen, wie es auch in der Literatur vielfach geschehen ist, daß das kaltgereckte Metall auch bei der Lösung in irgendeinem Lösungsmittel, wie z. B. Säuren, ohne weiteres schneller in Lösung geht als das nicht kaltgereckte. Dieser Schluß stimmt aber mit der Beobachtung nicht immer überein, wie im folgenden dargelegt werden soll. Der Grund hierfür liegt darin, daß die Lösungsgeschwindigkeit eines Stoffes zwar von der Stellung desselben in der Spannungsreihe abhängt, aber auch noch durch eine ganze Reihe anderer Umstände beeinflußt wird, die bei sehr geringen Spannungsunterschieden die Sachlage umdrehen können. Bei Eisen und Eisenkohlenstoff-Legierungen trifft der Schluß bezüglich ihrer Löslichkeit in Säuren zu; bei einer ganzen Reihe von Metallen dagegen ist kein deutlicher Unterschied in der Löslichkeit des kaltgereckten und nicht kaltgereckten Metalls zu finden, bei einigen Metallen ist sogar das kaltgereckte Material schwerer löslich, als das nicht kaltgereckte.

$\beta\beta$) **Löslichkeit kaltgereckter Metalle.**

**309.** Bei Flußeisen wächst die Löslichkeit in verdünnter Schwefelsäure mit dem Grade des Kaltreckens und wird durch das Glühen wieder vermindert. Bereits Osmond und Werth (*L₄ 25*) erkannten, daß Kaltrecken die Angreifbarkeit von Eisenkohlenstoff-Legierungen in verdünnter Salz-, Salpeter-, Schwefel- und Essigsäure vermehrt.

Das oben angegebene Gesetz ist so scharf ausgeprägt, daß es nach dem Vorgehen von E. Heyn und O. Bauer (*L₄ 17*) sogar möglich ist, aus der Löslichkeit des Flußeisens in verdünnter Schwefelsäure Rückschlüsse auf den Grad des Kaltreckens zu ziehen. Hierfür bieten Belege die Abb. 300 bis 305, sowie die früheren Abb. 254 und 266. Da die chemische Zusammensetzung des Flußeisens einen sehr großen Einfluß auf die Löslichkeit hat, so muß darauf gehalten werden, daß die Löslichkeit eines Flußeisens in den verschiedenen Zuständen der Vorbehandlung immer nur mit der Löslichkeit desselben Eisens in einem bestimmten Zu-

---

[1]) Positiv, wenn das kaltgereckte Metall Anode, negativ, wenn es Kathode ist.

stand (z. B. dem geglühten) verglichen wird. Auf diese Weise werden die durch
die chemische Zusammensetzung bedingten Veränderlichen ausgeschaltet. Abb. 300
gibt einen Überblick über die Löslichkeit des Flußeisens I D, dessen Analyse be-

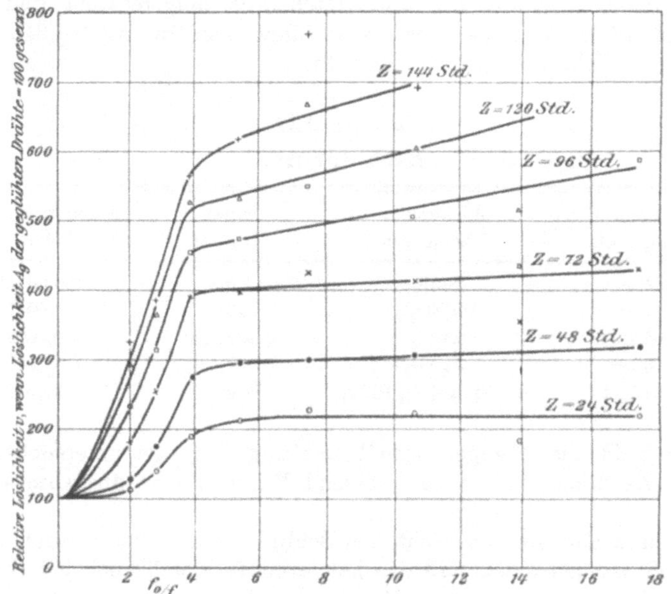


Abb. 300. Drähte aus Flußeisen I D. Einfluß des Kaltziehens
auf die Löslichkeit.

reits früher (274) mitgeteilt wurde, in den verschiedenen Graden des Drahtziehens.
Als Abszissen sind die Streckzahlen $f_0/f$ eingetragen, als Ordinaten sind die relativen Löslichkeiten $v$ verwendet. Die letzteren sind auf folgende Weise erhalten:

Da die kaltgezogenen Drähte von verschiedener Dicke verschieden große
Oberflächen besaßen, so sind die unmittelbar ermittelten Gewichtsverluste $A'$ in
1 proz. Schwefelsäure nach $z$ Stunden nicht ohne weiteres vergleichbar. Die
Gewichtsverluste wurden daher umgerechnet auf eine Oberfläche von 100 qmm
nach der Formel

$$A = A' \cdot \frac{100}{F},$$

wobei $F$ die Drahtoberfläche in qmm bedeutet. Die Länge der zum Löslichkeits-
versuch verwendeten Drahtstücke betrug in allen Fällen 100 mm. In ähnlicher
Weise wurden dann die Gewichtsverluste $A_g'$ der Drähte nach dem Glühen bei
900 C° und langsamem Abkühlen nach $z$-stündiger Einwirkung der 1 proz.
Schwefelsäure bestimmt. Nach Umrechnung auf 100 qmm Oberfläche ergab sich
dann der Wert

$$A_g = A_g' \cdot \frac{100}{F}.$$

Aus der Beziehung

$$v = \frac{A}{A_g} \cdot 100$$

erhält man dann die relative Löslichkeit $v$, wenn der Gewichtsverlust $A_g$ des geglühten Drahtes gleich 100 gesetzt wird.

Die Lösungsdauern $z$ in Stunden sind in Abb. 300 den einzelnen Schaulinien beigeschrieben.

Abb. 301 gibt eine analoge Versuchsreihe für ein etwas kohlenstoffreicheres Flußeisen II D (C = 0,19 %, Si: 0,01 %, Mn: 0,5 %, P: 0,062 %, S: 0,02 %).

Beide Abb. 300 und 301 lassen den raschen Anstieg der relativen Löslichkeit $v$ mit steigender Streckzahl $f_0/f$, also mit steigendem Grade des Kaltreckens erkennen.

Abb. 302 gibt einen Überblick über die Löslichkeit bei sehr geringen Streckzahlen. Das Schaubild bezieht sich auf Versuche mit drei verschiedenen Flußeisensorten: Flußeisen $S$ 783 (C: 0,08, Si: 0,01, Mn: 0,35, P: 0,024, S: 0,05, Cu: 0,20 %, warmgewalzt), Flußeisen $S$ 660 (C: 0,07, Si: 0,06, Mn: 0,12, P: 0,01, S: 0,019, Cu: 0,015, warmgewalzter Vierkantstab 25 × 25 mm), Flußeisen $S$ 768 (C: 0,06, Si: 0,02, Mn: 0,12, P: 0,008, S: 0,021, Cu: 0,027, warmgewalzt).

Von den ersten beiden Flußeisensorten wurden Zerreißstäbe von 20 mm Durchmesser und

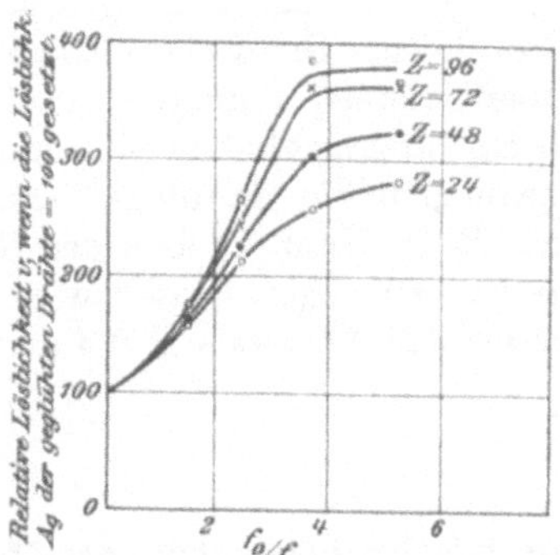

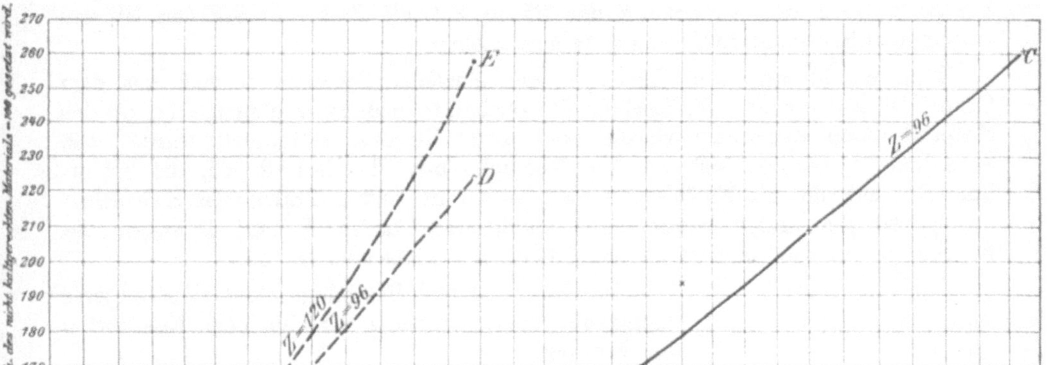

Abb. 301. Drähte aus Flußeisen II D. Einfluß des Kaltziehens auf die Löslichkeit.

Abb. 302. Einfluß des Kaltstreckens und Kaltdrückens auf die Löslichkeit von Flußeisen.

Kurve $A$: Flußeisen $S$ 783, Streckung.        Kurve $D$: } Flußeisen $S$ 768, Zusammendrückung.
  „  $BC$:     „     $S$ 660.     „              „  $E$: }

200 mm Meßlänge hergestellt. Die Meßlänge war in 20 gleiche Teile eingeteilt. Die Stäbe wurden dann um verschiedene Beträge in der Zerreißmaschine kaltgestreckt. Durch Messen der Länge der einzelnen Teile der Meßlänge konnte der Grad des Kaltreckens in den einzelnen Abschnitten festgestellt werden. Aus den Stäben wurden dann an den verschieden stark kaltgereckten

Stellen zylindrische Probekörper von gleicher Oberfläche entnommen und dem Lösungsversuch unter gleichen Verhältnissen unterworfen. Aus dem Fluß-eisen $S$ 768 wurden Druckproben von 25 mm Durchmesser und 25 mm Höhe hergestellt. Diese wurden durch Druck auf die Stirnflächen um verschiedene Beträge kalt zusammengedrückt. Aus den gedrückten Zylindern wurden dann Probekörper für die Löslichkeitsversuche von gleichen Abmessungen und gleicher Oberfläche entnommen. Außerdem wurden noch aus den drei Materialien in ihrem ursprünglichen Zustand (also nicht kaltgereckt) Probekörper gleicher Ab-messungen wie für obige Versuche entnommen; für jedes einzelne Material wurde mit Hilfe dieser Proben der Gewichtsverlust $A_1$, $A_2$, $A_3$ in 1 proz. Schwefelsäure nach $z$-stündiger Einwirkung ermittelt. Ist dann $A_1'$ der Gewichtsverlust einer Probe des Materials $S$ 783 nach dem Kaltrecken um ein bestimmtes Maß, so ist

$$v = \frac{A_1'}{A_1} \cdot 100$$

die relative Löslichkeit des Materials in diesem Zustand und bei $z$-stündiger Ein-wirkung der Säure. Die Werte $v$ sind in Abb. 302 als Ordinaten verwendet. Als Abszissen sind eingezeichnet die Kaltstreckung (bei den Flußeisen $S$ 783 und $S$ 660) in Prozenten der ursprünglichen Länge, und (bei dem Flußeisen $S$ 768) die Zusammendrückung in Prozenten der ursprünglichen Höhe der Probekörper. Die Zeitdauer $z$ der Einwirkung der Säure auf die Probe in Stunden ist den einzelnen Schaulinien in Abb. 302 beigeschrieben.

Man ersieht aus dem Ansteigen der einzelnen Schaulinien, daß mit dem Grade des Kaltreckens die Löslichkeit zunimmt, und zwar gleichgültig, ob das Material durch Zusammendrücken oder durch Strecken kaltgereckt wurde. Die Schaulinie $A$ bezieht sich auf die Versuche mit Flußeisen $S$ 783, die Schau-linie $BC$ auf die mit Flußeisen $S$ 660, wobei in beiden Fällen das Kaltrecken durch Strecken erzielt wurde. Die punktierten Linien $E$ und $D$ zeigen die Ergebnisse mit den kaltgedrückten Proben des Flußeisens $S$ 768.

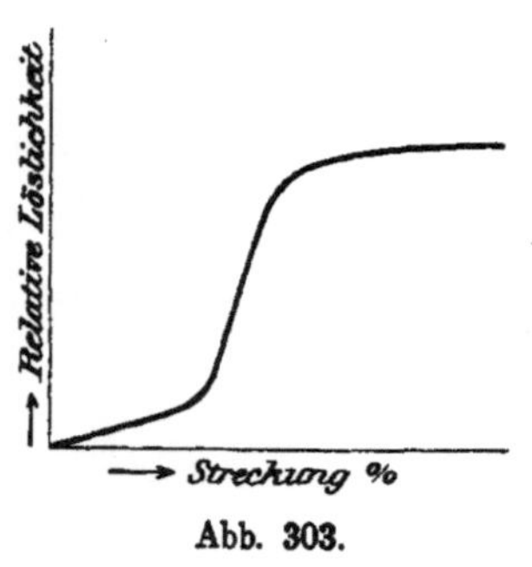


Abb. 303.

Die Linien $A$ und $BC$ gehen nicht ohne weiteres ineinander über, da sie ja verschiedenen Eisensorten entsprechen.

Vereinigt man die Ergebnisse der Abb. 300 bis 302 zu einem Schaubild, so ergibt sich etwa das Schaubild 303, bei dem wieder als Abszisse die Kaltstreckung in Prozenten, als Ordinaten die relativen Löslichkeiten eingezeichnet sind. Die Zunahme der Löslichkeit mit dem Grade des Kaltreckens erfolgt anfänglich nahezu geradlinig, von einem bestimmten Streckungsgrade ab steigt die Linie plötzlich an, um dann wieder umzu-biegen und verhältnismäßig langsam weiter zu steigen.

Der Einfluß des Glühens kaltgereckten Flußeisens bei verschiedenen Wärme-graden auf die relative Löslickeit $v$ wird kenntlich gemacht durch die Abb. 304 und 305. In ihnen sind die Temperaturen, bei denen die kaltgereckten Proben 2 Stunden hindurch erwärmt wurden, als Abszissen und die relativen Löslich-keiten als Ordinaten verwendet worden. Hierbei ist die Löslichkeit des bei 750 C⁰ ausgeglühten Materials gleich 100 gesetzt; die übrigen Löslichkeiten $v$ sind hierauf bezogen. Abb. 304 entspricht dem Material I D, das aus dem Walz-draht mit einer Streckzahl $f_0/f = 3,88$ kaltgezogen wurde. Abb. 305 gibt die Versuche mit dem Material II D, das aus dem Walzdraht mit einer Streckzahl 3,76 kaltgezogen wurde.

Wesentlich in den Abb. 304 und 305 ist, daß die Löslichkeit bereits bei sehr geringen Glühtemperaturen abnimmt. Bei Flußeisen I D ist schon Kochen in Wasser von 100 C° von deutlichem Einfluß. Es ist nicht ausgeschlossen, daß diese Wirkung auf teilweiser Verminderung der Reckspannungen (*301* bis *304*) bei diesen Temperaturen beruht. (Versuche, darüber Gewißheit zu erlangen, habe

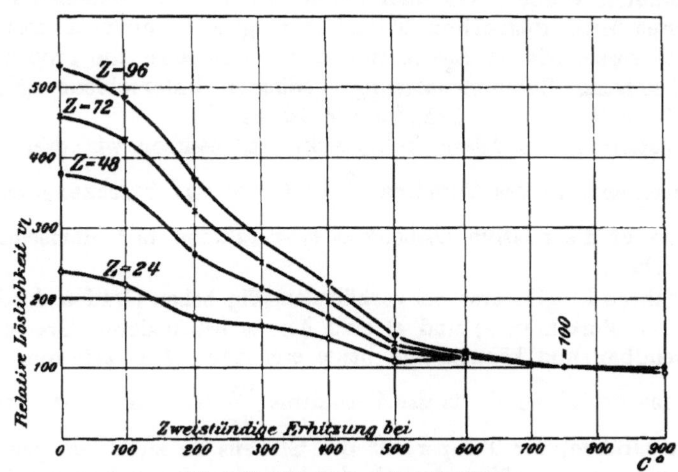


Abb. 304. Flußeisendraht I D 3.
**Einfluß des Erhitzens auf die Löslichkeit kaltgereckten Flußeisens.**
$z$ = Lösungsdauer in Stunden.

ich bis jetzt noch nicht ausführen können.) Bei etwa 600 C° haben beide Materialien den Mindestwert der Löslichkeit erreicht.

In der bereits früher besprochenen Abb. 266 zeigt sich ebenfalls, daß die Löslichkeit $v$ des kaltgezogenen Drahtes mit der Glühtemperatur bis zu 600 C° abnimmt, um von da ab nur noch unbedeutend verändert zu werden. Diese

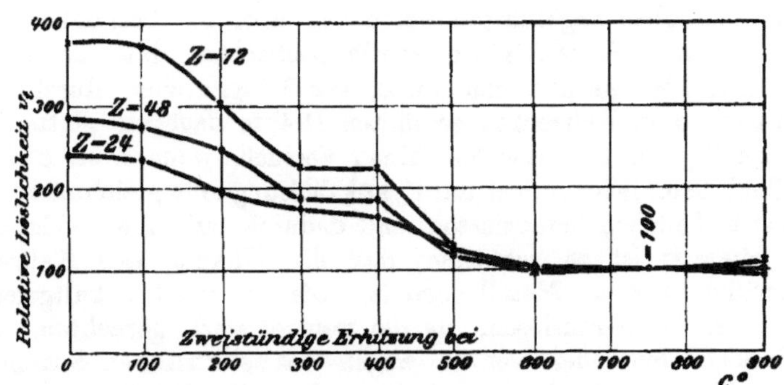


Abb. 305. Flußeisendraht II D 3.
**Einfluß des Erhitzens auf die Löslichkeit kaltgereckten Flußeisens.**
$z$ = Lösungsdauer in Stunden

Temperatur ist aber gleichzeitig die Temperatur $t_r$ des vollständigen Ausglühens des Drahtes, wie aus den Schaulinien für $\sigma_B$, $\delta$ und $\frac{c}{a}$ hervorgeht.

Aus den obigen Darlegungen ergibt sich, daß man imstande ist, sich aus Löslichkeitsversuchen in verdünnter Schwefelsäure ein Urteil darüber zu bilden, ob Flußeisen im kaltgereckten Zustand vorliegt; ja man kann sich sogar bis zu einem gewissen Grade ein Bild davon machen, wie weit das Kaltrecken getrieben ist. Das Verfahren ist sehr empfindlich, da Abb. 302 beweist, daß selbst so geringe bleibende Streckungen wie 2%₀ sich in der relativen Löslichkeit $v$ deutlich zu erkennen geben. Man wird wahrscheinlich die Genauigkeit des Verfahrens noch weiter treiben können. Bei solchen Untersuchungen muß natürlich die Vorsicht gebraucht werden, daß man immer nur die verschiedenen Behandlungszustände eines und desselben Materials vergleicht; niemals aber Vergleiche zwischen zwei verschiedenen Eisensorten zieht, weil sonst die großen durch verschiedene chemische Zusammensetzung bedingten Unterschiede mit in Frage kommen und die Sachlage vollständig verwischen.

Zur Feststellung, ob Eisen kaltgereckt ist, besitzen wir drei verschiedene Erkennungszeichen: a) das Verhälnis $\dfrac{\sigma_S}{\sigma_B} \cdot 100$, b) das Streckungsverhältnis $c/a$ (*295, 296*), und c) die relative Löslichkeit $v$, verglichen mit demselben Material nach dem Glühen.

Das Verfahren b) gibt erst bei verhältnismäßig hohen Graden des Kaltreckens Aufschluß. Die Verfahren a) und c) sind bereits bei niederen Graden des Kaltreckens verwendbar und können sich beide ergänzen. Das Verfahren c) ist etwas sicherer als das Verfahren a), da das Verhältnis $\dfrac{\sigma_S}{\sigma_B} \cdot 100$ von der Art des Abkühlens beim Glühen, der Temperatur des Glühens bis zu einem gewissen Grade beeinflußt werden kann, während nach den bisherigen Versuchen die Beeinflussung des Verhältnisses $v$ durch diese Umstände nicht merkbar wird, solange nicht geradezu Abschrecken von der Glühtemperatur stattfindet.

Die Feststellung geringer Grade des Kaltreckens spielt vielfach eine große Rolle bei der Aufklärung von Brüchen in Bauwerksteilen; gelingt es, hierbei stellenweise Kaltreckung nachzuweisen, so gibt dies eine Unterlage dafür, daß Überanspruchung des Materials über die Streckgrenze stattgefunden hat. Offen bleibt freilich die Frage, wo und wann dies eingetreten ist, ob im Bauwerk, oder beim Einbau in dieses, oder bereits vorher.

*310.* Bei den oben angeführten Versuchen über die Löslichkeit von Eisendrähten in verdünnter Schwefelsäure wurde beobachtet, daß die kaltgezogenen Drähte nach den Lösungsversuchen rauhe, von Längsfurchen durchzogene Oberflächen, die nach dem Kaltrecken geglühten Drähte dagegen glatte Oberflächen aufwiesen. Beilby (*L₄ 26*) erwähnt einen Versuch, wonach zu Blattmetall geschlagenes Gold beim Schwimmen auf Zyankalilösung so ungleichmäßig angegriffen wurde, daß sich Teilchen herauslösten und dadurch ein schwer lösliches Skelett übrigblieb. Hieraus ist zu schließen, daß die Wirkung des Kaltreckens sich nicht gleichmäßig über das Metall verteilt. Die am meisten kaltgereckten Teile müssen sich schneller herauslösen, als die weniger stark gereckten. Der Unterschied muß noch deutlicher werden wegen des elektrischen Spannungsgefälles zwischen den stärker und schwächer kaltgereckten Metallstellen.

Demnach muß auch innerhalb der einzelnen konzentrischen Schichten 1, 2, 3, ... (Abb. 280) das Kaltrecken verschieden stark sein, so daß jede Schicht aus teils stärker, teils schwächer kaltgereckten Stoffteilchen besteht. Es sind also auch innerhalb der Schichten, selbst wenn sie von den übrigen Schichten vollständig losgelöst sind, noch Spannungen (Reck- oder Elementarspannungen) vorhanden.

*311.* Aluminium. Sieben Drähte, die sämtlich aus einem Draht von 15 mm Durchmesser auf den Durchmesser $d$ in mm ohne zwischengeschaltetes Glühen kaltgezogen waren (nach den Angaben der Firma, die die Drähte hergestellt hatte), wurden mit 1 proz. Salzsäure behandelt, und zwar sowohl nach dem Kaltrecken, als auch nach halbstündigem Glühen bei 400 C°. Ermittelt wurden nach 24stündiger Einwirkung der Säure die Gewichtsabnahmen $A$ der kaltgezogenen und $A_g$ der geglühten Drähte, wobei wie früher die Gewichtsabnahme auf gleiche Oberfläche von 100 qmm bezogen ist. Setzt man die Gewichtsabnahme des geglühten Materials $A_g = 100$, so ergibt sich die relative Löslichkeit $v$ des kaltgereckten Drahtes aus der folgenden Übersicht (Tab. XIII).

Tabelle XIII.

| Durchmesser $d$ mm | $f_0/f$ | $A$[1) g | $A_g$[1) g | $v = \dfrac{A}{A_g} \cdot 100$ |
|---|---|---|---|---|
| 5 | 9,0 | 0,0276 | 0,0294 | 94 |
| 4,5 | 11,1 | 0,0325 | 0,0227 | 143 |
| 4 | 14,0 | 0,0058 | 0,0214 | 37 |
| 3,5 | 18,4 | 0,0030 | 0,0306 | 10 |
| 3 | 25,0 | 0,0024 | 0,0321 | 13 |
| 2,5 | 36,0 | 0,0014 | 0,0165 | 12 |
| 2 | 56,2 | 0,0093 | 0,0294 | 32 |

[1) Mittelwerte aus zwei gut übereinstimmenden Versuchen.

**Kupfer.** Als einziges Ätzmittel, das genügende Unterscheidung zwischen kaltgerecktem und geglühtem Kupfer zuließ, ergab sich Kaliumcyanidlösung (etwa 5 proz.). Zur Untersuchung wurde kaltgezogener Kupferdraht von 4 mm Durchmesser vor und nach dem 20 Minuten dauernden Glühen bei 550 C° verwendet. Die relative Löslichkeit $v$ des kaltgereckten Kupfers ergab sich, wenn die Löslichkeit des geglühten Kupfers gleich 100 gesetzt wird, wie folgt.

Lösungsdauer z:   24   48   72 Stunden

v:   61   65   87

**Blei.** Gegossenes Blei von $30 \times 35$ mm Querschnitt wurde kalt auf den Querschnitt $3 \times 40$ mm heruntergewalzt. Vor und nach 3stündigem Glühen bei 275 C° wurden mit 30 proz. Salpetersäure Lösungsversuche ausgeführt. Wird die Löslichkeit des geglühten Bleis gleich 100 gesetzt, so ergibt sich die relative Löslichkeit $v$ des kaltgewalzten Bleis wie folgt:

Lösungsdauer z:   24   48   72 Stunden

v:   92   77   67

**Zinn.** Ein gegossenes Zinnblöckchen von $30 \times 30$ mm Querschnitt wurde kalt auf $2 \times 35$ mm Querschnitt heruntergewalzt. Die Löslichkeit wurde vor und nach einstündigem Glühen bei 200 C° in konz. Salzsäure gemessen. Setzt man die Löslichkeit des geglühten Zinns gleich 100, so ergibt sich die relative Löslichkeit $v$ des kaltgewalzten Zinns wie folgt:

Lösungsdauer:   2   4   10 Stunden

v:   92   103   111

Die obigen Versuche sind im Kgl. Materialprüfungsamt, Groß-Lichterfelde, ausgeführt und bisher nicht veröffentlicht.

Von den vier untersuchten Metallen ist sonach das Zinn das einzige, das demselben Gesetz wie das Eisen folgt. Das kaltgewalzte Zinn ist nach längerer Einwirkung des Lösungsmittels etwas leichter löslich als das geglühte. Der Unterschied ist aber wenig ausgeprägt. Dagegen ist bei den übrigen Metallen Aluminium, Kupfer, Blei die Sachlage umgekehrt. Hier ist das kaltgereckte Metall schwerer löslich als das geglühte.

Es soll noch erwähnt werden, daß die Löslichkeitsversuche in allen Fällen mit blank geschmirgelten Proben ausgeführt wurden.

### $\gamma\gamma$) Elektrisches Leitvermögen.

**312.** Die Literatur über den Einfluß des Kaltreckens auf die elektrische Leitfähigkeit von metallischen Stoffen ist ziemlich widerspruchsvoll. Es scheint mir dies nicht überraschend. Die gemessene Leitfähigkeit ist immer ein Mittelwert aus den verschiedenen Leitfähigkeiten des Materials innerhalb der einzelnen verschieden stark kaltgereckten Schichten einer Stange oder eines Drahtes. Sie wird wahrscheinlich auch durch die Reckspannungen beeinflußt. Diese Einflüsse sind aber bisher nicht berücksichtigt worden. Man vermag sich bei dem gegenwärtigen Stande der Frage noch nicht einmal ein sicheres Urteil zu bilden, in welcher Weise sie alle zusammenwirken.

Man weiß, daß ein allseitig ausgeübter Druck von $p$ Atmosphären den elektrischen Leitwiderstand $w$ (401) wie folgt verändert:

$$w_p = w_0 \left(1 + \gamma p + \delta p^2\right),$$

worin $w_p$ der Widerstand während der Einwirkung des Druckes $p$, $w_0$ der Widerstand für $p = 0$, $\gamma$ und $\delta$ Unveränderliche für das betreffende Metall sind (Lisell, $L_4$ 27, 29). Für reine Stoffe ist $\gamma$ stets negativ; der Widerstand nimmt also mit dem Druck ab. Für Legierungen ist $\gamma$ gleichfalls im allgemeinen negativ, aber seinem Zahlenwert nach kleiner als bei den die Legierung bildenden Metallen. Für Kupfer-Mangan-Legierungen kann $\gamma$ sogar positiv werden. Lisell schlägt die Änderung von $w$ unter Druck als Mittel vor, hohe Drucke zu messen, also als Ersatz für Manometer.

Nach Lafay ($L_4$ 28) ist für Drücke bis zu 4500 at

| | $\gamma$ | $\delta$ |
|---|---|---|
| für Platin | $-\ 1{,}86\cdot10^{-6}$ | $0$ |
| für Platin $+$ 10 % Rhodium | $-\ 1{,}7\ \cdot10^{-6}$ | $+0{,}2\cdot10^{-9}$ |
| für Quecksilber | $-32{,}7\ \cdot10^{-6}$ | $+1{,}1\cdot10^{-9}$ |
| für Manganin (84 % Kupfer, 4 % Nickel, 12 % Mangan) | $+\ 2{,}23\cdot10^{-6}$ | $0$ |

Wie die Änderung des elektrischen Leitwiderstandes ausfällt, wenn der Druck nicht allseitig, sondern nur auf bestimmte Flächen des Leiters erfolgt, ist nicht sicher festgestellt. Ebensowenig sind mir zuverlässige, planmäßige Untersuchungen darüber bekannt, wie überhaupt elastische Formänderungen verschiedener Art die Größe des Leitwiderstandes beeinflussen ($L_4$ 32 und 33).

Durch die Untersuchungen von Becquerel ($L_4$ 34), Siemens ($L_4$ 35), Matthiessen und Bose ($L_4$ 36), Vogt ($L_4$ 37), Max Weber ($L_4$ 38), Kahlbaum und Sturm ($L_4$ 16), Gewecke ($L_4$ 18) kann als festgestellt gelten, daß

> durch das Drahtziehen der elektrische Leitwiderstand erhöht, durch das darauffolgende Glühen wieder vermindert wird.

Ob das Gesetz dahin verallgemeinert werden darf, daß Kaltrecken überhaupt den elektrischen Leitwiderstand erhöht, ist noch eine offene Frage. Die Ergebnisse von Kahlbaum und Sturm sind in der Tabelle XIV vereinigt, die sich ausschließlich auf kaltgezogene Drähte bezieht. Der elektrische Leitwiderstand der kaltgezogenen Drähte ist hierbei 100 gesetzt.

## Tabelle XIV.
### (Nach Kahlbaum und Sturm.)

| Draht aus | Durchmesser mm | Elektrischer Leitwiderstand | |
|---|---|---|---|
| | | kaltgezogen | geglüht |
| Aluminium . . . . . . . . . | 0,55 | 100 | 97,78 |
| Silber . . . . . . . . . . . | 0,27 | 100 | 91,39 |
| Kupfer . . . . . . . . . . | 0,4 | 100 | 99,37 |
| Kadmium . . . . . . . . . | 0,54 | 100 | 98,80 |
| Platin . . . . . . . . . | 0,4 | 100 | 99,39 |
| Gold . . . . . . . . . . | 0,35 | 100 | 99,74 |
| Aluminiumbronze (95 % Cu, 5 % Al) . . . . . . . . | 0,55 | 100 | 84,96 |
| Platiniridium (10 % Iridium) . | 0,4 | 100 | 97,86 |

Die Ergebnisse Geweckes sind mit Drähten aus Elektrolytkupfer (vermutlich elektrolytisch erzeugt und dann umgeschmolzen) erhalten. Sie sind von besonderem Interesse, da sie einen Vergleich zwischen der Änderung der $B$-Grenze und dem elektrischen Leitwiderstand des kaltgezogenen Drahtes mit steigender Glühtemperatur gestatten. Sie sind in Abb. 306 schaubildlich dargestellt. Die Abszissen geben die Glühtemperatur $t$ an. Die Glühdauer betrug etwa 2 Minuten. Der Draht hatte einen Durchmesser von 0,5 mm. Das Glühen der Drähte wurde in der Luftleere durch Erhitzung mittels eines elektrischen Stromes vorgenommen. Als Ordinaten sind aufgezeichnet die Werte $\sigma_B$ (Bruchgrenze), der elektrische Leitwiderstand $w$, wenn der Leitwiderstand des kaltgezogenen Drahtes gleich 100 gesetzt wird, und schließlich der Temperaturkoeffizient des Leitwiderstandes $a$ *(401)* entsprechend der Gleichung

$$w_2 = w_1 \left[1 + a\,(t_2 - t_1)\right].$$

Hierin ist $w_2$ der Widerstand bei $t_2$, $w_1$ der bei $t_1$ C°. Die Temperatur $t_2$ liegt bei den Geweckeschen Versuchen zwischen 51 und 54, die Temperatur $t_1$ zwischen 17 und 18 C°.

Die Schaulinie für $\sigma_B$ ergibt das bereits früher erwähnte Gesetz über den Einfluß des Glühens auf die Festigkeit kaltgereckten Kupfers.



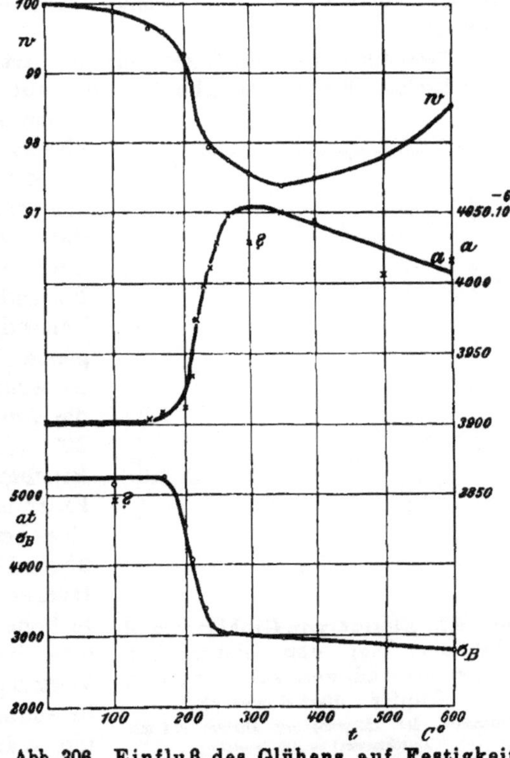

Abb. 306. Einfluß des Glühens auf Festigkeit und elektrischen Leitwiderstand des kaltgezogenen Elektrolytkupfers.

(Nach Gewecke.)

Glühdauer: 2 Minuten bei $t$ C°.

$w$: Elektrischer Leitwiderstand, wenn der Widerstand des Drahtes vor dem Glühen gleich 100 gesetzt wird.

$a$: Temperaturkoeffizient des Leitwiderstandes

$$w_2 = w_1 \left[1 + a\,(t_2 - t_1)\right]$$

$t_2$ zwischen 51 und 54 C°. $t_1$ zwischen 17 und 18 C°.

Die Werte für $\sigma_B$ sind unwahrscheinlich; die Angaben sind durchweg zu hoch.

Die Wirkung des Kaltreckens wird beseitigt zwischen $t_u = 170$ C° und $t_r = 250$ C°, wenn die Glühdauer 2 Minuten beträgt. Bei 250 C° kann der Draht als vollständig ausgeglüht gelten. Von 250 bis 600 C° sinkt die *B*-Grenze langsam ab. Der Grund hierfür wird später besprochen *(316)*. Der elektrische Leitwiderstand verringert sich zwar bereits bei sehr niedrigen Wärmegraden um kleine Beträge, die Hauptänderung geschieht aber ebenfalls von $t_u = 170$ C° ab. Der Widerstand erreicht einen Mindestwert bei 350 C°, von da ab steigt er wieder etwas. Der Temperaturkoeffizient $a$ steigt zwischen 170 und 300 C° rasch an und erreicht bei 300 C° einen Höchstwert, um dann abzusinken.

(Zu bemerken ist, daß die von Gewecke angegebenen Zahlen für $\sigma_B$ für ein Elektrolytkupfer durchweg zu hoch sind. Wegen der wenig gut durchgebildeten Vorrichtung zur Bestimmung der Festigkeit sind wohl Fehler in die Werte von $\sigma_B$ hineingekommen. Diese haben also höchstens relative Gültigkeit, dürfen aber nicht etwa als die dem Elektrolytkupfer zukommenden Festigkeitszahlen betrachtet werden.)

Innerhalb des Temperaturbereichs 170 bis 300 C°, in dem die Wirkung des Kaltreckens beseitigt wird, ändern sich also $\sigma_B$, $w$ und $a$ beträchtlich. Jenseits der Temperatur des vollständigen Ausglühens (etwa 300 C°) sinkt $\sigma_B$ schwach ab, der Widerstand $w$ steigt wieder, während der Temperaturkoeffizient sich vermindert.

Wesentlich für die Erkenntnis der Art des Gleichgewichts in kaltgereckten metallischen Stoffen ist Abb. 307, die auf Grund der Geweckeschen Versuche zusammengestellt ist und die Änderung des elektrischen Leitwiderstandes kaltgezogenen Kupferdrahtes in Abhängigkeit von Glühtemperatur und Glühdauer $z$ zeigt. Die Glühdauer $z$ in Minuten ist als Abszisse verwendet. Als Ordinaten sind die elektrischen Leitwiderstände $w$ eingezeichnet, wenn der Leitwiderstand des kaltgezogenen Drahtes gleich 100 gesetzt wird. Das Gesetz der Änderung von $w$ ist ganz ähnlich dem für die Änderung der Korngröße (Abb. 206 und 207, Abs. *260, 276, 277*) und der Änderung der Bruchgrenze (Abb. 273 und 274, Abs. *298*). Einer bestimmten Glühtemperatur entspricht eine bestimmte Höchstwirkung, die bei genügend langer Glühdauer erreicht wird. Diese Höchstwirkung wird um so schneller erzielt, je höher die Glühtemperatur ist. Unterhalb einer bestimmten Grenztemperatur ist keine Wirkung vorhanden, oder sie ist wenigstens in endlicher Zeit nicht merkbar. Leider sind die Wärmegrade zwischen 100 und 200 C° nicht zur Untersuchung gelangt, die in Abb. 307

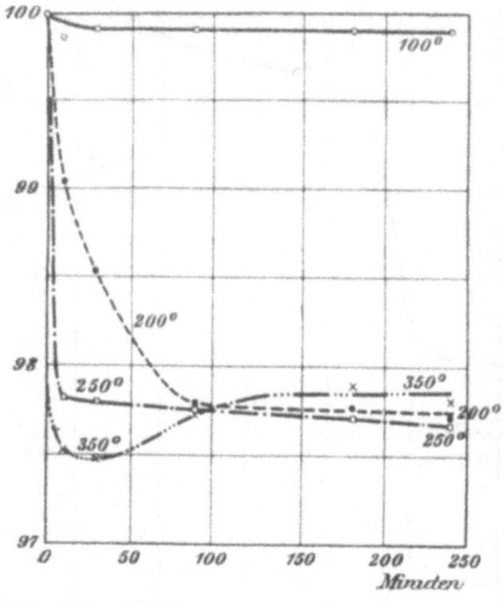



Abb. 307. Einfluß von Glühhitze und Glühdauer auf den elektrischen Leitwiderstand von kaltgezogenem Kupfer. (Nach Gewecke.) Widerstand des kaltgezogenen Drahtes (0,5 mm Durchmesser) = 100 gesetzt.

das Gesetz deutlicher zum Vorschein gebracht haben würden. Die Schaulinie für 350 C° in Abb. 307 zeigt etwas abweichenden Verlauf. Hier tritt eine Nebenwirkung hinzu, nämlich der Beginn der Überhitzung des Metalles *(316)*, durch die der Widerstand wieder etwas vergrößert wird.

### δ) Zusammenfassung.

**313.** Wenn auch das vorliegende Versuchsmaterial noch lückenhaft ist, um die Tatsachen nach jeder Richtung hin sicher festzulegen, so darf doch das bisher Ermittelte dahin zusammengefaßt werden, daß die Störung des Gefügegleichgewichts der Korngröße und der Korngestalt, wie sie durch das Kaltrecken hervorgebracht wird, sich auch in der Veränderung der Festigkeitseigenschaften und des elektrischen Leitwiderstandes zu erkennen gibt. Durch Glühen wird das durch Kaltrecken gestörte Gefügegleichgewicht einem stabileren Gleichgewicht entgegengeführt, und zwar in um so stärkerem Maße, je höher die Temperatur und je länger die Glühdauer ist. Damit geht dann auch Änderung der Festigkeitseigenschaften und Änderung des elektrischen Leitwiderstandes parallel.

Alle bisherigen Beobachtungen weisen darauf hin, daß das kaltgereckte Material in einem metastabilen Gleichgewicht vorliegt, das bestrebt ist, sich dem stabileren Gleichgewicht zu nähern. Der Annäherung wirkt die innere Reibung entgegen. Sobald diese durch Erwärmung um einen bestimmten Betrag vermindert wird, kann sich ein neuer Gleichgewichtszustand einstellen, der dem stabilen um so näher kommt, je höher die Temperatur und je länger die Glühdauer ist.

## 2. Das Recken bei höheren Wärmegraden.

**314.** Bereits bei der Besprechung der Änderung der Korngröße (*279, 280*) wurde darauf hingewiesen, daß beim Recken zwei Einflüsse zur Geltung kommen: 1. Der Einfluß des Reckens, der darauf hinwirkt, daß das Gefügegleichgewicht der Korngröße und der Korngestalt gestört wird, so daß die Körner kleiner werden und in der Streckrichtung langgestreckte Gestalt annehmen. 2. Der Einfluß des Glühens (Entreckens), der bestrebt ist, das Gefügegleichgewicht der Korngröße und Korngestalt wieder herzustellen, also eine der betreffenden Temperatur entsprechende durchschnittliche Korngröße zu erzielen und gestreckte Körner wieder gleichachsig zu machen. — Die beiden Einflüsse 1 und 2 wirken einander entgegen. Je nach der Temperatur, bei der das Recken erfolgt, überwiegt der eine oder der andere. Beim Kaltrecken, also beim Recken bei gewöhnlichen Wärmegraden, überwiegt der Einfluß 1 in der Regel stark, der Einfluß 2 tritt zurück. Bei gewissen Metallen, wie z. B. Blei und Zinn, ist dagegen auch bei gewöhnlichen Wärmegraden die innere Reibung so gering, daß der Einfluß 2 deutlich in die Erscheinung tritt, wenigstens insofern, als dadurch die Streckung der Körner durch das Kaltrecken verhindert wird. Je höher die Temperatur ist, bei der das Recken vor sich geht, um so mehr wird infolge der verminderten inneren Reibung der Einfluß 2 in den Vordergrund treten, so daß bei jedem metallischen Stoff von einer bestimmten Temperatur an Streckung der Körner durch das Recken gar nicht mehr und Verkleinerung der Korngröße nur in beschränktem Umfang möglich ist.

Jedenfalls wird auch hier die Zeit eine Rolle spielen, während welcher der zu reckende Stoff der betreffenden Temperatur ausgesetzt wird.

Es wäre dann nach dem im Abs. *313* Gesagten zu erwarten, daß die Änderung von $\sigma_S$, $\sigma_B$, $\delta$, $q$ und den übrigen physikalischen Eigenschaften durch das Recken um so geringer wird, je mehr der Einfluß 2 überwiegt und der Einfluß 1 zurücktritt.

Bei metallischen Stoffen, die unterhalb der Erstarrungstemperatur noch Umwandlungen erleiden, kommen, wie bei der Korngröße, noch die Einflüsse der

Abkühlung nach dem Recken hinzu, wenn das Recken bei Wärmegraden oberhalb der Umwandlungstemperaturen beendet ist. So wird z. B. in Eisen-Kohlenstoff-Legierungen, die oberhalb der eutektischen Temperatur $t_e = 700$ C° gereckt werden, das Gefüge in dem oben angegebenen Sinne verändert. Bei der Abkühlung findet aber Umwandlung und damit Umkristallisation statt, die wesentlich von der Abkühlungsgeschwindigkeit beeinflußt wird *(259)*. Es ist demnach auch zu erwarten, daß bei solchen Stoffen die Wirkung des Reckens bei Wärmegraden oberhalb des Umwandlungspunktes ganz oder teilweise überdeckt wird durch den Einfluß der Abkühlungsgeschwindigkeit im Temperaturbereich der Umwandlung.

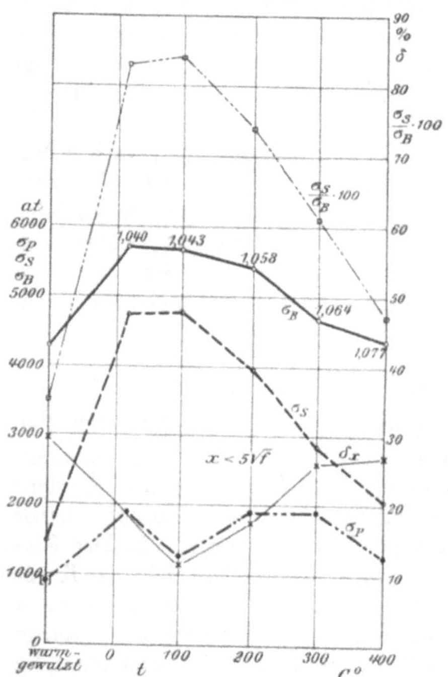


Abb. 308. **Einfluß des Reckens bei verschiedenen Wärmegraden auf die Festigkeitseigenschaften warmgewalzten Deltametalls.** (Nach Rudeloff.)

*t:* Temperatur, bei der das Recken erfolgte. Die der Schaulinie für $\sigma_B$ beigeschriebenen Zahlen geben die mittleren Streckzahlen $f_0/f$ an.

Sehr deutlich zeigt sich das Gegeneinanderwirken der beiden Einflüsse 1 und 2 beim Deltametall, s. Abb. 308. Die Abbildung ist einem Aufsatz von Rudeloff entlehnt ($L_4$ 2). Als Abszissen sind die Temperaturen $t$ eingezeichnet, bei denen das Recken vorgenommen wurde. Als Ordinaten sind die Festigkeitseigenschaften $\sigma_P$, $\sigma_S$, $\sigma_B$, $\delta$, $\frac{\sigma_S}{\sigma_B} \cdot 100$ verwendet[1]). Die beim Recken erzielten Streckzahlen $f_0/f$ sind der Schaulinie für $\sigma_B$ beigeschrieben. Als Anfangszustand sind auf der Ordinatenachse die Eigenschaften für das warmgewalzte Metall eingetragen (Recken bei Rotglut). Der Abszisse 20 C° entspricht Kaltrecken bei gewöhnlicher Temperatur. Hier erkennen wir das bereits bekannte Gesetz: Starke Hebung der *S*- und der *B*-Grenze, starkes Ansteigen des Verhältnisses $\frac{\sigma_S}{\sigma_B} \cdot 100$, Verminderung von $\delta$. Es würde hier also Einfluß 1 kräftig überwiegen. Recken bei 100 C° ergibt gegenüber dem Recken bei gewöhnlicher Temperatur nur geringfügige Unterschiede in bezug auf $\sigma_S$ und $\sigma_B$; stärkere Unterschiede zeigen sich in der herbeigeführten Dehnung $\delta$. Beim weiteren Steigen der Temperatur beginnt nun Einfluß 2 sich

stärker geltend zu machen. Das Verhältnis $\frac{\sigma_S}{\sigma_B} \cdot 100$ sinkt, ebenso $\sigma_S$ und $\sigma_B$. Die Dehnung $\delta$ steigt an. Bei 400 C° ist der Einfluß 2 bereits so stark, daß das Recken bei dieser Temperatur wesentliche Unterschiede gegenüber dem Anfangszustand (bei Rotglut gereckt) nicht mehr zu erzeugen imstande ist.

Beim kohlenstoffarmen Flußeisen (Abb. 309 nach Rudeloff, $L_4$ 2) sind leider die Versuche nicht genügend weit fortgesetzt. Abszissen und Ordinaten sind gewählt wie bei Abb. 308. Der Verlauf der Schaulinien ist unerwartet. Man könnte vermuten, daß wegen der Abnahme der inneren Reibung mit der Temperatur der Einfluß 2 bei steigenden Wärmegraden allmählich immer deutlicher hervortritt, also die Wirkung des Reckens auf Hebung der *S*-Grenze und Verminderung

---

[1]) Sie sind in allen Fällen durch Zerreißversuch bei gewöhnlicher Temperatur ermittelt.

der Bruchdehnung immer geringer würde. Die Schaulinien verlaufen aber dieser Erwartung entsprechend nur zwischen Zimmerwärme (20 C⁰) und 100 C⁰. Das Recken bei 100 C⁰ hat beim vorliegenden Eisen (es darf nicht auf alle Eisensorten verallgemeinert werden) geringere Wirkung als das Recken bei 20 C⁰; daraufhin deutet das Sinken der Linie $\frac{\sigma_S}{\sigma_B} \cdot 100$ und der schwache Anstieg von $\delta$.

Oberhalb 100 C⁰ tritt aber Störung im regelmäßigen Verlauf der Linien ein; die Schaulinie für $\frac{\sigma_S}{\sigma_B} \cdot 100$ erreicht bei 200 bis 300 C⁰ ihren Höchstwert, die Dehnung $\delta$ nimmt ihren Mindestwert an. Dies würde darauf schließen lassen, daß die innere Reibung in dem vorliegenden Eisen oberhalb 100 C⁰ (zwischen 100 und 300 C⁰) nicht ab-, sondern zunimmt. Infolgedessen muß auch der Einfluß 1 bei diesen Wärmegraden stärker zur Geltung kommen, als bei den darunterliegenden. Erst jenseits 300 C⁰ findet nun wieder Verminderung der inneren Reibung statt, weswegen Einfluß 2 stärker in die Erscheinung tritt, die Linie $\frac{\sigma_S}{\sigma_B} \cdot 100$ sinkt, die für $\delta$ steigt. Es ist auf Grund der Erfahrung anzunehmen, daß sich dieser Verlauf bei weiter steigenden Wärmegraden fortsetzt, bis schließlich für Rotglut (800 bis 900 C⁰) die Werte erreicht werden, wie sie für das warmgewalzte Metall auf der Ordinatenachse verzeichnet sind.

Der Verlauf der Schaulinien in Abb. 309 läßt darauf schließen, daß das Eisen bei Temperaturen zwischen 150 und 300 C⁰ der bleibenden Formänderung den größten Widerstand entgegensetzt, weswegen das Recken bei diesen Wärmegraden auch die stärksten Wirkungen auf die Festigkeitseigenschaften bei annähernd gleicher Streckzahl ausübt. Man nennt dieses Temperaturbereich bei Eisen in der Regel die Blauwärme, weil bei einem innerhalb dieser Zone gelegenen Wärmegrad das Eisen an der Oberfläche infolge Bildung eines Oxydhäutchens blau anläuft.

Leider liegen noch keine Messungen über die Reckspannungen vor, die durch Recken des Eisens bei Temperaturen oberhalb Zimmerwärme erzielt werden. Es wäre nach Obigem wohl zu erwarten, daß die Reckspannungen innerhalb der Blauwärmezone bei gleichem Grad des Kaltreckens größer[1]) sind, als bei allen anderen Temperaturen von Zimmerwärme aufwärts. Sollte sich dies bestätigen, so wäre da-

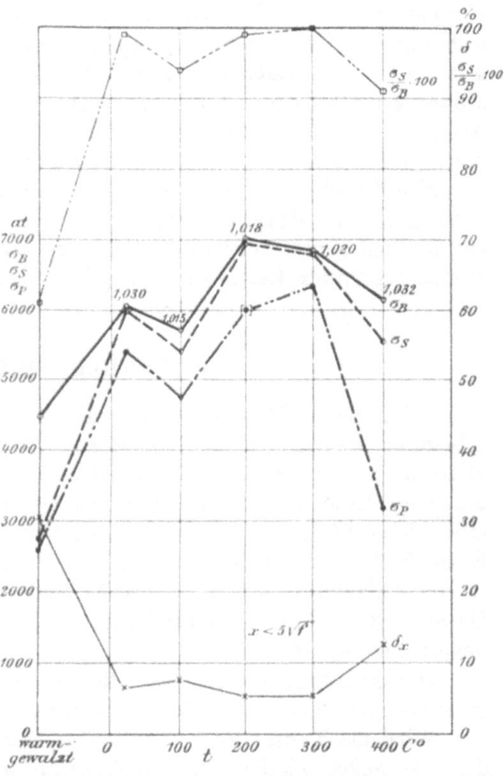

Abb. **309.** **Einfluß des Reckens bei verschiedenen Wärmegraden auf die Festigkeitseigenschaften warmgewalzten Martinflußeisens.** (Nach Rudeloff.)

*t*: Temperatur, bei der das Recken erfolgte.
Die der Schaulinie für $\sigma_B$ beigeschriebenen Zahlen geben die mittleren Streckzahlen $f_0/f$ an.

---

¹) Inzwischen ist durch Versuche im Kgl. Materialprüfungsamt tatsächlich festgestellt, daß die Reckspannungen bei gleichem Reckgrade innerhalb der Blauzone wesentlich größer werden als bei Zimmerwärme.

mit die einfachste Erklärung gegeben für die praktisch festgestellte Tatsache, daß das Recken der Eisen-Kohlenstoff-Legierungen innerhalb der Blauwärme besonders schädlich ist. Es kann einmal bereits während des Reckens Bruch eintreten. Dies würde weiter nicht besonders gefährlich sein, weil dann eben ein blauwarm gereckter Teil nicht in Dienst genommen wird. Gefährlicher aber ist der Umstand, daß in der Blauwärme gerecktes Eisen unter Umständen die bleibende Formänderung bei Blauwärme noch vertragen kann, daß es sich aber nach Abkühlung auf die gewöhnliche Temperatur ähnlich wie stark kaltgerecktes Messing mit sehr hohen Reckspannungen verhält *(307)*, und wie dieses unter plötzlicher stoßweiser Beanspruchung, oder infolge von Wärmespannungen bei ungleichmäßiger Abkühlung oder Erwärmung, oder beim Versuch, bei gewöhnlicher Temperatur noch weitere Formänderung herbeizuführen, plötzlich bricht. So können z. B. gebördelte Kesselböden, wenn das Bördeln entgegen den zu beobachtenden Vorsichtsmaßregeln von Rotglut herab bis in die Blauwärme hinein fortgesetzt wird, so empfindlich gegen zusätzliche Spannungen werden, daß ein auf den erkaltenden Boden treffender kalter Luftzug plötzliches Reißen unter Knall bewirken kann.

## d) Glühen und Überhitzen.

***315.*** Beim Glühen können die mannigfaltigsten Nebeneinflüsse in die Erscheinung treten. Hierher gehören: Oxydation der Oberfläche, teilweise auch Eindringen von Sauerstoff auf größere Tiefe und Zwischenlagerung von Oxyden zwischen die Metallkörner, Änderung der chemischen Zusammensetzung längs der Oberfläche infolge von Oxydation bestimmter Bestandteile (z. B. Entkohlung von Eisen-Kohlenstoff-Legierungen), Aufnahme gewisser Stoffe aus der Umgebung (z. B. Aufnahme von Kohlenstoff durch die Eisenlegierungen, Aufnahme von Gasen usw.). Alle diese Einflüsse müssen bei den einzelnen metallischen Stoffen besprochen werden.

Die Änderungen, die das Glühen in kalt- und warmgereckten, sowie in gegossenen metallischen Stoffen hervorbringen kann, sind bereits früher erwähnt.

Wird die Temperatur soweit gesteigert, daß Teile der Legierung flüssig werden, so findet wieder eine Annäherung an den Zustand statt, in dem sich die gegossene Legierung befand. Es können dann alle die Erscheinungen eintreten, die in Abs. *257* erwähnt sind. Eine solche Behandlung bewirkt dann in der Regel Verschlechterung der Festigkeitseigenschaften, und zwar Verminderung von $\sigma_B$ und $\delta$ zugleich.

Aber auch noch unterhalb der Temperatur, bei der sich bereits ein Teil der Legierung verflüssigen kann, treten Änderungen ein. Es war bereits früher daraufhingewiesen, daß mit steigender Glühhitze und Glühdauer die Körner beständig wachsen *(260)*, und dieses Wachstum kann sich in den Festigkeitseigenschaften geltend machen.

***316.*** Die Abb. 270 und 271 lassen den Einfluß des Glühens von kaltgerecktem Kupfer bei höheren Wärmegraden erkennen. Die Wirkung des vollständigen Ausglühens ist in beiden Fällen bei 300 C° sicher erreicht. Trotzdem sinken die Schaulinien für $\sigma_S$, $\sigma_B$ bei weiterer Temperatursteigerung langsam weiter ab, und auch die Bruchdehnung $\delta$ vermindert sich nach Überschreiten einer bestimmten Temperaturgrenze (600 bis 700 C°). Erhitzen der beiden kaltgereckten Kupfersorten auf Temperaturen oberhalb 600 C° würde also nicht nur keinen Nutzen mehr haben, sondern im Gegenteil die Festigkeitseigenschaften verschlechtern. Man nennt eine solche Wirkung: Überhitzen. (Bei anderen Kupfersorten kann die Temperatur des vollständigen Ausglühens höher als 300 C° liegen, s. früher *297*.)

Noch deutlicher als bei der Zugprobe zeigt sich die Wirkung der Überhitzung des Kupfers in der Verminderung der Biegungsfähigkeit, wofür folgende Versuchsreihe den Beleg erbringt (E. Heyn, *L₄ 39*).

Zur Untersuchung gelangte ein kaltgezogener Kupferdraht von 4 mm Durchmesser *(260)*. Zur Biegung wurden Drahtabschnitte von 50 mm Länge verwendet. Sie wurden nach Abb. 310 in den Schraubstock eingespannt, wobei zur Schonung des Drahtes eine sich glatt an die Schraubstockbacken legende Einlage *e* von Kupferblech verwendet wurde. Schläge wurden mit dem Handhammer auf die Seite *s* des Drahtes geführt, bis sich dieser in die in Abb. 310 punktiert gezeichnete Lage umbog. Alsdann wurde der rechtwinklig umgebogene Draht zwischen den mit Kupfereinlagen versehenen Schraubstockbacken wieder gerade gebogen. Darauf erfolgte wieder Einspannung und Umbiegung durch Schlag wie in Abb. 310, nur mit dem Unterschied, daß zur Schlagseite nicht *s*, sondern *r* gewählt wurde. Das Verfahren wurde unter beständigem Wechsel der Schlagseiten bis zum Bruch des Drahtes fortgesetzt. Jede Biegung um 90° und jedes Geradebiegen wird als je eine Biegung gerechnet. Die Summe der Biegungen $\mathfrak{B}_n$ bis zum Bruch kann als ein Maß für die Biegungsfähigkeit des Kupfers angesehen werden.

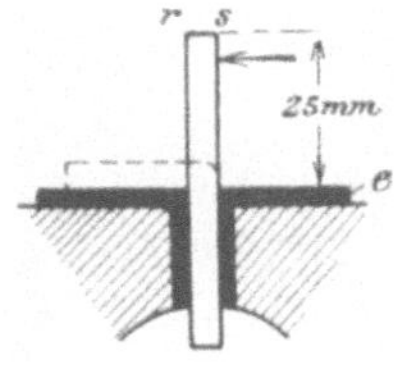



Abb. 310.

Vor der Biegung wurden die Drähte bei verschiedenen Wärmegraden *t* verschieden lang (Glühdauer *z* in Minuten) geglüht und in Wasser abgeschreckt. Die auf der Zeitachse in Abb. 311 abgetragene Glühdauer *z* entspricht der Dauer des Glühens bei der auf der Temperaturachse verzeichneten Temperatur *t* einschließlich der Dauer der Erhitzung. Der Einfluß der Abkühlung auf die Zeit *z* ist durch das Abschrecken ausgeschieden. Als Ordinaten sind die Biegungen $\mathfrak{B}_n$ eingetragen. Die aus Abb. 311 ableitbaren Ergebnisse und die sonst beobachteten Tatsachen lassen sich wie folgt zusammenfassen:

1. Infolge Glühens oberhalb 500 C° wird die Biegungsfähigkeit $\mathfrak{B}_n$ des verwendeten Kupfers vermindert, und zwar um so mehr, je höher die Glühtemperatur *t* liegt. Es genügt hierfür schon eine verhältnismäßig kurze Glühdauer *z*. Bei gleicher Glühtemperatur *t* nimmt die Biegungsfähigkeit $\mathfrak{B}_n$ mit der Zeit *z* anfangs rasch, später sehr allmählich ab und scheint sich asymptotisch einem Mindestwert zu nähern. Dieser Mindestwert liegt um so tiefer, je höher die Glühtemperatur *t* ist. Der Unterschied zwischen der höchsten und der niedrigsten Biegungsfähigkeit entspricht den Grenzwerten $\mathfrak{B}_n = 6\frac{1}{4}$ und 4. Bei 500 C° ist nach kurzer Glühdauer die Wirkung des Kaltziehens noch nicht beseitigt, wodurch der anfängliche Aufstieg der Schaulinie für *t* = 500 erklärt wird. (Dieser Wert 500 C° gilt nur für das vorliegende Kupfer; wie früher auseinandergesetzt, liegt diese Temperatur des vollständigen Ausglühens *t_r* um so niedriger, je reiner das Kupfer ist.) Nach einer Glühung von 26 Minuten bei 500 C° ist der Höchstwert $\mathfrak{B}_n = 6\frac{3}{4}$ erreicht, der selbst durch vierstündiges Erhitzen bei dieser Temperatur nicht erniedrigt wird. Auch nach 30 stündigem Erhitzen bei 500 C° konnte Abnahme von $\mathfrak{B}_n$ nicht festgestellt werden. Will man bei dem vorliegenden Kupfer den höchsten Grad der Biegefähigkeit erzielen, so hat man bei 500 C° zu glühen, wobei die Dauer des Glühens nicht ins Gewicht fällt, oder man hat sehr rasch und sehr kurze Zeit auf höhere Temperaturen bis zu 1000 C° zu erhitzen. Oberhalb 1000 C° wird aber bereits nach 7 Minuten währender Erhitzung die Biegungsfähigkeit wesentlich vermindert.

Dies ist zu beachten beim Auflöten von Flanschen auf Kupferrohre, wobei wegen des Schmelzpunktes des Lotes ein Wärmegrad von 1000 C° erreicht werden muß. Die Erhitzung muß hierbei so geregelt werden, daß die Glühdauer möglichst kurz ausfällt, weil sonst die Biegungsfähigkeit des Kupfers merkbare Abnahme erleidet.

Zu bemerken ist, daß sich die im Schaubild 311 eingetragenen Zeiten auf dünne Drähte beziehen. Bei Probekörpern größerer Abmessungen ist natürlich die Zeit, die vergeht, bis das Probestück den gewünschten Glühgrad in seiner

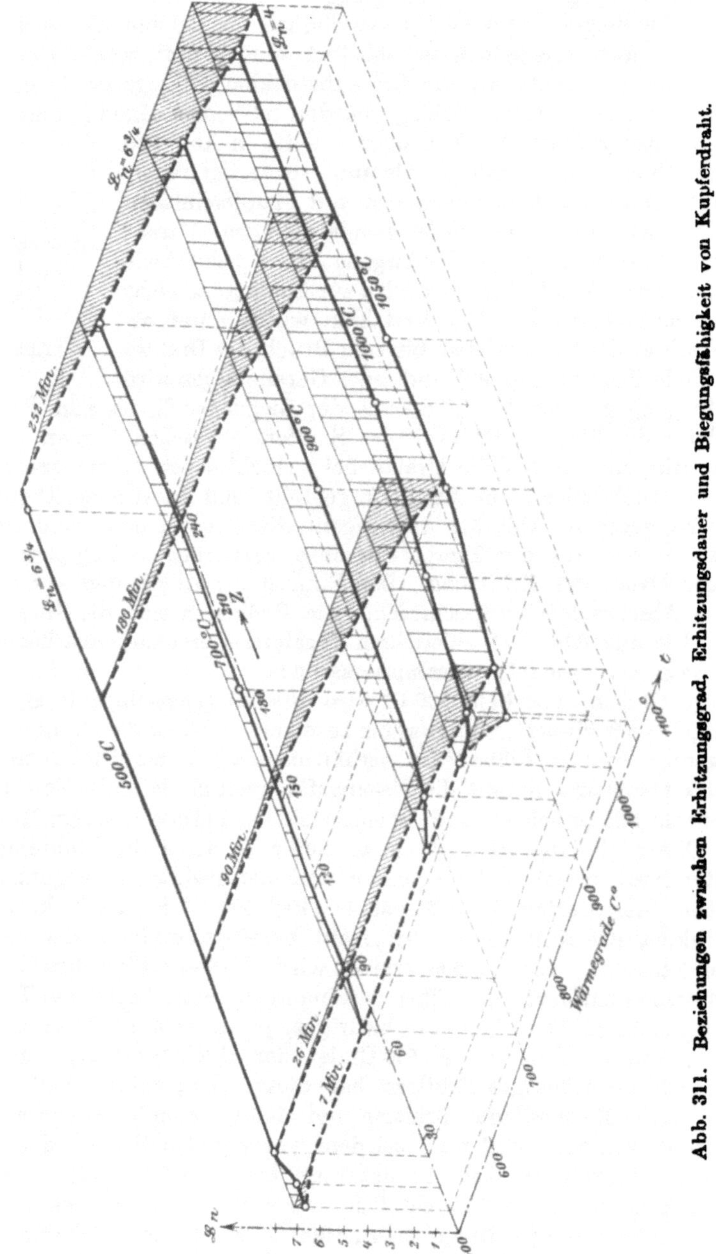

Abb. 311. Beziehungen zwischen Erhitzungsgrad, Erhitzungsdauer und Biegungsfähigkeit von Kupferdraht.

ganzen Masse erreicht hat, erheblich größer. Dementsprechend müssen sich die Punkte in Abb. 311 verschieben. Man wird daher bei solchen größeren Probestücken mit besonderer Sorgfalt darauf zu sehen haben, daß das Glühen bei niederen Temperaturen vor sich geht, bei denen die längere Einwirkung der Wärme weniger stark ins Gewicht fällt. Auf diese Weise vermag man die höchste

Biegungsfähigkeit, d. i. mit anderen Worten die höchste Widerstandsarbeit des Materials bis zum Bruch zu erzielen *(289)*.

Auch für Kupfersorten verschiedener chemischer Zusammensetzung können die in Abb. 311 eingetragenen Werte Verschiebungen erleiden.

2. Wie später begründet werden wird (II B), kann man Kupfer bis auf 20 C° unterhalb seines Schmelzpunktes erhitzen, ohne daß chemische Veränderung, abgesehen von der Oxydation auf der Oberfläche, eintritt. Wird aber diese Grenztemperatur erreicht oder überschritten, so erleidet das Kupfer in seiner ganzen Masse eine Änderung, es nimmt Kupferoxydul auf. Diese Erscheinung ist wegen der chemischen Änderung des Materials als „Verbrennen" zu bezeichnen.

3. Die einmal eingetretene Überhitzung im Kupfer kann durch nachträgliche Wärmebehandlung nicht beseitigt werden, ebensowenig wie die durch die Überhitzung stark gewachsene Korngröße auf diese Weise wieder vermindert werden kann *(260, 276)*.

4. Die Wirkung der Überhitzung kann in gleicher Weise wie die grobe Körnung im Gefüge nur durch Recken (warm oder kalt) beseitigt werden *(260)*.

5. Vergleicht man die obigen Ergebnisse mit den Untersuchungen Geweckes $(L_4\ 18)$ über den elektrischen Leitwiderstand, Abb. 306 und 307, so ergibt sich weiter, daß durch die Überhitzung der Leitungswiderstand vermehrt wird, daher das Ansteigen der Kurven für $w$ jenseits des Mindestwertes bei 350 C°. Beim Glühen von kaltgezogenem Kupferdraht bestehen sonach zwei Einflüsse: a) die Verminderung des Leitwiderstandes infolge Beseitigung der Wirkung des Kaltreckens und b) die Erhöhung des Widerstandes infolge Überhitzens. Durch das Zusammenwirken beider Einflüsse muß sonach eine Schaulinie mit einem Mindestwert des Leitwiderstandes, wie in Abb. 306, erhalten werden. Voraussichtlich wird die Lage dieses Mindestwertes wesentlich beeinflußt durch die Dauer des Glühens.

*317.* Überhitzungserscheinungen spielen auch beim Eisen eine wichtige Rolle. Die Wirkung kommt beim Zugversuch in den Werten $\sigma_S$, $\sigma_B$, $\delta$ nur in geringem Maße zum Ausdruck. Auch bei der Biegeprobe unter ruhiger Beanspruchung tritt sie nicht hervor. Bei der Prüfung gekerbter Biegeproben unter ruhiger Biegungsbeanspruchung kommt sie bereits zum Ausdruck. Sehr deutlich macht sich aber der Einfluß stattgehabter Überhitzung bemerkbar bei stoßweiser Beanspruchung des Materials, insbesondere bei stoßweiser Beanspruchung gekerbter Stäbe *(343)*. Verfasser verwendete zum Studium der Überhitzungserscheinungen vorwiegend das von ihm ausgebildete Kerbschlagverfahren *(343,* g). Es wird wie folgt durchgeführt:

Die Probestäbe für die Kerbschlagprobe dürfen mit Rücksicht auf die im Material häufig auftretende Zonen- und Schichtenbildung, wodurch getrennte Probenentnahme aus den verschiedenen Zonen oder Schichten bedingt wird, nur geringe Abmessungen haben.

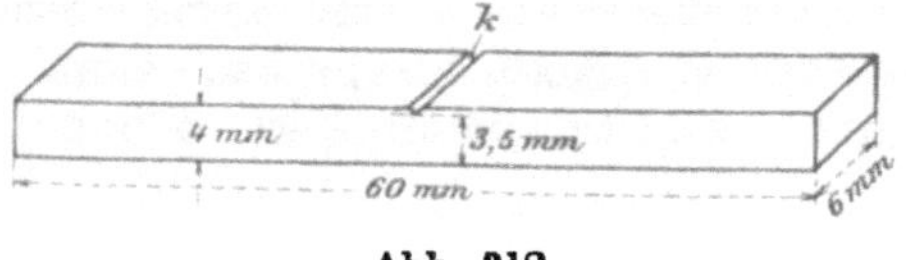


Abb. 312.

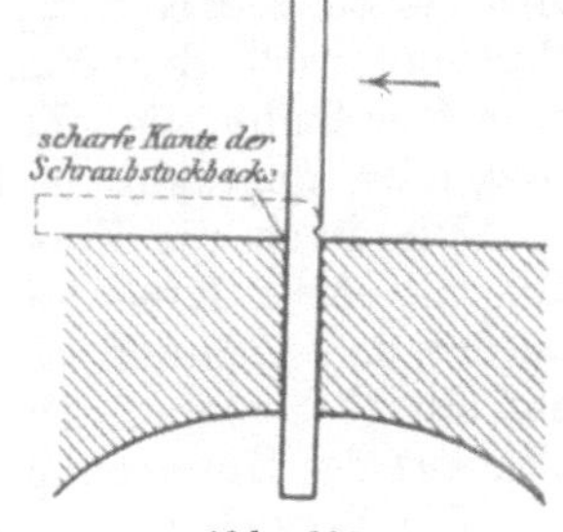


Abb. 313.

Zweckmäßig werden Stäbe von $4 \times 6$ mm Querschnitt und 60 mm Länge verwendet. Siehe Abb. 312.

Auf einer Seite bei $k$ erhalten sie einen $^1/_2$ mm tiefen Kerb, der durch Hobeln mit einem unter dem Winkel von 60° zugespitzten Formstahl hergestellt wird.

Nach Abb. 313 werden die Stäbe zwischen die Backen eines Schraubstockes eingespannt und an der durch einen Pfeil gekennzeichneten Stelle mit einem Hammer geschlagen.

Als erste Biegung gilt das Umschlagen des Stabes um 90° in die in Abb. 313 punktierte Lage, als zweite Biegung das Zurückbiegen des Stabes zwischen den Schraubstockbacken in die gerade Lage, als dritte Biegung wieder das Umschlagen usw. Die Zahl der Biegungen bis zum Bruch wird Biegezahl $\mathfrak{B}_i$ genannt.

Mit Hilfe dieses Verfahrens, das in kurzer Zeit und mit den einfachsten Hilfsmitteln mehr Aufschluß liefert, als verwickeltere Verfahren mit kostspieligen maschinellen Einrichtungen, wurden nun folgende Versuche ausgeführt:

Von einem gewalzten Vierkantstab $26 \times 26$ mm aus basischem Martinflußeisen bez. $S$ 660 (C: 0,07, Si: 0,06, Mn: 0,10, P: 0,01, S: 0,02, Cu: 0,015) wurden Probestücke verschiedener Abmessungen, teils von demselben Querschnitt wie der Vierkant, teils von kleinerem Querschnitt entnommen und verschieden lang bei verschieden hohen Wärmegraden geglüht. Danach wurden mit Hilfe des oben angegebenen Kerbschlagverfahrens die Biegezahlen $\mathfrak{B}_i$ festgestellt, die der betreffenden Wärmebehandlung entsprachen. Die gewonnenen Ergebnisse sind im Schaubild 314 vereinigt (E. Heyn, $L_4$ *39* und *40*). Die eine Achse gibt die Temperatur $t$ in C° an, bei welcher die Erhitzung erfolgte. Die Glühdauer $z$ in Stunden ist auf der mit $z$ bezeichneten Achse abgetragen. In diese Glühdauer ist die Zeit der Erhitzung von 680 C° auf $t$ und die Abkühlung von $t$ auf 680 C° eingeschlossen. Der Wert 680 ist willkürlich gewählt. Die Wahl gründete sich auf die Annahme, daß unterhalb 680 C° wesentlicher Einfluß der Erhitzung auf die Biegezahl $\mathfrak{B}_i$ nicht eintritt, eine Annahme, die durch das Schaubild als richtig bestätigt wird. Als Ordinaten sind die Biegezahlen $\mathfrak{B}_i$ verwendet. Für alle im Schaubild eingezeichneten Beobachtungspunkte, mit Ausnahme von $h$, $i$ und $k$ wurde die Geschwindigkeit der Erhitzung und Abkühlung nach Möglichkeit gleich gemacht, und es wurde dafür gesorgt, daß die auf der $z$-Achse aufgetragene Zeit in der Hauptsache der auf der $t$-Achse verzeichneten Temperatur $t$ entspricht. Probe $h$ wurde in 13,5 Stunden auf 1200 C° erhitzt und dann schnell an der Luft abgekühlt. Probe $i$ wurde schnell im vorgeheizten Ofen auf 1200 C° erhitzt, $^1/_2$ Stunde bei dieser Temperatur erhalten, und dann in 13 Stunden bis auf 680 C° abgekühlt. Bei Probe $k$ dauerte Erhitzung und Abkühlung nahezu gleichlang, etwa 14,5 Stunden.

Abschrecken der Proben wie beim Kupfer wurde vermieden, weil dies ja zu anderen Erscheinungen geführt hätte.

Mit zunehmender Biegezahl $\mathfrak{B}_i$ nimmt die Sprödigkeit des Materials, wie sie sich bei der Kerbschlagprobe kundgibt, ab. Nach dem Vorschlag des Deutschen Verbandes soll der Widerstand eines Materials gegen stoßweise Beanspruchung gekerbter Stäbe als „Kerbzähigkeit" bezeichnet werden. Sonach würde mit steigender Biegezahl die Kerbzähigkeit steigen.

Die durch die Koordinaten $z$, $t$, $\mathfrak{B}_i$ bestimmten Punkte bilden eine Fläche. Die mit einem Kreis bezeichneten Punkte dieser Fläche sind durch Versuche ermittelt und gründen sich auf mindestens vier Kerbschlagproben, zuweilen auch auf erheblich mehr. Die übrigen Punkte sind teils interpoliert, teils ergeben sie sich aus der Überlegung.

Die Versuchsergebnisse sind folgende:

1. Wird kohlenstoffarmes Flußeisen bei Wärmegraden über 1000 C° geglüht, so wird bei genügend langer Glühdauer die Kerbzähigkeit (d. h. die Biegezahl $\mathfrak{B}_i$) verringert. Das Eisen wird überhitzt. Diese Verringerung ist um so merklicher und zeigt sich nach um so kürzerer Glühdauer, je höher die Glühtemperatur $t$ liegt. Die geringsten bisher beobachteten Werte für $\mathfrak{B}_i$ liegen bei 0 bis

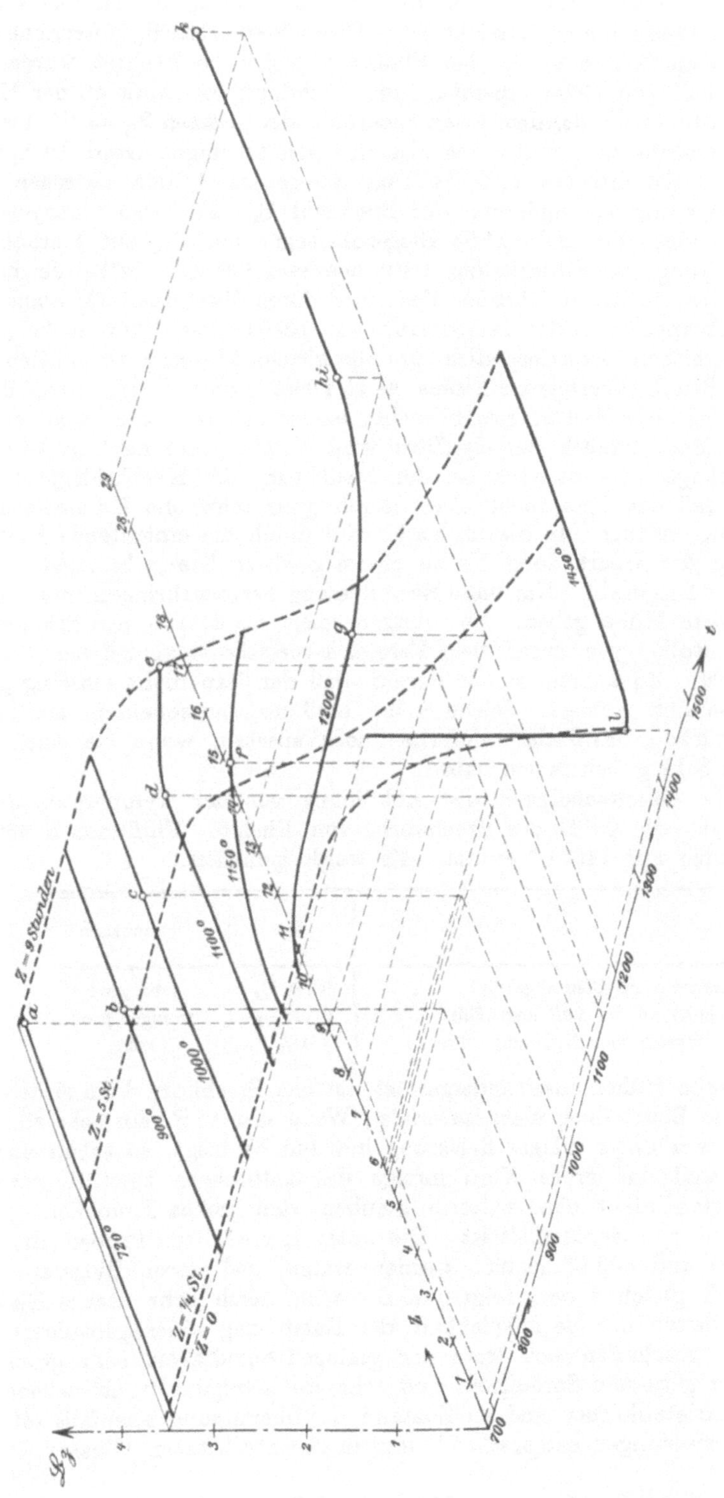



Abb. 314.  Flußeisen *S* 660.  Beziehungen zwischen Glühhitze *t*, Glühdauer *z* und Biegezahl.

$^1/_2$, d. h. das gekerbte Stäbchen bricht unter dem Schlag des Hammers glatt ab, bevor eine Biegung um 45° erreicht ist. Dieser Wert von $\mathfrak{B}_b$ entspricht ungefähr dem sprödesten Zustande, der bei Flußeisen bisher beobachtet wurde. Durch geeignete Wahl von Glühtemperatur und Glühdauer ist man an der Hand des Schaubildes 314 imstande, dem Eisen innerhalb der Grenzen $\mathfrak{B}_b = 3^1/_2$ bis $^1/_2$ jede beliebige Biegezahl zu verleihen, es also in einen beliebigen Grad der Sprödigkeit zu versetzen. Anhaltendes, z. B. 14 Tage währendes Glühen zwischen 700 und 850 C° ergab keine Verminderung der Biegezahl $\mathfrak{B}_b$. Für das vorliegende Eisen wurde durch diese Behandlung die Biegezahl sogar von $3^1/_2$ auf 4 erhöht.

Die Wirkung der Überhitzung tritt oberhalb 1000 C° ein[1]). Je höher die Temperatur ist, in um so kürzerer Zeit wird durch Überhitzen $\mathfrak{B}_b$ erniedrigt. Je näher die Temperatur $t$ der Temperatur von 1000 C° liegt, um so längere Zeitdauer des Erhitzens ist erforderlich, um die gleiche Wirkung zu erzielen[1]).

2. Der Bruch überhitzten Eisens zeigt meist grobes Korn, wenn dies auch nicht unbedingt der Fall zu sein braucht; namentlich tritt dies nicht ein, wenn der Bruch nicht plötzlich herbeigeführt wird, sondern erst nach größerer Formänderung erfolgt. Es ist auch bei der Ausführung der Kerbschlagprobe darauf zu achten, daß der Stab nicht etwa durch ganz schwache Hammerschläge die erste Biegung erfährt. In diesem Falle wird durch die eintretende Kaltreckung die Wirkung der Überhitzung bis zu einem gewissen Grade beseitigt; und man erhält höhere Biegezahl. Um diese Beeinflussung hervorzubringen, muß man sich aber besondere Mühe geben. Im übrigen spielt die Stärke des Schlages keine wesentliche Rolle, wie durch viele Vergleichsversuche verschiedener Beobachter festgestellt ist. Zu achten ist nur darauf, daß der Stab nicht einseitig getroffen wird und seitlich abbiegt. Solche Stäbe muß man ausscheiden; man kann es den Bruchstücken des Stabes hinterher noch ansehen, wenn sie einen solchen fehlerhaften Schlag bekommen haben.

Auch die Geschwindigkeit der Abkühlung von der Temperatur der Überhitzung ist auf die Größe des Bruchkorns von Einfluß. Flußeisen $S$ 660 wurde in 32,5 Minuten auf 1450 C° erhitzt. Es wurde gefunden:

| | $\mathfrak{B}_b$ | Bruchkorn |
|---|---|---|
| Langsam im Ofen abgekühlt . . . . . | 0 bis $^1/_2$ | sehr grob |
| Schnell an der Luft abgekühlt . . . . | 0 bis $^1/_2$ | weniger grob |
| In Wasser von 21 C° abgeschreckt . . | $1^1/_2$ | matt |

Wie bereits früher auseinandergesetzt, ist das Bruchkorn kein sicherer Wegweiser für die Beurteilung eines Materials. Wenn man z. B. ein sehr stark überhitztes Flußeisen unter ruhiger Belastung hin und her biegt, so erhält man feines Bruchkorn, weil das grobe Korn infolge des Kaltreckens zerstört worden ist. Auch muß man nicht ohne weiteres glauben, daß grobes Bruchkorn durchaus das Anzeichen von Sprödigkeit ist. Die unter 1. erwähnten Proben, die 14 Tage zwischen 700 und 800 C° geglüht worden waren, und deren Biegezahl $\mathfrak{B}_b$ sehr hoch, nämlich gleich 4 war, zeigten z. B., wenn durch sehr starke Einkerbung von beiden Seiten her die Möglichkeit der Entstehung eines plötzlichen Bruchs unter Schlag geschaffen war, trotz der geringen Sprödigkeit sehr grobes Korn. Man hat hier geringste Sprödigkeit und sehr grobkörnigen Bruch nebeneinander.

3. Die Kristallkörner sind im Zustand der Überhitzung ebenfalls oft von erheblichen Abmessungen entsprechend dem in *260* abgeleiteten allgemeinen Gesetz.

---

[1]) Bei kohlenstoffreicheren Eisenlegierungen tritt möglicherweise der Beginn der Überhitzung bereits unterhalb 1000 C° ein.

Da aber das Eisen bei der Abkühlung Umwandlungen erleidet, so ist auf die
Größe der Kristallkörner nicht nur die Art der Erhitzung, sondern sehr wesentlich auch die Art der Abkühlung von Einfluß. Schnelle Abkühlung von dem die
Überhitzung bedingenden Wärmegrade bringt feine Eisenkörner hervor, ohne daß
die Sprödigkeit sich wesentlich verringert, es sei denn, daß die Abkühlung so
schroff ist, daß sie Abschreckwirkung hervorbringt.

4. Die Fähigkeit des Eisens, Umwandlungen durchzumachen, gibt ein Mittel
an die Hand, um die durch Überhitzung erzeugte Sprödigkeit wieder zu beseitigen. Man braucht das Eisen nur kurze Zeit auf eine oberhalb des Umwandlungspunktes (900 C°) liegende Temperatur zu erhitzen und für nicht zu langsame

Abkühlung zu sorgen. Abschreckung ist zu
vermeide. Wie derartiges Glühen auf die
Biegezahl wirkt, ergibt sich aus Abb. 315.
Die überhitzten Proben mit der Biegezahl 0
bis $^1/_2$ wurden sämtlich $^1/_2$ Stunde bei der
als Abszisse angegebenen Temperatur geglüht
und dann an der Luft abgekühlt. Die durch
diese Behandlung erzielten Biegezahlen $\mathfrak{B}_b$
sind als Ordinaten eingezeichnet. Glühen
des überhitzten Eisens unterhalb 900 C° hat
keinen wesentlichen Einfluß auf $\mathfrak{B}_b$. Dagegen
steigt durch das kurze Glühen bei 900 C°
und darüber die Biegezahl $\mathfrak{B}_b$ sofort auf 3.
Bei langer Glühdauer, z. B. bei 6 tägigem
Glühen, kann auch schon bei Wärmegraden
zwischen 700 und 850 C° die gleiche Wir-

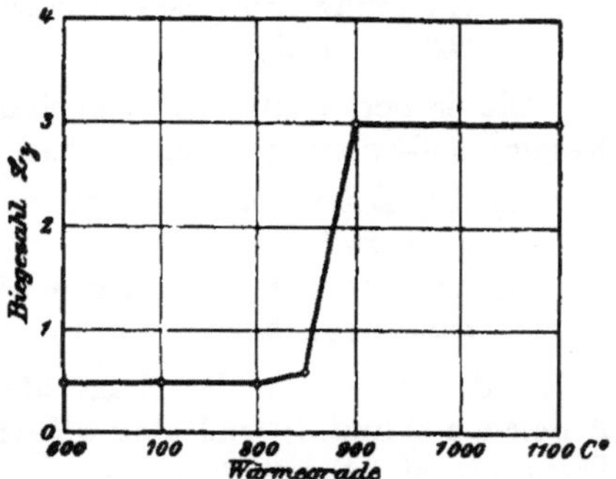



Abb. 315. Flußeisen *S* 660. Anfangszustand:
Überhitzt. $\mathfrak{B}_b = 0$ bis $^1/_2$.
Änderung von $\mathfrak{B}_b$ durch $^1/_2$ stündiges Glühen bei
den durch die Abszissen angegebenen Wärmegraden.

kung erzielt werden, wie durch $^1/_2$ stündiges Glühen bei 900 C°.

Bemerkenswert ist, daß bei der Temperatur 1100°, bei der auf Grund des
Schaubildes 314 nach genügend langer Glühdauer bereits Überhitzung eintritt,
bei kurzer Wiedererhitzung der Proben die Sprödigkeit wieder beseitigt wird, wie
Abb. 315 dartut. Derartige kurze Erhitzung ist natürlich nur bei kleinen Probestücken möglich. Wollte man ein größeres Eisenstück auf 1100 C° erhitzen, um
die Sprödigkeit zu beseitigen, so würde die Überhitzung nicht verschwinden,
sondern eher vermehrt werden, weil es nicht möglich ist, größere Massen in genügend kurzer Zeit zu erwärmen und wieder abzukühlen. Je größer die Masse
des Eisens ist, um so mehr muß man sich in der Nähe von 900 C° halten, um
die Wirkung der Überhitzung herauszubringen.

Überhitztes Flußeisen und überhitztes Kupfer unterscheiden sich dadurch
wesentlich voneinander, daß bloßes Wiedererhitzen des ersteren genügt, um die
Überhitzung zu beseitigen, während bei Kupfer dies nicht zum Ziel führt. Der
Grund liegt eben darin, daß das Kupfer bei der Abkühlung keine Umwandlung
durchmacht wie das Eisen.

5. Wird ein Flußeisen, welches längere Zeit bei genügend hoher Temperatur $t$
geglüht war, so daß es bei ungestörter Abkühlung Sprödigkeit zeigen würde,
während der Abkühlung von $t$ bis auf Rotglut warmgereckt (geschmiedet oder
gewalzt), so zeigt es nach dem Erkalten keine Sprödigkeit. Durch diese Bearbeitung wird somit der Wirkung des Überhitzens entgegengearbeitet. Das ist
wichtig für die Arbeit des Schweißens von Eisen, bei dem ja die Erhitzung der
zu schweißenden Enden bis auf Weißglut erfolgen muß. Dies würde zu Überhitzung führen und nach erfolgter Schweißung in der Schweißnaht und in ihrer
unmittelbaren Umgebung sprödes Metall liefern. Durch Hämmern der Schweißnaht bis herunter zu Rotglut wird diese üble Einwirkung beseitigt. Man muß

natürlich darauf acht geben, daß die der Schweißstelle benachbarten Teile des zu schweißenden Körpers, die ebenfalls während der Erwärmung auf Schweißhitze überhitzt worden sind, auch mit gehämmert werden, sonst wird zwar die gehämmerte Schweißnaht ihre Sprödigkeit verlieren, die benachbarten Stellen werden aber spröde bleiben.

6. Die Kennzeichen zur Feststellung der Überhitzung bei Eisen, dessen Vorgeschichte unbekannt ist, sind folgende:

    a) Geringe Biegezahl $\mathfrak{B}_i$.

    b) Die Biegezahl wird durch $^1/_2$ stündiges Erhitzen bei Wärmegraden unter
       850 C° nicht wesentlich erhöht, wohl aber wird $\mathfrak{B}_i$ gesteigert, wenn die
       Erhitzung über 900 C° oder sehr lange Zeit bei Wärmegraden oberhalb
       700 C° erfolgt.

Die beiden Kennzeichen a) und b) genügen in der Regel zur Feststellung. Kommt außerdem noch hinzu, daß

    c) das Bruchkorn bei den zur Ermittelung von $\mathfrak{B}_i$ verwendeten Proben
       grob und

    d) die unter dem Mikroskop beobachteten Eisenkörner von erheblichen Abmessungen sind,

so ist die Frage, ob das Eisen überhitzt war, mit Sicherheit entschieden. Die Anzeichen c) und d) sind aber allein nicht maßgebend, sondern haben nur dann Wert für die Beurteilung, wenn gleichzeitig die Bedingungen a) und b) erfüllt sind.

Ähnliche Überhitzungserscheinungen wie bei Kupfer und Eisen findet man auch bei anderen metallischen Stoffen.

**318.** Werden Eisen-Kohlenstoff-Legierungen bis nahe an den Schmelzpunkt erhitzt bis zum beginnenden Abschmelzen, so tritt wieder Annäherung des Gefüges an das des gegossenen Materials ein. Vor allen Dingen kann dann von neuem Ausbildung scharf ausgeprägter Schaumkammern stattfinden, in deren Grenzflächen sich fremde Stoffe ansammeln. Es können dann auch wieder Spannungen längs der Grenzwände hinzutreten und so Sprödigkeit des Metalls verursachen. Treten dann noch chemische Einflüsse, wie z. B. stellenweise Entkohlung, Entstehung oxydischer Einschlüsse usw. hinzu, so nennt man den Zustand des Metalls nicht mehr „überhitzt" sondern „verbrannt".

Tafelabb. 60 und 61, Taf. XII, geben hierfür ein Beispiel. Ein Rundeisen von 36 mm Durchmesser aus Schienenstahl (0,21 C, 0,31 Si, 0,63 Mn, 0,12 P, 0,06 S) wurde im Schmiedefeuer bis zum beginnenden Abschmelzen erhitzt und dann in Wasser abgeschreckt. Tafelabb. 60 zeigt in 22facher Vergrößerung die Bildung der Schaumkammern, gekennzeichnet durch die dunklen schlackenartigen Pünktchen, die längs der Grenzwände dieser Kammern liegen. Der Bruch erfolgt vorwiegend nach diesen Schaumwänden. In Tafelabb. 61 ist die Sachlage in stärkerer Vergrößerung (123fach) wiedergegeben. Längs der Schaumwände ziehen sich helle Bänder, in denen die dunklen Pünktchen eingesprengt liegen.

Verbrennen kann auch bei anderen Metallen vorkommen, z. B. beim Kupfer *(316)* usw.

## e) Das Abschrecken.

**319.** Alle Vorgänge der Erstarrung und Umwandlung, wie sie früher *(11 bis 140)* beschrieben wurden, bedürfen zu ihrer Vollendung einer gewissen Zeitdauer. Vielfach vollziehen sich die Vorgänge äußerst schnell, in anderen Fällen jedoch ist die zu ihrer Beendigung erforderliche Zeit verhältnismäßig groß. Wir wollen allgemein die Temperatur, bei der sich ein solcher Vorgang (Erstarrung, teilweise Kristallisation einer festen Phase, Umwandlung usw.) abspielt, mit $t_v$, den Zustand oberhalb $t_v$ mit I und den Zustand unterhalb $t_v$ mit II bezeichnen, wenn die Abkühlung durch die Temperatur $t_v$ genügend langsam erfolgte, so daß der Vorgang eintreten konnte.

Gelingt es, die Abkühlung durch $t_v$ so schnell zu bewirken, daß der Vorgang I → II nicht Zeit zu seiner Vollendung hat, so kann man ganz oder teilweise den Zustand I, wenn auch im metastabilen Gleichgewicht, bei gewöhnlichen Wärmegraden beibehalten. Wir wollen den so erhaltenen Zustand mit I′ bezeichnen, was andeuten soll, daß er mehr oder weniger dem Zustand I nahekommt. Eine sehr rasche Abkühlung durch $t_v$ nennt man Abschrecken. Hat nun der metallische Stoff in seinem Zustand I′ wesentlich andere Eigenschaften, als in dem Zustand II, in den er durch langsame Abkühlung übergeht, so vermag das Abschrecken ganz wesentliche Eigenschaftsänderungen in dem metallischen Stoff hervorzurufen, die technisch nutzbar gemacht werden können.

In vielen Fällen gelingt aber trotz Abschreckens die ganze oder teilweise Verhinderung des Übergangs von I nach II nicht. Dies ist der Fall, wenn der Vorgang bei $t_v$ sich zu schnell abspielt, als daß er durch noch so plötzliches Abschrecken aufgehalten werden könnte. Es ist dann unmöglich, den metallischen Stoff bei gewöhnlicher Temperatur in zwei Zuständen II nnd I′ zu erhalten; möglich ist dann nur der stabile Zustand II. Man hat also zu beachten, daß Abschrecken nicht notwendigerweise Änderung der Eigenschaften hervorzurufen braucht.

Zu den Vorgängen, die sich durch Abschrecken nicht verhindern lassen, gehören z. B. in der Mehrzahl der Fälle die Erscheinungen beim Übergang aus dem flüssigen in den festen Zustand. Die Umwandlungserscheinungen, die sich im festen Zustand abspielen, vollziehen sich dagegen oft mit so geringen Geschwindigkeiten, daß Abschrecken die Umwandlung ganz oder teilweise hintertreiben kann.

Das Abschrecken geschieht meist durch Eintauchen des bei einer Temperatur oberhalb $t_v$ befindlichen Stoffes in Wasser oder wässerige Lösungen. In Fällen, wo weniger schroffe Abschreckung zum Ziele führt, genügt auch Eintauchen in Öle, Fette, schmelzende Metalle oder auch Gegenblasen eines Luftstromes.

Seine wichtigste Anwendung findet das Abschreckverfahren bei den Eisen-Kohlenstoff-Legierungen, insbesondere bei denen mit höherem Kohlenstoffgehalt, den Werkzeugstählen. Die Umwandlungsvorgänge, die in Abb. 48 durch die Linienzüge $J_1 H'' O'' D''$ und $N O'' R$ angedeutet sind, können ganz oder teilweise unterschlagen werden, wenn Abschreckung von Wärmegraden oberhalb der Linie $N O'' R$, also von Temperaturen oberhalb 700 C° vorgenommen wird. Alsdann wird die Legierung bei Zimmerwärme metastabil in einem Zustand I′ erhalten, der stabil nur oberhalb 700 C° auftreten kann. Bei langsamer Abkühlung dagegen erzielt man den Zustand II, wobei alle durch das obige Liniensystem angedeuteten Vorgänge vollzogen sind.

Der Zustand I′ unterscheidet sich bei den Eisen-Kohlenstoff-Legierungen von dem stabilen Zustand II durch höhergelegene $B$-Grenze, geringere Bruchdehnung und besonders durch größere Härte. Das Abschrecken bewirkt hier Härtesteigerung, Härtung (vgl. II B).

Die Eigenschaft der Stähle, durch Abschrecken Härtung anzunehmen, ermöglicht ihre Verwendung zur Herstellung von Schneidwerkzeugen zur Bearbeitung von Metallen. Die Werkzeuge, wie z. B. die Drehstähle, Fräser, Bohrer usw., bedürfen selbst bei ihrer Anfertigung einer weitgehenden Bearbeitung durch schneidende Werkzeuge. Diese geschieht zweckmäßig in dem Zustande II von geringer Härte. Nachdem die Formgebung genügend weit vorgeschritten ist, führt man den Stahl durch Erhitzen auf eine Temperatur oberhalb 700 C° und Abschrecken. in den harten Zustand I' über, in dem er dann geeignet ist, andere Metalle zu schneiden.

Abschreckung braucht nicht in allen Fällen Härtesteigerung zu bewirken, so daß also Härtung und Abschrecken nicht gleichbedeutend sind. Wenn der Zustand I' bei den Eisen-Kohlenstoff-Legierungen härter ist, als der Zustand II, so ist dies kein zu verallgemeinernder Fall. Bei anderen metallischen Stoffen kann keine oder nur geringe Härtesteigerung herbeigeführt werden; es gibt sogar Stoffe, bei denen der Zustand I' einer geringeren Härte entspricht, als der Zustand II.

So wird z. B. Manganstahl mit 5,11°/₀ Mangan neben 0,76°/₀ C, 1,11°/₀ Si, 0,013°/₀ P und 0,011°/₀ S nach Guillet (*L₄ 41*) durch das Abschrecken etwas weicher.

| Vorbehandlung | $\sigma_S$ at | $\sigma_B$ at | $\delta_{200}$ °/₀ | $\mathfrak{H}_{3000}$[1] kg/qmm |
|---|---|---|---|---|
| Geschmiedet . . . . . . . . . . . . . . . | 6000 | 8650 | 2 | 420 |
| Abgeschreckt, vermutlich bei 900 C° . . . | 4300 | 5450 | 1 | 245 |

[1]) Kugeldruckhärte (Brinellzahl) $D = 10$ mm *(350)*, $P = 3000$ kg.

Hierbei ist das geschmiedete Metall im Zustand II, das abgeschreckte im Zustand I'. In letzterem zeigt der Stahl geringere Bruchgrenze, Streckgrenze, Dehnung und Kugeldruckhärte. Die Wirkung ist also entgegengesetzt der bei gewöhnlichen Stählen.

Ähnlich verhalten sich Nickelstähle mit hohem Nickelgehalt beim Abschrecken von Kirschrotglut (Dumas, *L₄ 42*), wie folgende Beispiele zeigen:

| C°/₀ | Ni°/₀ | Vorbehandlung | $\sigma_S$ at | $\sigma_B$ at | $\delta_x$ °/₀ | $q$ °/₀ |
|---|---|---|---|---|---|---|
| | 24,72 | gewalzt | 4070 | 12200 | 13,5 | 22,0 |
| | | abgeschreckt | 3660 | 11800 | 10,0 | 13,0 |
| 0,1—0,2 | 27,72 | gewalzt | 3210 | 5780 | 34,0 | 55,0 |
| | | abgeschreckt | 2130 | 5340 | 40,0 | 57,0 |
| | 30,44 | gewalzt | 2220 | 5120 | 30,0 | 71,0 |
| | | abgeschreckt | 2120 | 4960 | 36,0 | 69,0 |
| | 43,92 | gewalzt | 4930 | 6950 | 23,5 | 48,0 |
| | | abgeschreckt | 3280 | 6080 | 33,0 | 54,0 |

Bei Metallen und Legierungen ohne Umwandlungen unterhalb der Erstarrung, z. B. Kupfer, kann natürlich das Abschrecken keine Änderung der Eigenschaften gegenüber der langsamen Abkühlung hervorbringen, es sei denn, daß in den abgeschreckten Metallproben infolge ungleichmäßiger Abkühlung in den inneren und äußeren Teilen Wärmespannungen *(324* bis *338)* entstehen, die ihren Einfluß auf die Festigkeitseigenschaften geltend machen.

Die Wirkung des Schreckgusses, auf die in *291* hingewiesen wurde, beruht zum Teil auch auf Abschreckwirkung.

Die vielgestaltigen Einflüsse des Abschreckens müssen später eingehend bei den einzelnen metallischen Stoffen besprochen werden.

## f) Festigkeitseigenschaften bei höheren und niederen Wärmegraden.

*320.* Bisher waren vorwiegend nur die Festigkeitseigenschaften in Betracht gezogen worden, die die metallischen Stoffe bei gewöhnlicher Temperatur besitzen. Sie sind jederzeit in diesem Buch gemeint, wenn nichts anderes ausdrücklich erwähnt ist.

Da nun metallische Stoffe auch bei tieferen und höheren Wärmegraden Beanspruchungen ausgesetzt werden (Leitungsmaterialien für Dampf, Feuerungsteile, Teile von Kälteerzeugungsmaschinen usw.), so entsteht die Frage, welche Änderungen die Festigkeitseigenschaften der metallischen Stoffe mit der Temperatur erleiden. Hiervon überzeugt man sich durch den Warm- oder Kaltversuch, indem man die betreffende Festigkeitseigenschaft bei der in Frage kommenden Temperatur ermittelt.

Allgemein läßt sich über die Abhängigkeit der Festigkeitseigenschaften der metallischen Stoffe von der Versuchstemperatur $t$ nichts sagen. Die hier herrschenden Gesetze sind bei verschiedenen Metallen, wie z. B. bei den Eisenlegierungen, beim Kupfer und auch beim Zink, sehr verwickelt. Sie müssen im besonderen Teile dieses Buches Besprechung finden.

Daß plötzliche Änderungen in den Eigenschaften eintreten, wenn die Versuchstemperatur $t$ in das Gebiet einer Umwandlung eintritt, ist nach früherem einleuchtend. Es gibt aber auch Änderungen der Festigkeitseigenschaften, die sich durch Umwandlungen, wenigstens zurzeit, nicht erklären lassen (*286*).

Besonders muß noch darauf hingewiesen werden, daß kaltgereckte metallische Stoffe ihre durch das Kaltrecken gesteigerte $S$- und $B$-Grenze bei höheren Wärmegraden infolge der Glühwirkung wieder einbüßen. Es muß deswegen darauf geachtet werden, daß die Temperatur, bei der diese kaltgereckten Stoffe im Bauwerk beansprucht werden (Betriebstemperatur $t_b$), diejenige Temperatur $t_u$ nicht überschreitet, bei der die Glühwirkung einzutreten beginnt (*297*), weil dadurch die mit dem Kaltrecken angestrebten Eigenschaften wieder rückgängig gemacht werden.

Man darf z. B. bei der Berechnung der Wandstärke von Kupferrohren für überhitzten Dampf niemals diejenige $B$-Grenze zugrunde legen, die das kaltgereckte Kupfer zeigt, wenn der Zerreißversuch bei gewöhnlicher Wärme durchgeführt wird. Nach früherem liegt ja bei kaltgerecktem, sehr reinem Kupfer die Temperatur des vollständigen Ausglühens $t_r$ unterhalb 300 C°; diese Temperatur kann aber in Leitungen für überhitzten Dampf erreicht werden. Man darf aber auch nicht ohne weiteres diejenige $B$-Grenze als Grundlage der Berechnung wählen, die das vollständig ausgeglühte Kupfer bei Zimmerwärme als Versuchstemperatur ergeben würde; man muß sich vielmehr vergewissern, welche Festigkeit das Material bei einer Versuchstemperatur $t$ zeigt, die der Betriebstemperatur $t_b$ gleich ist.

Bekannt ist, daß stählerne Eisenbahnwagenachsen bei strenger Kälte leichter Brüche erleiden, als bei gewöhnlichen Wärmegraden. Die Änderung der Festigkeitseigenschaften zeigt sich hierbei weniger in der Änderung von $\sigma_S$, $\sigma_B$, $\delta$, wie sie beim Zugversuch gewonnen werden; sie zeigt sich besonders in der Änderung der Kerbzähigkeit (Widerstandsfähigkeit gekerbter Stäbe gegenüber Schlag. Kerbschlagprobe, *343* bis *345*). Charpy ($L_4$ 43) fand mit Stäben von $30 \times 30$ mm Querschnitt, Kerb nach Abb. 395, $d' = 4$ mm, unter einem Pendelschlagwerk von 200 mkg (*343* bis *345*) folgende Schlagarbeiten $a$ in mkg/qcm bei verschiedenen Versuchstemperaturen $t$:

| Material | Chem. Zusammensetzung % | | | | $a$ in mkg/qcm bei $t =$ | | |
| --- | --- | --- | --- | --- | --- | --- | --- |
| | C | Mn | P | S | — 80 C⁰ | — 18 C⁰ | + 30 C⁰ |
| Thomasflußeisen, geglüht . . . . . | 0,04 | 0,33 | 0,05 | 0,02 | 0,1 | 1,8 | 16,9 |
| Martinflußeisen, bei 900 C⁰ geglüht | 0,14 | 0,28 | 0,005 | 0,006 | 0,9 | > 44,6 [1]) | > 44,6 [1]) |
| Desgl. . . . . . . . . . . . . . | 0,21 | 0,60 | 0,03 | 0,03 | 14,6 | 17,4 | 22,9 |

# C. Einfluß der Zusammensetzung der Legierungen auf Festigkeitseigenschaften und Härte.

*321.* Die Festigkeitseigenschaften ($\sigma_S$, $\sigma_B$, $\delta$, $q$ usw.), sowie die Härte sind im allgemeinen keine additiven Eigenschaften (*209*). Sind also die Festigkeitseigenschaften und die Härte der die Legierung aufbauenden Stoffe bekannt, so ist es trotzdem nicht möglich, die entsprechenden Eigenschaften der Legierung zu berechnen. Es ist notwendig, für jede Legierungsreihe die Abhängigkeit dieser Eigenschaften von der Zusammensetzung durch den Versuch festzustellen. Die Schaulinien, die die Abhängigkeit der genannten Eigenschaften von der Zusammensetzung $c$ der Legierung angeben, wollen wir als die $c, \sigma_S$-, $c, \sigma_B$-, $c, \delta$- usw. Linien bezeichnen. Hierbei ist $c$ bei einer aus den beiden Stoffen $A$ und $B$ bestehenden Legierung der Gehalt an Stoff $B$ in Gewichtsprozenten als Abszisse und der Wert von $\sigma_S$, $\sigma_B$, $\delta$ als Ordinate gewählt.

Die Kenntnis der Abhängigkeit zwischen Festigkeitseigenschaften und Zusammensetzung ist von hoher Bedeutung, weil man ja gerade bei der Herstellung der Legierungen das Ziel verfolgt, metallische Stoffe von ganz bestimmten, dem besonderen Zweck angepaßten Eigenschaften zu erzeugen. Die Änderungen, die man durch Legieren mehrerer Metalle miteinander hervorbringen kann, sind zuweilen außerordentlich beträchtlich, so daß die erhaltenen Legierungen mitunter äußerlich gar keine Ähnlichkeit mehr mit den Stoffen zeigen, aus denen sie gebildet sind.

Die meisten der für die Technik in Betracht kommenden reinen Metalle haben zu geringe Festigkeit $\sigma_B$ und zu niedrige Streckgrenze $\sigma_S$, als daß sie ohne weiteres als Baustoffe für solche Teile verwendet werden könnten, die wesentlichen Beanspruchungen durch äußere Kräfte ausgesetzt sind. Auch die Härte ist in der Mehrzahl der Fälle so gering, daß bereits geringfügige äußere Einwirkungen örtliche Verletzungen des Metalls herbeiführen können, und daß gegen Abnutzung nur geringer Widerstand geleistet wird. Durch Legieren zweier oder mehrerer Metalle kann man unter gewissen Verhältnissen die Festigkeit $\sigma_B$, die Streckgrenze $\sigma_S$ und die Härte steigern. Die meisten unserer metallischen Baustoffe sind Legierungen, bei denen diese Eigenschaften durch Regeln der Zusammensetzung für den besonderen Gebrauchszweck abgestimmt sind. Leider geht in der Mehrzahl der Fälle mit der Steigerung der $S$- und $B$-Grenze Verminderung der Bruchdehnung $\delta$ Hand in Hand. Man muß sich daher bei der Steigerung der Festigkeit und Härte durch die Legierungszusätze eine gewisse Beschränkung auferlegen, damit nicht infolge zuweit verminderter Bruchdehnung die Widerstandsarbeit (*289*) des Baustoffes geschmälert wird.

Im allgemeinen sind die Festigkeitseigenschaften und die Härte der Legierungen bei gleichbleibender Vorbehandlung abhängig von der Art der in der erstarrten, bei Zimmerwärme befindlichen Legierung vorhandenen Phasen, den Mengenverhältnissen, in denen sie auftreten, und schließlich auch noch von der

---

[1]) Nicht gebrochen.

Anordnung dieser Phasen. Mit einem Wort, die Festigkeitseigenschaften und die Härte der Legierungen müssen mit dem Gefügeaufbau in einem bestimmten Zusammenhange stehen. Welcher Art dieser aber ist, kann in den meisten Fällen nicht vorausgesagt werden. Hier muß eben wieder der Versuch Aufklärung schaffen, solange nicht allgemein gültige Gesetze gefunden sind.

Es ist immer zu bedenken, daß das Gefüge eine Urkunde ist, die in einer uns fremden Schrift und Sprache abgefaßt ist, ähnlich wie die in Hieroglyphen niedergelegten ägyptischen Schriftdenkmäler. Man darf diese Zeichen nicht willkürlich deuten, etwa nach Geschmack, Phantasie und vorgefaßter Meinung, wie es leider vielfach durch unerfahrene und phantasievolle Beobachter geschieht. Man muß sich beim Versuch der Deutung ständig durch den praktischen Versuch kontrollieren. Glaubt man einen bestimmten Zusammenhang zwischen einer bestimmten Gefügebeschaffenheit und einer Eigenschaft der Legierung gefunden zu haben, so darf man sich hierbei nicht eher beruhigen, als bis man in der Lage ist, jederzeit durch Herbeiführung des betreffenden Gefügezustandes auch die betreffenden Eigenschaften der Legierung in dem erwarteten Grade willkürlich herbeizuführen. Es gehört hierzu ein großes Maß von wissenschaftlicher Selbstzucht. Wer diese nicht besitzt, sollte es nicht unternehmen, aus dem Gefüge heraus Urteile über den Zustand der Vorbehandlung und etwaiger Besonderheiten der Legierung abzugeben. Er wird für die wissenschaftliche Weiterentwicklung ein Hemmnis und für die Industrie eine schwere Gefahr werden. Seine Wirksamkeit in letzterer Beziehung gleicht der eines unerfahrenen Chirurgen, dem die kranke Menschheit zur Behandlung überwiesen wird.

*322.* Bei Legierungen, die nach $A a 2\gamma$ erstarren und unterhalb der Erstarrung keine weiteren Veränderungen erleiden, oder bei solchen, die nach irgendeiner anderen Erstarrungsart fest werden, im festen Zustand aber noch eine Umwandlung nach Art von $A a 2\gamma$ durchmachen (Abb. 21, 26, 36, 40, 45, 47, 48, 52), zeichnet sich in der Regel die eutektische Mischung durch Besonderheiten in den Schaubildern $c, \sigma_B$, $c, \sigma_S$, $c, \delta$, $c, \mathfrak{H}$ aus (Höchst- oder Mindestwert, Knickpunkt).

a) Eisen-Kohlenstoff-Legierungen. Erstarrung und Umwandlung erfolgt nach Abb. 48. Die Legierungen bestehen bei gewöhnlicher Temperatur aus zwei Phasen $A =$ Eisen (Ferrit) und $B =$ Eisenkarbid (Zementit), die ein Eutektikum bilden können, das Perlit genannt wird. Als Abszissen denke man sich in Abb. 48 den Kohlenstoffgehalt eingetragen. Die Umwandlung des Eisens bedingt einen eutektischen Punkt $0''$ bei nahezu 700 C° und einem Kohlenstoffgehalt von etwa $0,95 \%$. Die Abhängigkeit der Größen $\sigma_S$, $\sigma_B$, $\delta$ und $q$ von dem Kohlenstoffgehalt der Legierungen ist in Abb. 316 bis 318 dargestellt, wobei die Kohlenstoffgehalte $c$ als Abszissen, die betreffenden Werte $\sigma_S$, $\sigma_B$, $\delta$, $q$ als Ordinaten verwendet sind.

Da die Festigkeitseigenschaften der Eisenlegierungen nicht nur durch die Größe des Kohlenstoffgehaltes beeinflußt werden, sondern auch durch die anderen Stoffe, wie Mn, Si, P, S, Cu usw., und da ferner in der Vorbehandlung der einzelnen geprüften Materialien (in der Walztemperatur, in der Glühtemperatur, in der Abkühlungsgeschwindigkeit usw.) Unterschiede vorhanden sein können, so darf es nicht auffallen, daß die einzelnen Punkte der Schaubilder nicht auf einer einzigen Linie liegen, sondern sich um die dick ausgezogene Ausgleichslinie herumscharen. Zur Aufstellung der Schaubilder wurden die Angaben benutzt, die in einer Veröffentlichung des Jernkontors ($L_4$ 44) niedergelegt sind. Die den verschiedenen Materialien entsprechenden Punkte sind durch verschiedene Zeichen, deren Bedeutung am Fuß der Schaubilder erläutert ist, kenntlich gemacht. Abb. 316 entspricht gewalzten schwedischen Martinmaterialien, Abb. 317 ebensolchen Materialien nach dem Glühen, Abb. 318 gewalzten Bessemer- und Thomasmaterialien. Alle

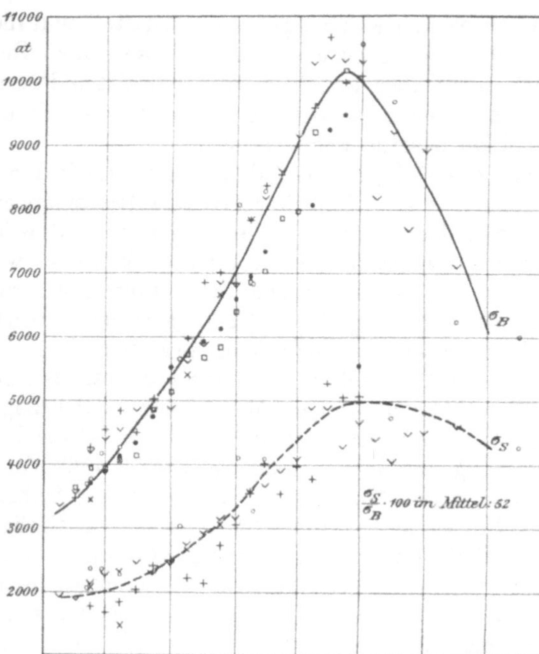
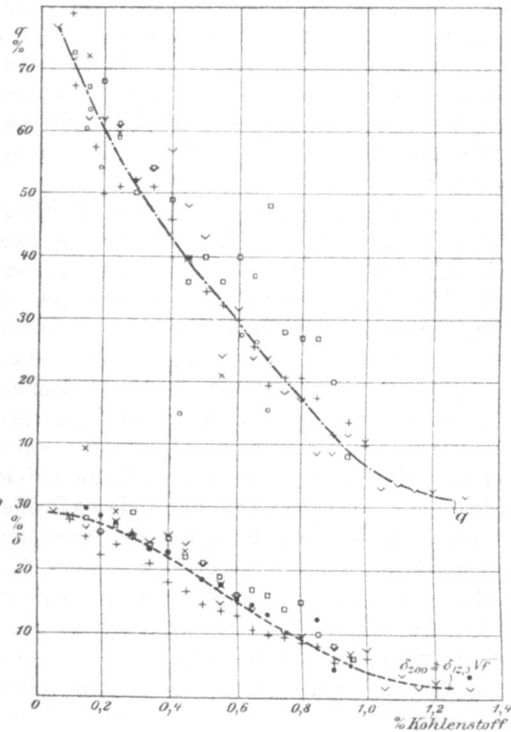


Abb. 316. Einfluß des Kohlenstoffgehaltes auf die Festigkeitseigenschaften der Eisen-Kohlenstoff-Legierungen. Martinmaterial gewalzt.

Schaubilder zeigen übereinstimmend Anstieg von $\sigma_B$ mit steigendem Kohlenstoffgehalt. In den Abb. 316 und 317 erreicht $\sigma_B$ in der Nähe von 0,9 bis 1 % Kohlenstoff, also in der Nähe der eutektischen Legierung, einen Höchstwert, um bei weiter steigendem Kohlenstoffgehalt wieder abzufallen. Ähnlich ist der Verlauf der Schaulinie für $\sigma_S$, wenn auch hier der Höchstwert, namentlich bei den geglühten Materialien, nicht so scharf ausgeprägt ist. In Abb. 318 ist gerade in der Nähe des Eutektikums und darüber die Zahl der vorhandenen Beobachtungspunkte sehr gering, so daß der Verlauf der Ausgleichslinie an dieser Stelle ganz unsicher ist. — Die Schaulinien für $\delta$ und $q$ zeigen Abfall mit steigendem Kohlenstoffgehalt.

Die eutektische Legierung hat also die höchste $B$- und $S$-Grenze. Auch die Kugeldruckhärte erreicht bei der eutektischen Legierung ihren Höchstwert, wie später in II B gezeigt wird. Nach Übersteigen des eutektischen Kohlenstoffgehaltes sinkt die Härte der gewalzten und geglühten Eisen-Kohlenstoff-Legierungen etwas, wenn auch nur wenig ab.

Beachtenswert ist in den Schaubildern für $\sigma_S$, $\sigma_B$ und $\delta$ der Wendepunkt $w$ bei einem Kohlenstoffgehalt von 0,5 bis 0,6 %. Der Punkt wird dadurch gekennzeichnet, daß die Linie in ihm zu beiden Seiten der Tangente in $w$ liegt, wie in Abb. 319. Der Vergleich mit II B Abb. 13 lehrt, daß die Schaulinie, die den Anteil des Perlits am Gesichtsfeld in Prozenten in Abhängigkeit vom Kohlenstoffgehalt ausdrückt, unterhalb 0,5% Kohlenstoff einer geraden Linie folgt und erst von da ab schneller als diese gerade Linie ansteigt. Es besteht sonach ein Zusammenhang zwischen dem Wendepunkt $w$ und dem Gefügeaufbau.

b) **Blei-Zinn-Legierungen.** Die Erstarrung geht nach $A\,a\,2\gamma$ vor sich. Der eutektische Punkt liegt bei einem Zinngehalt von etwa 67%. Die Festigkeit $\sigma_B$ erreicht bei diesem Gehalt ihren Höchstwert, wie aus Abb. 320 hervorgeht. (Nach Roberts-Austen, $L_4\,45$.) Die Festigkeit des Bleis wird durch den Zusatz von Zinn rasch gesteigert, ebenso die Festigkeit des Zinns durch Zusatz von Blei. Die Schaulinie für die Bruchdehnung zeigt sehr unregelmäßigen Verlauf mit einem Mindestwert bei etwa 90% Zinn. Um genauere Aufschlüsse über die Änderung von $\delta$ zu erhalten, wäre es erforderlich, größere Versuchsreihen anzustellen, so daß die Durchschnittswerte aus einem großen Zahlenmaterial von den Zufälligkeiten weniger beeinflußt werden, wie in Abb. 320. Deutlich kommt aber das Gesetz zum Vorschein, daß die reinsten Metalle die größte Dehnung haben, und daß diese durch Zusatz eines zweiten Stoffes sehr rasch absinkt.

Die Härte $\mathfrak{H}$ nach Brinell *(350)* ist festgestellt worden von Ssaposchnikow ($L_4\,46$) und von Stenquist ($L_4\,47$). Die Augsleichslinie durch die den beiden Versuchsreihen entsprechenden Punkte ist in Abb. 320 durch die Linie $\mathfrak{H}$ dargestellt. Die reinen Metalle Blei und Zinn sind am weich-

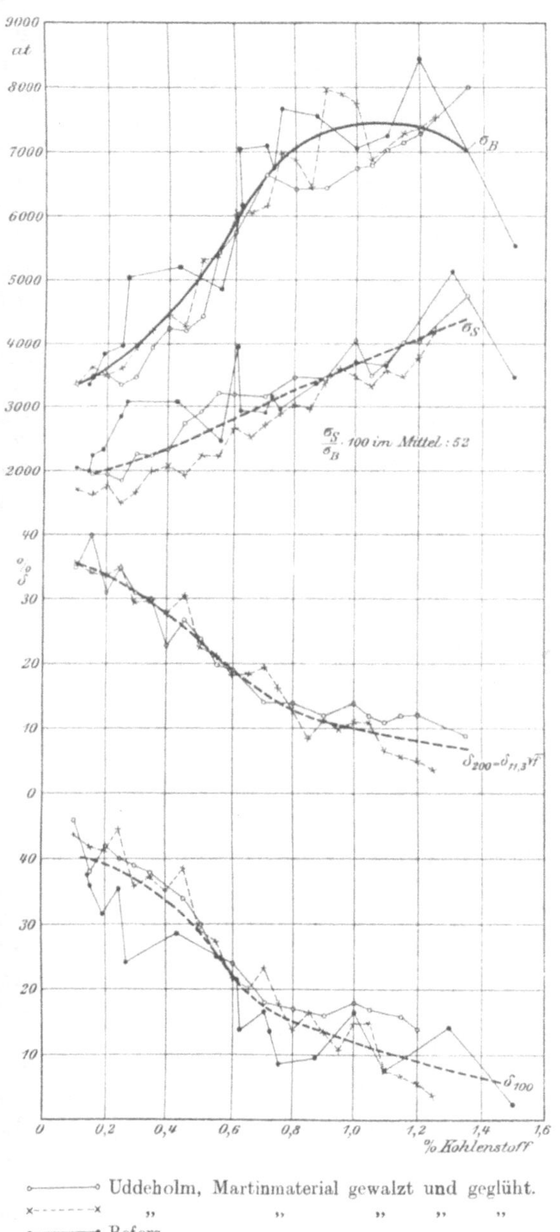



Uddeholm, Martinmaterial gewalzt und geglüht.
       ,,          ,,       ,,    ,,     ,,
Bofors,        ,,        ,,     ,,   ,,

Abb. 317. **Einfluß des Kohlenstoffgehaltes auf die Festigkeitseigenschaften der Eisen-Kohlenstoff-Legierungen. Martinmaterial gewalzt und geglüht.**

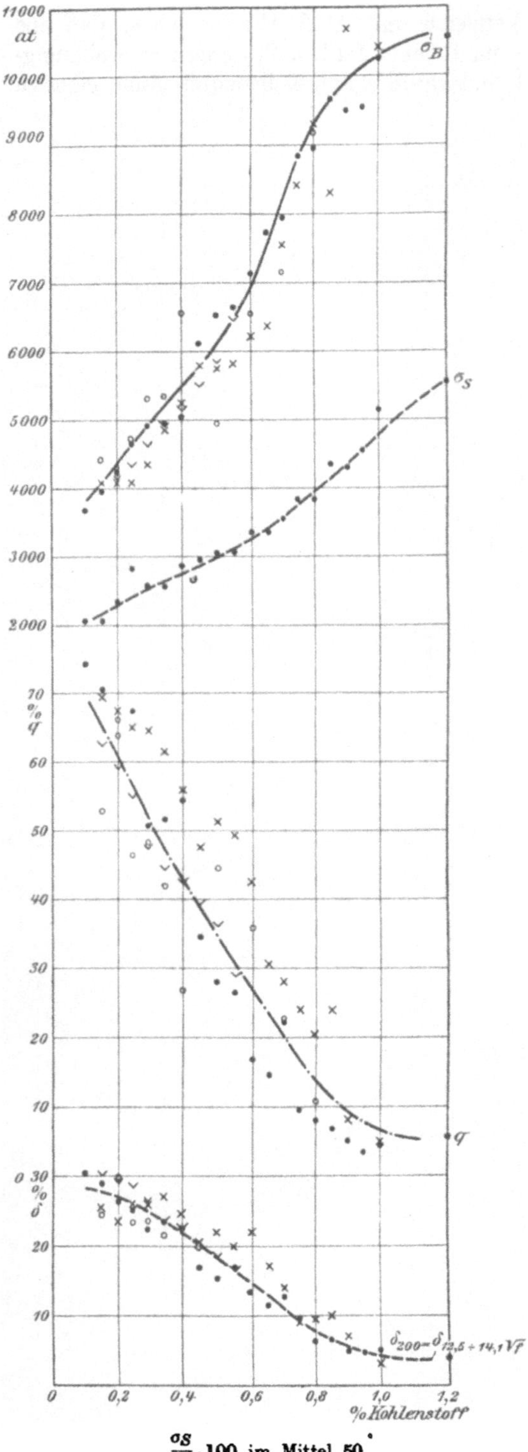

sten. Durch Zusatz des zweiten Stoffes wird die Härte gesteigert, und der Höchstwert liegt in der Nähe des Eutektikums.

Die Schaulinien $c, \sigma_B$ und $c, \mathfrak{H}$ haben im allgemeinen den Verlauf der Linie 1 in Abb. 321, die Linie $c, \delta$ entspricht im allgemeinen Charakter der Linie 2 in Abb. 321.

c) **Blei-Antimon-Legierungen.** Charpy bestimmte an kleinen gegossenen Prismen von $10 \times 10$ mm Querschnitt und 15 mm Höhe den Druck $P$, der erforderlich ist, damit das Prisma um 0,2 mm seiner Höhe verkürzt wird ($L_1$ 17). Ssaposchnikow und Kaniewski ermittelten die Kugeldruckhärte $\mathfrak{H}_{100}$ (350) mit Stahlkugeln von 10 mm Durchmesser unter dem Druck $P = 100$ kg ($L_4$ 48). Die Ergebnisse der Versuche sind in Abb. 322 dargestellt als Linien $c, P$ und $c, \mathfrak{H}_{100}$.

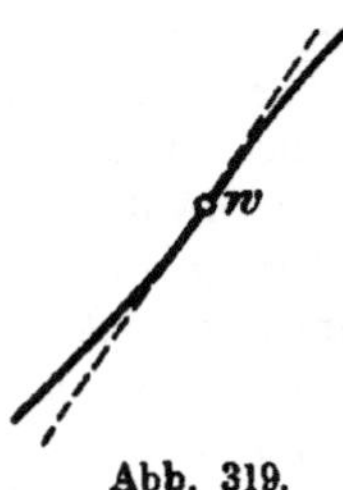

Abb. 319.

Im Gegensatz zu den Blei-Zinn-Legierungen, die aus zwei weichen Metallen gebildet werden, deren Härte und Festigkeit durch gegenseitige Legierung gesteigert wird, haben wir es bei den Blei-Antimon-Legierungen mit einem weichen Metall (Blei) und einem harten Stoff (Antimon) zu tun. Die Härte des Bleis wird durch Zusatz von Antimon gesteigert; umgekehrt vermag aber Bleizusatz die Härte des Antimons nicht zu vermehren,

$$\frac{\sigma_S}{\sigma_B} \cdot 100 \text{ im Mittel } 50.$$

Abb. 318. Einfluß des Kohlenstoffgehaltes auf die Festigkeitseigenschaften der Eisen-Kohlenstoff-Legierungen. Bessemer- und Thomasmaterial, gewalzt.

o Storfors, Bessemermaterial.

$\times$ Domnarfvet,     „

● Hofors,     „

$\vee$ Domnarfvet, Thomasmaterial.

so daß die Linie für $\mathfrak{H}_{100}$ ebenso wie die für $P$ von dem reinen Antimon nach dem Blei zu abfallen.

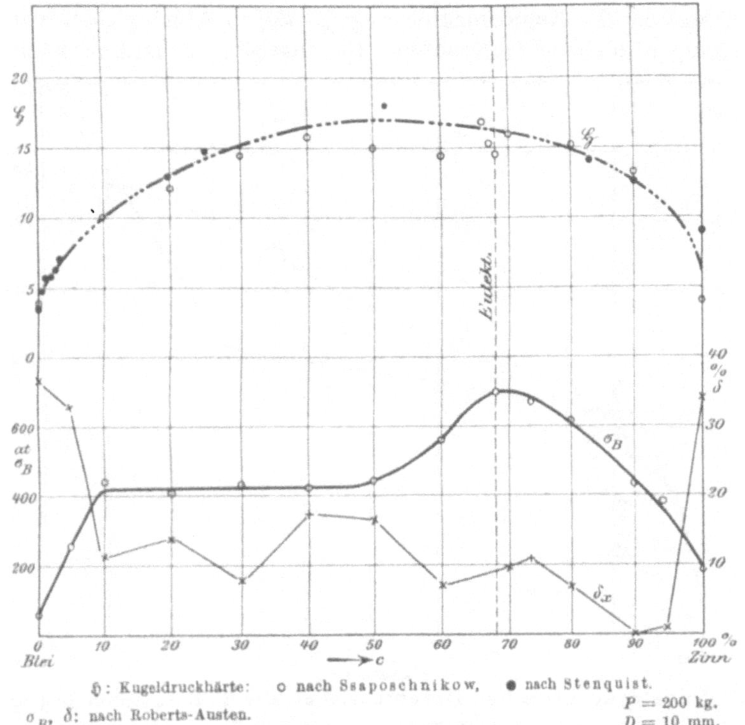



$\mathfrak{H}$: Kugeldruckhärte:  o nach Ssaposchnikow,  ● nach Stenquist.

$\sigma_B$, δ: nach Roberts-Austen.

$P = 200$ kg.
$D = 10$ mm.

**Abb. 320. Festigkeitseigenschaften und Kugeldruckhärte der Blei-Zinn-Legierungen.**

Von besonderem Interesse wird die Änderung der Werte von $P$ und $\mathfrak{H}_{100}$ in der Nähe der eutektischen Zusammensetzung ($c = 13\,^0/_0$ Antimon). Die vorliegenden Versuche erscheinen mir aber nicht ausreichend, um hierüber ein endgültiges Urteil zuzulassen. Ssaposchnikow und Kaniewski fanden bei der eutektischen Mischung eine ausgeprägte Spitze in der $c$, $\mathfrak{H}_{100}$-Linie, was meiner Meinung nach einer Nachprüfung bedarf. Auch der Knick in der $c$, $\mathfrak{H}_{100}$-Linie bei $c = 74\,^0/_0$ Antimon ist auffällig und unwahrscheinlich. Nach meinen eigenen Versuchen kommt dem Antimon nicht die Kugeldruckhärte 40, sondern nur 27 zu. Dies deutet darauf hin, daß die $c$, $\mathfrak{H}_{100}$-Linie bei $c = 74\,^0/_0$ keinen Knick besitzt, und daß dieser nur durch Unvollkommenheiten in der Versuchsausführung bedingt ist. Unterstützt wird meine Auffassung durch den stetigen Verlauf der $P$-Linie in der Nähe von $c = 74$.

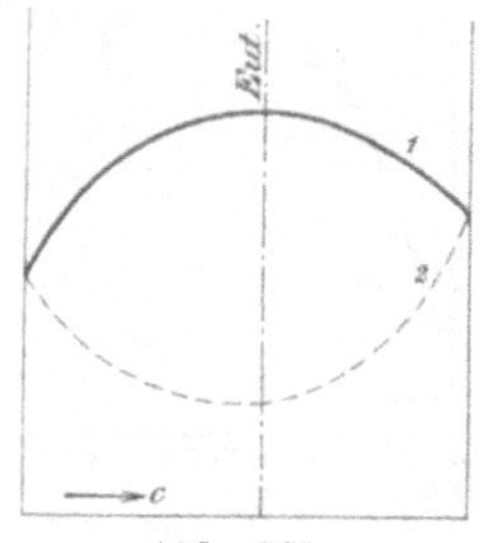



Abb. 321.

Es muß bemerkt werden, daß die zuverlässige Bestimmung der Kugeldruckhärte bei den Blei-Antimon-Legierungen wegen der außerordentlich großen Neigung zur Seigerung *(142)* auf große Schwierigkeiten stößt. Wenn die durch die Seigerung hervorgebrachte Störung nicht eingehend berücksichtigt wird, kommt man zu ganz unbrauchbaren Ergebnissen.

Ich vermute, daß der ungefähre Verlauf der beiden Linien $\mathfrak{H}_{100}$ und $P$ etwa wie in Abb. 323 sein wird, so daß also der eutektischen Legierung bei $c = 13$ ein Knickpunkt in der Linie entspricht [1]).

   d) Kupfer-Silber-Legierungen. Kurnakow, Puschin und Senkowski ($L_0$ 13) ermittelten die Kugeldruckhärte $\mathfrak{H}_{200}$ ($350$) in Abhängigkeit von der Zusammensetzung $c$ in Gewichtsprozenten. Die zugehörige Schaulinie ist in Abb. 489

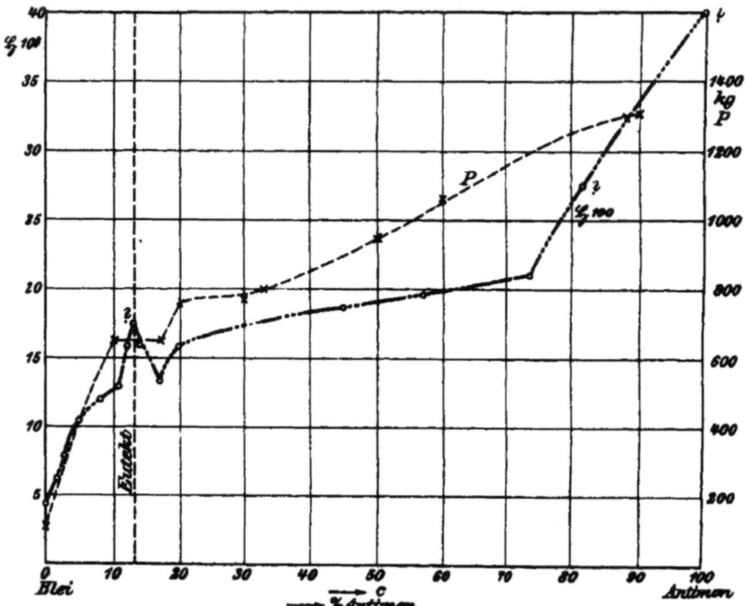


**Abb. 322. Kugeldruckhärte und Druckfestigkeit der Blei-Antimon-Legierungen.**
$\mathfrak{H}_{100}$: nach Saaposchnikow und Kaniewski.
$P = 100$ kg, $D = 10$ mm.
$P$: Druck in kg zur Erzeugung einer Höhenverminderung von 0,2 mm bei einem Probekörper von $10 \times 10$ mm
und 15 mm ursprünglicher Höhe.

gleichzeitig mit dem $c, t$-Bild nach Friedrich und Leroux ($L_0$ 23) wiedergegeben. Das Kupfer bildet mit geringen Mengen Silber Mischkristalle, etwa von $0\,^0/_0$ Silber bis zu dem Punkte $E$. Ebenso kann das Silber bis zu etwa $6\,^0/_0$ Kupfer zu festen Mischkristallen auflösen. Die Schaulinie für die Kugeldruckhärte steigt wegen dieser Mischkristallbildung von $O$ nach $R$ und von $T$ nach $S$ steil an; zwischen den Punkten $R$ und $S$ ist sie nahezu eine Gerade. Die untersuchten Legierungen wurden gegossen, alsdann 30 Stunden bei 650 bis 700 C° ausgeglüht. Die Verfasser geben an, daß infolge dieser ausgedehnten Glühbehandlung die Legierungen, die sonst zwischen $E$ und $D$ aus Kristallen des Kupfers oder des Silbers und dem eutektischen Gefügebestandteil aufgebaut sind, kein Eutektikum mehr zeigten, so daß sie nur noch aus nebeneinander gelagerten Kristallen von Kupfer und Silber bestanden. Daraus ist vielleicht erklärlich, daß sich die Legierung mit dem eutektischen Gehalt nicht wie sonst in der Mehrzahl der Fälle in der Schaulinie der Härte durch eine Besonderheit zu erkennen gibt. Es

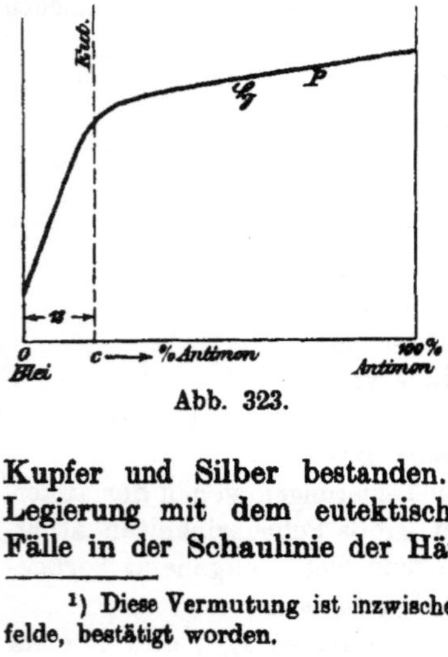

Abb. 323.

---


[1]) Diese Vermutung ist inzwischen durch Versuche des Kgl. Materialprüfungsamtes, Gr. Lichterfelde, bestätigt worden.

ist zwar ein kleiner Anstieg der Schaulinie in der Nähe der eutektischen Zusammensetzung von 72°/₀ Silber zu bemerken. Er ist aber klein und kann auch durch Versuchsfehler bedingt sein.

**323.** Im allgemeinen wird man bei Legierungen, die bei gewöhnlicher Temperatur aus 1 oder 2 Phasen aufgebaut sind, für die $c, \sigma_S$-, $c, \sigma_B$-, $c, \delta$- und $c, \mathfrak{H}$-Kurven einen Verlauf nach einer der Linien $a$ bis $e$ in Abb. 324 erwarten können. Linie $c$ gilt dann, wenn die betreffende Eigenschaft additiv ist, d. h. sich aus den entsprechenden Werten von $A$ und $B$ nach der Mischungsregel berechnen läßt. Wir wollen daher die Linie $c$ die **additive Linie** nennen. Dieser Fall wäre mit größerer oder geringerer Annäherung zu erwarten, wenn die Legierung aus zwei Phasen besteht, die sich nebeneinander lagern, ohne ein Eutektikum zu bilden. Die Ordinaten der Punkte $A$ und $B$ messen dann die Werte der betreffenden Eigenschaft, wenn nur eine Phase $A$ oder $B$ vorhanden ist. In anderen Fällen, z. B. wenn die Legierung aus zwei Phasen besteht, die ein Eutektikum bilden, oder wenn infolge Mischkristallbildung nur eine Phase auftritt, ist mit einem Verlauf nach $a$, $b$, $d$, $e$ zu rechnen. Die Linien können noch einen Wendepunkt haben, wie in Abb. 319; wesentlich für $a$ und $b$ ist nur, daß sie durchweg oberhalb der additiven Linie, und für $d$ und $e$, daß

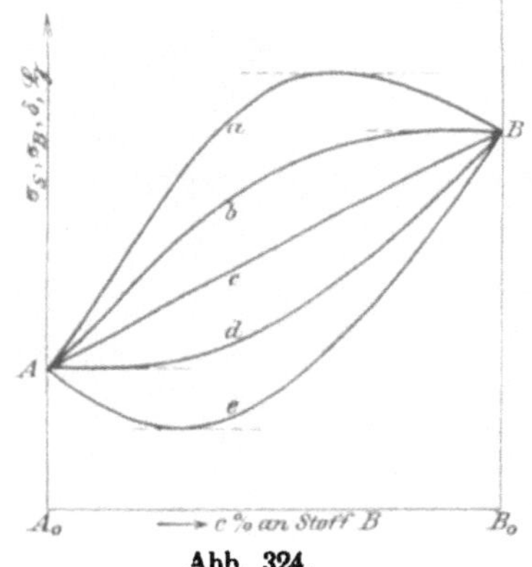


Abb. 324.

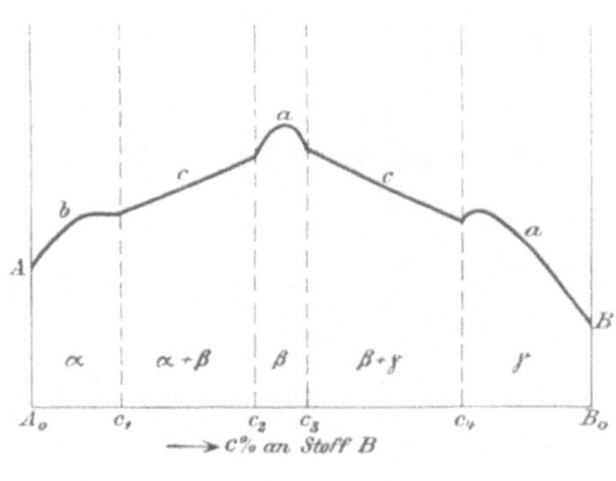


Abb. 325.

sie durchweg unterhalb der additiven Linie liegen. $a$ unterscheidet sich von $b$ durch den Höchstpunkt, der bei $b$ mit dem Punkte $B$ zusammenfällt. Analoger Unterschied besteht zwischen den Linien $d$ und $e$ bezüglich des Mindestwertes. Es ist natürlich nicht nötig, daß die Linien alle von links nach rechts ansteigen; der Fall kann ebensogut umgekehrt liegen.

Ob noch andere Linien als die in Abb. 324 möglich sind, muß dahingestellt bleiben, da das vorliegende Versuchsmaterial über die Änderung der Festigkeitseigenschaften und der Härte durch die Änderung der Zusammensetzung der Legierung trotz des hohen wirtschaftlichen und technischen Interesses noch recht dürftig ist.

Kann die Legierung mehr als zwei Arten von Mischkristallen bilden, wie z. B. in Abb. 325 für einen willkürlich gewählten Fall angedeutet ist, so tritt eine der Linien $a$ bis $e$ der Abb. 324 in jedem der Bereiche $A_0 c_1$, $c_1 c_2$, $c_2 c_3$, $c_3 c_4$, $c_4 B_0$ auf. Der Verlauf einer der Schaulinien $c, \sigma_S$; $c, \sigma_B$; $c, \delta$; $c, \mathfrak{H}$ usw. kann dann z. B. wie in Abb. 325 sein. Man kann auf diese Weise die mannigfaltigsten Aneinanderreihungen der Linien $a$ bis $e$ der Abb. 324 erhalten. (Vgl. $L_4$ 49.)

Weitergehende Regeln oder gar Gesetze lassen sich nicht aufstellen. Soweit sich bis jetzt übersehen läßt, scheint sich die Regel zu bewähren, daß für den Verlauf der Linien $\sigma_B$ und $\mathfrak{H}$ vorwiegend die Linienarten $a$ und $b$ in Betracht kommen. Bei Linienart $a$ würde die $B$-Grenze der Stoffe $A$ und $B$

durch Zusatz des anderen Stoffes gesteigert. Die Gesamtschaulinie zwischen $A$ und $B$ würde dann einen Höchstpunkt für irgendeine Zwischenlegierung haben.

Die Schaulinien $c, \delta$ dagegen scheinen die Linienarten $d, e$ (Abb. 324) zu bevorzugen; d. h. die Bruchdehnung der reinen Metalle wird durch Zusatz des zweiten Metalls vermindert. Ausnahmen hierzu sind bekannt. So wird z. B. die Bruchdehnung des Kupfers durch Zusatz von Aluminium oder Zink nicht vermindert, sondern gesteigert, so daß also hier für die Teile der $c, \delta$-Linie auch die Linienarten $a$ und $b$ vorkommen, wie die Abb. 326 zeigt, die für die gegossenen Kupfer-Zink-Legierungen gilt.

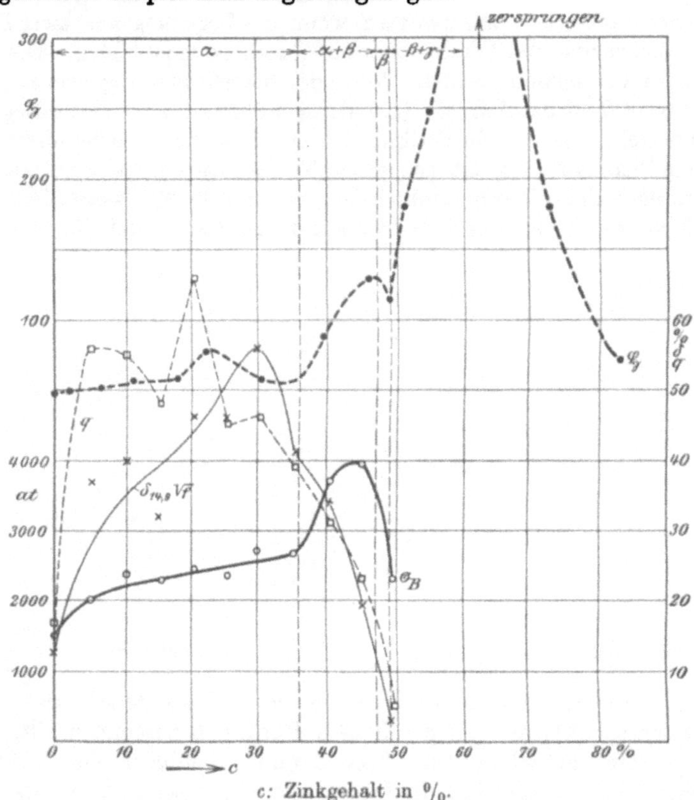


**Abb. 326. Festigkeitseigenschaften gegossener Kupfer-Zink-Legierungen.**
$\sigma_B$, $\delta$, $q$ nach **Kudriumow**. $\mathfrak{H}$: **Kugeldruckhärte** nach **Murray**. $(P = ?, D = ?)$.

Diese Legierungen bestehen bei gewöhnlichen Wärmegraden von 0 bis 36% Zink aus einfachen $\alpha$-Mischkristallen, zwischen 36 und 47% Zink aus einem Gemenge der Mischkristalle $\alpha$ und $\beta$, die kein Eutektikum bilden, zwischen 47 und 49% Zink aus einfachen Mischkristallen $\beta$, und von 49 bis 60% Zink aus einem Gemenge von $\beta$ und $\gamma$-Mischkristallen. Die einzelnen Felder sind in Abb. 326 durch gestrichelte Linien abgeteilt. Eingezeichnet sind die Schaubilder $c, \sigma_B$; $c, \delta$; $c, q$ für die gegossenen Legierungen nach **Kudriumow** ($L_4$ 12) und die Linie $c, \mathfrak{H}$ nach **Murray** ($L_4$ 50). Die Zahl der durch Beobachtung erhaltenen Punkte der Schaulinien ist verhältnismäßig klein und gestattet noch kein abschließendes Urteil über den Verlauf der einzelnen Linienabschnitte. Die gezeichneten Ausgleichslinien können möglicherweise bei genauerer Nachprüfung etwas anderen Verlauf annehmen. Soweit sich bis jetzt erkennen läßt, erhält man folgende Verteilung der Linienarten $a$ bis $e$ der Abb. 324:

$c$: Gehalt der Legierung an Zink

| | $0—36^0/_0$ | $36—47^0/_0$ | $47—49^0/_0$ | $49—60^0/_0$ |
|---|---|---|---|---|
| $\sigma_B$ | $b$ | $a$ | $b$ | — |
| $\delta$ | $a$ mit Wendepunkt | $b$ | $b$ oder $c$ | — |
| $\mathfrak{H}$ | $a$ | $b$ | $b$ | $b$ |

Aus den beiden oben angegebenen Regeln ergibt sich weiter, daß in der Mehrzahl der Fälle einem Verlauf der $c, \sigma_B$-Linie nach $a$ und $b$ Abb. 324, ein Verlauf der $c, \delta$-Linie nach $d$ und $e$ der Abb. 324 entspricht, daß also, wenn die $B$-Grenze steigt, die Bruchdehnung im allgemeinen fällt. Ausnahmen treten aber auf, und zwar gehören hierzu die obengenannten Kupfer-Zink- und Kupfer-Aluminium-Legierungen.

# D. Wärmespannungen[1].

**324.** Kuppelt man drei Metallstäbe I, I', II von ursprünglich gleicher Länge $l_0$ und gleicher Temperatur $t_1$ durch zwei Querhäupter in gleicher Weise wie in Abb. 278, so ist das System zunächst spannungslos. Wird jetzt der Stab II auf eine Temperatur $t_2$ größer als $t_1$ erwärmt, während die Stäbe I und I' bei der niedrigeren Temperatur $t_1$ verharren, so hat das System Eigenspannungen. Die beiden Stäbe I und I' möchten ihre ursprüngliche Länge $l_0$ beibehalten, während der Stab II eine größere Länge, nämlich $l_0[1 + \alpha(t_2 — t_1)]$ annehmen möchte, wenn $\alpha$ die Wärmedehnungszahl bedeutet. Da diese Verlängerung des Stabes II durch die starre Verkuppelung der drei Stäbe mittels der Querhäupter $Q$ ausgeschlossen ist, so werden sich die drei Stäbe auf eine mittlere Länge $l$ einigen, die größer ist als $l_0$ und kleiner als $l_0[1 + \alpha(t_2 — t_1)]$. Das ist aber nur möglich, wenn der Stab II elastisch zusammengedrückt und die Stäbe I und I' elastisch gedehnt werden. Wir haben also wieder das Schema wie in Abb. 277 und 278, nur ist in Abb. 277 statt $l_1$ zu setzen $l_0$ und statt $l_2$ der Wert $l_0[1 + \alpha(t_2 — t_1)]$.

Der wärmere Stab steht unter Druck-, der kältere unter Zugspannungen. Die Spannungen werden um so größer, je größer der Temperaturunterschied $t_2 — t_1$ wird. Wir nennen solche durch Temperaturverschiedenheiten innerhalb des Systems bedingten Spannungen Wärmespannungen.

Wir setzen voraus, daß der Temperaturunterschied $t_2 — t_1$ nicht so groß ist, daß eine bleibende Streckung der Stäbe I, I' oder eine bleibende Zusammendrückung des Stabes II eintritt. Dann wird bei einer Verminderung des Temperaturunterschiedes $t_2 — t_1$ die Spannung abnehmen und nach Ausgleich der Temperatur, wenn $t_2 = t_1$ geworden, wieder verschwunden sein. Die Spannungen sind dann vorübergehend.

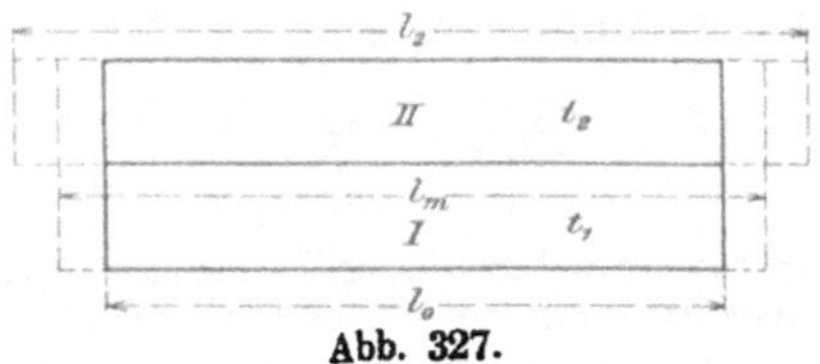


Abb. 327.

Man denke sich die beiden Stäbe I und II in Abb. 327 fest miteinander verkuppelt, so daß sie gezwungen sind, unter allen Umständen gleiche Länge zu behalten. Außerdem soll die Bedingung erfüllt sein, daß die Stäbe sich nicht krümmen können. Durch diese Verkuppelungsart werden ähnliche Verhältnisse

---

[1]) Vgl. E. Heyn $L_4$ 51, sowie E. Heyn und O. Bauer $L_4$ 52.

geschaffen, wie durch die Verkuppelung der drei Schraubenfedern in Abb. 278 durch die Querhäupter $QQ$. Die beiden Stäbe sollen bei der Temperatur $t_1$ ohne Spannung sein und beide die gleiche Länge $l_0$ besitzen. Dem Stab II werde die Temperatur $t_2$ erteilt, der Stab I behalte seine Temperatur $t_1$ bei; $t_2$ sei größer als $t_1$. Wären die beiden Stäbe frei, nicht verkuppelt, so würde II die Länge $l_2 = l_0 [1 + \alpha (t_2 - t_1)]$ annehmen. Wegen der Verkuppelung müssen sich die beiden Stäbe auf eine mittlere Länge $l_m$ einigen, die zwischen $l_0$ und $l_2$ liegt. Hierbei wird der Stab I elastisch verlängert, II elastisch verkürzt; Stab I steht unter Zugspannung $\sigma_1$, Stab II unter Druckspannung $\sigma_2$. Der Querschnitt der beiden Stäbe sei $f_1$ und $f_2$; die Gleichgewichtsbedingung verlangt:

$$f_1 \cdot \sigma_1 + f_2 \cdot \sigma_2 = 0 \ldots \ldots \ldots \ldots \ldots \ldots (7)$$

Hierbei wird ein positives $\sigma$ Zug-, ein negatives Druckspannung bedeuten. Es ist nun

$$\sigma_1 = E \frac{l_m - l_0}{l_0}; \qquad \sigma_2 = E \frac{l_m - l_0 [1 + \alpha (t_2 - t_1)]}{l_0} \ldots \ldots (8)$$

wenn $E$ der Elastizitätsmodul des Materials ist, und keine der Spannungen $\sigma_1$ und $\sigma_2$ die Proportionalitätsgrenze des Materials überschreitet. Setzt man diese Werte in Gl. 7 ein, so erhält man

$$f_1 E \frac{l_m - l_0}{l_0} + f_2 E \frac{l_m - l_0 [1 + \alpha (t_2 - t_1)]}{l_0} = 0,$$

woraus folgt:

$$l_m = l_0 \left[ 1 + \frac{f_2}{f_1 + f_2} \alpha (t_2 - t_1) \right] \ldots \ldots \ldots \ldots (9)$$

Nach Einsetzen des Wertes von $l_m$ in die Gl. 8 findet man:

$$\left. \begin{aligned} \sigma_1 &= \frac{E f_2}{f_1 + f_2} \alpha (t_2 - t_1) \\[2mm] \sigma_2 &= - \frac{E f_1}{f_1 + f_2} \alpha (t_2 - t_1) \end{aligned} \right\} \ldots \ldots \ldots \ldots (10)$$

**Die entstehenden Spannungen sind somit proportional dem Elastizitätsmodul, der Wärmedehnungszahl und dem Temperaturunterschied $t_2 - t_1$, dagegen unabhängig von der Länge $l_0$. Die auf solche Weise entstandenen Spannungen sind folglich unter sonst gleichen Verhältnissen in langen Stäben nicht größer als in kürzeren.**

**Die Spannungen verhalten sich umgekehrt wie die Größe der Querschnitte, in denen sie auftreten.**

$$\frac{\sigma_1}{\sigma_2} = - \frac{f_2}{f_1}.$$

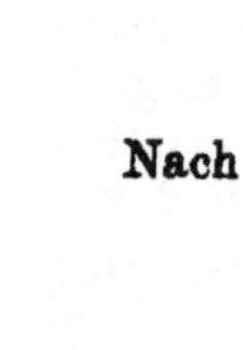

Um ein Bild von der Größe solcher Wärmespannungen zu gewinnen, werde z. B. ein Teil einer Kesselwand von der Dicke $d$ betrachtet, wie in Abb. 328, deren eine Seite $F$ Feuergase bespülen, und auf deren anderer Seite sich Wasser $W$ befindet. Das letztere habe zunächst eine Temperatur von 200 $C^0$, und diese Temperatur erstrecke sich im Gleichgewichtszustand über die ganze Dicke $d$ des Kesselblechs. In einem gegebenen Augenblick werde plötzlich längs der inneren Wandung $W$ des Bleches kaltes Wasser von der Temperatur 100 $C^0$ vorbeigeführt (z. B. bei Speisung des Kessels).

Abb. 328.

Infolgedessen sei nach einer bestimmten kurzen Zeit, bevor noch durch die Wärmeleitung der Beharrungszustand eingetreten ist, in der dünnen Schicht von der Dicke $d_1$ die Temperatur 100 $C^0$ vorhanden; in der Schicht II von der Dicke $d_2$ bestehe aber noch die Temperatur 200 $C^0$. Es ist dann in Gl. 10 einzusetzen:

$$t_2 - t_1 = 100, \qquad \frac{f_1}{f_1 + f_2} = \frac{d_1}{d}, \qquad \frac{f_2}{f_1 + f_2} = \frac{d_2}{d},$$

und es ergibt sich

$$\sigma_1 = E \cdot \frac{d_2}{d}\,\alpha \cdot 100, \qquad \sigma_2 = -E \cdot \frac{d_1}{d}\,\alpha \cdot 100.$$

Wählt man beispielsweise

$$\frac{d_1}{d} = 0{,}1, \qquad \frac{d_2}{d} = 0{,}9,$$

so erhält man für Flußeisen unter Zugrundelegung von $E = 2000000$ at und einer Ausdehnungszahl $\alpha = 0{,}000012$

$$\sigma_1 = 2000000 \cdot 0{,}9 \cdot 0{,}000012 \cdot 100 = 2160 \text{ at.}$$

Die Spannung in der Schicht I würde also bereits sehr nahe der Streckgrenze des Flußeisens sein. Für Spannungen oberhalb der Streckgrenze ist die Formel nicht mehr zu gebrauchen; streng genommen gilt sie überhaupt nur bis zur Proportionalitätsgrenze. Die Rechnung gilt auch entsprechend der gemachten Voraussetzung nur dann, wenn der betrachtete Kesselwandteil sich nicht durchbiegen kann, wenn also an der in Frage kommenden Stelle der Kesselwand keine örtliche Beulung eintreten kann.

**325.** Der in Abb. 327 dargestellte Fall wird sich in Wirklichkeit schwerlich einstellen können, da die dort angenommene Temperaturverteilung unmöglich ist. Man kommt der Wirklichkeit näher, wenn man wie in Abb. 329 einen prismatischen Stab von der Dicke $d$ und der Breite $b$ betrachtet, der auf der Fläche II die höhere Temperatur $t_2$ und auf der Fläche I die niedere Temperatur $t_1$ besitzt. Abb. 329 stellt einen Quer- und einen Längsschnitt durch den Stab dar. Krümmung des Stabes sei zunächst als ausgeschlossen gedacht. Der Abfall der Temperatur von der Fläche II nach der Fläche I werde durch die Linie $AB$ veranschaulicht. Zu

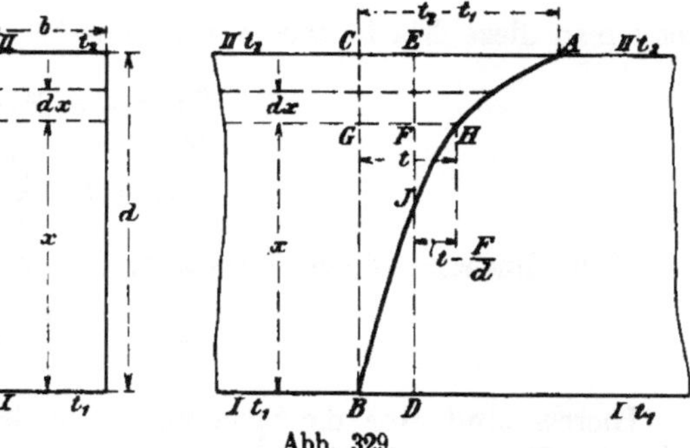
Abb. 329.

jedem Abstand $x$ über der Fläche I gehört ein bestimmter Temperaturunterschied $t = GH$. Das Gesetz des Temperaturabfalls, also der Linie $AB$ sei ausgedrückt durch die Gleichung

$$t = f(x),$$

wobei $f(x)$ eine beliebige Funktion bedeutet, die für $x = 0$ den Wert 0 und für $x = d$ den Wert $CA = t_2 - t_1$ hat. Wir denken uns den Stab in viele Längsstreifen von der unendlich kleinen Dicke $dx$ zerlegt. Jede solche Schicht hat dann den Querschnitt $b \cdot dx$. In Abb. 329 ist eine solche Schicht gezeichnet. Wegen des Temperaturunterschiedes möchte diese Schicht sich um den Betrag $l_0 \alpha t$ verlängern. Durch die Verkuppelung mit den übrigen Stabteilen müssen alle Schichten eine gemeinschaftliche Verlängerung $\lambda_m$ erleiden, die zunächst unbekannt ist. In der betrachteten Schicht wird eine Spannung $\sigma_x$ entstehen, die dem Unterschied der beiden Verlängerungen proportional ist, nämlich

$$\sigma_x = E \cdot \frac{\lambda_m - l_0 \alpha t}{l_0}$$

$$\sigma_x = E \cdot \frac{\lambda_m}{l_0} - E \alpha t \ldots \ldots \ldots \ldots \ldots (11)$$

Im Querschnitt $b \cdot dx$ wirkt nun die Kraft $b \cdot dx \cdot \sigma_x = P_x$. Nach der Gleichgewichtsbedingung muß aber sein

$$\Sigma P_x = 0,$$

oder

$$b \int_0^d \sigma_x \cdot dx = 0.$$

Wird der Wert für $\sigma_x$ aus Gl. 11 eingesetzt, so finden wir:

$$E b \int_0^d \left[ \frac{\lambda_m}{l_0} - \alpha t \right] dx = 0.$$

Setzt man auch noch den Wert für $t = f(x)$ ein, so ergibt sich:

$$\frac{\lambda_m}{l_0} \int_0^d dx - \alpha \int_0^d f(x)\, dx = 0.$$

Hierin bedeutet $\int_0^d f(x)\, dx$ die Fläche $CAB$ in Abb. 329, und man erhält, wenn man diese Fläche mit $F$ bezeichnet:

$$\frac{\lambda_m}{l_0} \cdot d - \alpha \cdot F = 0;$$

$$\lambda_m = l_0 \alpha \frac{F}{d} \quad . \ . \ . \ . \ . \ . \ . \ . \ . \ . \ . \ . \ . \ . \quad (12)$$

Nach Einsetzen dieses Wertes in Gl. 11 findet man für $\sigma_x$

$$\sigma_x = - \alpha \cdot E \left( t - \frac{F}{d} \right) \quad . \ . \ . \ . \ . \ . \ . \ . \ . \ . \ . \quad (13)$$

Hierbei sind nur die Spannungen in der Längsrichtung des Stabes berücksichtigt. Wegen der Querdehnung können auch noch Spannungen in der Ebene des Stabquerschnitts entstehen, auf die hier nicht näher eingegangen wird, da die Rechnung nicht zur Ableitung der quantitativen Verhältnisse benutzt werden soll.

$\sigma_x$ ist Zugspannung, wenn es positiv, Druckspannung, wenn es negativ ist.

Die Größe $F/d$ läßt sich aus Abb. 329 bequem zeichnerisch ermitteln. Man bestimmt planimetrisch die Fläche $CAB$, wandelt sie in ein flächengleiches Rechteck $CEDB$ mit der Seite $d$ um, dann ist $BD = CE = GF = F/d$, und die Größe $t - F/d$ ist gleich der Strecke $FH$.

Gl. 13 sagt also, daß die Spannung in jeder Schicht proportional ist dem Abstand der Temperaturlinie $AB$ von der Senkrechten $DE$.

In Punkt $J$ ist dieser Abstand Null, folglich ist dort auch die Spannung Null. Alle Schichten oberhalb $J$ haben Druckspannungen, weil hier der Wert $t - F/d$ positiv, $\sigma_x$ also negativ wird. Alle Schichten unterhalb $J$ stehen unter Zugspannung. Die im Stabe auftretenden Höchstspannungen entstehen dort, wo die Strecke $FH$ den größten Wert erreicht, das ist z. B. in Abb. 329 bei $EA$ und $BD$.

Obige Überlegung gilt unabhängig von dem Gesetz, nach dem der Temperaturabfall von Punkt $A$ nach Punkt $B$ vor sich geht. Bedingung bleibt immer nur, daß der Elastizitätsmodul $E$ unveränderlich und für Zug und Druck derselbe ist, daß die Spannungen die Streckgrenze des Materials nicht überschreiten und Biegung des Stabes verhindert wird.

Geht der Temperaturabfall wie in Abb. 330 vor sich, so liegt der Höchstwert der Druckspannung nicht bei $EA$, sondern tiefer; der Höchstwert der Zugspannungen liegt bei $BD$.

*326.* Bisher wurde ausdrücklich jede Möglichkeit der Krümmung des Stabes ausgeschlossen. Diese Voraussetzung wird nicht immer zutreffen. Der Stab wird vielmehr dem Bestreben, an der Seite der höheren Temperatur eine größere Länge anzunehmen, dadurch nachzukommen suchen, daß er sich dort konvex biegt, während er auf der kälteren Seite die kleinere Länge dadurch annimmt, daß er sich konkav einstellt. Man kann sich dies mit einem Gelatineplättchen sehr leicht veranschaulichen, das man mit einer Seite auf die warme Hand legt. Die mit der Hand in Berührung stehende wärmere Fläche wird sich nach der Hand zu konvex krümmen, während die entgegengesetzte Fläche des Plättchens sich konkav einstellt.

Durch die Möglichkeit der Krümmung des Stabes lassen sich die Spannungen zum Teil, unter gewissen Umständen ganz aufheben. In der Entfernung $x$ von $B$ bestehe, wie in Abb. 330 gezeigt, eine Spannung $\sigma_x$ proportional der Strecke $FH$. Sie entspricht einer Kraft $b\,dx\cdot\sigma_x$ auf die Stabschicht von der Dicke $dx$ und der Stabbreite $b$ in der Entfernung $x$ von $BD$ und einem Moment $b\cdot x\cdot dx\cdot\sigma_x$, wenn $B$ als Drehpunkt gedacht wird. Das gesamte den Stab auf Krümmung beanspruchende Moment ist alsdann:

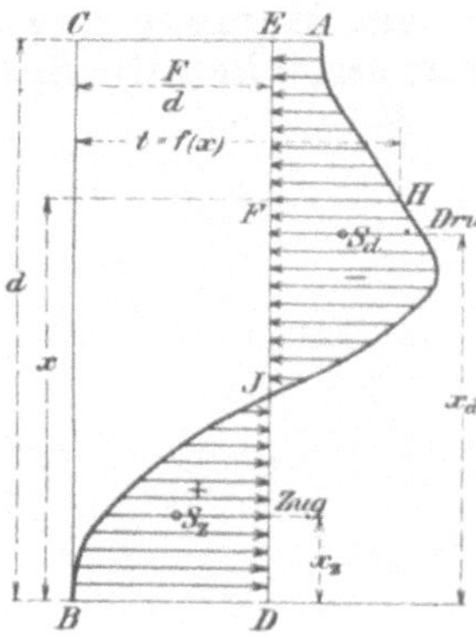

$$M = b\int\limits_0^d x\cdot\sigma_x\cdot dx.$$

Abb. 330.

Bezeichnet man den Inhalt der Fläche $EAHJ$, die die Druckspannungen darstellt, mit $F_d$, den der Fläche $BJD$ mit $F_z$, ferner den Abstand des Schwerpunktes der Fläche $F_d$ von $BD$ mit $x_d$ und den Abstand des Schwerpunktes $S_z$ der Fläche $BJD$ mit $x_z$, so ergibt sich auch

$$M = b\cdot E\alpha\,[F_z x_z - F_d x_d], \quad\ldots\ldots\ldots\ldots\ldots (14)$$

wobei Drehung im Sinne des Uhrzeigers positiv angenommen wurde.

Ist $W$ das Widerstandsmoment des Stabquerschnittes, so würde ein Drehungsmoment $M$ von obiger Größe in den äußersten Schichten des Stabes für $x = 0$ und $x = d$ die höchsten Spannungen erzeugen

$$\sigma'_{max} = \pm\frac{M}{W},$$

wobei das positive Vorzeichen Zug-, das negative Druckspannungen kennzeichnet. In den übrigen Teilen der Stabdicke verteilt sich die Spannung nach dem bekannten Gesetz proportional dem Abstand von der neutralen Faser. Die Spannungsverteilung infolge des Drehmoments $M$ ist sonach wie in Abb. 331. Es verhält sich

$$\sigma_x' : \sigma'_{max} = \left(x - \frac{d}{2}\right) : \frac{d}{2},$$

$$\sigma_x' = \sigma'_{max}\left(\frac{2x}{d} - 1\right) = \pm\frac{M}{W}\left(\frac{2x}{d} - 1\right).$$

In jeder Schicht im Abstand $x$ von der Fläche I herrschen die beiden Spannungen $\sigma_x$ und $\sigma_x'$, die sich gegenseitig aufzuheben suchen. Die bleibende Restspannung ergibt sich zu

$$\varrho_x = \sigma_x - \sigma_x'.$$

Die Restspannung wird Null, wenn für alle $x$ die Spannungen $\sigma_x$ und $\sigma_x'$ gleich werden. Da sich $\sigma_x'$ nur nach einer Geraden ändern kann, kann dieser Fall nur eintreten, wenn auch die Linie $AHJB$, die den Temperaturabfall darstellt, eine Gerade ist, und $AB$ und $KL$ zusammenfallen.

In diesem Sonderfall werden die Wärmespannungen im Stab durch Krümmung aufgehoben. In allen anderen Fällen werden die Wärmespannungen zwar durch Krümmung vermindert, aber nicht ganz beseitigt. Es hinterbleiben in jeder Schicht Restspannungen $\varrho_x$. Die Verminderung der Spannungen durch Krümmung ist um so vollkommener, je mehr sich die Linien $AB$ und $KL$ decken. Für den Fall, daß das Moment $M$ gleich Null ist, also Krümmung nicht eintreten kann, erreichen die Spannungen ihr Höchstmaß.

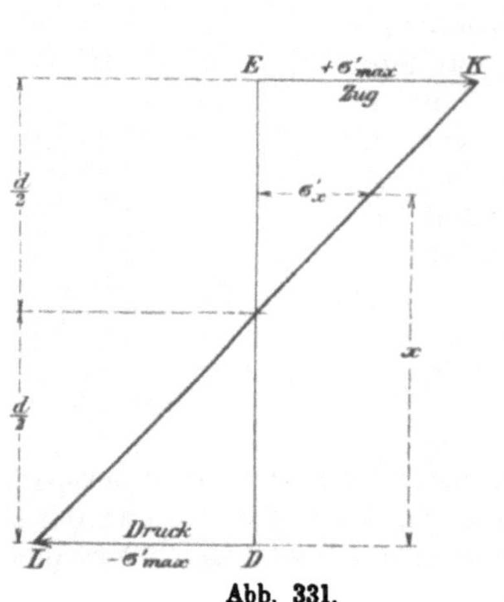

Abb. 331.

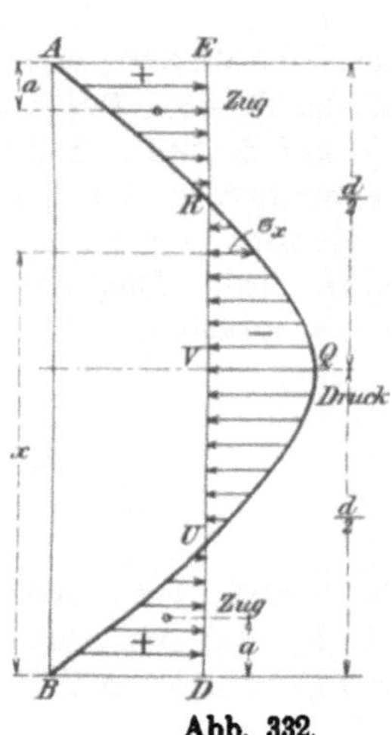

Abb. 332.

Ein solcher Fall liegt beispielsweise in Abb. 332 vor, wo die Schaulinie $AQB$ für den Temperaturabfall ihren höchsten Punkt in der Mitte des Stabes erreicht. Dieser Fall tritt ein, wenn ein heißer Stab oder auch ein Blech von zwei Flächen her rasch abgekühlt wird. In der Mitte zwischen den beiden Abkühlungsflächen herrscht dann die höchste Temperatur; nach den Abkühlungsflächen hin tritt Temperaturabfall ein.

Wir legen nach Früherem die Gerade $ED$ so, daß $AEDB$ mit $AQB$ flächengleich ist. Die Abstände der Linie $ED$ von der Linie $AQB$ sind dann den Spannungen proportional. An den heißesten Stellen des Stabes herrschen Druckspannungen, an den kälteren Zugspannungen.

Ist $AQB$ völlig symmetrisch zur neutralen Faser des Stabes, so ist Fläche $AER = BUD = RQU/2$. Der Schwerpunkt der Fläche $AER$ liegt in der Höhe $d-a$, der von $BUD$ in der Höhe $a$ über $BD$. Folglich wird

$$F_s x_s - F_d x_d = AER(d-a) - RQU\,\frac{d}{2} + BUD \cdot a = AER \cdot d - RQU\,\frac{d}{2} = 0.$$

Das Biegungsmoment $M$ ist dann nach Gleichung 14 ebenfalls Null, der Stab kann sich nicht krümmen. Die Wärmespannungen werden also voll auftreten, weil ihnen keine Krümmung entgegenwirkt.

**327.** Bisher wurde vorausgesetzt, daß die vorkommenden Formänderungen rein elastischer Art waren, daß also keine bleibenden (plastischen) Formänderungen vor sich gingen.

Im Gegensatz hierzu wollen wir nun den Fall betrachten, daß das Material der drei Stäbe I, I', II in Abb. 278 nur plastischer, keiner elastischen Formänderungen fähig wäre. Die beiden Stäbe I und I' mit der ursprünglichen Länge $l_0$ behalten die Temperatur $t_1$ bei, der Stab II von der gleichen ursprünglichen Länge $l_0$ werde auf die Temperatur $t_2$ größer als $t_1$ erhitzt. Er wird das Bestreben haben, sich auszudehnen. Seiner Verlängerung setzen sich aber die Stäbe I und I' wegen ihrer Verkuppelung mit II entgegen. Die Stäbe werden sich auf eine mittlere Länge $l_m$ einigen, wobei I und I' plastisch gestreckt, II plastisch zusammengedrückt werden. Spannungen bleiben aber nicht zurück. Würde man den Stab II in der Mitte zerschneiden, so ändern die Stäbe I und I' die von ihnen bleibend angenommene Länge $l_m$ nicht. Es ist derselbe Fall, als wenn man einen Violinboden und ebenso die Saiten aus Wachs herstellen wollte. Durch Anspannen des Wirbels ist Anspannung dieser Saiten nicht erzielbar; es findet zwar Formänderung sowohl im Violinboden, als auch in den Saiten statt; diese ist aber bleibend; die beiden Teile (Violinboden und Saiten) haben nicht mehr das Bestreben, die ursprüngliche Länge anzunehmen.

Wird nun der Temperaturunterschied wieder aufgehoben, so sucht Stab II wegen der Abkühlung wieder eine geringere Länge anzunehmen als $l_m$. Dem setzen sich die Stäbe I und I' entgegen, die die derzeitige Länge beibehalten möchten, weil sie ja keine Temperaturänderung erleiden. Die Folge hiervon muß sein, daß die Stäbe I und I' plastisch zusammengedrückt und der Stab II plastisch gestreckt werden und sich auf eine neue Länge $l_m'$ einigen. $l_m'$ wird gleich $l_0$, wenn während der plastischen Formänderungen sich die Querschnitte $f_1$, $f_1'$, $f_2$ nicht geändert haben. Spannungen können auch nun nicht entstehen, weil ja Spannungen nur bei elastischen Formänderungen auftreten können.

Bei den metallischen Stoffen sind sowohl elastische, als auch plastische Formänderungen möglich. Solange die durch die Temperaturunterschiede bedingten Spannungen weder die Streckgrenze des Metalls für Zug, noch die für Druck überschreiten, verhalten sich die Metalle wie rein elastische Stoffe, und es gelten die früher gemachten Überlegungen. Sobald aber die Temperaturunterschiede so weit steigen, daß die daraus entstehenden Spannungen die ursprüngliche Streckgrenze des Metalls überschreiten, so treten plastische Formänderungen hinzu, und die Verhältnisse verschieben sich wesentlich.

Wir wollen, um möglichst einfache Verhältnisse zu erhalten, zu dem durch die Abb. 327 dargestellten Fall zweier verkuppelter Stäbe I und II zurückkehren und annehmen, daß die beiden Querschnitte $f_1$ und $f_2$ einander gleich sind. Wie früher wird vorausgesetzt, daß $E$ für Zug und Druck gleich ist. Das Stabmaterial habe den in der Abb. 333 gezeichneten Verlauf der Dehnungs-Spannungslinie $(\varepsilon, \sigma)$.

a) Wird der Stab II auf die Temperatur $t_2$ erhitzt, so möchte er die Länge $l_0[1 + \alpha(t_2 - t_1)]$ entsprechend einer Dehnung von

$$\frac{l_0[1 + \alpha(t_2 - t_1)] - l_0}{l_0} = \alpha(t_2 - t_1)$$

annehmen. Da die Querschnitte der Stäbe I und II als gleich vorausgesetzt sind, und da weiter angenommen wird, daß die $\varepsilon, \sigma$-Linie für Zug und Druck, abgesehen von der Umkehr der Vorzeichen, gleichen Verlauf hat, so wird der Stab II um den Betrag $\dfrac{\alpha}{2}(t_2 - t_1)$ gegenüber der von ihm angestrebten Länge verkürzt, der Stab I um den gleichen Betrag gestreckt. Der Stab I wird also eine Dehnung um den Betrag $OB = DG$, der Stab II eine Stauchung um den gleichen Betrag $OC = JE$ erleiden. Hiervon entfällt der Betrag $FG$ und $JH$ auf plastische, bleibende Formänderung, die keine Spannung erzeugt. Auf elastische Formänderungen kommen die Beträge $DF$ und $HE$, wenn, was in der Mehrzahl der Fälle zutreffen wird, Proportionalität zwischen elastischer Dehnung und Spannung auch noch oberhalb der $S$-Grenze angenommen wird. Diese elastischen Änderungen entsprechen den Spannungen $\sigma_1 = DO = GB$ (Zugspannung) in Stab I und $-\sigma_2 = EO = JC$ (Druckspannung) in Stab II.

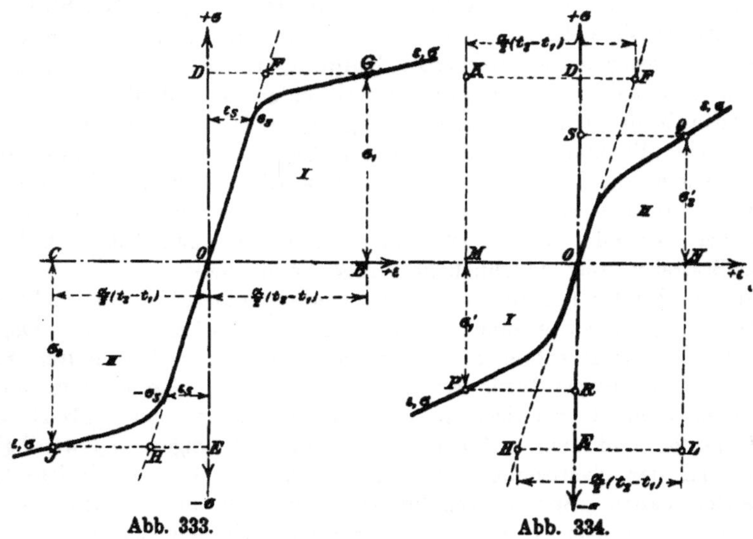

Abb. 333.            Abb. 334.

Bis jetzt sind die Verhältnisse ganz ähnlich wie früher, wo die Voraussetzung galt, daß keine der erzeugten Spannungen die $S$-Grenze des Materials überschritt, bleibende Formänderungen also ausgeschlossen waren.

b) Anders wird nun aber die Sachlage, wenn der Stab II von der hohen Temperatur $t_2$ wieder rückwärts auf die ursprüngliche Temperatur $t_1$ gebracht wird. Dabei wird der Stab II das Bestreben haben, sich auf jeder Einheit seiner Länge um den Betrag $\alpha(t_2 - t_1)$ zu verkürzen. Wegen der Verkuppelung mit Stab I, der seine Länge nicht ändern will, weil seine Temperatur unverändert ist, streckt er sich um den Betrag $\frac{\alpha}{2}(t_2 - t_1)$, auf die Längeneinheit bezogen, während Stab I eine Stauchung um $\frac{\alpha}{2}(t_2 - t_1)$ erfährt. Um die Dehnungen der Stabteile I und II in Abb. 334 zu bekommen, muß man nun die Beträge $\frac{\alpha}{2}(t_2 - t_1)$ nicht von $O$ aus nach rechts und links auf der $\varepsilon$-Achse abtragen, sondern die Beträge

$$\frac{\alpha}{2}(t_2 - t_1) - DF = KD = MO$$

und

$$\frac{\alpha}{2}(t_2 - t_1) - HE = EL = ON.$$

Hierbei ist $OM = ON$. Die in Abb. 334 stark ausgezogene $\varepsilon, \sigma$-Linie braucht jetzt nicht mehr den gleichen Verlauf zu haben wie in Abb. 333, da ja nach

**Bauschinger** (I, *314*) beim Anspannen eines Metalls bis über die $P$-Grenze für Zug die $P$-Grenze für Druck heruntergedrückt werden kann.

Den Dehnungen $OM$ und $ON$ entsprechen die Spannungen $-\sigma_1' = OR$ und $\sigma_2' = OS$, wobei $OR = OS$.

Das Stabsystem I und II erlangt also dadurch, daß Stab II von $t_1$ auf $t_2$ erhitzt und dann wieder auf $t_1$ abgekühlt wird, bleibende Spannungen $\sigma_1'$ und $\sigma_2'$.

Ist die Temperaturänderung $t_2 - t_1$ so, daß der Betrag $\dfrac{\alpha}{2}(t_2 - t_1) < \varepsilon_S$ (s. Abb. 333), daß also bei der Erhitzung die Streckgrenze des Materials nicht überschritten wird, so fallen in Abb. 334 die Punkte $M$ und $N$ mit $O$ zusammen; d. h. nach der Wiederabkühlung des Stabes II von $t_2$ auf $t_1$ werden **keine bleibenden Spannungen erzeugt.**

Hieraus ergibt sich folgender Satz: **Überschreiten die infolge ungleich·** **mäßiger Erwärmung in einem Stab herbeigeführten Wärmespannungen** **die derzeitige Streckgrenze des Materials nicht, so verschwinden sie** **beim Ausgleich der Temperatur wieder. Die Spannungen sind vorüber·** **gehend. — Überschreiten aber die Wärmespannungen die derzeitige** **Streckgrenze des Materials, so daß bleibende Formänderungen ein·** **treten, so werden beim Temperaturausgleich wiederum bleibende** **Formänderungen im entgegengesetzten Sinne erzielt. Das Material** **erfährt Kaltrecken. Die Spannungen verschwinden nicht wieder,** **sondern sind bleibend, ähnlich wie die Reckspannungen.**

Dies Gesetz gilt allgemein, auch wenn die oben gemachten Voraussetzungen über die Gleichheit des Elastizitätsmoduls für Zug und Druck, sowie über die Gleichheit der Querschnitte $f_1$ und $f_2$ nicht mehr erfüllt sind, denn diese Voraussetzungen beeinflussen das Ergebnis nur quantitativ, nicht qualitativ. Die durch den Temperaturunterschied $t_2 - t_1$ bedingte Verlängerung $\alpha(t_2 - t_1)$ verteilt sich bei Wegfall der obigen Voraussetzungen in anderer Weise auf die beiden Querschnitte $f_1$ und $f_2$ als durch Abb. 333 und 334 angedeutet. Man könnte dies beim Entwurf der beiden Abbildungen berücksichtigen; es hat aber keinen Zweck, diese Verwicklung einzuführen, da ja doch der Verlauf der $\varepsilon, \sigma$-Linien in Abb. 334 nach der durch Abb. 333 herbeigeführten bleibenden Formänderung unbekannt ist. Liegt die Temperatur $t_2$ verhältnismäßig hoch über der Zimmerwärme, so kommt noch hinzu, daß die Streck- bzw. Quetschgrenze des Materials in dem stärker erwärmten Stabteil II wesentlich niedriger liegen kann, als in dem kälteren Stabteil I.

*328.* Das im vorigen Absatz angegebene Gesetz ermöglicht es, unter gewissen Umständen die infolge Temperaturungleichmäßigkeiten bedingten **bleiben·** **den Wärmespannungen in Bauteilen** nach erfolgtem Ausbau aus dem Bauwerk nachzuweisen (z. B. in Kesselblechen nach der Herausnahme aus dem Kessel). Falls feststeht, daß diese Spannungen nicht bereits vor dem Einbau, oder während des Ein- oder Ausbaus infolge bleibender Formänderungen (Reckspannungen) oder ungleichmäßiger Erwärmung hineingekommen sind, so läßt sich aus den gemessenen Spannungen schließen, daß sie während des Betriebs entstanden sind.

Sind bei Blechen die bleibenden Spannungen bedingt durch Temperaturungleichheit innerhalb der Blechdicke $d$, so liegt die Schaulinie $AB$ (Abb. 329), von der die Größe der Spannungen abhängt, in einer zur Blechtafel senkrechten Ebene. Die dadurch etwa bedingten bleibenden Spannungen werden durch Schnitte senkrecht zur Blechtafel nicht ausgelöst, sondern nur durch Wegnahme von Schichten parallel zur Blechtafel. Man kann deswegen aus einer mit solchen Spannungen behafteten Blechtafel Stücke von der Dicke $d$ herausschneiden und die Spannungen in ihnen in ähnlicher Weise, wie bei den Reckspannungen, dadurch messen, daß man die Änderung der Entfernung zweier Marken $m_1$ und $m_2$ durch das Abhobeln einzelner Schichten 1, 2, 3 ... mißt, wie in Abb. 335 angedeutet.

Anders liegt jedoch der Fall, wenn die Schaulinie $AB$ (Abb. 329) in eine zur Blechtafel parallele Ebene fällt, wie in Abb. 336, wenn also die Temperaturungleichheit nicht innerhalb der Blechdicke, sondern innerhalb der Ebene der Blechtafel selbst bleibende Spannungen erzeugt hat. Dann muß man zur Feststellung der Gegenwart solcher Spannungen, soweit sie sich nicht schon durch Krümmung des Blechs ausgeglichen haben, die ganze Blechplatte, nicht nur Teile derselben zur Verfügung haben. Man kann dann beispielsweise wie folgt verfahren. Man bringt mehrere Marken $m_1$, $m_2$ usw. etwa wie in Abb. 337

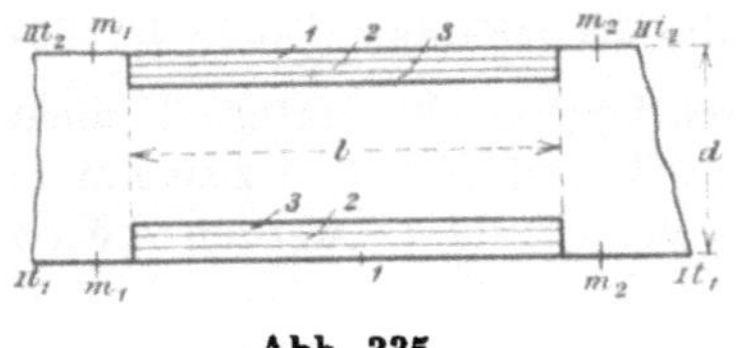
Abb. 335.

an und mißt ihre Abstände $m_1 m_2$, $m_1 m_3$, $m_1 m_4$, $m_2 m_3$, $m_2 m_4$, $m_3 m_4$. Dann bohrt man die schraffierte Fläche $F$ in der Blechmitte unter Vermeidung von Verbiegen des Bleches heraus und mißt die oben genannten Entfernungen zurück, nachdem das Blech wieder die Temperatur angenommen hat, bei der die Messung der ursprünglichen Markenabstände geschah. Änderungen dieser Abstände geben einen Anhalt für vorhanden gewesene bleibende Spannungen. Zweckmäßig prüft man auch, ob das Blech vor und nach der Entfernung von $F$ seine Krümmung geändert hat. Daß man das Blech vor der Untersuchung nicht etwa gerade walzen darf, ist wohl selbstverständlich, weil hierdurch ja Reckspannungen neu erzeugt werden. Auch autogenes Ausschneiden der Fläche $F$ ist unstatthaft, da es die Spannungen beeinflußt.

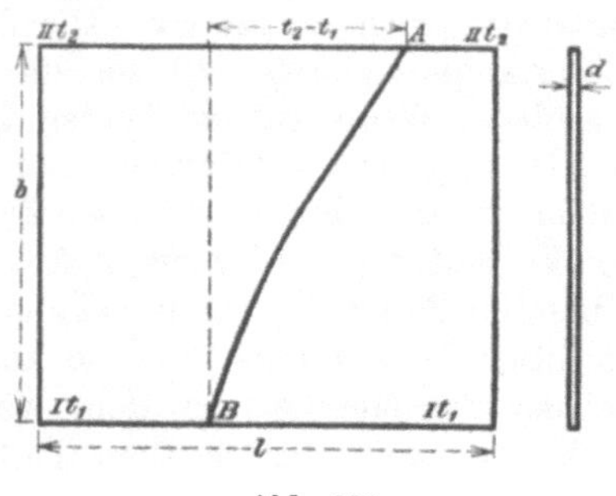
Abb. 336.

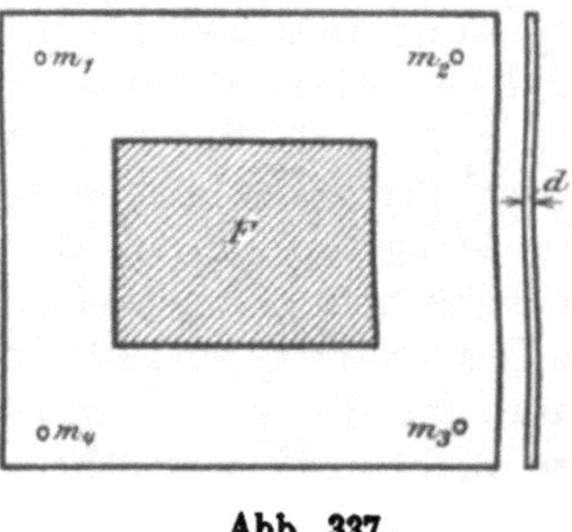
Abb. 337.

Das herausgebohrte Blechstück kann man noch auf Spannungen nach Abb. 335 untersuchen.

Je nach der besonderen Sachlage wird man von dem angegebenen Verfahren in der einen oder anderen Richtung abweichen müssen. Die Übertragung auf andere Fälle als auf die Spannungsmessung in Kesselblechen ergibt sich auch leicht aus der Überlegung.

*329.* Wegen des steilen Verlaufes der $\varepsilon$, $\sigma$-Linie zwischen $O$ und $\sigma_S$ in Abb. 333 entspricht einem verhältnismäßig kleinen Zuwachs der Abszisse $\varepsilon$ ein recht großer Zuwachs der Spannung $\sigma$; d. h. sehr kleine Beträge von $\dfrac{\alpha}{2}(t_2 - t_1)$, also sehr kleine Temperaturungleichheiten, können bereits recht große Wärmespannungen hervorrufen, solange diese Spannungen unterhalb der $S$-Grenze liegen. Wird diese Grenze überschritten, so verläuft die $\varepsilon$, $\sigma$-Linie wesentlich flacher. Verhältnismäßig großes Anwachsen der Abszisse bedingt dann wesentlich kleineren Spannungszuwachs als unterhalb der $S$-Grenze. Während z. B. bei Eisen unterhalb der Streckgrenze unter den Verhältnissen der Abb. 333 auf einen Temperaturunterschied $t_2 - t_1 = 100$ C° eine Steigerung der Spannung um $\frac{E\alpha}{2} \cdot 100 = 1200$ at kommt, so entspricht oberhalb der Streckgrenze dem gleichen Temperaturunterschied nur ein Spannungszuwachs von etwa 12 at.

Daraus geht hervor, daß in Materialien, deren $S$-Grenze nahe der $B$-Grenze liegt, wie z. B. in sehr stark kaltgereckten Metallen oder solchen Materialien, die bereits auf Grund ihrer Eigenart auch ohne Kaltrecken eine mit der $B$-Grenze nahezu zusammenfallende $S$-Grenze haben, wie spröde Legierungen, Glas usw., bereits durch verhältnismäßig geringe Temperaturungleichmäßigkeiten $t_2 - t_1$ die Wärmespannungen bis zur $B$-Grenze gesteigert, der Körper also zerbrochen werden kann. Bekannt ist ja die Neigung des Glases zum Zerspringen infolge ungleichmäßiger Erwärmung.

Mit Rücksicht hierauf hat man in Fällen, wo starke Temperaturunterschiede infolge ungleichmäßiger Erwärmung oder Abkühlung nicht verhindert werden können, wie z. B. in Lokomotivfeuerbüchsen, zu Materialien gegriffen, die **sehr niedrige Streckgrenze haben, wie z. B. das nicht kaltgereckte Kupfer.** Hierbei können in der Tat verhältnismäßig große Temperaturunterschiede $t_2 - t_1$ nur geringe Steigerung der Spannung bewirken, weil sie sehr bald die Streckgrenze überschreiten. Dadurch wird aber andererseits bleibende Formänderung herbeigeführt, wie nach Abb. 333, so daß nach Aufhören der Temperaturungleichheit der Fall der Abb. 334 eintritt, also die Spannungen in den Teilen I und II das Vorzeichen wechseln. Wiederholt sich infolge häufigen Eintritts von Temperaturungleichheit und darauffolgendem Temperaturausgleich der Spannungswechsel häufig, so wird das Material unter Überschreiten seiner ursprünglichen $S$-Grenze häufig zwischen zwei Anspannungsgrenzen $\pm \sigma_A$ beansprucht, was nach Früherem (I, *321* bis *324*) nach einer bestimmten Zahl von Anspannungen zum Bruch führen kann, wenn $\sigma_A$ einen bestimmten Grenzwert überschreitet. Dadurch wird also der Vorteil! der niedrigen ursprünglichen $S$-Grenze durch einen wesentlichen Nachteil wieder aufgehoben. Zugunsten des Kupfers spricht allerdings noch seine große Wärmeleitfähigkeit, durch die der Entstehung großer Temperaturunterschiede $t_2 - t_1$ entgegengewirkt wird.

Man kann aber bei der Materialauswahl für die obengenannten Fälle auch den entgegengesetzten Weg einschlagen, indem man ein Material mit höherer $S$-Grenze wählt, die aber noch genügend weit von der $B$-Grenze abliegen muß, und indem man danach strebt, daß die Temperaturunterschiede $t_2 - t_1$ innerhalb der Feuerbüchse oder des sonstigen Bauwerkes niemals ein solches Maß erreichen, daß die ursprüngliche Streckgrenze des Materials überschritten wird. Diese Bedingung ist natürlich nicht ohne weiteres zu erfüllen, da man sich ja von vornherein über das Maß der entstehenden Wärmespannungen in der Regel kein Bild machen kann.

Es wird sich daher bei Bauwerken, die wie die Feuerbüchsen starken Temperaturungleichmäßigkeiten ausgesetzt sind, darum handeln, zwischen den beiden angegebenen Gegensätzen die richtige Mitte zu finden. Bis zu einem gewissen Grad wird man sich durch Dauerversuche (häufig wiederholte wechselnde Beanspruchungen innerhalb bestimmter Anspannungsgrenzen) bei den verschiedenen Temperaturen, die der Baustoff innerhalb des Bauwerkes im Betrieb annehmen kann, von seiner Eignung ein Bild machen können (I, *309* bis *332*).

**330.** Wenn sich die Temperaturunterschiede $t_2 - t_1$ nicht allmählich, sondern plötzlich einstellen, so treten die Wärmespannungen stoßweise auf, und man kann so in Bauwerken, die man nur für **statische** Beanspruchung entworfen hat, recht kräftige **dynamische** Beanspruchungen erhalten.

Man denke sich z. B. einen **Kessel**, der zur Winterzeit eine niedrige Temperatur, beispielsweise $t_1 = 0\,C^0$, angenommen habe. In diesen Kessel werden plötzlich große Mengen Teer von hoher Temperatur $t_2$ eingelassen. Im ersten Augenblick kann dann eine Temperaturverteilung innerhalb der Blechstärke des Kessels nach Art der Linie $AB$ in Abb. 338 möglich sein. Später wird die Linie sich ändern, etwa nach Linie $A'B$ und $A''B$ usw. Entsprechend der Linie $AB$ tritt dann anfänglich mit großer Geschwindigkeit auf der Seite II vorübergehend eine sehr große Druckspannung ein, die Beanspruchung bis oberhalb der $S$-Grenze herbeiführen kann. Nach Ausgleich der Temperatur bleibt deshalb entsprechend den Abb. 333 und 334 bleibende Spannung übrig, und zwar Zugspannung auf Seite II. Die Schicht II erhält also in kurzer Zeit plötzlich hohe Druckspannung, die dann rasch in Zugspannung übergeht. Dies hat die Wirkung eines heftigen Schlages. Bei öfterer Wiederholung dieses Vorganges kann plötzlich Reißen des Kessels eintreten, ein Fall, der tatsächlich in Teerdestillationen vorkommt.

Kommt noch die Kerbwirkung *(349)* infolge schlecht gestoßener Nietlöcher hinzu und ist das Material bei stoßweiser Beanspruchung gegenüber der Kerbwirkung besonders empfindlich, so wird der oben beschriebene Eintritt des Bruchs begünstigt.

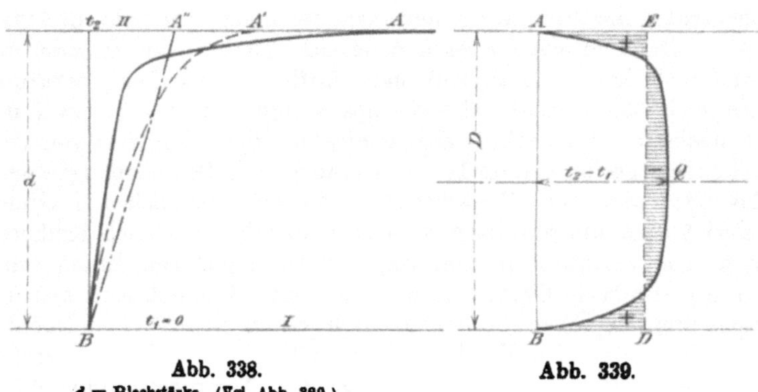


**Abb. 338.**
$d$ = Blechstärke. (Vgl. Abb. 329.)

**Abb. 339.**

Würde man dem Aufreißen des Kessels unter den oben beschriebenen Verhältnissen etwa dadurch entgegenwirken wollen, daß man die Blechstärke größer wählt, so würde man einen Fehler begehen und das Übel verstärken. Je dicker nämlich die Wand ist, um so eher können zeitweilig größere Temperaturunterschiede zwischen der Innen- und Außenwand bestehen, und damit wächst die bei dem obigen Vorgang auf den Kessel ausgeübte Schlagarbeit.

Als Beispiele für die Wirkung der stoßweise eintretenden Wärmespannungen seien noch folgende erwähnt:

Eine **Walzwerkswelle** von $D = 500$ mm Durchmesser lief heiß in ihrem Lager und wurde deshalb ab und zu mit Wasser bespritzt, um sie abzukühlen. Durch die plötzliche oberflächliche Abkühlung der warmen Welle entstanden an ihrem Umfang starke Zugspannungen. Denken wir uns einen Längsschnitt durch die Welle, so würde das plötzliche Bespritzen der Welle mit kaltem Wasser eine Temperaturverteilung etwa nach Art der Linie $AQB$ in Abb. 339 liefern. Die früher angegebene zeichnerische Ermittlung der Spannungen gibt in diesem Falle quantitativ keine zutreffenden Ergebnisse, da die in die Querschnittsebene fallenden Spannungen mit berücksichtigt werden müssen. Qualitativ ist aber das Verfahren brauchbar. Wir ersehen aus Abb. 339, daß am Umfang der Welle über sehr kleine Querschnitte recht große Zugspannungen parallel zur Wellenachse auftreten müssen, während im Innern die Druckspannungen sich über größere Querschnitte verteilen und daher ihrem Maß nach kleiner sind. Ist die Welle vor dem Abspritzen hoch erhitzt, so kann die Zugspannung am Umfange die ursprüngliche Streckgrenze des Materials überschreiten. Nach Ausgleich der Temperatur folgt dann an derselben Stelle auf Zugspannung eine Druckspannung. Bei Wiederholung der Erhitzung der Welle durch Warmlaufen und des Abspritzens entsteht wiederum stoßweise Zug an der Oberfläche usf. Es liegt also Dauerbeanspruchung vor, die um so schneller zum Bruch führt, je weiter die jedesmalige Anspannung die ursprüngliche Streckgrenze des Materials übersteigt.

Die so behandelte Welle brach schließlich quer zur Achse entzwei. Ihr Bruch ist in Abb. 340 wiedergegeben, während Abb. 341 einen Querschnitt durch die Welle zeigt. Am Umfang der Welle befinden sich Risse, die erst radial und dann konzentrisch verlaufen (Abb. 341). Die Risse setzen sich auf der Wellenoberfläche parallel zur Wellenachse fort. Die Längsrisse sind entstanden infolge Temperaturungleichmäßigkeiten innerhalb des Querschnitts am Wellenumfang und in der Wellen-

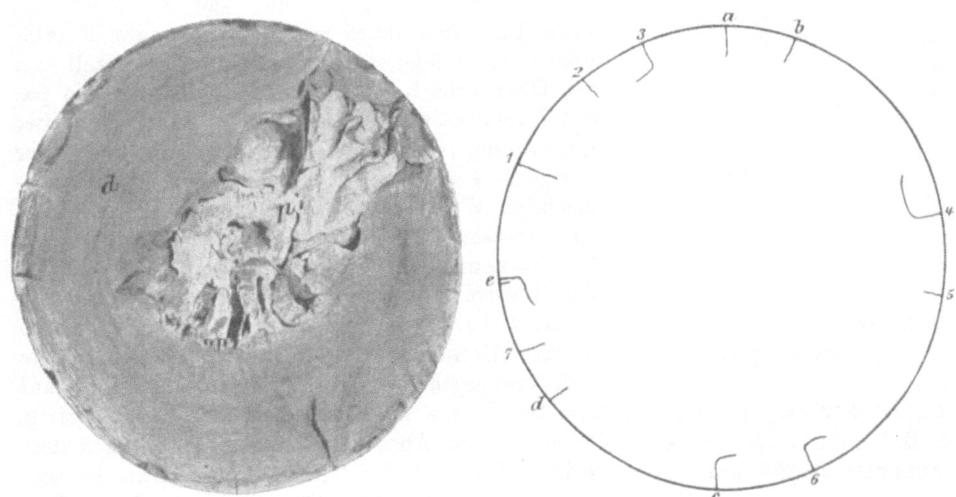


Abb. 340. Wellenbruch infolge Wärmespannungen.        Abb. 341.

mitte, die zu Radial- und Tangentialspannungen geführt haben. Gleichzeitig müssen sich aber auch Risse quer zur Wellenachse gebildet haben; darauf deutet die Art des Bruches hin, der auf der Fläche $d$ (Abb. 340) die Kennzeichen des allmählich fortschreitenden Dauerbruchs (matte, zuweilen ganz glatte Fläche ohne Körnung), auf der in Abb. 340 punktiert angedeuteten Fläche $p$ dagegen den gewöhnlichen körnigen Stahlbruch zeigt. Der Bruch innerhalb $d$ ist allmählich von außen nach innen vorgedrungen, bis der tragende Querschnitt der Welle soweit vermindert war, daß der Rest des Querschnittes $p$ plötzlich abbrach.

Ich habe absichtlich ein schärferes Rechnungsverfahren vermieden. Es wäre möglich, wie es bisweilen geschehen ist, die in der Welle auftretenden axialen, radialen und tangentialen Spannungen zu errechnen, wenn man einen geradlinigen Verlauf der Linie $AQB$ in Abb. 339 voraussetzt. Dadurch wird aber zugunsten einer bequemeren Rechnung eine unmögliche und der Natur widersprechende Voraussetzung gemacht. Wenn man wohl auch nach Eintritt des Temperaturbeharrungszustandes mit einigem Recht annähernd geradlinigen Verlauf der Linien $AQ$ und $QB$ annehmen darf, so interessiert für die Beanspruchung des Materials nicht dieser Beharrungszustand, sondern die diesem Beharrungszustand vorausgehende Temperaturungleichheit, die die gefährlichsten Beanspruchungen des Materials mit sich bringt.

In gußeisernen Absperrventilen für überhitzten Dampf kann man zuweilen Oberflächenrisse auf der Außenseite bemerken, die aller Wahrscheinlichkeit nach ebenfalls von Wärmespannungen herrühren. Die äußere Oberfläche, d. i. die im Betrieb kältere Fläche I, ist von Scharen feiner Haarrißchen durchzogen.

In Verbrennungsmotoren können sehr beträchtliche Wärmespannungen vorkommen, insbesondere in den Zylindern und Deckeln, die von innen bei der Explosion stoßweise sehr stark erhitzt und von außen durch Kühlung kalt erhalten werden. Um die Wirkung dieser unvermeidlichen Temperaturungleichheiten auf das Metall zu mildern, ist man bestrebt, die Zylinder und Deckel so zu konstruieren, daß sie kleine elastische Durchbiegungen erleiden können, wodurch nach unseren früheren Überlegungen (*326*) die Spannungen vermindert werden können. Umgekehrt werden die Spannungen um so stärker, je steifer man die Zylinder und Deckel ausführt.

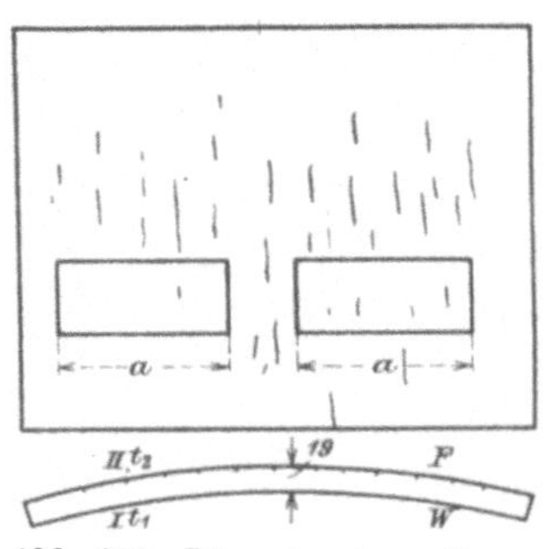

Abb. 342. Risse in einem Feuerbüchsenblech.

Ein Blechausschnitt aus der Feuerbüchse eines Dampfers zeigte auf der Feuerseite $F$ zahlreiche, mehr oder weniger tief in das Metall von der Oberfläche hervordringende Risse, die alle parallel gelagert waren, wie Abb. 342 in schematischer Darstellung zeigt. Zwei Probestreifen von der Länge $a$ wurden in der in der Abbildung angedeuteten Weise herausgeschnitten. Der eine kam ohne weiteres, der zweite nach dem Ausglühen zur Untersuchung auf Eigenspannungen. Zu diesem Zweck wurden Marken $m_1 m_2$ angebracht, deren Abstand $L$ bei Zimmertemperatur $t_2$ genau gemessen wurde. Alsdann wurde der in Abb. 343 schraffierte Teil herausgehobelt, worauf nach Abkühlung auf die Zimmertemperatur $t_2$ der Abstand $L$ aufs neue gemessen wurde. Er betrug z. B. bei der nicht geglühten Probe vor dem Abhobeln 66,286 mm und nach dem Abhobeln 66,352 mm. Das würde auf Grund der früher angegebenen Berech-

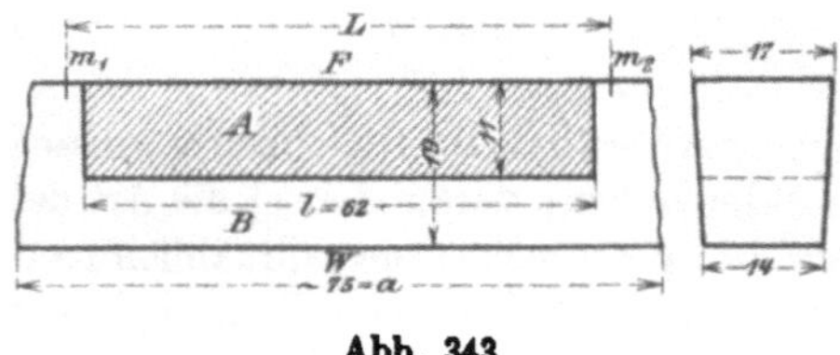

Abb. 343.

nungsweise (*302*) eine ungefähre Zugspannung $\sigma_a$ von 1385 at in der Schicht $A$ und etwa 2100 at Druckspannung $\sigma_b$ in der Schicht $B$ ergeben, wobei zu berücksichtigen ist, daß die Spannung $\sigma_a$ der mittleren Spannung in der Schicht $A$ entspricht, die Spannung also stellenweise, z. B. an der äußersten Schicht der Feuerseite, wesentlich höher sein kann.

Der Fall gleicht dem in Abb. 333 und 334 dargestellten. Das Blech wird zeitweise auf der Feuerseite $F = \mathrm{II}$ die viel höhere Temperatur $t_2$ angenommen haben, während auf der Wasserseite $W = \mathrm{I}$ die niedrigere Temperatur $t_1$ herrschte. Es kann dadurch auf der Wasserseite $W = \mathrm{I}$, wie in Abb. 333, eine die Streckgrenze überschreitende Zugspannung entstanden sein. Nach Temperaturausgleich kann sich dann der Fall Abb. 334 eingestellt haben, d. h. bleibende Zugspannung auf der Feuerseite $F = \mathrm{II}$ und bleibende Druckspannung auf der Wasserseite $W = \mathrm{I}$. Diese Spannungen konnten nachträglich tatsächlich noch nachgewiesen werden, wie oben gezeigt worden ist.

*331.* Bei den bisherigen Betrachtungen sind wir davon ausgegangen, daß die zwei miteinander verkuppelten Teile I und II (Abb. 327) ursprünglich eine und dieselbe Temperatur $t_1$ besaßen und bei dieser gleiche Länge $l_0$ hatten. Der eine Teil wurde vorübergehend auf eine höhere oder niedere Temperatur $t_2$ gebracht, worauf dann wieder Temperaturausgleich auf $t_1$ erfolgte. Dies entspricht einer kreisartigen Temperaturänderung im Stabe II von $t_1$ auf $t_2$ und dann wieder rückwärts von $t_2$ auf $t_1$. Während dieses Temperaturkreislaufs im Stabteil II traten im Stab Wärmespannungen auf. Solange diese nicht ein solches Maß annehmen, daß bleibende Formänderungen entstehen, sind die Spannungen vorübergehend, sie verschwinden nach Beendigung des Temperaturkreislaufs wieder.

Sobald aber während der Erhitzung des Stabteils II von $t_1$ auf $t_2$ bleibende Formänderungen eintreten, also die derzeitige Streckgrenze des Materials überschritten wird, bleiben nach Beendigung des Kreislaufs Spannungen zurück; diese sind bleibend.

Wir wollen jetzt einen anderen Fall betrachten, bei dem ein aus zwei miteinander verkuppelten Teilen I und II von gleicher Länge $l_1$ bestehender Stab von der hohen Temperatur $t_0$ aus auf gewöhnliche Zimmerwärme $t_1$ abkühlt, wobei die beiden Stabteile I und II verschieden große Abkühlungsgeschwindigkeit besitzen. Ursprünglich haben die Stabteile gleiche Temperatur $t_0$ und gleiche Länge $l_1$. Während der Abkühlung nehmen sie wegen der verschiedenen Abkühlungsgeschwindigkeit verschiedene Temperaturen an, um dann nach Abkühlung auf Zimmerwärme wieder gleiche Temperatur $t_1$ zu erlangen. Infolge des zeitweiligen Temperaturunterschieds während der Abkühlung müssen Wärmespannungen auftreten. Überschreiten diese während des ganzen Vorganges niemals die den jeweiligen Temperaturen entsprechenden Streckgrenzen des Materials, so können sie nur elastische Formveränderungen herbeiführen. Sie sind also vorübergehend, und müssen nach Ausgleich der Temperatur auf $t_1$ verschwunden sein.

Anders gestaltet sich aber die Lage, wenn während der Abkühlung die Temperaturunterschiede ein solches Maß erreichen, daß die derzeitigen Streckgrenzen des Stabmaterials überschritten werden. Diesen Fall wollen wir im folgenden betrachten. Er tritt sicher ein, wenn die Temperatur $t_0$ hoch genug liegt, weil ja die metallischen Stoffe bei hohen Wärmegraden sehr niedrig liegende Streckgrenze haben, so daß sie dann im wesentlichen nur plastischer Formänderungen fähig sind.

Die beiden Stabteile I und II seien fest verkuppelt, so daß keiner eine Längenänderung ausführen kann, ohne den anderen zu beeinflussen. Außerdem sei zunächst vorausgesetzt, daß der aus den beiden Teilen I und II gebildete Stab sich nicht krümmen kann.

Die beiden Stabteile I und II haben zunächst die Temperatur $t_0$, also z. B. Schmelz- oder Glühtemperatur. Der Teil I kühle sich rascher, der Teil II langsamer ab. Der Einfachheit halber werde angenommen, daß die Temperatur der Atmosphäre $t_1$, auf die sich schließlich beide Stabteile abkühlen, gleich 0 sei. Die beiden Linien $t_I$ und $t_{II}$ in Abb. 344 mögen die Abkühlung der Stabteile I und II darstellen, wobei die Zeit $z$ als Abszisse, die zugehörige Temperatur $t$ als Ordinate verwendet ist.

Um ein ungefähres Bild von dem Verlauf der Linien $t_I$ und $t_{II}$ zu erlangen, werde zugrunde gelegt, daß die Abkühlungsgeschwindigkeit $dt/dz$ proportional einer Konstanten $k$ und der $n$ten Potenz des Temperaturgefälles $t$ (Überschuß der jeweiligen Temperatur des Stabteiles über die gleich Null angenommene Temperatur der umgebenden Atmosphäre) sei. Die Konstante $k$ ist abhängig von dem Verhältnis zwischen Masse und Oberfläche des abkühlenden Stabteiles. Wir haben dann

$$\frac{dt}{dz} = - k \cdot t^n \quad \ldots \ldots \ldots \ldots \ldots \quad (14)$$

Das Minuszeichen wird gesetzt, weil $t$ mit wachsendem $z$ abnimmt. Für unsere ausschließlich qualitative Betrachtung können wir im Interesse der Einfachheit $n = 1$ setzen und erhalten dann durch Integration

$$\ln \frac{t}{C} = - kz.$$

Die Integrationskonstante $C$ ergibt sich aus der Bedingung, daß für $z = 0$ $t = t_0$ ist. Mithin muß $C = t_0$ sein und

$$t = t_0 \cdot e^{-kz} \quad \ldots \ldots \ldots \ldots \ldots \quad (15)$$

Hieraus ergibt sich die zur Abkühlung des Stabes auf $t = 0$ erforderliche Zeit zu $z = \infty$, d. h. die Linien $t_I$ und $t_{II}$ müssen sich asymptotisch der Abszissenachse nähern und sie erst nach unendlich langer Zeit erreichen. Setzt man die Konstante $k$ für den rascher abkühlenden Stabteil I gleich $k_1$ und die für den langsamer abkühlenden Stabteil II gleich $k_2$, so ergeben sich die beiden Gleichungen:

$$\left.\begin{array}{l} t_I = t_0 \cdot e^{-k_1 z} \\ t_{II} = t_0 \cdot e^{-k_2 z} \end{array}\right\} \quad \ldots \ldots \ldots \ldots \quad (16)$$

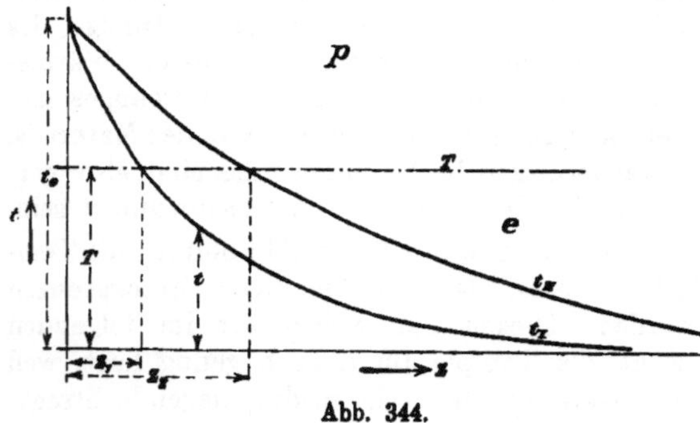

Abb. 344.

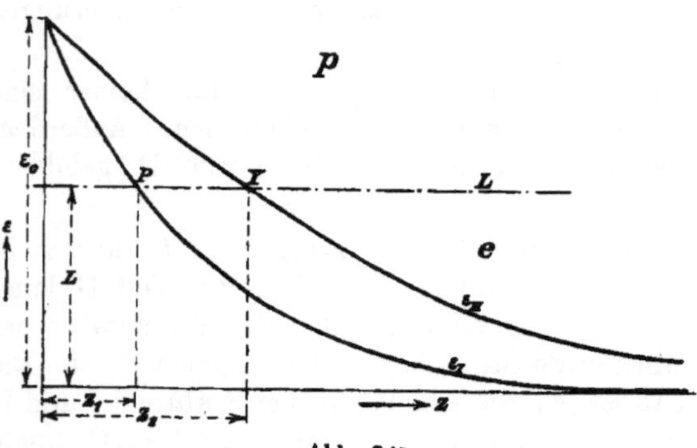

Abb. 345.

Da laut Voraussetzung der Stabteil I rascher abkühlt, muß seine Abkühlungsgeschwindigkeit $dt/dz$ größer sein, weshalb $k_1$ laut Gl. 14 größer sein muß als $k_2$.

Die folgende Betrachtung setzt nicht notwendigerweise das durch die Gl. 14 ausgedrückte Gesetz für die Abkühlung voraus. Sie stützt sich nur darauf, daß der allgemeine Verlauf der beiden Linien $t_I$ und $t_{II}$ dem in Abb. 344 ähnlich ist, daß die beiden Linien verschieden schnell der Abszissenachse zustreben, die für $z = \infty$ ihre Tangente wird.

Aus dem Schaubild 344, das wir als $z, t$-Bild bezeichnen wollen, kann man ein anderes ableiten, das als Abszisse wiederum die Zeiten $z$, als Ordinaten aber die Verlängerungen enthält, die die beiden Stabteile bei den Wärmegraden $t$ gegenüber der Temperatur $t = 0$ erleiden würden, vorausgesetzt, daß die Verkuppelung der Stabteile aufgehoben wäre, und diese sich frei ausdehnen oder zusammenziehen könnten. Diese Verlängerungen sind in Abb. 345 auf eine Länge $l = 1$ bei $t = 0$ bezogen; sie entsprechen somit den Dehnungen $\varepsilon$. Schaubild 345 soll als $z, \varepsilon$-Bild bezeichnet werden, weil in ihm $z$ als Abszisse und $\varepsilon$ als Ordinate gewählt ist. Bei der Aufzeichnung ist zunächst vorausgesetzt, daß die Wärmedehnungszahl $\alpha$ für alle Wärmegrade von 0 bis $t_0$ gleich sei. Diese Voraussetzung trifft in der Regel nicht zu; sie wurde gemacht, um nicht unnötige mathematische Verwickelungen zu erhalten. Wie später gezeigt wird, kann man leicht die entsprechenden Berichtigungen zeichnerisch anbringen. Da die im folgenden gezogenen Schlüsse nicht quantitativer, sondern nur qualitativer Art sind, so werden sie durch die unzutreffende Voraussetzung nicht beeinflußt. Die Dehnung $\varepsilon$ eines Stabes infolge einer Temperatursteigerung um $t\,C^0$ ist nun

$$\varepsilon = \alpha t.$$

Setzt man die Dehnung für den Wärmegrad $t_0$ gleich $\varepsilon_0$, so erhält man aus Gl. 16

$$\left.\begin{aligned} \varepsilon_I &= \varepsilon_0 \cdot e^{-k_1 z} \\ \varepsilon_{II} &= \varepsilon_0 \cdot e^{-k_2 z} \end{aligned}\right\} \quad \dots \dots \dots \dots \dots \quad (17)$$

$\varepsilon_0$ wird in der Regel als **Schwindmaß** bezeichnet.

Auf Grund der Gl. 17 erhält man zeichnerisch die $z,\varepsilon$-Linien dadurch, daß man die Ordinaten der $z,t$-Linie mit $\alpha$ multipliziert. Die beiden Linien $z,t$ und $z,\varepsilon$ unterscheiden sich also nur durch die Wahl des Maßstabes für die Ordinate. Der Maßstab für die Abszissen bleibt unverändert.

a) Würde das Material des Stabes I + II von $t = 0$ bis $t = t_0$ ausschließlich elastischer Formänderungen fähig sein, so würde der senkrechte Abstand der beiden Linien $\varepsilon_I$ und $\varepsilon_{II}$ in Abb. 345 für jede Zeit $z$ den auf die Längeneinheit bezogenen Längenunterschied angeben, der bei der Abkühlung des verkuppelten Stabsystems durch elastische Formänderung ausgeglichen werden müßte. Nach einer bestimmten Zeit $z$ (Abb. 346) strebt z. B. der Stab II die Dehnung $da$, der Stabteil I die Dehnung $db$ an. Wegen der Verkuppelung müssen sich beide Stabteile auf eine mittlere Dehnung $\varepsilon_m$ entsprechend dem Punkte $c$ einigen, der je nach der Größe der Querschnitte $f_1$ und $f_2$ der Stabteile und dem Verlauf der $\varepsilon,\sigma$-Linien (Abb. 333 und 334) von der Mitte zwischen $b$ und $a$ aus mehr

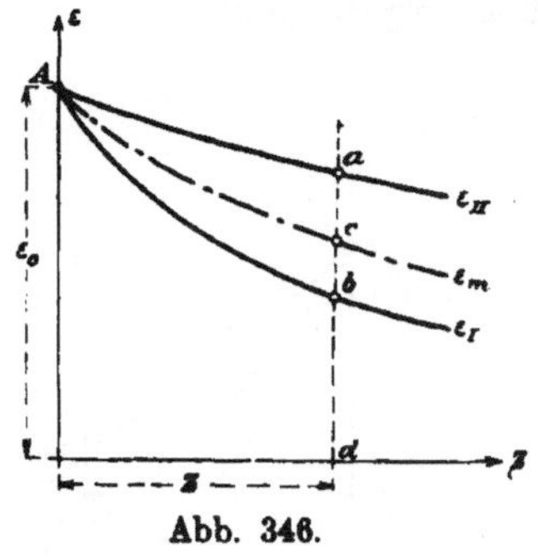


Abb. 346.

nach $a$ oder nach $b$ hin, auf jeden Fall aber zwischen $a$ und $b$ fällt. Die Strecke $ab$ würde dann ein Maß für die elastischen Formänderungen sein. Wegen der unbekannten Lage des Punktes $c$ würde nur die Frage offen bleiben, in welchem Verhältnis sich diese elastischen Formänderungen und die davon abhängigen Spannungen auf die beiden Stabteile I und II verteilen. Jedenfalls wissen wir, daß im Stabteil II entsprechend der elastischen Verkürzung um $ac$ Druckspannung, im Teil I wegen der elastischen Dehnung um $bc$ Zugspannung herrschen muß.

Bei Abkühlung auf $t = 0$ würde, da für $z = \infty$ die beiden Linien $\varepsilon_I$ und $\varepsilon_{II}$ die Abszissenachse tangieren, $ab = 0$ und damit auch $ac = bc = 0$ sein. Das heißt die Spannungen müßten wieder verschwinden; der verkuppelte Stab I + II ist bei $t = 0$ spannungslos. Er erlangt während der Abkühlung entsprechend dem Wachsen des senkrechten Abstandes $ab$ der beiden Linien $\varepsilon_I$ und $\varepsilon_{II}$ zunächst steigende Spannungen, die dann allmählich mit Abnahme des Abstandes $ab$ auf Null ebenfalls dem Wert Null zustreben. Die Linie $\varepsilon_m$ (Abb. 346) gibt die Längenänderung des verkuppelten Stabes während der Abkühlung an.

b) Würde das Material des Stabes I + II in dem ganzen Temperaturbereich zwischen $t = t_0$ und $t = 0$ ausschließlich plastischer Formänderungen fähig sein, so würden Spannungen nicht entstehen können. Die Längen der Stabteile gleichen sich durch plastische Formänderung auf eine mittlere Länge aus, so daß die Längenänderung des verkuppelten Systems I + II bei der Abkühlung entsprechend der Linie $\varepsilon_m$ in Abb. 346 verläuft. Nach einer bestimmten Zeit $z$ hat sich Stabteil II plastisch um den Betrag $ac$ verkürzt, Stabteil I plastisch um den Teil $bc$ verlängert.

c) Das Material des Stabteiles II sei innerhalb des Temperaturbereiches $t = 0$ bis $t = t_0$ nur plastischer, der Stabteil I dagegen ausschließlich elastischer Formänderungen fähig. Dann würde sich in Abb. 346 die Linie $\varepsilon_m$ der Linie $\varepsilon_I$ sehr stark nähern und der Betrag der elastischen Spannung entsprechend der Strecke $bc$ würde im Stabteil I sehr klein sein, während Stabteil II spannungslos bleibt.

d) Das Material der Stabteile I und II sei bis zu einer bestimmten Zeit $z_2$ nur plastischer, von da ab nur elastischer Formänderungen fähig. Dann besteht bis zur Zeit $z = z_2$ (Abb. 344 und 345) der Fall b. Die Stabteile haben sich ohne Spannungen auf eine dem Punkt $c_2$ entsprechende Länge geeinigt (Abb. 347). Sie haben beide gleiche Länge, aber verschiedene Temperatur $t$. Die weitere Abkühlung wird bestimmt durch die $z,t$-Linien in Abb. 344. Die Längenänderungen folgen dagegen nach Überschreiten der Zeit $z_2$ nicht mehr den Linien $\varepsilon_I$ und $\varepsilon_{II}$ in Abb. 345 und 347, sondern den Linien $\varepsilon_I'$ und $\varepsilon_{II}'$ in Abb. 347. Es ist[1])

$$\varepsilon_I' = \alpha t_I + b_2 c_2,$$
$$\varepsilon_{II}' = \alpha t_{II} - a_2 c_2$$

und folglich auch
$$\left.\begin{aligned}\varepsilon_I' &= \varepsilon_I + b_2 c_2 \\ \varepsilon_{II}' &= \varepsilon_{II} - a_2 c_2\end{aligned}\right\} \quad \dots \dots \dots \dots \dots \quad (18)$$

Die Linien $\varepsilon_I$ und $\varepsilon_{II}$ gehen von Punkt $c_2$ aus und sind von den Linien $\varepsilon_I$ und $\varepsilon_{II}$ um die Beträge $b_2 c_2$ bzw. $a_2 c_2$ in der Richtung parallel zur $\varepsilon$-Achse gleichweit entfernt.

Wie Abb. 347 erkennen läßt, liegt jetzt die Linie $\varepsilon_I'$ über der Linie $\varepsilon_{II}'$. Beide Linien geben die Dehnungen an, die die beiden Stabteile I und II annehmen würden, wenn ihre Verkuppelung gelöst würde, nachdem sie während

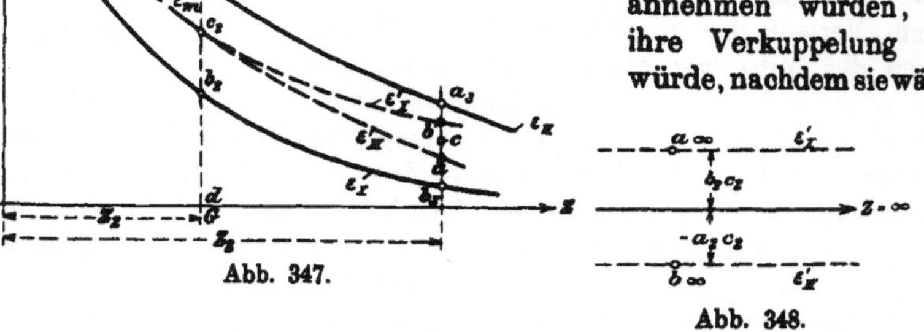

Abb. 347.

Abb. 348.

der Zeit $z_2$ infolge ihrer Verkuppelung durch plastische Formänderung ohne zurückbleibende Spannungen gleiche Länge entsprechend dem Punkte $c_2$ angenommen haben. Zur Zeit $z_3 > z_2$ würden sich dann die Stäbe um den Betrag $ab$ auf die Längeneinheit bezogen in ihrer Länge unterscheiden. Bleibt die Verkuppelung auch nach Ablauf der Zeit $z_2$ bestehen, so müssen die Stabteile durch elastische Längenänderung um die Beträge $bc$ und $ca$ gemeinschaftliche Länge annehmen. Hierbei erhält der langsamer abkühlende Stabteil II die elastische Dehnung $ac$, der schneller abkühlende Teil I die elastische Verkürzung $bc$. Der erstere steht also unter Zug-, der letztere unter Druckspannung. Die Verhältnisse sind mithin

---

[1]) Unter Vernachlässigung sehr kleiner Größen zweiter Ordnung, nämlich der Längenänderungen von $b_2 c_2$ und $a_2 c_2$ infolge Abkühlung.

gerade umgekehrt, wie im Falle a), wo der langsamer abkühlende Teil II vorübergehend Druck-, der schneller abkühlende Teil Zugspannungen hatte.

Die Abkühlung der Stabteile I und II auf die Temperatur $t = 0$ erfolgt nach der Zeit $z = \infty$; hierfür wird nach Gl. 17 $\varepsilon_I$ und $\varepsilon_{II} = 0$, folglich ergibt Gl. 18 für $z = \infty$ die Werte

$$\varepsilon'_I = b_2 c_2 \,,$$
$$\varepsilon'_{II} = - a_2 c_2 \,,$$

d. h. die Linien $\varepsilon'_I$ und $\varepsilon_{II}$ haben für $z = \infty$ die in Abb. 348 gezeichnete Lage. Sie sind gestrichelt gezeichnet, während die Abszissenachse ausgezogen ist. $\varepsilon'_I$ liegt um den Betrag $b_2 c_2$ über der Abszissenachse, $\varepsilon'_{II}$ um den Betrag $a_2 c_2$ unterhalb dieser. Infolge der Verkuppelung müssen sich die beiden Stabteile I und II auf gleiche Länge entsprechend einem zwischen $a_x$ und $b_x$ liegenden Punkt $c_\infty$ einigen. Das ist nur dadurch möglich, daß Stabteil I elastisch verkürzt, Stabteil II elastisch gedehnt wird, und dies entspricht einer Druckspannung in I und einer Zugspannung in II. Die Spannungen sind bleibend und können sich nicht mehr ändern, solange die Temperatur nicht mehr geändert wird.

Der Fall d) wird von Stoffen, die sich von einer hohen Temperatur abkühlen, nicht ganz eingehalten, da nach Abb. 344 der Stabteil I bereits nach der Zeit $z_1$ die Grenztemperatur $T$ durchläuft, bei der das Material aus der Zone $p$ der rein plastischen in die Zone $e$ der rein elastischen Formänderungen übergeht. In der Zeit zwischen $z_1$ und $z_2$ wird dann vorübergehend der Fall c) auftreten. Dadurch wird nur die Lage des Punktes $c_2$ auf der Strecke $a_2 b_2$ (Abb. 347) etwas verschoben, was an unserer Überlegung nur quantitativ, nicht qualitativ etwas ändert.

Ferner haben wir bei metallischen Stoffen niemals eine scharfe Temperaturgrenze $T$ für den Übergang aus den rein plastischen in die rein elastischen Formänderungen, sondern es werden oberhalb einer bestimmten Temperaturgrenze $T$ die Formänderungen vorwiegend plastisch sein, unterhalb derselben werden aber neben elastischen Formänderungen auch noch plastische vorkommen. Dadurch wird die Sachlage etwas verwickelter, das qualitative Ergebnis bleibt aber dasselbe.

Wir kommen demnach zu folgendem allgemeinen Gesetz: **Kühlen die beiden miteinander verkuppelten Stabteile I und II eines metallischen Stoffes, die an der Biegung verhindert sind, von einer hohen Temperatur $t_0$, die inerhalb des Gebietes der vorwiegend plastischen Formänderungen liegt, bis auf gewöhnliche Temperatur ab, so verbleiben nach der Abkühlung in dem schneller abgekühlten Stabteil Druck-, in dem langsamer abgekühlten Stabteil Zugspannungen zurück.**

Dieser Fall tritt bei der Abkühlung von Guß-, Schmiede- und Walzteilen ein, sobald hierbei starr miteinander verbunden und an der Biegung verhinderte Teile wegen verschiedener Massen verschieden schnell abkühlen. Bei Gußstücken bezeichnet man diese Art der Spannungen als **Gußspannungen**.

Sind die Unterschiede $b_2 c_2$ und $a_2 c_2$ sehr groß, so können die bleibenden Spannungen während der Abkühlung die Streckgrenze erreichen oder sogar überschreiten. Liegt bei einem Material die Streckgrenze ohnehin nahe der Bruchgrenze, so kann durch die Spannungen während der Abkühlung Zertrümmern des Werkstücks ohne Einwirkung äußerer Kräfte, oder wenigstens unter der Einwirkung verhältnismäßig geringer äußerer Kräfte eintreten.

**332.** Das obige Gesetz ist in der Praxis bekannt und es muß bei der Herstellung von gegossenen, geschmiedeten oder gewalzten Werkstücken scharf im Auge behalten werden, wenn nicht mit Spannungen behaftete Werkstücke erzeugt werden sollen, die bei ihrer Ingebrauchnahme zu gefährlichen Unfällen führen können.

Wie aus Abb. 348 hervorgeht, ist die Größe der bleibenden Spannungen wesentlich abhängig von den Größen $b_2 c_2$ und $a_2 c_2$, diese wiederum von der Größe des Abstandes $a_2 b_2$ in Abb. 347. Letzterer ist aber bei gegebenem Verlauf der Linien $\varepsilon_I$ und $\varepsilon_{II}$ abhängig von der Größe des Wertes $z_2$, also von der Lage der Grenzlinie $GG$ in Abb. 347. Diese ist ihrerseits bedingt durch die Lage der Temperaturgrenze $T$ (Abb. 344), bei welcher der Übergang aus dem Bereich $p$ der rein plastischen in das Bereich $e$ der vorwiegend elastischen Formänderungen statt-findet. Je höher diese Temperatur liegt, desto weiter rückt $G$ nach links, desto kleiner wird $z_2$, und umgekehrt.

Wir können die im vorigen Absatz behandelten Fälle a) und b) als Sonder-fälle von d) erhalten. Liegt nämlich die Grenze $GG$ bei $z = 0$, d. h. sind nur rein elastische Formänderungen möglich, so ergibt sich der Fall a). Die Strecke $a_2 b_2$ in Abb. 347 wird gleich Null, mithin muß auch $b_2 c_2$ und $a_2 c_2 = 0$ sein. Nach erfolgter Abkühlung ($z = \infty$) sind keine bleibenden Spannungen in dem System vorhanden.

Rückt man umgekehrt die Grenze $GG$ sehr weit nach rechts, so daß schließ-lich $z_2 = \infty$, so bedeutet dies ein Material, das nur plastischer Formänderungen fähig ist. Dann ist wiederum der Abstand $a_2 b_2 = 0$. Nach der Abkühlung des Systems sind keine bleibenden Spannungen vorhanden.

Allgemein erhält man den Abstand der beiden Linien $\varepsilon_I$ und $\varepsilon_{II}$:

$$\varepsilon_{II} - \varepsilon_I = \varepsilon_0 \left( e^{-k_2 z} - e^{-k_1 z} \right) = \alpha t_0 \left( e^{-k_2 z} - e^{-k_1 z} \right) \quad\quad\ldots\ldots \quad (19)$$

Die Größe $\varepsilon_{II} - \varepsilon_I$ hat für $z = 0$ den Wert 0, steigt mit wachsendem $z$ an, erreicht einen Höchstwert, um dann für $z = \infty$ wieder auf Null abzusinken. Der Höchstwert wird erreicht bei einem Wert von $z_m = \dfrac{1}{k_1 - k_2} \ln \dfrac{k_1}{k_2}$, wie sich leicht aus Gl. 19 feststellen läßt.

Fällt nun die Grenze $GG$ gerade so, daß $z_2 = z_m$, so hat $\varepsilon_{II} - \varepsilon_I$ und damit auch $a_2 b_2$ seinen Höchstwert. Demnach müssen auch die bleibenden Spannungen nach der Abkühlung auf $t = 0$ unter sonst gleichen Verhältnissen ihren Höchst-betrag erreichen.

Die Größe der bleibenden Spannungen, die bei der Abkühlung entstehen, ist mithin abhängig:

1. Von der Größe $\alpha$, also von der Wärmedehnungszahl des Materials; unter sonst gleichen Verhältnissen wächst sie mit dieser.

2. Von der Anfangstemperatur $t_0$, mit der sie unter sonst gleichen Ver-hältnissen ebenfalls wächst. Da $\alpha t_0 = \varepsilon_0$ bei Gußstücken dem Schwindmaß ent-spricht, so kann man auch sagen, daß die Größe der Spannungen unter sonst gleichbleibenden Verhältnissen mit der Größe des Schwindmaßes des Materials wächst.

3. Von der Lage der Grenzlinie $GG$, also von der Lage der Grenztemperatur $T$, bei der das Material aus dem Bereich der vorwiegend plastischen in das Bereich der vorwiegend elastischen Formänderungen eintritt.

4. Von der Größe der Zahlen $k_1$ und $k_2$, d. h. von dem Unterschiede der Abkühlungsgeschwindigkeit der einzelnen Stabteile.

5. Von der Größe der Querschnitte $f_1$, $f_2$ usw. der Stabteile I, II ..., weil diese auf die Lage von $c_2$ (Abb. 347) wesentlichen Einfluß ausüben. Je größer der Quer-schnitt $f_2$ des Stabteiles II ist, um so mehr wird $c_2$ nach $a_2$ rücken, um so kleiner wird die Spannung im Stabteil II, um so größer im Stabteil I.

Das Zusammenwirken aller dieser Einflüsse macht es erklärlich, daß z. B. bei Gußstücken nicht notwendigerweise das Material mit dem größten Schwind-maß $\varepsilon_0 = \alpha t_0$ die größten Gußspannungen gibt, daß z. B. bei Stahlguß trotz des wesentlich größeren Schwindmaßes gegenüber Gußeisen unter Umständen die Spannungen kleiner sein können als bei Gußeisen.

Dadurch, daß die Größe $a_2 b_2$ zur Beurteilung der möglichen Spannungen herangezogen wird, kann die früher gemachte Voraussetzung *(331)* fallen gelassen werden, daß die Wärmedehnungszahl $\alpha$ bei allen Wärmegraden gleich groß sein soll. Ist die Schwindung eines sich abkühlenden Stoffes in Abhängigkeit von der Temperatur durch den Versuch bekannt, so kann man sich auf Grund angenommener verschiedener Abkühlungsgeschwindigkeiten, also angenommener $z, t$-Linien, die $z, \varepsilon$-Linien ableiten, wie z. B. in Abb. 349.

Es mögen beispielsweise drei verschiedene Gußmaterialen 1, 2, 3 vorliegen, die alle den gleichen Betrag der Gesamtschwindung $\varepsilon_0$ und auch den gleichen Verlauf der Schwindung in Abhängigkeit von der Temperatur besitzen. Die $z, \varepsilon$-Linien für die verschieden schnell abkühlenden Stabteile II und I mögen beispielsweise den Linienzügen $\varepsilon_{II}$ und $\varepsilon_I$ in Abb. 349 folgen. Die $G$-Grenzen der

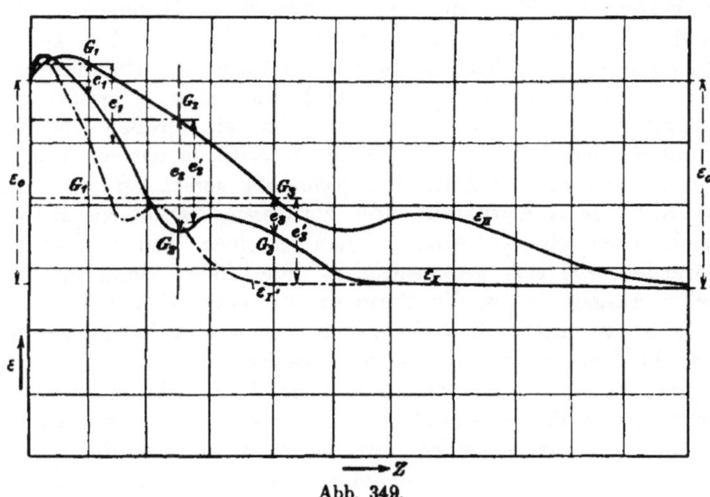


Abb. 349.

drei Materialien mögen verschiedene Lage $G_1$, $G_2$, $G_3$ haben. Bei gleichem Unterschied in der Abkühlungsgeschwindigkeit der beiden Stabteile I und II würde sonach das Maß der bleibenden Spannungen verschieden ausfallen. Es wird für das Material 1 bedingt durch den Abstand $e_1$, für das Material 2 und 3 durch die entsprechenden Strecken $e_2$ und $e_3$. Die größten Spannungen würde unter den angegebenen Umständen das Material 2 ergeben, weil $e_2$ größer ist als $e_1$ und $e_3$.

Hieraus wird es erklärlich, daß das Schwindmaß $\varepsilon_0$ nicht allein maßgebend für die Größe der Gußspannungen ist.

Auch der Einfluß der $G$-Grenze ist nicht allein ausschlaggebend. Er ändert sich stark, je nach dem Unterschied in den Abkühlungsgeschwindigkeiten. Wird z. B. Stabteil I wesentlich schneller abgekühlt, etwa nach der strichpunktierten Linie $\varepsilon_I'$ in Abb. 349, so ändern sich die Strecken $e_1$, $e_2$, $e_3$ in die Strecken $e_1'$, $e_2'$, $e_3'$ um. In dem besonderen Falle der Abbildung sind die Größen $e_1'$ und $e_3'$ von $e_2'$ weniger verschieden, als die Größen $e_1$ und $e_3$ von $e_2$. Bei den durch die Linienzüge $\varepsilon_{II}$ und $\varepsilon_I'$ angegebenen Abkühlungsverhältnissen des Gußstücks sind somit die Spannungen in den drei Materialien erheblich weniger verschieden als im Falle der Abkühlung nach $\varepsilon_{II}$ und $\varepsilon_I$.

Es kann sonach der Fall vorkommen, daß bei Verwendung zweier in der chemischen Zusammensetzung und im Schwindmaß verschiedenen Gußeisensorten $A$ und $B$ in dem einen Gußstück die Eisensorte $A$, in einem anderen Gußstück, das wegen seiner Formgebung andere Unterschiede in den Abkühlungsgeschwindigkeiten der einzelnen Teile des Gusses bedingt, die Eisensorte $B$ die geringeren Gußspannungen liefert. Die Verhältnisse liegen also in Wirklichkeit sehr verwickelt.

**333.** Wenn es sich darum handelt, der Entstehung von Spannungen entgegenzuarbeiten, so hat man, wenn ein bestimmtes Material vorgeschrieben ist, keinen Einfluß mehr auf die in Abs. *332* genannten Einflüsse 1, 2 und 3, sondern im wesentlichen nur auf die Größen $k_1$ und $k_2$; d. h. man wird nach Möglichkeit dahin streben müssen, alle Teile des Werkstücks, die starr miteinander verbunden sind, möglichst gleichmäßig abzukühlen. Ob dies möglich ist, hängt nun aber wiederum davon ab, ob das Werkstück Teile mit großer Masse und geringer Oberfläche neben anderen Teilen mit kleiner Masse und großer Oberfläche enthält. Das kommt in der Mehrzahl der Fälle darauf hinaus, ob das Werkstück fest miteinander verbundene Teile mit sehr verschiedenem Querschnitt besitzt, die sich gegenseitig in ihren Längenänderungen beeinflussen. Die Teile mit dem größeren Querschnitt $f_2$ werden im allgemeinen langsamer abkühlen als die Teile mit dem geringeren Querschnitt $f_1$. Dadurch wird aber $k_1$ größer als $k_2$, was auf Vermehrung der Spannungen hinwirkt. Bei sehr großen Unterschieden in den Querschnitten der einzelnen Teile eines Werkstücks wirken also die beiden Einflüsse 4 und 5 zu gleicher Zeit, sich gegenseitig verstärkend.

Deshalb hat der Konstrukteur von vornherein darauf zu achten, daß zu große Querschnittsverschiedenheiten in den einzelnen Teilen eines Werkstücks vermieden werden, die sich gegenseitig in ihrer freien Schwindung behindern können. Seine Aufgabe ist es, die Form so zu wählen, daß alle Teile des Werkstückes möglichst zu gleicher Zeit die gleiche Temperatur haben, also $k_1 = k_2 \ldots$ wird, und die bleibenden Spannungen Null werden.

Nur in den Fällen, wo dies dem Zweck der Konstruktion zuwiderläuft, darf der Konstrukteur von diesem Gesichtspunkt abweichen. In solchen Fällen muß bei der Herstellung des Werkstücks versucht werden, trotz der Verschiedenheit in den Massen und Querschnitten der einzelnen starr miteinander verbundenen Teile auf möglichste Gleichheit der Werte $k_1$, $k_2 \ldots$ dadurch hinzuwirken, daß man die Abkühlung der Teile mit großen Massen, also größerem Querschnitt $f_2$ durch künstliche Hilfsmittel (Luftstrom, Bespritzen mit Wasser, Eingießen von eisernen Teilen, sogenannten Kühlplatten usw.) beschleunigt und diejenige der Teile mit kleinerem Querschnitt $f_1$ verzögert (durch Abdecken mit Sand usw.).

Die obengenannte Aufgabe, die dem Konstrukteur bei den Bestrebungen, Spannungen besonders in Gußstücken zu verhindern, zufällt, wird von einem Teil der Konstrukteure verkannt. Diese stellen sich auf den Standpunkt, daß ihre Rolle beendet ist, wenn sie ihren Entwurf zu Papier gebracht haben, und daß die Überwindung der Schwierigkeiten bei der Herstellung des Gußstückes ausschließlich Sache des Gießers sei, der zusehen mag, wie er zurecht kommt. Ein gut geleitetes Werk, bei dem sowohl die Konstruktionsentwürfe als auch die Güsse selbst hergestellt werden, wird einem solchen Standpunkt schon aus rein wirtschaftlichen Gründen entgegenarbeiten. Schlimmer kann es kommen, wenn Entwurf und Guß von verschiedenen Erwerbsgemeinschaften ausgeführt werden. Dann fällt für den Konstrukteur der eben genannte Ansporn weg. Welcher Ansporn treibt dann den Gießer bei gedrückter Marktlage, unter Vermehrung der Selbstkosten, möglichst umfassende Maßnahmen zu treffen, um die Spannungen in den Gußstücken, die ohne diese Maßnahmen infolge der unsachgemäßen Konstruktion unvermeidlich sind, in stärkerem Maße zu beseitigen, als es die Rücksicht auf die Ablieferung des Gußstückes im unzerbrochenen Zustand erheischt? Wer trägt dann Sorge dafür, daß das Gußstück soweit spannungsfrei ist, daß es seiner Aufgabe im Betrieb unter Belastung im vollkommensten Maße entsprechen kann?

Meiner Auffassung nach gehört es zu den wesentlichen Aufgaben des Konstrukteurs, bei der Formgebung eines Konstruktionsteiles auch Rücksicht auf die Eigentümlichkeiten des Materials bei seiner Verarbeitung zu nehmen. Gerade zur Verminderung der Gußspannungen kann der Konstrukteur durch geeignete Massenverteilung ganz wesentlich beitragen.

Als Beispiel dafür, daß dies nicht immer geschieht, sei auf Abb. 350 verwiesen, die einen Kolbenschieber aus Gußeisen darstellt, der nach dem Guß infolge von Spannungen in den Rippen riß. Die Risse sind in der Abbildung durch Pfeile angedeutet. Die dünnen Rippen haben wegen der schnellen Abkühlung Druckspannungen erhalten, die die Festigkeit des

Abb. 350. Reißen eines Gußstückes infolge von Gußspannungen.

Materials überschritten. Durch Verringerung der Rippenzahl und Vermehrung ihrer Dicke hätte der Spannungszustand wesentlich vermindert werden können.

In Abb. 351 ist ein Teil eines Rahmens abgebildet, den ich mir absichtlich gießen ließ, um die Spannungserscheinungen zu erläutern. Der Querschnitt des äußeren Rahmens ist kräftiger gewählt, als der der dünnen Sprossen im Innern des Rahmens. Durch einen Schlag an der mit Pfeil angedeuteten Stelle wurde der Rahmen zerbrochen, womit die Spannungen aufgehoben worden sind. Da der dickere Außenrahmen langsamer abkühlt, muß er unter Zugspannung stehen. Dies zeigt die Abbildung deutlich, denn der Riß klafft sowohl in der Richtung $aa$ als auch in der Richtung $bb$ auseinander.

Es werde angenommen, daß der Querschnitt des äußeren langsamer abgekühlten Rahmens $f_2$, der der schnell abgekühlten inneren Sprossen $f_1$ sei' und daß die Zugspannung $\sigma_2$ im Querschnitt $f_2$ die Bruchgrenze nahezu erreicht hat. Der Rahmen hat dann in dem Querschnitt $f_2$ die Kraft $f_2\sigma_2$ auszuhalten. Wird durch die Bearbeitung des äußeren Rahmens der Querschnitt $f_2$ auf $f_2'$ verkleinert, so steigt die Zugspannung entsprechend an, da ja

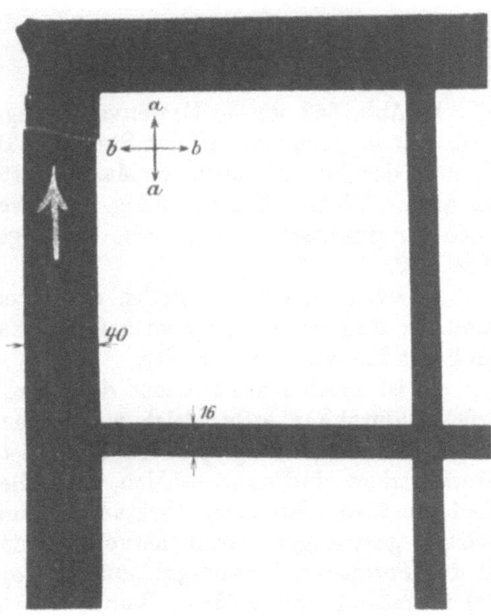


Abb. 351. Gußspannungen in Rahmengüssen.

$$f_2'\sigma = f_2\sigma_2, \text{ mithin } \sigma = \sigma_2\frac{f_2}{f_2'}$$

in dem Verhältnis $f_2/f_2'$ größer wird. Dadurch kann die Bruchgrenze $\sigma_B$ erreicht werden und der Rahmen bei der Bearbeitung aufreißen.

Unter Umständen genügen bei Gußstücken mit hohen Spannungen ganz geringfügige Zusatzkräfte, um explosionsartigen Bruch herbeizuführen. Wird z. B.

ein Gußstück, dessen einer Teil II wegen langsamer Abkühlung gegenüber den übrigen Teilen bereits hohe Zugspannungen besitzt, durch irgendeine Wärmequelle ungleichmäßig erhitzt, so daß der Teil II kalt bleibt, während die mit ihm starr verbundenen anderen Teile vorübergehend warm werden, so kann sich zu den bleibenden Zugspannungen in II noch die vorübergehende Zugspannung infolge der ungleichmäßigen Erwärmung gesellen. Die Summe kann dann die Bruchgrenze überschreiten und Zertrümmerung herbeiführen.

Bisher wurde immer vorausgesetzt, daß die verkuppelten Stabteile I und II verhindert sind, sich zu krümmen. In vielen Fällen ist diese Bedingung nicht oder nicht vollkommen erfüllt.

Der gußeiserne T-Balken in Abb. 352 würde z. B. wegen der geringeren Abkühlungsgeschwindigkeit im Teile II dort Zugspannungen, in dem schneller abkühlenden Teil I Druckspannungen haben, wenn er sich nicht krümmen könnte. Da er aber hieran nicht verhindert ist, biegt er sich auf der Seite I konvex, auf der Seite II konkav, wie es die punktierten Linien in Abb. 352 andeuten. Er „wirft" sich. Dadurch werden die Spannungen ganz oder teilweise aufgehoben, wie dies früher bereits bei den vorübergehenden Spannungen gezeigt worden ist (*326*).

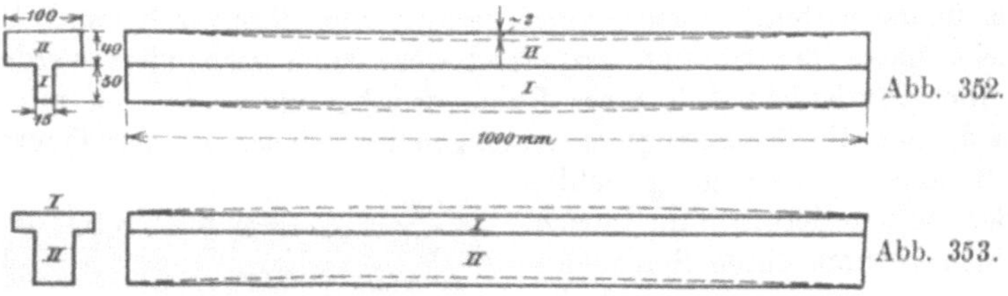

Abb. 352.

Abb. 353.

In Abb. 353 ist die Massenverteilung in einem T-Balken umgekehrt wie in Abb. 352 so gewählt, daß der Steg der Teil II mit der größeren Masse, und der Flansch der mit der kleineren Masse I ist. Der erstere kühlt deswegen langsamer ab als I. Wenn die Krümmung nicht verhindert wird, krümmt sich der Balken nach der punktierten Linie, also in entgegengesetztem Sinne wie der Balken in Abb. 352.

Zwischen den beiden Fällen der Querschnittsbemessung in Abb. 352 und 353. muß der Fall liegen, bei dem kein Werfen des Balkens stattfindet. Diese Form muß der Konstrukteur wählen.

Es ist hierbei nicht immer die Regel richtig, daß alle Wandstärken des Gußstückes durchaus stets gleich zu wählen seien. In dieser Fassung, in der die Regel manchmal ausgesprochen wird, ist sie irreführend. Es muß heißen: Die Wandstärken sind so zu wählen, daß alle Teile möglichst gleichschnell abkühlen. Dadurch wird man unter Umständen geradezu zur Wahl ungleichmäßiger Wandstärken gezwungen. Weit hervorragende Teile des Gußstückes, die wie Nasen in den Formsand hineinragen und große Oberfläche im Verhältnis zu ihrer Masse haben, müssen mit größerer Wandstärke gewählt werden als andere, die im Verhältnis zur Masse geringere Oberfläche besitzen. Dadurch kann ein Ausgleich in den Abkühlungsgeschwindigkeiten geschaffen werden.

Die Überlegungen, die mit Rücksicht auf Abkühlung und Spannungen in Gußstücken gemacht worden sind, gelten auch für Schmiedestücke und gewalzte Stäbe, sobald deren Abkühlung von einer Temperatur $t_0$ aus geschieht, die oberhalb der Grenze $GG$, also im Bereiche der vorwiegend plastischen Formänderungen liegt.

So können beispielsweise Spannungen bestehen zwischen dem Kopf und dem Steg von Schienen, zwischen den Flanschen und dem Steg von I-Trägern usw.

Es erübrigt sich wohl nach dieser Richtung hin auf weitere Einzelheiten einzugehen, da neue Gesichtspunkte hierbei nicht gewonnen werden.

**334.** Daß der Unterschied im Verlauf der $z, t$-Linien $t_I$ und $t_{II}$ in Abb. 344 und somit die Gelegenheit zum Eintritt von Spannungen oder zum Werfen des Werkstücks geringer wird, wenn die Abkühlung des ganzen Werkstücks sehr langsam vor sich geht, ist wohl einleuchtend. Die Wärmeleitfähigkeit des Metalls sucht die Temperaturunterschiede zwischen den Stabteilen I und II auszugleichen, und dies wird um so vollkommener geschehen, je langsamer sich die Abkühlung des Werkstücks vollzieht. Bei nicht metallischen Materialien (Glas usw.) ist die Wärmeleitfähigkeit wesentlich geringer, infolgedessen muß auch, um gleichmäßige Abkühlung zu bewirken, die Abkühlung noch wesentlich mehr verlangsamt werden, als bei metallischen Stoffen, wenn Spannungen verhütet werden sollen.

Es entsteht nun die Frage, von welcher Temperatur ab diese langsame Abkühlung zur Vermeidung von bleibenden Spannungen erfolgen muß, ob sie bereits von der Gießtemperatur aus einsetzen soll, oder ob es genügt, sie von einer niedrigeren Temperatur aus vorzunehmen. Die Antwort ergibt sich aus Abb. 347. Wir stellen uns vor, daß die beiden Stabteile mit verschieden großer Geschwindigkeit nach den beiden Linien $\varepsilon_{II}$ und $\varepsilon_I$ bis zur Grenze $GG$ abgekühlt worden seien. Sie haben beide durch plastische Formänderung die dem Punkt $c_2$ entsprechende gemeinschaftliche Länge angenommen. Hier soll Temperaturausgleich und weiterhin sehr langsame Abkühlung stattfinden, so daß die Linien $\varepsilon_I$ und $\varepsilon_{II}$ von $c_2$ aus bis zu $t = 0$ zusammenfallen. An der Grenze $G$ wird sich der wärmere Stabteil auf die gemeinschaftliche Ausgleichstemperatur abkühlen und infolgedessen bestrebt sein, sich zu verkürzen, der kältere Stabteil wird sich infolge der Erwärmung auf die gemeinschaftliche Ausgleichstemperatur ausdehnen wollen. Die Stabteile werden sich wieder auf eine gemeinschaftliche Länge einigen, und zwar ohne daß Spannung eintritt, da sie sich ja noch eben innerhalb der Zone der

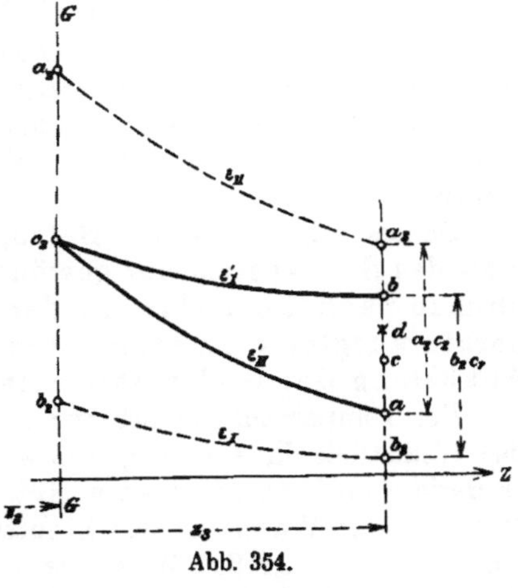

Abb. 354.

plastischen Formänderungen befinden. Von jetzt ab geschieht die Abkühlung so langsam, daß die beiden verkuppelten Stabteile I und II von gleicher Länge sich gleich schnell abkühlen. Spannungen können also nicht mehr eintreten.

Anders ist es dagegen, wenn der Temperaturausgleich und die darauffolgende sehr langsame Abkühlung bei einem Punkte rechts von der $GG$-Grenze in Abb. 347 stattfindet, z. B. nach der Zeit $z_3$ in Abb. 347 und 354.

Bis herunter zur Grenze $GG$, also bis zur Zeit $z = z_2$, hat durch plastische Formänderung der Längenausgleich der beiden Stabteile I und II auf eine dem Punkte $c_2$ entsprechende gemeinschaftliche Länge stattgefunden. Bei Überschreiten von $z_2$ tritt das Material in das Bereich der vorwiegend elastischen Formänderungen ein. Nach der Zeit $z_3$ haben sich die Stabteile auf eine dem Punkt $c$ entsprechende Länge durch elastische Formänderung ausgeglichen, und zwar so, daß sich der Stabteil II um den Betrag $ca$ elastisch streckt, Stabteil I sich um den Betrag $bc$ elastisch verkürzt. Zur Zeit $z_3$ soll nun Temperaturausgleich auf eine mittlere Temperatur $t_m$ entsprechend dem Punkte $d$ stattfinden. Dadurch wird der Stabteil II von seiner augenblicklichen Temperatur $t_{II}$ auf $t_m$ abgekühlt, er möchte sich also, wenn er frei von der Verkuppelung wäre,

23*

um den Betrag $\alpha\,(t_{II} - t_m)$ entsprechend der Strecke $a_3 d$ verkürzen. Durch die Verkupplung wird er daran verhindert, also um den Betrag $a_3 d$ elastisch gestreckt; die gesamte elastische Streckung des Stabteils ist dann gleich dem Betrage

$$a c + a_3 d.$$

Der Stabteil I wird zur Zeit $z_3$ von seiner augenblicklichen Temperatur $t_I$ auf die gemeinschaftliche Temperatur $t_m$ erwärmt. Er möchte sich also, wenn er nicht verkuppelt wäre, um den Betrag $\alpha\,(t_m - t_I) = b_3 d$ ausdehnen; durch die Verkuppelung wird er daran verhindert, also um den Betrag $b_3 d$ elastisch verkürzt. Die gesamte elastische Verkürzung dieses Stabteiles entspricht also der Strecke $b c + b_3 d$.

Der gesamte Längenunterschied zwischen den Stabteilen I und II, der durch elastische Formänderung ausgeglichen werden muß, wird sonach dargestellt durch die Summe

$$a c + a_3 d + b c + b_3 d = a b + a_3 b_3.$$

Nun ist aber $a_3 b_3 = a_2 b_2 - a b$, da ja die Linie $\varepsilon_{II}{}'$ von $\varepsilon_{II}$ überall den Abstand $a_2 c_2$ und die Linie $\varepsilon_I{}'$ von $\varepsilon_I$ überall den Abstand $b_2 c_2$ hat. Es ergibt sich sonach

$$a b + a_3 b_3 = a b + a_2 b_2 - a b = a_2 b_2.$$

D. h. durch den Wärmeausgleich zur Zeit $z = z_3$ werden elastische Formänderungen entsprechend der Strecke $a_2 b_2$, also dem Abstand der beiden Linien $\varepsilon_{II}$ und $\varepsilon_I$ zur Zeit $z_2$ erzeugt. Denselben Betrag der elastischen Formänderung erhielt man aber auch nach Abkühlung des Systems I + II auf die Temperatur $t = 0$.

Daraus folgt, daß der Betrag der Spannungen der gleiche ist, ob man das Stabsystem auf gewöhnliche Temperatur abkühlen läßt, oder ob man nach Überschreiten der Grenze $GG$ zu irgendeiner Zeit $z_3$ Temperaturausgleich im Stabsystem und daran anschließend gleichmäßige Abkühlung der beiden Stabteile I und II herbeiführt (Neumann, $L_4$ 53).

Der Temperaturausgleich zur Zeit $z_3$ kann dadurch erzielt werden, daß man das Werkstück in eine vorgeheizte Grube mit der Temperatur $t_m$ einsetzt und es darin sehr langsam erkalten läßt. Dabei gibt der wärmere Stabteil II seinen Überschuß an Wärme an den Stabteil I ab, und beide nehmen die Temperatur $t_m$ an. Wegen der großen Masse der vorgeheizten Grube erfolgt die Abkühlung mit dem darin befindlichen Werkstück sehr langsam, so daß Temperaturunterschiede nicht mehr vorkommen.

Aus obigem ergibt sich, daß das Einsetzen in die vorgeheizte Grube (Ausgleichgrube) nur dann die Spannungen beseitigen kann, wenn es zu einer Zeit $z$ kleiner als $z_3$ erfolgt, wo die $GG$-Grenze noch nicht überschritten ist. Geschieht es später, so bringt es keinen wesentlichen Nutzen mehr.

Von dem angegebenen Mittel macht man beispielsweise bei der Herstellung von Hartgußrädern Gebrauch, die besonders in den Vereinigten Staaten viel für Eisenbahnwagenräder verwendet werden. Die Gußform besteht hier teils aus Sand, teils aus Eisen (längs des Laufkranzes)[1]. An den Stellen, wo das flüssige Eisen den Sand berührt, kühlt es wegen der schlechten Wärmeleitfähigkeit des Sandes langsam ab; diese Stellen entsprechen also dem Stabteil II. Dort wo das Gußeisen an den Eisenteilen der Form anliegt, findet rasche Abkühlung statt, entsprechend dem Stabteil I. Infolge des hierdurch bedingten großen Unterschiedes in der Abkühlungsgeschwindigkeit würden sehr starke Spannungen entstehen, die die Räder für ihren Verwendungszweck untauglich machen würden.

---

[1]) Um dort das Metall hart zu erhalten (II B).

Um diesen Übelstand zu beseitigen, werden die Räder möglichst warm noch aus der Form genommen und in vorgewärmte Ausgleichgruben in Stapeln übereinander gesetzt. Die Gruben werden dann gut geschlossen gehalten, damit die darin befindlichen Räder recht langsam und gleichmäßig abkühlen. Das Einsetzen der Räder in die Grube muß links von der Grenze $GG$, also oberhalb der Temperatur $T$ geschehen, wenn die Spannungen vermieden werden sollen.

**335.** Der Ausgleich der Stabteile I und II während der Zeit $z = 0$ bis $z = z_2$, also innerhalb der Zone der plastischen Formänderungen, setzt voraus, daß das Material in diesen Temperaturen weitgehende plastische Formänderungen ohne Aufgabe des Zusammenhangs ertragen kann. Ist dies in irgendeinem Temperaturbereich innerhalb dieser Zone nicht der Fall, so kann es vorkommen, daß die beiden Stabteile I und II auseinanderreißen, und so die Verkuppelung ganz oder teilweise gelöst wird. Nun gibt es aber Materialien, die unmittelbar nach dem Übergang aus dem flüssigen in den festen Zustand oder bereits während dieses Überganges nur sehr geringe plastische Formänderungen ertragen können und leicht zum Reißen neigen. Wir wollen dieses kritische Temperaturbereich mit $t_k$ bezeichnen. Das schmiedbare Eisen zeigt ein solches kritisches Verhalten während und unmittelbar nach der Erstarrung. Denken wir uns z. B., daß der in Abb. 351 dargestellte Rahmen aus Stahl gegossen worden sei. Die dicken Teile des Rahmens entsprechen dann dem langsamer abgekühlten Stabteil II, die dünnen Sprossen dem schnell abkühlenden Teil I. Zu einer bestimmten Zeit zwischen $z = 0$ und $z = z_2$ wird der Stabteil I wegen der schnelleren Abkühlung bereits eine verhältnismäßig dicke Kruste erstarrten Metalls gebildet haben, die sich unterhalb der kritischen Temperatur $t_k$ befindet. Der langsamer abkühlende Teil II hat dagegen erst eine verhältnismäßig dünne Kruste angesetzt und ist im Innern noch flüssig, wie in Abb. 355 a durch Punktierung angedeutet

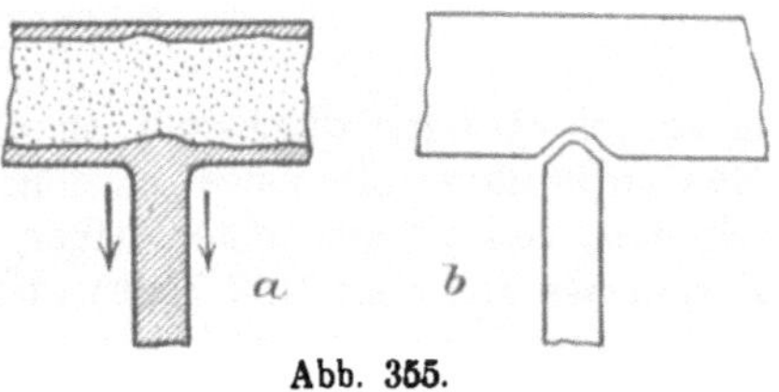

Abb. 355.

ist. Infolge der rascheren Schwindung sucht sich der Teil I von dem Teil II loszureißen, und es kann Trennung des Zusammenhanges wie in Abb. 355 b erfolgen. Man nennt die entstehenden Risse **Warmrisse**, zum Unterschied von **Kaltrissen**, die entstehen können, wenn nach Abkühlung des Gusses die bleibenden Spannungen von selbst oder durch Hinzutritt von Zusatzspannungen örtlich die Bruchgrenze erreichen.

Im soeben besprochenen Fall entstanden Warmrisse dadurch, daß sich die miteinander verkuppelten Teile des Gußstückes innerhalb der kritischen Zone gegenseitig in der freien Schwindung behinderten. Häufiger noch entstehen Warmrisse dadurch, daß innerhalb der plastischen Zone des Metalles die freie Schwindung der Teile des Gusses durch das Material der Form verhindert wird, so daß Kräfte in der kritischen Zone $t_k$ auf das Metall einwirken können. Dagegen gibt es zwei Mittel:

1. Das Formmaterial wird nachgiebig gemacht, wie z. B. im Falle der Abb. 356, die den Oberkasten der Gußform für ein Lokomotivspeichenrad aus Stahlguß darstellt.[1]) Die Formmasse wird zwischen den einzelnen Speichen an den in der Abb. 356 mit $\times$ bezeichneten Stellen ausgeschnitten und durch lockere Koksfüllung ersetzt. Beim Schwinden des Rades wird auf den zwischen Radkranz und -speichen befindlichen Teil der Form ein Druck ausgeübt. Ist dieser Teil genügend nachgiebig, so wird er von dem schwindenden Eisen zusammengedrückt, ohne daß eine schädliche Beanspruchung des Gusses eintritt. Ist die Masse aber nicht genügend nachgiebig, so verhindert sie teilweise das Schwinden des Gusses,

---

[1]) Vgl. Abb. 448.

der erst aus einer dünnen Kruste mit flüssigem Kern besteht. Wenn die hierdurch auf den Guß ausgeübten Kräfte gerade in der kritischen Zone $t_k$ wirken, so entstehen Warmrisse. Zuweilen sucht man diese Wirkung auch dadurch zu beseitigen, daß man nach dem Gusse, sobald sich eine dünne Kruste erstarrten Metalls gebildet hat, an den in Abb. 356 mit $\times$ bezeichneten Stellen die Form-

Abb. 356. Mittel zur Verhinderung von Warmrissen.

masse mit Stangen durchstößt, so daß sie aus den Kästen nach unten durchfällt. Man stößt dann die Masse in dem Maß, wie die Erstarrung des Gusses fortschreitet, von $\times$ aus weiter locker, bis schließlich nur noch eine dünne Schicht Formmasse auf dem Guß bleibt, die die Schwindung nicht behindert.

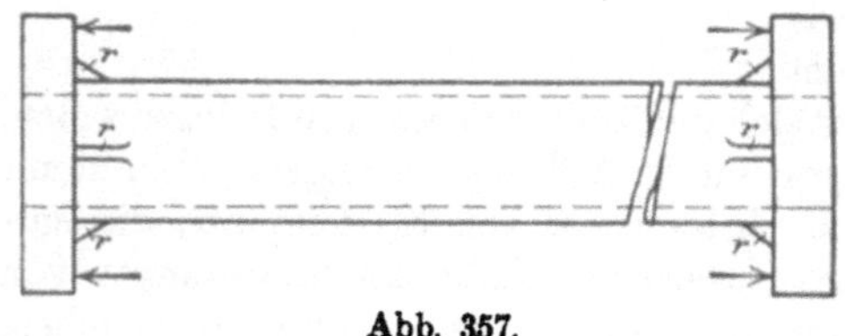

Abb. 357.

2. Man führt an den Stellen, wo die durch Behinderung des Schwindens auf den Guß wirkenden Kräfte ihr Höchstmaß erreichen, rasche Wärmeentziehung herbei, einmal um die den Kräften Widerstand leistende Kruste dicker zu gestalten, und zum andern, um diese Kruste genügend weit unter die kritische Temperatur $t_k$ herunterzubringen, so daß sie stärkere Formänderungen ertragen kann. Die rasche Wärmeentziehung wird durch dünne Rippen (Schwindrippen oder Federn) erzielt, die wegen ihrer großen Oberfläche ähnlich wie die Rippen an Rippenheizkörpern die Wärme aus dem Guß rasch ableiten. So würde z. B. bei einem Gußstück von der Gestalt der Abb. 357 (Rohr mit Flansch) das dünnwandige Rohr I der schneller, der dicke Flansch der langsamer abkühlende Teil II sein. Infolge seiner früheren Schwindung ist das Rohr I bestrebt, den Flansch nach innen

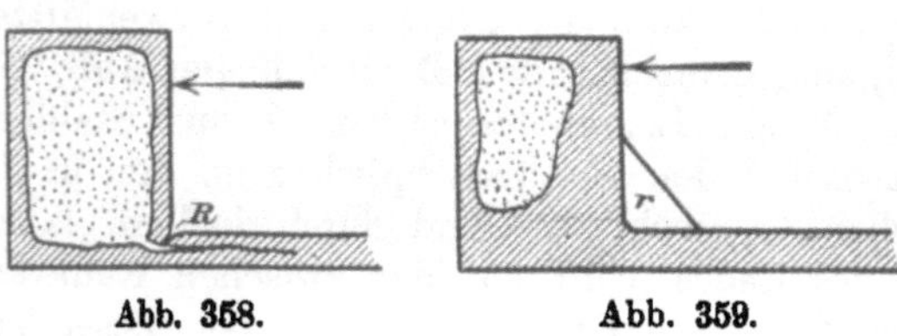

Abb. 358.             Abb. 359.

zu ziehen. Dem wirkt der Widerstand des Formmaterials in der Richtung der Pfeile entgegen. Wir haben also zu einer bestimmten Zeit den in Abb. 358 dargestellten Fall, wo die schraffierte Fläche der dünnen erstarrten Kruste von der kritischen Temperatur $t_k$, der punktierte Teil dem flüssigen Kern entspricht. Der Flansch wird durch den Widerstand des Formmaterials nach außen abgebogen und wird an der einspringenden Kante, wie bei $R$ angedeutet, einen Warmriß erhalten.

Werden aber, wie in Abb. 357 und 359 gezeichnet, die dünnen Rippen $r$ angebracht, so bewirken diese rasche Abkühlung, so daß zur Zeit, wo das Rohr I den Zug nach innen ausübt, die erstarrte Kruste im Flansch bereits stärker und genügend weit unter die Temperatur $t_k$ heruntergebracht ist, daß sie die Kräfte ohne Zerstörung aufnehmen kann.

Abb. 360 zeigt solche Schwindrippen an Zylinderdeckeln aus Stahlguß. (Das Bild wurde vom Stahlwerk **Krieger** in Düsseldorf freundlichst zur Verfügung gestellt.) Die zahlreichen Schwindrippen an den Verstärkungsrippen der Güsse sind vom Gießer angebracht worden. Sie müssen nach dem Guß entfernt werden, wenn der Abnehmer sie nicht haben will. In vielen Fällen stören die Rippen nicht und können am Gußstück daran bleiben.

Abb. 360. Schwindrippen an Stahlguß.

Die Gefahr der Bildung von Warmrissen ist bei Stahlguß größer als bei Grauguß, einmal, weil das Schwindmaß des ersteren nahezu doppelt so groß ist als das von Grauguß, und dann auch weil die Formmasse für Stahlguß in der Regel widerstandsfähiger ist als der gewöhnliche Formsand. Die Stahlgießer müssen zuweilen großes Geschick und Urteilsvermögen entwickeln, um die Bildung von Warmrissen zu verhindern.

**336.** Um Spannungen aus Werkstücken zu entfernen, bedient man sich in gewissen Fällen des **Ausglühens** (z. B. bei Güssen und Schmiedestücken aus schmiedbarem Eisen). Hier taucht nun die Frage auf, wie ist das Glühen zu leiten, wenn der beabsichtigte Zweck erreicht werden soll.

**a) Zunächst werde vorausgesetzt, daß bei der Erhitzung des Werkstücks die Temperatur $T$ nicht überschritten werde, bei der der eine der Stabteile I, II ... in die Zone der vorwiegend plastischen Formänderungen eintritt.**

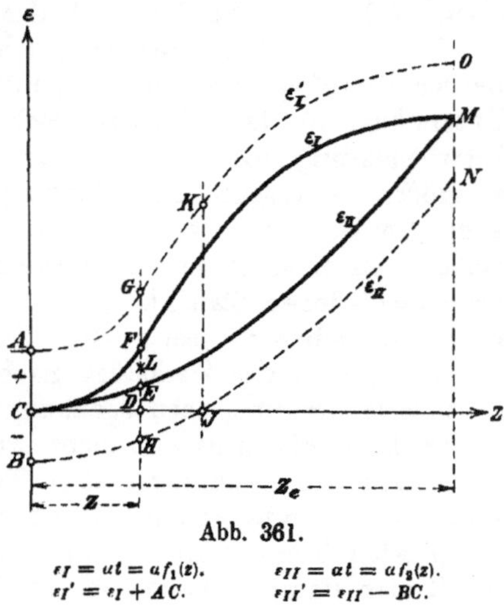

Abb. 361.

$$\varepsilon_I = \alpha t = \alpha f_1(z). \qquad \varepsilon_{II} = \alpha t = \alpha f_2(z).$$
$$\varepsilon_I' = \varepsilon_I + AC. \qquad \varepsilon_{II}' = \varepsilon_{II} - BC.$$

Stabteil I sei wegen seiner geringeren Masse im Verhältnis zur Oberfläche schneller abgekühlt und wird sich aus dem gleichen Grunde auch schneller erhitzen; er steht unter Druckspannung. Wäre der Stabteil frei, so würde er sich bei $t = 0$ um $AC$ elastisch dehnen (Abb. 361). Würde er frei auf die Temperatur $t$ in der Zeit $z$ erhitzt, so würde er die Dehnung $AC + \alpha t = AC + DF$ annehmen, und diese ist gleich $DG$, wenn man $FG = AC$ macht. Die Dehnung, die der Stab bei der Erhitzung anstrebt, ergibt sich somit aus den Ordinaten einer Linie $\varepsilon_I'$, die von den Punkten gleicher Abszisse der Linie $\varepsilon_I$ überall den gleichen Abstand $AC$ hat.

Der unter Zugspannung entsprechend der Strecke $BC$ stehende Teil II würde sich, wenn er frei wäre, um $BC$ kürzen. Infolge der Erhitzung wird er bestrebt sein, sich entsprechend der Linie $\varepsilon_{II}$ zu dehnen. Linie $\varepsilon_{II}$ steigt langsamer an als $\varepsilon_I$ weil der langsamer abkühlende Teil wegen seiner größeren Masse auch in der Regel langsamer erwärmt wird. Wäre der Stab frei, so würde er nach der Zeit $z$ sich um $ED-BC=-DH$ dehnen. Zieht man die Linie $\varepsilon_{II}'$ im Abstand $BC$ von $\varepsilon_{II}$, so geben die Ordinaten dieser Linie diejenigen Dehnungen an, die der Stabteil annehmen würde, wenn er nicht mit I verkuppelt wäre.

Der senkrechte Abstand der beiden Linien $\varepsilon_I'$ und $\varepsilon_{II}'$ entspricht somit dem Längenunterschied, der ausgeglichen werden muß, damit die beiden Stabteile gleiche Länge behalten können. Nach der Zeit $z$ wäre dieser Längenunterschied gleich $GH$. Entspricht z. B. der Punkt $L$ dem Längenausgleich, so würde sich Teil I um $GL$ elastisch verkürzen, Teil II um $HL$ elastisch dehnen. I stünde also unter Druck-, II unter Zugspannung. Wo der Punkt $L$ liegt, ist nicht ohne weiteres bekannt; seine Lage hängt ab von dem Verhältnis der Querschnitte $f_1$ und $f_2$ der beiden Teile I und II und von dem Verlauf der $\varepsilon, \sigma$-Linie des Materials bei den betreffenden Temperaturen. Jedenfalls liegt $L$ zwischen $G$ und $H$.

Haben die beiden Teile I und II nach einer bestimmten Zeit $z_e$ gleiche Temperatur, z. B. diejenige des Ofens, in den sie gebracht wurden, erreicht, so treffen sich die beiden Linien $\varepsilon_I$ und $\varepsilon_{II}$ im Punkte $M$. Der die Größe der Spannungen bedingende Längenunterschied $ON$ ist wieder gleich $AB$, also gleich dem, der bei $t=0$ bestand.

Während der Erhitzung vergrößern sich die Spannungen zunächst, um nach Ausgleich der Temperaturen wieder auf den ursprünglichen Betrag abzusinken. Zwischen diesen beiden Endzuständen erreicht der Abstand der Linie $\varepsilon_I'$ und $\varepsilon_{II}'$ einen Höchstwert, bei dem auch das Höchstmaß der Spannungen eintritt.

Waren sonach die Spannungen bei $t=0$ in dem Werkstück bereits hoch, so werden sie infolge des Erhitzens zunächst noch gesteigert, und es kann bei großem Unterschied in der Erhitzungsgeschwindigkeit vorkommen, daß die Spannungen Zertrümmerung des Werkstücks bewirken. Diese Unterschiede werden aber um so größer, je rascher die Erhitzung des Werkstücks vorgenommen wird. Man kann dem dadurch entgegenwirken, daß man das Werkstück nicht kalt in den heißen Ofen einsetzt, sondern zusammen mit dem Ofen erwärmt. Alsdann werden die verschiedenen Stabteile I, II, ... gleichschnell erwärmt und die Spannungen bleiben dieselben wie bei $t=0$.

Kühlt man das Werkstück nach der Zeit $z \leq z_e$ wieder ab, so erhält es bei $t=0$ seine ursprünglichen Spannungen entsprechend der Strecke $AB$ wieder; der Zweck des Glühens ist also nicht erreicht.

**b) Ist die höchsterreichte Temperatur derart, daß Punkt $M$ in die Zone der vorwiegend plastischen Formänderungen fällt**, so geschieht hier bei gleicher Temperatur der plastische Längenausgleich der Stabteile I und II. Kühlt man darauf langsam ab, so daß Temperaturunterschiede in den Teilen I und II nicht auftreten, so können während der Abkühlung keine Spannungen entstehen, das Werkstück ist spannungsfrei. Der Zweck des Glühens ist erreicht.

Würde man dagegen von $M$ aus rasch abkühlen, so daß die beiden Teile I und II verschiedene Abkühlungsgeschwindigkeit besitzen, so würden entsprechend dem durch die Abb. 347 dargestellten Fall aufs neue Spannungen entstehen, deren Maß abhängig wäre von der Strecke $a_2 b_2$, also von dem Temperaturunterschied an der $GG$-Grenze.

Von praktischer Bedeutung ist noch ein Fall der Abkühlung des Werkstückes, dessen Teile bei $M$ innerhalb der plastischen Zone gleiche Temperatur und gleiche Länge angenommen haben. Das Werkstück werde mit dem geschlossenen Ofen sehr langsam auf die dem Punkte $N$ entsprechende Temperatur, s. Abb. 362, abgekühlt, wobei $N$ rechts von $GG$ liege, also in die Zone der vorwiegend elastischen Formänderungen entfalle. Dann haben bis $N$ die Stabteile I und II gleiche Länge und Temperatur. Zur Entstehung von Spannungen ist also kein Grund. Zu der dem Punkt $N$ entsprechenden Zeit $z_n$ werde das Werkstück aus dem Ofen genommen und an der Luft rasch abgekühlt. Sofort werden sich die beiden Linien $\varepsilon_I$ und $\varepsilon_{II}$ wegen der verschiedenen Abkühlungsgeschwindigkeit der Teile I und II voneinander trennen. Dadurch wird zu einer bestimmten Zeit $z$ Spannung im Werkstück entstehen, die von der Größe der Strecke $PQ$ abhängt. Die Spannung wird aber vorübergehend sein und nach Abkühlung auf $t = 0$ verschwinden, weil ja nach früherem die bleibenden Spannungen abhängig sind von dem Abstand der beiden Linien $\varepsilon_I$ und $\varepsilon_{II}$ auf der Grenzlinie $GG$. Dieser Abstand ist aber im vorliegenden Falle gleich Null. Nur falls die bei der Abkühlung

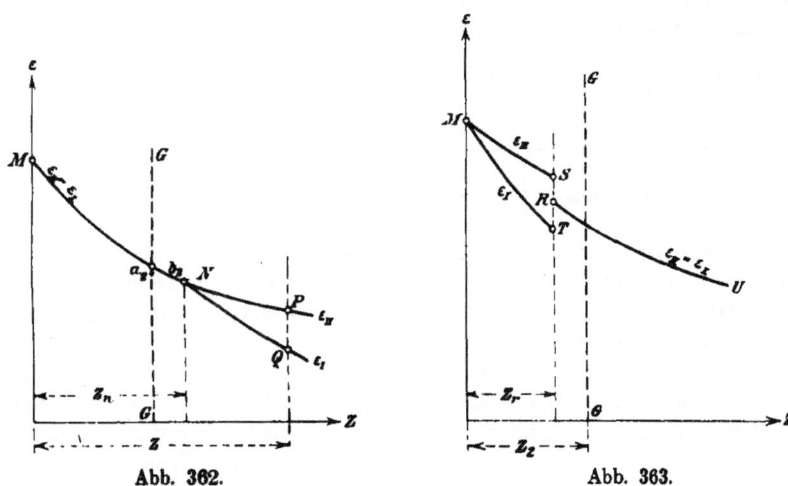

Abb. 362.        Abb. 363.

von $N$ aus entstehenden Spannungen so groß werden, daß die Streckgrenze des Materials überschritten wird, können wieder bleibende Längenänderungen eintreten, und das Größenmaß dieser bleibenden Längenänderungen ist dann bestimmend für das Maß der im kalten Werkstück zurückbleibenden Spannungen.

Schließlich ist noch eine Abkühlungsart nach Abb. 363 möglich. Man läßt das Werkstück von der Temperatur $M$ des Glühofens zunächst rasch abkühlen bis zur Zeit $z_r$, die kleiner als $z_2$ sein muß, so daß die Punkte $R$, $S$, $T$ innerhalb der Zone der vorwiegend plastischen Formänderungen liegen. Diese Abkühlung kann man dadurch erreichen, daß man alle Türen des Ofens offen macht und ihn durch die kalte durchziehende Luft abkühlen läßt. Die Linien $\varepsilon_I$ und $\varepsilon_{II}$ werden infolge der raschen Abkühlung voneinander abweichen; der Längenausgleich um den Betrag $ST$ zwischen den beiden Stabteilen auf eine dem Punkt $R$ entsprechende gemeinschaftliche Länge kann ohne Spannungen durch plastische Formänderung erfolgen. Schließt man nun zur Zeit $z_r$ alle Öffnungen des Glühofens und läßt den Ofen mit den darin befindlichen Werkstücken langsam abkühlen, so müssen sich die beiden Linien $\varepsilon_I$ und $\varepsilon_{II}$ bei der Weiterabkühlung einander decken; die Stabteile I und II kühlen von gleicher Temperatur und gleicher Länge ab; infolgedessen können Spannungen nicht zurückbleiben.

Dieses Abkühlungsverfahren wird zum Teil bereits ausgenutzt zum Glühen von Werkstücken aus schmiedbarem Eisen (Stahlgüsse und Schmiedestücke). Vgl. Galli, $L_3$ *54*. Es gewährt einen beachtenswerten Vorteil. Je langsamer Eisen-Kohlenstoff-Legierungen durch die Zone der Umwandlungen zwischen 900 und 700 C° hindurchgehen, um so gröber werden die Eisenkörner und um so gröber das aus Ferrit und Perlit bestehende Gefüge. Dadurch wird geringerer Widerstand des Metalls gegenüber Schlag bedingt, insbesondere, wenn der Schlag auf gekerbte Proben wirkt. Dies gibt sich bei der Kerbschlagprobe sehr deutlich zu erkennen (*343* bis *345*). Auf die Zahlen für $\sigma_S$, $\sigma_B$, $\delta$ hat es meist keinen oder nur einen wenig in die Augen springenden Einfluß, wie das folgende Beispiel erkennen läßt:

$L$ bedeutet aus einer Welle von 110 bis 120 mm Durchmesser ausgeschnittene Probestäbe, die bei der Herstellung langsam durch die obengenannte Umwandlungszone hindurchgegangen war. $S$ sind kleine Proben, die aus der Welle herausgeschnitten, dann auf 850 bis 900 C° erhitzt, bei dieser Temperatur eine halbe Stunde erhalten und dann an der Luft verhältnismäßig schnell abgekühlt wurden. Der Wert $a$ ist die spezifische Schlagarbeit, wie sie durch die Kerbschlagprobe nach *345* mit Schlagwerk III erhalten wird.

| | $\sigma_S$<br>at | $\sigma_B$<br>at | $\delta_{11,3\sqrt{f}}$<br>% | $q$<br>% | $a$ (bei 19,5 C°)<br>mkg/qcm |
|---|---|---|---|---|---|
| $L$ | 2760 | 5310 | 22,9 | 47 | 2,0 |
| $S$ | 2990 | 5320 | 23,6 | 42 | 4,7 |

Das grobkörnige Gefüge der Probe $L$ ist in Tafelabb. 63, das feinkörnige der Probe $S$ in Tafelabb. 62, Taf. XII, in 117 facher Vergrößerung dargestellt.

Man wird nun versuchen, im Interesse der Bildung eines feinen Korns und der Erhöhung der Widerstandsfähigkeit gegen Schlag die durch die Linien $MS$ und $MT$ in Abb. 363 gekennzeichnete Abkühlung durch die Umwandlungszone 900 bis 700 C° rasch zu bewirken und alsdann die weitere Abkühlung von $R$ nach $U$ langsam durchzuführen, damit Spannungen möglichst vermieden werden. Voraussetzung ist hierbei, daß die Umwandlungszone links von der $GG$-Grenze, also innerhalb des Bereichs der vorwiegend plastischen Formänderungen liegt. Man muß sich jedenfalls durch Prüfung einiger Werkstücke auf Spannungen und auf Kerbschlagfestigkeit davon überzeugen, inwieweit dies für verschiedene Eisenlegierungen der Fall ist.

*337.* Verfasser hatte früher ($L_4$ *51*) eine Möglichkeit angedeutet, um durch den Versuch die Grenztemperatur $T$ für ein Material zu bestimmen, bei der der Übergang aus der Zone vorwiegend plastischer in die vorwiegend elastischer Formänderungen stattfindet. Infolge der Untersuchungen über die Reckspannungen (*301* bis *307*) ist diese Aufgabe sehr einfach geworden. Für die Wirkung des Glühens ist es gleichgültig, auf welche Weise die Eigenspannungen ins Material gelangt sind, ob sie die Folge von Temperaturverschiedenheiten oder von verschieden starkem Recken in verschiedenen Teilen des Werkstückes sind. Man braucht deshalb nur kaltgereckte Stäbe eines Materials, die Reckspannungen enthalten, auf verschieden hohe Temperaturen zu erhitzen ($t_1$, $t_2$, $\dots t_n$) und von diesen aus langsam abzukühlen. Diejenige Temperatur, bei der nach der Abkühlung die Spannungen verschwunden sind, ist dann die gesuchte Grenztemperatur $T$. Die Begründung hierfür ergibt sich aus dem im vorigen Absatz Gesagten.

*338.* Zellenspannungen. Wir haben bisher angenommen, daß ein Stab eines metallischen Stoffes bei der Erstarrung und Abkühlung sich in seiner ganzen

Länge gleichmäßig zusammenzieht. Wir haben aber gesehen, daß beim Übergange aus dem flüssigen in den festen Zustand Zellenbildung stattfindet, so daß ein dünner Stabstreifen vom Querschnitt $\Delta f$ und der Länge $l$ aus einzelnen Zellen, wie in Abb. 364, zusammengesetzt ist. Es ist nun anzunehmen, daß innerhalb jeder Zelle bei der Abkühlung die Zusammenziehung senkrecht zu den Zellwandungen gleichmäßig nach innen wirkt, etwa so wie es in der Abbildung durch die Pfeile in der Zelle 2 angedeutet ist. Infolge der Kohäsion zwischen den einzelnen Zellen wird das Stabelement sich in der Richtung der Länge $l$ zusammenziehen wollen. Das würde bedeuten, daß die Zellen einander in dieser Richtung näher rücken möchten. Was für die Richtung $l$ gilt, gilt auch für alle andern Richtungen, z. B. auch die senkrecht zu $l$. Hierdurch werden die Zellen des Stabelementes 1 bis 5 seitlich eingeklemmt und können ihrem Annäherungsbestreben in der Richtung $l$ nur zum Teil nachgeben.

Die Folge davon ist, daß in der Zellenkette Spannungen auftreten, die auf Lostrennung der Zellen voneinander hinwirken.

Etwas ganz Ähnliches kann man z. B. beim Trocknen einer Schlammschicht beobachten, wobei ja auch Volumänderungen eintreten. Der Schlamm sondert sich meist zu sechsseitigen Zellen ab, zwischen denen sich Spalten

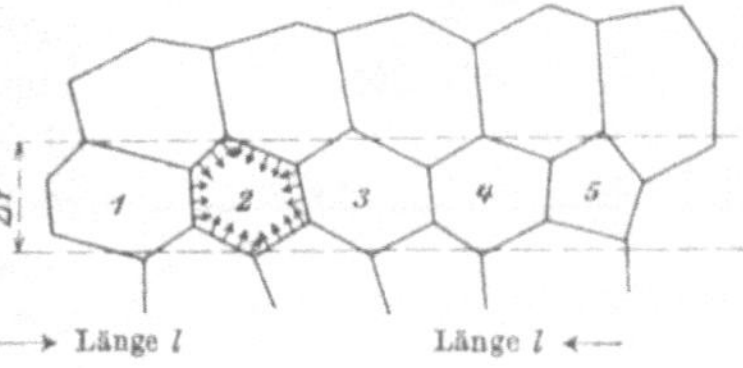


Abb. 364.

bilden, weil in diesem Falle die Kohäsionskräfte in den Zellenwänden zu gering sind, um den durch das Schwinden bedingten Kräften das Gleichgewicht zu halten. Ähnliche Wirkung zeigt sich auch beim Übergang aus dem flüssigen in den festen Zustand (257).

Die auf Lostrennung der einzelnen Zellen voneinander hinarbeitenden Spannungen wollen wir als Zellenspannungen bezeichnen. Sie müssen sich in den Festigkeitseigenschaften des Materials zu erkennen geben, da bei Beanspruchung eines mit Zellenspannungen behafteten Körpers die durch die äußeren Kräfte bedingten Spannungen sich teilweise zu den Zellenspannungen addieren und so schon bei geringeren äußeren Kräften der Zusammenhang aufgegeben wird, als wenn Zellenspannungen nicht vorhanden wären. Namentlich empfindlich sind solche mit Zellenspannungen behaftete Materialien gegen stoßweise Beanspruchung. Hierdurch würden z. B. Brüche ihre Erklärung finden, die vorwiegend längs der Zellwandungen verlaufen, wie z. B. in Tafelabb. 33, Taf. VI.

Ich möchte auf die theoretischen Folgerungen, die sich aus der oben angegebenen Betrachtungsweise ergeben, nicht näher eingehen, weil sie sich vorläufig zu wenig durch den praktischen Versuch nachprüfen lassen. Ich begnüge mich mit dem flüchtigen Hinweis. Jedenfalls wird aber ein Teil der Unterschiede in den Festigkeitseigenschaften, namentlich in der Kerbzähigkeit gegossener und überhitzter metallischer Stoffe gegenüber denen der geglühten und geschmiedeten Materialien auf Zellenspannungen zurückzuführen sein.

Der Einfluß der Zellenspannung auf die Ergebnisse der Festigkeitsprüfung wird sich noch in den aus dem Werkstück entnommenen Probestäben zu erkennen geben, weil die Größenordnung der Zellen in der Regel kleiner ist, als die der Stababmessungen, so daß die Spannungen durch die Zerlegung des Werkstücks nicht oder wenigstens nicht ganz beseitigt werden.

Es braucht wohl nicht besonders erwähnt zu werden, daß dies bei den gröberen, unter *324* bis *337* beschriebenen Spannungen nicht mehr der Fall ist; sie werden durch die Zerlegung des Werkstücks zum Zweck der Probeentnahme zum allergrößten Teil ausgelöst.

# E. Die Kerbwirkung.

**339.** Schon von alters her pflegen die Schmiede, wenn sie eine Metallstange an einer bestimmten Stelle (*AB* in Abb. 365) durchbrechen wollen, einen Kerb anzubringen, die Stange bei I festzuhalten und gegen II einen Schlag in der Richtung des Pfeils zu führen. Wollte man dasselbe an einem ungekerbten Stab von der Höhe $h$ oder $h'$ (Abb. 366) versuchen, so würde man bei geschmeidigen Materialien keinen Bruch, sondern nur Biegung erzielen. Daraus folgt, daß der Kerb eine ganz besondere Wirkung ausüben muß.

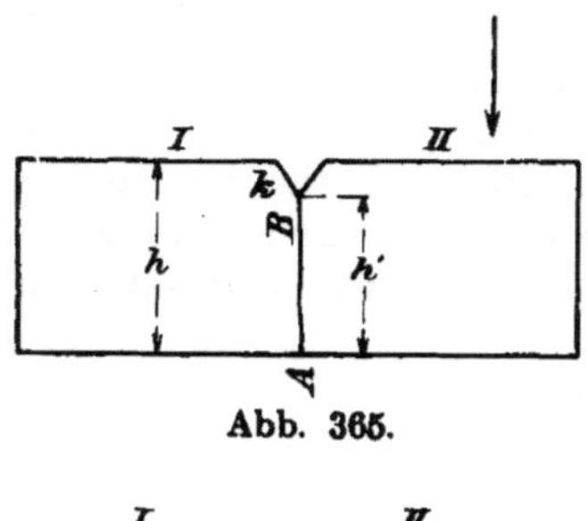

Abb. 365.

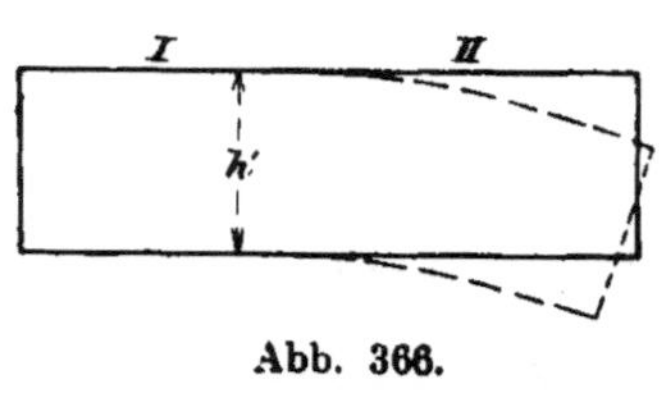

Abb. 366.

Um dies zu veranschaulichen, habe ich Biegeproben mit Bleistäben ausgeführt, deren Abmessungen aus Abb. 367 ersichtlich sind. Sie waren auf der einen Seite mit einem Netz von ursprünglich senkrecht aufeinanderstehenden Linien im Abstand 5 mm versehen. Der eine Stab wurde ungekerbt gebogen, der andere wurde vor dem Biegen bis auf die Hälfte der Höhe durch einen Sägeschnitt eingekerbt, wie in Abb. 367 bei *AB* angedeutet. Die Art der Biegung durch die Kraft *P* geht aus derselben Abbildung hervor. Die gebogenen Stäbe sind in den Tafelabb. 64 und 65, Taf. XIII, in etwa ³/₄ der natürlichen Größe wiedergegeben. Die Stabteile, die an der Formveränderung teilgenommen haben, sind an der Krispelung zu erkennen, und in den Tafelabbildungen durch eine punktierte Linie umgrenzt. Man erkennt sofort, daß sich beim gekerbten Stabe Tafelabb. 65 die Formänderung auf einen wesentlich kleineren Teil erstreckt hat, als bei dem ungekerbten Stab Tafelabb. 64. Das Verhältnis der beiden an der Formänderung beteiligten Stabteile ist etwa 1100 : 4135, also 1 : 3,76. Während bei dem ungekerbten Stab die größte Längsdehnung in der Nähe von *A* (Abb. 367) stattgefunden hat, liegt sie bei dem gekerbten Stab, wie zu erwarten,

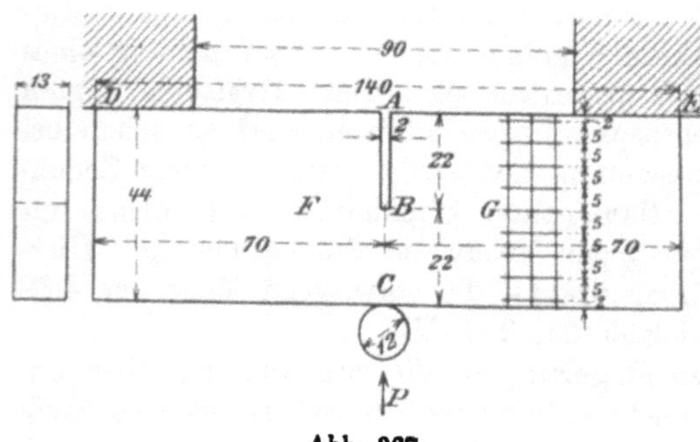

Abb. 367.

bei *B*. Beim ungekerbten Stab erhält man auf Grund der Tafelabb. 64 bei *A* eine Verlängerung der Quadratseite von ursprünglich 5 mm in der Richtung *DE* auf 8,5 mm entsprechend einer Dehnung von $\frac{8,5-5}{5} \cdot 100 = 70\,^{0}/_{0}$. Bei dem gekerbten Stab ergibt sich im Abstand 17 mm von *C*, an der tiefsten Stelle der infolge des Kerbs entstandenen Einbuchtung (vgl. Abb. 367 und Tafelabb. 65), die Verlängerung der ursprünglichen Strecke von 5 mm auf etwa 11 mm entsprechend einer Dehnung von $\frac{11-5}{5} \cdot 100 = 120\,^{0}/_{0}$. Hieraus erhält man aber noch nicht den richtigen Begriff von der größten örtlichen Dehnung in der Nähe von *B*. Diese ergibt sich besser aus dem Umstande, daß sich die Teillinie *BC* (Abb. 367 und Tafelabb. 65) beim gekerbten Stab in eine fächerförmige Fläche *B'B"C* (Abb. 368) verwandelt hat. Während der ganze Bogen *H'H"* die Länge

21,5 hat, entfällt hiervon auf den Bogen $B'B''$ der Betrag von 5 mm. Diese Länge entspricht der ursprünglichen Dicke der Teillinie $BC$, die auf etwa 0,25 mm geschätzt werden kann. Es hat sich also eine Länge von 0,25 mm auf eine solche von 5 mm vergrößert, und dies gibt eine Dehnung von $\dfrac{5-0,25}{0,25} \cdot 100 = 1700^0/_0$.

Dieser Wert ist natürlich nur eine rohe Schätzung, die aber genügt, um zu zeigen, daß die größten örtlichen Dehnungen in der Nähe des Punktes $B$ im gekerbten Stab außerordentlich hohe Werte annehmen, und daß in einiger Entfernung von $B$ in der Richtung $FG$ die Dehnungen sehr rasch abnehmen.

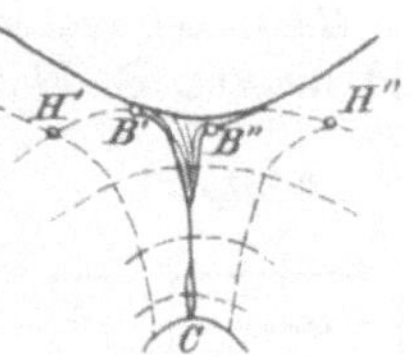

Abb. 368.

Trägt man die Dehnungen in Prozenten für die äußerste Faser $DE$ des gebogenen ungekerbten und für die Faser $FG$ des gekerbten Stabes in Abhängigkeit von der im nicht gebogenen Stab gemessenen Entfernung der einzelnen Punkte von der Mittellinie $ABC$ ab, so erhält man die Abb. 369 und 370, von denen die erstere dem ungekerbten, die letztere dem gekerbten Stabe entspricht. Der Vergleich der beiden Abbildungen läßt deutlich die außerordentlich starken örtlichen Dehnungen im Grunde des Kerbs und die rasche Abnahme der Dehnung nach beiden Seiten hin beim gekerbten Stab erkennen, während beim ungekerbten Stab die Dehnung sich auf größere Strecken verteilt und nie örtlich so hohe Beträge erreicht, wie in dem gekerbten Stab. Auch die Tafelabb. 66 (ungekerbter Stab) und 67 (gekerbter Stab) in Taf. XIII, die die beiden Stäbe in der Richtung $ABC$ gesehen zeigen, lassen an der Art der Einschnürung die Unterschiede in der Verteilung der Formänderung über die Stabmasse erkennen. Beim gekerbten Stab ist die Dicke in der Stelle der stärksten Einschnürung bei $B$ fast Null geworden; die Arbeitsfähigkeit des Materials ist an dieser Stelle fast erschöpft, während in ganz geringer Entfernung davon das Material nur ganz wenig oder gar nicht in Anspruch genommen worden ist.

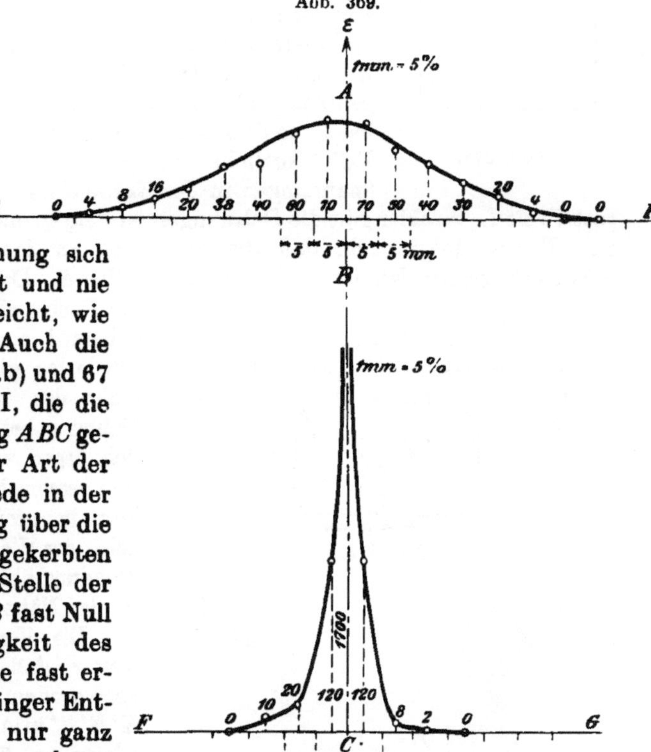

Abb. 369.

Abb. 370.

Beachtenswert ist auch, daß infolge der Biegung der Grund des Kerbs, der ursprünglich wie in Abb. 367 scharfkantig war, sich flach abgerundet hat. Dadurch würde bei weiterem Biegen der Kerb nahezu verschwinden oder in seiner Wirkung wenigstens sehr geschwächt. Das Material sucht sich also der Kerbwirkung zu entziehen, vorausgesetzt, daß es geschmeidig genug ist, um die dazu erforderliche Formänderung ohne Aufgabe des Zusammenhanges zu ertragen; andernfalls reißt es im Kerbgrund ein.

Aus Obigem können wir zusammenfassend entnehmen, daß Kerbung eines nach Abb. 367 auf Biegung beanspruchten Stabes zu starken örtlichen Längsdehnungen im Grunde des Kerbs Veranlassung gibt, woraus auf sehr starke örtliche Zugspannungen an dieser Stelle geschlossen werden darf.

*340.* Die ersten mir bekannt gewordenen Versuche über die Wirkung der Kerbe sind die von E. Winkler ($L_4$ 55). Er beanspruchte einen Stab aus vulkanisiertem Kautschuk von den in Abb. 371 angegebenen Abmessungen auf Zug unter einer gleichmäßigen, am Stabkopf angreifenden Belastung von 10 kg. Auf dem Kautschukstab waren vor der Beanspruchung Netzlinien eingezeichnet worden, ähnlich wie im vorigen Absatz bei den Bleiproben. Aus den Änderungen der Abstände dieser Linien unter der Belastung wurde auf die Formänderungen und Spannungen geschlossen. Die Längsdehnung des Stabmaterials in der Kerbe bei $K$ wurde um etwa 30 % größer gefunden als in der Stabmitte bei $N$, so daß also auch in diesem Falle örtliche Steigerung der Spannungen in der Kerbe $K$ fest-

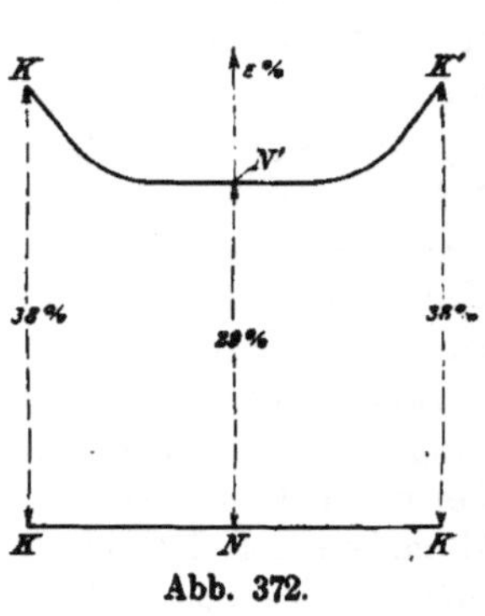
Abb. 371.

Abb. 372.

gestellt sind. Winkler gibt die Dehnungen in dem Querschnitt $KNK$ nach Abb. 372 an. Daraus folgt auch, daß die Spannung an den einspringenden Kanten $K$ wesentlich größer ist, als in der Stabmitte bei $N$. Da die Messung der Dehnung bei $K$ über einer Meßlänge von 6,25 mm (Abstand der Netzlinien) vorgenommen wurde, so gibt der Wert von $\varepsilon = 38\%$ nicht den wahren Wert der örtlichen Dehnung bei $K$ an. Der Fall kann ähnlich liegen wie bei dem im vorigen Absatz beschriebenen Bleistab. Die Dehnung kann in unmittelbarer Nähe von $K$ größer sein, der Wert 38 % ist nur die mittlere Dehnung über einer Strecke von 6,25 mm in der Nähe von $K$.

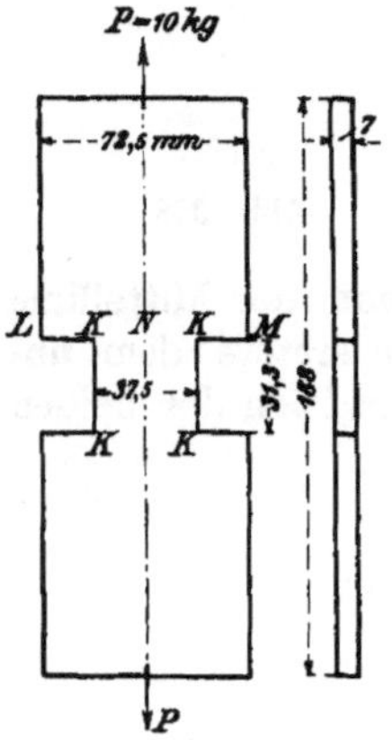

Die Versuche von Winkler zeigen weiter, daß durch Abrundung der einspringenden Kante bei $K$ die Linie $K'N'K'$ in Abb. 372 sich mehr einer Parallelen zu $KNK$ nähert, daß also der Vorsprung der örtlichen Dehnung bei $K$ gegenüber der des mittleren Stabteiles bei $N$ um so geringer wird, je mehr sich der einspringende Winkel bei $K$ dem Wert 180° nähert.

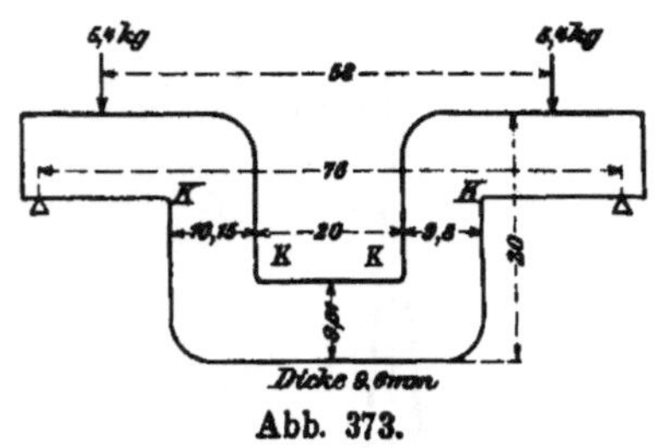
Abb. 373.

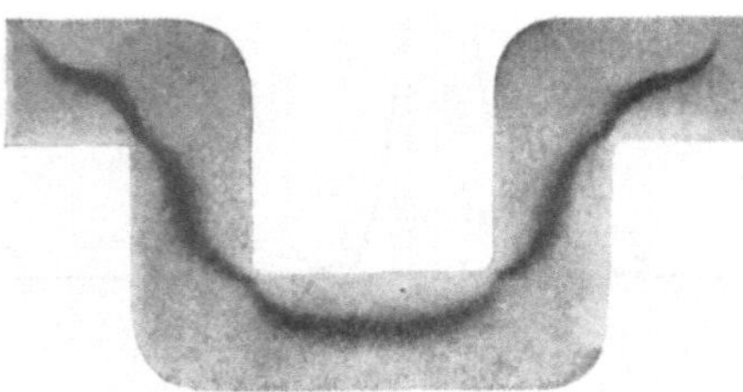
Abb. 374. Gekröpfter Glaskörper belastet nach Abb. 373. (Nach Hönigsberger.) (Etwa nat. Größe.)

Die einspringende Kante bei $K$ kann als Kerb aufgefaßt werden.

Hönigsberger ($L_4$ 56, 57, 111) verwendet zum Nachweis der Spannungen und der Lage der neutralen Schichten Glaskörper, die zwischen gekreuzten Nicols im polarisierten Licht untersucht wurden. Er findet, daß die neutrale Schicht in einem Glaskörper von den Abmessungen der Abb. 373 und unter der dort angedeuteten Belastung so verläuft, wie in Abb. 374 durch die dunkle Linie angedeutet ist. Sie läuft sehr nahe an den einspringenden Ecken $K$ vorbei. Daraus folgt, daß dort sehr hohe Spannungen auftreten müssen. (Vgl. auch A. Mesnager, $L_4$ 82).

Daß die größten Formänderungen und somit die größten Spannungen auch nach Überschreiten der Streckgrenze in den einspringenden Kanten bei Biegeproben auftreten, zeigen die von mir untersuchten Bleistäbe in den Tafelabb. 68 und 69 der Taf. XIV (etwa $^2/_3$ der natürlichen Größe), die nach Art der Abb. 375 und 376 belastet wurden. Die Abstände der einzelnen Netzlinien waren vor dem Versuch 5 mm, mit Ausnahme der beiden äußersten parallel zu den Längsseiten gehenden Linien, die von den letzteren nur den Abstand 2,5 mm hatten. In den Abb. 375b und 376b sind als Ordinaten die Dehnungen $\varepsilon$ in Prozenten angegeben, die am Grunde des Kerbs in der Richtung $OP$ infolge des Biegens eingetreten sind. Als Abzissen zu diesen Dehnungen sind die Abstände der einzelnen Punkte $OKNKP$ von $N$ verwendet, wie sie im ursprünglichen, ungebogenen Stab gemessen wurden. In beiden Fällen ist die Dehnung und mithin die Spannung in den scharf einspringenden Kanten $KK$ am größten.

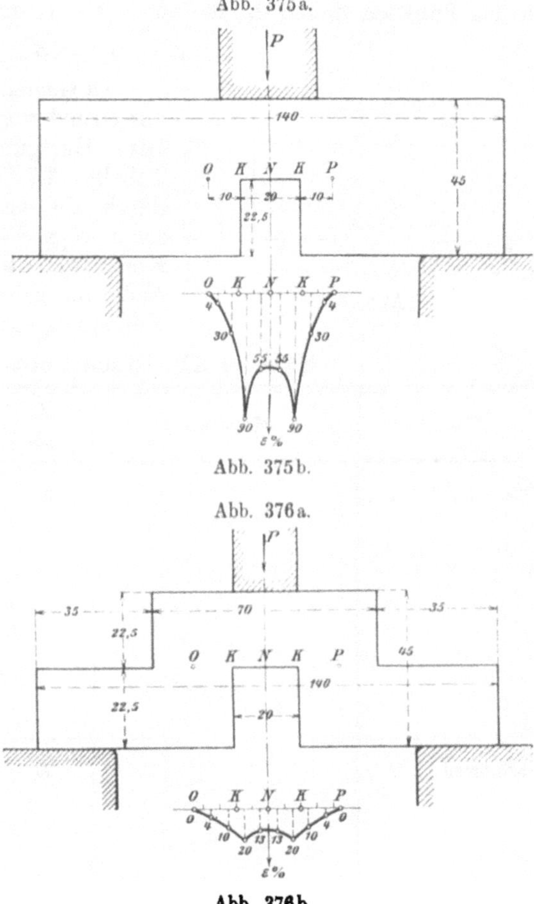

Abb. 375a.

Abb. 375b.

Abb. 376a.

Abb. 376b.

Es ist nun tatsächlich eine außerordentlich häufig zu machende Erfahrung, daß Brüche in Kurbelwellen in den einspringenden Kanten $K$ beginnen und sich allmählich fortsetzen.

Auf Grund theoretischer Betrachtungen, die die Gültigkeit des Hookschen und des Superpositionsgesetzes voraussetzen und nur für Beanspruchungen innerhalb des elastischen Bereiches gelten, gelangt Leon ($L_4$ 58) zu folgender Annäherungsformel für einen Stab von rechteckigem Querschnitt, der halbkreisförmige Kerbe auf zwei einander gegenüberliegenden Seiten besitzt und durch eine Kraft $P$ auf Zug beansprucht wird (vgl. Abb. 377):

$$\sigma_1 = \frac{\sigma}{2}\left[\left(\frac{a}{r}\right)^4 + \left(\frac{a}{r}\right)^2 + 2\right] \ \ldots \ldots \ (19)$$

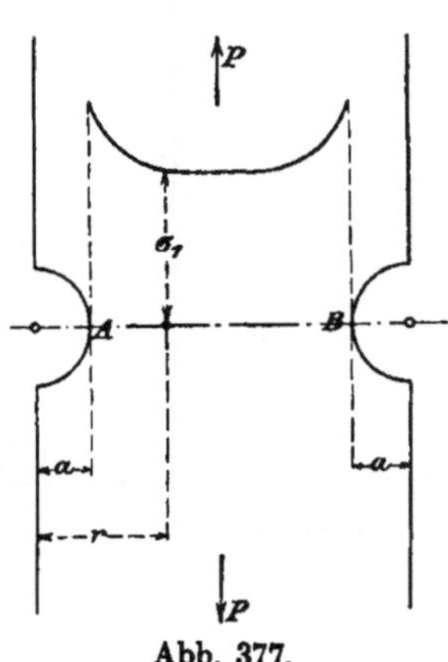

Abb. 377.

Hierin ist $\sigma$ die Spannung im Stabquerschnitt $AB$ bei Vernachlässigung der Kerbwirkung, $\sigma_1$ die Spannung, die infolge der Wirkung des halbkreisförmigen Kerbes vom Halbmesser $a$ im Abstand $r$ vom Mittelpunkt des Kerbhalbkreises auftritt. In den Punkten $A$ und $B$ ist dann $a/r = 1$, mithin

$$\sigma_1 = 2\,\sigma \ldots \ldots \ldots \ldots \ldots \ldots (20)$$

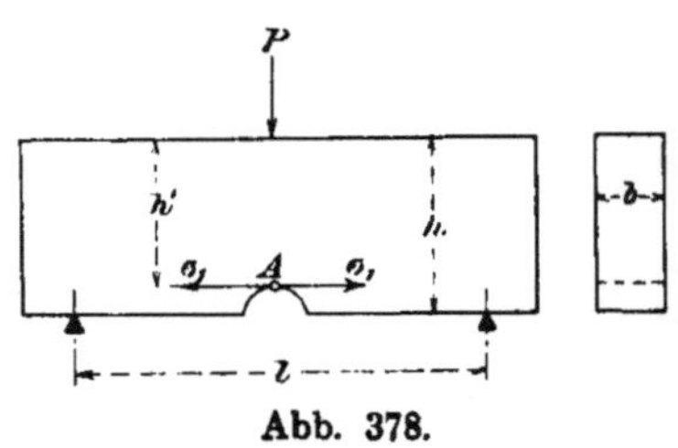

Abb. 378.

In Gemeinschaft mit P. Ludwik fand Leon auf Grund von Biegeversuchen mit Körpern aus Glas, Hartgummi und Portlandzement die in der Tabelle XV angegebenen Spannungsstörungen durch die verschiedenen Kerbarten. Für geschmeidige Stoffe können die Einwirkungen der Kerbe wesentlich anders werden, als in der Tabelle angegeben. Die Bedeutung der einzelnen Benennungen $h$, $h'$, $b$ ist in der Abb. 378 erläutert.

Tabelle XV.   Nach Leon und Ludwik.

| Material | Kerbform | $h$ mm | $h'$ mm | $b$ mm | $l$ mm | $\dfrac{\sigma_1}{\sigma}$ |
|---|---|---|---|---|---|---|
| Glas | | 30 | 27 | 12 | 100 | 2,0 |
| | | | | | | 2,7 |
| | | | | | | 3,5 |
| | | | | | | 5,0 |
| Hartgummi | | 30 | 27 | 12 | 100 | 1,17 |
| | | | | | | 1,41 |
| | | | | | | 2,2 |
| | | | | | | 1,62 |
| | | | | | | 2,8 |
| | | | | | | 3,3 |
| | | | | | | 3,4 |
| | | | | | | 3,8 |
| | | | | | | 4 |
| Portlandzement | | 40 | 35 | 40 | 100 | 1,9 |
| | | 40 | 30 | 40 | 100 | 2,3 |

In der letzten Spalte der Tabelle XV ist das Verhältnis $\sigma_1/\sigma$ zwischen der größten Zugspannung im Grunde $A$ des Kerbs und der Spannung angegeben, die vorhanden sein würde, wenn der Stab nicht gekerbt wäre, die sich also aus der einfachen Berechnungsformel für die Spannung unter Berücksichtigung der Querschnittsschwächung durch den Kerb ergibt.

Aus dem Vergleich der Werte $\sigma_1/\sigma$ für ungefähr gleiche Kerbformen **bei verschiedenen Stoffen erkennt man, daß die Wirkung des Kerbs bei verschiedenen Stoffen verschieden stark ist.**

**Der Kerb kann unter den angegebenen Verhältnissen die Spannung örtlich auf den 1,17 bis 5 fachen Betrag steigern.**

Bach ($L_4$ 59) ermittelte an zwei Gußeisenkörpern von ungefähr der in Abb. 379 angedeuteten Form die Kraft $P$, die zum Bruch nötig war, der nach der unter 45° geneigten Linie erfolgte. Die wirklich ermittelte größte Biegungsspannung $\sigma'$ war etwa dreimal so groß, als die, die sich aus der Anwendung der gewöhnlichen Berechnungsformel ergeben würde.

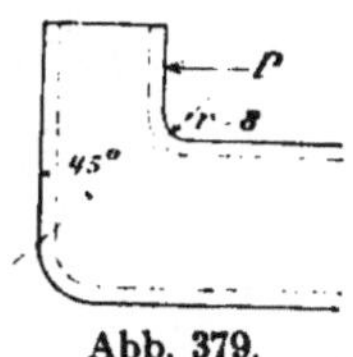

Abb. 379.

Die einspringende Kante mit dem gegenüber den Abmessungen des ganzen Stücks sehr kleinen Krümmungshalbmesser von 8 mm wirkt eben wie ein scharfer Kerb und gibt in der einspringenden Kante Veranlassung zur örtlichen Spannungssteigerung.

Es folgt nun für den Konstrukteur aus den obigen Auseinandersetzungen **die Regel, daß plötzliche Querschnittsänderungen in durch Kräfte beanspruchten Bauteilen nach Möglichkeit zu vermeiden sind, da sie in ihrer Wirkung Kerben gleichen. Sind solche plötzlichen Querschnittsänderungen nicht zu umgehen, so muß danach gestrebt werden, den Übergang von einem Querschnitt zum anderen durch möglichst große Abrundung zu bewirken.**

Besonders deutlich zeigt sich die Kerbwirkung einspringender Kanten bei häufig zwischen zwei äußersten Grenzen wechselnden Beanspruchungen (Dauerbeanspruchungen) und ganz besonders dann, wenn die Beanspruchungen zwischen Zug und Druck wechseln, wie in I, *324* bis *333* auseinandergesetzt wurde. Es genügt hierbei schon ein ganz kleiner Anriß oder eine ganz unscheinbare Verletzung der Oberfläche, um die Zahl der bis zum Bruch ausgehaltenen Beanspruchungen erheblich herabzusetzen.

**Die obige Regel über die Vermeidung einspringender Kanten und über die Abrundung ist also um so mehr zu beherzigen, je mehr das Material Dauerbeanspruchungen ausgesetzt ist.**

Trotzdem ist eine sehr große Anzahl von vorzeitigen Brüchen in Konstruktionsteilen auf die Nichtbeachtung oder wenigstens nicht genügende Beachtung dieser Regel zurückzuführen. Wie wir später sehen werden, zeigen die verschiedenen Materialien verschieden große Empfindlichkeit gegenüber der Kerbwirkung. Man wird deswegen in Fällen, wo aus konstruktiven Rücksichten einspringende Kanten mit verhältnismäßig geringem Abrundungsradius nicht zu umgehen sind, besonders sorgfältig in der Materialauswahl sein müssen, besonders dann, wenn der Konstruktionsteil wechselnden Beanspruchungen unterworfen wird.

## 1. Die Kerbzugprobe.

*341.* Die Ergebnisse Leons gelten nur innerhalb des Bereichs der elastischen Formänderungen, und können bis zum Bruch nur dann benutzt werden, wenn der Stoff ohne wesentliche plastische Formänderung zu Bruch gebracht werden kann. Von Wichtigkeit ist es noch, kennen zu lernen, wie sich die Verhältnisse bei Körpern gestalten, die vor dem Bruch plastische Formänderungen erleiden.

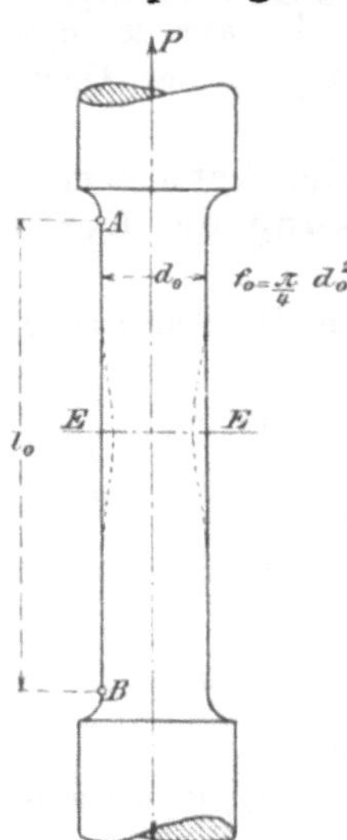

Abb. 380.

Ein Stab von den in Abb. 380 angegebenen Abmessungen werde in der Richtung der Stabachse durch die allmählich wachsende Kraft $P$ auf Zug beansprucht. Der ursprüngliche Querschnitt des Stabes sei $f_0$, die ursprüngliche Länge zwischen den Punkten $A$ und $B$ sei $l_0$. Es werde vorausgesetzt, daß $l_0$ im Verhältnis zum Durchmesser $d_0$ sehr lang sei. Der Abstand der beiden Punkte $A$ und $B$ wird sich unter dem Einfluß der wachsenden Kraft vergrößern; er habe bei einer bestimmten Last $P$ den Wert $l$, so daß die Verlängerung $\lambda = l - l_0$ ist. Die Änderung von $\lambda$ mit der Last $P$ werde durch einen Selbstzeichner als Abszisse in einem Schaubild eingezeichnet, in dem die jeweiligen Kräfte $P$ die Ordinaten sind ($\lambda$, $P$-Bild, in Abb. 381). $P_S$ entspreche der Last an der $S$-Grenze, $P_B$ der Höchstlast, und $P_Z$ der Last, unter der schließlich der Stab zu Bruch geht.

Aus der Abb. 381 kann man durch Rechnung ein anderes Schaubild ableiten, in dem als Abszissen die Dehnungen $\varepsilon = \dfrac{\lambda}{l_0}$ und als Ordinaten die Spannungen $\sigma = \dfrac{P}{f_0}$ bezogen auf den ursprünglichen Querschnitt $f_0$ des Stabes, verwendet sind. Das so erhaltene Schaubild heiße $\varepsilon$, $\sigma$-Bild. Es ist in Abb. 382 durch die dünne Linie 1 angedeutet.

Aus dem Schaubild $\varepsilon$, $\sigma$ läßt sich ein weiteres ableiten, wenn man als Ordinaten nicht die Werte $\sigma = \dfrac{P}{f_0}$, bezogen auf den ursprünglichen Stabquerschnitt $f_0$,

sondern die Spannungen $[\sigma] = \dfrac{P}{f}$, bezogen auf den jeweiligen Querschnitt $f$ des Stabes, einzeichnet. Das so gewonnene Schaubild soll als $\bar{\varepsilon}$, $[\sigma]$-Bild bezeichnet werden. Man nennt $[\sigma]$ vielfach die „wirkliche" oder die „effektive" Spannung.

Nach Überschreiten der $S$-Grenze, also während des Fließens

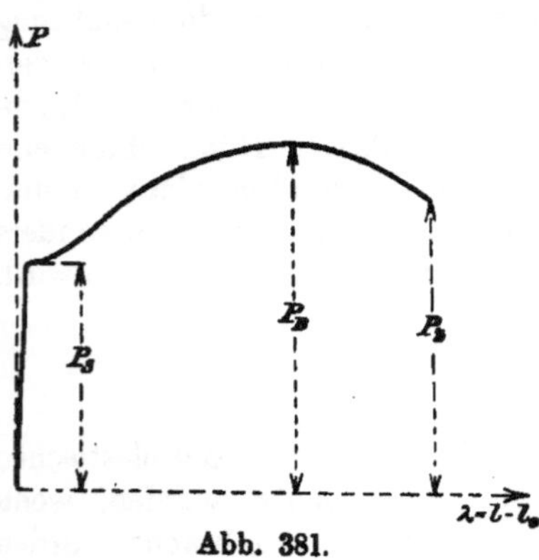

Abb. 381.

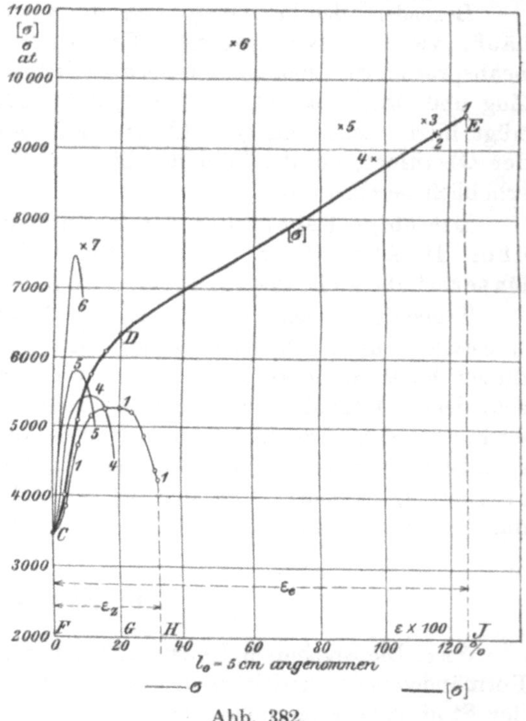

Abb. 382.

des Metalls, steigt sowohl die Linie der $P$ in Abb. 381, als auch die Linie der $\sigma$ (dünne Linie 1) in Abb. 382 bis zu dem Höchstwert $P_B$ bzw. $\sigma_B$ an. In dieser Periode erstreckt sich die bleibende Formänderung nahezu gleichmäßig über die ganze Länge $l_0$ und somit über das ganze Volumen $f_0 l_0$ des Stabes. Unter Vernachlässigung der geringen Veränderung des spezifischen Gewichts des Stabmaterials infolge des Kaltreckens kann man das Stabvolumen vor der Beanspruchung dem Volumen nach der Beanspruchung gleich setzen: $f_0 l_0 = fl$, oder $f = \dfrac{f_0 l_0}{l}$; außerdem ist aber $\dfrac{l - l_0}{l_0} = \varepsilon$ und somit auch $\dfrac{l_0}{l} = \dfrac{1}{1 + \varepsilon}$. Setzt man diesen Wert in die Beziehung für $f$ sein, so findet man

$$f = \frac{f_0}{1 + \varepsilon} \dots \dots \dots \dots \dots \dots \quad (21)$$

Für $[\sigma] = \dfrac{P}{f}$ erhält man danach

$$[\sigma] = \frac{P}{f_0}(1 + \varepsilon)$$

oder
$$[\sigma] = \sigma(1 + \varepsilon) \dots \dots \dots \dots \dots \dots \quad (22)$$

Verwendet man die so berechneten Werte von $[\sigma]$ als Ordinaten, so ergibt sich die dick ausgezogene $[\sigma]$-Linie in Abb. 382 von $C$ bis $D$.

Nach Überschreiten der Höchstspannung $\sigma_B$ ($B$-Grenze) wird in einem Querschnitt, der zufällig etwas geringere Widerstandsfähigkeit besitzt, oder der sich in der Mitte zwischen den beiden Stabköpfen befindet (I, *100* bis *104*), das Fließen stärker als in den übrigen Querschnitten. Dort nimmt dann die Dehnung rascher zu und der Querschnitt $f$ rascher ab, als in den übrigen Querschnitten des Stabes. Die Folge davon ist Einschnürung, wie in Abb. 380 punktiert angedeutet. Durch die Querschnittsverminderung wird trotz des Abfallens der das Fließen herbeiführenden Kraft $P$ von $P_B$ auf $P_Z$ und der Spannungen von $\sigma_B$ auf $\sigma_Z$ die Spannung $[\sigma]$ weiter gesteigert; da ja $P/f$ wegen der Abnahme des Querschnitts $f$ weiter steigt, bis schließlich $[\sigma]$ im Einschnürungsquerschnitt einen solchen Wert erreicht, daß der Bruch eintritt. Die Dehnungen $\varepsilon$ sind jetzt nicht mehr gleichmäßig über die Stablänge $l$ verteilt, sondern nehmen von $A$ nach $E$ (Abb. 380) zu, erreichen bei $E$ den Höchstwert, um dann von $E$ nach $B$ wieder abzufallen (I, *130* bis *137*). Dementsprechend sind auch die Spannungen $\sigma$ und $[\sigma]$ über der Länge $l$ verschieden und erreichen bei $EE$ in der Einschnürungsstelle ihren Höchstwert. Zur Berechnung dieses Wertes ist wegen der angegebenen Verschiedenheiten die Gl. 22 nicht mehr brauchbar. Man muß jetzt den jeweiligen kleinsten Querschnitt $f$ selbst durch Messung feststellen, und dann $[\sigma]$ aus der Beziehung

$$[\sigma] = \frac{P}{f}$$

berechnen.

Sind, wie es meist der Fall ist, während des Zugversuchs die Werte $f$ nicht gemessen, so bleibt zur Berechnung von $[\sigma]$ nur noch der Querschnitt $f_e$ am Bruch des Stabes bei $EE$ übrig. Man erhält dann $[\sigma]_Z = \dfrac{P_Z}{f_e}$. Dieser Wert ist die Ordinate des Endpunktes $E$ der $[\sigma]$-Linie in Abb. 382.

Die zugehörige Abszisse, das ist die größte im Stab auftretende Dehnung, erhält man aus folgender Überlegung. Ein zylindrischer Teil des Stabes vom ursprünglichen Querschnitt $f_0$ und der ursprünglichen Länge $x_0$, die als sehr klein gedacht werde, hat nach erfolgtem Bruch den Querschnitt $f_e$ und eine Länge $x$ angenommen, so daß

$$x f_e = f_0 x_0 ; \qquad \frac{x}{x_0} = \frac{f_0}{f_e}.$$

**Die Dehnung ist dann**

$$\varepsilon_e = \frac{x - x_0}{x_0} = \frac{x}{x_0} - 1,$$

also

$$\varepsilon_e = \frac{f_0}{f_e} - 1. \quad \dots\dots\dots\dots\dots \quad (23)$$

Dieser Wert ist die Abszisse des Endpunktes $E$ der $[\sigma]$-Linie in Abb. 382 (I, *33* bis *51*, s. auch **Ludwik**, $L_4$ 60). Durch Verbinden von $D$ mit $E$ erhält man die Fortsetzung der $[\sigma]$-Linie über $D$ hinaus.

Es ist zu beachten, daß die Ordinaten der $[\sigma]$-Linie von $C$ bis $D$ die gleichmäßig über die Länge $l$ verteilten Spannungen $[\sigma]$, jenseits von $D$ aber nur die an der Einschnürungsstelle auftretenden Höchstspannungen $[\sigma]$ angeben. Desgleichen geben die Abszissen von $F$ bis $G$ die über die Stablänge $l$ gleichmäßig verteilten Dehnungen $\varepsilon$ an, während die Abszissen von $G$ bis $J$ die höchsten Dehnungen im Einschnürungsquerschnitt darstellen.

Der Vergleich der beiden Abszissen $\varepsilon_z = FH$ und $\varepsilon_e = FJ$ gibt Aufschluß über den Grad der Ausnutzung der Widerstandsarbeit des Materials beim Zugversuch.

Denkt man sich die Stablänge $l_0$ in $n$ gleiche Teile von der Größe $l_0/n$ geteilt, so werden die Strecken $l_0/n$ nach dem Zerreißen größer geworden sein. Aus der Verlängerung jedes Teiles kann man seine Dehnung berechnen. Trägt man diese Dehnungen als Abszissen zu jedem zugehörigen Stabteil ab, so erhält

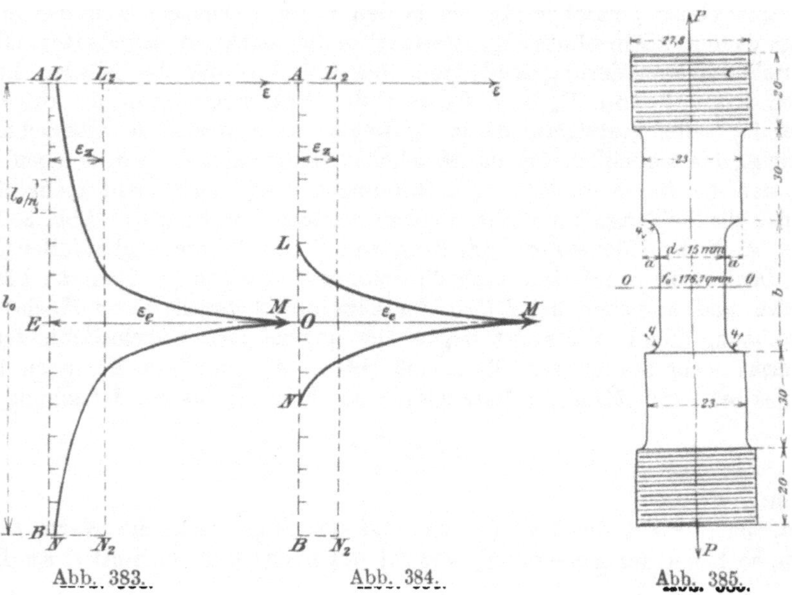

Abb. 383.                Abb. 384.               Abb. 385.

man die Linie $LMN$ in Abb. 383, die die Verteilung der Dehnungen über die Länge $l_0$ angibt. Werden die Abschnitte $l_0/n$ genügend klein gewählt, so ist $EM$ annähernd gleich dem Wert $\varepsilon_e = FJ$ in Abb. 382. Der Wert $\varepsilon_z$, der aus der Entfernung der beiden Marken $A$ und $B$ ermittelt wird, muß gleich dem Durchschnittswert aller Abszissen der Schaulinie $LMN$ sein, d. h. die beiden Flächen $ALMNB$ und $AL_2N_2B$ müssen gleich sein.

Während an der Einschnürungsstelle bei $E$ die Widerstandsarbeit des Materials fast aufgebraucht wird, wird in den von $E$ entfernten Stellen nur ein geringer Teil der Widerstandsarbeit aufgezehrt.

Wird nun ein gekerbter Stab, etwa nach Art der Abb. 385, durch zentrische und allmählich wachsende Kraft $P$ auf Zug beansprucht, so bewirkt, wie früher gezeigt, der Kerb Einschränkung der örtlichen Dehnungen auf die in unmittelbarer Nähe des Kerbs befindlichen Stabteile, so daß die Verteilung der Dehnungen über die Länge $l_0$ sich etwa wie in Abb. 384 darstellt. Im Querschnitt $O$ wird die Widerstandsarbeit des Materials am meisten ausgenutzt; die Dehnung erreicht dort ihr höchstes Maß $\varepsilon_e = OM$; nach beiden Seiten hin nimmt die Dehnung rasch ab, so daß nur ein kleiner Teil der Länge $l_0$ an der Widerstandsarbeit teilnehmen kann. Die mittlere Dehnung $\varepsilon_z$ wird deswegen kleiner als in Abb. 383.

Es entsteht nun die Frage, in welchem Verhältnis steht die Höchstdehnung $OM$ in Abb. 384 zur Höchstdehnung $EM$ in Abb. 383, wenn dasselbe Material mit und ohne Kerbung dem Zugversuch unterworfen wird. Hierüber geben Versuche Aufschluß, über die A. Martens ($L_4$ 61) und Rudeloff ($L_4$ 62) berichtet haben.

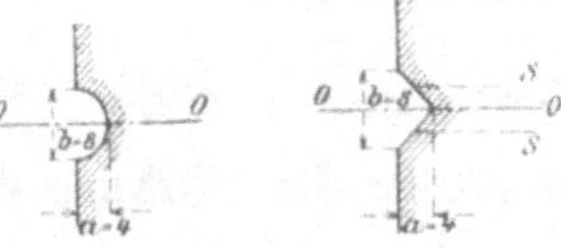

Abb. 386.　　　　　Abb. 387.

Aus einer 35 mm dicken Rundstange von Martinflußeisen wurden Zugstäbe von der in Abb. 385 dargestellten Form hergestellt. Die Abmessungen waren bei allen Stäben dieselben, bis auf die Länge $b$, die bei den verschiedenen Stäben die Längen 58, 48, 38, 28, 18, 8 mm erhielt. Die Stäbe waren somit sämtlich gekerbt, nur war das Verhältnis der Kerbabmessungen $b/a$ veränderlich und lag innerhalb der äußersten Grenzen 58/4 und 8/4; im letzteren Falle war der Kerb halbkreisförmig (Abb. 386). Außerdem wurde noch ein Stab mit spitzem Kerb nach Abb. 387 geprüft. Die Ergebnisse der Zugversuche sind in der Tabelle XVI zusammengestellt.

## Tabelle XVI. Nach Rudeloff.

| Nr. | $b$ | $\sigma_S$ | $\sigma_B$ | $f_e$ | $q$ | $\varepsilon_e \cdot 100$ | $[\sigma]_s$ |
|---|---|---|---|---|---|---|---|
|  | cm | at | at | qcm | % | % | at |
| 1 | 5,8 | 3450 | 5400 | 0,785 | 55,6 | 125 | 9500 |
| 2 | 4,8 | 3560 | 5380 | 0,817 | 53,8 | 116 | 9240 |
| 3 | 3,8 | 3580 | 5430 | 0,833 | 52,8 | 112 | 9430 |
| 4 | 2,8 | 3480 | 5490 | 0,899 | 49,1 | 96,5 | 8890 |
| 5 | 1,8 | 3570 | 5800 | 0,950 | 46,2 | 86,1 | 9310 |
| 6 | 0,8[1]) | 4470 | 7440 | 1,150 | 34,9 | 53,5 | 10510 |
| 7 | 0,8[2]) | 5420 | 7040 | 1,629 | 7,8 | 9 | 7600 |

[1]) Halbkreisförmiger Kerb nach Abb. 386.
[2]) Spitzer Kerb nach Abb. 387.

$f_e$ war in allen Fällen 1,767 qcm,

$$q = \frac{f_0 - f_e}{f_0} \cdot 100$$

$$\varepsilon_e = \frac{f_0}{f_e} - 1$$

$$[\sigma]_s = \frac{P_s}{f_e}.$$

Aus der Tabelle ergibt sich, daß mit abnehmendem $b$, also mit zunehmender Kerbwirkung, die Werte für $q$ und $\varepsilon_e$ abnehmen.

Demnach muß die Strecke $OM$ in Abb. 384 mit abnehmendem $b$ kürzer werden. Wegen der stark örtlichen Beschränkung der Dehnung infolge Verkürzung der Länge $LN$ durch die Kerbwirkung muß mit steigender Kerbwirkung auch die mittlere Bruchdehnung $\delta = \varepsilon_z \cdot 100$ abnehmen. Dies geht aus Abb. 382 hervor, wo die $\varepsilon, \sigma$-Linien für die Stabnummern 1, 4, 5 und 6 gezeichnet sind. (Die Zeichnungen sind nur nach gedruckten Abbildungen in der Quelle gemacht und sind daher nicht besonders genau; der Genauigkeitsgrad genügt aber für die hier zu machenden Ableitungen.) Die Dehnungen $\varepsilon_z$ wurden sämtlich auf gleiche Meßlänge $l_0 = 50$ mm bezogen.

Es ist noch zu untersuchen, wie der Kerb bei der Kerbzugprobe auf den Wert $\sigma_B$ einwirkt. Wegen der durch den Kerb verminderten Dehnung und Querschnittsverminderung wird bei einer bestimmten, oberhalb der Streckgrenze gelegenen Belastung $P$ der Querschnitt $f$ beim gekerbten Stab größer sein als beim nicht gekerbten. Die Folge davon ist, daß $\sigma = \dfrac{P}{f_0}$ sich um so mehr dem Wert $[\sigma] = \dfrac{P}{f}$ nähert, je weniger $f$ und $f_0$ voneinander verschieden sind, also je stärker die Wirkung des Kerbs wird. Das bedeutet mit anderen Worten, daß sich die $\varepsilon, \sigma$-Linie mit steigender Kerbwirkung immer mehr der $\varepsilon, [\sigma]$-Linie anschmiegen und zuletzt in diese übergehen müßte, wenn die Einschnürung des Querschnitts gleich Null geworden ist.

Dies war der ursprüngliche Gedankengang derjenigen, die die Einführung der Kerbzugprobe zur Materialprüfung an Stelle der gewöhnlichen Zugprobe empfohlen haben, wie z. B. Barba ($L_4$ 63). Sie nahmen an, daß die Kerbzugprobe ohne weiteres die Spannungen $[\sigma]$ liefern würde, was ohne Zweifel ein Vorzug der Probe wäre. Diese Annahme trifft aber nicht zu, wie die $\varepsilon, \sigma$-Linien 4 bis 6 in Abb. 382 dartun, die über die $\varepsilon, [\sigma]$-Linie hinaussteigen.

Während die $\varepsilon, \sigma$-Linie 1 unter der $\varepsilon, [\sigma]$-Linie liegt, weil hierbei die Spannungen $\sigma$ auf einen größeren Querschnitt $f_0$ statt auf den kleineren $f$ bezogen werden, ist bei den Linien 4 bis 6 das Umgekehrte der Fall; sie liegen zum Teil über der $\varepsilon, [\sigma]$-Linie, weil hier $\sigma$ auf einen zu kleinen Querschnitt $f$ bezogen wird. Als Querschnitt $f$ ist in allen Fällen der kleinste Stabquerschnitt bei $OO$ angenommen. Diese Annahme wäre nur zutreffend, wenn tatsächlich nur der zylindrische Teil $\dfrac{\pi}{4} 15^2 (b - 8)$ in Abb. 385 an der bleibenden Formänderung teilnehmen würde. Sobald aber z. B. bei den in Abb. 386 und 387 gezeichneten Kerben an der bleibenden Formänderung außer dem Querschnitt $OO$ auch noch die benachbarten Teile, z. B. bis nach $SS$, zur Formänderung mit herangezogen werden, kann als tragender Querschnitt nicht mehr der kleinste in $OO$ gelten, sondern irgendein Querschnitt $f_x$, dessen Größe zwischen dem Querschnitt $f$ in $OO$ und dem Querschnitt in $SS$ liegt. Die Kerbzugprobe hat also gegenüber der üblichen Ausführung der Zugprobe mit ungekerbten Stäben den Nachteil, daß sie bei starker Kerbwirkung die Spannungen $\sigma$, $\sigma_S$, $\sigma_B$ willkürlich auf den kleinsten Querschnitt bezieht, und dadurch um so höhere Werte für die Bruchgrenze liefert, je stärker die Kerbwirkung ist. Hierin liegt eine Gefahr, weil man leicht geneigt ist, anzunehmen, daß infolge des Kerbs die Festigkeit des Materials gewachsen sei, während dieses Wachstum der Festigkeit nur scheinbar ist, weil die Spannungen auf einen willkürlich gewählten, zu kleinen Querschnitt bezogen werden.

Wenn die Annahme der Verfechter der Kerbzugprobe, daß diese Probe die Werte $[\sigma]$ unmittelbar liefere, zuträfe, so müßten auch die Werte $[\sigma]_z$ sämtlich auf der in Abb. 382 stark angezogenen $[\sigma]$-Linie liegen. Die betreffenden Werte $[\sigma]_z = \dfrac{P_z}{f_z}$ sind für die verschiedenen Stabnummern durch Kreuze angedeutet.

Sie liegen für die schwach gekerbten Stäbe 2 bis 4 nahezu auf der $\varepsilon, [\sigma]$-Linie, weichen aber mit steigender Kerbwirkung wesentlich von dieser Linie ab, wie die Lage der Punkte 5, 6 und 7 zeigt.

Es ist noch zu erklären, warum bei starker Kerbwirkung die Dehnung auf die dem Querschnitt $OO$ benachbarten Querschnitte übergreift, wie es z. B. Tafelabb. 70, Taf. XIV, in 1,82facher Vergrößerung an einem von mir untersuchten gekerbten Bleistab, der auf Zug beansprucht worden ist, zeigt. Der Stab hatte ursprünglich die in Abb. 389 gezeichnete Gestalt, wobei ein Teil $t = 1$ mm. Nach Früherem ist im Grunde des Kerbs bei $A$ und $B$ in Abb. 388 innerhalb des elastischen Bereichs die Zugspannung $\sigma_1$ wesentlich größer als die Spannung $\sigma$, die erhalten würde, wenn man sich die Last $P$ gleichmäßig über den Querschnitt $AB$ wirkend dächte. Die Spannung $\sigma_1$ nimmt nach der Stabmitte hin ab, erreicht aber erst bei verhältnismäßig großen Entfernungen $AC$ den Wert $\sigma$. In einem Querschnitt $DEF$ etwas oberhalb $OO$ wird die

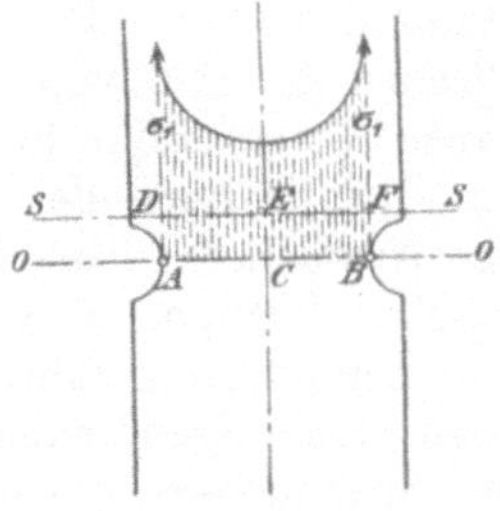

Abb. 388.

Spannung $\sigma$ ziemlich gleichmäßig über den Querschnitt verteilt sein, und von dem Werte $\sigma = \dfrac{P}{DF}$ nicht mehr wesentlich abweichen. In $OO$ wird wegen der hohen Spannungen bei einer bestimmten Last $P$ an den stärkst beanspruchten Stellen bei $A$ und $B$ die Streckgrenze des Materials zuerst erreicht. Das Material fließt um einen bestimmten Betrag, wird also kalt gereckt. Dadurch wird aber der Widerstand gegen Formänderung größer. Die betreffenden Stellen vermögen jetzt einer größeren Spannung Widerstand zu leisten, ohne weiterzufließen. Wird nun $P$ weiter gesteigert, so wird der Widerstand einer der Schichten zwischen $OO$ und $SS$ schließlich trotz des größeren Querschnitts geringer, als der des kaltgereckten Materials in $OO$. Infolgedessen kann jetzt in diesen Querschnitten Fließen stattfinden. Es ist nun aber unzulässig, trotzdem die Spannung $\sigma$ dadurch zu berechnen, daß man die derzeitige Last $P$ mit dem Querschnitt $AB$ teilt; man erhält dadurch rechnungsgemäß höhere Spannungen, als im Material in Wirklichkeit entstehen. Welchen Querschnitt man einsetzen soll, ist natürlich unbekannt; man weiß nur, daß er größer ist als $AB$. Hierdurch bekommen die durch die Kerbzugprobe erhaltenen Werte $\sigma_S$ und $\sigma_B$ etwas ganz Willkürliches.

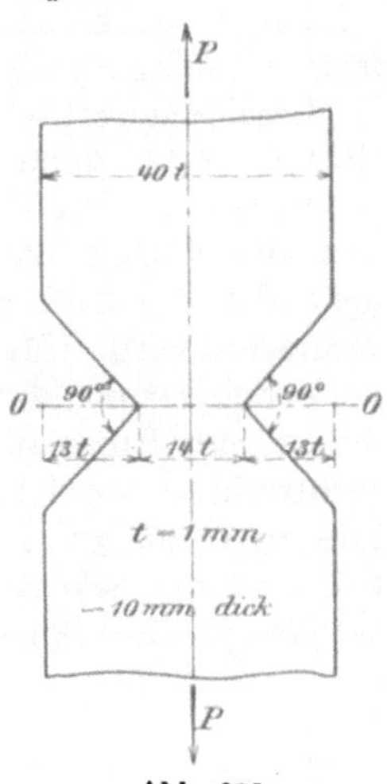

Abb. 389.

Wenn, wie dies üblich ist, bei der Berechnung von $\sigma_S$ und $\sigma_B$ aus den mit nicht gekerbten Zugproben erhaltenen Lasten $P_S$ und $P_B$ mit dem ursprünglichen Querschnitt $f_0$ geteilt wird, der größer ist, als der infolge der Belastung entstehende Querschnitt $f$, so liegt hierin zwar auch eine gewisse Willkür. Dem Konstrukteur werden aber auf diese Weise die Zahlen zur Verfügung gestellt, die er für seine Rechnungen braucht, in denen er die Spannungen immer auf den unverändert gedachten Anfangsquerschnitt bezieht.

Wenn nach Obigem das Ergebnis der Kerbzugprobe für den Konstrukteur und Materialverbraucher keinen Wert besitzt, so sind doch die Lehren um so beachtenswerter, die die Untersuchungen über die Spannungen an den eingekerbten Stäben innerhalb des Bereichs der elastischen Formänderungen ergeben, und die in Abschn. *340* auseinandergesetzt wurden. Es ist zu bedenken, daß durch Kerbe wesentliche Spannungssteigerungen hervorgerufen werden können, und daß, wenn diesen bei der Bemessung von Maschinen- und sonstigen Bauteilen nicht Rechnung getragen wird, der Sicherheitsgrad der Konstruktion wesentlich herabgedrückt werden kann. Die Kerbwirkung wird nicht nur durch scharf einspringende Kanten hervorgerufen, sondern auch durch Löcher, mögen diese in der Nähe der Oberfläche oder in der Mitte der Teile liegen. Das ist namentlich bei Blechvernietungen zu beherzigen, wo die Nietlöcher eine ganze Reihe von Kerben im Material bilden. Es ist ja auch keine seltene Erscheinung, daß in gerissenen Blechen der Riß von einem Nietloch zum anderen überspringt und sich über eine ganze Nietlochreihe fortsetzt *(349)*. Inwieweit die Ausfüllung des Nietlochs durch den Niet je nach der mehr oder weniger vollkommenen Nietung die Kerbwirkung des Nietloches wieder beseitigt, ist eine wichtige Frage, zu deren Lösung planmäßige Versuche noch nicht ausgeführt sind.

Besonders gefährlich wird der Kerb, wie bereits erwähnt, bei Dauerbeanspruchungen, namentlich bei wechselnden Belastungen. Die starke Steigerung der Spannungen $\sigma_1$ am Kerbtiefsten (Abb. 388) vermag Beanspruchungen bis über die ursprüngliche Streckgrenze örtlich herbeizuführen in Fällen, wo die Berechnung der Spannungen ohne Berücksichtigung der Kerbwirkung scheinbar zu Spannungen unterhalb der Streckgrenze führt.

Man wird sich nun auch die Wirkung kleiner Anritzungen und Verletzungen zu erklären vermögen, die in metallischen Stoffen mit starken Reckspannungen zum Aufreißen Veranlassung werden können. Sie sind als Kerbe zu betrachten und liefern örtlich starke Steigerung derjenigen Spannungen, die durch den ungleichen Reckgrad der einzelnen Schichten des Materials bedingt werden *(307)*.

Beachtenswert ist, daß sich ein Stab bei der Zugprobe infolge der Einschnürung selbst einkerbt, denn die Einschnürung ist nichts als ein flacher Kerb.

Ebenso beachtenswert ist, daß bei geschmeidigen Materialien, z. B. bei den oben angeführten Bleiproben, das Material seine Formänderung so herbeizuführen sucht, daß der Kerb in seinem Grunde stärker abgerundet, die Kerbwirkung also vermindert wird. Materialien, die soviel Geschmeidigkeit besitzen, daß sie diese zur Verminderung der Kerbwirkung erforderliche Formänderung ausführen können, werden verhältnismäßig weniger durch den Kerb in ihrer Widerstandsfähigkeit beeinträchtigt werden, als solche, die wegen geringerer Geschmeidigkeit sich dieser Wirkung nicht zu entziehen vermögen. Diese reißen im Kerbtiefsten ein; der Riß wirkt nun wie ein ganz besonders scharfer Kerb auf starke örtliche Spannungssteigerungen, so daß schließlich der Riß immer weiter schreitet.

## 2. Kerbbiegeprobe bei verschieden großer Geschwindigkeit der die Biegung bewirkenden Kräfte.

**342.** Über die Kerbbiegeprobe ist das Wichtigste bereits in I, *387* erwähnt. Die Vorgänge, wie sie beim Blei geschildert wurden *(339)*, spielen sich auch bei anderen Metallen ab. Die Probe wird meist nicht zur Messung von Materialeigenschaften, sondern nur als technologische Probe benutzt, um sich in einfacher Weise einen Überblick über die Geschmeidigkeit des Materials zu verschaffen.

Wie in I, *285* auseinandergesetzt, haben die Fließerscheinungen bei festen Stoffen eine gewisse Ähnlichkeit mit dem Fließen von Flüssigkeiten; sie gleichen in ihrem Verhalten zähen Flüssigkeiten mit großer innerer Reibung. Wie früher ausgeführt, zeigt Pech bei gewöhnlichen Wärmegraden unter dem Einfluß der Schwerkraft sehr langsames Fließen ganz ähnlich wie eine Flüssigkeit. Sucht man aber durch äußere Kräfte schnellere Formänderung herbeizuführen, so bricht das Pech wie ein spröder Körper ohne wesentliche vorausgehende Formänderung

**entzwei.** Derselbe Stoff zeigt also verschiedenes Formänderungsvermögen, je nachdem ob die Formänderung rasch oder langsam herbeigeführt wird.

Nach v. Obermayer ($L_4$ 64) ist die innere Reibung annähernd proportional der Formänderungsgeschwindigkeit $v$ (vgl. Ludwik, $L_4$ 60).

Ähnliche Erscheinungen beobachtet man auch bei metallischen Stoffen, wie z. B. beim Zink (I. 287). Bei rascher Streckung sind zur Herbeiführung gleicher Dehnungen größere Spannungen aufzuwenden, als bei langsamerer Streckung. Die Bruchdehnung wird mit steigender Streckgeschwindigkeit immer kleiner.

Tabelle XVII[1]).    Nach Leon und Ludwik.

| Material | Kerbform | $a_D$ mkg/qcm | $a_S$ mkg/qcm | $\dfrac{a_S}{a_D}$ |
|---|---|---|---|---|
| Gußeisen | ungekerbt | 0,269 | 0,703 | 2,6 |
| | Kerb Abb. 391 b | 0,231 | — | — |
| | „ Abb. 391 c | 0,190 | — | — |
| | „ Abb. 391 d | 0,163 | 0,447 | 2,7 |
| | „ Abb. 391 e | 0,122 | 0,427 | 3,5 |
| Flußstahl | ungekerbt | 59,300 | nicht gebr. | — |
| | Kerb Abb. 391 b | 9,980 | — | — |
| | „ Abb. 391 c | 2,300 | — | — |
| | „ Abb. 391 d | 2,960 | 4,393 | 1,5 |
| | „ Abb. 391 e | 1,012 | 1,020 | 1,0 |
| Flußeisen | ungekerbt | 80,500 | nicht gebr. | — |
| | Kerb Abb. 391 b | 14,350 | — | — |
| | „ Abb. 391 c | 5,740 | — | — |
| | „ Abb. 391 d | 4,960 | 6,300 | 1,3 |
| | „ Abb. 391 e | 1,372 | 0,847 | 0,6 |

[1]) Die Abmessungen der Proben ergeben sich aus Abb. 390. Der Kerb war immer nur auf der einen Seite, so daß $t_2 = 0$. Ferner war $l_1 = 120$ mm, $l = 160$ mm, $b = d = 30$ mm. Die Schlagproben wurden mittels eines Pendelschlagwerks (*345*) ausgeführt.

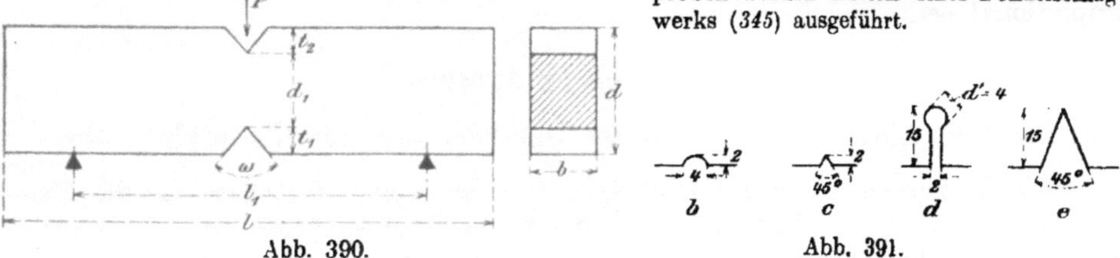


Abb. 390.           Abb. 391.

Bärgewicht $G$ 20 kg.

Fallhöhe    $H$ 1,5 m (größte Fallhöhe)

Arbeit aufgewendet zum Bruch des Stabes $A$ in mkg.

Spezifische Schlagarbeit $a = \dfrac{A}{b\,d_1}$ mkg/qcm.

Bei den Druckversuchen wirkte die Druckkraft $P$ auf die in Abb. 390 mit einem Pfeil bezeichneten Stelle. Bei den Schlagversuchen wirkte an derselben Stelle der Schlag.

Wie werden sich nun gekerbte Stäbe eines solchen Stoffes bei der Biegung etwa nach Abb. 367 verhalten, wenn die Geschwindigkeit der Biegung veränderlich gemacht wird, z. B. wenn einmal die Biegung unter langsamer Druckwirkung $P$, das andere mal mit großer Geschwindigkeit, beispielsweise unter der Einwirkung einer schlagenden Masse, an Stelle von $P$ erfolgt. Bei langsamer Biegung wird das Material am Kerbtiefsten $B$ unter verhältnismäßig geringem Widerstand örtlich starke Streckung und Querschnittsverminderung ertragen. Der Stab wird erst bei Überschreiten eines bestimmten Maßes dieser Streckung an der Kerbe einreißen und allmählich zu Bruch gehen. Anders kann der Fall liegen, wenn die Formänderung schnell vor sich geht, z. B. unter der Wirkung eines Schlages. Alsdann vermag das Material am Grunde des Kerbs nicht schnell genug zu fließen und wird der Formänderung einen höheren Widerstand entgegensetzen als beim langsamen Fließen. Es kann deshalb bei geringerer örtlicher Streckung einreißen. Der Stab wird unter geringerem Biegewinkel brechen. Die bis zum Bruch aufgewendete Arbeit wird gegenüber der bei langsamem Druck $P$ aufgewendeten Arbeit einerseits dadurch verstärkt, daß der Widerstand gegen die raschere Formveränderung beim Schlagversuch größer wird, andererseits aber dadurch verkleinert, daß der Bruch bei geringerem Grad der Formänderung (geringerem Biegewinkel) eintreten kann.

Wie diese beiden Einflüsse gegeneinander spielen, läßt sich ohne weiteres nicht übersehen. Überwiegt der erstere, so ist die Arbeit beim Schlagversuch größer als beim langsamen Biegeversuch. Überwiegt der zweite Einfluß, so kehrt sich die Sachlage um.

Bei Gußeisen, wo an sich die bleibenden Formänderungen sehr klein sind, ist anzunehmen, daß der zuletzt angegebene Einfluß zurücktritt, daß also die Brucharbeit beim Schlagversuch größer ist, als beim langsamen Biegeversuch. Bei Metallen mit größerer Formänderungsfähigkeit kann der Unterschied weniger ausgeprägt werden, oder es kann sogar das Gegenteil eintreten. Dies hängt natürlich nicht nur von der Geschwindigkeit der Formänderung und der Art des Materials, sondern auch von der Art des Kerbes ab.

Als Beispiel für das eben Gesagte sei auf die Tabelle XVII verwiesen, die von Leon und Ludwik entlehnt ist ($L_4$ 65).

Die bis zum Bruche aufgewendeten Arbeiten sind in der Tabelle, wie es üblich ist, auf die Einheit des Bruchquerschnitts bezogen und als spezifische Arbeiten $a$ bezeichnet (mkg/qcm). Die Werte $a_D$ gelten für den Druck-, die Werte $a_S$ für den Schlagversuch. Durch die Beziehung der Arbeit auf die Einheit der Bruchfläche soll nicht etwa gesagt sein, daß die Arbeit dem Bruchquerschnitt proportional sei.

## 3. Die Kerbschlagproben.

### $\alpha$) Die verschiedenen Verfahren zur Durchführung der Kerbschlagprobe.

*343.* Entsprechend den Vorschlägen des Deutschen Verbandes für die Materialprüfungen der Technik soll hier die Kerbschlagbiegeprobe kurz als Kerbschlagprobe bezeichnet werden. Für die Durchführung dieser Probe sind im Laufe der Zeit von verschiedenen Forschern zahlreiche Vorschläge gemacht worden. Wenn diese Vorschläge und die dadurch angeregten Versuche Klärung über die Wirkung der einzelnen bei der Kerbschlagprobe wirksamen Einflüsse geschaffen haben, so haben sie doch andererseits wegen ihrer großen Mannigfaltigkeit der allgemeinen Einführung der Kerbschlagprobe hindernd im Wege gestanden, denn die nach verschiedenen Verfahren gewonnenen Zahlenwerte sind nicht unmittelbar miteinander vergleichbar.

Im folgenden soll eine kurze Übersicht über die wichtigsten der zur Verwendung gelangten Verfahren und über ihre Eigentümlichkeiten gegeben werden. Hierbei werden die in Abb. 390 und am Fuß der Tabelle XVII gegebenen Abkürzungen und Bezeichnungen verwendet werden.

Die ältesten Kerbschlagversuche, die unter Messung der zum Bruch aufgewendeten Schlagarbeit erfolgten, scheinen von Tetmajer 1884—85 ausgeführt

worden zu sein. Er prüfte $\mathrm{I}$-Eisen, die auf der Zugseite eingekerbt waren ($L_4$ 66).
Später (1886) erwähnt Tunner die Kerbschlagprobe ($L_4$ 67).

a) Barba ($L_4$ 68). Länge der Probestäbe 300 mm. $d = 30$ mm, $b =$ Blechdicke, wenn Bleche zur Prüfung gelangen. Auf der einen Seite des Stabes sind
in Abständen von 25 zu 25 mm Kerbe
angebracht, wie in Abb. 392. Der Stab
wird durch eine Einspannvorrichtung $E$
festgehalten, so daß ein Teil des Stabes
von 25 mm Länge frei aus der Einspannung hervorragt. Dieser wird durch
einen Schlag an der mit Pfeil angedeuteten Stelle getroffen. Kerbform
nach Abb. 392b, Kerbtiefe $t$ wechselnd
je nach der Blechdicke. Der Kerb wird
vorgehobelt und mit einem genauen
Formstahl nachgehobelt. $G = 18$ kg,
$H$ veränderlich.

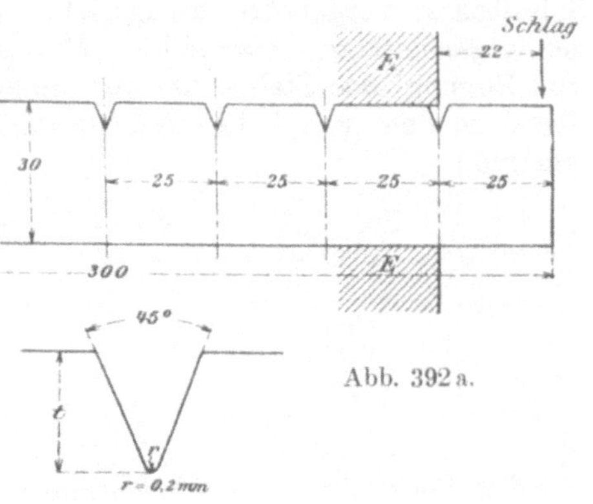


Abb. 392a.

Abb. 392b.

Man führt hintereinander mehrere
Versuche aus, indem man mit einer
größeren Fallhöhe $H$ anfängt, die genügt, um ein Stabstück von 25 mm Länge im
Kerb bei der Einspannung nach Abb. 392a abzuschlagen. Alsdann spannt man den
Stab um, so daß der nächste Stabteil um 25 mm aus der Einspannvorrichtung
herausragt, und wiederholt den Versuch mit einer um 0,1 m geringeren Fallhöhe.
Man fährt so mit immer weiter stufenweise um 0,1 m abnehmender Fallhöhe fort,
bis schließlich bei der Fallhöhe $H_n$ der aus der Einspannvorrichtung herausragende
Teil nicht mehr abgeschlagen wird. Die der Fallhöhe $H_n$ vorausgehende Fallhöhe $H_{n-1}$
dient dann als Maß für die Widerstandsfähigkeit des Materials.

b) Frémont ($L_4$ 69). Stäbe nach Abb. 390. $l_1 = 20$, $l = 25$, $b = 10$, $d = 8$ mm;
$t_2 = 0$, $t_1 = 1$ mm. $G = 25$ kg, $H = 4$ m. Der Kerb wird durch Sägeschnitt
nach Abb. 393 erzielt. Ein Bär fällt auf die Probe an der Stelle des
Pfeiles $P$ in Abb. 390 auf. Ein Teil $A$ der lebendigen Kraft des Bären
$GH = 100$ mkg wird zum Durchschlagen der Probe verwendet. Der
überschüssige Teil $GH - A$ bewirkt Zusammendrücken einer Feder.
Aus dem Maße des Zusammendrückens kann man den Überschuß und
daraus die gesuchte Arbeit $A$ berechnen.

Abb. 393.

c) Barba-Le Blant ($L_4$ 70). $l$ unbekannt, $b = 30$, $d = 12$ mm. Auf beiden
Seiten der Probe je ein Kerb $t_1 = t_2 = 1$ bis 2 mm. Kerbform dreieckig. Der
Kerb wird mit einem Hobelstahl vorgearbeitet und mit einem scharfen Messer aus
gehärtetem Stahl nachgearbeitet, das mit einer Presse etwa $\frac{1}{2}$ mm tief in den
Kerb eingedrückt wird. Der Stab wird einseitig nach Abb. 392a eingespannt,
so daß die Entfernung der Angriffslinie des Schlages bis zur Kerbmittellinie 35 mm
wird. $G = 25$ kg, $H$ kleiner als 1 m. Die Ermittelung von $A$ erfolgt ähnlich wie
unter b), nur wird die überschüssige Arbeit nicht durch Zusammendrücken der
Feder, sondern aus der Höhe $H'$ gemessen, bis zu welcher der auf die Feder auf-
prallende Bär wieder zurückspringt.

d) Vanderheym ($L_4$ 71). Die in Abständen von 30 mm angebrachten Kerbe
gehen ringsherum um die quadratischen Stäbe von $20 \times 20$ mm Seitenlänge des
Querschnitts. Der Kerb wird auf der Drehbank dadurch erzeugt, daß mittels
eines Formstahl so tief eingedreht wird, daß nur noch ein kreisförmiger Querschnitt von 16 mm Durchmesser im Kerbtiefsten übrigbleibt. Der Probestab
wird ähnlich wie in Abb. 392a einseitig eingespannt, so daß die Entfernung der
Angriffslinie des Schlages bis zur Kerbmittellinie 20 mm beträgt. $G = 25$ kg. Die

Bemessung der **Widerstandsfähigkeit** des Materials geschieht in derselben Weise wie bei Barba, s. unter a). Kerbform s. Abb. 394.

e) **Charpy** ($L_4$ 72 und 73).   $l_1 = 120$,   $b = d = 30$ mm oder 20 mm.   Für Bleche ist $b =$ Blechdicke. Kerb nach Abb. 395. $t_2 = 0$, $t_1 = d/2 = d_1$. Loch mit Spiralbohrer vorgebohrt, nachgerieben und dann mittels Sägeschnittes von außen her angeschnitten. $G = 18$ kg.   $H = 2$ m. Der Bär wird so gestaltet, daß er eine Biegung des Stabes um 60° zuläßt. (Nach Angabe von Charpy soll sein Verfahren dem von A. Le Chatelier ähnlich sein; ich konnte über die Quelle nichts erfahren.)

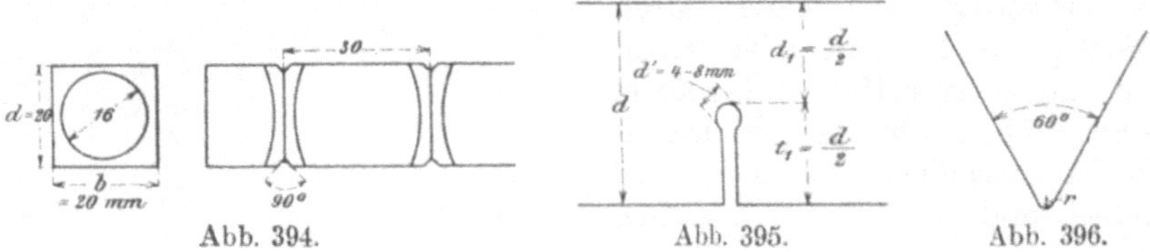


Abb. 394.        Abb. 395.        Abb. 396.

Zur Beurteilung der **Widerstandsfähigkeit** des Materials gegenüber der Kerbschlagprobe schlägt Charpy folgende beiden Verfahren vor:

$\alpha$) Man erteilt dem Stab eine Reihe von Schlägen mit unveränderlichem $H$ und stellt die Anzahl der Schläge, die bis zum Bruch erforderlich sind, ebenso den Winkel, unter dem der Bruch erfolgte, dadurch fest, daß man die gebrochenen Stücke wieder aneinander zu passen sucht. Wenn, was nach Charpy selten der Fall sein soll, der Bruch bei einem Biegewinkel von 60° noch nicht eingetreten ist, so biegt man den Stab vollends unter der Presse oder unter dem Hammer zusammen und mißt der Biegewinkel bis zum Bruch.

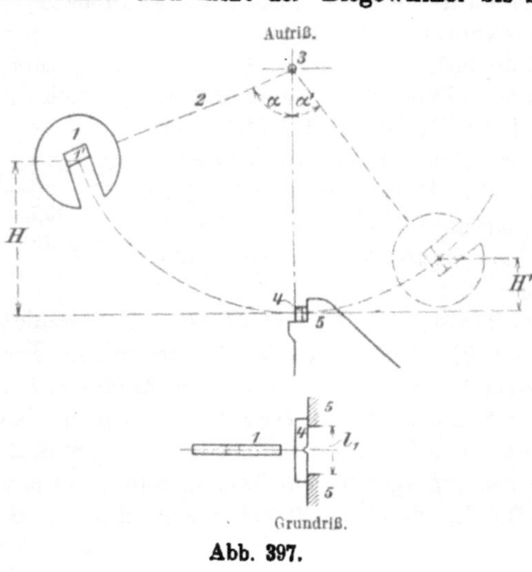


Abb. 397.

$\beta$) **Man mißt die zum Bruch des Stabes aufgebrauchte Arbeit $A$.** Hierzu dient ein Pendelschlagwerk, wie es in Abb. 397 schematisch dargestellt ist. Der gekerbte Stab 4 lehnt sich gegen ein Auflager 5. Der Pendelkörper 1 ist an einer Stange 2 mit möglichst kleiner Masse aufgehängt und schwingt um ein Lager 3 mit möglichst wenig Reibung. Er trifft aus einer Höhe $H$ gegen die Probe 4, zerschlägt diese und schwingt wegen seiner überschüssigen lebendigen Kraft um einen bestimmten Winkel $\alpha'$ über die Gleichgewichtslage entsprechend einer Steighöhe $H'$ hinaus. Die zum Zerschlagen des Stabes verwendete Arbeit $A$ ist dann

$$A = G\ (H - H').$$

Der Schneideneinsatz des Pendelkörpers 1' ist nach Abb. 396 geformt.

Die lebendige Kraft des Schlages muß so bemessen sein, daß der Stab mit einem einzigen Schlag bricht.

f) **Guillery** ($L_4$ 74). Probenform und -beanspruchung nach Abb. 390. $l = 60$, $l_1 = 40$, $b = d = 10$ mm. Kerb nach Abb. 398. $t_h = 2$ mm, $t_2 = 0$. Das Schlagwerk besteht aus einem stählernen Schlagrad $B$ (s. Abb. 399), dem sogegenannten Hammerrad, an dem bei $A$ eine Hammernase befestigt ist, die den Schlag auf die Probe überträgt. $C$ ist das Gestell der Maschine. Das Schlagrad wird von Hand oder maschinell auf eine bestimmte Umdrehungsgeschwindigkeit gebracht, so daß die in der Radmasse aufgespeicherte Arbeit größer ist als die zum Durchbrechen der Probe erforderliche, und ferner, daß die Aufschlaggeschwindigkeit der Hammernase etwa der eines freien Falles aus 4 m Höhe entspricht (8,8 m/sek). Der Probestab $J$ ist mittels Klemmen auf dem beweglichen Amboß $H$ festgemacht. Eine Feder ist bestrebt, den Amboß dem Schlagrade so weit zu nähern, daß die Probe in die zur Aufnahme des Schlages geeignete Lage kommt. Ein Sperr-werk hält aber den Amboß so lange zurück, bis Auslösung des Sperrwerks durch den Hebel $G$ erfolgt.

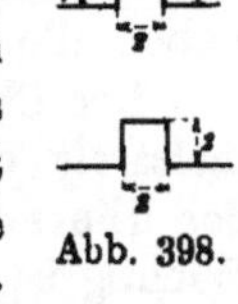

Abb. 398.

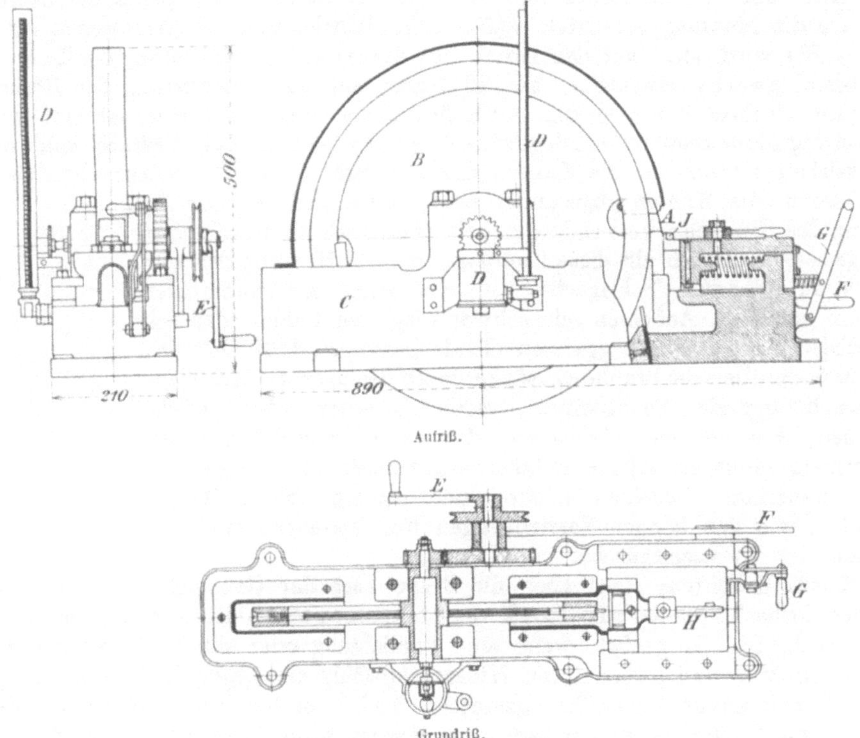

Aufriß.

Grundriß.

Abb. 399. Schlagwerk nach Guillery.

Zur Messung der Umdrehungsgeschwindigkeit des Hammerrades dient eine kleine Zentrifugalpumpe, die Wasser in das senkrechte Steigrohr $D$ preßt. Die Steighöhe gibt die Umdrehungsgeschwindigkeit an. Man liest vor und nach dem Schlag die Steighöhe ab; der Unterschied in der lebendigen Kraft ergibt die zum Bruch der Probe aufgebrauchte Arbeit.

Die Geschwindigkeit des Rades wird vor dem Versuch auf eine Anfangsenergie von 60 mkg eingestellt. Einer Auftreffgeschwindigkeit der Hammernase von 8,8 m/sek entspricht eine Umdrehungszahl von 293 Umdrehungen in der Minute.

g) Heyn ($L_4$ 39 und *40*). Beschreibung s. *317*.

*344.* Es muß betont werden, daß die verschiedenen Verfahren der Kerb-schlagprobe je nach Art der gewählten Abmessungen der Probe und des Kerbes und nach den als Maßstab für die Bewertung des Materials gewählten Größen im allgemeinen durchaus verschiedene Zahlenwerte liefern, die untereinander nicht ohne weiteres vergleichbar sind.

Es würde sehr schwer sein, auf Grund kritischer Betrachtungen zur Auswahl eines Verfahrens der Kerbschlagprobe zu gelangen, das vom wissenschaftlich-technischen Standpunkte aus ohne weiteres den Vorzug verdiente; die Verfahren haben alle nach bestimmten Richtungen hin ihre Vor- und Nachteile.

Der Charpysche Pendelhammer erscheint bei wenig eingehender Beurteilung meist als die vollkommenste Vorrichtung. In der Tat ist die Art der Messung der überschüssigen Arbeit ohne Zweifel mit großer Genauigkeit durchführbar. Wichtig ist aber die Frage, ob denn der gemessene Unterschied $G(H-H')$ auch tatsächlich ohne weiteres die zum Bruch des Stabes geleistete Arbeit $A$ darstellt, und ob die Messung dieser Arbeit, die doch das Ziel der Kerbschlagprobe ist, und nach der die Materialien bewertet werden, sich ebenso genau durchführen läßt, als die Messung der Größe $G(H-H')$. Wieviel von der gemessenen Arbeit $G(H-H')$ wird statt auf den Bruch des Stabes auf Erschütterung der Teile des Pendelschlagwerks verwendet, wieviel ferner auf die Überwindung der Reibung zwischen Probestab 4 und den Amboßkanten 5, wenn das Material erst nach Erreichung eines bestimmten Biegewinkels $\alpha$ (Abb. 400) bricht? Vielfach sieht man bei weichen Materialien die Kanten des Ambosses 5 am Probestabe abgedrückt, auch wenn die Kanten abgerundet sind; dann wird die zur Er-zielung des Eindrucks verwendete Arbeit auch noch als Brucharbeit mit gemessen. Durch alle diese Einflüsse wird die Messung der zum Bruch aufgwandten Schlagarbeit $A$ mit wenig kontrollierbaren Fehlern behaftet. Auf einen sehr schwer wiegenden Fehler, der sich allerdings bis zu einem gewissen Grade beseitigen läßt, nämlich das Zurückprallen der Stabbruchstücke gegen den über die Mittellage hinausschwingenden Pendelkörper, werde ich weiter unten zurück-kommen. Aus all dem geht hervor, daß der Charpysche Hammer bei weitem nicht ein solches Präzisionsinstrument ist, wie es viel-leicht manchem erscheinen möchte, und daß ihm ebenso Mängel anhaften, wie den übrigen Vorrichtungen und Verfahren zur Aus-führung der Kerbschlagprobe.

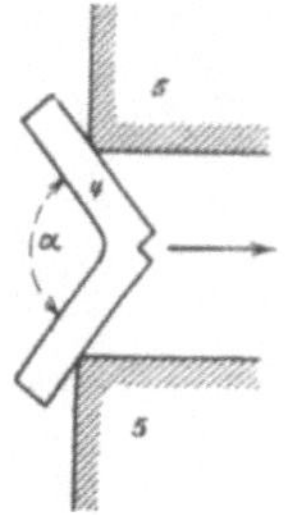

Abb. 400.

Meines Erachtens steht aber die Frage nach der Genauigkeit der Messung bei der Kerbschlagprobe zum Zweck der praktischen Materialbeurteilung gar nicht in erster Linie. Es genügt, wenn eine Vorrichtung oder ein Verfahren die ver-schiedenen Materialien bez. ihrer Widerstandsfähigkeit gegen Kerbschlag in ge-wisse Wertklassen einzureihen gestattet, und wenn bei Wiederholung des Ver-fahrens mit Sicherheit darauf gerechnet werden kann, daß das gleiche Material wieder in die gleiche Wertklasse eingereiht wird. Welches praktische Bedürfnis besteht dafür, die Grenzen dieser Wertklassen so eng zu ziehen, daß zur Er-mittelung der Zugehörigkeit zu den einzelnen Klassen Präzisionseinrichtungen er-forderlich werden? Ich betrachte überhaupt die Kerbschlagprobe mehr als eine technologische Probe; denn schließlich gibt eine auf drei Dezimalen berechnete Zahl für die Schlagarbeit dem Konstrukteur nichts an die Hand, was er ohne weiteres verwenden könnte, etwa wie die Angabe der $S$- oder $B$-Grenze, und zwar auch dann nicht, wenn es tatsächlich gelingen sollte, diese Arbeit mit großer Genauigkeit zu ermitteln. Die gefundene Zahl der Schlagarbeit hat weiter keinen Wert, als den einer Reihenziffer, nach der man die verschiedenen Materialien in eine Reihe mit steigenden Widerständen gegen Kerbschlag einordnet. Der Be-dingung, solche Wertziffern für die Zwecke der wissenschaftlichen Forschung und der Praxis anzugeben, genügen aber sämtliche im vorigen Absatz unter a bis g genannten Verfahren ebensogut, wie der Charpysche Pendelhammer; einige zeigen noch überdies den Vorteil großer Billigkeit und der Verwendbarkeit an jedem beliebigen Ort.

Der Kernpunkt für die praktische Verwendung der Kerbschlagprobe bleibt, daß die einmal aufgestellten Wertklassen für die Einreihung der einzelnen Materialien allerorts, oder wenigstens innerhalb eines größeren Kreises von Interessenten, die gleichen sind, und das Material mit Sicherheit an verschiedenen Stellen als in dieselbe Klasse gehörig befunden wird. Um diese wesentliche Bedingung zu erfüllen, bleibt nichts anderes übrig, als mit einer einzigen Vorrichtung und einem einzigen Prüfungsverfahren zu arbeiten, also eine Einigung auf eine Norm herbeizuführen. Dies ist z, B. durch den Deutschen Verband für die Materialprüfungen der Technik geschehen, der sich für den Pendelhammer von Charpy und das Meßverfahren $e, \beta$ entschieden hat.

Wer sich die oben angegebenen Gesichtspunkte gewärtig hält, wird sich dieser Einigung anschließen müssen ohne Rücksicht darauf, ob er das Charpysche Pendelschlagwerk für das vollkommenste hält oder nicht, denn sonst geht es mit der Einführung der so wichtigen Kerbschlagprobe so wie mit der Einführung der Stenographie, die zum Ärger aller, die mit ihrer Zeit haushälterisch umgehen müssen, noch nicht allgemein eingeführt ist, weil jedes System besser ist als das andere.

Leider schloß sich der Internationale Verband für die Materialprüfungen der Technik bei dem Kongreß in Kopenhagen 1909 dem klaren Standpunkt des Deutschen Verbandes nicht an, sondern überließ zunächst die Wahl der Vorrichtung zur Messung der Schlagarbeit dem Belieben jedes einzelnen und beschränkte sich nur darauf, die Vorschläge des Deutschen Verbandes für die Bemessung der Probestäbe und des Kerbs als Norm anzunehmen.

**345.** **Normen des Deutschen Verbandes.** (Ehrensberger, $L_4 75$.) Die Kerbschlagprobe ist mit dem Charpyschen Pendelhammer auszuführen, für den drei verschiedene Größen mit 250, 75 und 10 mkg Schlagarbeit vorgesehen sind. Die Bauart des 250 mkg Schlagwerks ist aus Abb. 401 bis 403 ersichtlich. Die Einzelheiten für den Amboß 5 und die Auflagerung des Probestabes 4 finden sich in Abb. 404 und die des Pendelkörpers in Abb. 405. Die Bemessung von Pendelgewicht $G$ und Fallhöhe $H$ ergibt sich wie folgt:

| Schlagwerk | I | 250 mkg | $G$: 85,0 kg | $H$: 2,94 m |
|---|---|---|---|---|
| „ | II | 75 „ | „ 33,0 „ | „ 2,28 „ |
| „ | III | 10 „ | „ 8,2 „ | „ 1,22 „ |

Die Pendelaufhängung ist sehr leicht gehalten. Der Schwerpunkt des Gestänges, des Bären, des Probestabes und der Treffpunkt der Schlagschneide 1' liegen in der Schwingungsebene des Schwerpunktes des Pendels, damit Erschütterungen vermieden werden. Der Stoßmittelpunkt liegt beim großen Fallwerk ebenfalls zur Verminderung der Erschütterungen etwa 50, bei dem mittleren um etwa 25 mm über dem Probenschwerpunkt. Beim kleineren Schlagwerk fallen die Punkte ungefähr zusammen. Zur Verringerung der Reibung ist die Pendelachse 3 in Kugellagern gehalten. Der geringe Betrag der Reibung, der trotzdem übrigbleibt, läßt sich durch einen blinden Versuch abschätzen und in Rechnung ziehen. Der Bär wird mittels einer Handwinde hochgehoben und durch die längs des Kreisbogens 6 rollende Auslösevorrichtung 7 in irgendeiner Höhe $H$ festgehalten. Diese Höhe braucht nicht notwendigerweise immer dieselbe zu sein, sie muß nur genügend groß sein, daß der Stab mit einem Schlag zerbrochen wird. Nach Versuchen von Ehrensberger spielt es für den Ausfall der Probe keine Rolle, ob die Geschwindigkeit des Pendels im Aufschlag einer Fallhöhe von

1 oder 4 m entspricht. Erst wenn über diese Grenze der Fallhöhe wesentlich hinausgegangen wird, muß mit Änderungen im Ausfall des Ergebnisses infolge der zu großen Geschwindigkeit des Bären gerechnet werden. Zur Bemessung der Höhe $H'$ des ausschlagenden Bären ist an der Achse 3 des Pendels eine Scheibe 8 angebracht, um die ein dünner Draht geschlungen ist, der an seinem unteren

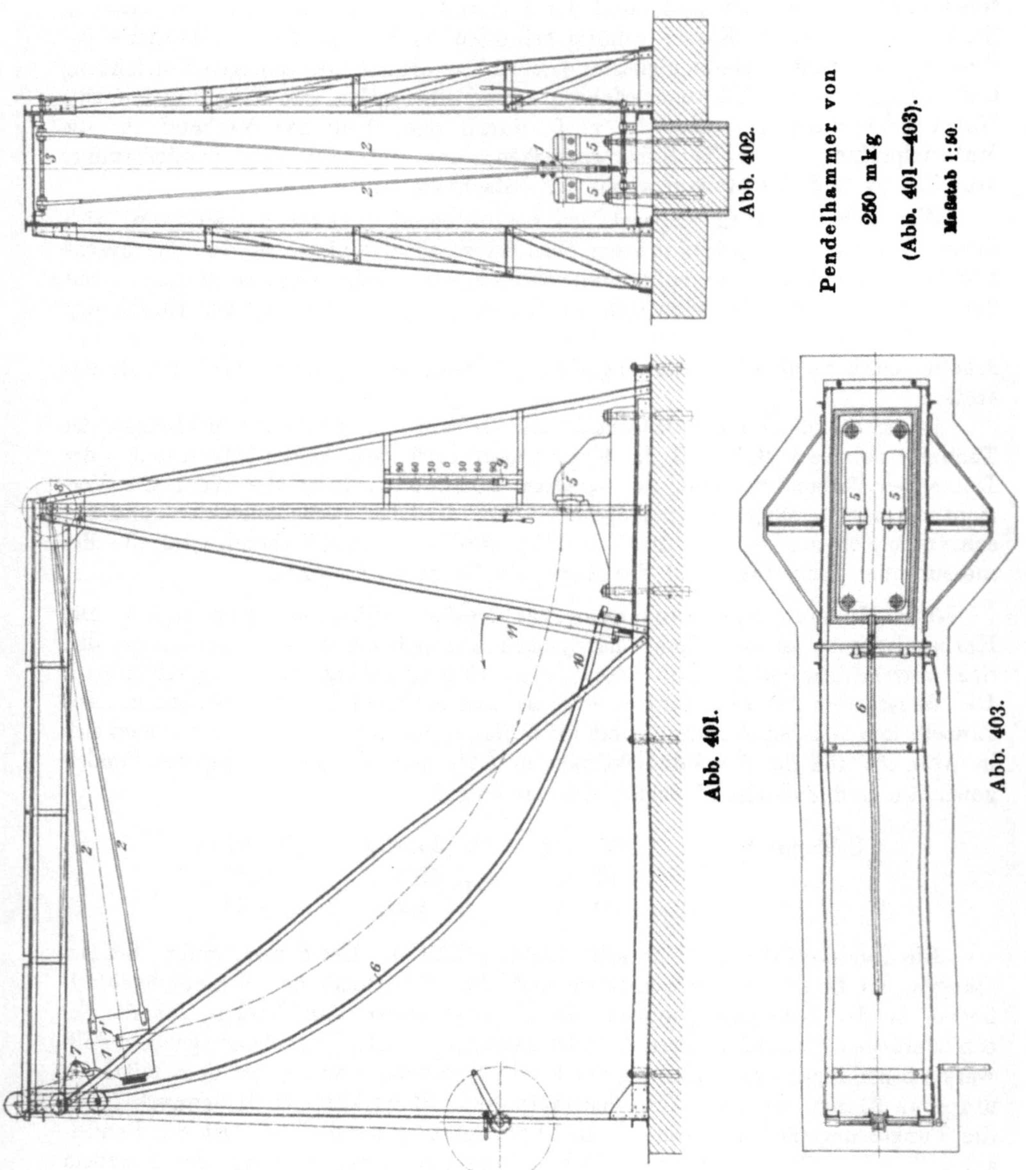



Ende ein kleines Gewicht 9 zur Spannung trägt. Das Gewicht bewegt sich in Führungen. Bei hochgezogenem Pendel ist das Gewicht in seiner tiefsten Stellung. In der Führung verschiebbar und durch eine leichte Feder nur so stark angedrückt, daß er durch Reibung in jeder Lage festgehalten wird, befindet sich ein mit Zeiger versehener Schieber. Wenn das Pendel herunterschwingt, so hebt sich das Gewicht 9 und nimmt den Schieber mit. In dem Augenblick, in dem

das Pendel seinen tiefsten Stand erreicht hat und den Probestab trifft, steht der
Zeiger des Schiebers auf dem Nullpunkt der an der Führung angebrachten Skala.
Wenn das Pendel über die Mittellage hinausschwingt, so wird auch der Zeiger
mit in die Höhe gehoben und bleibt in der höchsten Lage auf der Skala stehen,
wodurch die Höhe $H'$ festgestellt wird. Um das Fortschwingen des Pendels nach
Beendigung des Versuchs abzubremsen, wird ein gerauhtes Winkeleisen 10 durch
die Hebelvorrichtung 11 ge-
hoben und gegen die unter
dem Bären angebrachte Bürste
gedrückt.

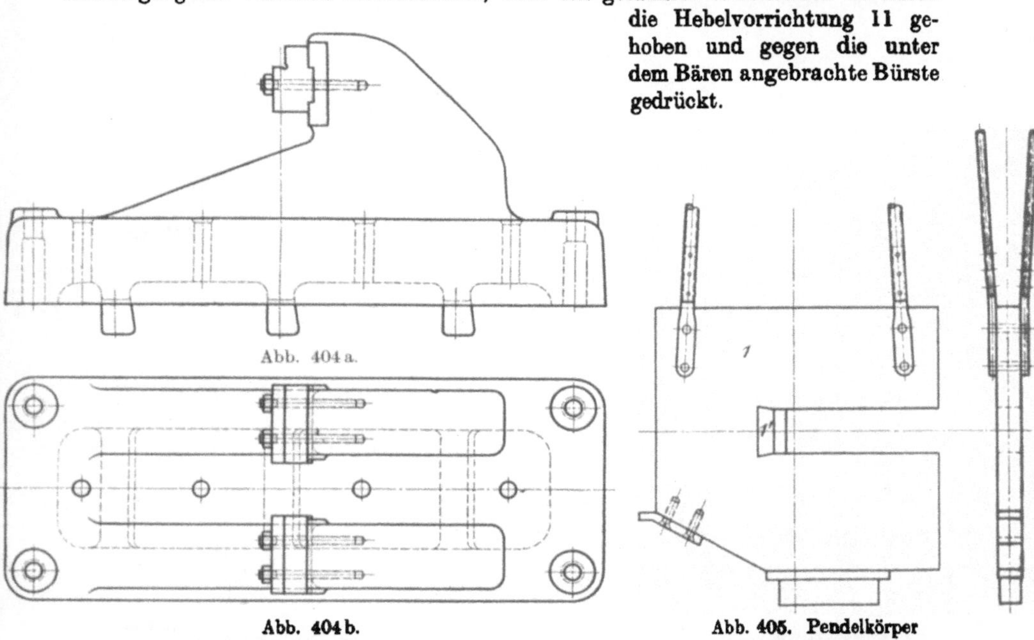

Abb. 404 a.

Abb. 404 b.
Amboß des 250 mkg-Pendelhammers.
Maßstab 1:15.

Abb. 405.  Pendelkörper
des 250 mkg-Pendelhammers.
Maßstab 1:12,5.

Das kleine Schlagwerk III ist in Abb. 406 dargestellt.  Hier wird die Höhe $H'$
durch einen Schleppzeiger 13 auf einer Skala 14 angezeigt.
     Als Mangel der Bauart hat sich vor allen Dingen herausgestellt, daß die
Öffnung des Ambosses 5, durch die die Bruchstücke des Probestabes und der Bär
hindurchmüssen, zu eng gewählt worden ist.  Statt die Öffnung nach Abb. 404b
und Abb. 407 zu gestalten, ist die Bauart nach Abb. 408 erforderlich.  Es mußte
deswegen bei den im Königl. Materialprüfungsamt befindlichen Schlagwerken von
75 und 10 mkg der Gußeisenamboß nach Abb. 408 herausgearbeitet werden.
Bevor diese Änderung angebracht war, schlugen die Bruchstücke der Proben
gegen die Wandungen der Amboßöffnungen 5, wurden gegen den weiterschwingenden
Bären zurückgeworfen und klemmten sich zwischen Bär und Amboß.  Sie ver-
nichteten auf diese Weise Schlagarbeit und ließen die Höhe $H'$ geringer, die
Schlagarbeit $A$ größer erscheinen.  Die Spuren des nochmaligen Stoßes ließen sich
sowohl am Bären, wie auch an den Proben beobachten.  Die geschilderte Einwirkung ist nicht etwa nur vereinzelt, sondern ist derartig schwerwiegend, daß
von Übereinstimmung der Versuchsergebnisse in einer Reihe von Probestäben
desselben Materials nicht geredet werden konnte.  Schlagarbeiten im Verhältnis 1:2
bei gleichem Material waren nichts Seltenes.  Die Änderung nach Abb. 408 hat den
Übelstand behoben.  Zweckmäßig wäre es aber, wenn die Durchgangsöffnung am
Amboß gleich von vornherein genügend weit gestaltet würde.

Die Schlagschneide 1′ des Bären soll nach dem Beschluß des Deutschen Verbandes f. d. Materialpr. d. Techn. 9. Okt. 1910 einen Winkel von 45° und vorn eine Abrundung von 2 mm haben (vgl. Abb. 396). Die Abrundung der Amboßkanten (Abb. 408) soll 5 mm betragen.

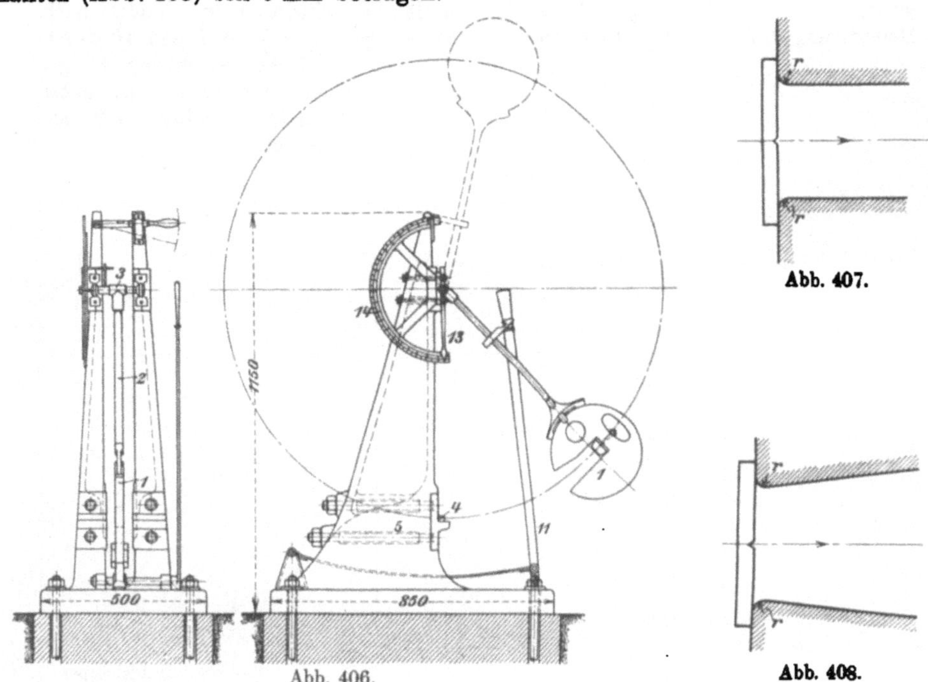

Abb. 407.

Abb. 406.　　　　　　　　　　　　　　Abb. 408.

Die Abmessungen der Probestäbe und des Kerbs sind wie folgt vereinbart: $l = 160$, $l_1 = 120$ für Schlagwerk I und II, 70 für Schlagwerk III. Querschnitt des Probestabes $b \times d = 30 \times 30$. (Sämtliche Maße in Millimetern.) Kerb nach Abb. 395. Durchmesser der Bohrung $d'' = 4$ mm. Für Bleche wird $b = $ Dicke des Bleches, $d$ bleibt 30 mm. Der Schlag hat immer parallel der Blechebēne zu erfolgen. Zur Prüfung sind Längs- und Querproben heranzuziehen.

Die Proben für das Pendelschlagwerk III sollen eine Länge $l = 100$ und 8 bis 10 mm Dicke haben. Sie erhalten einen scharfen Kerb von $t = 2$ mm bei einem Winkel $\omega = 45°$. Besondere Normalien sind für diese Proben nicht aufgestellt, da der kleine Hammer vorwiegend für Laboratoriumsversuche gedacht ist. Der Internationale Verband f. d. Materialpr. d. Techn. hat als Norm für die kleinen Proben dieselbe Kerbform wie in Abb. 395 vorgeschlagen, mit einem Lochdurchmesser $d'' = {}^2/_3$ mm, $d = b = 10$ mm und $d_1 = 5$ mm.

Die zur Kerbschlagprobe zu verwendenden Proben sind kalt auszuschneiden und dürfen nachträglich nicht erwärmt werden. Die Versuchstemperatur ist anzugeben. In der Regel sind die Proben bei 15 bis 20 C° vorzunehmen. Dies ist wichtig, weil durch die Temperaturverschiedenheit ganz wesentliche Unterschiede in die Ergebnisse gebracht werden können (*320* und II B).

Als Versuchsergebnis ist die „spezifische Schlagarbeit" $a$ anzugeben

$$a = \frac{A}{f_1} = \frac{A}{b d_1} \text{ mkg/qcm.}$$

(Vgl. Abb. 390 und 395.)

Hierin ist $A$ die Schlagarbeit $G(H - H')$ und $f_1$ der Querschnitt des Stabes in der Kerbebene.

Die bei der Probe gemessene Eigenschaft des Materials soll als „Kerbzähigkeit" bezeichnet werden. Dies entspricht der früher in I, *360* gegebenen Begriffsbestimmung der „Zähigkeit". Als zähe wurden solche Materialien bezeichnet, die der bleibenden Formänderung möglichst großen Widerstand entgegensetzen, aber nach Überwindung dieses Widerstandes möglichst weitgehende Formänderung anzunehmen imstande sind. Das kommt mit anderen Worten auf möglichst große Widerstandsarbeit hinaus, wie sie im $\varepsilon, \sigma$-Bild durch die Fläche zwischen der $\sigma$-Linie und den Koordinatenachsen gemessen wird. Ergänzend wird jetzt die Kerbzähigkeit ermittelt. Ein Material ist um so kerbzäher, je größeren Widerstand es einer stoßweise herbeigeführten Formänderung in einer gekerbten Probe entgegensetzt, und in je höherem Maße es die Stoßarbeit durch Formänderungsarbeit aufzehrt.

*β)* **Die Umstände, die auf das Ergebnis der Kerbschlagprobe Einfluß ausüben.**

*αα)* **Einfluß der Schlaggeschwindigkeit (*v*).**

*346.* Charpy ($L_4$ 73) untersuchte den Einfluß der Schlaggeschwindigkeit $v$ bei Verwendung verschiedener Kerbformen und der folgenden Materialien:

A. Bauwerksflußeisen, geglüht . . . . . . . . . . . . . . $\sigma_B = 4150$ at
B. Flußeisen für Achsen und Radreifen, mittelhart, geglüht . $\sigma_B = 4720$ „
C. Dasselbe Metall wie B, abgeschreckt und angelassen . . . $\sigma_B = 5140$ „
D. Kanonenstahl, mittelhart, abgeschreckt und angelassen . . $\sigma_B = 6250$ „
E. Sehr weiches Kesselblechflußeisen, abgeschr. und angelassen $\sigma_B = 3870$ „

Die angewandten Kerbformen sind in Abb. 409 abgebildet und in der Tabelle XVIII mit Kerbform 1 und Kerbform 2a und 2b bezeichnet.

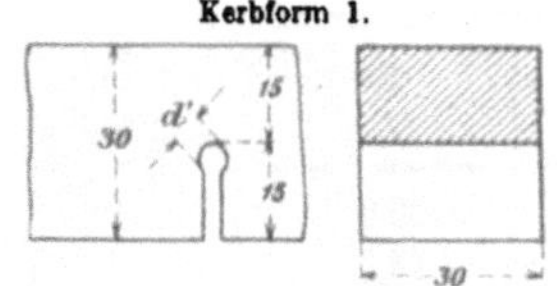


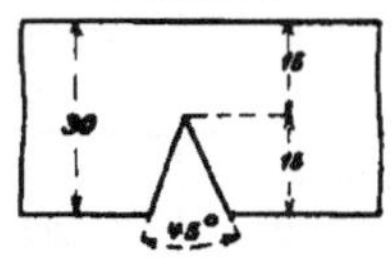


Kerbform 2a: Kerb mit Formstahl gehobelt.
Kerbform 2b: Kerb gehobelt und mit Messer nachgedrückt (Barba-Le Blant).

Abb. 409.

### Tabelle XVIII. Nach Charpy.

| Kerb-form | $d'$ | $v$ | $a$ spezifische Schlagarbeit mkg/qcm | | | | |
| | | | Material | | | | |
| | mm | m/sek | A | B | C | D | E |
|---|---|---|---|---|---|---|---|
| 1 | 8 | 7,75 | 15,2 | 17,8 | 28,8 | 16,6 | 44,5 |
|   |   | 6,63 | — | — | — | 16,9 ; 14,6 | — |
|   |   | 4,65 | — | — | — | 17,4 ; 17,4 | — |
|   |   | 0,00[1]) | 15,3 ; 18,2 | — | — | 17,9 ; 15,6 | 40,0 ; 39,0 |
| 1 | 4 | 7,75 | — | 12,7 | 24,5 | — | — |
|   |   | 6,63 | — | 12,2 | 26,1 | — | — |
|   |   | 4,65 | — | 13,2 | 23,7 | — | — |
|   |   | 0,00[1]) | — | 11,5 | 27,5 | — | — |
| 1 | 3 | 7,75 | 2,95 | 10,9 | 18,2 | — | 42,3 |
|   |   | 6,63 | — | — | — | — | — |
|   |   | 4,65 | — | — | — | — | — |
|   |   | 0,00[1]) | 11,5 ; 8,1 | — | — | 8,2 ; 7,7 | 27,8 ; 24,0 |
| 2a | — | 7,75 | 1,7 | — | — | — | 41,8 |
|   |   | 0,00[1]) | 2,7 ; 3,4 | — | — | 3,6 ; 6,2 | 21,7 ; 23,0 |
| 2b | — | 7,75 | — | 1,7 | 5,8 | — | — |
|   |   | 4,65 | — | 1,8 | 6,0 | — | — |
|   |   | 0,00[1]) | — | 3,4 | 12,7 | 4,2 | — |

[1]) Langsamer Biegeversuch. $v$ sehr klein.

Aus Tabelle XVIII kann entnommen werden:

1. daß die Veränderung der Schlaggeschwindigkeit $v$ in den Grenzen $v = 4{,}65$ bis $7{,}75$ m/sek unter sonst gleichen Verhältnissen keine wesentliche Änderung der spezifischen Schlagarbeit bedingt[1]);

2. daß die Abnahme der Schlaggeschwindigkeit $v$ bis auf den geringen Betrag beim statischen Biegeversuch in manchen Fällen keine wesentliche, in anderen Fällen erhebliche Änderung der Schlagarbeit ergibt (vgl. auch *340*, TabelleXVII). Namentlich macht sich die Abweichung beim Rundkerb mit kleinem Halbmesser $d'$ und beim spitzen Kerb geltend.

### $\beta\beta$) Einfluß der Stab- und Kerbabmessungen.

*347.* Die bei den folgenden Untersuchungen Ehrensbergers und Charpys (*L*₄ 75, 73) in Frage kommenden Materialien sind hierunter zusammengestellt:

F. Kesselblechflußeisen, 15 mm dick        } Charpy[2])
G. Besonders weiches Kesselblechflußeisen, 16 mm dick }

H. Kohlenstoffstahl, geschmiedet auf $s \times s$ mm, dann geglüht.   $s = 80$ und $40$ mm
J. Nickelstahl (6% Nickel), geschmiedet auf $s \times s$ mm, dann geglüht.   $s = 80$ und $40$ mm      } Ehrensberger[3])
K. Flußeisen          M. Nickelstahl
L. Kohlenstoffstahl      N. Nickelchromstahl

### Tabelle XIX.

| Material | $\sigma_S$ at | $\sigma_B$ at | $\delta_{11{,}3\sqrt{f}}$ % | $q$ % |
|---|---|---|---|---|
| H 80 | 3210 | 5390 | 22,0 | 59,5 |
| H 40 | 2830 | 5220 | 23,0 | 58,0 |
| J 80 | 5760 | 7950 | 18,3 | 60,0 |
| J 40 | 5660 | 7780 | 21,2 | 62,0 |
| K | 2450 | 3920 | 32,2 | 70,0 |
| L | 2840 | 5380 | 25,4 | 64,7 |
| M | 4300 | 5960 | 26,4 | 72,0 |
| N | 6700 | 8450 | 15,5 | 66,0 |

1. Einfluß von $b$ bei gleichbleibender Kerbform und gleichbleibenden sonstigen Abmessungen. (S. Tabelle XX.)

Tabelle XX lehrt, daß zwischen dem Querschnitt des Stabes in der Kerbebene (kurz Kerbquerschnitt genannt) und der Schlagarbeit keine Proportionalität besteht. Wenn also die Schlagarbeit auf die Einheit des Kerbquerschnitts bezogen wird (spezifische Schlagarbeit), so beruht dies auf einer Abmachung, nicht auf einem Naturgesetz. Bei der Beurteilung des Materials nach dieser sogenannten spezifischen Schlagarbeit muß dies im Auge behalten werden.

---

[1]) Zu bemerken ist, daß man sich davor hüten muß, aus den Kerbschlagversuchen mit Geschwindigkeiten bis etwa 8 m/sek auf das Verhalten der Materialien bei wesentlich größeren Geschwindigkeiten, z. B. bei der Geschwindigkeit von auftreffenden Geschossen, zu schließen. Das obengenannte Gesetz hat nur beschränkte Gültigkeit.

[2]) Schlagwerk 180 mkg.

[3]) Schlagwerk 190 mkg.

## Tabelle XX.

| Kerbform | $b$ mm | $a$ spezifische Schlagarbeit mkg/qcm | | | |
|---|---|---|---|---|---|
| | | Material | | | |
| | | K | L | M | N |
| 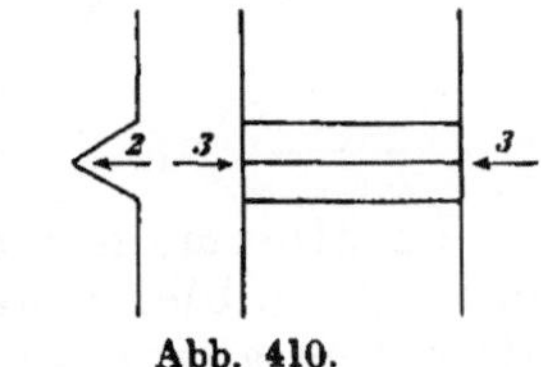 | 30 | 33,6 | 18,0 | 41,0 | 26,2 |
| | 20 | 37,5 | 21,2 | 45,4 | 29,1 |
| | 10 | 38,2 | 25,8 | 49,7 | 36,8 |
| | 30 | 9,1 | 4,9 | 32,6 | 17,9 |
| | 20 | 17,8 | 6,3 | 40,6 | 19,7 |
| | 10 | 41,1 | 11,4 | 44,0 | 26,1 |

Die Zahlen der Tabelle lehren, daß mit abnehmendem $b$ unter sonst gleichen Verhältnissen die spezifische Schlagarbeit $a$ wächst. Dies erkläre ich in folgender Weise: Im Grunde des Kerbs sucht sich das Material parallel zur Stabachse zu strecken. Die hierzu erforderliche Querschnittsverminderung ist in der Richtung des Pfeils 2 in Abb. 410 durch die Kerbwirkung erschwert; sie muß sich daher vorwiegend in der Richtung des Pfeils 3 von den nicht gekerbten Flächen her vollziehen. Dies ist um so leichter möglich, je kleiner $b$ ist. Der Stab wird folglich um so größere Formänderung vor dem Bruch zulassen und um so größere spezifische Schlagarbeit aufbrauchen, je kleiner $b$ ist.

Abb. 410.

2. **Einfluß des Lochdurchmessers** $d'$ **beim Rundkerb.** (S. Tabelle XXI.)

## Tabelle XXI.

| Kerbform | $d'$ mm | $a$ spezifische Schlagarbeit mkg/qcm | | | | | | | | |
|---|---|---|---|---|---|---|---|---|---|---|
| | | Material | | | | | | | | |
| | | K | L | N | A | B | C | E | H | J |
| | 8 | — | — | — | 15,2 | 17,8 | 28,8 | 44,5 | — | — |
| | 6 | 38,1 | 22,2 | 29,7 | — | — | — | — | — | — |
| | 4 | 33,6 | 18,0 | 26,2 | — | 12,7 | 24 5 | — | — | — |
| | 3 | — | — | — | 2,95 | 10,9 | 18,2 | 42,3 | — | — |
| | 6 | — | — | — | — | — | — | — | 8,9 | 13,85 |
| | 5 | — | — | — | — | — | — | — | 8,2 | 13,7 |
| | 4 | — | — | — | — | — | — | — | 6,9 | 12 |
| | 3 | — | — | — | — | — | — | — | 5,1 | 9,9 |
| | | — | — | — | — | — | — | — | 3,1 | 7,8 |

Die Verminderung des Abrundungsdurchmessers $d'$ bewirkt unter sonst gleichbleibenden Umständen Verminderung der spezifischen Schlagarbeit.

3) **Einfluß der Kerbtiefe** $t_1$ (s. Tabelle XXII).

## Tabelle XXII.

| Kerbform | $t_1$ mm | $a$ spezifische Schlagarbeit mkg/qcm | | | |
| --- | --- | --- | --- | --- | --- |
| | | Material | | | |
| | | F | G | H | J |
| | 15 | 16,4 | 29,3 | — | — |
| | 10 | 15,2 | 26,6 | — | — |
| | 5 | 15,0 | 30,0 | — | — |
| | 5 | — | — | 3,1 | 7,8 |
| | 4 | — | — | 2,4 | 6,5 |
| | 3 | — | — | 1,8 | 9,7 |
| | 2 | — | — | 3,9 | 12,0 |
| | 1 | — | — | $> 12,5$ | 19,7 |
| | 10 | — | — | 0,8 | 9,6 |
| | 5 | — | — | 0,8 | [17,5] |
| | 5 | — | — | 0,9 | 9,1 |
| | 2,5 | — | — | 0,8 | 9,6 |

Im allgemeinen scheint bei Vergrößerung der Kerbtiefe $t_1$ unter
sonst gleichbleibenden Umständen die spezifische Schlagarbeit erst
allmählich abzunehmen und dann nach Erreichung eines Mindestwertes
wieder etwas zu wachsen. Es scheinen sonach zwei Wirkungen einander zu
überdecken, einmal die Verstärkung der Kerbwirkung durch Vergrößerung von $t_1$
und zum anderen die Verringerung der Spannungen infolge Verminderung der
Abmessung $d_1 = d - t_1$; je nachdem ob die eine oder die andere überwiegt, tritt
Verminderung oder Vermehrung der spezifischen Schlagarbeit ein.

4. **Einfluß der Kerbform.** (S. Tabelle XXIII.)

## Tabelle XXIII.

| Kerbform | $a$ spezifische Schlagarbeit mkg/qcm | | | | | |
| --- | --- | --- | --- | --- | --- | --- |
| | Material | | | | | |
| | H | J | K | L | M | N |
| | — | — | 33,6 | 18,0 | 41,0 | 26,2 |
| | — | — | 9,1 | 4,9 | 32,6 | 17,9 |
| | 4,5 | 9,3 | — | — | — | — |
| | 5,1 | 9,9 | — | — | — | — |
| | 3,1 | 7,8 | — | — | — | — |
| | 0,9 | 9,1 | — | — | — | — |

Der scharfe Kerb gibt geringere spezifische Schlagarbeit als der Rundkerb. Das Verhältnis ist bei verschiedenen Materialien verschieden. Während bei den Eisenkohlenstoff-Legierungen $H$, $K$, $L$ der Unterschied in der Wirkung zwischen rundem und scharfem Kerb sehr bedeutend ist, ist er bei den untersuchten Nickel- und Nickelchromstählen $J$, $M$ und $N$ wesentlich geringer. Letztere sind sonach gegenüber der Kerbwirkung weniger empfindlich, als die Eisenkohlenstoff-Legierungen.

5) Einfluß der Stabdicke $d$ (s. Tabelle XXIV).

Tabelle XXIV.

| Kerbform | | $d$ mm | $a$ spezifische Schlagarbeit Material | |
| --- | --- | --- | --- | --- |
| | | | $H$ | $J$ |
| $t_1 = d_1 = d/2$ $b = d$ $d' = 6$ mm | | 30 | 7,7 | 26,3 |
| | | 20 | 10,8 | 24,9 |
| | | 10 | 8,9 | 13,8 |

6) Schlagarbeit bei proportionalen Stäben (s. Tabelle XXV).

Tabelle XXV.

| Kerbform. | | $n$ | $a$ Material | |
| --- | --- | --- | --- | --- |
| | | | $H$ | $J$ |
| | | 3 | 7,7 | 26,3 |
| | | 1 | 4,5 | 9,35 |

Proportionale Stäbe ergeben sonach nicht gleiche spezifische Schlagarbeiten.[1]

---

[1] Daraus geht noch nicht ohne weiteres hervor, daß für Kerbschlagproben das Gesetz der proportionalen Widerstände nicht gilt (I, *151*). Bei Schlagversuchen wären zur Einhaltung der Proportionalität nicht nur proportionale Abmessungen der geschlagenen, sondern auch der schlagenden Teile gleichzeitig erforderlich. Im vorliegenden Beispiel waren aber nur die Abmessungen der ersteren proportional. Außerdem wäre wohl nicht zu erwarten, daß proportionale Stäbe gleiche Werte $a = \dfrac{A}{f}$ bezogen auf die Einheit des Querschnitts ergeben. Es wäre wahrscheinlicher, daß bei Einhaltung proportionaler Verhältnisse die Arbeit $a' = \dfrac{A}{v}$ bezogen auf die Volumeinheit unveränderlich bliebe. Für $v$ wäre die Größe des Volumteils einzusetzen, der durch seine Formänderung die Schlagarbeit aufnimmt.

## γ) Wert der Kerbschlagprobe.

**348.** Die Einführung der Kerbschlagprobe in die Materialprüfung ist nur dann berechtigt, wenn diese Probe Aufschlüsse zu geben vermag, die mittels der bisherigen Verfahren nicht gewonnen werden können, oder zum wenigsten, wenn sie diese Aufschlüsse in klarerer Weise zum Ausdruck bringt. Ist dies nicht der Fall, so wäre die Einführung der Probe eine sinnlose Erschwerung der Materialprüfung.

Es ist deshalb erforderlich, sich darüber zu unterrichten, ob zwischen den Ergebnissen der Zugprobe und der spezifischen Schlagarbeit bei der Kerbschlagprobe eine gesetzmäßige Beziehung besteht. Man wäre geneigt, eine solche Beziehung zwischen der Bruchdehnung $\delta$ oder der Querschnittsverminderung $q$ einerseits und der spezifischen Schlagarbeit $a$ andererseits zu erwarten, so daß die Einordnung verschiedener Materialien nach den Werten von $\delta$ und $q$ zu derselben Reihenfolge führen würde, wie die Einordnung nach $a$. Dem ist aber durchaus nicht so, wie aus den folgenden Zusammenstellungen Ehrensbergers ($L_4$ 75) hervorgeht. Die Schlagarbeiten sind hier nach den Normen des Deutschen Verbandes ermittelt.

### Tabelle XXVI. Kohlenstoffstähle.

| $\sigma_B$ at | $\sigma_S$ at | $\delta_{11,3\sqrt{f}}$ % | $q$ % | $a$ mkg/qcm | Bemerkungen |
|---|---|---|---|---|---|
| 4330 | 2300 | 26,5 | 64 | 4,6 | Zu heiß verschmiedet |
| 4510 | 2560 | 26,0 | 70 | 20,4 | |
| 4510 | 2560 | 26,7 | 60 | 4,6 | Zu heiß verschmiedet |
| 4510 | 3010 | 20,4 | 56 | 18,5 | |
| 4650 | 2830 | 26,3 | 63 | 22,4 | |
| 4760 | — | 17,5 | 30 | 11,2 | |
| 4860 | 2390 | 29,2 | 56 | 17,2 | |
| 4910 | — | 18,3 | 19 | 12,0 | |
| 5040 | 2950 | 24,5 | 70 | 22,6 | |
| 5050 | 2810 | 26,4 | 60 | 4,7 | Eisenbahnachse im Betrieb gebrochen |
| 5090 | — | 26,9 | 57 | 19,9 | |
| 5330 | — | 26,1 | 59 | 18,8 | |
| 5480 | 3450 | 26,3 | 61 | 22,4 | |
| 5570 | 3090 | 25,0 | 64 | 24,1 | |
| 5710 | 2740 | 22,0 | 52 | 4,6 | Eisenbahnachse im Betrieb gebrochen |
| 5920 | 3890 | 28,3 | 57 | 15,1 | |
| 6100 | 3090 | 19,3 | 53 | 4,6 | } Eisenbahnachse im Betrieb gebrochen |
| 6330 | 3010 | 19,4 | 44 | 3,7 | |
| 6450 | 4070 | 28,3 | 65 | 22,1 | |
| 6540 | 3360 | 20,0 | 57 | 7,1 | |
| 6630 | 3180 | 19,3 | 39 | 3,8 | } Zu heiß verschmiedet |
| 6720 | 3800 | 22,0 | 59 | 9,0 | |
| 6720 | 4220 | 18,6 | 56 | 15,7 | |
| 8750 | 4950 | 12,8 | 22 | 5,6 | |
| 10000 | 6540 | 12,1 | 36 | 8,5 | |
| 11230 | 7520 | 10,0 | 35 | 5,6 | |

## Tabelle XXVII. Nickel- und Chrom-Nickelstähle.

| Lfd. Nr. | $\sigma_B$ at | $\sigma_S$ at | $\delta_{11.3\sqrt{f}}$ % | $q$ % | $a$ mkg/qcm |
|---|---|---|---|---|---|
| 51 | 5130 | 3980 | 23,3 | 70 | 42,1 |
| 52 | 5390 | 4160 | 26,7 | 72 | 42,2 |
| 53 | 5480 | 4510 | 25,7 | 66 | 42,5 |
| 54 | 5750 | 4420 | 29,5 | 73 | 41,8 |
| 55 | 5920 | 4510 | 23,3 | 61 | 37,8 |
| 56 | 6280 | 3980 | 21,8 | 64 | 32,0 |
| 57 | 6810 | — | 18,8 | 63 | 23,1 |
| 58 | 7160 | 5660 | 23,5 | 66 | 35,0 |
| 59 | 7250 | 5660 | 20,0 | 68 | 36,0 |
| 60 | 7250 | 4860 | 18,0 | 66 | 37,6 |
| 61 | 7340 | 5300 | 16,7 | 60 | 24,2 |
| 62 | 7870 | 6720 | 14,5 | 66 | 32,8 |
| 63 | 8050 | 6190 | 16,7 | 61 | 27,0 |
| 64 | 8130 | 6720 | 15,1 | 66 | 26,6 |
| 65 | 8220 | 6900 | 14,8 | 63 | 26,6 |
| 66 | 8400 | 6900 | 14,3 | 64 | 25,2 |
| 67 | 8790 | 7640 | 15,2 | 63 | 24,2 |
| 68 | 8840 | 7600 | 20,3 | 64 | 26,3 |
| 69 | 9140 | 7640 | 15,1 | 62 | 22,1 |
| 70 | 9550 | 8490 | 10,8 | 58 | 21,5 |
| 71 | 10000 | 8310 | 13,3 | 56 | 19,3 |
| 72 | 10790 | 8130 | 13,0 | 47 | 16,0 |
| 73 | 11410 | 10170 | 8,3 | 51 | 14,0 |
| 74 | 13170 | 10880 | 7,7 | 46 | 11,0 |
| 75 | 19000 | 16350 | 6,5 | 31 | 8,3 |

## Tabelle XXVIII. Stahlformguß.

| Lfd. Nr. | $\sigma_B$ at | $\sigma_S$ at | $\delta_{11.3\sqrt{f}}$ % | $q$ % | $a$ mkg/qcm |
|---|---|---|---|---|---|
| 151 | 4000 | 2000 | 30 | 60 | 4,5 |
| 152 | 4000 | 2000 | 30 | 61 | 21,0 |
| 153 | 4140 | 2100 | 29,2 | 61 | 18,2 |
| 154 | 4200 | 2100 | 29 | 59 | 4,4 |
| 155 | 4500 | — | 28 | 59 | 19,1 |
| 156 | 4520 | — | 26 | — | 3,7 |
| 157 | 4520 | 2040 | 31,0 | 50 | 3,7 |
| 158 | 4550 | — | 25,2 | — | 3,7 |
| 159 | 4600 | — | 30 | 54 | 4,1 |
| 160 | 4680 | — | 27,3 | — | 3,8 |
| 161 | 4780 | 2650 | 22,9 | 51 | 3,7 |
| 162 | 4780 | 2360 | 23,6 | 47 | 3,9 |
| 163 | 4780 | — | 25 | — | 3,8 |
| 164 | 4970 | 2320 | 24,8 | 45 | 3,8 |
| 165 | 4970 | — | 23,5 | — | 3,8 |
| 166 | 5030 | — | 27 | — | 13,8 |
| 167 | 5530 | 2340 | 24,7 | 35,4 | 20,7 ⎱ 25 proz. |
| 188 | 5950 | 2290 | 40,5 | 42,0 | 25,1 ⎰ Nickelstahl. |

Aus den Tabellen XXVI bis XXVIII geht hervor:
1. Die Kerbschlagprobe führt unter Umständen zu einer anderen Bewertung der Materialien als die Zugprobe.
2. Die Kerbschlagprobe zeigt in Fällen, wo die Zugprobe genügende Zähigkeit und genügende Widerstandsfähigkeit des Materials feststellt, zuweilen geringe Kerbzähigkeit an. Dies kommt namentlich bei Stahlformgüssen vor, die zwar hohe Werte von $\delta$ und $q$, oft aber geringe Kerbzähigkeit ergeben.
3. Die im Vergleich zu den Kohlenstoffstählen erfahrungsmäßig größere Zähigkeit der Nickel- und Nickelchromstähle wird durch die Zugprobe nicht zum Ausdruck gebracht. Die Kerbschlagprobe läßt die Überlegenheit dieser Stähle erkennen.

Man begegnet in der Literatur vielfach Versuchen, zu beweisen, daß die Kerbschlagprobe die Materialien in derselben Weise ihrem Wert nach einreiht, wie die Zugprobe. Man kann in der Tat ganze Versuchsreihen von Materialien ungefähr gleicher Festigkeitseigenschaften und gleicher Vorbehandlung anführen, bei denen sich eine gewisse Beziehung zwischen Schlagarbeit und Festigkeitseigenschaften finden läßt. Man ist sogar soweit gegangen, dafür Formeln aufzustellen.

Sobald aber die Materialien verschiedener Vorbehandlung, insbesondere verschiedener Wärmebehandlung unterworfen werden, so hört die Gesetzmäßigkeit sofort auf, weil die durch diese Vorbehandlung bedingten Eigenschaftsänderungen bei der Kerbschlagprobe in der Regel schärfer angezeigt werden, als bei der Zugprobe.

Hierin liegt aber gerade der Wert der Kerbschlagprobe. Sie soll auf solche durch falsche Wärmebehandlung oder durch sonstige fehlerhafte Einflüsse hervorgerufene Unzuverlässigkeit des Materials aufmerksam machen.

*349.* Es ist vielleicht für den Leser nicht ganz ohne Interesse zu erfahren, wie ich im Jahre 1898 zur Einsicht von der Bedeutung der Kerbschlagprobe für die Materialbewertung gelangte. (Vgl. E. Heyn, $L_4$ *40*).

Es waren damals in der Literatur bereits mehrfache Hinweise auf den Nutzen der Kerbschlagprobe erschienen (Barba). Ich glaubte aber damals noch, daß die übrigen Verfahren der Materialprüfung ausreichen müßten, um die Eignung des Materials für Konstruktionszwecke genügend zu kennzeichnen, und stand den Hinweisen in der Literatur ziemlich zweifelnd gegenüber. Dies dauerte so lange, bis ich eines Tages ein Stück Flußeisenwalzdraht von etwa 19 mm Durchmesser in die Hand bekam, das so spröde war, daß es beim bloßen Auffallen auf den Fußboden entzweibrach. Trotzdem gab weder die chemische Prüfung noch die Zugprobe Hinweis auf das Vorhandensein dieser großen Sprödigkeit.

In den Jahren 1898 und 1899 handelte es sich um die Prüfung eines Flußeisenkesselblechs von etwa 22 mm Dicke, das so spröde war, daß man mit dem Handhammer bequem Teile davon abschlagen konnte. Der Bruch war grobkörnig und hellglänzend. Der mit dem Hammer feststellbare Grad der Sprödigkeit war an verschiedenen Stellen des für die Prüfung zur Verfügung stehenden Blechabschnitts von 1000 × 1000 mm verschieden groß.

Die chemische Analyse des Materials an zwei verschiedenen Stellen, an einer sehr spröden und an einer weniger spröden Stelle, zeigte nichts, was die große Sprödigkeit hätte erklären können; sie ergab im Durchschnitt: C = 0,04, Si = fast Null, Mn = 0,27, P = 0,020, S = 0,025, Ni = 0,06, Cu = 0,08%.

Schliffe durch das Blech gaben nach Ätzung mit Kupferammoniumchlorid deutliche Trennung des Materials in zwei scharf getrennte Zonen (Abb. 411). In den beiden Zonen $R$ (Randzone) war das Eisen sehr grobkörnig, so daß man die

Kristalle mit bloßem Auge erkennen konnte. In der Zone $K$ (Kernzone) war die Körnung feiner; die Zone war etwas dunkler gefärbt und von wenigen dunkleren Streifen durchsetzt. Wegen der Gefügeverschiedenheit in den Zonen $R$ und $K$ wurden Analysenproben aus beiden getrennt entnommen. Sie ergaben:

|  | C | Si | Mn | P | S | Ni | Cu |
|---|---|---|---|---|---|---|---|
| Zone $R$: | 0,03 | — | 0,27 | 0,016 | 0,02 | 0,05 | 0,08% |
| „ $K$: | 0,04 | — | 0,28 | 0,028 | 0,05 | 0,07 | 0,09% |

In der Kernzone ist also schwache Anreicherung von Phosphor und Schwefel, mithin geringfügige Seigerung vorhanden. Sie ist so schwach, daß sie nicht im entferntesten zur Erklärung der hohen Sprödigkeit herangezogen werden kann.

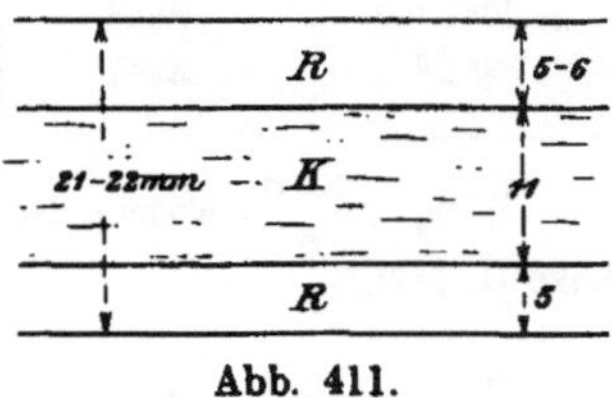

Abb. 411.

Die Zugproben wurden ebenfalls getrennt aus Rand- und Kernzone entnommen. Zu diesem Zweck erhielten die Probestäbe nur die geringe Dicke von 4 mm bei etwa 19 mm Breite. Die Länge der Teilung betrug 100 mm. Die Durchschnittszahlen aus je drei Versuchen sind in Tabelle XXIX zusammengestellt.

Tabelle XXIX.

| Zustand der Probe | Entnahmestelle | $\sigma_S$ at | $\sigma_B$ at | $\delta_{11,3\sqrt{f}}$ % | $q$ % | $\frac{\sigma_S}{\sigma_B}\cdot 100$ % | Aussehen der Bruchfläche | Aussehen der Oberfläche nach dem Bruch |
|---|---|---|---|---|---|---|---|---|
| Wie eingeliefert | Rand | 2310 | 3350 | 22,1 | 57 | 69 | mattgrau, schuppig bis blättrig, zackig | stark krispelig |
|  | Kern | 1950 | 3260 | 23,1 | 51 | 60 |  |  |
| Geglüht bei 750 C° | Rand | 1390 | 2930 | 29,9 | 58 | 48 |  |  |
|  | Kern | 1710 | 3170 | 27,1 | 49 | 54 |  |  |

Hiernach entspricht das Metall zwar den Würzburger Normen für Flußeisenkesselbleche 1902 nicht, da diese verlangten: $\sigma_B$ mindestens 3400 at, $\delta$ mindestens 25%, und $\frac{\sigma_B}{100} + \delta$ mindestens 62 (alle Zahlen auf das geglühte Material bezogen). Trotzdem würde man ohne Kenntnis des tatsächlichen Verhaltens des Materials aus obiger Tabelle weiter nichts schließen können, als daß das Blech im Zustand der Einlieferung verhältnismäßig geringe Festigkeit hat, was angesichts des geringen Kohlenstoffgehaltes nicht weiter auffällt, und daß die Bruchdehnung $\delta$ und die Querschnittsverminderung $q$ angesichts dieses geringen Kohlenstoffgehaltes ziemlich niedrig sind. Indessen ist der Abstand der Dehnung (22,1 und 23,1%) von dem durch die Würzburger Normen als Mindestmaß verlangten Werte 25% so gering, daß man unmöglich auf den Gedanken kommen würde, das Material im Zustand der Einlieferung als außerordentlich spröde zu bezeichnen.

Die Ergebnisse der Biegeproben unter ruhigem Druck sind folgende (Tab. XXX). Die Probestäbe waren 12 mm breit bei 4 mm Dicke aus den einzelnen Zonen getrennt entnommen.

Hiernach bringt die Biegeprobe mit nicht gekerbten Stäben die Sprödigkeit des Materials überhaupt nicht zum Ausdruck. Die Biegeprobe mit eingekerbten Stäben lieferte schon etwas brauchbarere Angaben. Aber auch diese sind nicht imstande, die offenbare Sprödigkeit des Bleches genügend hervorzuheben.

## Tabelle XXX.

| Zustand und Entnahmestelle der Proben | | Stäbe nicht gekerbt | | Stäbe gekerbt | |
|---|---|---|---|---|---|
| | | Biegewinkel $\sum\limits_{i}^{n}\gamma$ | Biegegröße[1] | Biegewinkel $\sum\limits_{i}^{n}\gamma$ | Biegegröße[1] |
| Wie ein- geliefert | Rand | 180 | 100 | 90 | 23 |
| | Kern | 180 | 100 | 144 | 38 |
| geglüht bei 750 C⁰ | Rand | 180 | 100 | 180 | 56 |
| | Kern | 180 | 100 | 174 | 51 |

[1] $\mathfrak{B}g = \dfrac{50 \cdot a}{\varrho}$, wobei $\varrho$ der Biegungshalbmesser auf der halben Probendicke und $a$ die Probendicke (I, *382*).

Es verblieb nur noch die Schlagprobe am nicht eingekerbten Stab. Sie führte nur bei genügend großer Stabdicke zum Ziel; alsdann kann ein Stab aus einem Material von der Sprödigkeit des Bleches im Einlieferungszustand durch einen Schlag mit dem Handhammer zum plötzlichen Bruch geführt werden. Da aber wegen des Auftretens verschiedener Zonen innerhalb der Blechdicke die Stababmessungen klein genommen werden mußten ($6\times4\times60$ mm), wenn die Eigenschaften in den verschiedenen Zonen getrennt festgestellt werden sollten, so versagte auch dieses Prüfungsverfahren. Die Stäbe von den genannten geringen Abmessungen ließen sich unter dem Handhammer völlig zur Schleife zusammenschlagen, ohne daß Anriß entstand, während Blechstreifen von der Blechdicke 21 mm wenigstens an einzelnen Stellen des Blechs mittels Hammerschlag ohne vorausgehende Formänderung zu Bruch gebracht werden konnten.

Nach längeren Versuchen wurde die Kerbschlagprobe in der Ausführungsform *343* g (vgl. *317*) als brauchbar für den vorliegenden Zweck ermittelt. (Es ist anzunehmen, daß auch die übrigen Verfahren der Kerbschlagprobe zum gleichen Ziel führen würden.) Hierbei ergab das eingelieferte Blechmaterial an den sprödesten Stellen die Biegezahl (*317*) $\mathfrak{B}_i = 0$ bis $^1/_2$; d. h. der Stab wurde beim ersten Schlag mit dem Hammer vollkommen aufgeklappt, oder die obere Stabhälfte sprang fort. Der Bruch war grobkörnig. Die Probe ergab somit Übereinstimmung mit den Vorversuchen, bei denen die Hammerschläge gegen das Blech in seiner ganzen Dicke geführt wurden. Das gesamte, bei einer großen Reihe von Kerbschlagproben ermittelte Verhalten des Materials war folgendes:

**Tabelle XXXI. Ergebnis der Kerbschlagprobe, Verfahren *343* g.**

| Zustand und Entnahmestelle der Proben | | Mittlere Biegezahl $\mathfrak{B}_i$ | |
|---|---|---|---|
| | | an den sprödesten Stellen des Bleches | an den am wenigsten spröden Stellen des Blechs |
| Wie ein- geliefert | Rand | 0 bis $^1/_2$ Bruch grobkörnig | 2 Bruch matt |
| | Kern | 0 bis $^1/_2$ ,, ,, | 2 ,, ,, |
| Kurze Zeit bei 1000 bis 1100 C⁰ geglüht | Rand | $> 1$[1]) nicht weiter geprüft | 4 Bruch matt |
| | Kern | $> 1$ ,, ,, ,, | 2 ,, ,, |

[1] Nach später gemachten Erfahrungen ist anzunehmen, daß, wenn die Prüfung nicht abgebrochen worden wäre, sich im Rand die Biegezahl 4, im Kern die Biegezahl 2 ergeben haben würde, wie bei den weniger spröden Stellen nach dem Glühen.

Die Eigenschaften des Blechmaterials, wie sie durch die Kerbschlagprobe gekennzeichnet werden, ergeben sonach Unterschiede in der Biegezahl von 0 (sprödester Zustand) bis 4 (Sprödigkeit völlig beseitigt). Das sind überhaupt nach meinen späteren Erfahrungen die äußersten Grenzen der Biegezahlen, die bei Eisen und Eisenlegierungen vorkommen können. Man kann bequem die Eisenlegierungen bezüglich der Biegezahl $\mathfrak{B}_j$ in 8 verschiedene Wertklassen einteilen, die sich mit Hilfe des einfachen Verfahrens mit Sicherheit als Mittelwerte feststellen lassen. Die Klassen entsprechen Biegezahlen 0 bis $^1/_2$, $^1/_2$ bis 1, 1 bis $1^1/_2$, $1^1/_2$ bis 2, 2 bis $2^1/_2$, $2^1/_2$ bis 3, 3 bis $3^1/_2$, $3^1/_2$ bis 4.

Der oben angeführte Fall der Kesselblechuntersuchung gab Veranlassung, der Ursache der Sprödigkeit nachzuforschen. Es war wiederum die Kerbschlagprobe in der angegebenen einfachen Form, die es ermöglichte, die Überhitzung als Ursache festzustellen und auch die Gesetze der Überhitzung für kohlenstoffarme Flußeisensorten näher zu verfolgen, wie es in *317* bereits mitgeteilt ist.

Man hätte das Gesetz natürlich auch mittels der anderen Verfahren der Kerbschlagprobe finden können, ob aber in vollem Umfange möchte ich noch bezweifeln und zwar auf Grund meiner Erfahrung, daß zum Beispiel mit einem Pendelschlagwerk von 10 mkg nach den Normen des Deutschen Verbandes nur Materialien mit der Biegezahl kleiner als 2 eine meßbare Schlagarbeit liefern, solche aber mit höheren Biegezahlen $\mathfrak{B}_j = 2 - 4$ (also die 4 höchsten Klassen) nicht mehr unterschieden werden können. Stäbe $10 \times 10$ mm aus solchen Materialien können mit keiner Art der Kerbung unter dem kleinen Pendelschlagwerk zu Bruch gebracht werden. Wie sie sich auf den größeren Schlagwerken verhalten, vermag ich zurzeit noch nicht zu übersehen. Man wird aber aus dem Gesagten erkennen, daß nicht ohne weiteres der kostspieligere und scheinbar genauere Apparat auch die Vorteile ausschließlich auf seiner Seite hat.

Der Grund, warum für die Kerbschlagprobe nach Heyn die kleinen Probestäbe mit $6 \times 4$ mm Querschnitt gewählt worden sind, ist schon in *317* angegeben. Dadurch wird es möglich, die Eigenschaften des Materials in den verschiedenen Zonen zu ermitteln.

Ich verweise noch auf den in Absatz *290* erwähnten Fall der gebrochenen Pleuelstangenschraube zurück, bei dem sich der Wert der Untersuchung der verschiedenen Zonen deutlich zeigt (vgl. Abb. 251).

In einem anderen Falle waren zwei verschiedene Trägersorten miteinander zu vergleichen. Beide waren am Fuß zu lochen und danach dem Biegeversuch zu unterwerfen. Die Löcher waren durch Stoßen, nicht durch Bohren herzustellen. Es ergab sich, daß die eine Materialart $A$ beim Biegen der im Fuß gelochten Träger meist Einrisse zeigte, während die Materialart $B$ diese Behandlung ertrug. Die Ätzprobe mit Kupferammoniumchlorid ergab bei den Trägern aus Material $A$ starke Seigerung in der Kernzone, die in Abb. 412 schraffiert gezeichnet ist. Die Kernzone reicht bis an die Wandung des Loches heran. Bei den Trägern aus Material $B$ war zwar der Gehalt an Phosphor im Durchschnitt etwas höher als im Material $A$, der Phosphor war aber gleichmäßig durch die Masse verteilt, so daß Trennung in Kern- und Randzone infolge Phosphorseigerung nicht vorhanden war. Das verschiedene Verhalten der Träger beim Biegen nach dem Lochen ist erklärlich. Ein Loch ist ein Kerb (*340*), ganz besonders aber ein gestoßenes Loch, das am Umfang infolge Kaltreckens Reckspannungen hervorruft (*301* bis *307*). Verwendet

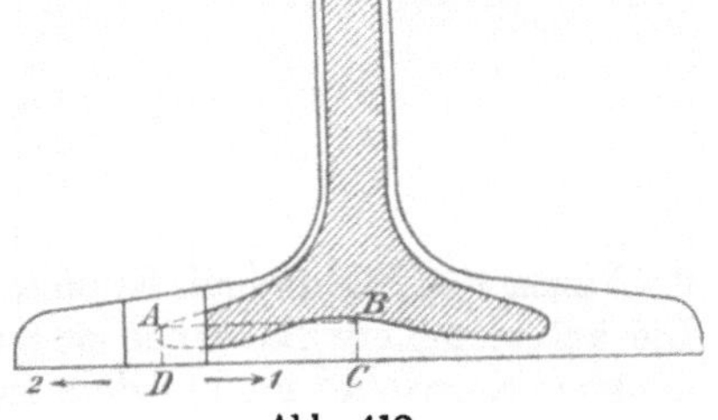

Abb. 412.

man nun ein Metall, das ganz besonders geringe Kerbzähigkeit besitzt, so wird bei der äußeren Beanspruchung die Wirkung des Kerbs zur Geltung kommen und Reißen begünstigen. Dies war im vorliegenden Falle bei den Trägern *A* der

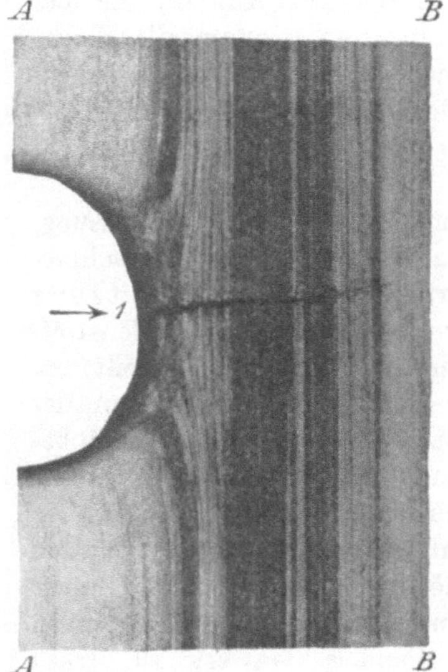

Abb. 413.

Fall, wo der seigerungsreiche Kern sehr geringe Biegezahl $\mathfrak{B}_s$ lieferte. Wie Abb. 413, ein Schliff nach der Linie *A B* in Abb. 412, zeigt, ging der beim Biegen der Träger *A* entstandene Riß von der Lochwandung aus nach der Mitte des Trägers, also in der Richtung 1 (Abb. 412) in die dunkel erscheinende Kernzone, während er es doch bequemer gehabt hätte, in der Richtung 2 nach außen zu gehen, wo der Widerstand geringer war. Er bevorzugte aber den ersteren Weg, weil die dort vorhandene Kernzone geringere Kerbzähigkeit besitzt. Bei den Trägern *B* war die Kerbzähigkeit größer, daher das bessere Verhalten beim Biegen.

Ganz ähnliche Erscheinungen sieht man bei gelochten Kesselblechen. Auch hier kann das gestoßene Loch bei Materialien von geringer Kerbzähigkeit zu plötzlichen Brüchen führen, wenn die Beanspruchung ein bestimmtes Maß überschreitet. Als Beispiel sei auf ein Kesselblech hingewiesen, das bereits vor der Inbetriebnahme des Kessels bei der Kaltdrückprobe längs der Nietlöcher einriß. Der Bruch ist in Abb. 414 gezeichnet. Die Nietlöcher waren gestoßen, nicht gebohrt; es hätte also wegen der Kerbwirkung dieser Löcher besonderer Wert auf Kerbzähigkeit des Materials gelegt werden müssen. Nach Tafelabb. 71, Taf. XIV, ergab

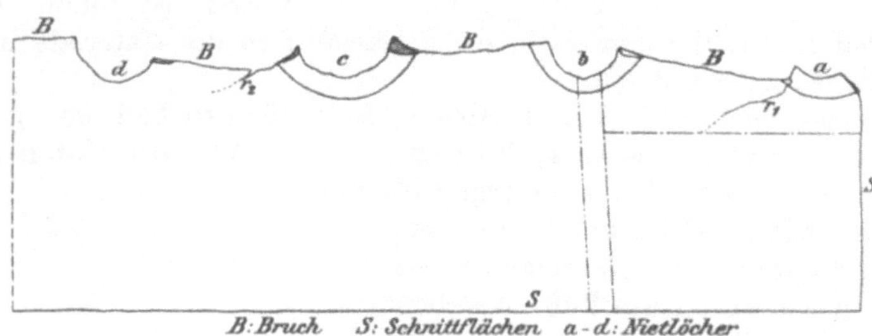



Abb. 414.

die Ätzung des Schliffes mit Kupferammoniumchlorid sehr ausgeprägte Zonenbildung. Die äußere hellere Randzone war ziemlich arm an Seigerungen, dagegen war die dunklere Kernzone, insbesondere in den dunklen Längsstreifen, stark mit Phosphorseigerungen behaftet. Die weitere Untersuchung ergab das in der Tabelle XXXII Zusammengestellte.

Auf Grund der Kerbschlagprobe ist das Material außerordentlich empfindlich gegen Kerbwirkung. Die Gefährlichkeit seiner Verwendung liegt auf der Hand. Trotzdem genügt es den Würzburger Normen (Mantelblech II) von 1902 und ebenso den Bedingungen für Mantelbleche nach den Würzburger Normen 1905, die keine Prüfung vorschreiben, welche die Empfindlichkeit des Materials gegenüber Kerbwirkung feststellen.

Bereits früher ist ein Beispiel dafür angeführt worden, daß der Einfluß der

Abkühlungsgeschwindigkeit von Werkstücken aus schmiedbarem Eisen sich deutlich bei der Kerbschlagprobe, fast nicht bei der Zugprobe erkennbar macht (*336* am Schluß).

Tabelle XXXII.

| | Chemische Zusammensetzung | | Zugprobe | | | Kerbschlagprobe $\mathfrak{B}_\delta$ |
|---|---|---|---|---|---|---|
| | P %| S %| $\sigma_S$ at | $\sigma_B$ at | $\delta_{11,3}\sqrt{f}$ %| |
| Randzone . . . . . . . . . . | 0,088 | 0,04 | — | — | — | 0 bis $^1/_2$ |
| Längs der dunklen Streifen in der Kernzone . . . . . . . | 0,203 | 0,16 | — | — | — | 0 |
| Kernzone . . . . . . . . . . | — | — | — | — | — | 0 bis $^1/_2$ |
| Durchschnitt über die ganze Blechdicke . . . . . . . . | 0,168 | 0,10 | { 2630<br>[2460] | 4290<br>4230 | 23,8 *l*<br>25,4 *qu* | — |

$l =$ Längsprobe, $qu =$ Querprobe.

Die Zahl der angeführten Fälle läßt sich noch bedeutend vermehren (vgl. E. Heyn, $L_4$ *76* und $L_3$ *3*).

Die obigen Beispiele dürften genügen, um darzutun, daß die Kerbschlagprobe Aufschlüsse gibt, welche die bisherigen Verfahren nicht liefern können, und daß also eine Ergänzung dieser Prüfungsverfahren durch die Kerbschlagprobe zum wenigsten bei Eisen und seinen Legierungen unerläßlich ist, wenn man sich ein vollständiges Bild von den Eigenschaften des Materials verschaffen will.

Natürlich ist die Kerbschlagprobe kein Universalmittel, das die Eignung des Materials für jeden Zweck dartut. Es ist ein Hilfsmittel mehr zur Erkenntnis, weiter nichts.

Sie gibt uns aber klaren Aufschluß darüber, ob ein Material empfindlich ist gegenüber der Kerbwirkung, insbesondere bei stoßweiser Beanspruchung. Die Kerbwirkung ist bei der Mehrzahl unserer Konstruktionen nicht zu vermeiden. Querschnittsänderungen, mehr oder weniger abgerundete einspringende Kanten, Niet- und Schraubenlöcher, Gewinde usw. lassen sich nicht umgehen. Stoßweise Beanspruchung ist bei bewegten Maschinenteilen selbstverständlich. Aber auch bei ruhenden Bauteilen, wie z. B. in Dampfkesseln u. dgl. können kräftige stoßweise Beanspruchungen infolge plötzlicher Temperaturungleichmäßigkeiten (Wärmespannungen) oft genug auftreten (*330*). Um so mehr muß Wert darauf gelegt werden, über die Widerstandsfähigkeit der Materialien solchen Beanspruchungen gegenüber Aufschluß zu erhalten.

# F. Härte und Bearbeitbarkeit.

(Ergänzungen zu I, 341 bis 359, Härteprüfung)[1].

## a) Kugeldruckprobe.

*350.* Nach Erscheinen des ersten Bandes hat seit 1900 die Härtebestimmung durch die Kugeldruckprobe auf Grund der Arbeiten von Brinell ($L_4$ *87, 88, 89* und *95*) weite Verbreitung gefunden. Hierbei wird eine Kugel $K$ aus gehärtetem

---

[1] Die Ergänzung soll hier nur so weit gegeben werden, als zum Verständnis des Inhalts des II. Bandes unbedingt erforderlich ist; alles übrige ist der Neuauflage des ersten Bandes vorbehalten.

Stahl vom Durchmesser $D$, wie sie für Kugellager verwendet wird, unter einem bestimmten Druck $P$ in das zu prüfende Material eingedrückt (Abb. 415). Der Durchmesser des Eindruckkreises $d$ wird gemessen; mit seiner Hilfe wird die Oberfläche der durch den Eindruck gebildeten Kugelkalotte $f_k$ berechnet. Das Verhältnis

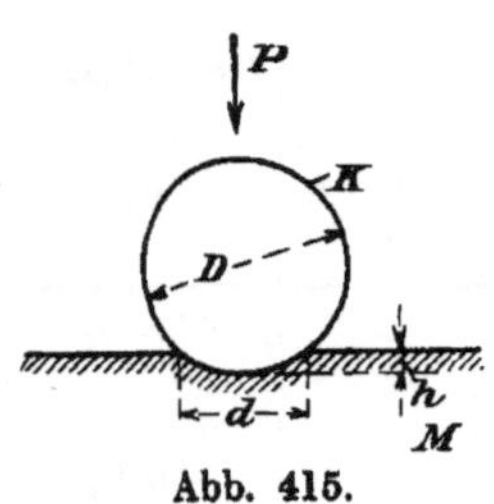

Abb. 415.

$$\mathfrak{H} = \frac{P}{f_k} \quad \dots \dots \dots \dots \dots \quad (24)$$

in kg/qmm ist dann die Brinellsche Härtezahl. Sie gibt also den auf die Einheit der Fläche der Eindruckkalotte bezogenen Druck als Maßstab für die Härte. Die Berechnung von $f_k$ geschieht nach der bekannten Formel

$$f_k = \pi D h$$
$$h = \frac{D}{2} - \sqrt{\frac{D^2}{4} - \frac{d^2}{4}}.$$

Darin ist $h$ die Eindrucktiefe unter der Voraussetzung, daß die Kugel unter dem Druck keine elastische Abplattung erfährt, also die Eindruckkalotte denselben Krümmungshalbmesser hat wie die unbelastete Kugel. Dann ist

$$\mathfrak{H} = \frac{P}{\pi D \left( \dfrac{D}{2} - \sqrt{\dfrac{D^2}{4} - \dfrac{d^2}{4}} \right)}. \quad \dots \dots \dots \dots \quad (25)$$

Im Bereich der preußischen Staatseisenbahnen wurde seit 1900 auf Grund der Untersuchungen Kohns die Prüfung der Schienen auf Kugeldruckhärte an Stelle der bis dahin vorgeschriebenen Zugprobe zugelassen. Die angewendeten Kugeln haben 19 mm Durchmesser. Sie werden unter einem Druck von 50 $t$ in den Schienenkopf eingedrückt. Die Eindrucktiefe darf nicht weniger als 3,3 und nicht mehr als 5,5 mm betragen. Bei besonders verschleißfesten Schienen ($\sigma_B$ mindestens 7000 at) soll der Eindruck zwischen 3 und 5 mm liegen ($L_4$ 90). Kohn soll bereits vor Brinell die Kugeldruckprobe angewendet haben ($L_4$ 91).

Die Ausführung der Kugeldruckprobe ist sehr einfach. Kohn verwendet die Schiene ohne jede Vorbereitung. Brinell stellt aus dem zu prüfenden Stoff eine Platte her, deren Flächen nur angenähert parallel zu sein brauchen. Die Fläche, auf die der Druck wirkt, muß einigermaßen glatt sein, Polieren ist aber nicht notwendig. Die Dicke der Platte soll nicht zu gering sein, nicht unter 2,5 mm. Der Abstand der Mitte des Eindruckkreises von der Kante der Platte soll nicht kleiner als 14 mm sein, damit der gefundene Wert der Kugeldruckhärte nicht durch seitliche Ausbauchung der Seitenflächen der Platte beeinflußt wird. Der Druck $P$ wird mit irgendeiner Vorrichtung erzeugt, die den Druck zu messen gestattet. Die Größe des Durchmessers $d$ des Eindruckkreises kann mit Hilfe eines einfachen Mikroskops oder auf andere Weise gemessen werden. Die Messung hat mindestens nach zwei aufeinander senkrechten Richtungen zu erfolgen. Der Kugeldurchmesser $D$ ist bei Brinell 10 mm.

Brinell war sich wohl bewußt, daß die Beziehung des Druckes auf die Einheit der Eindruckfläche $f = \frac{\pi}{4} d^2$ theoretisch richtiger wäre, als die Beziehung auf die Einheit der Kalottenoberfläche $f_k$. Er wählte aber die letztere aus folgendem Grunde. Beim Vordringen der Kugel in das Material erhöht sich die Härte infolge Kaltreckens, d. h. mit steigenden Eindrucktiefen erhält man immer höhere Härtezahlen. Brinell glaubte diese Steigerung dadurch bis zu einem gewissen

Grade ausgleichen zu können, daß er das Verhältnis $\dfrac{P}{f_k}$ statt $\dfrac{P}{f}$ verwendete, da ja $f_k$ mit wachsender Eindrucktiefe schneller wächst als $f$. Hiermit hat Brinell erzielt, daß der Wert seiner Härtezahl $\mathfrak{H}$ mit steigender Eindrucktiefe, also bei gleichem Material mit steigendem Druck $P$, nicht so schnell wächst als die Zahl

$$\mathfrak{H}' = \frac{P}{f}.$$

Zu bedenken bleibt aber, daß die Härtezahl $\mathfrak{H}$ trotzdem bei einem und demselben Material mit dem Druck $P$ und dem Durchmesser der Kugel $D$ veränderlich ist. Es ist deshalb erforderlich, sich auf einen bestimmten Kugeldurchmesser $D$ und einen bestimmten Druck $P$ zu einigen, damit die für verschiedene Materialien gewonnenen Härtezahlen vergleichbar sind. Brinell fand, daß der Durchmesser $D$ am zweckmäßigsten gleich 10 mm gewählt würde. Er schlug als Druck $P$ 3000 kg für Eisen und Stahl, für weichere Metalle 500 kg vor. Dieser Vorschlag ist aber für alle Metalle und Legierungen nicht gut durchführbar; einmal, weil der Druck von 500 kg bei weichen Stoffen bereits zu tiefe Eindrücke oder bei spröderen Stoffen Risse am Umfang des Druckkreises gibt, andererseits, weil der Druck 3000 kg für manche Stoffe zu groß und der von 500 kg zu klein ist. Brinell war selbst gezwungen, Zwischendrücke von 1000 kg anzuwenden.

Im folgenden wird der Druck $P$, bei dem die Brinellsche Härtezahl ermittelt wurde, dem Buchstaben $\mathfrak{H}$ als Anzeiger beigeschrieben werden. $\mathfrak{H}_{3000}$ bedeutet also z. B. $\mathfrak{H}$ für $P = 3000$ kg.

Durch die willkürliche Wahl der Drücke wird die Vergleichbarkeit der Härtezahlen verschiedener Stoffe erschwert. Praktisch verschwindend ist dieser Nachteil bei der laufenden Betriebskontrolle, wo es sich immer um Gruppen von ähnlichen Stoffen handelt, bei denen man $P$ unverändert halten kann. Hier hat das Kugeldruckverfahren sein eigenstes Arbeitsfeld erlangt.

Nach E. Rasch ($L_4$ 9) und E. Meyer ($L_4$ 10) läßt sich die Beziehung zwischen dem angewendeten Druck $P$ und dem Durchmesser des Eindruckkreises $d$ mit genügender Genauigkeit durch die Gleichung

$$P = a d^n \quad\quad\quad\quad\quad\quad\quad (26)$$

darstellen, worin $a$ und $n$ unveränderliche, nur von der Art und dem Zustand des zu prüfenden Materials abhängige Größen sind. Sie sind von der Art des zu den Stahlkugeln verwendeten Materials unabhängig, sofern dieses nur wesentlich härter ist, als das des zu prüfenden Stoffes. Bei Anwendung von Stahlkugeln mit 10 mm Durchmesser gilt das durch die Gl. 26 ausgedrückte Gesetz dann nicht mehr, wenn der Durchmesser des Eindruckkreises $d$ kleiner als 1 mm wird (E. Meyer, $L_4$ 10). Die obere Grenze des Gesetzes ist nicht bekannt; jedenfalls gilt es nach Meyer für alle bisher untersuchten Stoffe bis zu Drücken von $P = 3000$ kg bei Anwendung einer Stahlkugel von 10 mm Durchmesser.

Die Werte von $a$ liegen zwischen 20 und 270 kg/qmm, die von $n$ zwischen 1,91 und 2,38.

Meyer schlägt als Maßstab für die Härte den mittleren Druck vor, der infolge Einpressens der Kugel in der Druckfläche entsteht. Dieser soll mit $\mathfrak{H}'$ bezeichnet werden. Er ergibt sich aus der Gleichung

$$\mathfrak{H}' = \frac{P}{\frac{\pi}{4} d^2} \quad\quad\quad\quad\quad\quad (27)$$

Nach Einsetzen des Wertes von $P$ aus der Gl. 26 erhält man dann weiter

$$\mathfrak{H}' = \frac{4\,a}{\pi} \cdot d^{n-2} \quad \ldots \ldots \ldots \ldots \quad (28)$$

Nach dem Gesetz der proportionalen Widerstände (I, *151*) muß man bei einem und demselben Material auch bei verschiedenen Kugeldurchmessern $D$ zu gleichen Härtezahlen $\mathfrak{H}'$ gelangen, wenn sich verhalten

$$D_1 : D_2 = d_1 : d_2.$$

Da

$$\mathfrak{H}_1' = \frac{P_1}{\frac{\pi}{4}\,d_1^2} = \mathfrak{H}_2' = \frac{P_2}{\frac{\pi}{4}\,d_2^2}$$

sein soll, so muß sein

$$\frac{P_1}{P_2} = \frac{d_1^2}{d_2^2} = \frac{D_1^2}{D_2^2}.$$

Man erhält also gleiche Härtezahlen, wenn die Drücke $P$ so gewählt werden, daß sie sich wie die Quadrate der Kugeldurchmesser verhalten. E. Meyer fand bei Versuchsreihen mit verschiedenen Materialien das Gesetz innerhalb der Fehlergrenzen des Versuchsverfahrens bestätigt.

In dem Gesetz $P = a d^n$ bedeutet $a$ diejenige Belastung, die zur Erzielung des Eindruckdurchmessers $d = 1$ mm erforderlich ist. Die Unveränderliche $a$ hat daher die Maßeinheit kg/mm². Da $\mathfrak{H}'$ mit $P$ und folglich auch mit $d$ veränderlich ist, so würde zur Kennzeichnung der Härte, wie E. Meyer betont, nicht ein einzelner Wert von $\mathfrak{H}'$ aus der durch Gl. 28 dargestellten Kurve herausgegriffen werden dürfen, sondern jeder Punkt dieser Kurve zur Kennzeichnung der Härte gleichberechtigt sein. D. h. mit anderen Worten, man muß für jeden Stoff die Kurve $\mathfrak{H}'$ als Härtemaßstab angeben. Das erschwert natürlich den Vergleich. Meyer benutzt deshalb zum Vergleich verschiedener Stoffe diejenige Zahl $\mathfrak{H}'$, die den Eindruckdurchmesser $d = 1$ mm gibt, das würde also nach Gl. 28 sein

$$\mathfrak{H}_1' = \frac{4\,a}{\pi} \quad \ldots \ldots \ldots \ldots \ldots \quad (29)$$

Ferner benutzt er auch nach dem Vorgang von Brinell die Härtezahl $\mathfrak{H}'$ für einen bestimmten willkürlichen Druck $P$. Diese Zahl wollen wir mit $\mathfrak{H}'_P$ bezeichnen, wobei der Anzeiger $P$ den gewählten Druck $P$ angibt. Es ist dann

$$\mathfrak{H}'_P = \frac{P}{\frac{\pi}{4}\,d^2} \quad \ldots \ldots \ldots \ldots \ldots \quad (30)$$

Der Härtenmaßstab $\mathfrak{H}_1'$ nach Gl. 29 muß aus der durch den Versuch ermittelten Schaulinie $P = a d^n$ entnommen werden. Hierzu ist es erforderlich, mehrere Punkte dieser Schaulinie durch den Versuch zu bestimmen, um die Größe $a$ mit der erforderlichen Sicherheit zu erhalten. Dadurch wird das Verfahren etwas umständlich und verliert den Vorzug der Einfachheit der Ausführung, der gerade seine weite Verbreitung begünstigt hat.

Der Härtemaßstab $\mathfrak{H}'_P$ kommt auf dasselbe hinaus, wie die Brinellzahl $\mathfrak{H}$, nur daß der Druck statt auf die Oberfläche der Kalotte auf die Fläche des Eindruckkreises bezogen wird. Diesem Härtemaßstab haftet bezüglich des Vergleichs verschieden harter Stoffe derselbe Nachteil an, der bereits bei Besprechung der Brinellzahl hervorgehoben wurde. Man muß für verschieden harte Stoffe verschieden große Drücke $P$ wählen.

**351.** Bei manchen Materialien bietet die Messung des Eindruckdurchmessers Schwierigkeiten, namentlich wenn die Eindrücke mit kleinen Kugeln und geringen Drücken $P$ durchgeführt werden. Diese Art der Durchführung des Versuchs hat aber gerade dann Interesse, wenn es sich darum handelt, die ursprüngliche Oberflächenhärte von Stoffen kennen zu lernen. Wendet man hierbei große Eindrucktiefen an, so erhält man die Härte des unter der Kugel stark kaltgereckten, also härter gemachten Materials. In der Beziehung $P = ad^n$ ist ja die Steigerung der Härte durch diese Kaltreckung mit inbegriffen. Diese Beziehung hat deswegen auch nur dann Wert, wenn man sich tatsächlich ein Bild von der Veränderung der Härte unter der Druckwirkung machen will, nicht aber dann, wenn man sich ein Urteil über den Widerstand bilden will, den ein Stoff in seinem ursprünglichen Zustand dem Eindringen eines Körpers entgegensetzt.

Wird die Kugeldruckprüfung als Ersatz verwendet für die Zugprobe, will man also aus den Angaben der Kugeldruckprobe auf die Zugfestigkeit $\sigma_B$ eines Stoffes schließen, so wird man mit tiefen Eindrücken dem Ziel näher kommen, als mit flachen, denn der Zugversuch erschöpft ja auch die Arbeitsfähigkeit des Stoffes bis zu einem gewissen Grade und erfolgt unter fortgesetztem Kaltrecken. Ebenso wird man die Beziehung $P = ad^n$ dazu benutzen können, um sich ein Bild zu verschaffen von dem Grade, in dem die Widerstandsfähigkeit eines Stoffes gegenüber bleibender Formänderung durch Kaltrecken gesteigert wird.

Ferner erscheint mir die Anwendung großer Eindrucktiefen zweckmäßig bei der Prüfung von Schienenmaterial, wie sie von Kohn eingeführt ist. Hier handelt es sich nicht um Feststellung der Oberflächenhärte, sondern um Ermittelung des Widerstandes, den der Schienenkopf (Oberflächenschicht einschließlich der in größerer Tiefe darunter befindlichen Stoffteile) dem Druck entgegensetzt. Insbesondere soll sich bei der Probe zeigen, ob etwa im Schienenkopf tief unter der Oberfläche Hohlräume oder sonstige Fehlstellen liegen, die die Widerstandsfähigkeit der Schiene gegenüber dem Betriebsdruck vermindern können. Die Probe ist hier nicht nur Härteprobe, sondern auch gleichzeitig Probe auf etwaige Fehlstellen im Schienenkopf. Es muß deswegen ein Verfahren gewählt werden, bei dem das Material von der Oberfläche her möglichst weit bis ins Innere hinein mit beansprucht wird. Das ist erzielbar durch große Kugeln ($19\,\mathrm{mm} = D$ nach Kohn) und tiefe Eindrücke (3 bis 5 mm).

Will man jedoch die ursprüngliche Oberflächenhärte eines Stoffes kennen lernen, beispielsweise um festzustellen, welchen Widerstand ein Lagermetall gegenüber dem Lagerdruck bietet, so eignet sich die Kugeldruckprobe mit tiefen Eindrücken nicht. Ein Lager, das durch die Druckwirkung bereits stark kaltgereckt und damit stark in seiner Form verändert wurde, ist nicht mehr betriebsfähig. Es ist daher auch gleichgültig, welche Härte es in diesem Zustande angenommen hat. Wesentlich ist der Widerstand gegen kleine Formänderungen unter Druck, die die Form des Lagers nicht wesentlich beeinflussen. Hier ist mithin die Härteprüfung mit kleinen Eindrücken am Platz. Es kommt hier das Bereich der kleinen Eindruckdurchmesser in Betracht, bei dem die Beziehung $P = ad^n$ nicht mehr gültig ist.

### 1. Härteprüfer Bauart Martens.

Zur schnellen und bequemen Messung kleiner Eindrucktiefen hat A. Martens einen Kugeldruckhärteprüfer entworfen. Über die Art der Durchführung der Prüfung hat er dann in Gemeinschaft mit dem Verfasser berichtet ($L_4$ *92* und *93*).

Der von Louis Schopper-Leipzig ausgeführte Härteprüfer ist in Abb. 416 dargestellt. Er besteht aus einem Druckerzeuger, der im unteren Teile der Vorrichtung liegt, und der darüber befindlichen Vorrichtung zur Messung der Eindrucktiefe $h$.

26*

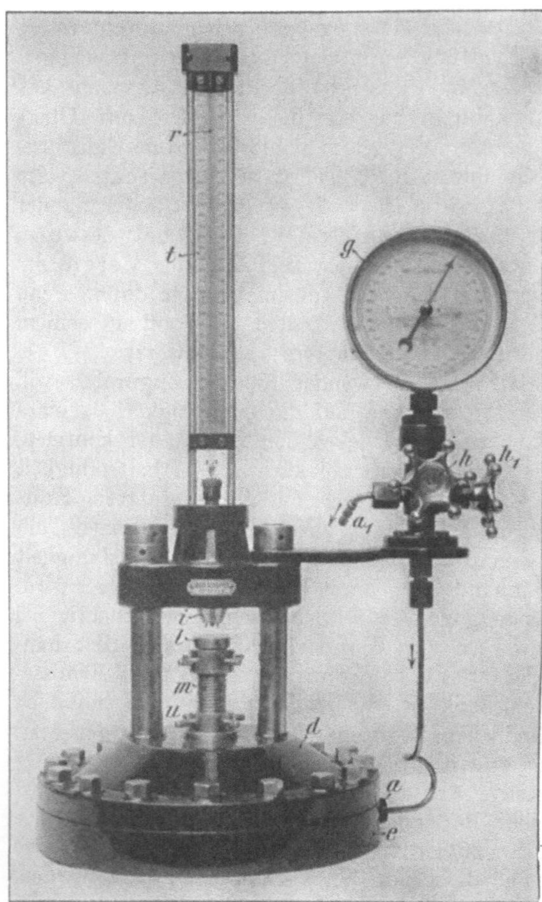

Abb. 416.  Härteprüfer Bauart Martens.

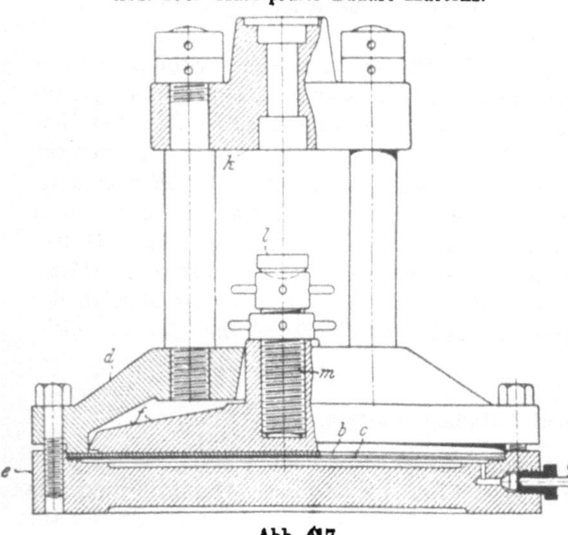

Abb. 417.

Der Druckerzeuger ist in Abb. 417 im Schnitt dargestellt. Das durch den Anschlußstutzen $a$ aus der Wasserleitung eintretende Wasser gelangt unter eine Lederscheibe $b$, unter der sich die Gummihaut $c$ befindet. Beide sind zwischen Deckel $d$ und Grundplatte $e$ wasserdicht festgeklemmt. Wird durch $a$ Wasser zugelassen, so hebt sich die Membrane $b, c$ und übt auf den Kolben $f$, dessen wirksame Fläche 500 qcm beträgt, einen bestimmten Druck $P$ aus. Die Wasserpressung wird am Manometer $g$, Abb. 416, abgelesen, das in 300 Grade $= 5$ kg/qcm eingeteilt ist.

Durch Ventil $h$ kann man den Wasserzufluß zu $a$ und damit den Druck $P$ regeln. Der höchste zulässige Druck ist, da das Manometer bis $z = 300$ anzeigt, 2500 kg.[1])

Die 5 mm-Stahlkugel $n$ wird mit einer Spur Klebewachs in dem Futterkörper $i$ befestigt, der sich gegen das Querhaupt $k$ lehnt, s. Abb. 418 und 419. Der auf Härte zu prüfende Probekörper wird auf den Tisch $l$ aufgelegt. Dieser ruht mittels Kugellagerung auf dem oberen Teil der Stellschraube $m$. Die Stellschraube dient zur Einstellung des Abstandes zwischen Oberkante des Tisches $l$ und der Kugel $n$ auf die Dicke des zu prüfenden Probekörpers.

Soll der Druck $P$ vermindert werden, so ist Ventil $h$ für den Wasserzutritt zu schließen, während durch Handrad $h_1$ der Raum unter dem Kolben $f$ mit dem Wasserabfluß $a_1$ in Verbindung gebracht wird. Aus später zu erwähnenden Gründen ist es zweckmäßig, den Steuerkörper $h$, $h_1$, $a_1$ nicht wie in Abb. 416 oben am Querhaupt, sondern unten auf dem Tisch anzubringen, auf dem der Härteprüfer steht, und das Auslaßrohr $a_1$ mit schwachem Gefälle zu versehen.

Die Vorrichtung zum Messen der Eindrucktiefe der Kugel ist ersichtlich aus Abb. 416 sowie 418 und 419. Die 3 Stahlstäbchen $o$ legen sich auf die zu prüfende Fläche des Probekörpers auf. Sie tragen auf Spitzen die Stahlplatte $p$. Auf dieser ruht ein Führungskolben $m_1$ und auf diesem schließlich im Schwerpunkt des Stützdruckes der drei Spitzen an $p$ der Stahlkolben $m_2$, der in seinem Zylinder quecksilberdicht eingeschliffen ist. In dem Raum $q$ oberhalb des Kolbens $m_2$ befindet sich Quecksilber, das in das Glasröhrchen $r$ hineinragt. Mittels des Stellkölbchens $s$, Abb. 419,

---

[1]) Neuerdings liefert Schopper den Härteprüfer bis zu 3000 kg Druck und zum Gebrauch mit 5 und 10 mm-Stahlkugel.

kann der Quecksilberspiegel in dem Haarröhrchen $r$ in die Nullstellung gebracht werden. Wird nun unter dem Druck $P$ die Kugel in das Probestück eingepreßt, so werden die Stahlstifte $o$ und mit ihnen in gleichem Maße die gesamten Teile $p$, $m_1$, $m_2$ gehoben. Das Quecksilber wird aus dem Raume $q$ zum Teil verdrängt und steigt im Röhrchen $r$ um einen Betrag, der an der Skala $t$ abgelesen wird, und der in Beziehung zur Eindringtiefe $h$ der Kugel steht.

Die Eichung des Haarröhrchens $r$ erfolgt mit Hilfe einer Mikrometerschraube, die an Stelle des Tisches $l$ auf die Stellschraube $m$ aufgebracht wird und dem Meßgerät beigegeben ist. Sie wird in das Muttergewinde $m_3$ eingeschraubt und hat oben einen mit Teilung versehenen Kopf, während der Teil $m_4$ der Stellschraube $m$ die Nullmarke trägt. Der Kopf der Mikrometerschraube wird durch die Stellschraube $m$ nach oben bewegt, bis er die Stäbchen $o$ des Tiefenmessers eben anhebt. Das Quecksilber in dem Röhrchen $r$ wird durch den Stellkolben $s$ auf Null eingestellt. Man hebt nun durch Drehen des Kopfes der Mikrometerschraube die Stahlstäbchen $o$ um bekannte Beträge und liest den jedesmaligen Stand des Quecksilbers im Röhrchen $r$ ab. Alsdann dreht man die Mikrometerschraube im entgegengesetzten Sinne und wiederholt die Ablesungen während des Niederganges des Quecksilbers.

Infolge des Gewichtes der Quecksilbersäule im Tiefenmesser entsteht ein Gegendruck auf den Probekörper, der dem Druck $P$ entgegenwirkt. Dieser Gegendruck ist aber bei den größten Eindringtiefen $h$ nicht größer als 3 kg und bei kleinen Eindrucktiefen erheblich geringer, so daß er vernachlässigt werden kann.

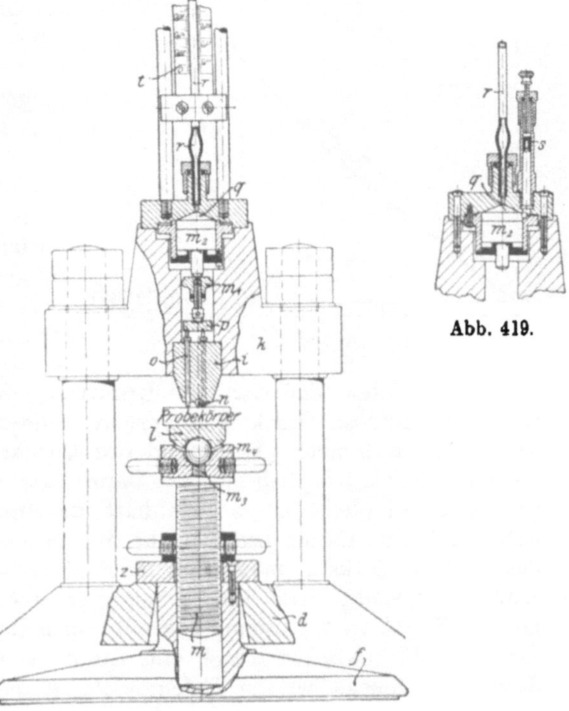

Abb. 419.

Abb. 418.

Die elastischen Formveränderungen innerhalb des Tiefenmessers, die sich unter dem genannten Druck einstellen können, z. B. durch elastische Zusammendrückung der Stäbchen $o$ oder durch elastische Formänderungen der Spitzenlagerung der Platte $p$, können das Ergebnis der Tiefenmessung nicht beeinflussen, da sie bei der Eichung der Skala $t$ mittels der Mikrometerschraube bereits berücksichtigt sind.

## 2. Prüfungsergebnisse mit dem Härteprüfer, Bauart Martens.

Übt man auf einen Probekörper einen Druck $P$ mittels der Kugel aus, so gibt das Quecksilber im Tiefenmesser einen Anstieg $h'$ in Millimeter an. Dieser Anstieg $h'$ ist nun aber nicht ohne weiteres gleich der bleibenden Eindringtiefe $h$ der Kugel, sondern in dem Werte $h'$ sind außer $h$ noch die Beträge $h_e$ für elastische Formänderungen im Apparat und für die elastische Höhenverminderung der Kugel enthalten. Auch die elastische Eindrückung des Probekörpers kann gegebenenfalls noch hinzukommen. Das Tiefenmaß mißt ja weiter nichts als den Betrag, um den die obere Fläche des Probekörpers gegenüber der Anfangstellung gehoben ist. Solches Anheben kann aber außer durch den bleibenden Kugeleindruck durch die drei genannten elastischen Wirkungen erfolgen.

Drückt man in irgendeinen Stoff die Kugel unter wachsendem Druck ein, so wird die Beziehung zwischen Druck $P$ und Stellung des Tiefenmaßes durch die Kurve $OA$ in Abb. 420 dargestellt, worin der Druck als Ordinate, die Stellung des Tiefenmaßes als Abszisse verwendet ist. Im Punkt $A$ entspricht dem Druck $P$

die Stellung des Tiefenmaßes $h'$. Schließt man nun den Wasserzufluß und öffnet allmählich den Wasserauslaß, so sinkt der Druck nach Maßgabe der Manometeranzeige, gleichzeitig sinkt das Quecksilber im Tiefenmesser. Die Entlastungskurve $AB$ ist aber eine wesentlich andere als die Belastungskurve $OA$. Der Quecksilberspiegel sinkt bei der Entlastung allmählich und bleibt beim Druck Null längere Zeit in der Höhe $h$ entsprechend dem Punkte $B$ stehen. Erst nach einiger Zeit sinkt bei voll geöffnetem Ausfluß der Quecksilberspiegel weiter bis auf Null. Die Strecke $OB = h$ entspricht der wirklichen bleibenden Eindrucktiefe der Kugel. Der Betrag $BC = h_\varepsilon$ entspricht den elastischen Formveränderungen der Vorrichtung, der Kugel und des Probekörpers selbst.

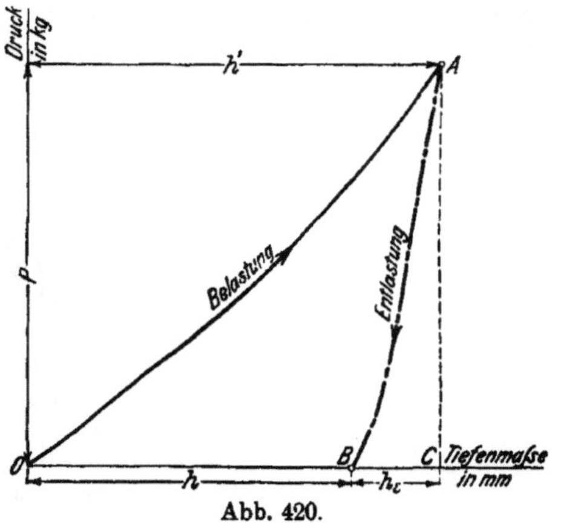


Abb. 420.

Daraus folgt, daß man zur Ermittlung der bleibenden Eindrucktiefe $h$, die einem bestimmten Druck $P$ entspricht, jedesmal bis zu $P$ belasten und darauf wieder entlasten muß. Der Stand des Quecksilbers im Tiefenmaß gibt bei Entlastung die Eindrucktiefe $h$ an. Damit das Tiefenmaß im Punkte $B$ vorübergehend stehen bleibt, ist es vorteilhaft, die Ausflußöffnung des Abflußrohres etwas tiefer zu legen als die Lederscheibe im Druckerzeuger. Zur Kontrolle der Lage des Punktes $B$ kann man noch folgendermaßen verfahren. Mittels der Stellschraube $m$ senkt man den Probekörper soweit, daß er ganz außer Berührung mit der Kugel tritt. Alsdann schraubt man ihn mittels der Stellschraube $m$ wieder hoch, bis zwischen Kugel und Eindruck eben wieder Fühlung erfolgt. Der Stand des Quecksilbers im Tiefenmesser ist dann wieder gleich $h$.

Wie man sieht, ist es für die Handhabung des Gerätes nicht erforderlich, über die elastischen Formänderungen $h_\varepsilon$ Ermittlungen anzustellen, da man sie ausschalten kann.

Die Vorrichtung gestattet aber bequem, über das Maß dieser Änderungen Aufschluß zu erlangen. Näheres hierüber s. $L_4$ 93. Hier soll nur darauf hingewiesen werden, daß die Kugel ganz erheblich elastisch abgeplattet werden kann. Die Abplattung kann bis zu 80 v. H. und mehr von dem Wert der bleibenden Eindrucktiefe $h$ ausmachen. Sie ist bei niederen Drücken $P$ stärker als bei höheren und bei harten Probestoffen größer als bei weichen.

Es entsteht nun die Frage, in welcher Weise die durch den Martensschen Prüfer gemessenen Eindrucktiefen $h$ zur Kennzeichnung der Härte verwendet werden können.

Man könnte nach **Brinell** *(350)* als Härtemaßstab den Quotienten $\dfrac{P}{2\pi r h}$ verwenden, worin $r$ der Halbmesser der unbelasteten Kugel ist. Der Wert von $2\pi r h$ entspricht aber hierbei nicht mehr der Oberfläche der Eindruckkalotte, die ja durch den Ausdruck $2\pi R h$ dargestellt wird, wo $R$ der mit $P$ veränderliche Krümmungshalbmesser des Eindruckes ist. In dem Ausdruck $\dfrac{P}{2\pi r h}$ tritt somit $r$ als willkürliche Konstante auf. Es liegt also nahe, einfach das Verhältnis zwischen Druck $P$ und Eindringtiefe $h$ als Härtemaßstab zu benutzen. Da dies Verhältnis mit dem Halbmesser der Kugel veränderlich sein wird, ist es zweckmäßig, nur einen bestimmten Kugeldurchmesser, und zwar die 5 mm-Kugel, zu verwenden.

Trägt man für verschiedene Stoffe $P$ als Ordinate zu der Eindrucktiefe $h$ als Abszisse auf, so erhält man Kurven nach Art des Schemas in Abb. 421. Die Fortsetzung der Kurven geht durch den Koordinatenanfang. Für niedrige Drücke schmiegen sie sich an eine Gerade $\mathfrak{G}$ an. Bei größeren Drücken weichen sie von der Geraden $\mathfrak{G}$ meist nach oben, seltener nach unten ab.

Es ist somit nicht nötig, die ganze Funktion $P = f(h)$ als Kennzeichen der Härte festzustellen, sondern es genügt, für irgendeine sehr kleine Eindrucktiefe $h_n$, die kleiner als $OD$ in Abb. 421 ist, für die also $P = f(h)$ noch genügend genau als Gerade aufgefaßt werden kann, den Druck $P$ zu ermitteln. Für den vorliegenden Härteprüfer und für die 5 mm-Kugel hat sich $h_n = 0{,}05$ mm als zweckmäßig und dieser Bedingung entsprechend herausgestellt. Demgemäß wird als Härtemaßstab der Druck $P_{0,05}$ angegeben, der nötig ist, um eine Kugel von 5 mm Durchmesser 0,05 mm tief in den Stoff einzudrücken.

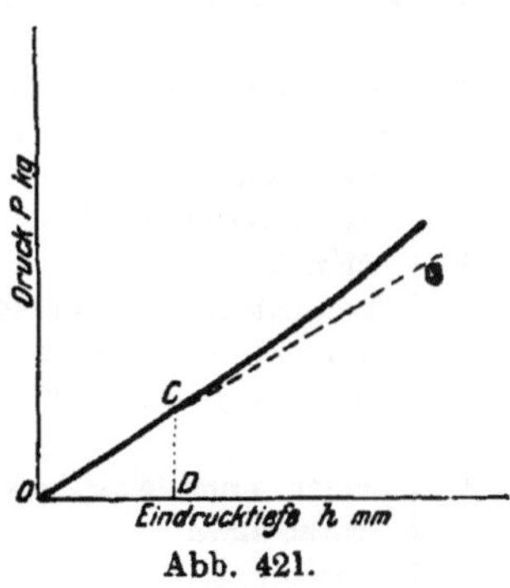

Abb. 421.

In der Quelle $(L_4\,93)$ sind eine Reihe Versuche mit verschiedenen Stoffen veröffentlicht. Dabei ist auf die starken Nachwirkungserscheinungen hingewiesen, die bei einigen Stoffen (Zinn, Magnesium, Lagerweißmetall) auftreten. Wenn die Kugel unter einem bestimmten Druck $P$ in den Stoff eingedrückt und dann der Wasserzufluß abgesperrt wurde, erreichte sie die endgültige Eindrucktiefe nicht sofort. Die Kugel drang mit der Zeit immer weiter ein, was daran erkennbar war, daß das Quecksilber mit der Zeit weiterstieg. Diese Nachwirkung dauerte viele Stunden lang. Das endgültige Gleichgewicht zwischen Druck und Eindrucktiefe wurde sehr langsam, wenn überhaupt je erreicht. Man kann bei solchen Stoffen mit ausgeprägter Nachwirkung sehr erhebliche Fehler begehen, wenn man die Kraft $P$ nicht lange genug wirken läßt. Dadurch würde aber die Versuchsdauer für die Prüfung erheblich vergrößert. Wenn man jedoch die Eindrucktiefe $h$ der Kugel klein wählt, wie z. B. 0,05 mm, so ist die Nachwirkung nach einigen Minuten der Druckeinwirkung schon nicht mehr meßbar; sie wird erst bei erhöhten Drücken merkbar. Darin liegt wieder ein Vorteil der Auswahl des kleinen Druckes $P_{0,05}$ als Härtemaßstab.

Ordnet man die untersuchten Stoffe nach steigender Kugeldruckhärte $P_{0,05}$, so erhält man die in der Tabelle XXXIII niedergelegte Reihenfolge.

Schließlich ist noch zu erwähnen, welche physikalische Bedeutung dem Umstand zukommt, daß die Kurve $P = f(h)$ für niedere Drücke sich einer Geraden $\mathfrak{G}$ anschmiegt, die durch den Koordinatenanfang geht und der Gleichung $P = Ch$ genügt, wenn $C$ konstant ist. Setzt man $p$ gleich dem mittleren Flächendruck auf die Fläche des Eindruckkreises $\frac{\pi}{4}\,d^2$, so ist

$$P = p\,\frac{\pi}{4}\,d^2,$$

worin sowohl $p$ als auch $d$ veränderlich ist. Bezeichnet man wie früher den Krümmungshalbmesser der Eindruckkalotte (nicht den Halbmesser der unbelasteten Kugel!) mit $R$, so ergibt sich die geometrische Bezeichnung

$$\frac{d^2}{4} = h\,(2R - h)$$

und folglich

$$P = \pi\,p\,h\,(2R - h).$$

Bei sehr kleinen Drücken $P$ und demzufolge auch sehr kleinen Eindrucktiefen $h$ kann die Größe $h$ gegenüber $2R$ in dem Ausdruck $2R - h$ vernachlässigt werden, so daß man angenähert erhält:

$$P \text{ rd. } 2\pi\,p\,h\,R.$$

## Tabelle XXXIII.

| Nr. | Metall und sein Zustand | | Kugeldruck-härte $P_{0,05}$ kg | Bemerkung über Zusammensetzung |
|---|---|---|---|---|
| 1 | Zinn . . . . . . . . . . . . . . | | 14 | |
| 2 | Lagerweißmetall, langsam abgekühlt . | | 21 | Sn 83,1; Sb 11,1; Cu 5,4 |
| 3 | Aluminium . . . . . . . . . . . . | | 25 | |
| 4 | Magnesium . . . . . . . . . . . . | | 26 | |
| 5 | Lagerweißmetall, schnell abgekühlt . | | 26 | wie 2 |
| 6 | Antimon . . . . . . . . . . . . . | | 27 | |
| 7 | Feuerkistenkupfer, bei 900° geglüht . | | 30 | |
| 8 | desgl. bei 500° geglüht . . . . . . . | | 43 | |
| 9 | Messing gegossen (F 70) . . . . . . | | 61 | Cu 69,4;   Zn 27,1;   Sn 1,2;   Pb 1,1; Fe 1,1 |
| 10 | Kupfer unmittelbar aus Feuerkiste entnommen . . . . . . . . . . . | | 81 | das gleiche Kupfer wie 7 und 8. |
| 11 | Lagerrotguß, in Sand gegossen[1]) . . | | 83 | Cu 83,6;   Sn 16,0;   Zn 0,2;   Pb 0,07; As 0,2 |
| 12 | Kohlenstoffarmes Flußeisen S 660 . . | | 98 | C 0,07;   Si 0,06;   Mn 0,10;   P 0,010; S 0,019; Cu 0,015 |
| 13 | Lagerrotguß, in Kokille gegossen[1]) . | | 136 | dieselbe Legierung wie Nr. 11 |
| 14 | Werkzeugstahl S 772, geschmiedet . . | | 277 | C 1,03;   Si 0,26;   Mn 0,19;   P 0,02; S 0,03 |

| Nr. | | C° | Kugeldruckhärte | Bemerkung |
|---|---|---|---|---|
| 15 | Werkzeugstahl, | 600 bis 700 | 260 bis 277 | C 0,95 |
| 16 | S 774, bei 900° in | 500 | 446 | Si 0,35 |
| 17 | Wasser abgeschreckt | 400 | 595 | Mn 0,17 |
| 18 | und darauf angelassen | 275 | 1060 | P 0,012 |
| 19 | bei | 200 | 2285 | S 0,024 |
| 20 | | 100 | 2775 | |
| 21 | | nicht angelassen | 2775 | |

Durch den Versuch ist erwiesen, daß unterhalb eines gewissen Grenzwertes von $P$ und $h$ die Gleichung $P = Ch$ angenähert gültig ist; es folgt also innerhalb der gemachten Einschränkungen:

$$pR = \text{Konstante,}$$

d. h. während der Druck wächst, muß der Krümmungsradius $R$ rasch abnehmen. Die Konstanz von $pR$ gilt nur für kleine Eindrucktiefen, aber sie gilt gerade für diejenigen Eindrucktiefen $h$, bei denen sich sowohl $p$ als auch $R$ am stärksten ändert. (Näheres hierüber $L_4$ 93.) Es besteht also eine ähnliche Beziehung zwischen dem mittleren Flächendruck $p$ und dem Krümmungshalbmesser der Kalotte (= Krümmungshalbmesser der Kugel an der Abplattung), wie zwischen Druck und Volumen eines Gases nach dem Mariotteschen Gesetz.

### 3. Einige Bemerkungen über den Vergleich zwischen Ritzhärte und Kugeldruckhärte.

Es soll hier darauf aufmerksam gemacht werden, daß der Vergleich zwischen Ritzhärte nach Martens (I, 357 bis 358) und der Kugeldruckhärte nur dann möglich ist, wenn ausschließlich homogene Stoffe zur Prüfung gelangen. Arbeitet man mit Stoffen, die aus zwei oder mehreren Gefügebestandteilen verschiedener Härte bestehen, so ist ein Vergleich beider Verfahren ausgeschlossen. Einer der Hauptvorteile der Ritzprobe liegt gerade darin, die verschiedene Härte der einzelnen Gefügebestandteile beobachten und messen zu können. Der betreffende

---

[1]) Die Kugeleindrücke waren derart unrund, daß Messung des Eindruckdurchmessers $d$ unmöglich erschien. Dagegen war $h$ mittels des Härteprüfers bequem meßbar.

Stoff hat dann eben nach der Ritzprobe nicht eine, sondern mehrere Härten, und es ist nicht ersichtlich, welche von diesen in Vergleich mit der Kugeldruckhärte gesetzt werden soll, die doch den durchschnittlichen Widerstand der verschiedenen Gefügebestandteile gegenüber dem Eindringen der Kugel mißt. Es ist nicht zu vergessen, daß die Ritzbreite ihrer Größenordnung nach wesentlich kleiner sein kann als die Breite der einzelnen Gefügebestandteile, während der Eindruckdurchmesser bei der Kugelprobe selbst bei so geringer Eindrucktiefe wie $h = 0,05$ mm bei einer 5 mm-Kugel doch immerhin etwa 1 mm beträgt, so daß in der Mehrzahl der Fälle mehrere Gefügebestandteile dem Druck gleichzeitig ausgesetzt sind. Man erhält somit bei der Kugeldruckprobe den durchschnittlichen Widerstand der einzelnen Gefügebildner, bei der Ritzprobe in der Regel die Einzelwiderstände. Beispiele hiefür s. $L_4$ 93.

## b) Kugelfallprobe.

*352.* Der Gedanke, die zur Härteprüfung verwendete Stahlkugel in den zu prüfenden Stoff nicht einzudrücken, sondern auf den Stoff aus einer bestimmten Höhe auffallen zu lassen und die Höhe des Rücksprungs als Maßstab für die „Härte" zu benutzen, scheint von mehreren Seiten gefaßt worden zu sein. Dem Verfasser ist bekannt geworden, daß z. B. Tingberg bereits vor mehreren Jahren eine auf diesem Grundgedanken beruhende Vorrichtung zur Härteprüfung benutzte, aber die Veröffentlichung unterließ.

Seit 1907 kommen Vorrichtungen von Shore ($L_4$ 94) in den Handel, bei denen der Rücksprung eines auf den zu prüfenden Stoff auffallenden Hämmerchens zur Bemessung der Härte verwendet wird. Das Hämmerchen hat etwa 2,6 g Gewicht; es trägt an seinem unteren Ende einen kleinen Diamant $Di$ (Abb. 422), der unten nach einem flachen Kugelabschnitt $K$ von nicht bekannt gegebenem Halbmesser abgeschliffen ist. Der wirksame Teil ist also ein Teil einer Diamantkugel, die durch das eiserne Hämmerchen $Ha$ belastet ist. Das Hämmerchen ist in einem polierten Glasrohr, hinter dem eine Skala angebracht ist, luftdicht geführt. Durch eine besondere Vorrichtung, die durch einen Druckball aus Gummi betätigt wird, kann der in seiner höchsten Lage durch einen Greifer festgehaltene Hammer

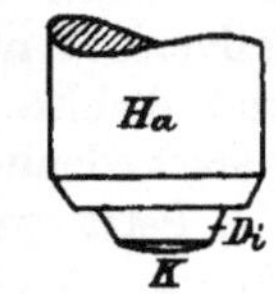


Abb. 422.

ausgelöst und zum freien Fall gebracht werden. Der Rücksprung wird an der Glasskala abgelesen. Hierauf wird durch einen Saugball aus Gummi und besondere Zwischenvorrichtungen über dem Hammer Luftverdünnung erzeugt, so daß dieser gehoben und wieder von dem Greifer festgehalten wird. Die Fallhöhe des Hammers beträgt 250 mm. Die Skala für die Bemessung des Rücksprungs hat eine willkürliche Teilung, deren Beziehung zum gewöhnlichen Längenmaß nicht bekannt gegeben ist. Die Höhe des Rücksprungs des Hammers beim Auftreffen auf eine Probe gehärteten Werkzeugstahls (Kohlenstoffstahl von nicht bekannt gegebener Zusammensetzung) ist gleich 100 gesetzt und in 100 gleiche Teile geteilt. Nach oben ist die Skala mit der gleichen Teilung bis zum Teil 140 verlängert.

Dem Härteprüfer wird eine Platte des betreffenden gehärteten Stahles beigegeben, die bei der Prüfung den Rücksprung 100 ergeben soll. Erreicht der Hammer diesen Rücksprung nicht mehr, so ist dies ein Zeichen dafür, daß die Diamantkugel $K$ nicht mehr in Ordnung ist.

Das zu prüfende Material muß eine ebene Fläche erhalten, auf die die Kugel auftrifft. Die Fläche braucht aber nur klein zu sein.

Der Härteprüfer kann auch an einem ausschwenkbaren Arm befestigt und auf größere Werkstücke aufgesetzt werden, deren Härte zu prüfen ist. Voraussetzung ist natürlich, daß die Oberfläche dieser Werkstücke nicht etwa durch chemische Einflüsse (z. B. Entkohlung durch Glühen) verändert ist, andernfalls muß diese veränderte Oberfläche erst durch Feilen oder Schleifen entfernt werden.

Da die Skalenteilung der Shoreschen Härteprüfer und der Punkt 100 der Skala willkürlich und somit nicht jederzeit nachprüfbar sind, so kann Eichung der Vorrichtung nicht erfolgen. Die Übereinstimmung der mit verschiedenen Härteprüfern gewonnenen Ergebnisse hängt lediglich von der Sorgfalt des Lieferers der Vorrichtung ab. Für den Empfänger besteht keine Möglichkeit, sich davon zu überzeugen, ob seine Ergebnisse mit denen übereinstimmen, die auf anderen Härteprüfern derselben Bauart erhalten werden. Die dem Apparat beigegebene gehärtete Probestahlplatte ändert daran nichts, da ebenfalls nicht feststellbar ist, inwieweit die an verschiedene Stellen gelieferten Probeplatten in der Art des Materials und in der Art der Härtung übereinstimmen.

Ein solcher Zustand mag wohl vom geschäftlichen Standpunkt des Lieferers der Vorrichtung begreiflich erscheinen, läuft aber dem wichtigsten Grundsatz des Materialprüfungswesens entgegen. Dieser fordert, daß alle Vorrichtungen Anschluß haben müssen an anerkannte Maßsysteme und daß dieser Anschluß unabhängig vom Lieferer jederzeit nachgeprüft werden kann.

Die Shoreschen Arbeiten haben die Anregung gegeben, daß man sich mit der Frage näher befaßte, welchen Aufschluß der Rücksprung über die Eigenschaften dés zu prüfenden Materials liefert ($L_4$ *98* bis *101*). Aus den oben angegebenen Gründen wandte man sich hierbei sehr bald von der Anwendung des Diamanthämmerchens mit der willkürlichen Abrundung und von der Shoreschen willkürlichen Skala ab. Man verwendete als auftreffende Masse Stahlkugeln und maß die Rücksprunghöhe in der üblichen Längeneinheit (mm oder cm). Die Stahlkugeln lassen sich in sehr gleichmäßiger Weise im Massenbetrieb herstellen. Solange die Kugel nicht bleibende Formänderung erleidet, kommt für den Kugelfallversuch nur der Elastizitätsmodul ihres Materials in Betracht, der ja bei Eisen- und Stahlsorten verhältnismäßig geringen Schwankungen selbst bei ziemlichen Verschiedenheiten im Material und in der Vorbehandlung unterliegt.

Setzt man voraus, daß von der gesammten durch die fallende Kugel gelieferten Arbeit $A = PH$ (worin $P$ das Gewicht und $H$ die Fallhöhe der Kugel ist) nichts auf Erschütterungen, Reibung usw. verwendet wird, so ergibt sich

$$A = A_e + A_p.$$

Hierbei ist $A_e$ die gesamte elastische Formänderungsarbeit, welche elastische Formänderung des Probestücks und der Kugel herbeiführt. Ihr proportional ist die Rücksprunghöhe $H_1$ der Kugel. $A_p$ ist die zur bleibenden Formänderung aufgewendete Arbeit, wobei vorausgesetzt ist, daß die Kugel beim Fallversuch keine bleibende Formänderung erleidet. Mithin muß sein

$$PH = PH_1 + A_p$$

und daraus

$$H_1 = H - \frac{A_p}{P} \quad\quad\quad\quad\quad\quad\quad (31)$$

Je größer die auf bleibende Formänderung verwendete Arbeit wird, um so kleiner wird der Rücksprung $H_1$ bei unveränderten Werten von Fallhöhe $H$ und Kugelgewicht $P$. Wird keine bleibende Formänderung hervorgebracht, ist also $A_p = 0$, so müßte $H_1 = H$, d. h. der Rücksprung gleich der Fallhöhe sein. Bei metallischen Stoffen kommt dies nicht vor, da hier auch bei Verwendung sehr kleiner Fallhöhen $H$ meßbare bleibende Formänderungen eintreten (Schneider, $L_4$ *101*) und auch sonst bei Abwesenheit bleibender Formänderungen verschiedene unkontrollierbare Einflüsse, wie Erschütterungen des zu prüfenden Stoffes und seiner Unterlage usw., die Rücksprunghöhe verkleinern.

Wird bleibende Formänderung erzeugt, so gestalten sich die Verhältnisse verwickelter. Die Rücksprunghöhe ist dann in noch nicht völlig aufgeklärter Weise abhängig von dem Elastizitätsmodul des zu prüfenden Stoffes und des Stoffes der Kugel, von der Lage der Quetschgrenze und von der Widerstandsarbeit des zu prüfenden Materials gegenüber bleibender Formänderung, von der gesamten Fallarbeit der auftreffenden Kugel, von der Masse und der Art der Auflagerung des zu prüfenden Stoffes, von der Beschaffenheit der Oberfläche der Probe usw.

Es erscheint etwas gewagt, eine so verwickelte Funktion als „Härte" des Materials zu bezeichnen. Es ist ohne weiteres zu erwarten, daß die durch den Rücksprung gekennzeichneten Eigenschaften des Stoffes nicht unmittelbar mit den Eigenschaften vergleichbar sein werden, die die Kugeldruckprobe mißt. Dies geht aus der folgenden, der Arbeit Fréminvilles ($L_4$ 98) entnommenen Übersicht hervor. Die Ergebnisse wurden mit Stahlkugeln von 16 mm Durchmesser und etwa 16 g Gewicht bei einer Fallhöhe $H = 1000$ mm gewonnen.

|  | Rücksprung $H_1$ in mm |
|---|---|
| Gußeisen . . . . . . . . . . . . . | 350—500 |
| Weiches Flußeisen . . . . . . . . | 300—380 |
| Kautschuk . . . . . . . . . . . | 400 |
| Marmor . . . . . . . . . . . . | 500 |
| Glas . . . . . . . . . . . . . . | 890 |
| Gehärteter Werkzeugstahl . . . | 930 |

Hier wird also ein Material wie Kautschuk in seiner „Härte" dem Guß- und Flußeisen gleichgesetzt, trotzdem daß man in dem Kautschuk mit dem Finger einen Eindruck hervorrufen kann, was bei den beiden Eisensorten schwer möglich erscheint. Die übliche Begriffserklärung der Härte als der Widerstand gegenüber dem Eindringen eines fremden Körpers paßt in diesem Falle ganz und gar nicht auf die durch den Rücksprung gemessene Eigenschaft. Auffällig erscheint auch die Nähe der beiden Stoffe Marmor und Glas in der obigen Reihenfolge, da doch aus der Mineralogie bekannt ist, welch großer Härteunterschied zwischen Glas und Marmor besteht.

Der Grund für die eigenartige Einreihung der Stoffe nach obiger Zusammenstellung liegt in der großen Verschiedenheit ihres Widerstandes gegenüber elastischer Formänderung, die sich im Rücksprung der Kugel überwiegend kundgibt und die Unterschiede in der Härte ganz überdeckt.

Beim Vergleich von Stoffen, deren Widerstand gegenüber elastischer Formänderung, wie er sich z. B. im Elastizitätsmodul ausdrückt, verhältnismäßig wenig verschieden ist, tritt der Einfluß der verschiedenen Härte auf den Rücksprung in den Vordergrund. In solchen Fällen kann dann der Rücksprung bis zu einem gewissen Grade als Maßstab für die Härte dienen. Ein solcher Fall liegt z. B. vor bei abgeschreckten und bis zu verschiedenen Graden angelassenen Stählen, deren Elastizitätsmodul untereinander wenig verschieden ist. Sie ordnen sich deswegen bezüglich des Rücksprungs bei der Kugelfallprobe in derselben Reihenfolge ein, wie bei der Kugeldruckprobe.

Die folgende Tabelle XXXIV, die bezüglich der Kugelfallprobe den Angaben Shores (The Shore Scleroscope, Aug. 1910, 4. Aufl.) selbst, und bezüglich der Kugeldruckhärte den Angaben von Brinell ($L_4$ 88) entlehnt ist, bestätigt das oben Gesagte. Die Prüfung auf Rücksprunghöhe gibt bei den einzelnen untersuchten metallischen Stoffen nur ein verschwommenes Bild von dem Grad der Härte, während die Kugeldruckprobe die Stoffe in derselben Reihenfolge gibt, wie sie uns von der Erfahrung her geläufig ist.

## Tabelle XXXIV.

| Stoff | Brinellzahl | | Rücksprung in Teilung der willkürlichen Skala nach Shore |
|---|---|---|---|
| | $\mathfrak{H}P$ | bei Druck $P$ kg | |
| Blei . . . . . . . . . . . . . | 5,7 | 200 | 2—5 |
| Zinn . . . . . . . . . . . . | 14,5 | 500 | 8 |
| Lagerweißmetall (Babbitt) . . | 23,0 | 500 | 4—9 |
| Zink . . . . . . . . . . . . | 46,0 | 500 | 8 |
| Gold . . . . . . . . . . . . | 48,0 | 500 | 5 |
| Silber . . . . . . . . . . . | 59,0 | 500 | 6,5 |
| Messing . . . . . . . . . . . | 63,0 | 500 | 7—35 |
| Kupfer . . . . . . . . . . . | 74,0 | 500 | 6 |
| Flußeisen mit etwa 0,15% C . | 100,0 | 3000 | 22 |
| Werkzeugstahl mit etwa 1% C | 260,0 | 3000 | 30—35 |
| Desgl. gehärtet . . . . . . . | 627,0 | 3000 | 100 |

Aus den angegebenen Gründen wird im besonderen Teile dieses Bandes die mit dem Shoreschen Härteprüfer oder mit anderen Kugelfallvorrichtungen gemessene Rücksprunghöhe nur dann angegeben werden, wenn Angaben über die Härte nach anderen Verfahren fehlen.

## c) Die Bearbeitbarkeit durch schneidende Werkzeuge.

### 1. Abhängigkeit der Bearbeitbarkeit von der Härte und der Geschmeidigkeit[1]).

*353.* Die Mehrzahl der Werkstücke aus metallischen Stoffen bedarf zur endgültigen Formgebung der Nachbearbeitung mittels schneidender Werkzeuge, wobei ein Teil des Stoffes in Form von Spänen vom Werkstück entfernt wird.

Je nachdem, ob die Beseitigung eines bestimmten Metallvolumens durch Zerspanen größeren oder geringeren Aufwand an Zeit, maschineller Arbeit und Werkzeugen erfordert, nennt man den Stoff schwer oder leicht bearbeitbar. Es fragt sich nun, in welcher Beziehung der Grad der Bearbeitbarkeit eines Stoffes zu seiner Ritz- oder Kugeldruckhärte steht. Hier gibt bereits die Erfahrung gewisse Anhaltspunkte. So ist z. B. das reine Aluminium schwerer bearbeitbar als Flußeisen, obwohl die Kugeldruckhärte des Aluminiums $\mathfrak{H}_{500}$ nach Brinell nur 38, die des kohlenstoffarmen Flußeisens $\mathfrak{H}_{3000}$ etwa 100 beträgt. Daraus ist zu schließen, daß außer der Härte, also dem Widerstand gegenüber dem Eindringen eines fremden Körpers, bei der Bearbeitbarkeit durch schneidende Werkzeuge noch andere Einflüsse mitwirken müssen.

Um hierüber Aufschluß zu erlangen, ist es wichtig, sich wenigstens in groben Umrissen ein Bild von dem Vorgang des Spanabhebens zu verschaffen, der in erster Linie durch die Arbeiten von Thieme (*L_4 102, 103*) aufgeklärt worden ist. Danach ist dieser Vorgang ein Druckversuch nach Art der Abb. 423. Die Druckkraft $P$ greift außerhalb des Schwerpunkts der Fläche $CEE_1C_1$ an. $S$ bedeutet das Werkzeug, das ersetzt gedacht ist durch ein Prisma aus Werkzeugstahl. Die Brustfläche ist $Br$, die Rückenfläche $R$. In Wirklichkeit würde ein Werkzeug das Aussehen von Abb. 424 haben. Der Einfachheit halber ist in Abb. 423 der Brustwinkel $\beta$ (vgl. Abb. 424) gleich 90° und der Ansatzwinkel $\alpha$ (vgl. Abb. 424) gleich Null gesetzt. $W$ sei das zu bearbeitende Werkstück, von dem ein Teil von der Breite $b$ und der Tiefe $t$ weggespant werden soll. Das

---

[1]) Unter Geschmeidigkeit soll die Fähigkeit eines Stoffes, sich kaltrecken (*293*) zu lassen, verstanden werden. Der Grad der Geschmeidigkeit ist um so größer, je weiter das Kaltrecken ohne Zerstörung des Zusammenhanges getrieben werden kann.

Werkzeug $S$ bewegt sich unter dem Einfluß der Kraft $P$ in der Richtung des Pfeiles gegen das Werkstück $W$. Hierbei wird die Spannung $\sigma$ auf der Druckfläche $C D C_1 D_1$ wachsen. Die Brust des Werkzeuges $Br$ bewirkt unter sich die Höhenverminderung $\lambda_1$ des Werkstückes $W$. Das hierbei verdrängte Metall weicht nach den Seiten hin aus, wie in Abb. 423b. Schließlich wächst die Spannung bis zu einem Betrag $\sigma'$, bei dem Gleiten des Materials längs einer Ebene $AB$ stattfindet, die mit der Richtung der Kraft $P$ den Winkel $90 - \varphi$ bildet.

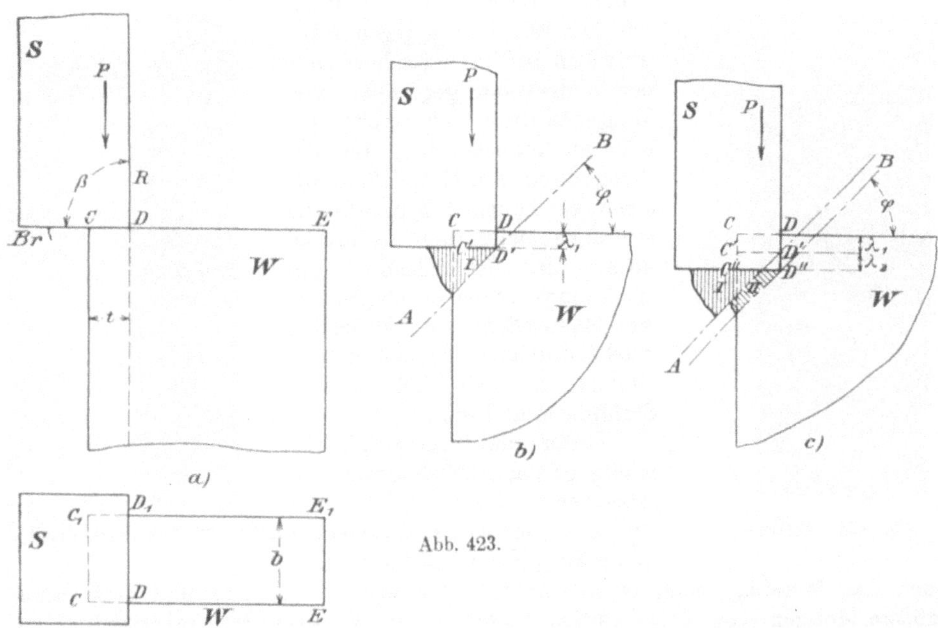

Abb. 423.

Besteht das Werkstück $W$ aus einem Material, wie z. B. Gußeisen, das auch beim gewöhnlichen Druckversuch mit Kraftangriff im Schwerpunkt der Druckflächen bei einer bestimmten Spannung den Zusammenhang verliert, so findet auch in dem oben beschriebenen Falle nach der Erreichung der ·Spannung $\sigma'$ Abtrennung des oberhalb $AB$ gelegenen in Abb. 423b schraffierten Teiles I längs der Ebene $AB$ statt. Der Teil I soll als erstes Spanelement bezeichnet werden. Es fällt entweder ganz ab, oder bleibt nur in losem Zusammenhange mit dem Werkstück $W$. Jedenfalls setzt es dem weiteren Vordringen des Stahles $S$ keinen weiteren Widerstand entgegen. S. Abb. 425.

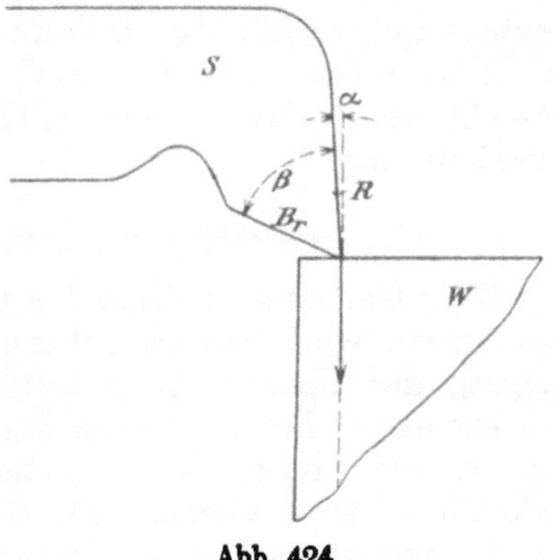

Abb. 424.

Anders liegt der Fall, wenn $W$ aus einem geschmeidigen Stoff besteht, der auch bei dem gewöhnlichen Druckversuch trotz Aufwandes großer Arbeit nicht zum Bruch gebracht werden kann (I, *56, 125* bis *128*). Dann findet nach Erreichen einer Grenzspannung $\sigma'$ keine Abtrennung nach $AB$ statt, sondern das Spanelement muß beim Vorrücken des Werkzeugs $S$ unter Aufbrauch von Formänderungsarbeit längs der Ebene $AB$ herausgeschoben werden, etwa wie in Abb. 423 c, während gleichzeitig die Bildung eines neuen Spanelementes II in ähnlicher Weise wie beim Element I einsetzt. Als Beispiel diene Abb. **426**, die einem mit Lagerweißmetall ausgeführten Versuch entspricht. Daraus erklärt sich der Mehraufwand der Arbeit bei der Bearbeitung von geschmeidigen Materialien gegenüber dem Aufwand an Arbeit bei der Zerspanung nicht geschmeidiger Stoffe. Dieser Mehraufwand wird unter Umständen, wie z. B. bei Aluminium, auch durch die geringere Härte, also den geringeren Widerstand gegen Eindringen des Stahles nicht ausgeglichen. Es kommt eben nicht nur der Widerstand gegen Eindringen in Frage, sondern auch der Widerstand gegenüber dem Wegschieben der bereits gebildeten Spanelemente. Bei der Zerspanung von Materialien, die einen so hohen Arbeitsaufwand erfordern, wird nun außerdem noch die Schneidkante des Werkzeugs schneller abgenutzt, was öfteres Schärfen erforderlich macht und auch dadurch wieder Verluste an Zeit, Löhnen und Stahlmaterial bedingt.

Unter die trotz verhältnismäßig geringer Härte schwer bearbeitbaren Stoffe gehört auch der hochprozentige Nickelstahl (25 bis 30 $^0/_0$ Nickel) und besonders

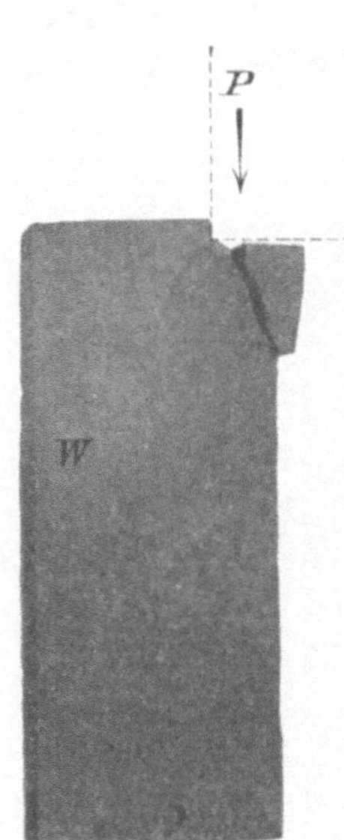


Abb. 425. Gußeisen.

Abb. 426. Lagerweißmetall.

auch das Messing, wenn es im wesentlichen nur aus Kupfer und Zink ohne größere Mengen von Fremdstoffen besteht. Im Interesse der Verbesserung der Bearbeitbarkeit durch schneidende Werkzeuge setzt man dem sehr geschmeidigen Messing Stoffe zu, die die Geschmeidigkeit herunterdrücken, wie z. B. Blei. Namentlich geschieht dies bei Stangenmessing, das auf Drehbänken, insbesondere Revolverdrehbänken und Automaten, bearbeitet werden soll.

Wir kommen nach obigen Betrachtungen zu dem Gesetz, daß die Bearbeitbarkeit der Stoffe durch schneidende Werkzeuge sowohl von der Härte (z. B. Kugeldruckhärte), als auch von der Geschmeidigkeit abhängt. Sowohl große Härte, als auch große Geschmeidigkeit erschweren die Bearbeitung.

### 2. Vorrichtung zur Prüfung des Grades der Bearbeitbarkeit.

*354.* Um einen Maßstab für die Bearbeitbarkeit der zu bearbeitenden Stoffe zu erhalten, wird man am sichersten das Versuchsverfahren unmittelbar auf dem Vorgang der Spanabhebung aufbauen. Hierbei muß so vorgegangen werden, daß nur eine, für die Bearbeitbarkeit kennzeichnende Größe $x$ als Veränderliche auftritt, alle anderen auf die Bearbeitung einwirkenden Umstände aber unveränderlich erhalten werden. Als solche Umstände kommen in Betracht: Material des Werkzeugs und seine Vorbehandlung (Härten, Anlassen); Form und Abmessungen des Werkzeugs, insbesondere die Ausbildung der Schneidkanten; Erhaltung der Schneidkanten in möglichst unverändertem Zustande während der Versuchsdauer; Schnittgeschwindigkeit, Spantiefe, Größe des Vorschubs.

Als veränderliche Größe $x$ kann z. B. gewählt werden der in der Zeiteinheit zurückgelegte Weg des Werkzeugs bei unveränderter Größe des Andrucks $P$ des

Werkzeugs, der Spantiefe $t$ und der Spanbreite $b$. Man kann den Versuch auf der Hobelmaschine oder der Drehbank ausführen. Man kann auch den Bohrversuch heranziehen, indem man einen Bohrer von bestimmtem Durchmesser unter unveränderlichem Andruck $P$ mit unveränderlicher Umdrehungsgeschwindigkeit auf den zu prüfenden Stoff einwirken läßt, und die in einer bestimmten Zeit oder nach einer bestimmten Anzahl von Umdrehungen erreichte Lochtiefe als veränderliche Größe $x$ und somit als Maßstab für die Bearbeitbarkeit wählt. Diesen Weg hat Chas. A. Bauer ($L_4$ 110) mit seiner Bohrvorrichtung zur Prüfung der Bearbeitbarkeit beschritten. Vgl. auch Keep ($L_4$ 104, 105), Leyde ($L_4$ 107) und Reininger ($L_4$ 106). Die Vorrichtung zeichnet selbsttätig die vom Bohrer erreichte Lochtiefe als Abzisse und die zur Erreichung der Lochtiefe erforderliche Zahl der Bohrerumdrehungen als Ordinate auf. Man erhält dann Schaulinien wie in Abb. 427. Ist das zu prüfende Material über der ganzen Lochtiefe gleichartig und tritt merkliche Abstumpfung des Bohrers während der Versuchsdauer nicht ein, so ist die Schaulinie eine Gerade, wie z. B. I oder II in Abb. 427. Der Stoff I ist schwerer bearbeitbar, als der Stoff II,

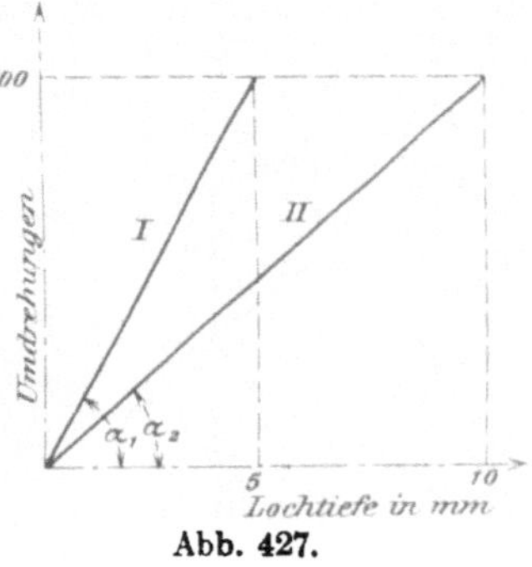


Abb. 427.

weil beim ersteren nach 100 Umdrehungen nur 5 mm, bei letzterem dagegen nach der gleichen Zahl von Umdrehungen 10 mm Lochtiefe erzielt worden sind.

Bauer verwendet als Maßstab für die Bearbeitbarkeit den Winkel $\alpha$, den die Schaulinie mit der Abszissenachse bildet. Je größer dieser Winkel ist, desto schwerer bearbeitbar ist der geprüfte Stoff. $\alpha$ kann innerhalb der Grenzen 0 und 90° liegen. Im letzteren Falle ist das Material mit dem verwendeten Bohrer nicht bearbeitbar.

Die Bauersche Vorrichtung sowie die in Deutschland bisher nach demselben Grundsatz gebauten Einrichtungen sind meist selbständige Maschinen, deren Preis verhältnismäßig hoch ist. Ich bin der Meinung, daß die Einführung des Bohrversuchs zur Prüfung auf Bearbeitbarkeit in vielen Werkstätten gefördert würde, wenn die Versuche auf einer Vorrichtung durchgeführt werden können, die an jeder gewöhnlichen senkrechten Bohrmaschine angebracht wird, ohne diese dadurch für ihre gewöhnliche Arbeit unbrauchbar zn machen. Dadurch werden die Beschaffungskosten der Vorrichtung geringer.

Eine dieser Bedingung entsprechende Vorrichtung in von A. Kessner ($L_4$ 108) auf meine Veranlassung hin entworfen worden. Sie ist in Abb. 428 schematisch dargestellt.

Das zu prüfende Material 22 ruht auf dem Tisch 24 der gewöhnlichen senkrechten Bohrmaschine. Zur Prüfung wird beispielsweise ein Spiralbohrer 25 verwendet, der in der Spindel 1 der Bohrmaschine befestigt wird. Die Umdrehungen der Bohrspindel werden durch Zahnräder 2 und 3 auf die Gewindespindel 4 übertragen, deren bewegliche Mutter 5 seitlich durch Säulen 6 geführt wird. Die Mutter trägt den Schreibstift 7, der durch Feder 8 und Stellschraube 9 leicht gegen die Trommel 10 des Selbstzeichners angedrückt wird. Die Übersetzung ist so gewählt, daß zwei Umdrehungen der Bohrspindel 1 einem Weg von 1 mm des Schreibstiftes 7 entsprechen.

Gewindespindel 4, Führungssäulen 6 und Trommel 10 sind auf der Platte 11 angeordnet, die mit dem Gestell der Bohrmaschine verschraubt wird.

Auf dem freien Zapfen 12, der beim gewöhnlichen Werkstattbetrieb zur Handschaltung dient, wird der Belastungshebel 13 befestigt, der aus zwei Kreisbögen 14 und 15 besteht. Das an dem Kreisbogen 14 angehängte Gewicht sucht Drehung des Zapfens 12 samt dem auf ihm befestigten Zahnrad 16 zu bewirken. Das letztere greift in die an der Bohrspindel 1 befestigte Zahnstange 17 und bewirkt somit Andruck des Bohrers 25 gegen das Werkstück 22 mit einer bestimmten von der Größe des Gewichts 18 abhängigen Kraft $P$. Die Abwärtsbewegung der Bohrspindel wird mittels Kreisbogens 15, eines dünnen Drahtes 19, der Führungsrollen 20 und 21 auf die Trommel 10 des

Selbstzeichners übertragen, die dabei Drehung um ihre senkrechte Achse erfährt. Die Anordnung ist so getroffen, daß 1 mm Lochtiefe einer Abszisse von 5 mm im Schaubild entspricht.

Die näheren Einzelheiten und die Art der Versuchsausführung sind in der Quelle (*L₄ 108*) beschrieben.

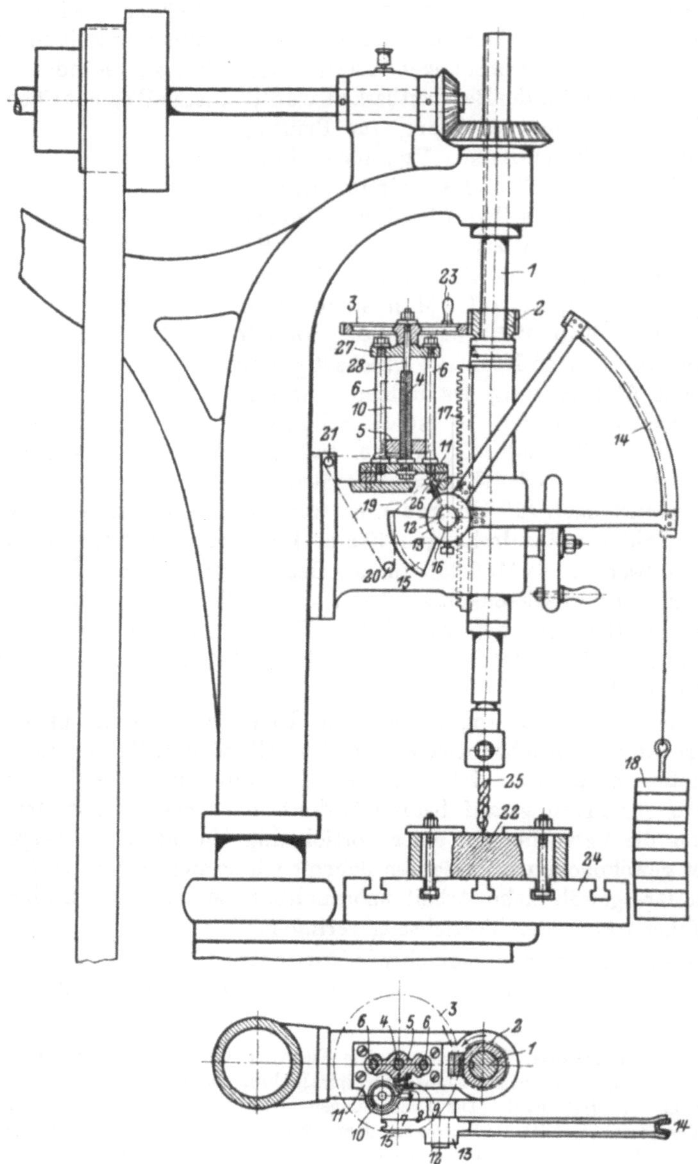

Abb. 428. Vorrichtung zur Prüfung der Bearbeitbarkeit. Bauart Kessner.

Die Bohrvorrichtung kann nur einen Vergleichswert, keinen absoluten Zahlenwert für die Bearbeitbarkeit des Materials liefern, denn die erhaltenen Winkel $\alpha$ (Abb. 427) werden für ein und dasselbe Material abweichen je nach der Art des zur Herstellung der Bohrer verwendeten Stahls und seiner Vorbehandlung, je nach der Größe der für den Schnitt wesentlichen Winkel und Abmessungen des Bohrers und nach dem Andruck $P$ und der Umdrehungszahl, sowie nach dem fortschreitenden Stumpfwerden desselben.

Um alle diese veränderlichen Größen auszuschalten, ist man so vorgegangen, daß man die Bearbeitbarkeit des zu prüfenden Stoffes zu der eines Vergleichsstoffes in Vergleich setzt. Man bohrt zunächst den Vergleichsstoff und erhält den Winkel $\alpha_n'$. Dann bohrt man mit demselben Bohrer unter sonst gleichbleibenden Verhältnissen ohne zwischengeschaltetes Schleifen das zu prüfende Material, das den Winkel $\alpha$ ergibt. Um nun den Einfluß etwaigen Stumpfwerdens des Bohrers auszuschalten, wird hinterher nochmals der Vergleichsstoff gebohrt, der nun den Winkel $\alpha_n''$ liefern möge, der von $\alpha_n'$ nur wenig abweichen wird. Aus den beiden Werten $\alpha_n'$ und $\alpha_n''$ bildet man den Mittelwert $\alpha_n$ und erhält nun die vergleichsweise Bearbeitbarkeit des zu prüfenden Stoffes $\dfrac{\alpha}{\alpha_n} \cdot 100$.

Leyde und Reininger wenden als Vergleichsmaterial Gußeisen in Plattenform an. Die Platten werden in größerem Vorrat gegossen, wobei man nach Möglichkeit alle die für die Bearbeitbarkeit und Härte in Betracht kommenden Einflüsse unveränderlich zu halten sucht, also namentlich die chemische Zusammensetzung und die Abkühlungsgeschwindigkeit des Metalls in der Gußform. Diese Bedingungen sind durchaus nicht leicht zu erfüllen. Meiner Meinung nach ist gerade die Schwierigkeit, einen in sich gleichmäßigen größeren Vorrat an Vergleichsgußeisen herzustellen, die Ursache gewesen, daß in manchen Gießereien die Verwendung des Bohrversuchs wieder aufgegeben worden ist. Wenn der Vorrat des Vergleichsgußeisens in sich nicht sehr gleichmäßig ist, so ist natürlich auch das Ergebnis des Bohrversuchs in gleichem Maße schwankend. Mir selbst ist es noch nicht gelungen, einen größeren Vorrat an Vergleichsgußeisen zu beziehen, welcher der Bedingung der Gleichmäßigkeit im wünschenswerten Maße entsprochen hätte. Ich halte das Gußeisen auch für den Stoff, bei dem diese Bedingung sich am schwersten erfüllen läßt.

Ich habe Versuche veranlaßt, die darüber Aufschluß geben sollen, ob nicht geschmiedete oder gewalzte Stangen von Kupferlegierungen von genau bestimmter chemischer Zusammensetzung und genau festgelegter Vorbehandlung sich besser als Vergleichsstoff eignen. Die Versuche sind noch nicht zu Ende geführt.

Da die Schaulinie nicht immer geradlinig läuft, wie die Linien I und II in Abb. 427, sondern wegen Ungleichmäßigkeiten im zu prüfenden Metall innerhalb der Lochtiefe, oder wegen Stumpfwerden des Bohrers von der Geraden mehr oder weniger abweichen, so ist es schwierig, den Winkel $\alpha$ zu messen. Es empfiehlt sich daher, die nach einer bestimmten Anzahl von Umdrehungen (z. B. 100) erreichte Lochtiefe in mm als Maßstab für die Bearbeitbarkeit zu benutzen. Dieser Maßstab für die Bearbeitbarkeit soll im folgenden mit $t_{100}$ bezeichnet werden.

Es empfiehlt sich weiter, neben Bohrversuchen mit kurzer Dauer auch solche mit längerer Dauer auszuführen, dadurch daß man mehrere Löcher hintereinander bohrt, ohne dazwischen den Bohrer zu schärfen. Man erkennt aus solchen Versuchen, ob ein Material bei längerer Einwirkung mehr auf Stumpfwerden des Bohrers wirkt, als ein anderes.


### 8. Beispiel für die Anwendungsfähigkeit des Bohrversuchs.

*355.* Als Beispiel dafür, daß die mittels der Bohrvorrichtung ermittelte Bearbeitbarkeit nicht mit der Kugeldruckhärte parallel zu gehen braucht, sei nachfolgende Versuchsreihe über den Einfluß des steigenden Bleizusatzes zu Messing mitgeteilt. Die Kugeldruckhärte $P_{0.05}$ wurde nach dem Verfahren von Martens-Heyn *(351)*, die Bearbeitbarkeit mit Hilfe der Bohrvorrichtung Bauart Kessner *(354)* bestimmt. Verwendet wurde ein Bohrer aus Novostahl von 10,5 mm Durchmesser, der 197 Umdrehungen in der Minute machte und mit $P = 71$ kg gegen das Material gedrückt wurde. Er wurde vor dem Beginn des Bohrens eines jeden Lochs auf einer Spiralbohrerschleifmaschine auf gleiche Winkel geschliffen. Die Legierungen enthielten Kupfer und Zink stets im Verhältnis 2:1, und im übrigen den als Abszisse in Abb. 429 angegebenen Gehalt an Blei. Sie waren in eiserne Formen zu Stäben von $25 \times 25$ mm Querschnitt bei etwa 140 mm Länge gegossen. Bei den bleireicheren Legierungen war bereits mit bloßem Auge Entmischung be-

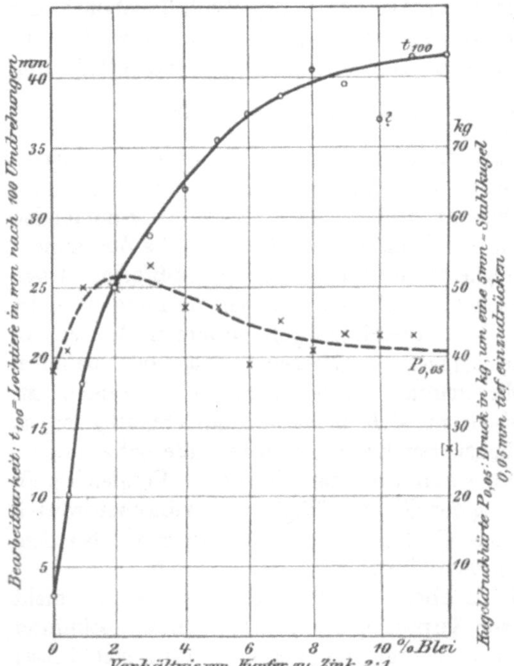


Abb. 429. Bearbeitbarkeit und Kugeldruckhärte von gegossenem bleihaltigen Messing.

merkbar. In der Legierung waren kleine weißliche, tropfenförmige Einschlüsse einer bleireicheren Legierung unregelmäßig eingesprengt. Die Legierungen waren auch nicht alle frei von kleinen Poren. Beides machte sich bei der Feststellung der Kugeldruckhärte bemerkbar, die bei Eindrücken an verschiedenen Stellen derselben Probe oft erhebliche Abweichungen gab. Die in der Abb. 429 angegebenen Versuchswerte sind das Mittel aus mehreren Einzelwerten. Bei der Bearbeitbarkeit erstreckt sich der Versuch über ein größeres Volumen des Metalls. Deswegen treten hier die Einflüsse der Unregelmäßigkeiten der Legierungen infolge von Poren und Seigerung weniger deutlich zutage. Auch hier sind die Mittelwerte aus mehreren Versuchen angegeben.

Man erkennt aus Abb. 429, daß die Bearbeitbarkeit $t_{100}$, die nach 100 Bohrerumdrehungen erreichte Lochtiefe, durch den Bleizusatz außerordentlich rasch gesteigert wird. Bereits $^1/_2\,^0/_0$ Blei steigert die Bearbeitungsfähigkeit auf den dreifachen Betrag gegenüber der bleifreien Legierung. Man ersieht hieraus die wesentliche Rolle, die die Verminderung der Geschmeidigkeit des Messings durch Blei für die Bearbeitbarkeit spielt.

Die Kugeldruckhärte $P_{0,05}$ wird durch geringen Bleizusatz zunächst gesteigert und strebt dann wieder abwärts einem Grenzwert zu. Trotz der Steigerung der Kugeldruckhärte bis $2\,^0/_0$ Blei werden die Legierungen leichter bearbeitbar.

# VII. Metallische Stoffe und Gase.

## A. Gas-Metallösungen.

*356.* Daß manche metallische Stoffe gewisse Gase lösen können, ist eine lang
bekannte Tatsache. Sie verursacht dem Metallurgen vielerlei Schwierigkeiten
(Gasblasen in erstarrten metallischen Stoffen, Spratzen, Verschlechterung der
mechanischen Eigenschaften usw.). Planmäßige Untersuchungen über die gegenseitige Einwirkung von Metallen und Gasen haben erst vor kurzer Zeit eine gewisse Aufklärung über die hier obwaltenden Gesetze gebracht. Hier sind in
erster Linie die Arbeiten von Sieverts und seinen Mitarbeitern ($L_5$ *1* bis *5*)
zu nennen.

Die Aufnahme von Gasen durch flüssige metallische Stoffe kann ein reiner
Lösungsvorgang sein. Befindet sich ein flüssiges Metall in einem Raume,
der mit einem in dem Metall löslichen Gas gefüllt ist, das bei der Temperatur $t$
unter dem Druck $p$ steht, so wird ein Gleichgewicht angestrebt. Das flüssige
Metall nimmt eine bestimmte Menge $c$ von dem Gas auf, die durch die Oberfläche in das Innere des Metalls hineinwandert (diffundiert). Das System besteht
aus zwei Stoffen, Metall und Gas ($n = 2$) und aus zwei Phasen (Flüssigkeit und
Gas, $r = 2$). Mithin ist es vom Freiheitsgrad 2, da ja (*26* bis *28*)

$$f = n + 2 - r = 2 + 2 - 2 = 2.$$

Bei Metallen, die nur sehr geringen Dampfdruck haben, kann die Zusammensetzung der Gasphase als unveränderlich gelten, solange das Metall nur mit einem
einzigen Gase in Berührung steht. Als Veränderliche treten somit nur die Konzentration $c$ des Gases im Metall, die Temperatur $t$ und der Gasdruck $p$ auf.
Wählt man zwei von diesen Größen, so ist die dritte bestimmt. Wählt man also
z. B. $t$ und $p$, so gibt es nur eine Konzentration $c$ des Gases im Metall, die dem
Gleichgewichtszustand bei der gewählten Temperatur und dem gewählten Druck
entspricht. Man nennt sie die Sättigungskonzentration für Temperatur $t$ und
Druck $p$. Ändert sich $t$ oder $p$, oder ändern sich beide gleichzeitig, so ändert
sich auch die Menge $c$ des Gases, die das Metall gelöst enthalten kann. Dieses
gibt sonach eine bestimmte Menge Gas ab, oder nimmt eine bestimmte Menge
Gas auf, bis die der neuen Temperatur und dem neuen Druck entsprechende
Sättigungskonzentration erreicht ist. Die Änderung geschieht durch Diffusion
und vollzieht sich innerhalb einer bestimmten Zeit.

Ganz ähnlich liegen auch die Verhältnisse bei der Lösung von Gasen in festen
metallischen Stoffen, solange sie einphasig sind (reine Metalle oder einheitliche
Mischkristalle).

In Abb. 430 ist die Abhängigkeit der Gaslöslichkeit von der Temperatur bei
unveränderlichem Gasdruck $p = 1$ at nach Sieverts für verschiedene Metalle gegeben. Als Abszissen sind die Temperaturen $t$ eingezeichnet, als Ordinaten die

Gasmengen in Milligramm, die in $n$ g des Metalls gelöst sind, und zwar beträgt
$n$ für die Löslichkeit des Wasserstoffs in den angegebenen Metallen 100, für die
Löslichkeit des Sauerstoffs 1 und für die der schwefligen Säure 0,5 g. Die
Konzentrationen $c$ in Gewichtsprozenten sind aus diesen Zahlen leicht zu berechnen.

    Die Abbildung lehrt, daß in der Mehrzahl der Fälle die Löslichkeit
der Gase im flüssigen Metall mit der Temperatur wächst. Eine Ausnahme bildet das System Silber und Sauerstoff, da das Lösungsver-

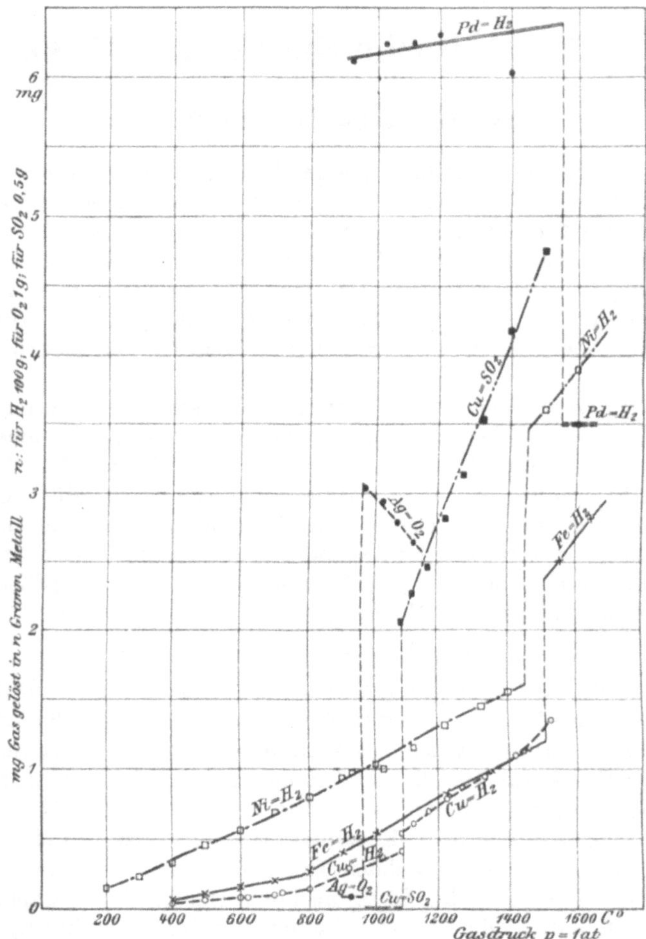


Abb. 430. Löslichkeit von Gasen in festen und flüssigen Metallen bei verschiedenen Temperaturen.
(Nach Sieverts.)

mögen des flüssigen Silbers gegen Sauerstoff mit steigender Temperatur abnimmt.

    Bei wässerigen Lösungen ist der letztere Fall, nämlich die Abnahme des
Lösungsvermögens gegenüber Gasen mit steigender Temperatur, die Regel. Es
besteht sonach bezüglich der Gaslöslichkeit zwischen den feuerflüssigen und den wässerigen Lösungen in der Mehrzahl der Fälle ein
Unterschied.

    Die Löslichkeit des Gases im flüssigen Metall ist in der Regel
größer als im festen Metall. Eine Ausnahme von dieser Regel bildet

**das Palladium, dessen Lösungsvermögen gegenüber Wasserstoff im festen Zustand größer ist als im flüssigen.**

Die Folge der geringeren Löslichkeit der Gase im festen Metall ist, daß ein mit Gas gesättigtes flüssiges Metall bei der Erstarrung plötzlich so viel Gas abgibt, als dem Unterschied zwischen dem Sättigungsvermögen des flüssigen und dem des festen Metalls entspricht. Von den hierbei abgegebenen Gasmengen kann man sich aus folgender Übersicht eine Vorstellung machen.

1 kg des im flüssigen Zustand mit dem betreffenden Gas gesättigten Metalls gibt bei der Erstarrung ab:

| | | | |
|---|---|---|---|
| Kupfer | 14 ccm | Wasserstoff[1] |
| Kupfer | 1430 „ | schweflige Säure[1] |
| Eisen | 130 „ | Wasserstoff[1] |
| Nickel | 206 „ | Wasserstoff[1] |
| Silber | 2080 „ | Sauerstoff.[1] |

Die plötzliche Gasabgabe während des Erstarrens des Metalls kann so gewaltsam vor sich gehen, daß sie die teilweise erstarrte Oberfläche durchbricht, und Teilchen des noch flüssigen Metallrestes herausgeschleudert werden. Man nennt diese Erscheinung das **Spratzen**. Sie tritt besonders auffällig beim Erstarren des sauerstoffhaltigen Silbers und des mit schwefliger Säure gesättigten Kupfers ein.

*357.* Nach **Sieverts'** Untersuchungen ergibt sich über die Löslichkeit der Gase verschiedenen Metallen gegenüber vorläufig folgendes: Stickstoff und Wasserstoff sind unlöslich in den festen und flüssigen Metallen Kadmium, Thallium, Zink, Blei, Wismut, Zinn, Antimon, Aluminium, Silber, Gold. Stickstoff ist unlöslich in Kupfer, Nickel und Palladium, mit Aluminium bildet er oberhalb 800 C° Nitrid. Kohlendioxyd und Kohlenoxyd sind unlöslich in Kupfer. Kohlenoxyd reagiert bei hohen Temperaturen (über 1000 C°) mit Nickel und Eisen. Ob hierbei einfache Lösungen oder teilweise auch Verbindungen gebildet werden, steht noch nicht fest.

Erhitzt man pulveriges, aus Oxyden reduziertes Eisen in Stickstoff, so nimmt es bei 900 C° plötzlich von dem Gase auf. Die gelöste Menge ist von Temperatur $t$ und Gasdruck $p$ abhängig. Bei der Abkühlung wird das Gas ungefähr bei derselben Temperatur wieder abgegeben, bei der es vorher aufgenommen wurde. Es scheint also, als ob hier ein reiner Lösungsvorgang vorliegt, und daß die bei Temperaturen oberhalb 900 C° beständige $\gamma$-Form des Eisens Stickstoff zu lösen vermag. Bei Eisendraht und Elektrolyteisen wurde die gleiche Erscheinung nicht beobachtet. Beide Eisensorten nahmen oberhalb 900 C° langsam Stickstoff auf, ohne ihn beim Erhitzen in der Gasleere wieder abzugeben. Hier scheint sonach Nitridbildung (Verbindung zwischen Eisen und Stickstoff) vorzuliegen.

Da die Auflösung eines Gases in einem Metall (fest oder flüssig) nur dadurch möglich ist, daß das Gas an der Berührungsfläche zwischen Gas und Metall in letzteres eintritt und in ihm so lange weiter wandert, bis der Gehalt an Gas an allen Stellen der Metallmasse gleich geworden, also Lösungsgleichgewicht eingetreten ist, so folgt, daß ein in einem metallischen Stoff lösliches Gas durch diesen Stoff durchwandern (diffundieren) kann.

Bereits St. Claire Deville und Troost ($L_5$ 6, 1863 bis 1864) und Graham (1866) haben nachgewiesen, daß Wasserstoff durch erhitztes Eisen, Palladium und Platin hindurchdringt. Die Durchlässigkeit des Silbers für Sauerstoff oberhalb 77 C° ist von Troost ermittelt worden ($L_6$ 7).

---

[1] Bezogen auf 0 C° und 760 mm Barometerstand.

In allen Fällen hat sich bisher bestätigt, daß Löslichkeit und Diffusion parallel gehen. Vorläufig scheint dies nach Sieverts nur für Platin und Wasserstoff nicht feststellbar. Platin läßt nach Richardson, Nicol und Parnell ($L_5$ 8) den Wasserstoff bereits bei verhältnismäßig niedrigen Temperaturen diffundieren. Sieverts konnte aber kein merkliches Lösungsvermögen des Platins gegen Wasserstoff bei diesen niedrigen Wärmegraden ermitteln. Dieser Widerspruch ist noch aufzuklären.

Die Diffusionsgeschwindigkeit der Gase in Metallen nimmt mit steigender Temperatur zu. Von dieser Geschwindigkeit hängt die Schnelligkeit ab, mit der sich das Lösungsgleichgewicht zwischen Gas und Metall einstellt. Bei hohen Temperaturen geschieht dies rascher als bei niederen. Bei hohen Temperaturen dringt z. B. Wasserstoff in Palladium und Nickel so schnell ein, wie in einen gasleeren Raum. Das Gleichgewicht wird fast augenblicklich erreicht (Sieverts).

**358.** Tritt zu einem Metall ein anderer Stoff unter Bildung einer Legierung hinzu, so wird sein Lösungsvermögen gegenüber Gasen verändert. Abb. 431 (nach Sieverts und Krumbhaar) zeigt z. B. die Veränderung des Lösungsvermögens des Kupfers gegen Wasserstoff durch Hinzutritt eines der Stoffe Aluminium, Zinn, Gold, Silber, Nickel. Der Gehalt $c$ der Kupferlegierung an diesem zweiten Metall in Prozenten ist als Abszisse angegeben. Als Ordinaten sind diejenigen Mengen Wasserstoff in Milligramm verzeichnet, die von 100 g der Legierung bei 1225 C⁰ und einem Gasdruck des Wasserstoffs von $p = 1$ at bis zur Sättigung aufgelöst werden.

Die gestrichelte Linie $a$ gibt das berechnete Lösungsvermögen der Legierung unter der Voraussetzung, daß nur das in ihr enthaltene Kupfer Lösungsvermögen gegenüber Wasserstoff zeigt, und dieses Lösungsvermögen durch die Gegenwart des zweiten Stoffes nicht beeinflußt wird. Lösen sonach 100 g Kupfer bei $t = 1225$ C⁰ und $p = 1$ at 0,781 mg Wasserstoff auf, so würden sich die Ordinaten der Punkte der Linie $a$ berechnen nach der Formel.

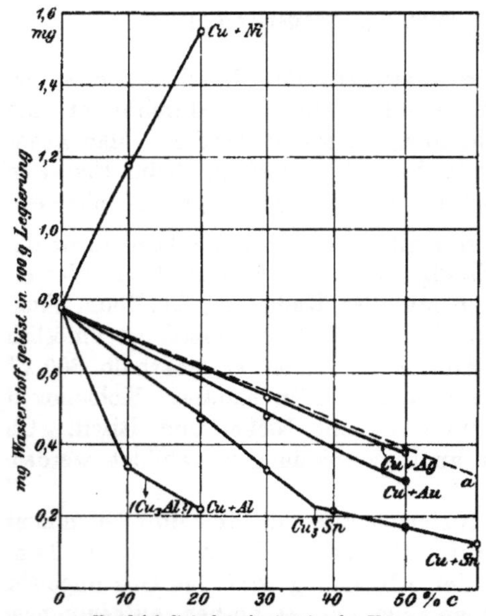


— — —  $a$ Vergleichslinie berechnet unter der Voraussetzung, daß der Zusatz des zweiten Metalls zum Kupfer dessen Lösungsvermögen gegenüber Wasserstoff nicht beeinflußt.

———— Durch den Versuch ermitteltes Lösungsvermögen.

Temperatur 1225 C⁰· Gasdruck 1 at.

Abb. 431. Löslichkeit des Wasserstoffs in flüssigen Kupferlegierungen.
(Nach Sieverts und Krumbhaar.)

$$\frac{(100 - c)\, 0{,}781}{100}.$$

Die stark ausgezogenen Linien geben das durch den Versuch ermittelte Wasserstofflösungsvermögen der verschiedenen Legierungen an. Nur die Linie der Legierungen Kupfer-Silber fällt nahezu mit Linie $a$ zusammen, so daß also für diese Legierungen die oben gemachte Voraussetzung nahezu zutrifft. In allen anderen Fällen treten starke Abweichungen von dieser Voraussetzung auf. Liegen die ausgezogenen Linien unterhalb der gestrichelten Linie $a$, so wird das Lösungsvermögen des Kupfers durch den Zutritt des zweiten Metalls vermindert. Dies gilt für die Legierungen des Kupfers mit Gold und insbesondere für die mit Zinn und Aluminium. Liegen die Linien oberhalb $a$, wie z. B. bei den Legierungen des Kupfers mit Nickel, so wird das Lösungsvermögen des Kupfers durch den Zusatz des zweiten Metalls erhöht.

Die Schaulinien für die Löslichkeit in Abb. 431 sind angenähert Gerade. Bei den Legierungen des Kupfers mit Zinn ist dagegen die Schaulinie aus zwei Geraden gebildet, deren Schnittpunkt der Abszisse 38,5% Zinn, also der Verbindung $Cu_3Sn$ entspricht. Das Bestehen dieser Verbindung nach der Erstarrung ist durch den Verlauf des $c,t$-Bildes der Kupfer-Zinn-Legierungen bewiesen (II B). Auch bei den Legierungen zwischen Kupfer und Aluminium scheint bei einem der Verbindung $Cu_3Al$ (?) entsprechenden Gehalt an Aluminium ein Knick in der Schaulinie der Gaslöslichkeit zu liegen.

Von den untersuchten Legierungen bilden die des Kupfers mit Nickel einheitliche Mischkristalle nach der Erstarrungsart $A\,a\,1\,\alpha$, die des Kupfers mit dem Gold ebenfalls einheitliche Mischkristalle von der Art $A\,a\,1\,\gamma$ (34 bis 89). Die Legierungen Kupfer und Zinn sowie Kupfer und Aluminium ergeben bei der Erstarrung verwickeltere Verhältnisse, wie sie in II B dargelegt werden.

In Abb. 432 ist die Löslichkeit von Sauerstoff in Silber-Gold-Legierungen angegeben (nach Krumbhaar). Als Abszissen sind die Gehalte der Legierungen an Gold in Gewichtsprozenten, als Ordinaten die von 100 g der Legierung gelöste Menge Sauerstoff in Gramm verzeichnet. Die Linie $a$ gibt wieder die berechnete Löslichkeit unter der Voraussetzung, daß nur das Silber Sauerstoff zu lösen imstande ist, und daß sein Lösungsvermögen durch den Zutritt des Goldes nicht verändert wird. Wie die durch den Versuch ermittelte ausgezogene Linie zeigt, trifft diese Voraussetzung nicht zu. Das Lösungsvermögen wird durch den Goldzusatz stark herabgedrückt. Die Legierungen von Silber mit Gold geben einheitliche Mischkristalle nach $A\,a\,1\,\alpha$.

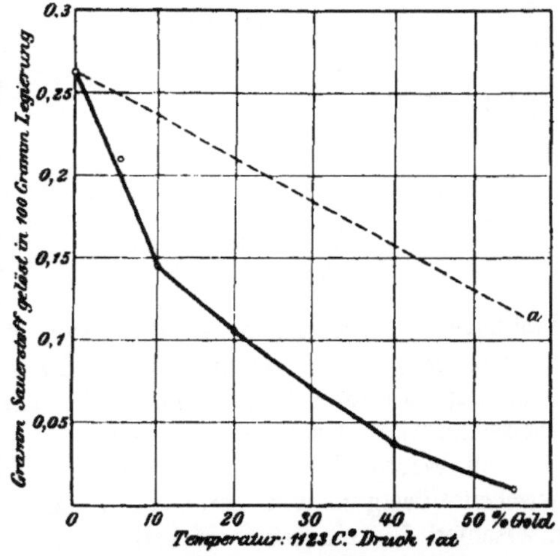



--------  a) Vergleichslinie berechnet unter der Voraussetzung, daß der Goldzusatz keine Änderung des Lösungsvermögens des Silbers bewirkt.

————  Durch den Versuch ermitteltes Lösungsvermögen.

Abb. 432. Löslichkeit von Sauerstoff in Silber-Gold-Legierungen.
(Nach Krumbhaar.)

Wahrscheinlich werden die das Lösungsvermögen von Legierungen Gasen gegenüber darstellenden Kurven (ähnlich denen in Abb. 431 und 432) in Zukunft herangezogen werden, um Aufschlüsse über die Frage zu erlangen, ob in den flüssigen Metallegierungen bereits gewisse Gruppierung der Moleküle vorliegt, ob z. B. die in den erstarrten Kupfer-Zinn-Legierungen nachgewiesene Verbindung $Cu_3Sn$ bereits in der flüssigen Legierung vorgebildet ist, etwa so, daß sowohl Moleküle von Kupfer, wie auch von Zinn neben nicht zerspalteten Molekülen $Cu_3Sn$ in der flüssigen Legierung in bestimmten Gleichgewichtsverhältnissen auftreten (Inneres Gleichgewicht 286). Die Schaulinie für die Gaslöslichkeit in Kupfer-Zinn-Legierungen in Abb. 431 deutet darauf hin (vgl. Abegg, $L_5\,9$).

Von besonderer technischer Wichtigkeit würde nun die Frage sein: wie beeinflussen Legierungszusätze zu Metallen den Unterschied zwischen dem Gaslösungsvermögen der erstarrten und flüssigen Legierung, und wie ändert sich dieses Lösungsvermögen innerhalb des Erstarrungsbereiches der Legierung? Hierüber liegen leider keine unmittelbaren Beobachtungen vor.

Die Linie $AB$ der Abb. 433 stelle das Gaslösungsvermögen der erstarrten Legierung, die Linie $CD$ das der flüssigen Legierung dar. Da der Übergang aus dem flüssigen in den festen Zustand bei den Legierungen in der überwiegenden Mehrzahl der Fälle innerhalb eines größeren oder kleineren Temperaturbereiches $\Delta t$ vor sich geht, so wird das Gaslösungsvermögen innerhalb dieses Erstarrungsbereiches nach irgendeiner Linie $BC$ geändert werden. Die gesamte Verminderung der Gaslöslichkeit innerhalb des Bereiches $\Delta t$ sei $\Delta m''$. Die Linie $BC$ kann verschiedene Gestalt annehmen; sie kann z. B. nach 1, 2 oder 3 verlaufen.

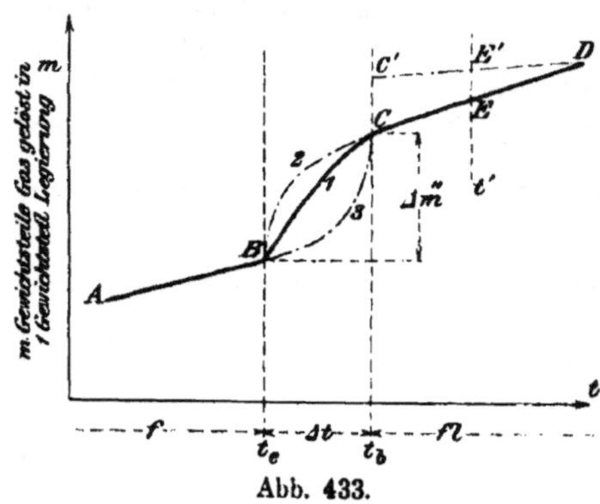

Abb. 433.

Je nach dem Verlauf ist die technologische Wirkung verschieden. Beim Verlauf nach 3 wird die Hauptmenge des Gases gleich zu Beginn der Erstarrung frei. Ist zu dieser Zeit die teilweise feste, teilweise flüssige Legierung noch genügend flüssig, so ist es möglich, daß ein großer Teil des freigewordenen Gases entweicht, und die zurückbleibende Legierung beim Festwerden nur wenig Gas in Form von Gasblasen eingeschlossen hält, die in der dicker werdenden Masse nicht mehr aufsteigen und entweichen konnten, etwa wie die Gasblasen in einem gehenden Backteige. Verläuft dagegen die Linie $BC$ nach 2, so findet die Gasabgabe zur Hauptsache gegen Ende der Erstarrung statt, wo damit zu rechnen ist, daß die Legierung das überschüssige Gas nicht mehr abstoßen kann, sondern in Form von eingeschlossenen Gasblasen festhält.

Von Wichtigkeit ist auch ferner der Unterschied $\Delta m$ des Lösungsvermögens zwischen flüssigem und festem metallischen Stoff. Ist z. B. $\Delta m'$ der Löslichkeitsunterschied für ein reines Metall, und $\Delta m''$ der Unterschied nach Zusatz eines zweiten Legierungsbestandteiles zu diesem Metall, so wird es darauf ankommen, ob $\Delta m''$ größer oder kleiner als $\Delta m'$ ist. Im ersteren Falle wird in der Legierung der Abfall des Lösungsvermögens größer als bei dem reinen Metall, und die Gefahr der Bildung von Gasblasen ist unter sonst gleichen Umständen bei der Legierung größer als beim Metall. Das Entgegengesetzte kann eintreten, wenn der Abfall des Löslichkeitsvermögens $\Delta m'$ durch den Legierungszusatz heruntergedrückt wird, sei es, daß die Löslichkeit des Gases in der flüssigen Legierung in der Nähe des Beginns der Erstarrung vermindert, sei es, daß das Lösungsvermögen des festen Metalls gegenüber dem Gase am Ende der Erstarrung (zu Beginn des Schmelzens) erhöht wird.

Noch günstiger läge der Fall, wenn durch den Legierungszusatz das Lösungsvermögen der festen Legierung gegenüber dem Gas größer als dasjenige der flüssigen Legierung, $\Delta m''$ also negativ würde. Dann könnte beim Übergang aus dem flüssigen in den festen Zustand überhaupt keine Gasabgabe und somit auch keine Bildung von Gasblasen eintreten. Es wäre z. B. möglich, daß der Zusatz geringer Mengen Silizium zum Stahlguß eine solche Rolle spielt. Die Erfahrung hat gezeigt, daß er die Bildung von Gasblasen im Guß verhindert, den Stahl „beruhigt". Es gibt jedoch noch andere Erklärungsmöglichkeiten, und es müßte durch planmäßige Versuche festgestellt werden, welcher der Vorzug zukommt.

**359.** Sieverts fand, daß die vom Metall gelöste Gasmenge bei unveränderter Temperatur sehr nahe der Quadratwurzel aus dem Gasdruck $p$ proportional ist. Es ist also

$$m = \sqrt{p} \cdot \text{Konst.}$$

Sieverts hat die Gültigkeit dieser Beziehung für folgende Systeme nachgewiesen:

Wasserstoff und Palladium fest[1]) (oberhalb 140 C⁰), Nickel fest und flüssig, Kupfer flüssig, Kupferlegierungen flüssig;

Sauerstoff und Silber flüssig, Gold-Silber-Legierungen flüssig;

Stickstoff und $\gamma$-Eisen fest;

schweflige Säure und Kupfer flüssig.

Die gefundene Beziehung ist besonders auffällig, weil bei Lösungen von Gasen in flüssigen wässerigen und organischen Lösungsmitteln die gelöste Gasmenge dem Druck $p$, nicht der Quadratwurzel $\sqrt{p}$, proportional ist (Henrys Gesetz, $L_5$ 11). Die flüssigen und festen metallischen Stoffe nehmen also in dieser Beziehung eine Sonderstellung ein.

# B. Chemische Verbindungen zwischen metallischen Stoffen und Gasen.

*360.* Manche Metalle, wie z. B. Magnesium, Kalzium und Aluminium, vermögen mit dem Stickstoff chemische Verbindungen einzugehen. Magnesium und Kalzium beginnen Stickstoff bei 700 bis 800, Aluminium bei 800 bis 825 C⁰ aufzunehmen (Shukoff, $L_6$ 12, 13). Den Verbindungen werden die Formeln $Mg_3N_2$, $Ca_3N_2$, AlN zugeschrieben.

Auch Mangan, Chrom und Titan nehmen nach Shukoff bei höheren Temperaturen Stickstoff auf. So ergab z. B. Titan bei 900 bis 925 C⁰ im Stickstoffstrom erhitzt ein Erzeugnis mit 21⁰/₀ N, Chrom bei 800 bis 820 C⁰ ein solches mit 8⁰/₀ N, und schließlich Mangan bei 850 bis 875 C⁰ eines mit 12⁰/₀ N. Es ist noch eine offene Frage, ob die erhaltenen Erzeugnisse feste Lösungen von Stickstoff in den betreffenden Metallen oder Lösungen einer bestimmten Stickstoffverbindung im Überschuß der Metalle sind.

Bemerkenswert ist, daß das erhaltene Stickstoff-Mangan fast ebenso starken Magnetismus zeigt wie Eisen, und daß auch die Enderzeugnisse der Behandlung des Chroms und Titans mit Stickstoff magnetisch waren (Wedekind und Veit, $L_6$ 14; Shukoff).

Durch Erhitzen von Eisen in Ammoniakgas erhält man ein hochstickstoffhaltiges Erzeugnis. Die günstigste Temperatur zu seiner Bildung ist 450 bis 475 C⁰ (White und Kirschbraun, $L_5$ 15). Das erhaltene Erzeugnis, das bis zu 10⁰/₀ N enthielt, änderte beim Behandeln mit Säuren, von denen es angegriffen wurde, seine prozentische Zusammensetzung nicht, so daß also kein mechanisches Gemenge vorliegen kann. Nach Stahlschmidt ($L_3$ 16) erhält man durch mäßiges Erhitzen von $FeCl_2$ im Ammoniakstrom ebenfalls ein Eisen mit 11⁰/₀ N, das sehr hart sein soll ($L_5$ 16 bis 19).

In fast allen technischen Eisensorten findet sich Stickstoff ($L_5$ 20 bis 23), wobei offen bleiben muß, ob er nur gelöst ist als N oder mit dem Eisen und seinen Bestandteilen irgendwelche chemische Verbindungen eingeht.

*361.* Der Sauerstoff der Luft bildet mit vielen Metallen chemische Verbindungen, die teils im flüssigen Metall löslich, teils unlöslich sind. So nimmt z. B. das flüssige Kupfer aus der Luft begierig Sauerstoff unter Bildung von $Cu_2O$ auf, das in dem flüssigen Kupfer aufgelöst wird. Bei der Erstarrung der Lösung trennt sich das Kupferoxydul vollständig vom Kupfer. Die Erstarrung geschieht nach $Aa2\gamma'$ (Heyn, $L_2$ 4; vgl. *173, 284* und II B).

---

[1]) Unterhalb 140 C⁰ abweichend, s. Hoitsema und Roozeboom, $L_5$ 10.

Ein anderer Fall liegt beim Zinn vor. Auch dieses vermag sich mit Sauerstoff zu verbinden unter Bildung von $SnO_2$ (Zinnoxyd, Zinnsäure). Dieses ist aber im flüssigen Metall nicht löslich (Heyn und Bauer, $L_5$ *24*).

Von besonders unangenehmen Folgen ist die Sauerstoffaufnahme durch die Kupfer-Zinn-Legierungen (Bronzen) begleitet. Sobald zu diesen Legierungen im flüssigen Zustand Sauerstoff treten kann, wird er lebhaft unter Bildung von festem $SnO_2$ aufgenommen, das mit dem flüssigen Rest der Legierung keine Lösung eingeht. Die Zinnsäure bleibt fest; sie bildet dünne Häutchen, die Teile der flüssigen Legierung umhüllen und sie dickflüssig machen (Heyn und Bauer, $L_5$ *24*). S. auch *257* und *381*.

Auch vom Eisen weiß man, daß es aus der Luft Sauerstoff unter Bildung oxydischer Verbindungen in sich aufnehmen kann. Man weiß auch, daß gewisse dieser Verbindungen die Schmiedbarkeit des Eisens bei Rotglut wesentlich beeinträchtigen, sogenannten „Rotbruch" erzeugen. Man nimmt in der Regel an, daß der Sauerstoff im Eisen als Eisenoxydul $FeO$ vorhanden ist. Diese Annahme ist nicht selbstverständlich; es könnten ebensogut Zwischenstufen zwischen $FeO$ und $Fe_2O_3$ oder zwischen $Fe_3O_4$ und $Fe_2O_3$ sein. Das hängt ganz von der Zersetzungsspannung der betreffenden Verbindung bei der Temperatur des flüssigen Eisens ab. Im Schweißeisen findet man immer Schlackeneinschlüsse; sie bestehen in der Regel aus zwei Gefügebestandteilen, wie Tafelabb. 72, Taf. XIV, in 350 facher Vergrößerung zeigt. Auch im Flußeisen finden sich oxydische Einschlüsse verschiedener Art, wie später erörtert werden soll. Es ist noch nicht sicher, ob die gebildeten oxydischen Verbindungen des Eisens im flüssigen Eisen löslich sind und mit diesem eine einheitliche Lösung bilden, oder ob sie in Form äußerst fein verteilter Tröpfchen mit dem flüssigen Eisen eine Emulsion bilden, ähnlich wie man sie erhält, wenn man Öl in Wasser aufschüttelt. Es gibt mancherlei Erscheinungen, die für die letztere Auffassung sprechen. Zwingende Beweise lassen sich aber vor der Hand nicht beibringen.

Es ist von äußerster technischer Bedeutung, über die Art der Sauerstoffbindung im Eisen Aufschluß zu haben. Trotzdem ist die Forschung nach dieser Richtung hin noch nicht weit gekommen. Ich möchte der Wichtigkeit des Gegenstandes wegen auf die Möglichkeiten hinweisen, mit denen die spätere Forschung zu rechnen haben wird.

Wenn tatsächlich die oxydischen Verbindungen im Eisen ganz oder teilweise in Form von Emulsion im flüssigen Eisen vorhanden sind, so würden auch die Gesetze über die Entmischung von Emulsionen zur Anwendung kommen. Es gibt Emulsionen, die sich sehr lange halten, andere wieder, die schnell wieder in zwei verschiedene Flüssigkeitsschichten zerfallen. Gewisse Zusätze beschleunigen die Entmischung der Emulsion, andere machen die Emulsion haltbarer. So wird z. B. eine Emulsion von Öl in Wasser durch geringe Zusätze von Seifen dauerhafter.

Zwischen den im Eisen in Emulsion befindlichen oxydischen Tröpfchen und den Stoffen in der Eisenlegierung könnten Reaktionen eintreten, z. B. Austausch des Eisens gegen Mangan, Übergang anderer Stoffe aus der Legierung in die oxydischen Tröpfchen (z. B. $SiO_2$, $P_2O_5$, S usw.). Durch diese Vorgänge könnte die Beständigkeit der Emulsion erhöht oder vermindert werden. Im letzteren Falle könnten sich die Tröpfchen zu größeren Tropfen sammeln und schließlich an die Oberfläche des Eisenbades steigen. Dadurch wäre die Möglichkeit gegeben, die Oxyde wieder auszuscheiden. Über alle diese Fragen kann nur planmäßiges Studium in der Zukunft Aufklärung schaffen.

# C. Gaseinschlüsse in gegossenen metallischen Stoffen.

*362.* Bekannt sind die Schwierigkeiten, die sich in vielen Fällen einstellen, wenn es gilt, blasenfreie Güsse zu erzielen. So scheidet z. B. das Kupfer aus der Reihe der zu Formgüssen verwendbaren Stoffe allein deswegen aus, weil es fast unmöglich ist, aus reinem Kupfer, ohne Zusatz fremder Stoffe, blasenfreie Gußstücke zu erzielen.

Es mögen zunächst einmal die Vorgänge betrachtet werden, die sich beim Erstarren von flüssigen Kohlenstoff-Eisen-Legierungen in eisernen Blockformen abspielen. Zugrunde gelegt werde die durch die Schaulinie in Abb. 430 gegebene Abhängigkeit der Wasserstofflöslichkeit in Eisen von der Temperatur. Bei der Gießtemperatur ist die Löslichkeit gegenüber Wasserstoff hoch, sie wird durch die Abkühlung des gegossenen Metalls in der Form immer geringer. Der Überschuß des Wasserstoffs wird in Gestalt von Gasblasen aus dem flüssigen Metall entweichen. Solange die Eisenmasse allenthalben in der Form noch flüssig ist, kann dies ungehindert geschehen. Bei der Erstarrung sucht der Gasüberschuß $\Delta m$, der dem Unterschied im Lösungsvermögen der flüssigen und der festen Legierung dem Gas gegenüber entspricht, zu entweichen. Würde die ganze Eisenmasse zu gleicher Zeit in allen Teilen der Gußform erstarren, so würde sich dem Entweichen des Gasüberschusses $\Delta m$ der Widerstand des erstarrten Eisens entgegenstellen. Die Folge davon ist Steigerung des Gasdruckes $p$. Mit der Drucksteigerung wächst aber die Löslichkeit des Gases im erstarrten Metall, und wenn der Druck hoch genug steigt, so vermag das feste Metall den Gasüberschuß $\Delta m$ gelöst zu halten.

Bei der Erstarrungstemperatur und bei Atmosphärendruck können 100 g festes Eisen 1,2 mg, 100 g flüssiges Eisen 2,37 mg Wasserstoff in Lösung halten. Sollen auch die 2,37 mg Wasserstoff in der erstarrten Legierung gelöst bleiben, so muß der Druck nach Maßgabe der folgenden Gleichung wachsen:

$$1,2 : 2,37 = \sqrt{1} : \sqrt{p},$$

woraus sich $p = 3,9$ at ergibt *(359)*.

Vermag also das soeben erstarrte Eisen an allen Stellen seiner Masse dem Gasdruck von etwa 4 at Widerstand zu leisten, so werden sich bei der Erstarrung keine Gasblasen bilden können, der überschüssige Wasserstoff bleibt in dem festen Eisen gelöst. Auch bei weiterer Abkühlung kann sich das Gas nicht in Blasenform abscheiden. Der Block würde blasenfrei oder nahezu blasenfrei ausfallen.

Leider liegen bei einigermaßen großen Blöcken die Verhältnisse praktisch wesentlich anders, weil die Bedingung, daß das flüssige Eisen in allen Teilen seiner Masse gleichzeitig erstarrt, unmöglich eingehalten werden kann. Die Erstarrung beginnt an den Stellen, wo die Wärme unmittelbar abgeleitet wird, also an den Wänden der eisernen Gußform (Kokille), und setzt sich von diesen aus allmählich nach innen fort. Der Block erhält rasch eine erstarrte Kruste und man kann die Blockform von dem Blocke bereits zu einer Zeit abheben, wo der innere Kern des Blocks noch flüssig ist.

*363.* Für die Bildung von Gasblasen in erstarrten metallischen Stoffen gibt es noch andere Quellen, als die Löslichkeit des Metalls gegenüber Gasen. Als Endergebnis der oxydierenden (frischenden) Wirkung in den Vorrichtungen zur Erzeugung schmiedbaren Eisens (Martinofen, Bessemer- oder Thomasbirne) bilden sich in dem flüssigen Metall flüssige oxydische Stoffe. Bei der auf das Frischen folgenden Desoxydation und Kohlungsperiode werden mangan- und kohlenstoffhaltige Zusätze zum flüssigen Eisenbad gegeben, wobei sich zwischen dem Sauerstoff der oxydischen Stoffe und dem vom Eisenbade aufgenommenen Kohlenstoff die Reaktion
$$RO + C \rightarrow CO + R$$

abspielt. Hierin bedeutet $R$ irgendein an Sauerstoff gebundenes Metall, z. B. Eisen, Mangan oder beide zugleich. Dieser mit Kohlenoxydentwicklung verknüpfte Vorgang geht anfangs rasch, später bei wachsender Verdünnung des Sauerstoffgehaltes des Bades immer langsamer vor sich (Ledebur, $L_1$ 25). Die Kohlenoxydentwicklung kann sich unter Umständen bis in die Gußform und bis in die Erstarrungsperiode des Metalls in der Blockform fortsetzen. War die Desoxydation des Metalls im Ofen ungenügend, so kann die Reaktion in der Blockform so heftig werden, daß das Metall wegen der starken Kohlenoxydentwicklung aufschäumt und wie ein Teig in die Höhe geht.

Es ist nun wohl anzunehmen, daß ähnlich wie die Gaslösungen in Wasser auch die Gaslösungen in flüssigen Metallen bei der Abkühlung nicht augenblicklich den Gasüberschuß abgeben, der über das der jeweiligen Temperatur entsprechende Lösungsvermögen hinausgeht, sondern daß sie diesen Überschuß als übersättigte Lösungen festhalten. (Unterkühlung *130* usw.) Die Unterkühlung wird dann leicht durch Eindringen fester Körper, durch Bewegung der Flüssigkeit usw. aufgehoben, so daß die mit Gas übersättigte Flüssigkeit, die anfangs ruhig war, plötzlich aufschäumt. Es sei nur an das Verhalten von kohlensäurehaltigem Wasser erinnert, das beim Stehen in einen scheinbaren Gleichgewichtszustand übergeht, beim Rühren aber plötzlich wieder Gasentwicklung zeigt. Die Gasentwicklung ist dann an den Gefäßwänden oder an eingetauchten festen Körpern meist besonders lebhaft.

Danach ist zu erwarten, daß sich bei der Abkühlung des flüssigen Metalls die gelöste Gasmenge nicht ohne weiteres nach der dem stabilen Gleichgewicht entsprechenden Linie $DC$ der Abb. 433 ändert, die die Gaslöslichkeit im flüssigen Metall bei verschiedenen Temperaturen angibt. Es werden sich vielmehr metastabile Gleichgewichte, z. B. nach der Linie $DC'$, einstellen. Wenn aber durch irgendeinen äußeren Anstoß (Bewegung, Entwicklung eines anderen Gases) bei irgendeiner Temperatur $t'$ die Unterkühlung aufgehoben wird, so scheidet sich der Gasüberschuß $EE'$ plötzlich aus dem flüssigen Bade unter lebhafter Gasentwicklung aus. Ein solcher Anstoß kann in einem ungenügend desoxydierten flüssigen Eisen durch Wiederaufleben der mit der Reaktion $RO + C = CO + R$ verbundenen Kohlenoxydentwicklung infolge der lebhaften Bewegung beim Gießen und bei der Berührung mit den Wänden der Blockform gegeben werden.

Ebensogut kann aber die Sachlage auch umgekehrt sein. Die Kohlenoxydbildung infolge fortgesetzter Desoxydation kann nahezu zu einem Stillstand kommen, wenn wegen Mangel an Bewegung des flüssigen Bades die $RO$-Teilchen den Kohlenstoff in ihrer Umgebung aufgezehrt haben. Tritt nun infolge der Temperaturabnahme Wasserstoffentwicklung und damit Bewegung in der flüssigen Masse ein, so können die Kügelchen von $RO$ wieder mit kohlenstoffhaltigen Stellen der Flüssigkeit in Berührung treten, so daß aufs neue Kohlenoxydentwicklung ausgelöst wird. Vielleicht erklärt sich auf diese Weise, daß kurz nach dem Gießen das Metall in der Blockform zunächst ruhig steht und Steigen (Aufschäumen) des Eisens erst nach einiger Zeit, dann aber meist sehr plötzlich einsetzt.

Inwieweit Eisen gegenüber Kohlenoxyd Lösungsvermögen besitzt, ist noch nicht festgestellt. Bestünde Löslichkeit des Kohlenoxyds im Eisen, so würde auch noch dieses Gas eine ähnliche Rolle spielen können wie der Wasserstoff.

Man tappt hier überall noch im Dunkeln. Trotz aller der zahlreichen Erfahrungen, die die Praxis im Einzelfall aufgehäuft hat, fehlt es an einem wissenschaftlichen Band, das alle die Einzelerscheinungen in unzweideutiger Weise umfaßt und vorausbestimmen läßt.

Nach den obigen Auseinandersetzungen ist zu erwarten, daß das in den erstarrten Eisenlegierungen in Form von Blasen eingeschlossene Gas vorwiegend aus Wasserstoff und Kohlenoxyd besteht. Gelegenheit zur Sättigung des flüssigen Metalls mit Wasserstoff ist in den metallurgischen Öfen stets gegeben, da ja der bei der Verbrennung entstehende Wasserdampf von dem flüssigen Eisen in Wasserstoff und Sauerstoff zerlegt wird. Der letztere bildet Oxyde, die in die Schlacke gehen oder im Eisenbad verbleiben. Der Wasserstoff wird vom Eisen aufgelöst.

Die Versuche haben die Erwartung bestätigt. Nach Müller ($L_5$ 25) bestehen die Gasgemische im erstarrten Stahl vorwiegend aus Wasserstoff, Stickstoff und Kohlenoxyd. Er gewann das Gas dadurch, daß er die Stahlproben unter Wasser anbohrte, die durch das Zerspanen entweichenden Gase auffing und untersuchte. Der Wasserstoffgehalt war bei schmiedbaren Eisenlegierungen etwa 55 bis 92, der Stickstoffgehalt 45 bis 6, der Kohlenoxydgehalt 0 bis 2 Raumprozente. Durch Erhitzen bei 1100 C° in der Luftleere fand Boudouard ($L_5$ 26) bei verschiedenen Handelseisensorten durchschnittlich etwa 40 Raumprozente Wasserstoff, 20 Raumprozente Kohlenoxyd und als Rest Stickstoff neben geringen Mengen Kohlendioxyd. Hierbei ist es aber möglich, daß sich die Zusammensetzung der eingeschlossenen Gase durch Einwirkung der eingeschlossenen oxydischen Verbindungen auf den Kohlenstoff des Eisens unter Bildung von Kohlenoxyd verändert hat. Die Gasausbeute aus den verschiedenen Eisensorten betrug etwa 6 ccm auf 1 ccm Eisen bei Verwendung von dünnen Drähten und Blechen und stieg bei Verwendung feiner Feilspäne in einem Falle bis auf 16 ccm auf 1 ccm Eisen. (Vgl. auch $L_5$ 27, 28.)

**364.** Im Anschluß an den idealen Fall der Erstarrung in Abs. *362*, wo vorausgesetzt wurde, daß die ganze Masse des Eisens in der Blockform zu gleicher Zeit erstarre, sollen nun die davon abweichenden praktischen Verhältnisse etwas näher besprochen werden.

a) Nach dem Guß gibt das flüssige Material die Wärme an die Wände der Blockform und an die Luft ab. Die Abkühlung geht am schnellsten längs der Wände der Form vor sich, infolgedessen wird dort auch am lebhaftesten Gas abgegeben. In dem Maße, wie die Erstarrung von der Formwand nach innen vorschreitet, kann der bei der Erstarrung freiwerdende Gasüberschuß nur nach der Blockmitte zu abgeschoben werden; die Gasblasen treten dort in das flüssige Metall über, werden von den aus diesem aufsteigenden Blasen mit nach oben genommen und entfernt. Die erstarrende Kruste dringt immer weiter nach innen vor und ebenso die Zone *Z*, in der die Gasausscheidung am lebhaftesten ist. Schließlich hat sich aber an der oberen Blockfläche (Kopf des Blocks) infolge fortschreitender Abkühlung eine Kruste gebildet, die den aufsteigenden Gasblasen Widerstand entgegensetzt und sie am Austritt aus dem Block verhindert. Die Folge davon ist, daß der Gasdruck im Innern des Blocks steigt, und infolge des dadurch vergrößerten Gaslösungsvermögens die Gasentwicklung aus dem flüssigen Kern aufhört. Die in der augenblicklichen Zone *Z* bereits früher gebildeten Blasen werden durch den Gasdruck zwischen die senkrecht zu den Blockwänden nach innen wachsenden Kristallsäulen hineingepreßt und am Aufsteigen verhindert; es bleibt somit in dieser Zone *Z* ein Blasenkranz stehen. Weitere Gasentwicklung findet nicht statt, wenn die erstarrte Deckkruste des Blocks genügend Widerstand leistet, daß der Gasdruck im Blockinnern so hoch werden kann, daß auch das feste und abkühlende Metall die in ihm vorhandene Gasmenge noch gelöst zu halten vermag. Der Block zeigt dann im Längsschnitt das Aussehen wie in Abb. 434 (Wahlberg-Brinell, $L_4$ 88).

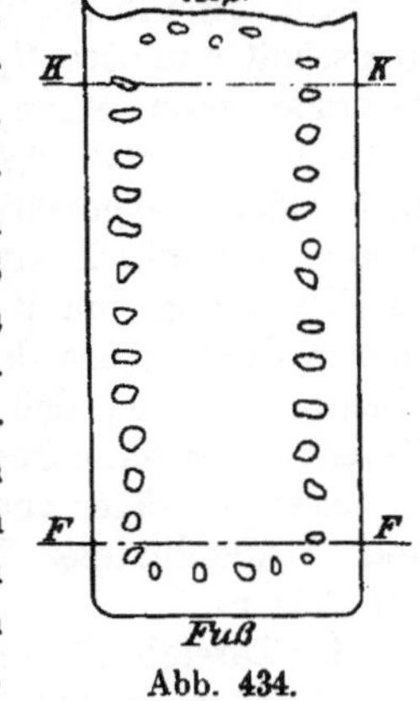


Abb. 434.

In den Tafelabb. 73 und 74, Taf. XV, ist je ein Viertel eines Querschnitts durch einen von mir untersuchten Thomasflußeisenblock in etwa $^2/_3$ facher Größe abgebildet. Tafelabb. 73 entspricht einem Schnitt $K$ am Kopfende, Tafelabb. 74 einem Schnitt $F$ am Fußende des Blocks (S. Abb. 434). Die Ätzung erfolgte mittels Kupferammoniumchlorid. Die ganz schwarzen Stellen sind Gasblasen, die dunklen Stellen sind phosphorreiche Seigerungen. Die äußere hellere Kruste (Rand) ist frei von gröberen Gasblasen. Sie enthält nur senkrecht zu den Blockflächen verlaufende Ketten von Gasbläschen. Ebenso wie die Gasblasen durch die von außen her allmählich vordringende erstarrte Kruste nach der Blockmitte hin gedrängt werden, geschieht dies auch mit den bei niederen Temperaturen noch flüssigen Seigerungen, die sich an denselben Stellen anreichern wie die Gasblasen. Besonders lehrreich ist in Tafelabb. 73 die dunkle Grenzzone $g$ zwischen Rand und dem seigerungsreichen Blockinneren (Kern), in der Gasblasen und Seigerungen besonders stark auftreten.

b) Ist die Gasentwicklung an den Wänden der Gußform sehr energisch (vielleicht infolge zu heißen Gießens oder aus anderen in den Eigenschaften der Legierung liegenden Gründen), so wird dadurch die flüssige Masse durcheinandergerührt, so daß immer wieder frisches heißes Metall nach den Wänden der Form gelangt und so dort infolge der Abkühlung die Gasentwicklung ständig im Gange bleibt. Durch die rührende Wirkung der Gasentbindung wird die Bildung der äußeren erstarrten Kruste verzögert, weil die hohe Temperatur durch immer neu herantretendes heißes Metall aus dem Innern erhalten bleibt und die Temperatur des ganzen flüssigen Inhaltes der Form nahezu ausgeglichen wird. Infolgedessen wird sich, wenn einmal die Erstarrungszone erreicht ist, die Erstarrung sogleich über eine sehr dicke Oberflächenkruste erstrecken, und aus dieser können dann die während der Erstarrung abgegebenen Gasblasen nicht mehr nach dem noch flüssigen Inneren vorgetrieben werden, weil der Weg dahin zu lang ist. Sie bleiben deshalb in der erstarrten Kruste an der Stelle ihrer Entstehung, also längs der Formwände, eingeschlossen. Weitere Gasentwicklung wird dann dadurch gehindert. daß der Blockkopf inzwischen ebenfalls eine erstarrte Kruste gebildet hat, und so das im Innern befindliche Gas infolge des gesteigerten Druckes im erstarrten Metall in Lösung bleibt. Der Block zeigt dann Randblasen, die dicht unter der Oberfläche liegen, oder in diese ausmünden. Dies wird veranschaulicht durch die Tafelabb. 75 und 76., Taf. XVI. Sie entsprechen wiederum einem Viertel des Blockquerschnitts in etwa $^2/_3$ facher Größe, und zwar Tafelabb. 75 am Kopfende und 76 am Fußende nach Ätzung mit Kupferammoniumchlorid. Das Material ist Martinflußeisen mit etwa 0,4 $^0/_0$ Kohlenstoff. Die chemische Zusammensetzung ist den Lichtbildern beigeschrieben. Der Block ist zu heiß gegossen und zeigt infolgedessen namentlich am Kopfende starke Randblasenbildung. Er wird dadurch zur Erzeugung von Walz- oder Schmiedestücken unbrauchbar. Beim Schmieden oder Walzen reißen die Randblasen auf, Sauerstoff dringt ein und oxydiert die Blasenwände, so daß diese nicht zusammenschweißen können. Das gewalzte Material zeigt dann Überlappungen und Aufspaltungen, wie in Tafelabb. 77, Taf. XVI das einen I-Träger von 160 mm Höhe darstellt, der aus dem in den Tafelabb. 75 und 76 abgebildeten Block gewalzt ist. Tafelabb. 77 entspricht dem Kopfende des Trägers.

Die Tafelabb. 78 und 79, Taf. XVII, stellen in etwa $^2/_3$ facher Größe geätzte Querschnitte durch Kopf und Fuß eines Blockes dar, der 13 Minuten später aus derselben Pfanne mit demselben Martineisen gegossen wurde, wie der den Tafelabb. 75 und 76, Taf. XVI, entsprechende Block. Er ist mit der richtigen Gießtemperatur gegossen und deswegen namentlich in den Teilen nach dem Fuß zu blasenfrei. Nur im Kopfende sind noch einige Blasen vorhanden.

c) Setzt sich die Desoxydation und die damit verbundene Kohlenoxydentwicklung noch in der Blockform kräftig fort, so daß das Metall kocht und steigt, so wird infolge der lebhaften Bewegung auch der überschüssige Wasserstoff ständig mit ausgetrieben. Die kräftige Bewegung bedingt auch Ausgleich der Temperatur und verhindert das Ansetzen erstarrter Krusten am Blockkopf. Hat sich dort bereits eine dünne Kruste gebildet, so hält sie zwar eine Zeitlang dem Gasdruck stand; dieser wächst aber infolge der fortgesetzten Gasbildung beständig, bis schließlich die Kruste wieder zertrümmert und das flüssige Metall hindurchgedrückt wird. Wegen der plötzlichen Druckentlastung setzt dann die Gasentwicklung wieder besonders lebhaft ein. Diese Vorgänge setzen sich so lange fort, bis schließlich das Metall die Erstarrungstemperatur erreicht hat. Da wegen der beständigen Bewegung des Bades die Temperatur an allen Stellen des Metalls nahezu gleich ist, so wird auch der ganze Forminhalt sehr rasch von außen nach innen erstarren. Die noch in ihm im Aufsteigen begriffenen Gasblasen werden festgehalten und eingeschlossen. Der erstarrte Block zeigt dann in seiner ganzen Ausdehnung sowohl am Rand, wie im Kern, am Kopf wie am Fuß Gasblasen, wie die Waben in einem Bienenstock.

*365.* Welche von den drei Arten der Blasenbildung *a* bis *c* eintritt, hängt wesentlich von der chemischen Zusammensetzung der zu gießenden Eisenlegierung, in hohem Maße aber auch von der Größe des Blockes ab. Bei gleichem Material aus derselben Pfanne können sich die Verhältnisse mehr zugunsten der einen oder der andern Art der Blasenbildung verschieben, je nachdem der Block größer oder kleiner ist.

Man sucht durch Regelung der chemischen Zusammensetzung der Legierung Einfluß auf die Blasenbildung zu gewinnen. Man hat die Erfahrung gemacht, daß gewisse Zusätze zu den Eisenlegierungen, wie z. B. Mangan, Silizium und Aluminium, die Gasblasenbildung vermindern, also auf die Entstehung dichter Blöcke hinwirken. Nach Brinell (*L*. 88) ist die Wirkung des Siliziums nach dieser Richtung fünfmal und die des Aluminiums etwa 90 mal so stark als die des Mangans. Nach seinen Untersuchungen, die sich auf Eisen-Kohlenstoff-Legierungen der verschiedensten Zusammensetzung erstrecken, die im sauren Martinofen hergestellt wurden, gibt die Beziehung

$$D = Mn + 5{,}2\,Si + 90\,Al$$

den sogenannten „Blasendichtheitsgrad" *D*. Darin bedeuten Mn, Si, Al den Prozentgehalt der Legierung an dem betr. Stoff. Unter den besonderen von Brinell untersuchten Verhältnissen gibt $D = 2$ blasenfreie Blockgüsse von $240 \times 240$ mm Querschnittskante in nahezu kalter eiserner Blockform von 50 mm Wandstärke mit warmer, aber nicht überwarmer Gießhitze und bei einem Phosphorgehalt von 0,024 bis 0,029%. Bei $D = 1{,}16$ entstehen Blöcke mit Randblasen nach b) und bei $D = 0{,}28$ Blöcke nach Art a).

Bei Blöcken, die zur Herstellung von Walzerzeugnissen Verwendung finden, sucht man ferner durch künstliche Beschleunigung der Bildung einer erstarrten Kruste am Blockkopf durch Auflegen einer eisernen Platte kurz nach dem Guß Einfluß auf die Art der Blasenbildung zu gewinnen. Dadurch wird dem Blockkopf die Wärme schneller entzogen, als wenn er nur mit der atmosphärischen Luft in Berührung stände. Die Kopfkruste wird dicker und vermag höheren Gasdrücken zu widerstehen, so daß schließlich der Rest des Gases infolge des gesteigerten Druckes im festen Metall gelöst bleibt. Wegen der Lunkerbildung darf von diesem Mittel nur mit Vorsicht Gebrauch gemacht werden *(370)*.

Bei Formgüssen aus schmiedbarem Eisen (Stahlformguß), die in Formen aus feuerfester Masse gegossen werden, sind die Verhältnisse bei der Erstarrung wesentlich andere, als bei den in eisernen Formen gegossenen Blöcken. Während bei letzteren zu heißes Gießen vermieden werden muß, ist beim Stahlformguß höhere Gießtemperatur namentlich dann notwendig, wenn verhältnismäßig dünnwandige Stücke von verwickelter Gestalt gegossen werden sollen. Würde hierbei zu kalt gegossen, so nähert sich das Metall infolge der starken Abkühlung an den Formwänden schnell der Erstarrungszone, wird dabei trägeflüssig und vermag die in ihm entstandenen Gase nicht mehr abzustoßen. Der Guß wird dann blasig, wie in Tafelabb. 80, Taf. XVIII, das ein Bruchstück eines aus Stahl gegossenen Grubenwagenrades darstellt.

Beim Schmelzen von schmiedbarem Eisen im Tiegel zum Zweck der Herstellung von Tiegelstahl (zuweilen auch Gußstahl genannt) ist nicht zu vermeiden, daß Oxyde des Eisens im Tiegel entstehen, da die zum Einschmelzen verwendeten Stücke schmiedbaren Eisens mit Hammerschlag, teilweise auch mit Rost bedeckt sind, und sich ferner beim Einsetzen zwischen den einzelnen Stücken Luft befindet, deren Sauerstoff bei Steigerung der Temperatur vom Eisen zu oxydischen Verbindungen gebunden wird. Da die Beschickung des Tiegels außerdem einen bestimmten Kohlenstoffgehalt besitzt, so wird während und nach dem Einschmelzen die in Abs. *363* besprochene Reaktion zwischen den Oxyden RO und dem Kohlenstoff unter Kohlenoxydbildung eintreten. Gießt man nun den Tiegelinhalt bald nach dem Schmelzen zu einem Block, so ergibt sich starke Blasenbildung, wie in Tafelabb. 81, Taf. XVIII (Querschnitt und Bruch, Vergr. etwa $^1/_3$). Wird dagegen, wie es beim Tiegelschmelzen üblich ist, die geschmolzene Eisenlegierung im Tiegel längere Zeit bei hoher Temperatur erhalten („Abtöten" des Stahls), so kann die Reaktion $RO + C = R + CO$ im Tiegel zu Ende kommen, und im gegossenen Block ist dann kein Grund mehr zur Kohlenoxydentwicklung vorhanden. Außerdem scheint aber auch durch die längere Einwirkung des kohlenstoffhaltigen Eisens im Tiegel auf die Tiegelwand Silizium in die Legierung übergeführt zu werden, das nach Abs. *365* der Blasenbildung entgegenwirkt. Das Ergebnis ist dann ein gesunder Block, wie in Tafelabb. 82, Taf. XVIII. Der Block ist aus der gleichen Beschickung wie der in Tafelabb. 81 gegossen, aber nach dem Abtöten.

# VIII. Das Schwinden und seine Begleiterscheinungen.

## A. Allgemeine Betrachtungen.

*366.* Das Volumen $v$ eines Stoffes ist abhängig von seiner Temperatur $t$ und dem Druck $p$. Bei festen und flüssigen Stoffen haben geringe Änderungen des Drucks verhältnismäßig sehr geringen Einfluß auf das Volumen, so daß man diesen bei Drücken in der Nähe des Atmosphärendrucks $p=1$ vernachlässigen kann. Unter dieser Voraussetzung ist dann $v$ nur abhängig von $t$. Irgendeine Längenabmessung $l$ des festen oder flüssigen Stoffes ist dann ebenfalls von $t$ abhängig. Zeichnet man $v$ oder $l$ in Abhängigkeit von der Temperatur auf, so erhält man Linien, die im allgemeinen stetig verlaufen, solange nicht eine Zustandsänderung innerhalb des Stoffes eintritt (Änderung des Aggregatzustandes oder Umwandlung), die plötzliche Änderung im Verlauf der Linie herbeiführt.

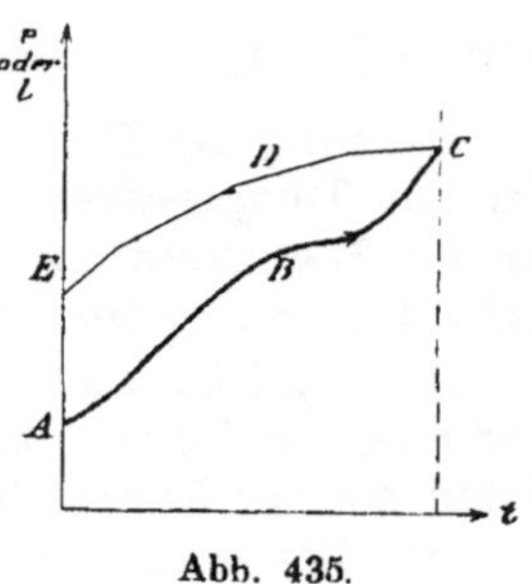

Abb. 435.

Im allgemeinen ist der Verlauf der Schaulinien für $v$ und $l$ umkehrbar, d. h. die durch den Versuch ermittelte Beziehung zwischen $v$ und $t$ ist dieselbe, ob man den Versuch bei steigender oder bei fallender Temperatur ausführt. Bei steigender Temperatur wird z. B. die Linie $ABC$ (Abb. 435) erhalten, bei fallender Temperatur wird dann dieselbe Linie wieder im umgekehrten Sinne zurückgelegt.

Es gibt aber auch einige Fälle (z. B. bei gewissen Eisen-Nickel-Legierungen), wo der Vorgang der Volum- und Längenänderung bei Erhitzung und Abkühlung nicht umkehrbar ist. Man erhält dann bei steigender Temperatur beispielsweise eine Linie $ABC$, bei abfallender Temperatur eine davon abweichende Linie $CDE$. Solche Fälle sind möglich, wenn sich die Änderung des Volumens $v$ oder der Länge $l$ nicht sogleich mit der Temperatur $t$ einstellt, sondern infolge starker innerer Reibung innerhalb des Stoffes hinter der Änderung der Temperatur zurückbleibt. Man hat dann eine Art Hysteresis, ähnlich wie beim Magnetisierungsvorgang. Die Energie, die bei der Erwärmung des Stoffes zur Volumvergrößerung aufgewendet wurde, wird in einem solchen Falle bei der Abkühlung nicht vollständig wieder abgegeben. Diese Ausnahmefälle sollen später besprochen werden (II B); im folgenden werde von ihnen vorläufig abgesehen.

Rechnet man die Temperatur von einer Temperatur $t_0$ als Nullpunkt an, und besitzt der Stoff bei $t_0$ das Volumen $v_0$, so kann man die Beziehung zwischen $v$ und $t$ und ebenso die zwischen $l$ und $t$ in die Form bringen

$$v = v_0 \, \varphi_1 (t - t_0) \qquad\qquad (1)$$

$$l = l_0 \, \varphi (t - t_0) \qquad\qquad (2)$$

Hierin sind $\varphi_1$ und $\varphi$ Funktionen, die den Verlauf der Linie $AB$ in Abb. 436 bestimmen.

Da man bei bekannten Längenabmessungen eines Körpers sein Volumen $v$ berechnen kann, wollen wir vorläufig nur die Längenänderungen betrachten.

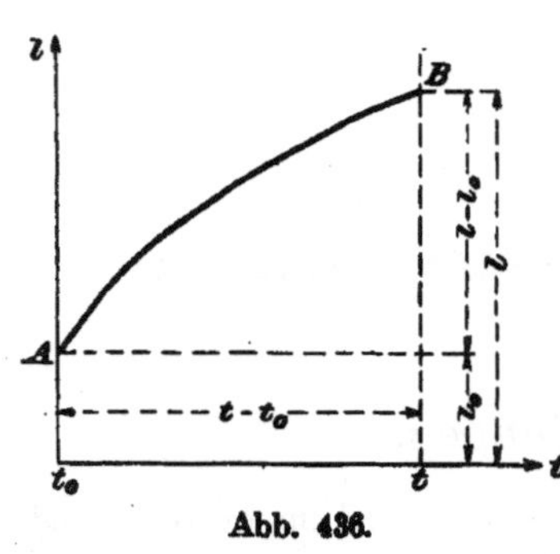

Abb. 436.

Der Verlauf der Linie $AB$ entspreche der Gl. 2. Bei der Erwärmung von $t_0$ auf $t$ wird ein Stab von der ursprünglichen Länge $l_0$ um den Betrag $\lambda_w = l - l_0$ verlängert. Das entspricht einer Wärmedehnung $\varepsilon_w$ bezogen auf die Einheit der Länge $l_0$ von

$$\varepsilon_w = \frac{l - l_0}{l_0}.$$

Aus Gl. 2 ergibt sich der Wert der Wärmedehnung

$$\varepsilon_w = \frac{l - l_0}{l_0} = \frac{l}{l_0} - 1 = \varphi(t - t_0) - 1.$$

Sie ist sonach abhängig von der Temperatur. Einer sehr kleinen Temperaturänderung $dt$ möge die ebenfalls sehr kleine Änderung $d\varepsilon_w$ der Dehnung entsprechen. Dann ist

$$\alpha = \frac{d\varepsilon_w}{dt} = \varphi'(t - t_0), \quad \ldots \ldots \ldots \quad (3)$$

worin $\varphi'(t - t_0)$ die erste Ableitung der Funktion $\varphi(t - t_0)$ bedeutet. $\dfrac{d\varepsilon_w}{dt}$ gibt die Änderung der Längeneinheit des Stabes infolge der Änderung der Temperatur um eine Temperatureinheit bei der Temperatur $t$ an. Man bezeichnet diesen mit der Temperatur im allgemeinen veränderlichen Wert als lineare Wärmedehnungszahl $\alpha$ (auch als linearen Ausdehnungskoëffizienten).

Man spricht auch von der kubischen Wärmedehnungszahl, die die Änderung der Volumeinheit infolge Änderung der Temperatur um eine Temperatureinheit bei der Temperatur $t$ angibt. Sie soll das Zeichen $\alpha_1$ erhalten.

Zwischen $\alpha$ und $\alpha_1$ besteht eine Beziehung, die sich aus folgender Überlegung ergibt: Ein Würfel mit der Kantenlänge $l = 1$ werde bei einer bestimmten Temperatur $t$ um 1 C° erhitzt. Jede Kante dehnt sich dann um den Betrag $\alpha$ und nimmt die Länge $1 + \alpha$ an. Das Volumen des Würfels nach der Erwärmung ist somit $(1 + \alpha)^3$; die Änderung des Volumens ist $(1 + \alpha)^3 - 1$; der Begriffserklärung nach muß somit sein

$$\alpha_1 = (1 + \alpha)^3 - 1 = 3\alpha + 3\alpha^2 + \alpha^3.$$

Da $\alpha$ erfahrungsgemäß bei flüssigen und festen Stoffen sehr klein ist, so kann man die höheren Potenzen $\alpha^2$ und $\alpha^3$ gegenüber dem Wert $3\alpha$ vernachlässigen, und man erhält

$$\alpha_1 = 3\alpha. \quad \ldots \ldots \ldots \ldots \ldots \quad (4)$$

Die kubische Wärmedehnungszahl ist also dreimal so groß als die lineare.

a) Kann innerhalb eines Temperaturbereichs $t_0$ bis $t$ die Linie $AB$, Abb. 436, mit genügender Annäherung durch eine Gerade ersetzt werden, so wird Gl. 2

$$l = l_0[1 + a(t - t_0)],$$

mithin $\varphi(t - t_0) = 1 + a(t - t_0)$ und $\varphi'(t - t_0) = a$; nun ist aber nach Gl. 3

$$\varphi'(t - t_0) = \alpha,$$

**folglich erhalten wir** $a = \alpha$ **und für den vorliegenden besonderen Fall**

$$l = l_0 [1 + \alpha (t - t_0)] \quad\ldots\ldots\ldots\ldots \quad (2a)$$

Die Wärmedehnungszahl ist unter der gemachten Voraussetzung innerhalb der Grenzen $t_0$ bis $t$ unveränderlich.

b) Läßt sich die Gl. 2 mit genügender Genauigkeit innerhalb der Grenzen $t_0$ bis $t$ ersetzen durch die Gleichung

$$l = l_0 [1 + a (t - t_0) + b (t - t_0)^2 + c (t - t_0)^3 + \ldots], \quad\ldots \quad (2b)$$

so ergibt sich $\alpha = \varphi'(t - t_0)$ durch Differentiieren der Ausdrucks in der Klammer der Gl. 2b zu

$$\alpha = a + 2b (t - t_0) + 3c (t - t_0)^2 + \ldots$$

**367.** Ein Stab, der bei der Temperatur $t_1$ die Länge $l_1$ hatte, werde abgekühlt auf die Temperatur $t_2$. Die Längenänderung werde entsprechend der Gleichung 2 dargestellt durch die Linie $AB$ in Abb. 437:

$$l = l_2 \, \varphi (t - t_2) \quad\ldots\ldots\ldots \quad (5)$$

Die gesamte Verkürzung (Schwindung) bei der Abkühlung von $t_1$ auf $t_2$, wobei $t_2$ der atmosphärischen Temperatur entsprechen möge, ist $\lambda_w = AC = l_1 - l_2$, die Verkürzung, bezogen auf die Einheit der Länge $l_2$, wird $\dfrac{l_1 - l_2}{l_2}$. Man nennt diese Größe das Schwindmaß für den Temperaturabfall von $t_1$ bis $t_2$. Es soll mit $\varepsilon_{1.2}$ bezeichnet werden:

$$\varepsilon_{1.2} = \frac{l_1 - l_2}{l_2} \quad\ldots\ldots\ldots \quad (6)$$

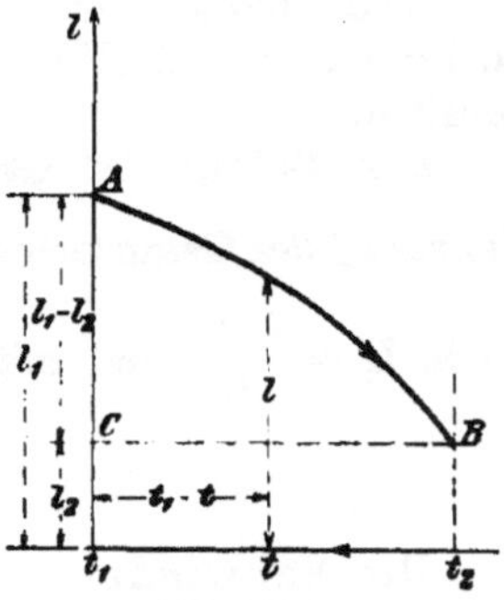

Abb. 437.

Zuweilen bezieht man das Schwindmaß nicht auf die Einheit der Länge $l_2$, sondern auf 100 Einheiten dieser Länge. Man erhält dann das Schwindmaß in Prozenten, es ist

$$\frac{l_1 - l_2}{l_2} \cdot 100 = \varepsilon_{1.2} \cdot 100 \quad\ldots\ldots\ldots \quad (7)$$

Die Kenntnis des Schwindmaßes ist von großer Bedeutung für die technologische Verarbeitung der metallischen Stoffe. Wird z. B. ein Stab gegossen und hat das Modell und somit auch angenähert die Gußform die Länge $l_1$, so wird der fertige Abguß die Länge $l_2$ haben. Will man also einen Stab von der genauen Länge $l_2$ haben, so muß das Modell bzw. die Gußform um den Betrag der Schwindung $l_1 - l_2$ größer gemacht werden. Dieser Betrag ist $l_2 \cdot \varepsilon_{1.2}$. Bei Gußeisen ist das mittlere Schwindmaß von der Gießhitze bis zu gewöhnlicher Temperatur $\varepsilon \cdot 100 = 1^0/_0$. Um einen Gußeisenstab von der Länge 100 cm zu erhalten, muß man die Gußform 101 cm lang machen.

Von gleicher Wichtigkeit ist die Kenntnis des Schwindmaßes bei Walzmaterial, das genaue Querschnittsabmessungen haben soll. Sind z. B. Stahlschienen herzustellen mit einer Höhe $h$, so muß das Kaliber der Fertigwalze die Höhe $h (1 + \varepsilon)$ erhalten, wenn $\varepsilon$ das Schwindmaß von der Temperatur des

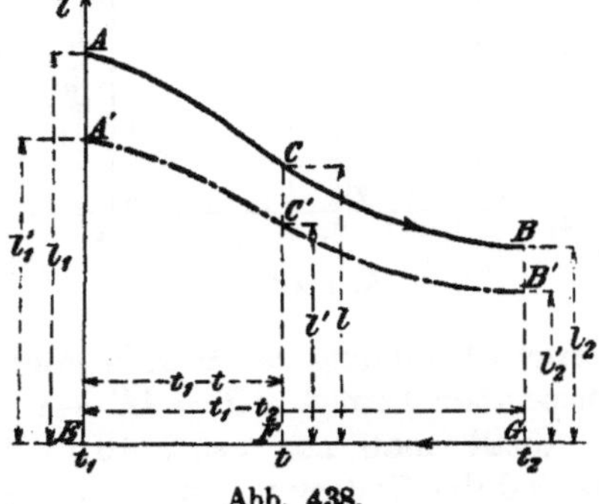

Abb. 438.

Fertigstichs bis zu gewöhnlicher Temperatur bedeutet. Es ist bei schmiedbarem Eisen $\varepsilon \cdot 100 =$ etwa 1,3 bis 1,5 %.

Zwei Stäbe eines und desselben Stoffes von verschiedener Länge $l_1$ und $l_1'$ (vgl. Abb. 438) mögen von der Temperatur $t_1$ auf die Temperatur $t_2$ abkühlen. Es ergibt sich dann aus Gl. 5

$$\begin{aligned} l &= l_2\,\varphi\,(t-t_2); & l_1 &= l_2\,\varphi\,(t_1-t_2); \\ l' &= l_2'\,\varphi\,(t-t_2); & l_1' &= l_2'\,\varphi\,(t_1-t_2). \\ \hline \frac{l}{l'} &= \frac{l_2}{l_2'}. & \frac{l_1}{l_1'} &= \frac{l_2}{l_2'} \end{aligned}$$

mithin auch

$$\frac{l}{l'} = \frac{l_1}{l_1'},$$

d. h. das Verhältnis $l/l'$ ist für jede Temperatur $t$ unverändert gleich $l_1/l_1'$ oder $l_2/l_2'$.

Sind somit $l_1$ und $l_1'$ gegeben, und ist die Schwindungskurve $AB$ bekannt, so kann man mit Hilfe des obigen Satzes die Punkte der Schwindungskurve $A'B'$ erhalten.

Der Betrag der Gesamtschwindung $\lambda_w$ beim Stab $l_1$ ist $\lambda_w = l_1 - l_2$, der Betrag $\lambda_w'$ der Gesamtschwindung für den Stab $l_1'$ ist $\lambda_w' = l_1' - l_2'$. Da nun $\frac{l_1}{l_1'} = \frac{l_2}{l_2'}$,

so ist $l_2' = \frac{l_2 \cdot l_1'}{l_1}$ und mithin $\lambda_w' = l_1' - \frac{l_2 l_1'}{l_1} = \frac{l_1'}{l_1}(l_1 - l_2)$ und

$$\lambda_w' = \lambda_w \cdot \frac{l_1'}{l_1}. \quad\quad\quad\ldots\ldots\ldots\ldots\ldots \quad (8)$$

**Die Schwindungen zweier Stäbe eines und desselben Stoffes von verschiedener Länge, die von gleicher Anfangstemperatur aus auf gleiche Endtemperatur abkühlen, verhalten sich wie die ursprünglichen Längen.**

**368.** Die metallischen Stoffe erfahren während der Erstarrung teilweise Volumab-, teilweise auch Volumzunahme. Ein Beispiel für den letzteren Fall bietet das graue Roheisen, das sich während der Erstarrung ausdehnt.

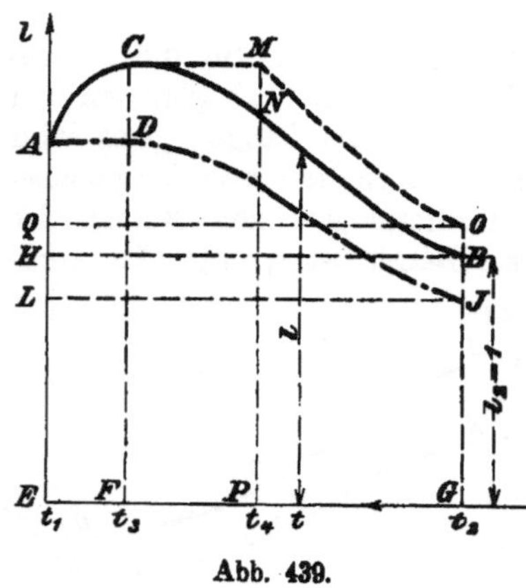


Abb. 439.

a) Die Schwindungslinie eines sich während der Erstarrung ausdehnenden metallischen Stoffes sei schematisch durch die Linie $ACB$ in Abb. 439 gegeben. $t_1$ sei der Beginn der Erstarrung, $t_2$ das Ende derselben. Während der Erstarrung dehne sich das Material um den Betrag $CD$ aus. $t_2$ sei die gewöhnliche atmosphärische Temperatur. Wählt man den Maßstab der Abbildung so, daß $BG$ der Längeneinheit des gegossenen Stabes bei der Temperatur $t_2$ entspricht, so ist nach Gl. 5 für irgend eine Temperatur $t$

$$l = \varphi\,(t-t_2),$$

d. h. die Ordinate eines jeden Punktes der Kurve $ACB$ stellt die Funktion $\varphi$ dar. Die Gesamtschwindung des Metalls vom Beginn der Erstarrung bis zur gewöhnlichen Temperatur beträgt $AH = AE - 1$.

Gießt man nun den Stab in eine metallene Form, die die Ausdehnung $CD$ während der Erstarrung verhindert, so wird er unter bleibender Zusammendrückung um den Betrag $CD$ seine Länge bis zur Temperatur $t_3$ unverändert beibehalten. Er verhält sich nun bei seiner weiteren Abkühlung wie ein Stab desselben Stoffes von der Länge $FD$, der von der Temperatur $t_3$ ungestört auf $t_2$ abkühlt. Bei der letzteren Temperatur besitzt jede Einheit seiner Länge, die Größe $GJ$, wobei sich $GJ$ nach Abs. 367 ergibt zu

$$JG : BG = DF : CF,$$

also

$$JG = BG \cdot \frac{DF}{CF}.$$

Die Schwindung bei ungehinderter Ausdehnung des Metalls beträgt

$$\lambda_w = AE - BG,$$

die Schwindung $\lambda_w'$ bei verhinderter Ausdehnung des Stoffes während der Erstarrung

$$\lambda_w' = AE - JG = AE - BG \cdot \frac{DF}{CF}.$$

$\lambda_w'$ ist somit größer als $\lambda_w$.

Die Beziehung zwischen dem Gesamtschwindmaß $\varepsilon_{1.2} = \dfrac{\lambda_w}{BG}$ und $\varepsilon_{1.2}' = \dfrac{\lambda_w'}{JG}$ findet man ferner wie folgt:

$$\varepsilon_{1.2} = \frac{AE - BG}{BG} = \frac{AE}{BG} - 1 = AE - 1.$$

$$\varepsilon_{1.2}' = \frac{AE - BG \cdot \dfrac{DF}{CF}}{BG \cdot \dfrac{DF}{CF}} = \frac{AE}{BG} \cdot \frac{CF}{DF} - 1 = AE \cdot \frac{CF}{DF} - 1.$$

Das Schwindmaß $\varepsilon_{1.2}'$ ist also größer als $\varepsilon_{1.2}$.

**Verhindert man einen Stoff, der sich während der Erstarrung ausdehnt, durch bleibende Formänderung an dieser Ausdehnung, so wird sowohl die Schwindung als auch das Schwindmaß gesteigert.**

b) Wird ein Stoff, der von dem Beginn der Erstarrung bis zur gewöhnlichen Temperatur seine Länge nach der Linie $ACB$ in Abb. 439 ändert, innerhalb des Temperaturintervalls $t_3$ bis $t_4$, in dem vorwiegend nur plastisches Formänderungsvermögen vorausgesetzt werde, an der freien Schwindung verhindert, so behält er bei $t_4$ noch die Länge $PM = CF$. Hört dann bei $t_4$ das der Schwindung entgegenstehende Hindernis auf, so entspricht die Weiterschwindung der Linie $MO$, also der Schwindung eines Stabes von der Länge $MP = CF$ nach demselben Gesetz, das dem Kurvenstück $NB$ zugrunde liegt. Es muß dann sein $MP : NP = OG : BG$.

Die Schwindung ist jetzt statt $AH$ bei ungestörter Schwindung gleich der Strecke $AQ$ bei gestörter Schwindung, also kleiner geworden.

**Wird ein Stoff während der Abkühlung in einem innerhalb der Zone der vorwiegend plastischen Formänderungsfähigkeit gelegenen Temperaturbereich durch äußere Kräfte an der Verkürzung verhindert, bei weiterer Abkühlung aber der ungestörten Längenänderung bis herab zu gewöhnlicher Temperatur überlassen, so wird die Gesamtschwindung und auch das Gesamtschwindmaß kleiner als bei ungestörter Längenänderung.**

Der Fall b kann z. B. verwirklicht werden, wenn der Kern in einem Hohlguß die Schwindung innerhalb eines bestimmten Temperaturbereichs verhindert oder erschwert.

Die Fälle a und b können eintreten, wenn Formwände oder Kerne der freien Längenänderung des Gußstücks entgegenwirken; sie können aber auch dadurch bedingt werden, daß sich starr verbundene Teile des Gusses gegenseitig in ihrer Schwindung behindern, so daß der eine bleibend verkürzt, der andere bleibend gestreckt wird. Dieser Fall ist früher bereits bei den Spannungen besprochen worden (*331* bis *338*). Beide Fälle sind natürlich nur bis zu einem gewissen Grade möglich; übersteigen die Widerstände ein gewisses Maß, so treten Warmrisse auf (*335*).

# B. Die Bildung von Schwindhohlräumen (Lunkern).

*369.* Zur groben Versinnlichung der Vorgänge bei der Bildung von Schwindhohlräumen diene folgende Betrachtung an der Hand der Abb. 441. Es liege eine Gußform vor, die einen würfelförmigen Hohlraum von 600 mm Seitenlänge umfaßt. In diese werde ein flüssiger Stoff eingegossen. Es wird vorausgesetzt, daß nach vollendetem Guß nichts mehr von dem flüssigen Material in die Gußform nachfließen kann. Die Schwindungslinie des gegossenen Stoffes habe den Verlauf wie in Abb. 440, d. h. weder das flüssige noch das feste Material ändere sein Volumen mit der Temperatur. Nur beim Übergang aus dem flüssigen in den festen Zustand trete eine Längenverkürzung um beispielsweise 25 % ein. Dieser Verlauf der Schwindung ist zugrunde gelegt worden, weil sich hierbei die Überlegung am einfachsten gestaltet; insbesondere sind die Einflüsse von Strömungen innerhalb der Flüssigkeit durch diese Annahme ausgeschaltet gedacht, weil sie die Sachlage wesentlich verwickeln können.

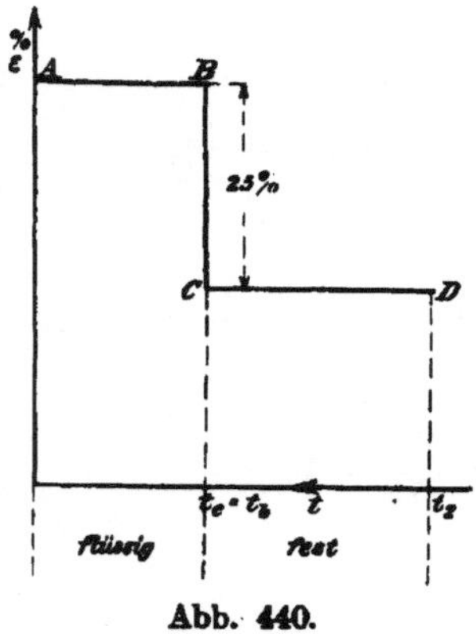

Abb. 440.

Wir denken uns die Erstarrung in drei Zeitabschnitte zerlegt. Die Abkühlung erfolgt von der Oberfläche der Gußform her von außen nach innen. Es werde vorausgesetzt, daß die Abkühlungsgeschwindigkeit in den Richtungen senkrecht zu den Würfelflächen an allen Stellen gleich sei.

1. Zeitabschnitt. Von dem Würfel von 600 mm Seitenlänge denke man sich eine Außenschicht von 120 mm Dicke abgetrennt und zur Erstarrung gebracht. Zurück bleibt dann von dem flüssigen Stoff ein Würfel von der Seitenlänge $600 - 2 \cdot 120 = 360$ mm, entsprechend einem Rauminhalt von $360^3$ cbmm. Bei der Erstarrung der Außenschicht wird dem flüssigen Material Wärme von der Formwand entzogen. Es werden sich deswegen Kristalle an dieser ansetzen, und an diesen ersten Kristallen wachsen dann weitere an. Die erstarrte Kruste I wird daher außen einen Würfel von der Seitenlänge 600 mm bilden. Ihre Dicke, die im flüssigen Zustand 120 mm betrug, wird sich aber wegen der Schwindung von 25 % auf 90 mm verringern. Man erhält so innerhalb der erstarrten Kruste einen würfelförmigen Hohlraum mit der Seitenlänge $600 - 2 \cdot 90 = 420$ mm. Dem flüssigen Rest von $360^3$ cbmm Rauminhalt steht nun ein durch die erstarrte Kruste I gebildeter Hohlraum von $420^3$ cbmm zur Verfügung, den er nicht auszufüllen vermag. Er wird sich deshalb im unteren Teil über der zur Verfügung stehenden Grundfläche von $420^2$ qmm ausbreiten und eine Höhe $h_1$ annehmen, die sich aus der Beziehung $420^2 \cdot h_1 = 360^3$ ergibt, woraus $h_1 = 265$ mm. Von der zur Verfügung stehenden Höhe 420 mm des Hohlraums werden also nur 265 mm ausgefüllt. Über der Flüssigkeit bleibt deswegen ein luftleerer Raum $H_1$ von $420 - 265 = 155$ mm Höhe (Abb. 441).

2. **Zeitabschnitt.** Von dem flüssigen Teil des Materials, der einem Prisma vom $420^2$ qmm Grundfläche bei 265 mm Höhe entspricht, werde wieder eine 120 mm dicke Schicht von außen her abgegrenzt und zur Erstarrung gebracht. Es hinterbleibt alsdann ein flüssiger Rest, dessen Volumen sich ergibt zu

$$(420 - 2 \cdot 120)^2 \times (265 - 2 \cdot 120) = 180^2 \cdot 25 \text{ cbmm}.$$

Die erstarrte Kruste nimmt wegen des Schwindens die Dicke 90 mm an. Die Kristalle setzen sich bei der Erstarrung an die bereits früher im ersten Zeitabschnitt erstarrte Kruste I an, so daß man einen prismatischen Hohlkörper II erhält, der im Innern einen Hohlraum von der Grundfläche $(420 - 2 \cdot 90)^2 = 240^2$ qmm und einer Höhe von $265 - 2 \cdot 90 = 85$ mm übrigläßt. Dem nach Erstarrung von Kruste II übrigbleibenden flüssigen Rest von $180^2 \cdot 25$ cbmm Rauminhalt steht ein Hohlraum von $240^2$ qmm Grundfläche zur Verfügung, dessen unterer Teil ausgefüllt wird bis zur Höhe $h_2$, die sich aus der Beziehung $240^2 \cdot h_2 = 180^2 \cdot 25$ ergibt; mithin ist $h_2 = 14$ mm. Von der zur Verfügung stehenden Höhe 85 mm des Hohlraums

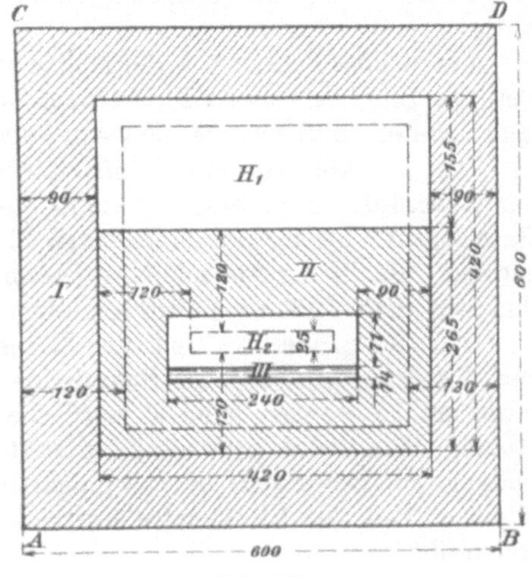

Abb. 441.

werden nur 14 mm ausgefüllt; es bleibt also ein zweiter luftleerer Hohlraum $H_2$ von der Höhe $85 - 14 = 71$ mm übrig.

3. **Zeitabschnitt.** Schließlich wird auch der letzte flüssige Rest erstarren, wiederum unter Bildung eines luftleeren Raums, der weiter nicht in Betracht gezogen werden soll.

Als Endergebnis erhalten wir in dem erstarrten Würfel Hohlräume $H_1$ und $H_2$ in der in Abb. 441 gezeichneten Weise übereinander. Falls Gasentwicklung aus dem Gußmaterial nicht stattfindet, sind diese Hohlräume tatsächlich luftleer.

In Wirklichkeit darf man sich die Erstarrung nicht bloß in drei Zeitabschnitte zerlegt denken, sondern in unendlich viele. Man erhält deswegen auch eine ganze Reihe von Hohlräumen $H_1, H_2, H_3 \ldots$ übereinander, deren Gesamtheit man als **Schwindhohlraum, Saugtrichter** oder **Lunker** bezeichnet. Tafelabb. 83, Taf. XVIII, zeigt einen längs durchgebrochenen Naphtalinblock von etwa 420 mm Höhe, 240 mm oberem und 100 mm unterem Durchmesser, der in eine Blechform gegossen und darin zur Erstarrung gebracht wurde. Naphtalin wurde gewählt, weil es beim Übergang aus dem flüssigen in den festen Zustand stark schwindet. Der Lunker ist außerordentlich regelmäßig ausgebildet; er liegt in der oberen Hälfte des Blocks und ist durch zahlreiche wagerechte Wände unterteilt, wie es die obige Überlegung erwarten läßt. Nach der Blockmitte zu verjüngt sich der Lunker trichterförmig, was ebenfalls mit der oben gemachten Überlegung in Einklang steht.

Tafelabb. 84, Taf. XIX, zeigt einen Block von mittelhartem Martinflußeisen, der in eine gußeiserne Form (Kokille) gegossen wurde, vgl. Abb. 443. Der Block ist etwa 1630 mm hoch, oben 430, unten 535 mm dick und von quadratischem Querschnitt mit stark abgerundeten Ecken. Er wurde in der Mittelebene längs durchgeteilt, geschliffen und mit Kupferammoniumchlorid geätzt. Der Lunker ist am Kopf des Blockes stark, wird nach unten zu schwächer, setzt sich aber sehr tief nach dem Fuß zu fort, so daß nur etwa die unteren $^2/_5$ der Blockhöhe ganz lunkerfrei sind. Der obere Teil des Blockes mit dem starken Lunkerhohlraum ist für die Weiterverarbeitung zu einem Schmiede- oder Walzstück nicht zu verwenden. Er spleißt beim Schmieden oder Walzen auf und liefert mehr oder weniger verschweißte Nähte, wie in Tafelabb. 86, Taf. XIX, bei *n*. Diese ist die Abbildung eines Trägers von 260 mm Höhe, der aus einem mit Lunker behafteten Block desselben Materials und derselben Art wie in Tafelabb. 84 gewalzt wurde. Der dargestellte Abschnitt entspricht dem Ende, das im Kopf des Blockes gelegen hatte.

Um solche Fehler, wie die Nähte *n*, zu vermeiden, darf man nur den unteren Teil des Blockes verwenden, in dem der Lunker zurücktritt. Der obere Teil mit dem Lunker muß von der Verwendung ausgeschlossen werden.

Der Lunkerhohlraum kann tatsächlich luftleer sein, wenn er nirgends mit der Außenluft in Verbindung steht, und wenn das Metall bei der Erstarrung keine Gase abgibt. Ist der Hohlraum tatsächlich leer, oder ist der Druck in ihm wesentlich geringer, als in der Außenluft, so kann es vorkommen, daß die dünne Decke über ihm von dem äußeren Luftdruck eingedrückt wird.

*370.* Je größer der Teil des Blockkopfes ist, der wegen seiner Lunker von der Weiterverarbeitung zu Schmiede- oder Walzstücken ausgeschlossen werden muß, um so weniger lohnend wird die Arbeit wegen der Verluste an Löhnen und Metall. Man wird deswegen bestrebt sein, wenn irgend möglich, die Lunkerbildung zu beseitigen, oder wenigstens sie so zu beeinflussen, daß sie nur im obersten Teil des Blockkopfes auftritt, und der übrige Teil des Blockes lunkerfrei bleibt.

Die Mittel dazu ergeben sich aus den Gesetzen der Lunkerbildung. In Abs. *369* wurde gezeigt, daß der Lunker in einem gleichmäßig von allen Seiten abkühlenden Würfel dort ansetzt, wo das Metall zuletzt erstarrt (bei $H_2$ in Abb. 441), und sich von da aus nach oben erstreckt. Hätten wir ein Mittel, um die im Würfel zuletzt erstarrende Stelle von der Mitte aus nach oben zu rücken, so würde dadurch der vom Lunker durchsetzte Teil des Blockes kleiner.

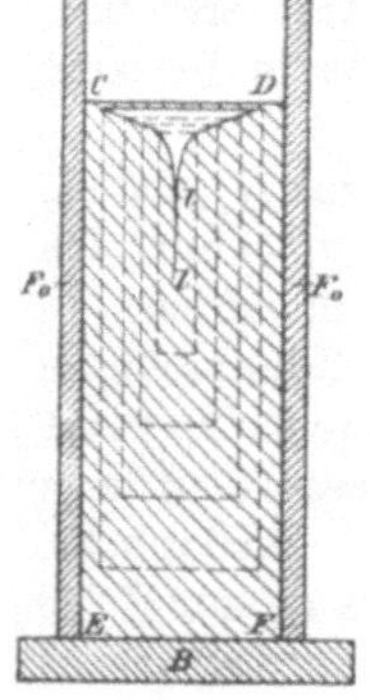

Abb. 442.

In einer eisernen Blockform ist dies dadurch möglich, daß die Abkühlung von der oberen Fläche *CD* her (Abb. 442) verlangsamt wird gegenüber der Abkühlung von den Flächen *CE*, *DF*, *EF*, die mit den eisernen Wänden der Form *Fo* oder mit dem eisernen Boden *B* in Berührung stehen. Die Erstarrung wird dann in den einzelnen Zeitabschnitten so vorschreiten, wie es in Abb. 442 durch die punktierten Linien angegeben ist. Die obere Kruste parallel *CD* wird wegen der dort herrschenden langsamen Abkühlung dünn, die Krusten an den übrigen Abkühlungsflächen sind wesentlich dicker. Das Ende der Erstarrung liegt bei *ll*, von da ab erstreckt sich der Lunker trichterförmig nach oben.

Die langsamere Abkühlung der Fläche *CD* geschieht entweder dadurch, daß man sie mit einem schlechten Wärmeleiter (Sand usw.) abdeckt, oder daß man den Block von der Kopffläche *CD* her durch Wärmezufuhr von außen heizt (Verfahren nach Riemer, $L_6 3$, oder nach Beikirch, $L_6 4$). Durch dieses Hilfsmittel erreicht man namentlich bei Blöcken für Schmiedestücke, daß man einen wesentlich kleineren Teil des Blockes am Kopfe zu verwerfen braucht, als wenn die Blöcke in der gewöhnlichen Weise zur Erstarrung gebracht werden.

Ein anderes Mittel, die Lunkerbildung zu vermindern oder ganz zu unterdrücken, besteht darin, daß man das Material während der Erstarrung in dem Maße von außen zusammendrückt, als sich die Hohlräume im Innern bilden wollen.

Als zweckentsprechend hat sich hierbei das Harmetsche Verfahren erwiesen. (Harmet, $L_6 5$; Wiecke, $L_6 6$; Osann, $L_6 7$; E. Heyn und O. Bauer, $L_6 8$).

Das Flußeisen wird in eine mit Reifen verstärkte, nach oben hin verjüngte eiserne Kokille 1 eingegossen, s. Abb. 443. Der bewegliche eiserne Boden 2 der Kokille ruht auf einem Stempel 3, der in dem Wagen 4 geführt ist. Nach dem Guß wird der Wagen 4 mit der darauf befindlichen Kokille unter die Presse in die in Abb. 443 gezeichnete Stellung gefahren. In dieser vermag ein Plunger 5 unter Vermittelung des Zwischenstücks 6, des Stempels 3 und des Bodens 2 von unten her auf das in der Kokille erstarrende Eisen einen Druck auszuüben. Dadurch wird der außen erstarrte Block in dem Maße, wie die Erstarrung weiterschreitet, in die sich nach oben verjüngende Kokille eingedrückt. Durch einen hydraulisch betätigten Gegenstempel 7 wird ein Gegendruck von oben her auf den Block ausgeübt, der wesentlich geringer ist als der Andruck, den der Boden 2 erfährt. Die Folge ist, daß der Block in dem Grade, wie er weiter nach oben in die Kokille eintritt, Seitendruck erhält. Dieser und der axiale Druck bewirken Schließung der Lunkerhohlräume. Während des ganzen Preßvorgangs wird die Kokille von außen mit Wasser berieselt, damit sie kühl erhalten bleibt.

Zur Erzeugung fehlerfreier Blöcke ist es nötig, den Hub des Plungers 5 je nach Größe des Blockes und der Art des vergossenen Eisens in einer durch Erfahrung festgestellten Weise zu regeln.

Die mittels des Preßverfahrens erzielbare Wirkung ergibt sich aus dem Vergleich der Tafelabb. 84 und 85, Taf. XIX. Blöcke von mittelhartem Martinflußeisen in nahezu gleichem Gewicht wurden aus derselben Pfanne in Kokillen gleicher Abmessungen nach Art der in Abb. 443 gezeichneten gegossen. Der in Tafelabb. 84 dargestellte Block wurde nicht gepreßt, während der Block Tafelabb. 85 in der oben beschriebenen Weise gepreßt wurde. Die Blöcke wurden genau in der Mittelebene längs durchgeschnitten.

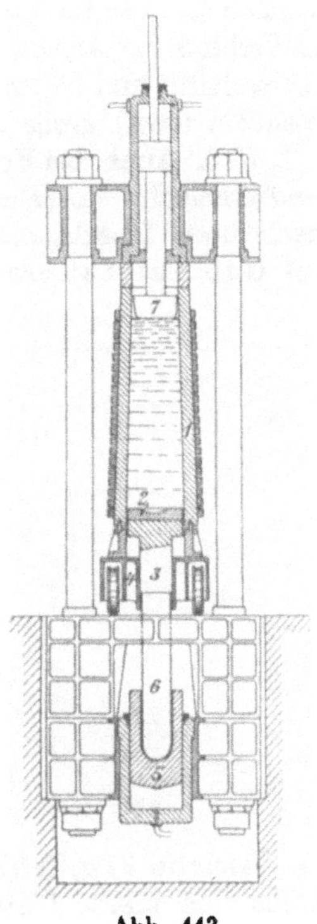

Abb. 443.
Harmetpresse.

Man sieht, daß die Lunkerbildung durch das Preßverfahren völlig beseitigt ist.

*371.* Bei manchen Legierungen, wie z. B. bei den Kupfer-Zinn-Legierungen (Bronzen), bei deren Erstarrung sich zunächst tannenbaumförmige Kristalle bilden, zwischen deren Maschen sich der flüssige Rest wie in den Hohlräumen eines Schwammes befindet (s. Tafelabb. 39, Taf. VIII), kann bei genügend langsamer Abkühlung an Stelle des Lunkers eine schwammige, poröse Stelle entstehen. Dies erklärt sich wie folgt. Die Erstarrung sei so weit vorgeschritten, daß nur noch der Hohlraum $H$ in Abb. 444 übrig ist. Der darin befindliche Flüssigkeitsrest kann den Hohlraum nicht ausfüllen; er hat das Bestreben, sich in seinem unteren Teile anzusammeln und oberhalb des Flüssigkeitsspiegels einen großen Lunker zu bilden, wie in Abb. 444 angedeutet. Diesem Bestreben kann der flüssige Rest aber nicht folgen, weil die Erstarrung so vor sich geht, daß wie in Abb. 445 von der erstarrten Kruste

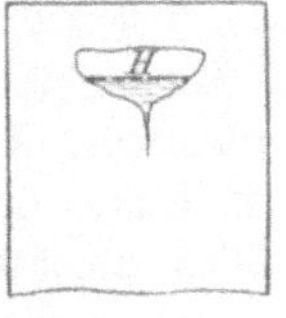

Abb. 444.

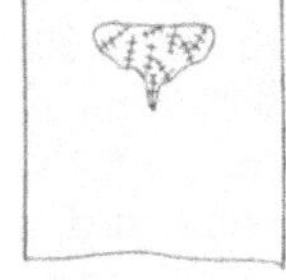

Abb. 445.

aus die Tannenbaumkristalle in den Hohlraum vorschießen, und zwischen ihren Maschen den flüssigen Rest wie ein Schwamm festhalten, so daß er sich in dem ganzen Hohlraum $H$ nahezu gleichmäßg verteilt. Nach Erstarrung dieses letzten flüssigen Restes fehlt es nun an Material, um den Hohlraum $H$ ganz auszufüllen. Zwischen den Maschen der Tannenbaumkristalle entstehen somit gleichmäßig im

Raum $H$ verteilte kleine Hohlräume. Statt eines großen Lunkers hat sich eine Stelle mit außerordentlich vielen kleinen, feinverteilten Lunkern gebildet.

Solche Erscheinungen finden sich nicht nur bei Bronze, sondern auch bei einer ganzen Anzahl anderer Legierungen, z. B. auch beim Gußeisen.

Unter Umständen kann sich die Porosität durch die ganze Wandstärke des Gußstücks hindurchsetzen, so daß die vielen kleinen Lunker mit der Außenluft in Verbindung stehen. Solche Gußstücke sind dann gegen Wasser- und Gasdruck nicht dicht und bilden bei der Herstellung von druckdichten Hohlgüssen (Zylindern, Ventilen usw.) große Schwierigkeiten.

*372.* Auch bei Formgüssen macht sich die Lunkerbildung störend bemerkbar und erheischt Vorkehrungen zu ihrer Beseitigung. Entsprechend den in Abs. *369* gemachten Überlegungen bildet sich der Lunker immer an der Stelle, die im Guß zuletzt erstarrt. Da an Stellen, wo sich Materialanhäufungen im Guß befinden, die Abkühlung langsamer vor sich geht, als an Stellen mit geringerer Wandstärke, so wird auch an diesen Massenanhäufungen noch flüssiges Metall vorhanden sein, während die übrigen dünneren Teile bereits erstarrt sind. An diesen zuletzt erstarrenden Stellen werden sich dann die Lunker bilden. Sie sind in solchen Fällen besonders ausgeprägt, weil die angrenzenden dünneren Gußteile ihren Lunkerhohlraum durch flüssiges Metall aus den noch flüssigen Stellen der Materialanhäufungen auszufüllen bestrebt sind. Sie saugen flüssiges Material von dort ab. Abb. 446, die einen Längsschnitt durch ein kleines Gußstück aus weißem Roheisen zur Tempergußerzeugung darstellt, läßt die Lunker an den verdickten Stellen erkennen.

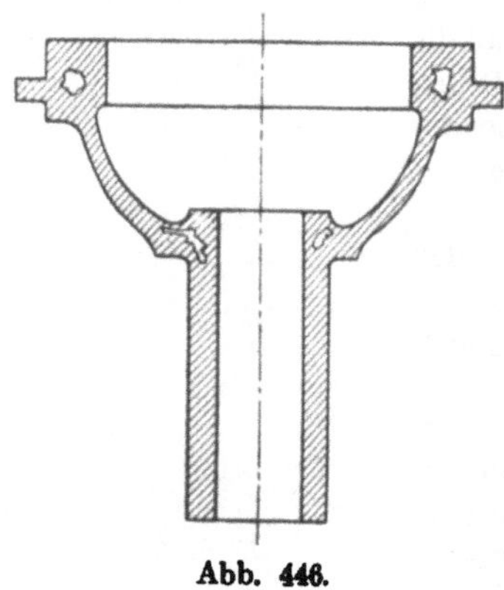
Abb. 446.

Tafelabb. 87 $a$, Taf. XVIII, zeigt in etwa 0,21 facher Vergrößerung den Längsschnitt durch eine kleine Platte mit zwei Rippen aus Stahlguß. Die Stellen langsamster Abkühlung liegen dort, wo sich die Mittellinien der Rippen und der Platte innerhalb der Schnittfläche schneiden. Dort wird sich auch der Schwindhohlraum bilden, wie dies die Tafelabbildung erkennen läßt. Bei der linken Rippe hat der Luftdruck es vermocht, die dünne erstarrte Kruste in der einspringenden Kante durchzubrechen, so daß der Lunker dort mit der Außenluft in Verbindung steht. (In Tafelabb. 87 $a$ durch Pfeil angedeutet.) Dies ist besonders gefährlich, weil die Materialstärke am Übergang zwischen Platte und Rippe stark geschwächt ist, und weil außerdem die Kerbwirkung des durch den Lunker hervorgebrachten einspringenden Winkels die Widerstandsfähigkeit des Konstruktionsteils erheblich vermindert.

In Tafelabb. 87 $b$, Taf. XVIII, ist gezeigt, wie das Gußstück gegossen werden muß, um die schädliche Lunkerbildung zu beseitigen. Man gibt dem Gußstück nach oben hin eine Fortsetzung $K$, deren Masse so groß ist, daß sie in der Abkühlung mit Sicherheit hinter der sämtlicher übrigen Teile des Gußstückes zurückbleibt und schließlich zuletzt erstarrt. Der Lunker wird sich dann in dieser Fortsetzung bilden, wie es die Tafelabbildung zeigt, während das eigentliche Gußstück lunkerfrei bleibt. Man bezeichnet eine solche Fortsetzung des Gußstücks als verlorenen Kopf. Er wird nach Erkalten des Gusses abgeschnitten.

Ein verlorener Kopf vermag nur dann seine Wirkung auszuüben, wenn in dem Verbindungskanal zwischen Gußstück und Kopf das Gußmaterial nicht früher erstarrt, als das Gußstück selbst. Würde man beispielsweise den Kopf in der in Abb. 447 skizzierten Weise anbringen, so würde der Zuflußkanal $w$ durch erstarrtes Metall bereits zu einer Zeit verstopft sein, wo die mit 1 bezeichneten Stellen des Gusses noch flüssig sind. Die Folge davon wäre, daß das noch flüssige Material im Kopf durch $w$ nicht zu den Stellen 1 hinabfließen und so die Lunker bei 1 ausfüllen kann, und daß sich sowohl bei 1 im Guß, wie auch bei 2 im Kopf voneinander getrennte Lunker bilden. Der Kopf $K$ ist dann ganz nutzlos gewesen.

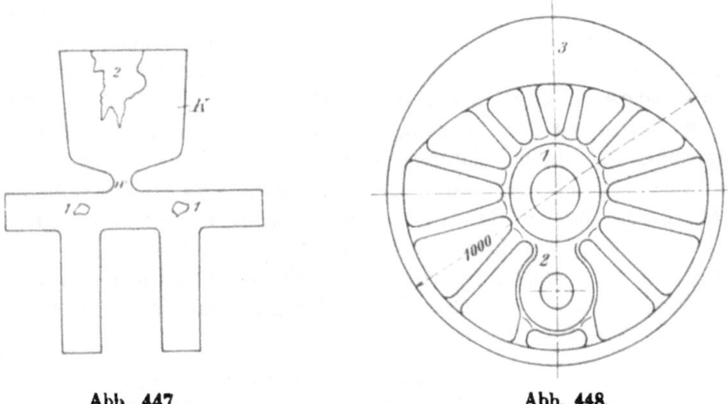

Abb. 447.                                        Abb. 448.

Als Beispiel für die Verwendung verlorener Köpfe diene noch der Guß des in Abb. 448 und in Tafelabb. 88, Taf. XVIII, dargestellten Lokomotivtreibrades aus Stahlguß. An der Nabe 1, an dem Angriffspunkt der Kurbel 2 und am Gegengewicht 3 liegen starke Massenanhäufungen, die zu Lunkerbildung führen würden, wenn nicht an diesen Stellen verlorene Köpfe aufgesetzt wären, wie Tafelabb. 88 erkennen läßt. Die Köpfe 1 und 2 sind miteinander verbunden.

Für den Konstrukteur ist die Kenntnis von der Lunkerbildung in Gußstücken von höchster Bedeutung. Vielfach glaubt er durch Anhäufung der Masse an stark beanspruchten Stellen eines Gußstückes die Widerstandsfähigkeit desselben zu vergrößern und kann trotzdem wegen der Lunkerbildung gerade das Gegenteil erreichen, namentlich dann, wenn die verstärkten Stellen so liegen, daß ihnen mit verlorenen Köpfen nicht beizukommen ist.

Zuweilen bedient man sich auch noch eines anderen Hilfsmittels, um Lunkerbildungen und schwammigen Stellen in Gußstücken entgegenzuarbeiten. Die Abb. 449a bis c zeigen ein und dasselbe Gußstück (Teil eines Zylinders mit an-

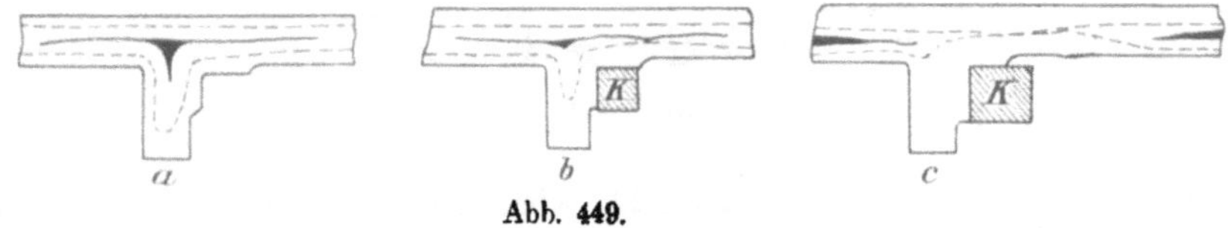

Abb. 449.

gegossenem Flansch). Wird das Stück in gewöhnlicher Weise in Sand geformt, so geht die Abkühlung so vor sich, wie in Abb. 449a angedeutet. Die einzelnen Linien zeigen das Vordringen der Erstarrung von der Oberfläche her an; sie sind Linien gleicher Temperatur (Isothermen). Der Lunker, bzw. die schwammige Stelle wird sich an der schwarz gezeichneten Stelle einfinden. Wird aber bei $K$ ein eiserner Ring (Kokille oder Schreckplatte) in die Sandform eingelegt, so wird die Abkühlung in der nächsten Umgebung von $K$ schneller vor sich gehen. Die von außen nach innen vordringende erstarrte Kruste wird in der Umgebung von $K$ wesentlich dicker, wie aus dem Vergleich zwischen Abb. 449a und b hervor-

geht. Die Erstarrung wird schließlich sowohl im Zylinder wie im Flansch zu
gleicher Zeit beendet sein. Dadurch wird wenigstens verhindert, daß die dünneren
Teile der Zylinderwandung das flüssige Metall aus dem Flansch heraussaugen
können. Die Lunkerbildung wird auf das geringste Maß beschränkt, aber nicht
ganz aufgehoben. Das Mittel ist deshalb besonders bei grauem Gußeisen wirk-
sam, welches an und für sich weniger lunkert. Ist aber die Masse der Schreckplatte $K$ im Verhältnis zur Masse des Flansches zu groß, wie in Abb. 449c, so
kann die Erstarrung in der Nachbarschaft des Flansches früher beendet sein, als
in den angrenzenden Zylinderteilen. Der früher erstarrende Flansch wird das
flüssige Metall aus dem Innern der noch flüssigen Teile der Zylinderwand zum Ersatz des ihm wegen der Schwindung fehlenden Metallvolumens aussaugen. Die
Lunker entstehen dann in der Zylinderwand an den schwarz gezeichneten Stellen.
Die Fälle $a$ und $c$ stellen also die beiden entgegengesetzten Wirkungen dar. Die
günstigste Wirkung liegt in der Mitte. Es ist aber zu beachten, daß eine tatsächliche Beseitigung des Lunkers nicht, im günstigsten Falle nur eine Beschränkung der Lunkerbildung auf ein Mindestmaß mittels des angegebenen
Hilfsmittels möglich ist. In vielen Fällen bewirkt das Mittel nur Verlegung
der Lunker an eine andere Stelle.

*373.* Schwere geschmiedete Wellen aus Flußstahl werden vielfach ausge-
bohrt, um die Sicherheit zu haben, daß von der Lunkerbildung und von der
Seigerung herrührende Fehlstellen in dem geschmiedeten Gebrauchsstück nicht
mehr vorhanden sind. Die Ausbohrung gestattet außerdem noch eine Kontrolle,
ob noch bemerkenswerte Fehlstellen trotz des Ausbohrens des Kerns zurückgeblieben sind, da man bei geeigneter Beleuchtung auf der Wandung der Bohrung die Fehlstellen erkennen kann. Gleichzeitig wird durch die Bohrung das
Gewicht der Welle verringert, was namentlich für Schiffswellen von Bedeutung ist.

Man muß sich über den Vorgang beim Schmieden der Werkstücke klar sein,
wenn man beurteilen will, ob durch die Ausbohrung auch tatsächlich die Material-
teile mit den größten Fehlstellen (von Lunkerung und Seigerung herrührend) beseitigt sind. So kann z. B. bei aus dem Vollen geschmiedeten Kurbelwellen die

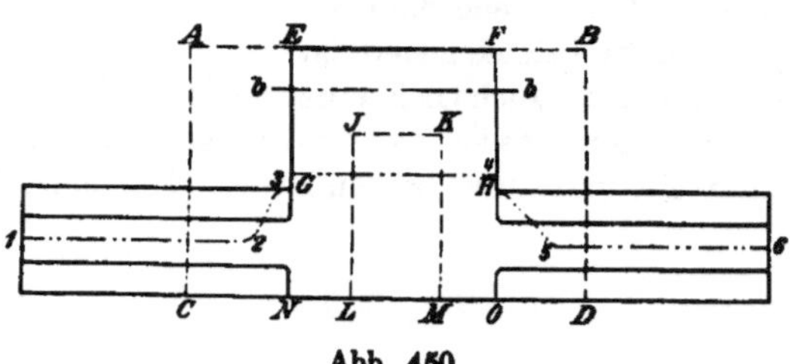

Abb. 450.

Ausbohrung in den Kurbelzapfen nach $bb$, Abb. 450, den genannten Zweck nicht
erfüllen. Die Mittelachse des Blockes, längs der die Lunker und Seigerungen zu
erwarten sind, falls solche überhaupt im Material vorkommen, nimmt in der geschmiedeten Kurbel die Lage 1 2 3 4 5 6 ein. Die Kurbel wird aus dem Blockteil
$ABCD$, der auf rechteckigen Querschnitt vorgeschmiedet ist, dadurch hergestellt,
daß längs $EG$ und $FH$ das Material bei Schmiedewärme eingehauen wird, so daß
Trennung nach den Linien $EG$ und $FH$ entsteht. Die Teile $AENC$ und $FBDO$
werden dann gestreckt und achtkantig ausgeschmiedet, wie in der Abb. 450 durch
die ausgezogenen Linien angedeutet ist. Die übrige Bearbeitung erfolgt dann mittels
schneidender Werkzeuge, die den Teil $JKML$ herausnehmen, die Wellenenden
und den Kurbelzapfen rund drehen usw.

Ist die Zone der Fehlstellen längs der Linie 123456 kräftig ausgeprägt, und fallen die einspringenden Kanten $G, J, K, H$ gerade in diese Zone, so liegt der Fall besonders ungünstig, weil dann durch die Fehlstellen die Kerbzähigkeit des Materials gerade an den Stellen vermindert wird, wo sich die Kerbwirkung an den einspringenden Kanten geltend macht (E. Heyn, $L_6$ 9). Vgl. Abs. *339* bis *348*.

*374.* In Abs. *369* wurde die durch Abb. 440 gekennzeichnete Voraussetzung über den Verlauf der Schwindlinie gemacht. Diese Voraussetzung ermöglichte es, auf eine einfache Weise zu einem Urteil über die Lage und die Gestalt der Lunkerhohlräume zu gelangen. Will man sich aber ein Urteil verschaffen über **die Größe der Lunkerhohlräume** und die Bedingungen, von denen diese abhängig ist, so muß man auf allgemeinerer Unterlage aufbauen.

Wir wollen einen Stoff betrachten, dessen Schwindlinie den in Abb. 451b mit $ABCD$ bezeichneten Verlauf hat. Die Linie ist hier so angeordnet, daß die

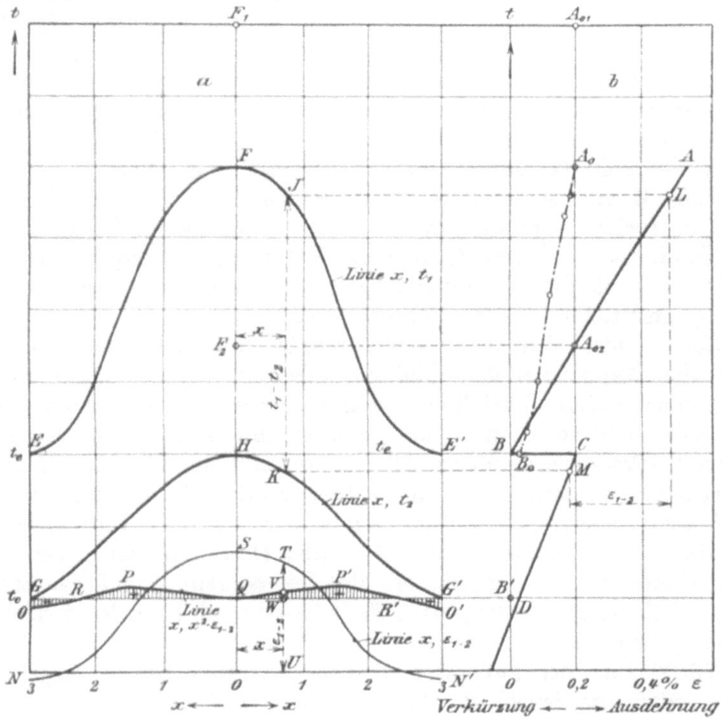

Abb. 451.

Temperatur $t$ als Ordinate und die Schwindung $\varepsilon$ in Prozenten als Abszisse verwendet ist. Der Zweig $AB$ der Schwindlinie entspricht der Schwindung des flüssigen, der Zweig $CD$ der des festen Stoffes. Die Strecke $BC$ entspricht einer Ausdehnung des Stoffes beim Übergang aus dem flüssigen in den festen Zustand. Dieser Fall ist zunächst gewählt, weil es nicht von vornherein einleuchtet, warum auch bei Stoffen, die unter Volumvermehrung erstarren, Lunkern eintreten kann.

Die Abb. 451a gibt ein Bild von der angenommenen Verteilung der Temperatur innerhalb des gegossenen Stoffes, der sich in einer Gußform befindet, welche ihn zwingt, einen würfelförmigen Raum von $6 \cdot l$ Seitenlänge einzunehmen. Die Wärmeentziehung erfolgt von den Wänden der Gußform aus, so daß einige Zeit nach dem Guß die Temperatur des flüssigen Stoffes längs der Formwand niedriger sein wird als im Innern des Würfels. Die Punkte gleicher Temperatur im gegossenen Stoff liegen, wenn gleichmäßige Abkühlungsgeschwindigkeit senkrecht zu den Wandungen der Gußform vorausgesetzt wird, sämtlich auf Oberflächen von Würfeln (Isothermen), deren Flächen den Wänden der Gußform parallel sind und von der Würfelmitte den Abstand $x$ haben, vgl. Abb. 452. Die in diesen Iso-

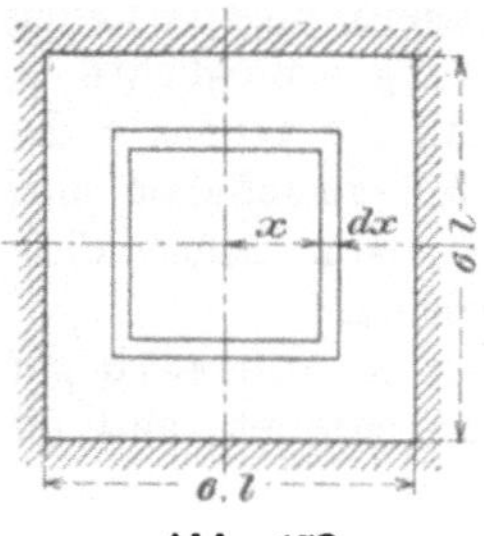


Abb. 452.

thermen herrschenden Temperaturen sind in Abb. 451a als Ordinaten zu den Werten von $x$ als Abszissen eingetragen. Die Abszisse Null entspricht der Würfelmitte, die Abszisse 3 der Oberfläche der Gußform.

Zu einer Zeit 1 werde die Zufuhr flüssigen Stoffes zur Gußform abgeschnitten; der Hohlraum der Gußform sei dann gerade mit dem flüssigen Stoff vollständig ausgefüllt. Die Temperatur längs der Formwandung sei gerade gleich der Erstarrungstemperatur $t_e$ des gegossenen Stoffes; die Erstarrung habe dort soeben begonnen. Die Schaulinie $x, t_1$ $(EFE')$ möge die Temperaturverteilung innerhalb des

Würfels zur Zeit 1 angeben. Im Innern des Würfels, für $x = 0$, herrscht die höchste Temperatur. Sie sinkt bei zunehmendem $x$ nach den Gußwandungen hin bis auf die Erstarrungstemperatur $t_e$ ab.

Ferner werde die Temperaturverteilung innerhalb des Würfels zu einer Zeit 2 ins Auge gefaßt und entsprechend dem Verlauf der $x, t_2$-Linie $(GHG')$ angenommen. Hierbei ist vorausgesetzt, daß für $x = 0$, also in der Würfelmitte, gerade die Temperatur $t_e$ herrscht, und die Erstarrung soeben beendet sei. Mit wachsendem $x$ nach den Formwandungen zu, nimmt die Temperatur bis auf den Wert $t_0$ unmittelbar an der Formwand ab.

Zur Zeit 1 wird sich eine dünne Kruste von Kristallen des gegossenen Stoffes an die Wandungen der Gußform ansetzen. Diese dünne Kruste wird zur Zeit 1 eine äußere Würfelkante von $6 \cdot l$ haben. Durch Abkühlung innerhalb des Zeitraums zwischen 1 und 2 sinkt die Temperatur in der dünnen Kruste von $t_e$ (Erstarrungstemperatur) entsprechend den Punkten $E$ oder $E'$ auf die Temperatur $t_0$ entsprechend den Punkten $G$ oder $G'$. Die bei diesem Temperaturabfall stattfindende Schwindung ergibt sich aus dem Unterschied $B'D$ der Abszissen der beiden Punkte $B$ und $D$ in Abb. 451b, von denen der erstere der Erstarrungstemperatur $t_e$, der letztere der Temperatur $t_0$ auf der Schwindlinie entspricht. $B'D$ ist im vorliegenden Falle positiv, d. h. es ist Ausdehnung um diesen Betrag eingetreten.

Die Würfelkante der äußersten dünnen erstarrten Kruste längs der Formwandungen wird also innerhalb der Zeit zwischen 1 und 2 von der Größe $6 \cdot l$ verlängert auf den Betrag $6 l \left(1 + \dfrac{B'D}{100}\right)$. Das Volumen $V_a$ des von der Kruste eingeschlossenen Raumes ist dann $6^3 \cdot l^3 \left(1 + \dfrac{B'D}{100}\right)^3$ oder angenähert

$$V_a = 6^3 \cdot l^3 \left(1 + 3 \frac{B'D}{100}\right) \quad \ldots \ldots \ldots \ldots \quad (1)$$

Es ist nun zu untersuchen, ob der von dieser Kruste eingeschlossene Raum $V_a$ auch tatsächlich von der Masse des erstarrten Stoffes zur Zeit 2 ausgefüllt werden kann oder nicht. Bezeichnet man das lückenlos gedachte Volumen des erstarrten Stoffes zur Zeit 2 mit $V_b$, so wird für $V_a > V_b$ Lunkerung eintreten. Für $V_a \leq V_b$ ist dagegen Bildung von Lunkerhohlräumen unmöglich.

Das Volumen $V_b$ kann man auf folgende Weise berechnen, wobei vorausgesetzt ist, daß die einzelnen Teile des erstarrenden Stoffes sich innerhalb des Zeitraumes 1 bis 2 gegenseitig in ihrer Schwindung nicht stören, sondern daß jedes Teilchen den Raum einnimmt, der ihm bei freier ungestörter Schwindung zukommt.

Es werde zunächst eine Würfelschale von der unendlich kleinen Dicke $dx$ betrachtet (Abb. 452), deren Flächen von der Würfelmitte den Abstand $x$ haben. Das Volumen $dV$ dieser dünnen Würfelschale zur Zeit 1, also bei der Temperatur $t_1$ (Punkt $J$ in Abb. 451), ist dann

$$dV = 24 \cdot x^2 \cdot dx \ \dots \dots \dots \dots \dots \ (2)$$

Bei der Abkühlung von $t_1$ auf $t_2$ (entsprechend der Strecke $t_1 - t_2 = JK$) ändert sich die Größe $x$ um in

$$x\left(1 - \frac{\varepsilon_{1.2}}{100}\right) \ \dots \dots \dots \dots \dots \ (3)$$

wobei $\varepsilon_{1.2}$ die Längenänderung in Prozenten ist, die einem Temperaturabfall von von $t_1$ auf $t_2$ entspricht. Der Temperatur $t_1$ (Punkt $J$) entspricht auf der $\varepsilon,t$-Linie in Abb. 451 b der Punkt $L$, ferner der Temperatur $t_2$ (Punkt $K$) der Punkt $M$. Der Unterschied der Abszissen der Punkte $L$ und $M$ gibt dann den Betrag $\varepsilon_{1.2}$, d. h. die Längenänderung bezogen auf eine Länge von 100 Einheiten. Der Wert $\varepsilon_{1.2}$ ist abhängig von der Lage der Punkte $J$ und $K$, und diese sind bei gegebener Verteilung der Temperatur (also gegebener Lage der Linien $EFE'$ und $GHG'$) abhängig von der Größe $x$. Unter diesen Umständen ist somit $\varepsilon_{1.2}$ eine Funktion von $x$.

Nach Einsetzen des Wertes von $x$ aus Gl. 3 in die Gl. 2 erhält man das Volumen der dünnen Würfelschale zur Zeit 2 bei der dem Punkte $K$ entsprechenden Temperatur $t_2$:

$$dV' = 24 \cdot x^2\left(1 - \frac{\varepsilon_{1.2}}{100}\right)^2 dx.$$

Wegen der Kleinheit von $\varepsilon_{1.2}$ kann man auch schreiben:

$$dV' = 24 \cdot x^2\left(1 - 2\cdot\frac{\varepsilon_{1.2}}{100}\right) dx \ \dots \dots \dots \dots \ (4)$$

Mithin ist das Volumen des gegossenen, lückenlos gedachten Stoffes zur Zeit 2:

$$V_b = \int dV' = 24 \int_0^{3l} x^2 \cdot \left(1 - \frac{2\cdot\varepsilon_{1.2}}{100}\right) dx,$$

$$V_b = 216 \cdot l^3 - 0,48 \int_0^{3l} x^2 \cdot \varepsilon_{1.2}\, dx \ \dots \dots \dots \dots \ (5)$$

Der Lunkerhohlraum wird dann

$$V_l = V_a - V_b = 216\, l^3 + 6,48 \cdot l^3 \cdot B'D - 216\, l^3 + 0,48 \int_0^{3l} x^2 \cdot \varepsilon_{1.2}\, dx$$

$$V_l = 6,48 \cdot l^3 \cdot B'D + 0,48 \int_0^{3l} x^2 \cdot \varepsilon_{1.2}\, dx. \ \dots \dots \dots \dots \ (6)$$

Um sich ein Bild von der Größe $V_l$ zu machen, wird man zunächst die Werte $\varepsilon_{1.2}$ als Funktion von $x$ aufzeichnen, indem man für einige $x$ die zugehörigen Werte von $\varepsilon_{1.2}$ aus der Schwindlinie $ABCD$ abgreift und als Ordinaten zu den zugehörigen Abszissen $x$ verwendet. Die erhaltenen Punkte verbindet man durch eine Kurve $NSN'$ in Abb. 451 a. Verkürzungen sind hierbei von der Abszissenachse nach oben, Verlängerungen nach unten abgetragen. Alsdann bildet man für verschiedene Werte von $x$ die Produkte $x^2 \cdot \varepsilon_{1.2}$ und erhält unter Verwendung dieser Werte als Ordinaten zu den Abszissen $x$ die $x, x^2 \cdot \varepsilon_{1.2}$-Linie

$OPQP'O'$. Die von dieser Linie und der Wagerechten $GG'$ eingeschlossene Fläche (positiv, wenn oberhalb $GG'$, negativ, wenn darunter) gibt dann den Wert

$$2\int_0^{3l} x^2 \cdot \varepsilon_{1.2}\, dx.$$

In dem besonderen Falle der Abb. 451 ist diese Fläche

$$RPQ + R'P'Q - GOR - G'O'R'$$

größer als Null; da $B'D$ im besonderen Fall auch positiv ist, so ist nach Gl. 6 die Größe $V_l$ größer als Null.

**Das heißt, daß unter den angenommenen Verhältnissen die Bildung eines Lunkers möglich ist, obwohl der Stoff sich bei der Erstarrung ausdehnt.**

**375.** Um übersehen zu können, in welchen Fällen Lunkerbildung eintreten kann und in welchen nicht, muß man sich vergegenwärtigen, daß die Funktion $\varepsilon_{1.2}$ veränderlich ist mit der Gestalt der die Temperaturverteilung zu Beginn und zu Ende der Erstarrung angebenden Linien $EFE'$ und $GHG'$ und weiterhin abhängt von dem Verlauf der Schwindungslinie $ABCD$ (Abb. 451). Man denke sich den Teil $AB$ der Schwindungslinie für den flüssigen Stoff so verlegt, daß für jedes $x$ bei der angenommenen Temperaturverteilung innerhalb der gegossenen Masse der Betrag $\varepsilon_{1.2} = 0$ wird, daß also die einem und demselben $x$ entsprechenden Punkte, z. B. $L$ und $M$, senkrecht übereinander zu liegen kommen. Man erhält dann die Linie $A_0B_0$ in Abb. 451b.

Würde die Schwindung des flüssigen Stoffes nach dieser Linie $A_0B_0$ verlaufen, während im übrigen die Schwindung nach $B_0C$ während der Erstarrung und nach $CD$ unterhalb der Erstarrung vor sich geht, so würden in Gl. 6 sämtliche $\varepsilon_{1.2}$ gleich Null werden. Auch $B'D$ würde Null werden, weil ja $B'D$ weiter nichts ist als der Wert $\varepsilon_{1.2}$ für $x = 3 \cdot l$. Damit würde $V_l$ ebenfalls den Wert Null annehmen. Das bedeutet, daß Lunkerbildung in dem besonderen Falle unmöglich ist.

**Liegt $AB$ vorwiegend rechts von $A_0B_0$,** so werden die Ordinaten der Linie $x, \varepsilon_{1.2}$ (Linie $NSN'$) in Abb. 451a vorwiegend positiv (oberhalb der Abszissenachse liegend); damit werden aber auch die schraffierten Flächenteile zwischen der Linie $OPQP'O'$ und $GG'$ vorwiegend positiv (oberhalb $GG'$ gelegen), und damit ist die Möglichkeit zu Lunkerbildung gegeben, die um so stärker wird, je mehr $AB$ von $A_0B_0$ aus nach rechts liegt.

**Liegt umgekehrt $AB$ vorwiegend links von $A_0B_0$ oder fällt es mit $A_0B_0$ zusammen, so wird $V_l$ negativ oder gleich Null, was bedeutet, daß Lunker nicht entstehen können.**

**Es ist sonach erwiesen, daß auch bei Stoffen, die sich während der Erstarrung ausdehnen, Lunkerbildung möglich ist, wenn die obengenannten Bedingungen erfüllt sind.**

Denkt man sich den Punkt $F$ der Temperaturverteilungslinie $EFE'$ höher, z. B. nach $F_1$ gerückt, also die Ungleichmäßigkeit in der Temperaturverteilung zu Beginn der Erstarrung stärker ausgeprägt als bei dem Verlauf $EFE'$, so wird der Punkt $A_0$ der Grenzlinie $A_0B_0$ ebenfalls weiter nach oben rücken, und zwar nach $A_{01}$. Die Lage von $B_0$ bleibt unverändert, weil ja die Punkte $EE'$ und $GG'$ in ihrer alten Lage verbleiben. Dadurch dreht sich die Grenzlinie $A_{01}B_0$ um den Punkt $B_0$ nach links. Das heißt, bei einem bestimmten Stoff, dessen Schwindungslinie durch $ABCD$ in Abb. 451b gegeben ist, wird der Abstand der beiden Linien $AB$ und $A_{01}B_0$ größer. Es besteht sonach die Möglichkeit zur Bildung größerer Lunker.

Die Lunkerbildung wird mithin begünstigt, wenn zu Beginn der Erstarrung der Unterschied zwischen der Temperatur in der Mitte und an den Wandungen der Gußform sehr groß ist. Dieser Unterschied wird um so ausgeprägter, je rascher dem gegossenen Stoff die Wärme von den Wandungen der Gußform entzogen wird, und je größer gleichzeitig die Masse des Gusses ist.

Bei einem und demselben Stoffe und bei gleicher Masse des Gusses wird sonach bei gleicher Gießhitze das Volumen der Lunkerhohlräume größer werden können bei Guß in Kokille (Metallform), als bei Guß in weniger schnell die Wärme ableitenden Stoffen, wie z. B. Formsand, Masse usw. Durch Vorwärmen der Formwandungen kann man in diesem Falle der Lunkerbildung entgegenwirken.

Bei dem in Abb. 451 gezeichneten Falle würde z. B. die Lunkerbildung aufhören, wenn zu Beginn der Erstarrung die Linie der Temperaturverteilung statt nach $EFE'$ nach $EF_2E'$ verliefe. Dem Punkte $F_2$ entspricht der Punkt $A_{02}$ der Grenzlinie $B_0A_{02}$, der senkrecht über $C$ liegen muß. Die Grenzlinie $B_0A_{02}$ fällt nun fast zusammen mit der Schwindungslinie $AB$, was nach obigem Unmöglichkeit der Lunkerbildung bedeutet.

Bei Stoffen, die während der Erstarrung Volumverminderung durchmachen, hat die Schwindungslinie ungefähr den Verlauf wie in Abb. 453. Der Punkt $A_0$ der Grenzlinie $A_0B_0$ muß dann auf jeden Fall in die gestrichelte Senkrechte über $C$ und der Punkt $B_0$ links von dieser gestrichelten Linie fallen, gleichgültig welches die Gestalt der Linien $EFE'$ und $GHG'$ für die Temperaturverteilung im Guß ist. Die Linie $AB$ liegt somit immer rechts von der Grenzlinie $A_0B_0$, und es ist folglich immer die Möglichkeit zur Lunkerbildung vorhanden. Nur wenn die Linie $EFE'$ in Abb. 451a mit der Wagerechten $EE'$ zusammenfällt, wenn also im Augenblick des Beginns der Erstarrung die Temperatur des gegossenen Stoffes durchweg gleich ist, kann Lunkerbildung nicht vorkommen, weil sich dann die ersten Kristalle nicht notwendigerweise an der Formwand, sondern

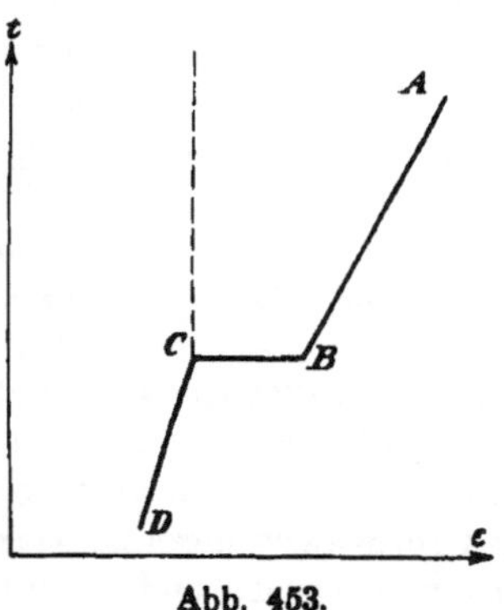

Abb. 453.

irgendwo an einem oder an mehreren Kristallkeimen innerhalb der Gußmasse ansetzen und von da aus weiter wachsen. Es bildet sich dann keine äußere erstarrte Kruste, und der Stoff nimmt sein natürliches Volumen ein.

Allgemein können wir also sagen:

Bei Stoffen, die sich während der Erstarrung zusammenziehen, tritt im allgemeinen Lunkerbildung ein, wenn während der Erstarrung kein flüssiges Metall (z. B. aus verlorenen Köpfen) nachgesaugt werden kann. Je größer zu Beginn der Erstarrung der Unterschied der Temperatur zwischen Gußmitte und dem gegossenen Stoff an den Formwandungen ist, um so größer ist die Lunkerbildung. Nur wenn zu Beginn der Erstarrung die Temperatur in der Gußmasse nahezu gleich ist, bleibt die Lunkerbildung aus.

Dafür, welch' wesentlichen Einfluß der Unterschied zwischen der Temperatur des gegossenen Stoffes im Innern und an den Formwänden zu Beginn der Erstarrung auf die Lunkerbildung ausübt, möge folgendes Beispiel angeführt werden.

Die Gußform hatte die in Abb. 454 abgebildete Gestalt; $a$ ist eine schmiedeeiserne Form, $b$ ein Gefäß aus Eisenblech. Der Hohlraum $c$ kann mit einer Flüssigkeit gefüllt werden. Das flüssige Metall, in diesem Falle Lagerweißmetall mit 83,5 °/₀ Zinn, 11 °/₀ Antimon, 5,5 °/₀ Kupfer, wird in die Gußform $a$ gegossen.

Im Hohlraum *c* befindet sich Öl von 300 C⁰. Die Legierung erstarrt zwischen 366 und 238 C⁰; bei 366 C⁰ scheiden sich aus der Legierung geringe Mengen von kupferreichen Kristallnadeln aus; bei 263,5 C⁰ beginnt die Ausscheidung von antimonreichen Würfeln, und bei 238 C⁰ erstarrt die Hauptmenge der Legierung. Die Temperatur zwischen der eingegossenen flüssigen Legierung und der vorgewärmten Gußform gleicht sich aus; hierbei scheiden sich zwar bei 366 C⁰ die kupferreichen Nadeln ab; ihre Menge ist aber zu gering, als daß sie eine erstarrte Außenkruste bilden könnten; sie schwimmen vielmehr gleichmäßig verteilt in der flüssigen Legierung herum. Inzwischen hat sich die Temperatur der Gußform und die der Legierung ausgeglichen. Beide kühlen sehr langsam ab, da die Wärmeabgabe nach außen durch das die Wärme schlecht leitende Öl hindurch geschehen muß. Bei 263,5 C⁰ scheiden sich deshalb die würfelförmigen antimonreichen Mischkristalle nicht an der Formwand, son-

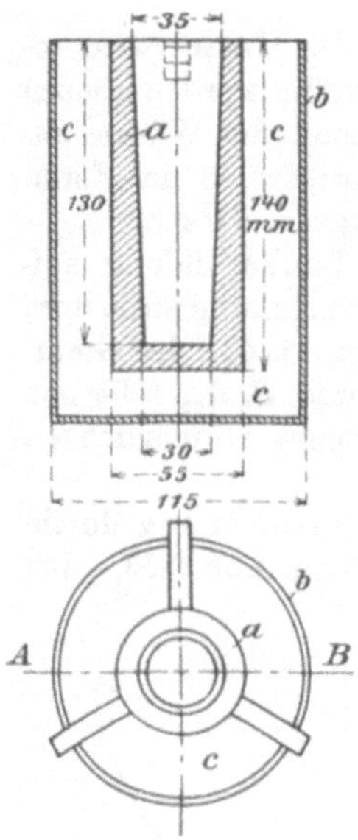

Abb. 454.

dern innerhalb der Legierung an beliebigen Stellen ab und steigen in dem flüssigen Legierungsrest nach oben. Der Spiegel der Flüssigkeit sinkt in dem Maße, als die Volumverminderung durch Erstarrung der Kristalle eintritt. Schließlich erstarrt der flüssige Rest bei 238 C⁰ an allen Stellen nahezu zu gleicher Zeit, so daß wiederum keine

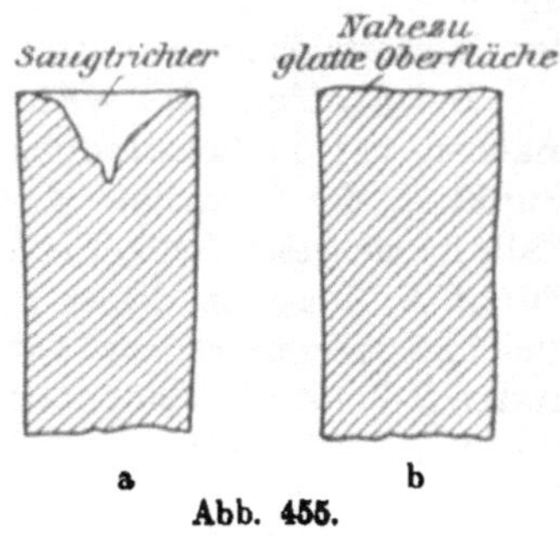


Abb. 455.

erstarrte Außenkruste entstehen kann. Der Guß ist lunkerfrei, wie Abb. 455 b zeigt.

Füllt man dagegen vor dem Guß den Hohlraum *c* mit einem Gemisch von Wasser und Eis, so wird die in die Gußform *a* (Abb. 454) eingegossene Legierung von den Formwandungen her stark gekühlt. Es bildet sich an den Formwänden sofort eine erstarrte Kruste, und es muß nun, ähnlich wie in Abb. 441, Lunkerbildung eintreten. Da aber hier die Wärmentziehung von der mit der Luft in Berührung stehenden Oberfläche der Legierung her viel langsamer ist, als von den Gußwandungen her, so rückt nach früherem der Lunker nach oben und bildet am Kopf des Blöckchens einen Saugtrichter, wie in Abb. 455a. Ähnliche Beobachtungen kann man auch an Legierungen von Blei, Antimon und Zinn anstellen (E. Heyn und O. Bauer, *L.* 10).

## C. Ermittelung der Schwindungslinien und des Schwindmaßes.

*376.* Wie aus dem obigen hervorgeht, bietet die Kenntnis des Verlaufs der Schwindungslinie *t, ε* eines metallischen Stoffes wesentlichen Anhalt zur Beurteilung seines Verhaltens gegenüber dem Lunkern. Man hat deswegen mehrfach versucht, den Verlauf dieser Linien festzustellen. Besonders wichtig für die Frage des Lunkerns ist die möglichst fehlerfreie Feststellung des Teils der Kurve vor, während und unmittelbar nach der Erstarrung[1]. Zum mindesten muß die Schaulinie mit Sicherheit erkennen lassen, ob während der Erstarrung Volumvermehrung

---

[1] Das Gesamtschwindmaß, also die Gesamtschwindung von Beginn der Erstarrung bis zu gewöhnlicher Temperatur ist kein Maßstab für die Lunkerung.

**oder -verminderung eintritt. Eine Schaulinie, auf die in dieser Beziehung kein Verlaß ist, kann zu Trugschlüssen führen. Es ist deswegen erforderlich, die bisher verwendeten Vorrichtungen zur Aufnahme der Schwindungslinien nach dieser Richtung hin kritisch zu beleuchten.**

Aufsicht auf den Unterkasten.

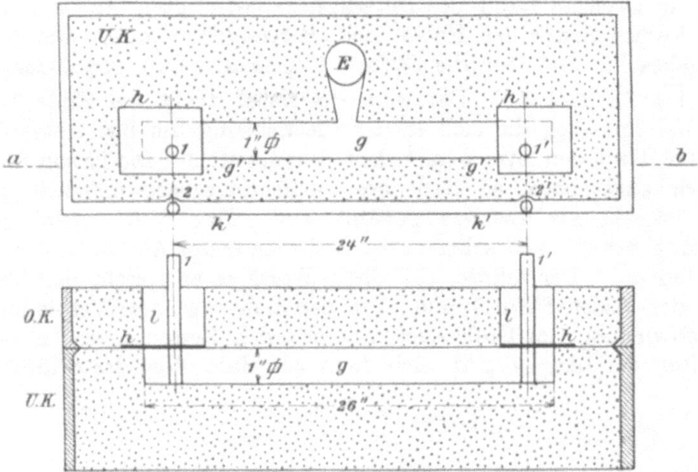

Abb. 456. Schnitt a b.

Ansicht auf den Oberkasten.

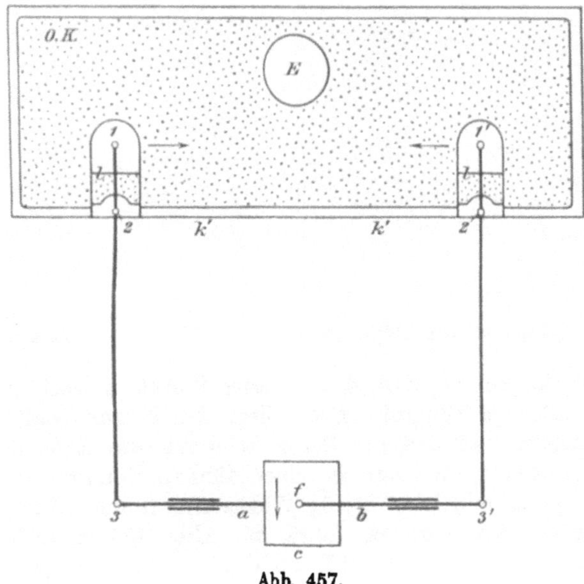

Abb. 457.

    a) Die Vorrichtung von Keep ($L_4$ 11, $L_4$ 105) ist namentlich zur Ermittelung der Schwindungslinien von Gußeisen bestimmt (vgl. Abb. 456 und 457). Im Unterkasten *UK* befindet sich die Sandform *g* für einen Stab von 25,4 mm quatratischer Seitenkante bei 720 mm Länge. An den beiden Enden wird die Form abgedeckt durch zwei Stücke verzinntes Eisenblech *h*, die je ein rundes

29*

Loch von 6,3 mm ($^1/_4''$) besitzen. Durch jedes dieser Löcher wird gut passend
ein Stift 11' aus Eisen gesteckt, und zwar möglichst nahe der vorderen Fläche $g'g'$
der Form, damit die Stifte bereits durch die erste dünne Erstarrungskruste bei
ihrer Schwindung mitgenommen werden. Die Entfernung der Mitten der beiden
Stifte beträgt 610 mm. Die Form wird dann durch einen Oberkasten $OK$ zugedeckt, der
Aussparungen $ll$ besitzt. Zwei doppelarmige Hebel 1 2 3 und 1'2'3' haben ihren
Drehpunkt in zwei am Rand des Unterkastens befestigten Stiften 2 und 2'. Am
Ende des kurzen Armes der Hebel sind Bohrungen von 6,3 mm ($^1/_4''$) Durchmesser angebracht, die über die Stifte 1 1' passen. Das Übersetzungsverhältnis
der Hebel $\overline{1\,2}:\overline{2\,3}$ ist 1:10. Der eine der Hebel trägt am Ende 3 mittels des
Armes $a$ eine Trommel, die sich in der Pfeilrichtung um ihre Achse dreht. Der
andere Hebel trägt den Arm $b$ mit dem Schreibstift $f$. Die Trommel wird durch
ein Uhrwerk angetrieben, so daß ihre Umdrehungsgeschwindigkeit proportional
der Zeit $z$ ist, die als Abszisse gewählt wird. Der Stift $f$ wird parallel zur
Trommelachse bewegt, und schreibt die Änderung $w$ des Abstandes der Punkte 3 3'
als Ordinaten auf. Der zehnte Teil dieses Weges $w$ entspricht der Änderung des
Abstandes der beiden Stifte 1 und 1' in der Richtung ihrer Verbindungslinie.

Die Schwindung des Gußstabes zwischen den Zeiten $z_1$ und $z_2$ bezogen auf
100 Einheiten der Länge ergibt sich dann aus dem Weg des Stiftes $w$ (in Zoll)

$$\varepsilon_{1.2} \cdot 100 = \frac{w}{10} \cdot \frac{100}{24} = \frac{10 \cdot w}{24} \; {}^0/_0.$$

Die erhaltenen Kurven sind nicht $t, \varepsilon$-, sondern $z, w$-Linien.

b) **Turners Vorrichtung** (Thomas Turner, $L_6$ *12*; Murray, $L_4$ *50*). Ein-
geformt wird ein T-förmiger Stab wie in Abb. 458. Ein Stahlbolzen $A$ ist im

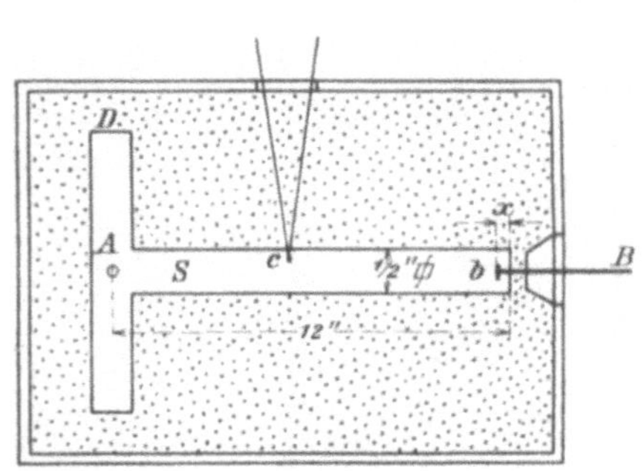

Abb. 458. Aufsicht auf den Unterkasten.

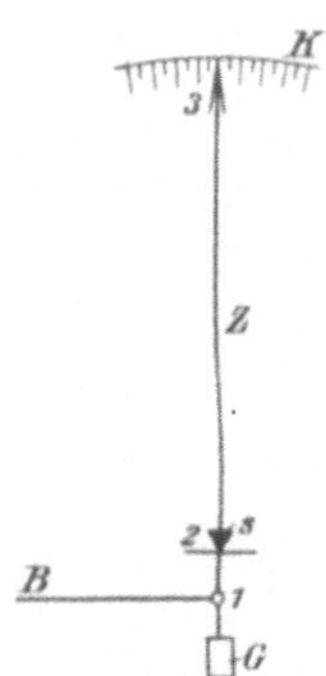

Abb. 459. Aufriß.

Formkasten festgehalten, so daß $A$ als fester Punkt betrachtet werden kann.
Bei $D$ befindet sich der Einguß. Bei $c$ liegt die Warmlötstelle eines Thermoelementes zur Temperaturmessung. Bei $b$ ist dicht am Ende der Stabform ein
verzinnter Stift eingelegt, der nur in einer dünnen Sandbrücke gehalten wird,
damit seine Bewegung möglichst wenig Widerstand findet. Die Stange $B$ bildet
die Verlängerung des Stiftes $b$; sie führt, wie Abb. 459 im Aufriß erläutert, zu
einem doppelarmigen Zeigerhebel 1 2 3, an dem sie bei 1 angreift, und der bei
2 auf einer Schneide $s$ gelagert ist. Die Übersetzung $\overline{1\,2}:\overline{2\,3}$ ist 1:40. Das
Ende 3 des Zeigers gleitet über der Skala $K$. Ein kleines Gegengewicht $G$ bringt
den Zeiger in die Nullage, wenn bei 1 keine Kraft angreift.

Der Stift $b$ muß sehr nahe an der Endfläche der Stabform liegen, die
Strecke $x$ muß also sehr klein sein, weil sonst die Meßlänge von 12" abweicht
und unsicher wird.

c) **Wüsts Vorrichtung** (Wüst, *L₄ 13*).  Das Schema der Anordnung ist in Abb. 460 enthalten.  In die Gußform $S$ des Stabes werden Eisenstäbe $a$ und $a'$, die an ihren Enden korkzieherartig aufgewickelt sind, eingelegt, so daß die Enden $C$ und $D$ um 500 mm voneinander abstehen.  Die ganze Länge des Stabes $AB$ beträgt 550 mm.  Die korkzieherartigen Enden $C$ und $D$ sollen möglichst baldiges Festhaften der erstarrten Kruste und infolgedessen Mitnahme der Anzeige-

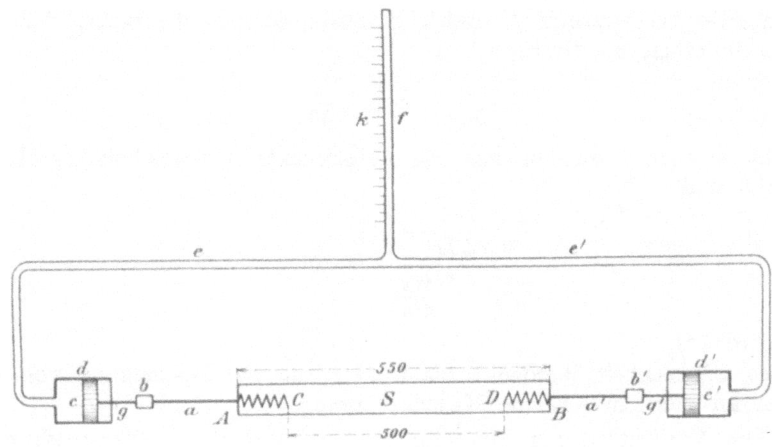

Abb. **460.**

mechanismen bewirken.  Bei $b$ und $b'$ verbinden Hartgummimuffen die Eisenstangen $a$ und $a'$ mit den Stangen $g$ und $g'$, damit die Kolben $c$ und das hinter diesen befindliche Wasser nicht durch die Stangen $a$ und $a'$ erwärmt werden.  Die Kolben $c$ spielen wasserdicht und mit möglichst kleiner Reibung in den mit Wasser gefüllten Zylindern $d\,d'$.  An diese schließen sich die Kapillarrohre $e\,e'$ an, die zur Kapillare $f$ führen, welche mittels der Skala $k$ die aus den Zylindern $d\,d'$ verdrängte Wassermenge zu messen gestattet.  Werden die Kolben infolge der Schwindung des Gußstabes $S$ nach innen bewegt, so sinkt der Flüssigkeitsspiegel in $f$, und umgekehrt.  Wüst gibt an, daß er die Kapillarmeßvorrichtung anwendete, um die Fehler zu vermeiden, die der etwaige tote Gang in den Hebelübertragungen der Vorrichtungen von Keep und Turner bewirken soll.

d) Aus der obigen Beschreibung der Vorrichtungen geht hervor, daß sie alle die Längenänderung des zu prüfenden Stoffes nur von dem Augenblick ab anzeigen, wo die anfänglich erstarrte Kruste genügend stark ist, um die eingegossene Übertragungsvorrichtung zur Mitnahme zu veranlassen.  Sie können also sämtlich im günstigsten Falle nur die Schwindungslinie vom Augenblick der Erstarrung ab anzeigen.  In Wirklichkeit wird aber ihre Aufzeichnung erst eine gewisse Zeit nach Beginn der Erstarrung der äußersten Kruste einsetzen.

e) **Fehlerquellen der einzelnen Meßvorrichtungen.**

α) Die erste an eine Vorrichtung zur Messung der Schwindung $\varepsilon$ zu stellende Anforderung ist, daß die Messlänge $l$, über der die Schwindung gemessen werden soll, möglichst eindeutig festgelegt ist.  (Die Schwindung ergibt sich ja aus der Beziehung $\varepsilon = \dfrac{\lambda}{l}$, wobei $\lambda$ die Verkürzung ist, die ein Stab von der Länge $l$ erfährt).

Dieser Anforderung entspricht die Vorrichtung von Keep am besten; wenigstens kann man bei genügender Geschicklichkeit in ihrer Handhabung die Meßlänge $l$ genügend sicher festlegen.  Weniger sicher ist dies bereits bei der Vorrichtung von Turner, weil hier der Abstand $x$ (Abb. 458) des Kopfes des Stiftes $b$ vom

Ende der Gußform eine kleine Unsicherheit bezüglich der Meßlänge gibt. Man kann sie dadurch vermindern, daß man $x$ möglichst klein wählt.

Die Wüstsche Anordnung wird der obigen Anforderung gar nicht gerecht. Man kann weder den Abstand $CD = 500$ mm, noch die Strecke $AB = 550$ mm als Meßlänge betrachten (Abb. 460). Die Meßlänge $l$ entspricht irgendeinem Zwischenwert zwischen beiden, der zu Beginn der Abkühlung sich mehr dem Werte 550, später mehr dem Werte 500 nähert. Hat man eine Verkürzung $\lambda_{1.2}$ zwischen zwei Temperaturen $t_1$ und $t_2$ gemessen, so liegt der Betrag der Schwindung $\varepsilon_{1.2}$ innerhalb der Grenzen

$$\frac{\lambda_{1.2}}{550} \quad \text{und} \quad \frac{\lambda_{1.2}}{500}.$$

Dies gibt eine in Prozenten von $\varepsilon_{1.2}$ ausgedrückte Unsicherheit innerhalb der Grenzen 0 und

$$\frac{\dfrac{\lambda_{1.2}}{500} - \dfrac{\lambda_{1.2}}{550}}{\dfrac{\lambda_{1.2}}{500}} \cdot 100$$

oder 0 und $9\,^0/_0$.

Diese Unsicherheit überdeckt die Genauigkeit der Bestimmung von $\lambda_{1.2}$ mit Hilfe der an sich sehr scharfen Kapillarmessung.

$\beta$) Die Vorrichtung zur Messung von $\lambda_{1.2}$ darf durch Wärmedehnung der Zwischenverbindungen nicht oder nur möglichst wenig beeinflußt werden. In dieser Hinsicht ist die Keepsche Vorrichtung am vollkommensten. Es soll angenommen werden, daß der Hebel 1 2 (Abb. 457) durch Wärmestrahlung und Leitung auf durchschnittlich $t$ C$^0$ erhitzt würde, während der Hebel 2 3 keine Erwärmung erfährt. Dies ist der ungünstigste Fall. Das Übersetzungsverhältnis der Hebel wird durch die ungleiche Erwärmung von ursprünglich $1:10$ auf $(1 + \alpha t):10$ geändert, wenn $\alpha$ die mittlere Wärmedehnungszahl des Metalls der Hebel ist. Setzt man z. B. $t = 300$ C$^0$ und $\alpha$ für Eisen 0,000011, so ergibt sich das Übersetzungsverhältnis $1,0033:10$. Dadurch erscheint der Weg $w$ des Stiftes auf der Trommel kleiner, woraus man auf eine kleinere Schwindung schließt. Der Fehler, der entsteht, ergibt sich aus der Beziehung

$$\frac{w}{10} : \left( \frac{w \cdot 1,0033}{10} - \frac{w}{10} \right) = 100 : \varDelta$$
$$\varDelta = 0,33\,^0/_0.$$

Der Fehler beträgt also in dem angenommenen ungünstigen Falle nur $0,33\,^0/_0$ des gefundenen Wertes $\varepsilon$ der Schwindung. Man würde z. B. bei Gußeisen statt $1\,^0/_0$ Schwindung eine solche von $0,997\,^0/_0$ erhalten. Dieser geringe Fehler spielt keine Rolle.

Die Vorrichtung von Wüst ist mit Hinsicht auf die Anforderung $\beta$ am unvollkommensten. Nimmt man beispielsweise eine durchschnittliche Erwärmung der Stangen $a$ und $a'$ (Abb. 460) um 300 C$^0$ an, wie sie bei der Prüfung hochschmelzender Metalle (Kupfer) leicht denkbar ist, und setzt man die Länge der Stangen $a$ und $a'$ zusammen gleich 300 mm (abgegriffen aus den Skizzen in der Quelle), so würde die Dehnung dieser Stangen dem Auseinanderrücken der Kolben $cc'$ um den Betrag $300 \cdot 300 \cdot 0,000011 = 0,99$ mm entsprechen. Dieser Weg der Kolben, der mit der Längenveränderung des Probestabes nichts zu tun hat, würde fehlerhafterweise als Dehnung des Stabes $S$ in die Erscheinung treten, und zwar um einen Betrag von $\dfrac{0,99 \cdot 100}{500} = 0,2$ mm auf 100 mm Länge. Das ist ein

Betrag, der die Ergebnisse gänzlich unbrauchbar machen müßte. So beträgt z. B. die von Wüst für Kupfer gefundene angebliche Ausdehnung des Metalls bei der Erstarrung 0,05 mm auf 100 mm. Der Fehler der Beobachtung kann sonach größer als der Wert der zu messenden Größe werden. Daß kräftige Erwärmung der Stangen $a$ und $a'$ stattfindet, geht aus den Angaben Wüsts hervor, wonach zwischen den Stangen $a$ und $g$ die Hartgummimuffe $b$ eingeschaltet werden mußte, weil Erwärmung der Kolben $c$ und damit des Wassers in $d$ zu befürchten war.

Auch Turners Vorrichtung ist in dieser Hinsicht nicht einwandfrei; wenigstens wird nicht angegeben, ob Vorkehrungen zur Beseitigung des Fehlers getroffen wurden. Über die Größe desselben kann man sich kein Bild machen, da Turner keine Maße angibt. Der Fehler läßt sich aber leicht dadurch beseitigen, daß man den Stift $b$ z. B. aus 36 proz. Nickelstahl und die Übertragung $B$ von diesem Stift nach dem Punkte 1 des Zeigers aus Quarzglas, also aus Stoffen herstellt, deren Wärmedehnung vernachlässigt werden kann.

Kostspieliger ist es, den Fehler bei der Wüstschen Anordnung zu beseitigen, da die Übertragungsstangen $a$ und $g$ genügend dick gewählt werden müssen, damit die Übertragung der Bewegung auf die Kolben nicht Durchbiegung der Stangen und dadurch neue Fehlerquellen veranlaßt. Wenn auch die Reibung der Kolben in den Zylindern klein gemacht werden kann, so ist sie doch vorhanden, wenn die Kolben dicht gegen die Flüssigkeit sein sollen.

$\gamma$) Die freie Bewegung der in den Gußstab mit eingeschmolzenen Stifte (1 1' bei Keep, $b$ bei Turner und $aa'$ bei Wüst) darf durch Widerstand nur möglichst wenig gehindert werden. Hier entsteht die Frage, inwieweit bei der Keepschen Vorrichtung die beiden Weißblecheinlagen $h$, in denen die Stifte 1 und 1' stecken, durch den Sand an der Bewegung gehindert werden, und wie groß die dadurch entstehenden Fehlerquellen werden können.

Ferner können Fehler dadurch bedingt werden, daß der Gußstab bei seiner Ausdehnung in der Längsrichtung Widerstand durch das Formmaterial findet und dadurch plastisch gestaucht oder durchgebogen werden kann. Die Widerstände genannter Art sind in den beiden Vorrichtungen von Keep und Wüst wohl am größten. Bei der Vorrichtung von Turner stellt sich der freien Ausdehnung des Stabes nur die dünne Sandbrücke bei $b$ entgegen, deren Widerstand kaum wesentliche Fehler erwarten läßt.

*377.* Zur Erläuterung des Verlaufs der Schwindung metallischer Stoffe von der Temperatur des Beginns der Erstarrung abwärts möchte ich in Abb. 461 nur einige wenige Beispiele anführen, die von Turner ($L_6$ *12*) stammen und sich auf die Schwindung von Roheisen beziehen. Da diese Eisenarten nur wenig voneinander verschiedene Erstarrungstemperaturen habe, so werden etwaige Fehler wegen der Wärmedehnung der Übertragungsvorrichtungen vom Gußstab zum Zeiger (*376* e, $\beta$) in allen Fällen nahezu gleich sein, so daß die erhaltenen Schwindungslinien untereinander vergleichbar bleiben. Angegeben sind die z, $\varepsilon$-Linien, mit den Zeiten in Sekunden als Abszissen und der beobachteten Schwindung bzw. Ausdehnung $\varepsilon \cdot 100$ in Prozenten als Ordinaten. Linie 0 entspricht einer Schwindungslinie von Kupfer, 1 bis 4 den Schwindungslinien von Roheisensorten, deren chemische Zusammensetzung der Abbildung beigeschrieben ist.

Das Kupfer und das ganz reine weiße Roheisen erstarren ohne Ausdehnung; die grauen Eisensorten 2 bis 4 dagegen vermehren bei der Erstarrung ihr Volumen, und zwar am schwächsten Eisen 2 und am stärksten Eisen 4. Übrigens zeigt auch das gewöhnliche weiße Roheisen abweichend von dem sehr reinen weißen Eisen 1 bei der Erstarrung Ausdehnung, wenn sie auch geringer ist, als die der grauen Eisensorten (vgl. Hague und Turner, $L_6$ *14*; Coe, $L_6$ *15*).

Die Eisensorten zeigten bei den den einzelnen Schwindungslinien beigeschriebenen Temperaturen Wärmetönungen, die teilweise der Erstarrung, teilweise Umwandlungen entsprechen.

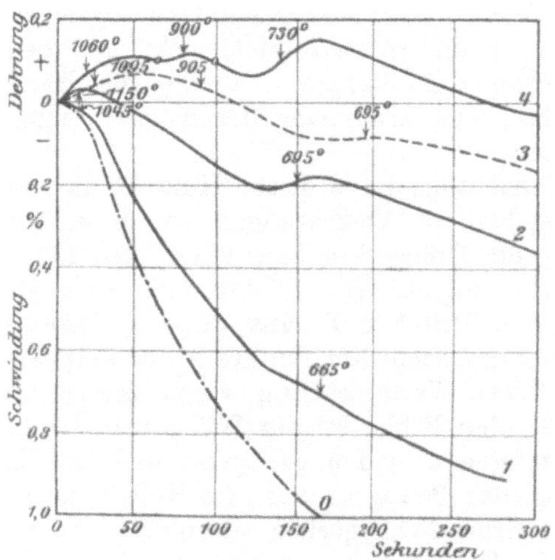


Abb. 461. Schwindungslinien (nach Thomas Turner).

| | Gessmtkohlenstoff | Graphit | Si | Mn | P | S |
| --- | --- | --- | --- | --- | --- | --- |
| 0: Kupfer. | — | — | — | — | — | — |
| 1: Sehr reines weißes Roheisen: | 2,73 | 0 | 0,01 | Spur | 0,01 | Spur |
| 2: Graues Hämatit-Roheisen: | 3,39 | 2,53 | 3,47 | 0,55 | 0,04 | 0,03 |
| 3: Grauguß (aus einem Gußstück): | 3,42 | 2,73 | 1,41 | 0,43 | 0,98 | 0,07 |
| 4: Graues Roheisen: | 2,75 | 2,60 | 3,98 | 0,50 | 1,25 | 0,03 |

Gußstäbe 12,7 × 12,7 mm × 305 mm. Sandguß. Die den Schaulinien beigeschriebenen Temperaturen geben die ungefähre Lage der Haltepunkte in der Abkühlungskurve $z, t$ an.

**378.** Bei der Überlegung in Abs. *374* und in der Abb. 451b war eine ideale Schwindungslinie $ABCD$ zugrunde gelegt. Sie gibt diejenige Längenänderung an, die 100 Längeneinheiten bei der Änderung der Temperatur erfahren, vorausgesetzt, daß gegenseitige Behinderung der einzelnen Schichten des erstarrenden Stoffes in ihrer Längenänderung nicht eintritt. Diese Voraussetzung wird aber praktisch schwer oder gar nicht zu erfüllen sein. Jedenfalls geben die in Abs. *376* beschriebenen Vorrichtungen keine solchen idealen Schwindungslinien. Bei der Erstarrung und Abkühlung werden sich die einzelnen nacheinander erstarrenden und abkühlenden Teile des Gusses gegenseitig stets in ihrer Schwindung beeinflussen, und zwar unter bleibender Formänderung, solange die Temperatur noch im Bereich der vorwiegend plastischen Formänderungen liegt (*331* bis *338*), unter Entstehung elastischer Formänderungen und damit auch von Spannungen, wenn die Temperatur unterhalb dieses Bereiches gesunken ist. Selbst im günstigsten Falle, wenn alle in Abs. *376* angegebenen Fehlerquellen bei der Messung ausgeschaltet werden könnten, würden die erhaltenen Schwindungslinien immer nur die Resultierende aus einer Reihe nacheinanderfolgender Längenänderungen innerhalb des Gusses angeben. Sie wird je nach Gießhitze, Masse und Form des Stabes, Beschaffenheit des Formmaterials usw. verschieden ausfallen. Dies gilt nicht etwa nur für solche Stoffe, die wie das Gußeisen (graues Roheisen) je nach Schnelligkeit der Abkühlung verschiedene chemische Zusammensetzung erhalten (je nachdem scheidet sich mehr oder weniger Graphit aus), sondern auch von allen übrigen Stoffen, die solche Änderung der chemischen Zusammensetzung nicht erleiden.

Man muß deswegen bei Schlußfolgerungen, die man aus dem Verlaufe der Schwindungslinien auf etwaige Umwandlungen oder sonstige Vorgänge innerhalb des erkaltenden Stoffes zieht, sehr vorsichtig sein und sich immer vergewissern, inwieweit sie durch die soeben besprochenen Umstände beeinflußt werden können.

In Abb. 461 sind von Turner diejenigen Temperaturen, bei denen sich aus dem Verlauf des Temperaturabfalls des Thermoelementes bei $c$ (Abb. 458) Wärmetönungen ergeben, den Schwindungslinien beigeschrieben. Auch hier ist Vorsicht in der Schlußfolgerung geboten. Die Temperaturangaben des Thermoelementes bei $c$ und die Zeit, zu welcher sie beobachtet wurden, brauchen nicht notwendigerweise mit dem Verlauf der Schwindungslinie übereinzustimmen. Je nachdem ob die Warmlötstelle des Thermoelementes $c$ mehr nach der Mittellinie des Stabes zu oder weiter von dieser weg nach der Formwandung hin liegt, wird der betreffende, mit der Wärmetönung verbundene Vorgang zu einer späteren oder früheren Zeit beobachtet. Die Schwindungslinie gibt aber nicht notwendigerweise die zu derselben Zeit gehörige Längenänderung an.

**379.** Für den Gießer ist die Kenntnis des Gesamtschwindmaßes des zu vergießenden Stoffes von Bedeutung. Es ist dies die Längenänderung $\varepsilon$, die 100 Längeneinheiten bei der Abkühlung von dem Beginn der Erstarrung $t_b$ bis zu gewöhnlicher Temperatur erfahren. Der Gießer muß die Längenabmessungen des Modelles um dieses Gesamtschwindmaß größer machen, um im fertigen Guß die geforderten Abmessungen zu erhalten. Er gibt dem Modell eine „Zugabe" für die Schwindung.

Zur Ermittelung dieses Gesamtschwindmaßes sind nun so verwickelte Einrichtungen, wie sie in Abs. *376* beschrieben wurden, nicht erforderlich. Man kommt einfacher auf folgende Weise zum Ziel.

a) Man befestigt in der Form zwei Stifte in bekanntem Abstand und gießt sie in den zu gießenden Stab ein. Die Befestigung der Stifte muß so sein, daß sie die Schwindung des Gußstückes nicht verhindern. Nach der Erkaltung des gegossenen Stabes wird dann der Abstand der Stifte zurückgemessen.

b) Man gießt nach Keep den in Abb. 462 punktiert gezeichneten Stab gegen die beiden Flächen $A$ und $B$ eines metallenen Joches; im übrigen wird die Gußform in Sand hergestellt. Die beiden Jochflächen $A$ und $B$ sollen möglichst glatte Endflächen des Gußstabes bewirken. Nach dem Erkalten wird der Stab in die in Abb. 462 punktierte Lage in das Joch zurückgebracht, so daß er z. B. dicht an $A$ anliegt. Man mißt nun den Abstand der anderen Endfläche des Stabes von der Fläche $B$ mittels eines Keilmaßstabes.

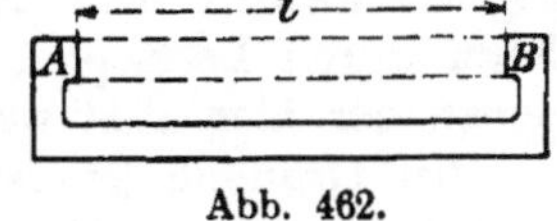

Abb. 462.

c) Man gießt den Stab ähnlich, wie unter b, in Sand, aber mit den Endflächen gegen Metallflächen, deren Abstand vorher genau festgelegt ist. Die Länge des erkalteten Stabes wird sodann mit einer Lehre gemessen, die ähnlich aussieht wie das Joch in Abb. 462, aber an der einen Seite eine Mikrometerschraube zur Messung der Stablänge besitzt. (Vgl. Treuheit, $L_6$ *16*.)

Das Gesamtschwindmaß ist nun nicht nur von der Art des vergossenen Stoffes abhängig, sondern auch von der Masse des Gusses. Dies ergibt sich aus der Betrachtung in Abs. *374*. Bei Beginn der Erstarrung des Metalls längs der Formwandung wird die Temperatur im Innern des Gusses um so höher über der Erstarrungstemperatur liegen, je größer die Masse des Gusses ist und je schneller die Formwände dem Metall die Wärme entziehen. Damit wächst das Maß der Lunkerung. Je größer aber der Lunkerhohlraum in der Mitte des Gusses, um so geringer erscheint das Schwindmaß, das doch nur der Längenänderung des Gusses in seiner äußeren Kruste entspricht. Bei langgestreckten Gußstücken, wie z. B.

dem Stab in Abb. 463, wird bei Vorhandensein des gezeichneten Lunkers (oder
einer porösen Stelle) die Schwindung in der Richtung $qq$ durch den Lunker stark
vermindert, während sie auf die Schwindung
in der Längsrichtung wenig oder gar keinen
Einfluß ausübt.

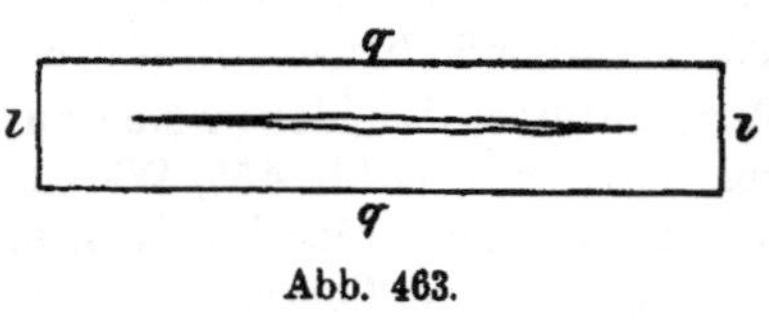

Abb. 463.

Aus diesem Grunde gibt man bei schweren
Gußstücken oft nur Zugabe für die Schwindung in der Längsrichtung, nicht aber für die
in der Querrichtung.

Unter Umständen kann der Guß sogar größere Abmessungen annehmen, als
das Modell. Ein solcher Fall tritt ein, wenn ein dickwandiger Zylinder (z. B. ein
Pumpenkörper) über einen Kern gegossen wird, der verhältnismäßig widerstandsfähig ist. Durch Erwärmung dehnt sich der Kern und übt auf das schwindende
Metall einen Druck nach außen aus. Die erstarrende Masse steht somit unter
Zugbeanspruchung und es kann der Fall Abs. *368* b eintreten (Thomas D. West,
$L_6$ *17*). Ähnliches ist möglich bei Gußstücken, die an der freien Schwindung
durch Rippen verhindert sind, die in die Formmasse hineinragen. Auch hier
wird die Schwindung kleiner ausfallen.

Können sich verschiedene Teile des Gusses in ihrer Schwindung gegenseitig
behindern, so werden sie innerhalb der Zone vorwiegend plastischer Formänderungen ihre Längenabmessungen bleibend ändern, wobei der eine Teil bleibend
verkürzt, der andere bleibend verlängert wird. Die Folge davon ist dann, daß
die Schwindung des gestreckten Teiles kleiner, die des verkürzten größer ausfällt.
S. Abs. *368*.

Wenn der Zufluß des flüssigen Stoffes nach dem Eingießen in die Gußform
abgeschnitten wird, ehe die Erstarrung oberflächlich begonnen hat, so kommt für
die Schwindung nicht nur der Betrag der Längenänderung zwischen Erstarrungsbeginn und gewöhnlicher Temperatur in Betracht, sondern auch die Schwindung
des flüssigen Materials. Dadurch kann das Gesamtschwindmaß größer erscheinen.

Daß auch das Formmaterial unter Umständen dem Schwinden Widerstand
entgegensetzt, und das Gesamtschwindmaß auch hierdurch beeinflußt werden kann,
ist einleuchtend.

Die Zugabe, die zu den Abmessungen des Modells wegen der Schwindung
gegeben werden muß, richtet sich auch nach dem Grade der Erweiterung der
Form durch Losklopfen des Modells. Das ist ein rein technologischer Gesichtspunkt, der hier nicht weiter erörtert werden soll.

Bei Grauguß (grauem Roheisen) wird die Schwindung noch wesentlich beeinflußt durch die Menge des ausgeschiedenen Graphits. Im allgemeinen wird
das Gesamtschwindmaß unter sonst gleichen Umständen um so geringer, je größer
die Menge des Graphits in dem erstarrten Guß ist. Dies zeigt Abb. 464. Als
Abszissen sind die Graphitgehalte, als Ordinaten die entsprechenden Schwindmaße
in Prozenten eingezeichnet (Neufang, $L_6$ *18*). Die 15 verschiedenen Gußeisensorten entsprechenden Punkte liegen innerhalb des schraffierten Flächenstreifens,
der mit abnehmendem Graphitgehalt ansteigt. Da die Zusammensetzung der verschiedenen untersuchten Gußeisensorten innerhalb weiter Grenzen schwankt, wie
die der Abbildung beigeschriebenen Analysenzahlen angeben, und da das Schwindmaß
außer vom Graphitgehalt auch noch durch die Gegenwart der anderen Stoffe im
Eisen beeinflußt wird, so ist es nicht zu verwundern, daß die Punkte der Abbildung nicht alle auf einer Kurve, sondern innerhalb eines verhältnismäßig breiten
Flächenstreifens liegen.

Alle Umstände, die bei der Erkaltung des Gusses auf Vermehrung der Graphit-
bildung hinwirken, werden nach obigem das Gesamtschwindmaß mittelbar ver-

# Tabelle XXXV.
## Gesamtschwindmaß verschiedener Stoffe.

| Metallischer Stoff | Lineares Schwindmaß $\varepsilon$ in % | Quelle. |
|---|---|---|
| Grauguß: bei leichten Güssen | 1,0—1,1 | |
| bei schweren Güssen | 0,7—0,8 | |
| bei großen Zylinder- und Kastengüssen { | 0,8 längs 0,4 quer | } Treuheit ($L_6$ 16) |
| Stahlformguß | 0,8—2,0 | |
| „ für große Walzen | 1,2—1,4 | |
| Schmiedbarer Guß | 1,5 | |
| Blei: (mit 1,27% Zinn) | [0,8][1]) | Wüst ($L_6$ 13)[2]) |
| — — | 1,1 | Ledebur($L_1$ 25)[3]) |
| Zink: (2,67% Eisen) | 1,4 | W. |
| — — | 0,7 | L. |
| Zinn: (Bankazinn) | 0,44 | W. |
| Aluminium: (99,16% Al, 0,33% Fe) | 1,8 | W. |
| — — | 1,8 | L. |
| Kupfer: (99,16% Cu, 0,35% Fe. Elektolytkupfer) | 1,4 | W. |
| — — | 1,25 | L. |
| Wismut: (99,8% Bi, 0,12% Pb) | 0,29 | W. |
| Antimon: (97,9% Sb, 0,34% Sn, 1,3% Fe, 0,56% Cu) { | (0,29—0,66) schwankend | } W. |
| Blei-Zinn-Legierungen: Sn: 18% | 0,56 | |
| 70% | 0,44 | } W. |
| 81% | 0,50 | |
| Blei-Antimon-Legierungen: Sb: 19% | 0,54 | } W. |
| 15% | 0,56 | |
| Zinn-Zink-Legierungen: Zn: 49% | 0,50 | |
| 14,5% | 0,46 | } W. |
| 5% | 0,49 | |
| Kupfer-Zink-Legierungen: Zn: 16% | 2,17 | } W. |
| 33% | 1,97 | |
| 33% | 1,62 | L. |
| 36% | 1,97 | W. |
| Kupfer-Zinn-Legierungen: Sn: 5% | 1,7 | } W. |
| 10% | 1,4 | |
| 10% | 0,8 | L. |
| 19% | 1,5 | L. u. W. |
| Kupfer-Nickel-Zink-Legierungen: Ni: 16% Zn: 22% | 2,02 | |
| 20% 23% | 2,05 | } W. |
| 26% 22% | 2,03 | |
| 36% 18% | 1,93 | |
| Kupfer-Zinn-Zink-Blei-Leg.: Sn: 3% Zn: 8% Pb: 2% | 1,76 | |
| 17,5% 1,5% — | 1,50 | } W. |
| 9,5% 1,5% — | 1,47 | |
| 9,8% 2% 1,4% | 1,47 | |
| 6% 12% — | 1,30 | L. |
| Zink-Zinn-Kupfer-Leg.: Sn: 14,5% Cu: 4,3% Pb: 1,7% | 1,02 | } W. |
| 46% 2% 1% | 0,73 | |
| Weißmetalle: Sn: — Pb: 79% Sb: 12,5% Cu: 8,5% | 0,55 | |
| 20% 59% 21% — | 0,49 | |
| 85,5% — 9,5% 5% | 0,51 | } W. |
| 90% — 8% 2% | 0 55 | |
| 71% 9% 15% 5% | 0,42 | |
| Aluminiumbronze | 1,65 | L. |

[1]) Unsicher, Stab gelunkert.   [2]) Abgekürzt: W.   [3]) Abgekürzt: L.

kleinern. Wie wir später (II B) sehen werden, sind dies namentlich langsame Abkühlung innerhalb eines bestimmten Temperaturbereichs und höherer Siliziumgehalt. Die Abkühlung ist nun bei größeren Massen auch bei gleichem Form- und Gußmaterial langsamer als bei kleinen; infolgedessen wird auch das Schwindmaß bei größeren Güssen kleiner ausfallen als bei kleineren.

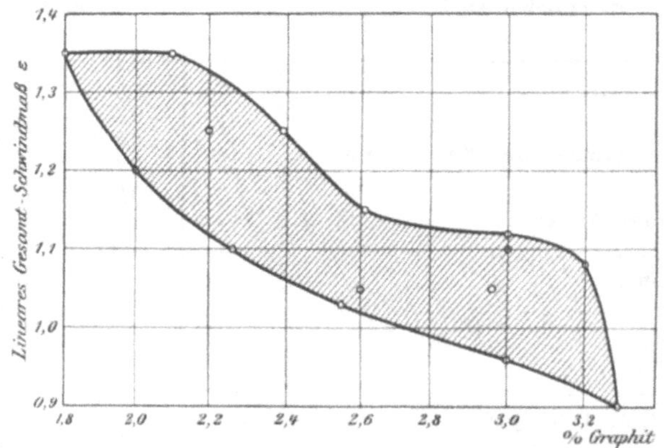


Abb. 464. Einfluß des Graphitgehaltes auf das Gesamt-Schwindmaß von Gußeisen.

Gußeisen: Stabdurchmesser 20—80 mm.
Gesamtkohlenstoff   2,9 —3,6   Proz.
Silizium . . . . . .   1,0 —2,3   „
Mangan . . . . . .   0,5 —0,9   „
Phosphor . . . . .   0,1 —0,8   „
Schwefel. . . . . .   0,08—0,10   „

**380.** Die Angaben über Gesamtschwindmaß und Zugabe für Schwindung gehen zum größeren Teil weit auseinander. In der Tabelle XXXV auf Seite 459 ist eine Übersicht über die in der Literatur enthaltenen Zahlen gegeben. Es sind hierbei vorwiegend die Wüstschen Zahlen benutzt, die mit der in Abs. *376 c* beschriebenen Vorrichtung ermittelt sind. Wenn auch die Erwärmung der Übertragungsstangen bei der Aufzeichnung der Schwindkurve wesentliche Fehler bewirken kann, so fallen diese Fehler bei der Messung der Gesamtschwindung wieder heraus, da sich hierbei die Übertragungsstangen wieder abkühlen, und so ihre anfängliche Verlängerung wieder rückgängig gemacht wird. Dagegen bleibt die in Abs. *376 e α* erwähnte Unsicherheit wegen der Unbestimmtheit der Meßlänge bestehen.

# IX. Der Flüssigkeitsgrad der geschmolzenen metallischen Stoffe.

*381.* Läßt man unter einem bestimmten Druck $p$ ein bestimmtes Volumen $v$ einer Flüssigkeit durch ein Haarröhrchen von der Länge $l$ und dem Halbmesser $r$ ausfließen, so beobachtet man, daß bei einer und derselben Flüssigkeit die zum Durchfluß verwendete Zeit $z$ um so größer wird, je niedriger die Temperatur $t$ ist. Man sagt: Die innere Reibung der Flüssigkeit wächst mit abnehmender Temperatur. In die Sprache des gewöhnlichen Lebens übersetzt, bedeutet dies: Die Flüssigkeit ist um so weniger dünnflüssig, je niedriger die Temperatur wird; die Dünnflüssigkeit steigt mit wachsender Temperatur.

Abb. 465, Linie $a$, veranschaulicht das Verhalten von Wasser bei verschiedenen Temperaturen. Als Ordinaten sind die relativen Ausflußzeiten $\eta$ verwendet, die erforderlich sind, um das Wasservolumen $v$ unter gleichem Druck $p$ durch Haarröhrchen von gleichem Halbmesser und gleicher Länge ausfließen zu lassen. Während bei 0 C°, also bei Beginn der Erstarrung, die Zeit $\eta$ 18 Einheiten beträgt, ist sie in der Nähe des Siedepunktes auf 2,8 Einheiten heruntergegangen. Ähnlich ist es bei Maschinenöl, dessen Verhalten beim Ausfließen aus einer Öffnung durch die Linie $b$ in Abb. 465 erläutert ist. Die Ordinaten $z/z_w$ geben an, wievielmal die Ausflußzeit des Öles bei der durch die Abszisse angegebenen Temperatur größer ist, als die Auslaufzeit von Wasser bei 20 C°. Die Linie $b$ läßt ebenso wie $a$ deutlich die Zunahme der Dünnflüssigkeit mit wachsender Temperatur erkennen.

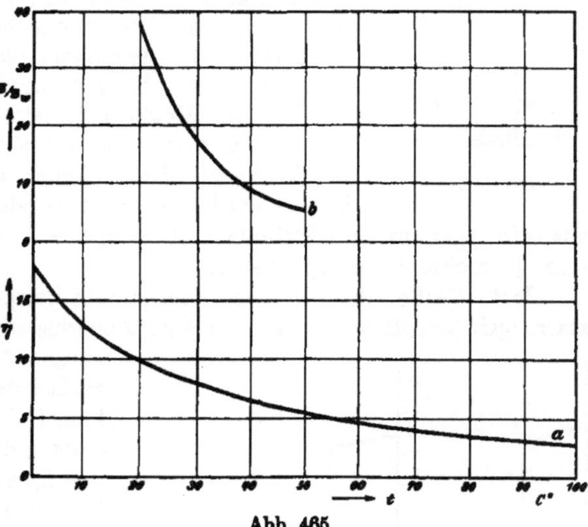


Abb. 465.

Linie $a$: Innere Reibung von Wasser (nach Thorpe und Rodger 1894).
Linie $b$: Maschinenöl:
$z$: Ausflußzeit eines bestimmten Volumens Öl unter bestimmtem Druck durch eine bestimmte Ausflußöffnung bei der Temperatur $t$.
$z_w$: Ausflußzeit eines gleichen Volumens Wasser unter gleichen Umständen bei 20 C°.
$z/z_w$: Maßstab für den Flüssigkeitsgrad.

Ganz ähnlich verhalten sich geschmolzene metallische Stoffe. Ihre Dünnflüssigkeit kann durch Erhitzen über den Schmelzpunkt hinaus gesteigert werden; sie wird um so geringer, je mehr sich der Stoff seiner Erstarrungstemperatur nähert. Natürlich ist der Grad der Dünnflüssigkeit bei gleicher Erhitzung über den Schmelzpunkt hinaus bei verschiedenen Stoffen verschieden. So ist z. B. graues Roheisen bei Gehalten von Schwefel über 0,12°/₀ dickflüssiger als bei niedrigerem Schwefelgehalt; man kann die nötige Dünnflüssigkeit für den Guß erzielen, wenn man das Eisen in dem Maße, als sein Schwefelgehalt höher wird, vor dem Guß entsprechend überhitzt.

Auch bei festen Stoffen ist Fließen möglich, wie aus Band I bekannt ist. Würde man die Schaulinie in Abb. 465a für Wasser auch noch für das Eis ermitteln, so würde die Linie bei 0 C° einen plötzlichen starken Anstieg zeigen. Es würde aber immer noch möglich sein, auch das feste Eis durch Öffnungen, allerdings unter sehr hohen Drucken, zum Ausfluß zu bringen. Die dazu benötigten Zeiten würden sehr groß sein. Ähnliches wie für Eis gilt für feste metallische Stoffe. Die Schaulinie würde beim Erstarrungspunkt plötzlich nach oben springen und bei weiterer Abkühlung noch weiter steigen.

Es sind aber auch Fälle denkbar, wo beim Sinken der Temperatur nicht stetiges Steigen der inneren Reibung des festen metallischen Stoffes herbeigeführt wird, sondern Unstetigkeiten in der Schaulinie auftreten. So ist es wahrscheinlich, daß beim Eisen innerhalb der als Blauhitze bezeichneten Temperaturzone die innere Reibung $\eta$ einen Höchstwert besitzt, etwa wie es in Abb. 466 angedeutet ist. (Vgl. Abs. *296, 314.*)

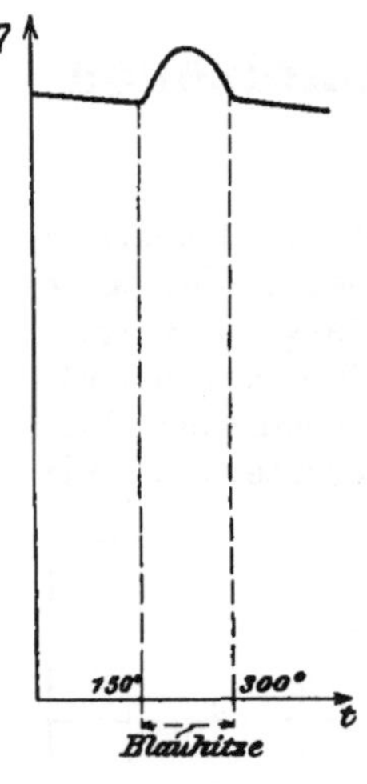

Abb. 466.

Von der Möglichkeit, feste metallische Stoffe unter hohem Druck zum Ausfließen aus einer Öffnung zu bringen, macht das Dicksche Preßverfahren in sinnreicher Weise Gebrauch. Hierbei wird z. B. Messing oder Deltametall usw. bei Rotglut aus Öffnungen in einer Stahlplatte herausgepreßt, wobei Stangen der verschiedensten Querschnitte erzeugt werden.

*382.* Stoffe, die bei einer bestimmten Temperatur erstarren, also kein Erstarrungsintervall haben, werden eine Änderung der inneren Reibung etwa nach Abb. 467 zeigen. Bei der Erstarrung springt die innere Reibung plötzlich hoch hinauf. Bei solchen Stoffen, die innerhalb eines größeren Temperaturintervalles in den festen Zustand übergehen, wird der Verlauf der Linie der inneren Reibung voraussichtlich wie in Abb. 468 sein. Mit dem Beginn der Erstarrung wächst die innere Reibung $\eta$ schnell an und strebt in dem Maße, wie bei weiterer Abkühlung der flüssige Teil ab- und der feste Anteil zunimmt, dem Grade der inneren Reibung zu, den der völlig erstarrte Stoff besitzt.

Es ist unter Umständen noch möglich, einen Stoff bei einer zwischen dem Beginn der Erstarrung $t_b$ und dem Ende der Erstarrung $t_e$ liegenden Temperatur zu gießen, wenn er auch hierbei träge flüssig ist, da ja die innere Reibung des flüssigen Teiles durch die zwischengemengten Kristalle der bereits fest gewordenen Phase stark vergrößert wird. Beim Hintergießen von Elektrotypen (dünne Kupfer-

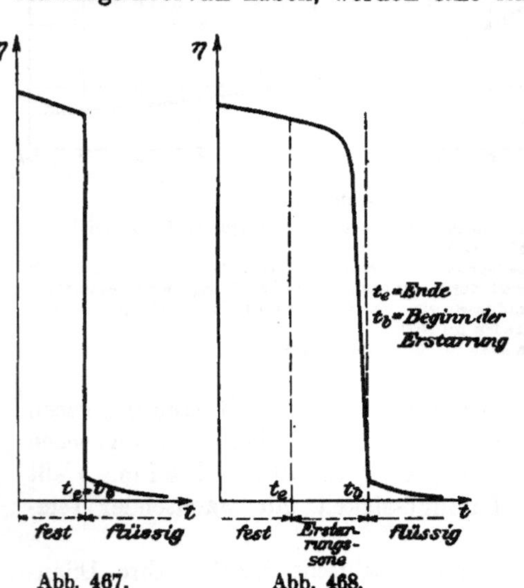

druckplatten, die elektrolytisch hergestellt sind) wird eine Legierung verwendet, die vorwiegend aus Blei und Antimon mit geringem Zusatz von Zinn besteht (Elektrotypenmetall). Man läßt sie in einem Löffel bis unter die Temperatur $t_b$ des Beginns der Erstarrung abkühlen und erhält so einen dicken Brei flüssiger Legierung mit darin befindlichen Kristallen, der auf die vorher verzinnte Elektrotype aufgegossen wird, ohne daß man erst eine Form nötig hat. Man muß beim Gießen natürlich die richtige Temperatur abpassen, da bei zu hoher Temperatur die Legierung noch zu dünnflüssig ist und von der Elektrotype herunterlaufen würde, und umgekehrt bei zu niedriger Temperatur die Legierung nicht mehr aus dem Löffel ausfließt.

Zuweilen können nichtmetallische Stoffe (Oxyde u. dgl.), die sich durch chemische Einwirkung aus dem metallischen Stoff gebildet haben, die Dünnflüssigkeit des letzteren stark herabsetzen, auch wenn die Temperatur wesentlich oberhalb des Beginns der Erstarrung der eigentlichen Legierung liegt. Ein solcher Fall liegt z. B. bei den Kupfer-Zinn-Legierungen (Bronzen) vor, die beim Schmelzen aus der Luft Sauerstoff aufgenommen haben. Der Sauerstoff verbindet sich mit dem Zinn der Legierung zu $SnO_2$ (Zinnoxyd oder Zinnsäure), einem Stoff, der bei der Schmelztemperatur der Legierung wegen seiner Schwerschmelzbarkeit in der flüssigen Legierung in fester Form herumschwimmt. Ähnlich wirkt auch Aluminiumoxyd in flüssigen Eisenlegierungen. Vgl. Abs. *257* am Schluß und die Tafelabb. 41 und 42, Taf. VIII.

In den angeführten Fällen wird die Dickflüssigkeit nicht durch hohe innere Reibung der Flüssigkeitsteilchen bedingt, sondern durch die hohe Reibung der festen oxydischen Häute aufeinander. Diese große Reibung macht sich sogar noch unterhalb der Erstarrung der Legierung stark bemerkbar. So bewirkt z. B. das Aluminiumoxyd $(Al_2O_3)$ im Eisen starken Rotbruch (Abs. *257*); auch der Gehalt an Zinnoxyd in der Bronze beeinträchtigt die Schmiedbarkeit.

# X. Magnetische Eigenschaften.

## A. Allgemeine Grundbegriffe.

*383.* Nimmt eine Magnetnadel an einem Orte des Raums eine bestimmte Richtung an, in die sie nach Ablenkung durch äußere Kräfte zurückkehrt, sobald die Wirkung dieser Kräfte aufhört, so sagt man: die Nadel befindet sich in einem **magnetischen Kraftfeld**. Die Richtung, in die sie sich einstellt, ist die **Kraftrichtung des magnetischen Feldes** an dem betreffenden Ort.

Über die ganze Erde erstreckt sich das Kraftfeld des Erdmagnetismus. Man kann magnetische Kraftfelder auch künstlich erzeugen. Sie treten z. B. auf in der Umgebung von Magneten, oder in der Umgebung eines vom elektrischen Strom durchflossenen Leiters.

Zwei magnetisierte dünne Stäbchen wirken so aufeinander ein, daß sich die gleichnamigen Pole (Nord- und Norpol oder Süd- und Südpol) gegenseitig abstoßen, während sich die ungleichnamigen Pole anziehen. Bei dünnen Stäbchen ist die Kraftäußerung so, als ob die wirksamen Kräfte von zwei Punkten in der Nähe der Enden der Stäbchen ausgingen. Man kann sich deswegen vorstellen, daß in diesen Punkten, den **Polen**, der Sitz des Magnetismus wäre, und daß in ihnen eine bestimmte Menge Magnetismus angehäuft sei, und zwar um so mehr, je stärker die Magnetisierung der Stäbchen, also je größer die gegenseitige Anziehung oder Abstoßung der Pole der beiden Stäbchen ist. Die Menge des $+$-Magnetismus am Nordpol eines der Stäbchen hat man sich dann gleich der Menge des $-$-Magnetismus am entgegengesetzten Pol, dem Südpol, vorzustellen. Nach Coulombs Feststellungen ist die Kraft, mit der sich der Nordpol des einen und der des anderen Stäbchens abstoßen,

$$\text{Kraft} = \text{Konst.} \frac{m_1 \cdot m_2}{r^2},$$

wenn $m_1$ die im Nordpol des Stäbchens 1 angehäuft gedachte Menge $+$-Magnetismus, und $m_2$ die im Nordpol des Stäbchens 2 angehäuft gedachte Menge $+$-Magnetismus, $r$ den Abstand der beiden Pole voneinander bedeutet.

Wählt man die Konstante gleich 1, so erhält man als Begriffserklärung der **Einheit der Magnetismusmenge** $m$ diejenige, die eine ihr gleiche im Abstand 1 cm mit der Kraft von einer **Dyne**[1]) abstößt.

Man nennt $m_1$ und $m_2$ auch die **Polstärken** der beiden magnetischen Stäbchen.

Da nach der obigen Begriffserklärung

$$\frac{m \cdot m}{r^2} = \text{Kraft und somit } m = r \sqrt{\text{Kraft}} \text{ ist,}$$

---

[1]) Eine Dyne ist die Kraft, die der Masse 1 g die Beschleunigung 1 cm/sek² erteilt.

so ergeben sich die Abmessungen von $m$

$$\text{Dim }(m) = \text{Länge} \times \sqrt{\text{Kraft}}.$$

Da die Abmessungen der Kraft im Zentimeter-Gramm-Sekunden-Maß (CGS) gleich $\dfrac{\text{Gramm} \times \text{Zentimeter}}{(\text{Sekunden})^2} = \text{g} \cdot \text{cm} \cdot \text{sek}^{-2}$, so ergibt sich

$$\text{Dim }(m) = \text{cm} \cdot \text{g}^{1/2} \cdot \text{cm}^{1/2} \cdot \text{sek}^{-1} = \text{g}^{1/2} \cdot \text{cm}^{3/2} \cdot \text{sek}^{-1}.$$

Wir hatten oben gesehen, daß die Richtung des magnetischen Feldes in einem Punkte durch die Richtung gegeben ist, die ein dünnes Magnetstäbchen in diesem Punkte annimmt. Es handelt sich nun auch noch darum, ein Maß für die Stärke des Feldes zu erhalten. Zu diesem Zwecke denkt man sich in dem betreffenden Punkte einen Magnetpol von der Polstärke 1 angebracht.

**Ein magnetisches Feld hat dann die Feldstärke 1, wenn es auf diesen Einheitspol die Anziehungs- oder Abstoßungskraft 1 Dyne ausübt.**

Ein magnetisches Feld von der Stärke $\mathfrak{H}$ übt somit auf einen Pol von der Polstärke $m$ die Kraft $F = \mathfrak{H} \cdot m$ aus; folglich ist

$$\mathfrak{H} = \frac{F}{m} = \frac{\text{Kraft}}{\text{Polstärke}}.$$ Daraus ergeben sich die Abmessungen:

$$\text{Dim }(\mathfrak{H}) = \frac{\text{g} \cdot \text{cm} \cdot \text{sek}^{-2}}{\text{g}^{1/2} \cdot \text{cm}^{1/2} \cdot \text{sek}^{-1}} = \text{g}^{1/2} \cdot \text{cm}^{-1/2} \cdot \text{sek}^{-1}. \; {}^1)$$

Eine vom elektrischen Strom $i$ durchflossene Drahtspirale (Spule oder Solenoid) mit $n$ Windungen auf der Länge $l$ gibt in ihrem Innern in der Richtung ihrer Achse eine Feldstärke $\mathfrak{H}$, die in genügender Entfernung von den Enden der Spirale durch die Gleichung ausgedrückt wird:

$$\mathfrak{H} = \frac{4\pi \cdot n}{l} \cdot i \quad \ldots \ldots \ldots \ldots \quad (1)$$

Hierin ist die Stromstärke $i$ in CGS, wobei 1 Amp. $= {}^1/_{10}$ CGS ist, und $l$ in cm auszudrücken.

Man denkt sich ein magnetisches Feld veranschaulicht durch ein System von Linien, den Kraftlinien, deren Richtung in jedem Punkte mit der Kraftrichtung des Feldes zusammenfällt, und die so dicht gelegt sind, daß ein Querschnitt von 1 qcm senkrecht zur Kraftlinienrichtung von $\nu = \mathfrak{H}$ Kraftlinien durchsetzt wird. Die Zahl $\nu$ nennt man die Dichte der Kraftlinien. Sie ist gleich dem Zahlenwert der Feldstärke.

Man nennt das Feld gleichförmig, wenn die Kraftlinien an jeder Stelle gleiche Richtung und gleiche Dichte haben, also parallel sind und gleichweit voneinander abstehen.

Das Feld des Erdmagnetismus kann man innerhalb eines kleinen abgegrenzten Raumes als angenähert gleichförmig betrachten. In seiner gesamten Erstreckung ist dieses Feld natürlich nicht gleichförmig, da ja die Kraftlinien an den Polen zusammenlaufen, also nicht gleichgerichtet sind.

Das in einer stromdurchflossenen Drahtspule erzeugte Feld ist in genügender Entfernung von den Spulenenden nahezu gleichförmig.

**384.** Wird ein Körper in ein magnetisches Feld $\mathfrak{H}$ eingebracht, so wird in ihm im allgemeinen magnetische Kraft und Polarisation hervorgerufen, d. h. es bildet sich in ihm ein Nord- und ein Südpol von gleicher Stärke, aber von entgegengesetztem Vorzeichen aus. Man sagt, es wird Magnetismus induziert. Dies

---

${}^1)$ Man nennt die Einheit der Feldstärke auch 1 Gauß.

macht sich dadurch geltend, daß sich die Kraftliniendichte innerhalb des Körpers ändert. Die Zahl der gesamten, einen Quatratzentimeter des Körpers senkrecht durchsetzenden Kraftlinien (Induktions- oder Magnetisierungslinien) sei $\mathfrak{B}$. Dann besteht die Beziehung

$$\mathfrak{B} = \mu \cdot \mathfrak{H} \quad \ldots \ldots \ldots \ldots \ldots \quad (2)$$

Die Zahl $\mu$ gibt an, um wieviel dichter die Kraftlinien innerhalb des induzierten Körpers laufen, als in der umgebenden Luft, für die $\mu$ gleich 1 ist. (Streng genommen müßte $\mu$ für Luftleere gleich 1 gesetzt werden.) Man nennt $\mathfrak{B}$ die **magnetische Induktion**.

Die Zahl $\mu$ heißt **magnetische Durchlässigkeit**, öfter **Permeabilität**, auch zuweilen **Koeffizient der magnetischen Induktion**, oder **magnetische Leitfähigkeit**. Für die weitaus größte Zahl der Stoffe liegt die Zahl $\mu$ in der Nähe von 1. Ist $\mu$ kleiner als 1, z. B. beim Wismut, so nennt man den Stoff **diamagnetisch**. Es verlaufen dann in ihm weniger Kraftlinien als im äußeren Luftfelde. Stoffe, deren magnetische Durchlässigkeit größer als 1 ist, nennt man **paramagnetisch**. In ihnen ist die Kraftliniendichte größer als im magnetischen Feld der umgebenden Luft.

Für alle Stoffe, deren magnetische Durchlässigkeit $\mu$ in der Nähe von 1 liegt, ist $\mu$ eine nur von der Natur des Körpers abhängige Konstante und ist unabhängig von der Feldstärke $\mathfrak{H}$.

Es gibt aber noch eine dritte Klasse von Stoffen, deren magnetische Durchlässigkeit sehr groß ist. Für diese ist $\mu$ keine Stoffkonstante, sondern stark mit der Feldstärke $\mathfrak{H}$ veränderlich. Man nennt solche Stoffe **ferromagnetisch**. Hierher gehören Eisen, Nickel, Kobalt, Magnetit.

Bis vor kurzem waren nur das Eisen, seine Legierungen und einige seiner Verbindungen, sowie die dem Eisen verwandten Stoffe Nickel und Kobalt als ferromagnetische Stoffe bekannt. Heusler *(L₃ 1)* machte im Jahre 1904 die überraschende Entdeckung, daß durch Legieren nichtferromagnetischer Metalle miteinander ferromagnetische Stoffe entstehen können. So sind z. B. gewisse Legierungen von Mangan und Zinn, von Mangan und Aluminium, von Mangan, Aluminium und Kupfer, von Mangan, Zinn und Kupfer ziemlich kräftig ferromagnetisch. Man nennt diese Legierungen Heuslersche Legierungen.

Stäbchen aus diamagnetischen Stoffen suchen sich in einem magnetischen Felde mit der Längsrichtung senkrecht zu den Kraftlinien des Feldes einzustellen. Stäbchen aus para- und ferromagnetischen Stoffen suchen sich dagegen parallel zur Kraftlinienrichtung des Feldes einzustellen, und zwar ist die Richtkraft, mit der diese Einstellung angestrebt wird, bei gleicher Stärke $\mathfrak{H}$ des magnetischen Feldes um so größer, je größer die magnetische Durchlässigkeit $\mu$ des magnetisierten Stoffes ist. Da bei den meisten Stoffen $\mu$ nahe an 1 liegt, ist auch bei ihnen die Richtkraft so klein, daß sie scheinbar vom magnetischen Felde gar nicht beeinflußt werden. Ihr Magnetismus läßt sich nur mit sehr feinen Hilfsmitteln und unter der Einwirkung sehr starker Felder feststellen. Bei den ferromagnetischen Stoffen, deren $\mu$ bedeutende Werte annimmt, ist dagegen die Richtkraft in die Augen fallend.

Man nennt einen Körper **gleichmäßig magnetisiert**, wenn die Induktionslinien in ihm gerade und parallel zueinander verlaufen und gleichen Abstand voneinander haben. Dieser Fall tritt ein, wenn sich der Körper in einem gleichförmigen magnetischen Felde befindet, und wenn er entweder ein Ellipsoid oder ein unendlich langer Stab ist, deren Längsachsen in die Richtung der Kraftlinien fallen.

Die Zahl der Induktionslinien $\mathfrak{B}$ auf 1 qcm eines gleichförmigen magnetisierten Körpers setzt sich zusammen aus der Zahl der Kraftlinien $\mathfrak{H}$, die vom äußeren magnetischen Feld herrühren, und der Zahl $4\pi\mathfrak{J}$ der Induktionslinien, die infolge der magnetischen Induktion im Körper entstanden sind. Es ist also:

$$\mathfrak{B}=\mathfrak{H}+4\pi\mathfrak{J} \quad \dots \dots \dots \dots \quad (3)$$

$\mathfrak{J}$ nennt man die Stärke oder Intensität der Magnetisierung, zuweilen auch den spezifischen Magnetismus. Sie ist gleich $\dfrac{ml}{v}$, worin $m$ die Polstärke eines Poles des magnetisierten Körpers, $l$ die Entfernung der beiden Pole, $v$ das Volumen des magnetisierten Körpers ist. Da man das Produkt $ml=M$ auch das Moment des magnetisierten Körpers nennt, so ist $\mathfrak{J}=\dfrac{M}{v}$, also das auf die Raumeinheit bezogene magnetische Moment des magnetisierten Körpers. $\mathfrak{J}$ hat dieselben Dimensionen, wie die Feldstärke und die Induktion, nämlich $g^{1/2} \cdot cm^{-1/2} \cdot sek^{-1}$.

Das Verhältnis $\varkappa=\dfrac{\mathfrak{J}}{\mathfrak{H}}$ hat den Namen Aufnahmefähigkeit oder Suszeptibilität erhalten. Zwischen $\varkappa$ und $\mu$ ergibt sich aus Gl. 2 und 3 folgende Beziehung:

$$\mu \cdot \mathfrak{H} = \mathfrak{H}+4\pi\mathfrak{J}=\mathfrak{H}+4\pi \cdot \varkappa\mathfrak{H}$$

$$\mu=1+4\pi \cdot \varkappa \quad \dots \dots \dots \dots \quad (4)$$

Für Stoffe, deren Durchlässigkeit $\mu=1$ ist (Luft, Luftleere), ist $\varkappa=0$. Für diamagnetische Stoffe wird $\varkappa$ negativ, für alle anderen Stoffe ist es positiv. Für dia- und paramagnetische Stoffe ist $\varkappa$ eine sehr kleine Zahl, so daß $\mu$ von 1 wenig verschieden ist. Ferromagnetische Stoffe haben sehr große positive Werte von $\varkappa$ und demnach auch von $\mu$.

Zuweilen bezieht man die Stärke der Magnetisierung statt auf die Raumeinheit auf die Einheit der Masse, so daß $\mathfrak{J}'=\dfrac{M}{v \cdot s}$ wird, worin $s$ das spezifische Gewicht des magnetisierten Körpers bedeutet. Danach ergibt sich:

$$\mathfrak{J}'=\dfrac{\mathfrak{J}}{s} \quad \dots \dots \dots \dots \dots \quad (5)$$

Ebenso wird zuweilen die magnetische Aufnahmefähigkeit statt auf die Raumeinheit auf die Masseneinheit bezogen. Diese Größe $\varkappa'$ ist dann

$$\varkappa'=\dfrac{\varkappa}{s} \quad \dots \dots \dots \dots \dots \quad (6)$$

**385.** **Messung der Beziehung zwischen $\mathfrak{B}$ und $\mathfrak{H}$ bei ferromagnetischen Stoffen.** Es ist hier nicht beabsichtigt, die verschiedenen Arten dieser Messung zu besprechen. Hierüber muß man sich in der Sonderliteratur über diesen Gegenstand Rat holen (z. B. $L_3$ 2 und 3). Hier soll nur ein Meßverfahren gestreift werden in der Hoffnung, daß durch die Angaben hierüber die Begriffe über Magnetismus etwas mehr ins Greifbare rücken. Die Meßvorrichtung ist schematisch in Abb. 469 angedeutet.

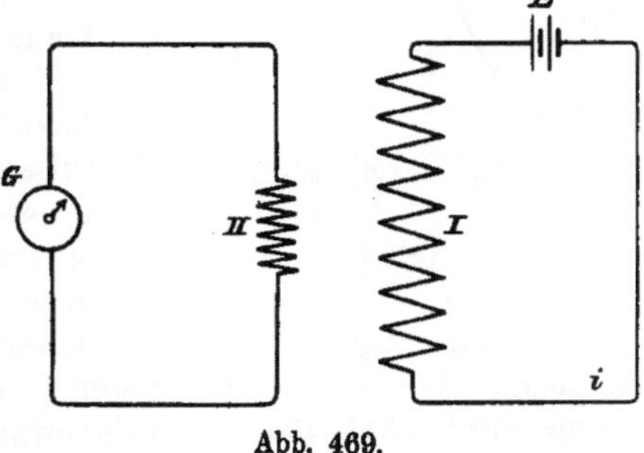

Abb. 469.

In der Abbildung sind die beiden Drahtspiralen I und II im Interesse der Übersichtlichkeit nebeneinander gezeichnet. In Wirklichkeit liegen sie konzentrisch ineinander, und der nicht gezeichnete, zu magnetisierende Stab liegt in der gemeinschaftlichen Achse. Die Spirale (Solenoid) I erzeugt in der Richtung ihrer

Achse ein angenähert gleichförmiges magnetisches Feld von der Größe $\mathfrak{H} = \dfrac{4\pi n}{l} i$ (Gl. 1).

Die Stromstärke $i$ wird im Stromkreis des Solenoides I durch eine Stromquelle $E$ erzeugt und kann durch Ein- und Ausschalten von Widerständen um bestimmte Beträge $\Delta i$ geändert werden. Der in der Achse des Solenoides befindliche Eisenstab wird magnetisiert, sobald Strom durch das Solenoid geht. Durch Änderung der Stromstärke um einen Betrag $\Delta i$ kann man das magnetische Feld im Innern der Spule I um einen entsprechenden Betrag $\Delta \mathfrak{H}$ ändern, der wiederum eine Änderung der magnetischen Induktion des Eisenstabes um den Betrag $\Delta \mathfrak{B}$ nach sich zieht.

Der magnetisierte Stab kann nun seinerseits bei Änderung seiner magnetischen Induktion um $\Delta \mathfrak{B}$ in einem ihn umgebenden Solenoid II eine bestimmte Elektrizitätsmenge $\Delta Q$ erzeugen, und zwar im Betrag von

$$\Delta Q = \frac{n_s \cdot q}{w_s} \cdot \Delta \mathfrak{B} \quad \ldots \ldots \ldots \ldots \quad (7)$$

worin $n_s$ die Zahl der Windungen der den magnetisierten Stab umgebenden Spule II, $w_s$ der gesamte elektrische Leitwiderstand im Stromkreis dieser Spule (Widerstand in der Spule selbst plus Widerstand im Schließungskreis der Spule II), $q$ der Querschnitt des magnetisierten Stabes ist.

Diese Elektrizitätsmenge $\Delta Q$ kann mit Hilfe eines ballistischen Galvanometers $G$ gemessen werden, das in den Stromkreis der Spule II eingeschaltet wird. Sobald die Induktion des Eisenstabes um $\Delta \mathfrak{B}$ geändert wird, schlägt das Galvanometer um einen bestimmten Winkel $\varphi$ aus, der proportional der im Stromkreis der Spule II erzeugten Elektrizitätsmenge $\Delta Q$ ist. Aus dem Winkel $\varphi$ und der durch Eichung festgestellten Konstanten des Galvanometers ergibt sich dann $\Delta Q$. Mit Hilfe dieser Größe und der Gl. 7 kann man dann $\Delta \mathfrak{B}$ berechnen. Im Stromkreis I liest man mittels eines Strommessers die der Änderung der Induktion um $\Delta \mathfrak{B}$ entsprechende Änderung $\Delta i$ der Stromstärke ab und berechnet damit nach Gl. 1 die Änderung der magnetischen Feldstärke $\Delta \mathfrak{H}$.

In der angegebenen Weise kann man die zu den stufenweisen Änderungen von $\mathfrak{H}$ um die Beträge $\Delta \mathfrak{H}$ gehörigen Änderungen der Induktion $\Delta \mathfrak{B}$ ermitteln und die erhaltenen Werte in ein Koordinatensystem eintragen, indem man die Abszissen proportional der Feldstärke $\mathfrak{H}$ und die Ordinaten proportional der magnetischen Induktion $\mathfrak{B}$ aufzeichnet, wie in Abb. 470. Die erhaltene Linie heißt Magnetisierungs- oder $\mathfrak{H}$, $\mathfrak{B}$-Linie.

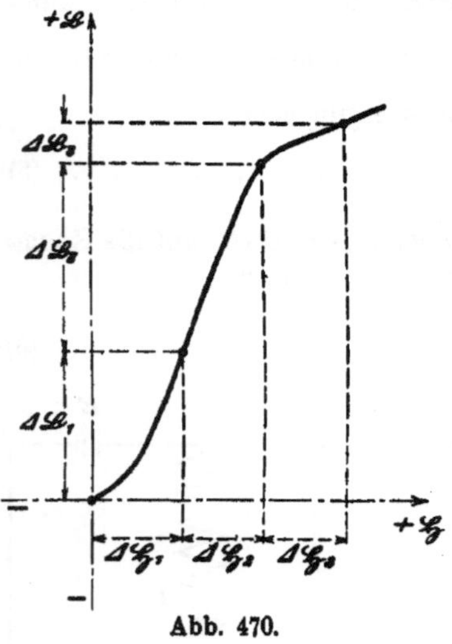


Abb. 470.

Bei der angewendeten Versuchsanordnung ist noch eine Verbesserung anzubringen. Der in den Solenoiden I und II befindliche Eisenstab, dessen Magnetisierungslinie (Abb. 470) ermittelt werden soll, beeinflußt durch seine Magnetisierung das Feld $\mathfrak{H}$. Er schickt von seinen Polen ein eigenes Kraftfeld aus, das dem Feld $\mathfrak{H}$ entgegengesetzt gerichtet ist und dieses demnach schwächt. Die eigentliche, die Induktion erzeugende Feldstärke ist dann

$$\mathfrak{H} = \frac{4\pi n}{l} i - N \cdot \mathfrak{B}.$$

$N$ ist der sogenannte Entmagnetisierungsfaktor, über dessen Größe man sich durch Rechnung oder durch den Versuch unterrichten muß. Er wird immer kleiner, je länger der Stab gegenüber seinem Durchmesser wird. Ist beispielsweise das Verhältnis $m$ der Länge des Stabes zu seinem Durchmesser gleich 5, so ist $N$ 0,68, bei $m = 300$ ist $N$ dagegen auf den sehr kleinen Wert von 0,00075 gesunken (nach **Riborg Mann**, $L_8$ 6).

Für genaue Messungen wird das Eisen, dessen Magnetisierungslinie zu ermitteln ist, nicht in Form eines Stabes, sondern in Form eines geschlossenen Ringes angewendet, über den dann die beiden Solenoide I und II gewickelt werden. Der Ring hat keine Pole und kann somit auch keine feldschwächende Wirkung ausüben.

**386. Magnetischer Kreisvorgang.** Während bei dia- und paramagnetischen Stoffen $\mu$ unabhängig von $\mathfrak{H}$ ist, und sonach die Linie, welche $\mathfrak{B}$ in Abhängigkeit von $\mathfrak{H}$ darstellt (die $\mathfrak{H}$, $\mathfrak{B}$-Linie), eine Gerade $\mathfrak{B} = \mu \cdot \mathfrak{H}$ ist, wird bei ferromagnetischen Stoffen $\mu$ abhängig von der Feldstärke $\mathfrak{H}$, so daß die $\mathfrak{H}$, $\mathfrak{B}$-Linie im allgemeinen eine gekrümmte Linie ist. Sie steigt bei Eisen mit wachsendem $\mathfrak{H}$ sehr rasch an, und der Wert von $\mu$ erreicht außerordentlich große Werte (bis 3000 und mehr). Bei noch weiter steigender Feldstärke wird $\mu$ wieder kleiner, die Linie für $\mathfrak{B}$ wird wieder flacher und bei sehr großen Feldstärken eine gerade Linie, deren Gleichung

$$\mathfrak{B} = \mathfrak{H} + 4\pi\mathfrak{J}_0 = \mathfrak{H} + \text{Konst.}$$

wird. Die Stärke der Magnetisierung $\mathfrak{J}$ ist unveränderlich gleich $\mathfrak{J}_0$ geworden, und man sagt, daß das Eisen magnetisch **gesättigt** sei.

Die Feldstärke, bei der das Eisen gesättigt wird, ist je nach seiner Art verschieden. Sie beträgt für kohlenstoffarmes Eisen etwa 2000, für kohlenstoffreichere Eisensorten bis zu 10 000 CGS-Einheiten oder Gauß.

Die unveränderlich gewordene Stärke der Magnetisierung für den Zustand der magnetischen Sättigung soll mit $\mathfrak{J}_0$ bezeichnet werden.

Die magnetische Durchlässigkeit $\mu$ hängt nun bei ferromagnetischen Stoffen nicht nur von der Größe der jeweiligen Feldstärke $\mathfrak{H}$ ab, sondern sie ist auch noch veränderlich je nach den Werten, die die Feldstärke vorher gehabt hat, also von der magnetischen Vorbehandlung des Metalls. Für denselben Wert von $\mathfrak{H}$ kann $\mathfrak{B}$ verschiedene Werte haben, je nachdem ob die Feldstärke vorher größer oder kleiner war, je nachdem ob man sich dem Wert $\mathfrak{H}$ von oben oder von unten nähert.

Geht man von dem unmagnetischen Zustand des Eisens und von der Feldstärke Null aus, so nennt man die gewonnene $\mathfrak{H}$, $\mathfrak{B}$-Linie die **jungfräuliche Linie** oder die **Nullkurve**. Sie ist in Abb. 471 gestrichelt und mit $AB$ bezeichnet. Läßt man die Feldstärke von dem positiven, dem Punkte $B$ entsprechenden Werte $AE$ allmählich abnehmen, durch Null hindurch (durch

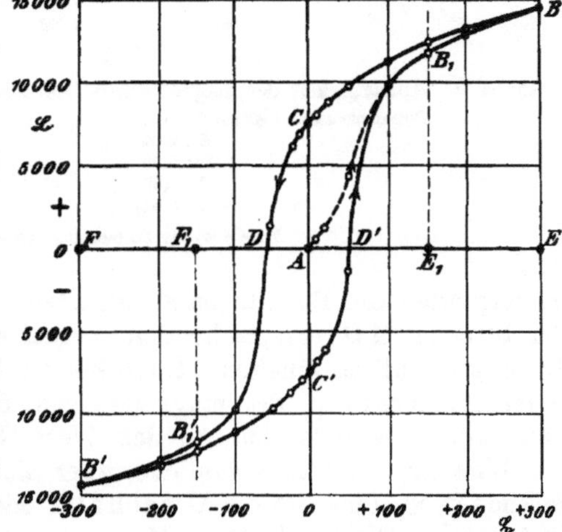



Abb. 471. $\mathfrak{H}$, $\mathfrak{B}$-Linie eines gehärteten Stahles mit 0,99 % Kohlenstoff. (Nach **Gumlich**.)

Umschalten des magnetisierenden Stromes in der Spule I) auf den gleichgroßen, aber entgegengesetzten Wert $AF$ anwachsen und kehrt dann allmählich wieder auf den Anfangswert $AE$ zurück, so hat man einen magnetischen Kreisvorgang durchgeführt. Die zugehörigen Werte von $\mathfrak{B}$ fallen dann in die in Abb. 471 dargestellte Kurvenschleife $BCDB'C''D'B$, die man Hysteresisschleife nennt. Falls, wie oben angenommen, $AE = AF$, so ist auch $AC = AC'$ und $AD' = AD$, die Schleife ist also symmetrisch.

Wie Abb. 471 zeigt, hat nach Abnahme der Feldstärke von $AE$ auf Null die Induktion noch den Betrag $AC$, den man als zurückbleibenden Magnetismus, als remanenten Magnetismus oder kurz als Remanenz bezeichnet. Er soll

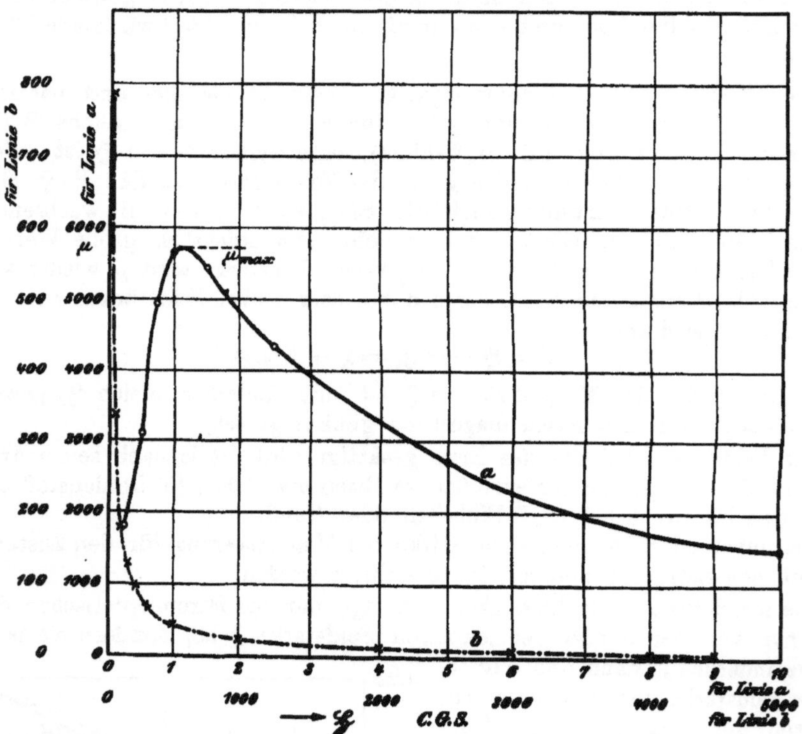


Abb. 472. Abhängigkeit der magnetischen Durchlässigkeit von der Feldstärke. (Nach Gumlich.)

Dynamoflußeisen geglüht: C: 0,08 Proz.        $\mathfrak{B}_r$: 10250
      Si: 0,03 „        $\mathfrak{H}_c$:    0,88$_5$
      Mn: 0,38 „        $\mu_{max}$: 5700
      P: 0,029 „        $\eta$: 0,00110
      S: 0,024 „        $\mathfrak{J}_s$: 1700.

Linie $b$ ist die Fortsetzung von $a$ für größere Feldstärken.

im folgenden den Buchstaben $\mathfrak{B}_r$ erhalten. Man muß die Feldstärke erst auf den der Strecke $AD$ entsprechenden negativen Betrag abnehmen lassen, um die Induktion Null zu erhalten. Diese Feldstärke $AD$ nennt man die Rückhalts- oder Koerzitivkraft $\mathfrak{H}_c$ des magnetisierten Körpers, die erst überwunden werden muß, wenn die Induktion auf den Wert Null heruntergedrückt werden soll.

Eine der Nullkurve ähnliche, aber nicht notwendigerweise mit ihr zusammenfallende $\mathfrak{H}$, $\mathfrak{B}$- Linie ist die Umschalt- oder Kommutierungskurve. Sie wird in folgender Weise erhalten. Man beginnt beim unmagnetischen Zustand des zu prüfenden Stoffes und steigt bis zu einem gewissen Werte $\mathfrak{B}$ auf. Bevor man jedoch die Induktion beobachtet, wechselt man einige Male die Feldrichtung durch Umschalten des Stromes im Kreis der Spule I (Abb. 469). Erst der alsdann zu einem bestimmten Wert von $\mathfrak{H}$ gehörige Wert $\mathfrak{B}$ wird aufgezeichnet. Dann geht man zu einem weiteren Wert der Induktion, indem man auch hier wieder die Feldrichtung wechselt usw.

Die zur jeweiligen Feldstärke $\mathfrak{H}$ gehörige Durchlässigkeit $\mu$ wird aus der Nullkurve abgeleitet. Abb. 472 gibt ein Beispiel für die Abhängigkeit der Zahl $\mu$ von der Felstärke $\mathfrak{H}$. Sie bezieht sich auf ein geglühtes Dynamoflußeisen von der der Abbildung beigeschriebenen Zusammensetzung (nach Gumlich, $L_8$ 8). Die Linie $a$ gibt den Verlauf für schwache Felder von 0 bis 10 CGS. Die Linie $b$ bildet in verändertem Maßstab die Fortsetzung der Linie $a$ für größere Feldstärken. Die Durchlässigkeit steigt mit wachsendem Feld sehr rasch an, erreicht bei $\mathfrak{H}=1{,}2$ den Höchstwert $\mu_{max}=5700$ und fällt dann wieder ab bis auf sehr kleine Werte.

Für nicht abgeschreckte Eisensorten einschließlich der mit Silizium bis zu $4\,°/_0$ legierten Eisensorten besteht nach Gumlich und Schmidt ($L_8$ 7) zwischen $\mu_{max}$, dem zurückbleibenden Magnetismus $\mathfrak{B}_r$ und der Rückhaltskraft $\mathfrak{H}_c$ mit genügender Annäherung die Beziehung:

$$\mu_{max} = 0{,}49 \cdot \frac{\mathfrak{B}_r}{\mathfrak{H}_c}.$$

Bei dem in Abb. 472 gegebenen Beispiel berechnet sich $\mu_{max}$ nach dieser Formel zu $0{,}49 \cdot \dfrac{10250}{0{,}88_5} = 5660$, statt des durch den Versuch gefundenen Wertes 5700.

**387. Magnetische Hysteresis.** Die Hysteresisschleife (Abb. 471) läßt erkennen, daß in den ferromagnetischen Stoffen das Bestreben vorhanden ist, einen einmal erlangten magnetischen Zustand festzuhalten. Die Induktion bleibt hinter der Einwirkung des magnetischen Feldes zurück. Man nennt dies die **magnetische Hysteresis**. Sie kann als Widerstand aufgefaßt werden, der dem erregenden Felde entgegengesetzt wird. Zur Überwindung dieses Widerstandes ist Energie erforderlich, die für den eigentlichen Magnetisierungsvorgang verloren geht. Sie wird in Wärme umgesetzt, die in dem magnetisierten Körper auftritt. Diese Wirkung macht sich z. B. in Transformatoren geltend, deren Eisenkörper schnell wechselnden magnetischen Kreisvorgängen ausgesetzt werden.

Die von der Hysteresisschleife eingeschlossene Fläche $F = \int \mathfrak{B}\,d\mathfrak{H}$ ist ein Maßstab für den Energieumsatz durch Hysteresis. Die Dimensionen dieser Fläche sind Dim $(F) = $ (Feldstärke) $\times$ (Induktion), also nach Abs. $383$

$$(g^{1/2}cm^{-1/2}sek^{-1})^2 = g \cdot cm^{-1} \cdot sek^{-2} = \frac{g \cdot cm^2 \cdot sek^{-2}}{cm^3} = \frac{\text{Arbeit in Erg}}{\text{Volumen}}.$$

Die Fläche $F$ ist also proportional dem Energieumsatz durch Hysteresis bezogen auf die Raumeinheit (Erg auf 1 ccm) des magnetisierten Stoffes. Der Proportionalitätsfaktor ist $\dfrac{1}{4\pi}$, so daß die Beziehung gilt

$$E = \frac{1}{4\pi} F = \frac{1}{4\pi} \int\limits_{-\mathfrak{H}}^{+\mathfrak{H}} \mathfrak{B}\,d\mathfrak{H}. \qquad\qquad\qquad (8)$$

Einheit: Erg/ccm.

Die Fläche $F$ kann leicht mittels Planimeter aus der $\mathfrak{H}$, $\mathfrak{B}$-Linie für einen magnetischen Kreisvorgang (vgl. z. B. Abb. 471) ermittelt werden, und daraus ergibt sich $E$.

Finden in der Sekunde $n$ magnetische Kreisvorgänge (Zyklen) statt, so ist der Energieverlust in 1 Sekunde $n \cdot E$ Erg/sek·ccm oder $n \cdot E\, 10^{-7}$ Watt auf 1 ccm Eisen.

Zum Vergleich des Energieumsatzes $E$ verschiedener Eisensorten wird in der Regel die **Steinmetzzahl** $\eta$ (*$L_8$ 13*) verwendet, die sich aus der Gleichung

$$E = \eta \cdot \mathfrak{B}_{max}^{1,6} \quad \cdots \quad \cdots \quad \cdots \quad (9)$$

ergibt. Die Fläche $F$ innerhalb der Schleife (Abb. 471) hat verschieden große Werte, je nachdem zwischen welchen Grenzen $AE$ und $AF$ der Feldstärke man den Kreisvorgang durchführt. Würde man im Falle der Abb. 471 die Feldstärke nur innerhalb der Grenzen $AE_1$ und $AF_1$ verändert haben, so würde die Schleifenfläche $F$ kleiner geworden sein. Den kleineren Grenzen der Feldstärke würden auch kleinere Grenzen der höchsterreichten Induktion $\mathfrak{B}_{max}$ entsprochen haben, und zwar $E_1 B_1$ und $F_1 B_1'$ anstatt $EB$ und $FB'$. Nach **Steinmetz** ist nun der Energieumsatz $E$ bei verschiedenen Werten von $\mathfrak{B}_{max}$ nahezu proportional der 1,6ten Potenz von $\mathfrak{B}_{max}$. Er würde also bei $\mathfrak{B}_{max} = EB$ den Wert $\eta \cdot \overline{EB}^{1,6}$ und bei $\mathfrak{B}_{max} = E_1 B_1$ den Wert $\eta \cdot \overline{E_1 B_1}^{1,6}$ annehmen.

Die Gl. 9 gilt mit genügender Annäherung nur dann, wenn $\mathfrak{B}_{max}$ in der Nähe der Sättigung des magnetisierten Eisens liegt. Benutzt man dagegen einen von der Sättigung noch sehr weit entfernten Wert von $\mathfrak{B}_{max}$ und berechnet aus ihm und der gemessenen Fläche $F$ die Zahl $\eta$, so ist die letztere nicht mehr mit genügender Annäherung als Vergleichsmaßstab für den Energieumsatz verschiedener Materialien zu benutzen (**Ebeling** und **Schmidt**, *$L_8$ 14; 15*).


## B. Einige Zahlenwerte für die magnetischen Eigenschaften technischer Eisen- und Stahlsorten. Beziehungen zwischen den einzelnen magnetischen Eigenschaften.

**388.** a) Für Teile von elektrischen Maschinen, die wechselnden magnetischen Feldern ausgesetzt sind (Anker der Dynamos, Transformatorkerne usw.), muß das Maß der Energievergeudung $E$ durch Hysteresis möglichst klein sein. Bei den zu Feldmagneten verwendeten Materialien ist diese Größe $E$ von geringerer Bedeutung. Hier verlangt man namentlich hohe magnetische Durchlässigkeit $\mu$.

Außer der Energievergeudung durch magnetische Hysteresis tritt bei den Transformatorkernen und Dynamoankern noch Energievergeudung durch **Wirbelströme** auf. Man nennt den gesamten bei abwechselnder Magnetisierung im Eisen auftretenden Verlust, der sich aus Hysteresis- und Wirbelstromverlust zusammensetzt, den **Eisenverlust**. Der Wirbelstromverlust kann dadurch verkleinert werden, daß man das Eisen möglichst weitgehend unterteilt, indem man es aus lauter dünnen Blechen zusammenbaut, oder dadurch, daß man ein Eisen mit möglichst hohem elektrischen Leitwiderstand wählt.

Das erstere Mittel hat seine Grenzen, weil für den Eisenkern um so mehr Bleche erforderlich sind, je dünner diese werden. Bei gleichem geometrischen Querschnitt des Eisens ist aber der wirksame magnetische Querschnitt des Eisens um so kleiner, je dünner die Bleche sind. Man hat deswegen vielfach den zweiten Weg betreten und durch Legieren des Eisens mit besonderen Stoffen (Silizium, Aluminium usw.) den elektrischen Leitwiderstand erhöht. Man spricht dann von sogenannten **legierten Blechen** (z. B. Legierungen mit etwa $0,1\%$ Kohlenstoff und 2 bis $4\%$ Silizium). (*$L_8$ 16.*)

b) An das Material für **Dauermagnete** (permanente Magnete) stellt man gerade die entgegengesetzten Forderungen, wie an die unter a) aufgeführten Baustoffe. Während die letzteren der Änderung der Magnetisierung möglichst sofort und ohne erhebliche Verluste folgen sollen, verlangt man von Materialien für Dauermagnete, daß sie der Änderung der in ihnen einmal erzeugten magnetischen Induktion möglichst großen Widerstand entgegensetzen. Sie sollen nach Aufhören des sie in den magnetischen Zustand versetzenden Feldes möglichst viel Magnetismus zurückbehalten, also mit anderen Worten großen zurückbleibenden Magnetismus $\mathfrak{B}_r$ haben, und vor allen Dingen der Veränderung dieses zurückbleibenden Magnetismus mit der Zeit (Altern) infolge der Einwirkung äußerer magnetischer Felder, z. B. des Erdfeldes, infolge von Erschütterungen und Temperatureinflüssen möglichst großen Widerstand entgegensetzen, was mit anderen Worten möglichst große Rückhaltskraft $\mathfrak{H}_c$ voraussetzt. Diese Anforderungen bedingen eine große Fläche zwischen der Hysteresisschleife.

Je nachdem, ob die magnetischen Materialien den unter a) oder den unter b) genannten Bedingungen entsprechen, nennt man sie **magnetisch weich** (*a*) oder **magnetisch hart** (*b*).

*389.* Die Schaubilder 473 bis 475 geben eine Übersicht über die gegenseitigen Beziehungen der verschiedenen magnetischen Eigenschaften bei Eisen und Eisenlegierungen. Zur Aufzeichnung der Schaubilder wurden die zahlreichen von Gumlich und Schmidt veröffentlichten Ergebnisse magnetischer Untersuchungen verwendet ($L_8$ 7 bis *12*).

Die Ergebnisse sind in den Schaubildern nach der Größe der Steinmetzschen Zahl $\eta$, die als Abszisse verwendet wurde, geordnet. Mit wachsenden Abszissen wächst also die Energievergeudung $E$ durch Hysteresis.

Aus Abb. 471 ist ohne weiteres erkennbar, daß die Rückhaltskraft $\mathfrak{H}_c = AD$ von wesentlichem Einfluß auf die Größe der von der Hysteresisschleife eingeschlossenen Fläche, also auf die Energievergeudung $E$ durch Hysteresis sein muß. Dies findet sich durch Abb. 473 bestätigt, in der zu den Werten von $\eta$ als Abszissen die Werte von $\mathfrak{H}_c$ als Ordinaten eingetragen sind.

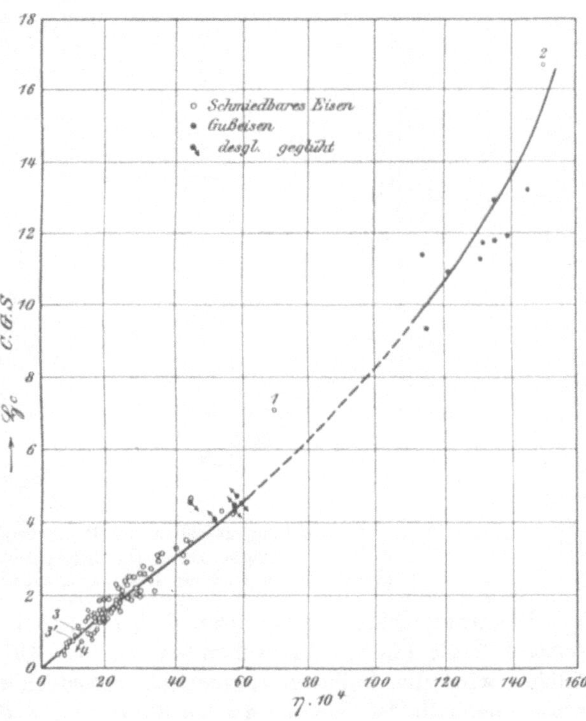


Abb. 473. Beziehung zwischen der Steinmetzzahl und der Rückhaltskraft.
(Nach den Versuchswerten von Gumlich und Schmidt zusammengestellt.)
$\mathfrak{H}_{max}$ etwa 150.

Mit steigenden Werten von $\mathfrak{H}_c$ wächst die Energievergeudung durch Hysteresis und umgekehrt.

Die einzelnen in Abb. 473 eingetragenen Versuchswerte sind durch Kreise angedeutet, und zwar bedeuten nicht ausgefüllte Kreise schmiedbare Eisenlegierungen (gewalzte Eisensorten, Dynamobleche, Flußeisen- und Stahlformgüsse, auch kohlenstoffarme Eisenlegierungen[1]) mit Siliziumzusätzen bis zu 4 %), die

---

[1]) Nicht ausgefüllter Kreis mit Pfeil in Abb. 473 bis 475.

ausgefüllten Kreise bedeuten Gußeisen, die ausgefüllten und mit Pfeil versehenen Kreise geglühtes Gußeisen. Die Versuchswerte reihen sich sämtlich ziemlich gut längs der gezeichneten Ausgleichslinie ein. Ein und dieselbe Ausgleichslinie gilt für alle die soeben angeführten Eisensorten. Bis zu Werten von $\eta = 60 \cdot 10^{-4}$ und $\mathfrak{H}_c = 4,5$ ist die Ausgleichslinie eine Gerade, von da ab wächst $\mathfrak{H}_c$ schneller als dem geradlinigen Verlauf entspricht.

Die magnetisch weichsten Eisensorten mit $\mathfrak{H}_c$ zwischen etwa 0,3 und 1,6 haben $\eta$ unterhalb etwa $15 \cdot 10^{-4}$, was bei $\mathfrak{B}_{max} = 18000$ CGS einem Hysteresisverlust $E$ kleiner als 10000 Erg/ccm entspricht. An diese magnetisch weichsten Stoffe schließen sich die magnetisch weichen Stahlgußsorten an mit $\eta$ bis zu etwa $25 \cdot 10^{-4}$, also $E$ bis zu etwa 16000 Erg/ccm, und mit zugehörigen Werten von $\mathfrak{H}_c$ innerhalb der Grenzen von etwa 1,6 bis 2,3 CGS.

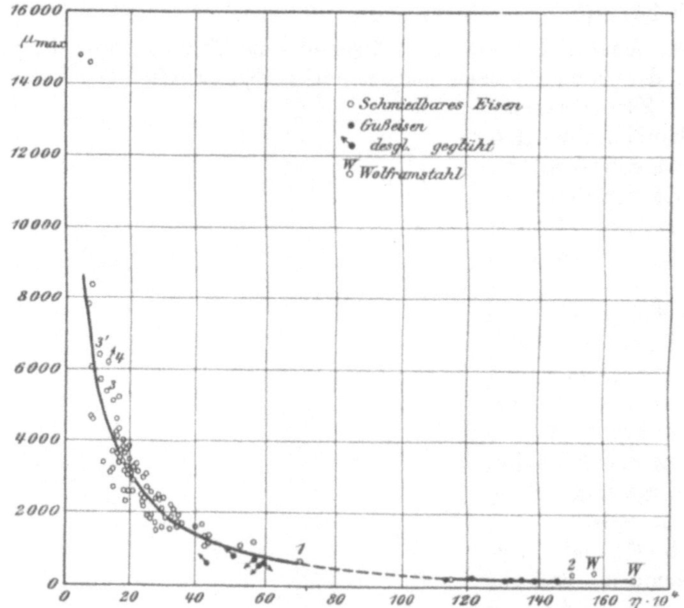


Abb. 474. Beziehung zwischen der Steinmetzzahl $\eta$ und der größten magnetischen Durchlässigkeit $\mu_{max}$.
(Nach den Versuchswerten von Gumlich und Schmidt zusammengestellt.)

Die untersuchten ungeglühten Gußeisensorten haben bei hohen Werten von $\eta$ (etwa 115 bis $145 \cdot 10^{-4}$) zwischen 9,4 und 13,2 CGS liegende Werte von $\mathfrak{H}_c$. Durch Glühen wird das Gußeisen magnetisch wesentlich weicher. Die Zahl $\eta$ liegt dann etwa innerhalb der Grenzen 44 bis $60 \cdot 10^{-4}$ und die Rückhaltskraft $\mathfrak{H}_c$ sinkt auf 4 bis 4,7 CGS.

Der Kreis 2 mit der Abszisse $\eta = 150 \cdot 10^{-4}$ und der Ordinate 16,7 entspricht einem Stahl Nr. 2 mit etwa $1\%$ Kohlenstoff ($0,1\%$ Si, $0,4\%$ Mn, $0,04\%$ P und $0,07\%$ S). Der Kreis 1 mit der Abszisse $70 \cdot 10^{-4}$ und der Ordinate 7,1 gibt die Eigenschaften eines Stahles Nr. 1 mit $0,56\%$ Kohlenstoff (bei $0,18\%$ Si, $0,29\%$ Mn, $0,076\%$ P und $0,035\%$ S) wieder. Die mit 3 und 3' bezeichneten Punkte der Abb. 473 entsprechen einem schwedischen Holzkohleneisenblech, und zwar 3 ungeglüht, 3' geglüht. Seine chemische Zusammensetzung ist: C: 0,03; Si: 0,006; Mn: 0,03; P: 0,099; S: $0,002\%$. Aus der Lage der Punkte 1, 2 und 3 in Abb. 473 folgt:

**Durch den steigenden Kohlenstoffgehalt wird sowohl $\eta$ als auch $\mathfrak{H}_c$ gesteigert, das Material wird also magnetisch härter.**

Abb. 474 erläutert die Beziehung zwischen der Steinmetzschen Zahl $\eta$ und dem Höchstwert der magnetischen Durchlässigkeit $\mu_{max}$ (vgl. auch Abb. 472). Die Ausgleichslinie hat hyperbelähnlichen Verlauf.

Mit zunehmendem $\eta$, also mit steigendem Energieverlust durch Hysteresis, nimmt $\mu_{max}$ im allgemeinen ab und nähert sich asymptotisch einem in der Nähe von 100 gelegenen Werte.

Der Ausgleichslinie schmiegen sich mit genügender Genauigkeit außer den schmiedbaren Eisensorten auch die Gußeisenrorten (geglüht und ungeglüht) an.

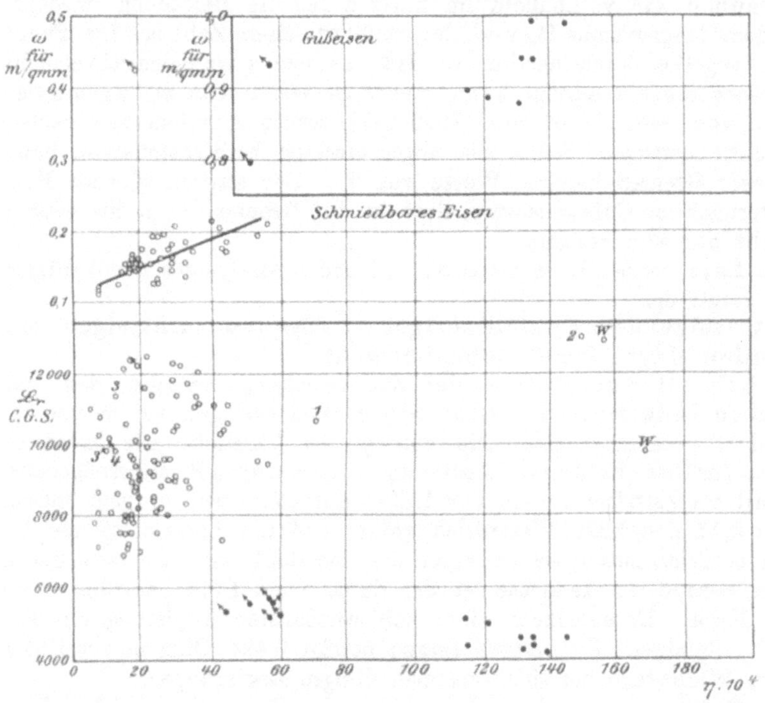



Abb. 475. Beziehung zwischen der Steinmetzzahl $\eta$, dem zurückbleibenden Magnetismus $\mathfrak{B}$, und dem elektrischen Leitwiderstand $\omega$.
(Nach den Versuchswerten von Gumlich und Schmidt.)

o   Schmiedbares Eisen.

  Desgl. mit Silizium legiert.

W   Desgl. mit Wolfram legiert.
o

•   Gußeisen.

  Desgl. geglüht.

Die den beiden hochgekohlten Stählen Nr. 1 und 2 entsprechenden Kreise liegen ebenfalls in genügender Nähe der Ausgleichslinie. Nach dem Abschrecken wird der Hysteresisverlust solcher Stähle sehr groß. $\eta$ wächst bei Stahl Nr. 1 auf $270 \cdot 10^{-4}$ und für Nr. 2 auf $337 \cdot 10^{-4}$. Die zugehörigen Werte von $\mu_{max}$ sind bzw. 170 und 110. Die entsprechenden Punkte würden sonach auf der Verlängerung der Schaulinie in Abb. 474 liegen.

Die Lage der Punkte 1, 2 und 3 zeigt dabei, daß mit steigendem Gehalt an Kohlenstoff die magnetische Durchlässigkeit der Eisen-Kohlenstoff-Legierungen abnimmt.

Die oben aufgestellte Beziehung, daß mit steigender Hysteresis $\mu_{max}$ abnimmt, ist nicht als strenges Gesetz aufzufassen. Die Abb. 474 läßt z. B. erkennen, daß die Punkte sich z. T. ziemlich beträchtlich von der Ausgleichslinie entfernen, so daß es nicht schwer fällt, Materialien aus der Zusammenstellung herauszufinden, die im Gegensatz zu dieser Regel trotz hoher Zahl $\eta$ größeres $\mu_{max}$ haben, als andere Stoffe mit geringerer Steinmetzscher Zahl $\eta$.

Daraus folgt, daß ein Material bezüglich seines magnetischen Verhaltens nicht etwa durch die Zahl $\eta$ allein gekennzeichnet wird, sondern daß zu seiner genauen Kenntnis die ganze $\mathfrak{H}$, $\mathfrak{B}$-Linie erforderlich ist, aus der sich ja die Werte für $\eta$, $\mathfrak{H}_c$, $\mathfrak{B}_r$, $\mu_{max}$ ergeben.

Schaubild 475 versinnlicht im unteren Teil die Beziehung zwischen zurückbleibendem Magnetismus $\mathfrak{B}_r$ und der Steinmetzschen Zahl $\eta$. Die Punkte liegen ziemlich regellos durcheinander, so daß aus dem vorhandenen Versuchsmaterial kein Gesetz erkannt werden kann. Sämtliche Werte von $\mathfrak{B}_r$ liegen zwischen den Grenzen von etwa 13000 und 7000 CGS, soweit schmiedbare Eisenlegierungen in Betracht kommen. Selbst die abgeschreckten Kohlenstoffstähle haben innerhalb dieser Grenzen liegende Werte von $\mathfrak{B}_r$. Der zurückbleibende Magnetismus der untersuchten Gußeisensorten liegt in den Grenzen 4000 bis 6000 (geglühte und nicht geglühte Proben).

Die Lage der den Eisensorten Nr. 1, 2 und 3 (Analysen s. oben) entsprechenden Punkte zeigt, daß

**mit steigendem Kohlenstoffgehalt schwaches Ansteigen des zurückbleibenden Magnetismus nebenher geht.**

In Abb. 475 oben ist noch der Zusammenhang zwischen dem spezifischen elektrischen Leitwiderstand $\omega$ (Abs. *400*) in Ohm bezogen auf m und qmm und der Zahl $\eta$ veranschaulicht. Die vorliegenden Versuchswerte lassen nur einen Schluß zu für Eisen-Kohlenstoff-Legierungen mit geringen Kohlenstoffgehalten. Hier steigt mit wachsendem $\eta$ auch der Leitwiderstand $\omega$ an; er liegt innerhalb der Grenzen 0,11 und 0,22. Wesentlich größer sind die Leitwiderstände der untersuchten Gußeisensorten; sie bewegen sich innerhalb der Grenzen 0,8 und 1,0.

Von besonderem Interesse ist der durch einen Pfeil bezeichnete, nicht ausgefüllte Kreis. Er entspricht einer kohlenstoffarmen Legierung des Eisens mit etwa $3\%$ Silizium. Ihr Leitwiderstand beträgt 0,425 Ohm und weicht stark ab von dem Widerstand der siliziumarmen übrigen Legierungen.

Die Größen $\eta$, $\mu_{max}$, $\mathfrak{H}_c$ und $\mathfrak{B}_r$ haben bei den siliziumreichen Legierungen nahezu dieselben Werte, wie die siliziumarmen mit ungefähr gleichem Kohlenstoffgehalt, wie die Lage der mit Kreis und Pfeil und der Zahl 4 bezeichneten Punkte in den Abb. 473 bis 475 dartun. Daraus folgt, daß

**Siliziumzusatz bis $4\%$ die magnetischen Eigenschaften der kohlenstoffarmen schmiedbaren Eisensorten nicht verschlechtert. Durch den Siliziumzusatz wird aber die elektrische Leitfähigkeit stark verringert, wodurch der Energieverlust durch Wirbelströme kräftig vermindert wird.**

Bleche aus Siliziumlegierung, sogenannte legierte Bleche, bilden demnach ein wertvolles Baumaterial für Transformatorkerne und Dynamoanker.

# C. Abhängigkeit der magnetischen Eigenschaften von der Temperatur.

*390.* Bei den ferromagnetischen Stoffen gibt es ein Temperaturgrenzgebiet, oberhalb dessen sie sehr kleine Werte der magnetischen Durchlässigkeit $\mu$ aufweisen und als paramagnetisch zu betrachten sind. Unterhalb dieses Grenzgebietes haben dagegen diese Stoffe hohe Werte von $\mu$, also die Eigenschaften der ferromagnetischen Körper. Man nennt dieses Grenzgebiet der Temperatur, das meist nicht einer einzigen Temperatur, sondern einem größeren oder kleineren Temperaturbereich entspricht, die **magnetische Umwandlungstemperatur.**

Sehr kohlenstoffarmes Eisen ist z. B. oberhalb 780 C⁰ paramagnetisch. Bei der Abkühlung setzt bei 780 C⁰ unter dem Einfluß eines magnetischen Feldes plötzlich starker Ferromagnetismus ein, der unterhalb 780 C⁰ noch weiter anwächst. Die magnetische Umwandlung beginnt sonach bei 780 C⁰, setzt sich aber unterhalb dieser Temperatur fort. Der Beginn der magnetischen Umwandlung bei 780 C⁰ während der Abkühlung ist mit Wärmeentbindung verknüpft, die sich mit Hilfe der $z$, $t$- und der $\Delta z$, $t$-Linien deutlich feststellen läßt (*146* bis *161*).

Abb. 48 gibt ein $c$, $t$-Bild, das dem der Eisen-Kohlenstoff-Legierungen ähnlich ist. Hier ist der Gehalt an Kohlenstoff als Abszisse zu denken. Der Punkt $J_2 = 780 C^0$ entspricht für reines Eisen dem Beginn der magnetischen Umwandlung bei der Abkühlung und der gleichzeitigen Wärmentbindung. Tritt zum Eisen Kohlenstoff hinzu, so setzt die Umwandlung zunächst unverändert bei der gleichen Temperatur ein, so daß die diese Umwandlung darstellende Linie $J_2 H''$ wagerecht verläuft bis zum Schnittpunkt $H''$ mit der Umwandlungslinie $J_1 H'' O''$. Bei höheren Kohlenstoffgehalten setzt der Beginn der magnetischen Umwandlung bei den Punkten der Linie $H'' O'' R$ ein. (*84* und *85*.)

a) Nach der Deutung von Osmond wandelt sich während der Abkühlung das reine, kohlenstofffreie Eisen bei $J_1$ aus der $\gamma$-Allotropie in die $\beta$-Form und diese wiederum bei $J_2$ aus der $\beta$- in die $\alpha$-Form um (*84, 85*). Die Allotropieen $\gamma$ und $\beta$ sind paramagnetisch, nur die $\alpha$-Allotropie ist ferromagnetisch.

Bei Anwendung der Phasenregel in der Form, wie sie in Abs. *28* besprochen wurde, müßte die Umwandlung bei $J_2$ vom Freiheitsgrad 1 sein, denn die Zahl $n$ der Stoffe ist 1 (der einzige Stoff ist Eisen) und die Zahl der Phasen $r = 2$ ($\beta$- und $\alpha$-Eisen nebeneinander). Der Freiheitsgrad $f$ ist dann $f = n + 2 - r = 1 + 2 - 2 = 1$. Nach Festlegung des Druckes $p$ auf 1 wird die eine vorhandene Freiheit aufgebraucht und $f = 0$. Der Übergang $\beta \to \alpha$ müßte sich also bei unveränderlicher Temperatur vollziehen. Erst nach vollendeter Umwandlung des ganzen $\beta$-Eisens in $\alpha$-Eisen könnte die Temperatur wieder sinken. Wenn nun die $\alpha$-Phase die einzige ferromagnetische ist, so müßte auch bei der Temperatur $J_2 = 780$ C⁰ der Magnetismus des Eisens von dem niederen Wert oberhalb 780 C⁰ auf den hohen Wert steigen, der dem $\alpha$-Eisen zukommt. Wie aber die Schaulinien 476 (nach P. Curie, $L_3$ *17*) erkennen lassen, steigt der Wert $\mathfrak{J}'$ der Stärke der Magnetisierung (bezogen auf die Einheit der Masse) während der Abkühlung bei $J_2 = 780$ C⁰ plötzlich hoch [1]), erreicht aber erst ziemlich tief unterhalb $J_2$ seinen Höchstwert. Die Temperatur, bei der der Höchstwert von $\mathfrak{J}'$ erreicht wird, sinkt mit steigender Feldstärke $\mathfrak{H}$ und scheint bei sehr starken Feldern bis zu gewöhnlicher Temperatur herabgedrückt zu werden.

Dies deutet darauf hin, daß die magnetische Umwandlung $\beta \to \alpha$ zwar bei der Temperatur $J_2$ einsetzt, sich aber je nach der Stärke des Feldes $\mathfrak{H}$ bis zu mehr oder weniger tiefen Temperaturen fortsetzt. Es müßten somit auch bis zu diesen Temperaturen herab noch gewisse Mengen $\beta$-Eisen neben dem neugebildeten $\alpha$-Eisen vorhanden sein. Die Umwandlung müßte sich allmählich vollziehen, entgegen der Anforderung der Phasenregel, nach der die Umwandlung bei einer Temperatur vollendet sein muß.

Der Widerspruch könnte dadurch behoben werden, daß man annimmt, die Umwandlung $\beta \to \alpha$ leide an starker Verzögerung. Es gibt ja zahlreiche Umwandlungen in festen Körpern, die so träge verlaufen, daß man die oberhalb des Umwandlungspunktes beständige Phase unterhalb dieses Punktes längere Zeit im metastabilen Zustand erhalten kann, das endgültige Gleichgewicht stellt sich nur langsam ein (z. B. die Umwandlung von monoklinem Schwefel in rhombischen).

Wenn die Annahme bez. des trägen Verlaufs der Umwandlung berechtigt wäre, so müßte bei langsamer Abkühlung der Übergang $\beta \to \alpha$ bei einer bestimmten unterhalb $J_2$ gelegenen Temperatur weiter fortgeschritten sein, als bei rascherer Abkühlung. Je nach der Abkühlungsgeschwindigkeit müßte dann der bei eine bestimmten Temperatur $t$ gebildete Betrag an ferromagnetischem $\alpha$-Eisen und mithin auch die Stärke des Magnetismus $\mathfrak{J}'$ veränderlich sein. Bei genügend schneller Abkühlung von Temperaturen oberhalb $J_2 = 780$ C⁰ müßte wegen des voraus-

---

[1]) Im Schaubild liegt $J_2$ bei etwa 760 C⁰; nach neueren Messungen liegt der Punkt bei etwa 780 C⁰. Als Abszissen sind die Temperaturen verwendet, als Ordinaten die Stärke $\mathfrak{J}'$ der Magnetisierung des Eisens unter der Einwirkung der den Linien beigeschriebenen Feldstärken $\mathfrak{H}$ bei Abkühlung von Temperaturen über 800 C⁰.

gesetzten trägen Verlaufs der Umwandlung $\beta \rightarrow \alpha$ die Bildung von ferromagnetischem $\alpha$-Eisen ganz unterdrückt werden können, so daß das Eisen auch bei gewöhnlicher Temperatur vorwiegend aus paramagnetischem Eisen aufgebaut wäre.

Hier gelangt man aber in einen Widerspruch mit dem Versuch. Es ist bisher noch nicht gelungen, selbst durch die schroffste Abschreckung sehr kohlenstoffarmes Eisen bei gewöhnlicher Temperatur paramagnetisch zu erhalten; es ist immer stark ferromagnetisch. Ja es übt sogar die Abkühlungsgeschwindigkeit nicht einmal einen wesentlichen Einfluß auf die Stärke des Magnetismus $\mathfrak{J}'$ unter einer gegebenen Feldstärke aus. Daraus folgt, daß die Annahme, die Umwandlung $\beta \rightarrow \alpha$ verlaufe träge, fallen gelassen werden muß. Die Umwandlung muß sogar mit großer Schnelligkeit vor sich gehen.

Es bliebe somit ein Widerspruch zwischen der Osmondschen Deutung und den Anforderungen der Phasenregel bestehen. Dieser Widerspruch kann aber sehr wohl nur ein scheinbarer sein. Die Phasenregel $f = n + 2 - r$ ist ausdrücklich geknüpft an die Voraussetzung, daß von der Einwirkung

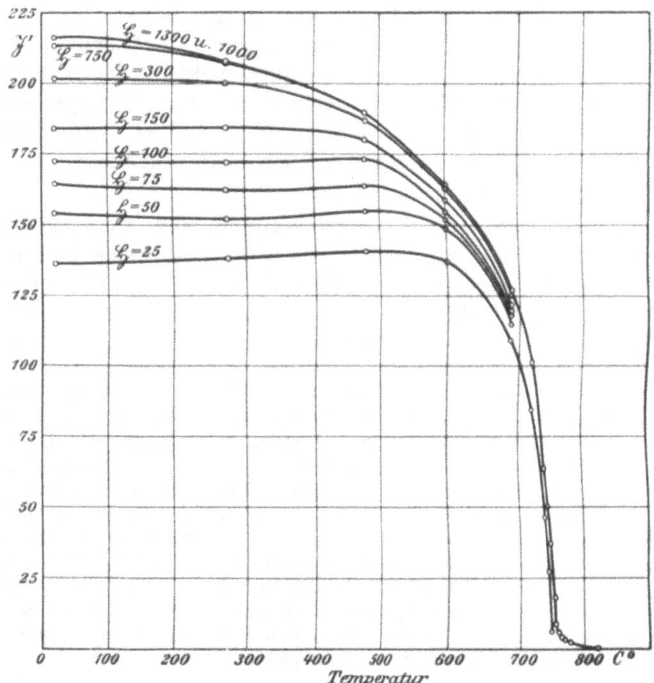

Abb. 476. Magnetische Umwandlung in Eisen mit 0,04 Prozent Kohlenstoff.
(Einen Tag lang in Eisenpulver bei 1200 C° geglüht.)   Nach P. Curie.
$\mathfrak{H}$: Feldstärke.   $\mathfrak{J}'$: Stärke der Magnetisierung, bezogen auf die Einheit der Masse.

osmotischer, elektrischer und magnetischer Kräfte abgesehen werden darf (26). Dies ist aber im vorliegenden Falle nicht ohne weiteres zulässig. Es ist sogar sehr wahrscheinlich, daß die hinzutretende magnetische Energie die Phasenregel so ändert, daß der Freiheitsgrad um eine Einheit vermehrt wird. Man würde alsdann im vorliegenden Falle bei $n = 1$ und $r = 2$ den Freiheitsgrad $f = 2$ haben können. Der obige Widerspruch wäre dann gelöst; das Gleichgewicht zwischen den beiden Phasen $\beta$ und $\alpha$ kann dann bei verschiedenen Temperaturen bestehen. Die Umwandlung von $\beta$ in $\alpha$ vollzieht sich innerhalb eines größeren Temperaturbereichs.

b) Es ist nun aber noch mit einer anderen Möglichkeit der Deutung zu rechnen. Bisher ist nicht zweifelsfrei festgestellt, ob bei der Temperatur $J_2$ überhaupt zwei Phasen im Gleichgewicht stehen, und daß unterhalb dieser Temperatur eine andere Phase auftritt, als oberhalb derselben. Das Kleingefüge läßt keine sicheren Schlüsse zu. Man kann deswegen auch die Sachlage dahin deuten, daß die Umwandlung $\beta \rightarrow \alpha$ in einer einzigen Phase vor sich geht. Über die Energieänderungen, die sich in einer einzigen Phase abspielen, sagt die Phasenlehre nichts aus. So kann z. B. ein explosibles Gemisch der beiden Gase $CO + O$, das wegen der großen Mischbarkeit der Gase eine einzige Phase darstellt, bei Erwärmung auf eine bestimmte Temperatur zur Explosion gebracht werden. Es vollzieht sich dann unter Abgabe großer Energiemengen die chemische Umwandlung in $CO_2$, ohne daß eine neue Phase auftritt. Der ganze Vorgang spielt sich in einem Einphasensystem ab.

In analoger Weise könnte sich auch bei der Abkühlung des Eisens von einer bestimmten Temperatur $J_2$ abwärts innerhalb der einen Phase des Eisens unter Änderung des Energieinhaltes und demzufolge unter Wärmeentbindung der Übergang aus dem paramagnetischen Eisen in das ferromagnetische vollziehen, ohne daß eine neue Phase auftritt. Durch die theoretischen Erörterungen von Pierre Weiß (*L₈ 19*) ist die Möglichkeit eines solchen Vorganges sehr wahrscheinlich geworden.

Jedenfalls ist durch die Erörterungen von Weiß gezeigt worden, daß man den Übergang eines Stoffes aus einer paramagnetischen Erscheinungsform in eine ferromagnetische nicht ohne weiteres als Kennzeichen für den Übergang einer Phase in eine andere auffassen darf, sondern daß sich ein solcher Übergang auch innerhalb einer Phase vollziehen kann.

Falls die obige Auffassung von der magnetischen Umwandlung innerhalb einer Phase zutrifft, so würden nur noch zwei allotropische Zustände des Eisens vorhanden sein, das paramagnetische $\gamma$-Eisen, das oberhalb des Umwandlungspunktes $J_1 = 900\,C^0$ beständig ist, und eine zweite Allotropie des Eisens $B$, die oberhalb $J_2 = 780\,C^0$ paramagnetisch, unterhalb dieser Temperatur ferromagnetisch ist.

Diese Auffassung hat vieles für sich. Trotzdem sollen in diesem Buche die Ausdrücke $\beta$- und $\alpha$-Eisen im Osmondschen Sinne weiter gebraucht werden, weil sie Bürgerrecht erworben haben. Der Unterschied in den Auffassungen a) und b) ist ja nur formell; welche Form vorzuziehen ist, bleibt vorläufig unentschieden. Eine Änderung in der Bezeichnungsweise würde deswegen im gegenwärtigen Zeitpunkt nur Verwirrung, aber keinen Nutzen stiften.

Für die praktische Materialienkunde hat die Frage, welcher der beiden Auffassungen der Vorzug zukommt, nur ganz untergeordnete Bedeutung. Ob nun nach a) $\alpha$- und $\beta$-Eisen verschiedene, oder nach b) eine und dieselbe Phase vor und nach der magnetischen Umwandlung sind, auf alle Fälle ist wegen der starken Änderung der Energie bei dem Übergang aus dem para- in den ferromagnetischen Zustand auch eine wesentliche Änderung der übrigen physikalischen Eigenschaften zu erwarten. Ich würde die Streitfrage gar nicht angeschnitten haben, wenn ich nicht wüßte, daß sie in der nächsten Zeit in der Literatur in den Vordergrund treten wird. Da nun solche Fragen in der Literatur manchmal so behandelt werden, als ob die früheren Lehren gerade noch gut für den Papierkorb seien, so will ich den Leser wenigstens darauf aufmerksam gemacht haben, worum es sich eigentlich handelt.

**Auch die übrigen ferromagnetischen Stoffe, wie Nickel, Kobalt, Magnetit usw., zeigen eine magnetische Umwandlung, d. h. sie sind oberhalb einer Grenztemperatur para-, darunter ferromagnetisch. Für Nickel liegt diese Temperatur bei etwa 350 C⁰ (Kotaro Honda, $L_8$ 20) und für Kobalt bei etwa 1100 C⁰. Der natürlich vorkommende Magneteisenstein (Magnetit) verliert bei der Erhitzung seinen Ferromagnetismus bei 557 C⁰ nach Barton und Williams ($L_8$ 22) und bei 535 C⁰ nach P. Curie ($L_8$ 17).**

**Die mit der magnetischen Umwandlung während der Abkühlung verknüpfte Wärmeentbindung ist bei Nickel und Kobalt wesentlich schwächer als bei Eisen. Baikow ($L_8$ 23) fand die Wärmeentbindung des Nickels bei 360 C⁰, also in naher Übereinstimmung mit dem obengenannten magnetischen Umwandlungspunkt. Dagegen stimmt die von Shukoff ($L_8$ 24) für Kobalt angegebene Wärmeentbindung bei 985 C⁰ mit der von Honda gefundenen magnetischen Umwandlungstemperatur von 1100 C⁰ nicht genügend überein. Hierüber ist noch Aufklärung zu schaffen.**

**391.** Die Temperatur der magnetischen Umwandlung $t_u$ ist bei kohlenstoffarmem, sehr reinem Eisen bei der Erhitzung fast dieselbe, wie bei der Abkühlung. Zeichnet man $\mathfrak{B}$ oder $\mathfrak{J}$ für eine bestimmte Feldstärke $\mathfrak{H}$ in Abhängigkeit von der Temperatur auf (ähnlich wie in Abb. 476), so decken sich die bei der Abkühlung und die bei der Erhitzung gewonnenen Schaulinien fast vollständig (Curie, $L_8$ 17).

Bei manchen Legierungen des Eisens dagegen liegt die Umwandlungstemperatur $t_u$ bei der Erhitzung höher als bei der Abkühlung. Bei manchen Legierungen wird der Abstand der beiden Temperaturen sogar sehr beträchtlich. Man bezeichnet die Erscheinung als Temperaturhysteresis. Ein anschauliches Beispiel hierfür bietet die Abb. 477. Sie ist von Hopkinson ($L_8$ 25, 26, 4) entlehnt. Die untersuchte Eisen-Nickel-Legierung enthält 4,7 %$_0$ Nickel neben 0,22 %$_0$ Kohlenstoff. Die Magnetisierung wurde bei der unveränderlichen Feldstärke von $\mathfrak{H} = 0{,}12$ vorgenommen. Die Pfeile geben an, ob die Messung der Induktion $\mathfrak{B}$ bei steigender oder bei sinkender Temperatur erfolgte. Bei der Erhitzung verschwand der Magnetismus etwa bei 800 C⁰ und erschien bei der Abkühlung erst bei etwa 600 bis 650 C⁰ wieder.

Bei noch höheren Nickelgehalten werden die beiden Umwandlungspunkte für Erhitzung und Abkühlung noch weiter auseinandergerückt. Die Temperatur der

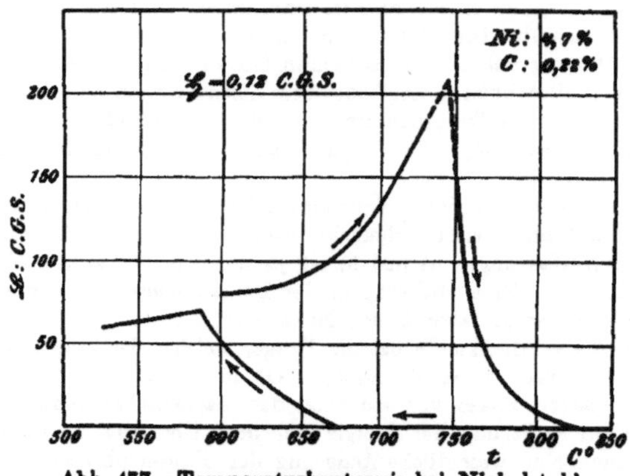


Abb. 477. Temperaturhysteresis bei Nickelstahl.
(Nach Hopkinson.)

Umwandlung bei der Abkühlung kann dadurch sogar bis unterhalb der Zimmerwärme herabgedrückt werden; Hopkinson ($L_8$ 26) beschreibt z. B. eine Legierung des Eisens mit 25⁰/₀ Nickel, die bei der Erwärmung den Ferromagnetismus bei 580 C⁰ verlor und bei der Abkühlung erst einige Grad unter Null zurückgewann. Die Umwandlung bei der Erhitzung und bei der Abkühlung liegt hier also um 600 C⁰ auseinander.

*392.* Den Hysteresisverlust kann man sich dadurch entstanden denken, daß sich der Einstellung der einzelnen magnetischen Teilchen (Elementarmagnete) eines Stoffes in die Richtung des äußeren magnetischen Feldes ein Widerstand entgegensetzt, der überwunden werden muß. Es ist wohl anzunehmen, daß dieser Widerstand mit der inneren Reibung der kleinsten Teilchen des zu magnetisierenden Stoffes in einem gewissen Zusammenhange steht (*381*). Im allgemeinen nimmt nun aber diese Reibung mit steigender Temperatur ab. Es wäre sonach wohl zu erwarten, daß das Eisen bei höheren Wärmegraden, die natürlich unterhalb der magnetischen Umwandlungstemperatur liegen müssen, der Magnetisierung geringeren Widerstand entgegensetzt, daß also die Hysteresis ab- und die unter der Einwirkung des magnetischen Feldes bei der höheren Temperatur erzeugte Induktion zunimmt. Diese letztere Erscheinung ist bereits von Gore ($L_8$ 27) erkannt worden.

Die Abnahme der Hysteresis während der Magnetisierung bei höheren Temperaturen ist ersichtlich aus Schaubild 478, das einer Arbeit von Morris ($L_8$ 28) entlehnt ist. Die Versuche wurden mit einem Eisenblech für Transformatoren von 0,35 mm Dicke angestellt. Das Eisen war sehr arm an Fremdstoffen. Es wurde in drei verschiedenen Zuständen der Vorbehandlung untersucht: 1. im ursprünglichen Zustand, 2. nach 6 stündigem Erhitzen bei 840 C⁰ und langsamer Abkühlung, und 3. nach Erhitzung auf 1150 C⁰ und ebenfalls langsamer Abkühlung. Die den drei Behandlungszuständen entsprechenden Schaulinien sind in der Abbildung mit 1, 2 und 3 bezeichnet. Die Temperatur, bei der die Magnetisierung vorgenommen wurde, ist als Abszisse, die dabei beobachtete Energievergeudung durch Hysteresis als Ordinate aufgezeichnet. Bei der Versuchsreihe a) beobachtete man die Energievergeudung $E$ bei je einem magnetischen Kreisvorgang innerhalb der Grenzen der Feldstärke $\mathfrak{H} = \pm\, 6{,}83$ CGS. Bei der Versuchsreihe b) erfolgte schwächere Magnetisierung. Der Kreisvorgang wurde innerhalb der Grenzen für die Induktion $\mathfrak{B} = \pm\, 4550$ CGS vorgenommen.

In allen Fällen läßt die Abb. 478 erkennen, **daß mit steigender Temperatur der Magnetisierung der Energieverlust durch Hysteresis abnimmt.**

*393.* Bei Dauermagneten aus magnetisch harten Materialien (gehärteten Kohlenstoffstählen oder Spezialstählen) wird der hohe Wert des zurückbleibenden Magnetismus und der Rückhaltskraft künstlich dadurch erreicht, daß man durch Abschrecken der Stähle von Temperaturen oberhalb 700 C⁰ die innere Reibung erhöht, so daß nach Aufhören der magnetisierenden Kraft dieser Widerstand der Reibung ausreicht, um einen

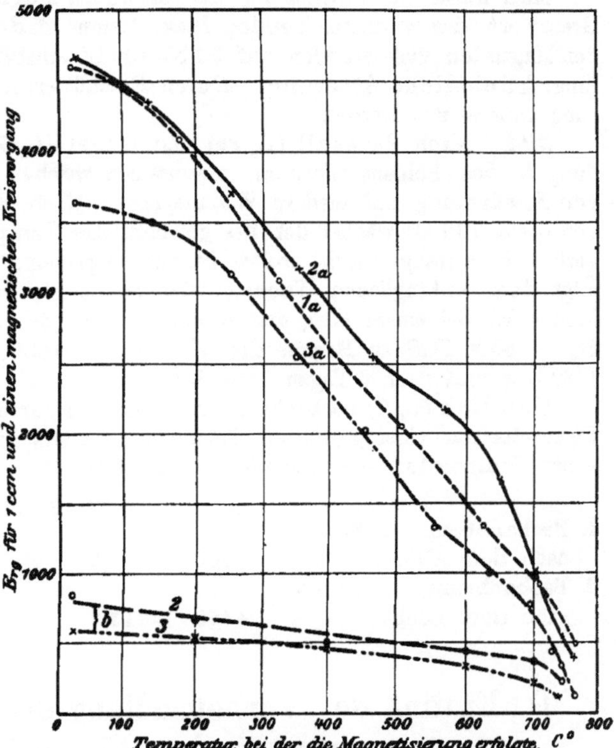


Abb. 478. Abhängigkeit der Hysteresis von der Temperatur.
(Nach Morris.)
Sehr reines Transformstoreisen. Feinblech 0,35 mm dick.
Vorbehandlung:
{ 1. Ursprünglicher Zustand.
{ 2. 6 Stunden bei 840 C⁰ geglüht, langsam abgekühlt.
{ 3. Bis 1150 C⁰ erhitzt, dann langsam abgekühlt.
a) Magnetisierung innerhalb der Grenzen
$\mathfrak{H} = +\, 6{,}83$ CGS.
b) Desgl. innerhalb der Grenzen
$\mathfrak{B} = +\, 4550$ CGS.

großen Teil des induzierten Magnetismus festzuhalten. Dieser Rest des induzierten Magnetismus (der zurückbleibende Magnetismus) strebt entgegen der Reibung einem niedrigeren Werte zu. Mit der Zeit wird deswegen der zurückbleibende Magnetismus kleiner und nähert sich asymptotisch einem Grenzwert. In der Abb. 484 sind z. B. in den Schaulinien 1, 1′ sowie 2 und 2′ relative Vergleichswerte für den zurückbleibenden Magnetismus $\mathfrak{B}_r$ abgeschreckter Wolframstähle in Abhängigkeit von dem Gehalt an Wolfram gezeichnet. Die oberen Linien 1 und 2 geben den gemessenen Vergleichswert des zurückbleibenden Magnetismus zu einer bestimmten Zeit nach der Abschreckung und Magnetisierung an. Die Linien 1′ und 2′, die unterhalb 1 und 2 verlaufen, geben die entsprechenden Werte nach Verlauf von acht Tagen. Der zurückbleibende Magnetismus ist sonach während dieser Zeit um einen merkbaren Betrag (zum Teil mehrere Prozent) gesunken. Man nennt diesen Vorgang das Altern der Magnete.

Für Dauermagnete, die z. B. in elektrischen Meßinstrumenten unveränderliche magnetische Felder liefern sollen, ist die mit dem Altern verbundene Änderung des Feldes ein Übelstand, den man auf das geringste Maß zurückführen muß.

Man verwendet daher die Magnete nicht sofort, sondern überläßt sie während längerer Zeit der freiwilligen Alterung.

Man kann die Annäherung des alternden Magneten an den asymptotischen Grenzwert des zurückbleibenden Magnetismus dadurch beschleunigen, daß man den Magneten viele Stunden auf 90 bis 100 C° erhitzt. Man nennt diese Behandlung: künstliche Alterung. Durch Erschütterungen kann die künstliche Alterung unterstützt werden.

*394.* Nach Parshall (*L₈ 29*) und Roget (*L₈ 30*) wächst die Energievergeudung $E$ des kohlenstoffarmen, magnetisch weichen Eisens mit der Zeit infolge von Erwärmung auf niedere Wärmegrade. Nach Erhitzen bis zu Wärmegraden von etwa 135 C° wächst der bei gewöhnlicher Temperatur gemessene Hysteresisverlust $E$ anfangs rasch, später immer langsamer; bei Temperaturen bis 260 C° folgt dem anfänglichen Wachsen der Hysteresis wiederum ein Abfall. Roget fand z. B. bei einem Ring aus weichem Eisen, der auf 200 C° erhitzt wurde, bei $\mathfrak{B}_{max} = 4000$ CGS zu Beginn der Versuche $E = 830$, nach 19 stündiger Erhitzung 1580 Erg und nach 5 Tagen 1420 Erg.

Gumlich (*L₈ 11*) beobachtete in einem Falle Verschlechterung der magnetischen Eigenschaften eines geglühten Eisenringes bereits infolge Lagerung bei gewöhnlicher Temperatur, wie folgende Übersicht zeigt:

| | $\mu_{max}$ | $\eta \cdot 10^4$ | $\mathfrak{B}_{max}$ für $\mathfrak{H}_{max} = 130$ | $\mathfrak{H}_c$ | $\mathfrak{B}_r$ |
|---|---|---|---|---|---|
| 1. Beobachtung. 2 Monate nach dem Glühen . . . | 6700 | 13,5 | 17 810 | 0,82 | 13 680 |
| 2. Beobachtung. 8 Monate nach dem Glühen . . . | 4450 | 13,9 | 17 710 | 0,88 | 10 280 |

# D. Einfluß der Vorbehandlung des Materials auf die magnetischen Eigenschaften.

*395.* Kaltrecken (*293*) macht das Eisen magnetisch härter, d. h. vermehrt $E$, $\mathfrak{H}_c$, $\mathfrak{B}_r$ und vermindert $\mu$. Ewing fand folgende Zahlen bei einem Draht aus kohlenstoffarmem Eisen, der um 10°/₀ seiner Länge kaltgestreckt wurde:

| | $\mu_{max}$ bei $\mathfrak{H}$ | $\mathfrak{H}_c$ |
|---|---|---|
| vor dem Kaltstrecken | 3080   2,6 | 1,7 |
| nach „    „ | 670   11,0 | 4,5 |

Da beim Auf- und Zurollen von Blechtafeln, bei der Verladung und beim Transport durch unvorsichtige Verletzungen oder Drücke sehr leicht unbeabsichtigtes örtliches Kaltrecken eintreten kann, so muß man Dynamobleche vor solchen Einwirkungen sorgfältig schützen, wenn man die magnetischen Eigenschaften nicht verschlechtern will (*L₈ 11*). Auch beim Herausschneiden von Probestreifen und -ringen aus den Blechtafeln zum Zweck der Probenahme für die magnetische Prüfung kann örtliches Kaltrecken mit seinen Folgeerscheinungen eintreten, und zwar je nach dem Grade der Vorsicht, mit der diese Arbeit ausgeführt wird, in stärkerem oder schwächerem Maße (Gumlich, *L₈ 11*).

Inwieweit Reckspannungen (*301* bis *307*) die magnetischen Eigenschaften beeinflussen, ist noch nicht festgestellt.

Da, wie früher erwähnt (*314*), auch beim Warmrecken, je nach der Endtemperatur, bei der das Recken vor sich ging, ähnliche, wenn auch schwächere Wirkungen wie beim Kaltrecken im Material zurückbleiben und die magnetischen Eigenschaften verschlechtern können, so ist es erklärlich, daß Glühen in der Regel die magnetischen Eigenschaften gegenüber denen des warmgereckten (geschmiedeten und gewalzten) Materials verbessert. Auch der Einfluß des Kaltreckens läßt sich durch das Glühen beseitigen.

So zeigte z. B. nach Benedicks ($L_8$ *31*) ein Flußeisen mit $0,08\%$ Kohlenstoff nach dem Warmschmieden (das vermutlich bis zu verhältnismäßig niedrigen Temperaturen fortgesetzt wurde) und nach dem Glühen folgende Werte:

|  | $\eta \cdot 10^4$ | $\mathfrak{H}_c$ |
|---|---|---|
| nach dem Warmschmieden . . . | 27 | 1,8 |
| desgl. und nach dem Glühen . . | 19 | 1,1 |

***396.*** **Das Glühen.** Leider herrscht über die Art, wie das Glühen des magnetisch weichen Eisens durchzuführen ist, damit die besten magnetischen Eigenschaften erzielt werden, durchaus noch nicht die Klarheit, die angesichts der Wichtigkeit des Gegenstandes zu wünschen wäre. Man weiß, daß Glühen bei 800 C⁰ oder darüber verbunden mit darauffolgender möglichst langsamer Abkühlung in der Regel die magnetischen Eigenschaften verbessert. Man weiß, daß wiederholtes Ausglühen unter Umständen zu einer weiteren Verbesserung, unter Umständen aber auch wieder zu einer Verschlechterung führt. Welche Glühtemperatur, welche Glühdauer und welche Art der Abkühlung durch die verschiedenen Temperaturgebiete für die einzelnen Materialien die besten Ergebnisse liefert, ist nicht bekannt, wenn vielleicht auch einige Erzeuger magnetisch weicher Materialien hierüber besondere, aber geheim gehaltene Erfahrungen haben mögen.

Gumlich ($L_8$ *8*) neigt der Ansicht zu, daß die Wirkung des Glühens hauptsächlich auf der Verringerung des Gehaltes an Gasen und Kohlenstoff im Material beruht. In Abs. *363* hatten wir gesehen, daß Eisensorten auch nach weitgehender Verarbeitung durch Schmieden und Walzen noch verhältnismäßig große Mengen Gas, insbesondere Wasserstoff, eingeschlossen enthalten. Der Wasserstoff kann selbst in sehr geringen Mengen eine ähnliche Wirkung auf das Eisen ausüben wie größere Mengen Kohlenstoff (s. Wasserstoffkrankheit II B). Seine Rolle als magnetisch härtender Stoff würde deswegen vollständig in den Rahmen des Einflusses passen, den der Wasserstoff in metallurgischer Hinsicht auf das Eisen ausübt. Elektrolytisch niedergeschlagenes Eisen enthält je nach der Art der Herstellung unter Umständen ganz erhebliche Mengen Wasserstoff gelöst, die ihm eine große mineralogische Härte erteilen können. Dieser Wasserstoffgehalt drückt sich in den magnetischen Eigenschaften deutlich aus. Durch Glühen bei 800 C⁰ in der Luftleere wird der Wasserstoff zu einem großen Teile ausgetrieben. Die magnetischen Eigenschaften werden infolgedessen wesentlich verbessert. Gumlich gibt die nachstehenden Zahlen an. Sie beziehen sich auf Elektrolyteisen, das nach Franz Fischers Verfahren hergestellt worden ist. Es enthielt $0,02\%$ C, $0,004\%$ Si, $0,008\%$ Mn, $0,008\%$ P und $0,001\%$ S.

|  | $\mathfrak{B}_r$ | $\mathfrak{H}_c$ | $\mu_{max}$ | $\eta \cdot 10^4$ | $\mathfrak{J}_0$ |
|---|---|---|---|---|---|
| Elektrolyteisen, ungeglüht | 11440 | 2,82 | 1850 | 30,8 | 1725 |
| desgl. geglüht . . . . . . . | 10850 | $0,37_5$ | 14600 | 7,8 | 1725 |

Die von Gumlich gefundene Verschlechterung der magnetischen Eigenschaften von Dynamoblechen nach Abbeizen mit Säure dürfte auch auf die Wirkung des Wasserstoffs zurückzuführen sein. Beim Beizvorgang wird Wasserstoff an der Oberfläche des Eisens aufgelöst, und als Folge davon tritt die sogenannte „Beizbrüchigkeit" auf (II B). Gumlich fand bei einem Dynamoblech:

|  | $\mathfrak{B}_r$ | $\mathfrak{H}_c$ | $\mu_{max}$ | $E$ |
|---|---|---|---|---|
| nicht geglüht . . . . . . . . | 8800 | 2,39 | 1840 | 16200 |
| einmal geglüht . . . . . . . | 12400 | 1,49 | 4320 | 10200 |
| dreimal geglüht . . . . . . . | 12550 | 1,91 | 3290 | 14200 |
| gebeizt und abgeschmirgelt . . | 12360 | 2,34 | 2390 | 17900 |

Aus der Zusammenstellung geht die verschlechternde Wirkung des Beizens deutlich hervor. Auffällig ist jedoch, daß durch das einmalige Glühen die magnetischen Eigenschaften des Bleches verbessert, durch das dreimalige Glühen aber wieder verschlechtert worden sind. Diese Wirkung kann nicht auf die Austreibung des Wasserstoffs und Oxydation des Kohlenstoffs zurückgeführt werden, denn diese hätte ja weitere Verbesserung herbeiführen müssen. Zur Erklärung wird man doch wohl die physikalische Wirkung des Glühens und Abkühlens selbst und den dadurch bedingten Einfluß auf die Korngröße oder das innere Gleichgewicht des Ferrits heranziehen müssen. Die mancherlei Wirkungen, die die Art des Glühens und Abkühlens auf die mechanischen Eigenschaften des kohlenstoffarmen Eisens ausübt, werden sich wahrscheinlich auch in den magnetischen Eigenschaften widerspiegeln. Es würde eine verhältnismäßig leichte Aufgabe sein, hierüber Klarheit zu schaffen, wenn sich ein tüchtiger Fachmann auf dem Gebiet der magnetischen Prüfung mit einem Metallurgen zu gemeinschaftlicher Arbeit zusammenfände, der die mannigfachen Einflüsse des Glühens und Abkühlens auf kohlenstoffarmes Eisen aus eigener Erfahrung gründlich kennt.

Beim Gußeisen bringt Glühen in der Regel erhebliche Verbesserung der magnetischen Eigenschaften hervor. Dies ergibt sich deutlich aus den Abb. 473 bis 475. Die ungeglühten Eisenproben sind durch schwarz ausgefüllte Kreise, dieselben Proben nach dem Glühen durch schwarze Kreise mit einem Pfeil angedeutet. Nach dem Glühen ist die Energievergeudung durch Hysteresis, die magnetische Rückhaltskraft verringert, und die Durchlässigkeit gesteigert.

Durch das Glühen kann im Gußeisen der Anteil des graphitischen Kohlenstoffs erhöht und damit die Menge des nichtgraphitischen Kohlenstoffs vermindert werden. Es ist anzunehmen, daß von den beiden Sorten Kohlenstoff, dem graphitischen und nichtgraphitischen, der erstere nur insofern Einfluß ausüben wird, als er einen Teil des Volumens des magnetisch wirksamen Eisens durch einen nicht ferromagnetischen Stoff ersetzt. Der nichtgraphitische Kohlenstoff übt dagegen dieselbe Wirkung aus, wie sie in Abs. *389* für schmiedbares Eisen angegeben ist. Er steigert $\eta$ und $\mathfrak{H}_e$ und vermindert $\mu$. In dem Maße, wie seine Menge durch Ausscheidung graphitischen Kohlenstoffs beim Glühen vermindert wird, nähern sich die magnetischen Eigenschaften des geglühten Gußeisens, abgesehen von der Wirkung der übrigen in ihm enthaltenen Fremdstoffe, mehr denjenigen kohlenstoffärmerer schmiedbarer Eisensorten.

**397. Abschrecken von Temperaturen oberhalb des magnetischen Umwandlungspunktes erhöht die magnetische Härte der Eisenlegierungen ganz wesentlich.** Als Beispiel seien folgende Zahlen Gumlichs ($L_s$ *8*) angeführt, die sich auf einen Stahl von folgender Zusammensetzung beziehen: 0,99°/₀ C, 0,10 Si, 0,40 Mn, 0,04 P, 0,07 S.

| | $\mathfrak{B}_r$ | $\mathfrak{H}_e$ | $\mu_{max}$ | $\eta \cdot 10^4$ | $\mathfrak{B}$ für $\mathfrak{H} = 100$ | $\mathfrak{J}$ für $\mathfrak{H} = 100$[1] | $\mathfrak{J}_e$ |
|---|---|---|---|---|---|---|---|
| nicht abgeschreckt . . | 13000 | 16,7 | 375 | 150 | 15800 | 1250 | 1577 |
| abgeschreckt in Wasser | | | | | | | |
| bei heller Rotglut . | 7460 | 52,4 | 110 | 337 | 9820 | 775 | 1420 |

Hiernach wird also die magnetische Durchlässigkeit ganz wesentlich vermindert, der Hysteresisverlust und die Rückhaltskraft gesteigert.

Ein Vergleich der Wirkung des Abschreckens auf die Stärke der Magnetisierung $\mathfrak{J}$ (für $\mathfrak{H} = 206$ CGS) und auf die Rückhaltskraft $\mathfrak{H}_e$ von Eisen-Kohlenstoff-Legierungen mit verschiedenen Kohlenstoffgehalten ergibt sich aus Abb. 479.

---

[1] $\mathfrak{J} = \dfrac{\mathfrak{B} - \mathfrak{H}}{4\pi}$ nach Gl. 3.

Hierin entsprechen die mit $a$ bezeichneten Linien den geglühten, die mit $c$ bezeichneten den abgeschreckten Legierungen (Benedicks, $L_8$ *31*).

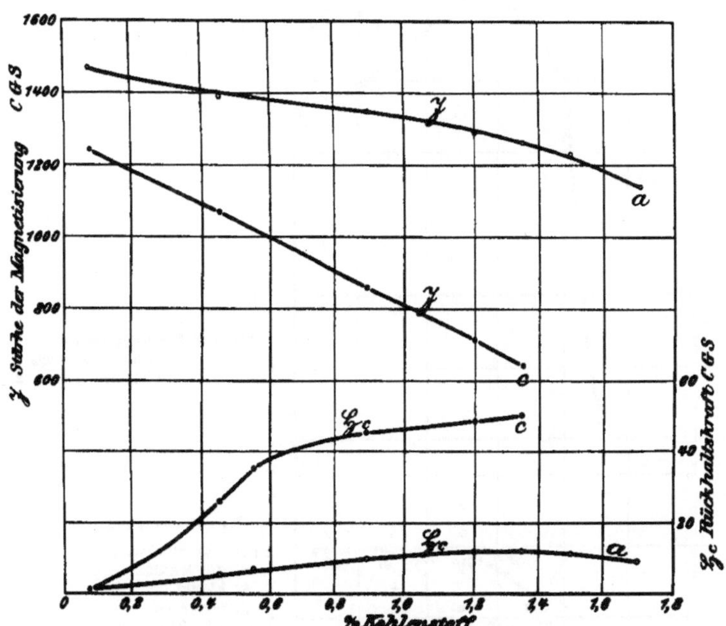



Abb. 479.  **Magnetische Eigenschaften von Eisen-Kohlenstoff-Legierungen.**
(Nach Benedicks.)
*a*: geglüht; *c*: abgeschreckt.
Stäbe: 20 cm lang, 0,8 cm Durchmesser.   Größte Feldstärke $\mathfrak{H}_{max} = 206$ CGS.

Abb. 480 läßt die Wirkung des Abschreckens deutlich erkennen. Sie ist zusammengestellt auf Grund der Versuche von Mars ($L_8$ *32*). Verwendet wurde ein Stahl von folgender Zusammensetzung: C: 0,57%, Wolfram: 5,47%, Si: 0,18%, Mn: 0,26%, P: 0,018%, S: 0,016%. Untersucht wurden geschmiedete, geschmiedete und bei 900 C⁰ geglühte, ferner bei verschiedenen Temperaturen $t$, die als Abszissen gezeichnet sind, abgeschreckte Proben. Die Abb. 480 läßt außer der Änderung der Löslichkeit sowie der Kugeldruckhärte, auf die später (II B) zurückgekommen werden muß, in ihrem oberen Teil die Änderung des zurückbleibenden Magnetismus erkennen. Sobald die Abschreckung bei einer oberhalb 740 C⁰, also oberhalb des magnetischen Umwandlungspunktes des betr. Stahles liegenden Temperatur vorgenommen wird, steigt der Betrag des zurückbleibenden Magnetismus ganz erheblich von 30 Vergleichseinheiten auf über 80. Das Maß des zurückbleibenden Magnetismus ist nicht in CGS-Einheiten, sondern in Skaleneinheiten des Magnetometers angegeben, die nur Vergleichswert besitzen. Die stärkste Erhöhung des zurückbleibenden Magnetismus erfolgt durch Abschrecken bei etwa 950 C⁰. Bei weiter steigender Abschreckhitze nimmt allmählich der zurückbleibende Magnetismus wieder ab.

Auf die Größe des letzteren, ebenso wie auf das Maß der Kugeldruckhärte, ist nicht nur die Höhe der Abschrecktemperatur $t$, sondern auch die Zeitdauer von Einfluß, während der das Metall bei der Temperatur $t$ erhalten wird.

Längeres Erhitzen bei hohen Temperaturen bewirkt Überhitzen (*317*, *318*) unter Ausbildung gröberer Körnung, die sich sowohl im Schliff wie im Bruch bemerkbar macht. Die Wirkung steigt mit der Höhe der Temperatur $t$, bei der die Glühung erfolgt, und mit der Zeitdauer $z$ der Erhitzung. Die gröbere Körnung

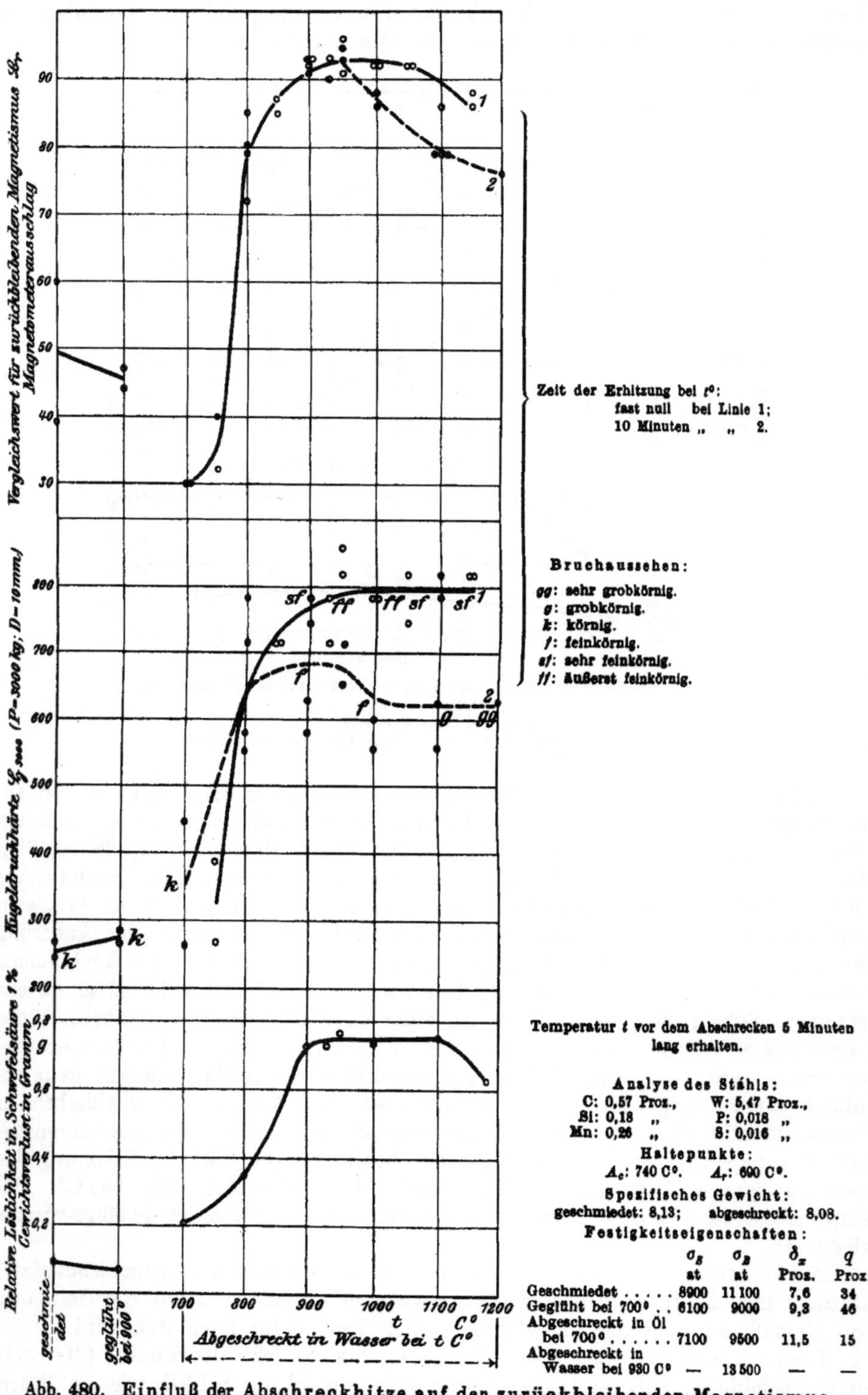


Abb. 480. Einfluß der Abschreckhitze auf den zurückbleibenden Magnetismus,
die Kugeldruckhärte und die Säurelöslichkeit von Wolfram-Magnetstahl.
(Nach Mars.)

ist auch nach dem Abschrecken noch ausgeprägt, so daß die Körnung im Bruch der abgeschreckten Stahlproben um so gröber ausfällt, je stärker der vorausgegangene Grad der Überhitzung war. In der Schaulinie für Kugeldruckhärte in der Mitte der Abb. 480 sind Angaben über die Größe des Bruchkorns gemacht. Es bedeutet: *gg* sehr grobkörnig, *g* grobkörnig, *k* körnig, *f* feinkörnig, *sf* sehr feinkörnig und *ff* äußerst feinkörnig. Man erkennt, daß längs der Linie 1 (möglichst kurze Dauer *z* der Erhitzung bei den Temperaturen *t*) das Korn des zwischen 900 und 1000 C° abgeschreckten Stahles am feinsten ist (*ff*). Bei weiterer Steigerung der Temperatur *t* macht sich trotz der kurzen Erhitzungsdauer *z* die Wirkung des Überhitzens bereits schwach geltend; das Korn ist nur noch als *sf* zu bezeichnen. Viel deutlicher treten die Wirkungen des Erhitzens bei der Linie 2 zutage, für welche die Dauer *z* der Erhitzung 10 Minuten betrug. So feine Körnung wie bei der Behandlungsart 1 ist hierbei überhaupt nicht zu erzielen. Das feinste Korn kann nur mit *f* bezeichnet werden und entspricht der Abschreckhitze von 900 bis 950 C°. Bei höheren Abschreckhitzen wird das Korn gröber und bei der Abschreckhitze von 1200 C° ist es bereits sehr grob *gg*. Der Einfluß der Überhitzung macht sich in der Kugeldruckhärte und auch, wie die Abweichung der Linien 1 und 2 der Schaulinie $\mathfrak{B}_r$ zeigt, in dem Maß des zurückbleibenden Magnetismus geltend.

Will man den höchsten Grad des zurückbleibenden Magnetismus bei dem vorliegenden Stahl erzielen, so ist die Abschrecktemperatur 900 bis 950 C° zu wählen. Der Stahl ist nur bis zu dieser Temperatur zu erhitzen, jedes längere Verweilen bei dieser Temperatur vermindert den zurückbleibenden Magnetismus infolge der Überhitzung.

Die starke Steigerung des zurückbleibenden Magnetismus durch geeignete Abschreckung, wie sie sich in Abb. 480 kundgibt, ebenso die Steigerung der magnetischen Rückhaltskraft ist der Grund, warum man zur Herstellung von Dauermagneten ausschließlich abgeschreckte Stähle verwendet, und zwar entweder abgeschreckte Eisen-Kohlenstoff-Legierungen, oder zur weiteren Steigerung des zurückbleibenden Magnetismus Eisen-Kohlenstoff-Legierungen mit bestimmten Legierungszusätzen wie Wolfram, Chrom, Wolfram und Chrom gleichzeitig usw. (*400*).

Wesentlich ist bei der Herstellung der Dauermagnete nicht nur der Betrag des unmittelbar nach der Magnetisierung des Magneten feststellbaren zurückbleibenden Magnetismus, sondern vor allen Dingen der Betrag, der längere Zeit nach erfolgter Magnetisierung noch meßbar ist, und der Grad der Unveränderlichkeit dieses zurückbleibenden Magnetismus. Es treten Alterungserscheinungen unter Änderung dieser Größe ein. Derjenige Stahl ist der geeignetste für Dauermagnete, der bei größtem Betrag an zurückbleibendem Magnetismus diesen auch mit dem geringsten Verlust auf die Dauer festhält.

# E. Einfluß der chemischen Zusammensetzung der Eisenlegierungen auf ihre magnetischen Eigenschaften.

### a) Magnetisch weiche Materialien.

#### 1. Schmiedbare Eisenlegierungen.

*398.* Der Einfluß des Kohlenstoffgehaltes ist bereits in Abs. *389* dargelegt worden. Im allgemeinen macht der Kohlenstoff (gleiche Vorbehandlung der Legierung vorausgesetzt) das Eisen magnetisch härter, indem er die Hysteresis und die magnetische Rückhaltskraft steigert und die magnetische Durchlässigkeit vermindert. Abb. 479, die auf Grund der Versuche von Benedicks ($L_8$ *31*) zusammengestellt ist, läßt den Einfluß des Kohlenstoffs auf $\mathfrak{H}_c$ und die Stärke der

Magnetisierung $\mathfrak{J}$ (für eine Feldstärke von $\mathfrak{H} = 206$ CGS) in den Linien $a$ für geglühtes und in den Linien $c$ für abgeschrecktes Metall erkennen. Als Abszissen sind die Kohlenstoffgehalte, als Ordinaten die betr. magnetischen Eigenschaften gewählt.

Ergänzt werden diese Versuche durch die von Sklodowska Curie ($L_8$ 33) in Abb. 481, die sich nur auf abgeschreckte Eisen-Kohlenstoff-Legierungen beziehen. Als Abszissen dienen hier wiederum die Kohlenstoffgehalte, als Ordinaten die Rückhaltskraft $\mathfrak{H}_c$ und die Stärke des zurückbleibenden Magnetismus. Der letztere ist hier nicht, wie in den früheren Abbildungen, durch den Wert $\mathfrak{B}_r$, der zurückbleibenden magnetischen Induktion nach Absinken der Feldstärke $\mathfrak{H}$ auf den

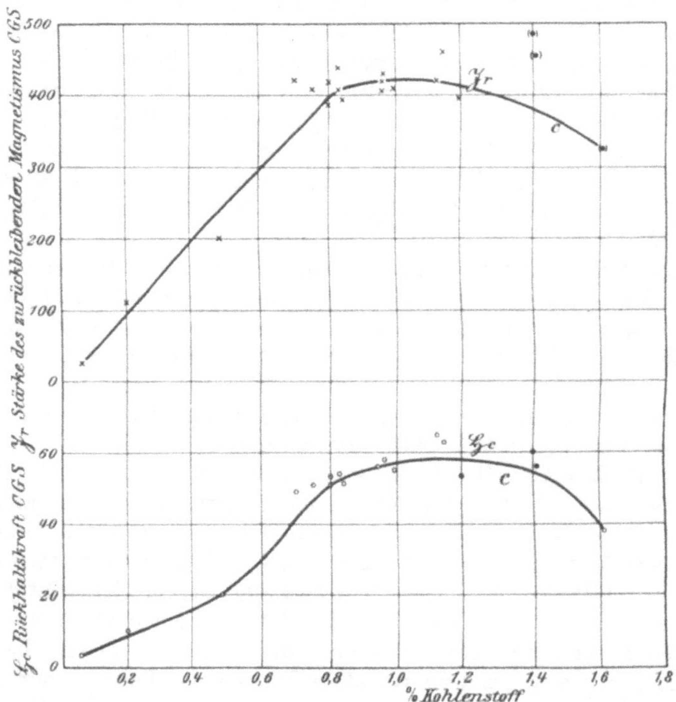

Abb. 481. Magnetische Eigenschaften von abgeschreckten Eisen-Kohlenstoff-Legierungen. (Nach Sklodowska Curie.)

Größte Feldstärke $\mathfrak{H}_{max}$ = 700 CGS. Stäbe: 20 cm lang, 1 $\times$ 1 cm nur in den mit ● bezeichneten Fällen: 0,85 $\times$ 0,85 cm.

Wert Null, sondern durch die Stärke der bei $\mathfrak{H} = 0$ zurückbleibenden Magnetisierung $\mathfrak{J}_r = \dfrac{\mathfrak{B}_r}{4\,\pi}$ gekennzeichnet. Beachtenswert ist, daß in der Nähe von $1^0/_0$ Kohlenstoff (der eutektischen Legierung) sowohl $\mathfrak{J}_r$ als auch $\mathfrak{H}_c$ der abgeschreckten Legierungen einen Höchstwert aufweisen. Auch bei den geglühten Legierungen (Linie $a$ in Abb. 479) zeigt $\mathfrak{H}_c$ bei etwa $1{,}2^0/_0$ Kohlenstoff seinen Höchstwert (322).

Sehr deutlich zeigt sich der Einfluß des Kohlenstoffgehaltes auf den Sättigungswert des Magnetismus $\mathfrak{J}_0$, der nach den Versuchen von Hadfield und B. Hopkinson ($L_8$ 34) proportional mit dem steigenden Kohlenstoffgehalt abnimmt. Vgl. Abb. 482, in der als Abszissen die Kohlenstoffgehalte, als Ordinaten die Werte von $\mathfrak{J}_0'$ (Sättigungswerte bezogen auf die Einheit der Masse) eingezeichnet sind. Die Kreise gelten für die nicht abgeschreckten Eisen-Kohlenstoff-Legierungen mit ziemlich geringem Gehalt an sonstigen Beimengungen, die Kreise mit Pfeil entsprechen Eisen-Kohlenstoff-Legierungen mit höheren Gehalten an Silizium und

Mangan, und die Kreuze stellen die Ergebnisse mit den abgeschreckten Legierungen dar. Die Werte für die letzteren liegen ganz außerhalb der geraden Linie, so daß für sie das genannte Gesetz nicht gilt.

Der Siliziumgehalt bewirkt ohne Schmälerung der magnetischen Durchlässigkeit und ohne Steigerung der Energievergeudung durch Hysteresis erhebliche Steigerung des elektrischen Leitwiderstandes $\omega$ und dadurch, wie bereits erwähnt, Verminderung des Wirbelstromverlustes *(389)*. Die Untersuchungen von Hadfield, Barret und Brown (*L*₈ 35) gaben den Anstoß, kohlenstoffarmes Eisen (C = 0,1 %  und weniger), das mit 1 bis 4 % Silizium legiert ist, zu Dynamoblechen zu verwenden. Man nennt vielfach die Legierungen mit Siliziumgehalt von etwa 1,5 %

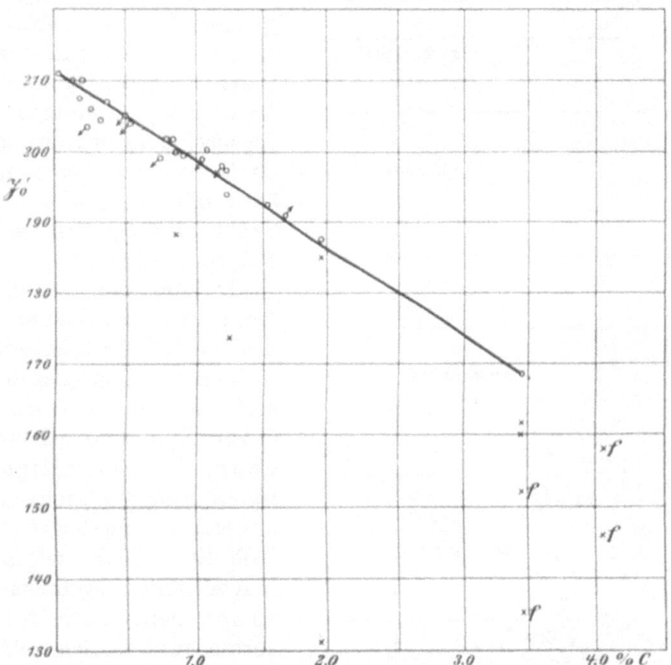

Abb. 482. Einfluß des Kohlenstoffgehaltes auf die Stärke des Magnetismus bei der Sättigung. (Nach Hadfield und B. Hopkinson.)

    o Eisen-Kohlenstoff-Legierungen mit wenig Fremdstoffen    ⎫
    ⌐    „      „      „    „   Si: 0,13—0,65    ⎬ nicht abgeschreckt.
                            Mn: 0,58—1,11    ⎭
    × Legierungen abgeschreckt.
    × *f*     „       aus dem flüssigen Zustand abgeschreckt.

halblegierte und die mit höheren Gehalten legierte Bleche. Wegen des höheren Preises der legierten Bleche sucht man sich bei ihrer Verwendung Beschränkung aufzulegen; man verwendet sie namentlich zu Transformatorkernen und sucht für andere Zwecke, z. B. für Anker von Wechselstromdynamos, mit halblegierten Blechen zum Ziel zu gelangen.

Nach Burgess und Aston (*L*₈ 36) wächst der Leitungswiderstand nahezu proportional mit dem Siliziumgehalt. Ihre Versuche, bei denen elektrolytisch erzeugtes Eisen in verschiedenen Verhältnissen mit Silizium legiert wurde, ergaben den spezifischen Leitwiderstand:

$$\omega = 0,12 + 0,11 \, Si,$$

worin 0,12 Ohm den Leitwiderstand auf 1 m Länge bei 1 qm Querschnitt für das siliziumfreie Elektrolyteisen und Si den Siliziumgehalt in Prozenten angibt. Die Gleichung stellt die Versuchsergebnisse bis zu Si = 4,6 % dar.

Ähnliche Wirkung wie das Silizium übt auch **Aluminium** auf das Eisen aus ($L_8$ *35*). Nach Versuchen von **Burgess** und **Aston** ($L_8$ *38* und *39*) scheinen auch Zusätze von **Arsen**, **Wismut** und **Zinn** ähnliche Wirkung hervorzubringen, wie das Silizium. Sie untersuchten Transformatorbleche mit Gehalten bis zu $2\,^0/_0$ Wismut, oder $5\,^0/_0$ Arsen, oder $2\,^0/_0$ Zinn.

## 2. Gußeisen.

*399.* In Abb. 483 ist eine Übersicht zusammengestellt über die Ergebnisse der magnetischen Untersuchung einer Reihe von Gußeisensorten durch **Nathusius** ($L_8$ *40*). Das Schaubild ist auf Grund der in der Quelle enthaltenen Tabelle gezeichnet. Als Abszissen wurden die Gehalte der einzelnen Legierungen an nichtgraphitischem Kohlenstoff, als Ordinaten die Steinmetzschen Zahlen $\eta$ der Hysteresis gewählt. Von der Aufführung der übrigen magnetischen Eigenschaften wurde abgesehen, da sie ja in einem gewissen Zusammenhang mit der Zahl $\eta$ stehen, dessen Größenordnung aus den Abb. 473 bis 475 zu ersehen ist.

In Abb. 483 gibt die punktierte Linie den ungefähren Verlauf der Linie $\eta$ für die schmiedbaren Eisen-Kohlenstoff-Legierungen in Abhängigkeit von den als Abszissen verwendeten Kohlenstoffgehalten an. Die hochsiliziumhaltigen Gußeisenlegierungen, die durch schwarze Kreise angedeutet sind, liegen fast alle unterhalb dieser Linie, zeigen also bessere magnetische Eigenschaften als die entsprechenden schmiedbaren Eisensorten mit Kohlenstoffgehalten von 0,36 bis $0,7\,^0/_0$. Die hochmanganhaltigen Legierungen (bezeichnet mit $+$) liegen sämtlich weit oberhalb der punktierten Linie, zeigen also schlechteres magnetisches Verhalten als die manganärmeren.

Es geht sonach mit einiger Sicherheit aus den Versuchen hervor:

**daß größerer Gehalt an Silizium die magnetischen Eigenschaften des Gußeisens verbessert, Mangan sie dagegen verschlechtert.**

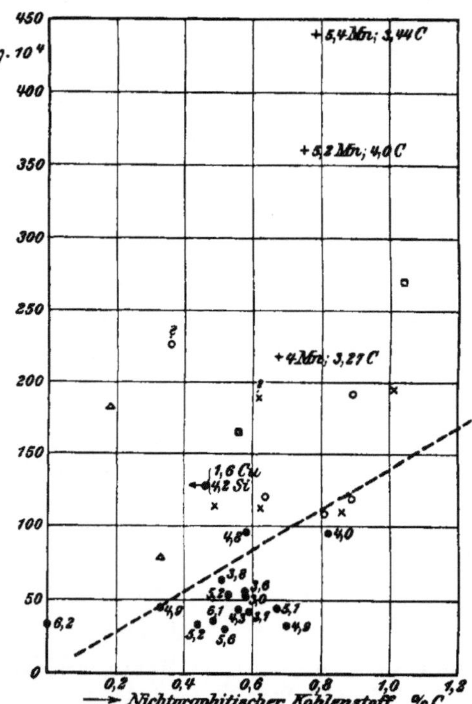



Abb. 483. Steinmetzsche Zahl $\eta$ verschiedener Gußeisensorten. (Nach Nathusius.)

o   C: $< 3,5$ Proz.; Si: $< 3$ Proz.; Mn: $< 3$ Proz.
●   Si: $\geqq 3$   „   ● n   $n =$ Proz. Si.
+   Mn: $\geqq 3$   „   $+n$   $n =$ Proz. Mn.
×   Gesamtkohlenstoff: $> 3,5$ Proz.
■          „           $> 4,0$   „ .
△   P: 0,9—2 Proz.
←   Cu: $> 1$ Proz.
--- Ungefähre Größe von $\eta$ für schmiedbare Eisen-Kohlenstoff-Legierungen.

Das Silizium kann bei der obengenannten Wirkung entweder die unmittelbare Ursache sein, oder die mittelbare dadurch, daß es die Aufnahmefähigkeit des Gußeisens gegenüber Kohlenstoff verringert. Wahrscheinlich kommen beide Ursachen in Frage.

Die Wirkung des Mangans ist zweifellos unmittelbar, denn auch in schmiedbaren Eisensorten wirkt Mangan stark vermindernd auf den Magnetismus ein, und Legierungen mit etwa $12\,^0/_0$ Mangan sind fast unmagnetisch.

## b) Materialien für Dauermagnete.

*400.* Für Herstellung von Dauermagneten kommen ausschließlich abgeschreckte Eisenlegierungen in Frage, und zwar abgeschreckte Eisen-Kohlenstoff-Legierungen mit hohem Kohlenstoffgehalt, oder Legierungen des Eisens und Kohlenstoffs mit den Stoffen Wolfram und Chrom. Man hat auch versucht, Dauermagnete aus Gußeisen herzustellen, was natürlich nur für solche Zwecke angängig ist, wo es weniger darauf ankommt, daß die Stärke des zurückbleibenden Magnetismus unveränderlich ist (A. Campbell $L_8$ 41). Verwendet wurde gewöhnliches Gußeisen, das auf 1000 C° erhitzt und dann in Wasser abgeschreckt wurde.

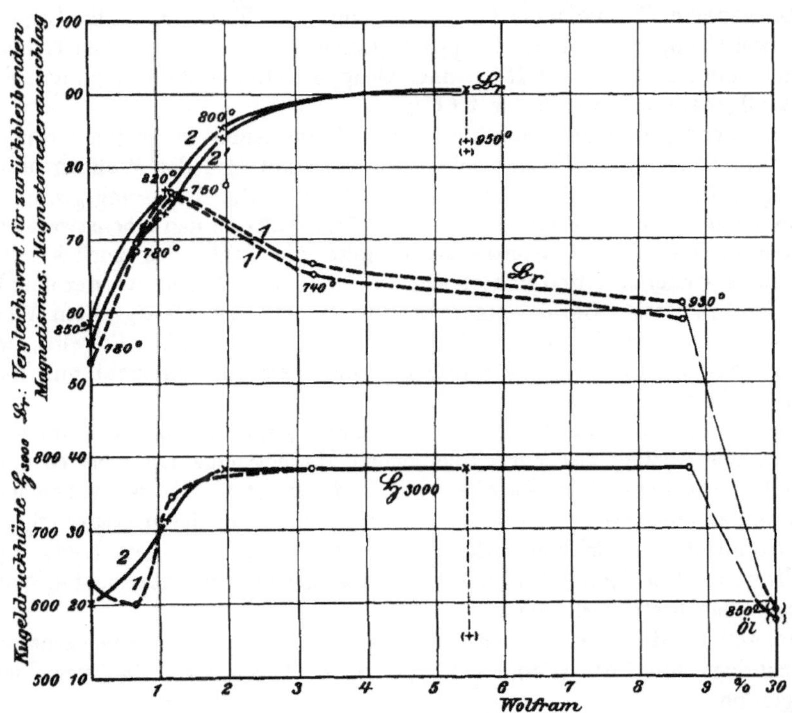


Abb. 484. Zurückbleibender Magnetismus und Kugeldruckhärte abgeschreckter Wolframstähle. (Nach Mars.)

| | | Sämtliche Proben geschmiedet und dann in Wasser abgeschreckt. Nur die in ( ) gesetzten Punkte entsprechen gegossenen und dann abgeschreckten Proben. |
|---|---|---|
| 1 o— —o | Kohlenstoff: 1,15—1,25 Proz. | |
| 2 x———x | „  0,57—0,61  „ | Die den Linien $B_r$ beigeschriebenen Zahlen geben die Abschrecktemperatur an. |
| 1 $B_r$; 2 $B_r$: | Sogleich gemessen. | Für die Kugeldruckhärte $H_{3000}$ war der Druck $P =$ |
| 1' $B_r$; 2' $B_r$: | Nach 8 Tagen gemessen. | 3000 kg, und der Kugeldurchmesser $D = 10$ mm. |

Abb. 484, zusammengestellt nach einer Arbeit von Mars ($L_8$ 32), läßt den Einfluß eines Wolframzusatzes zu den Eisen-Kohlenstoff-Legierungen erkennen. Als Abszissen sind die Prozentgehalte der Legierungen an Wolfram, als Ordinaten im oberen Teile des Schaubildes die Vergleichswerte für den zurückbleibenden Magnetismus $B_r$, im unteren Teile des Schaubildes die Werte der Kugeldruckhärte $H_{3000}$ verwendet. Sämtliche Stähle wurden bei den den einzelnen Punkten beigeschriebenen Wärmegraden abgeschreckt, die zuvor als die günstigsten ermittelt worden waren. Die Abschreckung geschah in Wasser, nur die Legierung mit 30% Wolfram wurde von 850 C° aus in Öl abgeschreckt. Die Legierungen lagen in Form geschmiedeter Stäbe vor, die zu Hufeisenmagneten verarbeitet und alsdann abgeschreckt worden waren.  Nur die mit + bezeichnete Legierung war gegossen und wurde in diesem Zustande abgeschreckt. Die Hufeisenmagneten wurden durch Abstreichen am Elektromagneten magnetisch gemacht und alsdann nach einer bestimmten Zeit im Magnetometer auf die Größe des zurückbleibenden Mangnetismus $\mathfrak{B}_r$ untersucht. Die angegebenen Werte für $\mathfrak{B}_r$ sind nicht in CGS-Einheiten angegeben; sie sind nur Vergleichswerte und geben unmittelbar die Größe des Ausschlages am Magnetometer an. Acht Tage später wurden die Messungen des zurückbleibenden Magnetismus wiederholt. Die Linien für $\mathfrak{B}_r$ sind deswegen doppelt gezeichnet. Die Linien 1 und 2 entsprechen den zuerst, die Linien 1' und 2' den nach acht Tagen gemessenen Werten. Der Unterschied in den Ordinaten der Linien 1 und 1', 2 und 2' zeigt sonach den Verlust an zurückbleibendem Magnetismus im Verlauf von acht Tagen an. Die Legierungen sind in zwei Gruppen geordnet: Gruppe 1 (Linien 1 und 1') mit hohen Kohlenstoffgehalten, nämlich 1,15 bis 1,25 %, und Gruppe 2 (Linien 2 und 2') mit mittleren Kohlenstoffgehalten von 0,57 bis 0,61 %.

Man erkennt, daß der zurückbleibende Magnetismus in beiden Gruppen anfänglich mit steigendem Wolframgehalt wächst, daß also der Wolframzusatz die Legierungen für Dauermagnete geeigneter macht. Die Legierungsgruppe 1 mit hohem Kohlenstoffgehalt erreicht bei etwa 1,2 % Wolfram den Höchstwert von $\mathfrak{B}_r$; bei Überschreiten dieses Grenzgehaltes sinkt die Linie des zurückbleibenden Magnetismus wieder ab, und nähert sich bei etwa 9 % Wolfram wieder dem Werte, der dem wolframfreien Stahl entspricht. Bei noch weiter steigendem Wolframgehalt sinkt der zurückbleibende Magnetismus $\mathfrak{B}_r$ weiter ab. Er wird, wie die Legierung mit 30 % W zeigt, wesentlich geringer als bei den nicht mit Wolfram legierten Stählen.

Anders verhalten sich die kohlenstoffärmeren Legierungen der Gruppe 2. Bei diesen ist der Anstieg des zurückbleibenden Magnetismus noch bis zu 5,5 % W festgestellt. Die Schaulinie ist nicht weiter fortgesetzt. Es ist wahrscheinlich, daß bei weiter steigendem Gehalt an Wolfram auch bei dieser Legierungsgruppe wieder Abfall des zurückbleibenden Magnetismus eintritt. Die Legierung mit 5 % Wolfram zeigt bezüglich des Dauermagnetismus von allen untersuchten Wolframlegierungen das beste Verhalten.

Abb. 480 wurde bereits in Abs. *397* besprochen. Sie zeigt das Verhalten des Wolframstahles mit 5,5 % W und 0,57 % C nach Abschrecken bei verschiedenen Wärmegraden.

Die Abb. 485 ist ebenfalls auf Grund der obengenannten Arbeit von Mars zusammengestellt. Sie gibt Aufschluß über die Größe des zurückbleibenden Magnetismus in verschiedenen Eisenlegierungen, die außer Eisen und Kohlenstoff noch Wolfram, Chrom, Molybdän, Vanadium, Mangan, Nickel und Silizium enthalten. Man bezeichnet solche Legierungen vielfach als ,,legierte Stähle", ,,Sonderstähle" oder ,,Spezialstähle", Sämtliche Legierungen wurden abgeschreckt, und zwar in Wasser bei den beigeschriebenen Temperaturen. Nur wenn der Abschrecktemperatur das Zeichen 0 beigefügt ist, erfolgte das Abschrecken in Öl. Der Kohlenstoffgehalt der Legierungen ist als Abszisse gewählt. Die Eisen-Kohlenstoff-Legierungen ohne wesentliche Mengen von Fremdstoffen sind durch nicht ausgefüllte Kreise, die Wolframstähle durch +, die Chromstähle durch ausgefüllte Kreise ●, die Chromwolframstähle durch ✦, die übrigen durch × angedeutet. Der Gehalt an den Zusatzstoffen ist den einzelnen Punkten beigeschrieben. Durch die Punkte für Eisen-Kohlenstoff-Legierungen ist die Ausgleichslinie gezogen.

Man erkennt, daß Wolframstahl mit 0,6 % C und 5,5 % W hohe Werte von $\mathfrak{B}_r$ aufweist. Ähnliche Eigenschaften zeigen noch einige Chromstähle mit 0,6 bis 1 % C und 1,3 bis 2,1 Cr, ferner auch ein Chromwolframstahl mit 1,2 % C, 1,23 % Cr und 1 % W.

Der untersuchte Vanadiumstahl mit 0,37°/₀ Vd bei 0,8°/₀ C zeigte bezüglich des zurückbleibenden Magnetismus keine Vorteile gegenüber den vanadiumfreien Eisen-Kohlenstoff-Legierungen mit gleichem Kohlenstoffgehalt. Auch der unter-

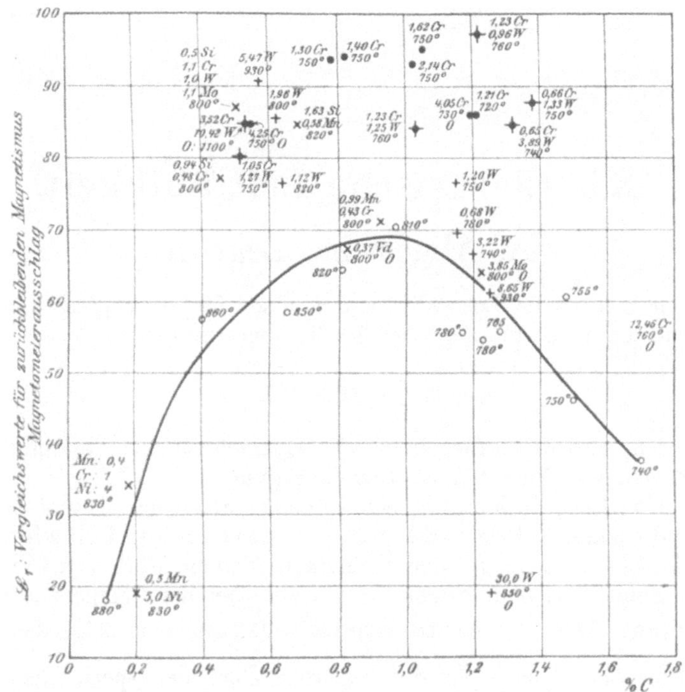


**Abb. 485. Vergleich des zurückbleibenden Magnetismus verschiedener abgeschreckter Stahlsorten.** (Nach Mars.)

○———○ Eisen-Kohlenstoff-Legierungen.
+ Wolframstähle.
● Chromstähle.
✛ Chrom-Wolfram-Stähle.
× Verschiedene Stähle.

Sämtliche Stähle sind bei den beigeschriebenen Temperaturen abgeschreckt und zwar:

in Wasser, wenn nichts besonderes vermerkt,

in Öl, wenn das Zeichen O beigefügt ist.

suchte Molybdänstahl mit 3,85°/₀ Mo bei 1,2°/₀ C zeichnete sich vor den molybdänfreien Legierungen gleichen Kohlenstoffgehalts nicht aus. Das billigere Wolfram und Chrom scheinen sonach den Stahl für Dauermagnete geeigneter zu machen als das teure Molybdän. Im übrigen bedarf wohl die Abb. 485 keiner weiteren Erläuterung.

# XI. Elektrische Leitfähigkeit.

## A. Allgemeine Begriffe.

**401.** Der elektrische Leitwiderstand $w_t$ eines Leiters von der Länge 1 (in m) und dem Querschnitt $q$ (in qmm) bei der Temperatur $t$ ist

$$w_t = \omega_t \cdot \frac{l}{q} \text{ in Ohm } (\Omega) \quad \ldots \ldots \ldots \ldots \quad (1)$$

Um anzudeuten, daß die Länge in m, der Querschnitt aber in qmm einzusetzen ist, schreibt man als Einheit auch kurz $\Omega$ m/qmm.

In der Gleichung bedeutet $\omega_t$ eine für den Stoff des Leiters bei der Temperatur $t$ kennzeichnende Größe, die man den spezifischen Leitwiderstand für die Temperatur $t$ nennt. $\omega_t$ ist der Widerstand, den ein Stab von 1 m Länge und 1 qmm Querschnitt aus dem betreffendem Stoffe bei der Temperatur $t$ zeigt.

Der reziproke Wert des elektrischen Leitwiderstandes $w_t$ heißt die Leitfähigkeit $L_t$. Es ist $L_t = \dfrac{1}{w_t} = \dfrac{1}{\omega_t} \cdot \dfrac{q}{l}$; der reziproke Wert des spezifischen Leitwiderstandes $\dfrac{1}{\omega_t}$ heißt die spezifische Leitfähigkeit des Stoffes und soll mit $\Lambda_t$ bezeichnet werden. Es ist somit

$$L_t = \Lambda_t \cdot \frac{q}{l} \quad \ldots \ldots \ldots \ldots \ldots \quad (1a)$$

Oft bezieht man $\omega_t$ auch auf die Länge von 1 cm und den Querschnitt von 1 qcm. $\omega_t$ gibt dann für die betreffende Temperatur $t$ den Leitwiderstand eines Würfels von 1 ccm Rauminhalt an. Diese Einheit für $\omega_t$ soll angedeutet werden mit $\Omega/\text{cm}^3$; es gilt dann die Beziehung

$$\omega_t \text{ in } \Omega/\text{cm}^3 = \omega_t \text{ in } \Omega \text{ m/qmm} \times 10^{-4}.$$

Ausgedrückt in elektromagnetischen Zentimeter-Gramm-Sekunden-Einheiten (e.m. CGS) ist $1\,\Omega = 10^9$ CGS.

So hat z. B. das Eisen bei $t = 20$ C° den spezifischen Leitwiderstand von etwa

$$\omega_{20} = 0{,}10 \; \Omega \text{ m/qmm}$$
$$= 0{,}10 \cdot 10^{-4} \; \Omega/\text{cm}^3$$
$$= 0{,}10 \cdot 10^{-4} \cdot 10^9 = 0{,}10 \cdot 10^5 \text{ e.m. CGS.}$$

Die spezifische Leitfähigkeit für Eisen würde sonach sein:

$$\Lambda_{20} = 10 \text{ reziproke } \Omega \text{ m/qmm}$$
$$= 10 \cdot 10^4 \text{ reziproke } \Omega/\text{cm}^3$$
$$= 10 \cdot 10^{-5} \text{ CGS.}$$

Der Leitwiderstand $w_t$ sowohl, wie auch der spezifische Leitwiderstand $\omega_t$ sind abhängig von der Temperatur. Die Abhängigkeit kann durch eine Gleichung von folgender Form ausgedrückt werden:

$$\omega_t = \omega_0 (1 + \alpha t + \beta t^2 + \ldots) \quad \ldots \ldots \ldots \ldots \quad (2)$$

worin $\omega_0$ den spezifischen Widerstand bei $0\,C^0$, $\omega_t$ den bei $t\,C^0$ bezeichnet, und $\alpha$, $\beta$ unveränderliche Zahlen sind. Aus Gl. 2 ergibt sich durch Reihenentwicklung

$$\Lambda_t = \Lambda_0 [1 - \alpha t + (\alpha^2 - \beta) t^2 + \ldots] \quad \ldots \ldots \ldots \quad (3)$$

als Ausdruck für die Abhängigkeit des spezifischen Leitvermögens von der Temperatur. Darf in den Gl. 2 und 3 die Zahl $\beta$ wegen ihrer Kleinheit gegenüber dem Werte von $\alpha$ vernachlässigt werden, so erhält man aus Gl. 2

$$\omega_t = \omega_0 (1 + \alpha t) \quad \ldots \ldots \ldots \ldots \ldots \quad (2a)$$

Man nennt $\alpha$ den **Temperaturkoeffizienten des elektrischen Leitwiderstandes.**

Über die Leitwiderstände der einzelnen Metalle und ihrer Legierungen sowie über die Temperaturkoeffizienten sollen hier keine Zahlenangaben gemacht werden, da sie aus den vielen vorhandenen Tabellenwerken leicht zu entnehmen sind.

# B. Abhängigkeit der elektrischen Leitfähigkeit von der Zusammensetzung.

**402.** Eine Legierung bestehe aus $c_v$ Raumprozenten des Stoffes $B$ und $100 - c_v$ Raumprozenten des Stoffes $A$. Ihr Gefüge sei ein Gemenge aus Kristallen der reinen Stoffe $A$ und $B$, die in feiner Verteilung nebeneinander gelagert sind. Für die folgende Betrachtung ist es gleichgültig, ob die beiden Kristallarten teilweise ein Eutektikum bilden oder nicht. Es werde angenommen, daß in der Fläche des Querschnitts der Legierung $c_f$ Flächenprozent des Stoffes $B$ und demnach $100 - c_f$ Flächenprozent des Stoffes $A$ vorhanden sind. Unter der Voraussetzung, daß die beiden Gefügebestandteile $A$ und $B$ in der Masse der Legierung möglichst gleichmäßig verteilt sind, werden in jedem Schnitt durch die Legierung die Flächenanteile $c_f$ und $100 - c_f$ der beiden Gefügebestandteile $A$ und $B$ gefunden. Man denke sich aus der Legierung einen Stab vom Querschnitt 100 und der Länge $h$ herausgeschnitten, und ferner den Stab durch unendlich viele Querschnitte in Scheiben von außerordentlich kleiner Dicke $dh$ zerlegt. In einer dieser dünnen Scheiben ist dann der Rauminhalt des Stoffes $B$ gleich $c_f \cdot dh$; mithin ist der gesamte Raumanteil des Stoffes $B$ in dem ganzen Stab von der Länge $h$

$$c_v = \int_0^h c_f \cdot dh,$$

und da wegen der vorausgesetzten gleichmäßigen Verteilung der Gefügebestandteile $c_f$ als unveränderlich gelten kann,

$$c_v = c_f \cdot h.$$

Ebenso findet man für den gesamten Raumanteil des Stoffes $A$

$$100 \cdot h - c_v = (100 - c_f) h.$$

Setzt man $h = 1$, also $100\,h = 100$, so verhält sich

$$\frac{c_v}{100 - c_v} = \frac{c_f}{100 - c_f}.$$

Man kann also anstatt des Mengenverhältnisses der beiden Gefügebestandteile in Raumprozenten auch ihr Verhältnis in Flächenprozenten innerhalb des Querschnittes setzen.

Es soll nun die Leitfähigkeit $\Lambda$ der aus den Kristallen von $A$ und $B$ aufgebauten Legierung aus den bekannten Raumprozenten $c_v$ und $100-c_v$, sowie aus den bekannten spezifischen Leitfähigkeiten $\Lambda_a$ und $\Lambda_b$ der beiden Kristallarten unter der Voraussetzung berechnet werden, daß irgendwelche Nebenerscheinungen, wie z. B. Thomson- oder Peltierwirkungen *(173)*, die unter dem Einfluß des die Legierung durchfließenden elektrischen Stromes elektromotorische Kräfte in der Legierung selbst erzeugen könnten, nicht eintreten.

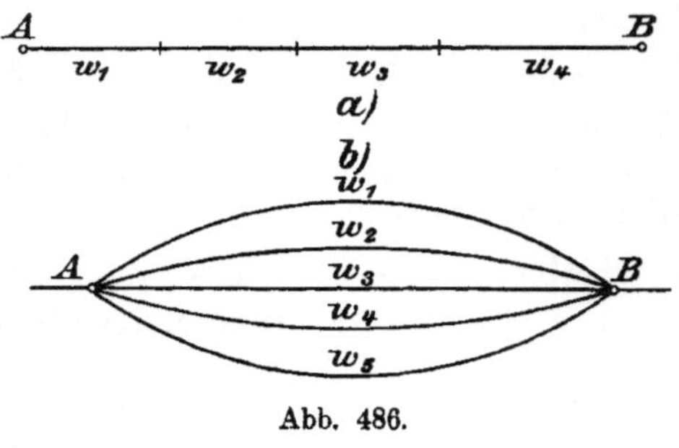


Abb. 486.

Bei der Rechnung sind folgende beiden Gesetze zu berücksichtigen:

a) Sind mehrere Leiter von den Widerständen $w_1$, $w_2$, $w_3$ ... zwischen den Punkten $A$ und $B$ wie in Abb. 486a hintereinandergeschaltet, so ist der Gesamtwiderstand der Leiter

$$W = w_1 + w_2 + w_3 + \ldots$$

b) Sind mehrere Leiter von der Leitfähigkeit $L_1$, $L_2$, $L_3$ ... wie in Abb. 486b nebeneinandergeschaltet, so ist die gesamte Leitfähigkeit $L = L_1 + L_2 + L_3 + \ldots$

Wir denken uns nun aus der Legierung einen Stab vom Querschnitt 1 und der Länge 1 ausgeschnitten. Der spezifische Leitwiderstand dieses Stabes sei $\omega$ und seine spezifische Leitfähigkeit $\Lambda = \dfrac{1}{\omega}$. Aus dem Stab denke man sich eine dünne Scheibe von der Dicke $dh$ senkrecht zur Längsrichtung abgeschnitten. Ist $c_v$ der Gehalt der Legierung an Stoff $B$ in Raumprozenten, so ist auch der Flächenanteil an Stoff $B$ in diesem Schnitt nach obigem $c_v$ Flächenprozente. Wir können uns deswegen die dünne Scheibe von der Dicke $dh$ aus zwei Scheibenteilen bestehend denken, deren einer den Querschnitt $\dfrac{c_v}{100}$, der andere den Querschnitt $\dfrac{100-c_v}{100}$ besitzt. Jeder der dünnen Scheibenteile hat die Dicke $dh$. Beide Scheibenteile sind nebeneinandergeschaltet wie in Abb. 486b. Es ist somit die Leitfähigkeit $d\Lambda$ der ganzen Scheibe gleich der Summe der Leitfähigkeit der Scheibenteile, also

$$d\Lambda = \Lambda_b \cdot \frac{c_v}{100} \cdot \frac{1}{dh} + \Lambda_a \frac{100-c_v}{100} \cdot \frac{1}{dh}.$$

Von solchen Scheiben mit der Leitfähigkeit $d\Lambda$ und dem Widerstand $dW = \dfrac{1}{d\Lambda}$ sind nun auf der Länge 1 unendlich viele nach Abb. 486a hintereinandergeschaltet. Es ist sonach die Summe der Widerstände aller dieser Scheiben gleich dem Widerstand des ganzen Stabes. Es ist nun

$$dW = \frac{1}{d\Lambda} = 100 \cdot dh \frac{1}{c_v \cdot \Lambda_b + (100-c_v)\,\Lambda_a},$$

oder der gesamte Widersand über die Länge 1

$$W = \int_0^1 dW = 100 \frac{1}{c_v \cdot \Lambda_b + (100-c_v)\,\Lambda_a} \int_0^1 dh = \frac{100}{c_v \cdot \Lambda_b + (100-c_v)\,\Lambda_a},$$

oder die Leitfähigkeit $\Lambda = \dfrac{1}{W}$

$$\Lambda = \frac{c_v}{100}\Lambda_b + \frac{100-c_v}{100}\Lambda_a = \Lambda_a + \frac{c_v}{100}(\Lambda_b - \Lambda_a) \quad \ldots \ldots \quad (4)$$

D. h. also unter den genannten Voraussetzungen 1. gleichmäßige Verteilung der beiden die Legierung aufbauenden Kristallarten $A$ und $B$ innerhalb der Legierung und 2. Ausschluß aller Nebenwirkungen durch elektromotorische Kräfte in der Legierung, ist die Leitfähigkeit der Legierung eine additive Eigenschaft *(209)*, die sich aus der Zusammensetzung der Legierung in Raumprozenten und aus den bekannten Leitfähigkeiten der Kristallarten $A$ und $B$ nach der Mischungsregel berechnen läßt.

Zeichnet man die Leitfähigkeit $\Lambda$ der Legierungen als Ordinaten zu dem Gehalt an Stoff $B$ in Raumprozenten $c_v$ als Abszisse, so ist die Linie für $\Lambda$ eine Gerade, die die Punkte miteinander verbindet, welche die Leitfähigkeit der beiden Kristallarten $A$ und $B$ darstellen.

Wenn nun auch nicht erwartet werden darf, daß die obengenannten Bedingungen für die Gültigkeit des Gesetzes in Gl. 4 je völlig erfüllt sein werden, so zeigt uns doch die obige Überlegung, daß es zur Auffindung irgendwelcher Gesetzmäßigkeiten zwischen dem Verhalten der Legierung und dem ihrer Bestandteile gegenüber dem elektrischen Strom zweckmäßig ist

1) den Gehalt der Legierung an den einzelnen Bestandteilen nicht, wie sonst üblich, in Gewichtsprozenten $c$, sondern in Raumprozenten $c_v$ zum Ausdruck zu bringen;

2) nicht den spezifischen Leitwiderstand der Legierung in Beziehung zu setzen zum elektrischen Leitwiderstand ihrer Bestandteile, sondern die spezifischen Leitfähigkeiten miteinander zu vergleichen.

Die Beziehungen zwischen Leitfähigkeit von Legierungen in Abhängigkeit von ihrer Zusammensetzung in Raumprozenten und von den spezifischen Leitfähigkeiten der Legierungsbestandteile sind namentlich durch die Arbeiten von G u e r t l e r geklärt worden ($L_9$ 1 bis 7).

**403.** Bereits M a t t h i e s s e n ($L_9$ 16) teilte auf Grund seiner klassischen Untersuchungen über die elektrische Leitfähigkeit die Metalle in zwei Klassen ein:

Klasse I: Metalle, die, wenn sie paarweise miteinander legiert sind, Legierungen liefern, deren elektrische Leitfähigkeit in Abhängigkeit von der Zusammensetzung in Raumprozenten additiv ist. Die Linie $c_v$, $\Lambda$ ($c_v$ = Abszisse, $\Lambda$ = Ordinate) ist eine Gerade (die additive Linie). In diese Klasse gehören die Metalle Blei, Zinn, Kadmium, Zink.

Klasse II: Metalle, die mit einem Metall der Klasse I oder untereinander legiert nicht additive Leitfähigkeit, sondern eine schlechtere Leitfähigkeit ergeben, als die nach der Mischungsregel berechnete. Die Linie $c_v$, $\Lambda$ liegt hier durchweg unterhalb der additiven Linie.

H. Le C h a t e l i e r ($L_9$ 21) sprach später die Vermutung aus, 1. daß die elektrische Leitfähigkeit solcher Legierungen, die bei gewöhnlicher Temperatur einfache Gemenge der sie aufbauenden Metalle $A$ und $B$ darstellen, additiv in bezug auf die Zusammensetzung in Raumprozenten ist, und 2. daß solche Legierungen, deren Leitfähigkeit stark unter die nach der Mischungsregel berechnete heruntergedrückt wird, aus Mischkristallen der beiden Stoffe $A$ und $B$ aufgebaut seien.

Die zweite Vermutung Le C h a t e l i e r s hat sich im Laufe der Zeit zur Gewißheit verdichtet. G u e r t l e r führt eine ganze Reihe von Fällen an, wo die Bildung von Mischkristallen zu sehr starker Erniedrigung der Leitfähigkeit der Legierung gegenüber der nach der Mischungsregel berechneten führte.

Für die erste Vermutung Le C h a t e l i e r s sind weitere Beispiele noch nicht gebracht worden, als die von M a t t h i e s s e n bereits erwähnten Legierungen der Klasse I. Bei diesen, z. B. bei den Legierungen von Zink und Kadmium, sowie von Blei und Kadmium, weicht die $c_v$, $\Lambda$-Linie teilweise merklich von der additiven Geraden ab. Man kann aus dem vorhandenen

Versuchsmaterial wohl den Schluß ziehen, daß bei den Legierungen der genannten Metalle sich die $c_v$, $\Lambda$-Linie der additiven Geraden nähert. Man darf aber nicht schließen, daß allgemein bei Legierungen, die bei gewöhnlicher Temperatur vollständig in die reinen Bestandteile $A$ und $B$ zerfallen sind, unbedingt die $c_v$, $\Lambda$-Linie eine Gerade sein müsse.

Es wäre möglich, daß dieser weitergehende Schluß berechtigt ist; aber es ist hierfür erst ausreichendes Beweismaterial beizubringen.

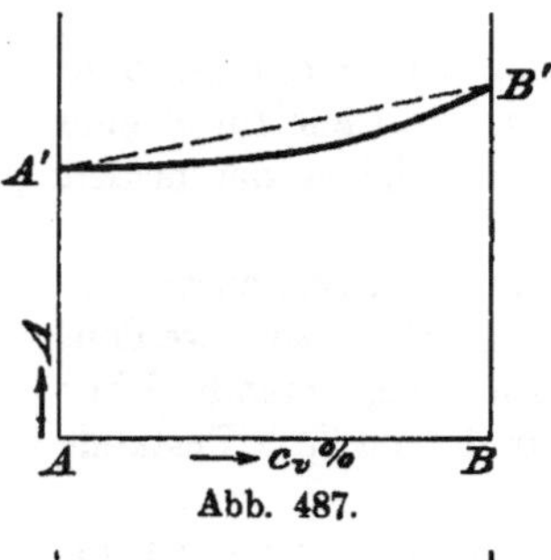
Abb. 487.

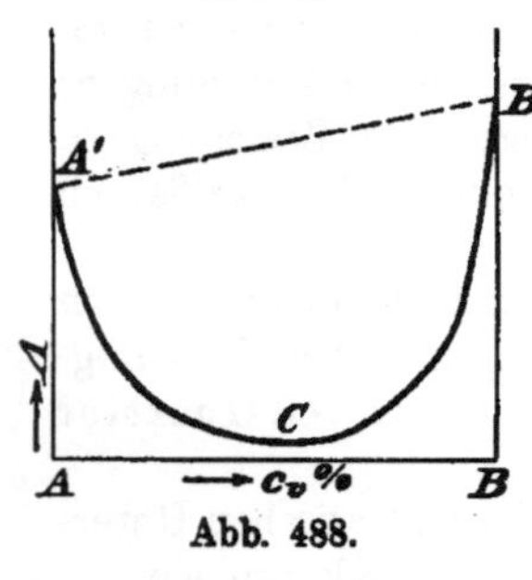
Abb. 488.

Man erhält nach Obigem die in Abb. 487 und 488 abgebildeten Grundarten von $c_v$, $\Lambda$-Linien:

a) Abb. 487. $A'B'$ geradlinig oder schwach nach unten durchgebogen, für Legierungen, die im wesentlichen aus einem Gemenge von zwei Kristallarten $A$ und $B$ bestehen.

Hierher gehören Legierungen mit folgenden Arten der $c, t$-Bilder: $A\,a\,2\gamma'$ (Abb. 26), oder andere Erstarrungsarten, sofern unterhalb der Erstarrung noch vollkommene Entmischung in die Bestandteile $A$ und $B$ eintritt (z. B. Abb. 48).

b) Abb. 488. $A'CB'$ eine stark von der Geraden $A'B'$ nach unten abweichende gekrümmte Linie mit einem Mindestwert $C$ bei einer mittleren Konzentration. Diese Art von $c_v$, $\Lambda$-Linien gilt für Legierungen, deren Stoffe $A$ und $B$ eine ununterbrochene Reihe von Mischkristallen bilden.

Hierher gehören Legierungen mit $c, t$-Bildern nach $A\,a\,1\,\alpha$ (Abb. 8), $A\,a\,1\,\beta$ (Abb. 10). $A\,a\,1\,\gamma$ (Abb. 11), soweit nicht unterhalb der Erstarrungszone wieder Zerfall der Mischkristalle eintritt, wie z. B. in den Abb. 34, 35, 36.

Im Falle a) würden die in Abs. *402* gemachten Voraussetzungen ganz oder nahezu erfüllt sein. Nebenwirkungen treten nicht ein oder machen sich wenigstens nicht deutlich bemerkbar.

Für den Fall b) gilt natürlich die in Abs. *402* gemachte Rechnung nicht mehr, da eben die Voraussetzung nicht erfüllt ist, daß die Legierung aus einem Gemenge zweier Kristallarten besteht. Die Legierung ist nur aus einheitlichen Kristallen einer Art (Mischkristallen) aufgebaut. Die beiden Stoffe $A$ und $B$ lösen sich also im festen Zustand gegenseitig auf. In Lösungen pflegen aber durchgreifende Änderungen der Eigenschaften der Bestandteile einzutreten, so daß die Berechnung der Eigenschaften nach der Mischungsregel unmöglich wird.

Von technischer Bedeutung ist die wesentliche Verminderung der Leitfähigkeit, die reine Metalle schon durch verhältnismäßig sehr kleine Beimengungen fremder Stoffe erleiden, wenn diese Stoffe mit ihnen Mischkristalle bilden.

So genügen z. B. geringe Zusätze von Arsen, Phosphor oder Aluminium zum Kupfer, um recht beträchtliche Verminderung der Leitfähigkeit herbeizuführen. Durch Legierung des Kupfers mit Mangan oder Nickel wird die Leitfähigkeit so stark erniedrigt, daß man die erhaltenen Legierungen wegen ihrer geringen Leitfähigkeit zum Bau von Widerständen benutzt.

Die obengenannten Fälle a) und b) lassen nun mehrfache gegenseitige Verknüpfungen zu. So ist zu erwarten, daß bei Legierungen mit $c, t$-Linien nach Art $A\,a\,2\gamma$ die $c_v$, $\Lambda$-Linie für gewöhnliche Temperatur zwischen den Punkten $A\,P$ (Abb. 21) wegen der Mischkristallbildung entsprechend dem Falle b) stark absinkt bis zum Wert der Leitfähigkeit, der dem gesättigten Mischkristall $P$ entspricht. Ebenso wird zwischen $B_0$ und $Q$ ein solcher Abfall aus gleichem Grunde stattfinden. Zwischen $P$ und $Q$ wird dann der Fall a) bestehen. Die Legierung ist dort aus einem Gemenge der gesättigten Mischkristalle $P$ und $Q$ aufgebaut. Die $c_v$, $\Lambda$-Linie wird sonach zwischen $P$ und $Q$ nahezu geradlinig oder nach unten schwach gekrümmt verlaufen. Ein Beispiel hierfür bietet Abb. 489. Sie gibt die $c$, $\Lambda$-Linie für die Legierungen von Kupfer und Silber, die nach $Aa2\gamma$ erstarren, und unterhalb der Erstarrungszone keine Umwandlungen erleiden.

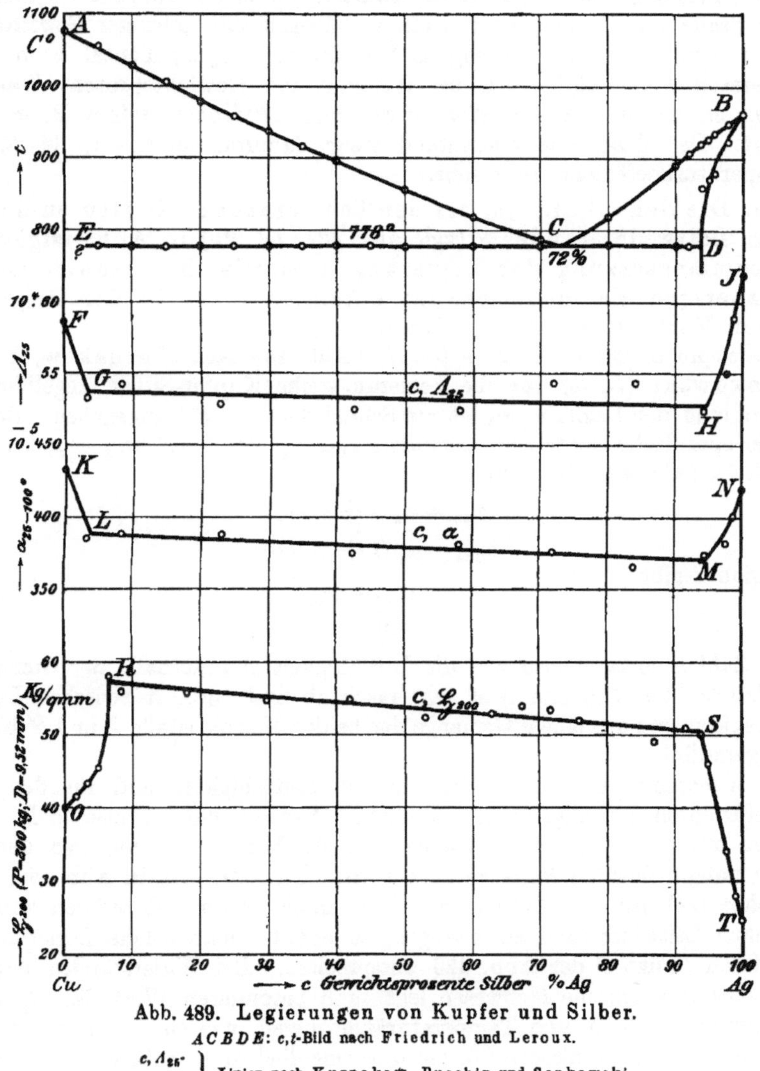


Abb. 489. Legierungen von Kupfer und Silber.

$ACBDE$: $c,t$-Bild nach Friedrich und Leroux.

$\left.\begin{array}{l} c,\Lambda_{25}\cdot \\ c,\alpha\cdot \\ c,\mathcal{O}_{200}\cdot \end{array}\right\}$ Linien nach Kurnakow, Puschin und Senkowski.

Die $c,t$-Linie $ACBDE$ in Abb. 489 ist aufgestellt von Friedrich und Leroux ($L_9$ 23). Das Kupfer bildet danach Mischkristalle von $0\,^0/_0$ Silber bis zu dem noch nicht sicher festgelegten Punkt $E$. Das Silber andererseits vermag vom Kupfer von 0 bis etwa $6\,^0/_0$ in seinen Kristallen in fester Lösung aufzunehmen. Zwischen den Punkten $E$ und $D$ bilden die Mischkristalle eine Lücke.

Die $c,\Lambda_{25}$-Linie für die Leitfähigkeit bei 25 C° $FGHJ$ ist aufgestellt von Kurnakow, Puschin und Senkowski ($L_9$ 13). Die Legierungen wurden in kleine Stäbchen von 4 bis 5 mm Durchmesser gegossen, alsdann kaltgewalzt, und weiter kalt auf 0,75 bis 1,2 mm Durchmesser gezogen. Schließlich wurden die so vorbereiteten Stäbchen bei 550 C° 8 Stunden lang geglüht. Die $c, \Lambda$-Linie zeigt starken Abfall über $FG$ und $JH$. Zwischen $G$ und $H$ ist der Verlauf angenähert geradlinig, weil hier die Legierungen aus einem Gemenge der beiden Grenzmischkristalle $G$ und $H$ bestehen.

Wesentlichen Einfluß haben Lösungen von Gasen in Metallen auf die elektrische Leitfähigkeit. Dies ist zu erwarten, da ja der Raumanteil dieser gasförmigen Stoffe an der Legierung trotz verhältnismäßig geringer Gewichtsmenge sehr groß sein kann. So vermag nach v. Pirani ($L_9$ 22) Tantal beim Glühen in Wasserstoff bei Rotglut 0,3, bei Weißglut 0,4 Gewichtsprozent Wasserstoff aufzunehmen, welch letzterer Wert etwa dem 470fachen seines Rauminhaltes entspricht. Der elektrische Widerstand steigt dadurch auf das 1,7 bis 2,1fache, der Temperaturkoeffizient sinkt sehr.

**404.** Die Schaulinie $c, \alpha$, die den Temperaturkoeffizienten des elektrischen Leitwiderstandes $\alpha$ (vgl. Abs. *401*, Gl. 2a) in Abhängigkeit von der Zusammensetzung der Legierung darstellt, hat, soweit sich aus dem bisherigen Versuchsmaterial erkennen läßt, in der Regel ganz ähnlichen Verlauf, wie die $c, \Lambda$-Linie.

Als Beispiel sei die $c, \alpha$-Linie $KLMN$ in Abb. 489 nach Kurnakow, Puschin. und Senkowski ($L_9$ *13*) für die Legierungsreihe Kupfer-Silber angeführt. Die Vorbehandlung der Legierungen ist am Schluß des Abs. *403* angegeben. Bestimmt wurde der spezifische elektrische Leitwiderstand $\omega_{25}$ bei 25 C° und $\omega_{100}$ bei 100 C°. Nach Gl. 2a (Abs. *401*) ist dann

$$\omega_{25} = \omega_0 \,(1 + \alpha \cdot 25)$$
$$\omega_{100} = \omega_0 \,(1 + \alpha \cdot 100),$$

woraus sich ergibt

$$\alpha = \frac{\omega_{100} - \omega_{25}}{\omega_{25} \cdot 100 - \omega_{100} \cdot 25}\,.$$

Die Zahl $\alpha$ sinkt ebenso wie die Leitfähigkeit $\Lambda$ innerhalb der Grenzen der Mischkristalle über $KL$ und $NM$ sehr rasch ab und verläuft zwischen $L$ und $M$, wo die Legierungen aus einem Gemenge der beiden Mischkristalle $L$ und $M$ bestehen, nahezu geradlinig.

Der Umstand, daß die Linien für die Leitfähigkeit und für den Temperaturkoeffizienten im allgemeinen ähnlichen Verlauf haben, also z. B. bei Legierungen mit ununterbrochener Reihe von Mischkristallen von den den reinen Metallen entsprechenden Punkten aus stark absinken, wie in Abb. 488, ist von technischer Bedeutung. Handelt es sich nämlich darum, Materialen von hohem elektrischen Leitwiderstand zu erzeugen, so benutzt man solche Legierungen, die dem tiefsten Punkt $C$ der Abb. 488 entsprechen. Bei Widerständen namentlich für das elektrotechnische Meßwesen legt man besonderen Wert darauf, daß sich der Widerstand infolge von Temperaturänderungen, wie sie durch die im Widerstand selbst erzeugte Joulesche Wärme unvermeidlich sind, möglichst wenig ändert. Dies setzt möglichst kleinen Temperaturkoeffizienten voraus. Es fügt sich nun wegen des ähnlichen Verlaufs der Linie für die elektrische Leitfähigkeit und für den Temperaturkoeffizienten glücklich, daß die Legierungen mit dem Höchstwert des Widerstandes in der Regel auch nahe dem Mindestmaß für den Temperaturkoeffizienten liegen. Bei gewissen Legierungen sinkt der Koeffizient sogar auf Null, wie z. B. bei gewissen Legierungen von Kupfer und Nickel oder von Kupfer und Mangan (II B).

# Sachverzeichnis

## zur vorliegenden ersten Hälfte II A des zweiten Bandes.

Die Zahlen geben die Absatznummern an.

Additional material from *Handbuch der Materialienkunde für den Maschinenbau,*
ISBN 978-3-662-23546-1, is available at http://extras.springer.com

**Metallurgische Berechnungen.** Praktische Anwendung thermochemischer Rechenweise für Zwecke der Feuerungskunde, der Metallurgie des Eisens und anderer Metalle. Von Prof. **Jos. W. Richards**, Lehigh-Universität. Autorisierte Übersetzung nach der zweiten Auflage von Prof. Dr. **B. Neumann**, Darmstadt und Dr.-Ing. **P. Brodal**, Christiania. (614 S.) 1913. Unveränderter Neudruck. 1925. Gebunden RM 24.—

**Die elektrolytischen Metallniederschläge.** Lehrbuch der Galvanotechnik mit Berücksichtigung der Behandlung der Metalle vor und nach dem Elektroplattieren. Von Direktor Dr. **W. Pfanhauser Jr.** Sechste, wesentlich erweiterte und neubearbeitete Auflage. Mit 335 in den Text gedruckten Abbildungen. (854 S.) 1922. Gebunden RM 25.—

**Moderne Metallkunde in Theorie und Praxis.** Von Ober-Ing. **J. Czochralski**, Mit 298 Textabbildungen. (305 S.) 1924. Gebunden RM 12.—

**Lagermetalle und ihre technologische Bewertung.** Ein Hand- und Hilfsbuch für den Betriebs-, Konstruktions- und Materialprüfungsingenieur. Von Ober-Ing. **J. Czochralski** und Dr.-Ing. **G. Welter.** Zweite, verbesserte Auflage. Mit 135 Textabbildungen. (123 S.) 1924. Gebunden RM 4.50

**Die Verfestigung der Metalle durch mechanische Beanspruchung.** Die bestehenden Hypothesen und ihre Diskussion. Von Prof. Dr. **H. W. Fraenkel**, Frankfurt a. M. Mit 9 Textfiguren und 2 Tafeln. (51 S.) 1920. RM 1.80

**Die Edelmetalle.** Eine Übersicht über ihre Gewinnung, Rückgewinnung und Scheidung. Von **Wilhelm Laatsch**, Hütteningenieur. Mit 53 Textabbildungen und 10 Tafeln. (97 S.) 1925. RM 6.—; gebunden RM 7.50

**Hilfsbuch für Metalltechniker.** Einführung in die neuzeitliche Metall- und Legierungskunde, erprobte Arbeitsverfahren und Vorschriften für die Werkstätten der Metalltechniker, Oberflächenveredlungsarbeiten u. a. nebst wissenschaftlichen Erläuterungen. Von **Georg Buchner**, selbständiger öffentlicher Chemiker in München. Dritte, neubearbeitete und erweiterte Auflage. Mit 14 Textabbildungen. (410 S.) 1922. Gebunden RM 12.—

**Metallfärbung.** Die wichtigsten Verfahren zur Oberflächenfärbung von Metallgegenständen. Von Ingenieur-Chemiker **Hugo Krause**, Iserlohn. (210 S.) 1922. Gebunden RM 7.50

**Schrotthandel und Schrottverwendung** unter besonderer Berücksichtigung der Kriegs- und Nachkriegsverhältnisse. Von Diplom-Kaufmann **Karl Klinger.** Mit 7 Abbildungen im Text und zahlreichen Tabellen. (220 S.) 1924. RM 8.10; gebunden RM 9.—

**Die Edelstähle.** Ihre metallurgischen Grundlagen. Von Dr.-Ing. **F. Rapatz**, Leiter der Versuchsanstalt im Stahlwerk Düsseldorf. Mit 93 Abbildungen. (225 S.) 1925. Gebunden RM 12.—

**Die Konstruktionsstähle** und ihre Wärmebehandlung. Von Dr.-Ing. **Rudolf Schäfer.** Mit 205 Textabbildungen und einer Tafel. (378 S.) 1923. Gebunden RM 15.—

**Die Einsatzhärtung von Eisen und Stahl.** Berechtigte deutsche Übersetzung der Schrift „Case Hardening of Steel" von **Harry Brearley**, Sheffield. Von Dr.-Ing. **Rudolf Schäfer.** Mit 124 Textabbildungen. (256 S.) 1926. Gebunden RM 19.50

**Die Werkzeugstähle und ihre Wärmebehandlung.** Berechtigte deutsche Bearbeitung der Schrift „The heat treatment of tool steel" von **Harry Brearley**, Sheffield. Von Dr.-Ing. **Rudolf Schäfer.** Dritte, verbesserte Auflage. Mit 226 Textabbildungen. (334 S.) 1922. Gebunden RM 12.—

**Lehrgang der Härtetechnik.** Von Studienrat Dipl.-Ing. **Joh. Schiefer** und Fachlehrer **E. Grün.** Zweite, vermehrte und verbesserte Auflage. Mit 192 Textfiguren. (226 S.) 1921. RM 5.—; gebunden RM 6.70

**Praktisches Handbuch der gesamten Schweißtechnik.** Von Prof. Dr.-Ing. **P. Schimpke**, Chemnitz und Oberingenieur **Hans A. Horn**, Oberfrohna i. S.
Erster Band: Autogene Schweiß- und Schneidtechnik. Mit 111 Abbildungen und 3 Zahlentafeln. (141 S.) 1924. Gebunden RM 6.90
Zweiter Band: Elektrische Schweißtechnik. Mit etwa 220 Abbildungen. Erscheint im März 1926.

**Ein Jahr hochwertiger Baustahl St. 48.** Von Dr.-Ing. **Otto Kommerell**, Reichsbahnoberrat im Eisenbahnzentralamt, Berlin. (Sonderabdruck aus: „Der Bauingenieur" 1925. Heft 28 u. 29.) Mit 14 Textabbildungen und 13 Tabellen. (12 S.) 1925. RM 1.20

**Die Grenzlehre.** Von **Carl Mahr**, Spezialfabrik für Präzisions-Meßwerkzeuge, Eßlingen a. N., gegründet 1861. Vierte Auflage. (100 S.) 1925. RM 2.80

**Grundlagen und Geräte technischer Längenmessungen.** Von Prof. Dr. **G. Berndt** und Dr. **H. Schulz**, Charlottenburg. Mit 218 Textfiguren. (222 S.) 1921. RM 7.35; gebunden RM 9.—

**Die Feile** und ihre Entwicklungsgeschichte. Von Ingenieur **Otto Dick**, Eßlingen. Mit 278 Textabbildungen. (254 S.) 1925. Gebunden RM 18.—

**Die Theorie der Eisen-Kohlenstoff-Legierungen.** Studien über das Erstarrungs- und Umwandlungsschaubild nebst einem Anhang: Kaltrecken und Glühen nach dem Kaltrecken. Von **E. Heyn †**, weiland Direktor des Kaiser-Wilhelm-Instituts für Metallforschung. Herausgegeben von Prof. Dipl.-Ing. **E. Wetzel.** Mit 103 Textabbildungen und XVI Tafeln. (193 S.) 1924. Gebunden RM 12.—

**Das technische Eisen.** Konstitution und Eigenschaften. Von Prof. Dr.-Ing. **Paul Oberhoffer**, Aachen. Zweite, verbesserte und vermehrte Auflage. Mit 610 Abbildungen im Text und 20 Tabellen. (608 S.) 1925. Gebunden RM 31.50

**Die Brinellsche Kugeldruckprobe** und ihre praktische Anwendung bei der Werkstoffpüfung in Industriebetrieben. Von **F. Wilh. Döhmer**, Leiter der Werkstoffprüfabteilung der Schweinfurter Präzisions-Kugellagerfabrik Fichtel & Sachs A.-G., Schweinfurt. Mit 147 Abbildungen im Text und 42 Zahlentafeln. (192 S.) 1925. Gebunden RM 18.—

**Handbuch des Materialprüfungswesens für Maschinen- und Bauingenieure.** Von Prof. Dipl.-Ing. **Otto Wawrziniok**, Dresden. Zweite, vermehrte und vollständig umgearbeitete Auflage. Mit 641 Textabbildungen. (720 S.) 1923. Gebunden RM 22.—

**O. Lasche, Konstruktion und Material im Bau von Dampfturbinen und Turbodynamos.** Dritte, umgearbeitete Auflage von **W. Kieser**, Abteilungsdirektor der AEG-Turbinenfabrik. Mit 377 Textabbildungen. (198 S.) 1925. Gebunden RM 18.75

**Werkstoffprüfung für Maschinen- und Eisenbau.** Von Dr. **G. Schulze**, ständ. Mitglied am Staatl. Materialprüfungsamt Berlin-Dahlem, und Studienrat Dipl.-Ing. **E. Vollhardt.** Mit 213 Textabbildungen. (193 S.) 1923. RM 7.—; gebunden RM 7.80

**Die Werkstoffe für den Dampfkesselbau.** Eigenschaften und Verhalten bei der Herstellung, Weiterverarbeitung und im Betriebe. Von Oberingenieur Dr.-Ing. **K. Meerbach.** Mit 53 Textabbildungen. (206 S.) 1922. RM 7.50; gebunden RM 9.—

**Das Verhalten von Eisen, Rotguß und Messing gegenüber den in Kaliabwässern enthaltenen Salzen und Salzgemischen bei gewöhnlicher Temperatur und bei den im Dampfkessel herrschenden Temperaturen und Drücken.** Untersuchungen auf Veranlassung des Reichsgesundheitsamtes ausgeführt von Prof. Dr.-Ing. e. h. **O Bauer**, Materialprüfungsamt, unter Mitwirkung von Dr. **O. Vogel**, Materialprüfungsamt, und Dr. **K. Zepf**, Ammoniakwerk Merseburg. (Mitteilungen aus dem Materialprüfungsamt und dem Kaiser Wilhelm-Institut für Metallforschung zu Berlin-Dahlem. Sonderheft Nr. 1.) Mit 47 Abbildungen. (63 S.) 1925. RM 6.—

**Die praktische Nutzanwendung der Prüfung des Eisens durch Ätzverfahren und mit Hilfe des Mikroskopes.** Kurze Anleitung für Ingenieure, insbesondere Betriebsbeamte. Von Dr.-Ing. **E. Preuß †.** Zweite, vermehrte und verbesserte Auflage, herausgegeben von Prof. Dr. **G. Berndt**, Privatdozent an der Technischen Hochschule zu Charlottenburg, und Ingenieur **A. Cochius**, Leiter der Materialprüfungsabteilung der Fritz Werner A.-G., Berlin-Marienfelde. Mit 153 Figuren im Text und auf einer Tafel. (132 S.) 1921. Gebunden RM 3.50

**Probenahme und Analyse von Eisen und Stahl.** Hand- und Hilfsbuch für Eisenhütten-Laboratorien. Von Prof. Dipl.-Ing. **O. Bauer** und Prof. Dipl.-Ing. **E. Deiß.** Zweite, vermehrte und verbesserte Auflage. Mit 176 Abbildungen und 140 Tabellen im Text. (312 S.) 1922. Gebunden RM 12.—

**Vita-Massenez, Chemische Untersuchungsmethoden für Eisenhütten und Nebenbetriebe.** Eine Sammlung praktisch erprobter Arbeitsverfahren. Zweite, neubearbeitete Auflage von Ing.-Chemiker **Albert Vita,** Chefchemiker der Oberschlesischen Eisenbahnbedarfs-A.-G. Friedenshütte. Mit 34 Textabbildungen. (208 S.) 1922. Gebunden RM 6.40

**Die Messung hoher Temperaturen.** Von **G. K. Burgess** und **H. Le Chatelier.** Nach der dritten amerikanischen Auflage übersetzt und mit Ergänzungen versehen von Prof. Dr. **G. Leithäuser,** Hannover. Mit 178 Textfiguren. (502 S.) 1913. RM 18.—

**Handbuch der Eisen- und Stahlgießerei.** Unter Mitarbeit von zahlreichen Fachleuten herausgegeben von Dr.-Ing. **C. Geiger,** Düsseldorf.

Erster Band: **Grundlagen.** Zweite, erweiterte Auflage. Mit 278 Abbildungen im Text und auf 11 Tafeln. (671 S.) 1925. Gebunden RM 49.50

Zweiter Band: 1. Teil: **Formerei von Hand.** 2. Teil: **Formerei mit Maschinen.** Von **Carl Irresberger.** In Vorbereitung.

**Die Formstoffe der Eisen- und Stahlgießerei.** Ihr Wesen, ihre Prüfung und Aufbereitung. Von **Carl Irresberger.** Mit 241 Textabbildungen. (250 S.) 1920. RM 10.—

**Die Herstellung des Tempergusses und die Theorie des Glühfrischens** nebst Abriß über die Anlage von Tempergießereien. Handbuch für den Praktiker und Studierenden. Von Dr.-Ing. **Engelbert Leber.** Mit 213 Abbildungen im Text und auf 13 Tafeln. (320 S.) 1919. Gebunden RM 18.—

**Leitfaden für Gießereilaboratorien.** Von Geh. Bergrat Prof. Dr.-Ing. e. h. **Bernhard Osann,** Clausthal. Zweite, erweiterte Auflage. Mit 12 Abbildungen im Text. (66 S.) 1924. RM 2.70

**Die Windführung beim Konverterfrischprozeß.** Von Prof. Dr.-Ing. **Hayo Folkerts,** Aachen. Mit 58 Textabbildungen und 34 Tabellen. (166 S.) 1924. RM 13.20; gebunden RM 14.10

**Die Praxis des Eisenhüttenchemikers.** Anleitung zur chemischen Untersuchung des Eisens und der Eisenerze. Von Prof. Dr. **Carl Krug,** Berlin. Zweite, vermehrte und verbesserte Auflage. Mit 29 Textabbildungen. (208 S.) 1923. RM 6.—; gebunden RM 7.—

**Lötrohrprobierkunde.** Anleitung zur qualitativen und quantitativen Untersuchung mit Hilfe des Lötrohres. Von Prof. Dr. **Carl Krug,** Berlin. Zweite, vermehrte und verbesserte Auflage. Mit 30 Textabbildungen. (81 S.) 1925. RM 3.—